"十三五"国家重点出版物出版规划项目

国防科技图书出版基金

现代电子战技术丛书

通信电子战工程

Communication Electronic Warfare Engineering

楼才义　张永光　王建涛　刘　健　张建强　编著

杨小牛　审校

国防工業出版社

·北京·

图书在版编目（CIP）数据

通信电子战工程/楼才义等编著．—北京：国防工业出版社，2024.1
（现代电子战技术丛书）
ISBN 978－7－118－12533－7

Ⅰ．①通… Ⅱ．①楼… Ⅲ．①军事通信－电子对抗 Ⅳ．①E96②E866

中国国家版本馆 CIP 数据核字（2023）第 211783 号

※

国防工業出版社出版发行
（北京市海淀区紫竹院南路 23 号 邮政编码 100048）
雅迪云印（天津）科技有限公司印刷
新华书店经售

*

开本 710×1000 1/16 **插页** 8 **印张** 41½ **字数** 736 千字
2024 年 1 月第 1 版第 1 次印刷 **印数** 1—2500 册 **定价** 248.00 元

国防书店：（010）88540777 书店传真：（010）88540776
发行业务：（010）88540717 发行传真：（010）88540762

致 读 者

本书由中央军委装备发展部**国防科技图书出版基金**资助出版。

为了促进国防科技和武器装备发展，加强社会主义物质文明和精神文明建设，培养优秀科技人才，确保国防科技优秀图书的出版，原国防科工委于1988年初决定每年拨出专款，设立国防科技图书出版基金，成立评审委员会，扶持、审定出版国防科技优秀图书。这是一项具有深远意义的创举。

国防科技图书出版基金资助的对象是：

1. 在国防科学技术领域中，学术水平高，内容有创见，在学科上居领先地位的基础科学理论图书；在工程技术理论方面有突破的应用科学专著。

2. 学术思想新颖，内容具体、实用，对国防科技和武器装备发展具有较大推动作用的专著；密切结合国防现代化和武器装备现代化需要的高新技术内容的专著。

3. 有重要发展前景和有重大开拓使用价值，密切结合国防现代化和武器装备现代化需要的新工艺、新材料内容的专著。

4. 填补目前我国科技领域空白并具有军事应用前景的薄弱学科和边缘学科的科技图书。

国防科技图书出版基金评审委员会在中央军委装备发展部的领导下开展工作，负责掌握出版基金的使用方向，评审受理的图书选题，决定资助的图书选题和资助金额，以及决定中断或取消资助等。经评审给予资助的图书，由中央军委装备发展部国防工业出版社出版发行。

国防科技和武器装备发展已经取得了举世瞩目的成就，国防科技图书承担着记载和弘扬这些成就，积累和传播科技知识的使命。开展好评审工作，使有限的基金发挥出巨大的效能，需要不断摸索、认真总结和及时改进，更需要国防科技和武器装备建设战线广大科技工作者、专家、教授，以及社会各界朋友的热情支持。

让我们携起手来，为祖国昌盛、科技腾飞、出版繁荣而共同奋斗！

国防科技图书出版基金

评审委员会

国防科技图书出版基金
第七届评审委员会组成人员

“现代电子战技术丛书”编委会

新时代的电子战与电子战的新时代

广义上讲，电子战领域也是电子信息领域中的一员或者叫一个分支。然而，这种“广义”而言的貌似其实也没有太多意义。如果说电子战想用一首歌来唱响它的旋律的话，那一定是《我们不一样》。

的确，作为需要靠不断博弈、对抗来“吃饭”的领域，电子战有着太多的特殊之处——其中最为明显、最为突出的一点就是，从博弈的基本逻辑上来讲，电子战的发展节奏永远无法超越作战对象的发展节奏。就如同谍战片里面的跟踪镜头一样，再强大的跟踪人员也只能做到近距离跟踪而不被发现，却永远无法做到跑到跟踪目标的前方去跟踪。

换言之，无论是电子战装备还是其技术的预先布局必须基于具体的作战对象的发展现状或者发展趋势、发展规划。即便如此，考虑到对作战对象现状的把握无法做到完备，而作战对象的发展趋势、发展规划又大多存在诸多变数，因此，基于这些考虑的电子战预先布局通常也存在很大的风险。

总之，尽管世界各国对电子战重要性的认识不断提升——甚至电磁频谱都已经被视作一个独立的作战域，电子战（甚至是更为广义的电磁频谱战）作为一种独立作战样式的前景也非常乐观——但电子战的发展模式似乎并未由于所受重视程度的提升而有任何改变。更为严重的问题是，电子战发展模式的这种“惰性”又直接导致了电子战理论与技术方面发展模式的“滞后性”——新理论、新技术为电子战领域带来实质性影响的时间总是滞后于其他电子信息领域，主动性、自发性、仅适用于本领域的电子战理论与技术创新较之其他电子信息领域也进展缓慢。

凡此种种,不一而足。总的来说,电子战领域有一个确定的过去,有一个相对确定的现在,但没法拥有一个确定的未来。通常我们将电子战领域与其作战对象之间的博弈称作“猫鼠游戏”或者“魔道相长”,乍看这两种说法好像对于博弈双方一视同仁,但殊不知无论“猫鼠”也好,还是“魔道”也好,从逻辑上来讲都是有先后的。作战对象的发展直接能够决定或“引领”电子战的发展方向,而反之则非常困难。也就是说,博弈的起点总是作战对象,博弈的主动权也掌握在作战对象手中,而电子战所能做的就是在作战对象所制定规则的“引领下”一次次轮回,无法跳出。

然而,凡事皆有例外。而具体到电子战领域,足以导致“例外”的原因可归纳为如下两方面。

其一,“新时代的电子战”。

电子信息领域新理论新技术层出不穷、飞速发展的当前,总有一些新理论、新技术能够为电子战跳出“轮回”提供可能性。这其中,颇具潜力的理论与技术很多,但大数据分析与人工智能无疑会位列其中。

大数据分析为电子战领域带来的革命性影响可归纳为**“有望实现电子战领域从精度驱动到数据驱动的变革”**。在采用大数据分析之前,电子战理论与技术都可视作是围绕“测量精度”展开的,从信号的发现、测向、定位、识别一直到干扰引导与干扰等诸多环节,无一例外都是在不断提升“测量精度”的过程中实现综合能力提升的。然而,大数据分析为我们提供了另外一种思路——只要能够获得足够多的数据样本(样本的精度高低并不重要),就可以通过各种分析方法来得到远高于“基于精度的”理论与技术的性能(通常是跨数量级的性能提升)。因此,可以看出,大数据分析不仅仅是提升电子战性能的又一种技术,而是有望改变整个电子战领域性能提升思路的顶层理论。从这一点来看,该技术很有可能为电子战领域跳出上面所述之“轮回”提供一种途径。

人工智能为电子战领域带来的革命性影响可归纳为**“有望实现电子子战领域从功能固化到自我提升的变革”**。人工智能用于电子战领域则催生出认知电子战这一新理念,而认知电子战理念的重要性在于,它不仅仅让电子战具备思考、推理、记忆、想象、学习等能力,而且还有望让认知电子战与其他认知化电子信息系统一起,催生出一种新的战法,即,

“智能战”。因此,可以看出,人工智能有望改变整个电子战领域的作战模式。从这一点来看,该技术也有可能为电子战领域跳出上面所述之“轮回”提供一种备选途径。

总之,电子信息领域理论与技术发展的新时代也为电子战领域带来无限的可能性。

其二,“电子战的新时代”。

自1905年诞生以来,电子战领域发展到现在已经有100多年历史,这一历史远超雷达、敌我识别、导航等领域的发展历史。在这么长的发展历史中,尽管电子战领域一直未能跳出“猫鼠游戏”的怪圈,但也形成了很多本领域专有的、与具体作战对象关系不那么密切的理论与技术积淀,而这些理论与技术的发展相对成体系、有脉络。近年来,这些理论与技术已经突破或即将突破一些“瓶颈”,有望将电子战领域带入一个新的时代。

这些理论与技术大致可分为两类:一类是符合电子战发展脉络且与电子战发展历史一脉相承的理论与技术,例如,网络化电子战理论与技术(网络中心电子战理论与技术)、软件化电子战理论与技术、无人化电子战理论与技术等;另一类是基础性电子战技术,例如,信号盲源分离理论与技术、电子战能力评估理论与技术、电磁环境仿真与模拟技术、测向与定位技术等。

总之,电子战领域100多年的理论与技术积淀终于在当前厚积薄发,有望将电子战带入一个新的时代。

本套丛书即是在上述背景下组织撰写的,尽管无法一次性完备地覆盖电子战所有理论与技术,但组织撰写这套丛书本身至少可以表明这样一个事实——有一群志同道合之士,已经发愿让电子战领域有一个确定且美好的未来。

一愿生,则万缘相随。

愿心到处,必有所获。

杨小牛

2018年6月

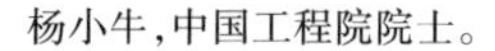

杨小牛,中国工程院院士。

PREFACE

前言

以网络为中心的作战思想已经深入人心，网络中心战理论在现代战场的应用日益广泛，其通过把传感器、决策者和武器组成网络，实现战场态势感知共享、提高决策速度、增强生存力，最终提高战斗力。传感网、火力网、通信网3个网络支撑了整个网络中心战体系，3个网络相互协同、相互配合、共同作用形成强大的作战能力。传感网利用多种平台和各种主被动探测手段来获取时频空码多维参数，有效支持软硬火力系统合理配置资源，并实时引导高效精确打击；火力网由各类战斗平台、硬武器、电子战装备等组成，通过协同实现对目标的精确打击；通信网则是把传感网与火力网紧密联系在一起的纽带，同时还支撑起传感网、火力网内部的通信联络。可以说，通信网络系统是部队作战的中枢神经，一旦其无法正常运转，将导致信息受阻、指挥失灵、武器瘫痪，后果可想而知。

通信电子战登上历史舞台已逾百年，过去和现在都有许多成功的战例，其可以有效阻断或迟滞敌方通信系统的有效信息传输、破击敌网络体系，是实施电磁频谱控制，取得战场制电磁频谱权的重要手段，也是未来战场取胜，乃至实现非对称战略威慑的重要环节，其重要性不言而喻。

通信电子战技术覆盖通信侦察接收、分析处理、测向定位、干扰攻击、评估试验、作战应用等许多相关专业领域，其装备覆盖陆、海、空、天、弹等各种平台，需对抗的通信体制包括定频、跳频、扩频等各种方式。随着通信系统发展的体系化、网络化、宽带化、智能化，信号越来越具有短猝发、低旁瓣、抗截获、抗干扰等特性，作战样式从以平台为中心向体系化联合作战转变，干扰方式从大功率粗放压制向灵巧精确方向转变,装备形态从功能固化向软件化、可重构、智能化方向转变等,这一切都给通信电子战技术发展、装备研制带来了新的挑战。

通信电子战技术的研究历史不算短暂,形成了许多经典理论,而且随着通信技术的发展,通信电子战技术的发展进步也日新月异,要全面梳理、清晰呈现目前的通信电子战技术现状确非易事,但我们还是努力想把这本书编写好,能给从事本行业的同志一点参考。

本书共 11 章。第 1 章对无线电信号的传播模型进行简要讨论;第 2 章介绍通信信号的调制与解调技术;第 3 章介绍通信电子战系统常用的天线;第 4 章讨论通信电子战的任务作用、系统组成,并对数据链、卫星通信系统等典型的通信系统进行了介绍;第 5 章重点讨论通信电子战的接收和发射技术;第 6 章讨论通信信号分析处理的方法;第 7 章对协议与信号进行了介绍;第 8 章讨论协议分析、序列的随机性分析方法和信源编码的分析方法;第 9 章讨论通信信号的测向和定位技术;第 10 章介绍通信信号的干扰技术;第 11 章介绍未来通信电子战的一些发展趋势。

本书第 3 章由张建强编写,第 7 章和第 8 章由张永光编写,第 9 章由刘健编写,王建涛与楼才义共同编写了第 10 章和第 11 章,楼才义编写了其余章节,杨小牛院士对全书进行了仔细的审校。作者要特别感谢杨小牛院士,一直以来得到了杨小牛院士诸多的关心、帮助与教导,在本书的编写过程中,杨小牛院士给了大力的指导、帮助和支持,书中许多章节都参考、引用了杨小牛院士的研究成果和学术专著。对作者而言,本书编写过程也是一个温故、学习、总结的过程,书中参考、借鉴或引用了国内外许多专家的著作和论文,获益匪浅,在此一并表示感谢,参考文献如有遗漏,敬请谅解。感谢作者的同事陆安南、邹少丞、陈仕川、王巍、肖扬灿、江斌、张春磊、徐建良、郑仕链、李新付、章军等,在编写过程中给予了大力帮助。感谢国防工业出版社张冬晔老师、王晓光老师给予的信任和指导,他们为本书的出版付出了辛勤的劳动,正是由于他们的鞭策和鼓励,促使作者努力加快编写进度。

由于作者水平所限,加之经历的编写时间比较长、期间对全书的架构也进行了比较大的调整,书中肯定会存在许多不足之处,敬请读者朋友批评指正。

编著者
2021 年 2 月
于嘉兴

CONTENTS

目 录

Contents

第1章

无线通信信号传播

无线通信中，电磁波的传播机制非常复杂，有直射传播、反射传播、折射或透射传播、衍射或绕射传播、散射传播等。

直射传播（又称视距传播），是视距内无遮挡的传播，直射波的信号最强。电磁波在行进过程中遇到比波长大的障碍物时会发生反射传播，反射是产生多径效应的主要原因。电磁波入射到建筑物或其他大型物体的边沿时，导致电磁波中的某些能量改变了其传播方向，一些波可以从障碍物旁边或上面绕过去，障碍物的大小与波长相比，越小，绕射越明显。当电磁波射向障碍物时，可能产生透射，透射产生的损耗与物体的厚薄、电磁波的频率有关。当电波穿行的介质中存在小于波长的不规则物体（如表面粗糙的墙壁、树叶等）时，就会发生散射现象。

广泛使用的传播模型有很多种，包括用于室外传播的 Okumura（奥村）和 Hata 模型以及用于室内传播的 Saleh 和 SIRCIM（室内无线信道冲激响应仿真模型），同样也存在小尺度衰落，即由多径引起的短期波动。无线通信信号常常使用 3 种重要的近似模型确定实际应用中的传播损耗。这 3 种模型如下：

（1）视距（Line of Sight，LOS）；

（2）双线（Two Ray）；

（3）刃峰绕射（Knife - Edge Diffraction，KED）。

这 3 种模型分别适用于不同的场合，如表 1.1 所列。

表 1.1　传播损耗模型的选择

<table>
<tr><td rowspan="2">无障碍传播路径</td><td rowspan="2">低频、宽波束、近地面</td><td>比菲涅耳区（Fresnel Zone）距离远的链路</td><td>使用双线模型</td></tr>
<tr><td>比菲涅耳区距离近的链路</td><td rowspan="3">使用视距模型</td></tr>
<tr><td rowspan="2">受地形影响的传播路径</td><td colspan="2">高频、窄波束、远离地面</td></tr>
<tr><td colspan="2">使用刃峰绕射计算其余损耗</td></tr>
</table>

1.1 视距传播模型

视距传播损耗也称为自由空间损耗。自由空间是理想介质,它不吸收电磁能量。自由空间路径损耗是指球面波在传播过程中,随着传播距离的增大,能量的自然扩散所引起的损耗。这种模型适用于空间以及某些环境下发射机和接收机之间的链路,这些环境中没有很强的反射,而且与信号波长相比传播路径离地面很远。

全向发射天线以球体的形式传播信号,总的能量扩展到整个球面。球体以光速的速度扩大,直到球的表面到达接收天线。球体表面的面积为

$$4\pi d^2$$

式中:d(球体半径)为发射机和接收机之间的距离。

全向接收天线的有效面积为

$$\lambda^2/4\pi$$

式中:λ 为发射信号波长。

将发射功率除以损耗得到接收功率,所以将球体表面积除以接收天线的有效面积即得到损耗为

$$L = \frac{(4\pi)^2 d^2}{\lambda^2} \tag{1-1}$$

式中:距离和波长单位一致(通常为 m)。

若将波长转换为频率,则损耗公式变为

$$L = \frac{(4\pi)^2 d^2 f^2}{c^2} \tag{1-2}$$

式中:L 为视距损耗;d 为传播距离,单位为 m;f 为发射频率,单位为 Hz;c 为光速($c = 3 \times 10^8$ m/s)。

若距离的单位用 km,频率的单位用 MHz 表示,并把表达式转换为 dB 形式,则可以得到以 dB 形式表示的视距损耗,即

$$L(\mathrm{dB}) = 32.44 + 20\lg d + 20\lg f \quad (\mathrm{dB}) \tag{1-3}$$

式中:d 为链路距离,单位为 km;f 为发射频率,单位为 MHz。

这个自由空间传播模型只有在 d 为发射天线远场时才适用。天线的远场值定义为

$$d_f = \frac{2D^2}{\lambda}$$

且满足 $d_f \gg D, d_f \gg \lambda$。其中,$D$ 为天线尺寸。

值得注意的是,电磁波地面视距传播时,其传输距离除了受传输损耗影响外,还受到地球曲率的限制。由于大气造成的折射使得无线电波能够面向地面稍微弯曲,所以电磁波可传输的最大传输距离要大于人眼的目视距离。在通常情况下,无线电波的传播距离要比目视距离远 1/3 左右(图 1.1)。

根据图 1.1 所示的视距传播几何关系,下面分析电磁波在地面传播时,接收端和发射端之间的最大传输距离。

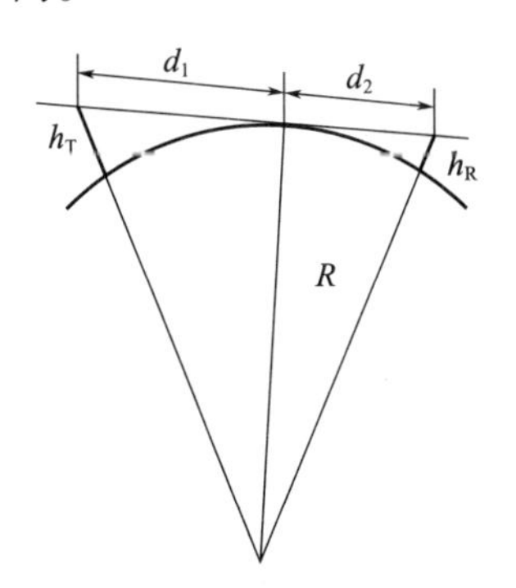

图 1.1 视距传播的几何关系

由图 1.1 可知

$$d = d_1 + d_2 = \sqrt{(h_T + R)^2 - R^2} + \sqrt{(h_R + R)^2 - R^2}$$
$$= \sqrt{h_T^2 + 2h_T R} + \sqrt{h_R^2 + 2h_R R} \tag{1-4}$$

式中:h_T、h_R 分别为发射/接收天线高度;R 为地球半径。我们把式(1-4)中 h_T、h_R 的单位变换成 m,R 和 d 的单位为 km,由于 $R \gg h_T, R \gg h_R$,经过近似可得

$$d = \sqrt{h_T^2/1000^2 + 2 \times R \times h_T/1000} + \sqrt{h_R^2/1000^2 + 2 \times R \times h_R/1000}$$
$$\approx \sqrt{2 \times R \times h_T/1000} + \sqrt{2 \times R \times h_R/1000} \quad (\text{km}) \tag{1-5}$$

设地球半径为 6378km,则

$$d = \sqrt{2 \times 6378 \times h_T/1000} + \sqrt{2 \times 6378 \times h_R/1000} = 3.57(\sqrt{h_T} + \sqrt{h_R}) \quad (\text{km}) \tag{1-6}$$

考虑大气折射因素,地球半径取真实半径的 4/3,则接收机和发射机之间的视距可以表示为

$$d = 4.12(\sqrt{h_T} + \sqrt{h_R}) \quad (\text{km}) \tag{1-7}$$

这就是我们经常所指的视距传播距离。

1.2 双线传播[1]

当发射和接收天线靠近地面或水域时，接收机不但能接收直接路径信号，还能接收到通过地面或水域反射的发射信号，这时，就需要考虑双线传播模型。在实际使用中采用双线传播模型还是视距传播模型由发射频率和实际天线高度决定。

因为双线损耗随链路距离的4次方而变化，所以双线传播也称为“d^4 衰减”。双线传播最主要的损耗在于直达波与地面或水域反射的信号之间的相位抵消，如图1.2所示。衰减量取决于链路距离以及发射和接收天线距离地面或水面的高度。

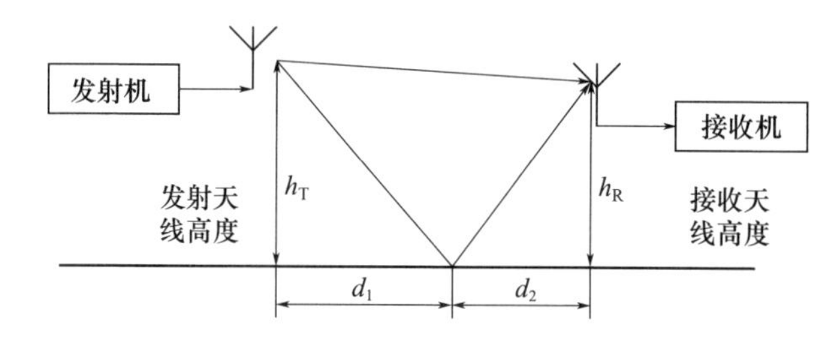

图1.2　直射和反射波束靠近地面

由图1.2可见，直射波和反射波（经过地面反射）的路径差为

$$\begin{aligned}\Delta d &= \sqrt{(d_1+d_2)^2+(h_T+h_R)^2}-\sqrt{(d_1+d_2)^2+(h_T-h_R)^2}\\ &= d\left[\sqrt{1+\left(\frac{h_T+h_R}{d}\right)^2}-\sqrt{1+\left(\frac{h_T-h_R}{d}\right)^2}\right]\end{aligned} \tag{1-8}$$

式中：$d=d_1+d_2$。

由于 $d \gg h_T+h_R$，式（1-8）中每个根号内用二项式定理展开，并取式中前两项，可得

$$\begin{aligned}\sqrt{1+\left(\frac{h_T+h_R}{d}\right)^2} &\approx 1+\frac{1}{2}\left(\frac{h_T+h_R}{d}\right)^2\\ \sqrt{1+\left(\frac{h_T-h_R}{d}\right)^2} &\approx 1+\frac{1}{2}\left(\frac{h_T-h_R}{d}\right)^2\end{aligned} \tag{1-9}$$

由此可得

$$\Delta d = d\left[1+\frac{1}{2}\left(\frac{h_{\mathrm{T}}+h_{\mathrm{R}}}{d}\right)^2-1-\frac{1}{2}\left(\frac{h_{\mathrm{T}}-h_{\mathrm{R}}}{d}\right)^2\right]=\frac{2h_{\mathrm{T}}h_{\mathrm{R}}}{d} \tag{1-10}$$

于是,由路径引起的相位差为

$$\Delta\varphi=\frac{2\pi}{\lambda}\Delta d=\frac{4\pi h_{\mathrm{T}}h_{\mathrm{R}}}{\lambda d} \tag{1-11}$$

这时,接收端接收到的直射波与反射波功率可以表示为

$$P_{\text{total}}=P_{\text{direct}}\left|1+k\mathrm{e}^{-\mathrm{j}\Delta\varphi}\right|^2 \tag{1-12}$$

式中:P_{direct}为直射波在接收端的功率;P_{total}为接收端总的接收功率。

从式(1-12)可以看出,直射波与地面反射波的合成场强将随反射系数 k 以及路径差的变化而变化,这两路信号有时会同相叠加,有时会反相抵消。

假设地面全反射,即 $k=-1$。进一步展开式(1-12),可得

$$P_{\text{total}}=P_{\text{direct}}\left|1-\mathrm{e}^{-\mathrm{j}\Delta\varphi}\right|^2=P_{\text{direct}}[2-2\cos(\Delta\varphi)]=4P_{\text{direct}}\sin^2\left(\frac{\Delta\varphi}{2}\right)$$

由于 $d\gg h_{\mathrm{T}}$、$d\gg h_{\mathrm{R}}$,故 $\Delta\varphi$ 很小,式(1-12)又可进一步简化为

$$P_{\text{total}}=4P_{\text{direct}}\sin^2\left(\frac{\Delta\varphi}{2}\right)=P_{\text{direct}}(\Delta\varphi)^2=P_{\text{direct}}\left(\frac{4\pi h_{\mathrm{T}}h_{\mathrm{R}}}{\lambda d}\right)^2$$

由式(1-1)可知,在发射端发射功率为 P_{T}时,直射波的功率为

$$P_{\text{direct}}=P_{\mathrm{T}}\frac{\lambda^2}{(4\pi)^2d^2}$$

可以得到

$$P_{\text{total}}=P_{\mathrm{T}}\frac{\lambda^2}{(4\pi)^2d^2}\left(\frac{4\pi h_{\mathrm{T}}h_{\mathrm{R}}}{\lambda d}\right)^2=P_{\mathrm{T}}\frac{(h_{\mathrm{T}}h_{\mathrm{R}})^2}{d^4}$$

这样,就可以得到双线损耗,其与视距衰减不同,损耗与频率无关,即

$$L=\frac{P_{\mathrm{T}}}{P_{\text{total}}}=\frac{d^4}{h_{\mathrm{T}}^2h_{\mathrm{R}}^2} \tag{1-13}$$

式中:d 为链路距离;h_{T} 为发射天线高度;h_{R} 为接收天线高度,链路距离与天线高度的单位相同。

双线传播损耗以 dB 为单位,可表示为

$$L(\mathrm{dB})=120+40\lg d-20\lg(h_{\mathrm{T}})-20\lg(h_{\mathrm{R}})\quad(\mathrm{dB}) \tag{1-14}$$

式中：d 为链路距离，单位为 km；h_T 为发射天线高度；h_R 为接收天线高度，单位均为 m。

1.3 菲涅耳区

如前所述，接近地面或水域的信号传播可能经历视距损耗，也可能经历双线损耗，具体取决于天线高度以及发射频率。菲涅耳区（Fresnel Zone）距离即为相位抵消比扩散损耗影响更严重时的那个位置与发射机之间的距离。如图 1.3 所示，如果接收机与发射机之间的距离低于菲涅耳区距离，则为视距传播。如果大于菲涅耳区距离，则为双线传播。但是任何一种情况下，整个链路上都仅使用其中的一种模型。

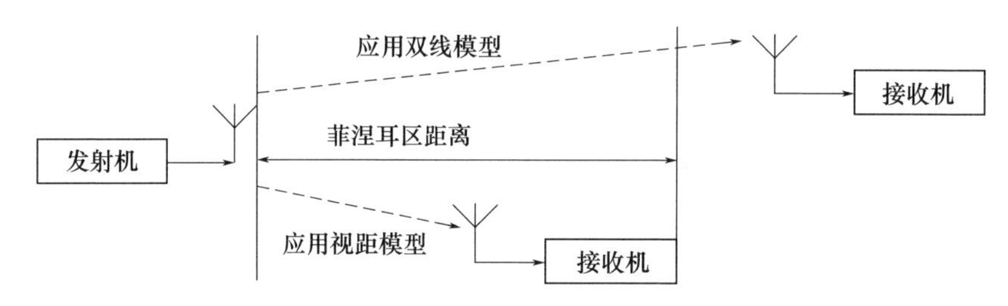

图 1.3　依据菲涅耳区距离选择传播模型

菲涅耳区距离由下式计算得到，即

$$FZ = 4\pi h_T h_R / \lambda \tag{1-15}$$

式中：FZ 为菲涅耳区距离，单位为 m；h_T 为发射天线高度，单位为 m；h_R 为接收天线高度，单位为 m；λ 为波长，单位为 m。

另一种更简洁的表达式为

$$FZ = [h_T \times h_R \times f]/24000 \tag{1-16}$$

式中：FZ 为菲涅耳区距离，单位为 km；h_T 为发射天线高度，单位为 m；h_R 为接收天线高度，单位为 m；f 为发射频率，单位为 MHz。

1.4 刃峰绕射

在高山或山脊上的非视距传播通常由刃峰传播近似估计，许多电子战专家都认为实际地形的损耗与刃峰绕射（KED）估计所得的损耗非常接近。本节仅给出

计算 KED 的列线图方法。

KED 衰减需要与不存在刃峰时的视距损耗相加来得到最终损耗。注意：当刃峰（或等价环境）存在时，采用的是视距损耗，而不是双线损耗。

刃峰传播的链路的几何关系如图 1.4 所示。H 为刃峰顶端距离刃峰不存在时的视距之间的距离。发射机到刃峰之间的距离为 d_1，刃峰到接收机之间的距离为 d_2。为保证 KED，d_2 必须不小于 d_1。如果接收机到刃峰的距离比发射机到刃峰的距离更短，则接收机所在位置是一个盲区，此时，仅有对流层散射（损耗非常大）提供链路连接。

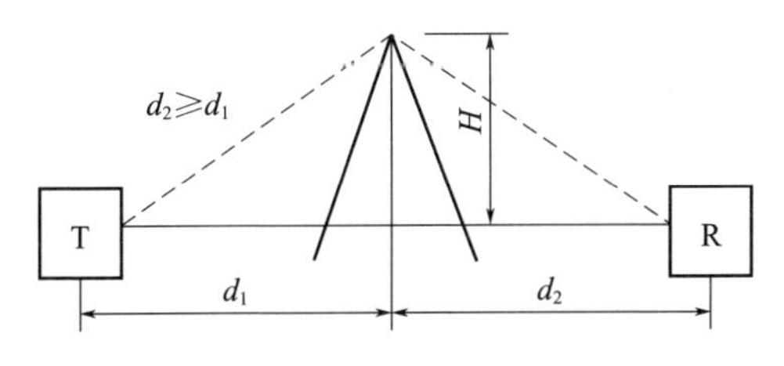

图 1.4　刃峰绕射几何关系

如图 1.5 所示，即使在峰顶之上存在视距传播，刃峰仍然会引入损耗，除非视距路径高于峰顶几个波长。因此，高度值 H 可以是刃峰之上的距离，也可以是刃峰下面的距离。

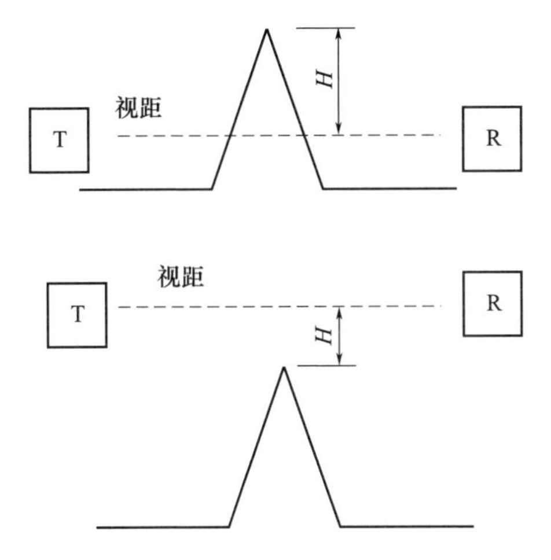

图 1.5　刃峰之上或刃峰之下的视距传播路径

图 1.6 给出了计算 KED 的列线图。左边刻度是距离值 d，由下式计算，即

$$d = \frac{\sqrt{2}}{(1 + d_1/d_2)} d_1 \tag{1-17}$$

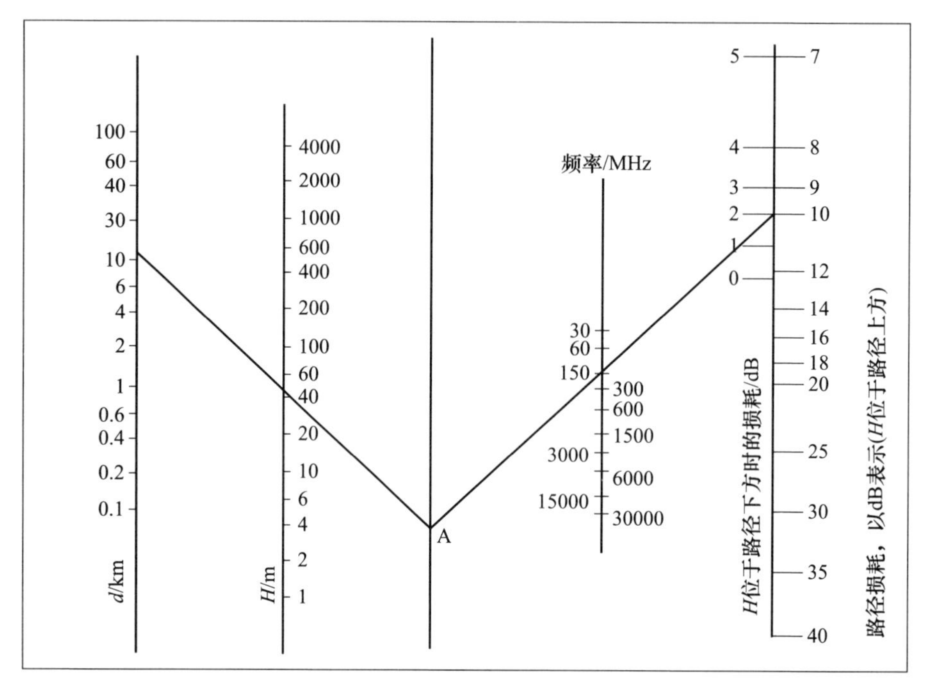

图 1.6　刃峰绕射损耗与 d、H 和频率的关系

表 1.2 给出了一些距离值 d。

表 1.2　距离 d 值

	d
$d_2=d_1$	$0.707d_1$
$d_2=2d_1$	$0.943d_1$
$d_2=2.41d_1$	d_1
$d_2=5d_1$	$1.178d_1$
$d_2 \gg d_1$	$1.414d_1$

注意：图 1.6 中 d 的单位为 km，H 的单位为 m，H 位于路径上方和下方时的路径损耗单位为 dB。

图 1.6 的使用方法如下：从 d（单位为 km）开始的线条穿过 H（单位为 m），并将该线延长至中间的索引线（先不关心 H 是在刃峰之上还是刃峰之下），有一个交点 A；把交点 A 与发射频率线上相应发射频率点（单位为 MHz）相连，延伸至右边指示 KED 衰减的刻度线。此时，需区分 H 是位于刃峰之上还是刃峰之下。如果 H 是刃峰上方的距离，则 KED 衰减要从左边的刻度读取。如果 H 是刃峰下方的距离，则 KED 衰减要从右边的刻度读取。

下面来看图1.6中给出的例子。其中，d_1 为10km，d_2 为24.1km（表1.2），视距路径位于刃峰之下45m。

d 为10km（从表1.2得到），H 为45m。频率为150MHz。如果视距路径高于刃峰45m，则KED衰减为2dB。然而，由于现在视距路径位于刃峰下方，所以KED衰减为10dB。

总的链路衰减等于不存在刃峰时的视距损耗加上KED衰减，即

$$\begin{aligned}\text{LOS 损耗} &= 32.44 + 20\lg(d_1 + d_2) + 20\lg(\text{以 MHz 为单位的频率}) \\ &= 32.44 + 20\lg(34.1) + 20\lg(150) = 32.44 + 30.66 + 43.52 \\ &= 106.62\text{dB}\end{aligned}$$

因此，总的链路损耗为106.62+10=116.62dB。

1.5 HF传播

1.5.1 地波传播

在频率低于2MHz范围内最重要的无线电传播方式就是地波。地波是垂直极化波，沿着地球表面传播，由于在传播过程中产生的电流将造成损耗，因此地波必须是垂直极化，以使电流最小化。地波几乎不受天气和太阳放射性的影响，如果功率足够大且频率足够低，将可实现环球通信。例如，一些军用发射设备就工作于76Hz以下，国际导航系统LORAN－C工作于100kHz以下，标准的调幅（AM）广播频段信号也主要依靠地波传播。如果频率高于2MHz，则吸收损耗加剧。

1.5.2 电离层传播

高频（HF）信号可以通过视距、地波或天波传播[2]。沿着地球表面的地波传播与地球表面的平坦性和地质情况关系很大。大于160km时，HF信号依靠电离层（使信号发生折射的大气层）反射的天波传播。

电离层是地球表面上空50～500km被电离的气体区域。可以分为 D、E、F 层，其中 F 层又可以分为 F_1、F_2 两部分。在电离层中气体分子的电离程度将随着高度的增加而增加，而且白天的时候更强一些；在晚上由于没有太阳辐射，D 层、E 层将消失，F_1、F_2 将合并成一个 F 层。

白天时，D 层和 E 层能够吸收8MHz或10MHz以下频率的信号，往上直到30MHz频率的信号被 F 层折射回到地面。到了晚上，D、E 层消失，低频信号直接

到达 F 层后被折射回地面。低频信号夜间的接收效果好于白天;高于 10MHz 的信号白天的接收效果好于夜间。电离层各层介绍如下。

(1) D 层是地球上空 50 ~ 90km 的区域。这一层是吸收层,对频率越高的电波的吸收能力越差。其吸收能力在正午时刻最强,在日落时刻最弱。

(2) E 层是地球上空 90 ~ 130km 的区域。白天,这一层会反射无线电信号,用于短距离和中距离 HF 传播。它的密度是太阳辐射的函数,随着季节和太阳黑子活动情况而变化。

(3) F_1 层是地球上空 175 ~ 250km 的区域。它只在白天存在,在夏季和太阳黑子剧烈活动期上最强。在中等纬度的地带最为明显。

(4) F_2 层位于地球上空 250 ~ 400km 的区域。这一层一年四季都存在,但变化很大。它晚上支持长距离 HF 传播。

电离层的反射用有效高度(Virtual Height)和临界频率(Critical Frequency)表征。图 1.7 中给出的有效高度是电离层信号的视在反射点。有效高度由探测器测量得到,探测器垂直发射并测量往返传播时间。随着频率的增加,有效高度也不断增加,直到达到临界频率。能够在垂直方向返回地面的最大频率,称为临界频率。

能产生反射的最高频率是仰角(图 1.7 中的 θ)和临界频率 F_{CR} 的函数。最大可用频率(Maximum Usable Frequency,MUF)由下式确定,即

$$\mathrm{MUF} = F_{CR} + \mathrm{Sec}(\theta)$$

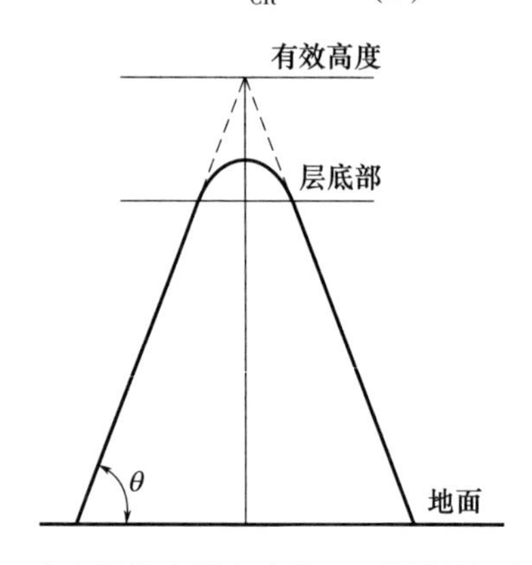

图 1.7 电离层的有效高度是 HF 传播的视在反射点

由于电离层状态的不同,发射机和接收机之间会有很多不同的传输路径。如果天波穿过某一层,它可能会被更高的一层反射。在 E 层可能会发生一次或多次跳跃,具体取决于传输距离的长短。如果穿越了 E 层,则在 F 层上会发生一次或多次跳跃。夜间会发生在 F_1 层,而白天发生在 F_2 层。根据当地各个层的密度,无线电波也有可能会被 F 层反射到 E 层,然后被反射回 F 层,最后被反射到地面。

天波传播损耗可由下式预测：

$$L = L_B + L_i + L_G + Y_P + L_F$$

式中：L_B 为扩散损耗；L_i 为电离层吸收损耗；L_G 为地面反射损耗（多次反射）；Y_P 为混杂损耗（聚焦、多径、极化等）；L_F 为衰落损耗。

1.6　信号的多径传播与多普勒频移

由于受到无线信道特性的影响，无线电信号在传播过程中会受到一些影响。例如，由于多径产生码间干扰现象，在运动时会产生多普勒效应等[3]。

1.6.1　多径

当无线电波在传输过程中遇到障碍物时，会受到反射和吸收。在市区环境中，由于反射物（障碍物）的数目比农村地区大得多，因而反射波的数量要大得多。电波可以被各种物体反射，如高山、建筑物、运输车辆、飞机，甚至大气层的不连续性，都可以使电波发生反射。

建筑物的高度、宽度、建筑材料、走向以及电波传播方向等，都是影响反射现象的因素。当建筑物的表面所形成的通道类似于“波导”时，由于反射作用，在信号传输的阴影区会收到很强的信号。在有些情况下，反射信号可能会被很大衰减，而在其他情况，可能绝大部分信号能量都被反射，被吸收的很少。

多径反射会造成在发射点和接收点之间存在多条传播路径（多径传输）。多径传输带来的有利的一面是它可以使发射点与接收点在非视距情况下也能实现通信。多径传输可以使电波有效地绕过障碍物而“越过”它们（如高山、建筑物、隧道、地下停车场等），从而可有助于电波连续的覆盖。多径造成的3个主要的不利影响是时延扩散，多径信号的相互干扰而造成接收信号的快衰落（瑞利（Rayleigh）衰落），不同路径的多普勒频移引起的随机频率调制。

1）时延扩散

反射传输的路径通常比直射传输的路径长，即经反射路径传输的信号到达接收机要比经直射路径传输的信号迟，这样，从同一发射天线发出的信号会经不同的时延而在不同的时刻到达接收机。时延扩散或多径扩散可以由下面的简化公式计算，即

$$\text{多径扩散} = \frac{\text{最长路径} - \text{最短路径}}{c}$$

式中：c 为光速。

时延扩散的取值范围一般从几十纳秒(室内环境)到几微秒(室外环境)。在数字系统,特别是在高速数字系统中,时延扩散会造成前后码元之间的互相重叠,这种现象可以引起码间干扰(ISI)。码间干扰现象则会引起码元重叠而造成部分信息出错。

顺便给出相关带宽的概念,它表征的是信号中两个频率分量基本相关的频率间隔。也就是说,当信号中两个频率分量的间隔小于相关带宽时,它们是相关的,其衰落具有一致性;当频率间隔大于相关带宽时,它们就不相关了,其衰落具有不一致性。时延扩散与相关带宽之间的关系为

$$(\Delta f) \approx 1/T_m$$

2)瑞利衰落

信号经不同的路径传输具有不同的传输时间,并在接收端造成相互干扰。如果两条路径具有相同的传输损耗且其传输时延刚好是信号半波长的奇数倍,则这两个信号到达接收天线时会相互抵消。如果传输时延刚好是信号半波长的偶数倍,则两个信号到达接收天线时会相互叠加而得到一个幅度增倍的信号。

在实际环境中,到达接收端的信号往往是多个多径信号的合成信号,这些多径信号一般是相互独立的,并具有随机幅度和随机相位,其结果是造成合成信号在幅度上产生波动,这种波动称为小尺度衰落。这种衰落的幅度服从瑞利、莱斯(Ricean)或 Nakagami 分布。

不同环境中的传输状况存在很大的差别,下面这些因素决定了不同类型的小尺度衰落。

(1) 发射信号的带宽。

(2) 接收信号的时延扩散。

(3) 多径信号分量的随机幅度和随机相位。

(4) 发射机、接收机及其周围物体的运动。

信号强度服从瑞利分布时,也常称为瑞利衰落。瑞利衰落限制了传输速率并会导致传输错误。瑞利衰落会在每 $\lambda/2$ 的空间间隔内发生,因而,又通常称为快衰落。

瑞利分布的概率密度函数(PDF)的表达式为

$$p(r) = \frac{r}{\sigma^2}\exp\left[-\frac{r^2}{2\sigma^2}\right] \qquad (0 \leqslant r < \infty)$$

式中:σ 为包络检波之前所接收的电压信号的均方根(RMS)值;σ^2 为包络检波前的接收信号包络的时间平均功率。

最严重的瑞利衰落引起的信号衰减量为 20 ~ 50dB。

瑞利衰落模型只适用于多径信号占主导地位场合,而且,这种模型主要应用于室外环境。在有些情况下,存在视距传输,这时直射路径是主要的(如卫星通信),合成的信号是直射波和多径反射波之和,信号的分布为莱斯分布,莱斯分布的数学原理如下,当高斯变量 $X_i(i=1,2,\cdots,n)$ 的数学期望 m_i 不为零时,$Y=\sum_{i=1}^{n}X_i^2$ 是非中心 χ^2 分布,而 $R=\sqrt{Y}$ 则是高斯分布,其概率密度函数表达式为

$$P_{\mathrm{R}}(r)=\frac{r}{\sigma^2}\cdot\exp\left[-\frac{r^2+v^2}{2\sigma^2}\right]\cdot \mathrm{I}_0\left(\frac{r\cdot v}{\sigma^2}\right)\qquad (r\geqslant 0,v\geqslant 0)$$

其中

$$\mathrm{I}_0\left(\frac{r\cdot v}{\sigma^2}\right)=\frac{1}{2\pi}\int_0^{2\pi}\exp\left(\frac{v\cdot r\cdot\cos\theta}{\sigma^2}\right)\mathrm{d}\theta$$

式中:v 为直射分量的包络;定义 $k=\frac{v^2}{2\sigma^2}$ 为直射信号的功率与多径分量的比值。$\mathrm{I}_0(\mathrm{g})$ 为0阶第一类修正贝塞尔函数。当 $v=0$ 时,上面的表达式就成了瑞利分布函数,因为这时直射路径不存在。

1.6.2 多普勒频移

多普勒效应是由于发射机与接收机之间的相对运动引起的一种现象。这种现象会引起接收信号频率的变化,即多普勒频移或多普勒扩散。

这种频移的漂移由两个参数确定:接收机相对于发射机的运动方向和运动速度。接收机收到的信号的频率为

$$f'=f_0-f_{\mathrm{d}}$$

多普勒频移 f_{d} 由下式计算,即

$$f_{\mathrm{d}}=\frac{v}{\lambda}\cos\alpha=\frac{v}{c}f_0\cos\alpha$$

式中:v 为发射机与接收机之间的相对速度;f_0 为信号载频;c 为光速;α 为接收信号与接收机的矢量速度之间的夹角(或者说是移动接收机运动方向相对于来波的角度)。

若接收机朝向入射方向移动,则多普勒频移为正(接收频率升高);若接收机背向入射方向运动,则多普勒频移为负(即接收频率下降)。

多普勒频移导致信号产生随机频率调制,并影响多径信号,使一些多径信号具有正的频移,其他的多径信号具有负的频移。一般认为,多普勒效应能引起多径信

号相互之间出现短暂的非关联性,因而又常称为时间选择性衰落效应。

参考文献

[1] ADAMY D L. EW103 通信电子战[M]. 楼才义,等译. 北京:电子工业出版社,2010.
[2] POISEL R A. 通信电子战原理[M].2 版. 聂皞,王振华,等译. 北京:电子工业出版社,2013.
[3] TABBANE S. 无线移动通信网络[M]. 李新付,楼才义,徐建良,译. 北京:电子工业出版社,2002.

第 2 章

信号调制与解调

无线通信无论在军事还是民用通信中都被广泛使用，它常常是车辆、舰船、飞机等运动平台与外界通信最重要的手段。随着当代通信的飞速发展，通信体制的变化也日新月异：一些旧的通信方式或者被改进完善，或者被淘汰，适合当代通信体制的新通信方式不断涌现并且日臻完善。图 2.1 给出了一般的无线通信系统模型。

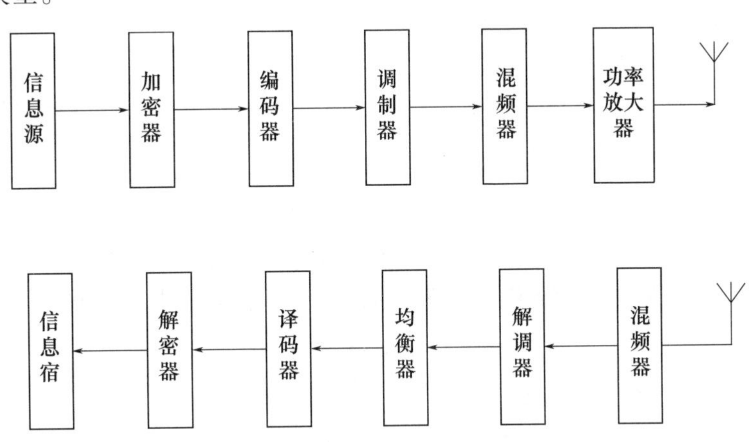

图 2.1　一般的无线通信系统模型

目前，常用的模拟调制方式主要有调幅（AM）、调频（FM）、单边带（SSB）、连续波（CW）等，而数字信号通信的通信方式却非常多，如幅移键控（ASK）、频移键控（FSK）、最小频移键控（MSK）、高斯滤波最小频移键控（GMSK）、相移键控（PSK）、差分相移键控（DPSK）、四相相移键控（QPSK）、正交幅度调制（QAM）等层出不穷、不胜枚举。本节分别对模拟和数字两类调制进行介绍。为了便于讨论，这里设讨论中 ω 为角频率，f 为频率，除非有特殊说明，否则设 $\omega = 2\pi f$。

2.1 信号调制

2.1.1 模拟调制

2.1.1.1 调幅

调幅(AM)就是使载波的振幅随调制信号的变化规律而变化。用基带信号进行调幅时,其数学表达式可以写为

$$s(t)=A[1+m_{\mathrm{a}}v_{\Omega}(t)]\cos\omega_{\mathrm{c}}t \tag{2-1}$$

式中:v_{Ω} 为基带调制信号;m_{a} 为调制指数,它的范围在(0,1)之间,如果 $m_{\mathrm{a}}>1$,已调波的包络会出现严重的非线性失真,并且会比正常调制信号占用更多的带宽,接收时不能恢复原来的调制信号波形,也就是产生过量调幅;ω_{c} 为载波角频率。

对式(2-1)进行傅里叶变换,可得

$$S(\omega)=A\pi[\delta(\omega+\omega_{\mathrm{c}})+\delta(\omega-\omega_{\mathrm{c}})]+\frac{A}{2}m_{\mathrm{a}}[V_{\Omega}(\omega+\omega_{\mathrm{c}})+V_{\Omega}(\omega-\omega_{\mathrm{c}})] \tag{2-2}$$

式中:$V_{\Omega}(\omega)$ 为 $v_{\Omega}(t)$ 的频谱。

式(2-2)说明,调幅波信号由3种频率成分组成:载波、载波与调制频率的差频(下边带)、载波与调制频率的和频(上边带)。调幅波所占的频谱宽度为

$$B=2f_{\mathrm{m}} \tag{2-3}$$

式中:f_{m} 为基带信号最高频率。

当调制信号为单音时,调幅信号的时域、频域波形如图2.2所示。

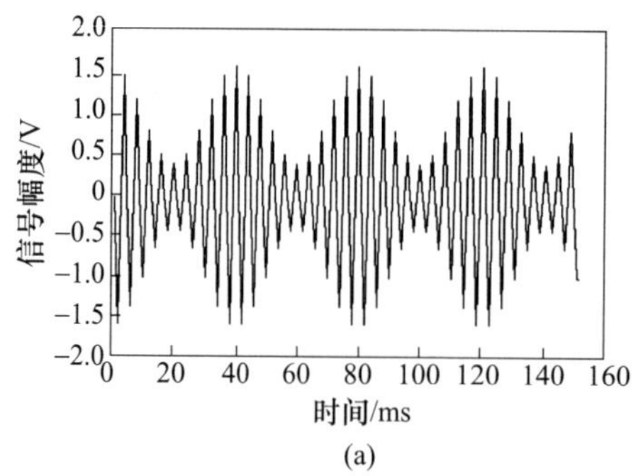

(a)

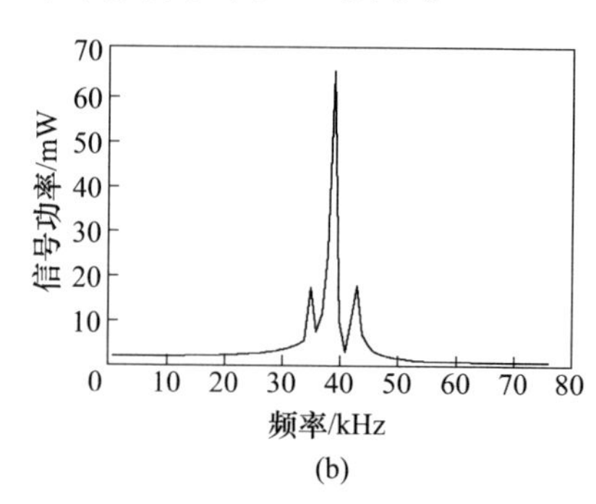

(b)

图2.2 AM信号时域图(a)、频域图(b)

调幅信号的总功率为

$$P_{AM}=\frac{1}{2}A^2[1+2<m_a v_{\Omega}(t)>+<m_a^2 v_{\Omega}^2(t)>] \tag{2-4}$$

式中：< · >表示均值。

如果基带信号是单音，则

$$P_{AM}=\frac{1}{2}A^2\left(1+\frac{m_a^2}{2}\right) \tag{2-5}$$

从式(2-5)可以看出，发射的信号功率大部分用于不承载信息的载波，即使当调制系数接近1时，用于信号发射的功率仅为总发射功率的1/3，随着调制系数的减少，调幅波的有效传输功率将更低。

2.1.1.2 双边带调制

由于全载波AM调制的调制效率不高，把许多功率都用于了仅仅起辅助调制作用而不包含任何有用信息的载波上，提高发射效率的有效办法就是在功率放大前抑制载波，即输出无载波分量的双边带(DSB)信号，有时也称双边带抑制载波信号(DSB-SC)。这样使得DSB信号的有效功率达到AM信号有效功率的3倍(4.77dB)以上。

双边带信号是由调制信号和载波直接相乘得到的，它只有上、下边带分量，没有载波分量。调幅调制器的组成框图如图2.3所示。如对DSB信号进行滤波，滤除其一个边带就可以实现单边带调制。

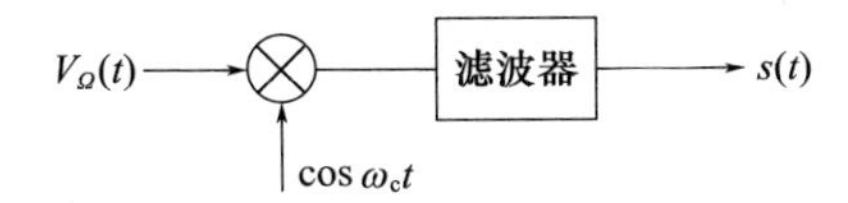

图2.3 幅度调制的一般模型

DSB信号的时域表达式为

$$s(t)=Av_{\Omega}(t)\cos\omega_c t \tag{2-6}$$

对式(2-6)进行傅里叶变换，可得

$$S(\omega)=\frac{A}{2}[V_{\Omega}(\omega+\omega_c)+V_{\Omega}(\omega-\omega_c)] \tag{2-7}$$

式中：$V_{\Omega}(\omega)$为$v_{\Omega}(t)$的频谱。

DSB信号的时域和频域波形如图2.4所示。DSB信号的频谱带宽与AM信号相同。

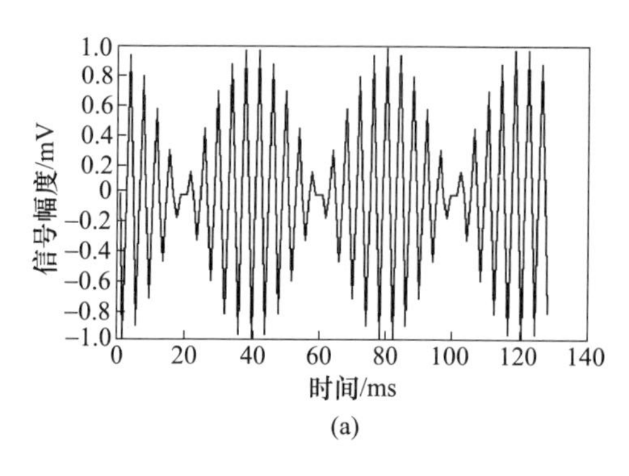

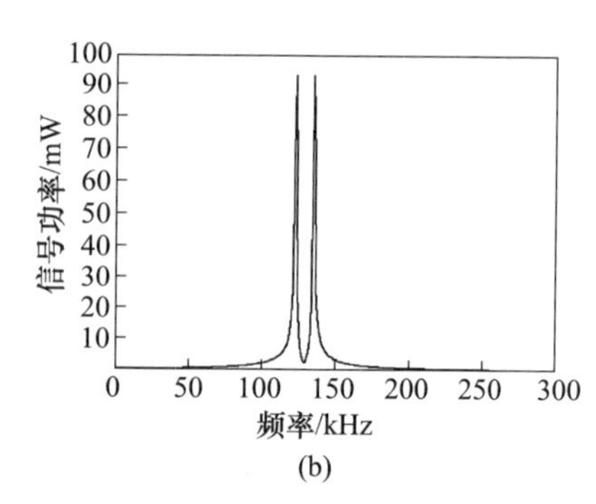

图 2.4　DSB 信号的时域图(a)、频域图(b)

2.1.1.3　单边带调制

单边带(SSB)信号是通过滤除双边带信号的一个边带而得到的。滤除其上边带就是下边带(LSB)信号,滤除其下边带就可得到上边带(USB)信号。由于单边带信号的频谱宽度仅为双边带信号的1/2,一方面,可以为日益拥挤的短波频段节约频率资源;另一方面,单边带只传送携带信息的一个边带功率,接收机带宽也将减少50%。我们知道,信噪比的大小是与带宽成比例的,假设接收端的信号功率保持不变,由于与 DSB 相比带宽减少了1/2,其接收信噪比将增加3dB。如果与全载波 AM 信号调制相比,则信噪比增加4.77+3=7.77dB。换句话说,获得同样信噪比时,单边带能大大节省发射功率。短波频段广泛采用单边带信号传输信息。下边带信号的表达式为

$$s(t)=v_{\Omega}(t)\cos\omega_{c}t+\hat{v}_{\Omega}(t)\sin\omega_{c}t \tag{2-8}$$

上边带信号的数学表达式为

$$s(t)=v_{\Omega}(t)\cos\omega_{c}t-\hat{v}_{\Omega}(t)\sin\omega_{c}t \tag{2-9}$$

式中:$\hat{v}_{\Omega}(t)$为基带信号 $v_{\Omega}(t)$的 Hilbert 变换,即

$$\hat{v}_{\Omega}=v_{\Omega}(t)\otimes\frac{1}{\pi t} \tag{2-10}$$

式中:⊗为卷积。Hilbert 变换实际上就是对该信号进行 π/2 的移相。

单边带信号的频谱如图 2.5 所示。

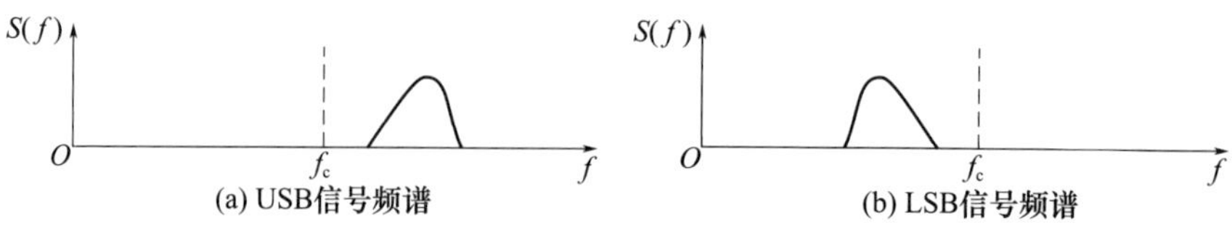

图 2.5　单边带信号的频谱

单边带调制可以通过对图2.3中滤波器的合理选择实现，也可以用下图的平衡调制实现，框图如图2.6所示。两路相乘结果相减时得到上边带信号，相加时得到下边带信号。

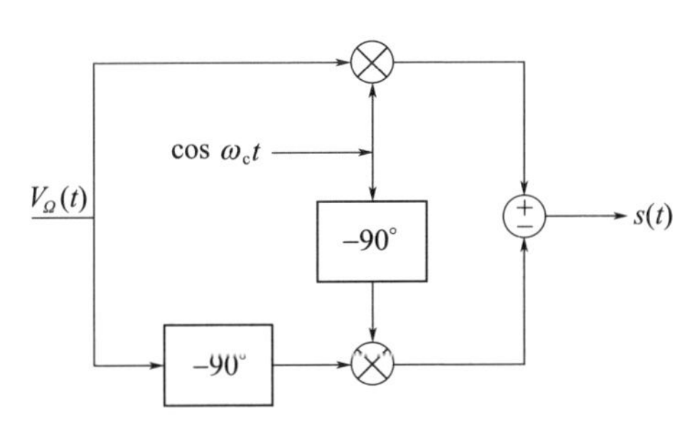

图2.6 单边带信号的平衡调制实现

如果发射机仍然发射两个边带，但是与双边带不同，两个边带中含有两种不同的信息，这种调制方式称为独立边带(ISB)。它的数学表达式为

$$s(t)=[v_{\mathrm{U}}(t)+v_{\mathrm{L}}(t)]\cos\omega_{\mathrm{c}}t+[\hat{v}_{\mathrm{U}}(t)-\hat{v}_{\mathrm{L}}(t)]\sin\omega_{\mathrm{c}}t \tag{2-11}$$

式中：v_{U}、v_{L}分别为上、下边带信号；$\hat{v}_{\mathrm{U}}$、$\hat{v}_{\mathrm{L}}(t)$分别为上、下边带信号的Hilbert变换。

独立边带信号的频谱图如图2.7所示。

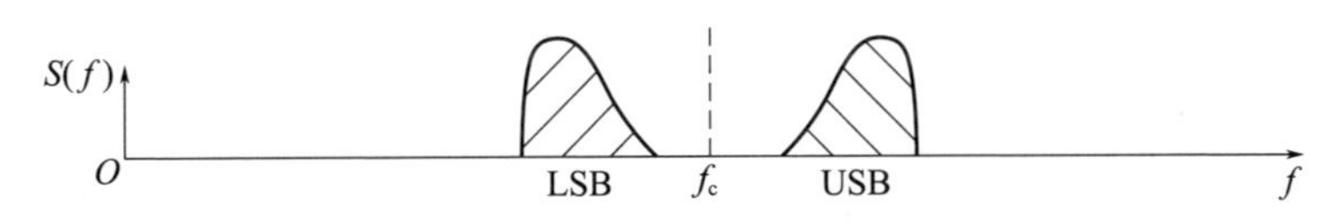

图2.7 独立边带信号频谱

2.1.1.4 调频

调频(FM)是载波的瞬时频率随调制信号成线性变化的一种调制方式，对于基带信号$v_{\Omega}(t)$，其调频信号的数学表达式可以写为

$$s(t)=A\cos[\omega_{\mathrm{c}}t+k_{\Omega}\int_{0}^{t}v_{\Omega}(t)\mathrm{d}t] \tag{2-12}$$

式中：k_{Ω}为频偏常数。

如果调制信号为单音信号时，即$v_{\Omega}(t)=A_{\mathrm{m}}\cos\Omega t$，则

$$\begin{aligned}s(t)&=A\cos(\omega_{\mathrm{c}}t+k_{\Omega}\int_{0}^{t}A_{\mathrm{m}}\cos\Omega t\mathrm{d}t)\\&=A\cos(\omega_{\mathrm{c}}t+k_{\Omega}A_{\mathrm{m}}/\Omega\cdot\sin\Omega t)\\&=A\cos(\omega_{\mathrm{c}}t+\Delta\omega/\Omega\cdot\sin\Omega t)\\&=A\cos(\omega_{\mathrm{c}}t+\beta_{\Omega}\cdot\sin\Omega t)\end{aligned} \tag{2-13}$$

式中：$\beta_{\Omega}=k_{\Omega}A_{m}/\Omega$，称为调频指数，把 $\Delta\omega=k_{\Omega}A_{m}$，称为最大角频偏。

如果调制信号为一多音信号，则调频指数为

$$\beta_{\Omega}=\frac{k_{\Omega}A_{m}}{\omega_{max}}=\frac{\Delta f}{f_{max}} \tag{2-14}$$

式中：Δf 为最大频偏；f_{max} 为调制信号中最高频率分量。

展开式(2-13)可得

$$\begin{aligned}s(t)&=A\cos(\omega_{c}t+\beta_{\Omega}\cdot\sin\Omega t)\\&=A\cos(\omega_{c}t)\cos(\beta_{\Omega}\cdot\sin\Omega t)-A\sin(\omega_{c}t)\sin(\beta_{\Omega}\cdot\sin\Omega t)\end{aligned} \tag{2-15}$$

式中：$\cos(\beta_{\Omega}\cdot\sin\Omega t)$、$\sin(\beta_{\Omega}\cdot\sin\Omega t)$ 可进一步展开成以贝塞尔函数为系数的三角级数，即

$$\begin{aligned}\cos(\beta_{\Omega}\cdot\sin\Omega t)&=\mathrm{I}_{0}(\beta_{\Omega})+2\sum_{n=1}^{\infty}\mathrm{I}_{2n}(\beta_{\Omega})\cos2n\Omega t\\\sin(\beta_{\Omega}\cdot\sin\Omega t)&=2\sum_{n=1}^{\infty}\mathrm{I}_{2n-1}(\beta_{\Omega})\sin(2n-1)\Omega t\end{aligned} \tag{2-16}$$

式中：$\mathrm{I}_{n}(\beta_{\Omega})$ 为第一类 n 阶贝塞尔函数，是 n 和 β_{Ω} 的函数，并且

$$\mathrm{I}_{n}(\beta_{\Omega})=\sum_{m=-\infty}^{\infty}\frac{(-1)^{m}(\beta_{\Omega}/2)^{2m+n}}{m!(n+m)!}$$

利用式(2-15)、式(2-16)以及贝塞尔函数性质，可以得到调频信号的级数展开式为

$$s(t)=A_{m}\sum_{n=-\infty}^{\infty}\mathrm{I}_{n}(\beta_{\Omega})\cos(\omega_{c}t+n\Omega t) \tag{2-17}$$

对其进行傅里叶变换就可得到频谱为

$$S(\omega)=\pi A_{m}\sum_{n=-\infty}^{\infty}\mathrm{I}_{n}(\beta_{\Omega})[\delta(\omega-\omega_{c}-n\Omega)+\delta(\omega+\omega_{c}+n\Omega)] \tag{2-18}$$

由式(2-18)可见，调频信号的频谱包括载波分量 ω_{c}，以及无穷多个边频分量 $\omega_{c}\pm k\Omega$，边频之间的谱线间隔为 Ω，其载波分量幅度正比于 $\mathrm{I}_{0}(\beta_{\Omega})$，而围绕载波的各次边频分量幅度则正比于 $\mathrm{I}_{n}(\beta_{\Omega})$。

在实际中常采用卡森(Carson)公式计算调频信号带宽，即

$$\mathrm{BW}=2(\beta_{\Omega}+1)f_{max}=2(\Delta f+f_{max}) \tag{2-19}$$

也就是说，调频信号带宽 = 2 ×（最大频偏 + 最高调制频率）。卡森公式还表明，当调制指数较小时($\beta_{\Omega}\ll1$)，调频信号的频谱集中在载波频率附近，且有一对

边带，位于载波 $\pm f_{\max}$ 处，带宽为调制信号最高频率分量的2倍（与AM类似）；当调制指数较大时，其带宽约等于 $2\Delta f$。

调频信号的时域和频域波形如图2.8所示。

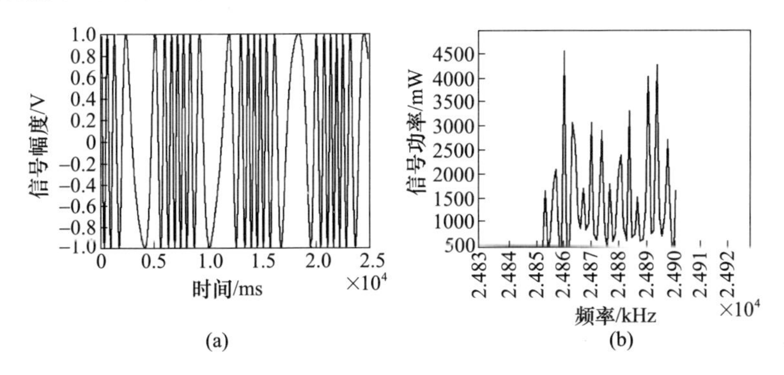

图2.8　FM信号的时域图(a)、频域图(b)

下面对窄带调频信号作一简要分析。

当已调信号中，由调制信号引起的最大瞬时相位偏移满足

$$\left|k_{\Omega}\int_{0}^{t}v_{\Omega}(t)\,\mathrm{d}t\right|_{\max}\ll\frac{\pi}{6} \tag{2-20}$$

时，称为窄带调频，即

$$\begin{aligned}s(t)&=A\cos\left[\omega_{\mathrm{c}}t+k_{\Omega}\int_{0}^{t}v_{\Omega}(t)\,\mathrm{d}t\right]\\&=A\cos(\omega_{\mathrm{c}}t)\cos\left[k_{\Omega}\int_{0}^{t}v_{\Omega}(t)\,\mathrm{d}t\right]-A\sin(\omega_{\mathrm{c}}t)\sin\left[k_{\Omega}\int_{0}^{t}v_{\Omega}(t)\,\mathrm{d}t\right]\end{aligned} \tag{2-21}$$

当满足式(2-20)时，有

$$\begin{aligned}&\cos\left[k_{\Omega}\int_{0}^{t}v_{\Omega}(t)\,\mathrm{d}t\right]\approx 1\\&\sin\left[k_{\Omega}\int_{0}^{t}v_{\Omega}(t)\,\mathrm{d}t\right]\approx k_{\Omega}\int_{0}^{t}v_{\Omega}(t)\,\mathrm{d}t\end{aligned} \tag{2-22}$$

于是，式(2-21)可近似为

$$s(t)\approx A\cos(\omega_{\mathrm{c}}t)-A\cdot k_{\Omega}\int_{0}^{t}v_{\Omega}(t)\,\mathrm{d}t\cdot\sin(\omega_{\mathrm{c}}t) \tag{2-23}$$

对式(2-23)进行频谱分析，可得

$$S(\omega)\approx\pi A[\delta(\omega-\omega_{\mathrm{c}})+\delta(\omega+\omega_{\mathrm{c}})]+\frac{Ak_{\Omega}}{2}\left[\frac{V_{\Omega}(\omega-\omega_{\mathrm{c}})}{\omega-\omega_{\mathrm{c}}}-\frac{V_{\Omega}(\omega+\omega_{\mathrm{c}})}{\omega+\omega_{\mathrm{c}}}\right] \tag{2-24}$$

从式(2－24)可以看出,窄带调频的频谱与全载波调幅调制的频谱相比,形式上有类似之处:有载波及两个边带。窄带调频信号的带宽也是调制信号中最高频率分量的2倍。

2.1.2 数字调制

模拟调制是对载波参量进行连续调制,数字调制是用载波信号的某些离散状态表征所传输的信息。数字调制有基于幅度变化的ASK调制、基于相位变化的PSK调制、基于频率变化的FSK调制3种基本形态,据此可以派生出各种数字调制。数字调制可以按线性、非线性调制分类,如振幅调制就是线性调制,已调信号频谱与基带信号的频谱结构相同,频移键控、相移键控属于非线性调制;还可以按照已调信号包络是否恒定,把数字调制分为恒包络、非恒包络调制。非恒包络调制信号包括ASK、QAM等;恒包络信号包括FSK、PSK、连续相位调制(CPM)等。FSK又可以分为二进制频移键控(BFSK)、M进制频移键控(MFSK);PSK可以分为二进制相移键控(BPSK)、差分相移键控(DPSK)、四相相移键控(QPSK)、八相相移键控(8PSK)等,其中QPSK又包含偏移四相相移键控(OQPSK)、π/4四相相移键控(π/4－QPSK)、差分四相相移键控(DQPSK)等类型;CPM有最小频移键控(MSK)、高斯滤波最小频移键控(GMSK)、平滑调频(TFM)等信号类型。

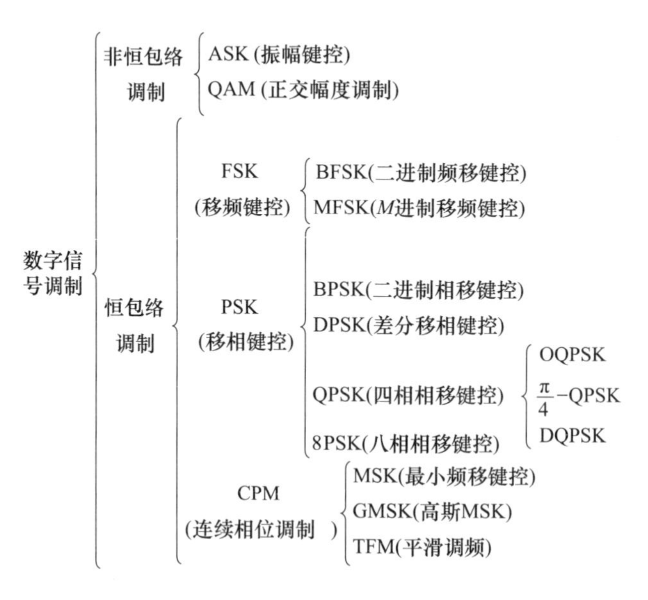

图2.9　数字调制信号分类

2.1.2.1　二进制幅移键控(2ASK)信号

幅移键控是数字基带信号对载波幅度进行控制的一种调制方法,二进制的幅移键控信号可以表示为一个单极性脉冲与一个正弦载波相乘,其实现框图与图2.3类似,数学表达式为

$$s(t)=\sum_{n}a_{n}g(t-nT)\cos\omega_{c}t \tag{2-25}$$

式中:$g(t)$为持续时间T的矩形脉冲;a_n为信源给出的二进制符号0、1,服从如下关系,即

$$a_{n}=\begin{cases}0 & \text{概率为 } P\\ 1 & \text{概率为}(1-P)\end{cases} \tag{2-26}$$

当$P=1/2$时,2ASK的功率谱表达式可以写为

$$P(f)=\frac{1}{16T}\left[|G(f+f_{c})|^{2}+|G(f-f_{c})|^{2}\right]+\frac{1}{16T^{2}}|G(0)|^{2}\left[\delta(f+f_{c})+\delta(f-f_{c})\right] \tag{2-27}$$

式中:$G(f)$为$g(t)$的频谱。

由于$g(t)$的频谱为

$$G(f)=T\left(\frac{\sin\pi fT}{\pi fT}\right)e^{-j\pi fT},\quad |G(0)|=T \tag{2-28}$$

所以有

$$P(f)=\frac{T}{16}\left[\left|\frac{\sin\pi(f+f_{c})T}{\pi(f+f_{c})T}\right|^{2}+\left|\frac{\sin\pi(f-f_{c})T}{\pi(f-f_{c})T}\right|^{2}\right]+\frac{1}{16}\left[\delta(f+f_{c})+\delta(f-f_{c})\right] \tag{2-29}$$

2ASK的时域波形、频域图如图2.10所示。

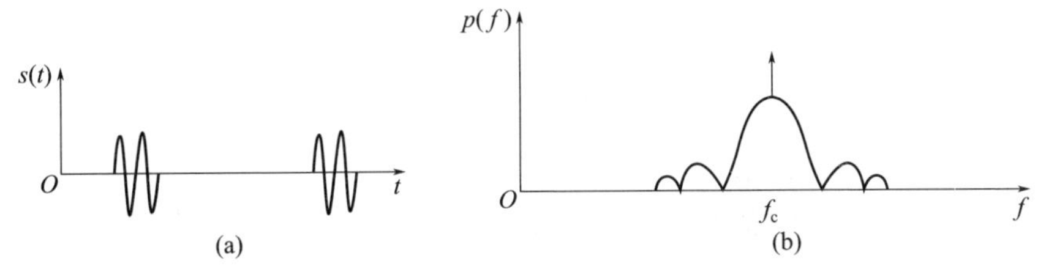

图2.10　2ASK的时域波形(a)、功率谱(b)

2ASK 的功率谱由连续谱和离散谱两部分组成，其中连续谱取决于 $g(t)$ 经线性调制后的双边带谱，而离散谱则由载波分量确定。2ASK 信号的带宽是基带脉冲波形带宽的 2 倍。从频域上看，ASK 的作用是将基带信号频谱搬移到以载波为中心的频带内，它的频谱结构和各个频率分量的相对关系没有发生实质性变化，是一种线性调制。

2.1.2.2 *M* 进制幅移键控调制信号

M 进制幅移键控调制（MASK）信号比 2ASK 的信息传输效率更高（图 2.11）。在相同的码元传输速率下，MASK 信号和 2ASK 的带宽相同，2ASK 的信道利用率最高为 2(b/s)·Hz，MASK 的信道利用率可超过 2(b/s)·Hz。M 电平调制信号可表示为

$$s(t) = \sum_n a_n g(t - nT)\cos(\omega_c t) \tag{2-30}$$

式中：$g(t)$ 为持续时间 T 的矩形脉冲；a_n 为信源给出的 M 进制符号 $0,1,\cdots,M-1$。

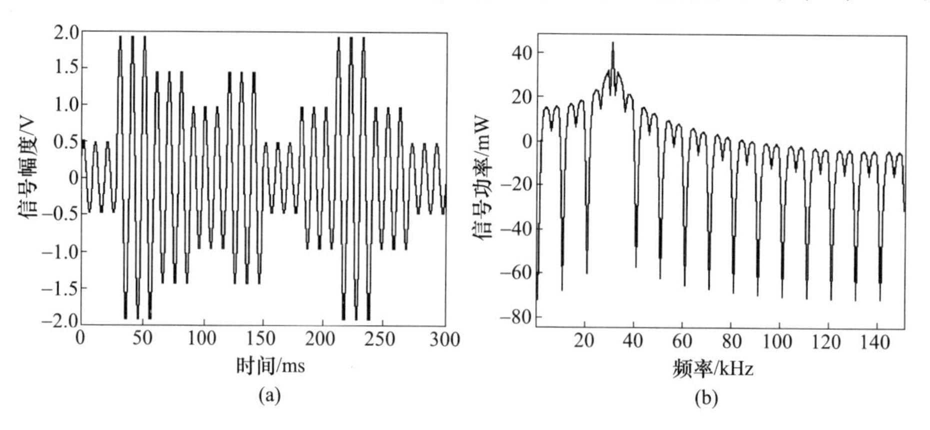

图 2.11 MASK 的时域图（a）、频域图（b）

MASK 的功率谱与 2ASK 相同，它相当于 M 电平基带信号对载波进行双边带调幅，因此带宽也是 M 电平基带信号的 2 倍。

2.1.2.3 二进制频移键控信号

移频键控是数字基带信号对载波瞬时频率进行控制的一种调制方法。对于二进制频移键控（2FSK）信号，设符号为 0 时已调波的瞬时角频率取 ω_1，符号为 1 时已调波的瞬时角频率取 ω_2。移频键控信号是根据基带信号的不同，载波频率取值交替出现的随机信号序列（图 2.12）。

它可以用一个矩形脉冲对一个载波进行调频实现，其表达式为

$$s(t) = \sum_n a_n g(t - nT)\cos\omega_1 t + \sum_n \bar{a}_n g(t - nT)\cos\omega_2 t \tag{2-31}$$

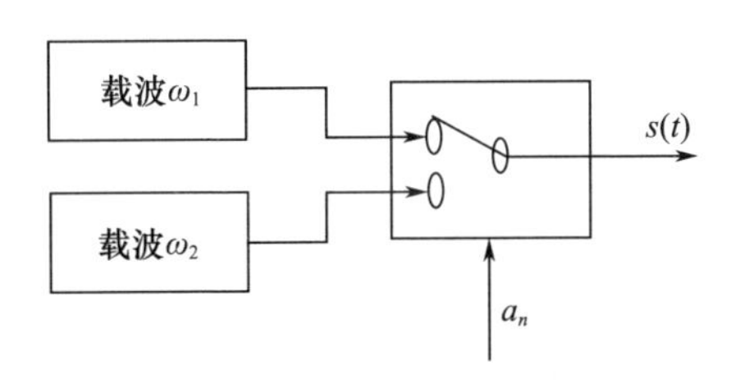

图 2.12　2FSK 的信号产生

式中：a_n 的取值为 0,1；$g(t)$ 为矩形脉冲；$\bar{a}_n$ 为 a_n 的反码；T 为码元周期。

只要把调制数据序列形成矩形脉冲，对一个载波进行调频就可以实现。也可以采用键控法，利用矩形脉冲序列对两个不同的频率源进行选通。

若 a_n 取 0、1 的概率相等，$g(t)$ 的频谱为 $G(f)$，则 $s(t)$ 的功率谱表达式为

$$\begin{aligned} P(f) = & \frac{1}{16T}\left[|G(f+f_1)|^2 + |G(f-f_1)|^2 \right] + \\ & \frac{1}{16T^2}|G(0)|^2[\delta(f+f_1) + \delta(f-f_1)] + \\ & \frac{1}{16T}\left[|G(f+f_2)|^2 + |G(f-f_2)|^2 \right] + \\ & \frac{1}{16T^2}|G(0)|^2[\delta(f+f_2) + \delta(f-f_2)] \end{aligned} \tag{2-32}$$

将式(2-28)代入式(2-32)，可得

$$\begin{aligned} P(f) = & \frac{T}{16}\left[\left| \frac{\sin\pi(f+f_1)T}{\pi(f+f_1)T} \right|^2 + \left| \frac{\sin\pi(f-f_1)T}{\pi(f-f_1)T} \right|^2 \right] + \\ & \frac{T}{16}\left[\left| \frac{\sin\pi(f+f_2)T}{\pi(f+f_2)T} \right|^2 + \left| \frac{\sin\pi(f-f_2)T}{\pi(f-f_2)T} \right|^2 \right] + \\ & \frac{1}{16}[\delta(f+f_1) + \delta(f-f_1)] + \\ & \frac{1}{16}[\delta(f+f_2) + \delta(f-f_2)] \end{aligned} \tag{2-33}$$

画出 2FSK 信号的时域和频域图如图 2.13 所示。

2FSK 的功率谱也是由连续谱和离散谱构成的，其中连续谱由两个双边带谱叠加而成，离散谱出现在两个载波的位置上。如两个载波之间的距离较小，则连续谱

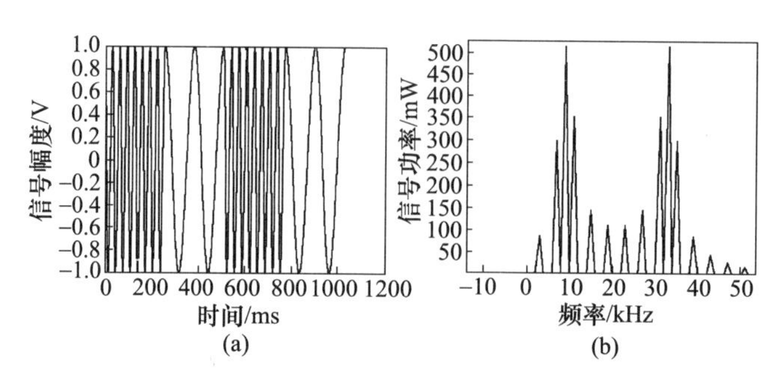

图 2.13　2FSK 的时域图(a)、频域图(b)

出现单峰,如 $|f_2-f_1|<\frac{1}{T}$,其中 T 为码元宽度;如载频之差较大,则出现双峰。假设信号带宽限制在主瓣范围内,矩形脉冲的信号带宽与码元速率相同,则 2FSK 信号所需的带宽为

$$BW=|f_2-f_1|+\frac{2}{T}=|f_2-f_1|+2R \tag{2-34}$$

式中:$R=1/T$ 为码元速率。

如果采用升余弦脉冲滤波器,传输带宽为

$$BW=|f_2-f_1|+(1+\alpha)R \tag{2-35}$$

式中:α 为滤波器的滚降系数。

2.1.2.4　最小频移键控

最小频移键控(MSK)是一种特殊的连续相位频移键控(CPFSK)方式。其频率差是满足两个频率相互正交的最小频率差。其频差为 $\Delta f=|f_2-f_1|=\frac{1}{2T}$。可以令输入符号为 +1 时发送 $f_c+\frac{1}{4T}$,输入符号为 −1 时,发送 $f_c-\frac{1}{4T}$。MSK 信号的主要特点是包络恒定,带外辐射小,实现较简单。MSK 也可以看成一类特殊的 OQPSK 信号。

MSK 的数学表达式为

$$s(t)=\cos\left(\omega_c t+\frac{\pi}{2T}a_n t+\phi_n\right) \tag{2-36}$$

式中:T 为码元宽度;a_n 为 +1, −1;ϕ_n 是为了保证 $t=n$ 时相位连续而加入的相位常量。

令

$$\varphi_n=\omega_c t+\theta_n \quad nT\leqslant t\leqslant(n+1)T \tag{2-37}$$

式中：$\theta_n = \frac{\pi}{2T}a_n t + \phi_n$，为了保持相位连续，在 $t = nT$ 时刻应满足

$$\varphi_{n-1}(nT) = \varphi_n(nT) \tag{2-38}$$

将式(2-37)代入式(2-38)，可得

$$\omega_c nT + \frac{\pi}{2T}a_{n-1}nT + \phi_{n-1} = \omega_c nT + \frac{\pi}{2T}a_n nT + \phi_n \tag{2-39}$$

则

$$\phi_n = \phi_{n-1} + (a_{n-1} - a_n)\frac{n\pi}{2} \tag{2-40}$$

由式(2-40)可见，本码元内的相位常数不仅与本码元区间的输入有关，还与前一个码元区间的输入及相位常数有关。利用 MSK 的信号特征，对式(2-36)进行展开可得

$$s(t) = \cos\phi_n \cos\left(\frac{\pi}{2T}t\right)\cos\omega_c t - a_n \cos\phi_n \sin\left(\frac{\pi}{2T}t\right)\sin\omega_c t \tag{2-41}$$

令 $I(t) = \cos\phi_n \cos\left(\frac{\pi}{2T}t\right)$ 为同相支路，$Q(t) = a_n \cos\phi_n \sin\left(\frac{\pi}{2T}t\right)$ 为正交支路。

令 $n = 2k(k = 0,1,2,\cdots)$，对式(2-40)进行进一步数学分析，可得

$$\begin{cases} \cos\phi_{2k} = \cos\phi_{2k-1} \\ a_{2k+1}\cos\phi_{2k+1} = a_{2k}\cos\phi_{2k} \end{cases} \tag{2-42}$$

由式(2-42)可以看出，I 支路与 Q 支路并不是每隔时间 T 就可能改变符号，而是每隔 $2T$ 才可能改变符号。若对输入数据进行差分编码($a_n = d_n \cdot d_{n-1}$)后再进行调制，则只要对 $\cos\phi_n$、$a_n\cos\phi_n$ 交替取样就可以恢复出数据 d_n。调制框图如图 2.14 所示。

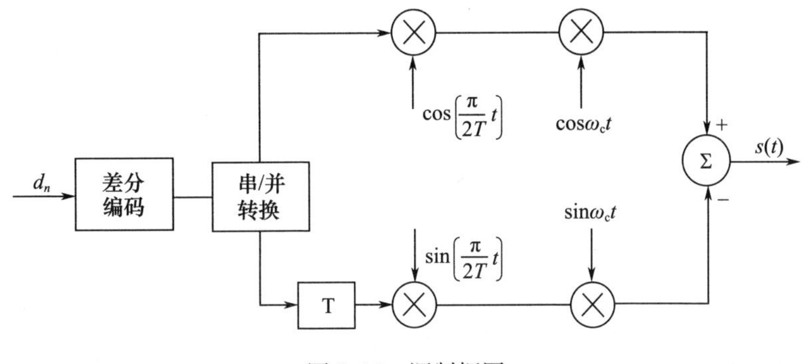

图 2.14 调制框图

MSK 的单边功率谱表示为

$$P(f)=\frac{8T}{\pi^2\left[1-16\,(f-f_c)^2T^2\right]^2}\cos^2\left[2\pi(f-f_c)T\right] \tag{2-43}$$

MSK 的第一个零点出现在$f-f_c=\frac{0.75}{T}$处,BPSK 信号的第一个零点出现在$f-f_c=\frac{1}{T}$处,QPSK 信号的第一个零点出现在$f-f_c=\frac{0.5}{T}$处。MSK 信号的功率谱主瓣比 BPSK 窄,且它的旁瓣要比 BPSK 信号低 20dB 左右;MSK 信号的主瓣比 QPSK 信号的主瓣要宽,而它的旁瓣要比 QPSK 信号低得多。但是,当$(f-f_c)T\to\infty$时,MSK 的功率谱以$[(f-f_c)T]^{-4}$速率衰减,而 QPSK 的衰减速率为$[(f-f_c)T]^{-2}$要慢得多(图 2.15)。

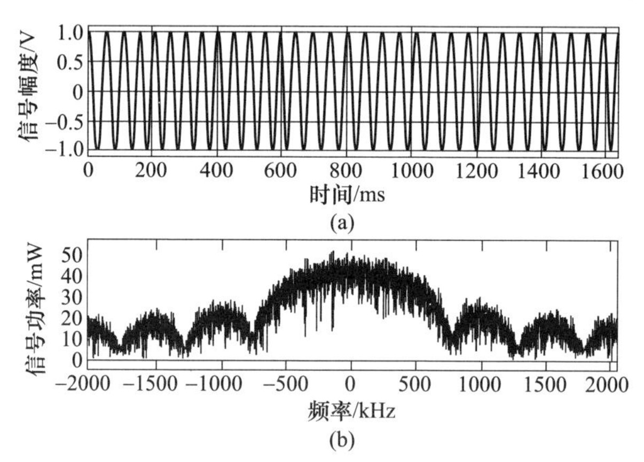

图 2.15　MSK 信号的时域图(a)、频域图(b)

2.1.2.5　GMSK 信号

GMSK 调制是把输入数据经过高斯低通滤波器进行预调制滤波后,再进行 MSK 调制的数字调制方式。它在保持恒定幅度的同时,能够通过改变高斯滤波器的 3dB 带宽对已调信号的频谱进行控制,使得频谱上旁瓣水平进一步降低。

高斯低通滤波器的冲激响应为

$$h(t)=\frac{\sqrt{\pi}}{\alpha}\exp\left(-\frac{\pi^2}{\alpha^2}t^2\right) \tag{2-44}$$

式中:$\alpha=\frac{\sqrt{\ln 2}}{\sqrt{2}B}=\frac{0.5887}{B}$,$B$为高斯滤波器的 3dB 带宽。

如果高斯滤波器的输入、输出分别用$x(t)$、$g(t)$表示,则

$$g(t)=x(t)\otimes h(t) \tag{2-45}$$

式中:$\otimes$表示卷积。

GMSK 的数学表达式可以写成

$$s(t) = \cos\left\{\omega_c t + \frac{\pi}{2T}\int_{-\infty}^{t}\left[\sum a_n g\left(\tau - nT - \frac{T}{2}\right)\right]\mathrm{d}\tau\right\} \tag{2-46}$$

式中：a_n 为输入不归零的数据。

GMSK 与 MSK 不同的是，影响其相位变化的基带信号 $g(t)$ 不是矩形波，而是高斯滤波器的矩形脉冲响应。基带的高斯脉冲成型技术平滑了 MSK 信号的相位曲线，信号频谱更稳定，旁瓣更低，功率谱集中。与此同时，预调制高斯滤波器在发射信号中引入了码间干扰（ISI），GMSK 信号随着比特时间乘积的减少，旁瓣衰落加快，但符号间干扰增大。但是如果滤波器的 3dB 带宽与比特时间乘积大于 0.5，则性能下降并不严重。

GMSK 信号形式和 MSK 相似，只是多了滤波环节，因此，一种简单的调制实现方法是：只要把不归零（NRZ）的输入数据先进行高斯滤波，再进行 FM 调制就可以了，如图 2.16 和图 2.17 所示。

图 2.16　用直接调频方法实现 GMSK 信号

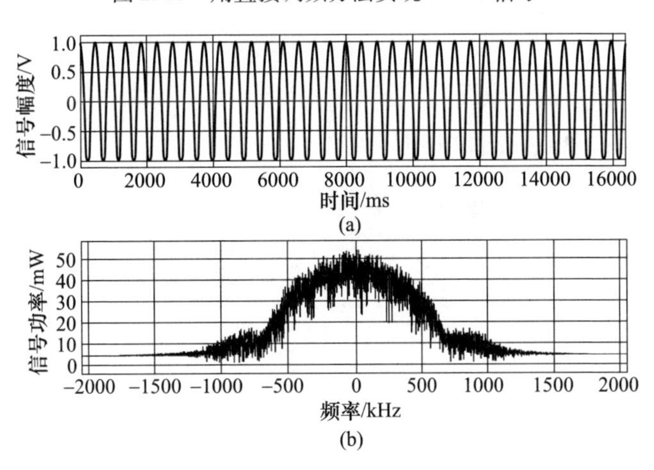

图 2.17　GMSK 信号的时域图（a）、频域图（b）

对式（2-46）再进行正交展开，可得

$$s(t) = \cos(\omega_c t + \theta(t)) = \cos\theta(t)\cos(\omega_c t) - \sin\theta(t)\sin(\omega_c t)$$

其中

$$\begin{aligned}\theta(t) &= \frac{\pi}{2T}\int_{-\infty}^{t}\left[\sum a_n g\left(\tau - nT - \frac{T}{2}\right)\right]\mathrm{d}\tau \\ &= \theta(kT) + \Delta\theta(t), kT \leqslant t < (k+1)T\end{aligned}$$

在实际中，式(2-46)中的 $g(t)$ 不可能取无穷长，需要截短，如取 $(2N+1)T$ 区间，这样 $\theta(t)$ 在码元转换时刻的取值 $\theta(kT)$ 是有限的，当前码元的相位增量 $\Delta\theta(t)$ 只与 $2N+1$ 个比特有关。实际应用中可以先制作 $\sin\theta(t)$、$\cos\theta(t)$ 的表，利用查表法，根据输入的数据读出相应的值，然后进行正交调制就可以了。

2.1.2.6 *M* 进制频移键控调制信号

M 进制频移键控调制(MFSK)是 2FSK 信号的直接推广。其数学表达式一般可以写为

$$s(t) = \sum_{n} g(t-nT)\cos(\omega_{c}t + \Delta\omega_{m}t) \tag{2-47}$$

式中：$\Delta\omega_m(m=0,1,\cdots,M-1)$ 为与 a_n 相对应的载波角频率偏移。

在实际使用中，通常有 $\Delta\omega_0=\Delta\omega_1=\cdots=\Delta\omega_{M-1}=\Delta\omega$。这样，式(2-47)可以重写为

$$s(t) = \sum_{n} g(t-nT)\cos(\omega_{c}t + a_{n}\Delta\omega t) \tag{2-48}$$

因此，只要把 a_n、$\Delta\omega$ 看成调制频率，就可以利用调频的方法实现 MFSK 调制了。

MFSK 信号的带宽一般定义为

$$\mathrm{BW} = f_{\max} - f_{\min} + \Delta f_{g} \tag{2-49}$$

式中：$f_{\max}$ 为选用的最高频率；$f_{\min}$ 为选用的最低频率；Δf_g 为单个码元的带宽。

4FSK 的时域、频域如图 2.18 所示。

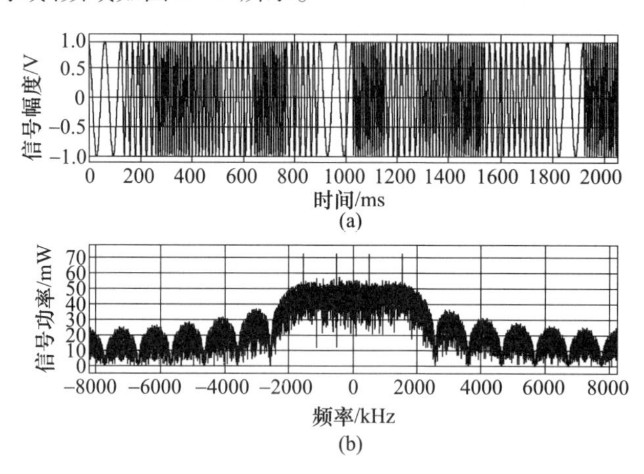

图 2.18　4FSK 的时域图(a)、频域图(b)

2.1.2.7 二进制相移键控信号

二进制相移键控(BPSK)方式是键控的载波相位按基带脉冲序列的规律而改

变的数字调制方式。BPSK 既可以看作相位调制,也可以看作脉冲幅度调制,其基带信号是幅度为 1 的矩形脉冲。BPSK 的信号形式一般表示为

$$s(t) = \sqrt{\frac{2E_s}{T}} \sum_n a_n g(t - nT)\cos(\omega_c t) \tag{2-50}$$

式中:E_s 为每个符号的能量;T 为符号周期。a_n 的取值为 -1 或 $+1$,即发送二进制符号 0 时 a_n 取 1,发送二进制符号 1 时 a_n 取 -1。这种调制方式与 2ASK 信号十分类似。

在用 BPSK 调制方式时,由于发送端以某个相位作为基准的,因而在接收端也必须有这样一个固定的基准相位作参考。如果参考相位发生变化,则接收端恢复的信息就会出错,即存在“倒 π”现象。为此,在实际中一般采用差分相移键控(DPSK)。DPSK 是利用前后相邻码元的相对载波相位去表示数字信息的一种表示方法。DPSK 和 BPSK 只是对信源数据的编码不同,在实现 DPSK 调制时,只要把码序列变成 DPSK 码,其他的操作和 BPSK 完全相同。假设在 BPSK 调制时,数字信息 0 用相位 0,数字信息 1 用相位 π 表示,在 DPSK 调制时数字信息 0 用相位变化 0,数字信息 1 用相位变化 π 表示,则 BPSK 和 DPSK 调制示例如下:

数字信息:　　　　　　　0　0　1　1　1　0　0　1　0　1

BPSK 信号相位:　　　　 0　0　π　π　π　0　0　π　0　π

DPSK 信号相位:0(参考)　0　0　π　0　π　π　π　0　0　π

在实现 DPSK 调制时,只要先把原信息序列(绝对码)变换成相对码,然后进行 DPSK 调制就可以了。相对码就是按相邻符号不变表示原信息 0,相邻符号改变表示原信息 1 的规律变换而成的。上述信息码的相对码为:DPSK 编码 0(参考)0 0 1 0 1 1 1 0 0 1

在一般情况下,BPSK 的功率谱与 2ASK 的谱一样,但 2ASK 信号总存在离散谱,而 BPSK 可能无离散谱(如符号 0 与 1 出现的概率相等时)。当然,BPSK 信号的带宽与 2ASK 的带宽相同。下面画出在同一信息源下 BPSK 和 DPSK 的波形(图 2.19)。

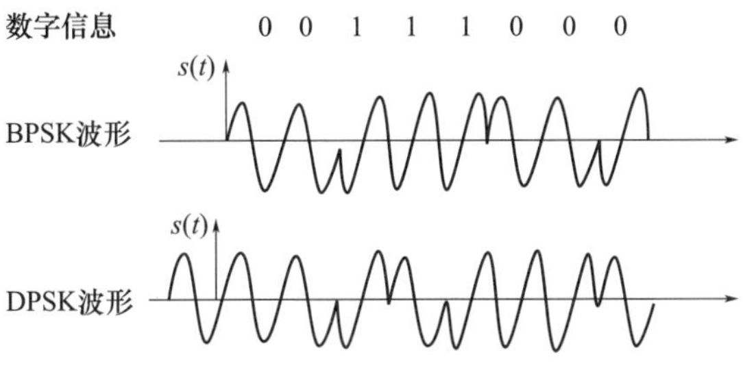

图 2.19　BPSK 和 DPSK 信号波形

BPSK 的功率谱密度为

$$P(f)=\frac{E_s}{2}\left[\left(\frac{\sin\pi(f+f_c)T}{\pi(f+f_c)T}\right)^2+\left(\frac{\sin\pi(f-f_c)T}{\pi(f-f_c)T}\right)^2\right] \tag{2-51}$$

BPSK 的时域、频域如图 2.20 所示。

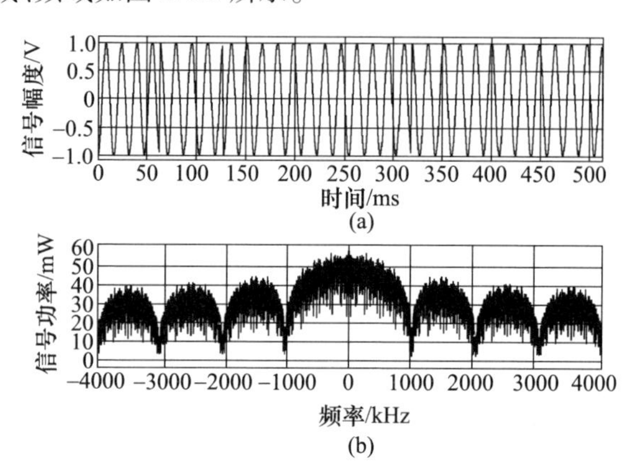

图 2.20　BPSK 信号的时域图(a)、频域图(b)

2.1.2.8　四相相移键控信号

在多进制相位调制中,四相相移键控(QPSK)信号是最常用的调制方式。它的一般表示式为

$$s(t)=\sqrt{\frac{2E_s}{T}}\sum_n g(t-nT)\cos(\omega_c t+\varphi_n) \tag{2-52}$$

式中:E_s 为每个符号的能量;T 为符号周期;φ_n 为受信息控制的相位参数,它将取可能的 4 种相位之一,如 0°、90°、180°、270° 或 45°、135°、225°、315°。如果把式(2-52)进一步展开可得

$$s(t)=\sqrt{\frac{2E_s}{T}}\sum_n \cos\varphi_n g(t-nT)\cos(\omega_c t)-\sqrt{\frac{2E_s}{T}}\sum_n \sin\varphi_n g(t-nT)\sin(\omega_c t) \tag{2-53}$$

PSK 信号的码元速率与 BPSK 信号的比特速率相同时,QPSK 信号是两个 BPSK 信号之和,因而,它具有和 BPSK 信号相同的频谱特征与误比特率性能(图 2.21)。

如果 QPSK 的功率谱密度以符号能量、符号周期表示,其表达式与 BPSK 一样。如果转换成比特能量 E_b、比特周期 T_b 表示,一个 MPSK 功率谱密度的通用表达式为

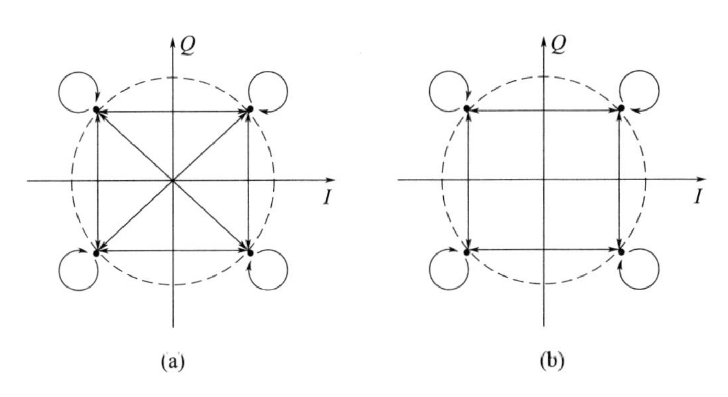

图 2.21　QPSK 和 OQPSK 调制的星座图(a)和相位转移图(b)

$$P(f)=\frac{E_b\log_2 M}{2}\left[\left(\frac{\sin\pi(f+f_c)T_b\log_2 M}{\pi(f+f_c)T_b\log_2 M}\right)^2+\left(\frac{\sin\pi(f-f_c)T_b\log_2 M}{\pi(f-f_c)T_b\log_2 M}\right)^2\right] \tag{2-54}$$

式中:$E_s=E_b\log_2 M$;$T=T_b\log_2 M$;M 表示 M 进制。

QPSK 的时域、频域如图 2.22 所示。

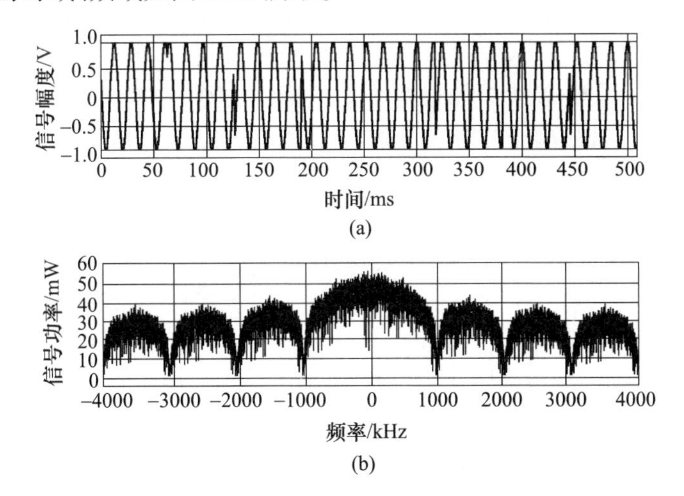

图 2.22　QPSK 信号的时域图(a)、频域图(b)

同样考虑到绝对移相存在倒 π 现象,常用相对移相方式 QDPSK 代替 QPSK 调制。也就是利用前后码元的相对相位变化表示信息。若以前一码元的相位作为参考,并设 $\Delta\varphi$ 为本码元与前一码元初相差,则信息编码与相位变化关系如表 2.1 所列。

表 2.1　信息编码与相位变化关系

$\Delta\varphi$	0°	90°	180°	270°
编码	00	01	11	10

假设规定 00:0°,01:90°, 10:180°,11:270°,那么,QPSK、QDPSK 信号如表 2.2 所列。

表 2.2　QPSK、QDPSK 信号一览表

输入序列	10	11	00	01	11	10	01	00
绝对编码	10	11	00	01	11	10	01	00
QPSK	270°	180°	0°	90°	180°	270°	90°	0°
QDPSK(参考为 0°)	270°	90°	90°	180°	0°	270°	0°	0°
相对序列	10	01	01	11	00	10	00	00

由表 2.2 可以看到,要实现 QDPSK 调制,只要把绝对码变换成相对码,就可以用 QPSK 的调制方法完成。

2.1.2.9　偏移四相相移键控信号

在实际传输中,QPSK 信号都要经过带通滤波器进行带限。带限后的 QPSK 信号已不能保持恒包络,在相邻符号间发生 180°相移时,经带限会出现包络为 0 的现象,从而造成信号频谱扩展,其旁瓣将会干扰邻近频道的信号。由图 2.21 可以看出,在 QPSK 的星座图中,有可能在任何两个相位之间转移,最大可产生 180°的相移,造成包络很大的起伏。如果两个正交调制支路,在时间上错开半个符号宽度,从而使得任意时刻两个支路的比特中最多只有一个比特发生改变,也就意味着,在任意发送时刻最大相移限制在 ±90°之内。于是,消除了 180°的相位跳变。这种将正交支路延迟半个码元的调制方法称为偏移四相相移键控(OQPSK),有时又称为参差四相相移键控(SQPSK),如图 2.23 所示。

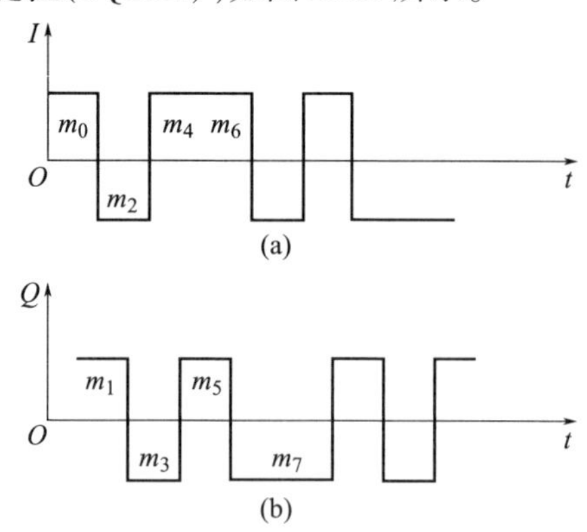

图 2.23　OQPSK 调制器中同相支路(a)和正交支路(b)时间交错波形图

OQPSK 信号可以表示为

$$s(t)=A[I(t)\cos(\omega_c t+\varphi_n)-Q(t)\sin(\omega_c t+\varphi_n)] \tag{2-55}$$

其中

$$\begin{cases}I(t)=\sum_n a_n g[t-(2n-1)T_b]\\Q(t)=\sum_n b_n g(t-2nT_b)\end{cases} \tag{2-56}$$

式中:$g(t)$为矩形函数;a_n、b_n 分别为输入序列串并转换后的两个序列,其取值为 -1、$+1$;$T_b=T/2$ 为信息序列周期,T 是符号周期。

OQPSK 的频谱与 QPSK 完全相同。OQPSK 的时域、频域如图 2.24 所示。

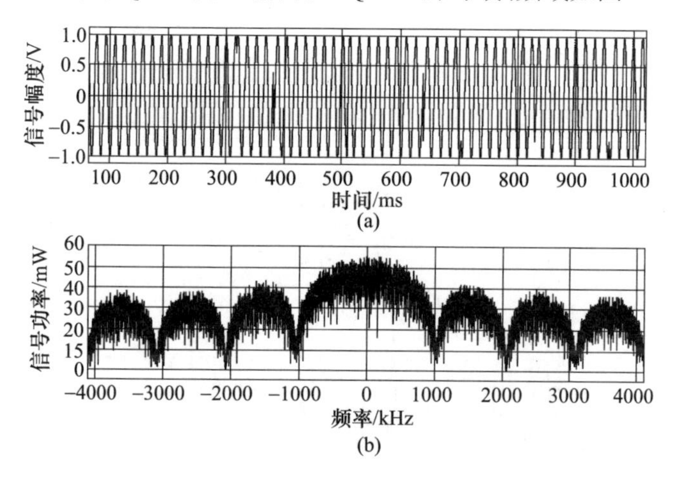

图 2.24　OQPSK 信号的时域、频域图

2.1.2.10　π/4 差分四相相移键控信号

π/4 差分四相相移键控(π/4 - DQPSK)是对 QPSK 信号的特性进行改进的一种调制方式,是对 QPSK 和 OQPSK 的一种折中。π/4 - DQPSK 四进制数字相位调制(QPSK)的最大相位跳变为 ±π,π/4 - DQPSK 为 ±3π/4,而 OQPSK 为 ±π/2。π/4 - DQPSK的包络起伏最大值为 QPSK 信号包络起伏最大值的 60%,是 OQPSK 信号包络起伏最大值的 2 倍。QPSK 只能用相干解调,而 π/4 - DQPSK 既可以用相干解调也可以用非相干解调。π/4 - DQPSK 改善了 OQPSK 由于 I 和 Q 支路时间上错开 $T/2$,经过不佳信道传输带来的正交串扰问题。π/4 - DQPSK 实现框图如图 2.25 所示。

输入数据进行串并转换后得到同相和正交两个非归零脉冲序列。通过差分相位编码,使得 $kT\leqslant t\leqslant(k+1)T$ 时间内,I 通道和 Q 通道的信号发生相应的相位变化,再分别进行调制后得到 π/4 - DQPSK。已调 π/4 - DQPSK 信号可以写为

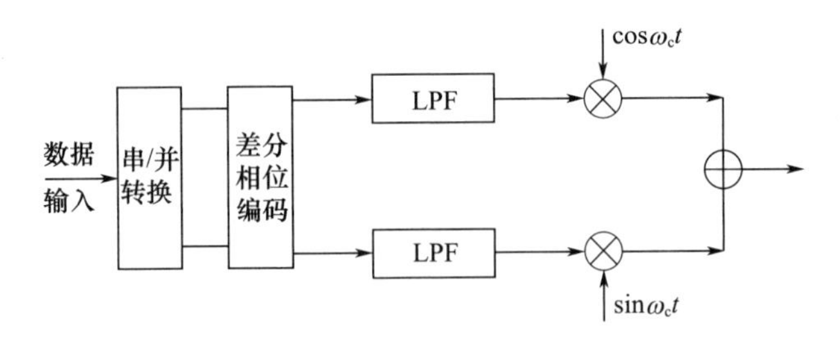

图 2.25　π/4 - DQPSK 信号的产生原理框图

$$s(t) = \sum_n g(t - nT)\cos(\omega_c t + \varphi_n) \tag{2-57}$$

把式(2-57)展开,可得

$$s(t) = \sum_n g(t - nT)I_n\cos(\omega_c t) - \sum_n g(t - nT)Q_n\sin(\omega_c t) \tag{2-58}$$

其中

$$\begin{aligned} I_n &= \cos\varphi_n \\ Q_n &= \sin\varphi_n \end{aligned} \tag{2-59}$$

π/4 - DQPSK 的时域、频域如图 2.26 所示。

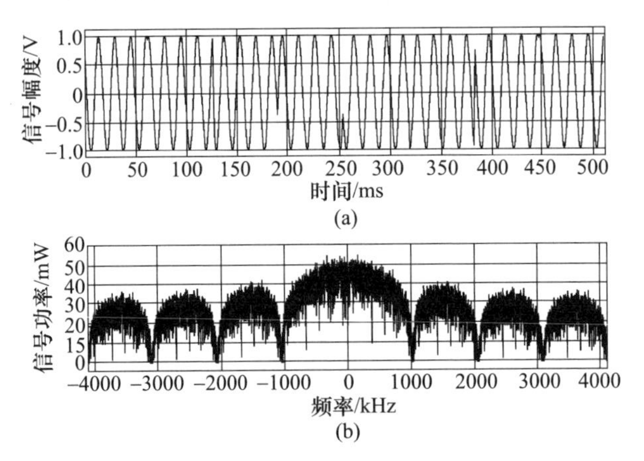

图 2.26　π/4 - DQPSK 信号的时域图(a)、频域图(b)

π/4 - DQPSK 信号在相位变化点的相位改变有 ±π/4、±3π/4 四种情况。每种变化代表 2bit 数据,这样共可产生 8 个相位点,即 0、π/4、π/2、3π/4、π、-3π/4、-π/2、-π/4 等。如果初始相位为 0,可以把这些相位分成两组:奇数符号相位点、偶数符号相位点。奇数符号相位点 = {π/4,3π/4, -3π/4, -π/4};偶数符号相位点 = {0,π/2,π, -π/2}。π/4 - DQPSK 信号的星座与相位转移如图 2.27 所示。

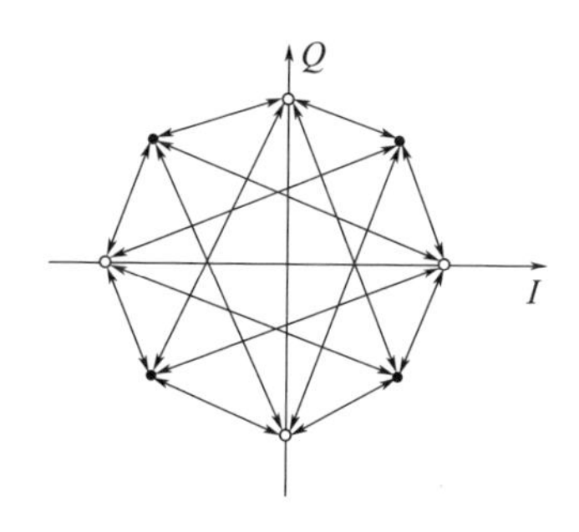

图2.27　π/4-DQPSK信号的星座与相位转移图

从图2.26中可以看出，在相邻码元，奇数符号相位点（用实心圆点表示），仅向偶数符号相位点跳变，同样，偶数符号相位点（用空心圆点表示），仅向奇数符号相位点跳变，不会在同一组内跳变。

2.1.2.11　连续相位调制

常规PSK和FSK调制具有相位突变的特性，其若要保持包络恒定，会造成比较大的频谱旁瓣，则频谱效率较低；如通过滤波器滤除旁瓣提高频率效率，则会破坏恒包络特性。连续相位调制（CPM）则是一种先进的相位调制技术，具有相位连续、包络恒定的特性，与PSK信号相比，具有更高的频谱效率，前面提到的MSK（$h=1/2$）、GMSK就是CPM调制的特例。

CPM调制信号模型为

$$s(t,\bar{a})=\sqrt{2E_s/T}\cos(2\pi f_c t+\varphi(t,\bar{a})+\phi_0)\qquad t\geqslant 0$$

式中：E_s为一个符号周期T内的能量；T为符号持续时间；f_c为载波频率；ϕ_0为初相；$\varphi(t,\bar{a})$为调制信息相位，定义为

$$\varphi(t,\bar{a})=2\pi\sum_{i=0}^{n}h_i a_i q(t-iT)\qquad nT\leqslant t\leqslant(n+1)T$$

式中：a_i为M进制信息符号序列，$a_i\in\{\pm1,\pm3,\cdots,\pm(M-1)\}$；$\{h_i\}$为调制指数序列，可以对于所有符号都是固定的，$h_i=h$；当调制指数从一个符号到另一个符号而变化时，CPM信号称为多重h；$q(t)$是相位响应函数，是脉冲函数$g(t)$的积分，即

$$q(t)=\begin{cases}0 & t<0\\ \int_0^t g(t)\,\mathrm{d}t & 0\leqslant t\leqslant LT\\ 1/2 & t>LT\end{cases}$$

式中：$g(t)$ 为在 $[0, LT]$ 内具有非零值的有限时间持续函数；LT 为持续时间，L 为正整数，称为关联长度。$L=1$ 时，调制信号称为全响应 CPM 信号；L 为大于 1 的整数时，调制信号称为部分响应 CPM 信号。调制波形 $g(t)$ 通常有 3 种形式：矩形（REC）脉冲函数、升余弦（RC）脉冲函数、高斯滤波最小频移键控（GMSK）脉冲函数。关联长度为 L 的 3 种波形的函数表达式为

$$\text{LREC}: g(t)=\begin{cases}\dfrac{1}{2LT} & 0\leqslant t\leqslant LT\\ 0 & \text{其他}\end{cases}$$

$$\text{LRC}: g(t)=\begin{cases}\dfrac{1}{2LT}\left(1-\cos\dfrac{2\pi t}{LT}\right) & 0\leqslant t\leqslant LT\\ 0 & \text{其他}\end{cases}$$

$$\text{GMSK}: g(t)=Q\left[2\pi B\left(t-\frac{T}{2}\right)/(\ln 2)^{1/2}\right]-Q\left[2\pi B\left(t+\frac{T}{2}\right)/(\ln 2)^{1/2}\right]$$

式中：B 为带宽；$Q(t)=\int_t^{\infty}\frac{1}{2\pi}\mathrm{e}^{-x^2/2}\mathrm{d}t$。

综上所述，CPM 信号模型的主要参数包括进制数 M、调制指数 h、脉冲函数 $g(t)$、关联长度 L、码元周期 T 等。CPM 信号优良的频谱和包络特性非常适合军用通信。通过把 CPM 与编码技术结合可有效提高系统的灵敏度。泰勒兹公司的 PR4G 电台就把 CPM 与卷积码结合在一起使用。

2.1.2.12 正交幅度调制信号

正交幅度调制（QAM）是一种多进制混合调幅调相的调制方式，通过相位、幅度的联合控制，可以得到更高的频谱效率。4QAM 就是 QPSK，画出 8QAM 和 16QAM 的信号分布图，即星座图（图 2.28）。

从图 2.28 可以看出，8QAM 用 8 个点的星座位置代表八进制的 8 种数据信号（000，001，010，011，100，101，110，111）。这 8 个点的相位各不相同，而振幅只有 2 种。8QAM 和 8PSK（8 个点均匀分布在一个圆周上的八进制相移键控）相比，8QAM 各信号之间的差距要大一些。在 8QAM 中，每两个相邻的信号，相位差 45°，而且振幅也有差别，振幅相同的信号，相位相差 90°。8PSK 信号，只是相邻的信号，相位差 45°，所以，8QAM 信号比 8PSK 信号抗误码能力强一些。同样，16QAM 用 16 个点的星座位置代表十六进制的 16 种数据信号，它有 12 种相位、3 种振幅，抗误码能力远大于 16PSK 信号。

QAM 信号的数学表达式为

$$s(t)=A_{\mathrm{m}}\cos(\omega_{\mathrm{c}}t)+B_{\mathrm{m}}\sin(\omega_{\mathrm{c}}t)\qquad 0\leqslant t<T \tag{2-60}$$

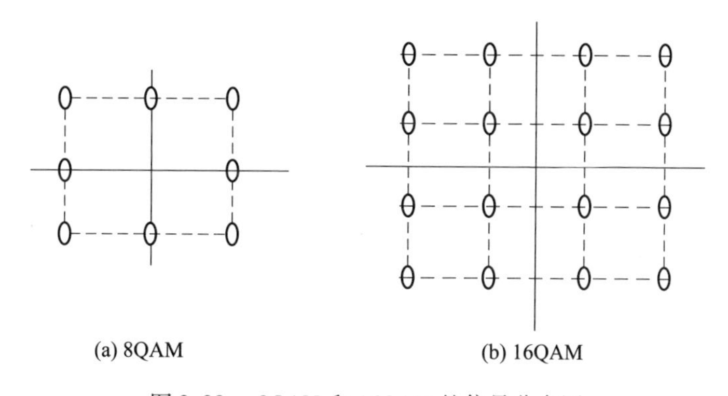

图 2.28 8QAM 和 16QAM 的信号分布图

式(2－60)由两个相互正交的载波构成,每个载波用一组离散的振幅$\{A_m\}$、$\{B_m\}$进行调制,T为码元宽度,$m=1,2,\cdots,M$为A_m、B_m的电平数,可以表示为

$$\begin{cases}A_m = d_m \cdot A \\ B_m = e_m \cdot A\end{cases} \tag{2-61}$$

式中:A为固定的振幅,与信号的平均功率有关,(d_m, e_m)为 QAM 调制矢量端点在信号空间的坐标,由输入数据确定。其实现框图如图 2.29 所示。

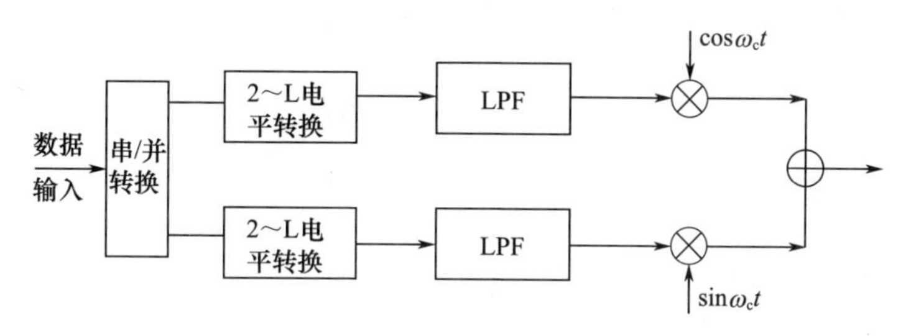

图 2.29 QAM 实现框图

输入数据经过串并转换分成两路,再分别经过 2 电平到 L 电平的变换,形成A_m、B_m。为了抑制已调信号的带外辐射,A_m、B_m还要经过低通滤波器,然后分别与两路相互正交的载波相乘,最后两路信号相加。

2.2 抗干扰无线通信

抗干扰通信技术是指通信方采取一些有效的措施降低、抑制敌对方的侦察和干扰,保证己方通信畅通而开发的技术,即在存在有意干扰情况下保证可靠通信。抗干扰通信往往与信号的低检测概率(LPD)、低截获概率(LPI)、低利用概率

(LPE)等紧密联系。

低检测概率的目标是以某种方式隐藏信号,使得除通信方以外的接收机难以发现该信号的存在,如直接序列扩频信号;低截获概率的目标是即使除通信方以外的接收机能检测到该信号的存在,但很难被截获,如跳频信号;低利用概率的目标在能检测、截获该信号的情况下,仍然能有效地阻止非通信方发现该信号携载的信息,不被别人利用,如加密。

虽然抗干扰通信技术很多,但广泛使用的扩展频谱通信方式包括直接序列扩频(DS)、跳频(FH)、跳时(TH)3 种。除此之外,还有隐蔽通信、猝发通信等很多方法。本节将简单介绍一下直接序列扩频通信和跳频通信这 2 种抗干扰通信手段。

2.2.1 直接序列扩频通信

直接序列扩频通信的理论依据是香农定理,该定理指出,在高斯白噪声条件下,通信系统的极限传输速率(信道容量)可以表示为

$$C = B\log_2\left(1+\frac{S}{N}\right) \tag{2-62}$$

式中:B 为信号带宽;S 为信号的平均功率;N 为噪声功率。若白噪声的功率谱密度为信号 n_0,则噪声功率为 $N=n_0B$,故式(2-62)又可以表示为

$$C = B\log_2\left(1+\frac{S}{n_0B}\right) \tag{2-63}$$

由式(2-62)和式(2-63)可以看出,增加信道容量可以通过增加传输带宽或提高信噪比的方法实现。由于信道容量与带宽呈线性关系,而与信噪比呈对数关系,所以,要增加通信容量,增加传输带宽比提高信噪比更有效。

从式(2-63)可以看出,当信道容量固定时,带宽与信噪比可以互换,或者增加带宽、降低对信噪比要求,或者减少带宽、提高信噪比(发射功率)。

当我们增大带宽使之趋于无穷大时,也不能使得信道容量为无穷大。因为

$$C = B\log_2\left(1+\frac{S}{n_0B}\right) = \frac{S}{n_0}\cdot\frac{n_0B}{S}\log_2\left(1+\frac{S}{n_0B}\right) \tag{2-64}$$

当 $B\to\infty$ 时,式(2-64)变为

$$\lim_{B\to\infty}C = \lim_{B\to\infty}\left[\frac{S}{n_0}\cdot\frac{n_0B}{S}\log_2\left(1+\frac{S}{n_0B}\right)\right] = \frac{S}{n_0}\log_2 e \approx 1.44\frac{S}{n_0} \tag{2-65}$$

式(2-65)说明,保持$\frac{S}{n_0}$一定,即使信道带宽 $B\to\infty$,信道容量也是有限的,因为此时噪声功率也趋于无穷大。我们对式(2-65)进行进一步分析。当带宽趋于

无穷，极限的信息速率为 $R_{b,max}=1.44\dfrac{S}{n_0}$，用 E_b 表示每比特能量，则

$$\frac{E_b}{n_0}=\frac{S\cdot T_b}{n_0}=\frac{S}{n_0R_{b,max}}=\frac{1}{1.44}=-1.6(\text{dB}) \tag{2-66}$$

由此可得，无论带宽多大，信号所需要的最小 $\dfrac{E_b}{n_0}$ 为 -1.6dB。

直扩通信就是通过展宽信号带宽来降低信噪比的一种低截获概率通信体制。直接序列扩频通信系统组成框图如图 2.30 所示，把所要传输的基带信号与一个高速伪码信号相乘（如两者为二进制序列，则进行异或），得到一个高速码流，然后进行载波调制，扩频后信号带宽主要取决于伪码带宽，由于伪码序列的带宽很宽，从而把基带信号扩展至一个很宽的带宽内。这样，基带信号的功率谱密度被大大降低了，很容易避开敌方的检测。

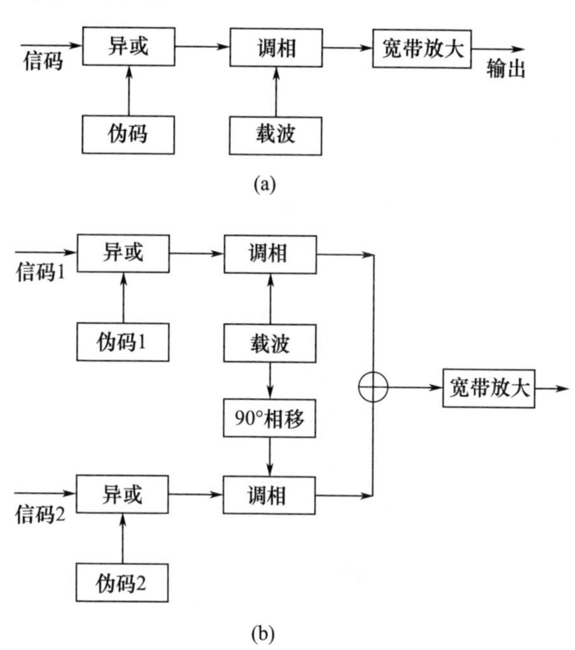

图 2.30　扩频信号实现框图

直扩系统有 BPSK、QPSK、OQPSK 等调制方式，图 2.30(a) 采用了 BPSK 调制，图 2.30(b) 采用了 QPSK 调制。BPSK 调制的直扩信号可以表示为

$$s(t)=d(t)c(t)\cos(\omega_c t) \tag{2-67}$$

式中：$d(t)$ 为信息码；$c(t)$ 为伪码，两者都取值为 ±1。

QPSK 调制的直扩信号可以表示为

$$s(t)=d_1(t)c_1(t)\cos(\omega_c t)+d_2(t)c_2(t)\sin(\omega_c t) \tag{2-68}$$

式中：$d_1(t)$、$d_2(t)$表示信息码；$c_1(t)$、$c_2(t)$为伪码，两者都取值为 ±1。

当然，$c_1(t)$、$c_2(t)$也可以为同一个码 $c(t)$，这样就成了简单的 QPSK 调制。

扩频系统往往用处理增益、抗干扰容限等来表征其性能（图 2.31）。

直扩系统的处理增益（或扩频因子）表示扩频系统对信噪比的改善程度，也是扩频后信号带宽与原始信号带宽的比值，即

$$G_p=\frac{\mathrm{SNR}_{out}}{\mathrm{SNR}_{in}} \tag{2-69}$$

式中：SNR_{in}、SNR_{out}分别为输入、输出信噪比。

式(2-69)可表示为

$$G_p=\frac{B_{pn}}{B_d}=\frac{R_{pn}}{R_d}=\frac{T_{pn}}{T_d} \tag{2-70}$$

式中：B_{pn}为伪码带宽；B_d 为基带信号带宽；R_{pn}为伪码速率；R_d 为基带码元速率；T_{pn}为伪码码元宽度；T_d 为基带码元宽度。

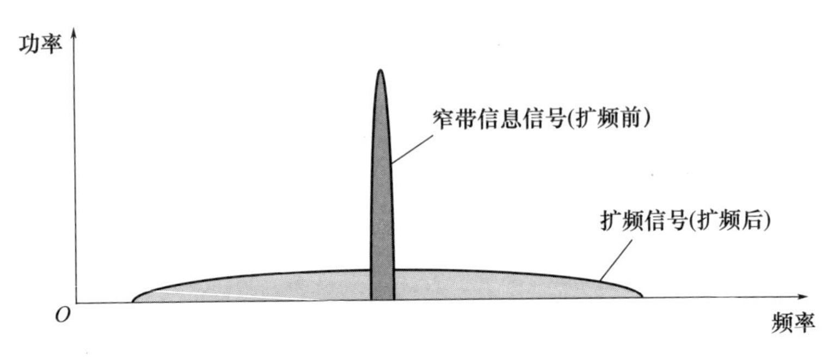

图 2.31 扩频信号频域图

处理增益表示扩频系统对干扰的抑制程度，干扰容限表示一个扩频系统要正常工作，允许的解扩器输入端噪声功率与信号功率之比的最大值。干扰容限定义为

$$M_J=G_p-[L_{sys}+\mathrm{SNR}_{out}](\mathrm{dB}) \tag{2-71}$$

式中：M_J 为干扰容限；G_p 为处理增益；L_{sys} 为系统损耗；SNR_{out}为解扩器后的解调单元对信噪比的要求。

2.2.2　跳频通信

跳频通信系统是指其在载波频率在伪码控制下不断随机变化的通信系统，通信双方或多方必须采用相同的同步算法和伪随机载波跳变图案（跳频频率随时间变化的规律）。跳频系统组成框图如图 2.32 所示。

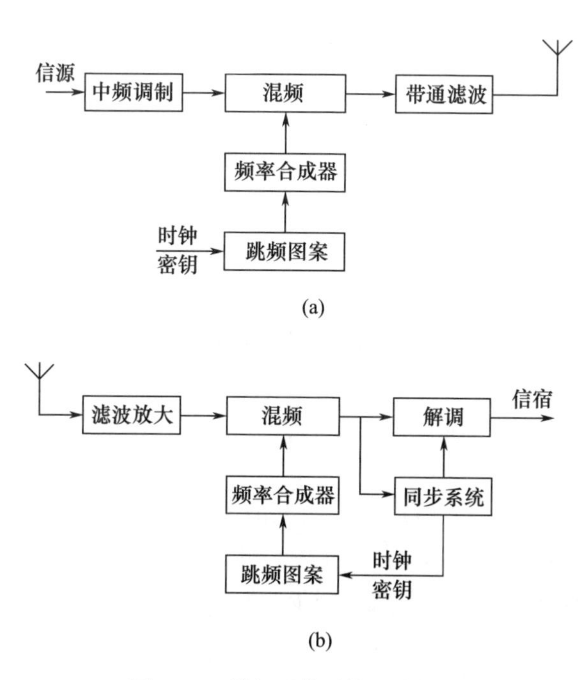

图 2.32　跳频通信系统组成框图

根据跳频速率的不同可以分为低速、中速、高速跳频系统。一种分类方法，按绝对跳频速率分，把跳速低于 100 跳/s 时，称为低速跳频，100 ~ 1000 跳/s 为中速跳频，1000 跳/s 以上为高速跳频。另一种分类方法，按跳频速率与信息比特速率的关系分，每跳传输多个比特信息为低跳速，每跳传输 1bit 信息为中跳速，多跳传输 1bit 信息为高跳速。比较有代表性的跳频电台，如美军的 SINCGARS、HAVE QUICK 电台，法国的 PR4G 电台等。

跳频扩谱具有频率分集的优点。由于信号从发射机到接收机的多条可能传播路径会造成衰减，在不同频率上传输同样的信息提高了信息到达接收机的正确概率。这种衰减与频率相关，如果发射机或接收机正在移动，那么，衰减将会随运动而发生变化。

跳频通信系统的主要参数有跳频带宽、信道间隔、跳频速率、跳频频率集、跳频处理增益等。

跳频带宽是指跳频系统工作时最高频率与最低频率之差。

信道间隔是指任意两个相邻信道之间的标称频率之差。短波跳频电台的信道间隔可以为 10Hz、100Hz、1kHz 等。超短波跳频电台的信道间隔通常为 6.25kHz、12.5kHz、25kHz 等。

跳频速率是指跳频电台载波的跳变速率,通常以每秒内载波的变化次数表示。跳频速率越高,抗干扰能力越强。跳频速率的倒数就是跳频周期。

跳频驻留时间是指每一跳中跳频信号的存在时间,它是跳频周期与信道切换时间之差。跳频驻留时间与跳频周期之比就是所谓的占空比。

跳频频率集就是跳频电台工作时所有可跳变的频率点的集合。在电台的工作频率范围内可能有几千个信道,而一次通信可能只选用其中的部分信道进行跳变。

跳频信号在跳变过程中所覆盖的带宽远远大于原信息的带宽,在跳频通信的某一时刻只出现一个频率点的瞬时频谱。在频域上两两相邻的跳频瞬时频谱不相交(即跳频最小频率间隔大于跳频瞬时带宽)的前提下,跳频处理增益为全部可用频率数 N,处理增益定义为

$$G_{\mathrm{p}} = \frac{B_{\mathrm{RF}}}{B_{\mathrm{IF}}} = N \qquad (2-72)$$

式中:B_{RF}为跳频覆盖的总带宽;B_{IF}为跳频瞬时带宽。

在跳频通信中跳频图案同步是一个非常重要的问题,要求收发双方在跳频频率和收发时间上都达到同步。对跳频同步的要求是:能自动快速地实现同步;能抵抗敌方针对同步信号的灵巧干扰;网内的跳频电台任何时间入网都可以实现同步;失步后能迅速重新建立同步。实现同步的方法很多,如参考时钟法(在跳频网内设一个中心站,播发高精度的时钟信息)、自同步法(从接收到的跳频信号中提取同步信息)、同步字头法(将含有同步信息的同步字头置于跳频信号的最前面,或在信息传输过程中不时插入这种同步字头)。为了让敌方无法根据以前频率预测出下一个频率,通常跳频图案具有很长的伪码周期,至少 24h 内不重复。对于每秒数百跳的中速跳频系统,完成一个完整周期的跳频时间需要几天甚至几百天。所以,用户实际使用时,仅仅是整个跳频序列周期中很短的一部分。同步字头法在战术电台中应用比较广泛,其传输的同步信号往往包括同步头信息、实时时间信息(TOD),我们简要介绍 TOD 的应用。

在实际系统中有两种 TOD 使用方法。

第一种方法,只用来确定收发双方的勤务频率,不参与跳频序列的生成。收发双方由 TOD、跳频密钥和跳频网号按照某种算法产生几个勤务频率。按下 PTT(随按即说)键,发射机通过勤务频率将跳频序列发生器当前的状态发给接收机。接

收机的跳频序列发生器按照相同的规律进行同步跳频。对于迟入网的电台，在勤务频率上等待发射机发送的跳频序列发生器当前的状态。

第二种方法，TOD既用于确定收发双方的勤务频率，也用来生成跳频序列。在这种情况下，任意时刻的频率由当时的TOD值、跳频密钥和跳频网号决定。初始同步时，发射机在勤务频率上将TOD信息发给接收机，接收机将自己的TOD调整为与发射机一致。

采用同步字头实现跳频同步时，同步信号的发送方式包括突发同步、一次同步和连续同步3种。突发同步是指电台在每次发送有用信息之前，先发送同步信号。美国Harris公司的超短波电台PRC－117就采用了这种突发同步模式。因在同步码中采用了前向纠错码，抗干扰能力较强。当跳速为200跳/s、信噪比为7dB时，即使有70%的频点被干扰，仍能在200～300ms建立同步。一次同步是指跳频电台只在网络建立时发送同步信号，以建立通信系统的初始同步，由系统的高稳定时钟和同步跟踪电路来维持后续同步，通信过程中不再发射同步信号。要实现迟入网，必须在规定的时间内进行，其他时间入网必须向网内电台请求发送同步信号。连续同步是指跳频电台不仅在建立通信时发送同步信号以建立初始同步，而且在整个通信过程中，不断把同步信号插入语音或数据中发送。由于同步信号连续存在，迟入网电台在通信过程中可以随时接入。

2.3 采样定理[1]

在现代通信电子战系统中，对目标信号的截获、分析、处理，各种最佳干扰信号的产生都是在数字域进行的。对于接收到的模拟信号首先就要进行数字化，即模/数转换，将其转换为适合于数字信号处理器(DSP)或计算机处理的数据流，然后通过软件(算法)完成各种功能；对要发射的信号则先在数字域进行合成，然后转换成模拟信号，即数/模转换。首先介绍一下Nyquist采样定理。

2.3.1 Nyquist采样定理

Nyquist采样定理：设一个频率带限信号$x_a(t)$，其频带限制在$(0,f_H)$内，如果以不小于$f_s=2f_H$的采样速率对$x_a(t)$进行等间隔采样，得到时间离散的采样信号$x_d(n)=x_d(nT_s)$(其中$T_s=1/f_s$称为采样间隔)，则原信号$x_a(t)$将被所得到的采样值$x_d(n)$完全确定。

Nyquist采样定理告诉我们，如果以不低于信号最高频率2倍的采样速率对带限信号进行采样，那么，就可由所得到的离散采样值无失真地恢复出原信号(图2.33)。

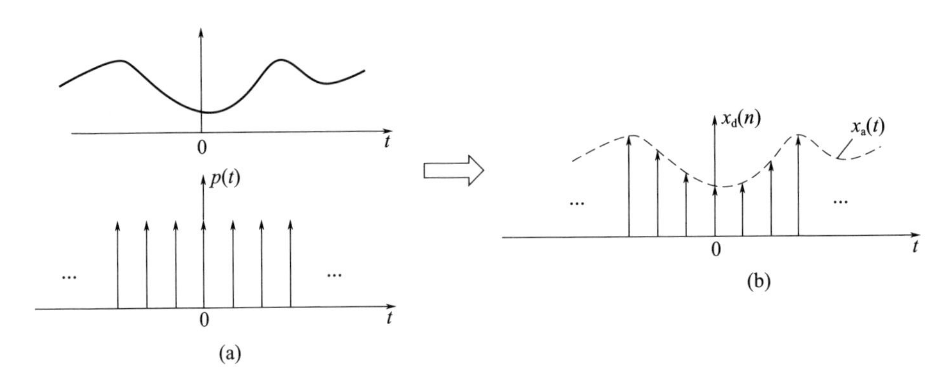

图 2.33　信号采样

下面对 Nyquist 采样过程进行讨论。

理想的采样就是用周期性的冲激序列和给定的信号相乘，把时域上连续的信号转换成时域离散的信号。模拟带限信号、离散采样值分别用 $x_a(t)$、$x_d(n)$，用 $p(t)$ 表示周期性冲激序列，即

$$p(t) = \sum_{n=-\infty}^{+\infty} \delta(t - nT_s)$$

所以，对 $x_a(t)$ 用采样频率 f_s 进行抽样，得到抽样后信号可表示为

$$x_d(t) = p(t) \cdot x_a(t) = x_a(t) \cdot \sum_{n=-\infty}^{+\infty} \delta(t - nT_s) = \sum_{n=-\infty}^{+\infty} x_a(nT_s) \cdot \delta(t - nT_s) \tag{2-73}$$

设 $x_a(t)$、$x_d(t)$ 的傅里叶变换分别为 $X_a(\omega)$、$X_d(\omega)$，而 $p(t)$ 的傅里叶变换为

$$P(\omega) = \Omega \sum_{n=-\infty}^{+\infty} \delta(\omega - n\Omega) \tag{2-74}$$

式中：$\Omega = \dfrac{2\pi}{T_s}$。

根据傅里叶变换性质中的频域卷积定理，有

$$X_d(\omega) = \frac{1}{2\pi} X_a(\omega) \otimes \Omega \sum_{n=-\infty}^{+\infty} \delta(\omega - n\Omega) = \frac{1}{T_s} \sum_{n=-\infty}^{+\infty} X_a(\omega - n\Omega) \tag{2-75}$$

式中：符号⊗为卷积运算。

由此可见，抽样信号的频谱为原信号频谱频移后的多个叠加。如果原信号 $x(t)$ 的频谱如图 2.34(a)所示，则抽样信号的频谱如图 2.34(b)所示（图中 $\omega_H = 2\pi f_H$）。

由图 2.34(b)可见，$X_s(\omega)$ 中包含有 $X(\omega)$ 的频谱成分，如图 2.34(b)中阴影

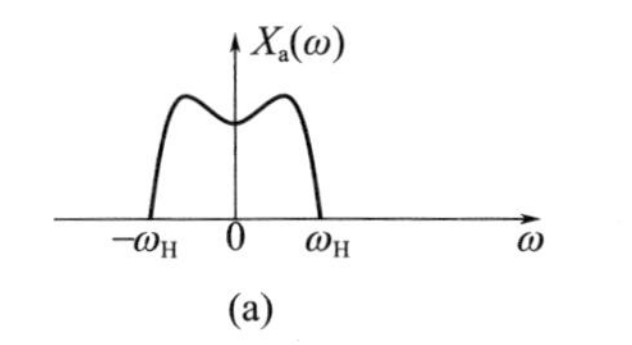

(a)

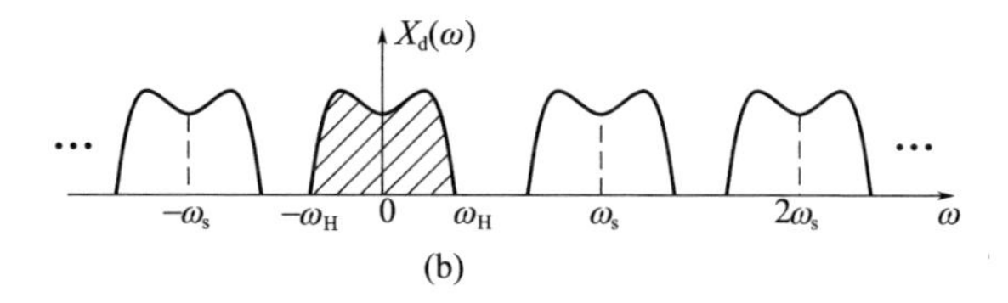

(b)

图 2. 34　抽样前后的信号频谱

部分所示。只要满足

$$\omega_s \geqslant 2\omega_H$$

或

$$f_s \geqslant 2f_H \tag{2-76}$$

则阴影部分不会与其他频率成分相混叠。这时，只需用一个带宽不小于 ω_H 的滤波器，就能滤出原来的信号 $x_a(t)$，如图 2. 35 所示。

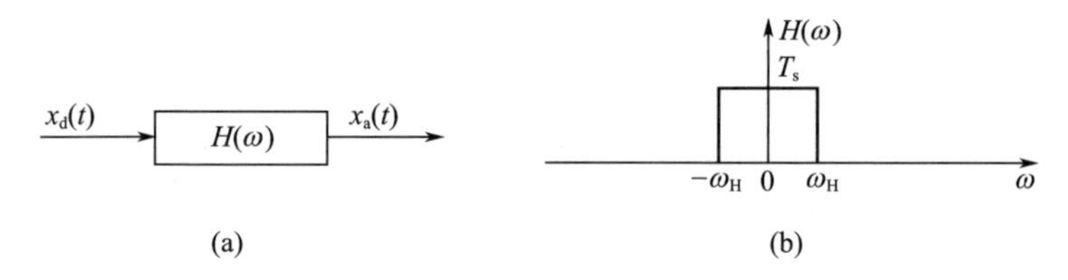

(a)　(b)

图 2. 35　信号重构滤波器

我们知道图 2. 35(b)所示的理想滤波器对应的冲激响应为

$$h(t) = T_s \cdot \frac{\omega_H}{\pi}\mathrm{Sa}(\omega_H t) = \frac{2f_H}{f_s}\mathrm{Sa}(\omega_H t) \tag{2-77}$$

当 $f_s = 2f_H$ 时，得到

$$h(t) = \mathrm{Sa}(\omega_H t) = \mathrm{Sa}\left(\frac{\omega_s t}{2}\right) \tag{2-78}$$

式中：$\mathrm{Sa}(x) = \frac{\sin(x)}{x}$，也称为采样函数。

根据图 2. 35(a)，结合式(2-78)得到

$$\begin{aligned} x_a(t) &= x_d(t) \otimes h(t) \\ &= \sum_{n=-\infty}^{+\infty} x_a(nT_s)\delta(t - nT_s) \otimes \mathrm{Sa}(\omega_H t) \\ &= \sum_{-\infty}^{+\infty} x_a(nT_s)[\delta(t - nT_s) \otimes \mathrm{Sa}(\omega_H t)] \end{aligned}$$

$$= \sum_{-\infty}^{+\infty} x_a(nT_s)\mathrm{Sa}(\omega_H t - n\omega_H T_s)$$

$$= \sum_{-\infty}^{+\infty} x_a(nT_s)\mathrm{Sa}\left(\frac{\omega_s t}{2} - n\pi\right) \tag{2-79}$$

式(2－79)表明,连续信号可以展开成采样函数(Sa(x)函数)的无穷级数,该级数的系数为抽样值 $x_a(nT_s)$。也就是说,在采样信号 $x_d(t)$ 的每个样点处构建一个峰值为 $x_a(nT_s)$ 的 Sa(x)函数,就可以合成原信号 $x_a(t)$。换而言之,已知采样值就可唯一地确定原信号。

在信号处理领域,经常把 DC(直流)到 $f_s/2$ 之间的频谱称为 Nyquist 带宽。采样过程是一个模拟信号与采样脉冲相乘的过程,所以也是一个频谱搬移的过程。整个采样的模拟信号频谱被分成无数个 Nyquist 区,每个区的带宽为 $0.5f_s$。即使信号不在第一 Nyquist 区,其镜像(或混叠)($f_s - f_a$)也将落入第一 Nyquist 区内。如果不期望的信号出现在 f_a 的任何镜像频率上,那么,它也将出现在 f_a 上,所以在第一 Nyquist 区将产生杂散频率成分。这类似于模拟的混频过程,为此,需要在模数转换器(ADC)之前增加滤波器以滤除 Nyquist 带宽外的频率成分。

前面讨论的是所有有用信号位于第一 Nyquist 区的情况。采样第一 Nyquist 区外信号的过程通常称为欠采样,或带通采样。

2.3.2 带通信号采样理论

上面讨论了基带采样的情况,也即所有有用信号位于第一 Nyquist 区,即信号频谱分布在$(0, f_H)$上的基带信号的采样问题。如图 2.36 所示:若信号的频率分布在某一有限的频带(f_L, f_H)上,则仍然可以按 $f_s \geqslant 2f_H$ 的采样速率进行采样;但是,当 $f_H \gg B = f_H - f_L$ 时,也就是当信号的最高频率 f_H 远远大于其信号带宽 B 时,往往以较低的采样效率实现带通采样。

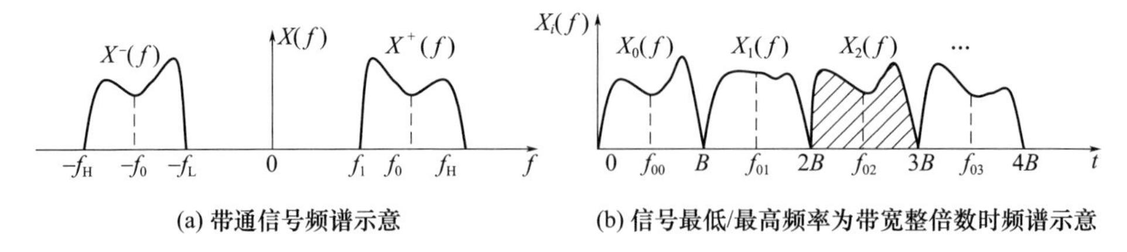

(a) 带通信号频谱示意 (b) 信号最低/最高频率为带宽整倍数时频谱示意

图 2.36 带通信号的频谱

带通采样定理[1]:设一个频率带限信号 $x(t)$,其频带限制在(f_L, f_H)内,如果其采样速率 f_s 满足

$$f_s = \frac{2(f_L + f_H)}{(2n+1)} \tag{2-80}$$

式中：n 取能满足 $f_s \geq 2(f_H - f_L)$ 的最大非负整数(0,1,2,⋯)，则用 f_s 进行等间隔采样所得到的信号采样值 $X(nT_s)$ 能准确地确定原信号 $x(t)$。

式(2-80)用带通信号的中心频率 f_0 和频带宽度 B 也可表示为

$$f_0 = \frac{2n+1}{4} \cdot f_s \tag{2-81}$$

式中：$f_0 = \frac{f_L + f_H}{2}$；$n$ 取能满足 $f_s \geq 2B$(B 为频带宽度)的最大非负整数。

显然，当 $f_0 = f_H/2$、$B = f_H$ 时，取 $n=0$，式(2-80)就是 Nyquist 采样定理，即满足 $f_s = 2f_H$。由式(2-81)可见，当频带宽度 B 一定时，为了能用最低采样速率即两倍频带宽度的采样速率($f_s = 2B$)对带通信号进行采样，带通信号的中心频率必须满足

$$f_0 = \frac{(2n+1)}{2}B \tag{2-82}$$

或

$$f_L + f_H = (2n+1) \cdot B \tag{2-83}$$

即信号的最高(或最低)频率是带宽的整数倍，如图 2.36(b)所示(图中只画出了正频率部分，负频率部分是对称的)。也就是说，位于图 2.36(b)任何一个中心频率为 $f_{0n}(n=0,1,2,3\cdots)$、带宽为 B 的带通信号均可以用同样的采样频率 $f_s = 2B$ 对信号进行采样，这些离散的采样值均能准确地表示位于不同频段(中心频率不同)的原始连续信号 $x_0(t)$、$x_1(t)$、$x_2(t)\cdots$。

值得指出的是，上述带通采样定理适用的前提条件是：只允许在其中的一个频带上存在信号，而不允许在不同的频带上同时存在信号，否则将会引起信号混叠。

下面证明带通采样定理。我们知道，任何一个实信号的频谱都具有共轭对称性，即满足

$$X(f) = X^*(-f) \tag{2-84}$$

也就是说，实信号的正负频率幅度分量是对称的，而其相位分量正好相反。我们用 $X^+(f)$ 和 $X^-(f)$ 分别表示带通信号正负频率分量的所对应的两个低通信号(注意：它们是复信号，正负频率分量是不对称的)，如图 2.37 所示。中心频率为 f_0 的带通信号可表示为

$$X(f) = X^+(f-f_0) + X^-(f+f_0) \tag{2-85}$$

根据式(2-85)(注意：该式适用于任何实信号)，带通信号的采样谱 $X_s(f)$ 可

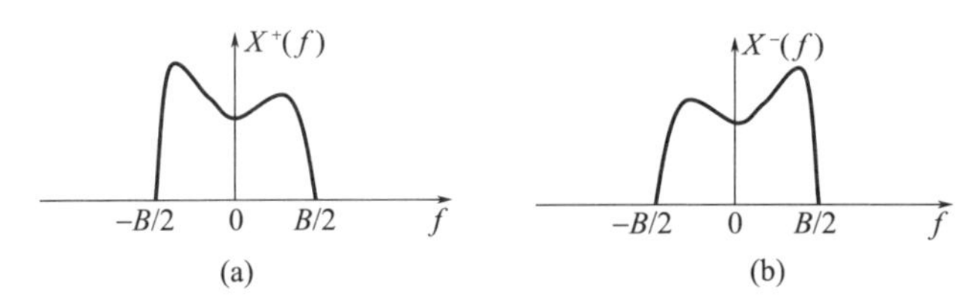

图 2.37　带通信号的两个共轭对称低通分量

表示为

$$\begin{aligned}
X_s(f) &= \frac{1}{T_s}\sum_{-\infty}^{+\infty} X_a\left(f - \frac{i}{T_s}\right) \\
&= \frac{1}{T_s}\sum_{-\infty}^{+\infty} X_a(f - if_s) \\
&= \frac{1}{T_s}\sum_{-\infty}^{+\infty} \left[X_a^+(f - f_0 - if_s) + X_a^-(f + f_0 - if_s)\right] \\
&= \frac{1}{T_s}\sum_{-\infty}^{+\infty} X_a^+(f - f_0 - if_s) + \frac{1}{T_s}\sum_{-\infty}^{+\infty} X_a^-(f + f_0 - if_s) \\
&= X_s^+(f) + X_s^-(f) \qquad (2-86)
\end{aligned}$$

式中

$$X_s^+(f) = \frac{1}{T_s}\sum_{-\infty}^{+\infty} X_a^+(f - f_0 - if_s)$$

$$X_s^-(f) = \frac{1}{T_s}\sum_{-\infty}^{+\infty} X_a^+(f + f_0 - if_s)$$

如果不对f_0和f_s进行适当的限制或约束,$X_s^+(f)$和$X_s^-(f)$显然是要相互混叠的,如图2.38中的阴影部分所示。为了使$X_s^+(f)$和$X_s^-(f)$频谱不混叠,必须对f_0和f_s加以适当限制,方法是适当提高采样率f_s,使$X_s^+(f)$的“空隙”部分至少能够容纳$X_s^-(f)$的频谱,并通过限定f_0使$X_s^-(f)$的频谱正好位于$X_s^+(f)$“空隙”的中心位置,如图2.39所示(不失一般性,为画图方便,图中假定$f_0 = f_s/4$,$f_s = 2B$)。由图2.39可以清楚地看出,f_s需要满足的条件是$f_s \geqslant 2B$。这就证明了带通采样的其中一个条件,也就是采用速率必须大于采样带宽的2倍。从图中也明显地可以看出,除了f_s需要满足条件$f_s \geqslant 2B$外,带通信号的中心频率f_0也必须满足一定条件。下面就证明带通信号的中心频率f_0与f_s之间需要满足的关系。

根据图2.39,可以推导出$X_s^+(f)$“空隙”部分的中心频率为

$$f^k = f_0 - \frac{f_s}{2} + k \cdot f_s \qquad k = 0, \pm 1, \pm 2, \cdots \qquad (2-87)$$

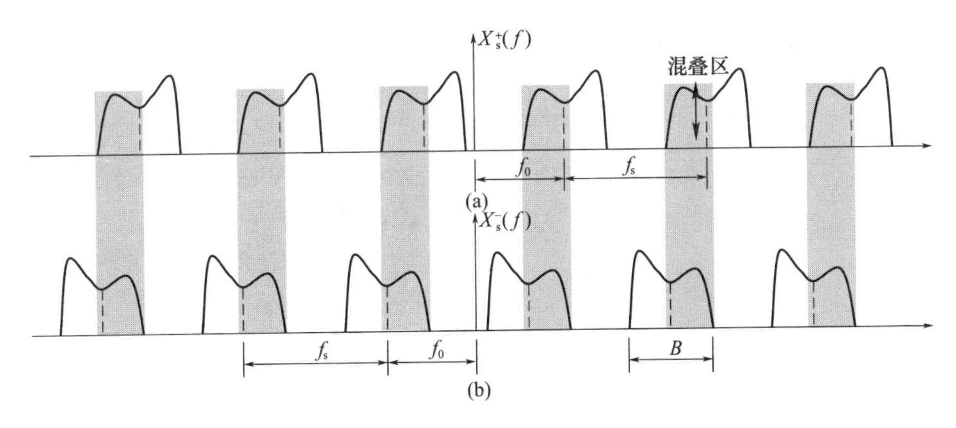

图 2.38　不对 f_0 和 f_s 限制时的带通采样(有混叠)

而 $X_s^-(f)$ 的信号频谱部分的中心频率 f^i 为

$$f^i = -f_0 + i \cdot f_s \qquad i = 0, \pm 1, \pm 2, \cdots \tag{2-88}$$

为了使 $X_s^-(f)$ 的信号频谱正好位于 $X_s^+(f)$“空隙”的中心位置,令

$$f^i = f^k$$

将上式代入式(2-87)和式(2-88),可得

$$f_0 = \frac{2(i-k)+1}{4} \cdot f_s \tag{2-89}$$

显然,$i-k$ 不能取负数,所以令 $i-k=n$($n=0,1,2,\cdots$为非负整数),代入可得

$$f_0 = \frac{2n+1}{4} \cdot f_s \tag{2-90}$$

带通采样定理证明完毕。

顺便指出,采样频率与中频频率满足式(2-90)可以使得对中频抗混叠滤波器的要求最低,同时,也可以为后续的信号处理(如数字正交混频)带来很大的便利。假设混频所需的正交本振信号为

$$x_I(t) = \cos(2\pi f_0 t)$$

和

$$x_Q(t) = \sin(2\pi f_0 t)$$

假设采样频率 $f_s = \frac{4}{2n+1} f_0$,那么,数字化混频信号为

$$x_I(k) = \cos\left[\frac{(2n+1)k}{2}\pi\right]$$

以及

$$x_Q(k) = \sin\left[\frac{(2n+1)k}{2}\pi\right]$$

假设 $2n+1=5$,则

$$x_I(k)=\cos\left(\frac{5k}{2}\pi\right)$$

或

$$x_I(k)=\sin\left(\frac{5k}{2}\pi\right)$$

于是,所需要的复杂本振信号序列就变成了 $x_I(k)=1,0,-1,0$ 和 $x_Q(k)=0,1,0,-1$ 简单重复出现序列,给信号产生、运算和实现都带来了极大的好处。

将图 2.39 中 $X_s^+(f)$ 和 $X_s^-(f)$ 两个谱相加就可以得到采样信号谱,如图 2.40 所示。图中的实线谱对应于 $X_s^+(f)$,虚线谱对应于 $X_s^-(f)$,分别将其称为偶数频带谱和奇数频带谱。之所以称其为偶数频带和奇数频带,主要是考虑到这些频带对应的中心频率在式(2-90)中的 n 分别取偶数和奇数(只考虑正频率部分,也与待采样的模拟信号所在的频带相对应)。需要注意的是,偶数频带谱与奇数频带谱相对于中心频率是共轭对称的,这是因为偶数频带谱用 $X(f)$ 的正频率部分 $X^+(f)$ 表示,而奇数频带谱用 $X(f)$ 的负频率部分 $X^-(f)$ 表示,$X^+(f)$ 和 $X^-(f)$ 的频谱如图 2.37 所示。这一点在工程应用中需要特别引起注意。

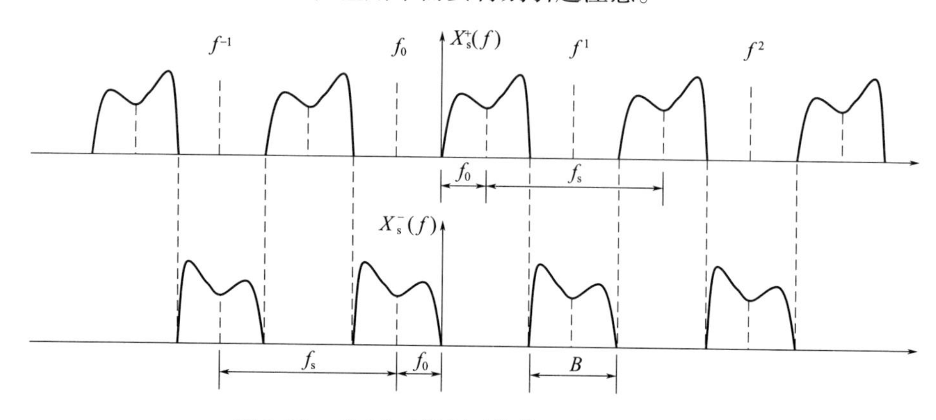

图 2.39　对 f_0 和 f_s 限制后的带通采样(无混叠)

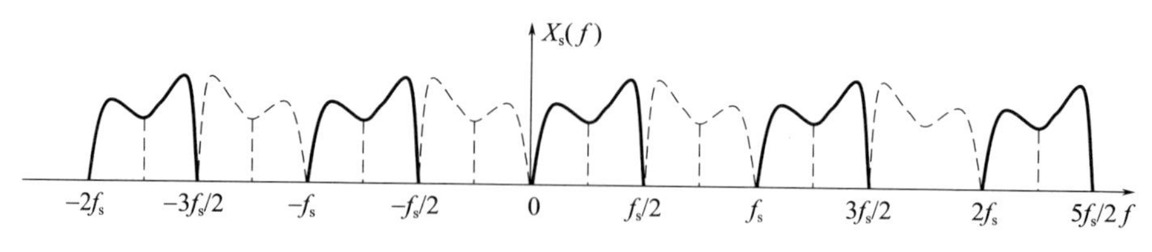

图 2.40　带通采样信号

在给定中心频率f_0和信号带宽B的情况下选择采样频率f_s，要满足两个等式。

第一个等式就是Nyquist准则，即

$$f_s \geqslant 2B \tag{2-91}$$

第二个等式可以确保f_0位于Nyquist区的中心，即

$$f_s = 4f_0/(2n+1)$$

式中：$n=0,1,2,\cdots$。

如设$m=n+1$，$m=1,2,3,\cdots$，则

$$f_s = 4f_0/(2m-1) \tag{2-92}$$

式中：m就是对应于载波和信号所在的Nyquist区，如图2.41所示。

m（或n）通常选择尽可能大，同时保持$f_s>2B$。这样可以使所需的采样率最小化。如果m选择为奇数，那么，f_0和信号将落入奇数Nyquist区，其在第一Nyquist区的镜像频率将不会反向。通过选择较小的m（或n）值，可以在采样频率（具有较高的采样频率）和抗混叠滤波器的复杂性之间进行折中。

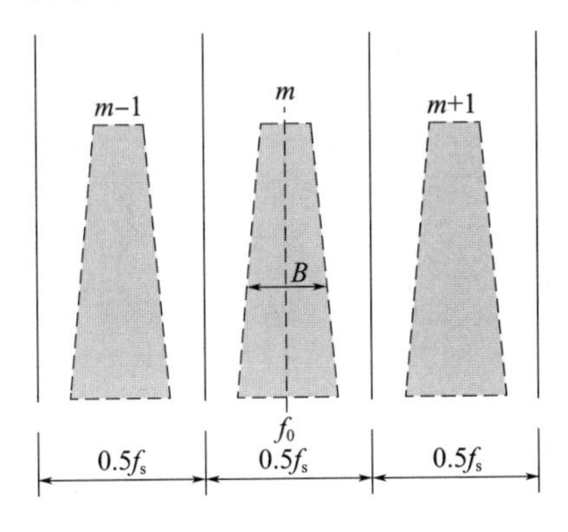

图2.41　信号所在的Nyquist区

例如，考虑一个以载波频率71MHz为中心的4MHz宽带信号。其所需的最小采样频率为8MSPS（每秒的样本数）。使用$f_0=71$MHz和$f_s=8$MSPS求解式（2-92）得到$m=18.25$。但是，m必须为整数，取最接近18.25的整数为18。根据式（2-92）求解f_s，得到$f_s=8.1143$MSPS。最终得到的值为$f_s=8.1143$MSPS，$f_0=71$MHz，$m=18$。

现在，假设要求抗混叠滤波器有更大的余量，这时选择f_s为10MSPS。使用$f_0=71$MHz和$f_s=10$MSPS求解式（2-92）得到$m=14.7$。我们取最接近14.7的最小整数为$m=14$。再次根据式（2-92）求解f_s，得到$f_s=10.519$MSPS。最终得到的值为$f_s=10.519$MSPS，$f_0=71$MHz，$m=14$。

上述迭代过程也可以根据f_s并通过调整载波频率得到m(或n)的整数值。

2.4 信号解调

解调是调制的逆过程,它的目的是把调制在射频载波上的调制信息经过解调后尽可能无失真地提取出来,其也是通信电子战侦察的重要功能,为编码分析、协议识别、内涵信息提取、获取情报等提供基础。通信电子战中的信号解调与通信中解调的最大不同是它的非合作性,要解调的信号是非合作方发出的,信号的载频、调制样式、信号调制参数、码元速率等都是未知数;与此相反,对于通信中的信号解调,以上这些信号参数对于接收方来说则都是事先协调一致的、是确知的。所以,为了比较理想地实现通信电子战中的信号解调功能,不仅要首先识别出所需解调信号的调制样式,还要测量解调所必需的各种信号参数(后面的章节将会讨论)。本节在给出通用解调模型的基础上,分别讨论模拟调制信号与数字调制信号的解调基本原理,特别是基于数字化实现的解调方法。此外,解调的重要环节同步和均衡,将在本章后面进行讨论。

2.4.1 数字化解调通用模型

所谓调制就是采用调制信号(基带信号)去控制载波的某一个(或几个)参数,如幅度、相位、频率等,使这个参数按照调制信号的规律而变化的过程。我们把调制样式分为模拟调制和数字调制两类。模拟调制信号包括调幅、调相、调频信号等;数字调制包括 ASK、PSK、FSK、QAM 等信号类型。

调幅信号的数学表达式为

$$s(t)=(A+m(t))\cos(2\pi f_c t+\varphi_0)$$

DSB 信号的数学表达式为

$$s(t)=m(t)\cos(2\pi f_c t+\varphi_0)$$

SSB 信号的解调:SSB 信号的数学表达式为

$$s(t)=m(t)\cos(2\pi f_c t)\pm\hat{m}(t)\sin(2\pi f_c t)$$

式中:$\hat{m}(t)$为$m(t)$的希尔伯特(Hilbert)变换;±号的选取取决于是上边带还是下边带。

调幅信号的解调用模拟器件实现时,对于 AM 信号常用包络检波的方法;对于 DSB、SSB 等信号采用同步解调法,就是在本地产生一个与接收信号同频同相信号,并与接收信号相乘,通过低通滤波滤出所需要的信号(图 2.42)。

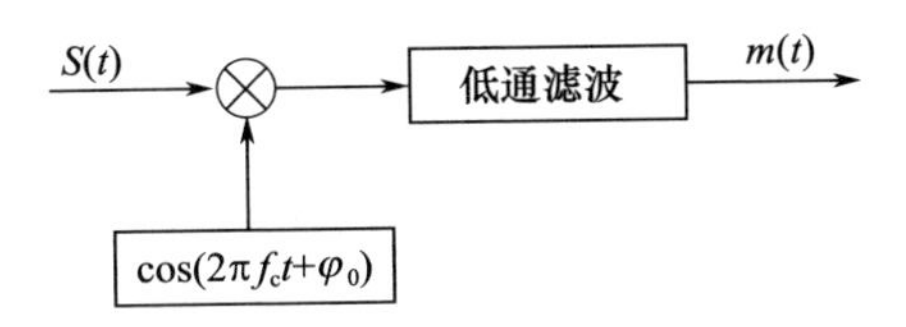

图2.42 调幅信号的同步解调框图

FM 信号的数学表达式为

$$s(t) = A\cos\left[2\pi f_c t + K_f \int_{-\infty}^{t} m(\tau)\,\mathrm{d}\tau\right]$$

调频信号常用鉴频器实现解调，而调相信号本质上与调频信号没有多大差别（图2.43）。

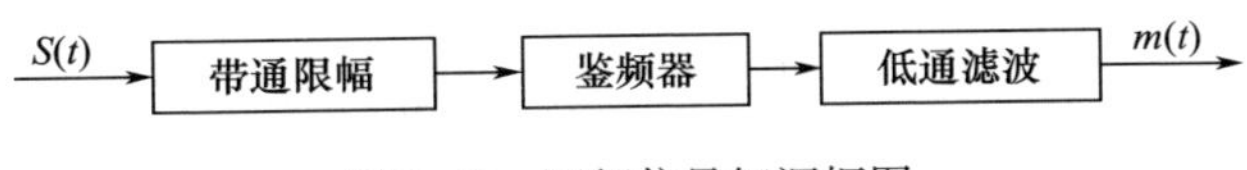

图2.43 调频信号解调框图

由于通信技术和信号处理技术的不断发展，模拟调制信号完全可以通过数字化解调实现，实现起来更灵活方便，性能也更好。下面就对模拟信号的数字化解调进行讨论。

通信信号可以用一个通用的数字化形式表示，即

$$s(n) = a(n)\cos[\omega_c n + \phi(n)] \tag{2-93}$$

式中：ω_c为载波的角频率。调制信号可以分别承载于已调信号的振幅 $a(n)$、频率 $\omega(n)$ 和相位 $\theta(n)$ 中，相对应的就是我们所熟知的调幅、调频及调相调制方式。所以，有

$$\begin{aligned} s(n) &= a(n)\cos[\phi(n)]\cos(\omega_c n) - a(n)\sin[\phi(n)]\sin(\omega_c n) \\ &= X_I(n)\cos(\omega_c n) - X_Q(n)\sin(\omega_c n) \end{aligned} \tag{2-94}$$

其中

$$X_I(n) = a(n)\cos[\phi(n)]$$

$$X_Q(n) = a(n)\sin[\phi(n)]$$

这就是同相和正交两个分量，根据 $X_I(n)$、$X_Q(n)$，就可以得到信号的瞬时幅度、瞬时相位和瞬时频率。

瞬时幅度为

$$a(n) = \sqrt{X_I^2(n) + X_Q^2(n)} \tag{2-95}$$

瞬时相位为

$$\phi(n)=\arctan\left[\frac{X_Q(n)}{X_I(n)}\right] \tag{2-96}$$

$$\phi(n)=\begin{cases}\arctan\left[\dfrac{X_Q(n)}{X_I(n)}\right] & X_I(n)>0,X_Q(n)>0\\ \pi-\arctan\left[\dfrac{X_Q(n)}{X_I(n)}\right] & X_I(n)<0,X_Q(n)>0\\ \dfrac{\pi}{2} & X_I(n)=0,X_Q(n)>0\\ \pi+\arctan\left[\dfrac{X_Q(n)}{X_I(n)}\right] & X_I(n)<0,X_Q(n)<0\\ \dfrac{3\pi}{2} & X_I(n)=0,X_Q(n)<0\\ 2\pi-\arctan\left[\dfrac{X_Q(n)}{X_I(n)}\right] & X_I(n)>0,X_Q(n)<0\end{cases}$$

瞬时频率为

$$\begin{aligned}f(n)&=\phi(n)-\phi(n-1)\\&=\arctan\left[\frac{X_Q(n)}{X_I(n)}\right]-\arctan\left[\frac{X_Q(n-1)}{X_I(n-1)}\right]\end{aligned} \tag{2-97}$$

在利用相位差分计算瞬时频率，即$f(n)=\varphi(n)-\varphi(n-1)$时，由于计算$\varphi(n)$要进行除法和反正切运算，实现起来比较困难，用下面的方法计算瞬时频率$f(n)$可极大地降低复杂度，即

$$f(n)=\phi'(n)=\frac{X_I(n)X_Q'(n)-X_I'(n)X_Q(n)}{X_I^2(n)+X_Q^2(n)} \tag{2-98}$$

对于调频信号，其振幅近似恒定，不妨设$X_I^2+X_Q^2=1$，则

$$f(n)=X_I(n)X_Q'(n)-X_I'(n)X_Q(n)$$

$$\begin{aligned}f(n)&=X_I(n)[X_Q(n)-X_Q(n-1)]-[X_I(n)-X_I(n-1)]\cdot X_Q(n)\\&=X_I(n-1)\cdot X_Q(n)-X_I(n)\cdot X_Q(n-1)\end{aligned} \tag{2-99}$$

式(2-99)就是利用X_I、X_Q直接计算$f(n)$的近似公式，这种方法只有乘减运算，计算比较简便易行。

下面给出一个模拟信号数字化解调通用框图。需要指出的是，图2.44只是说明了采用数字正交分解实现解调的基本原理。这里有一个假设，那就是图中的低通滤波器带宽为信号带宽的一半；为了降低取样率、减轻解调处理的计算负担，该

低通滤波器实际上是一个抽取滤波器。下面对各种调制样式的正交解调算法作一简要的讨论。

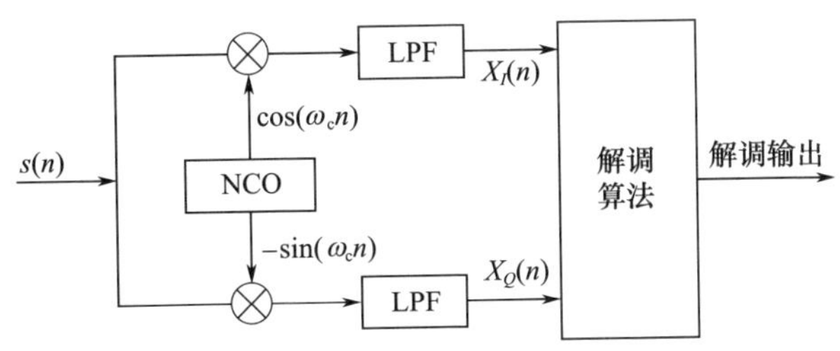

NCO—数字控制振荡器；LPF—低通滤波器。

图 2.44　数字化正交解调的模型

2.4.2　模拟调制信号的数字化解调

1）AM 信号解调

信号可以表示为

$$s(n)=a(n)\cos(\omega_c n+\phi_0) \tag{2-100}$$

式中：$a(n)=A_0+m(n)$，$A_0>|m(n)|$，$m(n)$为调制信号；ϕ_0 为载波的初始相位。

对信号进行正交分解，得同相和正交分量如下：

同相分量为

$$X_I(n)=a(n)\cos\phi_0$$

正交分量为

$$X_Q(n)=a(n)\sin\phi_0$$

对同相与正交分量平方之和开方，可得

$$\sqrt{X_I^2(n)+X_Q^2(n)}=A_0+m(n) \tag{2-101}$$

减去直流分量 A_0就可解得调制信号 $m(n)$。这种方法具有较强的抗载频失配能力，即本地载波与信号载波之间允许一定的频率偏差，当由于传输信道或其他一些原因（如载频估计不准）而造成本地载波与信号的载波之间存在频差和相差时，同相分量和正交分量可表示为

$$X_I(n)=a(n)\cos[\Delta\omega(n)n+\Delta\phi(n)]$$
$$X_Q(n)=a(n)\sin[\Delta\omega(n)n+\Delta\phi(n)]$$

式中：$\Delta\omega=\omega_c-\omega_{LO}$，$\omega_{LO}$为本地载波的角频率；$\Delta\phi=\phi_0-\phi_{LO}$；$\Delta\omega(n)$、$\Delta\phi(n)$表示频差和相差；$\phi_{LO}$为本地载波的初始相位。

对同相与正交分量平方之和开方,可得

$$\sqrt{X_I^2(n)+X_Q^2(n)}=A_0+m(n) \tag{2-102}$$

所以,AM 信号用正交解调算法解调时,不要求载频严格的同频同相。但失配严重时,信号会超出所设定的数字信道而发生失真,所以要尽量提高载频估计精度。

2) DSB 信号解调

信号可以表示为

$$s(n)=m(n)\cos(\omega_c n) \tag{2-103}$$

对信号进行正交分解如下:

同相分量为

$$X_I(n)=m(n)$$

正交分量为

$$X_Q(n)=0$$

解调时要求本地载频与信号载频同频同相,此时,同相分量输出就是解调信号。同频同相本地载频的提取,可以利用数字科斯塔斯环实现。

3) SSB 信号解调

信号可以表示为

$$s(n)=m(n)\cos(\omega_c n)\pm\hat{m}(n)\sin(\omega_c n) \tag{2-104}$$

式中:“$-$”为上边带;“$+$”为下边带;$\hat{m}(n)$ 为 $m(n)$ 的 Hilbert 变换。

对信号正交分解如下:

同相分量为

$$X_I(n)=m(n)$$

正交分量为

$$X_Q(n)=\pm\hat{m}(n)$$

无论上边带,还是下边带,同相分量输出就是调制信号。

下面再来介绍 SSB 信号解调的另外一种方法:解调原理的方框图如图 2.45 所示,根据 Hilbert 变换的性质,在 $f_c \gg f_{max}$(f_c 为信号的载波频率,f_{max} 为调制信号的最大频率分量)的条件下,有以下近似的表达式,即

$$\begin{aligned} H[m(n)\cos(\omega_c n)] &\approx m(n)\sin(\omega_c n) \\ H[\hat{m}(n)\sin(\omega_c n)] &\approx -\hat{m}(n)\cos(\omega_c n) \end{aligned} \tag{2-105}$$

因此,下边带信号 $s(n)$ 的 Hilbert 变换为

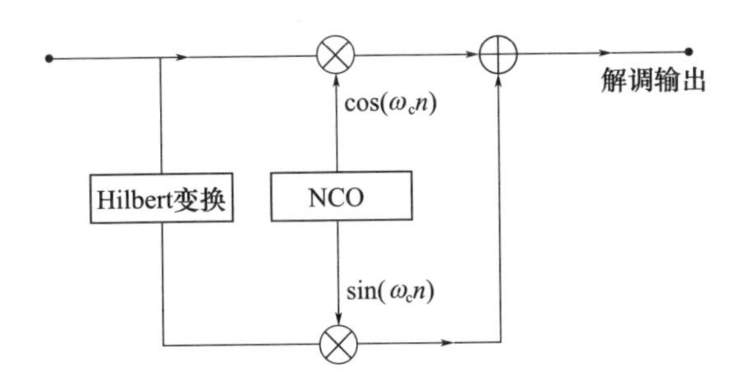

图 2.45 SSB 信号一种解调方法

$$\hat{s}(n) = m(n)\sin(\omega_c n) - \hat{m}(n)\cos(\omega_c n)$$

按照图 2.45 的运算过程,有

$$\begin{aligned} & s(n)\cos(\omega_c n) + \hat{s}(n)\sin(\omega_c n) \\ & = m(n)\cos^2(\omega_c n) + m(n)\sin^2(\omega_c n) \\ & = m(n) \end{aligned} \tag{2-106}$$

所以,经上述运算就可以解调出调制信号。同理,对上边带调制信号的解调也可同样进行。

4) FM 信号解调

信号可以表示为

$$s(n) = A_0\cos\left[\omega_c n + k\sum m(n) + \phi_0\right] \tag{2-107}$$

对信号进行正交分解如下:

同相分量为

$$X_I(n) = A_0\cos\left[k\sum m(n) + \phi_0\right]$$

正交分量为

$$X_Q(n) = A_0\sin\left[k\sum m(n) + \phi_0\right]$$

对正交与同相分量之比值反正切运算,即

$$\phi(n) = \arctan\left(\frac{X_Q}{X_I}\right) = k\sum m(n) + \phi_0$$

然后,对相位差分,即可求得调制信号为

$$\phi(n) - \phi(n-1) = m(n) \tag{2-108}$$

为了论述方便,这里及以下对比例因子和常数忽略。

FM 信号用正交解调方法解调时,也具有较强的抗载频失配(指失配差频和差相是常量,非随机变量)能力,本地载波与信号的载波存在频差和相差时,同相分量和正交分量可分别表示为

$$X_I(n) = A_0\cos\left[\Delta\omega gn + \Delta\phi + k\sum m(n)\right]$$

$$X_Q(n) = A_0\sin\left[\Delta\omega gn + \Delta\phi + k\sum m(n)\right]$$

同样对正交与同相分量之比值反正切及差分运算,就可得到调制信号为

$$\arctan\left[\frac{X_Q(n)}{X_I(n)}\right] - \arctan\left[\frac{X_Q(n-1)}{X_I(n-1)}\right]$$

$$= \left[\Delta\omega \cdot n + \Delta\phi + k\sum m(n)\right] - \left[\Delta\omega \cdot (n-1) + \Delta\phi + k\sum m(n-1)\right]$$

$$= \Delta\omega + m(n)$$

当载波失配差频和差相是常量时,解调输出只不过增加了一个直流分量 $\Delta\omega$,减去直流分量 $\Delta\omega$ 就可得到调制信号 $m(n)$。

当然,也可以利用前面式(2-99)所述的只有乘减运算的解调方法。

2.4.3 AM 和 FM 的解调性能对比

在通信电子战中,AM 和 FM 是极其常用的两种调制方式,我们对其解调性能作简单的比较。

2.4.3.1 AM 信号的解调性能

对于 AM 信号 $s(t)=(A+m(t))\cos(2\pi f_c t+\varphi_0)$,解调器输入端的信号平均功率为

$$S_i = \frac{1}{2}(A^2 + \overline{m^2(t)})$$

设输入端的噪声功率为

$$N_i = n_0 B$$

式中:n_0 为噪声单边功率谱密度;B 为检波器带宽。

所以,包络检波器的输入信噪比为

$$S_i/N_i = (A^2 + \overline{m^2(t)})/(2n_0 B) \tag{2-109}$$

有噪情况下,检波器的输入信号为

$$s_i(t) = s(t) + n_i(t)$$

式中：$n_i(t)$为检波器输入端的带通噪声，可表示为

$$n_i(t)=n_c(t)\cos(2\pi f_c t)-n_s(t)\sin(2\pi f_c t) \tag{2-110}$$

设输入信号$s(t)$的初始相位为0，则检波器输入信号$s_i(t)$的包络为

$$\begin{aligned} A(t) &= \sqrt{(A+m(t)+n_c(t))^2+n_s^2(t)} \\ &= \sqrt{(A+m(t))^2+2(A+m(t))n_c(t)+n_c^2(t)+n_s^2(t)} \end{aligned} \tag{2-111}$$

在大信号、小噪声情况下，即满足

$$(A+m(t))^2 \gg (n_c^2(t)+n_s^2(t))$$

则

$$A(t)=(A+m(t))\sqrt{1+\frac{2n_c^2(t)}{A+m(t)}} \tag{2-112}$$

当$|x|\ll 1$时，有$\sqrt{1+x}\approx 1+\frac{x}{2}$，所以，式(2-112)可近似为

$$A(t)=A+m(t)+n_c(t) \tag{2-113}$$

所以，包络检波器输出端的有用信号为$m(t)$，噪声为$n_c(t)$，与此对应的信号功率和噪声功率分别为

$$S_0=\overline{m^2(t)}$$

$$N_0=\overline{n_c^2(t)}=\overline{n_i^2(t)}=n_0 B$$

所以包络检波器的输出信噪比为

$$S_0/N_0=\overline{m^2(t)}/(n_0 B) \tag{2-114}$$

由此可以得到包络检波器的调制制度增益即输出信噪比与输入信噪比之比为

$$G=\frac{S_0/N_0}{S_i/N_i}=\frac{2\,\overline{m^2(t)}}{A^2+\overline{m^2(t)}} \tag{2-115}$$

由此可见，在小噪声情况下，包络检波器的处理增益随A的减小而增大。为避免过调制现象的发生，A是不能随意减小的，其最小值为$A=|m(t)|_{\max}$，则

$$\overline{m^2(t)}=\frac{A^2}{2}$$

所以，包络检波器所能达到的最高调制制度增益为

$$G=\frac{2}{3}$$

在大噪声情况下，即满足$[A+m(t)]^2\ll[n_c^2(t)+n_s^2(t)]$时，其混合信号包

络为

$$A(t)=\sqrt{n_c^2(t)+n_s^2(t)}\cdot\sqrt{1+\frac{2n_c(t)[A+m(t)]}{n_c^2(t)+n_s^2(t)}} \tag{2-116}$$

由此可见，在大噪声情况下，在检波器输出端的有用信号 $A+m(t)$ 已完全被扰乱成噪声，即存在“门限效应”。所谓的门限效应实际上就是当输入信噪比降低到一个特定的数值后，出现输出信噪比急剧恶化的一种现象。这种门限效应是由包络检波器的非线性作用所引起的。可以证明，当采用同步解调时，就不存在这种门限效应，同步解调器的调制制度增益与小噪声情况时的检波器增益表达式是完全一样的，与噪声的大小无关。所以说，同步解调器具备更强的抗噪声能力。不过，同步解调器存在的另外一个问题是，如果同步性能不好，将对解调性能产生影响，这同样会使输出信噪比恶化。

2.4.3.2 FM 信号的解调性能

对于调频信号 $s(t)=A\cos\left[\omega_c t+k_\Omega\int_{-\infty}^{t}m(t)\mathrm{d}t\right]$，输入解调器信噪比为

$$S_i/N_i=\frac{A^2/2}{n_0B}=\frac{A^2}{2n_0B} \tag{2-117}$$

在大信噪比情况下，调频解调器的输出信噪比为

$$S_0/N_0=\frac{3A^2K_\Omega^2\overline{m^2(t)}}{8\pi^2n_0f_{\max}^3} \tag{2-118}$$

式中：$f_{\max}$ 为调制信号最高频率分量。

为使上述结果更为简明，考虑 $m(t)$ 为一单频余弦波信号，即

$$m(t)=\cos(\Omega t)$$

则

$$\begin{aligned}s(t)&=A\cos(\omega_c t+k_\Omega\int_0^t\cos\Omega t\mathrm{d}t)\\&=A\cos(\omega_c t+\beta_\Omega\cdot\sin\Omega t)\end{aligned} \tag{2-119}$$

式中：调频指数 $\beta_\Omega=\frac{k_\Omega}{\Omega}=\frac{2\pi\Delta f}{2\pi f_m}=\frac{\Delta f}{f_m}$，$\Delta f$ 为最大频偏；最大角频偏 $\Delta\omega=2\pi\Delta f=k_\Omega$；$\Omega=2\pi f_m$。

由于

$$K_\Omega\cdot m(t)=2\pi\Delta f\cos(2\pi f_m t) \tag{2-120}$$

因而

$$K_{\Omega}^{2}\overline{m^{2}(t)}=2\pi^{2}(\Delta f_{m})^{2} \tag{2-121}$$

将式(2－121)代入式(2－118)，可得

$$S_0/N_0=\frac{3}{2}\beta_{\Omega}^{2}\frac{A^{2}/2}{n_0 f_{m}} \tag{2-122}$$

式中：$n_0 f_m$ 项表示的是频带$(0,f_m)$内的噪声功率，但信号带宽为 $B=2(\Delta f+f_m)$，而不是f_m。对式(2－122)进行变换得

$$S_0/N_0=\frac{3}{2}\beta_{\Omega}^{2}\frac{B}{f_m}\frac{A^{2}/2}{n_0 B}=\frac{3}{2}\beta_{\Omega}^{2}\frac{2(\Delta f+f_m)}{f_m}\frac{S_i}{N_i}$$

所以，宽带调频解调器的调制制度增益为

$$G=\frac{S_0/N_0}{S_i/N_i}=3\beta_{\Omega}^{2}(\beta_{\Omega}+1) \tag{2-123}$$

这一结果表明：在大信噪比情况下，宽带调频解调器的制度增益是非常高的。例如，当 $\beta_{\Omega}=5$ 时，其调制制度增益高达450(26.5dB)。所以宽带调频具有很强的抗噪声性能，而且随着调制指数的增大，其抗噪性能可以迅速改善。

以上讨论的是大信噪比的情况，随着信噪比的降低，调频系统也将出现“门限效应”，即当调频解调器输入端的信噪比降低到该门限值以下时，解调器的输出信噪比急剧恶化。调频解调器的这种门限效应也是由它的非线性作用引起的。为使调频解调器具有良好性能，一般都应使其工作在门限值以上(如输入信噪比应不小于10dB)。因此，虽然宽带调频解调器的制度增益很高，但它并不能在低输入信噪比下工作。

2.4.3.3　AM和FM的解调性能比较

下面对FM和AM的解调性能作简单的对比。前已述及，在大信噪比下，调幅包络检波器的输出信噪比为

$$(S_0/N_0)_{AM}=\overline{m^{2}(t)}/(n_0 B)$$

在100%调制时，$m(t)$为正弦波，调制频率为f_m，其平均功率为$\overline{m^{2}(t)}=\frac{A^{2}}{2}$，则

$$(S_0/N_0)_{AM}=\frac{A^{2}/2}{n_0 B}=\frac{A^{2}/2}{2n_0 f_m}$$

与式(2－122)相比较，得到调频和调幅系统输出信噪比之比为

$$\frac{(S_0/N_0)_{FM}}{(S_0/N_0)_{AM}}=3\beta_{\Omega}^{2} \tag{2-124}$$

式(2-124)说明,在大信噪比下,在输入端的A、n_0相同的情况下,FM系统的输出信噪比是AM系统的$3\beta_\Omega^2$倍。这是通过增加传输带宽换取的:AM系统的传输带宽为$2f_m$,而FM系统的传输带宽为$(\beta_\Omega+1)f_m$。

更进一步,如果$\beta_\Omega \gg 1$时,FM的带宽为

$$B_{FM}=2(\Delta f+f_m)=2(\beta_\Omega f_m+f_m)=2f_m(\beta_\Omega+1)=B_{AM}(\beta_\Omega+1)\approx\beta_\Omega B_{AM}$$

式中:B_{FM}为调频信号带宽;B_{AM}为调幅信号带宽。

于是,调频和调幅系统输出信噪比之比的关系又可以表示为

$$\frac{(S_0/N_0)_{FM}}{(S_0/N_0)_{AM}}=3\left(\frac{B_{FM}}{B_{AM}}\right)^2 \tag{2-125}$$

我们以实际例子来说明,FM调制的门限效应和信噪比改善情况。例如,在民用FM广播中,最大频偏为75kHz,最高调制信号频率是15kHz,前面已经提到调频指数β_Ω=最大频偏/最大调制频率,所以$\beta_\Omega=5$。由于存在调频指数,调频信号解调后,检波器输出信噪比较之检波器输入信噪比会有改善,即会有FM的信噪比改善。信噪比改善可以通过以下简化形式的公式近似计算,其中假设了检波前带宽与检波前信号匹配,检波后带宽与被检测信号匹配。

$$IF_{FM}=5+20\lg(\beta_\Omega)$$

式中:IF_{FM}是以dB为单位的FM改善因子。

商用FM无线电台的改善因子为

$$IF_{FM}=5+20\lg(5)\approx19\text{dB}$$

但是,为了获取这个FM改善因子,输入信噪比(SNR)必须高于一个所要求的门限,如图2.46所示。对于调谐鉴频器,门限约为12dB,对于压控振荡器(VCO)鉴频器门限只有4dB左右。

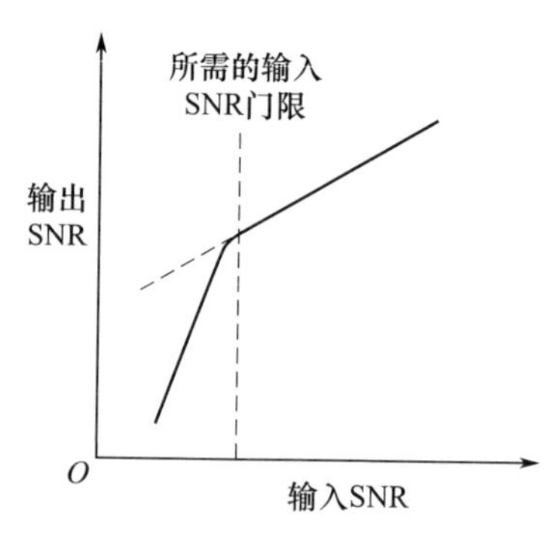

图2.46 FM调制所需门限的输入SNR与输出SNR之间的关系

在我们所举的 FM 广播例子中,由 12dB 的输入 SNR 得到 12 + 19 = 31dB 的输出 SNR。

2.4.4 数字调制信号解调

误码率是表征数字信号解调性能的重要指标,而在描述误码率性能时,有的文献用信噪比 S/N,有的文献中用 E_b/n_0 参数,E_b 表示单位比特的平均信号能量,n_0 为单边噪声谱密度。这两者之间有什么关系呢?

假设符号速率为 R_s,符号宽度为 T_s,符号能量为 E_s,信息传输速率为 R_b,接收带宽为 B,调制为 M 进制。那么,有

$$R_s = \frac{1}{T_s}$$

$$R_b = \frac{1}{T_s}\log_2 M$$

则平均信号功率为

$$S = \frac{E_s}{T_s} = E_s R_s = E_s R_b / \log_2 M$$

每比特能量为

$$E_b = \frac{E_s}{\log_2 M}$$

所以

$$S = E_b R_b$$

接收机带宽为 B,则接收机噪声功率为

$$N = n_0 B$$

因此,有

$$\frac{S}{N} = \left(\frac{E_b}{n_0}\right)\left(\frac{R_b}{B}\right)$$

式中:$\frac{R_b}{B}$也称为频带效率。

对于振幅键控、频移键控、相移键控 3 种基本数字调制方式的性能也可以用欧几里得距离进行简要分析,下面以二进制为例。

2ASK 信号:基带信号为“0”时,不发送载波;为“1”时,发送载波。

2FSK 信号:基带信号为“0”时,发送载频 f_0;为“1”时,发送载波 f_1。为保证频

率f_0、f_1不互相干扰，两者相互正交。

2PSK 信号：基带信号为"0"时，发送相位为 0 的载波；为"1"时，发送相位为 π 的载波。

根据以上描述，可以得到 3 种基本数字调制的信号空间图（图 2.47）。

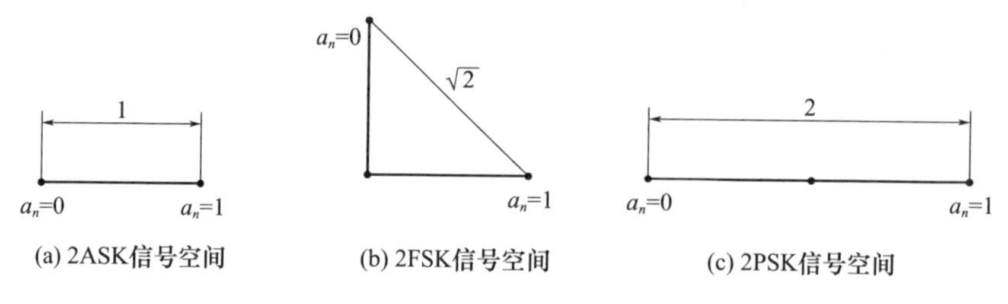

图 2.47　3 种调制的信号空间图

从图 2.47 可以看出，2ASK、2FSK、2PSK 的欧几里得距离分别为 1、$\sqrt{2}$、2，所以，它们的性能由高至低，依次为 2PSK、2FSK、2ASK。

2.4.4.1　ASK 解调

信号形式为

$$s(t) = \sum_{n=-\infty}^{+\infty} a_n g(t - nT_s) \cdot \cos(2\pi f_c t)$$

式中，a_n 为输入码元，且 $a_n = 0, 1$；$g(t)$ 为持续时间是 T_s 的矩形脉冲。

ASK 信号可以采用包络检波和相干解调两种解调方式，如图 2.48 所示。

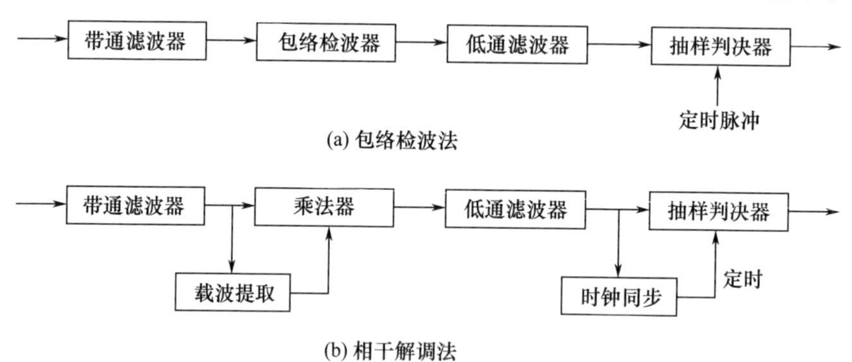

图 2.48　ASK 信号解调框图

ASK 的解调也可以与 AM 信号解调一样，先进行正交变换，得到同相和正交分量，然后根据信号类型提取其瞬时幅度，接着按照符号速率，进行抽样判决，得到数字序列。

对于包络检波法解调器,在大信噪比情况下的误码率由下式给出,即

$$P_e = -\frac{1}{4}\mathrm{erfc}\left(\frac{\sqrt{r}}{2}\right)+\frac{1}{2}\mathrm{e}^{-r/4}$$

由于当 $x\to\infty$ 时,$\mathrm{erfc}(x)\to 0$,故在高信噪比条件下,上式的下界为

$$P_e = \frac{1}{2}\mathrm{e}^{-r/4} \tag{2-126}$$

式中:$r=A^2/2\sigma_n^2$ 为输入信噪比,A 为接收信号幅度。$\mathrm{erfc}(x)$ 为互补误差函数,它的定义式为

$$\mathrm{erfc}(x) = 1-\mathrm{erf}(x) = \frac{2}{\sqrt{\pi}}\int_x^{\infty}\mathrm{e}^{-z^2}\mathrm{d}z$$

对于相干同步解调的误码率公式由下式给出,即

$$P_e = \frac{1}{2}\mathrm{erfc}(\sqrt{r}/2) \tag{2-127}$$

当输入信噪比较高($r\gg 1$)时,式(2-127)可近似为

$$P_e = \frac{1}{\sqrt{\pi r}}\mathrm{e}^{-r/4}$$

此时与非相干解调的误码率是非常接近的。换句话说,在高信噪比情况下,相干与非相干检测方法几乎有同样好的性能。

2.4.4.2　FSK 解调

信号的数学表达式为

$$s(t) = \sum_{n=-\infty}^{+\infty}a_n g(t-nT_s)\cdot\cos(2\pi f_0 t+\varphi_0)+\sum_{m=-\infty}^{+\infty}\bar{a}_n g(t-nT_s)\cdot\cos(2\pi f_1 t+\varphi_1)$$

当输入为传号时,输出频率为 f_0 的正弦波;当输入为空号时,输出频率为 f_1 的正弦波。

对 FSK 信号的解调可以用包络检波法、相干解调法等方法,其实现框图分别如图 2.49(a)和图 2.49(b)所示。包络检波是指接收端采用中心频率分别为 f_0、f_1 的两个带通滤波器,它们的输出经过包络检波,如果 f_0 支路大于 f_1 支路,则判断为“1”;反之,判断为“0”。

FSK 相干解调的误码率为

$$P_e = \frac{1}{2}\mathrm{erfc}(\sqrt{r/2}) \tag{2-128}$$

FSK 非相干解调的误码率为

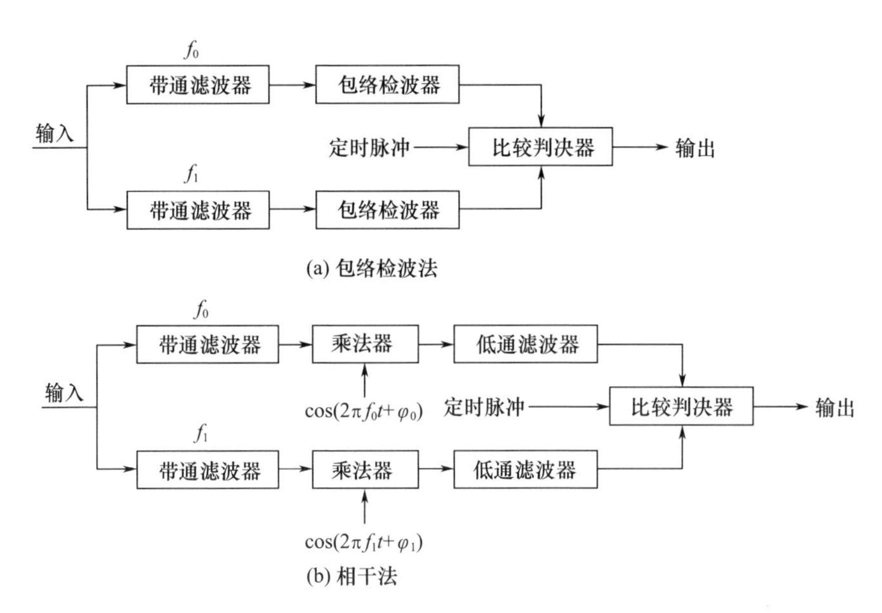

(a) 包络检波法

(b) 相干法

图 2.49　FSK 信号解调框图

$$P_e = \frac{1}{2} e^{-r/2} \quad (2-129)$$

2.4.4.3　MSK 解调

信号表达式为

$$s(t) = \cos\left[2\pi f_c t + \frac{\pi}{2T_s} a_k t + x_k\right]$$

式中:x_k 是为保证 $t = kT_s$ 时相位连续而加入的相位常量,有

$$x_k = x_{k-1} + (a_{k-1} - a_k)\frac{k\pi}{2}$$

对于 MSK 的解调可以采用鉴频解调或相干解调。MSK 相干解调框图如图 2.50所示。

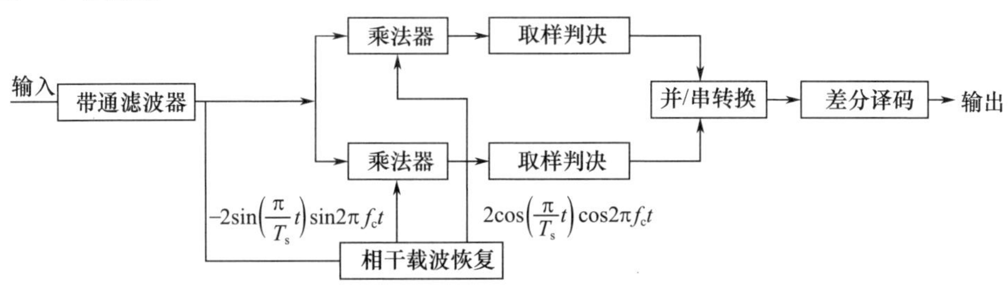

图 2.50　MSK 相干解调框图

MSK 相干解调,各支路的误码率为

$$P_e = \frac{1}{2}\mathrm{erfc}(\sqrt{r}) \tag{2-130}$$

相比 FSK 信号,由于 MSK 信号各支路的实际码元宽度为 $2T_s$,其对应的滤波器带宽减少为原来的 1/2,从而使得 MSK 的输出信噪比提高了 1 倍。

2.4.4.4　BPSK 解调

信号表达式为

$$s(t) = \sum_{n=-\infty}^{+\infty} a_n g(t - nT_s) \cdot \cos(2\pi f_c t)$$

其中

$$a_n = +1, -1$$

BPSK 信号可以采用相干解调或差分相干解调(图 2.51)。

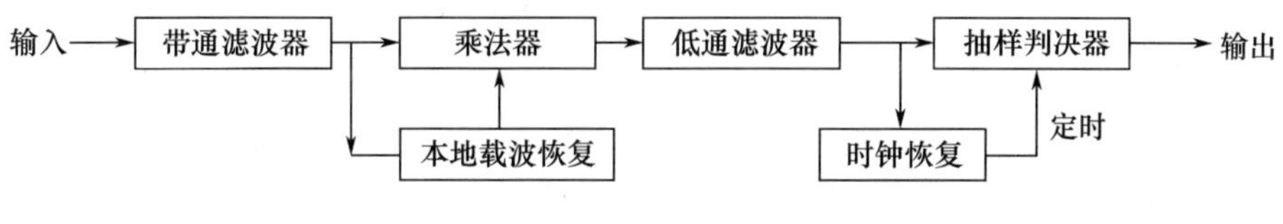

(a) 相干解调

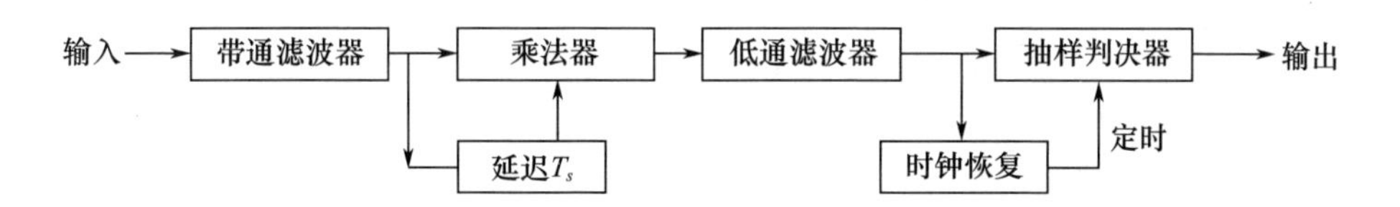

(b) 差分相干解调

图 2.51　BPSK 信号解调框图

BPSK 相干解调的误码率为

$$P_e = \frac{1}{2}\mathrm{erfc}(\sqrt{r}) \tag{2-131}$$

BPSK 差分相干解调的误码率为

$$P_e = \frac{1}{2}\mathrm{e}^{-r} \tag{2-132}$$

在计算出瞬时相位 $\varphi(n)$ 后,对 $\varphi(n)$ 抽样判决,即可恢复数据。在解调时,需要本地载波与信号载波严格地同频同相,同频同相可由数字科斯塔斯(Costas)环获得。

2.4.4.5 QPSK 信号解调

信号表达式为

$$s(t) = \sum_{n=-\infty}^{+\infty} a_n g(t - nT_s) \cdot \cos(2\pi f_c t) + \sum_{n=-\infty}^{+\infty} b_n g(t - nT_s) \cdot \sin(2\pi f_c t)$$

式中：$a_n = \pm 1$；$b_n = \pm 1$。QPSK 信号的相干解调框图如图 2.52 所示。

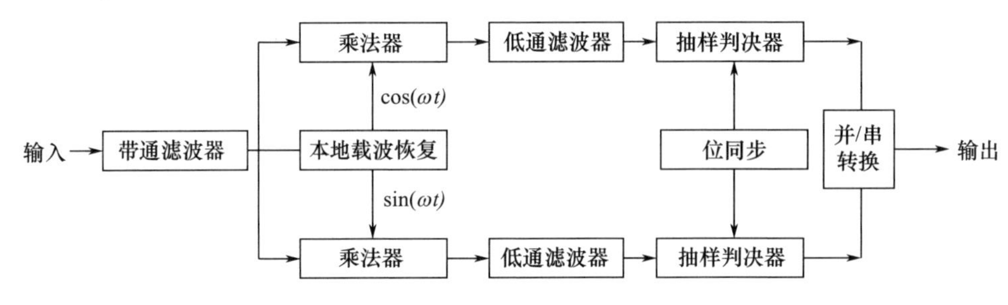

图 2.52　QPSK 信号解调框图

由于 QPSK 可以看成两个正交的 BPSK 通道。每个支路的速率为 QPSK 的 1/2、功率也是 1/2（因为 QPSK 的幅度为 A，每个支路的幅度为 $A/\sqrt{2}$）。QPSK 的误比特率与 BPSK 相同，但误码率是不一样的。

QPSK 信号解调的误码率为

$$P_e = 1 - \left[1 - \frac{1}{2}\mathrm{erfc}(\sqrt{r/2})\right]^2 \tag{2-133}$$

其实，相位与编码方式之间的映射关系也会影响误码率，如相对于未编码方式，采用格雷码指定比特与相位之间的关系，可以使得误码率更低。

2.4.4.6 QAM 解调

信号表达式为

$$s(t) = A_m \cos(2\pi f_c t) + B_m \sin(2\pi f_c t) \qquad 0 \leqslant t \leqslant T_s$$

式中：$\{A_m\}$、$\{B_m\}$ 为一组离散的振幅；$m = 1, 2, \cdots, M$ 为电平数。

QAM 信号解调框图与 QPSK 信号解调类似。

M 进制 QAM 的解调误码率为

$$P_e = 2\left(1 - \frac{1}{\sqrt{M}}\right)\mathrm{erfc}\left(\sqrt{\frac{3}{2(M-1)}k\gamma_b}\right) \cdot \left[1 - \frac{1}{2}\left(1 - \frac{1}{\sqrt{M}}\right)\right]\mathrm{erfc}\left(\sqrt{\frac{3}{2(M-1)}k\gamma_b}\right) \tag{2-134}$$

式中：k 为每个码元的比特数；γ_b 为每比特的平均信噪比。

当然，数字信号的解调也可以与模拟信号解调一样，先进行正交变换，得到同

相和正交分量,然后根据信号类型提取其瞬时幅度(如是调幅类数字信号,如ASK)、瞬时相位(调相类信号,如PSK)、瞬时频率(调频类信号,如FSK),接着按照符号速率,进行抽样判决,得到数字序列。

解调可以通过DSP、现场可编程门阵(FPGA)或两者结合加以实现。

2.5 数字解调中的同步实现

在2.4节讨论无线通信信号的相干解调时,我们默认为载波同步已经实现,本节讨论如何从接收信号中恢复出载波信号,使双方载波的频率、相位一致。在数字通信时,除了载波同步外,还需要位同步、帧同步。因为消息是一串连续的码元序列,解调时必须知道码元的起止时刻,即码同步。在数字通信时,往往是一定数量的码元表示某种信息,这些码元就构成了一帧,接收时也需要知道帧的开始与结束,即帧同步。除了载波同步、位同步、帧同步,还有直扩通信中的伪码同步、跳频通信中的跳频同步、通信网中的网同步等。这里,我们主要讨论与信号处理有关的载波同步和位同步问题。锁相环(Phase Locked Loop,PLL)是实现各种同步的基础部件,为此,我们先来讨论锁相环(或数字锁相环)。

2.5.1 锁相环

锁相环(PLL)是实现两个信号相位同步的自动控制系统,它由鉴相器(PD)、环路器(LF)、压控振荡器(VCO)等组成。鉴相器可以用乘法器后接一个低通滤波器实现,如图2.53所示。

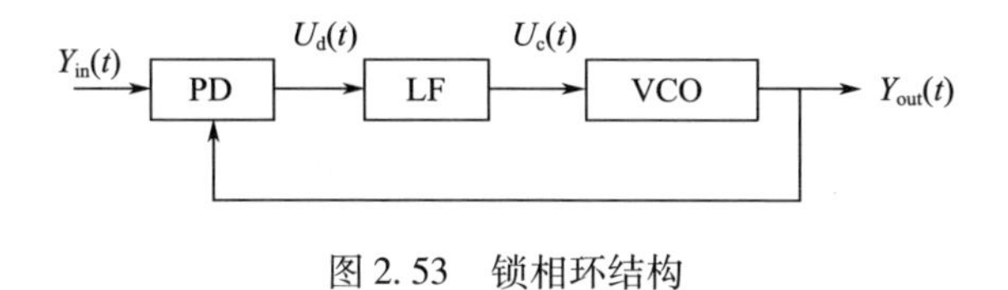

图2.53 锁相环结构

按照图2.53来讨论锁相环的整个工作过程,图2.53中标出了环路中各点的输出波形。设输入信号为

$$Y_{in}(t) = U_i \sin(\omega_i t + \theta_i) \tag{2-135}$$

输出信号为

$$Y_{out}(t) = U_0 \cos[\omega_0 t + \theta_0(t)] \tag{2-136}$$

令 $\Delta\omega_0 = \omega_i - \omega_0$,则

$$Y_{in}(t)=U_i\sin(\omega_0 t+\Delta\omega_0 t+\theta_i) \tag{2-137}$$

这样,在乘法器输出端,有

$$\begin{aligned}k_m Y_{in}(t)Y_{out}(t)&=k_m U_i U_0\sin(\omega_0 t+\Delta\omega_0 t+\theta_i)\cos(\omega_0 t+\theta_0(t))\\&=0.5k_m U_i U_0[\sin(2\omega_0 t+\Delta\omega_0 t+\theta_i+\theta_0(t))+\sin(\Delta\omega_0 t+\theta_i-\theta_0(t))]\end{aligned} \tag{2-138}$$

经过低通滤波器后,得到输出误差电压为

$$U_d(t)=0.5k_m U_i U_0\sin[\Delta\omega_0 t+\theta_i-\theta_0(t)] \tag{2-139}$$

方括号内部分就是环路的相位误差。输出的误差电压通过环路滤波器抑制噪声和高频频率分量。滤波器在时域分析中用一个传输算子 $F(p)$ 表示,p 为微分算子,于是,有

$$U_c(t)=F(p)U_d(t) \tag{2-140}$$

这个信号送入 VCO,使得其输出频率随着控制电压线性变化。VCO 是具有线性控制特性的调频振荡器,即

$$\omega_{out}(t)=f[U_c(t)]=\omega_0+K_0 U_c(t) \tag{2-141}$$

式中:ω_0为 VCO 的自由振荡角频率。

把输出信号的瞬时角频率转换为瞬时相位,得

$$Y_{out}(t)=\sin\left\{\int_0^t[\omega_0+K_0 U_c(t)]\mathrm{d}t\right\}=\sin\left[\omega_0 t+K_0\int_0^t U_c(t)\mathrm{d}t\right] \tag{2-142}$$

如果写成算子形式为

$$Y_{out}(t)=\sin\left[\omega_0 t+\frac{K_0}{p}U_c(t)\right] \tag{2-143}$$

锁相环路是一个相位负反馈控制系统,输入信号的相位与输出信号的相位进行比较,得到相位误差,反映相位误差的误差电压经过环路滤波后得到控制电压,这个控制电压加到压控振荡器的控制端,使其振荡角频率向着输入信号角频率的方向牵引。如果满足锁定条件,则输入输出角频率差越来越小,直至相等,最后相位误差也将成为接近于 0 的一个非常小的常数。

随着微电子技术的发展,出现了数字锁相环,其解决了零点漂移、部件饱和等模拟锁相环难以解决的问题。如今数字锁相环的应用已经非常广泛。

2.5.2 载波同步

载波同步(跟踪)可以分为两类:接收到的信号中存在载频分量时,如有载波

的模拟或数字调制信号，此时，采用窄带滤波器或基本的锁相环路就可以提取出载波分量，锁相环中 VCO 的输出就是载波；对于一些接收信号中不含载波分量的信号，也就是抑制载波的调制信号，如 BPSK、QPSK 等就需要通过一些特殊的环路实现同步载波的恢复。对于后者往往对接收到的信号进行非线性处理，产生相应的载波，然后用窄带滤波器或锁相环进行滤波提纯，得到所需的载波信号。

对于接收到的信号 $x(t)$，可表示为

$$x(t)=s(t,\tau,\theta)+n(t) \tag{2-144}$$

式中：τ、θ 为待估计参数，分别为时间延迟和相位；$s(t,\tau,\theta)$ 为信号；$n(t)$ 为高斯噪声。应用[2]最大似然(ML)准则，可得似然函数为

$$\begin{aligned}\Lambda(\tau,\theta) &= \exp\left\{-\frac{1}{N_0}\int_0^{T_0}[x(t)-s(t,\tau,\theta)]^2\mathrm{d}t\right\}\\ &= \exp\left\{-\frac{1}{N_0}\int_0^{T_0}[x^2(t)-2x(t)s(t,\tau,\theta)+s^2(t,\tau,\theta)]\mathrm{d}t\right\}\end{aligned} \tag{2-145}$$

式中：T_0为积分间隔；积分号内，第1项中不含 θ，第3项表示积分区间内的能量，与 θ 无关。

令 $\tau=0$，那么，只有第2项与 θ 有关。于是，似然函数又可以表示为

$$\Lambda(\theta)=-\frac{2}{N_0}\int_0^{T_0}[x(t)s(t,\theta)\,\mathrm{d}t \tag{2-146}$$

式(2-146)表明，在加性高斯噪声下，要在上述似然函数最大化的准则下获取参数估计，可实现最佳信号接收。

由式(2-146)可以得到载波相位的估计结构如图2.54所示。

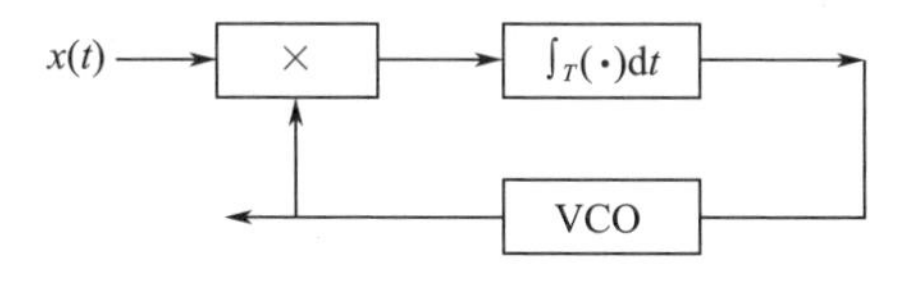

图2.54 载波恢复结构(信号中含有载波分量)

其实，这就是一个基本的锁相环路结构，乘法器实现鉴相，积分器起着环路滤波的作用，VCO 的输出就是跟踪的载波。

对于载波抑制信号不能用普通的锁相环实现载波提取，需要通过采取非线性处理和滤波提纯两个步骤实现，这种具有非线性处理能力的锁相环常称为载波跟踪环，常用的载波跟踪锁相环包括平方环、同相-正交环、判决反馈环等[3]。

对于 BPSK 信号，我们就可以采用平方环实现载波提取，其组成框图如图2.55所示。首先对输入的信号进行平方，产生载波的2倍频信号，然后用带通滤波器滤

出,再用一个锁相环跟踪提取这个载波的二倍频分量。

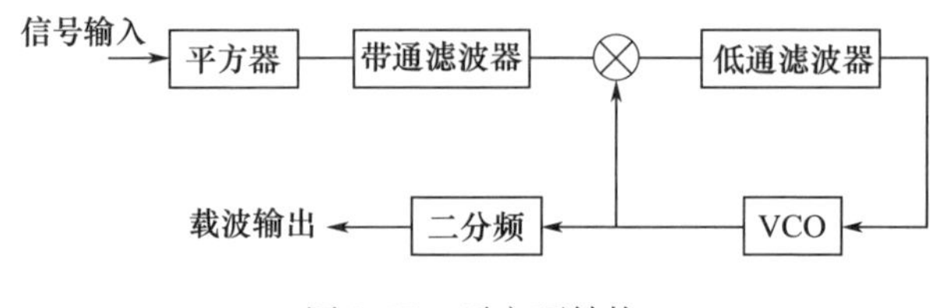

图 2.55 平方环结构

设输入信号为

$$x(t)=s(t)+n(t)=m(t)\sin[\omega_c t+\theta_1(t)]+n(t)$$

式中:$m(t)=\pm 1$,为调制信息。

由于输入噪声为带限白噪声,则

$$n(t)=n_c(t)\cos[\omega_c t+\theta_1(t)]-n_s(t)\sin[\omega_c t+\theta_1(t)]$$

对输入信号进行平方可得

$$\begin{aligned}x^2(t)&=\{m(t)\sin[\omega_c t+\theta_1(t)]+n(t)\}^2\\&=\{m(t)\sin[\omega_c t+\theta_1(t)]+n_c(t)\cos[\omega_c t+\theta_1(t)]+\\&\quad n_s(t)\sin[\omega_c t+\theta_1(t)]\}^2\\&=\frac{1}{2}[m(t)-n_s(t)]^2+\frac{1}{2}n_c^2(t)-\left\{\frac{1}{2}[m(t)-n_s(t)]^2-\frac{1}{2}n_c^2(t)\right\}\\&\quad\cos[2\omega_c t+2\theta_1(t)]+[m(t)-n_s(t)]n_c(t)\sin[2\omega_c t+2\theta_1(t)]\end{aligned}\tag{2-147}$$

经过带通滤波器后,可得

$$\begin{aligned}y(t)=&\left\{-\frac{1}{2}m^2(t)+n_s(t)m(t)-\frac{1}{2}n_s^2(t)+\frac{1}{2}n_c^2(t)\right\}\cos[2\omega_c t+2\theta_1(t)]+\\&[m(t)n_c(t)-n_s(t)n_c(t)]\sin[2\omega_c t+2\theta_1(t)]\end{aligned}\tag{2-148}$$

若 VCO 的输出为

$$v(t)=V_0\sin[2\omega_c t+2\theta_2(t)]\tag{2-149}$$

那么,输入的倍频信号与 VCO 信号相乘。略去 4 倍频分量,可得

$$z(t)=\frac{V_0}{2}\left\{-\frac{1}{2}m^2(t)+n_s(t)m(t)-\frac{1}{2}n_s^2(t)+\frac{1}{2}n_c^2(t)\right\}\sin[2\theta_2(t)-2\theta_1(t)]$$

$$
\begin{aligned}
&+\frac{V_0}{2}[m(t)n_c(t)-n_s(t)n_c(t)]\cos[2\theta_2(t)-2\theta_1(t)]\\
&=\frac{V_0}{4}m^2(t)\sin[2\theta_1(t)-2\theta_2(t)]\\
&+\frac{V_0}{2}\left\{\frac{1}{2}n_s^2(t)-n_s(t)m(t)-\frac{1}{2}n_c^2(t)\right\}\sin[2\theta_1(t)-2\theta_2(t)]\\
&+\frac{V_0}{2}[m(t)n_c(t)-n_s(t)n_c(t)]\cos[2\theta_1(t)-2\theta_2(t)]\\
&=k_d\sin[2\theta_e(t)]+N(t)
\end{aligned}
\tag{2-150}
$$

其中

$$
\begin{aligned}
N(t)=&\frac{V_0}{2}\left\{\frac{1}{2}n_s^2(t)-n_s(t)m(t)-\frac{1}{2}n_c^2(t)\right\}\sin[2\theta_1(t)-2\theta_2(t)]\\
&+\frac{V_0}{2}[m(t)n_c(t)-n_s(t)n_c(t)]\cos[2\theta_1(t)-2\theta_2(t)]
\end{aligned}
$$

$$k_d=\frac{V_0}{4}m^2(t)$$

$$\theta_e(t)=\theta_1(t)-\theta_2(t) \tag{2-151}$$

经过环路滤波后得到控制电压为

$$V_c(t)=F(p)\{k_d\sin[2\theta_e(t)]+N(t)\} \tag{2-152}$$

式中:$F(p)$为环路滤波器的线性微分方程的算子形式。误差电压用于 VCO 的控制。

同相-正交环又称 Costas 环,其组成框图如图2.56所示。其输入的信号被分成上下两个支路,分别与同相和正交载波相乘,它们的积就是环路误差电压,这个电压经过低通滤波后去控制 VCO。假设输入的信号为 BPSK 信号,并存在加性噪声,可表示为

$$
\begin{aligned}
x(t)&=s(t)+n(t)\\
&=m(t)\sin[\omega_0 t+\theta_1(t)]+n_c(t)\cos[\omega_0 t+\theta_1(t)]-n_s(t)\sin[\omega_0 t+\theta_1(t)]
\end{aligned}
$$

VCO 之同相、正交分量输出分别为

$$v_c(t)=U_0\cos[\omega_0 t+\theta_2(t)] \tag{2-153}$$

$$v_s(t)=U_0\sin[\omega_0 t+\theta_2(t)] \tag{2-154}$$

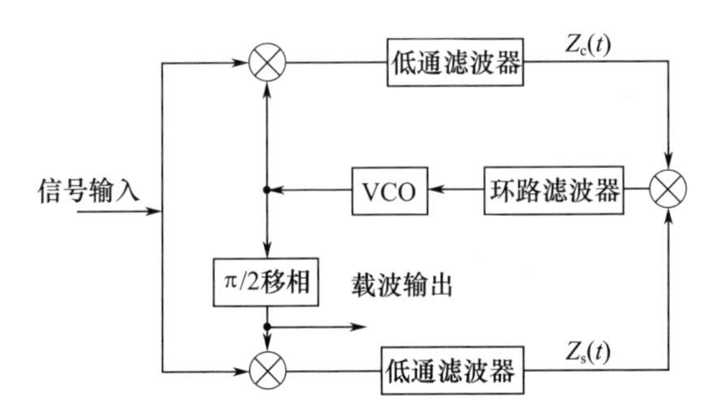

图 2.56 同相－正交环结构

所以，同相支路输出为

$$
\begin{aligned}
y_c(t) &= x(t)v_c(t) \\
&= U_0[m(t)-n_s(t)]\cos[\omega_0 t+\theta_2(t)]\sin[\omega_0 t+\theta_1(t)] \\
&\quad + U_0 n_c(t)\cos[\omega_0 t+\theta_2(t)]\cos[\omega_0 t+\theta_1(t)] \\
&= \frac{1}{2}U_0[m(t)-n_s(t)]\{\sin[2\omega_0 t+\theta_1(t)+\theta_2(t)]+\sin[\theta_1(t)-\theta_2(t)]\} \\
&\quad + \frac{1}{2}U_0 n_c(t)\{\cos[2\omega_0 t+\theta_1(t)+\theta_2(t)]+\cos[\theta_1(t)-\theta_2(t)]\}
\end{aligned} \tag{2-155}
$$

经过低通滤波后，得到

$$
\begin{aligned}
z_c(t) &= \frac{1}{2}U_0[m(t)-n_s(t)]\sin[\theta_1(t)-\theta_2(t)]+\frac{1}{2}U_0 n_c(t)\cos[\theta_1(t)-\theta_2(t)] \\
&= \frac{1}{2}U_0[m(t)-n_s(t)]\sin[\theta_e(t)]+\frac{1}{2}U_0 n_c(t)\cos[\theta_e(t)]
\end{aligned} \tag{2-156}
$$

同理，得正交支路的输出为

$$
z_s(t) = \frac{1}{2}U_0[m(t)-n_s(t)]\cos[\theta_e(t)]-\frac{1}{2}U_0 n_c(t)\sin[\theta_e(t)] \tag{2-157}
$$

把正交和同相支路相乘，这样可以得到误差电压为

$$
u_d(t) = \frac{1}{8}U_0^2 m^2(t)\sin[2\theta_e(t)]+N(t) \tag{2-158}
$$

式中

$$
\begin{aligned}
N(t) &= \frac{U_0^2}{4}\left\{\frac{1}{2}n_s^2(t)-n_s(t)m(t)-\frac{1}{2}n_c^2(t)\right\}\sin[2\theta_1(t)-2\theta_2(t)] \\
&\quad + \frac{U_0^2}{4}[m(t)n_c(t)-n_s(t)n_c(t)]\cos[2\theta_1(t)-2\theta_2(t)]
\end{aligned} \tag{2-159}
$$

比较式(2－151)和式(2－159)，可以看到，同相正交环和平方锁相环的等效噪声特性 $N(t)$ 形式完全相同，只是系数不同，比较式(2－150)和式(2－158)这两种环的鉴相特性也是完全一样的。

压控振荡器的输出将受误差信号的控制，理论上应该锁定在误差电压的最小处，$\sin[2\theta_e(t)]=0$，所以，$\theta_e(t)=0$ 或 π，因此，Costas 环和平方环输出的为相干载波，但可能存在相位模糊问题，相差可能为 0 或 π。

载波同步的第三种方法是采用判决反馈环。其基本原理是对信号进行相干解调，然后将解调出来的信号去抵消接收信号中的调制恢复载波分量。其组成如图 2.57所示。

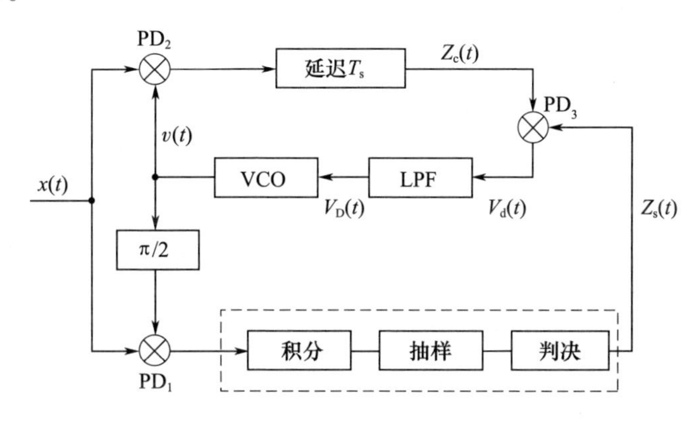

图 2.57　判决反馈的原理框图

设输入信号为

$$x(t)=s(t)+n(t)=m(t)\sin[\omega_0 t+\theta_1(t)]+n(t)$$

VCO 的输出为

$$v(t)=U_0\cos[\omega_0 t+\theta_2(t)]$$

那么，输入信号与 VCO 信号共同作用于 PD_2，可得

$$\begin{aligned} y_0(t) &= x(t)v(t) \\ &= U_0[m(t)-n_s(t)]\cos[\omega_0 t+\theta_2(t)]\sin[\omega_0 t+\theta_1(t)] \\ &\quad + U_0 n_c(t)\cos[\omega_0 t+\theta_2(t)]\cos[\omega_0 t+\theta_1(t)] \\ &= \frac{1}{2}U_0[m(t)-n_s(t)]\{\sin[2\omega_0 t+\theta_1(t)+\theta_2(t)]+\sin[\theta_1(t)-\theta_2(t)]\} \\ &\quad + \frac{1}{2}U_0 n_c(t)\{\cos[2\omega_0 t+\theta_1(t)+\theta_2(t)]+\cos[\theta_1(t)-\theta_2(t)]\} \end{aligned} \tag{2-160}$$

滤除其 2 倍频分量后,可得

$$\begin{aligned}y(t) &= \frac{1}{2}U_0[m(t)-n_s(t)]\sin[\theta_1(t)-\theta_2(t)]+\frac{1}{2}U_0 n_c(t)\cos[\theta_1(t)-\theta_2(t)]\\&=\frac{1}{2}U_0 m(t)\sin[\theta_e(t)]-\frac{1}{2}U_0 n_s(t)\sin[\theta_e(t)]+\frac{1}{2}U_0 n_c(t)\cos[\theta_e(t)]\\&=\frac{1}{2}U_0 m(t)\sin[\theta_e(t)]+N_y[t,\theta_e(t)]\end{aligned}\tag{2-161}$$

式中

$$N_y[t,\theta_e(t)] = -\frac{1}{2}U_0 n_s(t)\sin[\theta_e(t)]+\frac{1}{2}U_0 n_c(t)\cos[\theta_e(t)]\tag{2-162}$$

而另一支路,输入信号与 VCO 输出(移相 90°)信号共同作用于 PD_1,并滤除倍频分量后,可得

$$z_s(t)=\frac{1}{2}U_0[m(t)-n_s(t)]\cos[\theta_e(t)]-\frac{1}{2}U_0 n_c(t)\sin[\theta_e(t)]\tag{2-163}$$

此信号用于对信号所携带信息的恢复。检测判决器对接收到的信号进行判决,并重构出无噪声 $m(t)$ 信号。为了保证在 PD_3 中重构的调制波形与对应输入调制波形相乘,需要对 PD_2 输出信号进行一个码元周期 T_s 的延迟。考虑到,传输带宽远小于码元速率 $1/T_s$,在相邻两个符号内 $n_s(t)$、$n_c(t)$、$\theta_e(t)$ 近似为不变,可以用平均值 $<\hat{m}(t)m(t)>$ 代替 $\hat{m}(t-T_s)m(t-T_s)$,这样,PD_3 的两个输入信号分别为

$$z_s(t)=\frac{1}{2}U_0 m(t-T_s)\sin[\theta_e(t)]+N_y[t,\theta_e(t)]$$

$$z_c(t)=\hat{m}(t-T_s)$$

PD_3 的输出为

$$v_d(t)=\frac{1}{2}U_0 m(t-T_s)m(t-T_s)\sin[\theta_e(t)]+m(t-T_s)N_y[t,\theta_e(t)]\tag{2-164}$$

式中,若误码率为 P_e,当下支路解码正确时有 $\hat{m}(t-T_s)=m(t-T_s)$,则 $\hat{m}(t-T_s)m(t-T_s)=1$,其概率为 $P[\hat{m}(t-T_s)=m(t-T_s)]=1-P_e$。当解码出错时,有 $\hat{m}(t-T_s)=-m(t-T_s)$,则 $\hat{m}(t-T_s)m(t-T_s)=-1$,出现这种情况的概率为 P_e,故

$$<\hat{m}(t-T_s)m(t-T_s)> \geqslant (+1)(1-P_e)+(-1)P_e=1-2P_e$$

所以,式(2-164)又可以写为

$$v_{\mathrm{d}}(t)=\frac{1}{2}U_0(1-2P_{\mathrm{e}})\sin[\theta_{\mathrm{e}}(t)]+\hat{m}(t-T_{\mathrm{s}})N_y[t,\theta_{\mathrm{e}}(t)] \quad (2-165)$$

在以上的讨论中,我们主要以 BPSK 为例进行讨论,对于 N 相 PSK 信号进行载波恢复时,只要在 BPSK 环的原理上进行扩展就可以了。例如,把平方环改进成 N 次幂环,把同相-正交环扩展成多相同相-正交环,就可以实现对多相信号的载波提取了。其实现框图如图 2.58 所示。

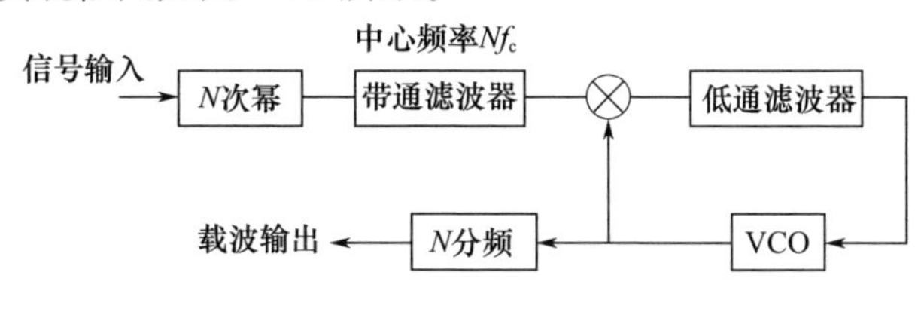

图 2.58 N 次幂环结构

为简化讨论,噪声分量不包含在表达式中。以 QPSK 为例,其输入信号为

$$x(t)=U_0\cos[\omega_{\mathrm{c}}t+\varphi(t)+\theta_1]$$

经过 4 次方,并带通滤波取出 4 倍频分量,即

$$y(t)=\frac{1}{8}U_0^4\cos[4\omega_{\mathrm{c}}t+4\theta_1] \quad (2-166)$$

若 VCO 的输出为

$$v(t)=U_1\sin[4\omega_{\mathrm{c}}t+4\theta_2] \quad (2-167)$$

则鉴相器输出,并经过低通滤波后为

$$v_{\mathrm{d}}(t)=\frac{1}{16}k_{\mathrm{m}}U_0^4U_1\sin[4(\theta_2-\theta_1)]=k_{\mathrm{d}}\sin(4\theta_{\mathrm{e}}) \quad (2-168)$$

4 次幂环可能存在 4 重相位模糊问题,相差可能为 0 或 $\pi/2$、π、$3\pi/2$。

同理,可以得到 N 次幂环的鉴相特性为

$$v_{\mathrm{d}}(t)=k_{\mathrm{d}}\sin(N\cdot\theta_{\mathrm{e}}) \quad (2-169)$$

同样,N 次幂环可能存在 N 重相位模糊问题,分别为 $k\cdot\frac{2\pi}{N}(k=0,1,\cdots,N-1)$。

对基本的 Costas 环进行推广,用于 QPSK 的载波恢复,并采用数字运算方法,对输出的两路基带信号进行非线性数字处理,消除基带信号中的调制信息,产生只与相位有关的误差信号。这种基带处理 Costas 环,又称为松尾环。松尾环电路简单,适合于宽带工作,恢复出的载波静态相位误差小,载波的同步捕捉带宽,可以同时实现 QPSK 信号的载波恢复和信号解调。其组成框图如图 2.59 所示。

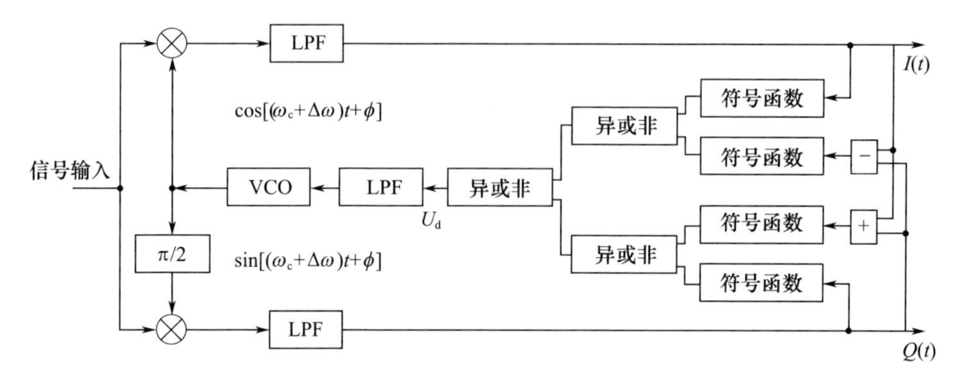

图 2.59　松尾环的原理框图

下面对其进行简单讨论。假设输入信号为 $s(t)=I(t)\cos(\omega_c t)+Q(t)\sin(\omega_c t)$，则上支路(同相支路)的输出为

$$
\begin{aligned}
s(t)\cdot\cos[(\omega_c+\Delta\omega)t+\phi]
&=[I(t)\cos(\omega_c t)+Q(t)\sin(\omega_c t)]\cdot\cos[(\omega_c+\Delta\omega)t+\phi]\\
&=\frac{1}{2}I(t)\{\cos[(2\omega_c+\Delta\omega)t+\phi]+\cos(\Delta\omega t+\phi)\}\\
&\quad+\frac{1}{2}Q(t)\{\sin[(2\omega_c+\Delta\omega)t+\phi]-\sin(\Delta\omega t+\phi)\}
\end{aligned}
\tag{2-170}
$$

经过低通滤波后，得到

$$
A=\frac{1}{2}I(t)\cos(\Delta\omega t+\phi)-\frac{1}{2}Q(t)\sin(\Delta\omega t+\phi)\tag{2-171}
$$

同理，可以得到正交支路的输出信号为

$$
\begin{aligned}
s(t)\cdot\sin[(\omega_c+\Delta\omega)t+\phi]
&=[I(t)\cos(\omega_c t)+Q(t)\sin(\omega_c t)]\cdot\sin[(\omega_c+\Delta\omega)t+\phi]\\
&=\frac{1}{2}I(t)\{\sin[(2\omega_c+\Delta\omega)t+\phi]+\sin(\Delta\omega t+\phi)\}\\
&\quad+\frac{1}{2}Q(t)\{-\cos[(2\omega_c+\Delta\omega)t+\phi]+\cos(\Delta\omega t+\phi)\}
\end{aligned}
\tag{2-172}
$$

经过低通滤波后，得到

$$
B=\frac{1}{2}I(t)\sin(\Delta\omega t+\phi)+\frac{1}{2}Q(t)\cos(\Delta\omega t+\phi)\tag{2-173}
$$

当环路锁定，$\Delta\omega=0$，ϕ 很小时，同相支路的输出为 $I(t)$，正交支路输出为 $Q(t)$，这样就可以实现 QPSK 的解调。

两个支路的输出信号经过符号函数后送到异或非门，则第三个异或门输出为

$$U_d = \overline{\text{sgn}(B)\oplus\text{sgn}(A+B)}\oplus\overline{\text{sgn}(A)\oplus\text{sgn}(A-B)} \tag{2-174}$$

式中：$\oplus$表示异或运算；$-$表示非运算。符号函数的表达式为

$$\text{sgn}(x)=\begin{cases}1 & x\geqslant 0\\ -1 & x<0\end{cases}$$

又因为

$$\overline{x\oplus y}=\begin{cases}1 & x、y\text{ 同号}\\ -1 & x、y\text{ 异号}\end{cases}$$

所以有

$$\text{sgn}(\overline{x\oplus y})=\text{sgn}(x\cdot y) \tag{2-175}$$

因此，式(2-174)可以表示为

$$U_d=\text{sgn}\{[B\cdot(A+B)]\cdot[A\cdot(A-B)]\} \tag{2-176}$$

为了简化推导，可以认为

$$I^2(t)=Q^2(t)=1$$

把式(2-171)、式(2-173)代入式(2-176)，并忽略其振幅，可得

$$U_d=\text{sgn}[\sin(-4\Delta\omega t-4\phi)] \tag{2-177}$$

当环路锁定时，$\Delta\omega=0$，则

$$U_d=\text{sgn}[-\sin(4\phi)] \tag{2-178}$$

由式(2-178)可以看出，环路的跟踪控制电压 U_d仅取决于发送载波和本地接收端相干载波之间的相位差 ϕ，而与调制信息无关。根据式(2-178)可以画出松尾环的鉴相特性图，如图 2.60 所示。

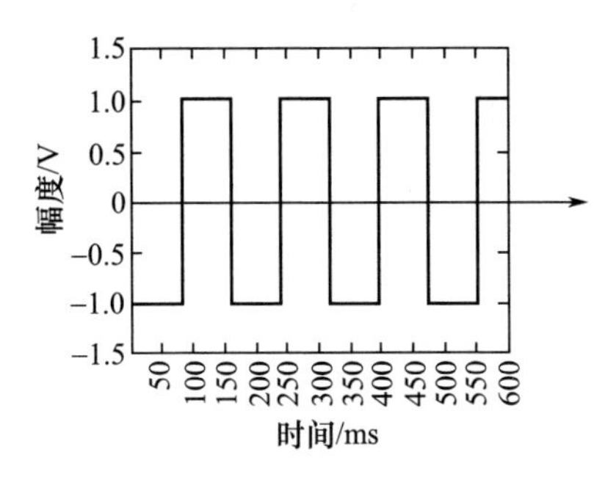

图 2.60　松尾环的鉴相特性

讨论了四相 Costas 环(或同相正交环)后,我们给出 N 相 Costas 环的组成,如图 2.61 所示。N 相同相正交环需要 $N+1$ 个相乘器与 N 个支路的滤波器,其第 k 个鉴相器是输入信号与压控振荡器输出信号经过$\frac{k-1}{N}\pi$ 移相后的信号之间进行鉴相。N 相 Costas 环的鉴相特性为 $u_{\mathrm{d}}=k_{\mathrm{d}}\sin(N\cdot\theta_{\mathrm{e}})$,其与 N 次幂环是完全等效的。采用 N 次平方法或 N 相同相－正交环,在实现 N 相信号的载波提取时,同样存在 N 重相位模糊问题,这可以通过对发射数据采用差分编码克服。

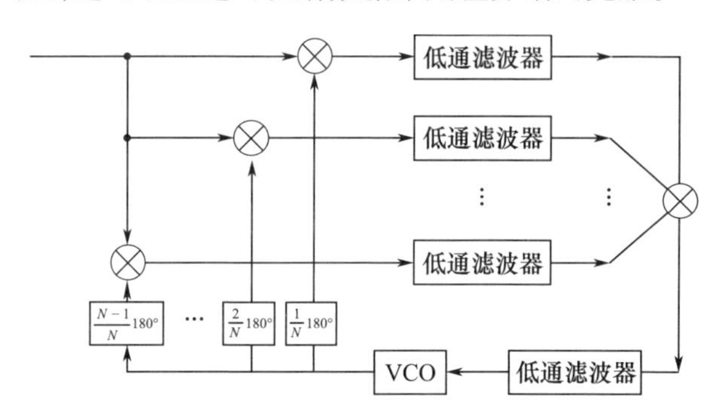

图 2.61　N 相同相－正交环

四相判决反馈环的结构如图 2.62 所示[4]。

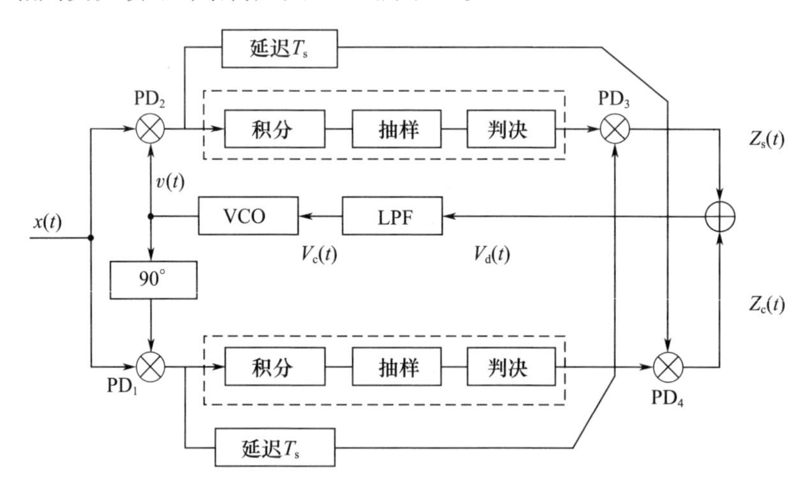

图 2.62　QPSK 的判决反馈环

设输入信号为

$$x(t)=I(t)\cos(\omega_{\mathrm{c}}t+\theta_1)+Q(t)\sin(\omega_{\mathrm{c}}t+\theta_1)$$

VCO 输出信号为

$$v(t)=\sin(\omega_c t+\theta_2)$$

输入信号与VCO输出信号作用于PD_2，并经过低通滤波（图2.62中积分模块功能）后，得到

$$\begin{aligned}x_s(t)&=\frac{1}{2}I(t)\sin(\theta_2-\theta_1)+\frac{1}{2}Q(t)\cos(\theta_2-\theta_1)\\&=\frac{1}{2}I(t)\sin\theta_e+\frac{1}{2}Q(t)\cos\theta_e\end{aligned}\qquad(2-179)$$

输入信号与VCO输出的正交信号作用于PD_1，并经过低通滤波后，得到

$$x_c(t)=\frac{1}{2}I(t)\cos\theta_e-\frac{1}{2}Q(t)\sin\theta_e$$

对$x_c(t)$、$x_s(t)$分别进行判决，得到$\hat{I}(t)$、$\hat{Q}(t)$。

假设$|\sin\theta_e|>|\cos\theta_e|$，则

$$\hat{I}(t)=\begin{cases}I(t) & \sin\theta_e>0\\-I(t) & \sin\theta_e<0\end{cases}$$

假设$|\sin\theta_e|<|\cos\theta_e|$，则

$$\hat{I}(t)=\begin{cases}Q(t) & \cos\theta_e>0\\-Q(t) & \cos\theta_e<0\end{cases}$$

整个相位分割图如图2.63所示。其余情况类推，见表2.3。

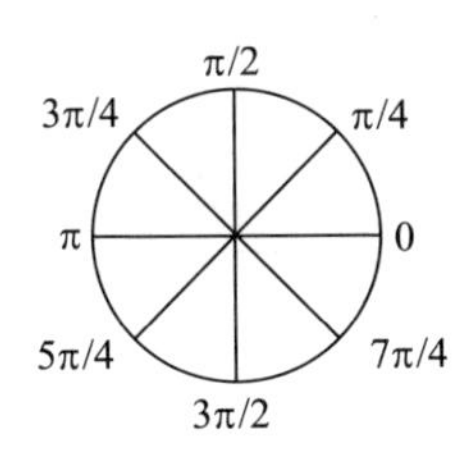

图2.63　相位区间

表2.3　根据相位误差得出的判决表

θ_e	$0\sim\pi/4$	$\pi/4\sim\pi/2$	$\pi/2\sim3\pi/4$	$3\pi/4\sim\pi$	$\pi\sim5\pi/4$	$5\pi/4\sim3\pi/2$	$3\pi/2\sim7\pi/4$	$7\pi/4\sim2\pi$
$\hat{I}(t)$	$Q(t)$	$I(t)$	$I(t)$	$-Q(t)$	$-Q(t)$	$-I(t)$	$-I(t)$	$Q(t)$
$\hat{Q}(t)$	$I(t)$	$-Q(t)$	$-Q(t)$	$-I(t)$	$-I(t)$	$Q(t)$	$Q(t)$	$I(t)$

PD_3的输出信号为

$$z_s(t)=\left[\frac{1}{2}I(t)\cos\theta_e-\frac{1}{2}Q(t)\sin\theta_e\right]\hat{I}(t)\qquad(2-180)$$

PD_4 的输出信号为

$$z_c(t)=\left[\frac{1}{2}I(t)\sin\theta_e+\frac{1}{2}Q(t)\cos\theta_e\right]\hat{Q}(t) \tag{2-181}$$

因此，加法器输出为

$$\begin{aligned}v_c(t)&=\left[\frac{1}{2}I(t)\sin\theta_e+\frac{1}{2}Q(t)\cos\theta_e\right]Q(t)-\left[\frac{1}{2}I(t)\cos\theta_e-\frac{1}{2}Q(t)\sin\theta_e\right]I(t)\\&=\frac{1}{2}[I(t)Q(t)+Q(t)I(t)]\sin\theta_e+\frac{1}{2}[Q(t)Q(t)-I(t)I(t)]\cos\theta_e\end{aligned} \tag{2-182}$$

由于 $I^2(t)=Q^2(t)=1$，并利用表 2.3，可得

$$v_d(t)=\begin{cases}\sin[\theta_e(t)] & -\pi/4<\theta_e<\pi/4\\ -\cos[\theta_e(t)] & \pi/4<\theta_e<3\pi/4\\ -\sin[\theta_e(t)] & 3\pi/4<\theta_e<5\pi/4\\ \cos[\theta_e(t)] & 5\pi/4<\theta_e<7\pi/4\end{cases} \tag{2-183}$$

最后，给出 N 相调制的判决反馈环结构框图，如图 2.64 所示。

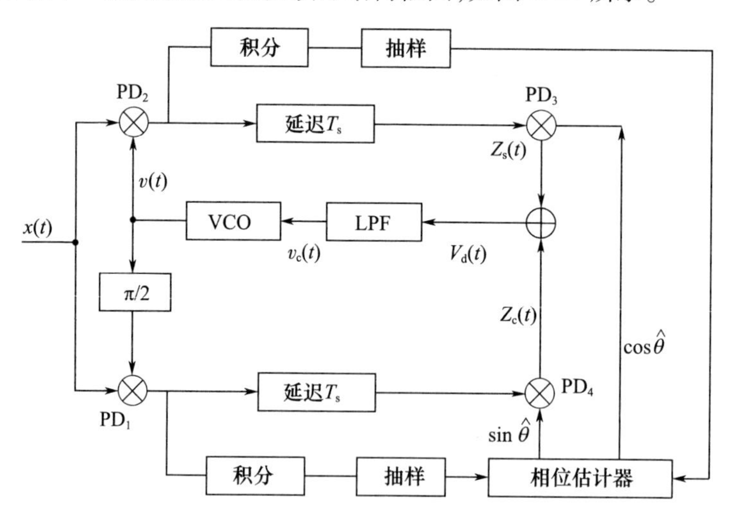

图 2.64　基于判决反馈的 N 元 PSK 信号的载波恢复

设输入信号为

$$x(t)=\cos(\omega_c t+\theta+\theta_1)$$

式中:θ 为调制相位;θ_1 为初相。

VCO 输出信号为

$$v(t) = \sin(\omega_c t + \theta_2)$$

输入信号与 VCO 输出信号作用于 PD_2,并经过低通滤波后,得到

$$x_s(t) = \frac{1}{2}\sin(\theta_2 - \theta_1 - \theta) = \frac{1}{2}\sin(\theta_e - \theta) \tag{2-184}$$

输入信号与 VCO 输出的正交信号作用于 PD_1,并经过低通滤波后,得到

$$x_c(t) = \frac{1}{2}\cos(\theta_e - \theta) \tag{2-185}$$

利用 $x_c(t)$、$x_s(t)$ 进行相位估计,得到 $\hat{\theta}$。于是,PD_3 的输出信号为

$$z_s(t) = \frac{1}{2}\sin(\theta_e - \theta)\cos\hat{\theta} = \frac{1}{4}\sin(\theta_e - \theta + \hat{\theta}) + \frac{1}{4}\sin(\theta_e - \theta - \hat{\theta}) \tag{2-186}$$

PD_4 的输出信号为

$$z_c(t) = \frac{1}{2}\cos(\theta_e - \theta)\sin\hat{\theta} = \frac{1}{4}\sin(\theta_e - \theta + \hat{\theta}) + \frac{1}{4}\sin(-\theta_e + \theta + \hat{\theta}) \tag{2-187}$$

因此,加法器输出为

$$v_d(t) = \frac{1}{2}\sin(\theta_e - \theta + \hat{\theta}) \tag{2-188}$$

当相位估计(判决)正确时,$\theta = \hat{\theta}$,$V_d(t)$ 是环路的误差信息;判决出错时,其不能正确反映误差信息。所以,误差电压与误码率密切相关。判决反馈环同样存在 N 重相位模糊问题。

2.5.3　位同步

为实现数字通信信号解调,必须产生一个频率与符号速率相同的定时抽样脉冲,以在合适的时刻对输出波形进行抽样判决。这个定时抽样脉冲就是通过位同步(也称为定时同步)获得的。

位同步可分为自同步和外同步两种。自同步是直接从接收的信号中提取位同步信息,而外同步是在发端专门发射导频信号。例如,在基带信号频谱的零点插入所需的导频信号,在接收端利用窄带滤波器就可以从解调后的基带信号中提取所需的同步信息。插入导频也可以使数字信号的包络随同步信号

的某种波形变化。在相移或频移键控时，在接收端只要进行包络检波就可得到同步信号。

在某些通信设备中，发射方在发射信息之前，先发射一串特定的码（同步码），进行位同步。如常用的是一串0、1交替序列。接收方接收到同步码字后与本地产生的定时脉冲作互相关运算。根据相关的结果，不断调整时钟脉冲的位置，当相关值最大时认为位同步信号对准了。

自同步法是数字通信中常用的方法。它可以从数字信号中直接提取位同步信号，如微分全波整流法、迟延相干法等；另一种是本地生成一个定时时钟信号，通过比较本地时钟和接收信号，提取相位误差，控制本地时钟的相位。其过程与载波同步类似。

由通信原理知识可知，对于随机的单极性二进制基带脉冲序列：

$$s(t) = \sum_{n=-\infty}^{\infty} a_n g(t - nT) \tag{2-189}$$

式中：$a_n = \begin{cases} A & \text{符号为“0”时，概率为 } P \\ -A & \text{符号为“1”时，概率为 } 1-P \end{cases}$；$g(t)$ 为归一化基带波形；T 为码元宽度。

对于非归零码，其基带脉冲波形为

$$g(t) = \begin{cases} 1 & 0 \leqslant t \leqslant T \\ 0 & \text{其他} \end{cases}$$

假设0、1等概率出现，且相互独立，则

$$E(a_n a_m) = \begin{cases} A^2 & m = n \\ 0 & m \neq n \end{cases} \tag{2-190}$$

得出非归零码的功率密度谱为

$$p(f) = \frac{A^2 T}{16}\left[\frac{\sin(\pi f T)}{\pi f T}\right]^2 + \frac{A^2}{16}\delta(f) \tag{2-191}$$

对于归零码，其基带脉冲波形为

$$g(t) = \begin{cases} 1 & 0 \leqslant t \leqslant \tau < T \\ 0 & \text{其他} \end{cases}$$

得出非归零码的功率密度谱为

$$p(f) = \frac{A^2 \tau^2}{16T}\left[\frac{\sin(\pi f \tau)}{\pi f \tau}\right]^2 + \frac{A^2 \tau^2}{16T^2}\left[\frac{\sin(n\pi\tau/T)}{n\pi\tau/T}\right]^2 \delta(f - n/T) \tag{2-192}$$

由此可见,在归零的二进制随机脉冲序列中存在位同步的频率分量。

对于不归零的二进制随机序列,不能直接从中滤出位同步信号,但可以通过波形变换,变成归零信号,然后进行滤波,就可以滤出同步信号了。变换的方法包括微分全波整流法、平方法、延迟相干法等,如图2.65~图2.67所示。

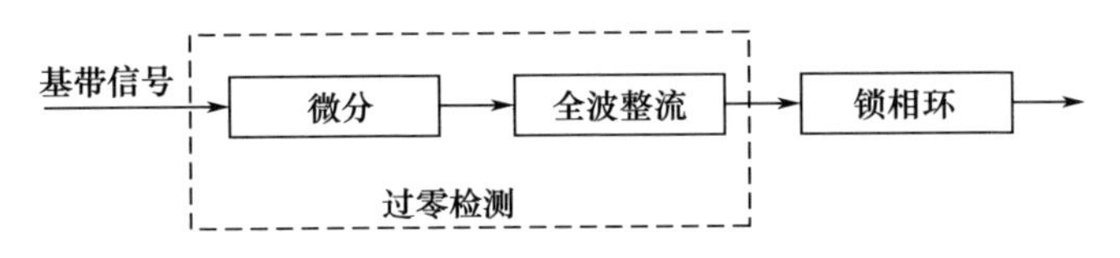

图2.65 微分全波整流法原理图

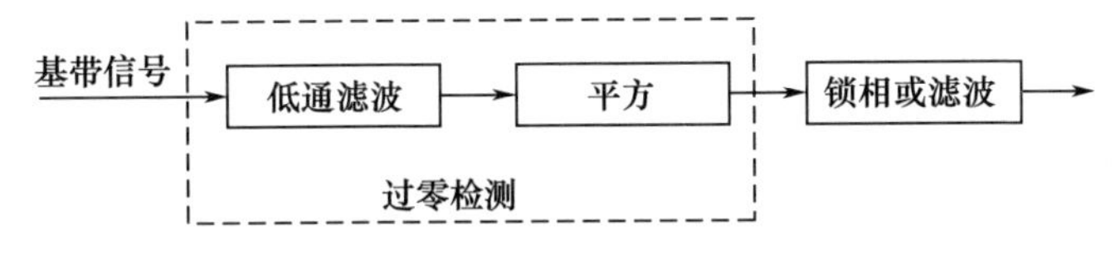

图2.66 平方法原理图

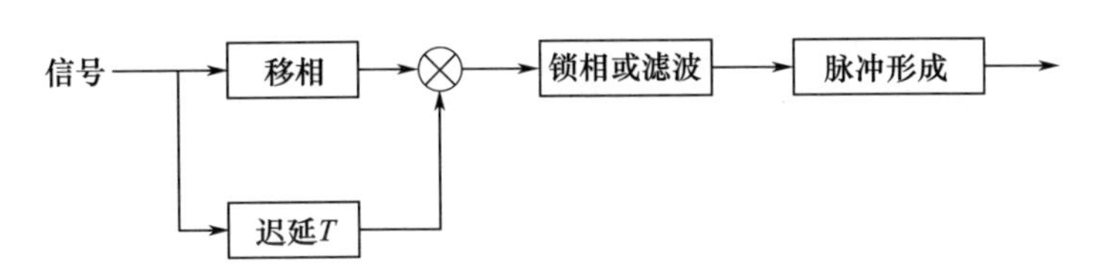

图2.67 迟延相干法原理框图

我们对平方法作简单分析[5]。对于式(2-189)的输入信号经过低通滤波后,得到

$$\tilde{s}(t) = \sum_{n=-\infty}^{\infty} a_n \tilde{g}(t-nT)$$

式中:$\tilde{g}(t)=g(t)\otimes h(t)$,$h(t)$为滤波器得冲激响应,$\otimes$表示卷积。

$\tilde{s}(t)$经过平方器后,可得

$$x(t) = [\tilde{s}(t)]^2 = \sum_{n=-\infty}^{\infty}\sum_{m=-\infty}^{\infty} a_n \tilde{g}(t-nT) a_m \tilde{g}(t-mT) \quad (2-193)$$

令

$$x(t) = \overline{x(t)} + [x(t) - \overline{x(t)}] = x_{\mathrm{v}}(t) + x_{\mathrm{c}}(t)$$

式中:$x_{\mathrm{v}}(t) = \overline{x(t)} = \sum_{n=-\infty}^{\infty}\sum_{m=-\infty}^{\infty} \overline{a_n a_m}\, \tilde{g}(t-nT)\, \tilde{g}(t-mT)$。根据式(2-190),可得

$$x_{\mathrm{v}}(t) = \sum_{n=-\infty}^{\infty} \overline{a_n a_m}\ \tilde{g}^2(t - nT) \tag{2-194}$$

这是一个周期为 T 的周期性函数，利用傅里叶级数，可以得到其双边功率谱密度为

$$P_{\mathrm{v}}(f) = \frac{A^4}{T^2}\sum_{n=-\infty}^{\infty} |Q(n/T)|^2\delta(f - n/T) \tag{2-195}$$

式中：$Q(f) = [G(f) \cdot H(f)] \times [G(f) \cdot H(f)]$，且 $G(f)$ 和 $H(f)$ 为 $g(t)$ 和 $h(t)$ 的傅里叶变换。

所以，在式（2－195）中包含了位同步频率。还可以证明 $x_{\mathrm{c}}(t)$ 具有连续谱，其在位同步时钟附近的那部分功率将落在平方器后的滤波器或锁相环的通带内，从而形成自噪声。

迟延相干法与相干解调类似，不过其迟延时间 τ 要小于码长 T。接收信号与迟延信号相乘后，就可以得到一组码冲宽度为 τ 的矩形归零码，这样就可以得到位同步信号的频率分量。位同步信号的大小与移相数值有关，当移相后的信号与原信号同相或反相时，输出的位同步信号最大。

早－迟积分同步法，就是通过比较本地时钟与接收码元，使本地时钟与接收码元同步的定时（位）同步方法。这种方法利用了滤波器或相关器输出信号的对称性。早－迟积分同步法有多种实现形式，这里仅就绝对值型进行讨论（图 2.68）。

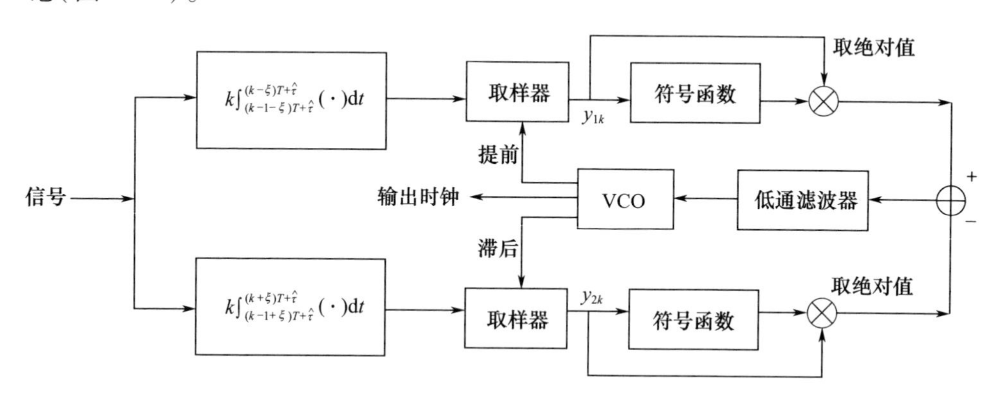

图 2.68　绝对型早－迟门

设 τ 为信号的传输延时，环路提取的同步相对于数据的过零点可能存在误差 $\varepsilon = \tau - \hat{\tau}$，则上支路输出为

$$y_{1k}(t) = K\int_{(k-1-\xi)T+\hat{\tau}}^{(k-\xi)T+\hat{\tau}} x(t-\tau)\,\mathrm{d}t = K\int_{(k-1-\xi)T-\varepsilon}^{(k-\xi)T-\varepsilon} x(t)\,\mathrm{d}t \tag{2-196}$$

式中,K 为积分器增益。下支路输出为

$$y_{2k}(t) = K\int_{(k-1+\xi)T+\hat{\tau}}^{(k+\xi)T+\hat{\tau}} x(t-\tau)\mathrm{d}t = K\int_{(k-1+\xi)T-\varepsilon}^{(k+\xi)T-\varepsilon} x(t)\mathrm{d}t \tag{2-197}$$

上支路比下支路在时间上超前,提前了$(1-2\xi)T$,积分区间示意图如图 2.69 所示。

输入两个支路的信号经过积分、取绝对值后,得到误差信号为

$$e_k = |y_{1k}| - |y_{2k}| \tag{2-198}$$

我们可以把 N 个符号的鉴相误差信号进行多次累积平均后,去控制 VCO,以提高误差信号的抗噪能力。若取 $\xi=\frac{1}{4}$,当定时恢复无误差时,即 $\varepsilon=0$,则上、下两个支路的积分输出分别为

$$y_{1k} = K\int_{(k-1-1/4)T}^{(k-1/4)T} x(t)\mathrm{d}t = -K\int_{\left(k-1-\frac{1}{4}\right)T}^{(k-1)T} A\mathrm{d}t + K\int_{(k-1)T}^{\left(k-\frac{1}{4}\right)T} A\mathrm{d}t = \frac{A}{2}KT \tag{2-199}$$

$$y_{2k} = K\int_{\left(k-1+\frac{1}{4}\right)T}^{\left(k+\frac{1}{4}\right)T} x(t)\mathrm{d}t = K\int_{\left(k-1+\frac{1}{4}\right)T}^{kT} A\mathrm{d}t - K\int_{kT}^{\left(k+\frac{1}{4}\right)T} A\mathrm{d}t = \frac{A}{2}KT \tag{2-200}$$

由此可见,当无定时误差时,上下两个支路的输出相同,误差输出信号为 0。

存在定时误差 $0<\varepsilon<\frac{1}{4}T$ 时,则

$$y_{1k} = -K\int_{\left(k-1-\frac{1}{4}\right)T+\varepsilon}^{(k-1)T} A\mathrm{d}t + K\int_{(k-1)T}^{\left(k-\frac{1}{4}\right)T+\varepsilon} A\mathrm{d}t = AK\left(\frac{T}{2}+2\varepsilon\right) \tag{2-201}$$

$$y_{2k} = K\int_{\left(k-1+\frac{1}{4}\right)T+\varepsilon}^{kT} A\mathrm{d}t - K\int_{kT}^{\left(k+\frac{1}{4}\right)T+\varepsilon} A\mathrm{d}t = AK\left(\frac{T}{2}-2\varepsilon\right) \tag{2-202}$$

考虑到调制符号 $-A$、A 等概出现,误差输出均值为

$$\bar{e}_k = \frac{1}{2}(|y_{1k}| - |y_{2k}|) = 2AKT\left(\frac{\varepsilon}{T}\right) \tag{2-203}$$

存在定时误差$\frac{T}{4}<\varepsilon<\frac{T}{2}$时,则

$$y_{1k} = AK\left[T-2\left(\varepsilon-\frac{T}{4}\right)\right] \tag{2-204}$$

$$y_{2k} = AK\left[2\left(\frac{T}{4}+\varepsilon\right)-T\right] \tag{2-205}$$

$$\bar{e}_k = \frac{1}{2}(|y_{1k}| - |y_{2k}|) = 2AKT\left(\frac{1}{2} - \frac{\varepsilon}{T}\right) \tag{2-206}$$

同理,可以得到定时误差 $\varepsilon<0$ 的情况。综合以上分析结果,可以得到早-迟环的归一化鉴相特性(图2.69),即

$$y\left(\frac{\varepsilon}{T}\right) = \frac{\bar{e}_k}{2AKT} \tag{2-207}$$

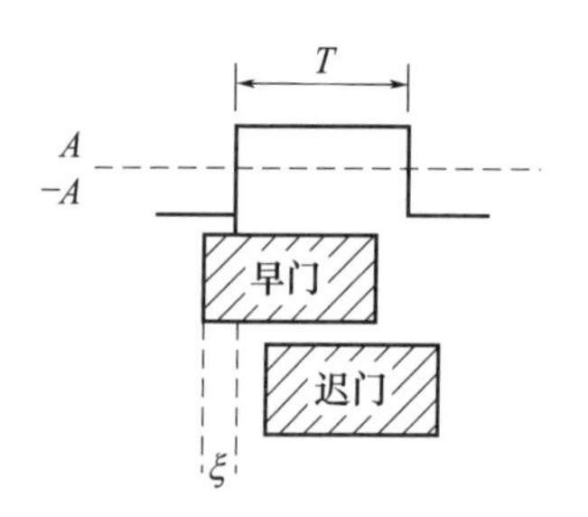

(a) 无定时误差下的积分时序

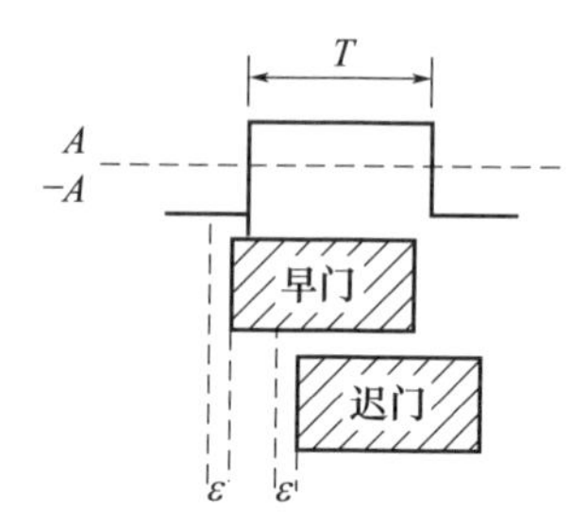

(b) 存在定时误差下的积分时序

图2.69　早-迟环积分时序

2.5.4　载波和位同步的联合最大似然估计算法

在上面的讨论中,载波和位同步信号的获取主要是通过锁相环实现的,有一个控制反馈的过程。后来,人们提出了接收端的本地参考载波和定时时钟都独立振荡于固定频率,不再需要反馈控制。载波相位和定时时钟的误差消除、信号判定都由数字信号处理器完成,也就是所谓的开环结构(Open Loop)。下面就讨论这种开环结构。

假设收到的模拟信号表示为

$$r_c(t) = \mathrm{Re}\left\{\left[\sum_{k=-\infty}^{\infty} a_k g_t(t - kT - \varepsilon T)\mathrm{e}^{\mathrm{j}\theta} + n(t)\right]\mathrm{e}^{\mathrm{j}\omega_c t}\right\} \tag{2-208}$$

式中:$g_t(t)$为发送滤波器的冲激响应 a_k 是随机的调制数据(实数或复数);ε 和 θ 分别为时钟和载波的相位误差;T 为码元持续时间;$n(t)$为窄带白高斯噪声,双边功率谱密度为 $N_0/2$,均值为0;ω_c为载波角频率。

对模拟信号进行采样、数字混频、匹配滤波后得到基带信号为

$$r_c(mT_s) = \sum_{k=-\infty}^{\infty} a_k g(mT_s - kT - \varepsilon T)\mathrm{e}^{\mathrm{j}\theta} + n(mT_s) \tag{2-209}$$

式中:$g(t)$为接收匹配滤波器和发射滤波器的总响应;T_s为采样周期,通常把采样周期设计为码元持续时间的整数倍,即

$$T = N \cdot T_s \tag{2-210}$$

当然,由于发射端的时钟和接收端的时钟是完全独立的,接收端只有采取适当的措施,才能做到这种倍数关系。对同步参数 ε 和 θ 的估计是在有限的时间长度内进行的,在这段时间内可以看成是固定的。我们以 $[0,MT]$ 时间段为例,估计 ε 和 θ 的值。利用数据辅助(DA)法,假设已知判决数据 $\hat{a}$,那么,ε 和 θ 的最大似然估计是使概率密度函数 $p(r|\theta,\varepsilon)$ 最大化。在白高斯噪声下,就是使下列对数似然函数最大化,即

$$\lambda(\theta,\varepsilon) = \sum_{m=0}^{NM-1} \left| r(mT_0) - s(mT_0 - \varepsilon T, \hat{a}) e^{j\theta} \right|^2 \tag{2-211}$$

式中:$s(t,\hat{a}) = \hat{a}_k g(t-kt)$ 为参考信号。

对于恒定包络信号,可以近似认为参考信号的能量不取决于 ε 和 θ。于是,式(2-211)等价于

$$\lambda'(\theta,\varepsilon) = \sum_{m=0}^{NM-1} \mathrm{Re}\{ r(mT_0) [s(mT_0 - \varepsilon T, \hat{a}) e^{j\theta}]^* \} \tag{2-212}$$

令

$$K_c(\varepsilon) = \mathrm{Re} \sum_{m=0}^{NM-1} r(mT_0) s^*(mT_0 - \varepsilon T, \hat{a}) \} \tag{2-213}$$

$$K_s(\varepsilon) = \mathrm{Im} \sum_{m=0}^{NM-1} r(mT_0) s^*(mT_0 - \varepsilon T, \hat{a}) \} \tag{2-214}$$

式中:Re、Im、* 分别表示取实部、虚部,求共轭。

重写式(2-212),可得

$$\begin{aligned} \lambda'(\theta,\varepsilon) &= K_c(\varepsilon)\cos\theta + K_s(\varepsilon)\sin\theta \\ &= \sqrt{K_c^2 + K_s^2}\cos(\theta - \arctan(K_s/K_c)) \end{aligned} \tag{2-215}$$

由于余弦项的最大值为1,ε 的最优估计是使下式取得最大值,即

$$\lambda = \sum_{m=0}^{NM-1} \left| r(mT_0) s^*(mT_0 - \varepsilon T, \hat{a}) \right|^2 \tag{2-216}$$

θ 的估计值为

$$\hat{\theta} = \arctan(K_s/K_c) \tag{2-217}$$

求解 ε 的估计值时可以采用搜索法,将 ε 值取为 $[-0.5,0.5]$,并把它分成若干等分,将每个值代入式(2-216),取 λ 最大值作为 ε 的估计值。根据 ε 的估计值,算出 θ 的估计值。

2.6 数字解调中的均衡算法

为了实现信号的无失真传输，要求通信系统（含传输信道）的总响应满足以下条件：幅频响应为常数；相频响应为频率的线性响应。也就是说，要实现无失真传输要求系统对所有的频率分量进行相同的放大或衰减，若在传输的信号带宽内幅频响应不是常数，就会引起振幅失真；所有的频率分量都同时到达（时间延迟或群时延为常数），否则就会引起相位失真。在无线信道中存在多径反射（或频率选择性弥散），从而引起信号的振幅和相位会失真，其表现是出现信号拖尾，就是码间干扰（ISI）。码间干扰会引起抽样判决出错，从而使得数字通信的误码率增加。

通过在基带系统中插入一种信道补偿器可以减小码间干扰，这种起补偿器就叫均衡器。均衡可以分时域均衡和频域均衡两种，时域均衡利用均衡器修正系统的脉冲响应特性，使得合成脉冲响应满足无码间干扰的要求；频域均衡通过可调滤波器的频率特性去补偿基带系统的频率特性，使其总特性满足无码间干扰的要求。目前，主要采用时域均衡方法。根据信号处理方法的不同，均衡器可以分为线性均衡器、非线性均衡器两类，非线性均衡器又可以分为判决反馈均衡器（DFE）、ML符号检测、最大似然估计均衡器等。这里我们主要讨论一下均衡方法：基于最大似然序列估计（Maximum – Likelihood Sequence Estimation，MLSE）的均衡、基于可调线性滤波器的均衡、判决反馈均衡、自适应均衡。

2.6.1 线性均衡算法

最常用的线性均衡器是横向滤波器，其组成如图 2.70 所示。

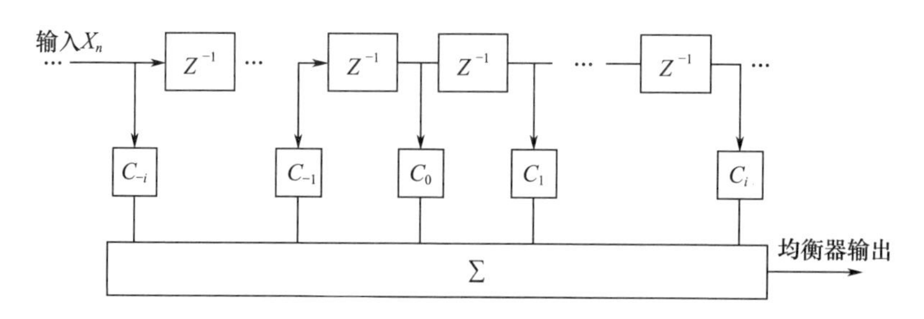

图 2.70　横向滤波器

此时，均衡器的输出为

$$\hat{I}_n = \sum_{k=-M}^{M} c_k x_{n-k} \tag{2-218}$$

一般的数字通信系统,其组成如图2.71所示。

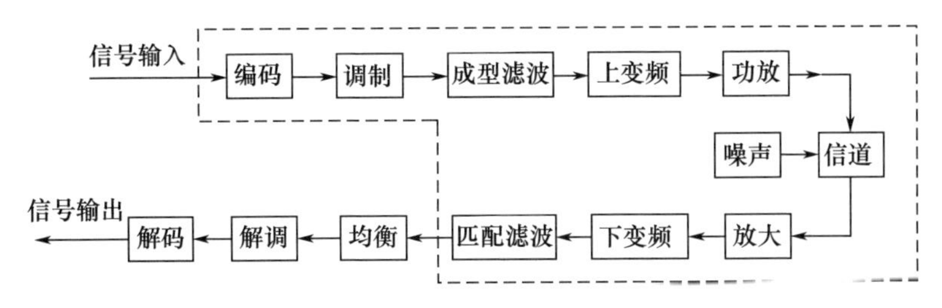

图2.71　数字通信系统模型

对于图2.71中的虚线部分,可以用一个时变线性滤波器系统表示。于是,上述数字通信系统可以等效成图2.72。

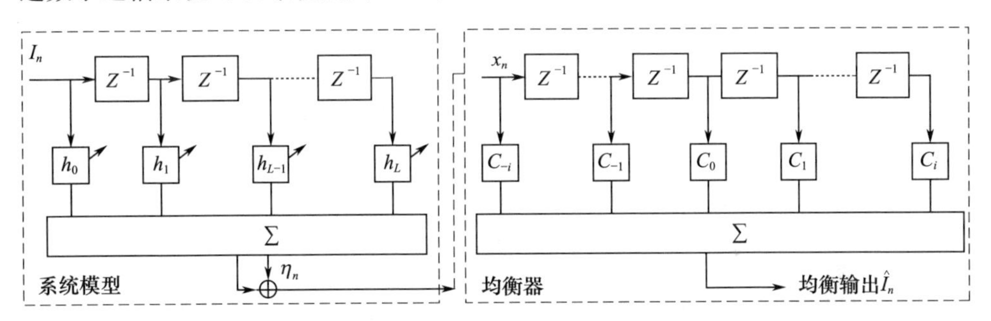

图2.72　系统模型及均衡器

于是,输入序列$\{I_k\}$通过时变传输系统后的输出为

$$x_n = \sum_{k=0}^{L} h_k I_{n-k} + \eta_k \tag{2-219}$$

式中:h_k为系统冲激响应;η_k为白噪声。

输入I_n,其输出信号x_n,除了在n时刻存在信号外,在$n+i$时刻也存在,即存在码间干扰(ISI)。通过优化均衡器的系数,就可以抑制ISI。其优化方式最常用的是最大失真准则和积分误差准则。下面简要讨论基于这两种准则的均衡器。

2.6.1.1　基于最大失真准则的线性均衡器

由图2.72可以得到I_n的一个估计$\hat{I}_n$,即

$$\hat{I}_n = \sum_{k=-M}^{M} c_k x_{n-k} = c_n \otimes h_n \otimes I_n + c_n \otimes \eta_n \tag{2-220}$$

式中:令⊗表示卷积。设

$$q_n = c_n \otimes h_n = \sum_{k=-M}^{M} c_k h_{n-k} \tag{2-221}$$

于是,有

$$\hat{I}_n = q_n \otimes I_n + c_n \otimes \eta_n = \sum_{k=-M}^{M} I_k q_{n-k} + \sum_{k=-M}^{M} \eta_k c_{n-k} \tag{2-222}$$

还可以写成

$$\hat{I}_n = q_0 I_n + \sum_{k \neq n} I_k q_{n-k} + \sum_{k=-M}^{M} \eta_k c_{n-k} \tag{2-223}$$

式中:第一项表示 n 时刻需要的信息符号;第二项是符号间干扰。

为了方便计,可以将 q_0 归一化为1。定义称峰值失真(码间干扰的最大值)为

$$D(c) = \frac{1}{|q_0|} \sum_{k \neq 0} |q_k| = \sum_{k \neq 0} |q_k| = \sum_{k \neq 0} \left| \sum_{j=-M}^{M} c_j h_{k-j} \right| \tag{2-224}$$

当采用无限抽头均衡器时,有可能选择抽头权值使得 $D(c)=0$,也即除了 $n=0$ 外,对任意 n 有 $q_n=0$。这样就可以消除码间干扰。此时,实现均衡器的权系数满足

$$q_n = \sum_{j=-\infty}^{\infty} c_j h_{n-j} = \begin{cases} 1 & n = 0 \\ 0 & n \neq 0 \end{cases} \tag{2-225}$$

对式(2-225)进行 Z 变换,可得

$$Q(z) = C(z)H(z) = 1 \tag{2-226}$$

则

$$C(z) = \frac{1}{H(z)} \tag{2-227}$$

由此看出,均衡器为系统模型滤波器的逆滤波器。

在实际应用中,均衡器采用有限脉冲响应,即 M 为有限值。系统模型脉冲响应长度为 $L+1$,均衡器脉冲响应长为 $2M+1$,合成脉冲响应 q_n 的长度为$(2M+L+1)$。为了实现抑制码间干扰,要求 $q_0 \neq 0$,其余 $q_n=0$(共有 $2M+1$ 个)。由于均衡器系数有限,不能完全实现无码间干扰,总会存在一些残余干扰。我们只能通过选择均衡器的系数,使得峰值失真最小。

对式(2-224)给出的峰值失真,Lucky 已经证明是系数 c_j 的凸函数,其有一个全局最小值,没有局部的最小值。可以求出 $D(c)$ 的最小值,此时,均衡器输入端的失真定义为

$$D_{\text{in}}=\frac{1}{|h_0|}\sum_{n=0}^{L}|h_k| \tag{2-228}$$

2.6.1.2　基于最小均方误差(MMSE)的均衡器

把横向滤波器的输入 x、均衡器系数 c、横向滤波器输出 y 之间的关系表示为

$$\boldsymbol{y}=\boldsymbol{x}\boldsymbol{c} \tag{2-229}$$

其中

$$\boldsymbol{x}=\begin{bmatrix} x(-N) & 0 & 0 & \cdots & 0 & 0 \\ x(-N+1) & x(-N) & 0 & \cdots & 0 & 0 \\ \vdots & \vdots & \vdots & & \vdots & \vdots \\ x(N) & x(N-1) & x(N-2) & \cdots & x(-N+1) & x(-N) \\ \vdots & \vdots & \vdots & & \vdots & \vdots \\ 0 & 0 & 0 & \cdots & x(N) & x(N-1) \\ 0 & 0 & 0 & \cdots & 0 & x(N) \end{bmatrix}$$

$$\boldsymbol{c}=\begin{bmatrix} c(-N) \\ \vdots \\ c(0) \\ \vdots \\ c(N) \end{bmatrix},\quad \boldsymbol{y}=\begin{bmatrix} y(-2N) \\ \vdots \\ y(0) \\ \vdots \\ y(2N) \end{bmatrix}$$

均方误差定义为期望数据码元与估计数据码元差之平方的数学期望。我们把式(2-229)两边同左乘 $\boldsymbol{x}^{\mathrm{T}}$，于是得到

$$\boldsymbol{x}^{\mathrm{T}}\boldsymbol{y}=\boldsymbol{x}^{\mathrm{T}}\boldsymbol{x}\boldsymbol{c} \tag{2-230}$$

令互相关矢量为

$$\boldsymbol{R}_{xy}=\boldsymbol{x}^{\mathrm{T}}\boldsymbol{y}$$

自相关矢量为

$$\boldsymbol{R}_{xx}=\boldsymbol{x}^{\mathrm{T}}\boldsymbol{x}$$

则

$$\boldsymbol{c}=\boldsymbol{R}_{xx}^{-1}\boldsymbol{R}_{xy} \tag{2-231}$$

自相关和互相关矢量可以通过一些先验知识，接收信号中的特定序列，取时间平均值作为近似估计值。通过运算将矩阵 $\boldsymbol{x}$ 变换为自相关矩阵，得到一个含有 $2N+1$个方程的联立方程组。方程组的解就是最小均方误差准则下的抽头系数。

矢量 $\boldsymbol{c}$ 中的元素个数和矩阵 $\boldsymbol{x}$ 的列数都与均衡器滤波器的抽头个数相同。

其信源恢复误差可以表示为

$$\boldsymbol{e}=\boldsymbol{I}-\boldsymbol{xc} \tag{2-232}$$

信源误差的平方和为

$$J_{\mathrm{LS}} = \sum_{k=0}^{n} e^2(k) \tag{2-233}$$

$$J_{\mathrm{LS}}=\boldsymbol{e}^{\mathrm{T}}\boldsymbol{e}=(\boldsymbol{I}-\boldsymbol{xc})^{\mathrm{T}}(\boldsymbol{I}-\boldsymbol{xc})=\boldsymbol{I}'\boldsymbol{I}-2\boldsymbol{I}^{\mathrm{T}}\boldsymbol{xc}+(\boldsymbol{xc})^{\mathrm{T}}\boldsymbol{xc} \tag{2-234}$$

通过选择 $\boldsymbol{c}$ 的 $2N+1$ 个系数,使得信源误差的平方和最小。

2.6.2 判决反馈均衡算法

判决反馈均衡器(DFE)是一种非线性均衡器,它由一个前馈滤波器和一个反馈滤波器组成[6]。前馈滤波器的输入是接收信号序列,其功能与线性横向滤波器相同;反馈滤波器把先前被检测符号的判决序列作为其输入,反馈滤波器用来消除当前估计值中由先前被检测符号引起的码间干扰。其组成框图如图 2.73 所示。

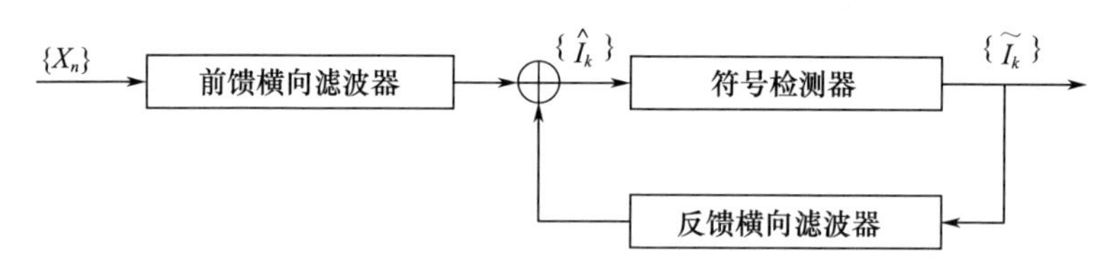

图 2.73 判决反馈均衡器

$$\hat{I}_k = \sum_{j=-k_1}^{0} c_j x_{k-j} + \sum_{j=1}^{k2} c_j \tilde{I}_{k-j} \tag{2-235}$$

式中:$\hat{I}_k$ 表示第 k 个信息符号的估计值;c_j 为均衡器系数;$\tilde{I}_k$ 为前面已经检测出的符号。

假设该均衡器前馈部分有 k_1+1 个抽头,在反馈部分有 k_2 个抽头。由于在反馈滤波器中包含前面检测的符号 $\tilde{I}_k$,所以这种均衡器是非线性的。假设前面检测的符号是正确的,那么,均方误差(MSE)准则下的代价函数为

$$J(k_1,k_2)=E\,|I_k-\hat{I}_k|^2 \tag{2-236}$$

使得上述均方误差最小,可以得到下式所示的方程组,即

$$\sum_{j=-k_1}^{0} \psi_{lj} c_j = h_{-l}^{*} \qquad l=-k_1,\cdots,-1,0 \tag{2-237}$$

其中

$$\psi_{lj} = \sum_{m=0}^{-l} h_m^* h_{m+l-j} + N_0\delta_{lj} \qquad l、j = -k_1,\cdots,-1,0$$

$$\delta_{lj} = \begin{cases} 1 & l=j \\ 0 & l \neq j \end{cases}$$

若前面的判决正确，且 $k_2 \geq L$（若码间干扰的时间离散模型可由 $L+1$ 个抽头系数表示），则反馈滤波器 c_k 的系数可以由前馈横向滤波器的抽头系数和匹配滤波器抽头系数计算得到，即

$$c_k = -\sum_{j=-k_1}^{0} c_j h_{k-j} \qquad k = 1,2,\cdots,k_2 \tag{2-238}$$

2.6.3　自适应均衡算法

线性均衡器的自适应算法主要有迫零算法和最小均方（LMS）算法。

2.6.3.1　迫零算法

前面我们提到，在线性均衡的峰值失真准则中，通过选择均衡器系数 c_j 可以使得峰值失真最小。除了均衡器输入端的峰值失真小于1的特殊情况外，一般没有实现最佳化的简单方法。该失真小于1时，令均衡器具有如下响应，可使均衡器输出端的峰值失真最小，即

$$q_0 = 1, q_n = 0 \qquad 1 \leq |n| \leq M \tag{2-239}$$

在这种情况下，可用一种简单的算法迫零算法实现。迫零算法通过选择加权系数、最小化峰值失真，使得均衡器输出信号在期望脉冲两侧的各 N 个采样点值为0。

如图2.74所示，假设信息符号不相关，即

$$E\{I(n)I^*(k)\} = \delta(n-k) = \begin{cases} 1 & n=k \\ 0 & n \neq k \end{cases} \tag{2-240}$$

信息与噪声不相关，即

$$E\{I(n)\eta^*(k)\} = 0 \tag{2-241}$$

可以证明式（2-241）与式（2-242）等价，即

$$E\{\varepsilon(n)I^*(n-k)\} = 0 \tag{2-242}$$

其中

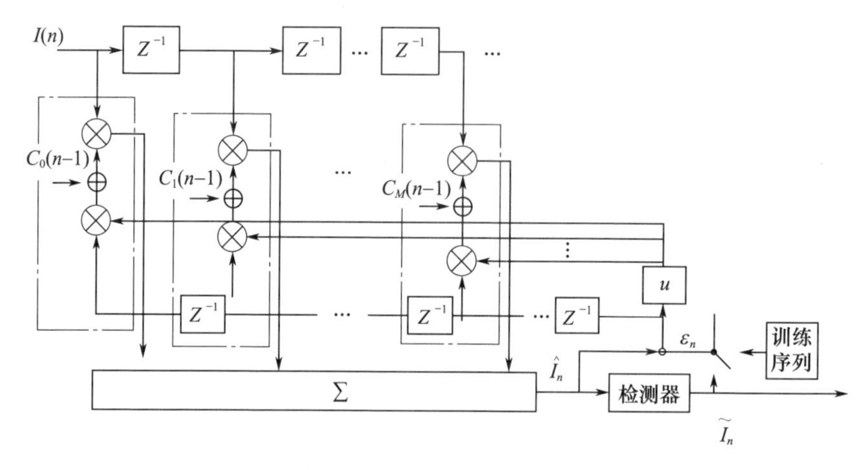

图 2.74　自适应迫零均衡器

$$\varepsilon(n)=I(n)-\hat{I}(n) \tag{2-243}$$

实现式(2-242)的递推方程为

$$c_k(n+1)=c_k(n)+\mu\cdot\varepsilon(n)I^*(n-k)\qquad k=-M,\cdots,M \tag{2-244}$$

式中:$c_k(n)$为第k个系数在$t=nT$时刻的值;$\varepsilon(n)=I_n-\hat{I}_n$为在$t=nT$时刻的误差信号;$\mu$为控制调整步进的因子。

可以通过先验知识,用已知序列$I(n)$对系数进行训练,训练结束使均衡器的权值收敛到最佳值。之后,检测器输出端的判决可以可靠应用。用检测出的$\tilde{I}(n)$输出代替$I(n)$。通过递推不断计算权值,实现均衡器权值的自适应更新。于是,在自适应模式中,有

$$c_k(n+k)=c_k(n)+\mu\cdot[\tilde{I}(n)-\hat{I}(n)]\tilde{I}^*(n-k) \tag{2-245}$$

2.6.3.2　最小均方(LMS)类算法

为了便于分析,下面我们着重讨论横向滤波器系数的自适应更新问题。

M阶FIR滤波器的抽头系数为$c_j(j=1,2,\cdots,M)$,滤波器的输入/输出分别为$\boldsymbol{x}(n)$、$\boldsymbol{y}(n)$,而$\boldsymbol{d}(n)$为期望输出,则

$$\boldsymbol{y}(n)=\sum_{k=i}^{M}c_kx(n-k+1)=\boldsymbol{C}^{\mathrm{T}}\boldsymbol{x}(n) \tag{2-246}$$

式中

$$\boldsymbol{x}(n)=[x(n),x(n-1),\cdots,x(n-M+1)]^{\mathrm{T}} \tag{2-247}$$

$$\boldsymbol{C}=[c_n,c_{n-1},\cdots,c_M]^{\mathrm{T}} \tag{2-248}$$

不妨令

$$\boldsymbol{R}=E\{\boldsymbol{x}(n)\boldsymbol{x}^{\mathrm{T}}(n)\},\quad \boldsymbol{r}=E\{\boldsymbol{x}(n)d^{*}(n)\} \tag{2-249}$$

均方误差作为代价函数,即

$$J(c)=E\{|d(n)-\boldsymbol{C}^{\mathrm{T}}\boldsymbol{x}(n)|^{2}\} \tag{2-250}$$

可以证明,在 MMSE 意义下的最佳横向滤波器的权矢量为

$$\boldsymbol{C}_{\mathrm{opt}}=\boldsymbol{R}^{-1}\boldsymbol{r} \tag{2-251}$$

式(2-251)就是式(2-231)。满足这一点的离散时间横向滤波器称为Wiener滤波器,它在 MMSE 准则下是最优的。Wiener 滤波器最优权值计算需要已知如下统计量。

(1)输入矢量的自相关矩阵。

(2)输入矢量与期望响应的互相关矢量。

在自适应均衡应用中,我们必须将式(2-251)变成自适应算法。应用最广的自适应算法"下降算法",即

$$\boldsymbol{C}(n)=\boldsymbol{C}(n-1)+\boldsymbol{\mu}(n)\boldsymbol{v}(n) \tag{2-252}$$

式中:$\boldsymbol{C}(n)$、$\boldsymbol{\mu}(n)$、$\boldsymbol{v}(n)$分别为 n 时刻的权矢量、第 n 次迭代的步长、第 n 次迭代的更新矢量。

下降算法主要有两种实现方式:一种是自适应梯度法,如 LMS 算法及其改进型等;另一种是自适应高斯-牛顿算法,如递推最小二乘(RLS)算法及其改进型等。

1) LMS 算法[7]

最常用的 LMS 算法是最陡下降法(又称梯度算法)。在这种算法里,更新矢量取为第 $n-1$ 次迭代的代价函数 $J[\omega(n-1)]$的负梯度。

令

$$c_k=a_k+\mathrm{j}b_k,\quad k=0,1,2,\cdots,M-1 \tag{2-253}$$

定义梯度矢量的分量为

$$\nabla_k J(n)=\frac{\partial J(n)}{\partial c_k}=\frac{\partial J(n)}{\partial a_k}+\mathrm{j}\frac{\partial J(n)}{\partial b_k},\quad k=0,1,2\cdots,M-1 \tag{2-254}$$

其中误差函数为

$$J(c)=E\{|y(n)-\boldsymbol{C}^{\mathrm{T}}\boldsymbol{x}(n)|^{2}\}=E\{\varepsilon(n)\varepsilon^{*}(n)\} \tag{2-255}$$

其中

$$\varepsilon(n)=y(n)-\boldsymbol{C}^{\mathrm{T}}\boldsymbol{x}(n)$$

于是，$J(n)$的梯度的分量为

$$\nabla_k J(n)=E\left\{\frac{\partial\varepsilon(n)}{\partial a_k}\varepsilon^*(n)+\frac{\partial\varepsilon^*(n)}{\partial a_k}\varepsilon(n)+\mathrm{j}\frac{\partial\varepsilon(n)}{\partial b_k}\varepsilon^*(n)+\mathrm{j}\frac{\partial\varepsilon^*(n)}{\partial b_k}\varepsilon(n)\right\}$$
$$=E\{-x(n-k)\varepsilon^*(n)-x^*(n-k)\varepsilon(n)-x(n-k)\varepsilon^*(n)+x^*(n-k)\varepsilon(n)\}$$
$$=-2E\{x(n-k)\varepsilon^*(n)\},\quad k=0,1,\cdots,M-1 \tag{2-256}$$

令

$$\nabla\boldsymbol{J}(n)=[\nabla_0 J(n),\nabla_1 J(n),\cdots,\nabla_{M-1}J(n)]^{\mathrm{T}}$$
$$=\left[\frac{\partial J(n)}{\partial a_0(n)}+\mathrm{j}\frac{\partial J(n)}{\partial b_0(n)},\frac{\partial J(n)}{\partial a_1(n)}+\mathrm{j}\frac{\partial J(n)}{\partial b_1(n)},\cdots,\frac{\partial J(n)}{\partial a_{M-1}(n)}+\mathrm{j}\frac{\partial J(n)}{\partial b_{M-1}(n)}\right]^{\mathrm{T}}$$
$$=-2E\{\boldsymbol{x}(n)[y^*(n)-\boldsymbol{x}^{\mathrm{T}}(n)\boldsymbol{C}^{\mathrm{H}}(n)]\}$$
$$=-2\boldsymbol{r}+2\boldsymbol{RC}(n) \tag{2-257}$$

最陡梯度法的统一表达形式为

$$\boldsymbol{C}(n)=\boldsymbol{C}(n-1)-\frac{1}{2}\mu(n)\nabla\boldsymbol{J}(n-1) \tag{2-258}$$

式中：1/2 是为了使得更新公式更简单。

式(2-257)代入式(2-258)，可得

$$\boldsymbol{C}(n)=\boldsymbol{C}(n-1)-\mu(n)[\boldsymbol{r}-\boldsymbol{RC}(n-1)] \tag{2-259}$$

式(2-259)表明以下特性：

(1) $[\boldsymbol{r}-\boldsymbol{RC}(n-1)]$为误差矢量，代表了$\boldsymbol{C}(n)$每一步的校准量；

(2) $\mu(n)$控制$\boldsymbol{C}(n)$每步实际校准量的参数，决定了算法的收敛速度；

(3) 当自适应算法收敛时，$\boldsymbol{r}-\boldsymbol{RC}(n-1)\to 0$（若$n\to\infty$），即有$\lim\limits_{n\to\infty}\boldsymbol{C}(n-1)=\boldsymbol{R}^{-1}\boldsymbol{r}$。可见，抽头的权值矢量收敛于 Wiener 滤波器。

当式(2-256)中的数学期望分别用瞬时值代替时，就可以得到真实梯度矢量的估计值，又称瞬时梯度，即

$$\hat{\nabla}\boldsymbol{J}(n)=-2\boldsymbol{x}(n)[d^*(n)-\boldsymbol{x}^{\mathrm{T}}(n)\boldsymbol{C}^{\mathrm{H}}(n)] \tag{2-260}$$

这样，用瞬时梯度代入式(2-258)，得到

$$\boldsymbol{C}(n)=\boldsymbol{C}(n-1)+\mu(n)\boldsymbol{x}(n)[y^*(n)-\boldsymbol{x}^{\mathrm{T}}(n)\boldsymbol{C}^{\mathrm{H}}(n)]$$
$$=\boldsymbol{C}(n-1)+\mu(n)\boldsymbol{x}(n)e^*(n) \tag{2-261}$$

式中：$e(n)=y(n)-\boldsymbol{C}^{\mathrm{T}}(n-1)\boldsymbol{x}(n)$。

式(2-261)就是著名的 MMSE 自适应算法，简称 LMS 算法，它是 Widrow 在 20 世纪 60 年代提出来的。其算法流程如下：

步骤1:初始化 $\boldsymbol{C}(n)=0$;

步骤2:更新 $n=n+1$,即

$$e(n)=d(n)-\boldsymbol{C}^{\mathrm{T}}(n-1)\boldsymbol{x}(n)$$

$$\boldsymbol{C}(n)=\boldsymbol{C}(n-1)+\mu(n)\boldsymbol{x}(n)e^{*}(n)$$

注:(1)若 $\mu(n)=$ 常数,则称为基本 LMS 算法;

(2) 若 $\mu(n)=\dfrac{\alpha}{\beta+\boldsymbol{x}^{\mathrm{T}}(n)\boldsymbol{x}(n)}$,其中 $\alpha\in(0,2)$,$\beta\geqslant 0$,则称归一化 LMS 算法;

(3) 当期望信号 $d(n)$ 未知时,可以用 $y(n)$ 代替。

2) RLS 自适应算法

递推最小二乘算法(RLS)是一种指数加权的最小二乘方法,它采用指数加权的误差平方和作为代价函数,即

$$J(n)=\sum_{i=0}^{n}\lambda^{n-i}\left|\varepsilon(i)\right|^{2} \tag{2-262}$$

式中:加权因子 $0<\lambda<1$ 称为遗忘因子,对离 n 时刻越近的误差加的权重比较大,对离 n 时刻越远的误差加比较小的权重,则

$$\varepsilon(i)=d(i)-\boldsymbol{C}^{\mathrm{H}}(n)\boldsymbol{x}(i) \tag{2-263}$$

于是,加权误差平方和表示为

$$J(n)=\sum_{i=0}^{n}\lambda^{n-i}\left|d(i)-\boldsymbol{C}^{\mathrm{H}}(n)\boldsymbol{x}(i)\right|^{2} \tag{2-264}$$

令 $\dfrac{\partial J(n)}{\partial \boldsymbol{C}}=0$,可得

$$\boldsymbol{R}(n)\boldsymbol{C}(n)=\boldsymbol{r}(n) \tag{2-265}$$

其解为

$$\boldsymbol{C}(n)=\boldsymbol{R}^{-1}(n)\boldsymbol{r}(n) \tag{2-266}$$

式中

$$\boldsymbol{R}(n)=\sum_{i=0}^{n}\lambda^{n-i}\boldsymbol{x}(i)\boldsymbol{x}^{\mathrm{H}}(i)$$

$$\boldsymbol{r}(n)=\sum_{i=0}^{n}\lambda^{n-i}\boldsymbol{x}(i)d^{*}(i)$$

由以上两式得到其递推公式为

$$\boldsymbol{R}(n)=\lambda\boldsymbol{R}(n-1)+\boldsymbol{x}(i)\boldsymbol{x}^{\mathrm{H}}(i) \tag{2-267}$$

$$\boldsymbol{r}(n)=\lambda\boldsymbol{r}(n-1)+\boldsymbol{x}(i)d^{*}(i) \tag{2-268}$$

令

$$\boldsymbol{P}(n)=\boldsymbol{R}^{-1}(n)$$

定义

$$\boldsymbol{k}(n)=\frac{\boldsymbol{P}(n-1)\boldsymbol{x}(n)}{\lambda+\boldsymbol{x}^{\mathrm{H}}(n)\boldsymbol{P}(n-1)\boldsymbol{x}(n)}$$

根据参考文献[6],可以得到 RLS 的算法流程如下:

步骤 1:初始化,$\boldsymbol{C}(0)=0$,$\boldsymbol{P}(0)=\delta^{-1}\boldsymbol{I}$,$\delta$ 为一个很小的值,$\boldsymbol{I}$ 为单位矩阵;

步骤 2:更新 $n=n+1$,即

$$e(n)=d(n)-\boldsymbol{C}^{\mathrm{H}}(n-1)\boldsymbol{x}(n)$$

$$\boldsymbol{k}(n)=\frac{\boldsymbol{P}(n-1)\boldsymbol{x}(n)}{\lambda+\boldsymbol{x}^{\mathrm{H}}(n)\boldsymbol{P}(n-1)\boldsymbol{x}(n)}$$

$$\boldsymbol{P}(n)=\frac{1}{\lambda}[\boldsymbol{P}(n-1)-\boldsymbol{k}(n)\boldsymbol{x}^{\mathrm{H}}(n)\boldsymbol{P}(n-1)]$$

$$\boldsymbol{C}(n)=\boldsymbol{C}(n-1)-\boldsymbol{k}(n)e^{*}(n)$$

2.6.4 盲自适应均衡算法

不需要已知信号 $I(n)$ 进行自适应均衡的算法称为盲自适应均衡算法。盲自适应算法有 Bussgang 算法、基于高阶统计量的算法、基于周期特性的算法、最大似然估计算法等。这里,将对 Bussgang 算法作一介绍。Bussgang 算法的核心是把 $g[y(n)]$ 作为需要信号的估计,$y(n)$ 为均衡器输出,$g[\cdot]$ 是无记忆非线性函数,且满足

$$E\{y(n)y(n+k)\}=E\{y(n)g[y(n+k)]\} \tag{2-269}$$

采用 LMS 算法的 Bussgang 盲自适应均衡器组成框图如图 2.75 所示。

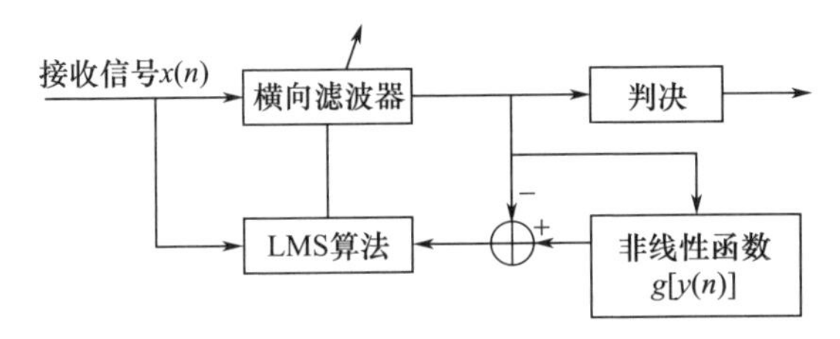

图 2.75 盲自适应均衡器

其中,LMS 自适应算法为

$$\boldsymbol{C}(n)=\boldsymbol{C}(n-1)+\mu\boldsymbol{x}(n)e^{*}(n) \tag{2-270}$$

式中：$e(n)=g[y(n)]-y(n)$；μ 为步长。

式(2－269)与式(2－270)连同以下横向滤波器的输出就构成了盲自适应均衡算法，即

$$y(n)=\sum_{k=-L}^{L}c_k^*x(n-k) \tag{2-271}$$

通过选择不同的无记忆非线性函数，可以得到不同的盲自适应均衡算法。其中最主要的是戈达尔(Godard)算法、塞托(Sato)算法。实际中最广泛应用的是 Godard 算法，也称恒模算法(Constant－Modulus Algorithm，CMA)，它把均衡、载波相位恢复、跟踪结合在了一起。

1) Sato 算法

该算法使如下代价函数最小化得到

$$J(n)=E\{[\hat{I}(n)-y(n)]^2\} \tag{2-272}$$

式中：$\hat{I}(n)$ 为发送数据的估计；$y(n)$ 为横向滤波器的输出。

Sato 算法使用的非线性函数为

$$g[y(n)]=\gamma\mathrm{csgn}[y(n)] \tag{2-273}$$

式中：$\gamma=\dfrac{E\{|I(n)|^2\}}{E\{|I(n)|\}}$ 为均衡器的增益，并且

$$\mathrm{csgn}[z]=\mathrm{csgn}[z_r+\mathrm{j}z_i]=\mathrm{sgn}(z_r)+\mathrm{j}\,\mathrm{sgn}(z_i) \tag{3-274}$$

式中：$\mathrm{sgn}(\cdot)$ 为符号函数，并且

$$e(k)=\gamma\mathrm{csgn}[y(n)]-y(k) \tag{2-275}$$

2) Godard 算法

Godard 算法使如下代价函数最小化得到

$$J(n)=E[(|y(n)|^p-R_p)^2] \tag{2-276}$$

式中：p 为正整数，通常取为 1、2；$y(n)$ 为横向滤波器的输出，并且

$$R_p=\frac{E[|I(n)|^{2p}]}{E[|I(n)|^p]} \tag{2-277}$$

Godard 算法采用如下的非线性函数，即

$$g[y(n)]=\frac{y(n)}{|y(n)|}[|y(n)|+R_p|y(n)|^{p-1}-|y(n)|^{2p-1}] \tag{2-278}$$

误差函数为

$$e(n)=y(n)|y(n)|^{p-2}(R_p-|y(n)|^p) \tag{2-279}$$

基于 Godard 算法的盲自适应均衡器，其系数的递推不需要恢复载波相位，消除了 ISI 均衡与载波相位恢复之间的相互影响，可是这种算法收敛很慢。有两类 Godard 算法人们比较感兴趣。

（1）$p=1$ 时，代价函数退化为

$$J(n)=E[(|y(n)|-R_1)^2] \tag{2-280}$$

式中

$$R_1=\frac{E[|I(n)|^2]}{E[|I(n)|]}$$

这种情况可以看成是 Sato 算法的修正。

（2）$p=2$ 时，可得到如下 LMS 型算法[1]，即

$$c_{k+1}=c_k+\mu x(n)e^*(n) \tag{2-281}$$

$$e(n)=y(n)[R_2-|y(n)|^2] \tag{2-282}$$

相位跟踪递推算法为

$$\phi_{n+1}=\phi_n+\mu_\phi \mathrm{Img}[\tilde{I}(n)y^*(n)\mathrm{e}^{\mathrm{j}\phi_n}] \tag{2-283}$$

式中：$R_2=\dfrac{E[|I(n)|^4]}{E[|I(n)|^2]}$；Im 表示取虚部；$\tilde{I}(n)$ 为判决输出。

盲自适应均衡器的初始值除中心抽头按下列条件设置外，其余各系数都设置成 0，即

$$|c_0|^2>\frac{E[|I(n)|^4]}{2|x_0|^2E[|I(n)|^2]} \tag{2-284}$$

我们画出盲自适应均衡器与载波相位跟踪相结合的 Godard 方案，如图 2.76 所示。

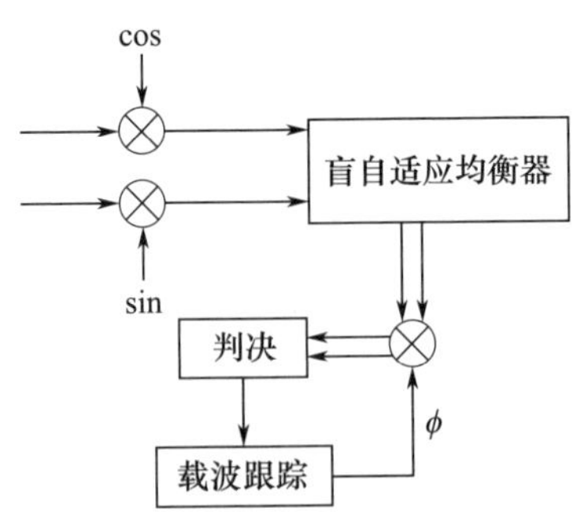

图 2.76　盲自适应均衡器

对于盲自适应均衡算法来说，主要考虑收敛速度、稳态均方误差、计算复杂度、可实现性等多个因素。对于复基带信道的 Bussgang 算法迭代过程总结如下：

初始化：$c_k(0)=0$；　$c_0(0)=1$；　$k=\pm 1,\cdots,\pm L$。

步骤 1：$y(k)=y_I(k)+\mathrm{j}y_Q(k)=\sum_{i=-L}^{L}c^*(i)x(k-i)$

步骤 2：$e(k)=g[y_I(k)]+\mathrm{j}g[y_Q(k)]-y(k)$

步骤 3：$\boldsymbol{c}(k+1)=\boldsymbol{c}(k)-\mu e^*(k)\boldsymbol{x}(k)$

参考文献

[1] 杨小牛，楼才义，徐建良. 软件无线电技术与应用[M]. 北京：北京理工大学出版社，2010.

[2] 季仲梅，杨洪生，王大鸣，等. 通信中的同步技术及应用[M]. 北京：清华大学出版社，2008.

[3] 郑继禹，林基明. 同步理论与技术[M]. 北京：电子工业出版社，2003.

[4] 姚彦，梅顺良，高葆新，等. 数字微波中继通信[M]. 北京：人民邮电出版社，1991.

[5] 郭梯云，刘增基，王新梅，等. 数据传输[M]. 北京：人民邮电出版社，1986 .

[6] BERNARD S. 数字通信－基础与应用[M]. 许平平，宋铁成，叶芝，等译. 北京：电子工业出版社，2005.

[7] 张贤达. 现代信号处理[M]. 2 版. 北京：清华大学出版社，2002.

第 3 章

天　　线

天线是无线电系统中发射或接收无线电波的重要部件，它为发射机或接收机与传播无线电波的媒质之间提供所需要的耦合。通信或通信电子战天线覆盖从短波到毫米波波段很宽的频率范围，不同频段、平台的天线呈现各种形式。通信电子战天线工作频率范围的选择通常处于“被动”状态，其选择取决于“敌方”的通信频率，为适应不同的对象，通常要求天线具有较宽的工作带宽。

3.1 天线的主要性能指标[1-2]

与其他用途的天线相同，描述天线性能指标的参数主要包括方向图、波束宽度、方向性系数、增益、电压驻波比、极化、功率容量等。通信对抗天线对工作带宽、效率、尺寸以及平台的适应性各个方面都有要求，各个参数的设计中往往彼此冲突，在设计中需要综合考虑。

3.1.1 方向图及波束宽度

天线方向图表征天线辐射的电磁场大小的三维空间分布图形，通过天线方向图可以得到天线不同指向的辐射特性，如方向性系数、波束宽度、副瓣特性等。为更简洁地反映天线的辐射特性，工程上经常采用天线主要辐射方向上的两个相互垂直的平面内的方向图表示天线的方向特性。以与场矢量的对应关系描述：与电场矢量的平面平行的称为 E 面方向图；与磁场矢量的平面平行的称为 H 面方向图。以与天线的安装位置描述，采用方位面和俯仰面两个主平面的方向图表示。

描述天线方向图的参数包括波束宽度（一般情况下为半功率 3dB 波瓣宽度，特殊要求下有专门的规定，如 10dB 波束宽度、零值宽度等）、副瓣电平（指副瓣中的最大值与主瓣最大值之比）（图 3.1）。

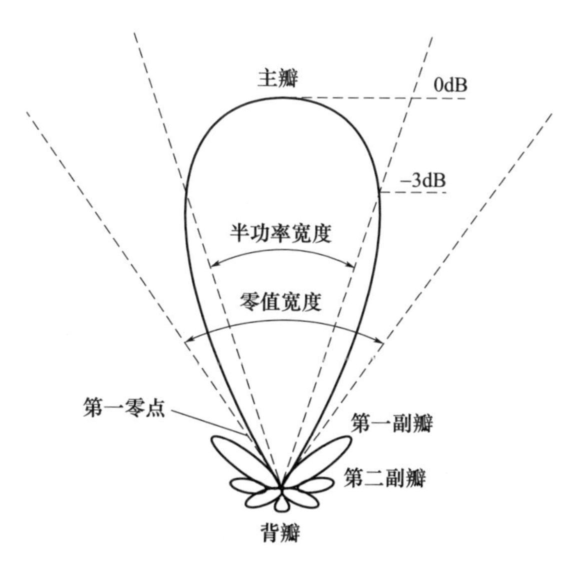

图3.1 天线方向图

3.1.2 方向性系数与增益

方向性系数用来描述天线集中在某方向的辐射能量较其他方向辐射能量的强弱特性。方向性系数 D 定义为:在给定方向上天线辐射强度与在空间所有方向平均辐射强度之比。距离 R 处的空间平均辐射功率密度 S_0 表示为

$$S_0 = \frac{P_{in}}{4\pi R^2} \tag{3-1}$$

式中:P_{in}为总辐射功率(单位为W);R 为天线至辐射点空间距离(单位为m);在辐射方向上某点辐射功率密度为

$$S(\theta,\phi) = D(\theta,\phi)\frac{P_{in}}{4\pi R^2} \tag{3-2}$$

式中:$D(\theta,\phi)$为方向性系数,即在某辐射方向上功率密度比平均辐射功率密度的增加量,即

$$D(\theta,\phi) = \frac{S(\theta,\phi)}{S_0} = \frac{E(\theta,\phi)^2}{E_0^2} \quad (相同辐射功率) \tag{3-3}$$

方向性系数也可定义为在(θ,ϕ)方向某点与点源在该点产生相同功率密度,点源天线与实际天线(球形方向图)所需辐射总功率之比为

$$D(\theta,\phi) = \frac{P_0}{P} \quad (相同功率密度)$$

式中:S_0、E_0和 P_0分别为采用点源天线的功率密度、电场强度和辐射功率。

方向性系数没有考虑天线的输入功率转化为辐射功率的损耗,即转化效率为1的情况。天线增益则是考虑实际天线在输入功率与辐射功率间的转化效率 η 的情况,即

$$G(\theta,\phi)=\eta\cdot D(\theta,\phi) \tag{3-4}$$

该天线增益表示为 dBi。

引起实际天线的效率下降的因数主要包括天线电阻损耗、匹配网络损耗以及失配损耗。

除了相对于理想点源的增益(也称绝对增益)外,天线增益还可用相对增益表示,即在给定方向上天线的增益与极化相同的参考天线绝对增益之比,最常见的是以无耗半波偶极子天线为参考天线(图 3.2),用分贝表示为 dBd,即

$$\mathrm{dBd}=\mathrm{dBi}-2.15(\mathrm{dB}) \tag{3-5}$$

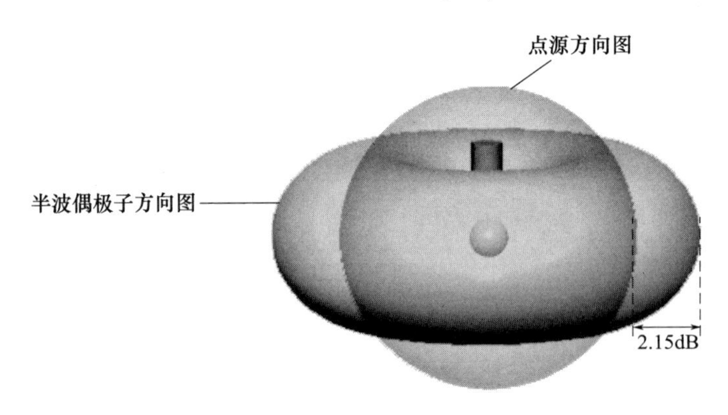

图 3.2　点源与半波振子的增益关系(见彩图)

3.1.3　电压驻波比

天线的电压驻波比(VSWR)是描述天线输入阻抗与传输线阻抗的失配程度的一个重要参数,它反映了电磁能量通过天线馈线耦合至天线的程度。当天线的输入阻抗 Z_{in}与传输线的特性阻抗(通常 $Z_0=50\Omega$)不匹配时,便在传输线至天线端口产生反射,与入射波叠加形成驻波。与之等价的一个参数反射系数 Γ,两者间的关系为

$$\mathrm{VSWR}=\frac{1+|\Gamma|}{1-|\Gamma|} \tag{3-6}$$

反射系数定义为

$$\Gamma = \sqrt{\frac{P_r}{P_{in}}} \tag{3-7}$$

式中：P_r、P_{in}分别为天线的反射功率和输入功率。

3.1.4　极化

天线极化是指在远场区和规定的方向上，天线辐射波的电场矢量端点在垂直于电磁波传播方向平面上的轨迹。在同一系统中，收/发天线的极化应尽量相同，若接收天线的极化与入射平面波的极化不一致，则会因极化失配导致接收信号幅度的降低。极化失配导致的功率损耗可以用极化效率 F 表示为

$$F = \frac{|\boldsymbol{E}_i \cdot \boldsymbol{E}_a^*|^2}{|\boldsymbol{E}_i|^2 \cdot |\boldsymbol{E}_a|^2} = \cos^2 \frac{MM_a}{2} \tag{3-8}$$

式中：$\boldsymbol{E}_a$为接收天线的极化矢量；$\boldsymbol{E}_i$为入射波的极化矢量。当二者极化完全匹配时，即极化矢量的夹角为 0 时，$F=1$；二者极化完全失配时，即极化矢量夹角为 $\pi/2$ 时，$F=0$。

严格意义上说，一个周期内的电场矢量端点都为椭圆，沿传播方向看电场矢量旋转方向是顺（逆）时针的，称为右（左）旋极化（图 3.3）。衡量极化特性的一个主要指标为轴比（AR），定义为：椭圆极化中，长轴与短轴之比，即

$$AR = OA/OB \tag{3-9}$$

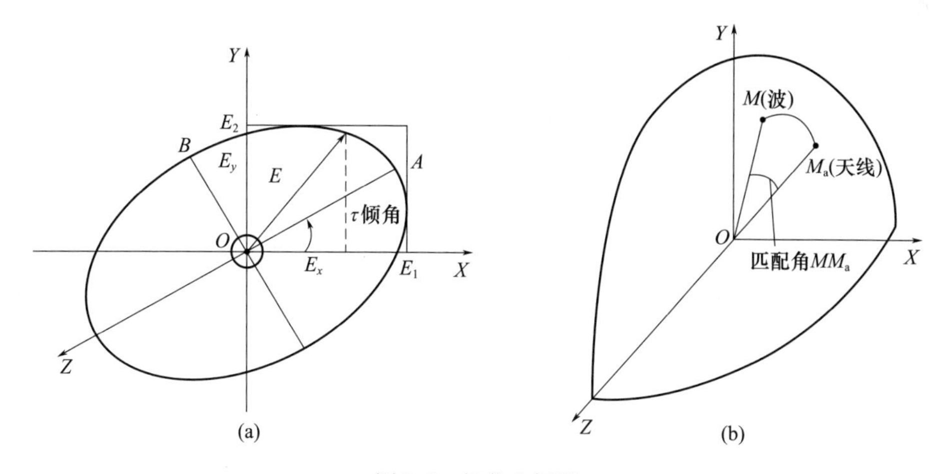

图 3.3　极化坐标图

椭圆极化的两种特例为圆极化和线极化：$AR\to 1$，为圆极化；$AR\to\infty$，为线极化，即电场矢量始终在一直线上。线极化又以电场矢量与地面的关系分为水平极

化(与地面平行)、垂直极化(与地面垂直)。天线的圆极化可以分解为两个幅度相同、空间相互垂直且有90°相位差的线极化波;线极化可以分解为两个幅度相同、旋转方向相反的圆极化波。

3.2 几类典型天线[2-4]

通信电子战天线通常为宽频带天线,早期的通信电子战系统主要覆盖短波和超短波频率范围,随着通信电子战系统的发展,频率范围扩展至微波、毫米波频段。由于天线安装在平台的外部,因此天线的形式因装载平台的不同设计成不同的形式,以满足不同平台的安装、架设和气动等方面的要求。天线性能与装载平台的特性有很大的关系。

根据天线的战术使用要求,通信电子战天线可大致分为全向天线、定向天线、阵列天线等。在短波、超短波频段,天线的主要形式为线天线;在微波、毫米波频段则以微带、喇叭以及反射面天线为主。

3.2.1 全向天线

通信电子战全向天线是指对规定极化在给定平面内(通常用水平面)辐射强度基本上相等的天线。除专门定义外,一般全向天线在给定平面各方向的辐射强度差不大于3dB。

3.2.1.1 振子类天线

在短波、超短波频段,振子形式天线是通信电子战全向天线主要形式。主要有偶极子和单极子两种形式,如图3.4所示。

单极子天线常用的场合是天线根部安装在“地面”的情况,如飞机的金属蒙皮、大地等。由于“地面”的镜像作用,单极子天线可“等效”为偶极子天线,如图3.4(b)所示。天线尺寸约为偶极子天线的1/2。

细长的振子天线的输入阻抗随频率差异很大,不能直接与馈电系统匹配,如何实现宽带匹配是振子类天线在通信对抗系统中应用所要解决的主要问题。图3.4(a)所示的偶极子的平均特性阻抗为

$$W_A = 120\left(\ln\frac{2L}{a} - 1\right) \tag{3-10}$$

式中:L为单极子的长度;a为振子半径,单位为m。

图3.5为不同平均特性阻抗的天线输入阻抗的曲线。

可以看到,特性阻抗越大,输入阻抗随电长度的变化就越剧烈,天线的阻抗带

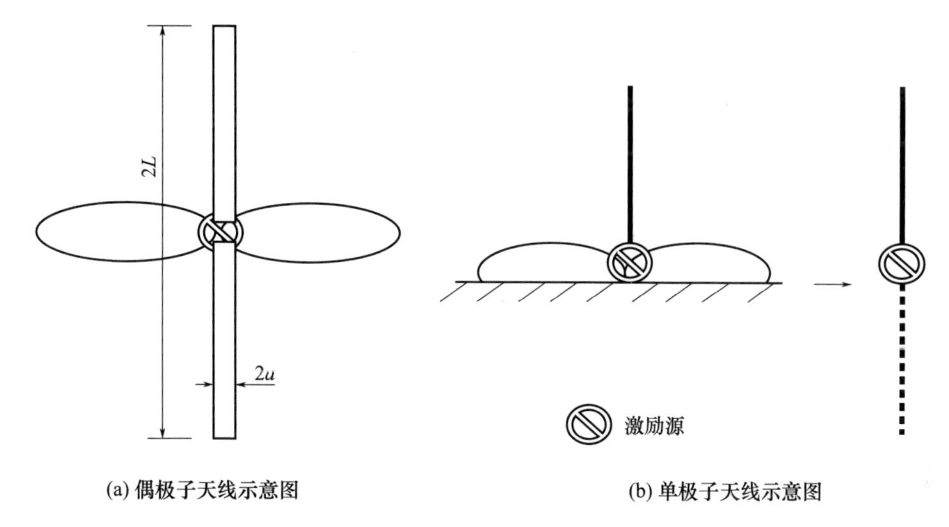

(a) 偶极子天线示意图

(b) 单极子天线示意图

图 3.4 偶极子与单极子天线

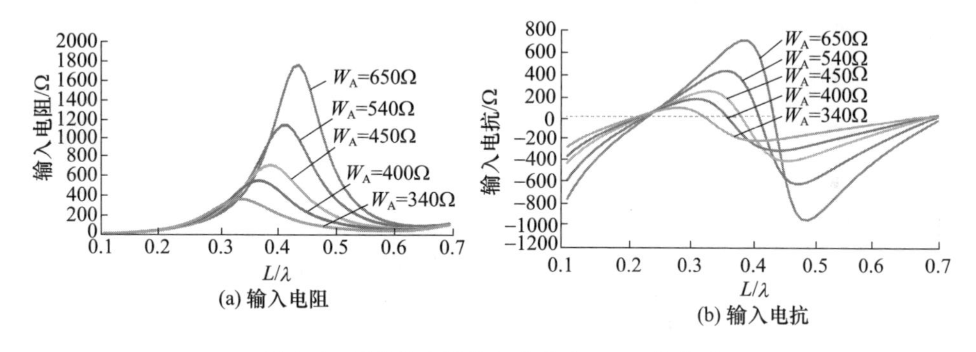

(a) 输入电阻

(b) 输入电抗

图 3.5 天线输入阻抗与电长度(L/λ)的关系

宽就越窄;反之,特性阻抗越小,天线的阻抗带宽就越宽。因此,减小振子天线的特性阻抗就成为振子类天线拓宽频带的主要技术。从式(3-10)看出,天线振子变粗(L/a 减小),天线的特性阻抗变小,阻抗带宽范围变宽。图 3.6 为几种常见的通过"等效"振子宽度的宽带天线。

采用振子加载结合宽带匹配网络也是应用较广的宽带天线的设计方法。采用加载方式的振子形式的鞭状天线,结构简单,具有宽带特性,适合在车载等平台的通信对抗系统中应用。加载宽带线天线的主要方法是在线天线上合适的位置插入阻抗元件或网络,以改变天线的电流分布,改善天线的电特性,展宽工作带宽,如图 3.7所示。

通过在天线上加载阻抗元件,可以使加载元件的阻抗特性同天线本身所呈现的阻抗特性相互补偿,在较宽的工作频带获得稳定的阻抗-频率特性,达到宽带匹

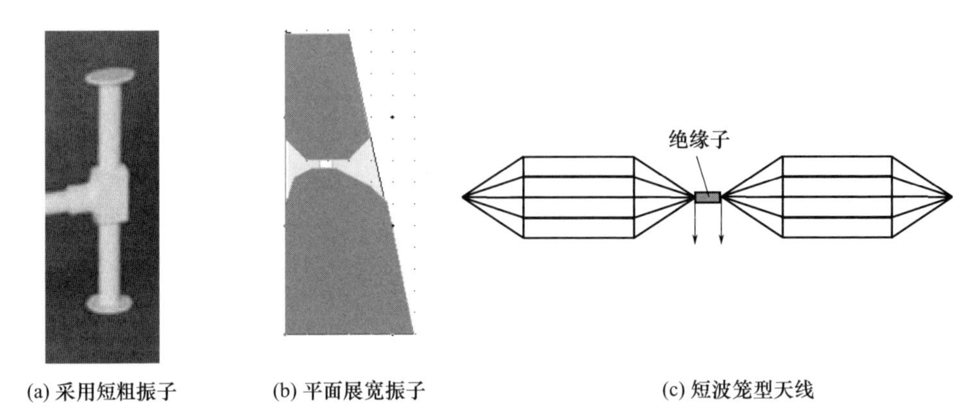

(a) 采用短粗振子　(b) 平面展宽振子　(c) 短波笼型天线

图 3.6　展宽天线带宽的典型方式

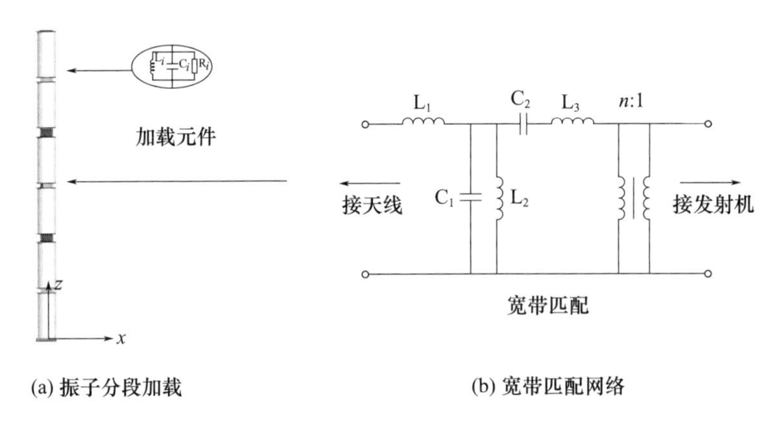

(a) 振子分段加载　(b) 宽带匹配网络

图 3.7　振子加载实现天线宽带特性

配的目的。分布加载不仅可以使天线获得良好的宽带特性，还可以减小天线尺寸。但是由于天线上加载的阻抗元件会吸收一定的电磁能量，所以会导致加载天线的效率降低。通常工程设计中，在天线输入端加上一个合适的宽带匹配网络。

由于加载天线的加载元件、加载位置、匹配网络以及每个元件的值都会影响天线的电性能。设计中根据给出的约束条件（如尺寸、有限的加载位置等），采用数值计算仿真（积分方程），结合优化算法得到合适的加载电路参数及匹配网络参数。

图 3.8 为 30～520MHz 单极子加载天线的理论和试验结果，单极子天线高度 1.75m，单臂采用 4 个加载点。

天线较好地实现了宽带匹配。需要指出的是，由于采用宽带匹配网络和电阻、电抗元件加载，天线承受的功率容量会因此受到限制。

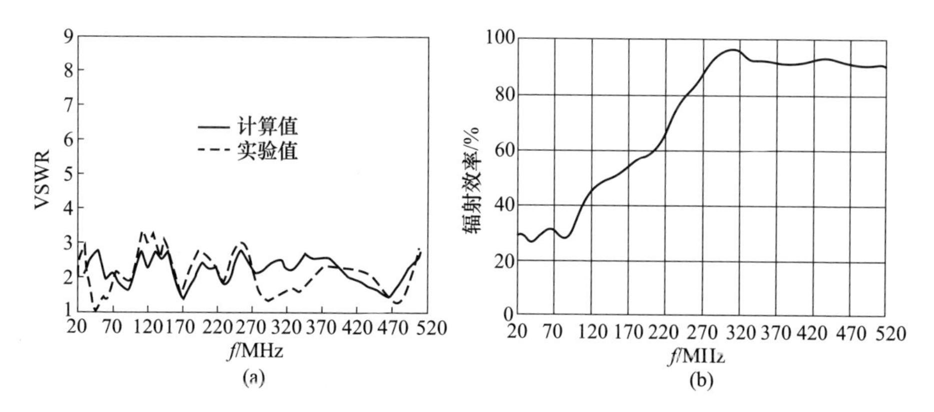

图 3.8 单极子加载实现天线宽带特性实例

3.2.1.2 电小环天线

环天线是一根金属导线绕成一定的形状,以导体的两端作为馈电端的环状天线。为了提高电小环天线的辐射效率,采用多圈环或在环中加入磁芯进行磁加载。常见的电小环天线绕制成圆形环、三角形环或菱形环,如图 3.9 所示。

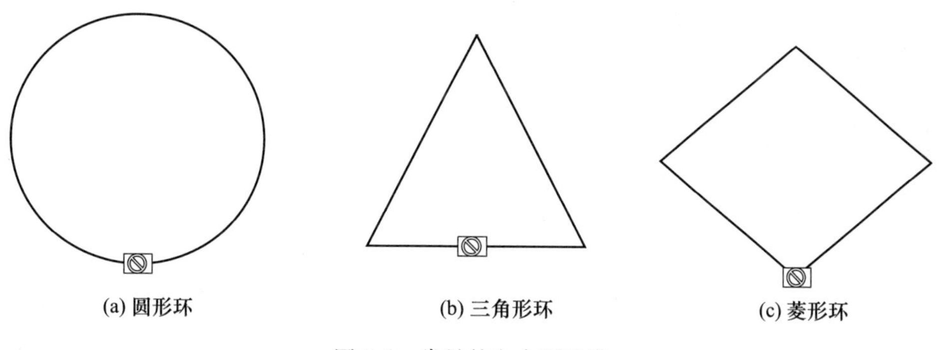

图 3.9 常见的电小环天线

电小环天线导线上的电流近似均匀分布,与磁矩为 $m = INA$ 的磁偶极子具有相同的电磁场分布,其中,I、N、A 分别为电流、匝数、面积。水平放置在球坐标的电小环天线的远场分布为

$$E_{\phi} = \frac{Z_0 k^2 m}{4\pi r} e^{-jkr} \sin\theta$$

$$H_{\theta} = -\frac{k^2 m}{4\pi r} e^{-jkr} \sin\theta$$

式中:Z_0为波阻抗;k 为波数;r 为环到辐射点的距离。

电小环天线的方向图如图3.10(b)所示。

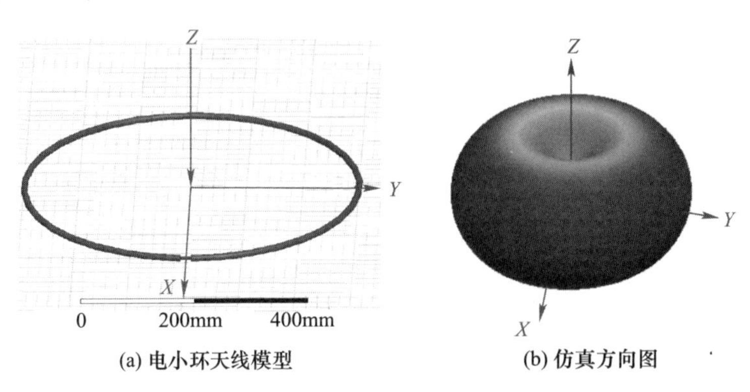

(a) 电小环天线模型　　(b) 仿真方向图

图3.10　电小环天线的辐射特性(见彩图)

从图3.10可以看到,水平放置的电小环天线的方向图与垂直放置的偶极子天线的方向图一致。垂直地面放置的电小环天线在垂直面为全向辐射,在短波的天波侦收中常将其作为高仰角的侦收天线使用。

3.2.2　定向天线

3.2.2.1　对数周期天线

对数周期天线是由长度按一定比例变化、平行排列的偶极子组合而成,通过平衡传输线(集合线)从最短振子端馈电。天线的电特性随频率的对数作周期性变化,且在一个周期内天线的电特性变化不大,由于对数周期天线在整个频率范围内电特性变化小,故称为频率无关天线。对数周期天线可以实现很宽的工作带宽,在工作频带内具有定向的辐射图及一定的增益(5~10dB)。该种天线既可作为单个辐射器或组成阵列用,又可作为反射面天线的馈源用。对数周期天线结构如图3.11所示。

该天线一般是用平行双导线的集合线对各振子馈电,天线的相邻振子是反相的。图3.11右边实现了一种自然的相邻单元交叉馈电,同轴线的内导体接到一个集合线臂上,而外导体与结合线的另一臂的相连。

对数周期天线的结构参数主要取决于参数比例因子 τ、顶角 α 和间距因子 δ,它们之间的相互关系为

$$d_n = R_{n-1} - R_n$$

$$\tau = \frac{l_n}{l_{n-1}} = \frac{R_n}{R_{n-1}} = \frac{d_n}{d_{n-1}} < 1$$

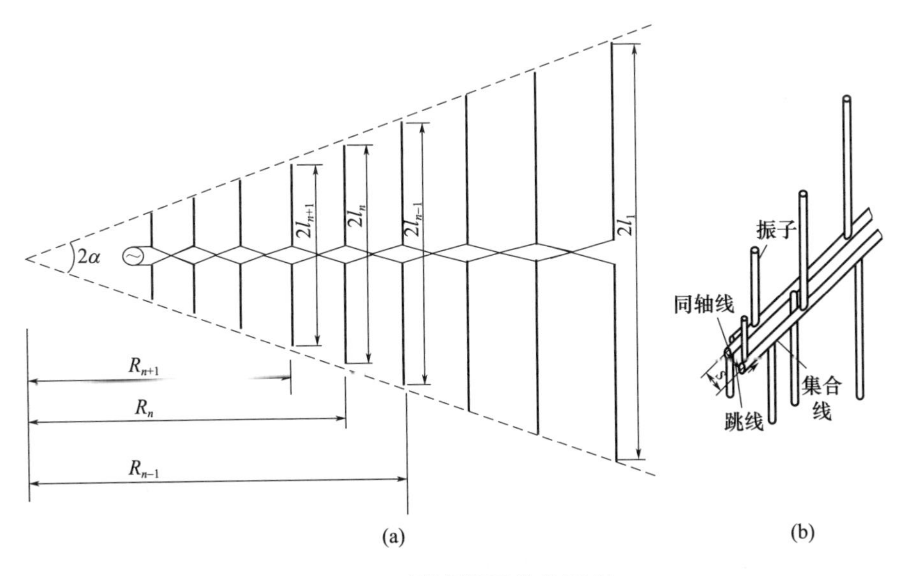

图 3.11 对数周期天线(LPDA)

$$\tan\alpha = \frac{l_n}{R_n}$$

$$\delta = \frac{d_n}{4\,l_n} = \frac{1-\tau}{4\tan\alpha}$$

对于某一确定的工作频率,天线整个结构划分为3个区域,即传输区、辐射区和未激励区,主要是通过辐射区产生单向的背射波束。当振子的中心长度 l_n 约为工作频率的1/4波长时,将产生谐振,该振子及前后相邻的振子激励的电流明显大于其他振子,它们组成天线的“辐射区”,对天线的辐射起着决定性的作用。随着工作频率的变化,产生大的激励电流的有效辐射区前后移动,频率高时就移向馈电点方向,反之亦然。图3.12所示为设计的200~600MHz的对数周期天线的振子辐射电流的幅度分布结果。

从图3.12中可以看出,随着工作频率的升高,振子辐射电流的峰值,从“长振子”区域逐渐向“短振子”方向移动。

图3.13给出了对数周期天线增益随设计的各参数变化的曲线图。

在设计中,根据天线电性能可达到要求选择合适的参数 τ、δ;根据工作频带的情况,选取天线的最长振子长度 $l_{\max}$ 和最短振子长度 $l_{\min}$,两者的比值称为结构带宽,即

$$B_s = \frac{l_{\max}}{l_{\min}} = \tau^{N-1}$$

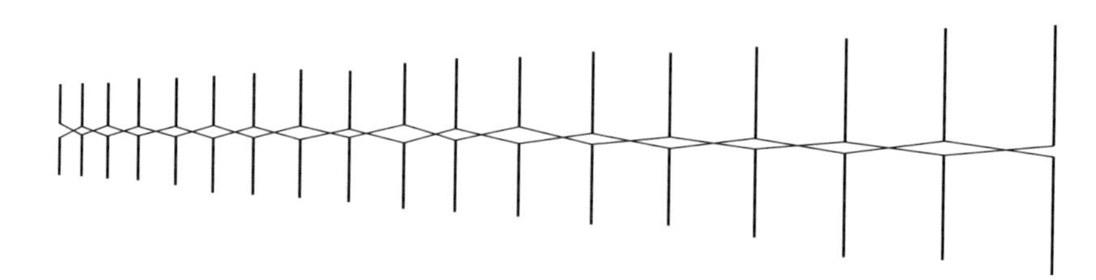

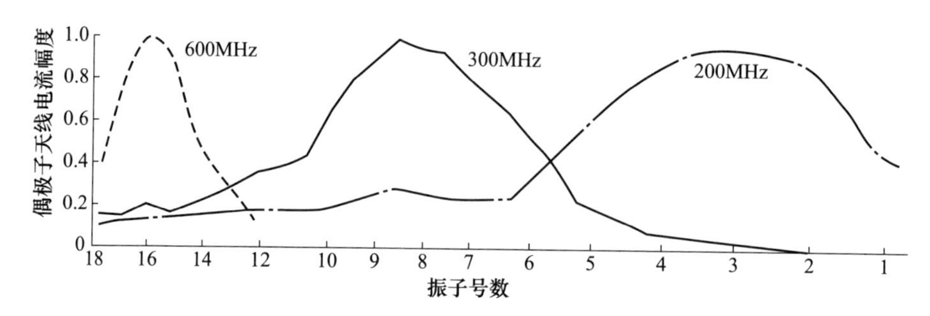

图 3.12　对数周期天线振子电流幅度分布

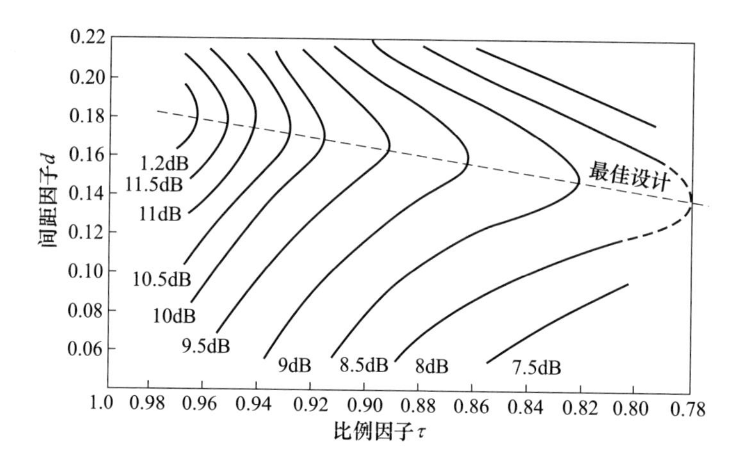

图 3.13　对数周期天线增益参数曲线

实际工作带宽要比结构带宽窄。根据经验,工作带宽为

$$B_0 = \frac{B_s}{1.1 + 30.7\delta(1 - \tau)}$$

最长振子 l_{max} 的长度一般选取最低工作频率波长的 1/4 或略长。

3.2.2.2　定向偶极子天线

定向偶极子天线结构简单,将一对平板偶极子天线架设在距离反射面约 1/4 波长的位置。具有中等增益(5 ~ 7dBi),带宽约为 2:1。偶极子天线适合剖面低,尺寸较小,常在机载等平台作为天线阵列单元,如图3.14所示。

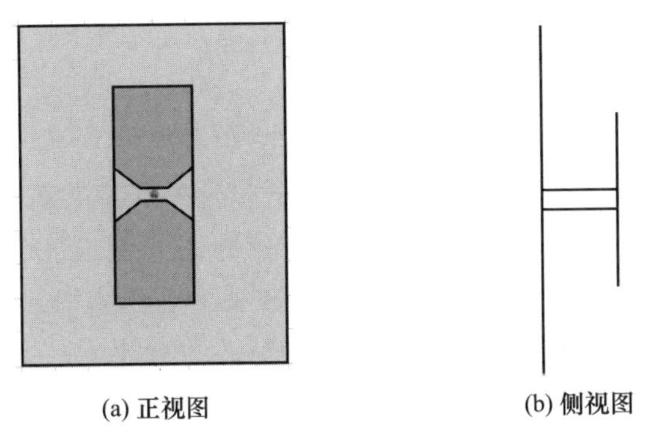

图3.14 定向偶极子天线

3.2.2.3 平面螺旋天线

平面螺旋天线常用作宽带圆极化天线。这种天线的结构完全由角度决定,当角度连续变化时,可得到与原来结构相似的缩比天线。在很宽的频带内,天线的电特性随频率变化都很小,与对数周期天线相仿,具有非频变特性。平面螺旋天线也存在辐射“有效区”的区域,该区域出现在结构周长约为一个波长的区域。平面螺旋天线主要有平面等角螺旋天线和平面阿基米德螺旋线两种。

1）平面等角螺旋天线

平面等角螺旋天线的结果如图3.15所示。

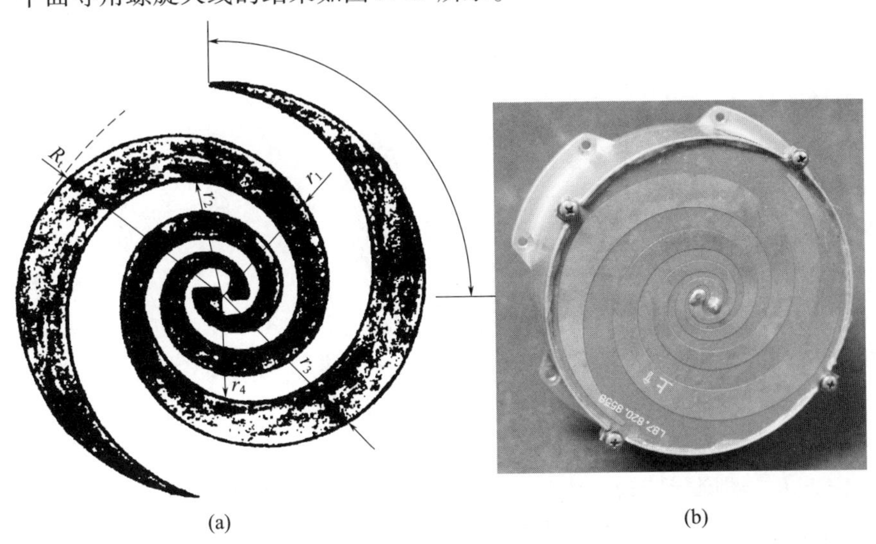

图3.15 平面等角螺旋天线

平面等角螺旋天线是由两条起始相差为 δ 的等角螺旋线构成，两臂的 4 条边缘分布式为

$$r_1 = r_0\,\mathrm{e}^{\alpha\phi}, \qquad r_2 = r_0\,\mathrm{e}^{\alpha(\phi-\delta)}$$

$$r_3 = r_0\,\mathrm{e}^{\alpha(\phi-\pi)}, \quad r_4 = r_0\,\mathrm{e}^{\alpha(\phi-\delta-\pi)}$$

该天线是一条平面螺旋线，R_t 为天线的半径，δ 为等角螺旋天线的角宽度，r_0 是起始点到原点的距离，α 是螺旋线切线与矢径 r 之间的夹角，即螺旋角。平面等角螺旋天线是一个由角度确定形状的天线，在某个工作频率的大部分辐射来自结构的周长约一个波长的区域，称为"有效区域"。随着频率的变化，"有效区域"沿螺旋线旋转一定的角度，旋转前后的结构基本一致。因此，频率改变不会对天线的电特性产生大的影响，天线的各项电性能满足宽频带要求。

实际工程上可实现的天线不可能是无限长的，作为一个实际的天线必须在适当的长度上截断两臂，臂长的最大尺寸选择取决于最低工作频率。一方面，从极化性能考虑，当以波长计的螺旋线臂长很短时，其辐射场几乎是线极化的，随着螺旋线臂长的增大，当臂长约等于一个工作波长时，基本满足圆极化的要求。另一方面，臂长的选择应考虑天线的驻波特性，但臂长超过一定长度，沿线电流过了"辐射区"呈现较大的衰减，当其到达终端时，即使是终端开路，产生反射电流也很小可近似认为天线具有行波特性。天线制作时，加上如图 3.15 所示的双臂末端尖削结构，也可以降低电流终端反射。天线最高工作频率的限制，取决于r_0 即起始点到原点的距离。天线的最低工作频率和最高工作频率可以按下式估算，即

$$r_0 = \lambda_{\min}/4, r = \lambda_{\max}/4$$

2）平面阿基米德螺旋天线

常用的螺旋天线的另一种形式是平面阿基米德螺旋天线，其方程为

$$r = r_0 + \alpha(\phi - \phi_0)$$

式中：r 为矢径；r_0为起始矢径；a 为常数，称为螺旋增长率；ϕ 为幅角；ϕ_0为起始幅角。在上式中分别取 $\phi_0 = 0$ 和 $\phi_0 = \pi$，即可得到两条起始点分别为 A 和 B 的对称阿基米德螺旋线，如图 3.16 所示。

以这样的两条阿基米德螺旋线为两臂，在 A、B 两点对称馈电，就构成了平面阿基米德螺旋天线。通常用印刷技术制造这种天线，并使金属螺线的宽度等于两条线间的距离，以形成自补结构，这样有利于实现宽频带阻抗匹配。

与等角螺旋天线原理相似，从 A、B 两点对天线进行平衡馈电，螺旋线半径近似为 $\lambda/2\pi$ 时，即周长约为一个波长的那些环带就形成了平面阿基米德螺旋天线的有效辐射区。工作频率改变时，有效辐射区沿螺线移动，但方向图基本不变，具有宽频带特性。天线最大辐射方向在螺旋线平面的法线方向上，且是双向的，主瓣

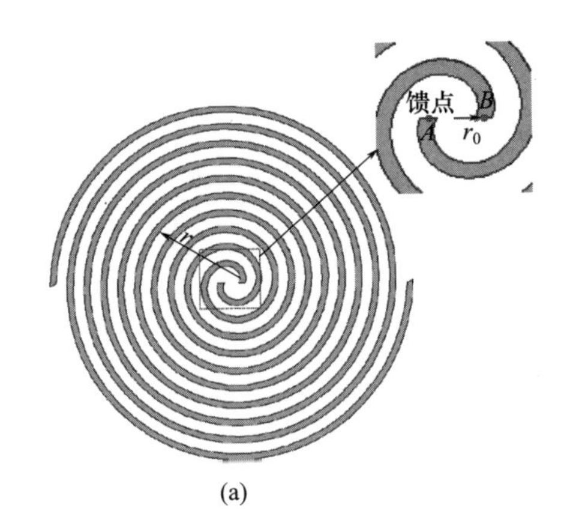

(a)

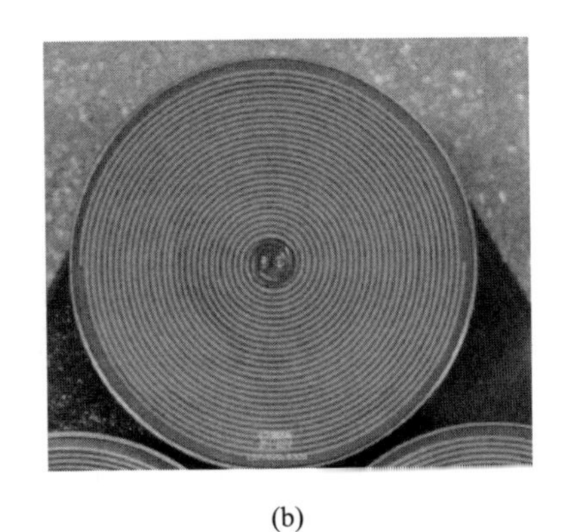
(b)

图3.16 平面阿基米德螺旋天线

宽度为60°~80°。在最大辐射方向上，辐射场是圆极化的，其旋向与螺旋线的旋向一致。

阿基米德螺旋线的参数可按下述原则选择。

(1) 螺旋线外径 D 取决于下限频率对应的波长，一般取 $\pi D \geqslant 1.25\lambda$。

(2) 螺旋线两馈电点 A、B 之间的距离，对天线的阻抗匹配和上限工作频率都有较大的影响，一般取 $2r_0 < \lambda \min/4$。

(3) 在外径 D 相同的条件下，螺旋线总长度长，终端效应小；但 a 太小，圈数太多，传输损耗就会加大，通常取每臂大约20圈。

(4) 螺旋线宽度大一些，其输入阻抗就低一些。自补结构输入阻抗理论值为188.5Ω，实际结构输入阻抗约为140Ω。若螺旋线宽度大于间隙宽度，则可降低输入阻抗。

3) Sinuous 天线

Sinuous 天线是一种蜿蜒曲折形状的平面天线（也称正弦天线），是按照相似性原理形成的天线，在很宽的频带内具有非频变特性。它对两个正交极化的信号都有很好的响应能力，在原理上类似于对数周期天线，可看成平面对数周期天线。该天线具有以下几个特点。

(1) 平面结构、超宽带、单口径。

(2) 双线极化（垂直、水平），采用适当的技术可合成双圆极化。

(3) 在很宽的频带内具有较为恒定的相位中心。

Sinuous 辐射单元是由平面表面上两根或四根旋转对称的导体臂构成的，即在一个有限的区域内使每个臂交错，这样使辐射单元所占的有效空间最佳，如图3.17所示。

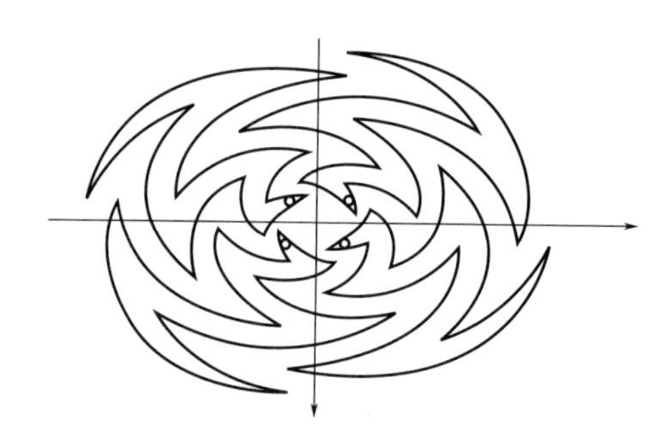

图 3.17　四臂正弦天线

图中,两条臂位置的相角差为 180°,所以当对相对两臂进行反相馈电时,电场在垂直于天线面的轴向同相叠加,故其方向图最大值在天线的法线方向,而且在天线面的两边均有辐射。将这条导体臂绕原点分别旋转 90°、180°、270°,便形成了四臂正弦天线。其辐射机理类似于对数周期天线,只有在齿长度接近于 $\lambda/2$ 或 $\lambda/2$ 奇数倍的区域为辐射区,齿长小于 $\lambda/2$ 的区域为传输区。Sinuous 天线共有 4 个正弦臂、2 对馈电点。为了得到圆极化辐射,需要接入一个馈电网络,使两个线极化波束端口产生 90°的相移,这样可以合成左旋或右旋圆极化波。

4）平面螺旋天线反射腔及平衡馈电设计

上述 3 种天线具有宽频带、小尺寸、圆极化等优点,但由于其辐射是双向的,增益较低。大多数使用场合需要单向辐射特性,通过在其一边加装金属反射腔实现。反射腔主要有如图 3.18 所示的几种形式。

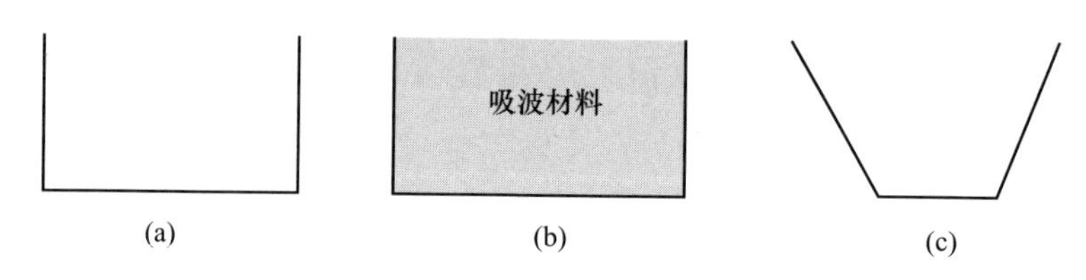

图 3.18　反射腔的形式

图 3.18(a)为普通反射腔体结构,腔体深约为中心频率对应波长的 1/4,由于腔体对天线轴比和增益有影响,如尺寸允许,腔体直径 D 尽可能大于平面螺旋天线直径。加了金属反射腔体的后,天线频带宽度可达到 2:1,增益可提高 2 ~ 3dB。图 3.18(b)是在腔体内填加微波吸收材料,天线的驻波比、带宽和轴比带宽较图 3.18(a)有较大改进,但天线的效率降低。图 3.18(c)采用变形的平面反射腔体,腔体高度与普通反射腔体相同,上下反射腔的周长直径分别约为最低、最高工作频率波长。采用这种反射腔的工作带宽较普通反射腔宽,可以达到 4:1。

在上述平面天线中,都要求天线双臂采用平衡馈电,而通常采用的同轴线为不平衡形式,需要进行不平衡-平衡转换。螺旋天线的平衡馈电主要有以下两种方式。

(1) 无限巴伦(Infinite BALUN)。无限巴伦是将不平衡的同轴馈电转换为对称螺旋线平衡馈电的部件,应用于平面螺旋天线的无限巴伦是将同轴线敷于一条螺旋臂上,并将其与同轴线的外导体焊接在一起,芯线直接接到另外一条臂的始端,为保持天线臂阻抗和电流分布的对称,也焊一条同轴线外屏蔽层于另一条螺旋臂上,如图3.19所示。

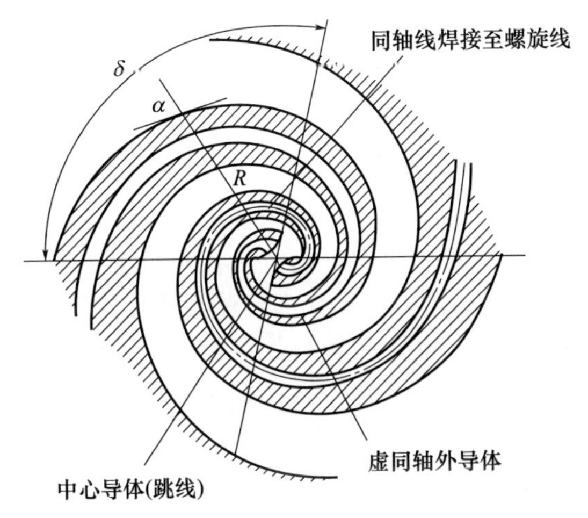

图3.19　同轴电缆直接连接的平衡馈电方式

自补结构的平面螺旋天线的阻抗为188Ω,不能直接采用50Ω的同轴电缆馈电。

(2) 渐变线方式。渐变线方式的不平衡-平衡馈电形式如图3.20所示。

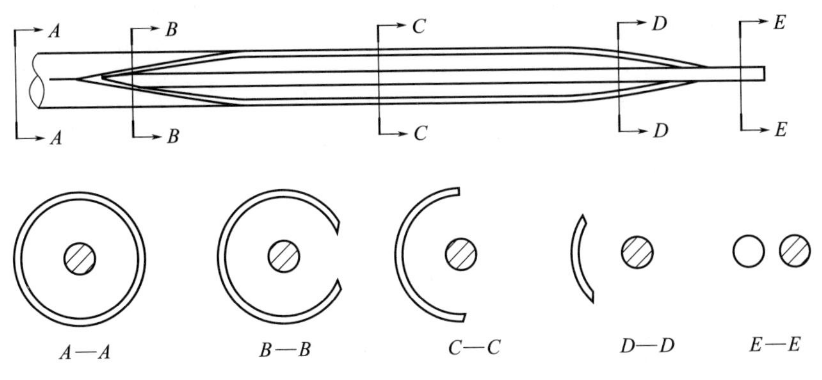

图3.20　渐变线方式平衡-不平衡转换

渐变线结构是从同轴电缆结构逐步过渡到平衡双线的方式，实现不平衡到平衡的馈电转换。另一方面，通过合理设计，还实现馈电（双线）点到同轴（50Ω）的阻抗变换。达到平衡/不平衡转换对渐变线的长度有一定的要求，通常大于最大工作波长的1/4。

3.2.2.4 微带天线

微带天线是在带有导体接地板的介质基片上贴加导体薄片而形成的天线，具有质量小、低剖面、易于馈电、易于与载体共形安装等特点。在介质基片上容易实现馈电网络，微带天线易与有源器件、大规模集成电路集成为统一的组件。通过不同的馈电方式，微带天线可以实现线极化、圆极化等不同的极化方式。

但微带天线存在以下缺点：微带天线工作于谐振模式，所以频带较窄；在毫米波波段，导体和介质损耗增大，并且会激励表面波，导致辐射效率降低。

微带天线的基本结构如图3.21所示，它是在一块厚度远小于波长的介质基片上一面沉积或粘贴金属辐射片，另一面全部粘贴金属薄层作接地板，辐射片及接地板所用金属一般为良导体（铜或金），辐射片可根据不同的要求设计成各种形状，如矩形、圆形、圆环形等。

微带天线的辐射由微带贴片、准横电磁场（TEM）模传输线或开在地板上的缝隙产生。图3.21为矩形微带贴片原理图。

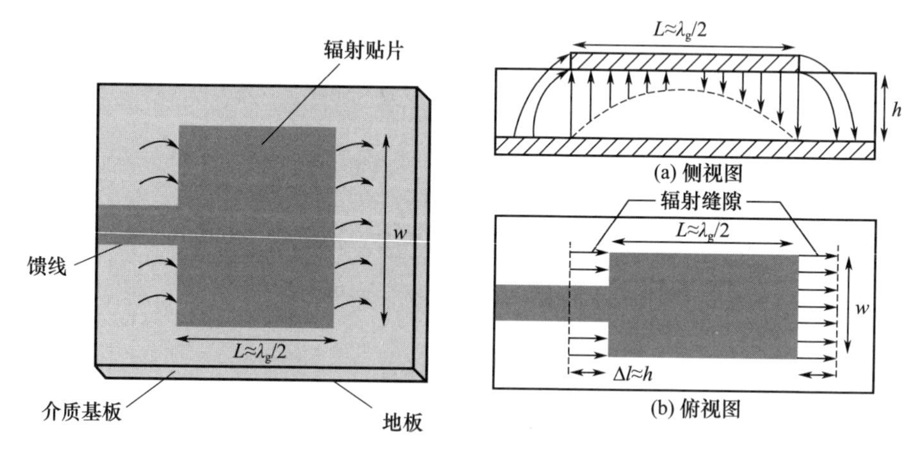

图3.21 矩形微带贴片原理图

辐射贴片长 L 近似为半波长，宽为 W，介质基板的厚度为 h。辐射元、介质基板和接地板的组合可视为一段长为 $\lambda_g/2$ 两端开路的低阻抗微带传输线；由于基板厚度 $h \ll \lambda_g$，在激励主模情况下，电场仅沿约为1/2波长（$\lambda_g/2$）的贴片长度方向变化，辐射基本上是由贴片开路边沿的边缘场引起的。两开路端的电场可以分解为相对于接地板的垂直分量和水平分量，因为辐射贴片元长度约为1/2波长（$\lambda_g/2$）。所以，两垂直分量电场方向相反，由它们产生的远区场在正面方向上互相抵消；平行于地板的水平分量电场方向相同，同相叠加，从而在垂直于结构表面的方向上产生最大辐射场。其极化方式为沿辐射贴片 L 方向的线极化。

微带天线的馈电方式主要有以下几种，如图3.22所示。

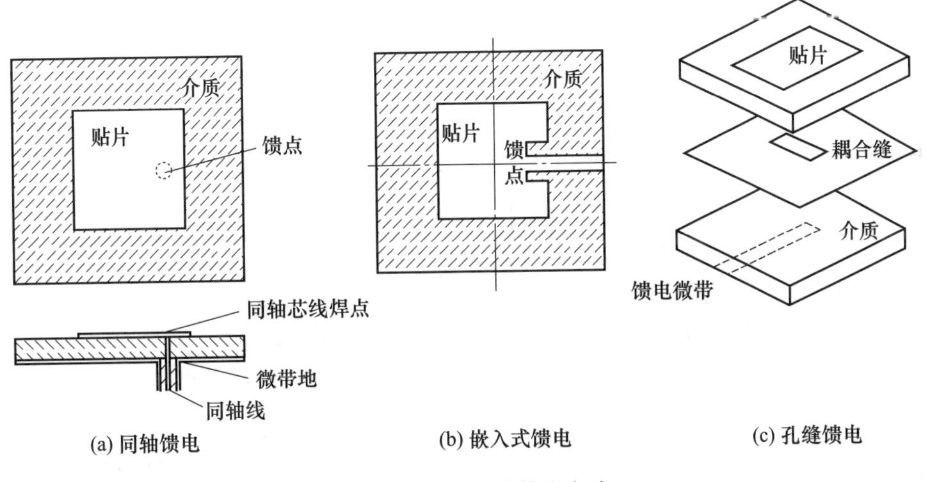

图3.22 微带天线馈电方式

微带天线的不同馈电方式可适应不同输入输出方式。其中孔缝馈电方式，需要双层以上介质片组成，相对复杂，但其工作带宽较宽。

常见的微带天线产生圆极化的方式主要有两种：一种是通过馈电网路在正方形的微带辐射片两侧馈电，并使得两路馈电幅度相等，相位差90°；另一种是在正方形贴片上切去或增加单元 Δs（引入简并分离单元 Δs 微扰）实现圆极化辐射，馈电点与简并单元 Δs 的相对位置决定了极化方向。图3.23给出的为右旋圆极化方式，若将馈电点位置移动至 y 轴的相同位置（A型）或将馈电点以 x 轴为对称轴移动至对称位置（B型），则为左旋圆极化方式。

3.2.2.5 微带阵列天线

微带阵列天线的一个很大的好处是可以将馈电网络与微带天线单元一体化设计并制作在同一印制板上。图3.24所示为典型的4单元微带天线阵列示意图。

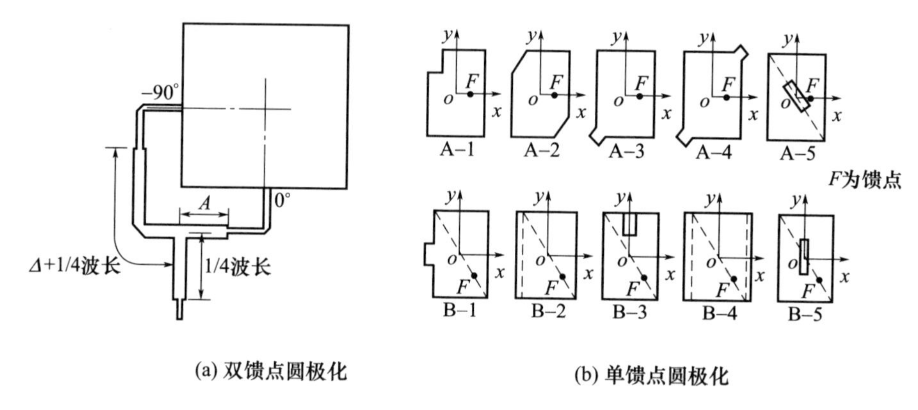

图 3.23　圆极化微带天线

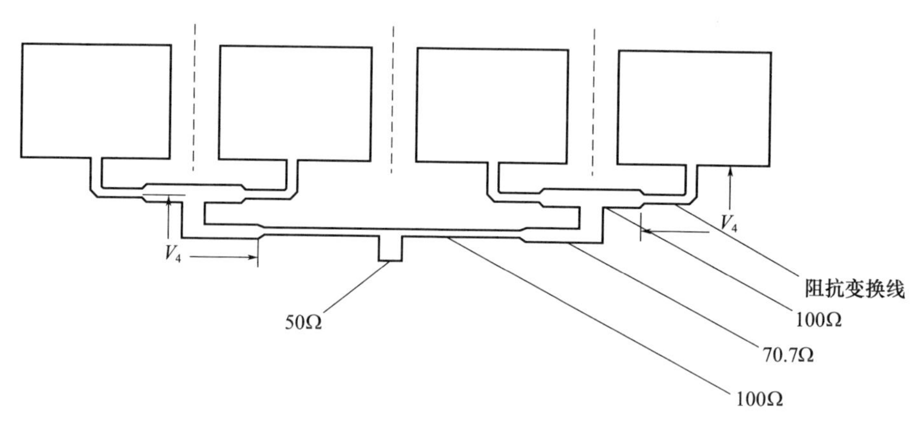

图 3.24　4 单元微带天线阵列示意图

3.2.2.6　喇叭天线

喇叭天线是微波波段常用的一种天线形式,其可以作为中等增益的口径天线,同时常作为反射面天线的馈源使用。通过不同的极化激励,喇叭天线形成不同的极化方式。由于喇叭天线的设计值和实际测量值接近,喇叭天线常用作微波频段的标准天线。基本的喇叭天线形式有以下几种(图 3.25)。

图 3.25(a)为矩形波导 E 面开口逐渐扩大成 E 面扇形喇叭,其 H 面方向图与开口波导的方向图相同,E 面方向图则与开口尺寸及开口过渡段长度有关。图 3.25(b)为矩形波导 H 面开口逐渐扩大成 H 面扇形喇叭,其 E 面方向图与开口波导的方向图相同,H 面方向图则与开口尺寸及开口过渡段长度有关。图 3.25(c)为矩形波导 E、H 面开口同时逐渐扩大成角锥喇叭,H、E 面方向图则与开口尺寸及开口过渡段长度有关。图 3.25(d)为圆波导逐渐扩大成圆锥喇叭,波束宽带

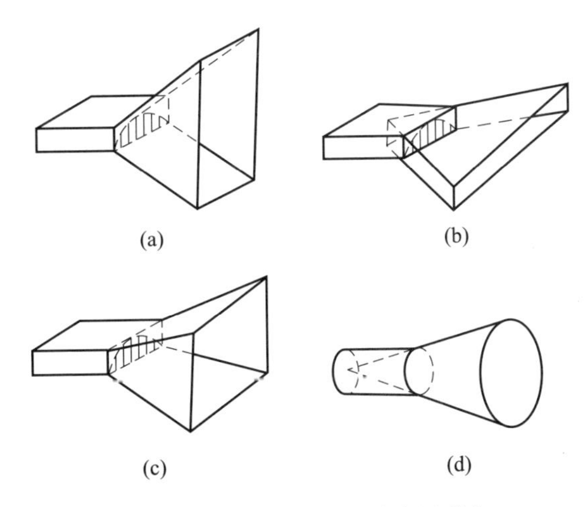

图3.25　喇叭天线的几种常用形态

是开口尺寸及开口过渡段长度的函数。

由于传输波从馈电波导传送至喇叭口面，其相位发生变化，口面上的辐射波不再是等相位波，在一定的过渡长度时，增大口面至某一尺寸，天线增益达到最大值，继续增大口径尺寸将导致增益下降。将达到增益最大值的口面尺寸及过渡长度称为最佳喇叭。各种最佳喇叭的波束宽带及口径效率如下：

H 面波束宽度 $2\theta_{0.5H}=80\dfrac{\lambda}{D_H}(°)$，口径效率 $\eta=0.63$（H 面扇形喇叭）；

E 面波束宽度 $2\theta_{0.5E}=54\dfrac{\lambda}{D_E}(°)$，口径效率 $\eta=0.64$（E 面扇形喇叭）；

H 面波束宽度 $2\theta_{0.5H}=80\dfrac{\lambda}{D_H}(°)$，口径效率 $\eta=0.51$（角锥喇叭）；

H 面波束宽度 $2\theta_{0.5H}=70\dfrac{\lambda}{D}(°)$，E 面波束宽度 $2\theta_{0.5E}=60\dfrac{\lambda}{D}(°)$；

口径效率 $\eta=0.5$（圆锥喇叭）。

上述几种喇叭天线激励为主模（矩形波导 TE10，圆波导 TE11），其 H 面方向图与 E 面方向图的宽度不一致，两个面的相位中心也相差较大。作为旋转抛物面馈电使用中，希望初级馈源的 E 面、H 面辐射图具有“等化”的波束宽度、重合的相位中心，上述几种喇叭天线不符合上述要求。多模喇叭通过在喇叭口面激励主模、高次模合理搭配，实现辐射图等化、各辐射面的相位中心重合等要求。常见的多模喇叭主要有 3 种，即波纹喇叭、多模圆锥喇叭、扼流环多模喇叭，如图 3.26 所示。

波纹喇叭是一种混合模喇叭，在普通的圆锥喇叭内部加入 $\lambda/4$ 扼流槽，它具有轴对称的方向图，各辐射面具有近似重合相位中心，其交叉极化电平与副瓣都很

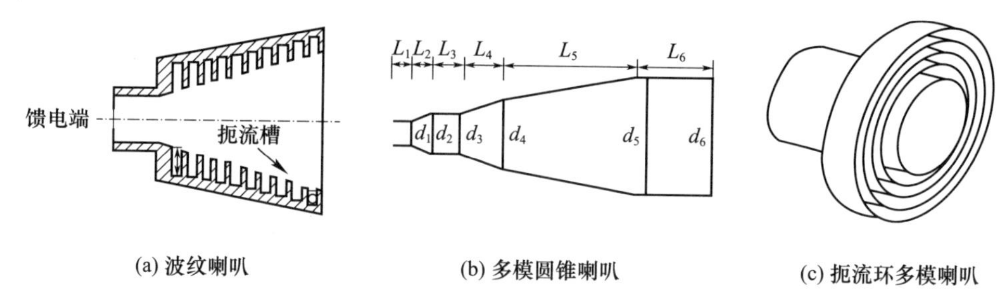

(a) 波纹喇叭　(b) 多模圆锥喇叭　(c) 扼流环多模喇叭

图 3.26　多模喇叭天线

低。波纹喇叭具备上述优良性能的原因是:通过在喇叭的内壁开有深约 $\lambda/4$ 的槽,抑制喇叭内的纵向电流;其传播的是混合模 HE*n* 模,其中的横电场(TE)波和横磁场(TM)波分量具有相同的截止频率和相速,在平衡混合状态,口径场分布为圆对称分布。

多模圆锥喇叭由馈电段、移相段和张开段三部分组成,如图 3.26(b)所示。多模圆锥喇叭的设计就是设法激励、控制和使用高次模。根据需要,在设计过程中采用张角渐变结构激励高次模,通过相移段保证高次模在口径上有正确的相移。

扼流环多模喇叭由中心圆波导和外加环波导组成,中心圆波导由主模 TE11 模激励,外环波导则可激励多个模式 TE*mn* 模和 TM*mn* 模,通过合理设计各波导尺寸,外环波导激励 TE11、TE12、TM11,抑制掉外环波导的 TEM 模以及其他高次模。控制模比使 E 面 H 面具有良好的相位特性和旋转对称主极化方向图特性。

工程应用中常见加"脊"喇叭天线,这种喇叭天线具有很宽工作带宽。双脊角锥喇叭在喇叭的一面,加入双脊,双脊间的距离从馈电处向喇叭口处逐渐扩大,以实现馈电处向阻抗向自由空间阻抗的逐步过渡,在一个较宽的频率范围保持该特性,如图 3.27 所示。

矩形波导主模式 TE10 模,而在其中加入寄生脊并没有使波导的主模发生变化,只是在双脊边沿处加容性加载,使波导主模频带得到扩展,主模截止波长变长,从而使单模传输带宽可以达到数倍频程,另外存在容性加载,可以直接与同轴线阻抗匹配。

3.2.2.7　反射面天线

反射面天线是利用金属反射面在空间形成预定的波束,反射面的形式包括旋转抛物面、切割抛物面、柱形抛物面以及球形抛物面等。其中最常见的就是旋转抛物反射面,其几何关系如下:将抛物线绕其轴线旋转形成抛物面,抛物反射面将位于其焦点的馈源辐射的球面波转换成平面波。

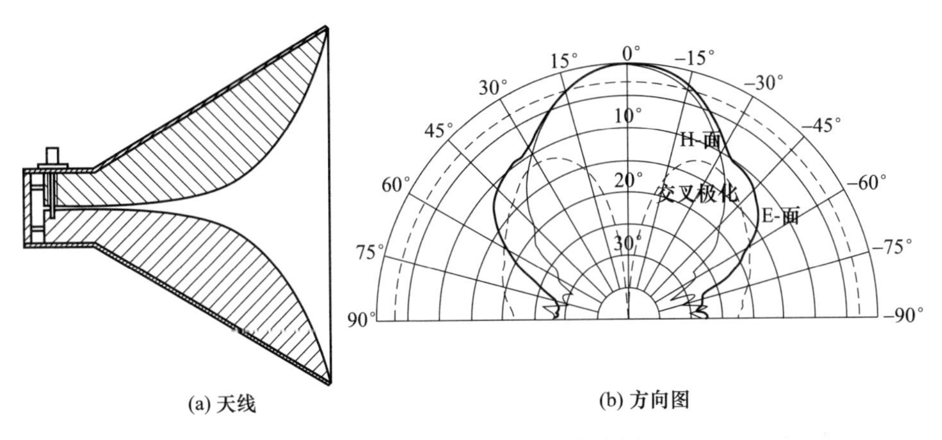

图 3.27 “脊”喇叭天线及方向图

如图 3.28(a)所示，抛物面结构的几何关系满足

$$r^2 = 4f(f+z)$$

$$\phi_0 = 2ac\tan\frac{D}{4f}$$

式中：f 为抛物面焦距；D 为反射面口径。

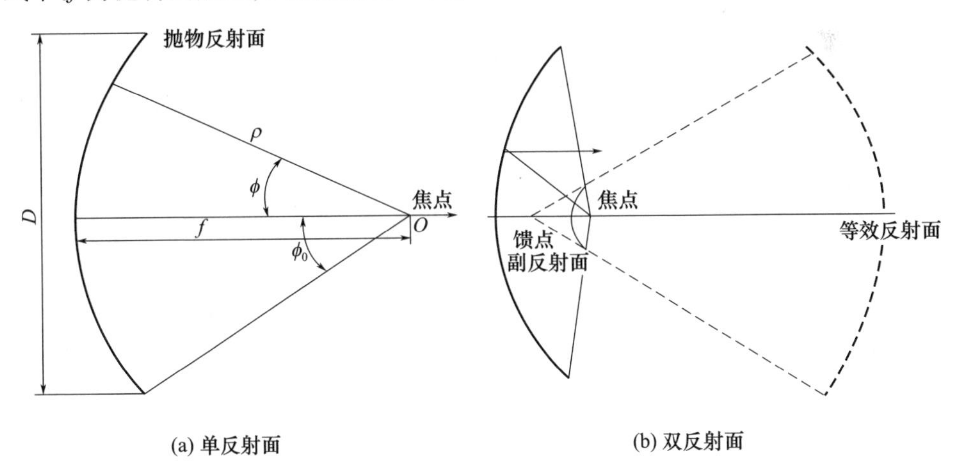

图 3.28 旋转抛物面天线

抛物面天线的增益为

$$G = \frac{4\pi}{\lambda^2}A\eta$$

式中:$A=\pi r^2=\frac{\pi D^2}{4}$,为抛物面口径面积;$\eta$ 为天线效率,包括照射效率和口径利用效率两个部分。

通常,抛物反射面天线的效率为40% ~70%,抛物面天线的半功率波束宽度可以按下式估算,即

$$\Delta\phi \approx 70\frac{\lambda}{D}(^\circ)$$

双反射面天线如图3.28(b)所示,可以减小反射面天线的纵向尺寸,馈源可以安装在抛物面顶点附近,减小传输线长度,降低损耗。但引入副反射面的遮挡损耗。

反射面天线设计中,影响天线方向特性的主要因数包括馈源的相位阵面偏差、口径遮挡、反射面制作公差。在宽频带天线中,馈源的相位偏差是天线设计中重点考虑的因数。

将馈源移到口径面以外,可以消除轴对称反射面天线的某些问题。如遮挡的损失、绕射形成的后瓣和交叉极化性能改善,这样在系统设计中可以将接收设备等集合到馈源上,不会因结构尺寸增大产生额外损耗,如图3.29所示。

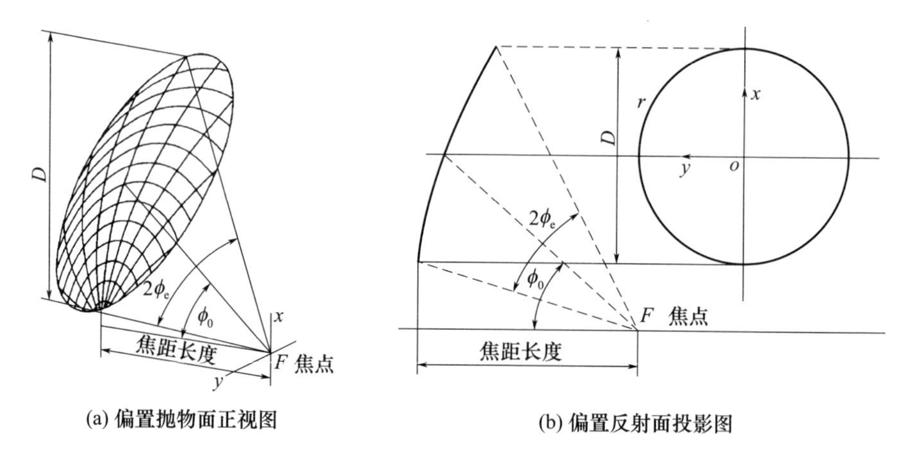

图3.29 偏置抛物面天线

3.3 阵列天线

通信电子战的许多场合需要形成规定波束形状,采用某些弱方向性的天线(天线单元)按一定的方式排列起来组成天线阵,可以达到较好的结果。通过对天线阵各单元的间距、馈电幅度和相位的控制可以实现超大功率辐射(空间功率合

成）以及不同的方向性需要（如实现扫描和低副瓣等）。天线阵列按其排列方式分为一维线阵、二维面阵和三维立体排列，常见的主要是前两种方式。

阵列天线合成的原理如图3.30所示。

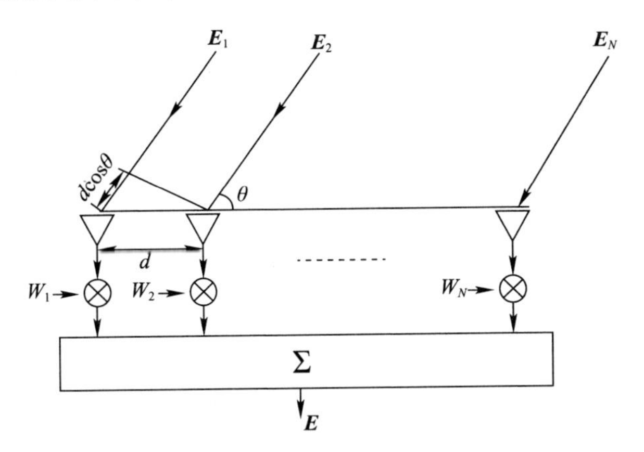

图3.30 阵列天线合成示意图

N 个单元合成电场：

$$\boldsymbol{E} = W_1\boldsymbol{E}_1 + W_2\boldsymbol{E}_2 + \cdots + W_i\boldsymbol{E}_i + \cdots + W_N\boldsymbol{E}_N = \sum_{i=1}^{N} W_i\boldsymbol{E}_i$$

天线单元在远区 P 点的辐射场，即

$$\boldsymbol{E}_i = f_i(\theta)\frac{\mathrm{e}^{-\mathrm{j}k_o r_i}}{4\pi r_i}$$

式中：$f_i(\theta)$ 为阵中单元的方向函数。

根据场的叠加原理，阵列天线的合成场表示为

$$\boldsymbol{E} = \sum_{i=1}^{N} W_i f_i(\theta)\frac{\mathrm{e}^{-\mathrm{j}k_o r_i}}{4\pi r_i}$$

各阵元方向性函数相同时，有

$$\boldsymbol{E}(r) = f(\theta,\varphi)\frac{\mathrm{e}^{-\mathrm{j}k_o r}}{4\pi r}\sum_{n=1}^{N} W_i \mathrm{e}^{\mathrm{j}\alpha n} = f(\theta,\varphi)\frac{\mathrm{e}^{-\mathrm{j}k_o r}}{4\pi r}F(\theta,\varphi)$$

式中：$F(\theta,\varphi)$ 为阵方向性函数，天线阵方向性函数为阵元方向性函数与阵列方向性函数的乘积，即方向图相乘原理。

在阵元数量较多的情况下，应用上式可以得到与实际情况较为符合的结果，在阵元数量较少的情况下，由于阵元在阵中的“环境”差异较大，虽然采用相同的天线单元，但其方向性差异较大，上式符合性较差。

相控阵天线是阵列天线设计中一种常用的天线体制，其中空间功率合成体制得到较为广泛的应用。

有源相控阵天线组成主要包括天线阵、功放、定向耦合器、数字衰减器、数字移相器、信号分配器、测量仪及控制设备等，如图3.31所示。其中：定向耦合器、信号分配器、测量仪组成闭合相位检测回路，用于实时监测各有源支路的相位变化，便于系统及时调整；数字衰减器用于幅度调整；数字移相器用于相位调整。空间功率合成系统中一个非常重要的参数是等效辐射功率。按照常用的定义，等效辐射功率是馈给天线的功率与给定方向上天线绝对增益的乘积。通过图3.32可以对其定义及空间功率合成有个直观的认识。

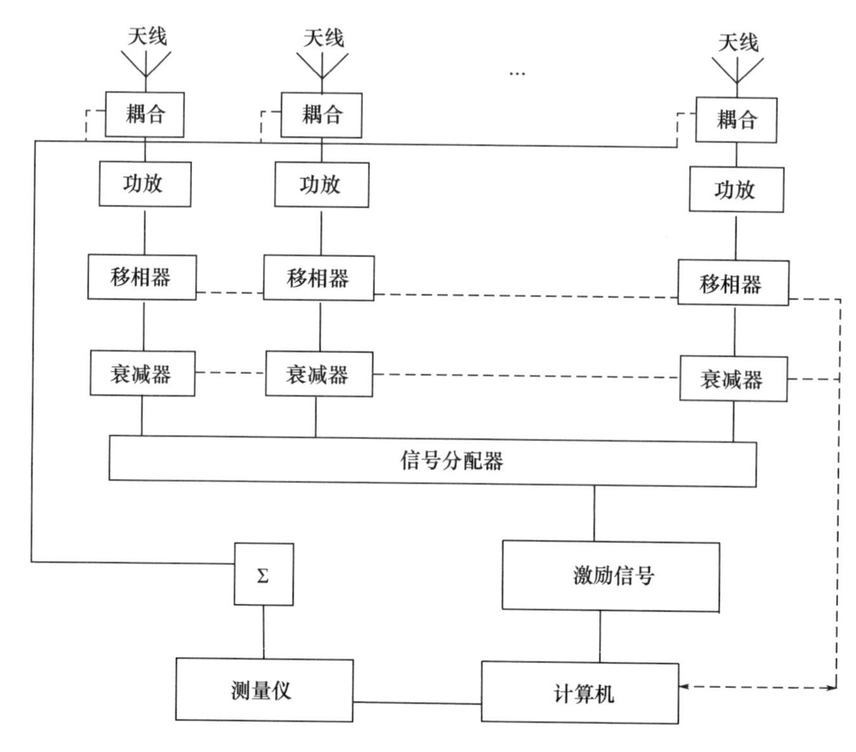

图3.31　有源相控阵天线组成

图3.32中，P_0 为单元功放功率，G_0 为单元天线增益，η 为阵列合成效率。

图3.32(a)为普通的发射模式(单个天线加功放)，有效辐射功率为 $\mathrm{EIRP} = G_0 \cdot P_0$。

图3.32(b)为单个功放加 n 阵元阵列天线，即无源相控阵。此时，馈电功率 P_0，理论上馈送到每个天线单元的功率为 P_0/n，天线增益 $G = n \cdot G_0 \cdot \eta$；此时，$\mathrm{EIRP} = n \cdot G_0 \cdot p_0 \cdot \eta$。

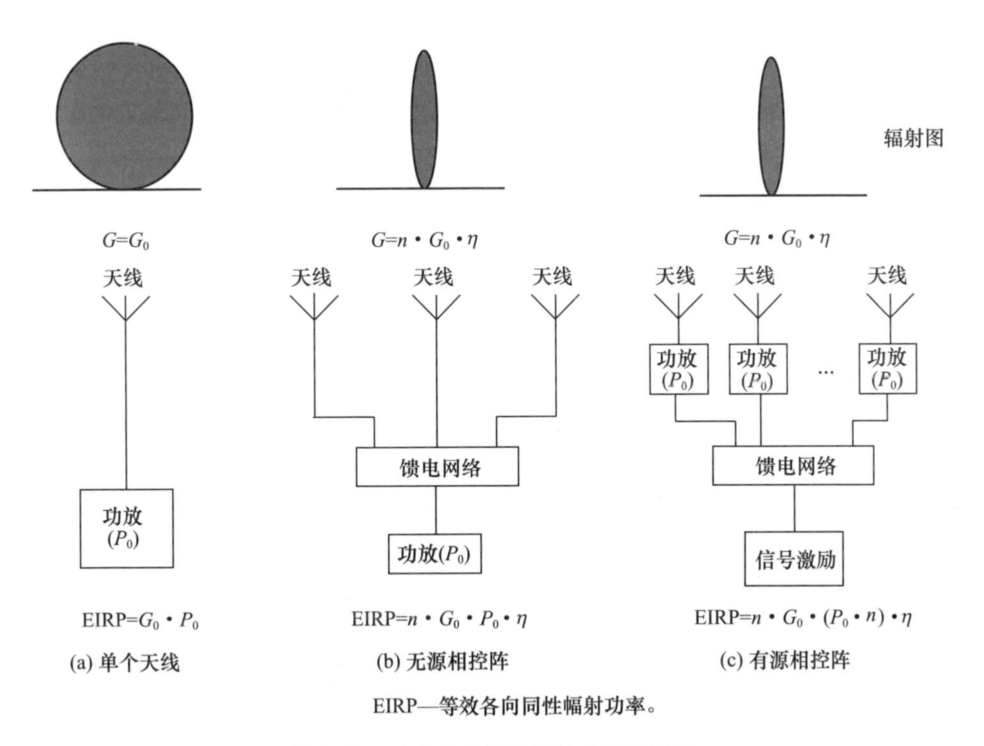

图 3.32 功率合成等效辐射功率的原理

图 3.32(c)为有源相控阵天线,n 个功放加 n 阵元阵列天线,此时,总的馈电功率 $n \cdot P_0$,天线增益 $G = n \cdot G_0 \cdot \eta$;$\text{EIRP} = n^2 \cdot G_0 \cdot P_0 \cdot \eta$。

有源相控阵天线的波束扫描通过数字移相器实现。相位控制数字移相器所需的 BIT 数要求是根据系统的精度要求决定的。数字移相器的最小移相量 $\phi_{\min}$ 为

$$\phi_{\min} = \frac{2\pi}{2^m}$$

式中:m 为移相器位数(bit)。典型 4bit 数字移相器原理如图 3.33 所示。

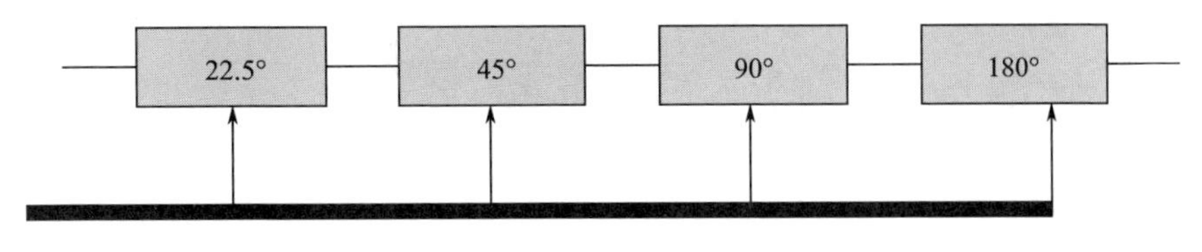

图 3.33 4bit 数字移相器的原理图

一个 4bit 数字移相器可以产生 0°,22.5°,45°,67.5°,…,337.5°共 16 种移相角度。通过移相实现波束控制,如图 3.34 所示。

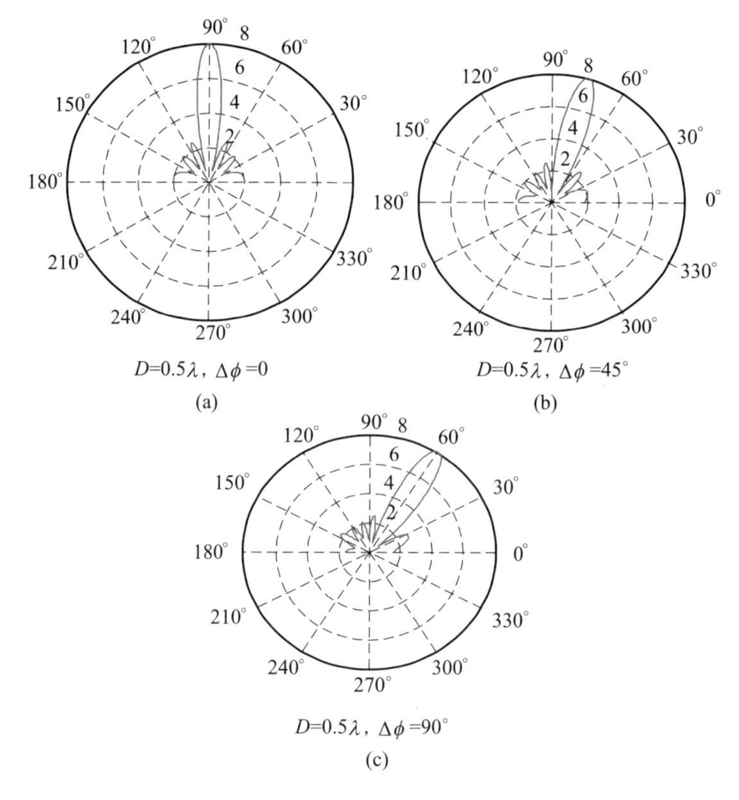

图 3.34　阵列实现扫描示意图(见彩图)

通信电子战系统中的有源相控阵设计中的几项关键技术包括有源相控阵体制,天线阵列设计,天线单元间互耦消除,扫描、宽带特性(单元、阵列),边缘效应,算法及控制等。

相控阵天线设计中,波束扫描与天线单元互耦在设计中相互制约,天线间距小会导致单元间的互耦增大,而单元间距大会对扫描角度有限制,阵元间距与扫描角度关系为

$$d \leqslant \frac{\lambda}{1+\sin\theta_m}$$

式中:d 为单元间距;λ 为工作波长;θ_m 为扫描角度。这是相控阵天线设计中需要综合考虑的。

3.4　测向天线

通信电子战测向主要包括比幅测向、比相测向、比幅 - 比相测向、到达时间差

测向等,其中比相测向中的干涉仪测向是其中应用最多的测向方式。通信对抗测向天线主要包括全向天线侦测阵和定向天线侦测阵两种形式。全向天线阵是由全向天线作为阵元组成的侦测天线阵,定向天线侦测阵是指由定向天线作为阵元组成的侦测天线阵。

3.4.1 全向天线阵

全向天线侦测阵一般由5元、7元等奇数元全向天线阵元组成的天线阵,其外形结构如图3.35所示。

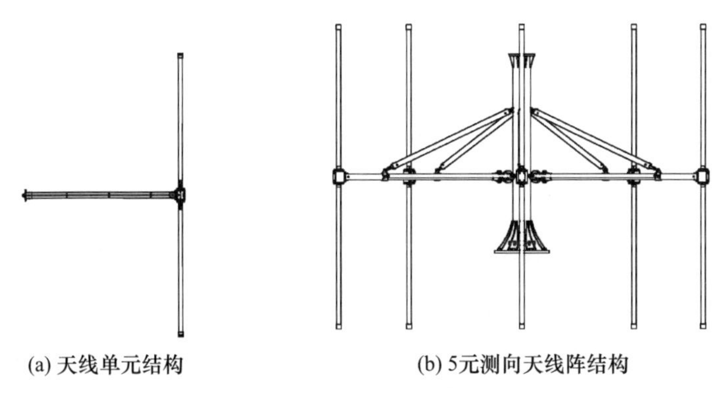

(a) 天线单元结构
(b) 5元测向天线阵结构

图3.35 全向天线阵阵元及阵外形结构示意图

全向测向天线单元选用小型化、宽频带,结构相对简单的单元天线,宽带有源、无源全向偶极子天线、单极子天线形式是其中的主要形式。

全向测向天线要求单元天线水平面具有全向特性,偶极子和单极子形式的天线单元具有很好的全向特性,但组成图3.35的阵列后,单元天线的方向图因阵列单元间互耦影响将出现较大变化。通过测量多基线单元间的相位差,算法校正得到来波的方向。

3.4.2 定向天线阵

定向天线侦测阵主要有定向单元组成圆阵和定向组成的线阵两种形式,相比全向天线阵,单元天线增益高、阵元间的互耦较小,测向精度较高。定向天线阵外形结构如图3.36所示。

组成定向圆阵的单元为定向天线,通过圆周排列实现对水平面360°覆盖,如图3.36(a)所示。来自某一个方向的信号处于2~3个定向天线阵元的主瓣范围,通过比较这几个单元的相位实现干涉仪测向。

定向线阵测向范围通常为单元天线的区域,此时组成阵列的所有单元都

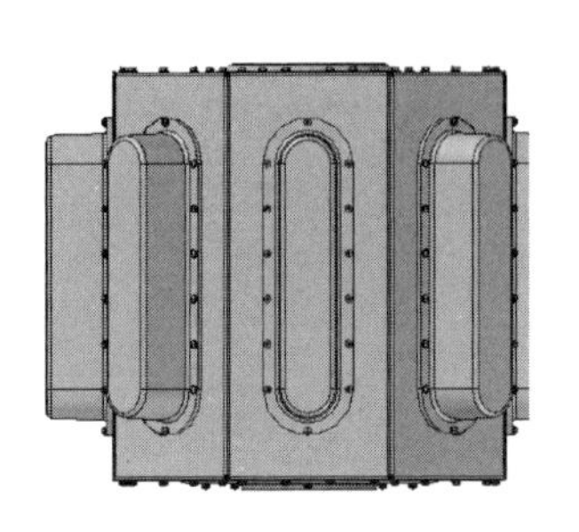

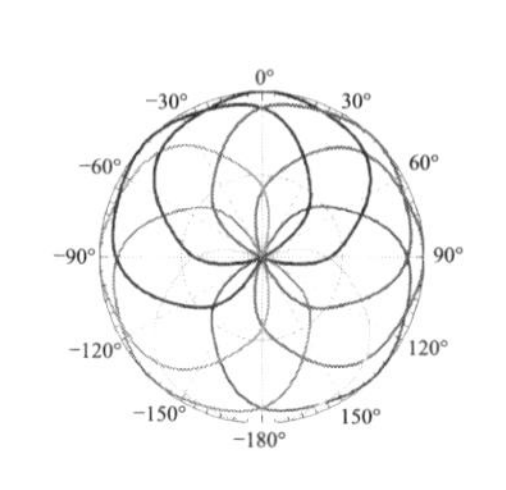

(a)定向天线组成圆阵及组合方向图

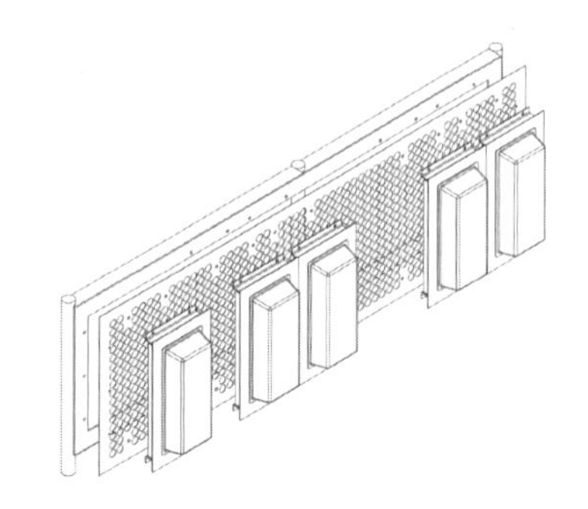

(b) 定向天线组成线阵

图 3.36　定向天线圆阵和线阵结构示意图(见彩图)

可接收到该方向的信号实现比相,如图 3.36(b)所示。线性阵列排列时,通过多个天线单元间不同间距设置,消除因间距过大引起的相位模糊,提高测向精度。

作为测向天线单元的设计,除了保证宽频带范围的驻波、增益、方向图等要求外,单元间的幅度、相位一致性也是其中的重要指标。天线单元的设计中尽量避免采用相位一致性差的元件,提高结构设计、加工中的精度要求。必要时,可以增加天线单元的加工数量,进行一致性筛选。

3.5　通信电子天线未来发展[5-8]

通信电子战技术的进步,应用范围的拓展,对通信电子战天线提出了更高的要求,催生了通信电子战天线新的技术。

3.5.1　可重构天线

天线的谐振频率与电气结构密切相关,通过在导体间增加“开关”,在不同的工作频率,进行不同的电长度切换,使天线形状发生相应的改变,处于不同的“谐振”状态,能满足宽频段工作的要求。可重构天线通过对电气、光子、物理长度以及材料特性改变,实现不同频率或不同辐射特性的改变。图 3.37 所示为重构天线常见的几种方式。

图 3.38 所示为可重构微带八木天线的试验结果。采用 4 个开关的切换,分别实现 2.1GHz、2.4GHz、2.6GHz 3 个频点的谐振状态切换。

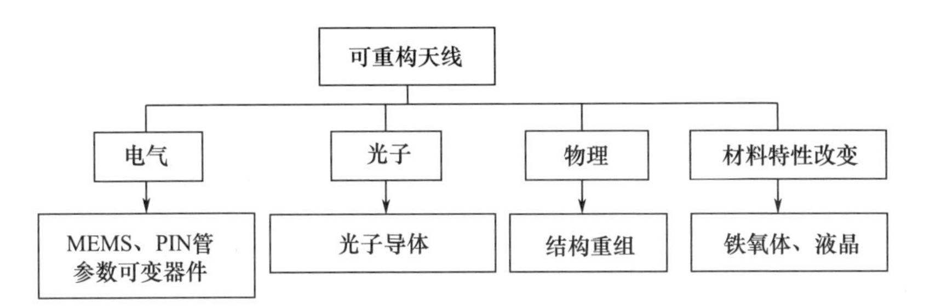

图3.37 可重构天线的几种方式

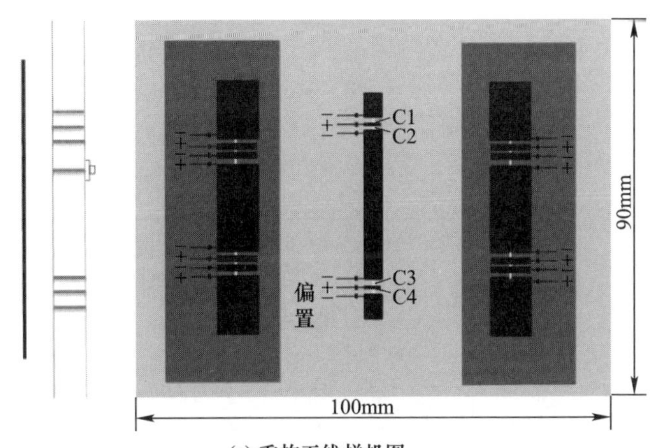

(a) 重构天线样机图

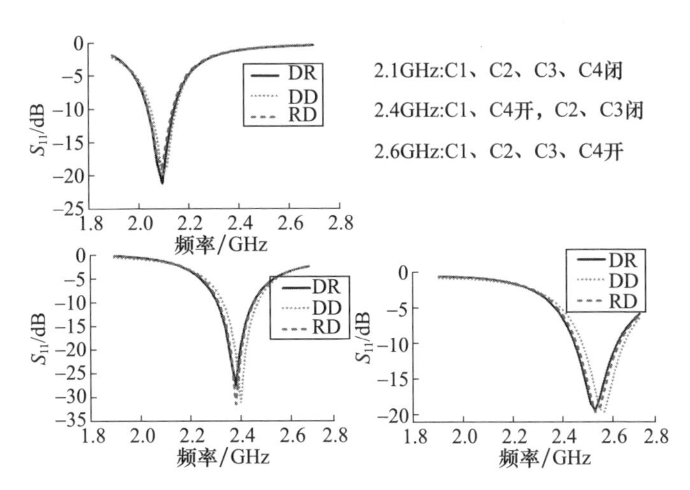

(b) 重构天线驻波测试图

图3.38 可重构微带八木天线的试验结果

3.5.2 超材料天线

在我们通常接触到的传输媒质中，其介电常数 ε 和磁导率 μ 都为正数。苏联物理学家 V. Veselango 在理论上研究了当介电常数 ε 和磁导率 μ 都为负值的介质有许多反常的电磁现象，如反常的折射、聚焦、发散特性，反常多普勒效应等；经研究，通过周期性结构可实现具有等效介电常数、磁导率为负的超材料(Metamaterial)的这类天线研究逐步得到更多的应用。超材料负折射率的试验结果如图 3.39 所示。

(a) 超材料样机图

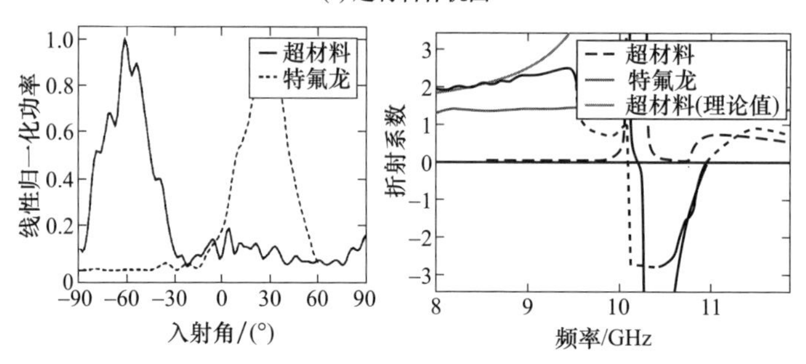

(b) 两种材料不同角度幅度测试图　(c) 两种材料折射系数随频率变化图

图 3.39　超材料样品及负折射率的试验结果(见彩图)

图 3.40 所示为基于超材料的微带天线小型化的实物及试验结果。贴片天线的具体尺寸为 D_1 = 1.52mm，D_2 = 1.34mm，W_1 = 3.81mm，W_2 = 2.92mm，H = 2.29mm，W_f = 0.76mm，D_f = 1.78mm，L_R = 0.89mm，L_L = 2.03mm。基板材料为特氟龙，其相对介电常数为 2.2。

从图 3.40 中可以看出，小型化贴片天线工作在 9.2 ~ 11.08GHz 频率，反射系数小于 -20dB，相对带宽大约为 16%。另外，该小型化贴片天线在其中心工作频率(10GHz)的长度只有 0.17λ，而普通贴片天线的长度却为 0.5λ。

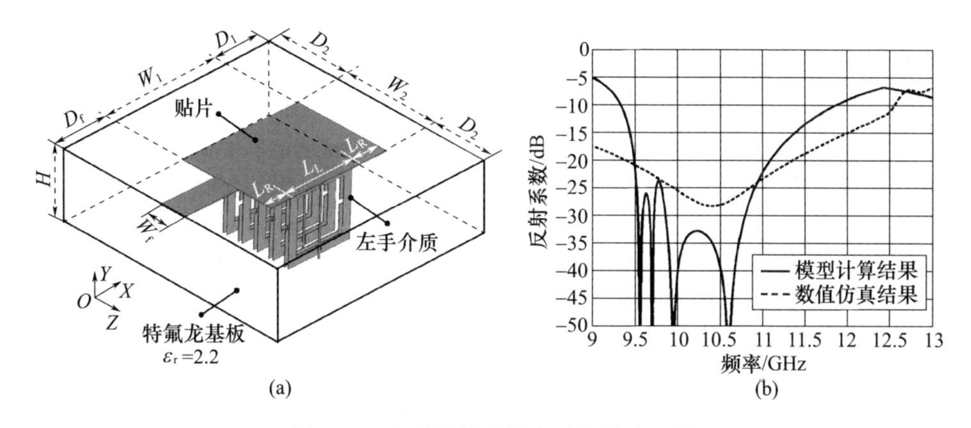

图 3.40　加载超材料的小型化贴片天线

图 3.41 为应用梯度折射率超材料结构单元,提高喇叭天线增益的一个实例,在喇叭口面增加了二维超材料介质,提高了天线的增益。

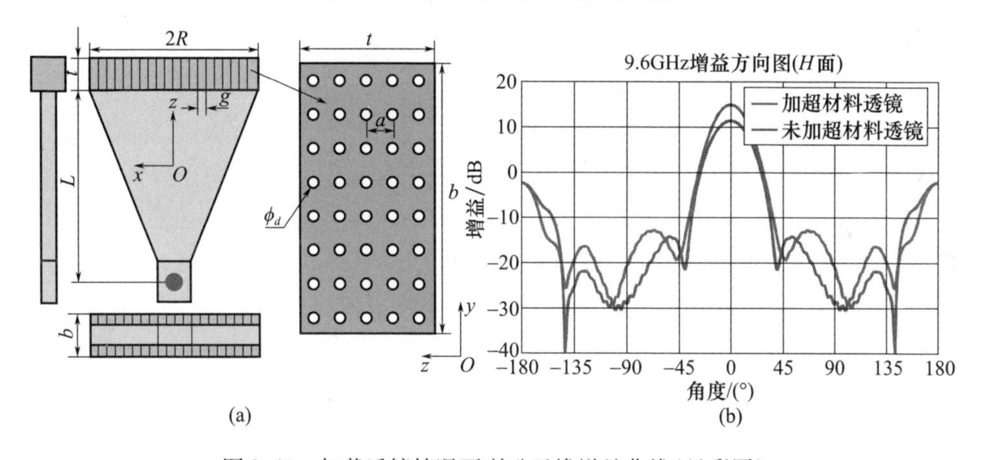

图 3.41　加载透镜情况下喇叭天线增益曲线(见彩图)

3.5.3　超宽带天线阵列

常规阵列天线设计中,天线阵元作为一个独立的天线辐射单元考虑。布阵设计中,单元间距越大,阵列扫描角范围越小;阵元间距越小,天线单元之间的互耦效应越大,导致影响天线的匹配和阵列波束合成。基于这些考虑,导致传统阵列天线带宽受限。1965 年,Wheeler 教授提出了连续电流片阵列(CCSA)天线,这是一种只在理论上存在的理想阵列天线,其输入阻抗和辐射阻抗中均不包含电抗分量,辐射电阻只与波束指向有关,而波束扫描引起的阻抗失配通过宽角扫描阻抗匹配技术得到补偿。这种 CCSA 具有极宽的工作频带和很宽的波束扫描范围。

2003 年,美国 Munk 教提出了一种偶极子阵列之间紧耦合效应的相控阵天线,成功研制出了基于 CCSA 思想的原理样机,如图 3.42 所示。

(a)

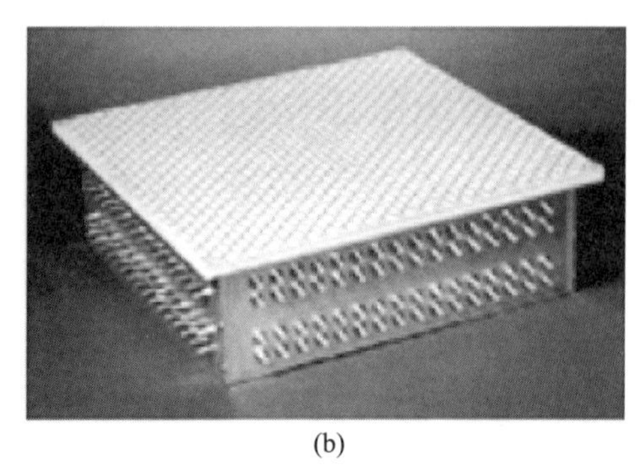
(b)

图 3.42 紧耦合偶极子阵列天线

每一个偶极子尺寸都很小且相互距离非常近,因此相互之间存在很强的互耦,强耦合的存在使得天线阵面上的电流分布均匀,再结合置于天线阵面前方的宽角匹配层,该天线可以实现 6:1 倍频程的带宽。但其带宽还是受限于反射板,由于反射板是一种窄带结构,其前向辐射特性限制于辐射口面与反射板 1/4 波长区间。为了解决这个问题,William F. Moulder 提出了一种有耗 FSS(频率选择性表面)结构插在地板与偶极子之间,如图 3.43 所示。

由于此处的 FSS 是频率选择结构,对于高频相当于反射板,因此,缩减了高频段偶极子和反射板的距离 h;对于低频相当于介质层,低频段偶极子和反射板的电距离 h 增大,避免了方向图畸变的产生,拓宽了天线带宽。

近年来,提出可应用于通信电子战天线中的新技术理论思路很多,实际能很好地应用于工程研制中的相对较少,在思路转化为产品应用过程中还有许多问题需要进一步研究。

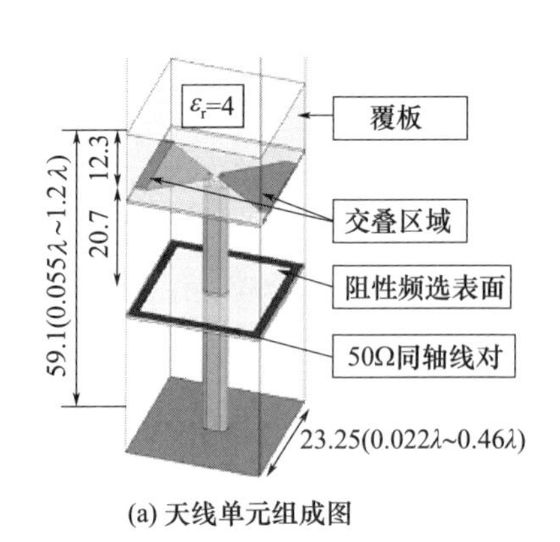

(a) 天线单元组成图

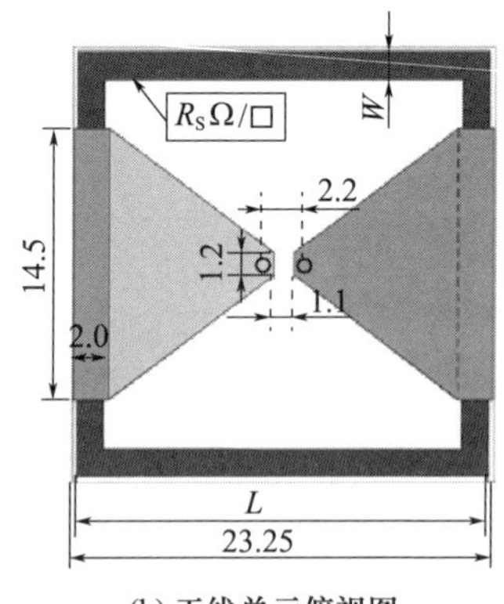

(b) 天线单元俯视图

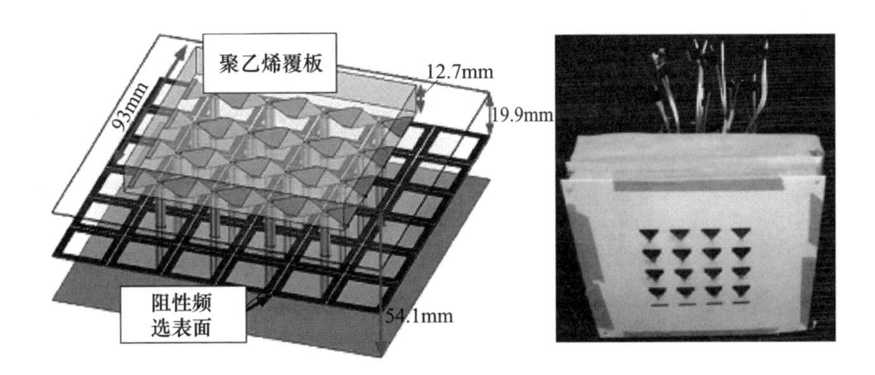

(c) 天线阵列组成图

(d) 天线阵列实物照片

图3.43 采用有耗FSS的宽带阵列天线(见彩图)

参考文献

[1] 谢处方,饶克谨. 电磁场与电磁波[M]. 北京:高等教育出版社,1980.

[2] 林昌禄. 天线工程手册[M]. 北京:电子工业出版社,2002.

[3] 王元坤,李玉权. 线天线的宽频带技术[M]. 西安:西安电子科技大学出版社,1995.

[4] MILLIGAN T A. 现代天线设计[M]. 2版. 郭玉春,方加云,张光生,等译. 北京:电子工业出版社,2012.

[5] MOULDER W F,SERTEL K,VOLAKIS J L. Superstrate – enhanced ultrawideband tightly coupled array with resistive FSS[J]. IEEE Transactions on Antennas and Propagation,Propagation,2012,60(9).

[6] SHELLBY R A,SMITH D R. Experiment verificction of a negative index of refraction [J]. sience,2001,292(5514):77 – 79.

[7] 求巧娜. 频率与方向图可重构天线技术设计与研究[D]. 西安:西安电子科技大学,2014.

[8] 武明峰. 基于左手介质后向波效应的微带天线小型化研究[D]. 哈尔滨:哈尔滨工业大学,2007.

第 4 章

通信电子战任务与典型通信系统

电子战是交战双方为争夺制电磁权而采取的有效手段，在现代战争中谁掌握了制电磁权谁就取得了整个战争的主动权，乃至赢得整个战争。电子战[1]（Electronic Warfare，EW）是指使用电磁能、定向能、水声能等技术手段，确定、扰乱、削弱、破坏、摧毁敌方电子信息系统、电子设备等，以及为保护己方电子信息系统、电子设备的正常使用而采取的各种战术技术措施和行动。电子战的功能包括电子进攻（EA）、电子支援（ES）和电子防护（EP）3 个主要部分。

电子战一般分为雷达对抗、通信对抗（即通信电子战）、光电对抗 3 个领域。本书就是对通信电子战进行讨论。通信电子战登上战争舞台已逾百年，其在战场情报获取、战场信息控制、支援己方突防、实施电子进攻等方面发挥着重要作用；通信电子战是现代战场上不可或缺的重要手段，其与现代作战思想巧妙融合，正成为改变作战双方力量对比、影响作战进程和战争胜败的关键因素。

通信电子战最主要的作战对象为无线通信设备或系统。无线通信无论在军事还是民用通信中广泛使用，它常常是运动平台与外界通信最重要的手段。就其工作模式而言，无线通信系统可以分为点对点通信（一对一）、广播通信（一对多）、轮询通信（多对一）、组网通信（多对多）等多种类型，这些工作模式在通信电子战中也都会遇到。现有的战术电台都具备点对点通信、广播模式通信能力；Link11、Link4A 等数据链工作时就采用了轮询模式；战术电台互联网、Ad Hoc 网络、跳频电台网等就工作于组网模式。在某些网络中往往有一个网络控制站，网络控制站的通信流量、发射功率等通常大于其他节点，有时可借助这些特征实现对网络控制站的识别。

电子战系统往往需要对对方通信系统所采用的信号参数、调制方式、编码方式、通信协议等进行侦察分析，然后有针对性地选择合适的干扰样式和策略。本章对几种典型的通信系统进行了简单介绍。

4.1　通信电子战的任务与作用

军事通信是整个战场的神经系统，无线通信是现代战场极其重要的通信方式，指挥命令传递、战场信息共享、态势情报分发等都离不开无线通信，无线通信更是飞机、舰艇、坦克等机动作战平台唯一的对外通信手段；无线电频谱已成为不可或缺的重要作战资源。现代高技术条件下的战争，是体系与体系的对抗，其具有作战样式灵活、作战范围广、作战进程快、制信息权的斗争激烈等特点。在战场上需要多手段协同、多平台联合、多装备配合，把各种力量聚合在一起，提高作战效能，也就是以网络为中心的思想，要实现该作战思想离不开无线通信系统的有力支撑。

在现代战场上，“网络中心战”（NCW）的作战样式将不断推进，以极大缩短“发现－定位－瞄准－攻击－评估”时间，提高实时打击效果。网络中心战是相对于传统“平台中心战”的一种作战概念。在平台中心战概念中，各作战平台主要依靠自身的探测器和武器系统进行作战，平台之间的信息共享非常有限，已无法适应高技术条件下未来战争的要求。

网络中心战就是利用计算机技术、通信技术和网络技术，把战场各种传感器、各级决策者和各种武器连成网络，实现战场态势感知共享、提高指挥速度、优化资源配置、加快作战进程、加大杀伤力、增强生存力和实现自同步能力，最终提高战斗力。

支撑网络中心战体系结构的三大网络分别是传感网、通信网、火力网，如图4.1所示。这三大网络相互铰链，相互配合，共同完成作战任务。传感网主要完成信息的获取和融合处理，由陆、海、空、天各类有源、无源侦察探测预警系统组成。通信网实现信息传输分发共享与指挥，主要有陆、海、空、天各类信息传输系统、无线网络、数据链、民用通信系统和信息基础设施、战术通信电台等。火力网实现对目标精确而有效的攻击，由各类具有硬火力的战斗平台、硬武器、电子战装备（软火力）等组成。通信网是网络中心战的中枢神经系统，要实现传感网信息高速准确传输至指挥控制中心、火力网，实现各作战单元之间的可靠、准确的信息传输。

通信电子战是破坏敌通信网络的主要手段，也是破坏敌网络中心作战体系的关键环节。同时，通信电子战手段可在构建我方网络中心战体系中发挥重要作用：通信侦察可以获取参数、形成态势在传感网中发挥作用；盲源分离、波束形成、空间功率合成等通信电子战技术可以在抗截获、抗干扰通信中发挥独特的作用；通信干扰是软火力可以在火力网中发挥作用。

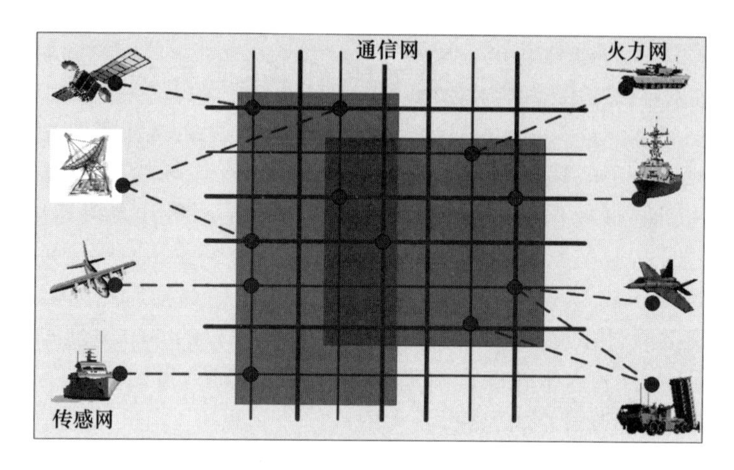

图 4.1　支撑网络中心战体系的三大网络(见彩图)

总之,战场无线通信在现代军事斗争中具有举足轻重的重要地位,这也就自然使对抗敌无线通信系统的通信电子战在现代战争中的重要性越发凸显。通信电子战的作战目标也已由通信电子战初期的单一电台、单一链路或单一的通信系统的对抗,发展成对多节点、多链路、多路由、多协议的网络对抗,甚至是对整个战场信息网络和作战指挥控制系统的对抗,其最终效能将是对整个作战过程产生全局性的影响,不言而喻,通信电子战在现代战争中的作用日益重要,地位迅速提升,相应地,对通信电子战的要求也不断提高。

与此同时,就电子战的组织方式、运用方式的角度来看,其发展受网络中心战理念影响巨大。网络中心战理念在电子战领域的落地催生出了网络化协同电子战,而且随着研究的不断深入,网络化协同为电子战领域带来了越来越多的新增益、新突破。

近年来,随着人工智能领域的快速发展,以及电子战本身朝着电磁频谱作战转型,电子战领域除了网络化协同以外,又逐步体现出了智能化/认知化、面向大数据、战管一体、情侦融合等新特点与趋势。这些特点、趋势综合在一起,可视作是“后网络中心战时代电子战”的主要特征,这些特征可以从美国国防高级研究计划局(DARPA)所提出的“马赛克战”(Mosaic Warfare)、杀伤网(Kill Web)以及美智库战略与预算评估中心(CSBA)所提出的决策中心战(Decision Centric Warfare)等理念中得以管窥。

这些新型理念中,对电子战领域影响最大的两个理念是电磁频谱作战和马赛克战,前者大幅扩展了电子战本身的内涵与外延,后者大幅改变了电子战的外在技术环境(人工智能、大数据)与组织运用方式。

电磁频谱作战指的是“为利用、攻击、保护、管理电磁环境所采取的协同军事

行动。"这一理念从根本上拓展了传统电子战"电子攻击、电子防护、电子支援"三位一体的内涵，代之以"电磁攻击、电磁防护、电磁利用、电磁管理"四位一体的内涵，这样就把传统上不属于电子战的电磁频谱管理、信号情报（一部分）纳入了进来，同时还从侧重单项功能向侧重功能集成（通过电磁战斗管理）转型。可见电磁频谱作战理念呈现出新特点：情、侦融合，电磁频谱作战的感知称为"电磁利用"，既包括了传统的电磁支援（侦），也包括了新增加的信号情报（情）；战、管一体，把电磁频谱管理和电磁战整合到一个单一的电磁频谱作战框架内，并作为整个电磁频谱的一部分；机动作战，强调电磁频谱内的机动自由。

马赛克战充分利用分布式人工智能实现面向特定作战任务的杀伤链解聚（disaggregation）与杀伤网聚合（Aggregation），其中，作战任务涉及了通信、指控决策、情报分析与处理、预警探测、电子战等。马赛克战最终目标就是将人工智能提供的"复杂度"作为武器，让敌方陷入决策困境。这是一种并行、大区域、非线性、机器速度（人工智能速度）的组合式作战方式，可以从认知层面碾压线性对手。具体来说，"马赛克战通过大量低成本系统（感知单元、决策单元、行动单元）的灵活、动态、多样化、自适应编排（Orchestrate），按需形成预期效能，在多个域内对敌人实现同时压制，最终克敌制胜"。马赛克战寻求充分利用动态、协调、高度自治的可组合系统。这种系统可根据冲突的各阶段需求，实现低成本系统的按需组合，不同系统的效能通过打造杀伤网来用于多样化、灵活的作战任务。对于对手而言，其作战效能就是压倒性的、多样化的动能和非动能组合效能（Interwoven Effects），针对这样的组合效能，既没有通用的应对之策，也没有通用的失效模式，因此会使得敌方陷入决策困境。

通信电子战如何应对敌方的马赛克战，以及通信电子战如何吸取马赛克战的思想提高能力，如何在我实施马赛克中发挥好作用，都是需要进一步深入探讨的问题。

我们再来看一下通信电子战的定义。通信电子战（Communication Electronic Warfare，CEW）是"为削弱、破坏敌方无线电通信系统的使用效能和保护己方无线电通信系统使用效能的正常发挥所采取的措施及行动的总称"。通信电子战的实质就是战场上敌对双方在无线电通信领域内为争夺无线电频谱的控制权而展开的电磁斗争。

通信电子战的主要任务是：通过对敌方无线电信号的侦察分析，获取有关敌方通信设备的技术参数；通过对通信辐射源的测向定位和对通信内容的侦听，获取有关敌方兵力部署和作战意图等情报；基于侦察结果，对敌方通信系统或网络进行压制或欺骗性干扰，使其在关键时刻通信中断、指挥失灵、武器失控，瓦解敌人的意志和战斗力，延误其战机。

通信电子战从技术层面来看，主要包括通信侦察、通信测向定位和通信干扰三大任务。

4.1.1 通信侦察

通信侦察是搜集辐射源参数、获取情报、实施电子支援、实现战场透明化、取得信息优势乃至进行作战效能评估的重要手段。要知彼知己，平时、战时都离不开信号的侦察和接收，平时通过侦察，积累信号参数，掌握敌电子装备部署、活动规律；战时通过侦察，发现目标、确定通联关系、展示电磁态势，引导电子或火力打击。

通信侦察是指在给定的通信频段内搜索、截获敌方无线电通信信号，并对其进行信号分析、识别和监视、监听、数据融合等处理，从中获取信号技术参数、工作特征、通联关系、通信内容等情报的军事活动。通信信号侦察是实施通信对抗战术的前提和基础，往往和通信测向紧密相连。

信号侦察包括对信号的检测、截获，参数的分析识别，信号的解调解码，协议的分析识别等。如何在复杂电磁环境下准确、快速地发现信号，生成并预测其活动态势，获取其各类情报是通信信号接收处理永恒的研究主题。

通信侦察可以为对敌实施通信干扰提供所必需的目标信号的通信频率、信号样式、带宽、速率、功率电平、通联关系以及信号的细微特征等技术参数，在对通信侦察得到的结果进行融合处理、分析识别、综合判断之后，可以得到关于敌方兵力部署、可能的作战意图等方面的战场作战决策所必需的通信情报支援。

通信侦察系统的主要功能包括以下几方面。

（1）通信信号的搜索截获功能。利用搜索设备或功能在所感兴趣的频段内快速扫描，截获和发现各类通信信号。对于常规定频信号，可以通过快速傅里叶变换（FFT）等技术得到较宽频率带宽内的频率－幅度、频率－幅度－时间对应关系，以全景或瀑布图的形式显示在操作员的屏幕上，用人工观测或自动分析的方法实现信号截获。对于扩频信号需要采用累积相关等方法检测出是否存在扩频信号；对于跳频信号需要通过时间到达、类聚等方法截获、分离跳频网台；对于数据链信号需要结合其时域、频域、空域、调制域、码域特征等或者多维特征联合判断信号是否存在。

（2）通信信号分析识别和参数测量功能。通信信号分析为实施最佳干扰提供所需的目标参数信息，为后续解调监听或信息恢复提供必需的解调参数，为情报产生提供素材。对截获到的信号，往往利用采集到的一段采集样本进行分析测量，得到信号的各种参数。对于常规定频信号测量的参数包括信号的载频、信号带宽、调制方式、调制参数（频偏、调幅度）、数据速率等；对于跳频信号需要估计出跳频频率集、跳频速率、网台数量、跳频信号的调制参数等；对于扩频信号需要估计出载

波、扩频码长、码型等;对于数据链信号找出其帧格式、对协议进行解析。

(3) 通信信号的解调监听与信息恢复功能。通过对信号进行解调监听(模拟信号)或恢复出原始信息(数字信号),从中获取信息情报,并为欺骗干扰提供基础。

(4) 解码及协议分析能力。通过对解调后的数据流分析,估计出编码类型、参数、帧结构等,经过解帧、解码、解交织、解扰,从中获取有价值的通信情报。通过进行协议分析,可以为灵巧干扰和目标发现提供支持。

(5) 无线通信网信号分析识别能力。通过对通信辐射源物理层、链路层、协议层等信号参数的分析,识别网络节点,绘制网络拓扑结构,进一步分析业务种类、数据流量、发射功率、时间占用频度等参数实现关键节点识别。

(6) 通信侦察情报的融合处理功能。通信电子战系统往往是由分布在不同地点的多个侦察、测向站和多个干扰站组成的。这些通信对抗设备侦察到的通信信号既可能是同一辐射源在同一时刻辐射的信号,也可能是同一辐射源在不同时刻辐射的信号,或者是不同辐射源在同一地点辐射的信号,或者是同一辐射源在不同地点、不同时刻辐射的信号等。利用各点侦察到的各类参数、信息,加上对辐射源的测向、定位信息,可以得到通联关系、关键节点、运动轨迹、目标类型等属性。

如何对同一系统中下属各站上报的大量的、错综复杂的通信辐射源数据进行综合分析处理,获得有价值的、能为战场指挥决策提供支援的情报信息,乃是通信侦察情报的融合处理所要完成的重要工作。随着现代战场电磁环境越来越复杂,军事通信的网络化程度越来越高,战场通信情报融合处理的迫切性、重要性也越发突出,同时,通信情报融合处理的难度也随之越来越大。如果我们把通信侦察功能进行合理应用,通信电子战侦察可以发挥更大的作用。

(7) 可通过对通信信号的侦察实现远程预警能力。例如,在对方飞机刚起飞时,由于雷达受作用距离的限制无法发现飞机;往往此时飞机的雷达不开机,也无法用雷达信号侦察手段来发现目标;此时,飞机与其塔台必须通过无线通信进行联络,所以此时利用通信侦察就可以截获其信号,发现目标。又如,无人机在远距离执行任务时,必须通过卫星通信手段实现对无人机的指挥控制和信息传递。由于距离远超出了雷达的探测范围,无法实现对无人机目标的实施发现、监视、跟踪,此时,通过对无人机通信信号的侦察、匹配可以实现对无人机目标的发现和跟踪。

(8) 通信侦察与通信测向定位相结合可实现对火力打击目标的指示。利用通信侦察定位的手段,确定辐射源位置(目标位置),进而引导火力武器对目标进行打击。1996 年 4 月 21 日,车臣武装首领杜达耶夫在汽车边上用卫星无线电话通信时,其信号被俄伊尔 -76 装载电子侦察设备截获。于是,俄军通过快速侦察、精确定位,并引导导弹对该辐射源进行打击,炸死了杜达耶夫。

(9) 获取内涵信息。通过解调、侦听可以直接获取一些非加密的内容信息,如模拟话音、数传；如船舶自动识别系统(AIS)信号就包含了目标的位置、航向、目的地等信息；如飞机通信寻址与报告系统(ACARS)信号中就包含了航班代码、机型、高度、经纬度、风速等信息。

(10) 通过长期侦察可获取设备参数、掌握活动规律。显而易见，通过长期侦察可以积累敌通信设备的频率、调制参数、部署位置并掌握其通信规律等。通信侦察结合通信测向可以判断出通信网的分布情况，通过信号通联的频繁程度、通信功率大小、工作时间长度等，判断出通信台的主从关系、中心或关键节点。

(11) 通过侦察可获取电子设备的部署情况，形成电子战斗序列(EOB)，给出辐射源的类型及其位置。地面电子战斗序列中的地面辐射源，表明哪个军事单位特定类型的辐射源；海军、空军战斗序列中的舰载、机载辐射源用以判断舰船类型、海军基地、战斗机类型、作战部队和空军基地等。通信侦察结合通信测向可以判断出通信网的分布情况，通过信号通联的频繁程度、通信功率大小、工作时间长度等，判断出通信台的主从关系、中心或关键节点。

(12) 实现频谱管理能力。通信侦察系统具有频谱搜索、参数估计能力，结合通信测向，完全可以形成频谱占用、辐射功率、辐射源位置等信息。利用通信干扰手段，还可以对非法使用信道实施干扰，驱离占用。

(13) 个体识别能力。对采集到的数据进行分析，如可以得到具有唯一性的、鲁棒的、类似“指纹”的细微特征，就可以实现对每一个辐射源的独立、精确识别。这无论对于目标发现、跟踪还是实施干扰都意义重大。

通信对抗侦察往往是针对某一类或几类通信目标的，所以他们不可能走在通信技术出现之前，先准备好一种装备等着，必然是“跟随而后超越，又被超越”的发展模式，而且通信技术军民共用，通信技术研究队伍庞大、技术力量雄厚、新技术层出不穷，这一切都给通信电子战侦察带来了极大的挑战。通信侦察具有如下的特点。

(1) 覆盖频段宽、信号密集、电磁环境复杂。无线通信工作的频段都是通信侦察的工作频段，通信信号从几十赫一直覆盖到几十吉赫，在极低频频段信号带宽只有几赫，在短波频段信道间隔可以为 100Hz、1kHz、3kHz 等，超短波频段信道间隔往往为 25kHz，也可以为 12.5kHz、6.25kHz 等。美军一个师就有 4000 多部电台，在战场上还有大量的民用通信、外部干扰信号，其信号密集程度可想而知。

(2) 通信侦察地域纵深大、距离远、信号弱。通信侦察要覆盖陆海空天各种平台的通信信号。对短波信号的侦察距离可达几千千米，对空通信信号侦察可达几百千米，对卫星通信信号侦察可达几万千米。

(3) 无线通信信号受地理位置、功率等级、平台的移动性、传播等影响，信号变化大。

(4) 通信信号种类繁多，有数字、模拟调制，有常规、跳频、扩频、数据链等工作

方式，有频分多址（FDMA）、码分多址（CDMA）、时分多址（TDMA）、空分多址（SD-MA）等多址方式，信号格式千变万化。

（5）由于通信侦察的主要功能是引导干扰，所以对通信侦察结果的时效性、准确性提出了很高的要求。由于通信信号是单向链路，一旦通信接收端已收到信号，此时，再发射干扰信号就已没有效果了，不会对敌接收方造成影响，所以，对通信侦察处理的实时性提出了很高的要求。

（6）大量低检测概率、低截获概率、低利用概率信号的出现对通信侦察提出了极大的挑战。例如，超高速跳频信号、扩频信号、猝发信号、成对载波多址（PCMA）信号等。对多节点、多链路、多路由、多协议的无线通信网络侦察需要解决的难题也非常多。

4.1.2　通信测向定位

通信测向定位主要是利用测向定位设备完成对通信辐射源方位的测量和对辐射源的定位，其作用一是为干扰提供方位引导，二是基于辐射源位置信息可以进行敌方通信网络结构、兵力部署和作战意图分析，对于高精度定位系统，还可以引导攻击武器对辐射源目标进行火力打击。

通信测向定位的主要功能包括以下几方面。

（1）提供辐射源的示向线。通过各种测向手段，确定通信辐射源的方向。

（2）对辐射源进行定位。利用单站或多站交叉定位等手段确定辐射源的具体位置。

（3）为通信信号侦察提供辅助参数。例如，利用测向进行跳频网台分选，利用测向、定位结果等形成电磁态势等。

（4）对通信辐射源进行不间断的测向和定位跟踪，根据这些目标位置的变化判断敌方兵力、兵器的调动和去向，分析敌作战意图的变化。测向定位精度达到一定要求时，还可引导武器系统打击和摧毁该目标。

4.1.3　通信干扰

通信干扰是通信电子战最重要的目的之一，它主要利用干扰设备破坏或扰乱敌方的无线电通信，阻断或迟滞其信息传递，使敌方的作战指挥控制系统失灵、协同困难，最终达到制电磁权、制信息权的目的。通信干扰的主要功能有以下几方面。

（1）用辐射电磁能量的办法干扰或压制敌方的无线电通信系统，切断其指挥通信链路、武器平台控制链路等。

（2）利用假信息注入诱骗敌人。

（3）施放干扰信号，形成电磁屏障，反侦察、隐藏作战企图等。

（4）通过主动发射信号，配合无线电通信侦察，获取一些无源侦察无法获取的参数和信息。

通信干扰可在作战进程的各个阶段发挥作用，下面对陆海空作战中通信对抗系统的应用场景进行简要描述。

（1）通信干扰装备在陆战场作战中的应用。在作战初期阶段：通信干扰装备用于干扰和压制战场各级无线电通信网、中继通信，以及坦克部队、炮兵、电子战部队、战区内飞机与无人驾驶兵器的指挥与控制通信网。在进攻接敌作战阶段：地面干扰站集中干扰敌作战部队的战术通信网和火力支援通信网；空中的干扰装备干扰敌指挥控制通信网、敌远距离的炮兵、导弹部队的指挥、控制与通信网。在防御阶段：通信干扰装备要集中用于受威胁严重的地区，压制敌第一梯队营、团、师战斗指挥所，炮兵以及无线电侦察、干扰分队的指挥通信，阻断其与指挥官的联系。当敌方部队展开进攻时，对敌方的指挥、控制和火力支援通信网实施干扰，迟滞其部队的展开。

（2）通信干扰装备在海战场作战中的应用。海战场的通信干扰装备包括陆基、舰载和机载等多种平台。其主要用途是对敌地－空、舰－空、舰－岸、舰－舰之间的通信实施干扰。如在对敌航母编队作战中，当敌方舰队在较远距离时，电子战飞机可实施通信对抗侦察、干扰和欺骗，破坏敌方的侦察和通信系统的工作，使其无法获取态势信息以及对武器平台进行目标指示引导。当敌舰接近时，除了需要干扰和压制敌舰队的目标分配、电子侦察和武器引导系统外，还要集中干扰压制敌指挥、控制通信系统。在抗击敌方舰载强击机和歼击机攻击的过程中，干扰敌对空指挥引导通信。在己方舰艇接敌实施攻击时，干扰敌指挥协同通信、岸－舰通信、舰－空通信和舰－舰之间的通信，扰乱或中断敌指挥通信，破坏其编队内外的协同作战能力。

（3）通信干扰装备在空战场作战中的应用。通信干扰装备主要用于远距离支援干扰、近距离支援干扰和随队支援干扰 3 个方面。专用电子干扰飞机在战区己方一侧敌地面防空火力射程之外，干扰敌地面防空系统的通信网和敌航空兵指挥控制通信网，掩护己方机群的突防和攻击。近距离支援干扰就是将多部一次性使用的通信干扰机，布撒在目标附近，以距离近、数量多和方位宽广的干扰压制敌防空指挥通信系统。随队支援干扰是专用电子干扰飞机与突防机群编队随行作战，实施综合电子干扰，压制敌防空指挥控制通信网，为突防机群提供掩护支援。

（4）通信干扰装备在太空战场作战中的应用。太空战场的目标主要是高低轨卫星、平流层飞艇等各类航天器。通信干扰装备可以用地基、空中、临近空间、星载等平台的通信对抗系统，实施对所需目标、所需区域的干扰，往往采取天地一体、卫星组网等模式。

4.2 通信电子战系统组成

随着电子技术和无线通信技术的不断发展,通信电子战技术和装备的发展也日新月异,目前以硬件为中心的传统电子战系统大量存在,同时以软件为核心、侦测一体化的新型电子战系统不断涌现。本节将对目前广泛应用的两种电子战系统进行介绍。

4.2.1 传统电子战系统

大量常规的通信电子战系统一般由天线(阵)、搜索接收机、监听接收机、分析接收机、分析处理机、测向接收机、测向处理机、干扰激励器、功率放大器、综合显示控制台等组成。根据系统功能强弱,设备种类、数量可以有所取舍或整合,如图 4.2所示。

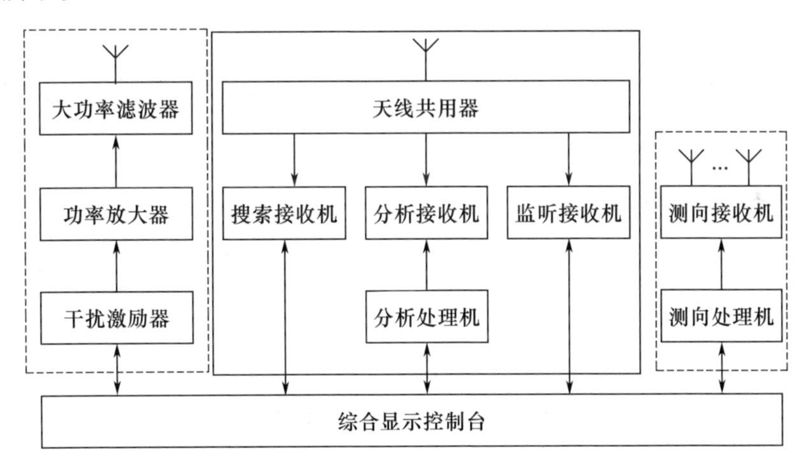

图 4.2　传统通信电子战系统组成框图

常规通信对抗系统的主要工作流程简介如下:利用搜索机在工作频段内进行搜索,把搜索结果送至综合显示控制台,以全景(频率 - 幅度)形式进行频谱显示,通过人工或自动模式确定感兴趣信号;综合显示控制台对分析接收机进行控制,通过分析处理机进行信号参数估计;如是模拟信号,则可利用监听接收机进行监听。如需对感兴趣信号进行测向,综合显示控制台可以将所需要测向的频率告诉测向处理机,进行测向;如需对某个感兴趣信号进行干扰,综合显示控制台可以通过指令将干扰频率、带宽、样式、调制方式、功率等参数传至干扰激励器进行干扰。为了实施跟踪干扰,往往采用所谓的“开窗检测法”,利用侦察设备(搜索接收机或专门的引导接收机）对信号进行检测，如信号存在就干扰，干扰一段时间后停止干扰，用侦察设备观察一下所干扰信号是否继续存在，如果存在继续干扰，如果不存在则停止干扰。构成通信对抗系统的各个单机将在后续章节中介绍。

4.2.2 基于软件无线电的电子战系统

所谓软件无线电是一种新的无线电系统体系结构[2]，它的基本思想是以开放性、可扩展、结构精简的硬件为通用平台，把尽可能多的无线电功能用可重构、可升级的构件化软件来实现。

传统电子战系统的各种功能都是基于硬件的，一种功能就需要一套相应的硬件来实现，于是，对抗不同目标就需要用不同的系统，出现了新的目标就需要研制新的对抗系统来应对。基于软件无线电的通信电子战系统，以软件为核心，在构建一个通用、标准、开放的通用硬件平台的基础上，实现各种不同的功能通过加载不同的软件模块来实现。一旦对抗目标变化了或者要增加新的功能，只要改进或增加软件模块就可以了，极大地提高了反应速度。它的硬件平台的规模是可伸缩的，可根据功能强弱进行裁剪。简而言之，就是硬件通用化、功能软件化、灵活可重构。

下面分别给出基于软件无线电的通信侦察和通信干扰系统。

4.2.2.1 基于软件无线电的通信侦察系统

基于软件无线电的通信侦察系统主要由天线阵（N 单元）、宽带接收前端（N 路）、中频开关矩阵（$N\times L$ 端口）、信号分析处理设备（L 个通道）、显控终端（K 台）以及高速数据总线和控制网络等组成，其中的信号分析处理设备可以同时对多个宽带中频信号进行采样、数字化，并进行分析处理。整个系统的工作过程如下：空间射频信号首先通过天线阵把电磁信号转换为电信号，并馈送给宽带接收前端，宽开接收前端把射频信号变换为宽带中频信号（中频频率可选为 70MHz 或 140MHz 等），这 N 路宽带中频信号在资源管理席的统一控制下，经中频开关矩阵分别送到 L 部信号分析处理设备进行 A/D 转换，并进行必要的分析处理，完成信号快速截获、特征提取、分选识别、参数（含相位）测量，通信信号解调。信号分析处理设备把分析处理获得的数据（全景、瀑布图、信号参数、分析识别结果等）经高速数据总线传送给对应的显控终端，由显控终端完成进一步融合处理、分析计算，并最终形成有价值的侦察情报。由图 4.3 可见，基于软件无线电的通信侦察系统除了天线阵和中频矩阵开关外，主要由三大设备组成，即宽带接收前端、信号分析处理设备和显控终端。射频模拟信号经宽带接收前端变换为宽带中频信号，并通过信号分析处理设备中的 A/D 采样转换为数字信号以后，后续的任务全部由软件实现。也就是说，A/D 转换以前（包括 A/D）的硬件与系统功能、信号特性、技术要求（工作频段、动态等技术要求除外）无关，只起变频、放大的作用，而系统所有功能和技术要求的实现全部由软件完成。这样整个系统组成简洁，系统内的设备统一、通用，真正实现了通用化、系列化和组合化，系统的可靠性和维修性将大大得到提高。另外，由于系统功能和技术要求都是通过软件实现的，那么，通过软件升级，其系统功能就可以根据战术要求的变化和技术进步而不断加以扩展，也可以通过开发新算法，编制新软件，以不断适应新的信号环境，这不仅可以大大缩短研制开发的周期，降低系统升级所需的费用，而且系统的全生命周期可以大大延长。

由以上分析可以看出，图 4.3 所示的基于软件无线电的通信侦察系统的主要特点包括以下几方面。

（1）硬件平台统一、通用，设备种类少，便于实现“三化”，有利于提高装备的可靠性、可维修性和保障性。

（2）基于软件化的设计思想，使系统可快速进行升级和功能扩展。

（3）基于软件无线电的通信侦察系统的硬件设计与系统功能无关，使得该系统通过调用不同的软件功能模块，具有极强的信号环境适应能力。

（4）实现了系统中侦察设备的资源共享，即系统中的 N 个宽带接收前端和 L 部信号分析处理设备是根据每个操作席位的需求，在资源管理席的统一协调下进行自动分配的，这样可以大大提高系统的整体效能。

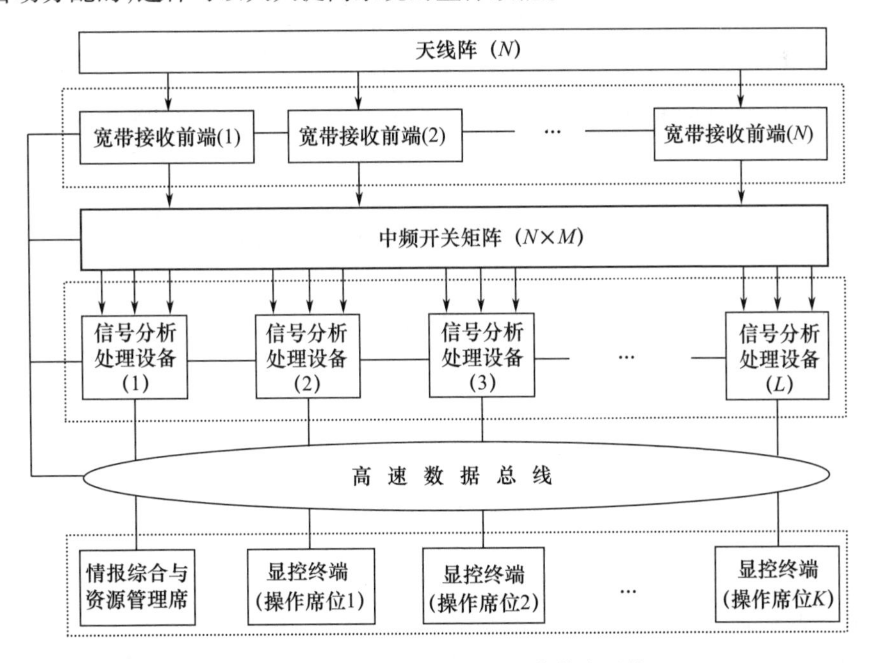

图 4.3　基于软件无线电的通信侦察系统

4.2.2.2 基于软件无线电的通信干扰系统

基于软件无线电的通信干扰系统的体系结构与通信侦察系统是类似的，后者主要实现从射频到中频的分析变换，而前者正好与此相反，实现从中频到射频的上变频变换。基于软件无线电的通信干扰系统结构如图4.4所示，其工作过程如下：首先根据侦察到的信号判断是已知信号还是未知信号，如果是已知信号（最佳干扰样式库中已存储对应的最佳干扰样式），则直接通过干扰控制和基带信号形成席产生基带干扰信号（数据），并通过高速数据总线发往软件化中频激励器。如果是未知信号，则通过最佳干扰样式分析席对其进行最佳干扰样式分析，产生最佳干扰样式入库存储，再由干扰控制和基带信号形成席产生基带干扰信号，并送到软件化中频激励器。软件化中频激励器根据基带干扰信号产生模拟中频信号（中频频率可设计为70MHz或140MHz等），再通过中频开关矩阵送到上变频和功放单元进行上变频与功率放大，最后由天线阵发射到空中，形成干扰信号。

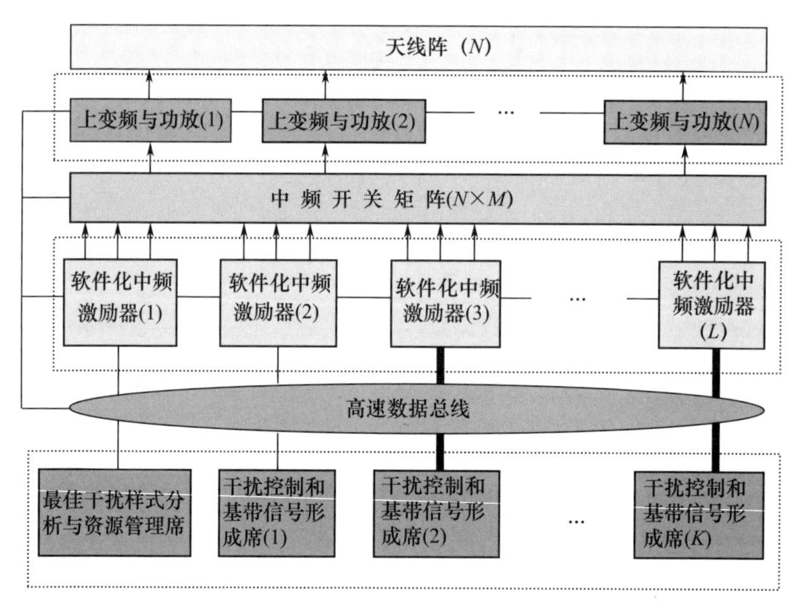

图4.4 基于软件无线电的通信干扰系统

图中的软件化中频激励器是一个基于软件无线电思想实现的宽带多通道激励器，每个通道都具有标准的中频输出（如70MHz）和带宽（如20MHz），可以产生各种各样的干扰信号，包括连续波信号或脉冲信号。中频开关矩阵根据需要可以把软件化中频激励器输出的每一路干扰信号接入任何一路上变频器，将中频信号变换为所需要的射频信号，通过功放进行功率放大。考虑到多目标干扰的特点，要求上变频器和功放有较好的线性度。另外，为了实现相控阵干扰技术，软件化中频激

励器还应具有相位同步控制能力,实现空间功率合成和波束扫描。

4.3　通信电子战系统主要性能指标

通信电子战系统的主要战术技术指标[3]不仅能反映出该系统的技术水平高低,更能反映该系统的作战用途和特点。通信电子战系统的主要性能指标可分为两类:第一类指标主要用于表征系统的静态性能和功能,如工作频率范围、动态范围、测向精度等;第二类是反映系统战术能力的指标,对某类目标的对抗能力、作用距离、情报分析处埋能力等。

(1) 电子战系统的工作频率范围。在每个电子战系统中,由于作战对象、安装平台、工作模式、设备规模等限制,电子战系统的侦察频率范围、干扰频率范围、测向频率范围等可以不尽相同。

(2) 灵敏度。这个指标表征了系统系统接收处理弱信号的能力,与战术指标中的作用距离密切相关。它又可以细分为全景灵敏度、接收灵敏度、测向灵敏度等。

(3) 动态范围。表示接收系统同时接收多个强、弱信号的能力,如双音动态。有时,也把接收单个信号的电平范围称为整机动态,其实这是电子战系统对大信号衰减能力的一个体现。

(4) 搜索速度。搜索有很多种,频谱搜索、测向搜索、信号参数估计搜索等。电子战系统中搜索一般是指搜索设备每秒扫过的信道数(或带宽),搜索结果为每个频率上的幅度。现在往往用基于 FFT 的数字技术来实现频谱快速扫描,搜索速度取决于频率合成器转换速度、FFT 计算速度和得到的频率分辨率等。

(5) 测向(定位)精度。测向精度是指测向系统所测得的来波示向度与被测通信所辐射源的真实方位之间的角度差,一般用均方根(RMS) 值表示。定位精度是电子战系统对辐射源位置的估计值与真实位置之间的差,往往用圆概率误差(CEP)表示。

(6) 信号参数估计能力。对于定频信号往往需估计出电平、载频、带宽、调制样式、码速率等参数;对于跳频信号估计出网台个数、跳频频率集、跳速等参数;对于直扩信号需估计出载频、伪码等。

(7) 信号解调能力。能根据估计出的调制参数对各种模拟、数字信号进行解调,还原出音频信号或比特流。

(8) 干扰方式。比如窄带跟踪、宽带拦阻、多目标干扰等。

(9) 干扰样式和调制方式。电子战系统能提供何种干扰源,如噪声、单音、多音等,能提供何种调制方式,如调频、调幅等。

(10) 干扰功率。其一定程度上表征了装备的干扰能力,可以用功率放大器输出的功率,或者通过天线(阵)之后的等效辐射功率评价。有时往往还与合成效率指标相联系。

(11) 电磁态势显示。全面详尽地反映电磁环境的变化,实时给出电磁信号的时域、频域、空域等特征以及类型、属性、分布等情况。

反映电子战系统战术能力的指标有以下几方面。

(1) 目标适应能力。明确可侦察、测向、干扰的对象。

(2) 作用距离。对目标的干扰距离、侦察距离、测向定位距离等。

(3) 系统反应时间。从目标出现到被电子战系统截获、干扰所需要的时间。这个时间除了与设备本身固有的性能有关外,还与操作者的使用密切相关。

(4) 系统的可靠性、维修性。往往用平均无故障时间(MTBF)和平均修复时间(MTTR)两个指标表征。

(5) 系统的展开和撤收时间。

4.4 通信电子战发展简介

通信电子战自无线通信出现之日起,就与之就相伴相随,“盾之弥坚、矛之愈锐”,通信技术的发展不断推动着通信电子战技术的进步,使通信电子战成为最早诞生并应用于实战的电子战手段[4]。

4.4.1 通信电子战发展阶段

通信对抗的发展经历了以下 4 个阶段。

1) 通信电子战诞生初期

这个阶段从通信电子战首次使用开始,一直到 20 世纪的第二次世界大战前。这个阶段除了有一些简单的测向设备外,基本没有专用的通信电子战设备,都是直接利用现成的通信电台或用改进的通信设备实现对低信号的侦察、截获和干扰。

2) 通信电子战发展初期

这一阶段从第二次世界大战到 20 世纪 60 年代,期间发展了专门的通信侦察、测向和干扰设备,进行了侦察、测向、干扰体制的研究,实现并使用了侦察接收机、测向机、干扰机等设备,其主要对抗对象是模拟式、人工调谐的战术通信电台。

3）通信电子战大力发展时期

从20世纪70年代到20世纪90年代。随着电子技术、计算机技术的快速发展，通信电子系统的能力不断拓展，各种便携、固定、车载、舰（船）载、机载、星载通信电子战系统大量涌现，通信电子战系统得到前所未有的发展。其对抗对象也由以前的简单定频通信发展为跳频、扩频对抗等。

4）通信电子战新发展阶段

进入21世纪，随着通信电子战目标抗干扰、抗截获、抗可利用能力的不断提高，通信电子战也面临新的挑战，如多节点、多路由、多链路的无线通信网络对抗，超高频段、超高跳频速率、超宽跳频带宽的通信系统对抗。赛博战、软件化、认知、大数据、一体化等技术的发展，给通信电子战系统的研制带来新的活力，认知通信对抗系统、一体化对抗系统等呼之欲出。

4.4.2　通信电子战战例

4.4.2.1　日、俄战争期间

1905年，当时日、俄两国为了争夺在中国的利益，在中国东北地区和朝鲜海域发生了日俄战争。日本联合舰队使用了电子侦听手段，监听俄国舰队的无线电通信，并使用商船进行监视，从而掌握了俄国舰队的航行路线，在预定海域排兵布阵。当俄国舰队出现时，日本舰队进行了猛烈攻击，重创俄舰队。另外，日军在轰击俄舰队的同时，还用无线电干扰扰乱俄军的通信，使俄军无法组织有效的抵抗，四散溃逃。在这之后，日军又监听到溃散的俄舰之间的通信联络。第二天，正当残存的俄军舰集结起来，准备向海参崴驶去时，日本舰队又及时地包围上来，俄国舰队只得投降。在这场日、俄海战中，俄军舰有19艘被击沉，7艘被俘获，官兵死伤11000余人；日本仅损失3艘小型舰艇，伤亡700余人。这是通信对抗最早应用于实战的案例，无线电侦听和干扰功不可没。

4.4.2.2　第二次世界大战期间

1）太平洋战争

1942年5月，太平洋战争爆发后的中途岛战役中，美国截获并破译了日本海军“MO”军事行动的通信情报，对日海军舰队实施了毁灭性打击。1943年，美军侦听到日军的无线电报，经破译，得知日本海军总司令山本五十六及其参谋部高级军官将于4月18日飞抵布干维尔岛。4月18日，美军派出18架飞机，在山本五十六乘坐的飞机降落前10min进行拦截，并将山本五十六乘坐的飞机击毁。

2）诺曼底登陆

第二次世界大战结束前，欧洲盟军破译了德军的“ENIGMA”高级密码系统，掌握了德军40多个师的地理位置。通过制造虚假作战印象、干扰德军引导战斗机的无线电接收系统、干扰德军坦克甚高频通信等手段，使盟军在诺曼底及周边地区取得出其不意的登陆效果和决定性的优势，为反攻欧洲的“霸王行动”胜利发挥了关键作用。

从1944年4月开始，在苏格兰、多佛尔地区实施利用频繁的假通信，冒充拥有38万的第四集团军和以巴顿为司令的“第一集团军”假司令部，有意发射假情报，牵制驻挪威德军和制造准备在加来－布洛涅地区登陆的假象，而登陆时静默。1944年6月5日晚，渡海登陆作战开始，为阻止德军夜间战斗机进入盟军真正的空降区，盟军利用携带的82部通信干扰机实施干扰，在法国东部上空制造一道通信干扰屏障，使德国在法国北部飞行的战斗机收不到地面引导站指令信号，无法相互支援。同时，布赖顿海岸大功率干扰机朝向诺曼底地区干扰德军坦克甚高频通信。

4.4.2.3 20世纪八九十年代

1）贝卡谷地空战

1982年6月9日，爆发了有名的叙（利亚）以（色列）贝卡谷地空战。当叙利亚导弹把以色列第一批作为诱饵的“猛犬”无人机打下来时，其指挥通信频率就被以军截获。随后，以色列的作战机群在RC－707通信干扰飞机支援干扰和E－2C预警机、F－4反雷达飞机的配合下，发起猛烈攻击，仅6min，在未损失一架飞机的情况下，就摧毁了叙军19个防空导弹营，击落叙军80架战斗机，创造了利用通信电子战系统压制敌防空指挥通信网而大获全胜的范例。战事一结束，美国就立即派了一个军事代表团到现场进行评估。时任美国国防部副部长（后任美国国防部长）的佩里非常感慨地说：“我们终于认识到，如果干扰掉敌人一部雷达，仅破坏了一件武器；但如果干扰掉敌人的指挥、控制、通信和情报（C^3I），就破坏了整个武器系统。”通信电子战这一作战效果的显露，使其立即得到西方各大国的空前重视和快速发展。

2）科索沃战争

以美国为首的北约借口南联盟对科索沃的阿尔巴尼亚民族采取了镇压措施，于1999年3月24日开始了代号为“联盟力量”的为期78天的大规模军事干涉。

在战前，美国调集了50多颗（光学/雷达）成像侦察卫星、电子侦察卫星、通信卫星以及电子侦察飞机等对南联盟境内进行了详细地侦察和定位，得到了大量的山川地貌、通信枢纽、电力设施、兵力部署、导弹阵地、指控中心、要人住所等情报信息。

战争开始后，除侦察卫星和侦察飞机继续全天候监视外，美军的E－2C预警机，EA－6B、EC－130H等电子战飞机轮流在南联盟上空进行长时间连续侦察。北约以电子战为先导，全时空侦察，全频域干扰。空袭开始，北约首先实施全频段、超强度电子干扰，通信干扰不但压制了南联盟军事指挥通信，而且民用移动电话、卫星通信、电信业务和电台广播也全部被阻断。其战术是：每次空袭出动 EA－6B 和 EC－130H 战子战飞机联合对南联盟雷达和指挥通信实施“致盲”“致聋”干扰，EA－6B 电子战飞机的通信干扰机实施较 EC－130H 战子战飞机更近距离的通信干扰，更近干扰则采用无人机。EC－130H 战子战飞机专门用于干扰对方 20～1000MHz 频率范围的无线电指挥、控制和防空通信网，干扰功率达 5～10kW。在每次空袭中，至少有一架 EC－130H 在预定航线 8000m 上空执行干扰任务。只要南联盟军战斗机起飞，就干扰其地空指挥通信。每架次平均飞行 12～24h，能够全面压制作战部队、防空武器与指挥控制中心之间的通信联系。美军的 B－52、F－117 等轰炸机群在侦察卫星和电子侦察飞机的侦察引导下，对南联盟重要目标发射了大量精确制导炸弹和巡航导弹，使通信枢纽、电力设施、导弹阵地、指控中心等夷为平地，对要人住所也实施定点清除。

南联盟在通信对抗领域也开展了灵活多样的斗争。例如，采用无线电静默和变换指挥通信方式，由集中指挥为主改为分散指挥为主，由军用通信系统为主改为军民通信系统共用，由无线、有线通信并用改为有线为主，保障了不间断的指挥通信。南联盟黑客利用 PING 数据包“炸弹”“梅莉莎”“疯牛”等病毒向北约总部网站发起网络攻击，破坏北约的传输、获取和利用信息的能力。1999 年 4 月 4 日，南联盟黑客攻击北约的指挥通信网，北约军队的电子邮件系统一度陷入瘫痪，迫使北约不得不采取升级服务器、增加通信线路带宽、关闭部分通信网络服务器功能等措施。

4.4.2.4　新世纪的伊拉克战争

进入 21 世纪，美国在其信息战理论发展基本成熟和军队信息化建设已有相当规模，2003 年的伊拉克战争充分展现了现代战争中以信息为主导，全面试验网络中心战思想的信息化战争模式。

在 2003 年的伊拉克战争中，美军以天基卫星系统（由各种预警卫星、照相（光学成像）侦察卫星、雷达成像侦察卫星、电子侦察卫星、海洋监视卫星、通信卫星、导航卫星等组成）为基础、全球信息传输网（由卫星通信、数据链、陆海空三军在役和在建通信网等组成）为纽带，构成了一个功能强大的能满足陆、海、空、天多维战场实现多平台信息感知和获取、传输和交换、处理和利用的战场信息网络体系（指挥、控制、通信、计算机、情报、监视、侦察（C^4ISR）系统），将从远在卡塔尔的司令部到卫星、飞机、舰船、坦克等陆、海、空、天各类作战平台及其承载的雷达、通信、导航、敌我识别、测控、无线电引信等信息装备和武器系统以及作战人员、后勤保障等所有作战单元都连成了一个有机的整体，它们能近实时地获取、传输、交换、处理和利用信息，共享战场信息资源，使美军自始至终在部队指挥、进攻协调等各方面都占有绝对优势，掌握了绝对的信息控制权（制信息权），因而也就掌握了战场的主动权。

伊拉克战争爆发前后，美军利用天基和空中侦察手段，充分收集各方面的情报信息。在天基侦察体系中，美国使用3颗KH－12“锁眼”照相卫星、2颗“长曲棍球”雷达成像卫星、1颗“增强型成像卫星”以及“伊克诺斯”－2商用卫星等共10多颗各类侦察卫星，每天对伊拉克保持2h以上的监视；使用3颗“入侵者”电子侦察卫星、12颗第二代“白云”海洋监视卫星加入寻找萨达姆等高层官员的行动。

在空中侦察体系中，使用了U－2S、EP－3、E－2C、E－8、E－3A、RC－135等侦察飞机、预警飞机，以及RQ－1“捕食者”、MQ－4“全球鹰”、“银狐(Silver Fox)”等无人侦察与打击飞机，联合协同执行对地、空、海的侦察任务。

战争爆发后，美国对伊拉克进行了长时间的压制式干扰。在伊拉克上空部署的EA－6B电子战飞机、EC－130H通信电子战飞机，对伊拉克电子设备和通信设施实施强烈的、长时间的干扰，并配以电磁脉冲炸弹，彻底摧毁了伊拉克的行政和军事指挥体系，使广播、电视、移动通信在内的全部电子信息系统瘫痪。

美军依靠战场信息网络体系(C^4ISR系统)的绝对优势，展开攻击的同时，在中央司令部里的高级指挥官们可以通过显示屏，实时清晰地看到代表美军部队的虚拟图像符号的运动轨迹，到达的准确位置和推进速度，以帮助他们“轻易”地做出实时的战斗部署。因此，美军参谋长联席会议主席迈尔斯上将说：“伊拉克战争标志着美国新的作战模式的诞生。由于提高了对情报和作战详细情况的共享程度，各军种面对战场上不断变化的形势，能够更加迅速灵活地做出反应。”

“没有有效的指挥、控制、通信、计算机、情报(C^4I)系统，军队不过是一群武装的乌合之众”，美军利用其在电磁空间具有的绝对优势，完全破坏了对手的C^4I系统，牢牢掌握了战场的主动权。信息的对抗和压制，实际上使平台对平台的对抗难以实现。在伊拉克战争中，人们既没有看到飞机对飞机的空战，也没有看到坦克对坦克的厮杀。

这些例子充分说明，通信电子战是实施电磁频谱控制并取得战场制电磁频谱权的重要手段，是实现非对称战略威慑的重要环节，已成为改变作战双方力量对比、影响作战进程和决定战争胜败的关键。

4.5 现代战争的倍增器：数据链

为了应对不断加剧的空中威胁，适应高速飞机、机载/舰载导弹等高机动武器的发展，发达国家自20世纪50年代起开始建设数据链[5]。数据链的雏形是美军于50年代中期启用的半自动地面防空系统(Semi－Automatic Ground Environment，SAGE)。该系统是一个计算机辅助的指挥控制系统，通过各种有线和无线数据链路，将系统内的21个区域指挥控制中心、214部雷达(36种不同型号)连接起来，采用数

据链自动传输雷达预警信息,使防空预警时间由10min缩短为15s。20世纪50年代末,为解决空空、地(舰)空的空管数据传送问题,北约研制了点对面、可进行单向传输的Link4数据链,后来经过改进,使其可双向通信,并具备一定的抗干扰能力。

为了使海军舰艇编队内、舰载机飞行编队内、舰艇与飞机等各单元之间实现信息交换,共享整个舰队、飞机编队的信息,美国海军于20世纪60年代开发了可在多机、多舰之间进行面对面数据交换的Link 11数据链。

美军参联会主席令(CJCSI6610.01B,2003年11月30日)对数据链的定义是:通过单网或多网结构和通信介质,将两个或两个以上的指控系统和/或武器系统链接在一起,是一种适合于传送标准化数字信息的通信连路。一般认为,数据链是一种在各个用户间,依据共同的通信协议(标准化的报文格式),使用自动化的无线(或有线)收发设备传递、交换负载数据信息的通信链路。数据链是将数字化战场指挥中心、各级指挥所、参战部队和武器平台链接起来的信息处理、交换和分发系统,是武器装备的生命线,是战斗力的倍增器,是部队联合作战的"黏合剂"。

各国根据不同的作战用途开发了种类繁多的战术数据链,美国和北约的数据链具有较强的代表性,有用于传输格式化报文信息的战术数字信息链(TADIL)、用于传输图像情报和信号情报的公共数据链/战术公共数据链(CDL/TCDL)以及传输导弹修正指令用于武器引导的精确制导武器用数据链等。下面简单讨论美军使用的TADIL和北约使用的Link系列(图4.5)。

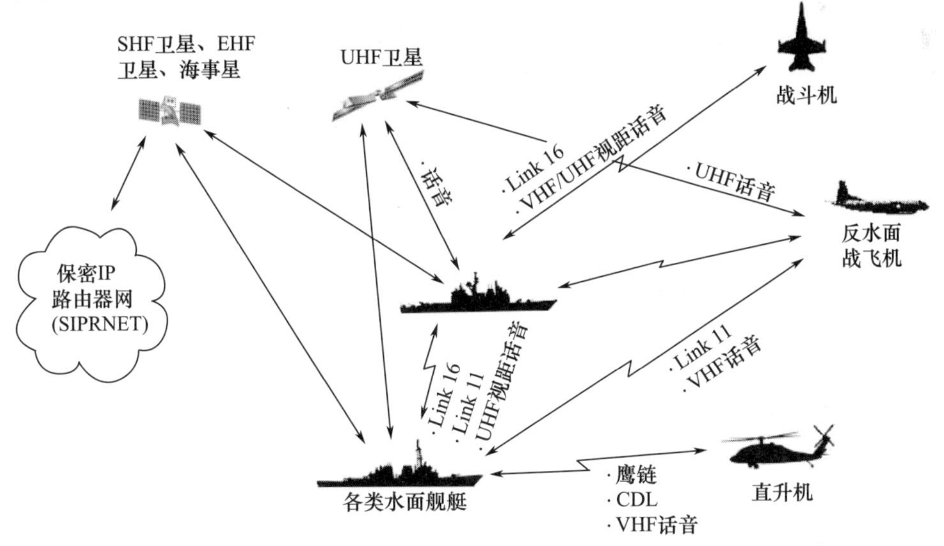

图4.5　数据链应用场景举例

4.5.1 Link 11 数据链

Link 11 数据链[6],于 20 世纪 70 年代投入使用。北约的 Link 11 数据链包括海基的 Link 11 数据链和陆基 Link 11B 数据链,分别对应于美军的数据链 TADIL A 和 TADIL B。Link 11 数据链的诞生对北约数据链的发展意义重大,是目前应用最为广泛的数据链。

Link 11 数据链路可加密,有一定的抗干扰能力。Link11(海基)数据链主要用于舰-舰、舰-岸、舰-空、空-岸之间的战术数据交换。它可在 HF、UHF 频段上实现数据传输,当工作于 HF 频段时,能够全向覆盖 300n mile 的区域;使用 UHF 频段时可进行视距通信,能够提供舰-舰 25n mile、舰-空 150n mile 的覆盖。

该数据链采用 M 序列报文,报文采用美军标 MIL-STD-6011 和北约标准 STANAG 5511,通信标准为美军标 MIL-STD-188-203-1A。

Link 11 标准传输速率为 1200b/s 和 2400b/s,实际用 1365b/s(45.45 帧/s,每帧长 22ms)和 2250b/s(75 帧/s,每帧长 13.33ms),采用 16 个副载频单音的 π/4-DQPSK 调制,数据字长为 24bit,另加 6bit 差错检验组成(30,24)汉明码。这种码可以纠正单个错误并同时检测两个错误。

主要技术参数如下。

(1) 工作频率:2 ~ 30MHz(HF)、225 ~ 400MHz(UHF)。

(2) 通信距离。

① HF 频段: 300n mile。

② UHF 频段:25n mile(舰-舰)、150n mile(舰-空)。

(3) 最大用户单元数量:64。

(4) 数据速率:1364b/s(慢)、2250b/s(快)。

(5) 帧长: 22ms(慢)、13.33ms(快)。

(6) 信号调制方式。

① 音频:16 单音的 π/4-DQPSK 调制。

② 射频:SSB(HF)、FM(UHF)。

4.5.1.1 系统组成

Link 11 数据链系统由计算机、通信保密设备、数据终端机(DTS)、HF 或 UHF 无线电设备组成。其中数据链系统中的计算机又称为战术数据系统(TDS)。对各种传感器和操作员传来的数据按照标准的数据格式,整合成 M 系列报文,并以每组 24bit 的形式送给保密设备。通信保密设备用于保证数据的安全传输,连接于计算

机和数据终端机之间,Link 11 采用的是 KG－40A 加密设备。机载战术数据系统采用串行配置(KG－40A－S),而海基战术数据系统采用并行配置(KG－40A－P)。

数据终端机是一个调制器/解调器。当以半双工方式工作时,它既可以发送数据,也可以接收数据,但不能同时收发数据。然而,在系统测试期间,当其以全双工方式工作时,可以同时发送和接收数据。某些新型数据终端机(如 AN/USQ－125 等)既能提供常规 Link 11 波形(Conventional Link Eleven Waveform,CLEW),又可提供单音 Link 11 波形(SLEW)。

常规 Link 11 的音频波形是由 16 个音频单音组成的多音信号,第 1 个单音的频率为 605Hz,第 2 个～第 15 个单音的频率为 935～2365Hz,相邻单音之间频率间隔 110Hz,第 16 个单音的频率为 2915Hz,即 16 个单音为 605Hz、935Hz、1045Hz、1155Hz、1265Hz、1375Hz、1485Hz、1595Hz、1705Hz、1815Hz、1925Hz、2035Hz、2145Hz、2255Hz、2365Hz、2915Hz。其中,605Hz 单音用于多普勒校正,其余 15 个单音用于数据传输,每一个单音通过 π/4－DQPSK 调制后表示 2bit 信息,这样 15 个单音共可表示 30bit 信息(图 4.6)。

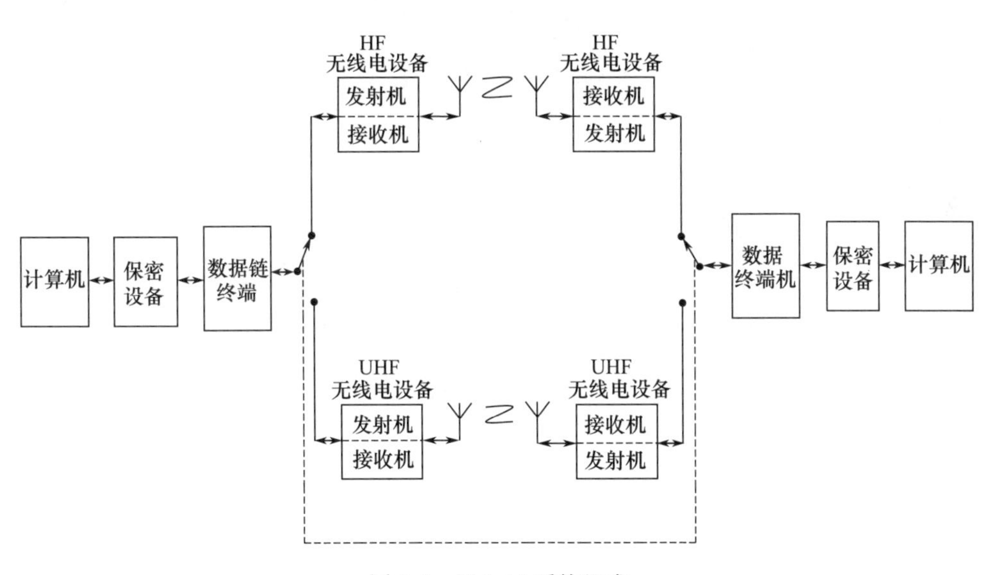

图 4.6　Link 11 系统组成

单音 Link 11 波形采用 1800Hz 单音作为副载波,副载波进行 8PSK 调制,符号速率为 2400s/s。

常规 Link 11 波形和单音 Link 11 波形的射频载波调制方式是相同的,利用 HF 或 UHF 电台实现信号的射频调制和无线电信号收发。HF(2～30MHz)频段采用单边带调制,UHF(225～400MHz)频段采用调频调制。

4.5.1.2 组网方式

Link 11 采用有中心的组网模式,中心就是网控站(Network Control Site,NCS),网控站一般位于指挥控制平台上,其结构示意图如图 4.7 所示。组成数据链网络的各个节点工作于同一频率点上,采用时分复用的半双工通信方式,网控站负责控制、频率监控和网络分析,一个网络内只有一个网控站。其他入网单元称为参与单元(Participation Unit,PU),也称前哨站,如战斗舰艇、作战飞机等。数据链网络在网控站的统一管理下,使用主从方式进行呼叫、应答,所有报文在整个网络内广播。一个 Link 11 数据链网络最多可以容纳 62 个前哨站,实际使用时往往限制在 20 个左右。网络中每个成员(包括网控站和前哨站)都有一个地址码。

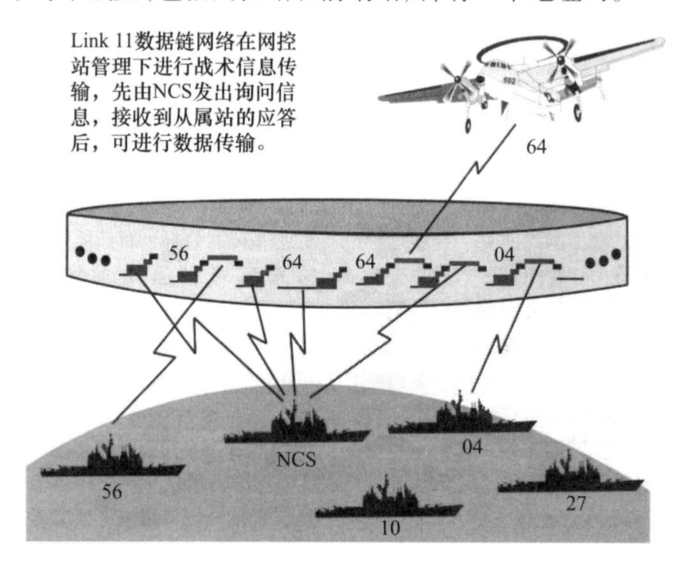

图 4.7　数据链网络结构示意图

4.5.1.3 通信模式

Link 11 数据链在网控站的统一管理下,有轮询模式、广播模式、无线电静默、网络同步和网络测试等多种工作模式。

1) 轮询模式

在数据链网络中每一个参加成员(包括前哨站和网控站)通过时分复用方式共享一个频率点。网控站对整个网络进行管理,根据各前哨站地址码建立一个轮流呼叫序列,为每个前哨站分配一个发送时隙,并严格限定任意时刻内只有一个站发送数据。在不发送时,每个站都监测该频率,监听其他站的发送情况。

NCS 按照建立好的地址码序列,依次发出询问信息,问询各前哨站是否需要发送数据。询问信息中包含网控站的战术信息和下一次要发送信息的前哨站的地

址。网络中的所有前哨站都接收这个询问信息,将其中的战术信息存储到战术计算机中,同时将接收到的地址码与自己的地址码相比较,如果相同,则将发送包含战术数据的应答信息。网络中每一个前哨站都接收这一前哨站的应答信息,并把其战术数据送入自己的战术计算机。如果所要发送的数据比较长,没能在规定的时隙中发完,则需要等到下一个轮询周期中继续发送。

如果该前哨站没有信息要发送,它也要回复相应的应答信息。前哨站应答信息传输结束后,网控站转换到发送状态,再发送一个询问信息。如此过程不断重复,直到所有前哨站都被询问到为止。

轮询又可分为全轮询、部分轮询、轮询广播3种方式。全轮询时,网络中的所有终端都处于激活状态,对网控站的每次询问都予以应答。在部分轮询时,一部分单元转入无线电静默状态,不对网控站询问信息进行应答,但是如果处于无线电静默状态的单元想要发送信息,则必须转为激活状态,并在下一轮周期被点名询问期间发送数据,然后再处于静默。轮询广播时,除网控站外,其他单元都处于无线电静默,网控站发送所有数据,所被询问的单元并不应答,而如果处于无线电静默的单元需要发送数据,则按照部分轮询时的方式进行操作。

2）广播模式

网控站重复发送其数据,而其他网络单元都处于无线电静默状态,不会被询问,也不能发送信息。

3)无线电静默

在Link 11无线电静默模式下,所有单元都处于无线电静默。如某个单元需要报告数据,则需要向所有单元发送一条短广播信息。

4)网络同步

主要用于统一网络内的时间基准。处于该模式时,网控站连续不断发送前导码,参与单元接收,使它们的时间基准与接收信号同步。网控站发同步信号时,只含605Hz和2915Hz两个单音。

5)网络测试

网控站发送一个已知的测试信号,所有参与单元接收到该信号后与本地信号进行比较,以检测系统性能。

4.5.1.4　信号格式

Link 11数据链的报文格式主要有两种类型:一种是数据报文,用于目标信息和态势命令的发送;另一种是控制报文,用于网络校准。每个数据消息长度为60bit,这60bit分为两帧,每帧30bit。每一帧中的比特位置按0～29进行编号。每帧中有24bit用于传输信息,剩余的6bit用于检错纠错。也就是说,每条数据链报文可以传送48bit战术信息。数据链的数据消息格式如表4.1所列。

表 4.1 Link 11 数据链的数据消息格式

Link 11 数据消息	第 1 帧		第 2 帧	
	信息位	检错码	信息位	检错码
占用比特位置/bit	0 ~ 23	24 ~ 29	0 ~ 23	24 ~ 29

每条 Link 11 数据链消息都以帧为单位进行传输，其包括报头帧、相位参考帧、控制码帧、密码帧、数据帧、地址帧等多个帧。

对于网控站、前哨站以及不同类型的报文，其所包含的帧数有所不同。

1）轮询模式

在轮询模式下有 3 种报文格式：网控站带战术数据的询问报文、网控站不带战术信息的询问报文、前哨站应答报文。

（1）网控站带战术数据的询问报文（图 4.8）。

帧类型	前置码	相位参考	起始码	密码帧	战术数据	控制终止码	地址码
帧数量	5 帧	1 帧	2 帧	1 帧	N 帧	2 帧	2 帧

图 4.8 网控站带有战术数据的询问报文

（2）网控站不带战术信息的询问报文（图 4.9）。

帧类型	前置码	相位参考	地址码
帧数量	5 帧	1 帧	2 帧

图 4.9 网控站不带战术数据的询问报文

（3）前哨站的应答报文（图 4.10）。

帧类型	前置码	相位参考	起始码	密码帧	战术数据	前哨终止码
帧数量	5 帧	1 帧	2 帧	1 帧	N 帧	2 帧

图 4.10 前哨站应答报文

对各帧说明如下。

（1）前置码的持续时间为 5 帧，是由 605Hz 和 2915Hz 两个单音构成的双音信号。605Hz 单音的相位始终保持不变，2915Hz 单音，在每帧结束之后，相位变化 180°，以使接收机检测到帧的跳变。前导码中 605Hz 和 2915Hz 两个单音的发射功率比普通数据单音的功率分别高 12dB 和 6dB。

（2）相位参考帧由 16 个单音组成，为后面的数据帧进行 $\pi/4$ - DQPSK 调制提供相位参考。605Hz 单音的功率比标称功率高 6dB。

（3）起始码标志着数据帧的开始，其持续时间为 2 帧，其内容是固定的，为八进制的（74506　04077）以及（54673　22342）。

（4）数据帧由 16 个单音组成，605Hz 单音用于多普勒校正，不带信息，在整个数据帧传输过程中相位连续。其余 15 个单音分别携带 2bit 信息，共有 30bit。前面已经提到 24bit 传数据，6bit 用于检错纠错。数据帧的长度可以根据需要设定。

（5）密码帧也可以看成是数据帧的一部分，其格式与数据帧相同。

（6）终止码标志着数据帧的结束，是 30bit 固定的码字。网控站的终止码和前哨站的终止码是不一样的。网控站的终止码为八进制的（00000　0000）以及（00000　00000），前哨站的终止码为八进制的（77777　77777）以及（77777　77777）。

（7）地址码用于标识每一个网络参与单元，地址号从八进制的（01）一直到八进制的（76），可以表示 62 个参与单元。地址（01）对应的 60bit 数据为八进制的（05712　14101）和（65315　66447），地址（02）对应于（16136　24302 ）和（37526　33551），地址（76）对应于（71214　10176）和（31566　44705）等。

Link 11 采用汉明码纠错，数据帧中 6bit 监督位生成规则（按北约 STANAG 5511）如下。

第 29bit：若第 11 ~ 23bit 中 1 的个数为偶数，则第 29bit 置 1，否则置 0。

第 28bit：若第 4 ~ 10bit、第 18 ~ 23bit 中 1 的个数为偶数，则第 29bit 置 1，否则置 0。

第 27bit：若第 1 ~ 3bit、7 ~ 10bit、14 ~ 17bit、22bit、23bit 中 1 的个数为偶数，则第 27bit 置 1，否则置 0。

第 26bit：若第 0bit、2bit、3bit、5bit、6bit、9bit、10bit、12bit、13bit、16bit、17bit、20bit、21bit 中 1 的个数为偶数，则第 26bit 置 1，否则置 0。

第 25bit：若第 0bit、1bit、3bit、4bit、6bit、8bit、10bit、11bit、13bit、15bit、17bit、19bit、21bit、23bit 中 1 的个数为偶数，则第 25bit 置 1，否则置 0。

第 24bit：若除第 24bit 外，其余 29bit 中 1 的个数为偶数，则第 24bit 置 1，否则置 0。

由上述规则生成的监督位，形成如下校正子与错码位置的关系（表 4.2）。

表 4.2　监督位与错码位置对应关系

$S_{29}S_{28}S_{27}S_{26}S_{25}S_{24}$	错码位置	$S_{29}S_{28}S_{27}S_{26}S_{25}S_{24}$	错码位置
111000	0	110101	15
110100	1	101101	16
101100	2	111101	17
111100	3	100011	18
110010	4	110011	19

（续）

$S_{29}S_{28}S_{27}S_{26}S_{25}S_{24}$	错码位置	$S_{29}S_{28}S_{27}S_{26}S_{25}S_{24}$	错码位置
101010	5	101011	20
111010	6	111011	21
100110	7	100111	22
110110	8	110111	23
101110	9	100000	24
111110	10	110000	25
110001	11	101000	26
101001	12	100100	27
111001	13	100010	28
100101	14	100001	29

由校正公式 $\boldsymbol{S}=\boldsymbol{R}\times\boldsymbol{H}^{\mathrm{T}}$,就可以得到 $\boldsymbol{S}$,进而通过查表 4.2 可以找到出错比特的位置,其中 $\boldsymbol{R}$ 为接收到的 30bit 序列,$\boldsymbol{H}$ 为(6×30)的校正矩阵,即

$\boldsymbol{H}=$

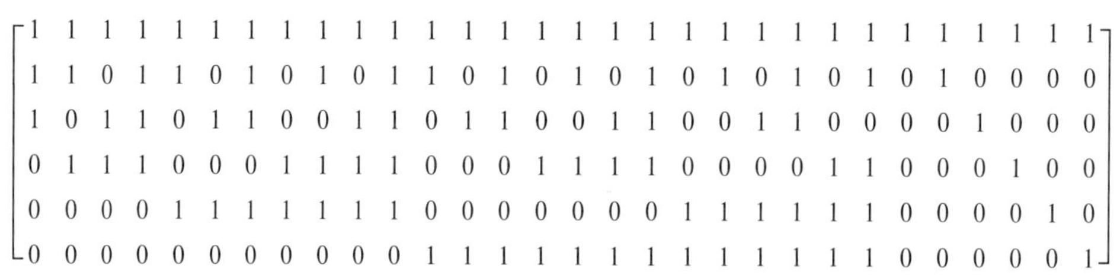

$$\begin{bmatrix}
1&1&1&1&1&1&1&1&1&1&1&1&1&1&1&1&1&1&1&1&1&1&1&1&1&1&1&1&1&1\\
1&1&0&1&1&0&1&0&1&0&1&1&0&1&0&1&0&1&0&1&0&1&0&1&0&1&0&0&0&0\\
1&0&1&1&0&1&1&0&0&1&1&0&1&1&0&0&1&1&0&0&1&1&0&0&0&0&1&0&0&0\\
0&1&1&1&0&0&0&1&1&1&1&0&0&0&1&1&1&1&0&0&0&0&1&1&0&0&0&1&0&0\\
0&0&0&0&1&1&1&1&1&1&1&0&0&0&0&0&0&0&1&1&1&1&1&1&0&0&0&0&1&0\\
0&0&0&0&0&0&0&0&0&0&0&1&1&1&1&1&1&1&1&1&1&1&1&1&0&0&0&0&0&1
\end{bmatrix}$$

2）网络同步模式

在网络同步模式下,网络控制站发送 5 帧前导码(图 4.11)。

帧类型	前置码
帧数量	5 帧

图 4.11　网络同步模式

3）网络测试模式

在网络测试模式下,网络测试序列为 21 组已知字(图 4.12)。

帧类型	前置码	相位参考	测试码
帧数量	5 帧	1 帧	21 帧

图 4.12　网络测试模式

4）广播模式

在广播模式下,其短广播消息格式与前哨站应答报文格式相同。长广播时,由

一系列短广播组成，用2个空帧将其分开。长广播的格式如下（图4.13）。

短广播消息	空2帧	短广播消息	…

图4.13 广播模式

4.5.1.5 数据链应用

Link 11数据链可交换的数据和支持的指挥控制功能包括航迹信息交换、航迹管理信息、飞机控制和电子战控制协调、飞机状态、反潜机的状态以及武器和交战状态信息。

美国及其北约盟国和日本、韩国、泰国、新加坡、菲律宾及中国台湾地区等都配有Link 11数据链。在英国，舰船、舰－岸－舰缓冲站（SSSB）、E－2D空中预警机、战术空军控制中心（TACC）等装备了Link 11数据链。在北约，主要用作海上数据链，地基SAM（地空导弹）系统也装备有Link 11数据链。美国空军的空中作战中心（AOC）、E－3、RC－135、快速可部署的综合指挥和控制（RADIC）、空军区域空中作战中心/防区空中作战中心（RAOC/SAOC），美国陆军的"爱国者"、战区导弹防御战术作战中心（TMD TOC），美国海军的航空母舰（CV）、导弹巡洋舰（CG）、导弹驱逐舰（DDG）、导弹护卫舰（FFG）、两栖通用攻击舰（直升机）/两栖通用攻击舰（多用途）（LHA/LHD）、两栖指挥控制舰（LCC）、核动力潜艇（SSN）、E－2C、EP－3、ES－3、P－3C和S－3预警机，美国海军陆战队的战术空中控制中心（TACC）、战术空中作战中心（TAOC）等都装备了Link 11数据链。

4.5.2 Link 4A数据链[7]

Link 4A数据链，美国称为TADIL C，主要用于海/地面对空、空—空的数据交换，是一种非保密的时分数据链路，而且也没有抗干扰能力，但它比较可靠，易于操作和维护，没有严格的连接问题。其使用串行传输和标准报文格式，可以作为单向链路（从控制单元到受控飞机），或者是双向链路；Link 4A的最大传输距离为200n mile，海上控制站与受控飞机间的全向最大覆盖范围为170n mile。北约标准STANAG 5504和美军标MIL－STD－6004中定义了Link 4A（TADIL C）报文标准，其通信标准遵循美军标MIL－STD－188－203－3。

Link 4A数据链在舰载平台与机载平台之间的应用包括航空母舰自动着舰系统（ACLS）、空中交通管制（ATC）、空中拦截控制（AIC）、攻击控制（STK）、地面控制轰炸系统（GCBS）和航空母舰飞机惯性导航系统（CAINS）。其数据吞吐量受限，参与者最多8个。

Link 4A信号的主要技术参数如下。

(1) 工作频率范围：225 ~ 399.975MHz。

(2) 信道间隔:25kHz。

(3) 调制方式:FSK。

(4) 频偏：±20kHz("1"正频偏,"0"负频偏)。

(5) 信号带宽:50kHz,占用两个 25kHz 信道。

(6) 数据速率:5kb/s(码元宽度 200μs)。

(7) 同步头速率:10kb/s(码元宽度 100μs)。

(8) 信号持续时间:14ms(控制报文)和 11.2ms(应答报文)。

(9) 发射机输出功率:无特殊要求,通常控制站输出功率不低于 50W,机载无线电设备输出功率 10 ~ 15W。

4.5.2.1 系统组成

Link 4A 系统的主要功能是在控制站和受控飞机之间传输飞机控制和目标信息,控制报文由控制站产生并发送,应答报文为受控站回答控制报文的报文,即返回控制站的报文。Link 4A 数据链的控制报文为 V 序列报文,应答报文为 R 序列报文。

Link 4A 系统一般由控制站终端分系统、传输分系统和受控站终端分系统组成,如图 4.14 所示。典型的终端分系统包括 UHF 无线电设备、数据终端设备、战术数据系统(TDS)、用户接口设备。其中战术数据系统用于处理发射或接收的数

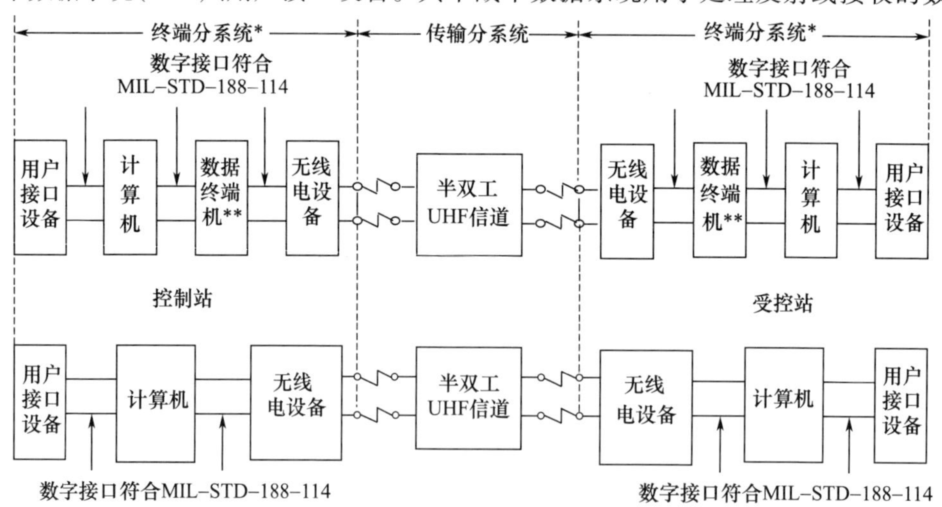

图 4.14 Link 4A 的组成框图

据,数据终端设备用于对发射或接收数据的调制,UHF 无线电设备用于发射或接收数据链信号,用户设备用于支持操作员的相关操作。在使用该链路的所有系统中,控制站终端和受控站终端都用半双工模式运行,但控制站终端具有全双工操作能力。

4.5.2.2 通信模式

Link 4A 数据链采用"命令-响应"式的通信协议支撑单向链路和双向链路两种工作模式。在单向链路工作模式,控制站(如舰艇、预警机的等)采用广播方式向受控站(F-14、EA-6B、F/A-18 战斗机等)发送控制信息,此时,受控站只接收,不发送响应消息。这种工作模式包括空中交通管制、航空母舰自动着舰系统、引导对地攻击、航空母舰飞机惯性导航系统的校准等。这时,控制站发送的消息包括航向、速度、高度等指令以及目标数据等。

Link 4A 工作于双向链路工作模式时,控制站向受控站发送控制信息,受控站回送应答信息作为响应。受控站应答的消息中往往包含飞机的位置、燃料、武器状况、自身传感器的跟踪数据等。双向通道采用半双工的方式实现。双工通信模式主要用于空中拦截任务(图 4.15)。

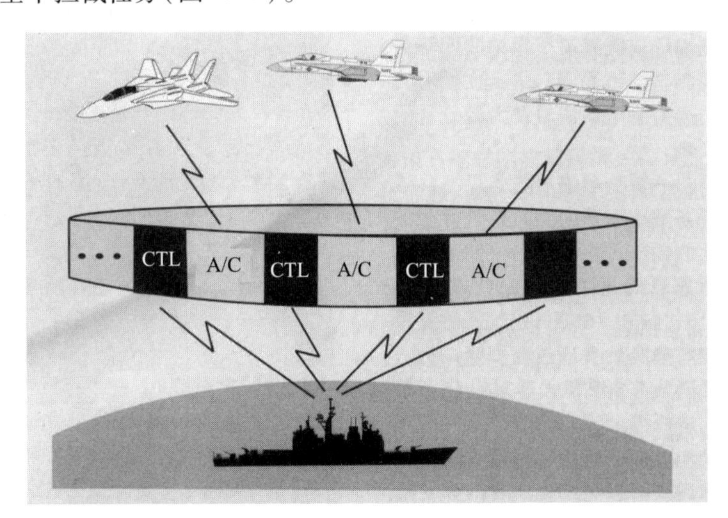

图 4.15 Link 4A 双向链路工作模式示意图

4.5.2.3 组网方式

在双向链路工作模式,以 32ms 为一个数据传送周期,且与网中的受控飞机数量多少无关。这 32ms 时间间隔共分为两段:前 14ms 控制平台发射,受控飞机接收;后 18ms 为控制平台接收,受控飞机接收,如图 4.16 所示。控制站的 14ms 发射帧被等间隔地划分成70个时隙,每个时隙为200μs;受控站的18ms接收帧周期等间隔地分为90个时隙,每个时隙也是200μs。

在发送期内,控制站数据终端设备(CDTS)发送1次带有飞机地址的控制报文。在接收期内,收信飞机为回答控制报文发送1次应答报文。飞机只有在接到控制报文后才会发送应答报文;在没有接到控制报文的情况下,是不会发送应答报文的。因此,控制站数据终端设备通过控制分配给每架飞机的时隙,达到为网中的所有飞机时分复用的目的。

其实,发送应答报文的时间为11.2ms,而分配给飞机的应答时间为18ms,这个6.8ms的时间差是无线电信号从控制站传送到飞机和飞机发出的应答信号返回控制站所需要的时间。电波在该时间差内可往返的距离为550n mile(1020km),换言之,飞机与控制站间的距离应在1020km以内。如果超出这个距离,控制站在接收应答信号和发送下一个控制报文之间就会出现干扰现象。

当控制站数据终端设备工作于计算机或测试方式时,其产生的网络帧定时间隔如图4.16所示。如果控制站数据终端设备工作于航空母舰飞机惯性导航系统(CAINS)校准方式时,它产生14ms帧发送周期和2ms帧接收周期的网络定时间隔(图4.17)。当按这种功能进行操作时,数据传输是单向的,即数据从无线电控制站传到受控飞机,而受控飞机不产生应答报文。此时,控制站数据终端设备用专用定时进行操作。在CAINS校准方式中,控制站数据终端设备能转换到14ms或18ms的帧定时,作为处理测试报文(TM-10和TM-21)或监视控制报文(MCM)所要求的时间间隔。

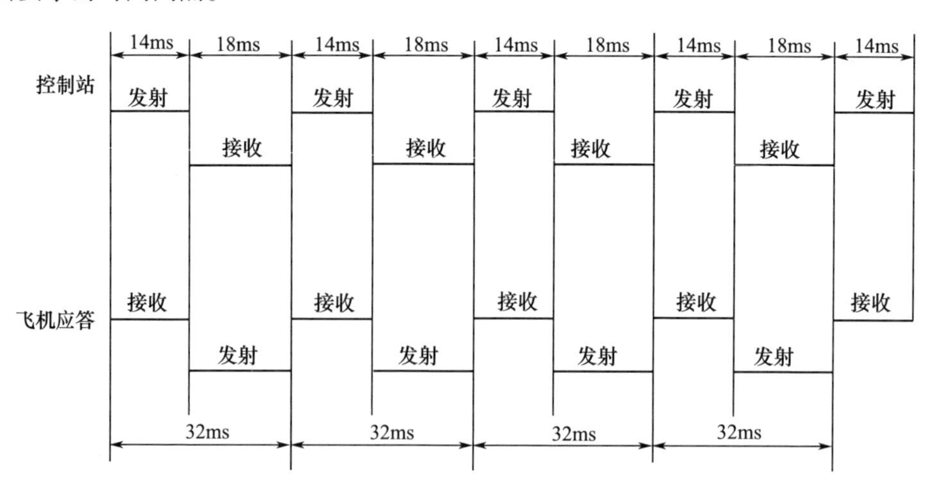

图4.16 Link 4A链路的信道时间分配

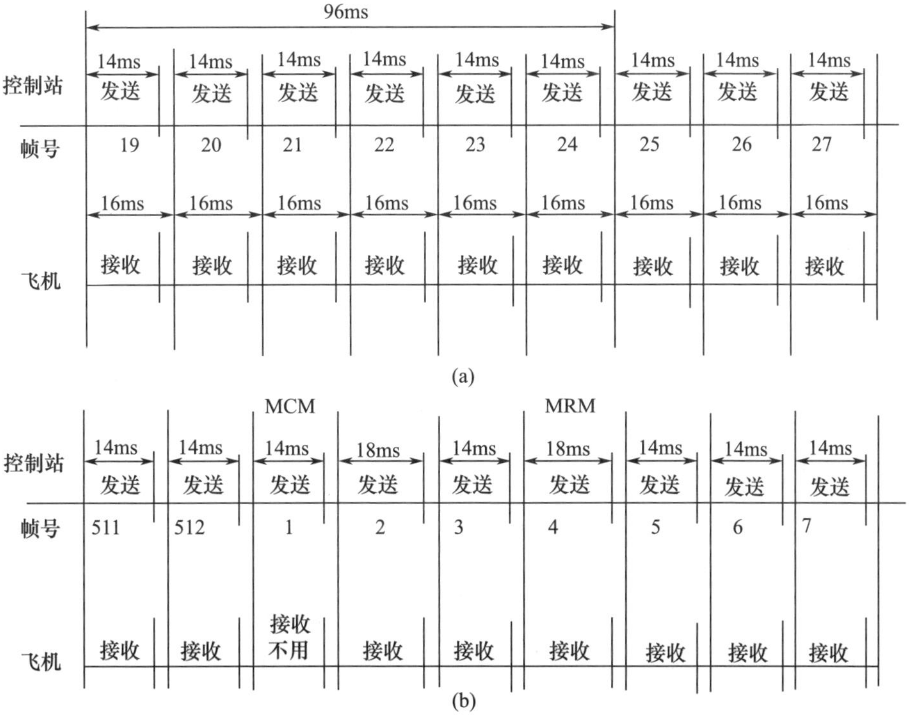

(a)

(b)

注：①在第1帧内，MCM（监视控制报文）从计算机送到数据终端设备；②在第4帧内，MRM（监视应答报文）从数据终端设备送到计算机；③MCM/MRM每512帧重复一次；④MCM传送到飞机，但飞机不用。

图 4.17　在 CAINS 应用中的控制站和飞机之间的专用定时关系

由于每 32ms 才发射一个报文，控制站数据终端设备发射数据的速率为 31.25 报文/s。对于航空母舰的惯性导航系统校准模式来说，它全部由控制报文组成，不包含应答报文，因此，控制站以 2 倍的发射速度快速发射报文，即 62.5 报文/s。

在实际使用中，根据任务需要，一个 Link 4A 数据链控制站，可以同时控制多个不同的 Link 4A 数据链“子网”，或者说，工作于多个频率（每个任务都要占用一个频率，如拦截任务就要占用一个频率）。航空母舰的控制站就可以拥有多个工作频率，以同时支持空中拦截、惯性导航等任务的频谱需求。但一架受控飞机不能同时工作于两个数据链任务子网。由于每个子网采用不同的工作频率，要正常工作，作战飞机从一个子网转入另一个子网的同时，工作频率也必须进行相应的转换。Link 4A 数据链信号的发射和接收过程示意图如图 4.18 所示。

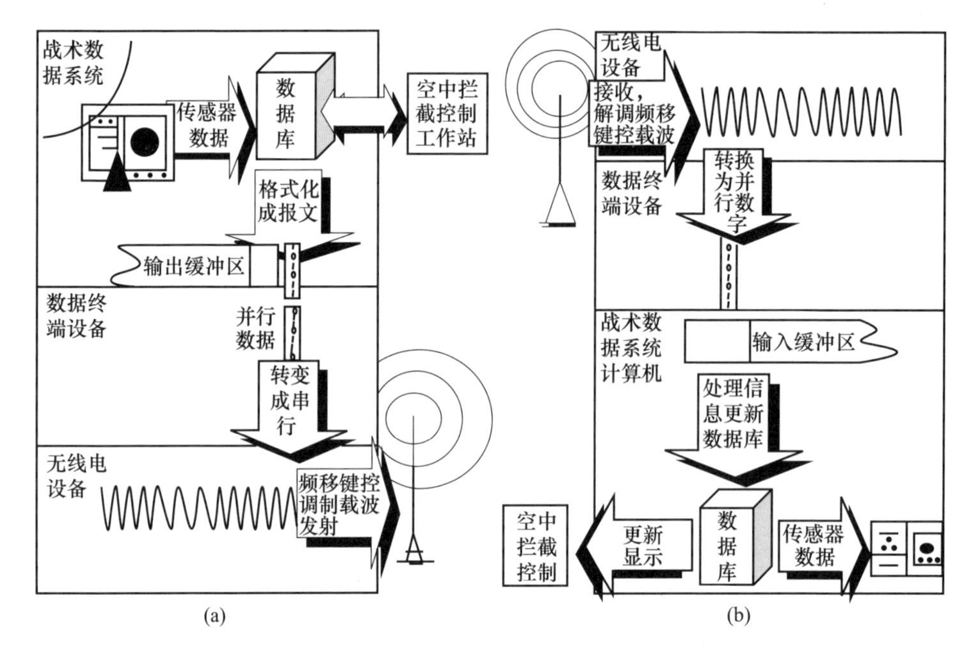

图 4.18　Link 4A 数据链信号的发射和接收过程示意图

4.5.2.4　信号格式

Link 4A 数据链报文的信号波形由 5 个部分构成:同步脉冲串、保护间隔、启动位、数据、非键控位。有时也将保护间隔与起始位合称为前置码。在控制报文和应答报文中,同步脉冲串、前置码(保护间隔与起始位)、非键控位等完全相同,只是数据段有所长度不同。

控制报文组成:同步脉冲串(8 个时隙)、保护间隔(4 个时隙)、启动位(1 个时隙)、消息数据(56 个数据位)、发射非键控位(1 个时隙),如图 4.19 所示。

应答报文组成:同步脉冲串(8 个时隙)、保护间隔(4 个时隙)、启动位(1 个时隙)、消息数据(42 个数据位)、发射非键控位(1 个时隙),如图 4.20 所示。

同步脉冲串为接收机的自动增益控制提供了时间,保证了向数据终端输出信号保持恒定;同时使得数据终端保证接收设备通过调整与发射设备同步。在每帧发送前的 200μs 发射机发送载波信号,在发射机前 80μs 内达到全功率状态(机载无线电发射机载 160μs 内),以确保发射同步脉冲串时为满功率发射。

同步脉冲串占 8 个时隙,共 1600μs,每个时隙内波形呈高低变化状态,每个状态持续 100μs,所以,同步脉冲串的速率实际为 10kb/s,是其他时隙的 2 倍。

前置码位于同步脉冲串之后,用 4 个连续的二进制“0”(保护间隔)和 1 个二进制“1”(启动位),标识数据报文的开始。

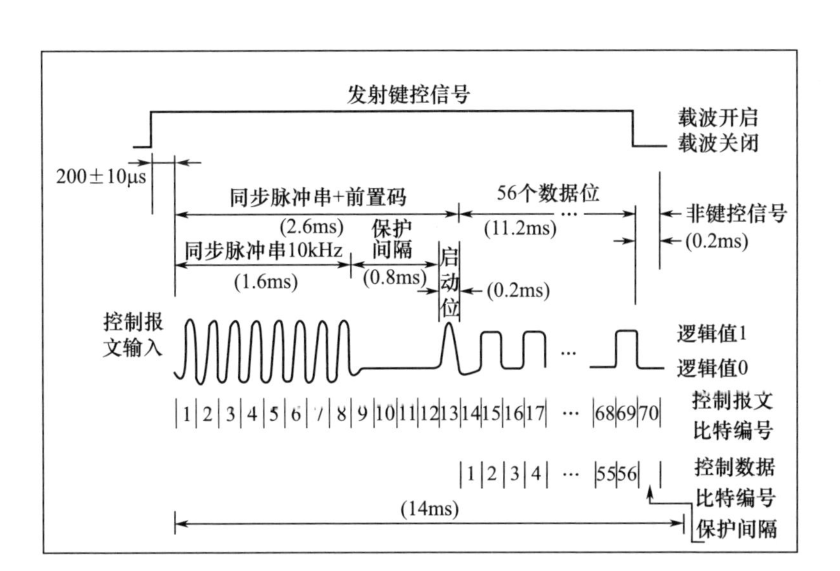

图4.19　控制报文传输格式

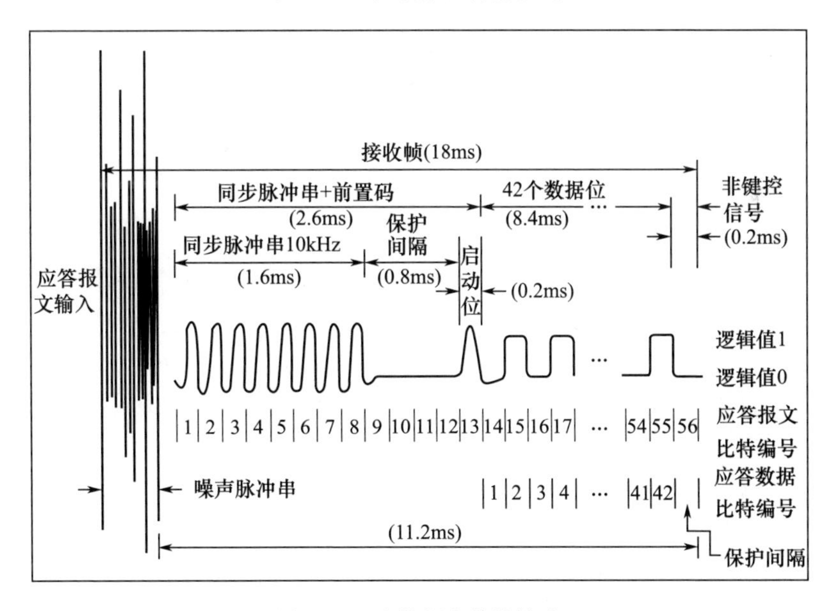

图4.20　应答报文传输格式

数据报文的时隙数因报文的种类不同而相异。控制报文56个时隙，占11.2ms；应答报文42个时隙，占8.4ms。从信号波形角度看，控制报文和应答报文的唯一区别就是传送数据的长度不同，一个为11.2ms，另一个为8.4ms。

发射机非键控信号位于报文数据之后，为报文的最后一个时隙。在这个时隙中，80μs内发射机的功率衰减到“关闭”状态。

4.5.2.5 Link 4A 数据链应用

水面舰艇利用 Link 4A 数据链可以实现一个控制员对多架飞机的控制，实现战斗机与水面舰艇之间的目标数据等信息交换。在单向链路工作模式下，Link 4A 数据链最典型的应用是实现航空母舰作战飞机的自动着舰。航空母舰作战飞机的自动着舰是利用航空母舰自动着舰系统实现的，Link 4A 数据链则为该系统提供高效的通信手段。

目前，美国海军、海军陆战队和空军都装备了 Link 4A 数据链。美国海军主要用于舰载飞机的空中控制。E－2C 飞机可通过 Link 4A 数据链控制其他海军飞机。美国海军陆战队使用 Link 4A 链实现对 F/A－18 战斗机和 EA－6B“徘徊者”电子战飞机的控制。美国空军和北约部队在其 E－3 飞机的机载预警与控制系统（AWACS）中也使用了 Link 4A 链路，实现对其他飞机的控制。

Link 4A 装备了美国海军陆战队，如战术空中作战中心（TAOC）、F/A－18、EA－6B、海上空中交通管制和着陆系统（MATCALS）；装备了美国海军，如航空母舰（CV）、导弹巡洋舰（CG）、导弹驱逐舰（DDG）、两栖通用攻击舰/两栖攻击船坞（LHA/LHD）、两栖指挥控制舰（LCC）、E－2C、F－14、F/A－18、EA－6B、ES－3、S－3和 C－2；装备了美国空军，如控制报告中心/控制报告单元（CRC/CRE）、E－3 空中预警与控制系统（AWACS）等。

4.5.3 Link 16 数据链（TADIL J）

Link 16 数据链集通信、导航和识别功能于一体，在指挥控制平台和武器平台之间交换监视、指挥和控制信息，是一种保密、大容量、抗干扰、无中心的数据链路[8]。它采用 J 序列报文，报文标准遵照美军标 MIL－STD－6016 和北约标准 STANAG 5516&STANAG 5616。通信标准则遵循联合战术信息分发系统（JTIDS）和多功能信息分发系统（MIDS）规定。

Link 16 信号的主要技术参数如下。

（1）工作频率：960～1215MHz。

（2）脉冲宽度：6.4μs。

（3）脉冲间隔：13μs。

（4）跳频速率：76932 跳/s。

（5）接入方式：TDMA。

（6）数据吞吐率：238.08kb/s。

4.5.3.1 系统组成

以典型的舰载 Link 16 系统来说明 Link16 数据链的组成。其由战术数据系统

(TDS)、指挥与控制处理器(C^2P)、JTIDS 终端(或其后继者 MIDS 终端)和天线组成,如图 4.21 所示。TDS 的主要功能是向其他数据链用户提供战术数据、接收和处理来自数据链用户的战术数据、进行战术数据库的维护和管理。C^2P 管理消息的分发,提供 TDS 计算机和 JTIDS 端机之间的接口,对于装备 Link 11 和 Link 4A 的平台,C^2P 还提供 TDS 计算机与 Link 11 的 DTS、Link 4A 的 DTS 之间的接口。JTIDS 是 Link 16 的通信部分,起着数据终端机、无线电台及加密机的作用。

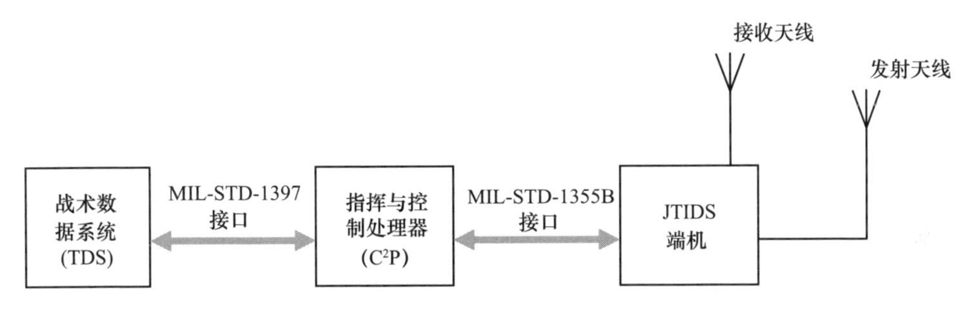

图 4.21　美国海军舰载 Link 16 数据链系统组成

舰载 JTIDS 终端 AN/URC－107(V)的高度为 74in(1in＝25.4mm)、宽度 24in、深度 44in,重约 1600lb(1lb＝0.453kg),主要由数据处理器、收/发信机、高功率放大器、陷波器、安全数据单元组成,如图 4.22 所示。

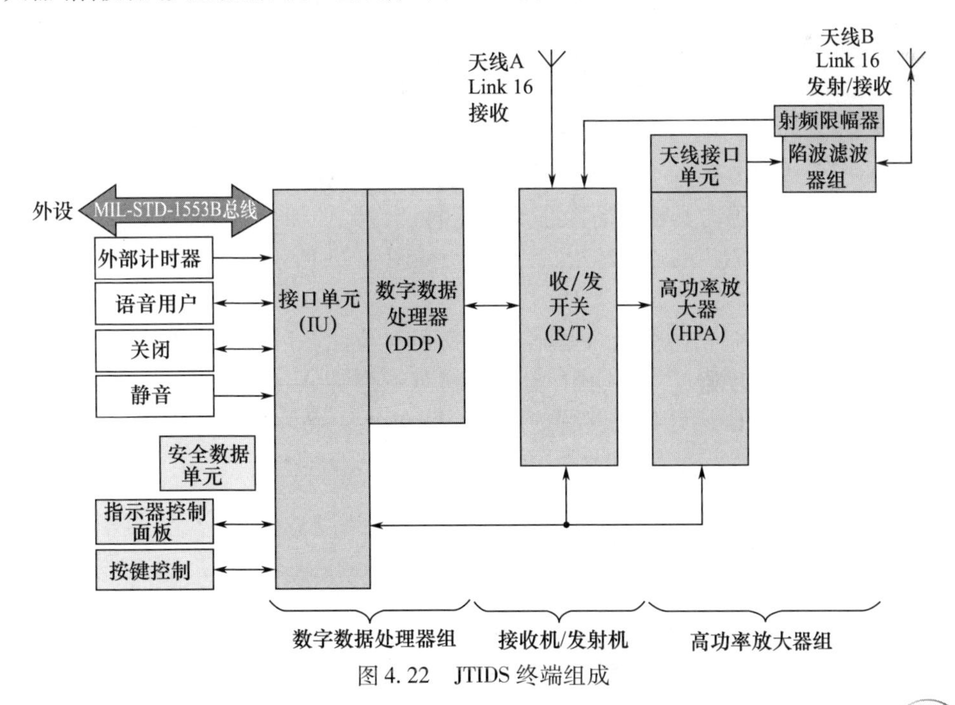

图 4.22　JTIDS 终端组成

4.5.3.2 通信模式

Link 16 数据链终端具有 3 种通信模式。

模式 1:JTIDS 的正常工作模式,跳频工作,发送加密数据,可单网或多网工作。

模式 2:在 969MHz 定频工作,发送加密数据,只能单网工作。

模式 3:在 969MHz 定频工作,发送非加密数据,只能单网工作。

模式 1 是正常工作模式,模式 2 和模式 3 是在系统容量和工作性能下降时使用。

联合战术信息分发系统/多功能信息分发系统(JTIDS/MIDS)是 Link 16 的通道系统,它决定了 Link 16 的数据吞吐率、成员容量、覆盖范围、抗干扰和保密性能。JTIDS 采用 TDMA 的多址接入方式组成数据链网络,没有网络控制站,每个 JTIDS 单元(JU)根据网络规定,轮流占用一定的时隙发送自身的信息,在其他时隙接收其他成员广播的信息。JTIDS/MIDS 以任意指定的一个成员的时钟为基准,其他成员与之同步,形成统一的系统时钟。作为基准的成员称为网络时钟参考(NTR)。NTR 可以被其他成员接替,但系统在任意时刻只有一个 NTR。

1) 时隙(Time Slot)

Link 16 数据链以时隙为基本单位有序传递数据,每个时隙长 7.8125ms。如果一个单元分配了一组发送时隙并且有信息需要发送,则该单元将在每个时隙发送一组脉冲,直到发完所有信息。Link 16 数据链网络将 1 天(1440min)划分成 112.5 个时元(Epoch),每个时元长 12.8min;每个时元又划分成 12s 长的 64 个时帧,每个时帧又分成 1536 个时隙。这样,每个时元有 98304 个时隙。

每个时元的 98304 个时隙又分为 A、B、C 3 个时隙组,每组 32768 个时隙,编号(又称时隙索引号)为 0 ~ 32767。例如,A 组的时隙编号为 A - 0 ~ A - 32767。每个时元中,每组时隙与其他组时隙是交替安排的,即 A - 0,B - 0,C - 0,A - 1,B - 1,C - 1,…,A - 32767,B - 32767,C - 32767,如图 4.23 所示。

2) 帧(Frame)

每个时元有 64 个时帧,每个帧长 12s,每帧包含 1536 个时隙,分 A、B、C 三个组,每组有 512 个时隙。每个帧中,时隙的排列顺序为 A - 0,B - 0,C - 0,…,A - 511,B - 511,C - 511。只要数据链正常运行,帧就一个接一个重复出现,如图 4.24 所示。

时元、帧、时隙的关系总结如下:

一个网 = 98304 个时隙的循环

1 天 = 24h = 112.5 个时元

1 个时元 = 12.8min = 64 时帧 = 98304 个时隙

1 帧 = 12s = 1536 时隙 = 512 时隙/A 组/B 组/C 组

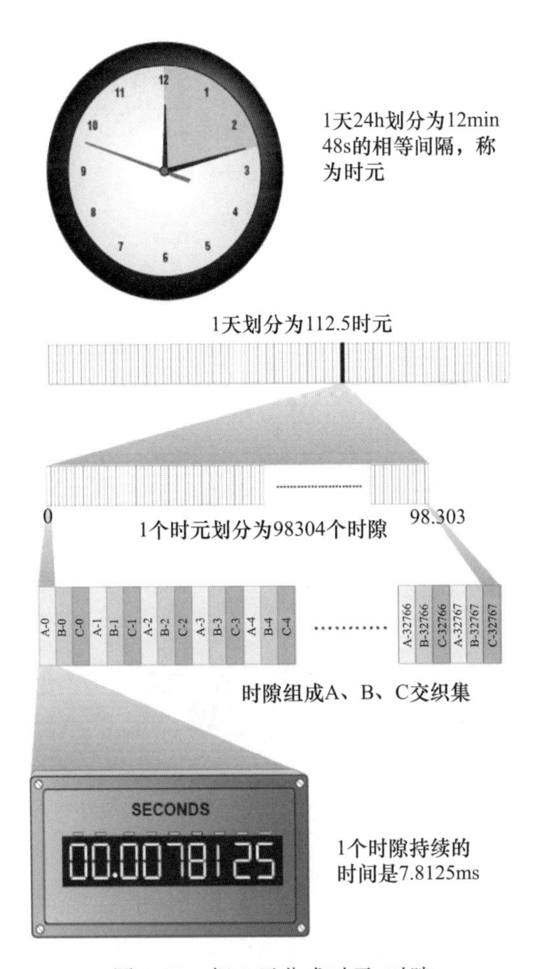

图4.23　把1天分成时元、时隙

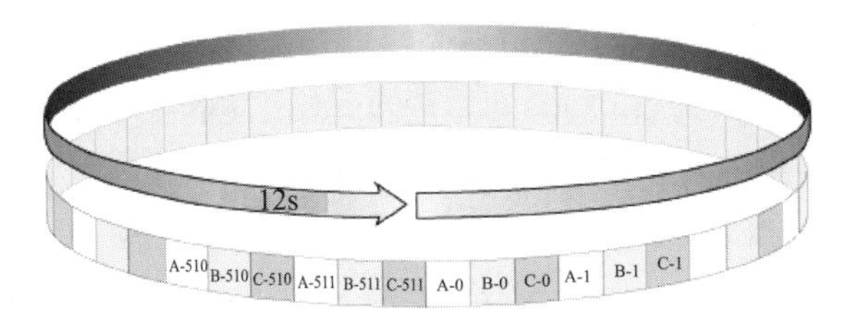

图4.24　帧结构示意图

1个时隙 =7.8125ms

3）时隙块(Time Slot Block,TSB)

通常,时隙以时隙块的形式分配给各网络终端。在时隙块中,时隙数量的对数称为重复率值(Recurrence Rate Number,RRN),换句话说,明确了 RRN 就可知道一个时隙块中的时隙数量了。由于一个时隙块的时隙在一个时元内是均匀分布的(这是 JTIDS/MIDS 时隙分配的一大特点),而 1 个时元的时隙数为 98304,所以,可以知道间隔多少时隙本时隙块的时隙才能重复出现。例如,RRN =4,说明时隙块长度为 $2^4=16$,该时隙块的时隙要经过 98304/16 =6144 个时隙(48s)后再出现。

标记时隙块有 3 个参数。

(1) 组号。表明时隙块在 A 组、B 组还是 C 组。

(2) 时隙块中第一个时隙的时隙号(索引号)。取值范围为 0 ~ 32767,如 B -4,表示第一个时隙是 B 组的 4 号时隙。

(3) 重复率值(RRN)。由此可以计算出时隙块长度和时隙块的重复间隔,如图 4.25 所示。

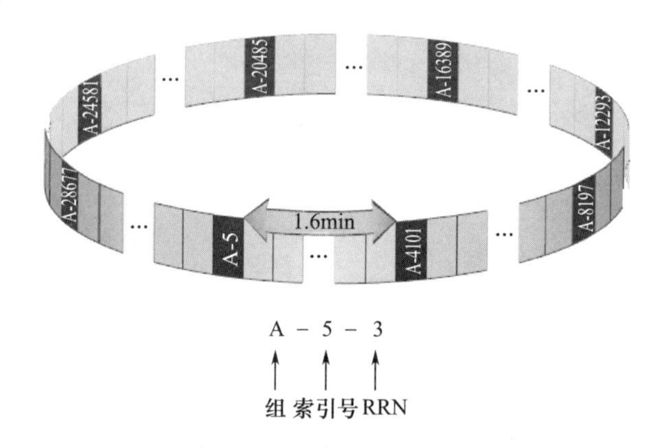

图 4.25 时隙块参数示意图

图 4.25 中,时隙块 A -5 -3,表示它属于时隙组 A,起始时隙号为 5,重复率为 3。组成该时隙块的所有时隙为 A -5、A -4101、A -8197、A -12293、A -8197、A -16389、A -20485、A -24581、A -28677,即 A -(5 +4096 × n)。时隙间隔为 3 ×4096 =12288 个时隙,或者 98304/8 =12288,即 1.6min。

表 4.3 给出了每个时元中重复率、时隙块大小、时间间隔之间的关系。

表 4.3 重复率、每个时元中时隙块大小、时间间隔之间的关系

重复率值(RRN)	时隙块大小(每时元中时隙数)	时隙块内时间间隔	
		时隙间隔	时间间隔
0	1	98304	12.8min
1	2	49152	6.4min
2	4	24576	3.2min

（续）

重复率值（RRN）	时隙块大小（每时元中时隙数）	时隙块内时间间隔	
		时隙间隔	时间间隔
3	8	12288	1.6min
4	16	6144	48s
5	32	3072	24s
6	64	1536	12s
7	128	768	6s
8	256	384	3s
9	512	192	1.5s
10	1024	96	750ms
11	2048	48	375ms
12	4096	24	187.5ms
13	8192	12	93.75ms
14	16384	6	46.875ms
15	32768	3	23.4375ms

由于时元长为12.8min，很难适应Link 16快速通信中时间间隔要求，为此，通常使用帧。由于一个时元中有64帧，每帧的时隙数为时元的时隙数除以64。所以，当重复率为15时，在一个时元中的时隙块时隙数量为$2^{15}=32768$，而在每帧中的时隙数为$32768/64=512$；重复率为6时，每个时元中的时隙块时隙数量为$2^6=64$，每帧中的时隙数为$64/64=1$，依次类推。表4.4给出了重复率、每帧中时隙块大小、时间间隔之间的关系。

表4.4　重复率、每帧中时隙块大小、时间间隔之间的关系

重复率值（RRN）	时隙块大小（每时元中时隙数）	时隙块内时间间隔	
		时隙间隔	时间间隔
6	1	1536	12s
7	2	768	6s
8	4	384	3s
9	8	192	1.5s

（续）

重复率值(RRN)	时隙块大小（每时元中时隙数）	时隙块内时间间隔	
		时隙间隔	时间间隔
10	16	96	750ms
11	32	48	375ms
12	64	24	187.5ms
13	128	12	93.75ms
14	256	6	46.875ms
15	512	3	23.4375ms

Link 16 数据链系统最多可以设定 64 个时隙块，时隙块中，应用最多的重复率是 6、7、8，与之对应的时间间隔为 12s、6s、3s。

下面讨论时隙块之间的互斥问题。时隙块互斥是指时隙块之间不存在共同的时隙。

举个例子，时隙块 A-2-11，它属于 A 组，其实时隙号为 2，重复率为 11，由表 4.3或 4.4 可知，该时隙块的时隙相互间隔 48 个时隙，由于所有时隙分成了 A、B、C 3 组，且交替出现，所以就某一组（A、B 或 C）内而言，每 16 个时隙中有一个时隙。因此，在一帧中，该时隙块的组成时隙是 A-2，A-18，A-34，…，A-498，即时隙号为 A-$(2+16n)$，$n=0\sim31$。同样，对于 B-2-11 时隙块而言，一帧内的所有时隙为 B-$(2+16n)$，$n=0\sim31$。由此可见，不同组内的时隙块是互斥的。

同样的分析可知，重复率相同，但时隙索引号不同的时隙块是互斥的；不论重复率是否相同，时隙索引号为奇数的时隙块与时隙索引号为偶数的时隙块是互斥的。时隙组相同，时隙索引号相同，但重复率不同的时隙块不是互斥的，其中重复率小的时隙块是重复率大的时隙块的子集。判断时隙块是否互斥的一个方法是列出每个时隙块中的所有时隙，然后进行分析比较。

Link 16 数据链所传输的固定格式和自由文本消息共 91 种，将这些消息分类，每一类消息称为一个网络参与组（Network Participation Groups，NPG）。NPG 是支持某一项特定任务的 Link 16 消息功能组。根据其承担的任务，每个用户一般会加入到多个 NPG 中。Link 16 的 NPG 有 31 个。Link 16 数据链网络容量不是直接分配到用户，而是首先分配到 NPG，然后再分配到加入 NPG 的用户。其目的是对 Link 16 数据链网上传输信息进行管理，只有需要这些数据的用户才能接入这个 NPG，才能收到相应的信息。各个 JTIDS 单元（JU）根据任务和能力加入各个 NPG。

数据链中的时隙资源按照需求分配给各个 NPG，时隙多少与其通信需求、交换需求相关。每个 NPG 由若干 JU 单元组成，每个参与的 JU 单元又可以加入多个 NPG。

4.5.3.3　组网方式

参与 Link 16 网络的每个成员都分配一个唯一的 JU 号，范围为八进制数 00001 ~ 77777。在多数数据链网络中，指挥控制 UTIDS/MIDS 单元（C^2JU）的地址必须小于 00177。在此范围内的地址只分配给一个参与单元。非 C^2JU，如战斗机，只使用 00200 ~ 77776 的地址，77777 保留为 Link 16 管理员使用。

另外，每个终端要求有一个源航迹号（Source Track Number，STN），5 位的八进制数。为了完成接收、执行处理，STN 号必须与 JU 号一致。

Link 16 使用字母加数字组成的 5 个字符表示航迹号（Track Number，TN），取值为八进制数 00001 ~ 77777 或字母数字 0A000 ~ ZZ777，总共可以有 524284 个 TN。

为了建立网络同步，必须指定一个终端提供时间参考，其他成员的时钟与之同步，这个终端就称为网络时钟参考（NTR），这个时间就是 JTIDS 网络的系统时间。这个时间确定了时隙的起始和终止时间。NTR 周期性地发射一个入网信息，以支持其他终端与网络同步，获取系统时间。

Link 16 采用主从方式进行同步，由 NTR 建立系统时间，各 JU 工作于同一个相对时间基准上。JTIDS 终端可自动获取同步，其分两步实现。接收到入网信息时进行粗同步（Coarse Synchronization）；当终端与 NTR 成功交换定时往返消息时，实现精同步（Finne Synchronization）。通过周期性发送定时往返消息和测量到达时间提高同步精度。

1）粗同步

NTR 在每一帧的第一个时隙内通过 NPG1 发送入网消息，即时隙块 A－0－6。Link 16 数据链中每个 JU 均参与 NPG1。入网终端从 A－0－6 时隙块中选择一个当前还未出现的时隙收听入网信息。在该时隙块中发送 J0.0“初始入网”消息以及 J0.2“网络时间更新”消息。终端收到入网消息后，用接收到的时间校正终端的系统时间。但调整后的系统时间仍然包含了由传播时间导致的误差，还达不到网络运行所需的同步精度。处于粗同步的终端只能发送往返计时（RTT），不能发送其他消息。

2）精同步

终端可以连续估算时钟保持系统时间的误差。如果当前时钟频率在下一个 15min 内使终端的时钟误差保持 36μs 以内，就确定为精同步。如果时钟误差超出 54μs，终端状态进入进行精同步状态。精同步状态下，终端能保持足够精确时间连续运行3h以上。

精同步有主动同步和被动同步两种方式。主动同步是通过与NTR或其他JU交换往返计时消息,修正用户与NTR的时钟误差实现的。RTT询问既可以采用寻址方式(RTT-A),也可以采用广播方式(RTT-B)。

被动式精同步可通过接收精确参与定位与识别(Precise Participant Location Identifications,PPLI)消息完成。通过获得PPLI消息中其他平台的位置信息以及导航系统获得的自身平台的位置信息,终端可以估算出消息的传输时延,实现时间同步。

以上介绍的是单网结构。为了提高系统的传输容量(传输速率),Link 16数据链采用了层叠网(Stacked Nets)、多重网(Multiple Nets)、多个网络(Multiple Networks)等多种多网结构。JTIDS波形允许定义127个不同的网络。网号、TSEC(传输加密)参数、时隙数共同确定载波跳频图案。这些不同的跳频图案可以保证多个网络的相互独立和并行工作。根据报文加密(MSEC)加密变量、传输加密加密变量和网络编号是否相同,网络结构的分类如表4.5所列。

表4.5 Link 16网络类型

报文加密(MSEC)	传输加密(TSEC)	网络编号	网络类型
相同	相同	相同	单网
相同	相同	不同	层叠网
相同	不同	相同	加密网
相同	不同	不同	加密网
不同	相同	相同	加密网(盲中继)
不同	相同	不同	加密网(多重网)
不同	不同	相同	多个网络
不同	不同	不同	多个网络

其中,盲中继是一类多重网结构,此时,两个JTIDS单元被分配为相同的TSEC加密参数和相同的网络编号,而MSEC加密参数不同。

3) 多重网

在Link 16中,数据链的功能(监视、话音、电子战等)被分配至NPG。不是所有的用户都要参与每一个功能,因此网络中的部分功能是互斥的(如电子战和高更新率的PPLI)。给平台分配一种或另一种功能,但不参与两项功能。这些互斥的NPG组成“多重网”。多重网是具有不同的消息加密、相同的传输加密和不同的网络编号的多网结构。不同的平台使用同样的时隙完成不同的功能,从而提高了

网络的吞吐量。例如，F－14D 执行高更新率的位置报告，而舰艇和 E－2C 飞机执行 EW 协调任务。这是通过将每个功能组（如电子战 NPG 和 PPLI－A NPG）放在不同的网络实现的。多重网和重叠网的不同之处是：参与者执行不同的功能，并且不能有选择地从一个网络切换到另一个网络

图 4.26 中，网络参与组 NPG8 的时隙块为 A－8－10，网络参与组 NPG4 的时隙块为 A－40－9，网络参与组 NPG10 的时隙块为 A－0－12。通过设定不同的网络编号就可以方便地建立多网结构。

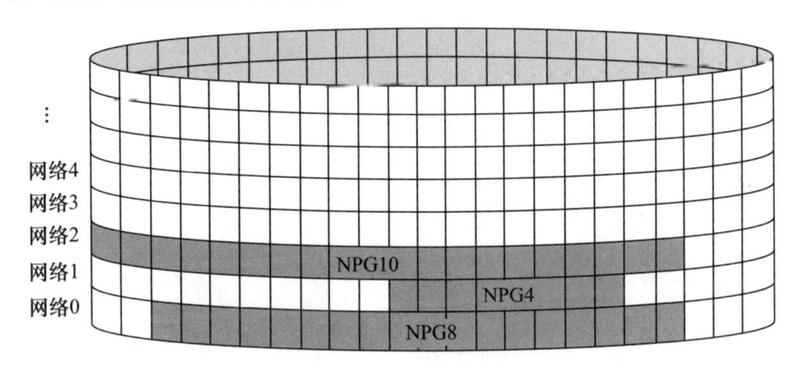

时隙块	NPG	网络号	消息安全 (MSEC)	传输安全 (TSEC)
A–8–10	8	0	1	1
A–40–19	4	1	1	1
A–0–12	10	2	2	1

图 4.26　通过规定不同的网络号就可以简单构建多重网

4）层叠网

Link 16 使用层叠网提高系统的吞吐量。层叠网支持 Link 16 话音、空中控制和战斗机－战斗机功能。从层叠网功能中选取特定的网络会改变终端的跳频图案。为了实现这些功能，操作员可人工选取一个从 0 到 126 的网络编号完成网络连接。通过给具有相同 TSEC、不同网络编号的相同 NPG 分配相同时隙，来构建层叠网。层叠网具有相同的消息加密、相同的传输加密和不同的网络编号。因此，跳频图案是不同的，一个网络不能接收其他网络的消息，但是，只要改变网络编号，平台就可以在各个网络之间切换，不必重新进行初始化。

图 4.27 中，网络参与组 NPG9 的时隙块为 A－8－10，可参与 0～4 号网络。

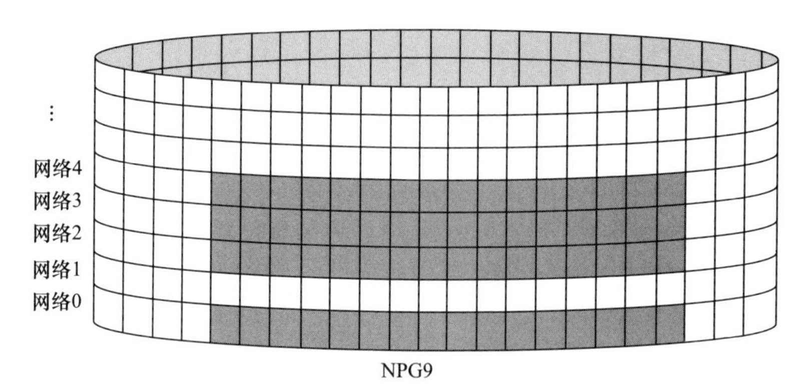

时隙块	NPG	网络号	消息安全	传输安全	应用平台
A-8-10	9	0		1	航母+8架F-14D
A-8-10	9	2		1	E-3+8架F-15C
A-8-10	9	3		1	E-2C+4架F/A-18
A-8-10	9	4		1	战术航空任务模块+8架F/A-18

图 4.27　通过具有相同 TSEC 且不同网络编号的相同 NPG 分配相同时隙就可建立层叠网

5）加密网

通过设置具有不同加密参数逻辑符（Cryptovariable Logical Label，CVLL）的终端密码参数（CV）实现网络之间或网络用户之间的隔离。只有获得正确 TSEC 和 MSEC CV 的用户经过授权后才能进行信息交换。通过为一组用户设定不同的 TSEC CV 和/或 MSEC CV 就形成了加密网。

如果 TSEC 相同，只有 MSEC CV 不同，未授权用户也可以接收信号、纠错和发送，但不能加密。这种 CV 主要用于建立盲中继。

6）多个网络

Link 16 可以通过将用户分配在多个网络上同时工作而实现容量的扩展。由于网络号用 7 位表示，可以表示 128 个网络，而 127 号网络被保留，用于指示网络配置，所以，可用网络号为 0～126。每个网的跳频图案由网络号、传输保密加密变量、时隙号共同决定实现网络隔离、区分及多网并存主要依靠不同的跳频图案。各网相互独立，拥有不同时间基准，密码不同的不同网络之间没有信息传输，而且一个平台只能在一个网络中工作。在网络之间切换，需要重新初始化终端。尽管理论上 127 个网可以同时工作，但研究分析表明，在同一区域 20 个网同时工作时，通信性能就会有些下降。

4.5.3.4　信号格式

Link 16 工作于 960～1215MHz 的 51 个频点上，频点之间最小间隔为 3MHz，

相邻跳频脉冲之间间隔要大于30MHz。为避免干扰频段外的系统，在960～1215MHz两端各留了6MHz带宽；为避免干扰二次雷达和敌我识别(IFF)，系统采用抑制频率为(1030±7)MHz和(1090±7)MHz的双频段陷波器对此信号进行抑制。具体频率分布如下。

(1) 969～1008MHz的14个频点：

969MHz、972MHz、975MHz、978MHz、981MHz、984MHz、987MHz、990MHz、993MHz、996MHz、999MHz、1002MHz、1005MHz、1008MHz。

(2) 1053～1065MHz的5个频点：

1053MHz、1056MHz、1059MHz、1062MHz、1065MHz。

(3) 1113～1206MHz的32个频点：

1113MHz、1116MHz、1119MHz、1122MHz、1125MHz、1128MHz、1131MHz、1134MHz、1137MHz、1140MHz、1143MHz、1146MHz、1149MHz、1152MHz、1155MHz、1158MHz、1161MHz、1163MHz、1167MHz、1170MHz、1173MHz、1176MHz、1179MHz、1182MHz、1185MHz、1188MHz、1191MHz、1194MHz、1197MHz、1200MHz、1203MHz、1206MHz。

1) 时隙格式

前面已经提到，Link 16系统的基本传输单元是时隙，那时隙内部是如何组成的呢？一个时隙内主要包括抖动、粗同步、精同步、报头和数据、传输保护等部分。

我们先以J系列消息的固定格式消息为例，看一下发射信号的生成过程，如图4.28所示。

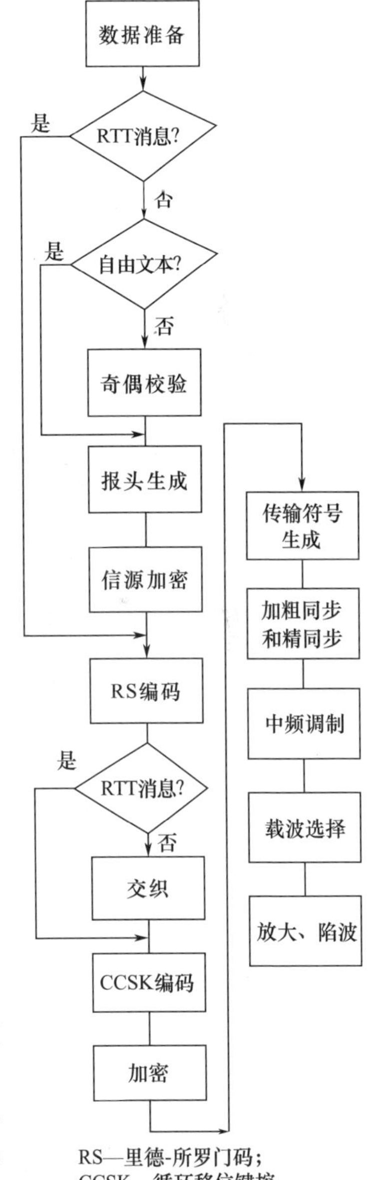

图4.28 发射信号的生成过程

以J系列消息的固定格式为例说明发射信号的生成过程，在这种消息中，每个字共75bit(其中，数据70bit，奇偶校验5bit)，3个字共225bit。

3个数据字的210bit连同报头的15bit(第4位～第18位)终端源航迹号(STN)信息一起，共225bit，经过(237，225)奇偶校验编码后，生成12bit奇偶校验位。把这12bit按每组4bit分成3组，并在每组4bit的开始加上一个0,形成5bit的校验位。置于每个数据字的70~74位,每个字的第70位置0,形成75bit字。采用通信模式1和2时,还要对基带数据进行加密,之后进行信道编码。

把35bit的报头分成7组,每组5bit(为一个符号),因此,共7个符号(symbol)。对这7个符号进行(16,7)RS编码后得到16个符号。

75bit的消息字分成15组(每组5bit),共15个符号,通过(31,15)RS编码后,得到31个符号。该过程中比特变化如图4.29所示。

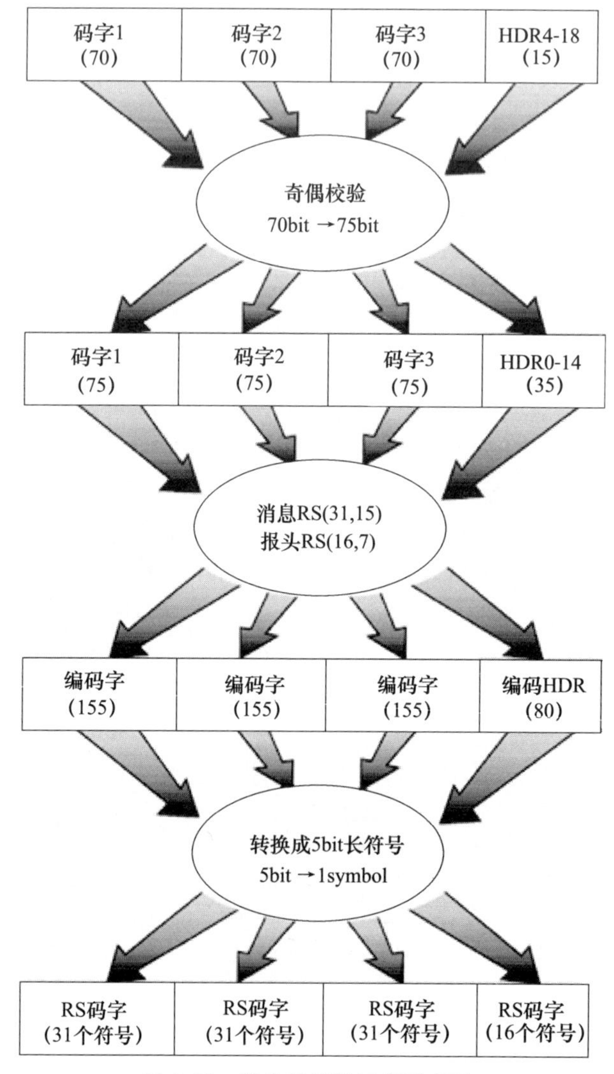

图4.29 消息的编码过程示意图

经过 RS 编码之后的报头和数据符号进行符号交织以提高抗干扰能力,如图4.30所示。

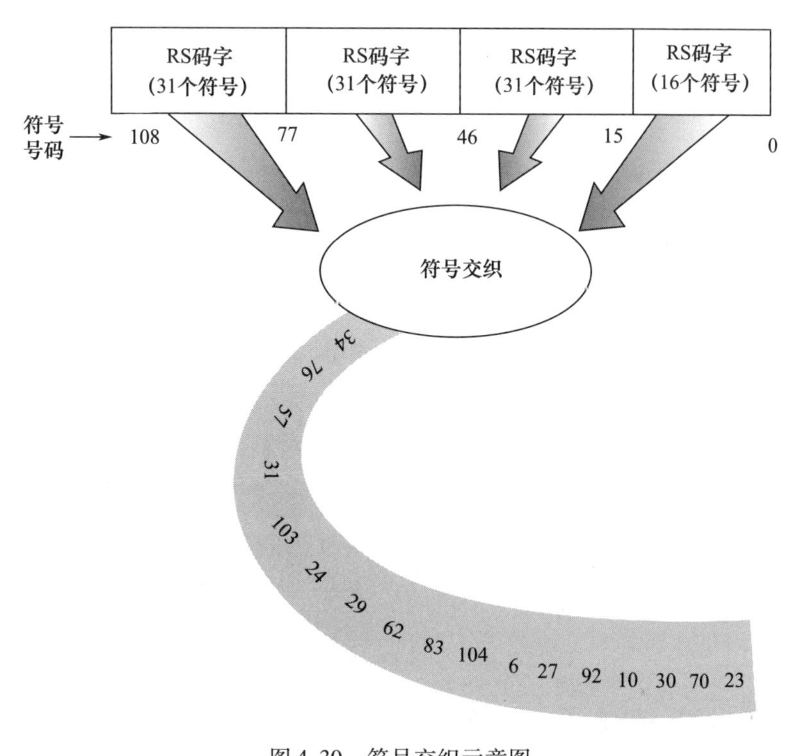

图4.30　符号交织示意图

完成交织之后,对报头和数据码元进行循环移位键控(CCSK)编码,即每 5bit 报头和数据码元用 32bit 的 chip 序列表示,也可以称为软扩频。通过对长度为 32bit 的起始 chip 序列(称 S0)01111100111010010000101011101100 的循环左移 n 次,就可以生成第 n 个码元对应的 32bit 长的 CCSK 码字,如表4.6所列。

表4.6　5bit 字符与 CCSK 码字的对应关系

5bit 字符	32 位序列(CCSK 码字,向左循环移位)
00000	S0 = **0**1111001110100100001010111101100
00001	S1 = 1111001110100100001010111011000**0**
00010	S2 = 11100111010010000101011101100**0**1
00011	S3 = 1100111010010000101011101100**0**11
00100	S4 = 100111010010000101011101100**0**111
⋮	⋮
11111	S31 = 0**0**11110011101001000010101110110

为了提高 JTIDS 信号的保密性,对 CCSK 编码之后生成的 32 位长 chip 还与一

个 32 位随机数进行异或处理,这 32 位的随机数由传输加密算法确定并且是连续变化的,从而使得最终传输的数据像是不相关的噪声,如图 4.31 所示。

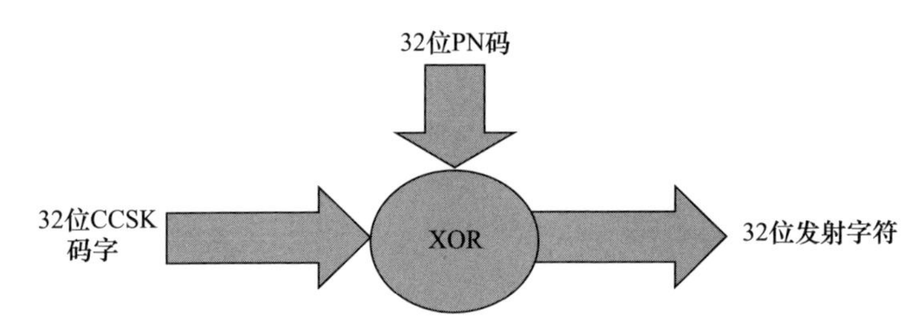

图 4.31 CCSK 编码后的数据与伪随机数异或

最后形成的这 32bit 一组的码片序列,以 5Mb/s 的速率(也就是每个码片的持续时间是 200ns)对载波进行调制,调制方式为 MSK,两个频率差是 1/(2T),T 为 200ns。当输入的码片与前一个码片相同时,用较低的频率发射,即 f_c -2.5MHz;当输入的码片与前一个码片不同时,用较高的频率发射,即 f_c +2.5MHz,如图 4.32 所示。

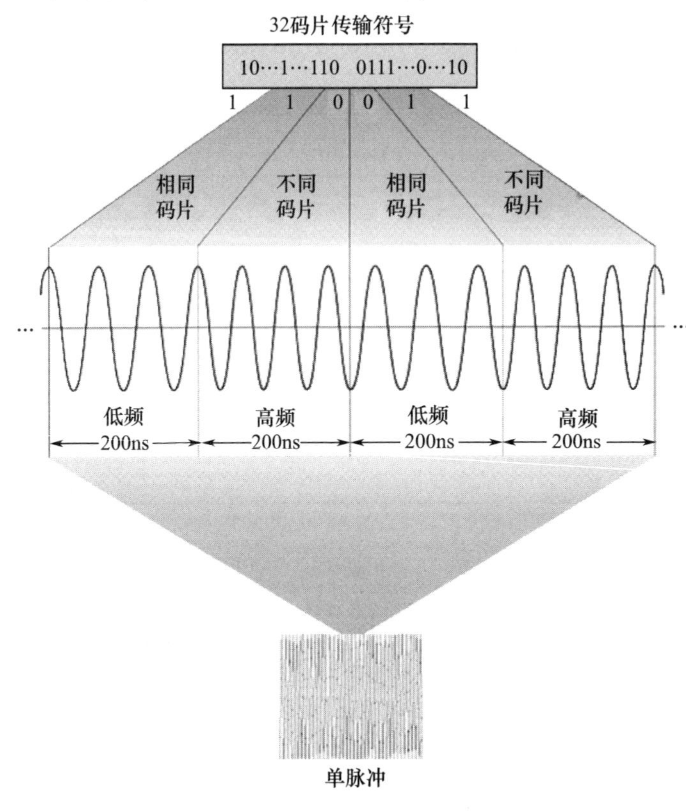

图 4.32 脉冲形成过程

这个32bit码片经过调制后形成时隙内承载信息的脉冲，脉冲传输时间（脉冲宽度）为6.4μs，脉冲重复周期是13μs，空载时间为6.6μs。脉冲有单脉冲和双脉冲之分：单脉冲整个符号的持续时间为13μs，其中6.4μs为载波调制的脉冲，6.6μs空载；双脉冲由两个单脉冲组成，整个符号持续时间为26μs，两个脉冲所包含的信息是一样的，但载波频率是不同的，如图4.33所示。

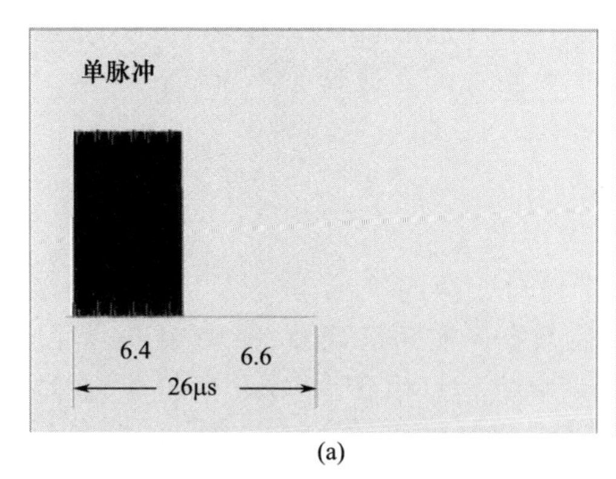

(a)

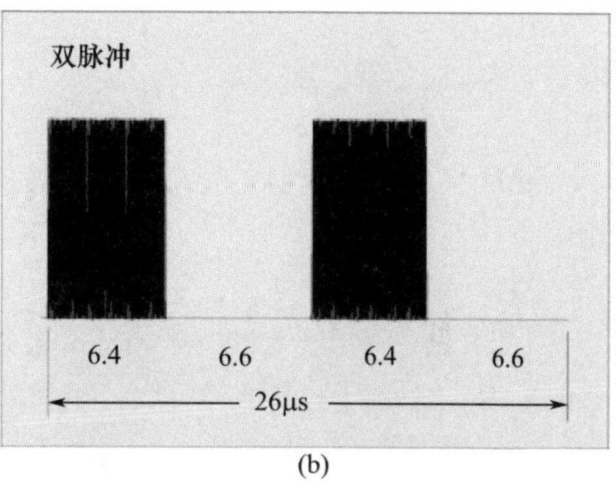

(b)

图4.33 单脉冲与双脉冲

一个时隙内传输脉冲数量由于消息类型、定时往返、话音（数据）和数据封装格式等的不同而有所不同。

数据脉冲格式以3个码字（每个码字31个字符，每个字符5bit信息）为单位，采用以下4种数据脉冲封装格式。

① 标准双脉冲（Standard Double Pluse，STD－DP），包含3个码字，共93字符。

② 两倍压缩单脉冲（Packed－2 Single Pluse，P2SP），包含6个码字，共186字符。

③ 两倍压缩双脉冲（Packed－2 Double Pluse，P2DP），包含6个码字，共186字符。

④ 四倍压缩单脉冲（Packed－4 Single Pluse，P4SP），包含12个码字，共372字符。

（1）标准双脉冲的封装格式如下所示：

STD－DP封装格式包含32个粗同步脉冲、8个精同步脉冲、32个报头脉冲和186个数据脉冲（1×93个双脉冲符号），共258个脉冲。总的传输时间为3.354ms，两个连续脉冲之间的时间间隔为13μs，如图4.34所示。

抖动是在每一个时隙中传输开始时随机可变的时延。

传输保护是为了保证正常情况下可传输300n mile，甚至扩展到500n mile。

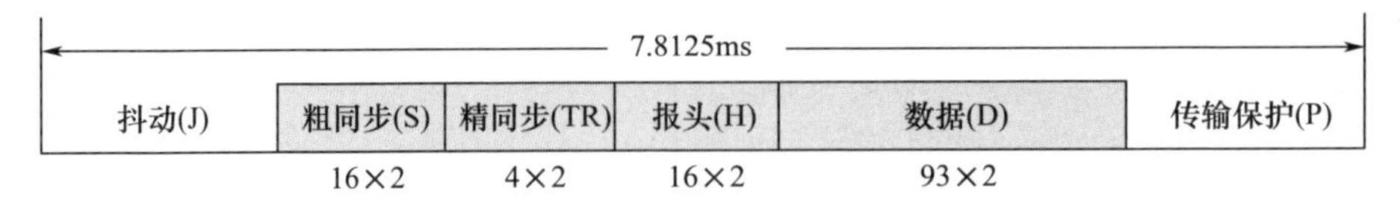

图 4.34　TSD - 2 封装的时隙结构

粗同步包含 16 个双脉冲字符，占 16 ×2 ×13 =416μs。粗同步有自己的跳频图案，与传输数据的跳频图案不同。这 32 个脉冲的载波在 8 个不同的频率上变化。

精同步由 4 个双脉冲字符组成，其传输时间为 4 ×2 ×13 =104μs。精同步所用的传输序列固定为 S0，代表数据 00000（表 4.6）。

STD - DP 的报头和数据一共有 109 个经过交织的符号，其表示 225bit 经过（31,15）RS 编码后的信息或 465bit 未编码数据。前面已述及，报头 35bit，经过（16,7）RS 编码，生成 16 个符号，共 80bit。标准信息由 3 个 75bit 字组成，通过（31,15）RS 编码，生成 93 个符号，共 465bit。这些比特 5 个一组映射成 32 位长的码片，于是，报头产生 16 个长度为 32 码片的符号，93 个长度为 32 码片的符号。所以，报头和信息总共传输 109 个双脉冲，需要的时间为 109 ×2 ×13 =2.834ms。

（2）两倍压缩单脉冲（P2SP）的封装格式如下所示：

两倍压缩单脉冲封装格式包含 16 个双脉冲的粗同步、4 个双脉冲精同步、16 个双脉冲报头、186 个单脉冲字符（二组 93 个单脉冲字符）的数据脉冲，共 258 个脉冲。186 个单脉冲字符数据表示 450bit 未编码数据信息，其数据携带能力是 STD - DP 封装形式的 2 倍。由于数据部分不再采用冗余发送的双脉冲字符，其数据吞吐量提高了，但抗干扰能力下降了，如图 4.35 所示。

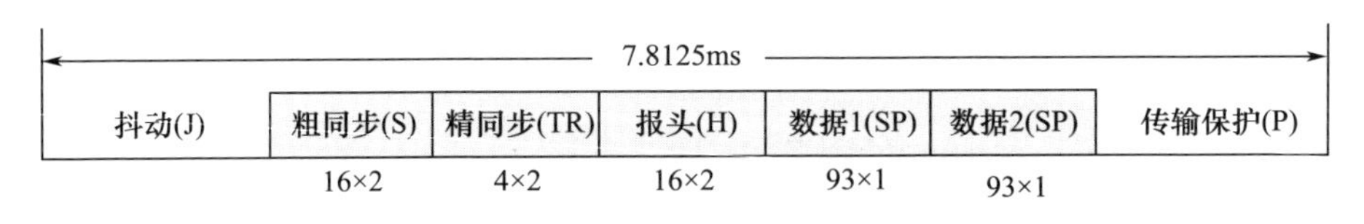

图 4.35　P2SP 封装的时隙结构

（3）两倍压缩双脉冲（P2DP）的封装格式如下所示：

两倍压缩双脉冲封装格式包含 16 个双脉冲的粗同步、4 个双脉冲精同步、16 个双脉冲报头、186 个双脉冲字符（2 组 93 个双脉冲字符）的数据脉冲，共 444 个脉冲。186 个双脉冲字符可以传输 6 个（31,15）RS 信息数据或 930bit 未编码数据。P2DP 加倍封装提高了吞吐能力，传输冗余脉冲恢复了一些抗干扰能力，但是以损失抖动为代价的，如图 4.36 所示。

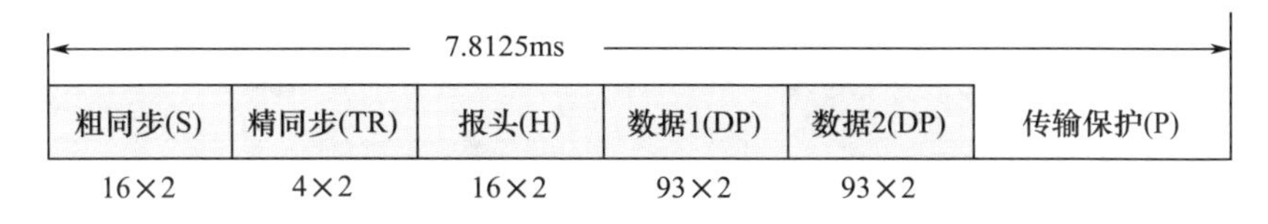

图 4. 36 P2DP 封装的时隙结构

(4) 四倍压缩单脉冲(P4SP)的封装格式如下所示:

四倍压缩单脉冲封装格式包含16个双脉冲的粗同步、4个双脉冲精同步、16个双脉冲报头、372个单脉冲字符(4组93个单脉冲字符)的数据脉冲,共444个脉冲。372个单脉冲字符可以传输12个(31,15)RS码字或1860bit未编码数据。P4SP获得了最大的数据容量,但放弃了抖动和脉冲冗余,降低了抗干扰能力,如图4.37所示。

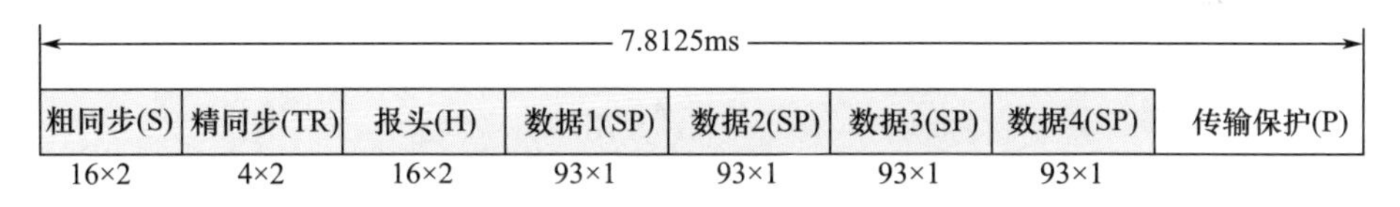

图 4. 37 P4SP 封装的时隙结构

2) 信息格式

Link 16消息由报头和信息数据构成。报头标识了数据类型和发射终端的源航迹号。4种消息类型为固定格式、可变格式、自由文本、往返计时。固定格式信息用于J系列消息交换,可变消息用于交换各类用户自定义消息,自由文本由于交换数字话音,往返计时用于同步。

(1) 固定格式消息。

固定格式消息用于通过Link 16交换战术和指挥信息(J系列信息)。固定格式可以包含1个以上的字,最多8个字,每个字75bit(70bit数据,4bit校验,1bit备用)。这些字又分3类:初始字(Initial Word)、扩展字(Extension Word)、继续字(Continuation Word)。固定格式消息由一个初始字、一个或几个扩展字、一个或几个继续字组成,如图4.38所示。

(2) 可变格式消息。

每个可变格式消息字共75bit,可变格式消息的内容和长度都可以变。报文中的字域可以超出边界,从报文内的信息中可以识别出字域和长度,如图4.39所示。

(3) 自由文本消息。

自由文本消息与任何报文标准无关。其没有格式限制,可以使用数据字中的所有75bit。换言之,可使用3个字段中的225bit,如图4.40所示。

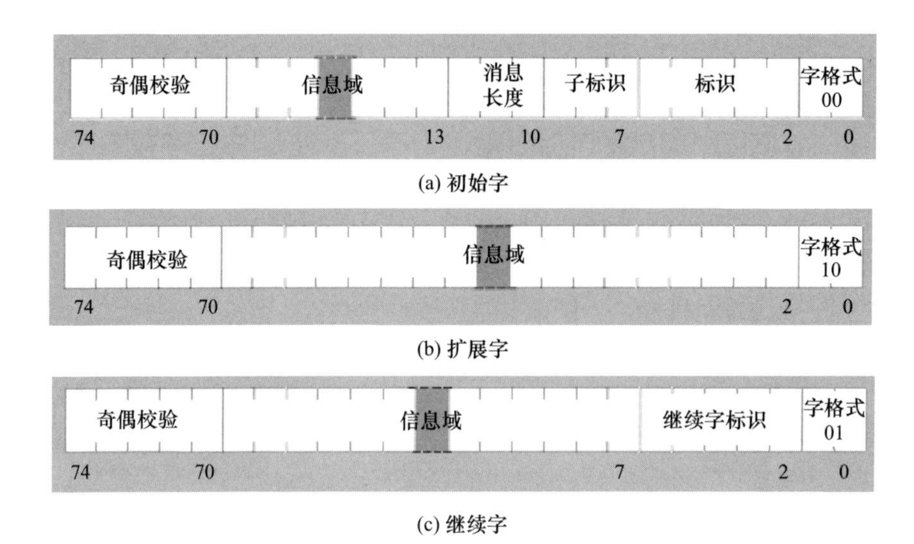

(a) 初始字

(b) 扩展字

(c) 继续字

图 4.38 固定格式消息结构示意图

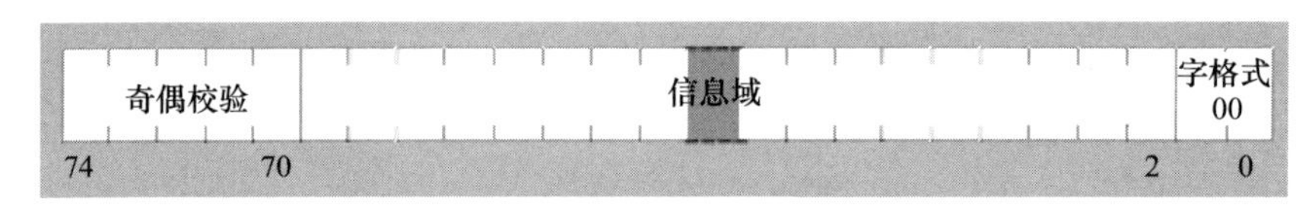

图 4.39 可变格式消息结构示意图

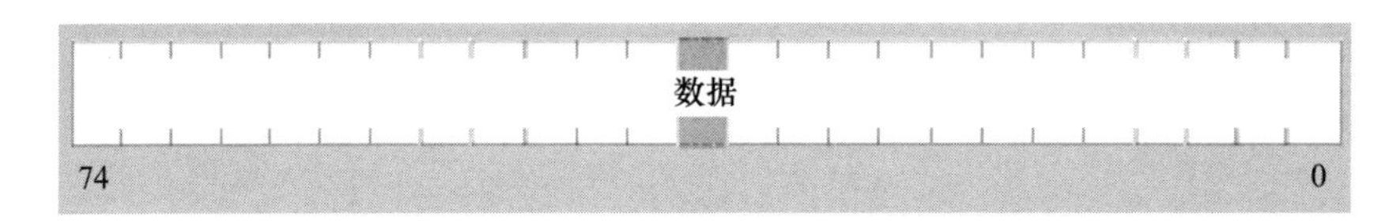

图 4.40 自由文本消息结构示意图

自由文本没有奇偶校验处理,可以采用或不采用 RS 编码用于纠错。当采用 RS 编码时,225bit 数据被映射成 465bit;无 RS 编码时,465bit 均可用来数据传输,但只用 450bit,以使单个时隙分配与标准速率(2400b/s、4800b/s 等)一致。自由文本消息用于传输 Link 16 话音。

3)消息报头

报头规定了后续报文是固定格式、可变格式还是自由文本。标识了消息是否经过编码,采用哪种封装结构。它还标识了保密数据单元(Secure Data Unit,SDU)的序列号、源航迹号(STN)。P/R 占 1bit,表示传输自由文本时,这 1bit 用于标识传输波形是双脉冲字符还是单脉冲字符;当传输的是固定分时消息或可变格式消

息时，这1bit表示这一时隙传送的是中继还是非中继的消息。时隙类型占3bit，用于标识本消息的封装类型、消息类型（固定格式还是自由文本）以及自由文本是否带纠错编码等，如图4.41所示。

前面已经提到，报头35bit，经过（16，7）RS编码后变成80bit。

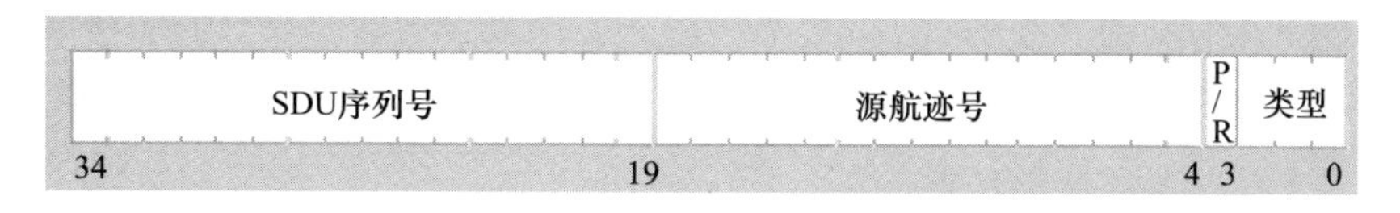

图4.41 消息报头结构示意图

4）往返计时（RTT）消息

JTIDS终端为能在网络中收/发信息，必须与网络同步。为了支持这个功能，制定了一套特别的RTT消息。它们是唯一在一个时隙内可以接收或发射的报文。采用RTT消息，终端可以在单个时隙内发送询问并接收应答。RTT消息的初始交换使终端与网络同步，后续交换使该终端能对系统时间按进行精确测量。

RTT询问既可以采用寻址方式（RTT_A）也可以采用广播方式（RTT－B）。寻址方式包括一个报头报文，报头报文指明时间品质最高的用户。它在指定的时隙内发射，并且只有这个指定的终端才能应答。

广播方式包含询问者的时间品质。没有指定特定的接收者，任何具有更高时间品质的终端都可以应答。

RTT询问与消息报头非常类似，有35bit长，并经过RS编码。只是后面没有跟数据，符号也没有经过交织。RTT连续发送，从时隙起点开始发送，没有时延或抖动时间，如图4.42所示。

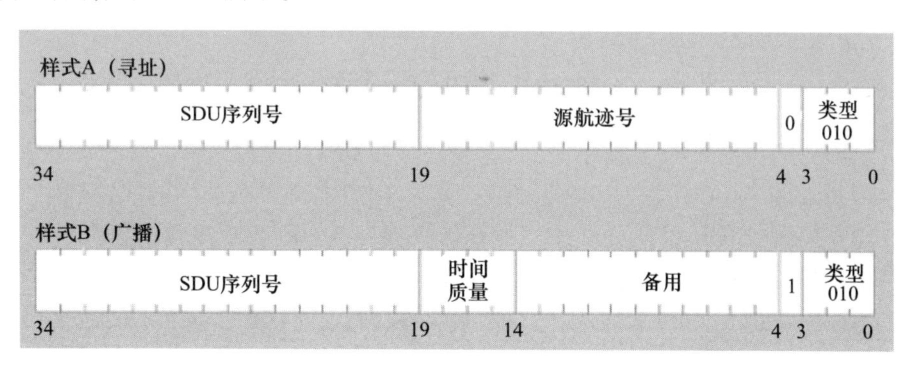

图4.42 RTT询问

在时隙开始后的4.275ms对RTT询问做出应答，这个时间由接收终端测量得到。应答内容包括接收到最后一个询问码元的时间，到达时间在接收天线处测量，并在12.5ns内上报,如图4.43和图4.44所示。

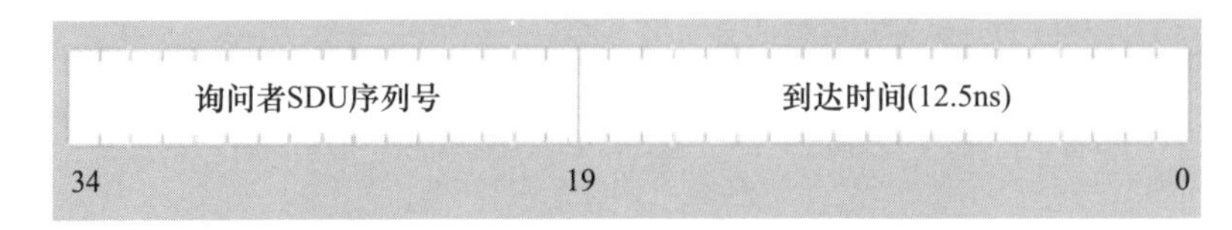

图4.43　RTT应答

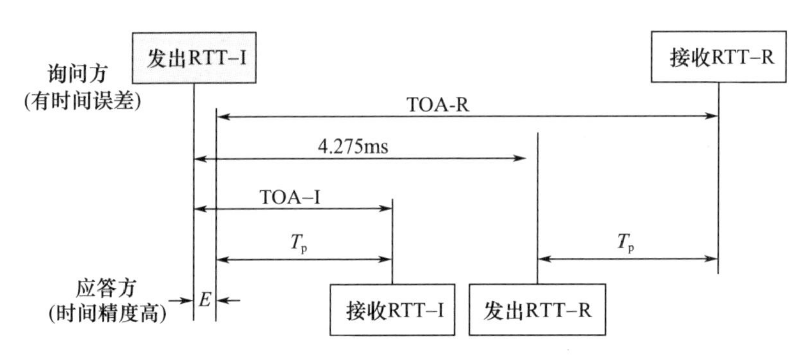

图4.44　通过RTT实现时间同步

假设RTT－R中报告的应答时刻为TOA_I,由询问终端测出的时刻为TOR_R,又已知时隙内4.275ms时发出应答,E为询问方时间误差。则应答传播时间为

$$T_p + 4.275 = \text{TOA\_R} + E$$

询问传播时间为

$$T_p = \text{TOA\_I} + E - 4.275$$

这样,就可以得到时间误差为

$$E = (\text{TOA\_I} - \text{TOR\_R} + 4.275)/2$$

4.5.3.5　装备使用

目前,Link 16由美军、一些北约国家和日本使用,并且被美国和北约选定作为战区导弹防御(TMD)的主要战术数据链。大量平台(机载监视和情报系统、指挥控制系统、战斗机和轰炸机、SAM系统、舰船等)都已经装备了Link 16。

美国空军的空中作战中心(AOC)、控制和报告中心/控制报告单元(CRC/CRE)、E－3、RC－135、E－8、EC－130、F－15A/B/C/D/E、F－16等飞机都装载了Link 16数据链。美国海军的航空母舰、导弹巡洋舰、导弹驱逐舰、两栖通用攻击舰、核动力潜艇(SSN)、E－2C、F－14D、EP3、F/A－18、EA－6B飞机等也安装了Link 16数据链。美国陆军的"爱国者"导弹系统、战区高空防御(THAAD)、战区导

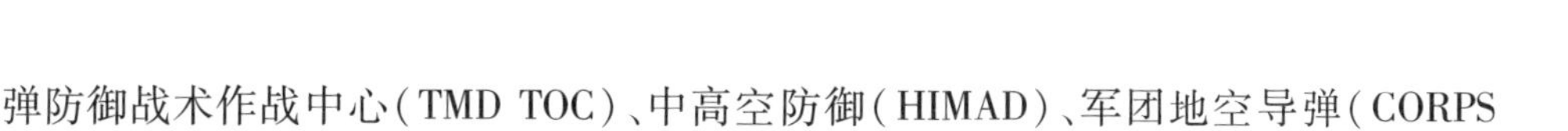

弹防御战术作战中心(TMD TOC)、中高空防御(HIMAD)、军团地空导弹(CORPS SAM)、联合战术地面站(JTAGS)等都装备了 Link 16 数据链。

以上我们介绍了 3 种数据链,通过指挥与控制处理器(C^2P),可实现格式化数据与各类数据链相应的消息序列之间的转换,如图 4.45 所示。

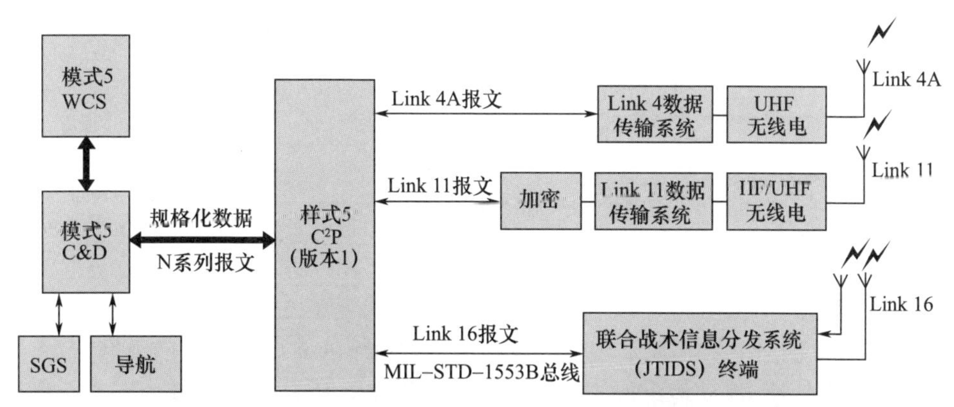

WCS—武器控制系统;C&D—指挥与决策;SGS—舰载栅格锁定系统。

图 4.45　通过 C^2P 转换实现归一化数据和信息在各种数据链上的传输

4.6　战术通信网发展趋势:宽带立体移动自组织网络

4.6.1　Ad Hoc 网络的定义与特点

Ad Hoc 网络是由一组带有收/发装置的移动终端组成的一个多跳的临时性自治系统[9]。网络中没有中心控制节点,所有节点地位平等,具有很强的抗毁性。

有时节点间的通信需要经过多个中间节点的转发(即多跳)才能到达目的地。在 Ad Hoc 网络中,每个移动终端具有路由器和主机两种功能:作为主机,运行面向用户的应用程序;作为路由器,终端需要运行相应的路由协议,根据路由策略和路由表参与分组转发与路由维护工作。

Ad Hoc 网络的典型结构如图 4.46 所示。

Ad Hoc 网络是一种特殊的无线移动网络,具有如下特点。

1) 无中心

Ad Hoc 网络中没有设置严格的中心控制节点。所有的节点都是地位平等的,组成一个对等式网络,节点可以随时离开或者加入网络,不会影响到整个网络的正

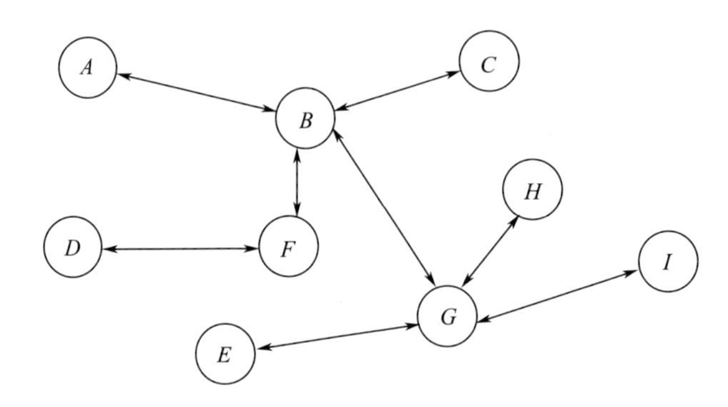

图 4.46　Ad Hoc 网络的典型结构

常运行。

2）自组织

Ad Hoc 网络能够在无须预先架设网络基础设施的前提下自适应组网，节点开机后就可以快速、自动地组成一个独立的通信网络。所有节点通过分层的网络协议和分布式算法协调自己的行为。

3）拓扑结构动态变化

Ad Hoc 网络中，每个节点都可以随机移动，并且可以随时打开、关闭信号发送装置。另外，由于发射功率、无线信道间的相互干扰以及天气、地形等综合因素的影响，都有可能造成节点和链路的数量及分布的变化，引起网络拓扑的结构发生变化。

4）多跳路由

由于节点的发射功率有限，当节点需要与其信号覆盖范围以外的节点进行通信时，需要依靠其他的中间节点中继转发，即经过多跳完成。Ad Hoc 网络中的节点不仅可以发送报文，而且也具有路由的作用，因此，通过普通节点的协调工作即可完成节点间的通信，无须专门的路由设备。

5）带宽、能量受限

Ad Hoc 网络采用的是无线传输技术作为底层通信手段，它所提供的网络带宽比有线信道要小得多，再加上其他因素的干扰，如多跳、信道竞争等，实际可用带宽远远小于理论上的最大带宽值。另外，节点一般依靠电池供电的，电池的可供能量也是很有限的。

6）网络安全性较差

Ad Hoc 网络采用了无线信道、分布式网络控制，加上节点能源有限，使得它更容易受到被动窃听、主动入侵、拒绝服务、剥夺"睡眠"等网络攻击。另外，因为没有基础网络设施，Ad Hoc 网络也不存在网络边界的概念。传统网络中的许多安全策略和机制不再适用。

4.6.2　Ad Hoc 网络的结构

Ad Hoc 网络可分为完全分布式网络结构（又称平面结构）和分层分布式控制网络结构（也称分级结构）。

在平面结构中，所有节点的地位平等，所以又可以称为对等式结构。

分级结构中，网络被划分为簇。每个簇由一个簇头和多个簇成员组成。这些簇头形成了高一级的网络。在分级结构中，簇头结点负责簇间数据的转发。簇头可以预先指定，也可以由结点使用算法自动选举产生。

分级结构的网络又可以分为单频分级和多频分级两种。单频率分级网络中，所有节点使用同一个频率通信。为了实现簇头之间的通信，要有网关节点（同时属于两个簇的节点）的支持。在多频率分组网络中，不同级采用不同的通信频率。低级节点的通信范围较小，而高级节点要覆盖较大的范围。例如，在两级网络中，簇头节点有两个频率。频率 1 用于簇头与簇成员的通信。频率 2 用于簇头之间的通信。分级网络的每个节点都可以成为簇头，所以需要适当的簇头选举算法，算法要能根据网络拓扑的变化重新分簇。

平面结构的网络比较简单，网络中所有节点是完全对等的，原则上不存在瓶颈，所以比较健壮。它的缺点是可扩充性差：每一个节点都需要知道到达其他所有节点的路由。维护这些动态变化的路由信息需要大量的控制消息。在分级结构的网络中，簇成员的功能比较简单，不需要维护复杂的路由信息。这大大减少了网络中路由控制信息的数量，因此具有很好的可扩充性。由于簇头节点可以随时选举产生，分级结构也具有很强的抗毁性。分级结构的缺点是：维护分级结构需要节点执行簇头选举算法，簇头节点可能会成为网络的瓶颈。

因此，当网络的规模较小时，可以采用简单的平面式结构；当网络的规模增大时，应用分级结构。美军在其战术互联网中使用近期数字电台（Near Term Digital Radio，NTDR）组网时，采用的就是双频分级结构。

Ad Hoc 网络的协议主要包括物理层、链路层、网络层、传输层、应用层等。下面主要介绍链路层介质访问控制（MAC）协议和网络层路由协议。

4.6.3　Ad Hoc 网络的 MAC 层协议

数据链路层解决的主要问题包括媒质接入控制以及数据的传送、同步、纠错以及流量控制等。无线自组织数据链路层又分为 MAC 层和 LLC（逻辑链路控制）层。在一般情况下，我们所关注的主要是 MAC 层，因为 MAC 层决定了数据链路层的绝大部分功能。下面介绍几种 MAC 协议。

4.6.3.1 ALOHA 协议

ALOHA 协议分为纯 ALOHA 协议、时隙化 ALOHA 协议、p 持续时隙化 ALOHA 协议。其中纯 ALOHA 协议试图以强制性的争夺方式共享信道带宽，其缺乏信道访问控制，某个节点需要发送分组时就立即发送，所以，该协议碰撞问题严重，信道利用率低。时隙化 ALOHA 协议把信道划分成一个个等长的时隙（时隙长度为一个数据帧需要的时间），要求每个节点只有到时隙开头才能发送分组，缩短了分组受碰撞的周期。p 持续时隙化 ALOHA 协议使用持续参数 $p(0<p<1)$ 确定一个节点在一个时隙内发送分组的概率。通过减少持续参数 p，可降低碰撞次数，但增大了时延。

4.6.3.2 载波侦听多址访问（CSMA）协议

该协议通过测试载波信道上有无分组在传输来避免碰撞。如果确定信道上没有分组在传输（信道空闲），就立即发送分组；信道上有分组在传输（信道忙），就禁止发送分组。根据不同的监听策略，CSMA 可以分为持续侦听、非持续侦听、p 持续侦听 3 种。持续载波侦听多址访问 CSMA 协议要连续不断地侦听信道，以确定信道上的分组是否结束。非持续载波侦听多址访问 CSMA 协议则每检测到一次信道忙就等待随机确定的一段时间后重新检测信道。p 持续的载波侦听多址访问 CSMA 协议是分时隙的介质访问控制方法，从每个时隙的开头侦听，如果侦听结果为空闲，以概率 p 发送一个分组，以概率 $1-p$ 把发送推迟到下一个时隙。

在 CSMA 媒质访问中要遇到暴露终端（Exposed Terminal）和隐藏终端（Hidden Terminal）的问题，如图 4.47 所示。

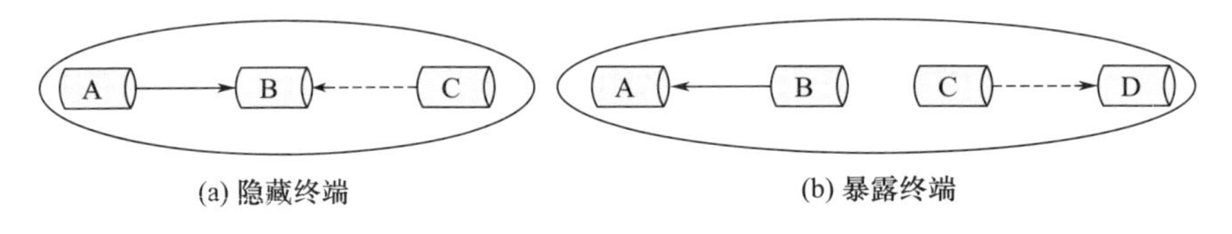

图 4.47 隐藏终端和暴露终端示意图

图 4.47(a) 中，节点 B 可接收节点 A、C 的信号，但 A、C 之间不能收到对方的分组。当节点 A 向 B 发送分组时，节点 C 通过 CSMA 检测，无法侦听到节点 A 向 B 发射的信号。此时，节点 C 也向 B 发送分组，导致 A、C 发送的分组在节点 B 处发生碰撞。节点 A、节点 C 互为对方的隐藏终端。

图 4.47(b) 中，节点 A、C 在节点 B 的无线电覆盖范围，节点 B、D 在 C 的无线电覆盖范围内。节点 B、节点 D 互不在对方的无线电覆盖范围内。假设节点 B 向 A 发射无线信号，节点 C 可以向 D 发射信号而不会互相影响。然而，由于节点 C 发现 B 正在使用无线信道，因而推迟发送其消息，导致信道资源浪费。节点 B、节

点 C 互为暴露终端。

多信道 CSMA 协议是把可用带宽分成若干信道，随机选择空闲信道来发送分组。每个节点只要不发送分组就连续监视 N 个信道，把各信道的接收信号强度记录下来。需要发送时，优先选择最近成功发射使用过的空闲信道，否则，随机选择一个空信道；如果没有空闲信道，等到有空闲信道后，等待一个时间间隔，再等待一段随机退避时间后再发送分组。

4.6.3.3　具有碰撞回避的多址访问（MACA）协议

MACA 协议通过使用请求发送 - 允许发送（RTS - CTS）控制报文握手机制解决隐藏终端和暴露终端的问题。节点 A 需要向节点 B 发送分组时，先向节点 B 发送一个 RTS 分组，其中包含了发送数据的长度。节点 B 接收到 RTS 分组且不在退避中，则立即应答允许发送（Clear to Send，CTS）分组。听到 CTS 没有听到 RTS 的是隐藏终端，听到 RTS 没有听到 CTS 的是暴露终端。

MACAW 协议是 MACA 协议的改进版，增加了两个新的控制分组：正确应答（ACK）分组和数据发送（DS）分组。DS 分组用于暴露终端确认自己的身份，在单信道条件下暴露终端是不能发分组的。发送节点和接收节点使用 RTS - CTS 握手成功后，发送 DS 分组，然后向接收节点发送数据。听到 DS 分组的节点知道自己是暴露终端，要延时发送数据。ACK 分组用于数据的链路层确认，没有得到 ACK 确认的分组将被重新发送。

它应用载波侦听来避免 RTS 控制分组之间的碰撞，辅助丢失分组的迅速恢复。为防止 ACK 分组的碰撞，源节点发送一个控制分组提醒暴露终端 ACK 分组即将发送。

4.6.3.4　地面捕获多址接入（Floor Acquisition Multiple Access，FAMA）协议

FAMA 协议的目的是为了更好地解决 MACA 协议中存在的终端隐藏问题。其要求发送方在发送之前首先获取信道（通过发出大量的确认数据包），该信道被分配后可以连续发送多个数据分组，以提高信道的利用率。源节点为获取信道采用载波侦听或分组侦听发送一个 RTS 分组：前者相当于用 CSMA 协议发送 RTS 分组；后者相当于用 ALOHA 协议发送 RTS 分组。接收方接收到 RTS 分组后，给源节点回送 CTS 分组。源节点成功接收到 CTS 分组后即获得数据发送信道。美军在无线互联网网关（WINGS）中使用的信道接入协议就是 FAMA 协议。

4.6.3.5　IEEE 802.11 DCF（Distributed Coordination Function，分布式协调功能）

电气和电子工程师协会（IEEE）的 DCF 协议的基础就是载波侦听多址访问与

碰撞回避(Carrier - Sense Multiple Access with Collision Avoidance,CSMA/CA)协议。在 CSMA/CA 协议中,发送节点必须先发一个 RTS 分组(其中包含接收方的身份识别码)。RTS 分组中包含接收节点的身份识别码,只有相应的接收节点方可通过发送 CTS 分组应答。其他移动节点收到 RTS 或 CTS 分组的节点推迟其数据发送。推迟时间由 RTS - CTS 握手控制分组中的网络分配矢量(Network Allocation Vector,NAV)确定。NAV 中包含其他节点发送而导致的传输媒质忙的持续时间信息。每个节点都维护一个 NAV。

一个节点在发送 RTS 之前必须侦听媒质,侦听时长为分布式协调功能帧间隔(Distributed Coordination Function Inter - Frame Space,DIFS)。如果信道侦听为空闲,则可开始发 RTS。接收点接收到 RTS 后,首先侦听媒质,侦听时长为短帧间隔(Short Inter - Frame Space,SIFS)。如果信道侦听结果为空闲,则回送 CTS。如果信道空闲时间长度达到 SIFS,那么发送节点发送一个数据分组,接收节点接收到数据后回送 ACK 进行应答。

如果一个节点发送了 RTS 或一个数据分组,而没有收到 CTS 或 ACK,则该节点进入退避进程。在退避过程中,节点先产生一个退避时间,其值等于若干时隙,均匀分布于[0,CW]之间,CW 为当前竞争窗口参数。只有当媒质空闲时间大于 DIFS 时才会递减退避时间。当信道重新变忙时,节点停止递减退避时间。重复进行这个过程,直到退避时间减至 0。然后,节点在下一个时隙发送,而无须等待一个 DIFS 时间。竞争窗口时间从最小值开始 CW_{min},每碰撞一次增大 1 倍,直至到最大值 CW_{max},一直保持该最大值。一旦发送成功,竞争窗口时间恢复到最小值。

4.6.3.6 忙音多址访问(Busy - Tone Multiple Acess,BTMA)协议

BTMA 协议把整个带宽划分成两个独立的信道:用于传输数据的数据信道,占据了大半带宽;用于传输特殊忙音信号的控制信道,控制带宽相对较小。一个源节点要发送数据时,首先收听控制信道上的忙音信号。如果没有检测到忙音信号,则可以开始发送数据;否则,延时到某个时间重新发送。任何节点在数据信道上发送数据时,立即在控制信道上发忙音信号。

4.6.4 Ad Hoc 网络的路由协议

根据路由表中保存的路径条数不同可以分为单径路由协议和多径路由协议。

4.6.4.1 单径路由协议

Ad Hoc 网络中每一个节点都可以作为路由器,路由器协议大致可以分为先验式(Proactive)路由协议、反应式(Reactive)路由协议、混合式路由协议。

先验式路由协议,即表驱动(Table - driven)路由协议,每节点维护着一张到达

其他所有节点的最新路由表。表驱动路由协议时延小,但路由协议的开销较大,特别是拓扑变化快的环境中,大量拓扑更新消息会占用过多的信道资源,使得系统效率下降。典型的表驱动路由协议有目的节点序列距离矢量(DSDV)、无线路由协议(WRP)等。

反应式路由协议,即按需(On - demand)路由协议,其节点并不实时维护路由协议,只有需要发送数据分组时才激活路由发现机制查找目的地的路由信息。按需路由协议的开销较小,但最初建立链接时,延时较大。典型的协议如DSR、ABR、AODV等。

混合式路由协议结合了先验式和反应式路由协议的优点,在局部范围内使用先验式路由协议,维护准确的路由信息,缩小路由控制消息传播的范围。当目标节点较远时,通过查找发现路由,从而减少路由开销,改善时延。典型协议如ZRP。

下面对几种路由协议进行简单介绍。

1) DSDV协议

DSDV(Destination Sequenced Distance Vector)协议是传统的Bellman - Ford路由协议的改进。DSDV协议的路由表包括目的节点、路由跳数、下一跳节点和目的节点序列号,如图4.48所示。

Destination	Next Hop	Metric	Sequence No.	Install Time	Stable Data

图4.48 DSDV协议的路由表示意图

图中:

Destination:目的节点地址。

Next Hop:下一跳节点地址。

Metric:从该节点到目的节点的路由跳数。

Sequence No.:目的节点序列号。

Install Time:记录该路由建立的时间,用于删除过期的路由。对每一条路由都有相应的生存时间,如果在生存时间内该路由未被更新过,就删除该路由条目。

Stable Data:用于记录该路由条目先前保存的目的节点标识符(ID)。

目的节点序列号由目的节点分配,用于判断路由信息是否过时,并可有效地防止路由环路的产生。每个节点或者周期性地与邻节点交换路由信息,或者根据路由表的改变触发路由更新。

路由表更新有两种方式:一种是全部更新(Fulldump),即拓扑更新消息中将包括整个路由表,主要应用于网络变化较快的情况;另一种方式是增量更新(Incremental Update),更新消息中仅包含变化的路由部分,通常适用于网络变化较慢的情况。路由替换原则是:①采用目的节点序列号较大的路由;②若更新路由与原路由的目的节点序列号相同，则选择最优的路由（如跳数最短）。

DSDV 协议的开销随着节点数的增加而增加，当网络拓扑频繁变化时，其路由更新也会经常进行。DSDV 协议适用于规模较小且网络拓扑比较稳定的网络环境。同时，DSDV 协议仅支持双向链路，而无线网络中有时为单向链路，这也限制了 DSDV 协议的使用。

2）DSR 协议

动态源路由协议（Dynamic Source Routing，DSR）是一种基于源路由的按需路由协议，它使用源路由算法而不是逐跳路由的方法。所谓源路由，是指在每个数据分组的头部携带有在到达目的节点之前所有分组必须经过的节点的列表，即分组中含有到达目的节点的完整路由。

DSR 协议主要包括路由发现和路由维护两个过程。当源节点 S 向目的节点 D 发送数据时，它首先检查缓存是否存在未过期的到目的节点的路由：如果存在，则直接使用可用的路由；否则，启动路由发现过程。具体过程如下：源节点 S 使用洪泛法发送路由请求分组 RREQ，RREQ 包含源和目的节点地址以及唯一的标志号，中间节点转发 RREQ，并附上自己的节点标识。当 RREQ 消息到达目的节点 D 或任何一个到目的节点路由的中间节点时（此时，RREQ 中已记录了从 S 到 D 或该中间节点的所经过的节点标识），节点 D 或该中间节点将向 S 发送路由应答分组 RREP 分组，该消息中将包含 S 到 D 的路由信息，并反转 S 到 D 的路由供 RREP 使用。节点 S 收到 RREP 后，将获得到 D 的路由，从而完成整个路由发现过程，节点 S 可向 D 发送数据。

DSR 协议中中间节点无须维持更新的路由信息，减少了协议开销；使用路由缓存技术减少了路由发现的耗费；一次路由发现过程可能会产生多条到目的点的路由。

DSR 的缺点：每个数据报文的头部都需要携带路由信息，数据包的额外开销较大；路由请求消息采用洪泛方式，相邻节点路由请求消息可能发生传播冲突并可能会产生重复广播；中间节点缓存的过期路由会影响路由选择的准确性。

3）AODV 协议

AODV（Ad Hoc On－demand Distance Vector）协议是 DSDV 和 DSR 协议的结合，在 DSDV 协议的基础上增加了按需路由机制，用逐跳转发的方式取代了 DSR 的源路由方式。

ADOV 的路由表中包含以下信息：目的节点国际协议（IP）地址、目的节点序列号、目的序列号标记、下一跳节点 IP 地址、跳数值、先驱链表指针、生存期值、状态标记。

（1）目的节点 IP 地址是该路由的目的节点的 IP 地址。

(2) 目的节点序列号是节点决定是否接收一个路由消息的条件,只有路由信息中的序列号大于该节点目前所知的序列号,才根据消息更新自己的路由表。

(3) 目的节点序列号标记表明该路由表项的目的节点序列号是否有效。

(4) 下一跳节点 IP 地址域保存到达目的节点的路径上的下一跳节点的地址。

(5) 跳数值域保存的是从本节点到达目的节点需要经过的节点数目。

(6) 先驱链表指针指向使用此路由表项所有可能的邻居节点的地址。

(7) 生存期值域保存了该路由表项的过期时间或者是删除该表项的时间。

(8) 状态标记则表明该表项的状态是有效、过期还是已删除。

在 AODV 协议中,当源节点要发送数据,而在其路由表中找不到到达目的节点的路由信息时,就广播路由请求分组(RREQ)启动路由发现过程。收到 RREQ 分组的中间节点在自己的路由表中增加一个路由记录,建立到源节点的反向路由。如果该节点不存在足够新的到达目的节点的路由表项,就将 RREQ 转发给自己的邻节点,直到收到 RREQ 的中间节点存在足够新的到达目的节点的路由,或者该节点本身就是目的节点,这时就通过单播的方式向源节点发送路由应答分组(RREP)。在此过程中,收到 RREP 的节点在自己的路由表中增加一个路由条目,建立到目的节点的正向路由。当 RREP 最后到达源节点时,从源节点到目的节点的双向路由就建立起来了。

路由中的每个节点都必须维护自己的路由表。节点会从路由表中删除已经过期或者失效的表项,同时也会关注下一跳节点的连通状态。当节点发现链路断开时,会根据断路位置判断是发起本地修复,还是发送路由错误分组(RERR)通知更上游的节点。

当网络中通信节点较少时,AODV 协议的控制和存储开销都小于表驱动路由协议,而且对链路中断的反应更快,但是因为表驱动路由协议知道整个网络的拓扑情况,当需要发送数据时,只需要找到相应的路由表项就可以发送数据,而 AODV 协议需要等待路由建立,时延较大。

4) 区域路由协议(Zone Routing Protocol,ZRP)

ZRP 是一种典型的分层路由协议,巧妙地结合了表驱动和按需路由策略协议的优点。它将整个网络分成若干个以节点为中心、一定的跳数为半径的虚拟区,区内的节点数与设定的区域半径有关,每个区域的半径长度由用户设定,许多节点可能同时属于多个区域。ZRP 由 3 个部分组成:区内路由协议(Intrazone Routing Protocol,IARP)、区间路由协议(Interzone Routing Protocol,IERP)和边界传播分解协议(Bordercast Resolution Protocol, BRP)。在区内使用表驱动路由算法,中心节点使用区内路由协议 IARP 维持一个到区内其他成员的路由表,节点和相邻节点之间通过周期性的交互路由表获得到区内各节点的最新路由。区间路由采用 IERP,负责寻找去往区外节点的路由。BRP 使得路由查询分组只在边界之间广播。

由于拓扑更新只在较小的区域范围内进行,ZRP 协议降低了系统耗费,也加快了路由发现过程,提高了响应速度。ZRP 的性能依赖于区域半径参数值,小区域半径适合在移动速度较快的节点密集网络中使用,大区域半径适合于移动速度慢的节点稀疏网络中使用。

4.6.4.2 多径路由协议

多径路由为任意一对节点同时提供多条可用的路径,允许节点主机(或应用程序)选择如何使用这些路径。可以利用最大的端到端吞吐量、最小的端到端延迟衡量多径路由协议的性能。

多径路由根据节点的相关性可以分为节点不相交多径路由(Node - Disjoint Multipath)、链路不相交多径路由(Link - Disjoint Multipath)、相关多径路由(Non - Disjoint Multipath)3 类。节点不相交多径路由,其路由之间没有共用的节点或者链路;链路不相交多径路由,其路由之间没有共用的链路,但可能有共用的节点;相关多径路由,其路由之间既有共用的节点,也有共用的链路。

1) AOMDV 协议

AOMDV(Ad Hoc On - demand Distance Vector Multi - path,Ad Hoc 按需多路径距离矢量协议)多径路由协议是在 AODV 协议的基础上进行扩展的,该协议的主要思想是在路径发现过程中计算多条无环的无交叉连接路径,其主要由两部分组成:用于建立和维护到达每个节点的多条开环路径的路由更新规则;用于寻找不相交路由的分布式协议。

在路由表结构中,AOMDV 用广告跳数(Advertised_hopcount)取代 AODV 中的跳数(Hopcount),用路由表列(Route_list)取代 AODV 的下一跳节点(Nexthop),定义了多条不同跳数路径的下一条节点。但是所有下一跳均具有相同的目的节点序列号。

寻找不相交路由的分布式算法采用一种特殊的泛洪(Flooding)来实现,在 AOMDV 协议中,RREQ 分组中增加一个称为首跳(Firsthop)的数据域,用于表示该 RREQ 分组经过的第一跳(源节点的相邻节点)。每个节点为每个 RREQ 分组维护一张首跳列表(First_list),以便能通过接收到的 RREQ 分组找到相应的路径。

2) MSR 协议

MSR(Multipath Source Routing,多路径源路由)协议是对 DSR 路由协议的扩展,通过一种探测机制动态获取每条路径的延迟信息,更新无效路径。每个节点对到目的节点的每一个路由都维护一个多路径路由表(Multiple - path Table),这个表包含了路径编号、目的节点 ID、延迟和计算出的路由传输量。

在路由发现机制上,MSR 协议中,源节点对 DSR 发现的多路径进行了选择,并且完成负载分配的工作。在负载分配时,MSR 协议使用权重循环均衡策略

(Weighted - round - robin),根据每个路径的传输数据能力,给每个路径分配不同的权值,使其能够传输相应权值的负载。

为了监视MSR中每条路径的实时信息,MSR协议使用探测包作为反馈控制机制,它通过在不同路径上定时发送探测包估算路径延迟,以此来反映该路径的性能,大大减少网络拥塞,但这需要为探测付出额外的开销。为了达到路径之间的相互独立,MSR中要尽可能地选用不相交路径。

3) SMR协议

SMR(Split Multipath Routing,多路径分离路由)协议建立和使用最大不相交路径的多条路由。其目的是通过目的节点获取多条路径,选择两条最大路径不相交的路径同时发送数据,可以提高数据传输率,减少网络延迟。在DSR协议中,中间节点只接收处理一次从同一个源节点发来的相同RREQ包,这就极大地降低了寻找多路由的可能性。

SMR协议主要对DSR协议中的寻找路由过程中RREQ包的传播进行了改进。在SMR协议中,中间节点发现了重复的RREQ包后,不是丢弃,而是进行检查。如果该RREQ包是从不同的前一节点发送过来,而且该RREQ中路径的跳数小于等于先前收到的RREQ包中的路径跳数,则接受这个RREQ,并进行处理,然后转发;反之,则将这个RREQ丢弃。在SMR协议最后路由选定部分,目的节点首先选择最早收到的RREQ中的路径,然后在设定的一段时间内,从收到的多个RREQ中选定一条与最初选择的路径不相关性最大的一条路径。但是,在SMR协议中路径选择由目的节点决定,从而导致源节点控制权较低,无法控制路径选择。

4.7 无线通信的制高点:卫星通信

卫星通信系统是利用卫星中继实现地面、空中、海上移动用户与固定用户之间信息传递的通信系统。卫星通信以其全球覆盖性、不受地理环境(高山、沙漠、沼泽等)条件限制、稳定可靠的传输媒质、大容量数据传输通道、支持移动终端等特点,而成为一种非常重要的通信方式,广泛应用于军事通信中。

从卫星通信的轨道看主要有以下3种。

(1) 地球静止轨道(GEO)。高度约为36000km。其优点是只需3~4颗卫星就可覆盖除两极以外的全球区域,但由于星地距离较远,链路损耗大,传输时延长,使得卫星和移动通信终端的体积成本较大。

(2) 低轨道(LEO)。一般工作于500~1500km高度,低轨道卫星星座实现全球覆盖需要40颗以上卫星。其信号衰减小,可有效实现频率复用。

(3) 中轨道(MEO)。轨道高度介于低轨和地球静止轨道之间,高度在10000~

20000km。覆盖全球需要 10 ~ 15 颗卫星。

卫星通信一般使用微波频段(137MHz ~ 300GHz),因为其可获得较大通信容量,而且卫星处于外层空间(电离层之外),微波频段具备地面上发射至卫星的电磁波和卫星发射至地面的电磁波可穿透电离层的能力。人们往往把大气吸收衰减最小的 0.3 ~ 10GHz 频段,称为"无线电频率窗口"。在 30GHz 附近存在的衰减低谷,称为"半透明无线电频率窗口"。

在卫星通信中,地球站之间的最大通信距离与卫星高度紧密相关。这里假设 R 是地球半径,为 6378km,h 是地球站与卫星的距离,我们计算一下,通过卫星中继时,AB 两点的最大距离,如图 4.49 所示。

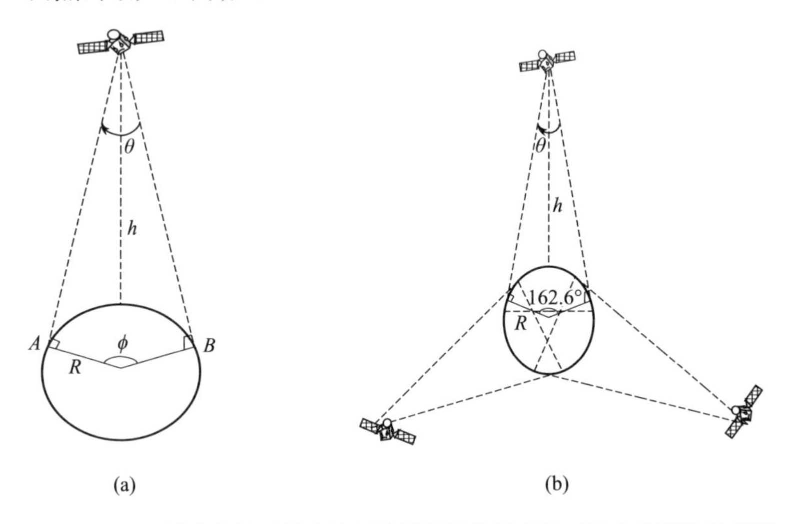

图 4.49　以卫星为中继时最大地面站间的通信距离及三星全球覆盖示意图

由图 4.49 可知,利用几何关系,不难得到如下关系式,即

$$\widehat{AB} = R \cdot \phi = R \cdot 2\arccos\left(\frac{R}{h+R}\right)$$

假设卫星离地面高度为 700km,则 $\phi = 0.897\text{rad}$,于是有

$$\widehat{AB} = R \cdot \phi = 6378 \times 0.897 = 5721\text{km}$$

假设卫星位于静止轨道,离地面高度为 35800km,则 $\phi = 2.838\text{rad}$,于是有

$$\widehat{AB} = R \cdot \phi = 6378 \times 2.838 = 18100\text{km}$$

我们顺便计算一下静止轨道卫星的视角,此时有

$$\theta = 0.3036\text{rad} = 17.4°$$

此时的静止轨道"视区"(从卫星"看"到的地球区域)为一球冠,即

$$s = 2\pi R(R - R\cos 81.3°) = 2\pi R^2 \times 0.849$$

由此可见,1颗静止卫星所“见”地球面积约占整个地球表面积 $4\pi R^2$ 的42%。原则上,只要用3颗静止轨道卫星适当配置就可以实现全球覆盖。

4.7.1　卫星通信简介

卫星通信系统由空间段(通信卫星)、地面段(通信地球站)、跟踪遥测及指令分系统、监控管理分系统四大部分组成,如图4.50所示。

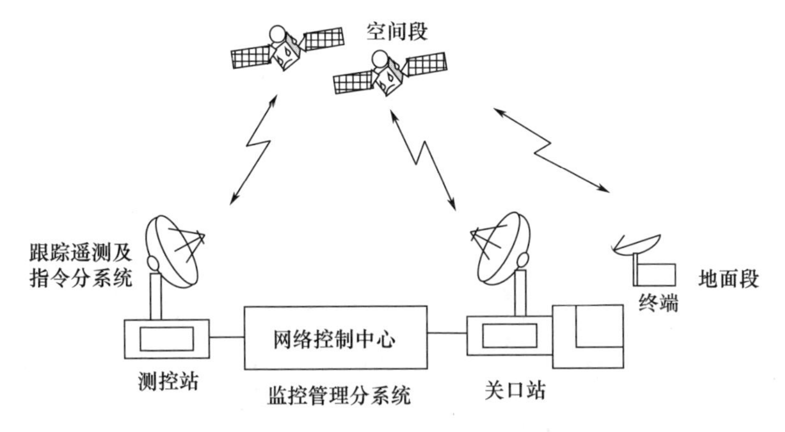

图4.50　卫星通信系统组成示意图

卫星通信主要起到无线中继的作用,通过星上转发器或交换机和天线来转发或交换地面、空中、海上固定和移动站的信息。

通信地球站及终端可以是固定站及车、船、飞机携带的便携台、手持台。

跟踪遥测及指令分系统是对卫星进行跟踪测量,控制其准确进入卫星预定轨道,在卫星正常运行后,承担定期对卫星进行轨道修正和位置姿态保持的任务。

监控管理分系统是对定点轨道的卫星在通信业务开通前、后进行通信性能的检测和控制。

关口站是卫星通信系统的核心,负责卫星通信网与公众电话网、Intenet网等之间的网络连接。完成数据的分组交换、接口协议转换、路由选择等。

4.7.2　卫星通信系统示例

军事卫星通信根据其作用、地位、功能以及服务对象不同,大致可以分成战略卫星通信与战术卫星通信。目前,已有一些国家建立多个军用卫星通信系统,美军的军事卫星通信系统在全球遥遥领先。目前比较有影响的三大卫星系统是窄带卫星通信系统、宽带卫星通信系统、受保护卫星通信系统,其典型代表分别是特高频后续卫星通信系统(UFO)、国防卫星通信系统(DSCS)、“军事星”(Milstar)卫星通信系统三种。这三种系统目前又正由移动用户目标系统(MUOS)、宽带全球卫星(WGS)系统、先进极高频(AEHF)系统三大卫星通信系统分别取代。

4.7.2.1 移动用户目标系统

MUOS 是美军窄带卫星通信系统,是美国海军为替代 UFO 卫星通信系统而构建的新一代 UHF 卫星通信系统,其在兼容 UFO 卫星系统的基础上,采用商用移动通信技术,星地一体,大幅提升通信能力。

MUOS 由空间段(MUOS 卫星)、地面段、MUOS 用户和网络控制等部分组成。它与国防部通信基础设施的其他部分,如国防信息系统网(DISN)、公共交换电话网(PSTN)以及其他军事卫星通信系统无缝连接。MUOS 系统的体系结构如图 4.51所示。MUOS 端到端系统如图 4.52 所示。

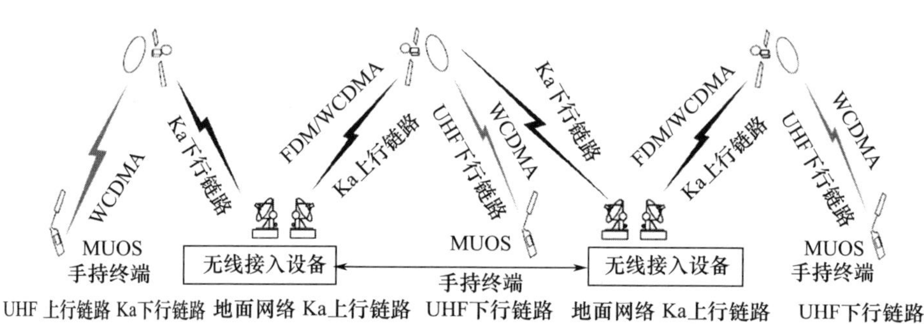

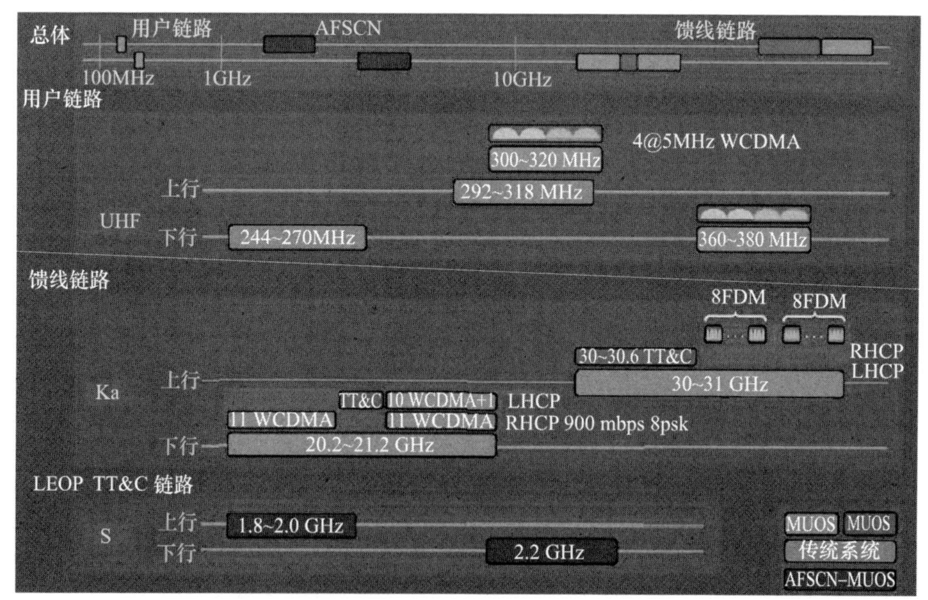

LHCP—左旋圆极化;RHCP—右旋圆极化;LEOP—发射和早期轨道阶段;TT&C—遥测、跟踪和遥控。

图 4.51 MUOS 系统的体系结构及频率分配(见彩图)

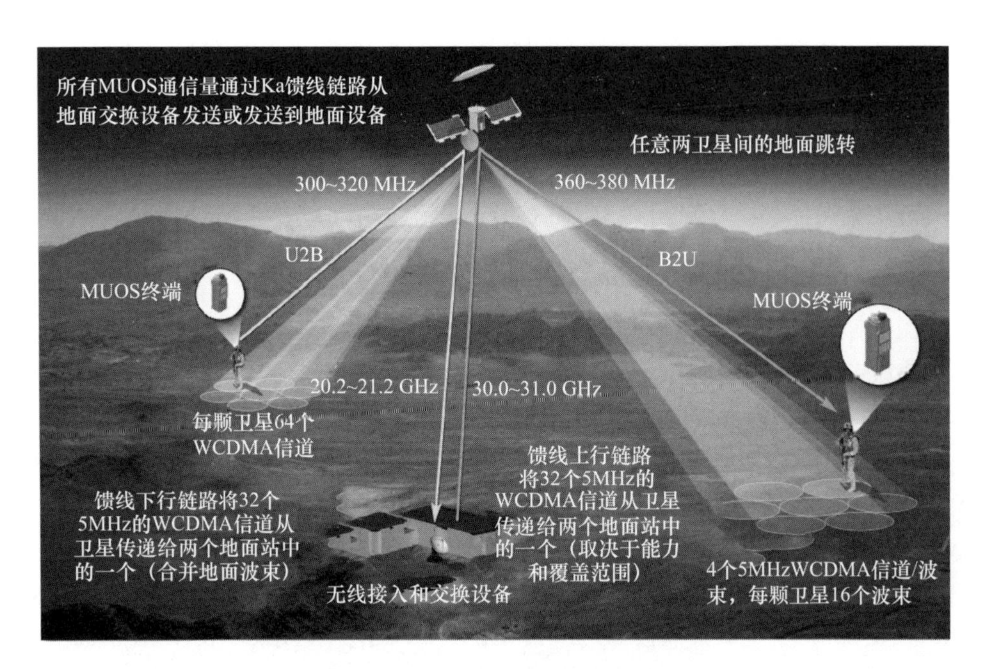

图4.52　MUOS端到端信号流程

用户终端使用UHF WCDMA上行链路把信息发送到MUOS卫星，卫星通过Ka频段的下行链路将信号转发到4个地面站（夏威夷、诺福克、西西里和澳大利亚）中的一个。这4个地面站互相连接到位于夏威夷和弗吉尼亚的交换与网络管理设备。交换和网络管理设备识别出通信目的地，并且路由这些信息到合适的地面站。然后，由这个地面站通过Ka频段上行链路发送信息到MUOS卫星，卫星再通过UHF宽带（WCDMA）下行链路转发给正确的目标用户。

MUOS卫星各链路的频率分配如下。MUOS终端的上行频率为300～320MHz，下行频率为360～380MHz；用户到基站（U2B）链路的Ka下行链路分别采用左旋圆极化和右旋圆极化在20.2～21.2GHz频段采用8PSK调制，符号速率达到384Ms/s，每个8PSK信号中包括11个或者10个WCDMA的5MHz载波的数字化采样信号；基站到用户（B2U）链路的Ka上行链路采用右旋圆极化在30.6～31GHz频段采用FDMA方式传输32个WCDMA载波信号，B2U链路的Ka频段链路和UHF频段链路采用弯管式传输，星上只做频率变换。

1）空间段

MUOS空间段由5颗地球同步卫星组成，其中4颗为业务卫星、1颗为在轨备份卫星。首颗MUOS卫星于2012年发射，2015年发射了第4颗卫星；2016年6月发射了第5颗卫星。卫星工作寿命为13～14年，覆盖南北纬65°之间的广大区域，可为美军和盟军部队的话音、视频和数据通信提供全球窄带(不大于64kb/s)卫星连接能力。

MUOS卫星采用洛克希德·马丁公司的商用A2100M平台,重约3100kg,功率10kW。该平台为MUOS系统配备一副多波束反射天线,可产生16个点波束信号,不同波束采用同频码分复用技术(所有波束共用4个5MHz带宽的射频WCDMA载波,每颗MUOS卫星复用16个码分多址波束),从而增加了系统的容量。每个点波束内,用户终端与卫星通信使用UHF频段,卫星和地面控制中心的通信使用Ka频段。16个波束的功能相当于地面上的蜂窝小区,采用地球同步卫星代替蜂窝发射塔。

在MUOS系统中终端和卫星之间采用UHF频段链路,卫星与地面控制中心之间通过一条Ka波段的馈电链路通信。MUOS系统地面控制中心之间通过地面组网基础设施互相连接在一起,使位于全球任意两个位置的MUOS系统用户都可以实现无缝通信。

每颗卫星上装有一副多波束的抛物面天线(MBA),天线反射镜约为16m×18m,反馈源由61个交叉偶极子组成,如图4.53所示。多波束的使用提高了对频率的利用效率,增加了系统的容量。

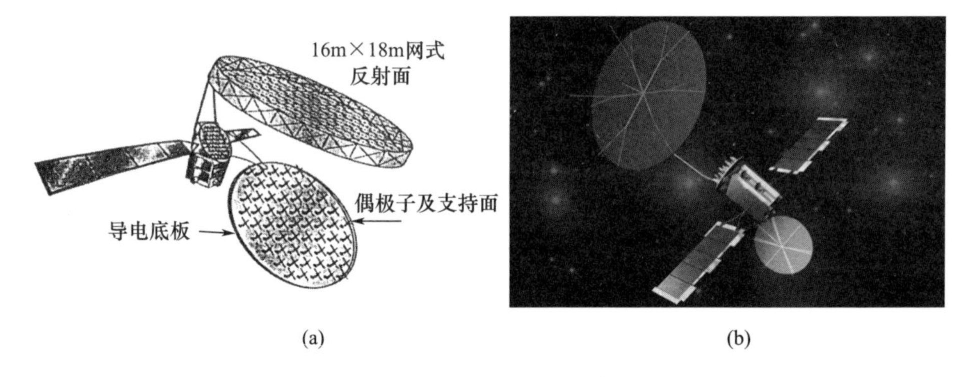

图4.53 MUOS卫星天线

MUOS卫星通过星上处理允许上行和下行链路波束的自由选路,通过自适应信号处理提高链路性能、灵活分配信道,通过提高频谱利用率和传输质量增加卫星的容量。MUOS卫星星上处理框图如图4.54所示。

2)地面段

MUOS地面网络全部使用分组交换域,有"全IP核心网络"之称。MUOS网络使用IP从一个MUOS兼容终端(MCT)传输到另一个MCT或DISN。MUOS对商用的UMTS(通用移动网络通信系统)核心网原理作了一些特别修改,通过MUOS无线接入设备和转换装置(RAF&SF)分发信息。MUOS对商业的IP多媒体子系统

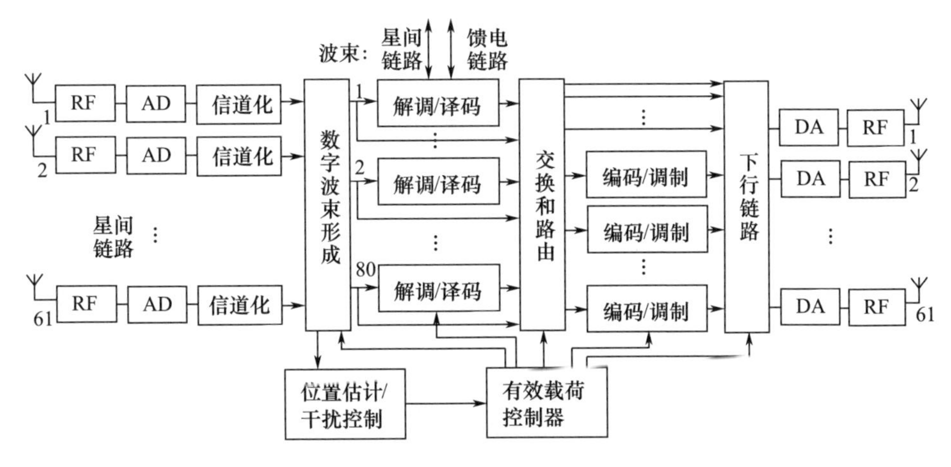

图 4.54　MUOS 卫星星上处理框图

(IMS)也做了适当修改,为点对点通信业务提供端对端的呼叫管理。商业的会话启动协议(SIP)用来指示链路建立(用户注册、呼叫建立和拆除等),这样组业务加入时不需要进行初始化协议。

用户之间的信息传输将与现有的窄带系统大为不同。具体流程如下:用户终端使用 UHF 频段与卫星建立连接,卫星在 Ka 频段馈电链路将信号转发到 4 个地面站中的一个。这 4 个地面站与位于美国夏威夷和弗吉尼亚的交换中心相连接,交换中心的任务是识别通信请求的目的地信息,然后把信息传递到相应的地面站,地面站将信息通过 Ka 频段上传至对应的卫星,MUOS 卫星通过 UHF 频段向下发送到所对应的用户。网络管理设备放置在美国夏威夷,并且负责规划和记录 MUOS 的运行。这个网络采用政府控制的、基于优先级的资源管理模式,以适应不断变化的业务需求。除此之外,MUOS 将会提供一个选择国防信息资料系统的网络服务、话音服务以及数据服务的入口。

MUOS 由位于美国加利福尼亚州莫古角的海军卫星测控中心进行控制,而位于美国科罗拉多州谢里佛尔空军基地的空军卫星测控网则充当备用控制中心。

3）用户段

随着 UFO 向 MUOS 过渡,系统必须保持考虑后向兼容以支持新用户终端和传统用户终端的混合使用,如图 4.55 所示。每颗 MUOS 卫星除搭载一个 MUOS 载荷之外,还搭载了一个 UFO 卫星有效载荷,因此,可以兼容 UFO 系统现在使用的全部终端设备。MUOS 具有“动中通”能力,终端设备装备有全向天线。MUOS 支持体积小、重量轻的通信设备,为高度机动的广大作战人员提供较高的通信服务性能。

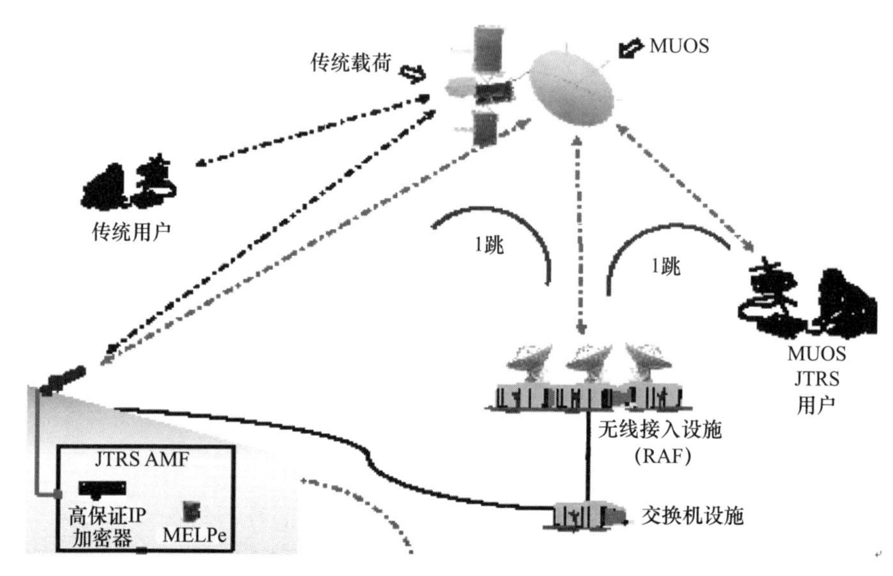

AMF—机载、海上/固定；MELPe—增强型混合激励线性预测。

图 4.55　MUOS 支持新用户和传统用户终端的混合使用(见彩图)

用户可以通过国防信息系统局(DISA)无线电话站与其他 MILSATCOM(军事卫星通信)系统的用户通信。传统终端由 MUOS 关口站、DISN 和政府所有的商用关口站提供与商用移动卫星(MSS)系统的连接。按照联合战术无线电系统(JTRS)体系结构,MUOS 新型手持式终端可直接与商用移动卫星系统通信,它将实现软件可编程、兼容旧的终端并与 JTRS 实现互操作。传统终端和新型手持式终端可以通过 MUOS 关口站连接起来。

移动用户目标系统的用户终端天线具有很高的机动性,而且外廓低矮。地面用户将使用 UHF 头盔天线,为了优化卫星覆盖范围,该天线采用圆极化方式,并且在仰角大于 10°时,方向图是全向的。

移动用户目标系统利用了第三代商用蜂窝移动通信技术实现与大型终端或手持式终端的用户之间的通信。表 4.7 列出了现今典型 PSC－5 型 UHF 频段传统终端与 MUOS 终端的性能对比。

表 4.7　UHF 频段传统终端与 MUOS 终端性能比较

基本参数＼系统终端	UFO 终端	MUOS 终端
上行频率/MHz	292～318	300～320
下行频率/MHz	244～270	360～380

（续）

基本参数 \ 系统终端	UFO 终端	MUOS 终端
EIRP/dBW	23.5	8.5
(G/T)/(dB/K)	-15.9	-27.7
通信速率/(kb/s)	16	32
质量/lb①	11(不带电池)	1(带电池)

4）MUOS 卫星主要特点

（1）具有良好的兼容性。与现存的 UFO 终端完全兼容,能与美军现役或在研的部分通信电台联络,从而能保障美军多军种联合作战的顺利进行。这不但能极大地提高美军方的通信可用性,并可将最大限度地发挥美军未来联合战术无线电系统终端的全部特性能力。

（2）采用先进交链技术。其用户间信息流的传递与“特高频后续星”有很大的不同。在该卫星系统中,用户首先把信息发到卫星上后,卫星通过 Ka 频段下行链路把此信息转发到一个地面站;然后通过判别信息所要通向的目标用户把其转发到合适的其他地面站,再由地面站通过 Ka 频段把信息发到卫星上;最后卫星把信息发送到正确的目标用户,从而实现 Ka - UHF 频段的交链。该卫星系统还会提供一个选择国防信息资料系统的网络服务、话音服务以及数据服务的入口,这是过去无法做到的。

（3）采用第三代商用蜂窝移动通信技术。它通过宽带码分多址波形和通用移动电信系统基础结构技术,向包括手持终端在内的极大范围终端传送文本、话音、视频和多媒体信息,并可把高质量的声音与同步移动图像连接起来,在速度上也比现有系统有极大提高。在全球范围内允许同时接入 1997 个用户(39.2Mb/s),覆盖范围从北纬 65°到南纬 65°,传输速率达到 96kb/s,甚至可以接近 128kb/s。

（4）适应能力更强。MUOS 的波长特性使得它能穿透障碍物,或在恶劣气候等环境下工作。它不但能提供数据率更高、容量更大、连接更稳定的话音和数据服务,而且可能被用在美国海军的远程传感、单兵背包以及手持终端上。所以能突破现代战场上小型移动终端只能实现视距通信的局限,提高所有环境和地形下小型终端的通信能力与联通水平。

（5）具有更强的抗干扰能力。其多个点波束的方式可以避免“特高频后续星”采用全球波束容易遭受任何地区的上行干扰问题。通过多个点波束覆盖不同的作战区域,能实现不同区域的作战单元采用多个波束进行通信,降低敌方的单一

① 磅,1lb≈0.45kg。

作战平台对通信系统的干扰，即敌方无法通过单一作战平台获得当前区域的干扰目标信息，也无法对其他波束的作战目标实施干扰。同时，MUOS 的多个点波束指向不同区域，可以利用卫星检测设备发现某一波束内的干扰信号，通过调整波束指向避开干扰源所处的区域，提高系统的抗干扰性能。

此外，该系统还充分利用商用的先进技术，在兼容“特高频后继星”工作方式下，综合运用频分多址、时分多址和码分多址的技术体制，极大地提高了系统的通信性能。

4.7.2.2 宽带全球卫星（WGS）系统

WGS 是由美国空军和陆军联合投资研制，基于商用技术，旨在为美国国防部及作战部队提供宽带通信业务。一方面，接替逐渐老化的美国骨干军事卫星通信系统——国防卫星通信系统（DSCS）；另一方面，在一段时间（2005—2025 年）对 DSCS Ⅲ以及特高频后续卫星（UFO）通信系统的全球广播服务（GBS）载荷提供补充和增强。WGS 卫星系统可为美军提供作战通信支持；可为“全球鹰”“捕食者”系列无人机提供安全、实时链接，第一批的 3 颗 WGS 卫星可以以 137Mb/s 同时传输数据，第二批的前 3 颗 WGS 卫星可将“全球鹰”无人机侦察到的图像以 274Mb/s 的速率进行传输；可为战术级作战人员信息网（WIN - T）提供保密的网络连通以及 Ka 频段大带宽案“动中通”战术能力。WGS 系统组成如图 4.56 所示。

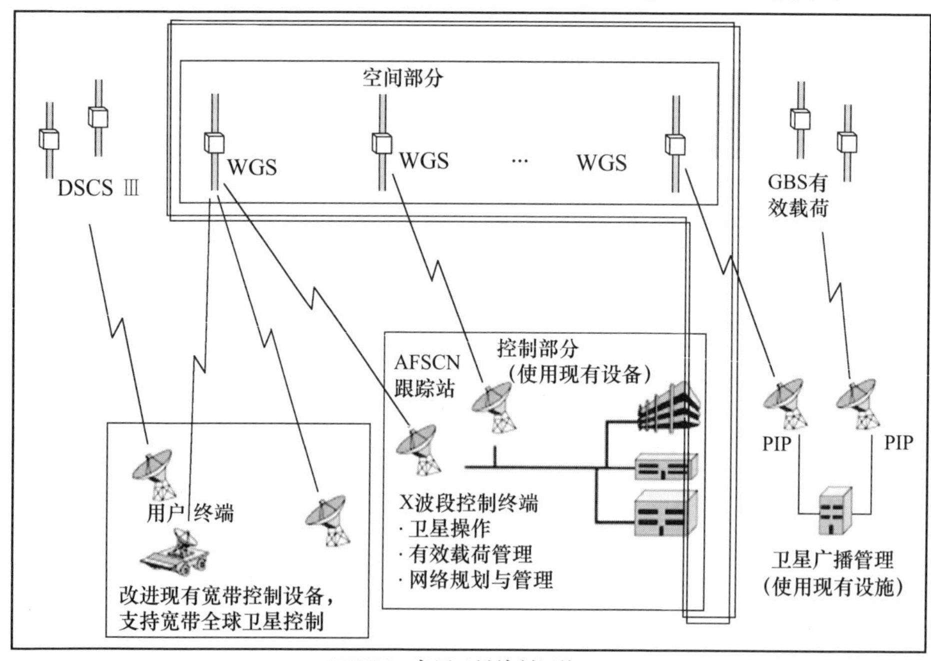

AFSCN—空军卫星控制网络。

图 4.56 WGS 的组成

1）空间段

WGS 系统的首颗卫星于 2007 年 10 月发射升空，2013 年 8 月第 6 颗 WGS 卫星升空，2016 年 12 月第 8 颗卫星升空，2017 年 3 月 WGS－9 卫星成功发射入轨。2019 年 3 月美军发射 WGS－10，形成由 10 颗卫星组成的星座。该星座前 3 颗为基本型第一批（Block Ⅰ）；从第 4 颗卫星起为第二批（Block Ⅱ），增加了无线电旁路设备，带宽将成倍增加；从第 8 颗起，系统进一步升级，增加新的数字信道选择器，可以更加高效地处理通信，继续提高卫星容量，带宽较之前增加 45%。WGS－8 卫星还具备点波束，可以解决通信受干扰时的通信中断问题。

每颗 WGS 卫星安装 13 副天线，有 X、Ka 两种频段。其中，3 副天线工作在 X 频段：2 副相控阵天线（收/发各 1 副），可形成 8 个可控/成形波束；1 副地球覆盖接收和发射喇叭天线，形成 1 个全球覆盖波束。工作在 Ka 频段的天线有 10 副：8 副双工万向架抛物面天线以及 2 副双工抛物面窄波束天线，可形成 10 个 Ka 频段可控窄波束（其中 3 个波束的极化方式可调）。这 13 副天线可覆盖 19 个独立的区域，覆盖范围从北纬 65°到南纬 65°，军用时，业务范围可扩展到北纬 70°到南纬 65°。

WGS 卫星可高效利用带宽，支持用户进行通信，通信容量为 1.2～3.6Gb/s，瞬时最高容量可达 4.875Gb/s。该卫星将 DSCS－3 与 3 颗“特高频后续卫星”（UFO）载荷“全球广播服务”（GBS）的功能合二为一。其中，X 频段替代 DSCS－3 功能，为美国政府和军队首脑提供固定带宽；Ka 频段替代 UFO 的 GBS 功能，为美军提供视频、音频服务。数字信道化器可将 Ka 频段 1GHz 上/下行链路带宽（30～31GHz/20.2～21.2GHz）以及 X 频段的 500MHz 上/下行链路带宽（7.9～8.4GHz/7.25～7.75GHz）在每副天线覆盖区分割成 39 条主信道（Ka 频段 22 条，X 频段 17 条），因此平均每条信道的最大容量达到了 125MHz（4875MHz/39）。这 39 条主信道又可通过数字信道化器划分为 1872 条独立路由的 2.6MHz 子信道（每条信道划分为 48 条子信道），信号可实现 X－Ka 和 Ka－X 的跨频段连通，任意上行覆盖区都可被连接到任意下行覆盖区，从而取得了极大的灵活性。另外，WGS 卫星支持多种网络拓扑结构，包括广播网、星形网、网状网和点对点连接。WGS 载荷原理框图如图 4.57 所示。

2）地面控制段

WGS 系统地面控制段主要是在现成的商用硬件和软件基础上搭建起来的，因此，具有可靠性、耐用性和易维护性等优点。地面控制段主要通过空间地面链路系统、遥测跟踪控制系统、S 频段载波统一测控系统以及带内（X、Ka 波段）遥测控制链路对 WGS 进行控制。WGS 由位于科罗拉多州的施里弗（Schriever）空军基地控制。卫星载荷由科罗拉多州的彼德逊（Peterson）空军基地控制。卫星其他地面控制设

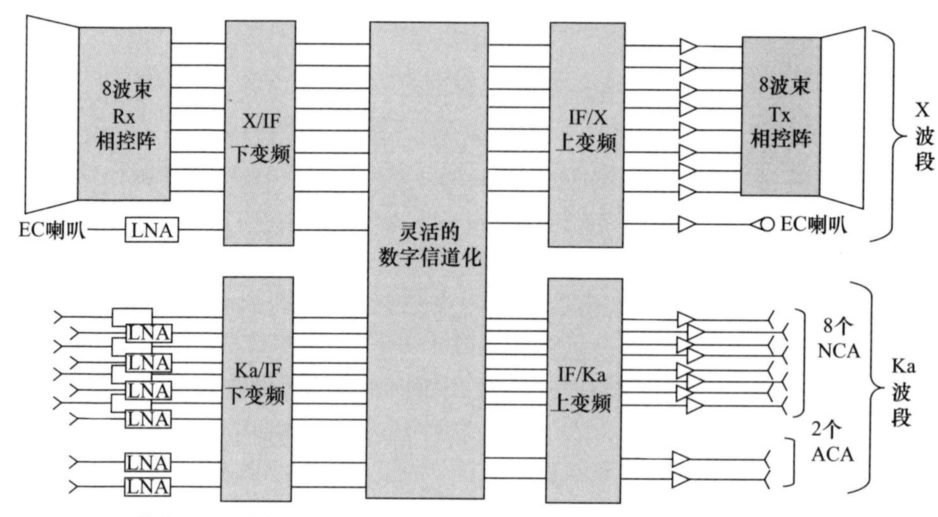

图 4.57　WGS 载荷原理框图

施还包括位于美国马里兰州米德堡和迪特里克堡的宽带卫星控制中心、加利福尼亚州罗伯茨兵营宽带卫星控制中心、夏威夷州瓦西阿瓦宽带卫星控制中心、驻日美军冲绳基地宽带卫星控制中心、德国兰德斯图的美军国防网络中心、澳大利亚东/西部卫星地面站。此外，还有连接德国兰德斯图、澳大利亚以及夏威夷的陆地光缆。

3）用户终端段

WGS 用户终端由一系列工作在 X 和 Ka 频段的地面卫星终端组成。这些终端主要是战略终端，且与现役 DSCS－3 终端是相互兼容的。WGS 终端用户主要有美国国防通信系统、陆军地面机动部队、空军机载终端、海军舰艇、白宫通信局、国务院、核力量指挥所以及澳大利亚陆军和其他盟军。此外，WGS 还拥有移动战术终端，如高容量 4 频段的“地面多频段终端”“多频段/多模式一体化卫星终端”以及新型 Ka 频段地面终端 Ka SAT 等。

4）WGS 卫星系统主要特点

（1）通信容量大。WGS 每颗卫星所支持的数据流通速率为 1.2～3.6Gb/s，具体速率取决于采用卫星工作的地面终端情况及其位置。每颗 WGS 的容量为 DSCS Ⅲ业务寿命增强计划（SLEP）卫星的 10 倍，比目前工作的整个 DSCS 星座和 UFO 的 GBS 负载所提供的容量还大。

（2）强大的天线点波束能力。WGS 具有可形成点波束的相控阵与抛物面天线。WGS 的 13 副天线中有 12 副天线，共可形成 19 个可控点波束，具备向不同覆

盖区提供广播和群播能力。

(3) 灵巧数字信道化提供了灵活的联通性。信道选择器首先将模拟信号转化为数字信号,并将卫星工作频段划分成2.6MHz的1872个子信道;然后对子信道进行信号交换和路由分配处理,使信号可实现X-Ka、Ka-X频段信号的灵活通联。

4.7.2.3 先进极高频(AEHF)卫星

早期的受保护军事通信卫星是“军事星”(MILSTAR)系统。它从20世纪80年代开始研制,共发展了两代,第一代2颗,第二代4颗。除了第二代首颗卫星发射失败,其余5颗正常工作。

先进极高频(AEHF)卫星通信系统实际上是美国国防部第三代“军事星”通信卫星,即MILSTAR-Ⅲ。它是美军用卫星通信体系结构中新一代高度安全和抗干扰的核心卫星通信系统,将为美国的战略和战术力量在各种级别的冲突中提供安全可靠、强抗干扰能力的全球卫星宽带通信,比“军事星”Ⅱ卫星通信系统具有更大的传输容量和更高的数据速率。AEHF星座按原计划由6颗交叉链路工作卫星组成,其中5颗为工作星、1颗为备用星,后来,美国空军将AEHF卫星描述成一个由4颗卫星组成的星座。2010年8月,首颗AEHF卫星发射升空;2016年,美军发射了第4颗AEHF卫星。AEHF是“军事星”卫星通信系统的补充与改进,可为陆军、空军、海军、特种部队、战略导弹部队、战略防御、战区导弹防御和空间对抗等在各级级别的冲突中提供全球性、高生存力、抗干扰、保密、可靠的全球宽带通信服务。它不仅能用于核战情况下的战略通信,也能用于常规战争期间的战术通信,而且能够向装备了机载、舰载、车载和人工背负式先进极高频卫星通信终端的作战人员提供更加灵活的“动中通”实时通信服务。

AEHF卫星与MILSTAR有很多相似之处,为了便于讨论,我们先简单介绍一下二代“军事星”系统,即MILSTAR-Ⅱ。

MILSTAR-Ⅱ的主要功能和技术指标如下。

(1) 工作频段:

① 上行链路:

EHF(极高频)频段:43.5~45.5GHz。

UHF(特高频)频段:292.825~311.175MHz;316.587~317.318MHz。

② 下行链路:

SHF(超高频)频段:20.2~21.2GHz。

UHF频段:243.588~269.975MHz。

③ 星间链路:60GHz(双向)。

④ 通信和跟踪链路:1811.768MHz;1815.722MHz。

⑤ 遥测和跟踪链路:2262.5MHz;2267.5MHz。

(2) 多址方式:

① 上行链路:采用频分多址(FDMA)和全频带跳频。

② 下行链路:采用时分多址(TDMA)和快速跳频。

③ 跳频速率:16000 跳/s。

(3) 卫星检测到干扰时,利用自适应调零天线可在干扰源方向实现零陷,使干扰信号电平下降 25 ~ 35dB。

(4) MILSTAR - Ⅱ卫星共有 3 种通信有效载荷:一是低数据速率(LDR)载荷;二是中数据速率(MDR)载荷;三是 60GHz 星际链路保密载荷。

① LDR:192 信道,数据速率 75b ~ 2400b/s,每信道可支持 1 ~ 4 个用户。

② MDR:32 信道,数据速率 4.8kb ~ 1.544Mb/s,每信道可支持 1 ~ 70 用户。

③ 星间链路:10Mb/s。

(5) 具有信号调制、解调、波束切换、抗干扰、基带信号交换等星上处理能力。

(6) 采用 Smart - AGC 技术(一种自适应包络限幅技术),当星上无干扰时,转发器工作于线性区;当上行链路受到强干扰时,放大器的线性工作区右移,干扰信号工作于零区而被消除,而叠加在强干扰信号上的小信号被放大。

AEHF 卫星系统比 MILSTAR 提供更大容量和更高传输速率。AEHF 卫星在 MILSTAR 低数据率载荷和中数据率载荷的基础上,增加了扩展数据率载荷,可提供高数据率传输服务,并扩大其覆盖区范围。AEHF 单星通信总容量从 MILSTAR - Ⅱ的 40Mb/s 提高到 430Mb/s,同步信道数量增加 2 ~ 3 倍,从而可实现战术军事通信系统传输准实时视频、战场地图和目标数据。

AEHF 卫星用于战术通信数据速率是 8.192Mb/s(MILSTAR - Ⅱ为 1.544Mb/s),用于战略通信的数据速率是 19.2kb/s,可以服务 6000 个终端和 4000 个网络(比 MILSTAR - Ⅱ多 2500 个),并同时提供 50 多个下行链路信道。按照这个容量,新系统在点波束数量上将有近 10 倍增长,极大地提高了用户接入能力。"先进极高频"的点波束更小、功率更高,提高了通信的可靠性和数据率,极大地降低了敌方侦听和干扰的可能性。MILSTAR 与 AEHF 传输载荷的比较如表 4.8 所列。

表 4.8 MILSTAR 与 AEHF 传输载荷比较

	MILSTAR(LDR&MDR)	EHF(XDR)
频率	EHF(44GHz)上行 SHF(20GHz)下行	EHF(44GHz)上行 SHF(20GHz)下行
速率	75b/s ~ 1.544Mb/s	75b/s ~ 8.192Mb/s
系统安全性	端到端 COMSEC、TRANSEC 跳频	端到端 COMSEC、TRANSEC 跳频

（续）

	MILSTAR(LDR&MDR)	EHF(XDR)
兼容性	MILSTAR(LDR&MDR) 调制模式	MILSTAR(LDR&MDR&XDR) 调制模式
天线	1 个全球波束,5 个可控波束,2 个窄带和 1 个宽带点波束,2 个调零波束,6 个点波束(用户分部覆盖)	1 个全球波束,4 个可控波束,24 个时分点波束,2 个调零波束,6 个固定点波束(用户分部覆盖)
星间链路	每个卫星 2 条链路(双向)约 10Mb/s	每个卫星 2 条链路(双向)约 60Mb/s
注:XDR—扩展数据速率;COMSEC—通信安全;TRANSEC—传输安全。		

1）空间段

AEHF 卫星系统由 4 颗卫星组成,配备多达 24 个 C 波段和 24 个 Ku 波段的转发器。其在提供扩展数据速率(XDR)业务的同时,仍能与“军事星”的低数据速率(LDR)和中数据速率(MDR)兼容。

AEHF 卫星具有多种类型以满足战争的特殊需要,包括 2 副 SHF 下行相控阵天线、2 副星际链路天线、2 副用于抗干扰的上行/下行调零天线、1 副 EHF 上行相控阵天线、6 副装有平衡架的上行/下行碟形卫星天线、1 副上行和 1 副下行全球覆盖喇叭天线。

2）地面段

AEHF 卫星系统的任务控制系统由通信管理系统、移动指挥控制中心、卫星地面链路标准/统一 S 波段卫星控制系统以及 EHF 卫星控制系统 4 部分组成。

一体化指挥控制系统(CCS - C)也将与先进极高频卫星控制系统接口,以提供卫星地面链路标准/统一 S 波段的指挥能力。

3）用户段

AEHF 能在任何时候提供世界范围内的军事应用,并兼容现有的 MILSTAR 系列终端,支持提供机载、舰载、车载和便携终端,如海军多频段终端、单信道抗干扰可搬移式终端、先进极高频通用系统试验终端、保密移动抗干扰可靠型战术终端和先进超视距系列终端以及潜艇高数据速率系统。其中先进超视距系列终端综合了以前的两个项目,即机载宽带终端和指令递送终端替代系统,从而建立了一套通用的开放式、覆盖天基地基的综合应用体系。

4）技术特点

(1）业务容量和速率大大提高。AEHF 卫星星单星通信总容量从第二代“军事星”的 40Mb/s 提高到 430Mb/s,同步信道数量增加 2 ~3 倍。MILSTAR - Ⅰ的通信速率为75kb/s,MILSTAR－Ⅱ为100Mb/s,而AEHF的总吞吐量超过1Gb/s。按照LDR、MDR、XDR的信道数据速率分别为2.4kb/s、1.544Mb/s、8.192Mb/s,经计算,可得表4.9。

表4.9 传输时间比较

传输信号类型	卫星载荷类型		
	MILSTAR－Ⅰ(LDR)	MILSTAR－Ⅱ(MDR)	AEHF(XDR)
20cm×25cm图片(24MB)	22.2h	2.07min	23.6s
空战命令(1.1MB)	1.02h	5.7s	1.07s
战斧巡航导弹的任务指令	100s	0.16s	0.03s

(2)自适应调零天线。AEHF主要采用了零点可控天线(调零天线),当检测到干扰源时,就将天线零点对准干扰。据说,其采用的抗干扰波形是对MILSTAR波形的扩展,这种波形对干扰机有很强的抵御能力。

(3)低检测概率和低截获概率技术。采用了超宽带宽、高速跳频技术,上行跳频带宽2GHz,下行带宽1GHz,跳频速率可达16000跳/s。

(4)强大的星上处理和星间链路能力。具有信号调制解调、数据交换等星上处理能力。AEHF卫星之间以及AEHF与"军事星"之间具有直接的星间链路。AEHF将以10Mb/s的速率与"军事星"实现星间连接,而以60Mb/s的更高速率实现AEHF之间的星间通信。

参考文献

[1] 编写组. 电子战技术与应用——通信对抗篇[M]. 北京:电子工业出版社,2005.
[2] 杨小牛,楼才义,徐建良. 软件无线电原理与应用[M]. 北京:电子工业出版社,2001.
[3] 栗苹,赵国庆,杨小牛,等. 信息对抗技术[M]. 北京:清华大学出版社,2008.
[4] 杨小牛. 通信电子战——信息化战争的战场网络杀手[M],北京:电子工业出版社,2011.
[5] 孙义明,杨丽萍. 信息化战争中的战术数据链[M]. 北京:北京邮电大学出版社,2005.
[6] 骆光明,杨斌,邱致和,等. 数据链——信息系统连接武器的捷径[M]. 北京:国防工业出版社,2008.
[7] 赵志勇,毛忠阳,张嵩,等. 数据链系统与技术[M]. 北京:电子工业出版社,2014.
[8] 梅文华,蔡善法. JTIDS/Link 16数据链[M]. 北京:国防工业出版社,2007.
[9] 陈林星,曾曦,曹毅. 移动Ad Hoc网络——自组织分组无线网络技术[M]. 2版. 北京:电子工业出版社,2012.

第 5 章

通信电子战系统接收与发射技术

通信电子战的接收和发射部分主要提供信号的接收和发射通道，除了天线，其接收主要依赖于各类接收机，发射主要依赖于大功率放大器和大功率滤波器。接收机按照功能分类，有监测接收机、搜索接收机、测向接收机等；按实现途径分类，有超外差接收机、信道化接收机、数字接收机、软件无线电接收机、压缩接收机等。发射技术主要集中于大带宽、大功率、高效率、高线性、低杂散等方面。随着软件无线电技术的快速发展，硬件通用化、功能软件化的思想被广泛采用，为了满足某种功能需求而用专门的硬件来实现相应接收机的情况越来越少了，本章主要按实现途径对部分接收机进行介绍，同时也兼顾了部分传统接收机类型。

5.1 超外差接收机

超外差接收机（SHR）广泛应用于通信、广播信号接收以及电子战侦察系统中，这种接收机可以实现在密集电磁环境中对其中某一信号的接收，具有很高的灵敏度。

超外差接收机结构具有如下优点：

（1）灵敏度高（由于有预选滤波器和信道滤波器）。

（2）总增益被分配到工作在不同频率的多级放大器上，降低了放大器的设计难度。

（3）实信号变频只在一个固定频率上进行，对本振的相位和幅度平衡没有要求。

其主要缺点如下：

（1）复杂程度高。

（2）需要多个本地振荡器。

（3）镜频信号干扰的抑制比较困难，需要特殊的中频（IF）滤波器，很难用单片集成电路实现超外差接收机。

超外差接收机思想是混频处理。当本振信号和接收到的信号一起输入到一个非线性器件(即混频器)时就会产生外差作用,可把接收到的信号搬移到所需要的中频频率上。图5.1给出了一个单次频率变换的超外差接收机。其过程简要描述如下:超外差接收机首先通过可调谐预选器(或带通滤波器组)选出所感兴趣的某个射频信号频段,滤除的射频信号与本振(LO)(比感兴趣的频带高一些或低一些)一起输入混频器(如可用乘法器来实现),混频后的进行中频滤波(滤波器的中心频率为本振与射频频率之差);然后根据后续处理的需要进行适当的中频信号放大。例如,感兴趣的射频频带的中心频率为100MHz,中频设置为21.4MHz,可以采用高本振(设为121.4MHz)或低本振(设为78.6MHz),往往高本振混频方式更常用一些。

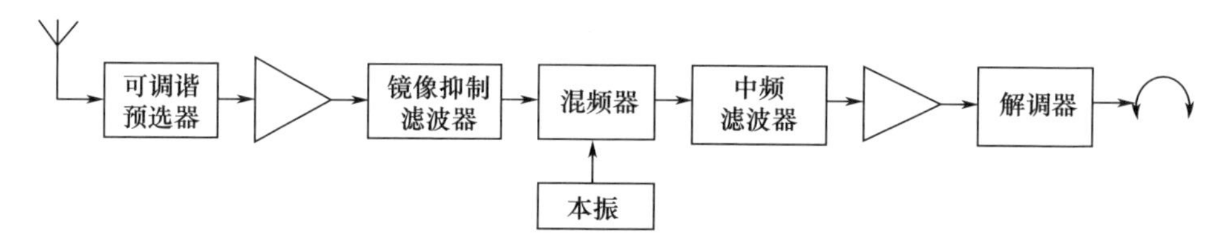

图5.1 基本超外差接收机

混频器的输出信号往往包括两个输入信号的和频与差频信号、两个输入信号的泄漏,以及还会产生响应的非期望信号,称为虚假响应(Spurious Responses),如输入信号的多倍频信号及多倍频信号的和频与差频信号。中频滤波器如具有很好的滤波性能,混频器输出信号中除了中频信号外,其他所有(或大部分)信号都被滤除;但是镜像频率(Image Frequency)所产生虚假响应无法用中频滤波器滤除。因为镜频信号通过混频后产生的虚假,可以与期望信号一样出现中频带宽内,所以必须在混频之前滤除镜频信号,人们往往采用镜像抑制混频器或在混频器之前加一个镜像抑制滤波器抑制镜像信号。

例如,接收机的中频频率为21.4MHz,设期望接收信号为100MHz,则把本振设置成121.4MHz,通过混频可把期望信号混至21.4MHz的中频信号。然而,如果一个142.8MHz的信号进入混频器,与121.4MHz的本振信号混频后,它同样可以产生一个21.4MHz的输出信号。这样,两个不同频率的输入信号经过混频器可以产生同样的中频信号。这个不需要的输入信号就是镜像。我们可以在混频器之前放置一个调谐回路,以阻止镜像信号进入混频器;或者通过选择合适的中频频率和带宽把镜像信号的电平衰减至可接受的水平。

理论上,接收机的中频可以设计成所需要的任何频率,但实际中中频频率的选

择往往要综合考虑镜频信号抑制，滤波器的可实现性、易获得性，后续处理的便利性等因素。中频放大器具有足够的增益，例如，把接收到信号的电平提高到 10mW，以满足解调器的需要。常用的中频频率为 455kHz、10.7MHz、21.4MHz、70MHz 和 140MHz 等。

在通信电子战系统中，一部接收机往往需要覆盖很宽的频率范围。当频率范围大于一个倍频程(即最高频率是最低频率的 2 倍)时，要滤除数量众多的虚假信号是很困难的。这可以通过采用两个或更多的变频器，在每一级滤除虚假信号，如图 5.2 所示。二次变频超外差无线电接收机在许多方面的性能都有了提高，包括本振稳定性(主要是频率合成器的贡献)、镜像抑制和邻道滤波性能。其第一中频的频率相对来说比较高，这意味着本振和接收信号之间的频率差比较大——所引起的虚假输出频率相距所期望信号很远，因而容易滤除。在滤波(在第一中频)之后，变频后的信号被传送至第二个变频级，并进行第二中频放大/滤波。

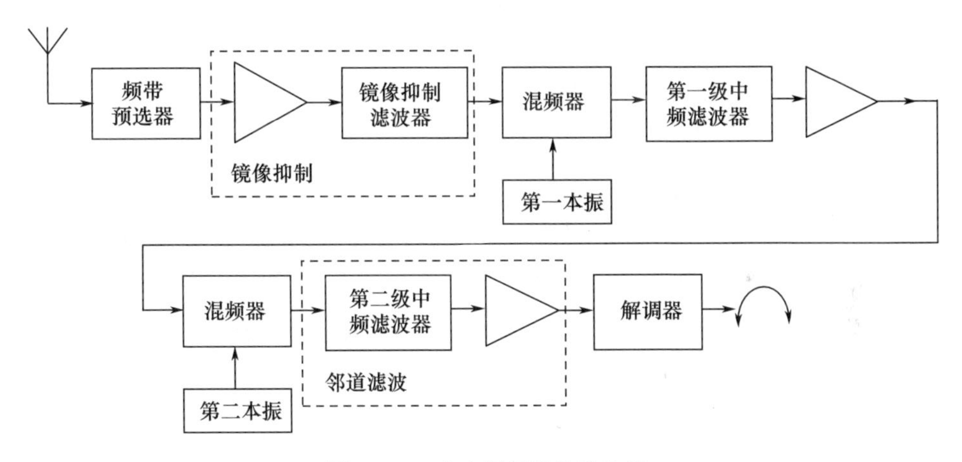

图 5.2　二次变频超外差接收机

当我们选择超外差接收机中频时，需要在低中频和高中频之间进行权衡：采用高、中频意味着所要的信号和不需要的镜像信号之间的频率差非常大，于是前端滤波器容易实现良好的抑制性能，故更容易获得很好的镜像抑制能力；选择低中频的好处是用于邻道抑制的滤波器工作于较低的频率上，这意味着滤波器的边沿可以做得很陡峭，于是滤波器的性能较高而成本较低。二次变频超外差无线电接收机把两者相结合，其基本思想是：采用高中频获得所要求的高性能镜像抑制，同时进一步采用低中频实现邻道选择性的要求。

接收机把输入信号变换至频率相对较高的第一级中频，可以获得较高的镜像抑制性能。由于镜像频率位于(期望信号频率 +2 倍的中频频率)处，所以，中频频率越高，镜像频率离所需要信号就越远，越容易在前端被抑制。二次变频超外差接收机第一次变频的本振通常是频率可变振荡器，而第二本振的频率往往是固定的。第二级中频位于较低的频率上，滤波器因而可具有更陡峭的边沿，选择性更好，价格更低廉。

第二级中频放大器的输出信号输入到解调电路，进行解调。这个信号也可以输入到模数转换器进行数字化，把数字信号提供给 DSP、CPU（中央处理器）、FPGA 等，实现数字化接收机。

5.2 直接变频接收机

直接变频接收机，也称为零中频接收机，其直接把所期望的射频信号变换至零中频，它常用于窄带信号的接收。直接变频接收机的结构如图 5.3 所示。接收时经过一次频率搬移把所期望的信号从射频变换到零中频，结构非常简单。这种结构的主要优点如下：

（1）把射频信号直接混至基带，输出端不会出现镜频信号。

（2）只要求简单的滤波。

（3）容易实现电路集成。

但它也存在以下问题。

（1）本振泄漏较严重，即本地振荡器产生的信号容易通过低噪声放大器反向泄漏到射频（RF）端口，通过天线辐射出去。

（2）由于为零中频，任何直流偏移都无法从有用信号中分离出来，而且较大的直流电平，容易使后端饱和。

（3）如果同相、正交两路的平衡性不好，将严重影响接收机的性能。

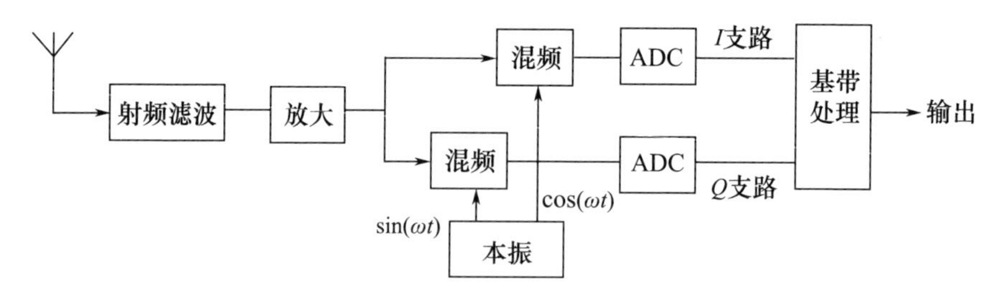

图 5.3　直接变频接收机

为了抑制镜频也可以采用其他结构，如 Hartley 结构，这是一种单边带混频结构，需要在 90°移相网络中权衡线性、噪声等参数，如图 5.4 所示。

直接变频接收机结构是目前唯一可能实现完全集成的接收机方案，集成使得接收机所需的尺寸、元器件数量、接收机复杂度、成本等都得以最小化。大多

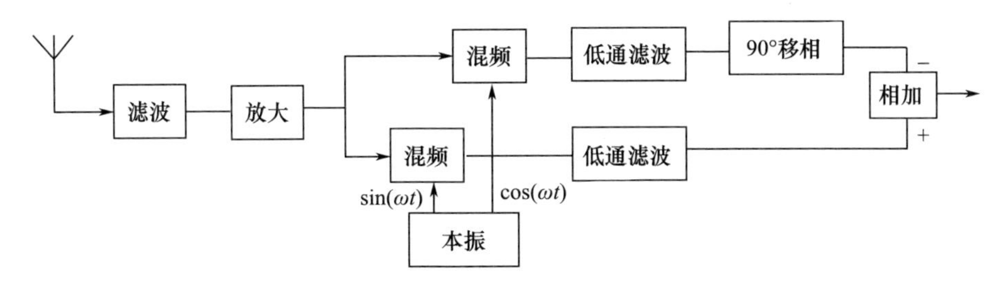

图5.4　Hartley接收机结构

数零中频接收机结构也不需要镜像抑制滤波器，因此，降低了成本、减少了尺寸和重量。

我们对I支路和Q支路输出不平衡时镜像信号的抑制情况进行简单分析。两个支路的输出可以表示为

$$
\begin{aligned}
s(t) &= \cos(2\pi f_I t) + \mathrm{j}\alpha\sin(2\pi f_I t + \varepsilon) \\
&= \frac{1}{2}(\mathrm{e}^{\mathrm{j}2\pi f_I t} + \mathrm{j}\mathrm{e}^{-\mathrm{j}2\pi f_I t}) + \frac{\alpha}{2}(\mathrm{e}^{\mathrm{j}(2\pi f_I t+\varepsilon)} + \mathrm{j}\mathrm{e}^{-\mathrm{j}(2\pi f_I t+\varepsilon)}) \\
&= \frac{1}{2}[\mathrm{e}^{\mathrm{j}2\pi f_I t}(1+\alpha\mathrm{e}^{\mathrm{j}\varepsilon})] + \frac{\mathrm{j}}{2}[\mathrm{e}^{-\mathrm{j}(2\pi f_I t)}(1-\alpha\mathrm{e}^{-\mathrm{j}\varepsilon})]
\end{aligned}
$$

式中：f_I为输出中频；α为幅度不平衡度；ε为相位不平衡度。我们可以认为期望信号为$\mathrm{e}^{\mathrm{j}2\pi f_I t}$，镜像信号为$\mathrm{e}^{-\mathrm{j}(2\pi f_I t)}$。

显而易见，期望信号和镜像信号的幅度分别为

$$A_\mathrm{d}^2 = 1 + \alpha^2 + 2\alpha\cos\varepsilon$$

$$A_I^2 = 1 + \alpha^2 - 2\alpha\cos\varepsilon$$

如果$\alpha=1$且$\varepsilon=0°$，则不存在镜像。镜像与期望信号的幅度关系写成dB形式为

$$10\lg\left(\frac{A_I}{A_\mathrm{d}}\right)^2 = 10\lg\left(\frac{1+\alpha^2-2\alpha\cos\varepsilon}{1+\alpha^2+2\alpha\cos\varepsilon}\right)\quad(\mathrm{dB})$$

这个值就是由于信道的不平衡性限制了$I-Q$变频器的动态范围。

零中频接收机要求本振的中心频率与期望的射频信号频率严格对准。射频信号或本振频率的重大偏差会使性能恶化。当期望信号超出VHF范围时，零中频接收机变得非常复杂，某种程度上是由于这两个频率的偏差问题。较高频率的零中频结构的一个解决方案是加入自动频率控制，通过自动调整LO的频率防止中心频率对不准的问题。

5.3 信道化接收机

信道化接收机具有一般超外差接收机灵敏度高、动态范围大的优点，又具有搜索速度快、截获概率高的特点。信道化接收机是在多信道接收机的基础上发展起来的。所谓的多信道接收机，实际上是由多台超外差接收机构成的接收机阵列，其组成如图5.5所示。由天线接收下来的射频信号首先经过低噪声放大和多路分配器分成M路，这M路信号各自按照所接收的信道进行多次变频和中频放大后进行解调，解调输出信号被送到信号处理机进行频率编码，以检测出在哪个信道上存在信号。信道数M取决于所需要的搜索速度，由式(5－1)确定。

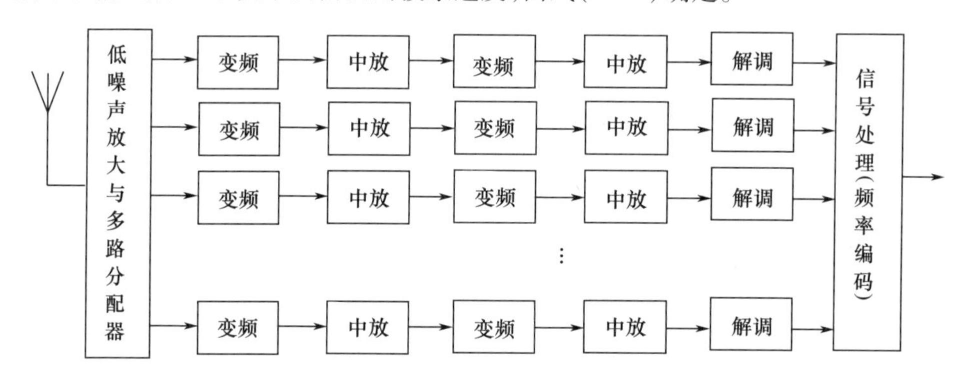

图5.5 多信道接收机的组成

这种信道化接收机提高搜索速度的方法是采用同时多个信道并行搜索体制。如果并行搜索的信道数为M，则搜索速度就可以提高M倍。设总的搜索信道数为N，搜索这N个信道所允许的时间为T，包含信道响应时间在内的信道处理时间为T_p，则并行搜索信道数M应满足

$$\frac{N}{M}T_p \leq T \tag{5-1}$$

由于图5.5中的每一个信道实际上就是对应一台超外差接收机，当M很大时，将导致多信道接收机的体积、重量、成本剧增而无法承受。随着微电子技术的发展以及声表面波(SAW)滤波器组的工程化实现，基于SAW滤波器组的中频信道化接收机应运而生，其结构如图5.6所示。这种信道化接收机在中频实现信道化，使接收机的结构大为简化。

如果SAW滤波器组的滤波器个数M为80，信道间隔为25kHz，则中频带宽为2MHz，这时本振的步进间隔也为2MHz。通过控制频率合成器的快速步进切换，中

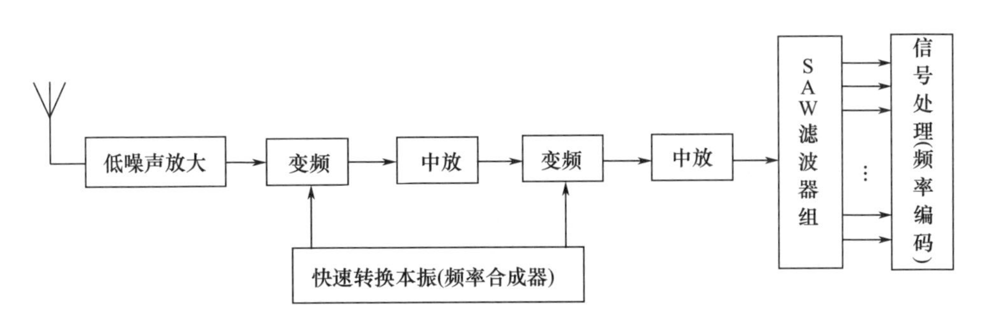

图5.6　中频信道化接收机组成框图

频信道化接收机可实现全频段的搜索。为了提高信道化接收机的搜索速度，可以采用多个SAW滤波器组，以增加瞬时处理带宽。如果瞬时可实现全频段覆盖，则这种信道化接收机称为全信道化接收机，其组成结构如图5.6所示。若SAW滤波器组的覆盖总带宽为2MHz，为了实现60MHz带宽的瞬时覆盖，则需要30个SAW滤波器组，这种中频信道化的实现方法较之多信道接收机的实现要简单得多，可实现性更好。

信道化接收机一个比较复杂的问题是对SAW滤波器组输出信号的频率编码。我们知道，为了不会造成信号漏检，滤波器的设计是相互有重叠的，如图5.7所示。为了减少滤波器个数，信道化接收机一般都采用$2N-1$法则实现：N个滤波器可以把整个频率覆盖区分成$2N-1$个频区，每个频区的带宽为Δf。这时，滤波器的带宽设计成频率分辨率Δf的3倍($3\Delta f$)，如图5.7所示(两边缘的滤波器带宽为$2\Delta f$)。根据滤波器的输出就可以判定信号所在的频区。例如，当滤波器B、C同时有输出时，信号落在4频区，而当滤波器B、C、D同时有输出时，信号落在5频区等。当然，由于滤波器特性的非理想等因素，会出现误判的情况，但这种概率较小。

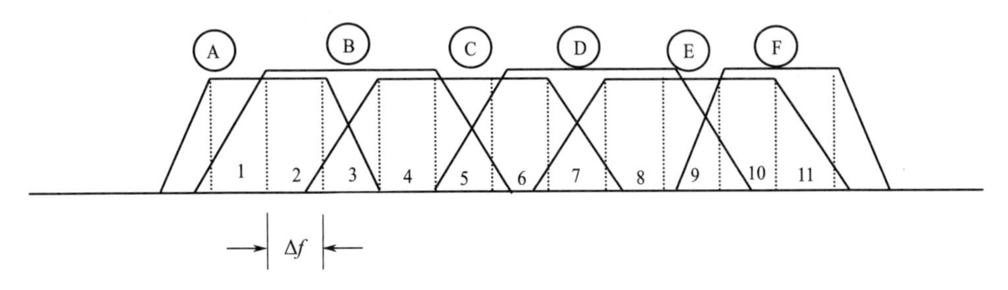

图5.7　$2N-1$频率编码法则

采用$2N-1$法则后，虽然滤波器的带宽为$3\Delta f$，但信号分辨率仍为Δf。由此带来的好处是：滤波器带宽的加宽有利于提高信道反应速度；在同等覆盖总带宽的情况下还可以减少滤波器的数量，将近只需原来的1/2。我们知道$2N-1$法则所能

覆盖的总带宽为

$$\mathrm{BW}=(2N-1)\Delta f \tag{5-2}$$

即所需的滤波器数为

$$N=\left(\frac{\mathrm{BW}}{\Delta f}+1\right)/2 \tag{5-3}$$

式(5－3)中的 $\mathrm{BW}/\Delta f$ 实际上就是采用一般方法时所需的滤波器数量,我们用 N' 来表示,则

$$N=(N'+1)/2 \tag{5-4}$$

式(5－4)表明,采用 $2N-1$ 法则设计信道化接收机所的需滤波器个数是常规方法的1/2加1个,极大降低了信道化接收机的体积和成本。例如,图5.6的中频信道化接收机,如果采用 $2N-1$ 法则实现,则覆盖2MHz带宽,分辨率仍为25kHz,所需的信道数则降为41个。图5.8给出了一个全信道化接收机的方案。

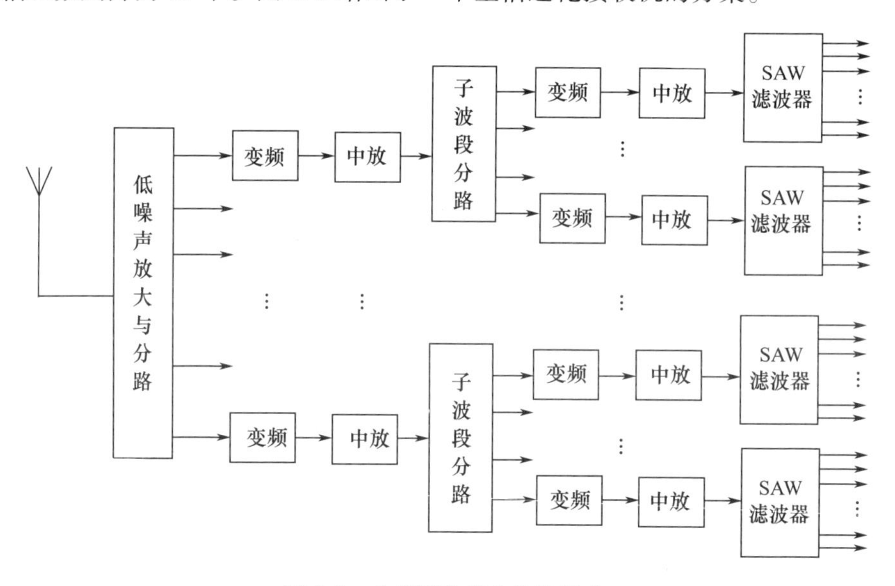

图5.8 全信道化接收机的组成

5.4 数字化搜索接收机

前面已经提到传统通信电子战系统,有各种按功能实现的接收机,如监测接收机、搜索接收机、测向接收机等,搜索接收机是在传统通信电子战中应用最为广泛的数字化接收机类型。由于数字化接收机采用了微电子技术和数字信号处理技术

等,具有许多模拟接收机无法比拟的优点,无论在战术功能还是在技术性能上都有显著的提高。

数字化接收机的基本工作原理是对输入的射频信号进行采样数字化后,根据接收机的功能类型不同,通过数字信号处理的方法完成诸如频谱分析、信号特征提取、信号参数的测量、信号的分析识别、数字化解调等功能。对于用于搜索截获的数字化搜索接收机而言,则主要完成快速数字频谱分析之功能。对信号的快速数字谱分析是借助于快速傅里叶变换完成的。目前,由于受模数转换器(ADC)等器件水平等的限制,目前对 1000MHz 以下频段可以实现射频数字化,而频率高端往往只能在中频上进行数字化,即首先由射频前端把射频信号变换为频率相对较低的中频信号,然后进行采样数字化(图 5.9)。

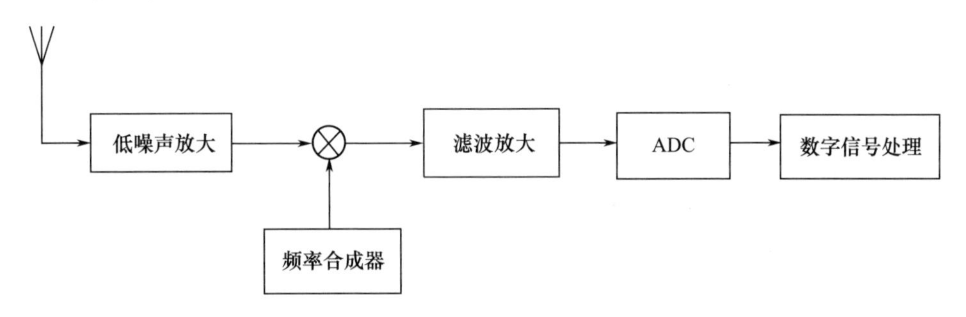

图 5.9　数字化接收机的组成

对于搜索接收机而言,最为关心的指标是接收机的搜索速度。中频数字化接收机的搜索速度主要由 3 个方面的因素决定:一是频率合成器的转换速度;二是数字信号处理器的速度,也就是进行 FFT 谱分析所需的时间;三是数字化接收机的瞬时处理带宽,也可以认为是中频带宽,或者是 ADC 的采样速度。在这 3 个方面的因素中起主要作用的还是瞬时处理带宽(或是接收机的中频带宽),显然,中频带宽越宽,接收机的搜索速度就越快。下面具体分析其原因。

设频率合成器的转换时间为 T_s,ADC 采样时间为 T_{AD},FFT 频谱分析时间为 T_{FT}。首先我们采用顺序等待作业方式进行谱分析时所需的时间。顺序等待作业方式的工作过程如下:首先设置频率合成器的频率,等待 T_s 后再启动 ADC 进行采样,采样所需时间为 T_{AD},最后启动 FFT 进行频谱分析,过 T_{FT} 时间完成谱分析后,完成一次频率转换、采集、频谱分析整个过程,所需的总时间为

$$T = T_s + T_{AD} + T_{FT} \tag{5-5}$$

设瞬时处理带宽(中频带宽)为 B,需要搜索的总带宽为 W,则对总带宽 W 进行搜索所需的时间为

$$T_{\mathrm{T}}=\frac{W}{B}(T_{\mathrm{s}}+T_{\mathrm{AD}}+T_{\mathrm{FT}}) \tag{5-6}$$

由此可见，总的搜索时间 T_{T} 不仅与 B 成反比，而且与 T_{s}、T_{AD}、T_{FT} 三者都成正比关系。但是，如果采用流水并行作业方式进行，则可以看到总搜索时间 T_{T} 只与 T_{s}、T_{AD}、T_{FT} 三者中最大者有关，并且主要取决于 B 的大小。所谓的流水并行作业可以用图 5.10 解释，$n-1$、n、$n+1$ 等表示工作时刻。

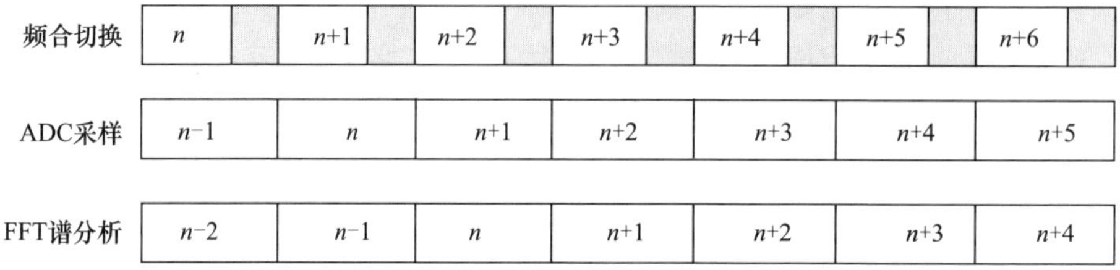

频合切换	n	$n+1$	$n+2$	$n+3$	$n+4$	$n+5$	$n+6$
ADC采样	$n-1$	n	$n+1$	$n+2$	$n+3$	$n+4$	$n+5$
FFT谱分析	$n-2$	$n-1$	n	$n+1$	$n+2$	$n+3$	$n+4$

图 5.10　数字化接收机的流水工作时序图

从图 5.10 可以看出，当前 ADC 采样所对应的信号频率是频率合成器上一次的预置频率（频率合成器的转换时间如图中阴影部分所示），当前 FFT 的谱分析结果是前一次 ADC 采样数据所对应的频谱。这样进行单次搜索（谱分析）所需的时间为（不考虑延迟）

$$T=\max(T_{\mathrm{s}},T_{\mathrm{AD}},T_{\mathrm{FT}}) \tag{5-7}$$

则搜索完 W 带宽所需的总时间为

$$T_{\mathrm{T}}=\frac{W}{B}\max(T_{\mathrm{s}},T_{\mathrm{AD}},T_{\mathrm{FT}})+2\max(T_{\mathrm{s}},T_{\mathrm{AD}},T_{\mathrm{FT}}) \tag{5-8}$$

式（5-8）中的第二项为考虑流水作业所带来的延迟所需增加的时间。如果假设 ADC 采样所需的时间最长，则式（5-8）简化为

$$T_{\mathrm{T}}=\frac{W}{B}T_{\mathrm{AD}}+2T_{\mathrm{AD}}=\left(\frac{W}{B}+2\right)T_{\mathrm{AD}} \tag{5-9}$$

如果要求接收机的分辨率为 Δf，则有 $T_{\mathrm{AD}}=1/\Delta f$，将其代入式（5-9）可得

$$T_{\mathrm{T}}=\left(\frac{W}{B}+2\right)\frac{1}{\Delta f} \tag{5-10}$$

所以，接收机的搜索速度为

$$R_{\mathrm{s}}=\frac{W}{T_{\mathrm{T}}}=\frac{W}{W+2B}(B\Delta f) \tag{5-11}$$

如果满足 $W \gg B$,则式(5－11)可简化为

$$R_s \approx B\Delta f \tag{5-12}$$

也就是说,在这种情况下数字化接收机的搜索速度取决于瞬时处理带宽和接收机的信号分辨率。由于接收机的分辨率是固定(给定)的,由此可以看出,数字化接收机的搜索速度主要取决于接收机的瞬时处理带宽,而与接收机的其他参数无关。表 5.1 给出了在不同瞬时处理带宽和不同分辨率情况下数字接收机所能达到的极限速度。表中第一行为分辨率,括号中的数值为对应的时间分辨率(频率分辨率的倒数),表中第一列为瞬时处理带宽。

表 5.1　数字接收机的极限速度　　(单位:GHz/s)

分辨率/kHz		50(20μs)	25(40μs)	12.5(80μs)	6.25(160μs)
带宽/MHz	5	250	125	62.5	31.25
	10	500	250	125	62.5
	20	1000	500	250	125
	30	1500	1000	500	250
	60	3000	1500	1000	500

实际上,式(5－12)所确定的搜索速度是数字化接收机所能达到的最高搜索速度。如果接收机的处理时间(主要是 FFT 谱分析时间)比 ADC 采样时间(分辨率时间)长,则其搜索速度为

$$R_s \approx \frac{B}{T_p} \tag{5-13}$$

式中:T_p为包括 FFT 时间在内的所有信号处理时间。

从表 5.1 中的数据可以看出,数字化搜索接收机的搜索速度是非常惊人的,只要 FFT 处理速度足够快(小于时间分辨率)、瞬时处理带宽足够宽,就可以获得所需要的搜索速度,这是其他接收机所无法比拟的。例如,单信道步进式搜索接收机当达到一定速度后,从理论上而言就不可能再提高了,而数字化搜索接收机要实现任何速度,理论上总是可行的。从工程的可实现性上来讲,数字化搜索接收机受 ADC 带宽与采样位数、放大器/混频器的线性度、中频滤波器的可实现性等因素影响,目前单通道瞬时处理带宽往往在 200MHz 以内。

为了增加瞬时处理带宽,进一步提高接收机的搜索速度,比较容易想到的方法就是采用多路并行处理,也就是所谓的数字化与信道化相结合的技术体制,这种体制得到了较为广泛的应用,当然,这种多路并行体制会带来体积、功耗、成本的上升。

5.5 软件无线电接收机

软件无线电接收机的基本思想是构建一个通用的、结构最简的硬件平台，接收机的各种功能由构建化的软件实现。软件无线电接收机具有前端宽开化、硬件通用化、功能软件化、软件构建化、动态可重构等特点。

对应于射频低通、射频直接带通、中频带通3种采样方式，有低通采样软件无线电接收机、射频直接带通采样软件无线电接收机和宽带中频带通采样软件无线电接收机3种软件无线电接收机形式。本节主要介绍中频带通采样软件无线电接收机，另外两种射频采样体制在5.6节介绍。

宽带中频带通采样软件无线电接收机结构的组成如图5.11所示。这种结构与常规的超外差接收机类似，但两者是完全不一样的：中频带宽不一样，功能的实现途径不一样。常规接收机的中频带宽为窄带结构（中频带宽为信道带宽）；功能的实现是基于硬件的，一种功能就需要一种硬件。软件无线电的中频带宽为宽带结构；功能的实现以软件为核心，通过加载软件可以实现频谱分析、信号解调、参数估计等多种功能，适应能力强、灵活性高、可扩展性好。

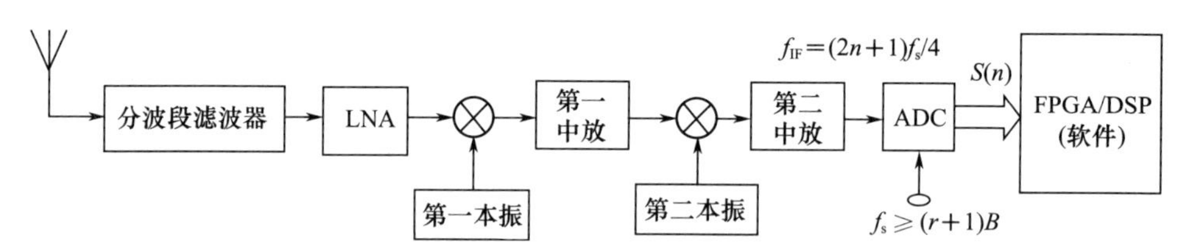

图5.11 宽带中频带通采样软件无线电接收机结构

由于中频带宽宽不仅使前端电路设计得以简化（如频合器可以大步进工作），信号经过接收通道后的失真也小，具有射频宽开化，中频宽带化的特点。数字化后的信号可以通过如下处理实现各种功能，如图5.12所示。

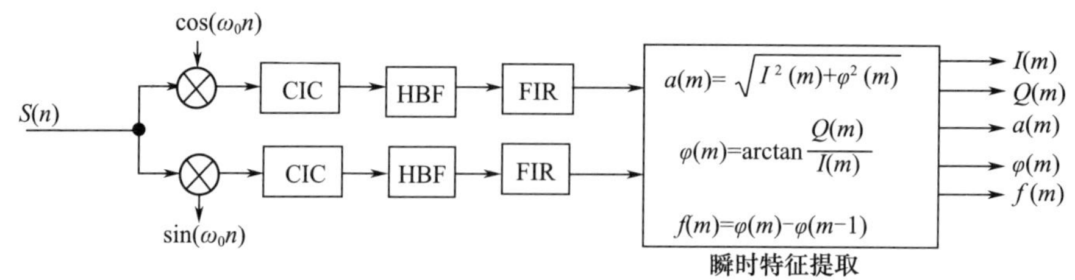

图5.12 软件无线电接收机处理模型

数字化的序列 $s(n)$ 经过正交混频和 D 倍抽取滤波后得到的正交基带信号 $I(m)$、$Q(m)$ 送到瞬时特征提取单元进行瞬时幅度 $a(m)$，瞬时相位 $\varphi(m)$ 和瞬时频率 $f(m)$ 的计算，利用这3个瞬时特征连同两个正交基带信号 $I(m)$、$Q(m)$，就可以实现信号的识别、解调、参数估计等功能。

5.6 射频直接采样接收机

射频直接采样接收机没有模拟混频单元，利用滤波器把整个工作频段分割成多段，以降低采样速率和动态范围的要求，而后用ADC对射频信号直接进行数字化。ADC通常可分为两类：Nyquist ADC，过采样ADC。为了能准确恢复出原信号，Nyquist ADC的采样频率要稍大于信号带宽的两倍，如Flash ADC、流水式ADC、逐次逼近式ADC等。在过采样ADC中，高出Nyquist采样速率许多倍的采样速率对输入信号进行采样，通过数字滤波降低采样速率并滤除带外噪声，比如Σ－ΔADC。根据所采用ADC的不同把射频直接采样接收机分成3种形式：基于低通Nyquist采样接收机、基于带通Nyquist采样接收机、基于过采样接收机。

图5.13中给出了低通Nyquist速率ADC、带通Nyquist速率ADC和带通Σ－Δ滤波ADC在频域的不同特性。

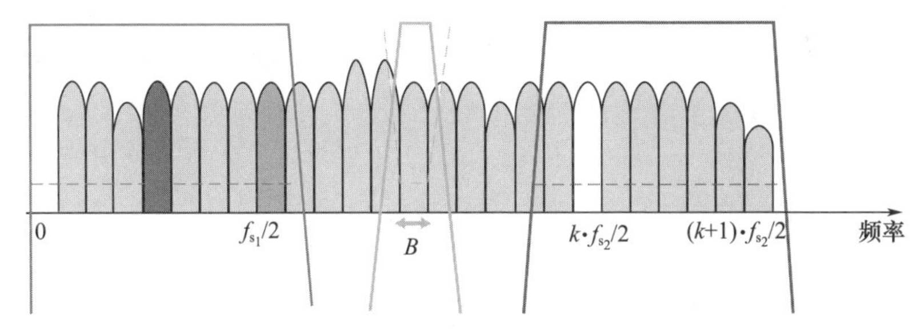

注：自左到右的实线，分别表示低通Nyquist速率ADC、带通Nyquist速率ADC、带通Σ–Δ滤波ADC；虚线表示噪声基底。

图5.13 射频直接采样信号与噪声基底(见彩图)

下面分别介绍这几种形式的接收机。

5.6.1 基于低通Nyquist采样的射频数字化接收机

低通采样软件无线电接收机的组成结构如图5.14所示，图中的 f_{max} 为所要求的最高工作频率(对于软件无线电一般要求 $f_{max} \geq 2GHz$)，根据2.3节将介绍的Nyquist采样定理，则其采样速率 f_s 应满足

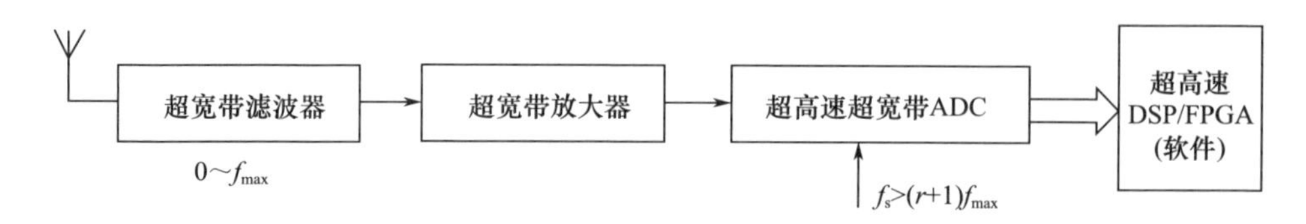

图 5.14　射频全宽开低通采样软件无线电接收机的结构

$$f_s \geqslant (r+1) f_{max} \tag{5-14}$$

式中：r 为 ADC 之前滤波器的矩形系数；f_{max} 为接收信号的最高频率。

例如，当 $f_{max}=2\text{GHz}$，$r=2$ 时，$f_s \geqslant 6\text{GHz}$。要实现如此高采样速率的 ADC，尤其是当需要采用大动态、多位数（12 位以上）的 ADC 时就更加困难。对这种前端完全宽开的软件无线电（前置滤波器带宽为整个工作带宽），由于同时进入接收通道的信号数大幅度上升，对动态范围的要求就更高，这给工程实现（无论是前端放大器，还是 ADC 等）带来了极大的难度。所以，这种射频全宽开的低通采样软件无线电结构一般只适用于工作带宽不是非常宽的场合，如短波 HF 频段（0.1～30MHz）或者是超短波 VHF 频段（30～100MHz）。尤其是 HF 频段，根据目前的器件水平采用这种低通采样软件无线电实现是可行的，因为此时要求 ADC 的采样速率为 100MHz 以内。目前，14 位的 ADC 已经完全能达到这个要求（但对于 HF 频段，14 位的 ADC 可能还满足不了动态要求，需要至少 16 位以上的 ADC），基于低通采样的短波软件无线电组成结构如图 5.15 所示。图中的采样频率取值范围为 75～90MHz，主要取决于前置滤波器的矩形系数（过渡带宽度），滤波器矩形系数越小（过渡带越窄），对应的采样频率可以选低一些，有利于 ADC 的实现，同时也可以减轻后续 DSP 的负担，所以前置宽带滤波器是软件无线电接收机的关键部件之一，它的性能（插损、过渡带宽等）好坏对整个软件无线电的实现将起到重要作用。

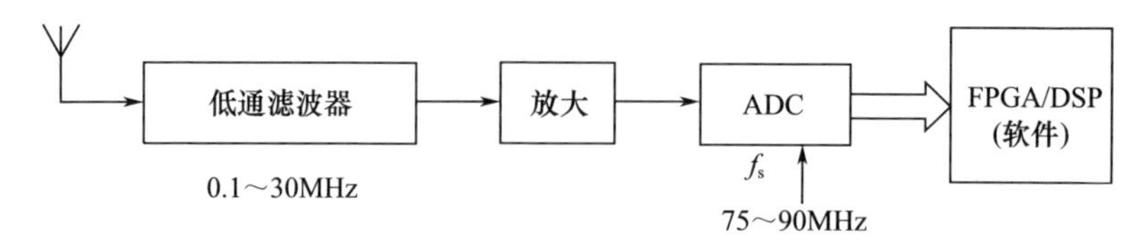

图 5.15　短波低通采样软件无线电结构

图 5.14 所示的这种射频全宽开低通采样软件无线电接收机结构由于受目前器件水平的限制，要以此结构实现宽频段（不小于 2GHz）软件无线电接收机难度非常大。

5.6.2　基于带通 Nyquist 采样的射频数字化接收机

在介绍射频直接带通采样接收机前，先讨论整带采样的概念。所谓“整带采样”是指把 $0 \sim f_{max}$ 的射频频带以带宽 B 划分为若干个带宽相等的子频带（子频带数 $N = f_{max}/B$），子频带（也可以称为子信道）的中心频率为 f_{0n}（$n = 0, 1, 2, \cdots, N-1$），如图 5.16 所示。显然，f_{0n} 由下式给出，即

$$f_{0n} = \frac{B}{2} + n \cdot B = \frac{2n+1}{2} \cdot B \tag{5-15}$$

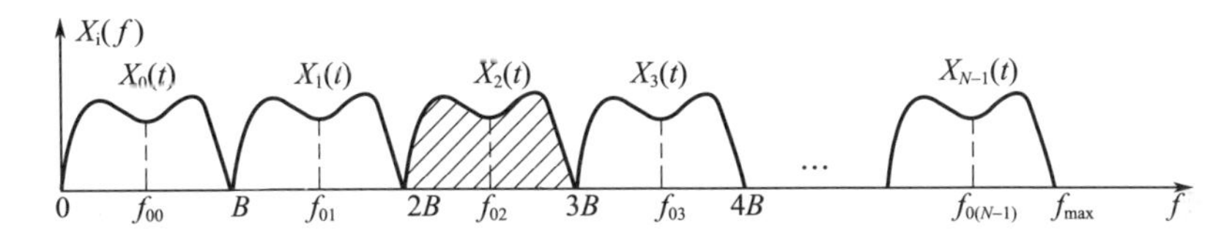

图 5.16　软件无线电中的整带采样

如果取 $B = \frac{f_s}{2}$，并将其代入式（5-15），则

$$f_{0n} = \frac{2n+1}{4} f_s \tag{5-16}$$

这就是 2.3 节中讨论的带通采样定理的表达式。这就意味着用同样一个采样频率 $f_s = 2B$，可以对位于 f_{0n}（$n = 0, 1, 2, \cdots, N-1$）上的不同子频带或子信道的信号（$x_0(t), x_1(t), \cdots, x_{N-1}(t)$；带宽均为 B）进行带通采样。我们把这种采样称为整带采样。整带采样的前提条件是必须有一个中心频率可调谐的抗混叠跟踪滤波器来配合，如图 5.16 所示。跟踪滤波器的作用是选出 N 个子频带中需要采样的子频带（如图 5.16 中斜线划出的子频带），滤除其他子频带的信号，以防止混叠。要对哪个子频带采样，就把跟踪滤波器调到对应的子频带上（由 f_{0n} 决定）。整带采样一共有 N 个子频带，故需要 N 次采样才能完成对整个工作频段（$0 \sim f_{max}$）的采样数字化。由于这种采样针对的是未经变频的射频信号（ADC 之前只有滤波和放大环节，没有变频环节），所以把这种采样也称为射频直接带通采样。

由于跟踪滤波器存在过渡带，抗混叠滤波器不可能是理想的（矩形系数为 1，带宽为 $f_s/2$），这样在每个子频带之间将存在无法采样的“盲区”，如图 5.17 阴影部分所示。也就是说，当信号落在“盲区”时，将被滤波器所滤除，而无法对这些信号进行采样或者降低信号采样灵敏度。因此，在射频直接带通采样体制中，存在“采样盲区”问题。

解决采样盲区的办法是对这些“盲区”通过选择合适的采样频率进行重新采样（图 5.18）。因此，射频带通数字化接收机除了需要采用一个主采样频率 f_s 外，

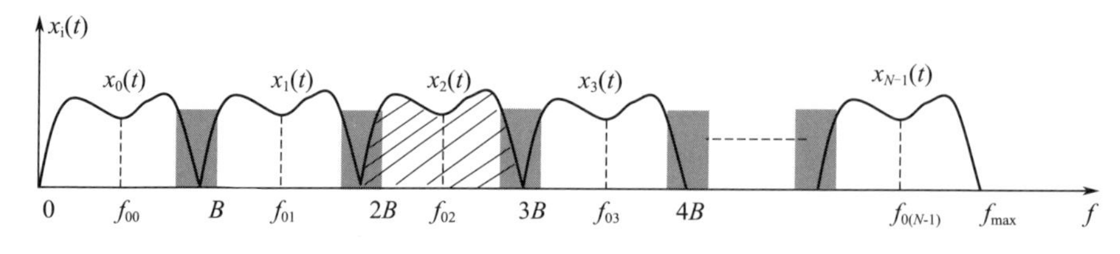

图 5.17　整带采样时的“采样盲区”

还需采用 M 个“盲区”采样频率 f_{sm}（$m=1,2,\cdots,M$）才能完成对整个工作频带的采样，M 值由下式确定，即

$$M=\mathrm{INT}\left[\frac{2f_{max}}{f_s}\right] \tag{5-17}$$

式中：INT[x]表示取大于等于 x 的最小整数；f_{max} 为最高工作频率。

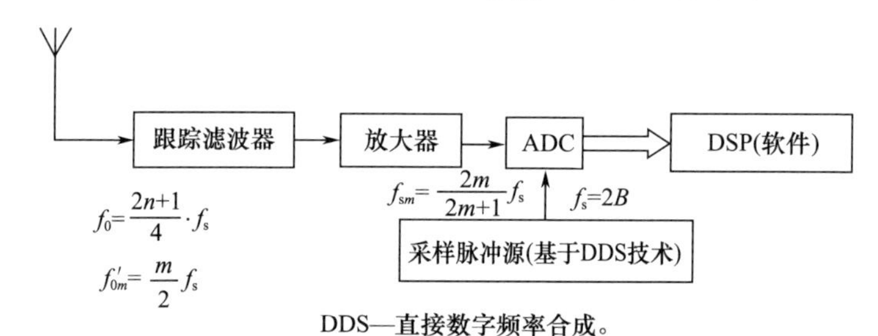

图 5.18　射频直接带通采样软件无线电

表 5.2 给出了主采样频率 f_s 为 100MHz 时，对 0～1000MHz 采样所需的 20 种“盲区”采样频率 f_{sm}。也就是说，为了实现对 0～1000MHz 频段的射频信号直接进行采样，只需 21 种采样频率就能全部覆盖。

表 5.2　“盲区”采样频率 f_{sm}（$f_s=100$MHz，$f_{max}=1000$MHz）

m	1	2	3	4	5	6	7	8	9	10
f_{sm}	66.667	80	85.714	88.889	90.909	92.308	93.333	94.118	94.737	95.238
m	11	12	13	14	15	16	17	18	19	20
f_{sm}	95.652	96	96.296	96.552	96.774	96.97	97.143	97.297	97.436	97.561

“盲区”采样频率公式为

$$f_{sm}=\frac{2m}{2m+1}f_s \tag{5-18}$$

式中：$m=1,2,\cdots,M$ 对应“盲区”号；f_s 为主采样频率。

主采样频率 f_s 的选取主要取决于中频选择、器件性能、后续 DSP 的处理速度相匹配等因素。为了降低对抗混叠滤波器的要求，主采样频率一般选择为

$$f_s = \frac{4}{2n+1} f_l, n = 0, 1, \cdots$$

为了减少“盲区”采样频率的数量(种类),在最高功率频率一定的情况下,主采样频率f_s应尽可能地选取高一些,这也可增强软件无线电接收机的可扩展、可升级能力。

图5.18所示的射频直接带通采样软件无线电结构的特点是对ADC采样的速率要求并不高,而且整个前端接收通带并不是全宽开的,它先由窄带电调滤波器选择所需的信号,然后进行放大,再进行带通采样,这显然有助于提高接收通道信噪比,也有助于改善动态范围,实现这种射频直接带通采样的基本原理(通过“盲区”采样实现)。这种射频直接带通采样对ADC器件的要求是需有足够高的模拟工作带宽,或者说,对ADC中的采样保持器及放大器的性能要求很高。另外,图5.18中的跟踪滤波器也是这种结构的软件无线电的关键部件,比如窄带电调滤波器目前的工作带宽还不够宽,如果要求工作带宽很宽(如0.1MHz~2GHz),则必须分几个、十几个分频段来实现。另外,射频直接带通采样软件无线电结构的另一缺陷是需要多个采样频率,增加了系统的复杂度。

射频带通采样接收机的一个应用就是GPS接收机,对位于相邻Nyquist带宽的两个20MHz宽带信号,一个为1227.6MHz,另一个为1575.42MHz,用同一个91.956MHz的采样频率进行采样(图5.19和图5.20)。

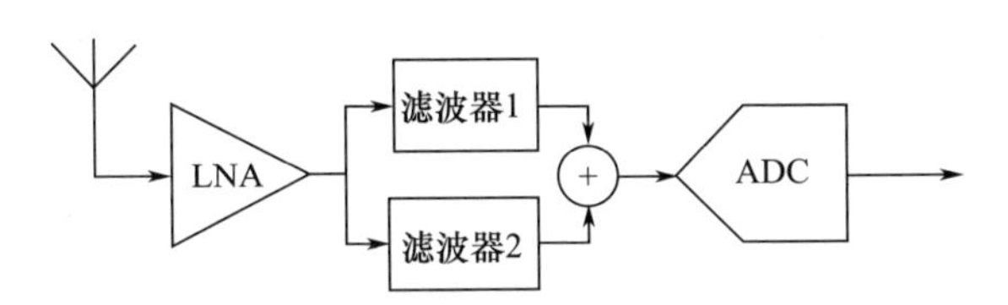

图5.19　多频带全球导航卫星系统接收机前端

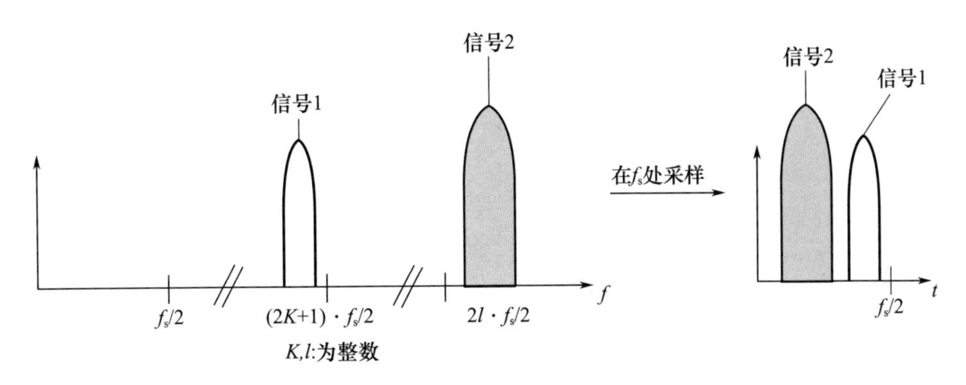

图5.20　多频带全球卫星导航系统的射频频谱以及采样后的频谱

这个例子说明了用一个采样频率实现对两个不同频带的采样，以及相应的频谱搬移关系。

5.6.3 基于过采样的射频数字化接收机

过采样(Oversampling)是指以高于Nyquist采样频率的频率对模拟信号进行采样，其带来的好处是可简化抗混叠滤波器的设计、提高信噪比、改善动态范围。

基于Σ－Δ调制器的Σ－ΔADC含有滤波器，其基本思想是用数字化速度换取转换位数，即以很低的量化分辨率(通常是1位，或者少数几位)和很高的采样速率将模拟信号数字化，并通过使用过采样、噪声整形和数字滤波抽取等方法增加有效分辨率，同时降低有效采样速率。

模数变换会产生量化误差(噪声)，最大量化误差为1/2LSB。图5.21表明，理想的b位ADC的RMS量化噪声为$q/\sqrt{12}$(其中q是最低有效位)，均匀分布在第一Nyquist区(DC～$f_s/2$)。如果采样频率提高到Kf_s，RMS量化噪声仍然为$q/\sqrt{12}$，但是噪声分布在更宽的带宽内，即DC～$Kf_s/2$。如果在输出端加上低通滤

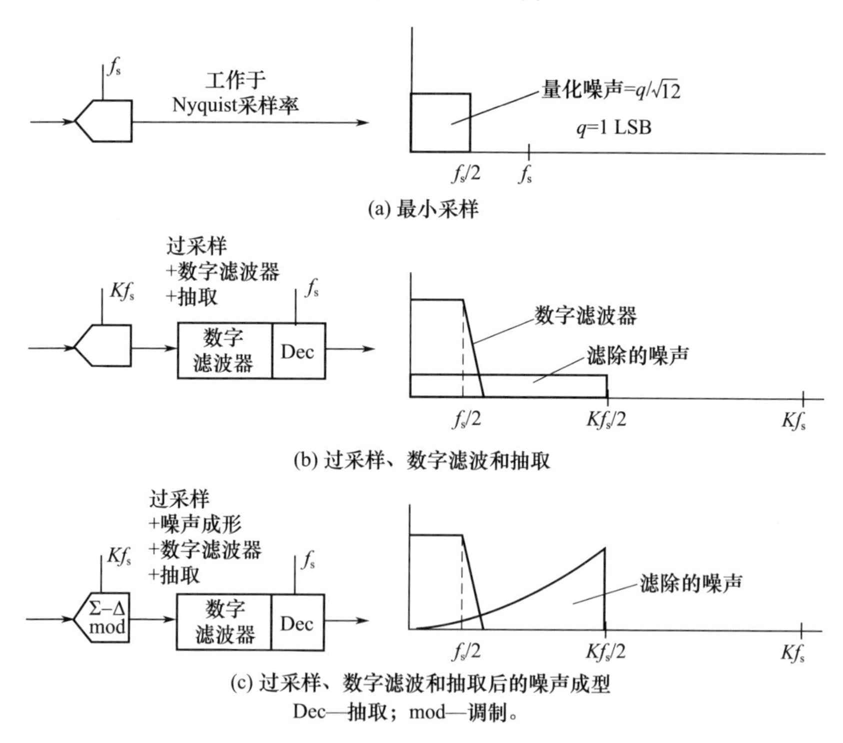

图5.21 不同采样方式下的量化噪声分布情况

波器,则能够滤除大部分的量化噪声,从而改善了有效转换位数(ENOB)。这样就利用低分辨率ADC实现了高分辨率的A/D转换。此外,过采样对模拟抗混叠滤波器的要求降低了。

如图5.22所示,基于Σ-Δ调制器的Σ-Δ式ADC包含很简单的模拟电路以及较复杂的数字电路(如用于实现滤波器的DSP)。

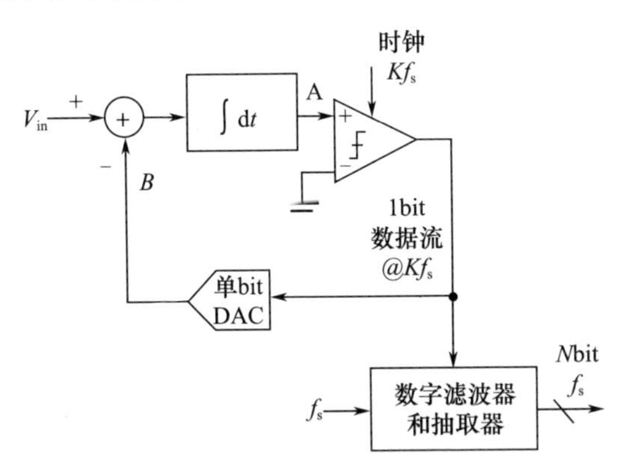

图5.22 一阶Σ-Δ式ADC结构

输入的模拟信号与反馈信号反向求和,得到量化误差信号。误差信号进入积分器积分后,输出的信号驱动单比特ADC(也就是比较器),得到一组0、1序列。数字序列又经过1bit DAC反馈至求和节点,形成闭合的反馈回路。由反馈理论知,反馈环路将强迫输出数字序列所对应的模拟平均值等于输入信号的平均值。

数字滤波抽取器主要完成低通滤波和抽取功能。由于Σ-Δ调制器输出的频谱特点是信号频谱在基带内,噪声集中分布于基带之外,因此需要通过滤波,如图5.23,将调制器输出的串行数字位流中高频部分的量化噪声滤除,只剩下少部分位于基带内的量化噪声,以提高系统的模数转换精度,即增加数字信号有效转换位数。此外,Σ-Δ调制器为了减少量化噪声,采用了过采样技术,所以有必要对低通滤波器后的数据进行抽取,把采样频率降低至与信号带宽相匹配的程度。通过以上数字滤波及采样抽取,最终将高速率、低精度的0/1流转换成了较低速率、高精度的数字输出。

用于实现以上功能的数字滤波抽取器在Σ-Δ调制器采样速率不高时,可采用如下的数字滤波抽取器级联组合:级联积分梳状(CIC)滤波抽取器+半带滤波抽取器+FIR滤波抽取器,即前面一、二级为CIC滤波器(具体级数可根据实际情况设置,后面的半带滤波器也一样),中间几级为半带滤波器,最后一级为FIR滤波器(除滤波抽取外,还要对前面CIC滤波器造成的通带衰减进行补偿);若Σ-Δ调制器速率很高(吉赫数量级以上),信号带宽也很高(百兆赫数量级以上)时,则

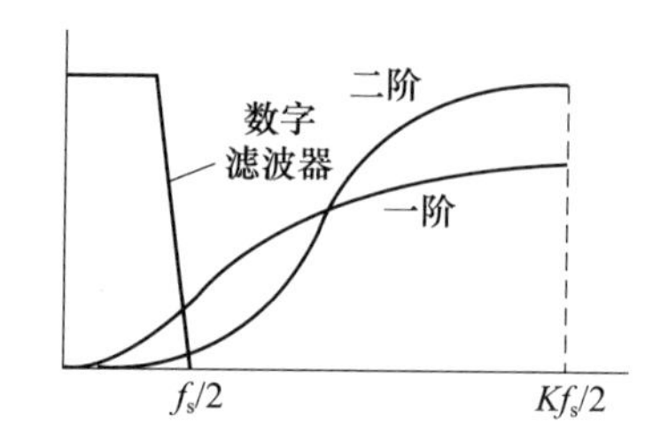

图 5.23 一阶、二阶调制器成型后的量化噪声

可采用 CIC 滤波抽取器 + 内插 = 阶多项式(ISOP)补偿滤波器 + 基于多项滤波结构的信道化数字下变频滤波抽取器。

前面我们主要讨论了低通型的 Σ - Δ 式 ADC,其实还有带通型的 Σ - Δ 式 ADC 中的积分器(本质上是低通滤波器)用带通滤波器取代,则量化噪声向频率上端和频率下端移动,在中间的通带留出了看似无噪声的区域。如果数字滤波器通带也在这个区域,则可得到一个具有带通特性的 Σ - Δ 式 ADC。

由于通信信号的带宽往往比较窄,实现较高的过采样率较为容易,所以基于 Σ - Δ调制器的数字化体制用于对通信信号的接收非常适合。此时,接收机可以采用射频带通直接数字化(比如采用带通型 Σ - Δ 式 ADC)的新颖体制,省去多次混频环节,使得接收机更简洁、灵活、方便,而且在信噪比等指标方面也可以有所提高。基于 Σ - Δ 调制器的 ADC,通过增加过采样率和调制器的阶数都可以提高信噪比,可以通过对抽取滤波器抽取因子、滤波系数等参数的调整,使得数字化部分的带宽、动态范围等技术指标可以根据信号带宽而灵活设置。带宽要求大,分辨率(动态范围)就低一点;分辨率(动态范围)要求高,带宽就窄一点。根据所采用的 Σ - Δ 调制器的不同,我们提出了两种基于 Σ - Δ 调制器的一体化数字化接收机(图 5.24)方案。

(1) 基于低通 Σ - Δ 调制器的射频数字化接收机。如图 5.24 所示,天线下来的射频信号通过跟踪滤波器和宽带放大器进行跟踪带通滤波以及低噪声增益放大到适合 Σ - Δ 调制器转换的水平,输出的带通信号根据射频带通采样原理,利用采样保持电路和模拟低通滤波器实现频谱搬移到低中频上。得到的低中频带通信号则进入高性能、高采样速率的低通 Σ - Δ 调制器进行调制、采样和量化,得到极高速率的单比特数据流。这些极高速率的单比特数据流再用高速 FPGA 和 DSP 根据当前所切换的工作模式进行相应的数字下变频滤波抽取和各种信号后处理。若 Σ - Δ调制器出来的数据流速度太高,超过了高速 FPGA 的工作频率,则需要在高速 FPGA 之前设计专门的 CIC 滤波器数字电路实现初级的滤波抽取,以降低数据流速度。

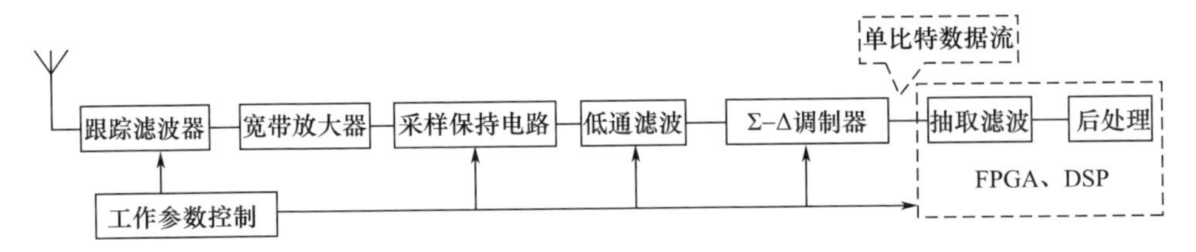

图5.24　基于低通Σ-Δ调制器的一体化数字接收机

（2）基于带通Σ-Δ调制器的射频数字化接收机。此类接收机要求带通Σ-Δ调制器通带中心频率可调范围能覆盖接收机要求的整个接收频段范围，或者几个具有不同通带中心频率可调范围的带通Σ-Δ调制器共同实现覆盖接收机要求的整个接收频段范围。此方案体现了真正的软件无线电接收机思想，如图5.25所示，模拟部分除了射频增益放大器使射频信号低噪声放大到Σ-Δ调制器最佳输入电平外，没有其他模拟部件。这里不需要模拟滤波器是因为带通Σ-Δ调制器本身就具有抗混叠滤波功能。有资料表明，6阶反馈式射频可调谐Σ-Δ式ADC已经面世（内含可调谐带通环路滤波器），射频输入频率为DC～1GHz，带宽为150MHz，动态范围可以达到74dB。要达到更宽的带宽，可以通过多片Σ-Δ式ADC并行处理实现。

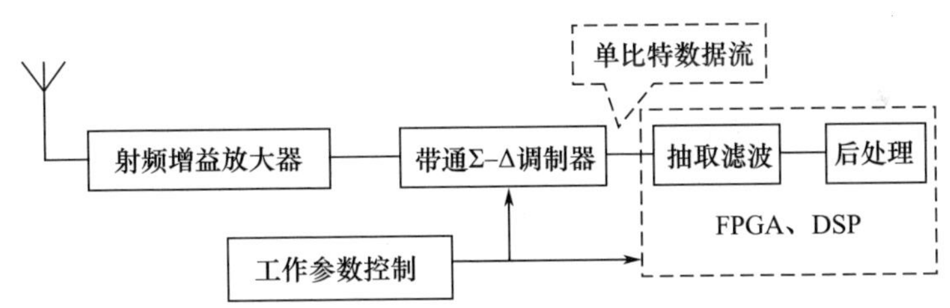

图5.25　理想Σ-Δ一体化数字接收机原理框图

带通方案与低通方案相比，接收机的结构有了很大简化，并且大大降低了接收机对模拟电路的要求，提高了数字化、软件化的程度。带通中的通带中心频率可调的带通Σ-Δ调制器与低通Σ-Δ调制器相比，存在着电路结构复杂、设计和制造加工不易、通带内量化性能有所降低等不足。

5.7　模拟波束形成/数字波束形成（ABF/DBF）接收技术

现代战场电磁环境日趋复杂，信号密集、种类繁多、时频交叠、动态变化，如何有效利用时域、频域、空域、码域、调制域等多维信息，在复杂电磁环境中寻找、分离所感兴趣信号(往往是弱信号)已成为战场目标获取的重要瓶颈问题之一。人们提出了利用阵列天线形成波束的思想分离频率相同而位于不同空域的信号,或者提高天线的等效增益,增强信号的信噪比。

智能天线(Smart Antennas)是通过对多个天线阵元输出的信号进行幅相加权获得所需的天线波束指向来实现空间分离的(图 5.26)。通过对 N 个天线单元的 M 个幅相加权网络分别补偿 M 个用户信号到达各个单元天线的波程差和幅度差,并对补偿后的多路信号(补偿后已同相位)进行合成,得到 M 个不同波束指向的信号后送到各自的接收机进行解调处理。由于接收波束变窄可以提高输出信噪比,改善接收质量;特别是当有 N 个自由度的幅相加权网络不仅对欲接收的信号方向形成波束,同时又在干扰方向形成“零点”,这将会大大增强系统的接收能力(图 5.26)。

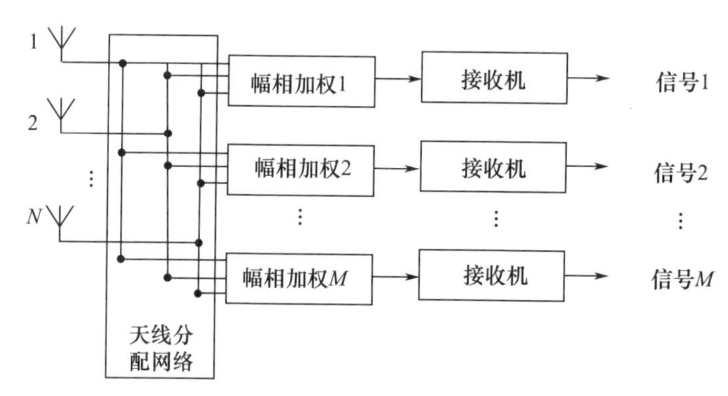

图 5.26 智能天线示意图

5.7.1 波束形成原理

我们以线性阵列为例,介绍波束形成基本原理。设 N 个天线单元按图 5.27 所示进行线性排列,天线单元间距为 d,第 m 个用户信号 $s_m(t)$ 的入射方向(与线阵法线的夹角)为 θ_m,若设最左边的天线为时间参考天线,则到达相邻两天线单元的时间差为

$$\Delta\tau_m = \frac{d\sin\theta_m}{v} \tag{5-19}$$

式中:v 为光速。

这样到达第 n 根天线上的第 m 个用户的信号为

$$x_{nm}(t) = A_{nm}s_m(t + n\Delta\tau_m) \tag{5-20}$$

式中:A_{nm} 为第 n 根天线对第 m 个用户信号的幅度失配因子。

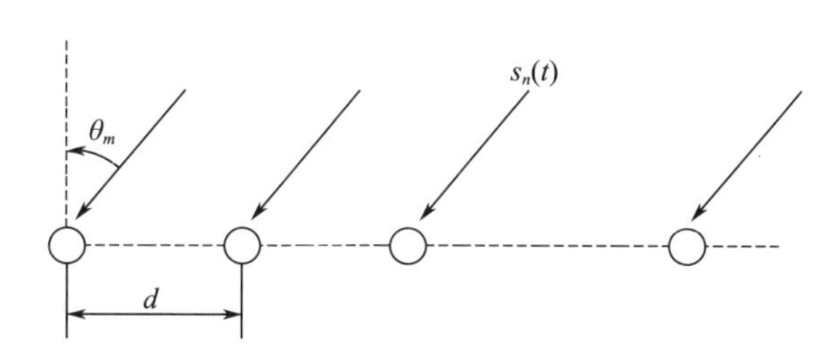

图5.27 波束形成基本原理

$s_m(t)$用解析式表示为

$$s_m(t)=\mathrm{Re}[a_m(t)\cdot \mathrm{e}^{\mathrm{j}[\omega_m t+\varphi_m(t)]}] \tag{5-21}$$

式中:$a_m(t)$为信号的幅度调制;ω_m为信号角频率;$\varphi_m(t)$为信号的角度调制。

式(5-20)可写为

$$x_{nm}(t)=A_{nm}\cdot a_m(t+n\Delta\tau_m)\cdot \mathrm{e}^{\mathrm{j}[\omega_m(t+n\Delta\tau_m)+\varphi_m(t+n\Delta\tau_m)]} \tag{5-22}$$

当$a(t)$、$\varphi(t)$相对于$\Delta\tau_m$为缓慢变化的信号时,则式(5-22)可简化为

$$\begin{aligned}x_{nm}(t)&=A_{nm}\cdot a_m(t)\cdot \mathrm{e}^{\mathrm{j}[\omega_m t+\omega_m n\Delta\tau_m+\varphi_m(t)]}\\&=A_{nm}\cdot \mathrm{e}^{\mathrm{j}\omega_m n\Delta\tau_m}\cdot a_m(t)\cdot \mathrm{e}^{\mathrm{j}[\omega_m t+\varphi_m(t)]}\\&=C_{nm}\cdot s_m(t)\end{aligned} \tag{5-23}$$

其中

$$C_{nm}=A_{nm}\cdot \mathrm{e}^{\mathrm{j}\omega_m n\Delta\tau_m} \tag{5-24}$$

现在我们用复加权系数W_{nm}对N个天线单元的输出$x_{nm}(t)$进行加权处理并求和,可得输出信号为

$$\begin{aligned}y_m(t)&=\sum_{n=0}^{N-1}W_{nm}\cdot x_{nm}(t)\\&=\sum_{n=0}^{N-1}W_{nm}\cdot C_{nm}s_m(t)\\&=s_m(t)\left[\sum_{n=0}^{N-1}W_{nm}\cdot C_{nm}\right]\end{aligned} \tag{5-25}$$

令复加权系数为

$$W_{nm}=(C_{nm})^{-1}$$

则可得加权后的输出信号为

$$y_m(t)=N\cdot s_m(t) \tag{5-26}$$

由此可见，在理想加权情况下，合成信号 $y_m(t)$ 为入射信号 $s_m(t)$ 的 N 倍，N 根天线起到了空间分集接收的增强效果。为达到这种合成效果，第 M 根天线的复加权系数为

$$W_{nm}=(C_{nm})^{-1}=(A_{nm})^{-1}\cdot e^{-j\omega_m n\Delta\tau_m} \tag{5-27}$$

把 $\Delta\tau_m=\dfrac{d\sin\theta_m}{v}$ 代入式(5-27)，并令 $\Delta\varphi_m=\omega_m\cdot\Delta\tau_m$，可得

$$\begin{aligned}\Delta\varphi_m&=\omega_m\cdot\Delta\tau_m\\&=\frac{2\pi f_m\cdot d\sin\theta_m}{v}\\&=\frac{2\pi d\sin\theta_m}{\lambda_m}\end{aligned} \tag{5-28}$$

式中：$\lambda_m=\dfrac{v}{f_m}$ 为第 m 个用户信号之波长。

把 $\Delta\varphi_m$ 代入式(5-27)，可得

$$W_{nm}=(A_{nm})^{-1}\cdot e^{-jn\Delta\varphi_m} \tag{5-29}$$

当天线单元一致性很好，并且其幅频特性与频率无关时，有

$$A_{nm}=1$$

则复加权系数为

$$W_{nm}=e^{-jn\Delta\varphi_m}$$

最后，可以求得对应于第 m 个复加权系数的天线阵归一化方向图函数为

$$\begin{aligned}F_m(\theta)&=\left|\frac{1}{N}\sum_{n=0}^{N-1}W_{nm}\cdot e^{jn\frac{2\pi d}{\lambda_m}\sin\theta}\right|^2\\&=\left|\frac{1}{N}\sum_{n=0}^{N-1}e^{-jn\Delta\varphi_m}\cdot e^{jn\frac{2\pi d}{\lambda_m}\sin\theta}\right|^2\\&=\left|\frac{1}{N}\sum_{n=0}^{N-1}e^{jn\frac{2\pi d}{\lambda_m}(\sin\theta-\sin\theta_m)}\right|^2\\&=\left|\frac{\sin\left[\dfrac{N\pi d}{\lambda_m}(\sin\theta-\sin\theta_m)\right]}{N\sin\left[\dfrac{\pi d}{\lambda_m}(\sin\theta-\sin\theta_m)\right]}\right|^2\end{aligned} \tag{5-30}$$

图 5. 28 分别给出了 $N=16,d=\frac{\lambda_m}{4},\theta_m$ 为45°、90°、135°时的方向图。用 M 个复加权系数 $W_{nm}(m=0,1,\cdots,M-1)$ 同时对 N 个天线输出信号进行加权处理就可以获得 M 个波束。

下面讨论线阵天线的波束宽度。归一化天线阵方向图函数用 $\mathrm{Sa}(x)=\frac{\sin x}{x}$ 函数可表示为

$$F_m(\theta)=\mathrm{Sa}^2(u)\cdot\left[\mathrm{Sa}^2\left(\frac{u}{N}\right)\right]^{-1} \tag{5-31}$$

式中

$$u=N\cdot\frac{\pi d}{\lambda_m}(\sin\theta-\sin\theta_m)$$

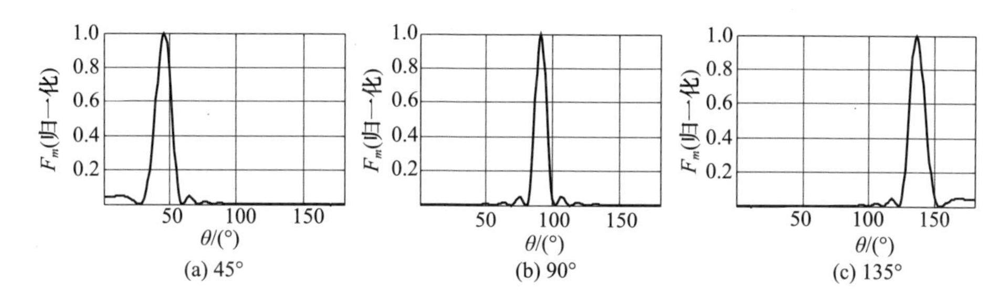

图 5. 28　16 单元线阵方向图(45°、90°、135°)

天线阵的主瓣宽度主要由式(5-31)相乘项中的第一项 $\mathrm{Sa}^2(u)$决定。由于

$$\mathrm{Sa}^2(\pm 0.443\pi)=0.5$$

所以对应于 $u=\pm 0.443\pi$ 的波束宽度即为天线阵的半功率瓣束宽度。u 方程中的 $\sin\theta-\sin\theta_m$项可以写为

$$\sin\theta-\sin\theta_m=\sin(\theta-\theta_m)\cos\theta_m-[1-\cos(\theta-\theta_m)]\sin\theta_m \tag{5-32}$$

当 θ_m很小时,式(5-32)第二项可以忽略不计,则

$$\sin\theta-\sin\theta_m=\sin(\theta-\theta_m)\cdot\cos\theta_m \tag{5-33}$$

所以与 $u=\pm 0.443\pi$ 相对应的两个 3dB 角度为

$$\begin{cases}\theta_+-\theta_m=\arcsin\dfrac{0.443\lambda_m}{Nd\cos\theta_m}\approx\dfrac{0.443\lambda_m}{Nd\cos\theta_m}\\[2ex]\theta_--\theta_m=\arcsin\dfrac{-0.443\lambda_m}{Nd\cos\theta_m}\approx-\dfrac{0.443\lambda_m}{Nd\cos\theta_m}\end{cases} \tag{5-34}$$

半功率波束宽度为

$$2\theta_{0.5}=\theta_{+}-\theta_{-}\approx\frac{0.886\lambda_m}{Nd\cos\theta_m} \tag{5-35}$$

由式(5－35)可见：当波束指向偏离线阵法线方向($\theta=0°$)时，波束宽度将加宽；另外，天线阵电口径($D_\lambda=Nd/\lambda_m$)越大，波束越窄。但是，要注意的是，上面推导的波束宽度公式只在θ_m很小时成立，当θ_m偏离法线方向较远时，式(5－35)不成立。当$\theta_m=0$时，即在线阵法线方向的波束宽度为

$$2\theta_{0.5}\approx\frac{0.886\lambda_m}{Nd}=\frac{0.886}{D_\lambda}\cdot\frac{180}{\pi}\approx\frac{50.8\lambda_m}{Nd}(°)$$

由天线阵方向图表达式可见，当$F_m(\theta)$的分母为0，即当$\frac{\pi d}{\lambda_m}(\sin\theta-\sin\theta_m)=\pm n\pi$时，方向图将出现栅瓣。这时，除了在$\theta=\theta_m$处出现最大值外，在其对称位置也将出现相等的峰值。如果取

$$d<\frac{\lambda_m}{|\sin\theta-\sin\theta_m|} \tag{5-36}$$

则

$$\frac{\pi d}{\lambda_m}|\sin\theta-\sin\theta_m|<\pi \tag{5-37}$$

就不会出现栅瓣。由于$|\sin\theta-\sin\theta_m|$的最大值为2，所以不出现栅瓣的最大单元间距为

$$d_{\max}<\frac{\lambda_m}{2} \tag{5-38}$$

即要求小于半波长(有时也把这个公式称为空间 Nyquist 采样定理)。如果波束指向(扫描)范围可以减小，则单元间距可以加大，如当波束指向限定在±45°范围内时，则其单元间距可取小于

$$0.707\lambda_m(|\sin\theta-\sin\theta_m|^{-1}\leqslant1/\sqrt{2}=0.707)$$

前面我们主要讨论了线阵的多波束形成原理，当阵元数很多时，线阵口径将变得非常大，会给实际使用带来困难，尤其是在频率低端，对应的波长长，天线口径将更大。所以在实际中用得较多的还是圆形阵。所谓圆形阵，是指其阵元在半径为R的周围上等间隔排列的天线阵，如图5.29所示。设信号入射方向与0号单元天线的夹角为θ_m，以圆心O为相位参考基准，则可求出第n根天线与圆心之间的相位差为

$$\varphi_{nm}=\frac{2\pi R}{\lambda_m}\cos\left(\frac{2\pi}{N}n-\theta_m\right) \tag{5-39}$$

所以圆形阵的归一化方向图函数为

$$F_m(\theta)=\left|\frac{1}{N}\sum_{n=0}^{N-1}\mathrm{e}^{\mathrm{j}\frac{2\pi R}{\lambda_m}\left[\cos\left(\frac{2\pi}{N}n-\theta_m\right)-\cos\left(\frac{2\pi}{N}n-\theta\right)\right]}\right|^2 \tag{5-40}$$

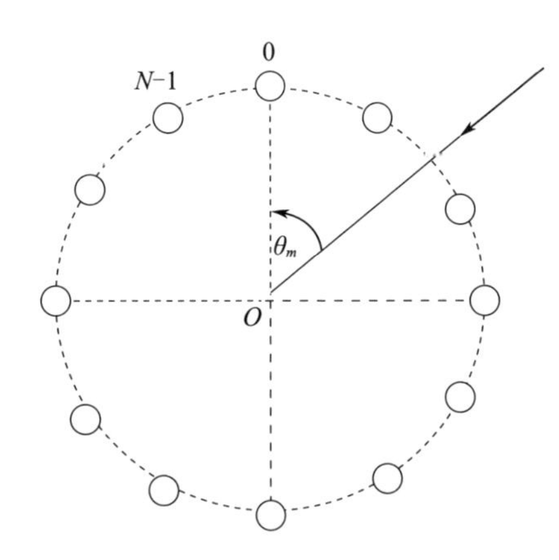

图5.29 圆形天线阵列

显然，式(5-40)中当$\theta=\theta_m$时，$F_m(\theta)=1$取最大值。对圆形阵波束形成器的复加权系数为

$$W_{nm}=\mathrm{e}^{-\mathrm{j}\varphi_{nm}}=\mathrm{e}^{-\mathrm{j}\frac{2\pi R}{\lambda_m}\cos\left(\frac{2\pi n}{N}-\theta_m\right)} \tag{5-41}$$

式中：θ_m为所需要的波束指向。

图5.30给出了$N=16$，$R=\lambda_m/2$，θ_m分别为45°、135°、225°、315°时的方向图。这种圆形阵波束形成天线可以在360°范围形成任意方向的波束，这是线阵所无法做到的。所以，圆形阵天线在诸如飞机等运动载体上具有重要的应用价值。另外，圆形阵的波束宽度主要与阵口径即圆形阵半径R的大小有关，而与阵元数N基本无关，但是在相同口径下，如果阵元数选得太少，则会产生较大的旁瓣，影响天线阵的正常工作。例如，$N=5$，$R=\lambda_m/2$时的方向图如图5.31(a)所示，可见，其旁瓣电平(或称杂瓣)已明显提高。但是如果这时把圆阵半径R降至$\lambda_m/4$，则其旁瓣可以降低到正常值，如图5.31(b)所示，不过这时的波束宽度增大了。所以对于圆形阵，阵半径与阵元数的选取是很有讲究的，需进行仔细论证。由于圆形阵归一化方向图的数学表达式无法用像线阵一样的解析式表示，要导出波束宽度、旁瓣电平等与阵元数N及阵半径R的关系是非常困难的，只能用数学仿真的方法来论证试验。

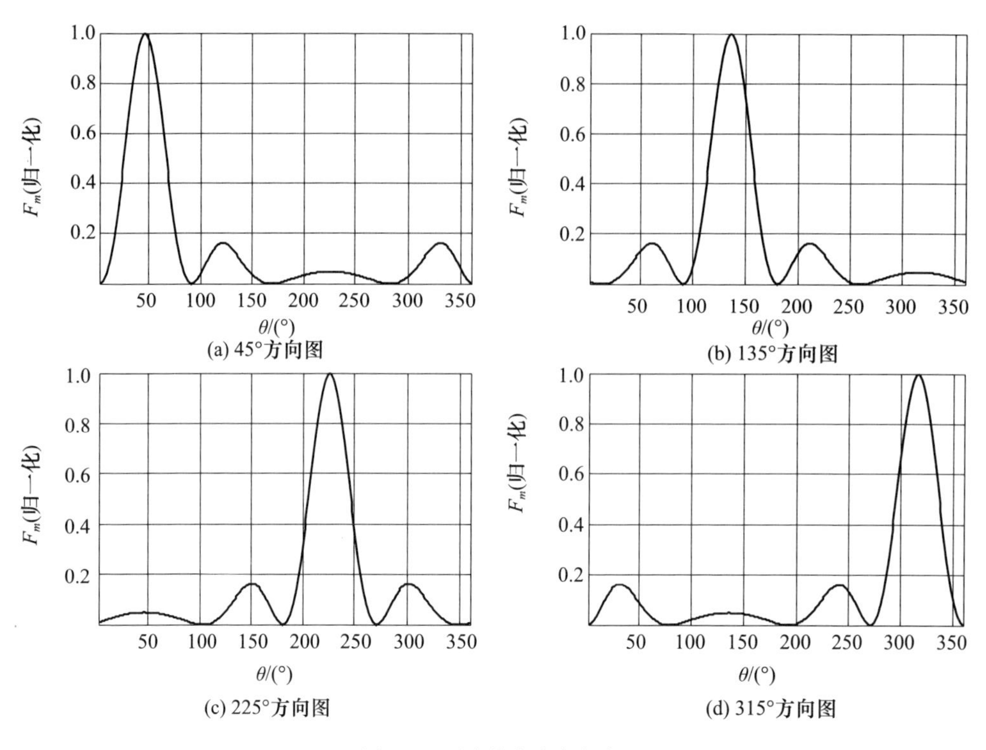

图 5.30 圆形阵波束方向

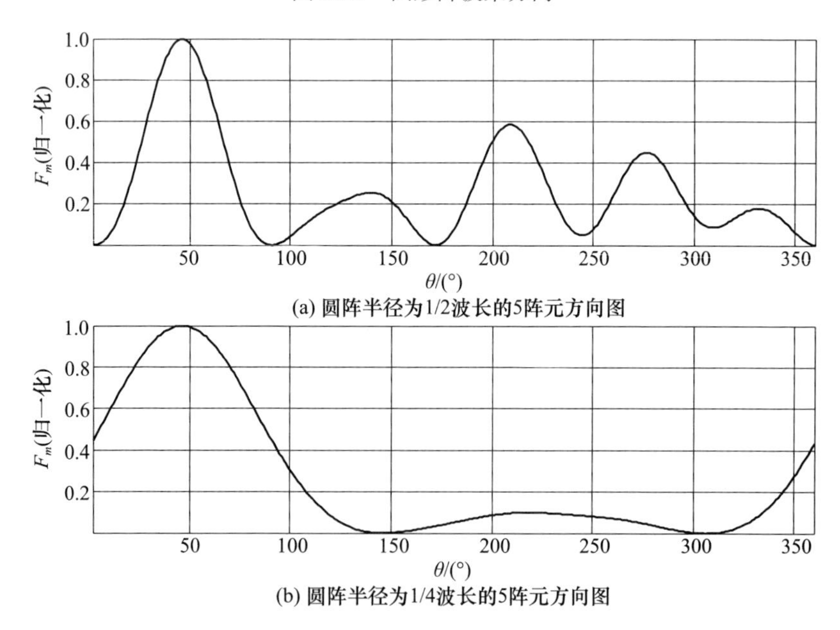

图 5.31 圆形阵波束方向图与圆阵半径的关系

5.7.2 模拟波束形成的实现方法

前面我们介绍了线形阵多波束形成与圆形阵多波束形成的基本原理，从系统构成来讲，两者是完全类似的，都是通过 N 个复加权矢量 $\boldsymbol{W}_{nm}$ 对 N 根天线的输出信号进行加权处理，得到 M 个不同指向的窄波束，只是复加权矢量不同而已，对线阵，其复加权矢量为

$$\boldsymbol{W}_{nm} = \mathrm{e}^{-\mathrm{j}\frac{2\pi d}{\lambda_m}n\sin\theta_m} \tag{5-42}$$

对圆形阵的复加权矢量为

$$\boldsymbol{W}_{nm} = \mathrm{e}^{-\mathrm{j}\frac{2\pi R}{\lambda_m}\cos\left(\frac{2\pi}{N}n-\theta_m\right)} \tag{5-43}$$

如复加权矢量统一用移相因子 $\boldsymbol{\varphi}_{nm}$ 表示，则对于线形阵和圆形阵分别为

$$\begin{aligned} \boldsymbol{\varphi}_{nm} &= \frac{2\pi d}{\lambda_m}n\sin\theta_m \\ \boldsymbol{\varphi}_{nm} &= \frac{2\pi R}{\lambda_m}\cos\left(\frac{2\pi}{N}n-\theta_m\right) \end{aligned} \tag{5-44}$$

则复加权矢量可以统一表示为

$$\boldsymbol{W}_{nm} = \mathrm{e}^{-\mathrm{j}\boldsymbol{\varphi}_{nm}} \tag{5-45}$$

也就是说，在不考虑天线单元幅相失配时的波束形成复加权实际上可以简单地用移相器实现，对第 n 根天线的移相值为 $\boldsymbol{\varphi}_{nm}$，如图5.32所示。由于移相器在射频前端实现，这就要求移相器同时具有宽频带和高精度特性，这样的移相器实现起来是有相当难度的。为克服射频宽带移相器实现上的困难，可以采用中频移相，如图5.33所示。

天线输出信号首先通过下变频器变换为窄带中频信号，然后再进行移相合成。由于这时的移相器是在统一的窄带中频上实现的，移相器相对在射频就要容易制作得多，但这时需要增加 N 个下变频器，硬件复杂性提高了。

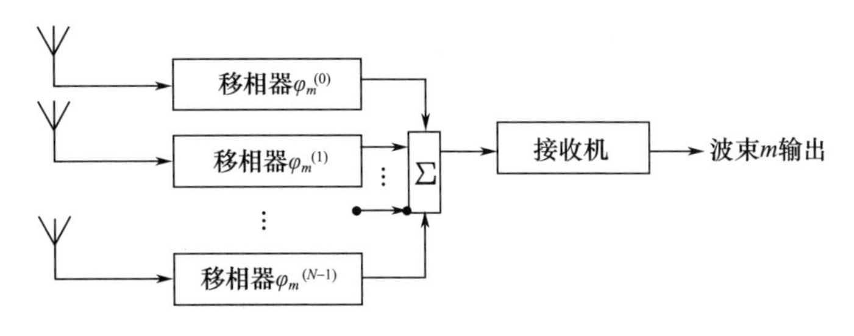

图5.32 波束形成的射频移相法实现

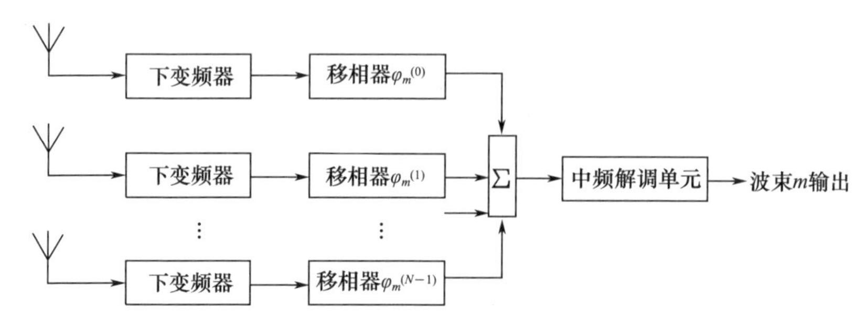

图 5.33　波束形成的中频移相法实现

上述两种波束形成方法采用的是模拟移相器,这种模拟法实现的最大不足是缺乏灵活性,而且硬件系统复杂。例如,为了同时产生 M 个波束(图 5.32、图 5.33只画出了产生一个波束的组成框图),则需要有 $M\times N$ 个移相器。所以用模拟实现多波束是非常困难的,为此,人们提出了数字波束形成(DBF)的实现方法。

5.7.3　数字波束形成的实现方法

由于用模拟实现多波束存在灵活性差、设备复杂等问题,数字波束形成(DBF)的实现方法就要灵活得多,其组成如图 5.34 所示。

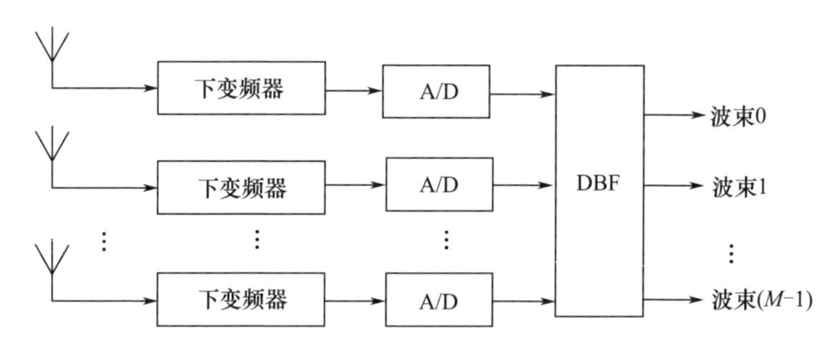

图 5.34　数字波束形成原理框图

DBF 就是把天线输出的信号经下变频器变换为中频信号后,进行 A/D 采样数字化,然后送到称为 DBF 的信号处理单元完成对各路信号的复加权处理,最后形成所需的多波束信号。只要信号处理的速度足够快,一个 DBF 就能产生多个不同指向的合成波束,而且由于波束形成可以通过 DSP 或 FPGA 实现,具有很高的灵活性和可扩展性。图 5.34 中的 DBF 处理器实际上就是完成下式矩阵运算,即

$$[y_0 \quad y_1 \quad \cdots \quad y_{(M-1)}] = [x'_0 \quad x'_1 \quad \cdots \quad x'_{(N-1)}] \times \begin{bmatrix} W_{00} & W_{01} & \cdots & W_{0(M-1)} \\ W_{10} & W_{11} & \cdots & W_{1(M-1)} \\ W_{20} & W_{21} & \cdots & W_{2(M-1)} \\ \vdots & \vdots & & \vdots \\ W_{(N-1)0} & W_{(N-1)1} & \cdots & W_{(N-1)(M-1)} \end{bmatrix} \tag{5-46}$$

式中：$[y_0 \quad y_1 \quad \cdots \quad y_{(M-1)}]$为$M$个合成波束输出序列；$[x'_0 \quad x'_1 \quad \cdots \quad x'_{(N-1)}]$为$N$路A/D采样数据经正交化处理后的$N$个复输入序列；$W_{nm}$($m=0,1,\cdots,M-1$；$n=0,1,\cdots,N-1$)为复加权系数。

下面给出基于软件无线电的单信道智能天线组成框图，如图5.35所示。

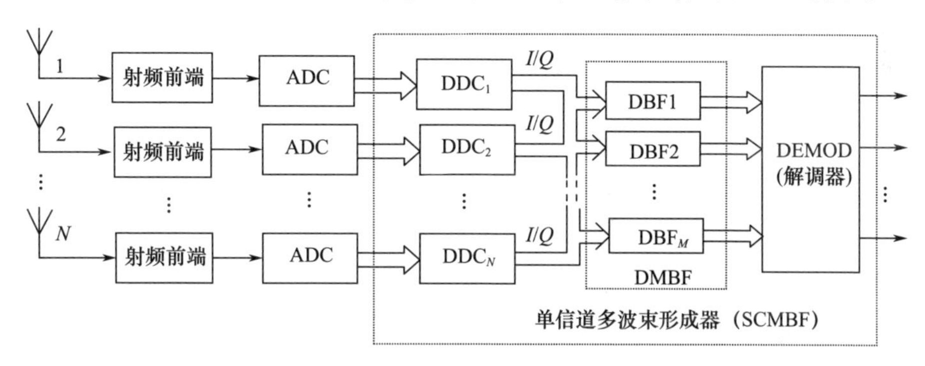

图5.35 单信道智能天线组成

通过天线阵感应的射频信号首先经过前端模拟预处理变换为适合于A/D采样的宽带中频信号，该宽带中频信号经A/D采样数字化后送到数字下变频器(DDC：由正交变换、抽取滤波等组成)，对宽带数字中频内某一感兴趣的信号(对应于射频上的其中一个信道)进行数字正交下变频和采样率变换，变换为与信号带宽相适应的低采样率的基带正交(I/Q)数字信号，这N路I/Q基带数据被同时送到M个DBF，分别进行不同方向的波束形成运算，最终获得所需的M个波束。解调器(DEMOD)既可以对所形成的M个波束同时进行解调，也可以选取其中信噪比最大的波束进行解调，前者可以实现同频空分复用，后者则可以实现定向接收，改善输出信噪比。值得指出的是，图中的M个DBF可以用一个数字多波束形成器(MDBF)来实现。显然，如果运算速度允许，图中的整个单信道多波束形成器(SCMBF：含DDC、DBF、DEMOD)可以基于高性能内嵌式计算机(如多核PowerPC或并行DSP)全部采用软件实现。

图5.35所示的单信道智能天线的一个缺陷是同一时刻只能对一个信道(同一频率)的信号进行数字波束形成，这主要是因为A/D转换后的DDC只能对准一个

频率的信号进行数字下变频所引起的。所以这种单信道智能天线也可称为同频多波束天线。如果在 A/D 转换后设置多个单信道多波束形成器,则可以对不同频率的信号同时形成多波束,可称为多信道或多频智能天线。

5.7.4 智能天线基本算法

由前面的介绍已经知道,智能天线所处理的信号是在时域、频域上完全重叠,只在空域上分离(来自不同方向)的多路信号,智能天线所起的作用实质上就是一个空域滤波器。在已知 D 个信号的到达方向 $\theta_1,\theta_2,\cdots,\theta_D$ 的情况下,空域滤波最简单的方法是采用加权矢量法。例如,为了让波束对准方向 $\theta_i(1\leqslant i\leqslant D)$,就是对阵列输出 $x(t)$ 用 θ_i 的方向矢量 $\boldsymbol{a}(\theta_i)$ 进行加权求和得到波束合成输出 $y_i(t)$,即

$$y_i(t)=\boldsymbol{a}^{\mathrm{H}}(\theta_i)\cdot\boldsymbol{X}(t)\quad(1\leqslant i\leqslant D)\tag{5-47}$$

式中:$\boldsymbol{X}(t)=[x_1(t),\ x_2(t),\ \cdots,\ x_N(t)]^{\mathrm{T}}$ 为阵列输出矢量;$\boldsymbol{a}(\theta)=[a_1(\theta),\ a_2(\theta),\ \cdots,\ a_N(\theta)]^{\mathrm{T}}$ 为阵列流形或称方向矢量。

对线性阵列,有

$$a_n(\theta)=\mathrm{e}^{-\mathrm{j}\frac{2\pi d(n-1)}{\lambda}\sin\theta}\tag{5-48}$$

对圆形阵列,有

$$a_n(\theta)=\mathrm{e}^{-\mathrm{j}\frac{2\pi R}{\lambda}\cos\left[\frac{2\pi}{N}(n-1)-\theta\right]}\tag{5-49}$$

式中:H 表示共轭转置;T 表示转置。

上面这种简单的共轭方向矢量加权法波束合成,只是把最大波束对准了待处理(接收)的信号方向,对其他方向的空间信号或噪声未加任何约束条件,这就有可能在合成波束输出信号中含有一定成分的其他 $D-1$ 个信号以及其他方向上的空间干扰或噪声,因而,这种简单的波束合成法性能较差,通过波束形成获得的处理增益(信噪比改善)不会很高。本节将重点介绍两种带有约束条件的波束合成算法,算法之一是最小功率算法,也称为 Capon 波束形成器;算法之二是所谓的“零陷”波束形成算法。Capon 波束形成器就是让所需方向上的信号通过的同时,使阵输出信号功率极小化,即尽可能地抑制主波束外的其他信号或干扰。所谓零陷波束形成器,就是首先在不需要的 $D-1$ 个方向上形成“零点”,对不需要的信号进行空域陷波,然后使所需方向上的信号尽可能大。通过分析和仿真可看到“零陷”波束形成算法性能最佳。

5.7.4.1 Capon 波束形成算法

假设 D 个信号的来波方向 $\theta=(\theta_1,\theta_2,\cdots,\theta_D)$ 是已知的,需要从这 D 个信号中分离出其中的从方向 $\theta_i(1\leqslant i\leqslant D)$ 来的信号 $s_i(t)$。现在让阵列矢量 $\boldsymbol{X}(t)$ 用权矢

量 $\boldsymbol{W}_i$ 作加权和作为所需信号 $s_i(t)$ 的估计 $\hat{s}_i(t)$，即

$$\hat{s}_i(t)=y_i(t)=\boldsymbol{W}_i^{\mathrm{H}}\boldsymbol{X}(t) \tag{5-50}$$

权矢量 $\boldsymbol{W}_i$ 在 θ_i 上的响应系数为 1（让所需信号无失真通过），即

$$\boldsymbol{W}_i^{\mathrm{H}}\boldsymbol{a}(\theta_i)=1$$

而使阵列的输出功率 P_i 最小化为

$$\boldsymbol{W}_i=\arg\min_{w_i}P_i=\arg\min_{w_i}\{\boldsymbol{W}_i^{\mathrm{H}}\cdot R_x\cdot\boldsymbol{W}_i\} \tag{5-51}$$

式中：$\boldsymbol{R}_x$ 为阵列相关矩阵，即

$$\boldsymbol{R}_x=E[\boldsymbol{X}(t)\cdot\boldsymbol{X}^{\mathrm{H}}(t)]$$

这是一个有约束条件的极值问题，用 Lagrange 乘数法，定义代价函数为

$$H(\boldsymbol{W}_i)=\frac{1}{2}\boldsymbol{W}_i^{\mathrm{H}}\cdot\boldsymbol{R}_x\cdot\boldsymbol{W}_i-\lambda[\boldsymbol{W}_i^{\mathrm{H}}\boldsymbol{a}(\theta_i)-1] \tag{5-52}$$

对式（5-52）求导数并令其为 0，有

$$\frac{\partial H(\boldsymbol{W}_i)}{\partial\boldsymbol{W}_i}=R_x\boldsymbol{W}_i-\lambda\boldsymbol{a}(\theta_i)=0$$

可得其解为

$$\boldsymbol{W}_i=\lambda\boldsymbol{R}_x^{-1}\boldsymbol{a}(\theta_i) \tag{5-53}$$

将式（5-53）代入约束条件

$$\lambda=\frac{1}{\boldsymbol{a}^{\mathrm{H}}(\theta_i)\boldsymbol{R}_x^{-1}\boldsymbol{a}(\theta_i)} \tag{5-54}$$

可得最佳加权矢量为

$$\boldsymbol{W}_i=\frac{\boldsymbol{R}_x^{-1}\boldsymbol{a}(\theta_i)}{\boldsymbol{a}^{\mathrm{H}}(\theta_i)\boldsymbol{R}_x^{-1}\boldsymbol{a}(\theta_i)}$$

将式（5-54）代入合成波束输出表达式（5-50）可得输出信号为

$$\hat{S}_i(t)=\frac{\boldsymbol{a}^{\mathrm{H}}(\theta_i)\boldsymbol{R}_x^{-1}\boldsymbol{X}(t)}{\boldsymbol{a}^{\mathrm{H}}(\theta_i)\boldsymbol{R}_x^{-1}\boldsymbol{a}(\theta_i)} \tag{5-55}$$

Capon 波束形成器也称为自适应波束形成器，因为它可以自动地在干扰方向上形成“零点”（阵列增益最小点）。Capon 波束形成器的最大问题是需要计算阵列的相关矩阵 $\boldsymbol{R}_x$，而相关矩阵的计算量是相当大的。不过如果信号平稳，则对同一个信号只需计算一次相关矩阵就行了。

5.7.4.2　空间“零陷”波束形成算法

Capon 波束形成器虽然能让待分离的信号最大无失真（最大输出信噪比）地通

过，但它对于在该信号方向以外的其他干扰方向上的响应并不一定为零。由于当我们需要提取出 D 个信号中的某一个时，其他 $D-1$ 个信号显然就变成了“干扰”。所以，如果能够控制波束零点，使其位于这 $D-1$ 个方向的位置上，则就能更好地抑制“干扰”，达到更好地分离出所需信号的效果。下面介绍波束零点的设置方法。

设 D 个信号的到达方向为 $\theta=\{\theta_1,\theta_2,\cdots,\theta_D\}$，不失一般性，假设所需信号的方向为 θ_1，用加权矢量 $\boldsymbol{W}$ 对阵列输出 $\boldsymbol{X}(t)$ 进行加权，使其能消去 $\theta_2,\theta_3,\cdots,\theta_D$ 方向上的信号（形成零点），即满足

$$\boldsymbol{W}^{\mathrm{H}}\boldsymbol{A}(\theta)=[b,\quad \underbrace{0,\quad 0,\quad \cdots,\quad 0}_{(D-1)\text{个}}] \tag{5-56}$$

其中

$$\boldsymbol{W}=\{W_1,\quad W_2,\quad \cdots,\quad W_N\}$$

$$\boldsymbol{A}(\theta)=\begin{bmatrix} a_1(\theta_1) & a_1(\theta_2) & \cdots & a_1(\theta_D) \\ a_2(\theta_1) & a_2(\theta_2) & \cdots & a_2(\theta_D) \\ \vdots & \vdots & & \vdots \\ a_N(\theta_1) & a_N(\theta_2) & \cdots & a_N(\theta_D) \end{bmatrix}$$

b 为一复常数。

式(5-56)也可表示为

$$\begin{cases} \boldsymbol{Wa}(\theta_1)=b \\ \boldsymbol{Wa}(\theta_2)=0 \\ \boldsymbol{Wa}(\theta_3)=0 \\ \quad\vdots \\ \boldsymbol{Wa}(\theta_D)=0 \end{cases} \tag{5-57}$$

式中：$\boldsymbol{a}(\theta_i)=[a_1(\theta_i),a_2(\theta_i),\cdots,a_N(\theta_i)]^{\mathrm{T}}$。

也就是说，N 维矢量 $\boldsymbol{W}$ 与 $D-1$ 个矢量相正交，即

$$\boldsymbol{W}\perp\boldsymbol{a}(\theta_i)\quad(2\leqslant i\leqslant D) \tag{5-58}$$

由于矩阵 $\boldsymbol{A}_1(\theta)=[a(\theta_2),\quad a(\theta_3),\quad \cdots,\quad a(\theta_D)]$ 的秩为 $D-1$，则在 N 维矢量空间中与 $\boldsymbol{A}_1(\theta)$ 正交的矢量空间的维数为 $N-D+1$。也就是说，满足式(5-57)的线性无关的加权矢量 $\boldsymbol{W}$ 共有 $N-D+1$ 个，设其为 $W_1,W_2,\cdots,W_{N-D+1}$，并满足

$$\begin{bmatrix} \boldsymbol{W}_1 \\ \boldsymbol{W}_2 \\ \vdots \\ \boldsymbol{W}_{N-D+1} \end{bmatrix} \begin{bmatrix} a_1(\theta_1) & a_1(\theta_2) & \cdots & a_1(\theta_D) \\ a_2(\theta_1) & a_2(\theta_2) & \cdots & a_2(\theta_D) \\ \vdots & \vdots & & \vdots \\ a_N(\theta_1) & a_N(\theta_2) & \cdots & a_N(\theta_D) \end{bmatrix} = \begin{bmatrix} b_1 & 0 & \cdots & 0 \\ b_2 & 0 & \cdots & 0 \\ \vdots & \vdots & & \vdots \\ b_{N-D+1} & \underbrace{0 \quad \cdots \quad 0}_{(D-1)\text{列}} \end{bmatrix} \tag{5-59}$$

注意：式(5－59)的 $\boldsymbol{W}_i(i=1,2,\cdots,N-D+1)$ 为行矢量，即 $\boldsymbol{W}_I=(w_{i1},w_{i2},\cdots,w_{iN})$ 在无噪声时有

$$\boldsymbol{X}(t)=\boldsymbol{A}(\theta)\cdot\boldsymbol{S}(t) \tag{5-60}$$

式中：$\boldsymbol{S}(t)$ 为信号矢量，即

$$\boldsymbol{S}(t)=[S_1(t),\quad S_2(t),\quad \cdots,\quad S_D(t)]^{\mathrm{T}}$$

令

$$\boldsymbol{W}_N^{\mathrm{H}}=\begin{bmatrix} \boldsymbol{W}_1 \\ \boldsymbol{W}_2 \\ \vdots \\ \boldsymbol{W}_{N-D+1} \end{bmatrix} \tag{5-61}$$

则式(5－59)可重写为

$$\boldsymbol{W}_N^{\mathrm{H}}\boldsymbol{A}(\theta)=\begin{bmatrix} b_1 & 0 & \cdots & 0 \\ b_2 & 0 & \cdots & 0 \\ \vdots & \vdots & & \vdots \\ b_{N-D+1} & 0 & \cdots & 0 \end{bmatrix} \tag{5-62}$$

用 $\boldsymbol{W}_N^{\mathrm{H}}$ 对 $\boldsymbol{x}(t)$ 进行加权处理即可得到经零点处理后的阵列输出矢量为

$$\begin{aligned} \boldsymbol{Y}(t) &= \boldsymbol{W}_N^{\mathrm{H}}\boldsymbol{X}(t)=\boldsymbol{W}_N^{\mathrm{H}}\boldsymbol{A}(\theta)\boldsymbol{S}(t) \\ &= \begin{bmatrix} b_1 & 0 & \cdots & 0 \\ b_2 & 0 & \cdots & 0 \\ \vdots & \vdots & & \vdots \\ b_{N-D+1} & 0 & \cdots & 0 \end{bmatrix} \begin{bmatrix} s_1 \\ s_2 \\ \vdots \\ s_D \end{bmatrix} = \begin{bmatrix} b_1 & s_1(t) \\ b_2 & s_1(t) \\ \vdots & \vdots \\ b_{N-D+1} & s_1(t) \end{bmatrix} \end{aligned} \tag{5-63}$$

也就是说，N 维阵列输出矢量 $\boldsymbol{x}(t)$ 经零点加权处理后，得到的是 $N-D+1$ 维矢量，矢量元素均为所需的信号 $s_1(t)$ 乘以一复常数。下面我们来讨论式(5－55)

中零点形成加权矢量 $\boldsymbol{W}_N^{\mathrm{H}}$ 的求解方法。

设 $\boldsymbol{A}_1(\theta)$ 为 $\boldsymbol{A}(\theta)$ 中除去所需信号方向的阵列流型(方向矢量),即

$$\boldsymbol{A}_1(\theta)=\{a(\theta_2) \quad a(\theta_3) \quad \cdots \quad a(\theta_D)\} \tag{5-64}$$

则式(5-55)可表示为

$$\boldsymbol{W}_N^{\mathrm{H}}\boldsymbol{A}_1(\theta)=0 \tag{5-65}$$

为避免线性相关,我们对 $\boldsymbol{W}_N^{\mathrm{H}}$ 进行正交化处理使其满足

$$\boldsymbol{W}_N^{\mathrm{H}}\boldsymbol{W}_N=\boldsymbol{I} \tag{5-66}$$

则式(5-65)可以采用奇异值分解(SVD)方法求解。对 $\boldsymbol{A}_1(\theta)$进行 SVD 可得

$$\boldsymbol{A}_1(\theta) = U\begin{pmatrix}\boldsymbol{\Sigma}\\ 0\end{pmatrix}\boldsymbol{V}^{\mathrm{H}} \tag{5-67}$$

式中:$\boldsymbol{\Sigma}=\begin{bmatrix}\lambda_1 & & 0\\ & \ddots & \\ 0 & & \lambda_{D-1}\end{bmatrix}$为由 $\boldsymbol{A}_1(\theta)$的奇异值构成的对角矩阵;$\boldsymbol{U}=[u_1,u_2,\cdots,u_N]$,$\boldsymbol{V}=[v_1,v_2,\cdots,v_{D-1}]$分别为矩阵 $\boldsymbol{A}_1(\theta)$的左右奇异矢量构成的矩阵(注意:$\boldsymbol{u}_i$、$\boldsymbol{v}_k$均为列矢量),如果取 $\boldsymbol{W}_N=[u_D,u_{D+1},\cdots,u_N]$,则 $\boldsymbol{W}_N^{\mathrm{H}}\boldsymbol{W}_N=\boldsymbol{I}$,且有

$$\begin{aligned}\boldsymbol{W}_N^{\mathrm{H}}\boldsymbol{A}_1(\theta)&=[u_D,\quad u_{D+1},\quad \cdots,\quad u_M]^{\mathrm{H}}[u_1,u_2,\quad \cdots,\quad u_{D-1},\quad u_D,\quad u_{D+1},\\ &\qquad \cdots,\quad u_N]\begin{bmatrix}\boldsymbol{\Sigma}\\ 0\end{bmatrix}\boldsymbol{V}^{\mathrm{H}}\\ &=[0,\quad \boldsymbol{I}]\begin{bmatrix}\boldsymbol{\Sigma}\\ 0\end{bmatrix}\boldsymbol{V}^{\mathrm{H}}=0\end{aligned} \tag{5-68}$$

即 $\boldsymbol{W}_N=[u_D,u_{D+1},\cdots,u_N]$为所求(满足式(5-65))的加权矩阵。用 $\boldsymbol{W}_N$对阵列输出进行零点处理获得 $N-D+1$ 个只包含所需信号分量 $\boldsymbol{S}_1$的输出矢量 $\boldsymbol{Y}$,即

$$\boldsymbol{Y}=\boldsymbol{B}\boldsymbol{S}_1$$

式中:$\boldsymbol{B}=[b_1,b_2,\cdots,b_{N-D+1}]^{\mathrm{T}}$,对 $\boldsymbol{Y}$ 再用 $\boldsymbol{B}^{\mathrm{H}}$进行加权处理,形成最后的合成波束为

$$\boldsymbol{y}_0(t)=\boldsymbol{B}^{\mathrm{H}}\boldsymbol{Y}=\boldsymbol{B}^{\mathrm{H}}\boldsymbol{B}\boldsymbol{S}_1=|\boldsymbol{B}|^2\boldsymbol{S}_1 \tag{5-69}$$

其中

$$|\boldsymbol{B}|^2=b_1^2+b_2^2+\cdots+b_{N-D+1}^2$$

B 矢量的计算公式为

$$\boldsymbol{B}=\boldsymbol{W}_N^{\mathrm{H}}\boldsymbol{a}(\theta_1) \tag{5-70}$$

整个波束形成过程如图 5.36 所示。

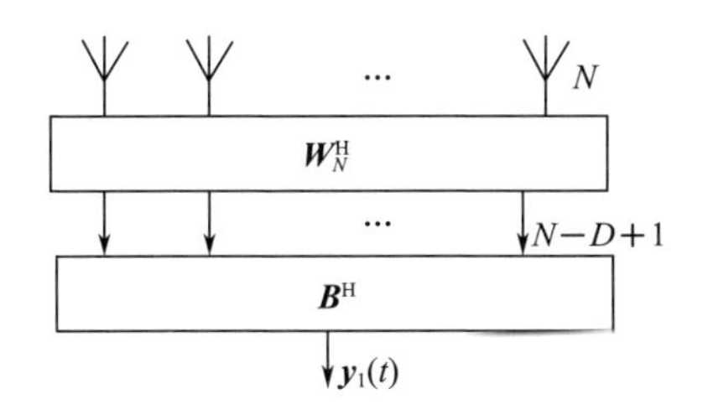

图 5.36　零陷波束形成原理

对 $\boldsymbol{Y}(t)$ 进行波束合成也可以采用 Capon 波束合成算法。根据前面的讨论可知，对阵列信号进行“零陷”处理的结果，实际上是把原阵列的流型结构 $\boldsymbol{a}(\theta)$ 变换为另一种阵列流型结构 $\boldsymbol{b}(\theta)$，即

$$\boldsymbol{b}(\theta)=\boldsymbol{W}_N^{\mathrm{H}}\boldsymbol{a}(\theta) \tag{5-71}$$

将式(5-71)代入式(5-55)，可得基于空间“零陷”预处理 Capon 波束合成算法的阵列输出为

$$\hat{\boldsymbol{S}}_i(t)=\frac{\boldsymbol{a}^{\mathrm{H}}(\theta_1)\boldsymbol{W}_N\boldsymbol{R}_Y^{-1}\boldsymbol{Y}(t)}{\boldsymbol{a}^{\mathrm{H}}(\theta_1)\boldsymbol{W}_N\boldsymbol{R}_Y^{-1}\boldsymbol{W}_N^{\mathrm{H}}\boldsymbol{a}(\theta_1)} \tag{5-72}$$

式中：$\boldsymbol{R}_Y=E[\boldsymbol{Y}\quad\boldsymbol{Y}^{\mathrm{H}}]$ 为 $\boldsymbol{Y}(t)$ 的相关矩阵。

将 $\boldsymbol{Y}(t)=\boldsymbol{W}_N^{\mathrm{H}}\boldsymbol{X}(t)$、$\boldsymbol{R}_Y^{-1}=[\boldsymbol{W}_N^{\mathrm{H}}\boldsymbol{R}_x\boldsymbol{W}_N]^{-1}$ 代入式(5-72)，可得

$$\hat{\boldsymbol{S}}_i(t)=\frac{\boldsymbol{a}^{\mathrm{H}}(\theta_1)\boldsymbol{R}_x^{-1}\boldsymbol{W}_N^{\mathrm{H}}\boldsymbol{X}(t)}{\boldsymbol{a}^{\mathrm{H}}(\theta_1)\boldsymbol{R}_x^{-1}\boldsymbol{a}(\theta_1)} \tag{5-73}$$

整个实现过程如图 5.37 所示。

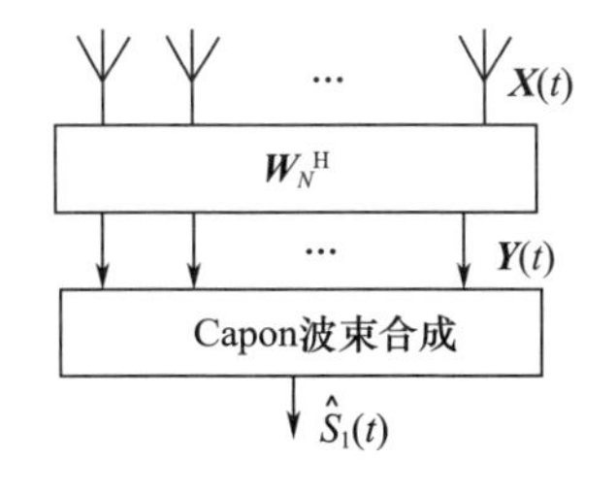

图 5.37　基于零点处理的 Capon 波束合成

5.8 接收机射频前端设计

接收机最终的性能根本上取决于射频前端。在前端信号电平是最低的,甚至有时其大小可以与噪声相比拟,通过多级变频放大后级接收到的信号电平可以更高一些。射频前端的主要功能是:尽可能多地滤除不需要的信号;对射频信号进行变换,使频率、电平与后续处理单元(如 ADC)相匹配。对射频前端的基本要求是:引入的噪声尽可能小(噪声系数小);信号的适应能力尽可能强(工作频段宽、动态范围大)。对于射频数字化的接收机结构,只需要低通滤波器、放大器等模拟电路;对于中频宽带数字化接收机结构,则需要滤波器、放大器、混频器等较多的模拟电路。

5.8.1 引言

前面我们已经提及,射频前端有多次变频的超外差结构、直接变换、不变频等各种接收机结构形式。由于超外差接收机结构最为复杂,其他结构可以看作是它的简化形式,所以,我们按照超外差接收机的结构来介绍模拟前端的各组成部分及性能。图 5.38 给出了一个实际超外插接收机的实例。

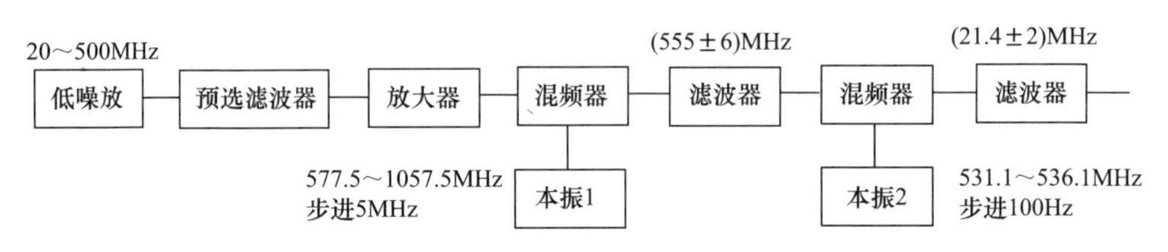

图 5.38 超外差射频前端的实例

5.8.2 射频前端各功能模块的设计

射频前端的组成模块主要有滤波器、放大器、混频器、本地振荡器(频率合成器)、功率放大器等。

5.8.2.1 低噪放

几乎所有通信接收机都在其输入级采用了低噪声放大器(LNA),接收机的灵敏度在很大程度上取决于第一级的噪声系数。有时也把预选滤波器放在低噪声放大器之前。LNA 的主要功能是提供足够的增益来克服后续级的噪声(特别是混频器),同时尽可能减少自身产生的噪声。

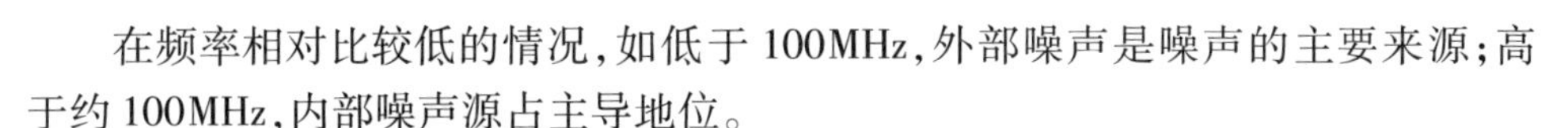

在频率相对比较低的情况，如低于100MHz，外部噪声是噪声的主要来源；高于约100MHz，内部噪声源占主导地位。

LNA被用在接收系统的输入端，通常放置在天线的输出端（也可能在预选滤波器之后）。双极结型晶体管（BJT）和金属氧化物半导体场效应晶体管（MOS-FET）常用来实现LNA，对典型LNA的要求如下。

（1）适当的增益（典型值为10～20dB）。放大接收到的信号，降低后续级的等效输入噪声，同时补偿传输电缆的损耗。

（2）良好的线性度。具有较大的动态范围，尽可能无失真放大所需要的信号。

（3）低噪声系数。以实现高灵敏度。

（4）输入匹配。提供良好的阻抗匹配（如50Ω或75Ω），以获得最大的功率增益。

5.8.2.2　滤波器

射频滤波器（Filter）主要实现对信号的预滤波，在满足所需带宽的前提下，具有尽可能高的选择性。中频滤波器主要用于镜频抑制。滤波器的主要参数包括滤波器的阶数、通带、阻带、矩形系数、品质因素（Q值）、带内波动、带外衰减、瞬态响应等许多指标。

滤波器的种类很多，主要有LC滤波器、晶体滤波器、陶瓷滤波器、机械谐振器等。LC滤波器的Q值有限，其实现较宽的带宽相对容易，很难实现低于1%的滤波带宽。其插损取决于需要的百分比带宽、Q值。其工作频率范围可从音频一直到几百兆赫。

晶体滤波器具有很好的选择性，但其带宽较窄，一般为0.01%～1%。其插入损耗在1～10dB之间。其工作频率范围为5kHz～100MHz。

陶瓷滤波器的带宽为1%～10%，它的截止速度、稳定性、精确度都低于晶体滤波器，但是它的成本很低，工作频率范围有限。

表5.3对部分滤波器性能进行了比较。

表5.3　滤波器性能比较

滤波器种类	工作频率范围	Q值（品质因数）	应用场合
LC滤波器	DC～300MHz	100	音频、视频、IF、RF
有源滤波器	DC～500kHz	10	音频
晶体滤波器	1kHz～100MHz	100000	IF
机械滤波器	50～500kHz	1000	IF
陶瓷滤波器	10kHz～10.7MHz	1000	IF
声表面波（SAW）滤波器	10～80MHz	18000	IF、RF
传输线滤波器	UHF和微波	1000	RF
腔体滤波器	微波	10000	RF

下面我们以 LC 滤波器为例,介绍一下几种滤波器的实现。LC 滤波器通常有巴特沃斯(Butterworth)滤波器、切比雪夫(Chebyshev)滤波器、贝塞尔(Bessel)滤波器、椭圆滤波器(Cauer)等类型。巴特沃斯滤波器具有很好的幅度特性和瞬态特性;切比雪夫滤波器有陡峭的衰减特性,但时域特性差;贝塞尔滤波器有优良的瞬态特性,但选择性差。

接着我们对这几种滤波器进行介绍。滤波器设计时常常采用归一化低通滤波器的曲线和表格进行设计,然后标定至期望的频率和阻抗上。

阻抗归一化是以负载电阻 R_L 为 1Ω 来转换滤波器的各元件值的,则

$$R' = \frac{R}{R_L}$$

式中:R' 为归一化值;R 为实际的电阻值;R_L 为实际的负载电阻。

显然,当 $R = R_L$ 时,$R' = 1$。此时,电阻的阻抗降低至 $1/R_L$。为了保持滤波器元件之间的阻抗关系不变,则元件的阻抗也应相应降低至 $1/R_L$,则

$$L' = L/R_L, C' = C \cdot R_L$$

式中:L'、C' 为归一化值;L、C 为实际值。

频率归一化是以截止频率 ω_c 为 1 来转换滤波器中各电抗元件的阻抗值的。频率归一化为

$$\Omega = \frac{\omega}{\omega_c}$$

当 $\omega = \omega_c$ 时,$\Omega = 1$。由于所有频率都降低了 Ω 倍,为了保持滤波器各元件间的阻抗关系不变,以保持频率响应曲线不变,各电抗元件值也要做相应的变化,即

$$L' = L/\omega_c, C' = C/\omega_c$$

综合上述阻抗、频率归一化,所以,当已知归一化元件值后,利用下述公式,可把各元件标成实际需要的截止频率和负载电阻时的数值,即

$$\begin{cases} \omega = \Omega \cdot \omega_c \\ R = R' \cdot R_L \\ L = \dfrac{R_L}{\omega_c} \cdot L' \\ C = \dfrac{1}{\omega_c \cdot R_L} \cdot C' \end{cases} \tag{5-74}$$

1) 巴特沃斯滤波器

巴特沃斯滤波器是一种中等 Q 值的滤波器,其通带内平坦、没有波纹,带外衰

减平缓、单调。其衰减函数表示为

$$A_{\text{Butterworth}}(\omega)=10\lg\left[1+\left(\frac{\omega}{\omega_c}\right)^{2n}\right] \tag{5-75}$$

式中:n 为滤波器的阶数,或者元件数目;ω_c 为滤波器的截止频率(-3dB 频率)。利用式(5-75)可以计算出如图 5.39 所示的一组曲线,其给出了各阶滤波器在任意频率上的衰减。

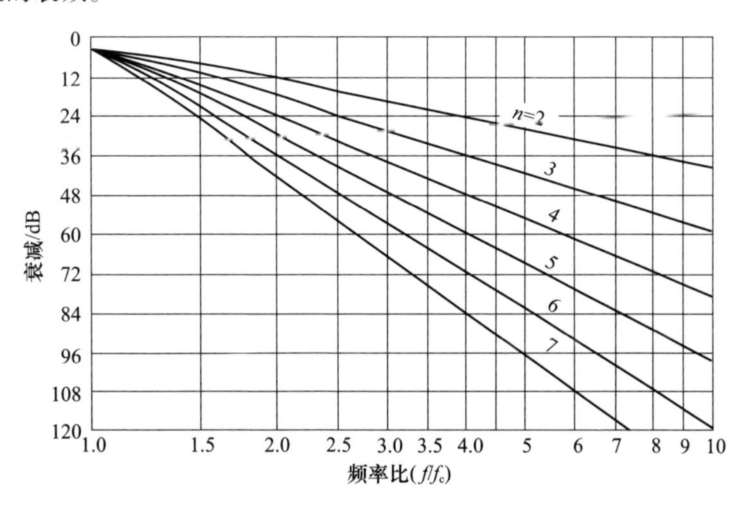

图 5.39　巴特沃斯滤波器的衰减特性

对于源和负载电阻均为 1Ω 的巴特沃斯滤波器,元件值可由下式给出,即

$$A_k=2\sin\frac{(2k-1)\pi}{2n}\qquad k=1,2,\cdots,n$$

式中:n 为滤波器的阶数,或者说是电抗元件的数量。

根据上式计算出了 2 ~ 10 阶巴特沃斯低通滤波器的元器件数值,并列于表 5.4中。

表 5.4　巴特沃斯低通滤波器原型元件值($R_S=R_L$)

n	C_1	L_2	C_3	L_4	C_5	L_6	C_7	L_8	C_9	L_{10}
2	1.4142	1.4142								
3	1.0000	2.0000	1.0000							
4	0.7654	1.8478	1.8478	0.7654						
5	0.6180	1.6180	2.0000	1.6180	0.6180					
6	0.5176	1.4142	1.9319	1.9318	1.4142	0.5176				
7	0.4450	1.2470	1.8019	2.0000	1.8019	1.2470	0.445			

（续）

n	C_1	L_2	C_3	L_4	C_5	L_6	C_7	L_8	C_9	L_{10}
8	0.3902	1.1111	1.6629	1.9616	1.9616	1.6629	1.1111	0.3902		
9	0.3473	1.0000	1.5321	1.8794	2.0000	1.8794	1.5321	1.0000	0.3473	
10	0.3129	0.9080	1.4142	1.7820	1.9754	1.9754	1.7820	1.4142	0.9080	0.3129
	L_1	C_2	L_3	C_4	L_5	C_6	L_7	C_8	L_9	C_{10}

巴特沃斯低通滤波器电路形式如图 5.40 所示。

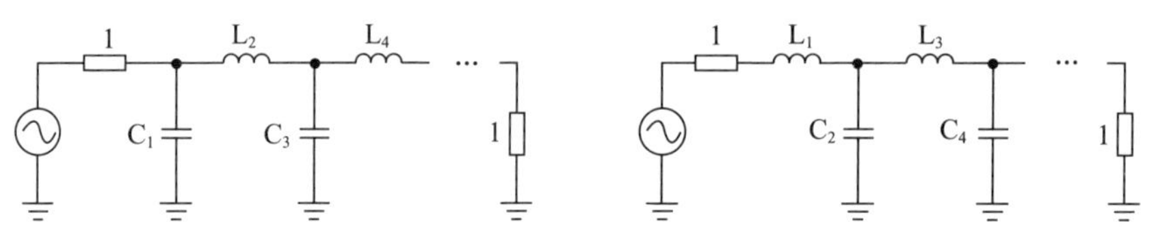

(a) 以R_S/R_L为标准的电路形式　　(b) 以R_L/R_S为标准的电路形式

图 5.40　巴特沃斯低通滤波器电路形式

当以 R_S/R_L 计算值为设计标准时，采用左边的电路形式，按表 5.4 上方的标注取数据；当以 R_L/R_S 计算值为设计标准时，采用右边的电路形式，按表 5.4 下方的标注取数据。

2）切比雪夫滤波器

切比雪夫滤波器是一种高 Q 值滤波器，带内有波纹；相对巴特沃斯滤波器，它在截止频率处的滚降更加陡峭。其衰减函数表示为

$$A_{\text{Chebyshev}}(\omega) = 10\lg[1 + \varepsilon^2 C_n^2(K)] = 10\lg[1 + D^2(K)] \tag{5-76}$$

其中

$$D(K) = \varepsilon \cdot C_n(K)$$

式中：$C_n(K)$ 表示求切比雪夫多项式在 K 处的值；参数 ε 可表示为

$$\varepsilon = \sqrt{10^{R_{\text{dB}}/10} - 1} \tag{5-77}$$

式中：R_{dB} 表示单位为 dB 的通带内波纹。

前 7 阶（$n = 1 \sim 7$）切比雪夫多项式如表 5.5 所列。

表 5.5　切比雪夫多项式

$n = 1$	Ω
$n = 2$	$2\Omega^2 - 1$
$n = 3$	$4\Omega^8 - 3\Omega$
$n = 4$	$8\Omega^4 - 8\Omega^2 + 1$
$n = 5$	$16\Omega^5 - 20\Omega^3 + 5\Omega$

（续）

$n=6$	$32\Omega^6-48\Omega^4+18\Omega^2-1$
$n=7$	$64\Omega^7-112\Omega^5+56\Omega^3-7\Omega$
$n=8$	$128\Omega^8-256\Omega^6+160\Omega^4-32\Omega^2+1$
$n=9$	$256\Omega^9-576\Omega^7+432\Omega^5-120\Omega^8+9$
$n=10$	$512\Omega^{10}-1280\Omega^8+1120\Omega^6-400\Omega^4+50\Omega^2-1$

图 5.41 给出了 0.01dB 纹波切比雪夫滤波器的衰减特性。

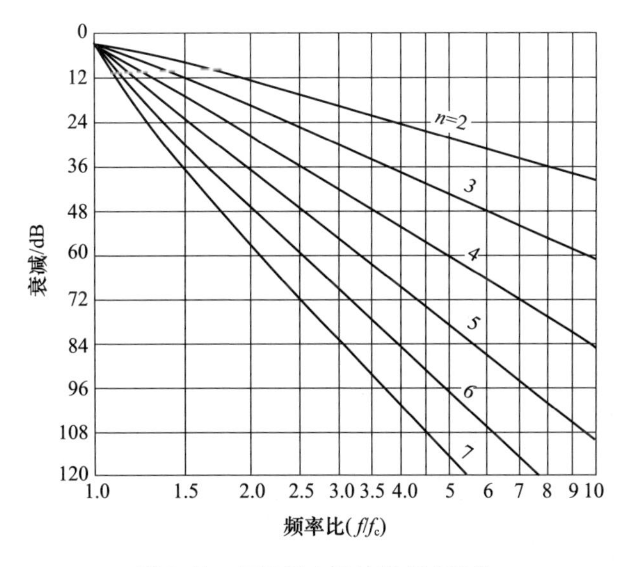

图 5.41　切比雪夫滤波器衰减特性

值得注意的是，偶数阶切比雪夫滤波器只能工作于源电阻不等于负载电阻的情况，奇数阶切比雪夫滤波器可工作于源电阻等于负载电阻的情况。

对于负载电阻等于源电阻时，归一化奇数阶切比雪夫滤波器的元件值，可由下列公式计算得到，即

$$G_1=\frac{2\cdot A_r\cdot \mathrm{ch}(A)}{Y}$$

$$G_k=\frac{4\cdot A_{k-1}\cdot A_k\cdot \mathrm{ch}^2(A)}{B_{k-1}\cdot G_{k-1}}\quad k=2,3,4,\cdots,n$$

其中

$$Y=\mathrm{sh}\left(\frac{\beta}{2n}\right)$$

$$\beta=\ln\left(\mathrm{cth}\,\frac{R_{\mathrm{dB}}}{17.37}\right)$$

$$A_k = \sin\frac{(2k-1)\pi}{2n} \quad k = 1,2,3,\cdots,n$$

$$B_k = Y^2 + \sin^2\left(\frac{k \cdot \pi}{n}\right) \quad k = 1,2,3,\cdots,n$$

系数 $G_1, G_2, \cdots, G_n$ 为元器件值。

表5.6给出了0.1dB纹波下切比雪夫滤波器元件值，R_S、R_L分别表示源电阻和负载电阻。

表5.6　切比雪夫低通滤波器原型元件值(纹波为0.1dB)

n	R_S/R_L	C_1	L_2	C_3	L_4
2	1.355	1.209	1.638		
	1.429	0.977	1.982		
	1.667	0.733	2.489		
	2.000	0.560	3.054		
	2.500	0.417	3.827		
	3.333	0.293	5.050		
	5.000	0.184	7.426		
	10.000	0.087	14.433		
	∞	1.391	0.819		
3	1.000	1.433	1.594	1.433	
	0.900	1.426	1.494	1.622	
	0.800	1.451	1.356	1.871	
	0.700	1.521	1.193	2.190	
	0.600	1.648	1.017	2.603	
	0.500	1.853	0.838	3.159	
	0.400	2.186	0.660	3.968	
	0.300	2.763	0.486	5.279	
	0.200	3.942	0.317	7.850	
	1.100	7.512	0.155	15.466	
	∞	1.513	1.510	0.716	

（续）

n	R_S/R_L	C_1	L_2	C_3	L_4
4	1.355	0.992	2.148	1.585	1.341
	1.429	0.779	2.348	1.429	1.700
	1.667	0.576	2.730	1.185	2.243
	2.000	0.440	3.227	0.967	2.856
	2.500	0.329	3.961	0.760	3.698
	3.333	0.233	5.178	0.560	5.030
	5.000	0.148	7.607	0.367	7.614
	10.000	0.070	14.887	0.180	15.230
	∞	1.511	1.768	1.455	0.673
n	R_L/R_S	L_1	C_2	L_3	C_4

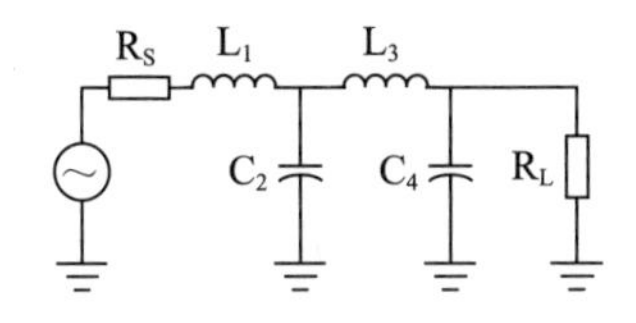

3）贝塞尔滤波器

贝塞尔滤波器对于得到线性相位即最平延迟是最佳的，可以让宽带信号通过时失真最小，并具有一定的选择性。贝塞尔滤波器的初始衰减比较差，可用下式近似，即

$$A_{\mathrm{dB}}=3\left(\frac{\omega}{\omega_{\mathrm{c}}}\right)^2 \tag{5-78}$$

当 $\omega/\omega_c=0\sim2$ 时，式（5－78）精度较高。当 $\omega/\omega_c>2$ 时，可以用直线近似，每个元件每倍频程的衰减约为 6dB（图 5.42）。

对于大的阶数 n，贝塞尔滤波器的衰减函数为

$$A(\omega)=10(\lg e)\cdot\frac{(\omega T_0)^2}{2n-1} \tag{5-79}$$

其 3dB 频率为

$$\omega_{3\mathrm{dB}}=T_0^{-1}\sqrt{(2n-1)\ln 2}$$

式中：T_0 为恒定群时延。

不同阶数对所期望的恒定群时延的最平逼近为

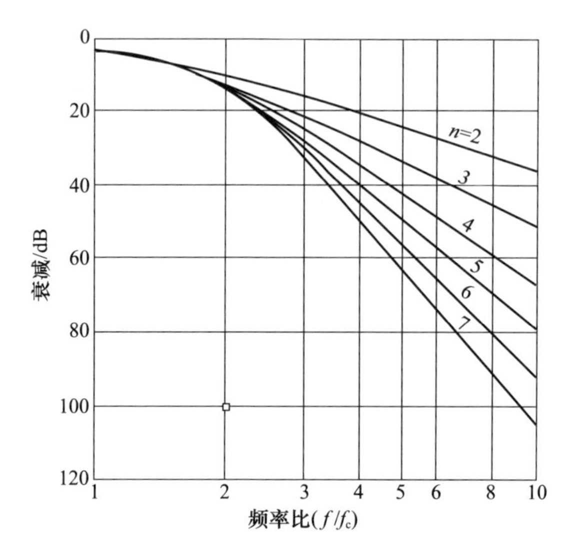

图 5.42　贝塞尔滤波器的衰减特性

$$T_g \approx T_0\left[1-\left(\frac{2^n \cdot n!}{(2n)!}\right)^2 (\omega T_0)^{2n}\right]$$

也就是群时延误差百分比为

$$T_g/T_0 \approx \left(\frac{2^n \cdot n!}{(2n)!}\right)^2 (\omega T_0)^{2n}$$

可以证明,n 个电抗元件的数值可以通过下式求出,即

$$a_i=\frac{(2n-i)!}{i!\ (n-i)!}(2T_0)^{i-n} \quad i=0,1,2,\cdots,n-1$$

4）椭圆滤波器

椭圆滤波器的衰减可以表示为

$$A(\omega)=10\lg[1+\varepsilon^2 Z_n^2(\Omega)] \tag{5-80}$$

式中:ε 由式(5-80)确定。

$Z_n(\Omega)$是 n 阶椭圆函数,可表示为

$$Z_n=\frac{\Omega(a_2^2-\Omega^2)(a_4^2-\Omega^2)\cdots(a_n^2-\Omega^2)}{(1-a_2^2\Omega^2)(1-a_4^2\Omega^2)\cdots(1-a_n^2\Omega^2)}$$

式中:n 为奇数。

当 n 为偶数时,则

$$Z_n=\frac{(a_2^2-\Omega)(a_4^2-\Omega^2)\cdots(a_n^2-\Omega^2)}{(1-a_2^2\Omega^2)(1-a_4^2\Omega^2)\cdots(1-a_n^2\Omega^2)}$$

$a_2, a_4, \cdots, a_n$ 的值由椭圆积分导出，椭圆积分的定义为

$$K_e = \int_0^{\pi/2} \frac{d\theta}{\sqrt{1 - K^2 \sin^2\theta}}$$

为了提高接收设备的动态和满足直接射频采样接收机机结构的需要，通常需要几组滤波器，以减少干扰信号的数量和幅度，以及进入接收设备的噪声，并满足射频直接采样的抗混迭滤波器要求。这些滤波器的工作频率和带宽通常是固定不变的或者具有有限的调谐能力。因此，如果采用固定滤波器，势必需要大量的滤波器覆盖整个频段，这将带来体积庞大、灵活性差的问题。电调滤波器是通过改变滤波网络中的可变电容，实现网络频率响应的变化，从而实现电调谐滤波，较好地解决了滤波器数量多的问题。例如，Pole - Zero 公司的电调谐滤波器，把 1.5 ~ 1000MHz 的频率范围划分成 8 个频段，每个频段分别用一个电调谐滤波器覆盖。这 8 个频段分别是 1.5 ~4MHz、4 ~10MHz、10 ~30MHz、30 ~90MHz、90 ~200MHz、200 ~400MHz、400 ~700MHz、700 ~1000MHz。

5.8.2.3 混频器

混频器（Mixer）是将输入的两个不同信号的频率进行相加或相减运算，实现信号的频率搬移。二极管、C 类放大器等任何具有非线性传输特性的器件都可以用作混频器。例如，最简单的混频器是平方率混频器，其输入输出具有如下特性，即

$$v_o = Av_i + Bv_i^2$$

不难看出，当输入两个不同信号时，其输出除了输入信号本身及二次谐波外，还有两个频率的和频与差频。通过合理选取中频信号，我们可以滤出所需要的信号。

混频器主要有两种类型：无源混频器（如二极管）和有源混频器（采用有增益的器件，如双极性晶体管、场效应管）。一般而言，相对于有源混频器，尽管无源混频器具有较好的三阶互调失真性能，但其变频损耗较高，因而噪声系数较大。

混频器也可以按单平衡混频器和双平衡混频器分类，这两种混频器都有有源和无源之分。相对于双平衡混频器，单平衡混频器的结构较简单，但其射频到中频的抑制和本振到中频的抑制性能较差。双平衡混频器的本振和射频都是平衡的。在中频输出端能提供较好的本振和射频抑制性能；线性度更好；截点值较高，对虚假产物的抑制性能更好；由于采用了差分结构，对电源电压噪声的敏感性更低。但是双平衡混频器对本振的驱动能力要求较高，端口对电抗性的负载较敏感。

混频器实现的途径主要有以下 3 种。

（1）将混频器看成线性乘法器，即

$$2\cos(\omega_1 t)\cos(\omega_2 t) = \cos[(\omega_1 + \omega_2)t] + \cos[(\omega_1 - \omega_2)t]$$

理想混频器输出包括两个频率:两个输入信号频率之差与两个输入信号频率之和。在实际系统中,两个输入信号(感兴趣信号和本振信号)的频率相差足够大,以便可以使用滤波器对输出中的信号进行选择。

非线性会产生输入信号的谐波,这些谐波还会相乘,在输出端产生和频分量和差频分量。如果输入信号是调制信号,则调制边带的谐波会产生更多的虚假信号。

(2) 将混频器看成一个非线性器件,通过二次变换后,输出除了和频信号、差频信号外,还有许多组合信号。例如,在输入端输入 V_{in} 和 V_{LO} 两个信号时,那么,输出端的信号为

$$y(t)=K(V+v_{in}+v_{LO})^2=K[V+V_1\cos(\omega_1 t)+V_2\cos(\omega_2 t)]^2$$

将上式展开可得

$$\begin{aligned}y(t)=K[&V^2+V_1{}^2\cos^2(\omega_1 t)+V_2{}^2\cos^2(\omega_2 t)+2VV_1\cos(\omega_1 t)\\&+2VV_2\cos(\omega_2 t)+2V_1V_2\cos(\omega_1 t)\cos(\omega_2 t)]\end{aligned}$$

我们只对那些同时包含 V_1V_2 的项感兴趣,根据需要,可以通过滤波得到 $\cos[(\omega_1+\omega_2)t]$ 或 $\cos[(\omega_1-\omega_2)t]$ 分量。

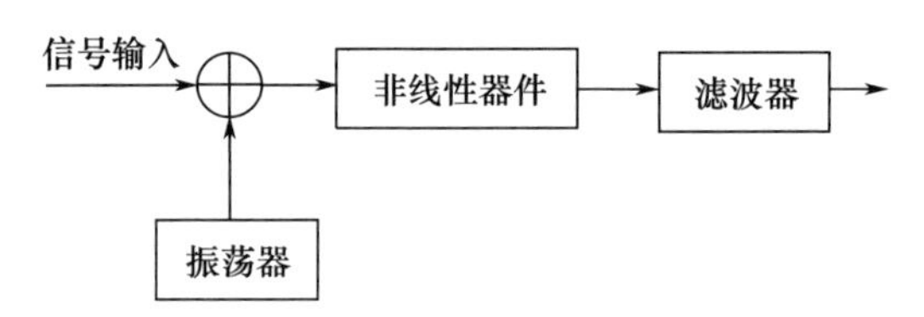

图 5.43　相加型混频器

(3) 把幅度很大的本振信号看成开关切换信号,通过对信号的取样,也可以产生和频信号、差频信号。如图 5.44 所示,如输入信号为 V_{in},开关信号(增益为 1 或 0)为 $s(t)$,则开关输出信号为

$$y(t)=V_{in}(t)\times s(t)$$

这个过程类似于下一节要讨论的自然采样。如图 5.44 所示,开关输出信号的频谱是把原输入信号沿频率轴,每隔 f_s(开关频率)出现一次。

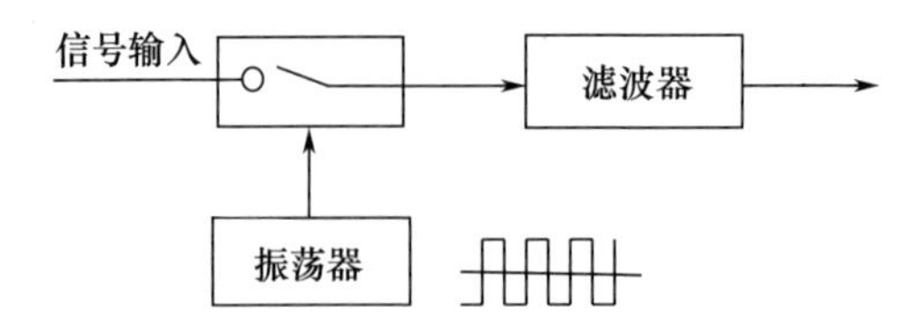

图 5.44　基于开关取样的混频电路

如果本振信号是占空比为 50% 的方波，则可以方便地用其傅里叶级数表示。波形的对称性使得本振信号频谱中没有偶数次谐波分量。在与一个频率为 ω_{RF} 的正弦信号相乘时，需要的和频信号与差频信号可以用下面的方法得到。

设

$$v_{RF}(t)=A\cos(\omega_{RF}t)$$

占空比为 50% 的方波函数的傅里叶级数为

$$g(t)=$$

$$\frac{2}{\pi}\left[\sin(\omega_{LO}t)+\frac{1}{3}\sin(3\omega_{LO}t)+\frac{1}{5}\sin(5\omega_{LO}t)+\cdots+\frac{1}{n}\sin(n\omega_{LO}t)+\cdots\right]\quad n=1,3,5,\cdots$$

式中：$\omega_{LO}=\frac{2\pi}{T}$，$T$ 为方波周期，方波振幅为 1，上下对称，则

$$g(t)\cdot v_{RF}(t)=A\cdot g(t)\cos(\omega_{RF}t)$$

$$=\frac{2A}{\pi}\left[\sin(\omega_{LO}t)\cos(\omega_{RF}t)+\frac{1}{3}\sin(3\omega_{LO}t)\cos(\omega_{RF}t)+\frac{1}{5}\sin(5\omega_{LO}t)\cos(\omega_{RF}t)+\cdots\right]$$

$$=\frac{1}{2}\{\sin[(\omega_{LO}+\omega_{RF})t]+\sin[(\omega_{LO}-\omega_{RF})t]\}+\text{其他}$$

这样就可以利用滤波器滤出感兴趣的信号：$\omega_{IF}=\omega_{RF}-\omega_{LO}$ 或 $\omega_{IF}=\omega_{RF}+\omega_{LO}$。

混频器的主要技术指标有变频增益（要实现频率搬移信号的幅度被减弱或增加的程度）、端口隔离度（混频器任意端口的输入信号与在其他端口测量到的电平之差）、直流偏移（它是衡量混频器不平衡度的指标）、噪声系数、线性度（可用三阶截点值表示）等技术指标。噪声系数和线性度两个指标将在稍后进行专门的讨论。下面对混频器的典型性能进行比较（表 5.7）。

表 5.7　无源混频器和有源混频器的典型性能比较（工作频率 900MHz）

指标	无源混频器	有源混频器
变频增益	-10dB	10~20dB
输入三阶截点值 $IP3_{in}$	15dBm	-20dBm
直流功率	0	15mW
本振功率	10dBm	-7dBm
输入 1dB 压缩点	3dBm	-10dBm

从表 5.7 可以看出，无源混频器的三阶截点值要比有源混频器的三阶截点值高，其动态范围也大，但其变频增益为负。

5.8.2.4　本地振荡器

与混频器紧密相关的一个器件是频率源，即本地振荡器（Local Oscillator）。我

们希望本地振荡器具有输出频谱纯度高、切换速度快、频率步进小等特点。衡量本振性能的主要指标有频率稳定度、频率范围、最小频率步进、建立时间、谐波失真、寄生输出等,最重要的参数相位噪声后面有详细介绍。

频率源的设计可以使用多个晶体振荡源混频实现,或通过倍频、分频、混频产生。采用多次混频滤波合成的频率合成法为直接频率合成法,通过锁相环锁定所需频率并抑制杂散频率的频率合成法为间接频率合成法。大多数工作频率低于3 GHz的现代通信接收机使用单环或多环数字锁相频率合成法,有时也使用直接数字波形产生法。

用锁相环(PLL)频率合成器实现频率源的实现框图如图5.45所示。当PLL锁定时,图中的输出、输入频率满足关系式:$f_o = N \cdot f_{ref}$。所以,我们可以通过改变分频比N或基准信号的频率f_{ref}产生各种频率的信号。

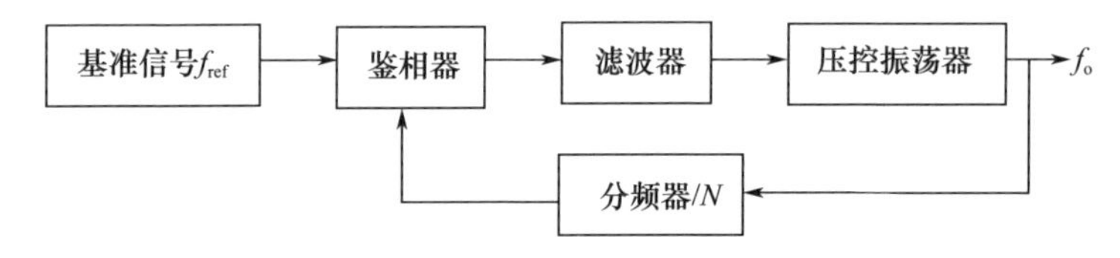

图5.45 PLL频率合成器

直接数字频率合成器通过产生所需信号的数字表示,经DAC转换成模拟波形。这种合成器结构紧凑、功耗低,可提供优良的频率分辨率,几乎可以进行瞬时的频率切换。

直接数字频率合成器使用一个时钟作为参考。数字产生正弦波值的常用方法是直接查表,表中的数值是由按一定的相位增量得到的正弦幅度系数构成。输出函数$\cos(2\pi fnT)(n=1,2,3,\cdots)$,其中$T$是DAC转换时间间隔。系统的采样速率是$1/T$。最低输出频率波形包含$N$个不同的点,如图5.46所示。产生最低频率2

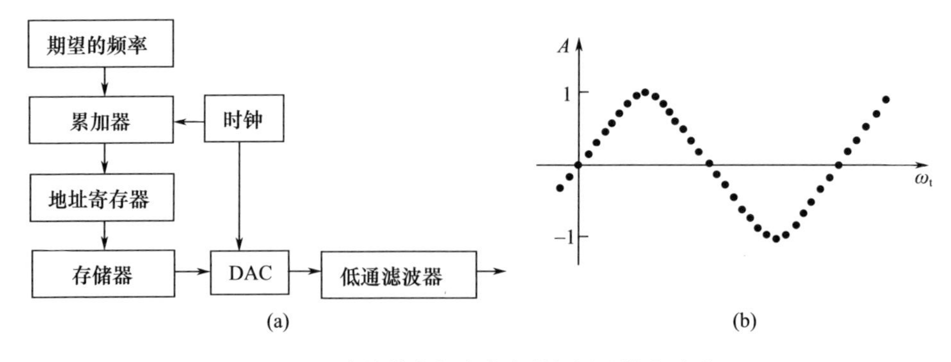

图5.46 直接数字频率合成器框图及输出波形

倍的频率，以 $1/T$ 的速率，每隔一个数据点输出即可；要输出 k 倍的频率，则以 $1/T$ 速率每 k 个点输出一个点实现。因此，频率分辨率就是最低输出频率 f_L。

最大输出频率必须为 f_L 的整数倍，也就是 $f_U = kf_L$。如果最高频率的波形一共有 P 点，则最低频率的波形中有 $N(=kP)$ 点。N 的大小受制于存储器的容量。假设 P 最小值通常为 4，则产生 f_L 每个周期需要的 D/A 转换次数是 $N = 4k = 4f_U/f_L$。最大输出频率 f_U 受最大采样率的限制，$f_U \leqslant 1/4T$。

5.8.2.5　放大器

放大是整个前端电路中非常重要的一个环节。特别是位于接收机最前面的射频低噪声放大器（Amplifier），几乎决定了整个接收机的灵敏度。由于软件无线电的接收通道是宽带的，甚至是宽开的，通带内的信号可能有很多。因此，在通信电子战接收机中不能用非线性放大器，而只能用线性放大器，否则，就会引起许多非线性产物。宽带放大器中常用前馈（Feedforward）和反馈（Feedback）两种技术。前馈主要用于提高放大器的杂波等指标，而反馈用于提高放大器的稳定性和带宽指标。

为使宽带放大器的工作稳定，并提高带宽，减少失真，常常要用到反馈技术。我们知道放大器的带宽主要由晶体管的增益带宽积所决定。利用反馈技术虽然不能提高增益带宽积的值，但可以用于调整增益，以获得合适的工作带宽。对于一个多级放大器，其增益带宽积为

$$(\mathrm{GBW})_N = (G)^{\frac{1}{N}}B \tag{5-81}$$

式中：G 为每级放大器的增益；B 为每级放大器的带宽；N 为级数。

式（5-81）表明，放大器的级数越多，所得到的增益带宽积越小，这是由于带宽随着级数增加而收缩的缘故。例如，N 个相同的放大器相级联，每个放大器的响应为

$$H(\mathrm{j}\omega) = \frac{G}{1 + \mathrm{j}\dfrac{\omega}{B}}$$

式中：G 为每级的增益；B 为每级的带宽，则每个放大器的增益带宽积为 $G \cdot B$。

同样，我们可以写出 N 级放大器的传输函数，即

$$H(\mathrm{j}\omega) = \frac{G^N}{\left(1 + \mathrm{j}\dfrac{\omega}{B}\right)^N}$$

从式（5-82）可知，N 级放大器级联后的增益为 G^N，它的 3dB 带宽（增益下降 0.707 处的带宽）为 $B\sqrt{2^{\frac{1}{N}} - 1}$。这样利用式（5-81）就可以得到 N 级放大器级联

后的增益带宽积为

$$(\mathrm{GBW})_N = GB\sqrt{2^{\frac{1}{N}}-1} \tag{5-82}$$

由此可见,级联的放大器个数越多,增益带宽积越小。

另外,互调是线性放大器的重要指标,如果互调指标不高,会严重影响接收系统的瞬时动态范围。后面将重点讨论有关接收机射频前端的几个关键指标。

5.8.3 射频前端的主要技术指标

射频前端的技术指标很多,有噪声系数、二阶截点值、三阶截点值、动态范围、镜频抑制、本振反向辐射等。

5.8.3.1 噪声因子(Noise Factor)/噪声系数(Noise Figure)

在介绍这个指标之前先来讨论噪声。噪声存在于任何一个通信系统中,它独立于通信信号,对通信信号形成干扰,其表现形式通常是随机的,而且形式多样。通信系统的噪声主要分两类:系统内部噪声、系统外部噪声。系统内部噪声,如自由电子的布朗运动引起的热噪声,真空电子管和半导体器件中电子发射不均匀引起的散弹噪声;系统外噪声有大气噪声、雷电宇宙噪声等自然无线电噪声,开关通断、电机点火、荧光灯等人为无线电噪声。在这些噪声中最重要的是热噪声。根据测量和分析表明,在直流到微波频率范围内,电阻或导体的热噪声具有均匀的功率谱密度。热噪声有时也称为白噪声。

热噪声可以用温度函数表示,当噪声温度为 T(单位为 K)时,噪声功率为

$$N = kTB \tag{5-83}$$

式中:k 为玻耳兹曼常数(1.38×10^{-23} J/K);B 为带宽(单位为 Hz),且

$$T(K) = T(℃) + 273$$

从式(5-83)可以看出,噪声功率与噪声分布带宽有关,与温度有关。值得指出的是,噪声功率的表达式是在假设噪声源(产生噪声的电阻)和噪声负载(放大器和其他接收噪声的负载)之间的阻抗完全匹配的条件下得到的。在已知噪声功率下,可以得到噪声电压。

噪声源等效成一个电压源 V_N(电压源 V_N 代表噪声电压)和一个无噪声阻抗 R_N 串联;负载的阻抗为 R_L。我们可以画出热噪声的等效电路如图 5.47 所示。

由于假设阻抗完全匹配,此时噪声功率为

$$P_\mathrm{N} = kTB$$

负载上噪声电压(RMS)为

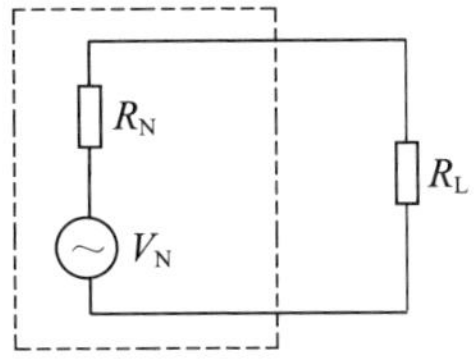

图5.47 热噪声源等效

$$V_L = \sqrt{PR} = \sqrt{kTBR}$$

由于 $R_N = R_L$,所以阻抗 R_N 上的电压与负载 R_L 上的电压相等,都为噪声电压 V_N 的1/2。因此,电压源电压为

$$V_N = 2\sqrt{kTBR} = \sqrt{4kTBR}$$

有了噪声的概念,就可以来讨论噪声因子了。噪声因子表明了一个模块或一个网络固有的噪声影响,说明通过这些模块、网络时,信号的信噪比降低的程度。

噪声因子定义为输入信号的信噪比与输出信号的信噪比之比,即

$$F = \frac{S_{in}/N_{in}}{S_{out}/N_{out}} \tag{5-84}$$

噪声因子往往用dB表示,把用对数表示的噪声因子称为噪声系数,即

$$NF = 10\lg F = 10\lg\left(\frac{S_{in}/N_{in}}{S_{out}/N_{out}}\right) \tag{5-85}$$

为了处理方便,我们把各种噪声都等效成热噪声来处理,并引入一个等效噪声温度(Noise Temperture)的概念。图5.48给出了一个放大器的例子,左边为实际的放大器,右边为其等效,把实际放大器等效为一个无噪声的放大器和一个等效噪声电阻。

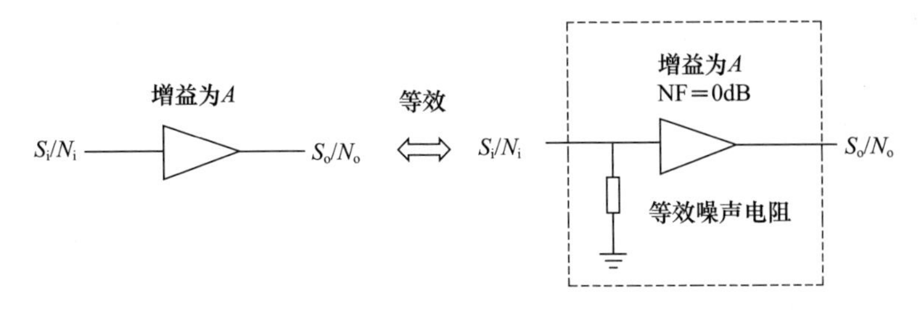

图5.48 实际放大器的等效

对式(5-84)进行变形,即

$$F=\frac{S_{\text{in}}/N_{\text{in}}}{S_{\text{out}}/N_{\text{out}}}=\frac{S_{\text{in}}N_{\text{out}}}{S_{\text{out}}N_{\text{in}}}$$

由于放大器的增益为 A,则

$$F=\frac{N_{\text{out}}}{N_{\text{in}}A} \tag{5-86}$$

所以,输出端的总噪声功率为

$$N_{\text{out}}=F\cdot N_{\text{in}}\cdot A \tag{5-87}$$

于是,放大器产生的等效输入噪声功率为

$$N_{\text{eq}}=F\cdot N_{\text{in}}-N_{\text{in}}=(F-1)N_{\text{in}}=(F-1)kTB$$

假设这个噪声功率是由一个电阻所产生的,噪声温度为 T_{eq},我们进一步假设输入端的参考温度 $T_0=290\text{K}$,可以得到如下公式,即

$$kT_{\text{eq}}B=(F-1)kT_0B \tag{5-88}$$

$$T_{\text{eq}}=(F-1)T_0=290(F-1) \tag{5-89}$$

$$F=\frac{T_{\text{eq}}}{290}+1 \tag{5-90}$$

式(5-88)~式(5-90)说明,噪声系数也可以用噪声温度表示。这种表示方法在系统噪声性能的计算中很有好处,要得到整个系统的噪声温度,只要把天线、传输线、接收机等的噪声温度相加就可以了。值得注意的是,等效噪声温度与工作温度并没有确定的关系。低噪声放大器的等效噪声温度很低,小于100K。实际放大器的工作温度是300K,而其等效噪声温度为100K也是完全正常的。

对于一个系统而言,往往有两个或更多个有源或无源网络级联,以实现对信号的最佳接收,如图5.49所示。这种情况下,第一级的噪声系数是最重要的,因为第一级产生的噪声将会被后面的各级放大器放大。我们首先计算一下两级放大器级联时总的噪声系数;然后把这种方法推广至多级级联时总噪声系数的计算。

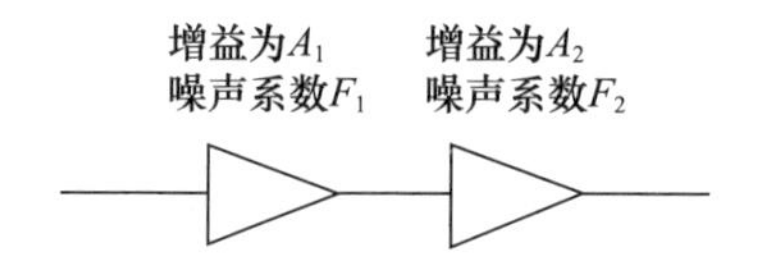

图5.49　两个级联放大器的噪声系数

由上述讨论可得第一级的输入噪声功率为

$$N_{1\text{in}}=kTB$$

可得第一级的输出噪声功率为

$$N_{1\mathrm{out}} = F_1 N_{1\mathrm{in}} A_1 = F_1 A_1 kTB$$

第二级的输入噪声功率就是第一级的输出噪声功率，同时第二级自身也要输出噪声功率，所以，第二级的输出噪声功率为

$$\begin{aligned} N_{2\mathrm{out}} &= N_{1\mathrm{out}} A_2 + N_{\mathrm{eq}2} A_2 \\ &= F_1 A_1 kTBA_2 + (F_2 - 1) kTBA_2 \\ &= (F_1 A_1 + F_2 - 1) kTBA_2 \end{aligned}$$

利用式(5－86)可以求出整个系统的噪声系数为

$$\begin{aligned} F &= \frac{(F_1 A_1 + F_2 - 1) kTBA_2}{kTBA_1 A_2} \\ &= \frac{F_1 A_1 + F_2 - 1}{A_1} \\ &= F_1 + \frac{F_2 - 1}{A_1} \end{aligned} \tag{5-91}$$

对式(5－91)进行推广，可以得到多级级联时系统的总噪声系数为

$$F = F_1 + \frac{F_2 - 1}{A_1} + \frac{F_3 - 1}{A_1 A_2} + \frac{F_4 - 1}{A_1 A_2 A_3} + \cdots + \frac{F_n - 1}{\prod_{i=1}^{n-1} A_i} \tag{5-92}$$

上面主要讨论了有源器件的噪声系数，下面简单讨论有损耗器件（滤波器、衰减器、环路器等）的噪声系数。我们可以得出与式(5－86)类似的等式，只不过，此时增益为负值（$G = 1/L$），即

$$F = \frac{N_{\mathrm{out}}}{N_{\mathrm{in}} G} = \frac{N_{\mathrm{out}}}{N_{\mathrm{in}}} L \tag{5-93}$$

如果滤波器两端的温度相同都是290K，那么，输出端的噪声功率和输入端的噪声功率相等，于是，噪声系数变为

$$F = L$$

显而易见，由于滤波器的噪声系数就是其插入损耗，这就预示着在放大模块前加滤波器会恶化系统的噪声系数。

5.8.3.2 灵敏度

在介绍灵敏度（Sensitivity）之前，我们先讨论最小可检测电平。

最小可检测电平（Minimum Detectable Signal，MDS）对接收机来说是一个很重要的参数，它表征了系统可检测的最弱信号。我们知道，负载匹配时，网络的输出噪声功率是噪声温度、带宽、噪声系数的函数。这就是系统输出的底部噪声。当输

入噪声温度为参考温度 290K 时，由式(5－87)得到输出噪声功率为

$$N_{\text{out}} = F \cdot N_{\text{in}} \cdot A = FkT_0BA \tag{5-94}$$

把参数带入，并用 dB 表示式(5－94)，即

$$N_{\text{out\_dB}} = 10\lg(N_{\text{out}}) = -174\text{dBm} + 10\lg B + \text{NF} + G \tag{5-95}$$

式中：$G = 10\lg A$；$\text{NF} = 10\lg F$，为噪声系数。

从输出的角度来说，可以检测的最小电平就是输出信号的功率与输出噪声功率相当时的信号功率。于是，从接收机输入端来看，最小可检测电平为

$$\text{MDS} = -174\text{dBm} + 10\lg B + \text{NF} \tag{5-96}$$

从式(5－96)可以看出，为了提高可检测性能，要使接收机滤波器带宽尽可能与信号带宽相匹配，降低噪声功率。

灵敏度定义为接收到的信息达到规定的性能指标所需要的信号电平。例如，数字通信中，性能指标常用误码率来衡量，这时的灵敏度数学表达式为

$$S = \text{MDS} + \text{SNR} \quad (\text{dBm})$$

式中：SNR 表示信号解调达到所规定的误码率时需要的信噪比。更进一步，我们可以得到常用的灵敏度计算公式，即

$$S = -174\text{dBm} + 10\lg B + \text{NF} + \text{SNR} \quad (\text{dBm}) \tag{5-97}$$

上述公式仅考虑了模拟环节的噪声，如还需要进行数字化，则需要考虑 ADC 的噪声。当然，只要设计得当，ADC 的量化噪声处于系统的后级，有时可忽略。

由于 ADC 是电压器件，可以首先把模拟环节以及 ADC 的噪声转换成 ADC 上的电压；然后将来自模拟环节和来自 ADC 的噪声在 ADC 输入端加在一起，求出总的有效噪声。

假设 ADC 的位数为 12bit，可以实现的采样速率为 65Ms/s，ADC 的信噪比为 68dB。我们来估算接收机由于 ADC 噪声引起的噪声恶化。如果 ADC 的输入范围为峰－峰值 2V(峰值 1V，有效值 0.707V)，有效输入电压的平方为

$$V_{\text{noise}}^2 = (0.707 \times 10^{-\text{SNR}/20})^2 \approx 79 \times 10^{-9} \quad (\text{V}^2)$$

这个电压表示在 ADC 内的所有噪声：热噪声和量化噪声。ADC 的满量程范围是有效电压 0.707V。

计算了 ADC 的等效输入噪声后，下一步计算由 RF/IF 环节产生的噪声。因为我们假设接收机的带宽为 Nyquist 带宽，因此 65Ms/s 的采样速率产生的带宽为 32.5MHz。呈现在天线/RF 级口面的噪声功率为 134.6×10^{-15} W 或者 －98.7dBm。它还会因变频增益和 NF 的恶化而放大。如果 RF/IF 环节的变频增益为 25dB，NF 为 5dB，则在 ADC 输入端的噪声为

$$-98.7\text{dBm}+25\text{dB}+5\text{dB}=-68.7\text{dBm}\quad(134.6\times10^{-12}\text{W})$$

由于 ADC 的输入阻抗大约为 1000Ω,因此,我们需要让它与标准 50Ω 中频阻抗匹配。折中的办法就是通过一个并联电阻把阻值降至 200Ω,然后用 1:4 的变压器进行余下的匹配。变压器还起到了以下两方面的作用:既将非平衡输入转换为到 ADC 所需要的平衡输入信号,同时又提供一定的电压增益。由于有 1:4 的阻抗提升,因此过程中的电压增益为 2。因为

$$V^2=PR$$

因此,50Ω 的电压平方为 $6.75\times10^{-9}\text{V}^2$, 200Ω 的电压平方为 $26.9\times10^{-9}\text{V}^2$。

现在我们知道了来自 ADC 和 RF 级的噪声(包括 IF 级反映到输入端的噪声),系统的总噪声可以通过平方和的平方根算出。因此,总的电压为 325.9μV。这就是由 RF/IF 噪声和 ADC 噪声引起的呈现在 ADC 处的总噪声,包括量化噪声。

5.8.3.3　截点值(Intercept Point)

表征器件非线性性能的指标很多,如 1dB 压缩点、二阶截点值、三阶截点值等。

当网络中存在放大器、混频器等器件时,都会引起非线性。与前面对混频器的描述类似,对于这些器件的传递函数可以用一个幂级数表示,即

$$v_{\text{out}}(t)=\sum_{n=1}^{\infty}a_n\cdot v_{\text{in}}^n(t)=a_1\cdot v_{\text{in}}(t)+a_2\cdot v_{\text{in}}^2(t)+a_3\cdot v_{\text{in}}^3(t)+\cdots$$

式中:$v_{\text{in}}(t)$、$v_{\text{out}}(t)$、a_k 分别表示网络输入电压、输出电压、各非线性分量的增益系数。

当我们在网络的输入端加入两个幅度、频率分别为 u_1、f_1 和 u_2、f_2 的射频信号时,有

$$v_{\text{in}}(t)=u_1\cos(2\pi f_1t)+u_2\cos(2\pi f_2t)$$

在其输出端的输出信号为

$$\begin{aligned}v_{\text{out}}(t)=&0.5a_2u_1^2+0.5a_2u_2^2\\&+(a_1u_1+0.75a_3u_1^3+1.5a_3u_1u_2^2)\cos(2\pi f_1t)\\&+(a_1u_2+0.75a_3u_2^3+1.5a_3u_2u_1^2)\cos(2\pi f_2t)\\&+0.5a_2u_1^2\cos[2\pi(2f_1)t]+0.5a_2u_2^2\cos[2\pi(2f_2)t]\\&+a_2u_1u_2\{\cos[2\pi(f_1+f_2)t]+\cos[2\pi(f_1-f_2)t]\}\\&+0.25a_3u_1^3\cos[2\pi(3f_1)t]+0.25a_3u_2^3\cos[2\pi(3f_2)t]\end{aligned}$$

$$+0.75a_3u_1^2u_2\{\cos[2\pi(2f_1+f_2)t]+\cos[2\pi(2f_1-f_2)t]\}$$
$$+0.75a_3u_1u_2^2\{\cos[2\pi(2f_2+f_1)t]+\cos[2\pi(2f_2-f_1)t]\}+\cdots$$
(5-98)

式中:各行分别为直流、基波、二次谐波、二阶互调、三次谐波、三阶互调等分量。偶次阶的互调产物远离输入信号,低阶次的奇次互调产物经常落在输入信号附近,可能成为虚假信号。如输入信号个数为 3 个,甚至更多时,可能成为虚假的互调产物是两个信号之和与另一信号之差。

由式(5-98)也可以看出,高次谐波的电平幅度的变化规律是:如果两个输入信号的幅度变化为Δ(dB),则 n 阶互调产物的电平将变化 $n\Delta$(dB)。图 5.50 给出了 3 次以内频率分布情况。

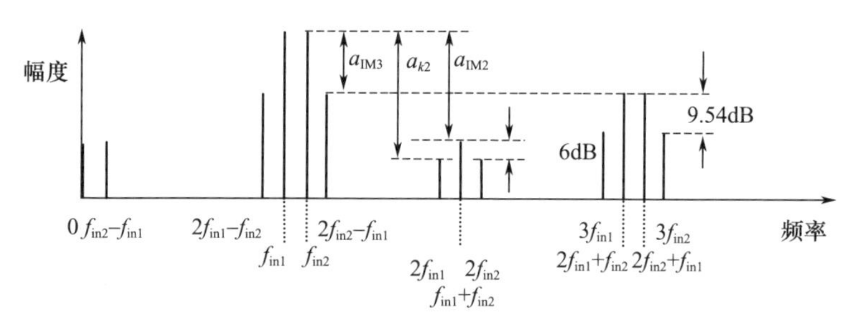

图 5.50 两个信号通过网络后输出的频谱

图 5.50 中,a_{IMi} 表示互调产物与基波的电平差,即互调抑制比,a_{ki} 表示谐波与基波的电平差值。

当电路的输出信号幅度不随输入信号幅度线性增加时,便出现了增益压缩。当输入信号幅度增加而电路的输出信号幅度不再增加(还可能有所下降)时,便出现了增益饱和。从式(5-98)还可以看到 $\cos(2\pi f_1t)$ 信号的幅度为 $a_1u_1+0.75a_3u_1^3+1.5a_3u_1u_2^2$。

由于 a_3 一般为负值,大信号 $\cos(2\pi f_2t)$ 使电路的增益减少而淹没了较小的信号 $\cos(2\pi f_1t)$。这种三阶响应是增益压缩的主要原因。其他阶数项引起的信号成分使增益进一步降低。增益压缩并不是只有输入多个信号时才会发生,如果只有一个输入信号,失真后的增益与电路理想(线性)增益的比值为

$$k_1=\frac{a_1u_1+0.75a_3u_1^3}{a_1}$$

式中:k_1 称为单频增益压缩因子。当电路增益低于理想增益 1dB 的点,称为 1dB 压缩点(1-dB Compression Point)。

输入1dB压缩点与输出1dB压缩点之间存在如下关系，即

$$CP_{1dBout} = CP_{1dBin} + G - 1$$

式中：G为放大器增益，CP_{1dBin}、CP_{1dBout}分别为输入1dB压缩点、输出1dB压缩点。

截点值是另一个表征电路线性性能的指标。对于限幅放大器，根据经验，三阶截点值约比1dB压缩点大10dB。下面我们讨论截点值。

放大器、混频器等的截点值是本身所固有的，它不像互调抑制比受输入信号大小的影响。截点值被广泛用于评价放大器动态范围的标准。截点值越高，说明放大器的线性越好，也是要获得大动态范围的必要条件。截点值是一个虚拟值，我们无法对其实测。只能通过测量互调抑制比a_{IMi}后计算得到。要注意的是，互调抑制比一定要同输入电平一起给出，否则，就不能说明任何问题。

为更好地讨论二阶截点值、三阶截点值，以及截点值与互调抑制比的关系，可以在对数坐标下画出3条直线，如图5.51所示。

线性放大直线为

$$y = P_{in} + G$$

二阶互调输出直线为

$$y = 2P_{in} + c_2$$

三阶互调输出直线为

$$y = 3P_{in} + c_3$$

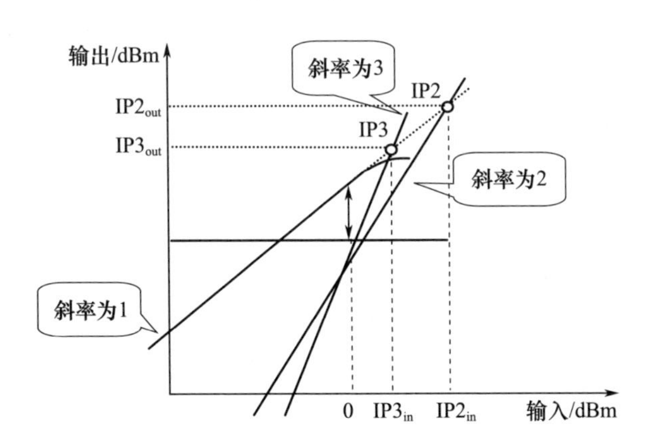

图5.51 二阶、三阶截点值示意图

二阶截点值就是线性放大直线与二阶互调输出直线的交点，即

$$IP2_{in} = G - c_2$$

或

$$c_2 = G - \mathrm{IP2}_{\mathrm{in}}$$

式中:G 为放大器增益。

三阶截点值就是线性放大直线与三阶互调输出直线的交点,即

$$\mathrm{IP3}_{\mathrm{in}} = 0.5(G - c_3)$$

或

$$c_3 = G - 2 \times \mathrm{IP3}_{\mathrm{in}}$$

二阶互调产物与二阶输入截点值的关系为

$$P_{\mathrm{IM2}} = 2 \times P_{\mathrm{in}} + G - \mathrm{IP2}_{\mathrm{in}} \tag{5-99}$$

二阶互调产物与二阶输出截点值的关系为

$$\mathrm{IP}_{\mathrm{IM2}} = 2 \times P_{\mathrm{out}} - \mathrm{IP2}_{\mathrm{out}} \tag{5-100}$$

同理,可以得到三阶输入截点值与三阶互调产物的关系为

$$P_{\mathrm{IM3}} = 3 \times P_{\mathrm{in}} + G - 2 \times \mathrm{IP3}_{\mathrm{in}} \tag{5-101}$$

三阶输出截点值与三阶互调产物的关系为

$$P_{\mathrm{IM3}} = 3 \times P_{\mathrm{out}} - 2 \times \mathrm{IP3}_{\mathrm{out}} \tag{5-102}$$

在以上讨论中,输入截点值与输出截点值之间的关系为

$$\mathrm{IP}_{\mathrm{in}} = \mathrm{IP}_{\mathrm{out}} - G \tag{5-103}$$

式中:P_{in}表示每个输入信号的电平;P_{out}表示输出信号的电平,单位均是 dBm。

这里,我们顺便给出 n 阶输入截点值与 n 阶互调抑制比的关系,即

$$\mathrm{IP}n_{\mathrm{in}} = \frac{a_{\mathrm{IM}n}}{n-1} + P_{\mathrm{in}} \tag{5-104}$$

式中:$\mathrm{IP}n_{\mathrm{in}}$表示 n 阶输入截点值,单位为 dBm;$a_{\mathrm{IM}n}$表示 n 阶互调产物和输入信号电平的差值,单位为 dB;P_{in}表示每个输入信号的电平,单位为 dBm。

由图 5.51 中可以看出,当放大器的输出电平达到一定程度后,输入电平与输出电平之间不再呈线性关系,直至最后输出达到饱和状态。

以上主要讨论了一个放大器的二阶、三阶截点值的情况,如果多个放大器级联,其总的截点值又会如何变化呢?

用与级联噪声系数相类似的方法,可以得到级联网络的截点值,即

$$\frac{1}{\mathrm{ip}_{\mathrm{in}T}} = \left(\frac{1}{\mathrm{ip}_{\mathrm{in1}}}\right)^q + \left(\frac{g_1}{\mathrm{ip}_{\mathrm{in2}}}\right)^q + \left(\frac{g_1 g_2}{\mathrm{ip}_{\mathrm{in3}}}\right)^q + \cdots + \left(\frac{g_1 g_2 \cdots g_{n-1}}{\mathrm{ip}_{\mathrm{in}n}}\right)^q \tag{5-105}$$

式中：$q=\frac{m-1}{2}$，m 为要求的截点值阶数 $\mathrm{ip}_{\mathrm{in}i}$ 为各模块独立状态下的输入截点值；g_i 为各级的增益。注意：这里的截点值、各级放大倍数都用线性值表示。

如要计算二阶截点值，此时，有

$$q=\frac{m-1}{2}=0.5$$

$$\frac{1}{\mathrm{ip2}_{\mathrm{in}T}}=\sqrt{\frac{1}{\mathrm{ip2}_{\mathrm{in1}}}}+\sqrt{\frac{g_1}{\mathrm{ip2}_{\mathrm{in2}}}}+\sqrt{\frac{g_1 g_2}{\mathrm{ip2}_{\mathrm{in3}}}}+\cdots+\sqrt{\frac{g_1 g_2\cdots g_{n-1}}{\mathrm{ip2}_{\mathrm{in}n}}} \tag{5-106}$$

如果网络由两级放大器构成，则

$$\mathrm{ip2}_{\mathrm{in}T}=\sqrt{\frac{\mathrm{ip2}_{\mathrm{in2}}}{g_1}}\left(1+\sqrt{\frac{\mathrm{ip2}_{\mathrm{in2}}}{g_1\cdot\mathrm{ip2}_{\mathrm{in1}}}}\right)^{-1} \tag{5-107}$$

如果用对数表示，则由两级放大器构成的网络二阶截点值为

$$\mathrm{IP2}_{\mathrm{in}T}=\mathrm{IP2}_{\mathrm{in2}}-G_1-20\lg\left(1+\sqrt{\frac{\mathrm{ip2}_{\mathrm{in2}}}{g_1\cdot\mathrm{ip2}_{\mathrm{in1}}}}\right)\quad(\mathrm{dBm}) \tag{5-108}$$

式中：$\mathrm{IP2}_{\mathrm{in}i}$ 是用 dBm 的二阶截点值；G_i 是用 dB 表示的放大倍数。

同理，可以得到多级级联后三阶截点值的计算公式为

$$\frac{1}{\mathrm{ip3}_{\mathrm{in}T}}=\frac{1}{\mathrm{ip3}_{\mathrm{in1}}}+\frac{g_1}{\mathrm{ip3}_{\mathrm{in2}}}+\frac{g_1 g_2}{\mathrm{ip3}_{\mathrm{in3}}}+\cdots+\frac{g_1 g_2\cdots g_{n-1}}{\mathrm{ip3}_{\mathrm{in}n}} \tag{5-109}$$

如果网络由两级放大器构成，则

$$\mathrm{ip3}_{\mathrm{in}T}=\frac{\mathrm{ip3}_{\mathrm{in1}}\cdot\mathrm{ip3}_{\mathrm{in2}}}{\mathrm{ip3}_{\mathrm{in2}}+g_1\cdot\mathrm{ip3}_{\mathrm{in1}}} \tag{5-110}$$

用 dB 表示为

$$\mathrm{IP3}_{\mathrm{in}T}=\mathrm{IP3}_{\mathrm{in2}}-G_1-10\lg\left[1+\frac{\mathrm{ip3}_{\mathrm{in2}}}{g_1\cdot\mathrm{ip3}_{\mathrm{in1}}}\right] \tag{5-111}$$

式(5-108)、式(5-111)可以理解为，两级级联后的总截点值是：第二级截点值减去前级增益，减去受第一级影响所产生的恶化因子。如果前一级为正增益，总截点值会下降，而且增益越高，下降越多；如果前一级为负增益，则总截点值会提高。

5.8.3.4　动态范围

动态范围（DR）是指接收机在达到规定的信息质量下，能处理的信号电平范围。在数字通信中，信息质量常用误比特率表示。动态范围可以用 1dB 压缩点与系统噪声电平之差表示，如图 5.52 所示。该动态也称为 1dB 增益压缩点动态范围。

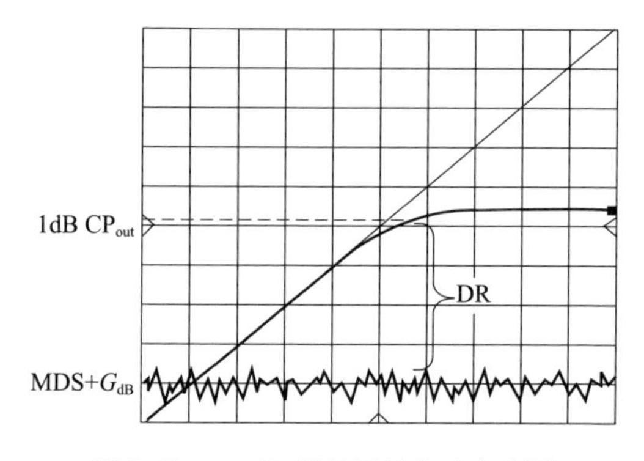

图 5.52 1 - dB 增益压缩点动态范围

动态范围表示为

$$DR = CP_{1dBin} - MDS_{dBm} = CP_{1dBin} + 174dBm - 10\lg B - NF \quad (5-112)$$

其中，输入 1dB 压缩点 CP_{1dBin}的单位用 dBm。

有时，接收机的动态范围用灵敏度代替最小可检测电平(MDS)，此时，动态范围变成

$$DR = CP_{1dBin} - S = CP_{1dBin} + 174dBm - 10\lg B - NF - SNR \quad (5-113)$$

5.8.3.5 无杂散动态范围

无杂散动态范围(SFDR)与三阶互调抑制比很类似。无杂散动态范围是指失真产物等于噪声功率时，基波功率与噪声功率之差，如图 5.53 所示。其数学表达式为

$$SFDR = \frac{2}{3}[IP3_{in} - MDS] = \frac{2}{3}[IP3_{in} + 174dBm - 10\lg B - NF] \quad (5-114)$$

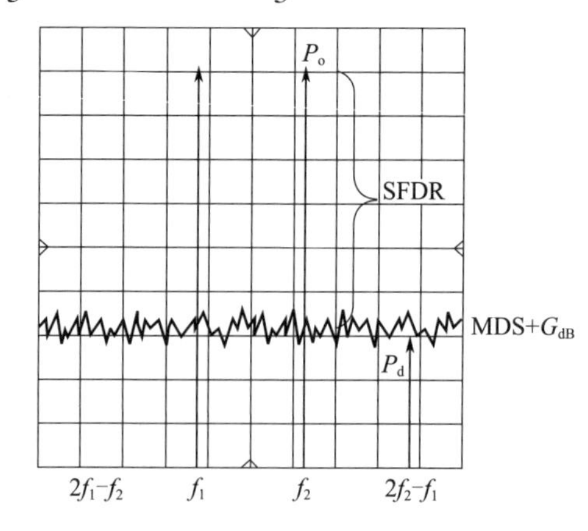

图 5.53 无杂散动态范围

从有关文献可知，一般认为三阶输入截点值比 1dB 压缩点约高 10 ~ 15dB，在频率低端约为 15dB，在频率高端大约为 10dB，即

$$IP3_{out} = CP_{1dBout} + 10 \quad (dBm)$$

式中：CP_{1dBin}输出 1dB 压缩点（单位为 dBm）。

无杂散动态范围还可以表示为

$$\begin{aligned} SFDR &= \frac{2}{3}[IP3_{in} + 174dBm - 10\lg B - NF] \\ &= \frac{2}{3}[IP3_{out} - G + 174dBm - 10\lg B - NF] \\ &= \frac{2}{3}[CP_{1dBout} - G + 10 + 174dBm - 10\lg B - NF] \\ &= \frac{2}{3}[DR + 10] \end{aligned}$$

影响接收机动态范围性能的主要指标还有杂散响应、镜频抑制、本振抑制等指标。

动态范围与截点值（或 1dB 压缩点）、最小可检测电平（MDS）有关，更一般地，可以写为

$$SFDR = \frac{(n-1)(IPn_{in} - MDS)}{n}$$

式中：n 表示 n 阶截点；IPn_{in}表示 n 阶输入截点值。为了达到相应的动态范围，各阶截点要达到一定的数值。

5.8.3.6　杂散响应

混频器要把射频信号变频至中频（IF）信号，如果是上变频则选择 $f_{RF} + f_{LO}$，下变频则选择 $f_{RF} - f_{LO}$或 $f_{LO} - f_{RF}$。由于混频器是一个非线性器件，它除了产生期望的信号外，还会产生其他杂散信号分量，即

$$f_{sp} = mf_{RF} - nf_{LO}$$

其中

$$m = \pm1, \pm2, \pm3\cdots, n = \pm1, \pm2, \pm3\cdots$$

最主要的杂散信号是镜频、本振泄漏。下面我们讨论镜像信号。

在下变频时（图 5.54）有两种情况。

（1）如所需要的信号为（$f_I = f_{LO} - f_{RF}$，其同时存在一个镜像信号 $f_{imag} = f_{RF} + 2f_I$，通过混频器后，也可以输出中频信号为

$$f_{\mathrm{imag}} - f_{\mathrm{LO}} = (f_{\mathrm{RF}} + 2f_{\mathrm{I}}) - f_{\mathrm{LO}} = f_{\mathrm{I}}$$

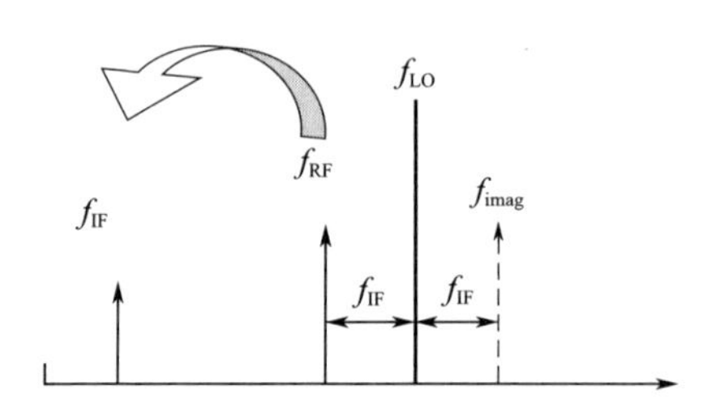

图 5.54 下变频镜频示意图

(2) 如所需要的信号为$f_{\mathrm{I}} = f_{\mathrm{RF}} - f_{\mathrm{LO}}$,其同时存在一个镜频信号为

$$f_{\mathrm{imag}} = f_{\mathrm{RF}} - 2f_{\mathrm{I}} \tag{5-115}$$

通过混频器后,也可以输出中频信号,即

$$f_{\mathrm{LO}} - f_{\mathrm{imag}} = (f_{\mathrm{RF}} - f_{\mathrm{I}}) - (f_{\mathrm{RF}} - 2f_{\mathrm{I}}) = f_{\mathrm{I}}$$

在上变频时(图 5.55),我们需要的信号为$f_{\mathrm{I}} = f_{\mathrm{LO}} + f_{\mathrm{RF}}$,则镜频信号为

$$f_{\mathrm{imag}} = f_{\mathrm{RF}} + 2f_{\mathrm{LO}}$$

通过混频器后,也可以输出中频信号,即

$$f_{\mathrm{imag}} - f_{\mathrm{LO}} = (f_{\mathrm{RF}} + 2f_{\mathrm{LO}}) - f_{\mathrm{LO}} = f_{\mathrm{RF}} + f_{\mathrm{LO}} = f_{\mathrm{I}}$$

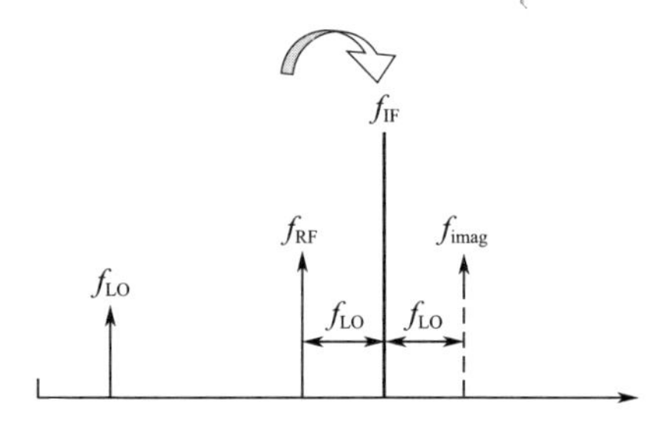

图 5.55 上变频镜频示意图

5.8.3.7 相位噪声

振荡器相位噪声(也称为相位抖动)会使得载波信号不是零带宽,影响接收信号的信噪比和误码率,同时造成信号能量影响至邻近的信道,使邻近信道的灵敏度受到影响。如果相位噪声太大,任何采用了相位调制的信号解调后的信号会受到污染。相位噪声主要是由于振荡器信号的频率(或相位)短期随机起伏引起的。相位噪声可以定义为:在偏离信号频率 f_{m} 处,一个相位调制边带的单位带宽(1Hz)功率与信号总功率之比。通常用每1Hz带宽的噪声功率相对于载波功率的

dB 数(dB/Hz)表示,即

$$\mathcal{L}(f_m)=\frac{\text{功率密度(单边带,仅对相位)}}{\text{信号总功率}}\times\text{每 1Hz 带宽}\quad(\text{dB/Hz})$$

图 5.56 给出了典型振荡器的频谱。

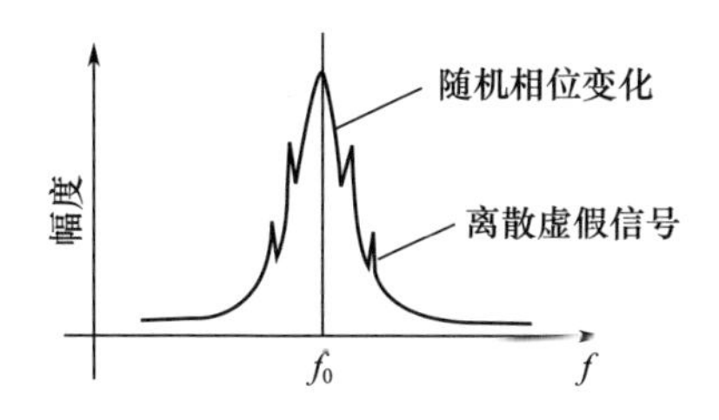

图 5.56　典型振荡器的频谱

通常,振荡器的输出电压可以表示为

$$v_0(t)=V_0[1+A(t)]\cos[2\pi f_0t+\phi(t)] \tag{5-116}$$

式中:$A(t)$表示输出的振幅起伏;$\phi(t)$表示相位变化。

一般情况下,幅度变化相对容易控制,对系统的性能的影响也较小。振荡器频率小的变化可以表示为载波的频率调制,假设

$$\phi(t)=\frac{\Delta f}{f_m}\sin(2\pi f_mt)=\theta_p\sin(2\pi f_mt) \tag{5-117}$$

式中:f_m 为调制频率,相位偏离的最大值为 $\theta_p=\Delta f/f_m$。

将式(5-117)代入式(5-116),可以得到

$$v_0(t)=V_0[\cos(2\pi f_0t)\cos(\theta_p\sin2\pi f_mt)-\sin(2\pi f_0t)\sin(\theta_p\sin2\pi f_mt)] \tag{5-118}$$

此处,我们忽略振幅起伏,设 $A(t)=0$。假设 $\theta_p\ll1$,则 $\sin x\approx x$; $\cos x\approx1$,于是,式(5-118)可以简化为

$$\begin{aligned}v_0(t)&=V_0[\cos(2\pi f_0t)-\theta_p\sin(2\pi f_mt)\sin(2\pi f_0t)\\&=V_0\left\{\cos(2\pi f_0t)-\frac{\theta_p}{2}[\cos2\pi(f_0+f_m)t-\cos2\pi(f_0-f_m)t]\right\}\end{aligned} \tag{5-119}$$

式(5-119)表明,振荡器输出信号的相位或频率的小偏移,将导致调制边带位于信号频率的两侧,即$f_0\pm f_m$。

按照相位噪声的定义,即单边噪声功率与载波功率之比,式(5-119)的波形对应的相位噪声为

$$\mathcal{L}(f_{\mathrm{m}})=\frac{P_{\mathrm{n}}}{P_{\mathrm{c}}}=\frac{\frac{1}{2}\left(\frac{V_0\theta_{\mathrm{p}}}{2}\right)^2}{\frac{1}{2}V_0^2}=\frac{\theta_{\mathrm{p}}^2}{4}=\frac{\theta_{\mathrm{rms}}^2}{2}$$

式中：$\theta_{\mathrm{rms}}^2=\theta_{\mathrm{p}}/\sqrt{2}$为相位偏差的均方根值。

与相位噪声相关的双边带功率谱密度中，包含于两个边带的功率为

$$\mathcal{S}_\theta(f_{\mathrm{m}})=2\mathcal{L}(f_{\mathrm{m}})=\frac{\theta_{\mathrm{p}}^2}{2}=\theta_{\mathrm{rms}}^2$$

如果感兴趣的频率范围为(f_1,f_2)，则相位噪声由下式给出，即

$$\phi_j^2=2\int_{f_1}^{f_2}\mathcal{L}(f_{\mathrm{m}})\,\mathrm{d}f\quad(\mathrm{rad}^2)$$

式中：乘以 2 是因为 $\mathcal{L}(f_{\mathrm{m}})$是单边谱。

由相位噪声引起的时间抖动为

$$\tau_j=\frac{\phi_j}{\omega_0}$$

一旦噪声特性确定了，就可以计算出相位噪声。通常为大家所公认的相位噪声的工程模型是由 Leeson 进行改进得到的，该模型的表达式为

$$\mathcal{L}(\omega)=\frac{kT_0F}{P_0}\left(\frac{\Phi\omega_0^2\omega_{\mathrm{a}}}{4Q^2\Delta\omega^3}+\frac{\omega_0^2}{4Q^2\Delta\omega^2}+\frac{\Phi\omega_{\mathrm{a}}}{\Delta\omega}+1\right)$$

$$=\frac{kT_0F}{P_0}\left(\frac{\Phi\omega_0{}^2\omega_{\mathrm{h}}}{\Delta\omega^3}+\frac{\omega_{\mathrm{h}}^2}{\Delta\omega^2}+\frac{\Phi\omega_{\mathrm{a}}}{\Delta\omega}+1\right)\qquad(5-120)$$

式中：$T_0=290\mathrm{K}$；Φ 为表征 $1/f$ 噪声强度的一个常数；$\omega_{\mathrm{a}}=2\pi f_{\mathrm{a}}$ 是 $1/f$ 噪声的转角频率；$\omega_0=2\pi f_0$ 为振荡器的中心角频率；Q 为谐振器的品质因子；$\omega_{\mathrm{h}}=\omega_0/2Q$ 是谐振器的半功率(3dB)带宽；F 为噪声因子，P_0为振荡器输出功率。该函数的曲线如图 5.57所示。

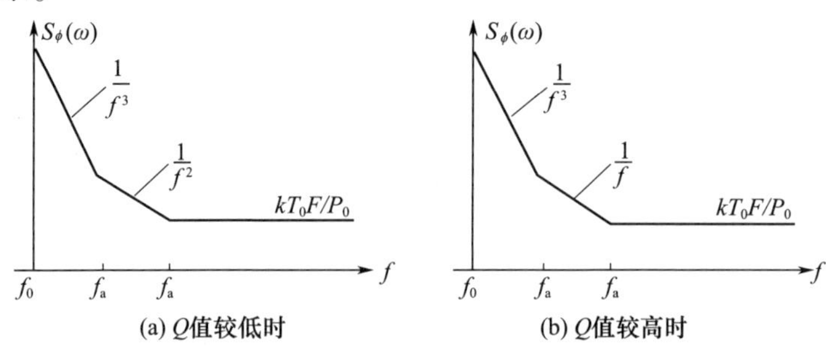

图 5.57　振荡器的相位噪声功率谱密度

从式(5－120)可以看出,在频率靠近载波频率f_0处,噪声按$1/f^3$或－18dB/倍频程下降。若谐振器的Q值较低,使得3dB带宽$f_h>f_a$,则在频率$f_a \sim f_h$之间噪声按$1/f^2$或－12dB/倍频程下降;若谐振器的Q值较高,使得$f_h<f_a$,则在频率$f_h \sim f_a$之间噪声按$1/f$或－6dB/倍频程下降。在更高频率处热噪声占优势,噪声功率不再随频率变化,而与放大器的噪声系数成正比。

在接收机中由于存在本振噪声,会把邻近的不希望的信号也下变频到中频上,这个过程称为倒异混频(Reciprocal Mixing)。为了使相邻通道的抑制度达到SdB,最大可容忍的相位噪声为

$$\mathcal{L}(f_m)=C(\text{dBm})-S(\text{dB})-I(\text{dBm})-10\lg B \quad (\text{dBc/Hz})$$

式中:C为所需电平;I为不希望接收的信号电平;B为中频滤波器带宽。

下面通过一个例子,说明多个级联模块总噪声系数、三阶截点值、灵敏度、动态范围等指标的计算方法。

利用以前的讨论结果,我们可以无源器件的噪声折算到其后面的有源器件中,从而把图5.58中的六级网络转换成三级网络。

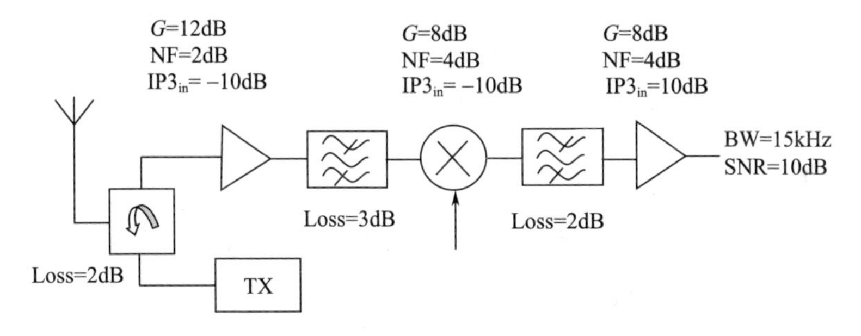

图5.58 多级模块级联

把图5.59中的增益、噪声系数转换成线性,则

$g_1=10;g_2=3.16;g_3=3.98$

$F_1=2.5;F_2=5;F_3=4$

$\text{ip3}_{\text{in}1}=0.158;\text{ip3}_{\text{in}2}=0.2;\text{ip3}_{\text{in}3}=15.85$

(1)级联后总的噪声系数为

$$F_T=2.5+\frac{5-1}{10}+\frac{4-1}{10\times 3.16}=3$$

$$\text{NF}_T=10\lg F_T=4.77\text{dB}$$

(2)级联后总的三阶截点值为

$$\frac{1}{\text{ip3}_{\text{in}T}}=\frac{1}{0.158}+\frac{10}{0.2}+\frac{10\times 3.16}{15.85}=58.32$$

$$ip3_{inT} = 0.017$$

$$IP3_{inT} = 10\lg(ip3_{inT}) = -17.7\text{dBm}$$

（3）灵敏度为

$$S = -174\text{dBm} + 41.77\text{dB} + 4.77\text{dB} + 10\text{dB} = -117.46\text{dBm}$$

（4）无杂散动态范围为

$$\text{SFDR} = \frac{2}{3}(3.3\text{dBm} + 127.46\text{dB} - 21\text{dB}) = 73\text{dB}$$

如果把滤波器放到 RF 放大器之前，网络的噪声系数、动态范围又不一样了，通过计算可以得出，在这种连接方式下，灵敏度为 -114.93dB，无杂散动态范围为 71.67dB。

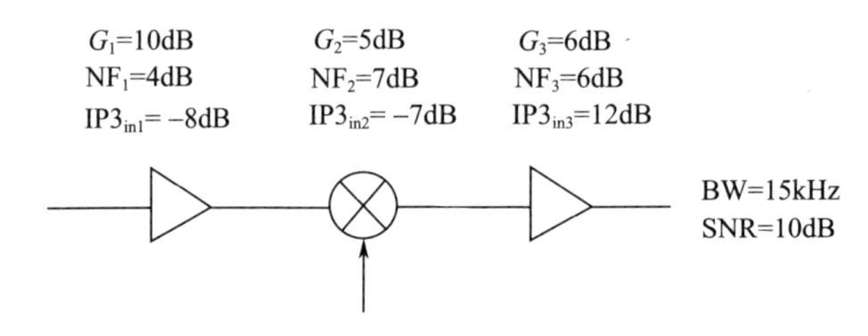

图 5.59　多级模块级联网络的等效

5.9　信号接收中的 A/D 转换技术

为了提高接收机的动态范围、灵敏度等指标，往往把模拟信号变换到中频后进行采样；对于工作频段相对较低、对设备的体积重量要求较高时，也可以采用对射频信号直接带通采样数字化，比如对短波频段（1 ~ 30MHz）经过适当的滤波放大就可以直接对射频信号进行数字化。在对模拟信号进行采样时，ADC 起着至关重要的作用。本节将对 ADC 的性能以及如何应用 ADC 实现模数变换作一讨论。

5.9.1　ADC 性能指标

在 A/D 转换过程中，衡量 ADC 性能的指标有 A/D 转换位数、无杂散动态范围（SFDR）、信噪比、转换速率、量化噪声、孔径迟延、量化灵敏度等。

5.9.1.1　转换灵敏度

假设一个 ADC 器件的输入电压范围为$(-V, V)$，转换位数为 n，即它有 2^n 个量化电平，则它的量化电平为

$$\Delta V=\frac{2V}{2^n} \tag{5-121}$$

式中：ΔV 也可以称为转换灵敏度。ADC 的位数越多，器件的电压输入范围越小，它的转换灵敏度越高。

5.9.1.2　信噪比

我们知道，在量化过程中，存在量化误差，如果输入信号的最小值和最大值分别为 a、b，量化噪声可以写为

$$N_q = E(m-m_q)^2 = \int_a^b (x-m_q)^2 p(x)\,\mathrm{d}x$$

式中：E 表示取均值。更进一步，可以把上式写为

$$N_q = \sum_{i=0}^{2^n} \int_{m_{i-1}}^{m_i} (x-q_i)^2 p(x)\,\mathrm{d}x$$

m_i、q_i 的含义是：在 A/D 转换时，量化区间 $[m_{i-1}, m_i]$ 范围内的值用电平 q_i 表示。$p(x)$ 为输入信号的概率密度函数。

量化器输出的信号功率为

$$S_q = E[(m_q)^2] = \sum_{i=1}^{M} q_i \int_{m_{i-1}}^{m_i} f(x)\,\mathrm{d}x$$

假设量化误差是一个在 $(-V, V)$ 内服从均匀分布的随机变量，那么，其量化噪声功率为

$$N_q=\frac{(\Delta V)^2}{12} \tag{5-122}$$

对于一个满量程的正弦输入信号

$$x(t)=V\sin(2\pi f t)$$

则可得输入信号功率为

$$S_q=\frac{V^2}{2} \tag{5-123}$$

这样可以得到理论上信号对量化噪声的信噪比关系式为

$$\mathrm{SNR}=10\lg\left(\frac{S_q}{N_q}\right)=10\lg(V^2/2)-10\lg\left(\frac{\Delta V}{\sqrt{12}}\right)^2 \tag{5-124}$$

利用式(5-122)、式(5-123)和式(5-124)，可得

$$\mathrm{SNR}=6.02n+1.76\mathrm{dB}$$

式中：n 为 A/D 转换位数。

另一方面，由于 ADC 的限制，输入信号的峰值为

$$V_p = (V_{\mathrm{REF}+} - V_{\mathrm{REF}-})/2$$

输入信号的有效值为

$$V_{\mathrm{rms}} = (V_{\mathrm{REF}+} - V_{\mathrm{REF}-})/(2\sqrt{2})$$

信噪比又可以表示为

$$\mathrm{SNR} = 10\lg\left(\frac{S_q}{N_q}\right) = 20\lg\left(\frac{(V_{\mathrm{REF}+} - V_{\mathrm{REF}-})}{2\sqrt{2}}\right) - 20\lg\left(\frac{V_{\mathrm{REF}+} - V_{\mathrm{REF}-}}{\sqrt{12}\times 2^n}\right)$$

则

$$\mathrm{SNR} = 6.02n + 1.76\mathrm{dB}$$

式中：n 为 A/D 转换位数。

给定采样频率 f_s，理论上处于 $0.5f_s$ 带宽内的量化噪声电压为 $\Delta V/\sqrt{12}$。如果信号带宽固定，采样频率提高，效果就相当于在一个更宽的频率范围内扩展量化噪声，从而使信噪比有所提高。如果信号带宽变窄，在此带宽内的噪声也减少，信噪比也会有所提高。因此，对一个满量程的正弦信号，信噪比可以准确地表示为

$$\mathrm{SNR} = 6.02n + 1.76\mathrm{dB} + 10\lg[f_s/2B] \tag{5-125}$$

式中：f_s为采样频率；B 为模拟信号带宽。

式(5-125)右边的第三项也称为处理增益，是一个正值，它表示信号带宽与 $0.5f_s$ 相差的程度所增加的信噪比。可以看出，提高采样频率或者降低模拟信号带宽都可以改善 ADC 的信噪比。因此，有必要在 A/D 采样之前加一个带通（或低通）滤波器，限制信号带宽。也可以利用数字滤波器，对采样后的数据进行滤波，把 $B \sim 0.5f_s$之间的噪声功率滤除，以提高信噪比。

其实量化噪声也可以用量化噪声功率谱密度表示。假设噪声功率谱密度为 $P_{\mathrm{AD}n}(f)$，考虑单边功率谱密度，那么由上面分析可以得到

$$\frac{(\Delta v)^2}{12} = 2\int_0^{f_s/2} p_{\mathrm{AD}n}(f)\,\mathrm{d}f$$

由于假设功率谱密度为均匀分布，所以，有

$$p_{\mathrm{AD}n}(f) = \frac{\frac{(\Delta v)^2}{12}}{f_s} = \frac{(\Delta v)^2}{12f_s}$$

其单位为 V^2/Hz，如用参考电压表示，则

$$p_{\mathrm{AD}n}(f) = \frac{(\Delta v)^2}{12f_s} = \frac{(V_{\mathrm{REF}+} - V_{\mathrm{REF}-})^2}{12f_s \times 2^{2n}} \tag{5-126}$$

式(5-126)也说明,采样频率提高不能改变量化噪声总量,但可以把噪声扩展在更宽的频率范围内,从而降低噪声功率谱密度,降低了感兴趣频段内的噪声功率。

其实 ADC 实际做到的信噪比指标也可以用下面这个 ENOB 指标,即有效转换位数来表征。

5.9.1.3 有效转换位数

由于 ADC 部件不能做到完全线性,总会存在零点几位乃至一位的精度损失,从而影响 ADC 的实际分辨率,降低了 ADC 的转换位数。有效转换位数(ENOB)可以通过测量各频率点的信纳比(SINAD)计算。对于一个满量程的正弦输入信号,有

$$\mathrm{ENOB} = (\mathrm{SINAD} - 1.761)/6.02$$

图5.60给出了12位 AD9220 的 SINAD、ENOB 与输入信号频率、输入信号幅度之间的关系。图5.60中,右边的纵坐标表示有效位数。

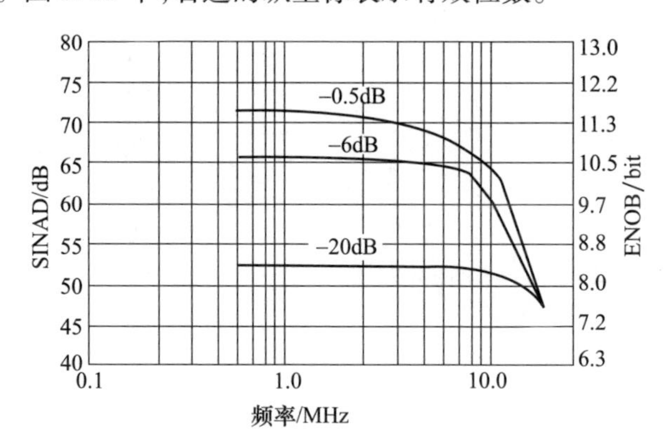

图5.60 AD9220 的 SINAD、ENOB 与输入信号频率、幅度(见曲线标示)的关系

由图5.60可见,信号越大,信号频率越低,所能得到的有效转换位数越多。

5.9.1.4 孔径误差

孔径误差是由于模拟信号转换成数字信号需要一定的时间完成采样、量化、编码等工作而引起的。对于一个动态模拟信号,在模数转换器接通的孔径时间(Aperture Time)里,输入的模拟信号值是不确定的,从而引起输出的不确定误差。假设输入信号是一个频率为 f 的正弦信号为 $y(t) = V\sin(2\pi ft)$,则其孔径误差如图5.61所示。

在 A/D 转换时间内,孔径误差一定出现于信号变化(或斜率)最大处,对于正弦信号而言,信号电压变化最大的时刻发生在信号的过零点处,输入模拟信号的变

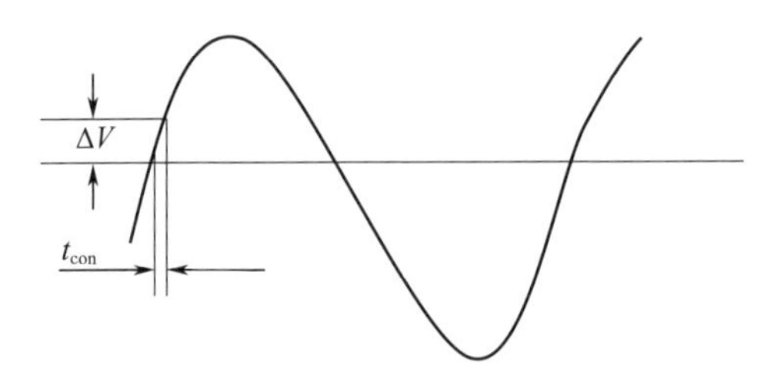

图 5.61　孔径误差

化速率为

$$\frac{\mathrm{d}y}{\mathrm{d}t}=V2\pi f\cos 2\pi ft$$

$$\left(\frac{\mathrm{d}y}{\mathrm{d}t}\right)_{\max}=V2\pi ft$$

设 ADC 的转换时间为 t_{con}，在转换时间内可能出现的最大误差为

$$V_e=V2\pi ft_{con}$$

所以，最大相对孔径误差为

$$\frac{V_e}{V}=2\pi ft_{con}$$

假设要求采样电压的误差小于 0.5bit，也就是说，V_e 小于量化电平的 1/2。利用式(5-121)则有

$$V\cdot 2\pi\cdot f\cdot t_{con}\leqslant\frac{2V}{2^n\cdot 2}\tag{5-127}$$

所以，可得到可采样的最高频率为

$$f\leqslant\frac{1}{2^n\cdot 2\pi\cdot t_{con}}\tag{5-128}$$

这里顺便推导一下，当我们对频率为 $0.5f_s$ 的信号进行采样时，对采样时钟稳定度的要求。把频率代入，式(5-128)变为

$$\frac{f_s}{2}\leqslant\frac{1}{2^n\cdot 2\pi\cdot t_{con}}\tag{5-129}$$

$$t_{con}f_s=\frac{f_s}{f_{con}}\leqslant\frac{1}{2^n\cdot\pi}\tag{5-130}$$

所以采样时钟的稳定度必须优于

$$t_p \leqslant \frac{1}{2^n \cdot \pi} \tag{5-131}$$

表5.8给出了孔径误差小于0.5LSB时，转换位数、对采样时钟稳定度要求之间的关系。

表5.8 A/D转换位数与采样时钟稳定度之间的关系（孔径误差为0.5LSB）

A/D转换位数	稳定度	最大时钟抖动/ns（采样频率为56MHz时）
4	19890×10^{-6}	355
6	5000×10^{-6}	89.3
8	1240×10^{-6}	22.1
10	311×10^{-6}	5.6
12	77.7×10^{-6}	1.4
14	19.4×10^{-6}	0.35
16	4.9×10^{-6}	0.087
18	1.2×10^{-6}	0.021
20	0.3×10^{-6}	0.005

我们还可以对时钟抖动与ADC的信噪比的关系进行进一步的分析。对式（5-128）进行变形，可得

$$t_{con} \leqslant \frac{1}{2^n \cdot 2\pi \cdot f} \tag{5-132}$$

假设由于抖动损失的转换位数为n_{Loss}，此时，时钟抖动为

$$t_{con} = \frac{1}{2^{n-n_{Loss}} \cdot 2\pi \cdot f} \tag{5-133}$$

若$n_{Loss}=0$，说明分辨率损失为0.5LSB。如果仅考虑时钟抖动对ADC信噪比的影响时，信噪比为

$$\text{SNR} = 6.02(n - n_{Loss} - 0.5) + 1.76 \tag{5-134}$$

而

$$n_{Loss} = n + [3.32\lg(2\pi f t_{con})] \tag{5-135}$$

由以上分析可以说明，为什么要在A/D转换之前，通常都加一个采样保持放大器（SHA）。采样保持器的作用是：在A/D转换过程中将变化的信号冻结起来，保持不变。采样时不断跟踪输入信号，一旦发生“保持”控制，立即将采得的信号值保持到下次采样为止。在没有采样保持电路时的孔径时间就等于A/D转换时

间。我们采用 SHA 之后,这相当于在 A/D 转换时间内开了一个很窄的"窗孔",孔径时间远小于转换时间。尽管这样,在加了 SHA 后的孔径时间 t_a 里,由于模拟信号仍有可能发生变化,以及可能有噪声调制到采样时钟信号上等因素存在,仍会引起孔径误差。我们仍然考虑上述的正弦信号,如 ADC 芯片的转换位数为 n,那么,允许的最大量化误差小于 0.5bit,采用 SHA 后 ADC 的最高可转换频率为

$$f \leqslant \frac{1}{2^n \cdot 2\pi \cdot t_a} \tag{5-136}$$

从式(5-136)可以看出,对于 ADC 而言,在采样速度满足要求的情况下(满足采样定理),其所能处理的最高频率取决于 SHA 的孔径时间。这一点对于带通采样显得非常重要。换句话说,SHA 决定了 ADC 的最高工作频率,而 ADC 编码速度决定了 ADC 的采样速率。在射频带通采样中,因为实际信号所占的带宽都较窄,从几千赫、几十千赫到几兆赫、几十兆赫,工作频率范围却非常宽,从 1MHz 到 1000MHz 以上,而我们只需要对感兴趣的信号带宽进行数字化就行了。如果有了性能非常好的 SHA,在跟踪滤波器、宽带放大器等前端电路的辅助下,我们完全可以实现射频数字化。现在,很多 ADC 芯片内就带有采样保持电路,SHA 的性能好坏就体现在器件的最高工作频率上。

另外,从式(5-136)可见,在相同的工作带宽的前提下,A/D 转换位数每增加 1 位,其孔径误差就减少 1/2;在 A/D 转换位数不变的情况下,工作带宽越宽,所要求的孔径误差越小,这就给大动态 ADC 的频带扩展增加了技术难度,这也是 A/D 高转换位数的工作带宽受限的重要原因之一。

5.9.1.5 无杂散动态范围

无杂散动态(SFDR)是指在第一奈奎斯特区内测得信号幅度的有效值与最大杂散分量有效值之比的分贝数。反映的是在 ADC 输入端存在大信号时,能检测出有用小信号的能力。SFDR 通常是输入信号幅度的函数,可以用相对于输入幅度的分贝数(dBc)或相对于 ADC 满量程的分贝数表示(dBFS)。图 5.62 给出了 AD9402 的 SFDR 与输入信号幅度的关系。

对于一个理想的 ADC 来说,在其输入满量程信号时的 SFDR 值最大。在实际中,当输入比满量程值低几分贝时,出现最大的 SFDR 值。这是由于 ADC 在输入信号接近满量程值时,其非线性误差和其他失真都增大的缘故。另外,由于实际输入信号幅度的随机波动,当输入信号接近满量程范围(SFR)时,信号幅度超出满量程值的概率增加。这便会带来由限幅所造成的额外失真。SFDR 可以表示为

$$\text{SFDR(dBc)} = \text{输入载波(dB)} - \text{最大不希望的杂波(dB)} \tag{5-137}$$

该指标把输出频谱中的峰值信号(输入正弦波或载波)与 Nyquist 频率范围内

不希望的最高频谱分量联系起来了。

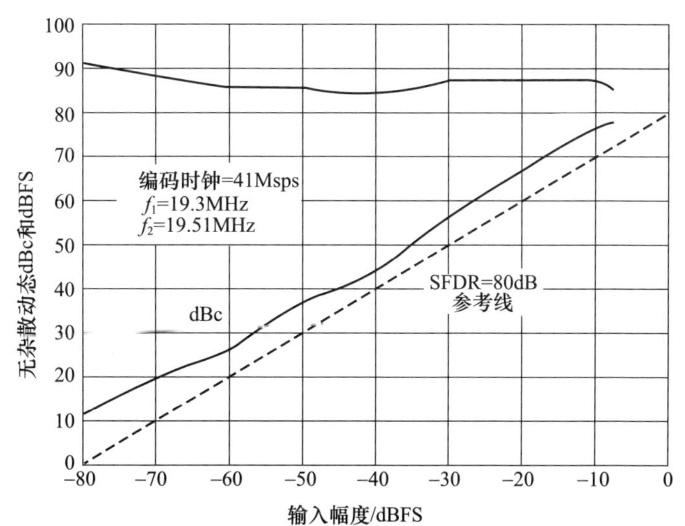

图 5.62　AD9042 的 SFDR 与输入信号幅度的关系

我们在 ADC 的手册中可以看到，n 位 ADC 的 SFDR 通常比信噪比值大很多。例如，AD9042 的 SFDR 值为 80dBc，而信噪比的典型值为 65dB（理论值为 74dB）。SFDR 这个指标只考虑了由于 ADC 非线性引起的噪声，仅仅是信号功率和最大杂散功率之比。信噪比是信号功率和各种误差功率之比，误差包括量化噪声、随机噪声以及整个奈奎斯特频段内的非线性失真，故信噪比比 SFDR 要小。

在信号带宽比采样频率低得多时，信噪比由于噪声减少使得性能指标提高，可以通过窄带数字滤波再加以改善，而寄生分量可能仍然落在滤波器得带内，无法消除。

5.9.1.6　动态范围

ADC 动态范围（DR）的定义有几种。有一种是把动态范围定义成最大输出信号变化，即（（V_{REF+} − 1LSB）− V_{REF-}）与最小输出信号变化（如 1LSB）的比值。又由于 $1LSB=\dfrac{V_{REF+}-V_{REF-}}{2^N}$，所以有

$$DR=20\lg\frac{V_{REF+}-(V_{REF+}-V_{REF-})/2^n-V_{REF-}}{(V_{REF+}-V_{REF-})2^n}=20\lg2^n=6.02n \quad (5-138)$$

另一种方法是用 SNDR（信号/（量化噪声 + 畸变噪声））表示，即

$$SNDR=20\lg\frac{V_p/\sqrt{2}}{V_{Qe+D,RMS}} \quad (5-139)$$

式中：$V_{\mathrm{Qe+D,RMS}}$为噪声和畸变信号的电压有效值，可由下式计算，即

$$V_{\mathrm{Qe+D,RMS}} = \frac{1}{\sqrt{2}}\sqrt{\sum_{k=0}^{M-1} V^2(k)}$$

$V(k)$可以通过 M 点 DFT 计算得到。动态范围可以表示为满幅度正弦波的均值 $V_{\mathrm{REF+}}/\sqrt{2}$ 与 SNDR 为 0 时的输入正弦波的均值相比。当 SNDR 为 0 时，输入信号的均值就是量化噪声加畸变噪声。所以，SNDR 也可用于描述动态范围。

5.9.1.7 非线性误差

非线性误差是指 ADC 理论转换值与其实际特性之间的差别。非线性误差又可分为差分非线性（Differential Non－Linearity）误差和积分非线性（Integral Non－Linearity）误差。差分非线性误差是指，对于一个固定的编码，理论上的量化电平与实际中最大电平之差，如图 5.63 所示。常用与理想量化电平相比，用所差的百分比或零点几位表示。

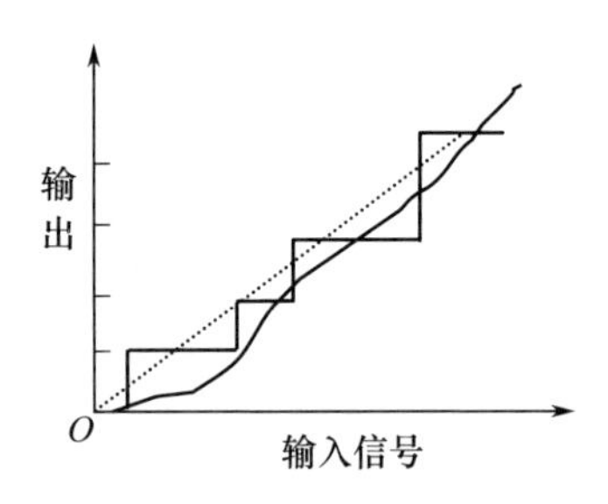

图 5.63 差分非线性误差

差分线性误差（DNL）主要由于 ADC 本身的电路结构和制造工艺等原因，引起在量程中某些点的量化电压和标准的量化电压不一致而造成的。差分非线性误差引起的失真分量与输入信号的幅度和非线性出现的位置有关。

积分非线性（INL）是指 ADC 实际转换特性与理想转换特性直线之间的最大偏差。常用满刻度值的百分数表示。理想直线可以利用最小均方算法得到。积分非线性误差是由于 ADC 模拟前端、采样保持器及 ADC 的传递函数的非线性所造成的。INL 引起的各阶失真分量的幅度随输入信号的幅度变化。例如，输入信号每增加 1dB，则二阶交调失真分量增加 2dB，三阶交调失真分量增加 3dB。

5.9.1.8 互调失真（Intermodulation Distortion）

当我们把两个正弦信号 f_1、f_2 同时输入 ADC 时，由于 ADC 器件的非线性，将会产生许多失真产物 $mf_1 \pm nf_2$。为使两个信号在同相时不会导致 ADC 限幅，这两个信号的幅度应略大于半满量程。图 5.64 给出了二阶互调、三阶互调产物的位

置。二阶产物f_1-f_2和f_1+f_2容易用数字滤波器滤除。三阶产物因与f_1、f_2离得很近，很难滤除。除非另有说明，一般情况下，双音互调失真是指三阶产物引起的失真。

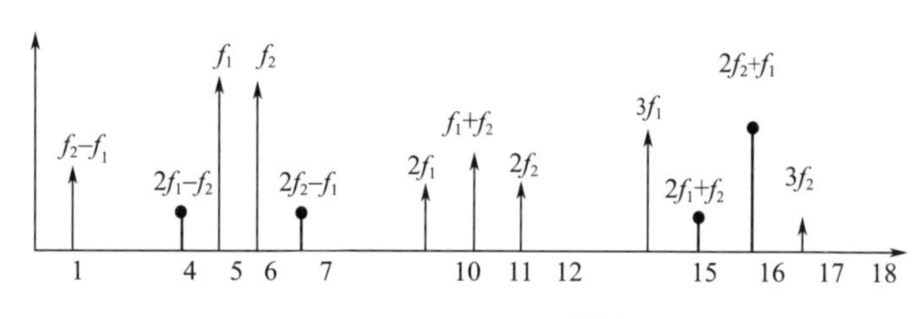

图 5.64　双音互调频谱图

5.9.1.9　总谐波失真(THD)

由于 ADC 器件的非线性，使其输出的频谱中出现许多输入信号的高次谐波，这些高次谐波分量称为谐波失真分量。度量 ADC 的谐波失真的方法很多，通常用 DFT 测出各次谐波分量的大小。DFT 算法的表达式为

$$X(k)=\sum_{n=0}^{N-1}x(n)\,\mathrm{e}^{-\mathrm{j}\frac{2\pi nk}{N}}$$

式中：$x(n)$为输入序列；N为变换的点数；$k=0,1,\cdots,N-1$。如果输入的信号频率较高，其谐波会发生折叠。为了防止在做频谱变换时发生频谱泄漏，往往对输入数据进行加窗处理，即把采样得到的数据和窗函数相乘后再做 DFT。我们通常选用旁瓣抑制较好的布－哈窗。

THD 指标可以用下式表示，即

$$\mathrm{THD}=\frac{\sqrt{v_2^2+v_3^2+\cdots+v_n^2}}{v_1}$$

式中：v_1为输入信号的幅度(有效值)；$v_2,v_3,\cdots,v_n$分别为 2 次，3 次，…，n次谐波的幅度(有效值)。在实际应用中，通常取$n=6$。

5.9.1.10　ADC 的噪声系数

ADC 的噪声系数可以由下式确定，即

$$\mathrm{NF}=\underbrace{10\cdot\lg\left[\frac{{V_{\mathrm{rms}}}^2/Z_{\mathrm{in}}}{0.001}\right]}_{\text{输入功率(单位为dBm)}}-\mathrm{SNR}_{\mathrm{measured}}\underbrace{-10\cdot\lg\left[\frac{f_{\mathrm{s}}}{2}\right]}_{\text{1Hz为基准}}-\underbrace{10\cdot\lg\left[\frac{KT}{0.001}\right]}_{\text{噪声基底(单位为dBm/Hz)}}$$

例如，其中$V_{\mathrm{PP}}=2\mathrm{V}$，即

$$V_{\mathrm{rms}}^2=0.5\mathrm{V}^2,Z_{\mathrm{in}}=800\Omega,\mathrm{SNR}=76.7\mathrm{dB},f_{\mathrm{s}}=80\mathrm{MHz}$$

$$NF = -2.04\text{dBm} - 76.7\text{dB} - 76\text{dB} + 173.8\left[\frac{\text{dBm}}{\text{Hz}}\right] = 19.1\text{dB}$$

以上我们讨论了 ADC 几个主要指标，我们将接着讨论如何选用合适的 ADC。

5.9.2 ADC 原理与分类

ADC 的工作过程大致可以分为采样、保持、量化、编码、输出等几个环节。因为 ADC 器件的实现方法不同，其工作过程会有所区别。ADC 按其变换原理可以分为逐次比较式（Successive Approximation）、双积分式（Dual - slope）、并行式（Parallel 或 Flash）、子区式（Subranging）和 Σ - Δ 式 ADC 等多种类型。

5.9.2.1 逐次比较式

逐次比较（SA）式 ADC 的应用范围很广，它可以用较低的成本得到很高的分辨率和采样速率。其通过速率可达到 1MHz 以上，转换位数可达到 16 位或更多。逐次比较式 ADC 的功能框图如图 5.65 所示。其中包括一个高分辨率比较器、高速 DAC 和控制逻辑，以及逐次比较寄存器（SAR）。DAC 决定了芯片总的静态准确度。

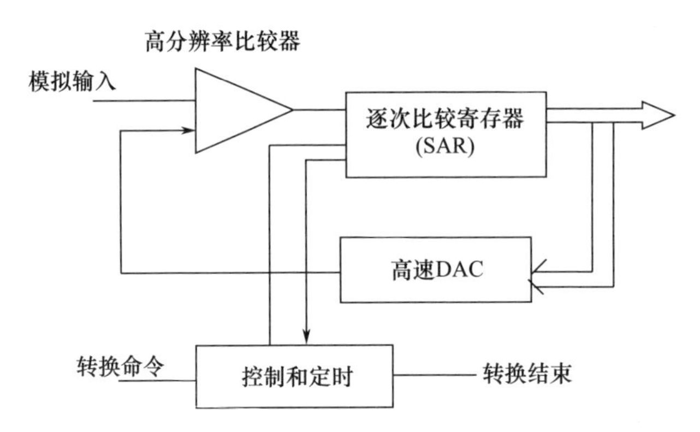

图 5.65　逐次比较式 ADC 功能框图

模拟信号加到比较器的一个输入端，比较器的另一个输入端与 DAC 的输出端相接。DAC 的输入就是 ADC 的输出。其转换过程类似于天平称物体的重量。转换命令发出以后，DAC 的 MSB 输出（1/2 满量程值）与输入信号比较，如果输入高于 MSB，则该位保持“高”。

接着对下一比特位（1/4 满量程）进行比较，如果加上第二位后仍小于输入信号，则第二位为“高”。再进行第三位的比较，一直到最低位。转换过程结束，转换结束信号指示输出寄存器为有效信号。在 A/D 转换期间，保持模拟信号的稳定很重要，在用逐次比较式 ADC 时，必须在其前面加一个采样保持电路。

5.9.2.2　并行式 ADC

并行式 ADC 的功能框图如 5.66 所示。模拟信号同时输入到 2^N-1 个带锁存的比较器中，每一个比较器的参考电压都比下一个参考电压高出一个 LSB 所代表的电压值。当输入的模拟信号出现在各比较器端口时，参考电压低于输入信号电平的那些比较器，输出逻辑“1”，而参考电平高于输入信号的比较器，输出逻辑“0”。这些结果被送往译码逻辑进行处理。按照某种方法输出最终的二进制结果。

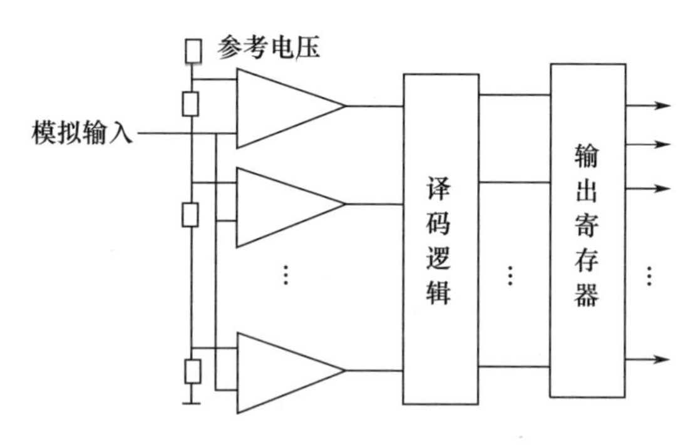

图 5.66　并行式 ADC 功能框图

并行式 ADC 内一般不含参考电压产生电路，必须由外部提供。有些并行式 ADC 有一个参考电压检测（Sense）引脚，用来补偿由于管脚及引线引起的电压下降（如 MAX101A）。并行式 ADC 可能需要提供一个或多个参考电压，通常需要经过低阻抗驱动后输入，以获得较好的积分线性度。对于参考电压的旁路电容，当采样速率高于 20MHz 时，必须采用分布电感小的陶瓷电容（0.1μF），位置尽可能靠近 ADC 的引脚。

当并行式 ADC 的转换速率大于 200MHz 时，输出数据的缓存将成为一个重要问题。在实际使用时，常常把输出的高速数据流分成两路（其实现方法类似于隔 1 抽取），以便采用价格较低，响应速度不太高的 COMS 或 TTL 存储器。在一些新型的并行式 ADC，已直接将上述分频缓冲存储部分集成于片内，从而解决了高速数据存储所带来的问题。由于输出数据流速率很高，输出数据常用 ECL 电平，在使用时，要通过一定的电平转换电路，把 ECL 电平转换成 TTL，以适应后端的数据处理。

5.9.2.3　子区式 ADC

子区式（Subranging）ADC 结构框图如图 5.67 所示。以 8 位转换器为例，首先用第一片并行式 ADC（优于 8 位精度）数字化出高 4 位。这 4 位值送到 DAC 进行数模变换,输入的模拟信号与 D/A 的输出信号相减,差值送给第二片并行式 ADC。两片 ADC 的输出合在一起,就构成了 8 位的 A/D 输出。

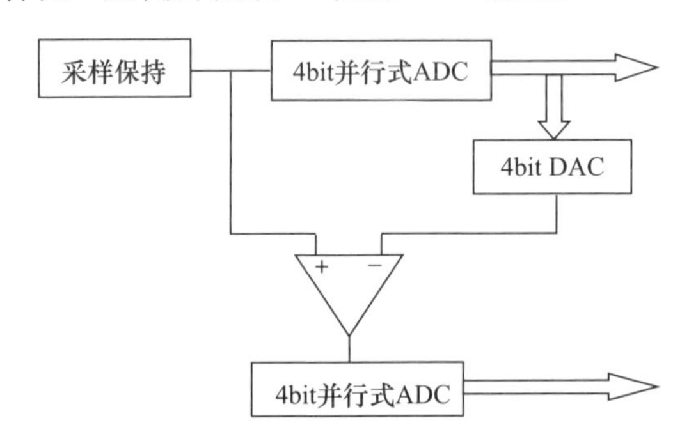

图 5.67 子区式 ADC 功能框图

从图 5.67 中可以看出,如果放大的差值信号不能准确地匹配第二片并行 ADC 的量程,就会产生非线性及失码问题。子区式 ADC 的误差源主要有以下几种。

(1) 第一片并行 ADC 的增益、偏置与线性误差。

(2) DAC 的增益、偏置以及线性误差。

(3) 求和放大器的增益、偏置与建立时间误差。

(4) 第二片并行 ADC 的增益、偏置以及线性误差。

这些误差会进一步影响子区式 ADC 的样本转换,导致整个 ADC 转移函数的非线性与失码,现代子区式 ADC 通常使用“数字校正”技术消除这些误差。

5.9.2.4 Σ-Δ 式 ADC

Σ-Δ(总和增量)式 ADC 是一种过采样量化器,其利用过采样、噪声整形、数字滤波等手段提高数字化性能。通信信号对灵敏度、动态范围要求高,而带宽相对较窄,只有几十千赫到几兆赫,所以可以实现很高的过采样率,达到很高的量化信噪比。通过调整 Σ-Δ 调制器后的抽取滤波器输出带宽,可以灵活地适应不同带宽的信号,使之达到最佳的量化信噪比。

过采样是指以高于奈奎斯特采样频率的频率对模拟信号进行采样。信号采样理论认为,若输入信号的最小幅度大于量化器的量化步进,并且输入信号的幅度随机分布,则量化噪声的总功率为一常数,与采样频率无关,在 $0\sim f_s/2$ 频率范围内均匀分布。

对于量化噪声,我们作如下假设:它是一个平稳的随机序列;任意两个值之间是相互独立的,且与信号本身独立;量化噪声的概率密度服从均匀分布。

我们用 σ_e^2 和 $P_e(\omega)$ 表示量化噪声的均方值和功率谱密度函数,并假设量化

噪声的均值为0。那么,有

$$\sigma_{\mathrm{e}}^{2}=E[(e(n))^{2}]=\int_{-\pi}^{\pi}p_{\mathrm{e}}(\omega)\mathrm{d}\omega$$

对于模拟信号而言,白噪声功率均匀分布在所有[0,∞]范围内,而对于抽样信号,所有高于$f_s/2$的频率都要折合到$[0,f_s/2]$范围内。假设信号在$[0,f_b]$内,信号的奈奎斯特采样速率为$2f_b$。由于噪声在$[-\pi,\pi]$内均匀分布,所以有

$$p_{\mathrm{e}}(\omega)=\frac{\sigma_{\mathrm{e}}^{2}}{2\pi}$$

用$\omega=\dfrac{2\pi f}{f_s}$代入,那么量化噪声落入$[0,f_b]$范围内的功率为

$$n_{0}^{2}=2\int_{0}^{f_{b}}p_{\mathrm{e}}(\omega)\mathrm{d}\frac{2\pi f}{f_{s}}=2\int_{0}^{f_{b}}\frac{\sigma_{\mathrm{e}}^{2}}{2\pi}\cdot\frac{2\pi}{f_{s}}\mathrm{d}f=\frac{2f_{b}}{f_{s}}\sigma_{\mathrm{e}}^{2}=\frac{\sigma_{\mathrm{e}}^{2}}{\mathrm{OSR}}\tag{5-140}$$

式中:OSR为实际采样速率与奈奎斯特采样速率之比,称为过采样率,即

$$\mathrm{OSR}=\frac{f_{s}}{2f_{b}}$$

由式(5-140)可知,采样频率每提高1倍,可使带内的量化噪声下降1/2(3dB)。对于脉冲编码调制(PCM)编码型的ADC,我们重写式(5-125),即

$$\mathrm{SNR}=6.02n+1.76+10\lg\mathrm{OSR}$$

而对于Σ-Δ式ADC而言,由过采样带来的信噪比改善,要远大于PCM型模数转换器。先介绍Σ-Δ(总和增量)式ADC。

Σ-Δ(总和增量)式ADC以较低的采样分辨率、很高的采样速率对模拟信号进行数字化,通过过采样、噪声整形、数字滤波抽取等技术提高量化信噪比。一阶Σ-Δ式ADC的组成框图如图5.68所示。

Σ-Δ式ADC的核心部分是Σ-Δ调制器,它主要由差值Δ求和单元、一阶或多阶积分器(Σ)、单比特比较量化器、单比特ADC等组成。其调制量化过程为:输入信号与反馈信号反相求和,得到的误差信号经过积分器积分后,输入比较器进行量化,得到一组0、1序列。数字序列经过单bit数模转换器反馈至差值Δ求和单元。反馈环路迫使调制器的输出与输入信号的平均值相一致。

下面我们对其性能进行分析。为了便于分析,我们用等效数字模型表示。在等效数字模型中,我们把转换器的量化噪声等效为一个加性高斯白噪声$E(z)$。

图5.68中的输入分别设为信号$X(z)$和噪声$E(z)$,这样就可以得到输出信号为

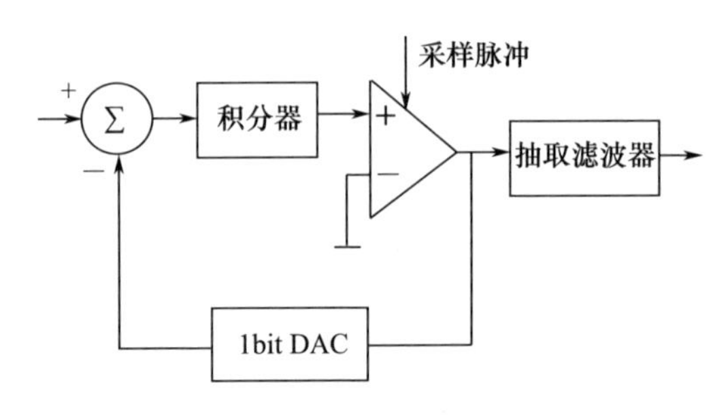

(a) Σ–Δ式ADC的组成框图

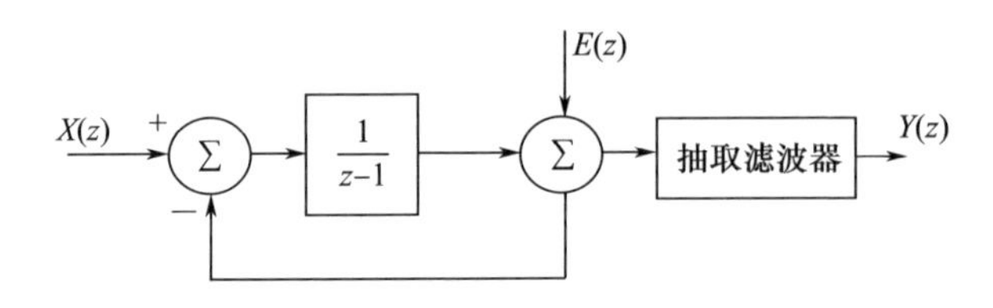

(b) Σ–Δ式ADC的数字等效电路

图 5.68　Σ - Δ 式 ADC 的组成及等效电路

$$Y(z)=H_x(z)X(z)+H_e(z)E(z)$$

其中

$$H_x(z)=z^{-1},H_e(z)=1-z^{-1}$$

为了分析量化噪声的分布情况,我们对噪声传输函数进行进一步的分析。我们知道,白噪声通过一个线性系统后的功率谱密度为

$$N_{out}(\omega)=|H(\omega)|^2N_{in}(\omega) \tag{5-141}$$

式中:N_{out}为输出功率谱密度;N_{in}为输入功率谱密度;$H(\omega)$为传输函数。

设输入噪声功率谱密度为 $N_{in}(\omega)=\dfrac{\sigma_e^2}{2\pi}$,代入式(5 - 141),可以得到量化噪声的输出噪声功率谱密度为

$$N_{out}(\omega)=|H_e(\omega)|^2\cdot\frac{\sigma_e^2}{2\pi}=4\sin^2(\omega/2)\cdot\frac{\sigma_e^2}{2\pi}$$

用模拟频率表示时,$\omega=\dfrac{2\pi f}{f_s}$,则

$$N_{out}(f)=4\sin^2(\pi f/f_s)\cdot\sigma_e^2/f_s$$

由图 5.69 可以看出,Σ - Δ 调制器将原来均匀分布在$(0,f_s)$上的噪声,通过量

化噪声整形，把量化噪声推向了频率高端。

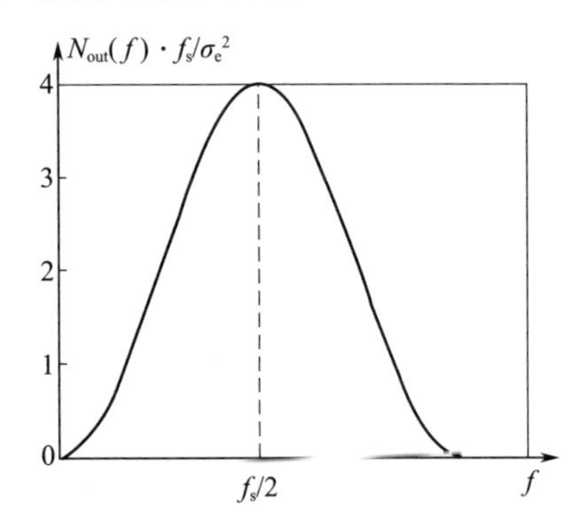

图5.69　噪声频谱图

如果只对$(0,f_b)$之间的信号感兴趣，由于$f_s \gg f_b$，所以可以近似得到

$$N_{out}(f) = \frac{4\sigma_e^2\pi^2 f^2}{f_s^3}$$

那么，这段频谱内的噪声功率为

$$P_b = 2\int_0^{f_b} \frac{4\sigma_e^2\pi^2 f^2}{f_s^3}\mathrm{d}f = \frac{8\sigma_e^2\pi^2 f_b^3}{3f_s^3}$$

令E表示满量程电压，Δ表示量化台阶，当输入信号均匀分布，输入噪声$e(t)$的振幅可在$\pm\frac{\Delta}{2}$内均匀分布处理。由于此处$\Sigma-\Delta$式ADC的量化位数为1，则输入噪声的均方值可表示为[2]

$$\sigma_e^2 = \frac{\Delta^2}{12} = \frac{(2E/2^1)^2}{12} = \frac{E^2}{12}$$

由于输入信号是在$[-E,E]$内均匀分布的随机信号，故信号功率为

$$P_s = \frac{E^2}{3}$$

这样，我们利用以上各式可以求出输出量化信噪比为

$$\mathrm{SNR} = 10\lg\left[\frac{12}{\pi^2}\cdot\left(\frac{f_s}{2f_b}\right)^3\right] = 30\lg\mathrm{OSR} + 1 \tag{5-142}$$

由式(5-142)可以看出，过采样率每提高1倍，一阶$\Sigma-\Delta$式ADC的信噪比可以提高9dB。如果过采样率达到512，则信噪比可以达到82dB。

同理，可得二阶$\Sigma-\Delta$式ADC的实现框图，以及与之对应的数字等效模型，如图5.70所示。

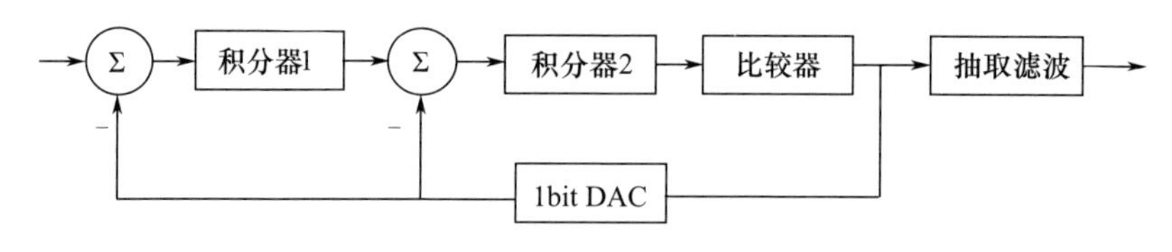

(a) 二阶Σ-Δ式ADC的实现框图

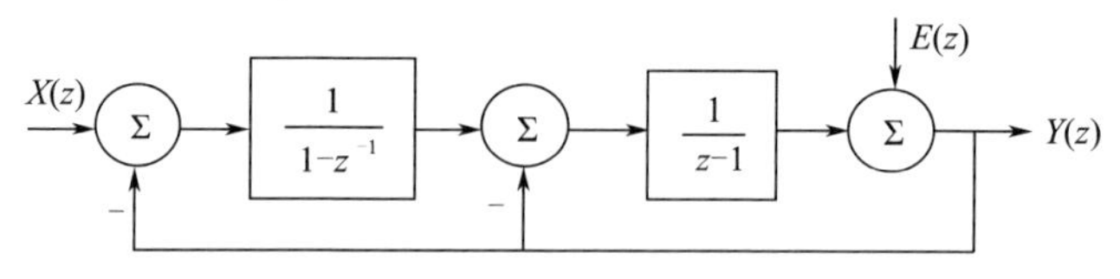

(b) 二阶Σ-Δ式ADC的数字等效模型

图 5.70　二阶 Σ - Δ 式 ADC

根据图 5.70,我们可以得到其量化噪声的传输函数为

$$H_e(z) = (1 - z^{-1})^2$$

用 $z = e^{j2\pi f/f_s}$ 代入上式,并利用噪声功率谱密度通过线性系统的关系,可得到输出噪声功率谱密度为

$$N_{out}(f) = 16\sin^4(\pi f/f_s) \cdot \sigma_e^2/f_s$$

对于 Σ - Δ 式 ADC 而言,在$(0,f_b)$之间,$f_s \gg f$,所以可以近似得到

$$N_{out}(f) = \frac{16\sigma_e^2\pi^4 f^4}{f_s^5}$$

于是,在$(0,f_b)$之间的噪声功率为

$$P_b = 2\int_0^{f_b} \frac{16\sigma_e^2\pi^4 f^4}{f_s^5} df = \frac{32\sigma_e^2\pi^4 f_b^5}{5f_s^5} = \frac{\sigma_e^2\pi^4}{5(\mathrm{OSR})^5}$$

利用与一阶 Σ - Δ 式 ADC 下相同的假设,可以得到二阶 Σ - Δ 式 A/D 转换器的信噪比表达式为

$$\mathrm{SNR} = 6 + 10\lg 5 + 50\lg \mathrm{OSR} - 20 \tag{5-143}$$

所以,对于二阶 Σ - Δ 式 ADC 而言,过采样率每提高 1 倍,其信噪比将提高 15dB。如果过采样率达到 512,则信噪比可以达到 128dB。

最后,我们给出 L 阶 Σ - Δ 式 ADC 的噪声功率表达式。

当 Σ - Δ 式 ADC 内部的量化器(比较器)的转换位数为 1bit 时,有

$$\mathrm{SNR}=6+10\lg(2L+1)+10(2L+1)\lg\mathrm{OSR}-10L$$

若量化器的转换位数为 $n$bit,此时,信噪比为

$$\mathrm{SNR}=6n+10\lg(2L+1)+10(2L+1)\lg\mathrm{OSR}-10L \tag{5-144}$$

式(5 - 144)中信噪比的改善包含了两个部分:一部分是常规 PCM 型 ADC 中,量化位数每增加 1 位,信噪比增加 6dB;另一部分是 Σ - Δ 调制器随着阶数的增加信噪比得以改善。

从上面的公式来看,Σ - Δ 调制器阶数的增加无疑会使信噪比性能得以较大的提高。但事实上,我们不可能通过无限制地增大系统地阶数不断提高调制器的量化信噪比,这是因为除了一阶、二阶 Σ - Δ 调制器能保持稳定外,高阶 Σ - Δ 调制器是一个具有负反馈的非线性系统,当调制器超过两阶后,就很难保证系统的稳定性。由于非线性量化器嵌入在反馈系统中,使得定量分析很困难,因此,实际使用的 Σ - Δ 调制器很少有超过五阶的系统。

有两种常用的实现稳定的高阶 Σ - Δ 调制器的方法:一种是用多级/级联结构取代单回路结构,即用一阶、二阶调制器级联的方法实现高阶的 Σ - Δ 调制器,这种结构每一级都有一个量化器,也就是一个噪声源,使得噪声成倍增加,需要在各级量化器后端采用一定的数字逻辑电路(噪声抵消滤波器)来消除前级量化器噪声源的影响;另一种方法是使用多比特量化器,多比特量化器不仅能减少量化噪声,而且能改善高阶调制器的稳定性,这种方法主要的缺陷是对反馈回路中的 DAC 有严格的线性和精确性要求。但随着采样频率的提高,采用这两种方法的工程实现难度会越来越大。所以,当采样频率达到吉赫数量级以上时,一般将采用电路结构较为简单的二阶单比特结构。

前面我们主要讨论了低通型的 Σ - Δ 式 ADC,其实还有带通型的 Σ - Δ 式 ADC 中的积分器(本质上是低通滤波器)用带通滤波器取代,则量化噪声向频率上端和频率下端移动,在中间的通带留出了看似无噪声的区域。如果数字滤波器通带也在这个区域,则可得到一个具有带通特性的 Σ - Δ 式 ADC。这种 ADC 在直接中频数字化接收机中比较有用。

5.9.3 ADC 的选择

在数字采集模块的设计中,ADC 器件的选择应保证后续信号处理功能和性能的实现。根据上面的讨论和分析,可以得到以下 ADC 器件的选择原则。

(1) 采样速率选择。如果 A/D 转换之前的带通滤波器的矩形系数为 r(图 5.71),即

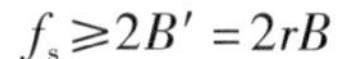

$$r=\frac{B'}{B}$$

为防止带外信号影响有用信号，ADC 器件的采样速率应取为

$$f_s \geqslant 2B' = 2rB$$

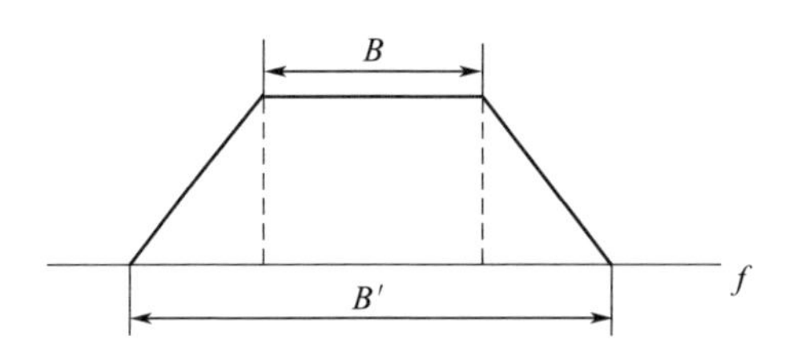

图 5.71　滤波器矩形系数示意图

例如，取带宽 $B=20\text{MHz}$，滤波器的矩形系数 $r=2$ 时，则应有采样速率 $f_s \geqslant 80\text{MHz}$。在允许过渡带混迭时，采样速率为

$$f_s \geqslant (r+1)B \tag{5-145}$$

同样，当 $B=20\text{MHz}$，$r=2$ 时，$f_s \geqslant 60\text{MHz}$。可见，允许过渡带混叠时的采样率可以大为降低。为使得对滤波器的矩形系数要求最低，采样速率还应同时满足式(2-92)。

(2) 采用分辨率较好的 ADC 器件。因为器件的分辨率越高，所需的输入信号的幅度越小，对模拟前端的放大量的要求也越小，它的三阶截点就可以做得较高。ADC 的分辨率主要取决于器件的转换位数和器件的信号输入范围。转换位数越高，信号输入范围越小，则 ADC 的性能越好，但对制作工艺要求也越高。在选择 ADC 器件时一定要注意信号输入电平范围，尽可能选输入范围小的 ADC 器件，这样可以减轻前端放大器的压力，有利于提高动态范围。

(3) 选择模拟输入带宽宽的 ADC 器件。ADC 器件的模拟输入带宽指标是衡量其内部采样保持器性能的重要指标，ADC 器件的采样孔径误差越小，其模拟输入带宽就越宽，所能适应的输入信号频率也就越高。尤其是对于高中频带通采样和射频直接带通采样，要特别关注这一指标。模拟输入带宽必须高于输入采样信号的最高频率。

(4) 选择动态范围大的 ADC。由于 ADC 的动态范围指标主要取决于转换位数，ADC 器件的转换位数越多，其动态范围越高。此外，还必须关注 A/D 的 SNR 指标，在 A/D 位数一样时，应尽可能选择 SFDR 大的 ADC 器件。

(5) 根据环境条件选择 ADC 转换芯片的环境参数，如功耗、工作温度。ADC 的功耗应尽可能低，因为器件的功耗太大会带来供电、散热等许多问题。

(6) 根据接口特征考虑选择合适的ADC输出状态。例如:ADC是并行输出还是串行输出;输出是TTL电平、CMOS电平,还是ECL电平;输出编码是偏移码方式还是二进制补码方式;有无内部基准源;有无结束状态等。

5.9.4 数据采集模块的设计

现代高速ADC力求做到低失真、高动态、低功耗。数字采集系统的性能除了与ADC本身的固有特性外有关,还与其外围电路关系密切。一般的数字采集系统由抗混迭滤波器、匹配放大器、ADC、RAM、时钟等组成。这些器件及印制电路的排版、其他电路对它的影响等都会影响数字采集系统的性能。

由于各种处理和设计的限制,不可能使高速ADC的输入达到理想状态,即高输入阻抗、低电容、无干扰脉冲、良好的参考地、无过载等。因此,ADC的驱动放大电路必须提供良好的交流性能。例如,有些ADC要求用外部基准电压,以提高性能。但在设计这些基准源时必须十分小心,因为它们对整个ADC的性能影响很大。对于高速ADC的输入电路的设计没有标准的结构,但有一些通用的准则可供参考。

在ADC之前加一个带通或低通滤波器,用于滤除采样带宽外的信号和噪声,以防止频谱混迭。

采样时钟的设计非常关键。时钟的相位抖动会引起整个ADC的信噪比下降。图5.72给出了相位抖动、信噪比、信号频率之间的关系。

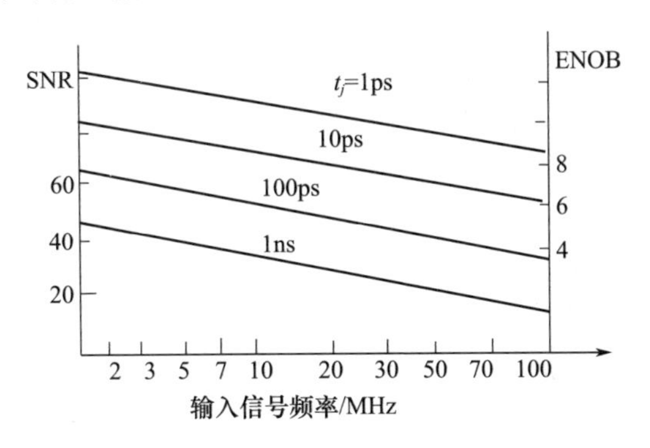

图5.72 孔径和采样时钟抖动与信噪比的关系

在设计时,要仔细考虑晶振本身、时钟传输路径、共用电路等各个方面,尽可能地减少采样时钟的噪声。假设在70MHz的中频上进行ADC采样,要有12位左右的ENOB(70~80dB的信噪比),从图5.72可以看到,为满足这个信噪比的要求,时钟抖动大约为1ps。如果我们把时钟抖动、ADC本身的孔径抖动一起考虑,可以

得到信噪比的另一表示式为

$$\begin{aligned}\mathrm{SNR} &= 6.02[-3.32\lg(2\pi f t_{\mathrm{con}})-0.5]+1.76 \\ &= 20\lg(2\pi f t_{\mathrm{con}})-1.25\end{aligned} \tag{5-146}$$

为使 ADC 的孔径抖动最小化,可以利用离散的双极型 FET 器件和晶体构成,如图 5.73 所示。那种用一个晶体、几个逻辑门、一个电阻和两个电容构成的振荡器,虽然简单,但性能差,尽量不要用。如要实现更高性能的采样时钟,可用声表面波振荡器。

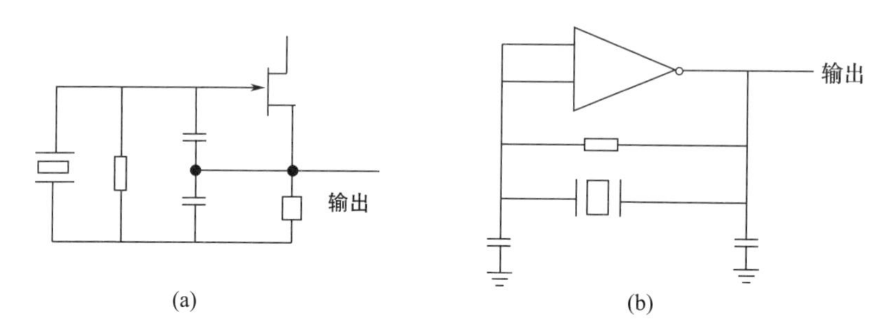

图 5.73 用分离器件产生低噪声振荡器(a)和用逻辑门产生的振荡器(b)

采样时钟应尽可能与存在噪声的数字系统独立开来。在采样时钟的通路中,不应该有逻辑门电路,一个 ECL 门大约有 4ps 的定时抖动。时钟产生电路不应与其他电路共用某个芯片,并用单独的电源供电,避免受其他数字电路的干扰。时钟产生电路的地,去耦合的地都要接在模拟地上,把它看成一个临界模拟器件。当然,采样时钟本身是数字信号,它和其他数字电路一样可能给模拟部分带来噪声。因此,我们把采样时钟看成一个特殊器件,必须和系统的数字与模拟部分独立开来。

由于时钟抖动是一个宽带信号,它产生宽带随机噪声。对于宽带噪声可以用数字滤波或求平均的方法减少它对系统的影响。在做 FFT 时,FFT 的长度增加 1 倍,基底噪声就会下降 3dB,这是因为 FFT 就像一个窄带滤波器,其带宽为 $\Delta f=\frac{f_s}{N}$。N 点 FFT 的基底噪声比量化宽带噪声约低 $10\lg(N/2)$dB。

ADC 之前的驱动放大器也必须认真选择,因为它在数字采集系统中起着重要作用。首先,放大器把信号源和 ADC 隔离开来,给 ADC 提供低阻驱动。其次,驱动放大器给 ADC 提供所需的增益,并使输入信号的电平和 ADC 的输入电压范围相匹配。通常,驱动放大器的 THD + N(Total Harmonic Distortion Plus Noise)值在 ADC 工作频段内应比 ADC 的 $S/(N+R)$ 好 6 ~ 10dB。为满足宽带采样的要求,选

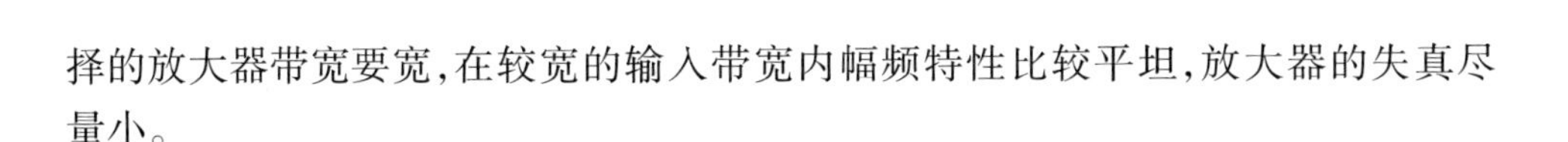

择的放大器带宽要宽，在较宽的输入带宽内幅频特性比较平坦，放大器的失真尽量小。

5.9.5　射频前端与 ADC 的匹配设计及性能分析

前面我们分别了讨论射频前端与 ADC 的相关设计技术，下面讨论射频前端与 ADC 相连时，接收部分的灵敏度、动态范围、噪声系数、三阶互调截点值等指标。

对于宽带射频数字化接收机而言，这几个指标主要取决于其前端的放大器和 ADC，我们重画这部分电路，如图 5.74 所示。

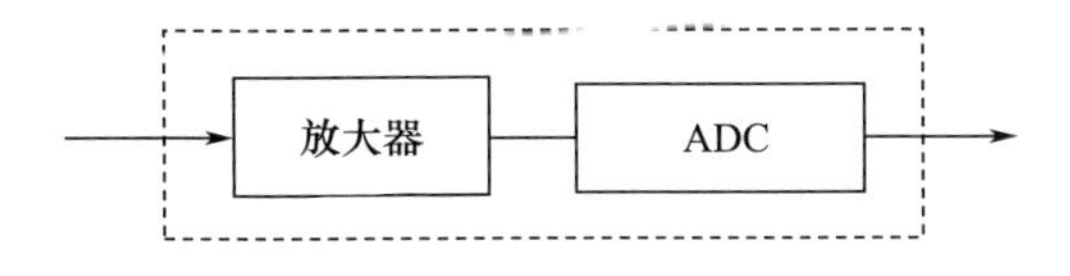

图 5.74　放大器和 ADC 模块级联

噪声系数我们前面已经作了介绍。为了计算前端放大器和 ADC 级联之后的噪声系数，我们可以把 ADC 产生的噪声当作一个外加的噪声源。于是，总的输出噪声为

$$n_o = n_A + n_b \quad (\mathrm{W})$$

输出噪声功率为

$$N_A = -174\mathrm{dBm} + 10\lg B + \mathrm{NF} + G = N_i + \mathrm{NF} + G$$

式中：n_b 为 ADC 的输出噪声；n_A 为放大器输出的噪声（N_A 为对数形式）；B 为射频带宽；NF、G 分别为放大器的噪声系数、增益（对数形式表示）；$N_i = -174\mathrm{dBm} + 10\lg B$，$N_i$为其线性表示形式。

所以，根据噪声系数的定义，有

$$N_F = \frac{s_{in}/n_{in}}{s_{out}/n_{out}} = \frac{s_{in}}{s_{out}}\frac{n_{out}}{n_{in}} = \frac{n_{out}}{n_{in}g}$$

可计算出总的噪声系数为

$$F_t = \frac{n_o}{g \cdot n_i} = \frac{n_A + n_b}{g \cdot n_i} = F + \frac{n_b}{g \cdot n_i}$$

式中：F 为放大器的噪声系数。定义两个变量为

$$m = n_A/n_b, \quad m' = m + 1$$

则上述噪声系数可以表示为

$$F_t = \frac{n_o}{g \cdot n_i} = \frac{n_A\left(1 + \frac{1}{m}\right)}{g \cdot n_i} = \frac{n_A(1+m)}{g \cdot n_i m} = \frac{Fm'}{m} \tag{5-147}$$

用对数形式表示，有

$$NF_t = NF + 10\lg m' - 10\lg m = NF + M' - M \quad (dB) \tag{5-148}$$

为了说明 m、m' 的含义，重写式(5－147)，即

$$F_t = \frac{Fm'}{m} = \frac{F(m+1)}{m}$$

如果 $m=1$，意味着量化噪声与放大器噪声相同，总的噪声系数为放大器噪声系数的 2 倍，或者说，噪声系数恶化了 3dB。m 越大，噪声系数恶化越小。

如果 $m<1$，说明系统的噪声系数较高，量化噪声决定了噪声系数，接收机的灵敏度会变差。为了降低噪声系数，我们必须提高放大器的增益。当 m 达到较大值时，$(m+1)/m$ 接近于 1，总的噪声系数就是放大器的噪声系数，量化噪声可以忽略。例如，$m=9$，$m'=10$，则噪声系数恶化了 $M'-M=10\lg 10-10\lg 9=0.46$dB。

假如，放大器与 ADC 完全匹配，即放大器能将输入信号放大成 ADC 允许的最大电平。如果后端的处理带宽与射频带宽不一致，则在处理带宽 B_v 内的噪声功率为

$$N_3 = N_i + G + NF_t - B + B_v = -174 + B_v + G + NF + M' - M \quad (dB) \tag{5-149}$$

加大输入信号，使得其输出三阶互调产物功率 P_{IM3} 与噪声功率相同，此时的输入信号功率 P_{inm} 就是最大输入信号。由于三阶互调产物为

$$P_{IM3} = 3 \times P_{out} - 2 \times IP3_{out} = 3 \times P_{in} + 3 \times G - 2 \times IP3_{out} \quad (dB)$$

故

$$P_{inm} = (P_{IM3} + 2 \times IP3_{out} - 3 \times G)/3 \tag{5-150}$$

所以

$$P_{inm} = (-174 + B_v - 2 \times G + NF + M' - M + 2 \times IP3_{out})/3 \tag{5-151}$$

或

$$IP3_{out} = (3P_{inm} - 174 - B_v + 2G - NF + M' - M)/2 \tag{5-152}$$

放大器的最大输出电压应与 ADC 的最大输入电压相匹配，但是考虑到放大器输出中的噪声叠加到信号中会使 ADC 饱和，所以应降低 ADC 的输入电压。ADC 输入幅度应降低的量，按噪声功率（ADC 噪声与放大器噪声之和 n_o）标准差的 3 倍考虑，即

$$V_n = \sqrt{3 n_o R} \tag{5-153}$$

由于不造成 ADC 饱和的峰值输入电压为

$$V_s = 2^{(b-1)} \Delta V$$

故无输入噪声时的 ADC 最大输入功率为

$$P_s = \frac{2^{2(b-1)}}{2R} (\Delta V)^2 \tag{5-154}$$

式中:b 为 ADC 转换位数;ΔV 为最小量化间隔。

考虑噪声后,ADC 最大输入功率为

$$P_s = \frac{[V_s - V_n]^2}{2R} = \frac{[2^{2(b-1)} \Delta V - V_n]^2}{2R} \tag{5-155}$$

式中:V_s 是 ADC 不饱和时最大的输入电压;V_n 为因噪声引起的电压降。在评价三阶互调产物时,需要加入两个信号。每个信号的电压必须是($V_s - V_n$)的 1/2。如果用功率的对数形式表示时,说明每个信号必须比 P_s 的功率小 6dB,即

$$P_{\text{inm}} + G = P_s - 6 \tag{5-156}$$

将式(5-154)~式(5-156)相结合,就可以得到所要求的增益 G,并可求得动态范围为

$$\text{DR} = P_{\text{inm}} + G - P_{\text{IM3}} \tag{5-157}$$

5.10　信号发射中的 D/A 转换技术

通信电子战系统中大量采用数字处理技术,DAC 成为干扰信号产生不可或缺的重要部件。DAC 的核心部分是一组电流开关及其位权电流的控制。它的输出信号实际上就是宽度为转换速率倒数的矩形脉冲串,即

$$s(t) = u(t) \otimes \sum_{m=-\infty}^{+\infty} d(m) \cdot \delta(t - m \cdot T_s) \tag{5-158}$$

式中:$\otimes$表示卷积;$d(m)$为瞬时幅度。我们知道矩形脉冲 $u(t)$ 的傅里叶变换为

$$U(f) = \frac{\sin\left(\frac{\pi f}{f_s}\right)}{\frac{\pi f}{f_s}} \tag{5-159}$$

式中:f_s为 DAC 的转换速率;f 为 DAC 重建信号的输出频率。我们画出 DAC 的频域和时域波形如图 5.75 所示。从图中可以看出,当信号频率为转换频率的 1/2

时，输出信号的幅度比低频时下降 3.92dB，在转换频率处的幅度为 0。其实，我们只要把 $f=0.5f_s$ 代入式(5-159)，就可以得到 $F(0.5f_s)=2/\pi$。取对数乘以 20 后就可以得到上述结果。在系统设计时，通常在 DAC 输出端，接一个具有反 $\frac{\sin x}{x}$ 特性的滤波器，以平滑和校正这一结果。

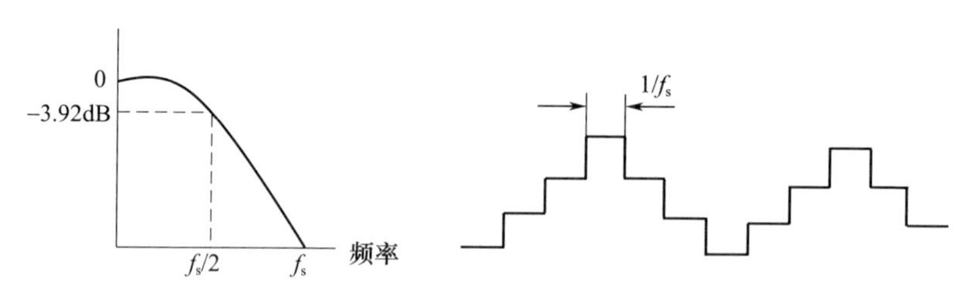

图 5.75　DAC 的频域和时域波形

DAC 的分辨率指标和 ADC 的灵敏度指标类似。如果 DAC 的最大输出电压(电流)范围为 A，转换位数为 n，那么，DAC 的分辨率为

$$\Delta A=\frac{A}{2^n} \tag{5-160}$$

DAC 的精度主要取决于转换位数的多少，但与外围电路有关。影响 DAC 精度的主要因数有零点误差、增益误差、非线性误差等。

尽管理论上 DAC 的量化噪声为 $q/\sqrt{12}$(q 为量化步进)，但 DAC 量化噪声的谱分量随着输出频率与时钟频率的比值的变化而变化，谐波幅度也主要取决于这个比值。如果 DAC 的输出频率正好设置在时钟频率的分谐波上，那么，量化噪声将在多个频率上出现。若把输出频率稍微进行一些偏移，量化噪声将变得更加随机，可以改善无杂散动态范围(SFDR)。例如，时钟频率与输出频率之比为 32 时，SFDR 为 78dBc，而此比值为 32.25196850394 时，SFDR 将增加至 92dBc。除了可通过仔细选择时钟频率与输出频率之比获得合适的 SFDR 外，另外一种方法是在 DAC 输入端的数据上加入一个随机噪声以随机化量化噪声，随机噪声的幅度控制在 1/2LSB 左右，虽然稍微增加了总的输出噪声功率，但可以提高 SFDR。

零点误差是指输入为全 0 码时，模拟输出值与理想输出之间的偏差。对于单极性信号，模拟输出的理想值为 0，对双极性信号，模拟输出的理想值为负域的满量程值。一定温度下的零点误差可以通过外部措施进行补偿。DAC 的输出与输入传递曲线的斜率称为转换增益，实际转换的增益与理想增益之间的偏差就称为增益误差。

D/A 转换时间是指从数字量输入开始，直到 DAC 输出建立在某个确定的误差范围内,所需要的这段时间。

转换速率又称刷新速率(Update Rate),通常定义为建立时间和传输迟延的倒数,如果没有足够的时间保证建立时间小于±1/2LSB,过快地刷新DAC,其输出就会引起误差。如图5.76所示,建立时间t_s是指从初值上下两边各留±1/2LSB误差开始计算,直到终值两边各留±1/2LSB误差范围为止的这段时间。相对于±1/2LSB误差的建立时间为t_s,DAC的最大转换速率为

$$f_{max}=\frac{1}{T_s}$$

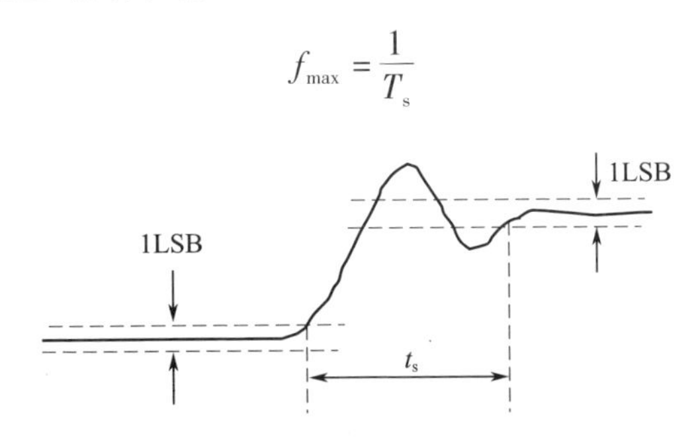

图5.76 相对于DAC输出来确定建立时间

毛刺脉冲(Glitch Implus)是输入码发生变化时刻产生的瞬时误差。其主要是由于各开关在状态切换过程中,“导通”和“截至”的延迟时间不同造成的。毛刺脉冲通常在D/A的半量程转换时最大,主要原因是D/A转换器的所有数据位在该点均进行转换。例如,输入码由011…1变换到100…0时,虽然只增加了1LSB,由于开关电路对“1”变至“0”比“0”变至“1“的响应速度要快,结果在转换的短暂过程中出现了00…0的状态,模拟输出猛降,造成一个很大的毛刺脉冲。当然,1/4、1/8等量程处也会出现毛刺,但幅度要小得多。另外,DAC模拟与数字区域间的杂散电容耦合也会引起毛刺脉冲。利用采样保持可以有效地抑制脉冲的产生。

另外,与ADC一样,在DAC中也有量化误差、信噪比等指标。当DAC的转换位数为n、输出电平为满量程时,其输出信噪比为

$$\text{SNR}=6.02n+1.76\quad(\text{dB})$$

例如,一个8bit的DAC,其最大输出信噪比为49.92dB。

如果DAC的输出幅度低于满量程值,那么,基波信号的电平降低,而量化噪声不变,显然,输出信噪比会降低,此时,可以表示为

$$\text{SNR}=6.02n+1.76+20\lg A\quad(\text{dB})\tag{5-161}$$

式中:A表示输出幅度为满量程幅度的百分比。例如,DAC的输出幅度为满量程幅

度的70%，那么，DAC的输出信噪比为46.82dB（降低了3.1dB）。

同样，如果提高转换速率，也可以提高信噪比。其原理也是与ADC一样的：由于转换速率提高，把量化噪声扩展到更宽的频段中，降低了在感兴趣带宽内的噪声功率。输出信噪比公式又可以修正为

$$\mathrm{SNR} = 6.02n + 1.76 + 20\lg A + 10\lg \mathrm{OSR} \quad (\mathrm{dB}) \tag{5-162}$$

式中：OSR为过采样率，$\mathrm{OSR} = f_s/(2B)$，B为Nyquist带宽。

5.11 功率放大与大功率滤波技术

5.11.1 功率放大技术

在干扰机中，功率放大器把直流能量转换为射频能量，将激励器产生的信号放大到足够高的功率电平，以确保通过天线辐射出去的信号进入敌人的接收机中，干扰敌方通信系统的工作。其重要特性是工作频率范围必须很宽，输出功率较大。从使用的功率器件的不同功率放大器可以分为固态功率放大器和电真空功率放大器，由于在通信干扰机系统工作的频段，固态功率器件具有较大的优势，因此，工程上常用固态功率放大器实现功率放大功能。

功率放大器的性能指标主要有以下几个关键参数：工作频率及带宽、增益及增益平坦度、输出功率、效率和驻波系数等，在设计中还经常考虑谐波、交调特性和热效应等。其中，输出功率是功率放大器的一个重要指标，当输入功率较低时，输出功率与输入功率呈线性关系，当输入功率超过一定量值的之后，晶体管的增益开始下降，最终输出功率达到饱和。

对于效率有几个常用的概念，一般功率放大器的效率定义为射频输出功率P_{out}与直流损耗P_{DC}的比值，即

$$\eta = P_{\mathrm{out}}/P_{\mathrm{DC}}$$

功率放大器在输出较大功率和工作在宽带的情况下，增益比较低，如小于10dB，计算功率放大器效率需要考虑输入功率P_{in}，这就引入了另一种功率放大器效率η_a的定义，即

$$\eta_a = (P_{\mathrm{out}} - P_{\mathrm{in}})/P_{\mathrm{DC}}$$

5.11.2 功放线性化技术

随着通信干扰技术的发展，干扰机的非线性效应越来越不可忽略。由于非线

性效应,干扰机发射的功率信号不再是对原干扰信号线性放大,会产生多余的频率分量,而这部分频率分量的功率将降低干扰发射机的效率,同时让干扰信号失真,降低干扰机的干扰效能,并严重影响系统的电磁兼容性,而干扰机的非线性特性主要由功率放大器决定。通常用功率放大器的线性特性曲线与三阶交调(IM3)曲线的延长线交点 IP3(三阶截断点)表示,一般 IP3 高于 1dB 压缩点 10dB,它们有如下关系,即

$$\mathrm{IM3} = 2 \times (\mathrm{IP3} - P_{\mathrm{out}}) \quad (\mathrm{dBc})$$

在无线电设备中,功放是消耗能量的主要设备。在功放设计中,提高功放的效率与提高功放的线性是相互制约的。功放的效率和线性可以根据信号的调制样式折中考虑。例如,采用 DQPSK 调制方式,波形的峰均比(峰值/均值功率比)比较高,对线性的要求就比较高,我们只好牺牲效率保证线性。例如,用 GMSK 调制方式时,其波形的包络几乎是恒定的,这就允许功放工作于饱和区,以提高效率。

对功放的线性度要求是与信号的峰均比密切相关的。峰均比的存在对发射机的线性提出了较高的要求。功放的线性度可通过 A 类、AB 类、B 类、C 类功率放大器改变晶体管的偏置实现线性放大。A 类功放是指在整个信号周期中晶体管都处于放大区,流通角为 360°。当输入信号很大时,为了提高放大器集电极的效率和输出功率,晶体管就要工作到截止区。B 类和 C 类功放就是如此。B 类功放中晶体管的集电极只在半个周期中导通,流通角为 180°。C 类功放中晶体管的集电极的导通时间少于半个周期,流通角小于 180°。AB 类功放中的集电极导通时间介于 A 类和 B 类之间,晶体管的流通角稍大于 180°。

A、B、C 类放大器的理论最大增益效率分别为 50%、78.5%、100%,实际最大增益效率分别可以达到 25%、60%、75%。A 类放大器经常用功率回退(Power Back - off)法实现线性。这相当于用一个额定功率比所需功率大得多的晶体管,在较大幅度范围内获取较高的线性。A 类放大器在无输入信号时仍要耗费很大的功率,所以效率较低,回退时,效率为 10% ~40%。

为了改善功放的线性特性,除了单管设计时采取措施外,还需要使用线性化技术。除了传统的功率回退技术外,近年来,人们提出了许多提高功放线性的技术,如笛卡儿反馈(Cartesian Feedback)技术、前馈对消(Feedforward Cancellation)技术、预失真(Predistortion)技术、包络消除与恢复(Envelope Elimination and Restoration)技术。

笛卡儿反馈线性化的基本思想是将功放输出的非线性失真信号负反馈到输入端,与原信号一起作为输入信号,以减少功放的非线性,其发射结构如图 5.77 所示。其反馈采样是在 RF 实信号上进行的,而后以 I、Q 正交分量形式在基带中完成反馈比较。

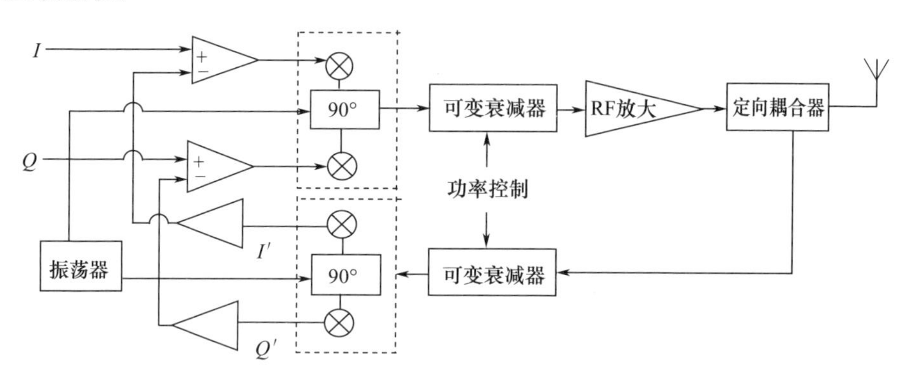

图 5.77　笛卡儿环线性发射

我们可以用这种技术提高 C 类放大器的线性，从而使功放既具有线性，又不致使功放的效率太低。线性化电路本身所消耗的功率是微不足道的，可以忽略不计。笛卡儿反馈线性化技术具有结构简单、互调干扰抑制效果好的特点，但该技术存在环路的相移小于 180°，在环路稳定条件下带宽有限的问题。利用笛卡儿环线性化技术，可以把互调产物抑制 70dB。

值得注意的是，笛卡儿环反馈是一项窄带线性化技术。笛卡儿环线性化技术已经在许多实际的窄带系统中得到了应用，在宽带系统中更多地应用前馈线性化技术。

前馈技术的主要思想是从功放输出信号中分离出失真分量，然后用这个信号的反相信号去抵消功放输出信号中的分量，达到改善功放线性度的目的。其组成结构如图 5.78 所示。

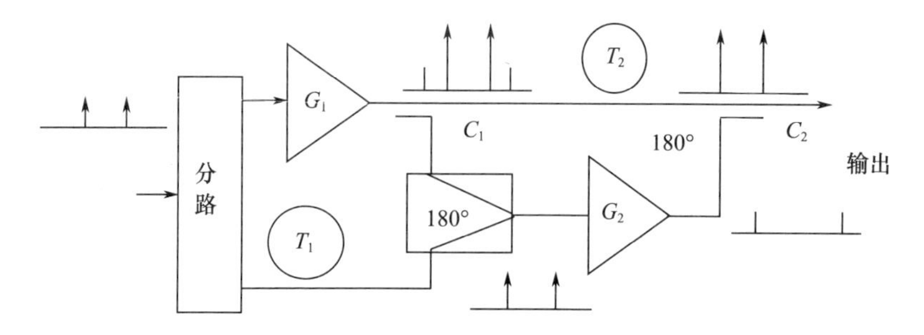

图 5.78　前馈放大器原理

输入信号被分成两个通道，两个通道的性能完全相同，但信号的大小不同。上支路的放大器为 G_1，信号经过放大后会产生失真信号。定向耦合器从放大后的信号中取出样本信号，并把它送到减法器。在减法器中，一个时间上与样本信号相匹

配的原始信号和样本信号相减。相减所得的信号就是误差信号,其中主要是由放大器所产生的失真分量。理想情况下,误差信号中不含有原始信号。图 5.78 同时标注了整个过程的频谱变化情况。

误差信号经误差放大器 G_2 放大到所需电平后,送到输出耦合器。通过耦合器 C_1 的主信号要加以延时,延时长度和信号通过放大器 G_2 所需要的时间一样长,加 π 弧度,使得它与误差信号反相,然后送到输出耦合器。这样,误差信号就可以消除主信号中的杂波了。这种技术的特点归纳如下。

(1) 提高杂波指标的难度不大。

(2) 工作带宽可以很宽。

(3) 可以补偿主放大器的增益和相位的非线性。

(4) 可以获得较低的噪声系数。

前馈放大器的噪声系数与校正过程关系不大,主要是由系统的各个单元所决定的。因为失真信号和噪声是一样对待的,它们都被补偿网络所压缩了。为了得到一个低噪声放大器,要优化前馈结构,减少从射频输入到误差放大器整个通路的损耗。通过前馈技术可以抑制谐波 20dB,效率提高 10% 。

预失真技术是另一种适用于宽带系统的线性化技术,如图 5.79 所示。其主要思想是在功放模块之前加一个与功放非线性特性相反的互补网络(预失真网络),使得两者相串联后,使功放输出呈现线性。信号的预失真可以在基带部分或射频部分实现,可以用模拟或数字电路实现。在基带实现时往往用数字方式实现。射频预失真非线性改善效果明显,性能稳定,但在射频域内处理难度较大。基带数字预失真降低了实现难度,适应性较强。

包络消除与恢复法中最常用的是功率合成法中的 LINC(使用非线性分量的线性放大)技术。LINC 技术的理论基础是具有幅度和相位调制的任意调制波形都可以分解成两个恒幅信号。把输入信号分成两个恒包络信号,每个信号分别用一个效率较高、功率较小的功放进行放大,在输出端将两个放大后的信号重新合成一个信号。它要求两个功放的工作状态保持一致,否则就会失真。

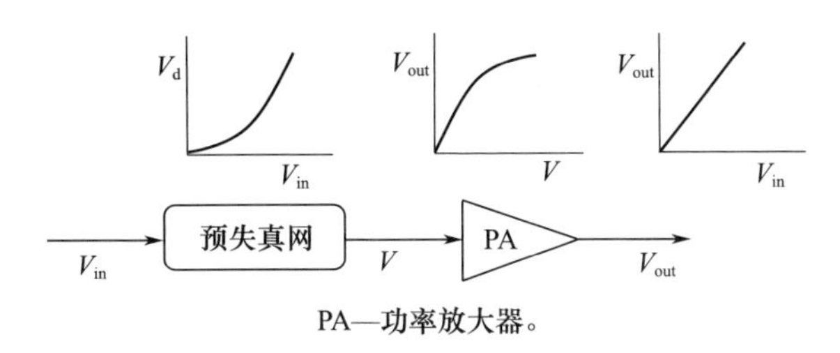

图 5.79　预失真线性化示意图

假设分解后的两个信号分别为

$$s_1(t)=A_m\cos[\omega_c t+\theta(t)+\alpha(t)]$$

$$s_2(t)=A_m\cos[\omega_c t+\theta(t)-\alpha(t)]$$

于是,合成信号为

$$\begin{aligned}s(t)=s_1(t)+s_2(t)&=A_m\cos[\omega_c\theta(t)+\alpha(t)]+A_m\cos[\omega_c t+\theta(t)-\alpha(t)]\\&=2A_m\cos[\omega_c t+\theta(t)]\cos[\alpha(t)]\end{aligned}$$

所以,有

$$s(t)=A(t)\cos[\omega_c t+\theta(t)]$$

显然,有

$$\alpha(t)=\arccos\left[\frac{A(t)}{2A_m}\right]$$

这就证明了任意一个信号都可以分解成两幅度相等的恒幅信号。其实现如图5.80所示。

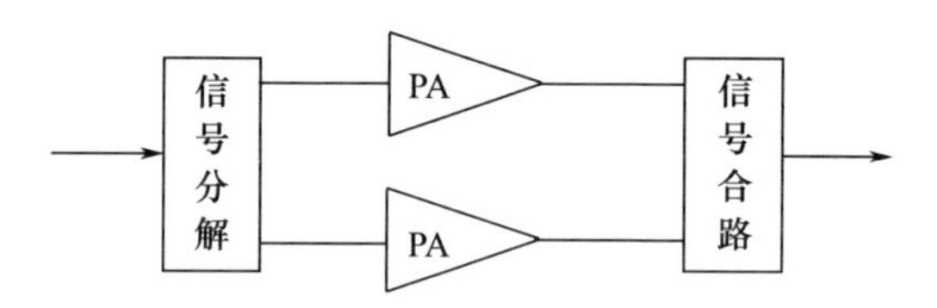

图5.80　LINC线性化技术

包络消除与恢复技术通过包络检测和限幅器把输入的中频信号分解成极性信号,即幅度和相位。然后对恒包络信号进行混频和放大,把信号混频至射频、放大至饱和状态。用检测得到的包络信号调制功率放大器的电源电压,恢复信号的原包络。其组成框图如图5.81所示。

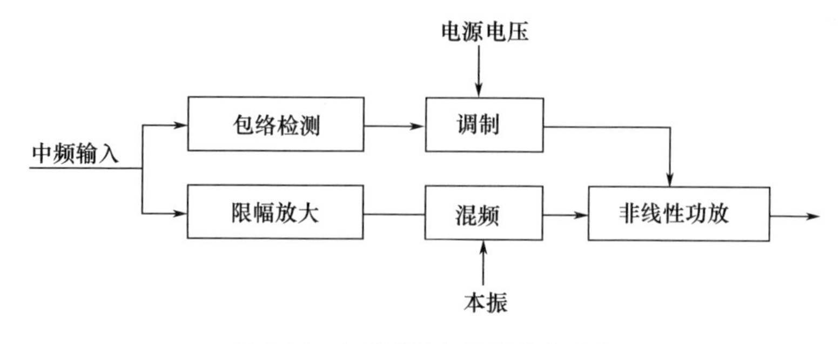

图5.81　包络消除与恢复技术示意

以上介绍了 4 种线性化技术，这些技术各有优缺点。前馈技术性能较好、带宽较宽，但成本比较高。要获得较好的抵消效果，两个支路的幅度、相位、时延必须完全匹配。为消除由于温度变化、器件老化等原因引起的误差，有必要考虑自适应抵消技术。笛卡儿反馈技术电路简单，但工作带宽较窄。射频预失真技术效率高、成本低，但需要使用射频非线性器件，调整复杂、高阶失真频谱分量难以抵消。基带预失真适应性相对较强。LINC 技术对于器件的漂移敏感，信号分解困难。

在实际使用中，可以单独或组合使用这些技术。例如，预失真技术与前馈对消技术相结合，预失真技术在宽频带内提供一般的对消，前馈技术在较窄的带宽上进一步对消。

5.11.3　固态功率合成技术

通信干扰机一般要求输出大功率，由于固态功率器件输出功率的能力有限，不能满足对发射机输出功率的要求，因而就不得不用若干只功率晶体管组合以获得较大功率的功率合成技术。功率合成的方法一般有两种类型：一种是利用定向天线设备，使电磁波信号在空间叠加；另一种是利用电路使信号功率合成相加，再送到天线上去。这里功率合成指电路形式的功率合成。

由于技术上的限制和考虑，单个高频晶体管的输出功率只限于几十瓦到一百多瓦。要输出更大的功率时，常常采用功率合成器。所谓功率合成器，是采用多个高频晶体管，使它们产生的高频功率在一个公共负载上相叠加，即总输出功率 $P_{tot} = NP$，如图 5.82 所示，图中给出了 4 管合成原理。

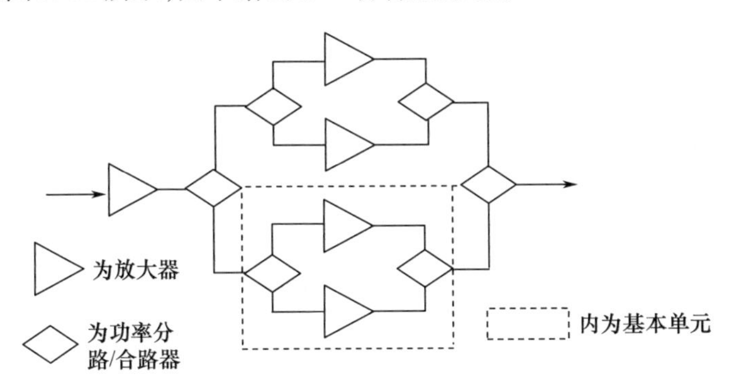

图 5.82　功率合成器的组成

图 5.82 的三角形表示放大器，菱形表示分路（合路）器。根据同样的原理，晶体管的个数可以扩展到 8 个、16 个甚至更多。从图 5.82 可以看出，在放大器之前是一个功率分配过程，在放大器之后是一个功率合并过程。功率分配和合并电路

通常用传输线变压器构成的耦合器实现，以保证所需的宽带特性。传输线变压器是用传输线（主要是双导线）在高频磁芯上绕制而成的。导线的粗细、磁芯的直径大小都根据所需的功率和电感的大小决定。功率合成器就是由图 5.82 虚框内的基本单元组成的。为了结构简单、性能可靠，晶体管放大器都不带调谐元件，通常采用宽带工作方式。

图 5.83 是一个输出功率为 150W 的功率合成原理方框图，输入功率为 1W，经推动级 1 放大后输出 10W，再经二路分配网络送入推动级 2，放大后输出功率 30W，再分别经二路分配网络分成两路，末级功放模块放大后输出 40W，4 个末级模块输出经四路合成网络后输出 150W。

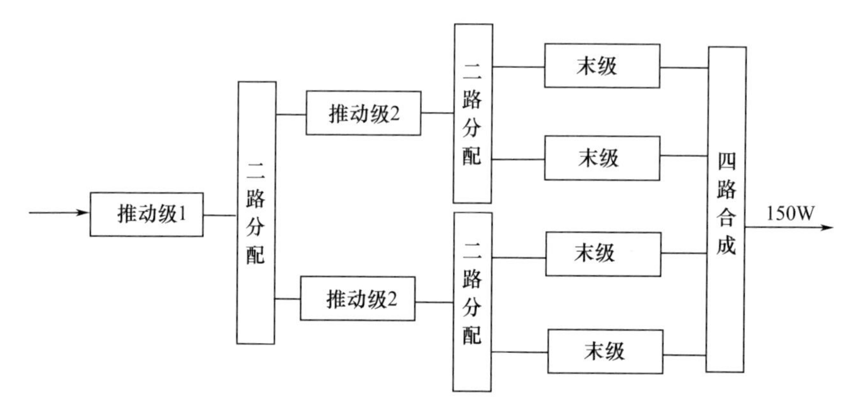

图 5.83　功率合成原理方框图

对功率合成器有如下要求。

（1）如果每个放大器的输出幅度相等，供给匹配负载的额定功率均为 P，那么，N 个放大器在负载上的总功率应为 NP。

（2）合成器的输入端应彼此相互隔离，其中任何一个功率放大器损坏或出现故障时，对其他放大器的工作状态不发生影响。

（3）当一个或数个放大器损坏时，要求负载上的功率下降要尽可能小。如当 m 个放大器损坏时，输出功率只减少 mP，而实际减少功率超过 mP。

从功率合成器输入端相位的不同，功率合成分为同相、反相、正交合成 3 种方式。从广义来看，并联和推挽电路也是一种功率合成电路，在公共负载上的合成功率为单管输出功率之和。并联电路各管输入电压幅度相同，相位相同（即相移为 0°），输出电压幅度、相位也相同，所以可看成是同相功率合成。同相合成的优点在于简单、易于实现和低插损，缺点是隔离差。互推挽电路的上、下管输入电压幅度相等，相位相反（相差 180°），输出电压也是大小相等，相差 180°，因此可视为反相功率合成。但是这种电路各输入端之间是相关的，当其中一管损坏时，另一管的工作状态即发生变化,很容易导致其他管的损坏,以致没有输出。反相合成的优点在于能消除偶次谐波,适用于多个倍频程,在互推挽工作中,两管间虚地,可以简化设计;缺点是放大器之间隔离比较差。

正交功率合成是指输入端电压幅度相同,而相位相差90°的合成方式,如图5.84所示。采用这种合成方式设计的放大器称为平衡放大器。两个相同的功放通过正交电桥输入等幅而相位相差90°的信号,输出通过相同的正交电桥完成功率合成。这种合成方式的主要优点是:当放大器不匹配,反射的射频信号在输入端(输出端)等幅反相,因此相互抵消掉,反射功率将消耗在隔离端口的负载上,其作用相当于加了一个铁氧体隔离器。它的另一优点是:奇次谐波和互调可以在输出端口得到削弱。这种合成方式由于其优点使得设计一个到几个倍频程的微波功放更加容易,因而,在电子对抗系统中得到了大量的应用。

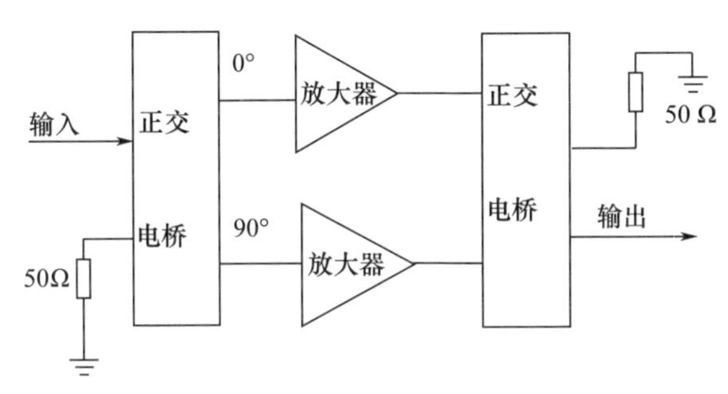

图5.84　正交合成原理图

5.11.4　大功率收/发开关

通信干扰系统实现干扰效果监视最常用的方法是暂时停止干扰的"间断观察法",即在干扰过程中,暂时停止干扰,转为侦收,观察目标信号是否还存在。若存在,则又转为发射,继续干扰;否则,将执行新的任务。又或者在跳频引导干扰时,需要对频率跳变的通信信号进行跟踪,进而将干扰发射机引导在目标频率上进行发射干扰,然后干扰下一个跳变频率;这样从一个频率跳变到另一个频率的过程中,就需要干扰机在发射和接收状态来回快速切换。收发开关就是干扰机中用于实现发射和接收状态快速切换的重要部件。干扰时,收发开关将天线和发射机连通,接收时,则把天线和接收机连通。

很显然,由于发射机的大功率信号是通过收发开关从天线发射出去的,这就要求收发开关要具有较大的功率容量,同时要求发射时,发射支路到接收支路要有足够高的隔离度,以免耦合到接收支路上的功率信号对接收性能产生影响甚或烧毁接收机;接收时,也要求发射和接收两个支路间具有足够高的隔离度,以免除发射机的本底噪声影响接收灵敏度。另外,随着通信技术的迅速发展,跳频通信、扩频通信等新技术已经被广泛地应用于现代军事通信中,它们具有频谱宽、频率捷变、保密等特点,具有很强的抗干扰能力,给现代通信对抗系统提出了新的要求,即要求干扰系统应有很快的信号分析、测向定位、引导干扰能力。传统的机械结构的收发开关已不适用,用大功率 PIN 二极管制作的收发开关是一种适用于现代通信对抗系统使用的重要部件,它具有低插损、高隔离、大功率和快速反应等特点。

5.11.5 大功率滤波器

在放大器与天线间接入滤波器的目的有两个:①滤除功率放大器输出信号中的谐波分量以减小不需要的发射;②尽可能地实现放大器阻抗与天线阻抗的共轭匹配。通信对抗用的功率放大器其带宽往往是非常宽的,输出信号中有明显的谐波成分。为了减少对己方通信的干扰和尽可能大地发射所需要的频率,需要在电路中加滤波器。为了滤除二次和更高次谐波,滤波器的带宽应窄于倍频程。从技术和工程实际上考虑,这些滤波器通常为亚倍频程,即带宽小于倍频程的1/2。例如,考虑 100 ~ 200MHz 频段,带宽为一个倍频程,滤波器的通频带通常为 100 ~ 150MHz,带宽再宽一些的应用也是有的,但制作难度较高。

另外,通信对抗用的大功率滤波器还必须是可调谐的,这通常是通过开关进行选择合适的亚倍频程滤波器实现的。因此,工程中往往把包括波段开关在内的亚倍频程滤波器组件单元称为开关滤波器。例如,用于配接 100 ~ 500MHz 功率放大器和天线的开关滤波器单元,通常由 100 ~ 150MHz、150 ~ 225MHz、225 ~ 330MHz、330 ~ 500MHz 这 4 个波段滤波器、2 个 SP4T 开关等部件构成,有些应用还要求单元中包括收发开关。对于对响应速度有较高要求的现代通信干扰机系统来说,要求波段开关要具有很快的转换速度,如小于 100μs。这就需要用大功率 PIN 管来制作单刀多掷开关用做波段切换,具有一定的工程难度。

出于匹配的考虑,滤波器应实现对天线负载与放大器的共轭匹配,这样才可确保放大器输出最大的功率和实现天线最大的功率辐射。对于宽带系统,完全实现匹配是很困难的,通常将驻波比的设计目标定在低于2∶1,该目标通常较容易实现。

模拟滤波器设计技术理论非常成熟,在满足一定滤波器特性的要求下,大功率应用主要考虑滤波器的结构简单、节点散热良好(电感线圈、电容器的散热)、可靠性要高等。对无特殊指标要求的大功率谐波滤波器,一般采用切比雪夫低通滤波器电路,以求得结构简单,同时获得一定的谐波滤波特性。

对射频电感线圈,一般用漆包线、光铜线、镀银线、铜管等绕制。由于趋肤效应,电流分布在导线表面趋肤深度以内,较之直流信号,增大了传导电阻,Q 值下降;一般来说,工作频率越高、通过功率越大,需要用来绕制线圈的导线线径越粗,

有时可以用多股线绞绕而增加表面积以提高 Q 值，也有用并联电感器的办法，降低等效串联电阻以提高 Q 值；用铜管绕制线圈，则可以减轻电感器的重量（并不影响 Q 值），以提高滤波器的抗震性能。

5.12　空间功率合成

随着低截获概率军事通信体制的广泛使用，为了抵消其处理增益，通信电子战一方不断地加大干扰功率，以对其实施噪声压制干扰。为了实现对工作于 1GHz 频率的某个信号的完全压制，假设所需的干扰功率将为 4MW，那么，采用普通的单元功放加高增益天线的技术体制是很难满足要求的。即使功率放大器输出功率可以做到 5kW，那么，所需的天线增益也要达到 29dB。如果采用抛物面天线来实现，由于天线口径面积 A 与天线增益的关系为

$$G=\frac{4\pi A}{\lambda^2}\cdot\eta=\frac{(\pi D)^2}{\lambda^2}\cdot\eta \tag{5-163}$$

式中：λ 为波长；η 为天线效率；D 为天线口径，可定义为

$$D=\frac{\lambda}{\pi}\sqrt{\frac{G}{\eta}}=4\mathrm{m}$$

所以，$\eta=0.45$ 时，增益为 29dB 的天线直径约为 4m。

这里顺便给出以对数形式表示时，抛物面天线的增益、频率、直径和效率的关系式，即

$$G_{\mathrm{dB}}=-42.2+20\lg D+20\lg f+10\lg(\eta/0.55)$$

式中：D 是抛物面天线的直径，单位为 m；f 是工作频率，单位为 MHz；η 为天线效率。

抛物面天线的波束宽度可由下式近似计算，即

$$\theta^\circ\approx 70\,\frac{\lambda}{D} \tag{5-164}$$

4m 直径的天线其波束宽度约 5°。所以，用高增益天线来实现超大功率干扰存在两大问题：一是天线口径太大，不利于战术机动；二是干扰波束宽度太窄，瞬时作用区域小，需要进行目标方位引导，战术运用难度大。为了解决用高增益天线和大功放实现超大功率干扰所带来的问题，提出了采用空间功率合成的技术体制。

所谓的空间功率合成，实际上就是相控阵的一种简化形式，其核心思想是用多个功放配上多副单元天线，通过控制每一辐射单元发射信号的相位，使其在远场进

行场强同相叠加。空间功率合成的等效辐射功率(ERP)可以由下式进行近似计算,即

$$\mathrm{ERP} = P_0 \cdot G_0 \cdot N^2 \cdot \eta \tag{5-165}$$

式中:P_0为单元功放的输出功率;G_0为单元天线增益;η为合成效率;N为天线单元个数。

如果取 $P_0 = 500\mathrm{W}$, $G_0 = 10\mathrm{dB}$, $\eta = 0.8$, $N = 32$(4×8 天线阵),则 ERP = 4.1MW。显然,500W 的功放比起 5kW 来要容易实现得多,而且 4×8 天线阵的水平波束宽度可以达到 20°,其瞬时覆盖范围增大了许多,易于战术使用。如果采用 3×11 天线阵,其水平波束宽度更宽,可以达到 30°,对应的 ERP 为 4.3MW。

为了便于应用,式(5-165)也可以写为

$$\mathrm{ERP} = P_0 \cdot N \cdot G_{\mathrm{total}} \tag{5-166}$$

式中:$G_{\mathrm{total}} = G_0 \cdot N \cdot \eta$ 为阵增益。

下面对天线阵列的波束作进一步的分析,如图 5.85 所示。

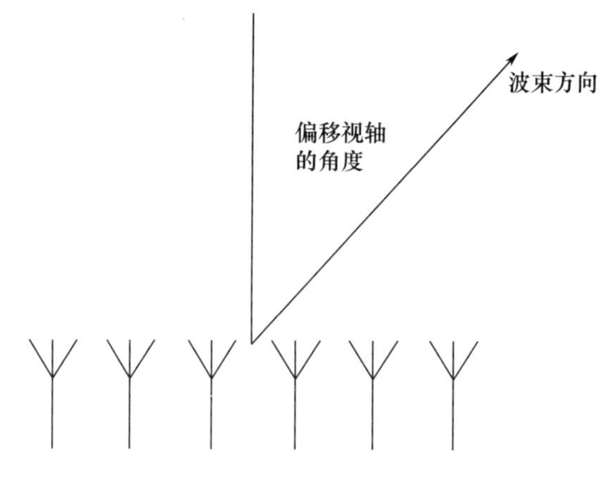

图 5.85 阵列天线示意图

N 个单元天线排成一条直线,各单元都相同,因此,阵列的合成方向图是单元方向图与阵因子方向图的乘积。归一化的线阵阵因子方向图为

$$F(\theta) = \frac{\sin\left(\dfrac{N\pi d\sin\theta}{\lambda}\right)}{N \cdot \sin\left(\dfrac{\pi d\sin\theta}{\lambda}\right)}$$

式中:天线单元间距为 d;天线单元个数为 N。

对于阵列天线,方向图主要取决于阵列因子方向图,它的半功率波瓣宽度可以由下式求出,即

$$F(\theta_{0.5})=\frac{\sin\left(\dfrac{N\pi d\sin\theta_{0.5}}{\lambda}\right)}{N\cdot\sin\left(\dfrac{\pi d\sin\theta_{0.5}}{\lambda}\right)}=0.707$$

于是,阵列的半功率波束宽度为

$$\mathrm{HP}=2\times\theta_{0.5}=2\times\arcsin\left(0.433\frac{\lambda}{N\cdot d}\right)\approx0.866\frac{\lambda}{N\cdot d}$$

如果单位为(°),则

$$\mathrm{HP}=2\times\theta_{0.5}=51\frac{\lambda}{N\cdot d}$$

当波束方向偏离阵列法线方向(视轴方向)θ时,阵列的有效尺寸将减少 $N\cdot d\cos\theta$,所以,阵列的半功率波束宽度为

$$\mathrm{HP}=51\frac{\lambda}{N\cdot d\cos\theta}$$

式中:N 为天线单元数量;d 为单元天线间距。

相控阵天线的增益由下式计算,即

$$G=10\lg N+G_e$$

式中:G 为最大增益,单位为 dB;N 为天线阵的阵元数;G_e为单元天线的增益。一个 10 阵元的天线阵,如果单元天线的增益为 6dB,则天线阵的最大增益为 16dB。

一般地,线阵的方向系数为

$$D=2\frac{N\cdot d\cos\theta}{\lambda}$$

随着扫描角 θ 的变化,波束增益至少变为主波束增益的 $\cos\theta$ 倍。随机幅度和相位误差会导致旁瓣电平和波束指向误差的增加以及方向性系数的降低。

可以说,空间功率合成技术为实现超大功率干扰提供了行之有效的解决途径,其实现原理如图 5.86 所示。

空间功率合成由于采用了多个功率放大器和多副单元天线,使设备体积、成本大大提高,尤其是在频率低端,如短波和超短波频段(100MHz 以下),要想采用空间功率合成来产生超大功率,其实现难度是很大的。主要原因是基于目前的技术水平,频率低端的单元天线还做不小,这样单元数 N 就做不大,等效辐射功率就大受限制。另外,在频率高端,虽然采用空间功率合成能够产生几十、数百甚至兆瓦量级的超大功率干扰信号,但同时将面临反辐射武器的严重威胁。基于空间功率合成体制的超大功率干扰装备,在体积、重量、机动能力、躲避反辐射武器打击等方

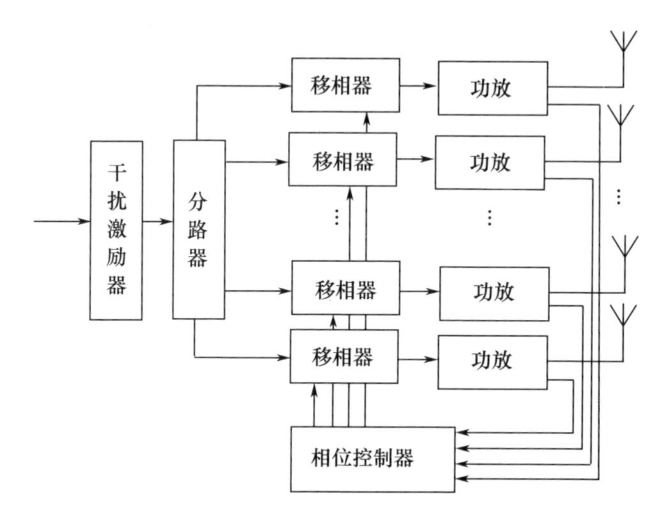

图 5.86　空间功率合成示意图

面存在挑战,需要仔细考虑和设计。最后,通信电子战装备的另一特点是要求单项装备的频率覆盖宽,少则几个倍频程,多则达数十倍频程。要实现这种宽带空间功率合成,其天线阵的设计是有相当难度的,有时甚至是不可能的(目前情况下实现4个倍频程已是难度很大)。由此可见,空间功率合成虽然在一定条件下能够有效解决远距离超大功率压制干扰的问题,但也不能解决通信电子战所面临的全部问题(如低频、宽带、反辐射等),所以通信电子战必须寻求新的对抗体制、对抗方式,乃至全新的对抗理论。

参考文献

[1] 杨小牛,楼才义,徐建良. 软件无线电技术与应用[M]. 北京:北京理工大学出版社,2010.
[2] JAMIN O. Broadband direct RF digitization receivers[M]. New York:Springer,2014.
[3] TSUI T. 宽带数字接收机[M]. 杨小牛,陆安南,金飙,译. 北京:电子工业出版社,2002.
[4] WICK C B. 射频电路设计[M].2 版. 李平辉,译. 北京:电子工业出版社,2015.
[5] POZAR D M. 微波工程[M].3 版. 张肇仪,周乐柱,吴德明,等译. 北京:电子工业出版社,2015.
[6] POISEL R A. 电子战接收机与接收系统[M]. 楼才义,等译. 北京:电子工业出版社,2016.
[7] ROHDE U L,WHITAKER J C. ZAHND H. Communications receivers principles and design [M]. 4th ed. McGraw – Hill Education,2017.
[8] KESTER W. 高速设计技术[M]. ADI 大学计划,译. 北京:电子工业出版社,2010.

第 6 章

通信侦察技术

通信电子战的通信侦察处理包括截获敌方的通信信号,估计出其工作频率、调制类型、调制参数、编码类型、报文结构甚至恢复出其内涵信息等内容;通过处理获取敌方通信信号特征、内涵,并通过分析掌握敌方作战情报,了解敌方作战意图。本章将就参数估计、调制样式识别等内容进行介绍,编码分析在第 7 章中专门介绍。

6.1 信号截获

对通信信号的截获包括对信号的搜索、检测两部分。对于常规信号而言:由于信噪比往往是正的,通过电平(幅度)是否超过设定的门限,就可以比较容易地发现信号的存在与否;而对于直接序列扩频(直扩)信号通常是负信噪比的,需要通过一定的处理,提高其信噪比才能确定信号是否存在。搜索就是在设定的频域、空域进行扫描。搜索一般分为常规搜索、指定搜索、序贯寻优搜索 3 种类型。

(1) 常规搜索。假定对感兴趣的信号没有先验知识,对于空域、频域没有限制,没有优先级高低之分。常规搜索得到的结果相当于电磁环境“态势图”,为后续更为复杂、精确的搜索,或者对发现的重要敌方目标直接采取行动做准备。

(2) 指定搜索。该搜索利用了一些环境的信息。对电磁环境中的信号进行检测时,通信电子战系统将其信号的频率、方位、调制参数等作为搜索条件。感兴趣的信号被赋予较高的优先级,对不感兴趣的频段和方位可以跳过,以节约时间。对高度感兴趣的信号可以多加监视,而对低优先级的信号,可以少加关注。

(3) 序贯寻优搜索。对所有发现信号进行部分参数的测量,以通过优先级确定是否值得多花时间去获取辐射源更多的参数。通常,将可以快速测量出来的参数作为首要分选参数。

最常用的做法是首先对重点频段进行搜索,驻留一段时间,确定所有信号的能量,根据所需信道分辨率的不同,所需要驻留时间的长短也有所不同。确定信号能量后,接下来再花时间确定其他参数。

搜索到信号后要做的是确定信号的调制样式或对辐射源定位。调制样式可以通过对信号的频谱分析得到,利用 FFT 可以快速实现频谱分析。当通信电子战系统具有辐射源定位功能时,对辐射源的粗略定位(即判断辐射源位于敌方或友方区域内)可以在极短的时间内完成。要实现精确定位通常需要花较长的时间,形成一定长度的基线才能实现。

影响搜索速度的因素随采用的接收机体制不同而不同,通常有信道响应、本振切换时间、采集时间、处理速度等。理论上接收机可以按如下速率搜索:接收机的信道响应时间等于接收机带宽的倒数(例如 1MHz 带宽对应 1μs)。但是采集处理系统软件需要大概 100 ~ 200μs 确定信号是否存在,这个时间大大超过了带宽的倒数。

为了确定存在的信号是否为感兴趣信号,要对每个信号进行处理(如调制识别或辐射源定位),这会占用较长的时间,对每个信号进行这一层次的处理所花费的时间可能会达到数毫秒甚至几秒。

6.1.1 定频信号检测

现代战场电磁环境越来越复杂,信号密集程度越来越高,在这样一种复杂多变的信号环境下,如何快速地搜索、及时地截获所需的通信信号,是完成通信侦察任务的第一步。如前所述,通信侦察的频段一般都很宽,而通信信号的持续时间又不会太长,特别是用于战场指挥控制的数字通信信号更是短促,在不到 1s 的时间内即可完成指挥控制指令的传送。作为被动接收的通信侦察而言,要在很宽的频段上,在极短的时间内,完成对未知信号的全概率搜索截获并不是一件轻而易举的事。例如,对工作在 225 ~ 400MHz 超短波频段的 Link11 数据链通信信号,它的帧长仅为 13.33ms 或 22ms,如果要确保 100% 的截获概率,则对搜索速度的要求为

$$V_{\text{scan}} = \frac{400-225}{13.33\times10^{-3}} = 13.128\text{GHz/s}$$

如果信道带宽按 25kHz 计算,则等效于每秒需要搜索 525132 个信道。如此高的搜索速度采用普通单信道步进式搜索体制显然是无法达到要求的。这是因为 25kHz 带宽的信道响应时间至少需要 40μs,则搜索完 525132 个信道仅考虑信道响应时间就需要超过 21s,所以无法采用单信道步进搜索体制。

提高搜索速度的可行方法是采用并行搜索体制,即同时多个信道并行搜索。如果并行搜索的信道数为 M,则搜索速度就可以提高 M 倍。设总的搜索信道数为 N,搜索这 N 个信道所允许的时间为 T,包含信道响应时间在内的信道处理时间为

T_p，则并行搜索信道数 M 应满足

$$M \geqslant \frac{N}{T} T_p$$

对于上述例子，把 $N = (400 - 225)/0.025 = 7000$，$T = 13.33\text{ms}$，$T_p = 200\mu\text{s}$ 代入可得 $M \geqslant 105$。即采用 105 个以上的信道进行并行搜索，就可以实现对 Link 11 数据链通信信号的全概率截获。当然，如果信号持续时间 T 进一步减小，则并行信道数会大大增加。

实现并行搜索的接收机体制有很多种，其中包括基于模拟滤波器组的信道化接收机、基于线性调频扫描原理的压缩接收机、基于声光调制原理的声光接收机，以及目前被广泛应用的基于 FFT 的宽带数字化接收机。信道化接收机、数字化搜索接收机，在第 5 章中已经述及，这里不再赘述。

压缩接收机也称微扫接收机，是一种比较经典的宽带搜索接收机，最早也主要用于雷达对抗领域。压缩接收机通过 chirp 变换把接收机输入端位于不同频率上的射频信号一一变换为窄脉冲输出，这些窄脉冲在输出端出现的不同时刻与其频率相对应。这样在压缩接收机输出端检测出脉冲的出现时刻就可以测出信号频率，从而实现信号截获的功能。压缩接收机是一种宽带接收机，用于通信侦察的压缩接收机输入带宽（瞬时处理带宽）可达 20MHz，甚至可以做到 60MHz，而搜索扫描这一带宽的时间也只需 200μs 左右（取决于信号分辨率要求），也就是说，压缩接收机的搜索速度可以达到 100GHz/s，甚至达到 300GHz/s，其搜索速度之快是其他接收机所无法比拟的。压缩接收机的最大特点就是搜索速度快，另外，其结构也比较简单；但它的最大缺点是动态范围受限，由于受声表面波延迟线制作工艺水平的限制，目前，压缩接收机的动态范围只能做到 35dB 左右。这样的动态范围指标用在通信电子战领域还是相当不够的，离 60dB 的起码要求还相差甚远。所以，压缩接收机在跳频通信对抗开始初期虽然发挥过重要作用，但随着宽带数字接收机的研制成功，压缩接收机已被逐渐淘汰，而被目前广泛使用的数字接收机所取代。

声光接收机也称布喇格小室（Bragg Cell）接收机，它的基本工作原理叙述如下。声光接收机中有一个称为 Bragg Cell 的核心部件——声光调制器。声光调制器受一激光束的照射激励，并产生折射。折射光的偏转角度与输入到声光调制器的射频信号的频率成正比，这样只要用光电检测器测出折射光的偏转角，或者说，测出折射光在光电检测阵列上对应的位置，就能测量出入射信号的频率。所以声光接收机实际上就是一台空间傅里叶变换仪，它把输入端的信号频谱映射为空间光学点阵。声光接收机跟压缩接收机一样具有瞬时处理带宽宽、搜索速度快的特点，但它的动态范围小，环境适应性差，在通信电子战领域尚未获得应用。

6.1.2 直接序列扩频信号检测

在第2章中我们已经述及,直接序列扩频(直扩)通信通过展宽信号带宽降低信噪比,信号往往低于噪声基底,很难用常规的搜索接收机直接检测出来,需要经过一定的处理才能检测出其是否存在。

直扩信号如采用BPSK调制,则对其(式(2-67))进行平方,可以得到

$$s^2(t)=[d(t)c(t)\cos(\omega_c t)]^2=\frac{1}{2}-\frac{1}{2}\cos(2\omega_c t)$$

这样,数字调制的影响就可以消除,而且信号平方后在载波的2倍频处会出现一个相当大的信号分量。一方面,这种特性可以用来检测是否存在BPSK信号,当然,必须已知或估计出原始载波频率,至少在检测的带内只存在扩频信号;另一方面,平方谱可用于确定能量峰值。这些峰值的出现表明,在该频率的1/2处可能存在一个直接序列扩频信号。

当直扩信号采用较高进制PSK信号时,如QPSK,可以对直扩信号进行4次方处理,从而在4倍频处观察到载波分量。由于直接序列扩频信号通常情况下信号都是低于噪声电平的,因此,信噪比(snr)<1。在这种情况下,增大$s^n(t)$的幂指数就会大大降低信噪比,这是因为

$$\begin{aligned}(\text{snr})_{\text{dB}}^n&=10\lg(\text{snr})^n\\&=10n\lg(\text{snr})\end{aligned}$$

从上式可以看出,由于$\lg(\text{snr})<0$,因此,n值越大,经过n次方后,信噪恶化越厉害,输出信噪比就越小。

此外,我们还可以利用信号的周期平稳特性(即循环谱)检测直扩信号的存在与否。用于直接序列扩频的许多数字调制都具有周期性变化的统计特性。这些过程的平均值、方差等都会周期性重复。人们可以利用这些特性确定信号是否存在(检测)以及确定信号的类型(分类)。

6.1.3 对跳频信号的截获

跳频通信信号往往是正信噪比的,尽管其跳频带宽较宽,而在某一时刻其只有一个信道发射功率,可以把所有功率集中到一个信道上。

跳频信号的检测经常用短时傅里叶变换(STFT)的方法检测,或称滑动FFT。如图6.1所示,其把信号划分成一系列小的时间间隔,用傅里叶变换分析每一个时间间隔内的信号,以便确定相应时间间隔内的频率。

若用N表示矩形窗长度,M表示窗滑动的点数,k表示频率分量或是信道序列

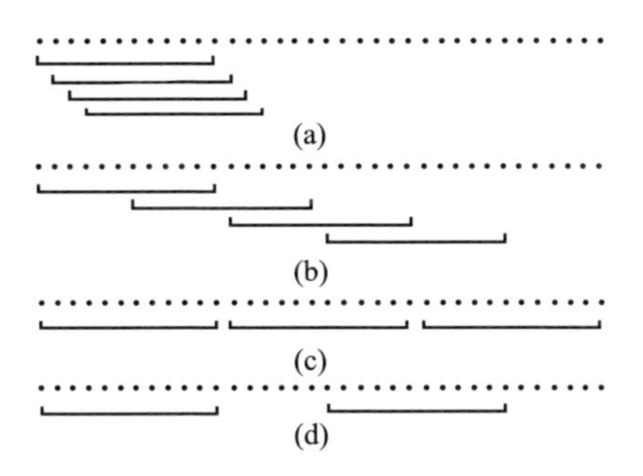

图6.1 不同重叠长度的滑动FFT

号,则STFT可记为

$$X(k) = \sum_{n=M}^{N+M-1} x(n)\mathrm{e}^{\frac{-\mathrm{j}2\pi kn}{N}} \tag{6-1}$$

STFT的长度 N 和重叠点数 M 是重要的参数,与跳频信号驻留时间(信号持续时间)和频率分辨率有关,决定了检测的灵敏度。而最小驻留时间(时间分辨率)和频率分辨率二者是互相矛盾的,需要结合对硬件软件的可实现性(实时处理要求)折中考虑。假设选 $N=128$,$M=64$,即有50%的数据重叠,若 $N=128$,$M=32$,即有25%的数据重叠等,到达时间分辨率为采样间隔的 M 倍。

把多次连续STFT运算所得到的频率成分进行比较,可以确定某个频率的信号何时开始,何时结束,驻留时间多长,也就可以确定出跳频速率。把所有跳频频率都找出来之后就可以得到跳频信号的频率集。

跳频信号检测的另一种常用方法为滤波器组法,或者称为信道化的方法。就是把所需要检测的带宽按照信道带宽进行信道化。例如,要检测战术电台33~88MHz的带宽内有无跳频信号,假设信道带宽为25kHz,则可以构成一个数量为2320的滤波器组,或者说,进行2320路的信道化,对每个信道进行检测,看是否存在跳频信号,在哪个信道上出现了跳频信号。在电子技术和数字信号处理技术发展水平已经非常高的今天,进行2320路的数字信道化并进行检测并非难事,而且有许多高效算法可以采用。图6.2给出了一个跳频信号检测和解调的原理框图。

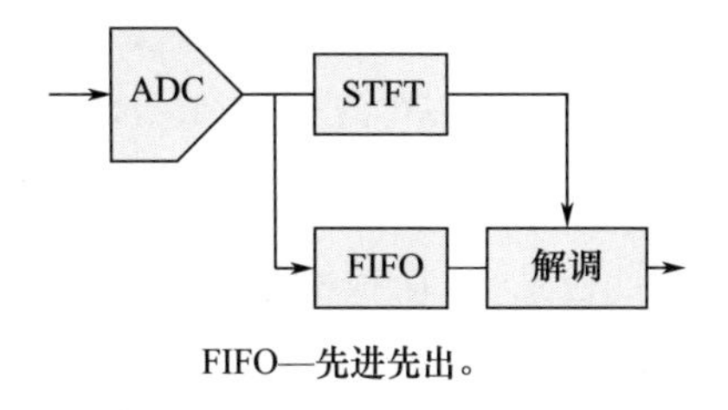

FIFO—先进先出。

图6.2 跳频信号解调原理框图

6.1.4 数据链信号检测

前面我们介绍了几种典型的战术数据链,下面对几种数据链的检测方法进行简单介绍。

6.1.4.1 数据链信号的侦察

要完成对 Link 11 和 Link 4A 信号的侦收,首先要对其所在频段进行搜索,发现信号及其频率,然后再对该信号进行分析、特征提取和识别、解调等处理。

JTIDS 采用了宽带高速跳频体制,跳频频率集包含 51 个频率点,在每个频点上的信号驻留时间只有 6.4μs,而且跳频频率范围宽,对 JTIDS 信号的截获必须同时满足宽带和实时性要求,采用常规的搜索体制显然不能满足需要。可行的方法是采用宽带信道化接收体制结合宽带数字化处理技术。信道化接收机对射频信号进行截获、滤波、放大、混频、分路等处理,输出多路并行信道,所有的信道共同完成对 JTIDS 工作频段(960 ~ 1215MHz)的瞬时覆盖。

6.1.4.2 数据链信号的识别

1)对 Link 11 信号的识别

工作于 UHF 频段的 Link 11 为调频信号,如图 6.3 所示,其信号带宽与话音调频信号的带宽相近,占用一个 25kHz 信道;其频谱与话音调频信号的频谱相似;从基带频谱上看,Link 11 数据链信号有 16 个单音,这是识别 Link 11 数据链信号最主要的特征之一。

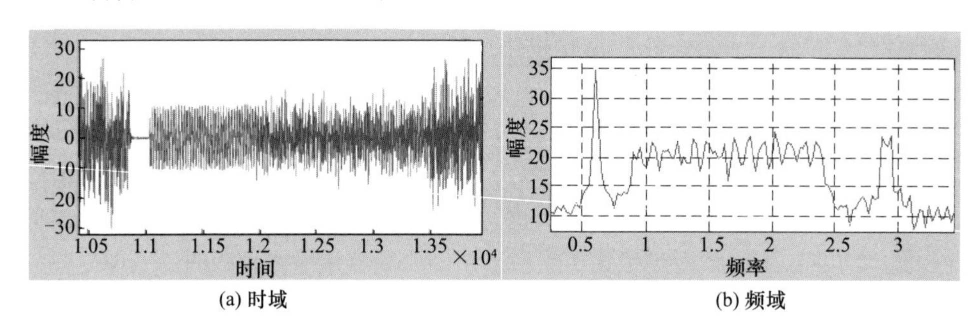

(a) 时域　　(b) 频域

图 6.3 Link11 基带信号的时域和频域图

2)对 Link 4A 信号的识别

Link 4A 信号的主要特征包括:工作频率范围为 225 ~ 399.975MHz,采用 2FSK 调制,调制频偏较大(±20kHz);信号带宽宽(50kHz,占用 2 个 25 kHz 的标准信道);信号的持续时间为 14ms(控制报文)和 11.2ms(应答报文),并有明显的信号断续特征;数据速率为 5kb/s;同步的速率为 10kb/s。根据 Link 4A 的这些信号特征，并通过信号分析接收机加以提取分析后，就很容易加以识别判断图 6.4 所示为其基带信号的时域和频域图。

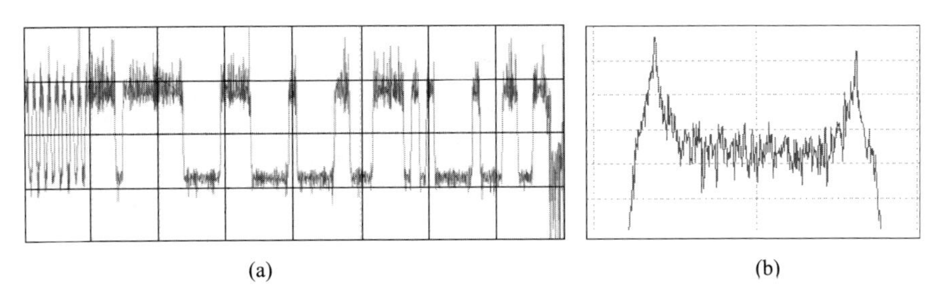

图 6.4 Link 4A 基带信号的时域和频域图

3）对 JTIDS 信号的检测和识别

JTIDS 信号是一个具有跳频、直扩、跳时等多项功能的低截获概率信号。因此，常规的接收机既无法对其进行侦收，也无法对其检测和识别，同样必须采用宽带信道化接收体制和宽带数字化处理技术，针对信号的特性进行检测和识别。

对 JTIDS 信号的直扩检测方法有多种。表 6.1 列出了几种主要的检测器的性能。可以看出，在输入信噪比一定的情况下，检测器的处理增益正比于检测器的时间带宽积（BWT）。

一方面，由于 JTIDS 信号的外形是脉冲信号，脉冲宽度只有 6.4μs，如果采用单脉冲检测，则检测器的积分时间 T 是有限制的，即 $T \leqslant 6.4\mu s$，所以，BWT 值是很有限的，即检测器的处理增益不会很大，因此，输入信噪比不能太低。另外，由于 JTIDS 信号的脉冲很密集，在检测时应着重考虑实时性，因此，检测算法应尽量简单，计算量尽量小。比较合适的方法是采用能量检测或单信道自相关检测。

表 6.1 几种常用检测器的性能

检测体制	输出信噪比一般表达式	低输入信噪比时输出信噪比表达式	处理增益
能量检测	$\dfrac{(\mathrm{SNR})_{\mathrm{IN}}^2 B_W T}{1+2(\mathrm{SNR})_{\mathrm{IN}}}$	$(\mathrm{SNR})_{\mathrm{IN}}^2 B_W T$	$(\mathrm{SNR})_{\mathrm{IN}} B_W T/2$
空间互相关检测	$\dfrac{2(\mathrm{SNR})_{\mathrm{IN}}^2 B_W T}{1+2(\mathrm{SNR})_{\mathrm{IN}}}$	$2(\mathrm{SNR})_{\mathrm{IN}}^2 B_W T$	$(\mathrm{SNR})_{\mathrm{IN}} B_W T$
单信道延时自相关检测	$\dfrac{(\mathrm{SNR})_{\mathrm{IN}}^2 B_W T}{2[1+(\mathrm{SNR})_{\mathrm{IN}}]}$	$(\mathrm{SNR})_{\mathrm{IN}}^2 B_W T/2$	$(\mathrm{SNR})_{\mathrm{IN}} B_W T/2$
倍频检测	$\dfrac{(\mathrm{SNR})_{\mathrm{IN}}^2 B_W T}{1+2(\mathrm{SNR})_{\mathrm{IN}}}$	$(\mathrm{SNR})_{\mathrm{IN}}^2 B_W T$	$(\mathrm{SNR})_{\mathrm{IN}} B_W T/2$

在检测到信号后，还需要对信号进行识别。JTIDS 信号的跳速虽然很高，但跳频的频点很少，还可根据 JTIDS 信号的固有的特征，如脉冲宽度、脉冲周期、码元长度、发送(保护)段等特征对其进行识别。

例如，我们可以根据 JTIDS 信号的频率分布特点，把 960 ~ 1215MHz 分成多段进行覆盖，完成频率搬移、数字化后，进行数字信道化，信道化后带宽可进行适当选择。对于每个 JTIDS 信道，计算 N 个连续样点的能量为

$$E(k) = \sum_{i=1}^{N} |x_i(k)|^2$$

把得到的值与判决门限 η 进行比较：若 $E(k) \geqslant \eta$，则可认为该信道存在信号；若 $E(k) < \eta$，表明该信道只存在噪声。判决门限可以按照虚警概率的要求设定。

6.1.4.3 数据链信号的解调

1）对 Link11 信号的解调

可以根据不同的工作频段，先对 Link11 信号进行单边带或调频解调，恢复音频信号，然后再对音频信号进行处理，恢复传输数据。

2）对 Link4A 信号的解调

Link4A 信号采用了 2FSK 调制方式，其 2FSK 信号是通过把数据终端输出的基带信号输入到 UHF 战术电台中对载波进行调频后产生的。因此，在接收信号时，可先对射频信号进行调频解调，输出基带数据，再由数据终端对基带数据进行处理、抽样判决、恢复数据，最后，根据 Link4A 数字信号的格式恢复同步码和数据（解调）。

3）对 JTIDS 信号的解调

由于 JTIDS 信号所采用的工作频点固定且采用了 MSK 调制方式，我们可以同时对 51 个信道进行检测、MSK 解调，然后按照到达时间的先后进行拼接。

6.2 信号参数估计[1-2]

通信信号的参数估计是通信侦察的重要组成部分，也是通信信号解调和实施有效通信干扰的前提条件。不同的通信样式用不同的信号参数表征，例如，用信号载频、电平、信号带宽、调幅度等参数来描述调幅信号；调频信号则具有载频、电平、信号带宽、最大频偏、调频指数等参数；数字通信信号往往需要测量载频、电平、信号带宽、信息速率、符号速率、调制类型等参数。有些信号参数的估计或测量与信号的样式无关，如频率、电平等，可以在信号样式识别前完成；有些参数则需要在完

成信号识别后进行,特别是二次调制信号的参数。信号参数测量之间也存在一定的制约关系,如信噪比的高低与信号参数测量的准确度直接相关,信号载频的估计精度对信号样式的识别正确率也有很大影响。另外,在进行参数估计、信号识别时,对处理带宽的选择也非常重要,如果接收带宽选得太宽,不仅增加了噪声,而且有可能多个信号落入该带宽内;如带宽太窄,信号能量不能完全落入处理带宽内,降低了信噪比,则处理带宽最好能与信号带宽相匹配。总之,在非合作条件下的通信信号参数估计是通信对抗的重要内容,地位作用举足轻重:实现从非合作、非先验的被动接收和粗放干扰,转变为已知信号参数条件下的主动接收和有针对性的引导干扰。

6.2.1 信号载频估计

信号载频估计的方法很多,这里介绍周期图法和非线性法。

6.2.1.1 快速傅里叶变换测频法

傅里叶理论不仅是现代信号分析处理中最漂亮的理论之一,也被认为是现代物理中处理复杂问题不可或缺的工具,工程实现中往往用FFT形式实现,快速傅里叶变换表达式为

$$X(k) = \sum_{n=0}^{N-1} x(n) e^{\frac{-j2\pi kn}{N}}$$

$$x(n) = \frac{1}{N}\sum_{n=0}^{N-1} X(k) e^{\frac{j2\pi kn}{N}}$$

式中:$X(k)$的幅度$|X(k)|$表示$x(n)$的第k根谱线的幅度,第k根谱线对应的信号频率为

$$f = k \cdot \Delta f = k \cdot \frac{f_s}{N}$$

其精度主要由采样速率f_s和FFT变换点数决定,即

$$\Delta f = \frac{f_s}{N} \tag{6-2}$$

信号载频估计分为粗估计和精估计。频率粗估计一般应用于信号快速搜索,采用FFT实现,以提高信号截获概率为主要目标,所以瞬时处理带宽一般都比较宽,对应的采样速度就很高,而且为了提高处理速度,FFT点数又不能取得太多,所以搜索时的频率估计精度就不可能做得很高(Δf相对较大),一般要达到几千赫,甚至几十千赫。这样大的测频误差,无论是对信号样式识别,还是对后续的信号解调、

解码都是无法满足要求的，对实施通信干扰也很不利（浪费功率）。所以，在通过搜索完成信号截获，并粗略估计出信号中心频率后，还需要对其进行精确频率估计。

频率精估计仍可采用 FFT 技术来实现。一种方法是降低分析带宽，使其在几十千赫以内，一般不会超过几百千赫，这样就可以大大降低 ADC 的采样速度（也可以通过滤波、抽取降低采样速率）；另一种方法是 FFT 的点数适当加长（只要信号持续时间足够长，就可加长采集时间），也可以在采集的数据后面补零，以提高测频精度。例如，对于 $f_s = 200\text{kHz}$，$N = 4096$，则 $\Delta f < 50\text{Hz}$。采用 FFT 测频时，实际的测频误差与信号频率有关，其最大测频误差为 $\Delta f/2$，最小测频误差为 0。如果假定测频误差在 $-\Delta f/2 \sim +\Delta f/2$ 上均匀分布，则 FFT 的测频精度（方差）由下式给出，即

$$\delta f = \left[\frac{1}{\Delta f}\int_{-\frac{\Delta f}{2}}^{+\frac{\Delta f}{2}} x^2 \mathrm{d}x\right]^{-\frac{1}{2}} = \frac{\Delta f}{2\sqrt{3}} \tag{6-3}$$

值得注意的是，当要分析的频率不是 f_s/N 的整数倍时，采用 FFT 估计，它的频率分量将出现在所有 N 个频率上，也就是会产生“频谱泄漏”，一般可通过对采样数据进行加窗减少“频谱泄漏”。加窗就是对序列乘以一个序列。加窗使得旁瓣降低，其代价是使得主瓣变宽。常用的窗函数包括汉明（Hamming）窗、汉宁（Hanning）窗、布－哈（Blackman－Harris）窗等。表 6.2 给出了几种窗函数的表达式。

表 6.2　窗函数

窗函数	表达式
Hanning	$w(n) = 0.5 - 0.5\cos\left(2\pi \frac{n}{N}\right) \quad 0 \leqslant n \leqslant N$
Hamming	$w(n) = 0.54 - 0.46\cos\left(2\pi \frac{n}{N}\right) \quad 0 \leqslant n \leqslant N$
Blackman	$w(n) = 0.42 - 0.5\cos\left(2\pi \frac{n}{N}\right) + 0.08\cos\left(4\pi \frac{n}{N}\right) \quad 0 \leqslant n \leqslant N$
Blackman－Harris	$w(n) = 0.35875 - 0.48829\cos\left(2\pi \frac{n}{N}\right) + 0.14128\cos\left(2\pi \frac{2n}{N}\right) - 0.01168\cos\left(2\pi \frac{3n}{N}\right) \quad -\frac{N}{2} \leqslant n \leqslant \frac{N}{2}$

显然，这里所谓的测频或频率估计是指对信号载频的测量或估计，但是在如此众多的 FFT 谱线中，要确定出哪一根谱线对应的是信号的载频谱线，如 AM、FM 和 SSB 信号的频谱图如图 6.5 所示。由图可见：对于 AM 信号，最大的谱线即对应于信号的载频谱线；对 FM 信号，位于两根最大谱线中间位置的谱线为信号载频谱线；对 SSB 信号，其载频谱线就很难确定，尤其是当不确知该信号是 SSB 信号时，

要估计出该信号的载频几乎是不可能的。特别是在实际环境下,如无先验知识,要精确估计出信号载频并非易事。

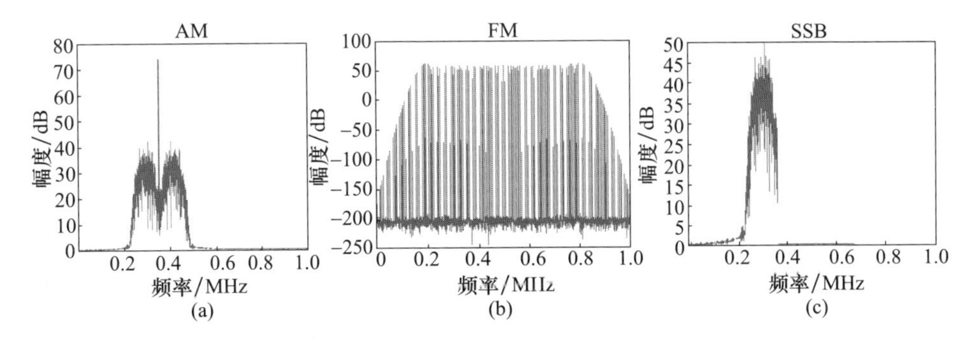

图 6.5 AM、FM、SSB 信号之频谱

通过以上分析可以看出,信号载频的估计可以分为两种情况来处理:一种是信号频谱对称的情况;另一种是信号频谱不对称的情况。对于谱对称信号,可以采用频域估计法;对于谱非对称信号,则可以采用时域估计法进行估计。

频域估计法是用下式计算实信号频谱 $S(k)$ 的中心频率 f_0(谱线序号),即

$$f_0 = \frac{\sum_{k=1}^{N/2} k\,|X(k)|^2}{\sum_{k=1}^{N/2} |X(k)|^2} \tag{6-4}$$

并以 f_0 作为载频 f_c 的估计值。

式(6-4)中,$X(k)$ 为实信号 $x(n)$ 的傅里叶变换,即

$$X(k) = \mathrm{FFT}\{x(n)\}$$

当然,这种频域估计法只适用于具有较好谱对称性的信号,如 AM、DSB、FM、FSK、PSK 等。对其谱不具对称性的信号(如 LSB(下边带)、USB(上边带)、VSB(残留边带)等),其载频的估计精度将急剧下降,这时,可以采用时域估计法。基于过零点的载频估计公式为

$$f_c = \frac{M-1}{2\sum_{i=1}^{M-1} y(i)} \tag{6-5}$$

式中:M 为信号 $x(n)$ 过零点数;$y(i)$ 为信号的过零差序列,即

$$y(i) = x(i+1) - x(i) \quad i = 1, 2, \cdots, M-1$$

该方法的缺点是对噪声特别敏感,尤其是在信号的弱区间,提高过零点载估计法精度的方法是只考虑非弱信号段的过零点,模拟结果表明,这种基于非弱信号段过零点检测原理的载频估计方法与一般的过零点载频估计方法相比,其精度将大

大提高,尤其是在低信噪比下的精度有比较大的改善。

一些文献中给出了进一步提高窄带信号频率估计精度的方法,在窄带信道中,只存在一个信号时,可以对其峰值位置进行估计。

假如对采集的数据 $x(n)$ 进行 FFT 变换,得到序列 $X(k)$,可以发现,$X(k)$ 中最大值位于 $K_{\max}$ 点处,则可通过如下校正因子,对 $K_{\max}$ 的值进行进一步求精,即

$$k'_{\max} = k_{\max} - \mathrm{real}(\delta)$$

其中,real(·)表示取实部,且

$$\delta = \frac{X(k_{\max}+1) - X(k_{\max}-1)}{2X(k_{\max}) - X(k_{\max}-1) - X(k_{\max}+1)}$$

那么,峰值频率就为

$$f_{\max} = \frac{f_s}{N} k'_{\max}$$

式中:f_s 为采样频率;N 为 FFT 点数;$X(i)$ 为序列的 FFT 结果。

6.2.1.2 非线性载波估计法

当然,对相位调制或幅相调制信号,我们也可以通过一些非线性变换,去掉其调制信号,得到其载波(或 M 次)分量。例如:对于 BPSK 信号,可以对其进行平方,得到 2 倍频的窄带信号;对于 QPSK、OQPSK、16QAM 信号进行 4 次方,得到其载波的 4 倍频的窄带信号;8PSK 信号进行 8 次方等。然后,就可以采用与有载波信号一样的方法,估计出载波的 M 倍频信号,进而确定载波信号了。

图 6.6 给出了 BPSK、QPSK、OQPSK、8PSK 信号的基带、2 次方(平方)、4 次方、8 次方谱。

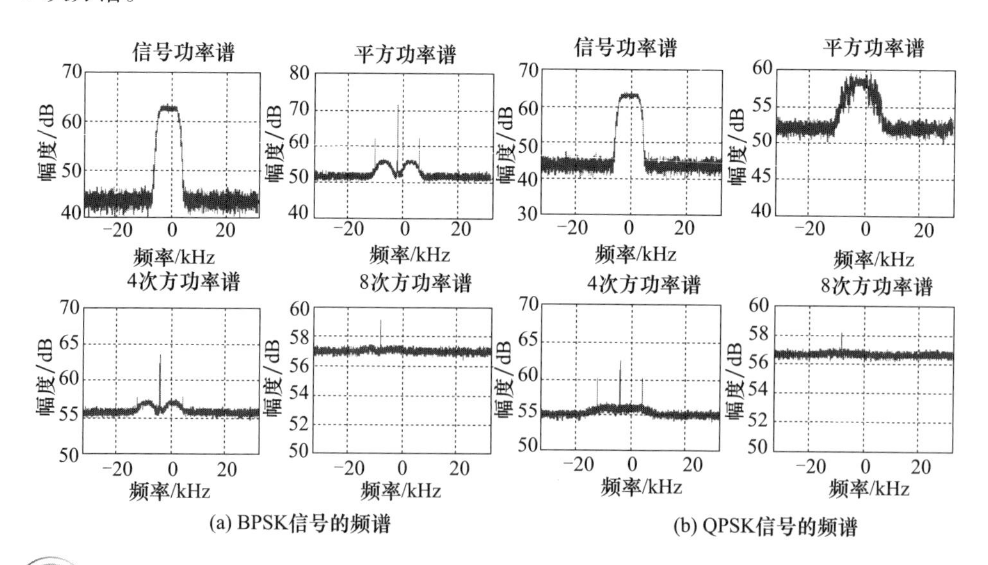

(a) BPSK信号的频谱　　(b) QPSK信号的频谱

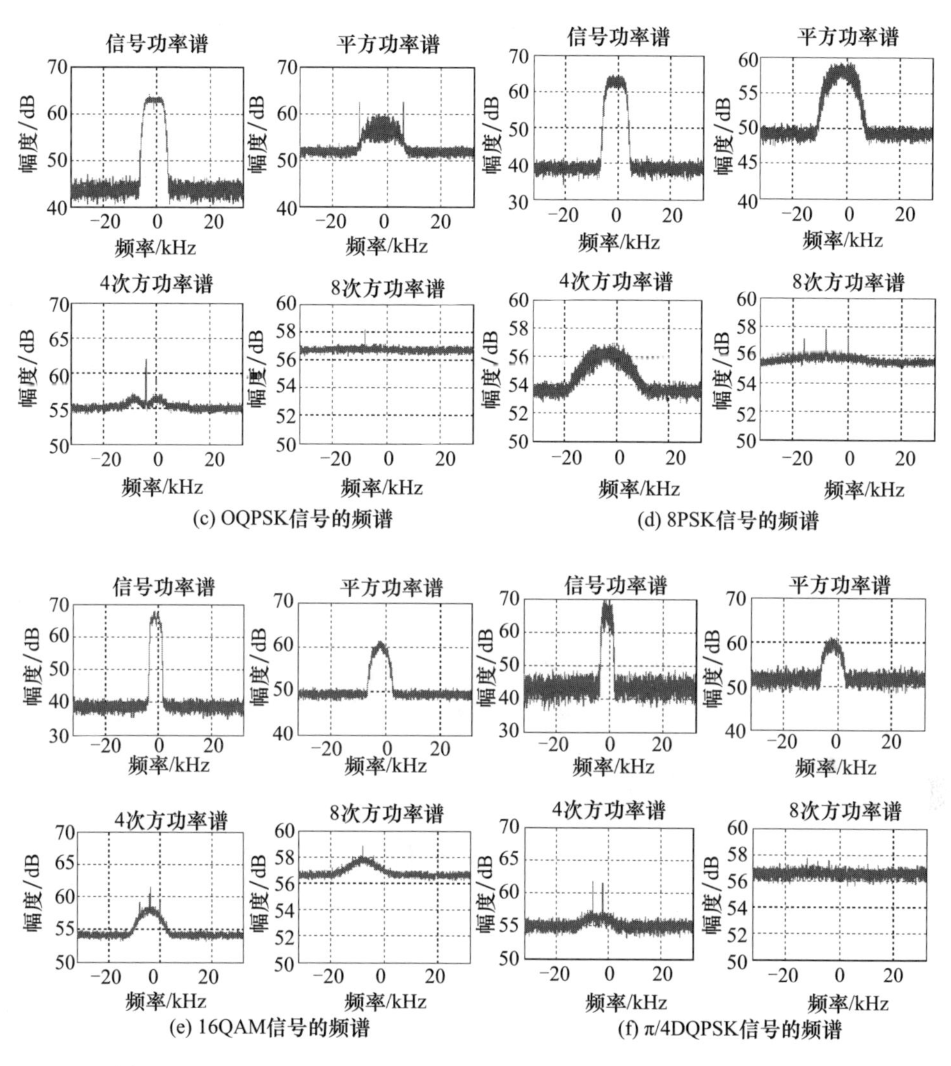

图6.6　BPSK、QPSK、OQPSK、8PSK、16QAM、π/4DQPSK 信号的各次方谱

从图6.6中可以看出：BPSK 信号经过平方之后将在 $2f_c$、$2f_c\pm\frac{1}{T}$处出现离散分量；QPSK 信号经过4次方之后将在 $4f_c$、$4f_c\pm\frac{1}{T}$处出现离散分量；OQPSK 信号经过4次方之后将在 $4f_c$、$4f_c\pm\frac{1}{T}$处出现离散分量，但 $4f_c\pm\frac{1}{T}$幅度很小；8PSK 信号经过8次方之后将在 $8f_c$、$8f_c\pm\frac{1}{T}$处出现离散分量；16QAM 信号经过4次方之后将在

$4f_c$、$4f_c \pm \frac{1}{T}$处出现离散分量。只要对这些主离散分量提取并经过相应的分频就可以得到载波分量。对于 π/4DQPSK 信号,需要在其 4 次方谱中找到两个离散分量,两个离散谱中心即为 $4f_c$ 频谱分量。值得注意的是,在进行 M 次平方时,注意采样平方后信号要满足采样定理,而且平方次数越高,处理后的信噪比越低。

6.2.2 信号电平估计

在讨论信号电平的数字化测量方法之前,先简要介绍一下信号能量、信号功率、能量谱密度、功率谱密度等与信号电平相关的几个概念,这对精确地测量信号电平会有帮助。

在电子学中,人们通常把信号能量定义为该信号所表示的电压 $f(t)$ 加于单位电阻(1Ω)上,或者该信号所表示的电流 $f(t)$ 流过单位电阻(1Ω)时,所散耗的能量。令信号能量为 E,则可表示为

$$E = \int_{-\infty}^{\infty} f^2(t)\,\mathrm{d}t \tag{6-6}$$

如信号能量有限,即 $0 < E < \infty$,则称为能量信号,如门函数、三角形脉冲等。也可以从频谱的角度研究信号能量,借助密度的概念,定义能量密度函数,称为能量谱。其定义为单位频率的信号能量,在 $\mathrm{d}f$ 内信号的能量为 $\Re(\omega)\mathrm{d}f$,所以在整个频率区间$(-\infty,\infty)$的总能量为

$$E = \int_{-\infty}^{\infty} \Re(\omega)\,\mathrm{d}f = \frac{1}{2\pi}\int_{-\infty}^{\infty} \Re(\omega)\,\mathrm{d}\omega \tag{6-7}$$

由于能量守恒,则

$$E = \int_{-\infty}^{\infty} f^2(t)\,\mathrm{d}t = \frac{1}{2\pi}\int_{-\infty}^{\infty} \Re(\omega)\,\mathrm{d}\omega \tag{6-8}$$

如果利用傅里叶变换,对式(6-8)进行变形,则

$$\begin{aligned} E &= \int_{-\infty}^{\infty} f^2(t)\,\mathrm{d}t = \int_{-\infty}^{\infty} f(t)\left[\int_{-\infty}^{+\infty} F(\mathrm{j}\omega)\mathrm{e}^{\mathrm{j}\omega t}\mathrm{d}\omega\right]\mathrm{d}t \\ &= \int_{-\infty}^{\infty} F(\mathrm{j}\omega)\left[\int_{-\infty}^{+\infty} f(t)\mathrm{e}^{\mathrm{j}\omega t}\mathrm{d}t\right]\mathrm{d}\omega \\ &= \int_{-\infty}^{+\infty} F(\mathrm{j}\omega)F^*(\mathrm{j}\omega)\,\mathrm{d}\omega = \int_{-\infty}^{+\infty} F^2(\mathrm{j}\omega)\,\mathrm{d}\omega \end{aligned} \tag{6-9}$$

式(6-9)就是帕斯瓦尔(Parseval)等式,其中 $F(\mathrm{j}\omega)$ 为 $f(t)$ 的傅里叶变换,比较式(6-8)、式(6-9),可以得到能量谱:

$$\Re(\omega)=F^2(\mathrm{j}\omega)$$

对于能量无意义(无穷大)的信号,可以考虑采用信号的平均功率,即单位时间内消耗的能量来度量,用 P 表示为

$$P=\lim_{T\to\infty}\frac{1}{T}\int_{-T/2}^{T/2}f^2(t)\,\mathrm{d}t \tag{6-10}$$

所以,由信号能量和功率的定义可知,若信号能量 E 有限,则功率 $P=0$;若信号功率 P 有限,则信号能量 $E=\infty$。

与能量密度函数类似,功率密度函数可以表示为

$$P=\int_{-\infty}^{\infty}\Im(\omega)\,\mathrm{d}f=\frac{1}{2\pi}\int_{-\infty}^{\infty}\Im(\omega)\,\mathrm{d}\omega \tag{6-11}$$

对式(6-10)进行变换,得

$$P=\lim_{T\to\infty}\frac{1}{T}\int_{-T/2}^{T/2}f^2(t)\,\mathrm{d}t=\frac{1}{2\pi}\int_{-T/2}^{T/2}\lim_{T\to\infty}\frac{F^2(\omega)}{T}\mathrm{d}\omega \tag{6-12}$$

于是,功率谱为

$$\Im(\omega)=\lim_{T\to\infty}\frac{F^2(\omega)}{T} \tag{6-13}$$

通过接收机测出的信号电平是指通信信号通过空间传播和天线感应后到达接收机输入端的信号幅度,一般用 dBm 或 dBmV、dBμV 表示,功率较大时也可以采用 dBW(dBm = dBW + 30)表示。如果接收机的输入阻抗为 50Ω,则 dBm、dBμV、μV、mV 之间存在如下关系:

$$\mathrm{dB\mu V}=10\cdot\lg(\mathrm{\mu V})$$

$$\mathrm{dBmV}=10\lg(\mathrm{mV})=\mathrm{dB\mu V}-30$$

$$\mathrm{dBW}=10\cdot\lg\left[\frac{V^2}{R}\right]=20\cdot\lg(\mathrm{V})-17=20\cdot\lg(\mathrm{\mu V})-137$$

$$\mathrm{dBm}=20\cdot\lg(\mathrm{\mu V})-107=20\cdot\lg(\mathrm{mV})-47$$

例如,我们平常说的灵敏度为 1μV,就相当于 -107dBm 或 -137dBW。

信号电平的测量大都采用基于 FFT 的数字化测量方法,其优点是测量精度高、动态范围大,而且可以用软件实现,通过对接收机通道误差的校正,以及通过采取各种软件处理算法,可进一步提高测量精度。理想情况下,可以使测量精度达到 0.5dB 以内(甚至达到 0.1dB)。

我们知道,实际中的通信信号都是调制有用户信息的已调波信号。由于调制有用户信息,已调波信号(射频信号)就不可能是周期性的了。所以,实际的射频信号可以认为都是非周期的功率信号。如果认为实际信号的持续时间(通信时

间)总是有限的,也可以把它看作是能量信号。对于侦察而言,由于受反应时间的限制,实际截获到并用来分析的通信信号都是该信号的一个片段。如果只考虑这一片段的通信信号,那么,也就只能把它当作是能量信号了。尤其是在采用FFT分析时,截取的信号数据段总是有限的 N 点数据,所以FFT的计算结果反映的也只是这一段信号 $f_{\mathrm{T}}^{(i)}(t)$ 的频谱结构,不能反映整个信号 $f(t)$ 的频谱特性,如图6.7所示。对于数字通信信号而言,$f_{\mathrm{T}}^{(i)}(t)$ 的频谱结构与 $f(t)$ 的频谱结构具有很好的一致性,但对于模拟调制信号,不同时刻的语音特性有一定差别,这样不同时间段的射频信号频谱就会呈现明显的差异,尤其是在截取的时间段不长,FFT变换点数不多时,每一段信号的频谱结构就会相差更大。这是在对通信信号尤其是模拟信号进行分析时需要注意的问题。

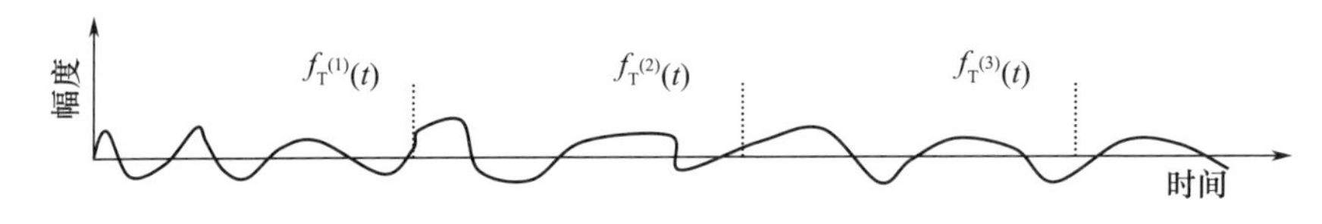

图6.7 信号频谱随时间变化示意图

信号电平参数是用来衡量到达接收机输入端的射频信号强度大小的物理量,它与信号能量或信号功率密切相关。我们知道,任何的已调波射频信号都是具有一定带宽,或者说,占据一定频谱分量的信号,只是带宽有宽有窄,频谱分量有多有少而已。如果用信号能量或信号功率直接表示信号电平的大小,那么,根据帕斯瓦尔定理,就应该把信号带宽内的所有频谱能量(功率)计算进来,否则,就不能精确估计该信号的总能量或总功率,而是对应该信号某一频谱分量的能量(功率)大小。例如,一个调频信号的频谱结构如图6.8所示,它是由若干个频谱分量组成的,如果只用其中的一根谱线(一般是最大谱线)计算信号电平显然就很不准确。

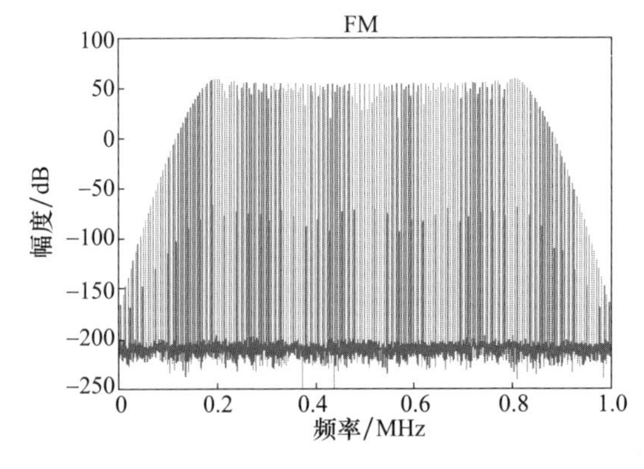

图6.8 FM信号的频谱

信号电平 L 的计算公式为

$$L = \sum_{|X(k)|^2 \geqslant L_0} |X(k)|^2 \tag{6-14}$$

式中:L_0为计算门限;$X(k)$为对该信号进行 FFT 的结果(频谱)。

在信号电平的测量时,我们可能无法知道一个信号有多宽,很难判别一个信号对应哪几根谱线,也即需要知道对多少根谱线的电平进行累加,所以比较合适的方法是先对所呈现的频谱中包含的信号个数进行估计,分别把每个信号所对应的功率谱进行求和。

解决多谱线合并问题的一种方法是适当降低频谱分析的频率分辨率,使得同一信号的谱线全部落在分辨率带宽内,也就是说,一个信号对应只有一根谱线。因为在某一频段内不同信号的带宽是不一样的,所以一种分辨率无法与各种不同带宽的信号相适应。如果选取最大信号带宽为分辨率带宽,则对窄带信号而言,由于带宽不匹配将导致信噪比大大下降,其结果是对窄带信号的检测灵敏度将大为降低。分辨率带宽的降低就意味着截取的信号段的缩短,谱结构的稳定性就会变差,尤其是对模拟调制信号。

为了精确测量电平值,可以将其接收带宽设置为信号带宽(匹配接收)或用数字滤波器滤出需要测量的信号,然后再用较低的采样率进行频谱分析,根据电平测量公式。

为了进一步提高测量精度,可以采取多次测量最后再计算其平均值的方法。特别是在小信号情况下电平测量的精度不高,电平值起伏大、稳定性不好(通过多次平均即进行平均周期图估计会有所改善)。

把多次(如 M 次)FFT 的结果进行平均,其好处是可以降低噪声波动(对噪声进行平滑),从而提高信噪比:M 倍,简要说明如下:

假如信号在多次 FFT 期间一直存在,则经过如下平均之后信号电平变化不大,可视为常数,即

$$P_{\text{av}}(k) = \frac{1}{M}\sum_{m=0}^{M-1} P_m(k) = \frac{1}{M}\sum_{m=0}^{M-1} |X_m(k)|^2 \tag{6-15}$$

而噪声信号经过多次平均,其方差为降低为原来的 $1/M$,即

$$\sigma_{\text{o}}^2 = E\left[\left(\frac{1}{M}\sum_{k=1}^{M} n_k\right)^2\right] - E^2\left[\left(\frac{1}{M}\sum_{k=1}^{M} n_k\right)\right] = \frac{1}{M^2}E\left[\left(\sum_{k=1}^{M} n_k\right)^2\right] = \frac{M\sigma^2}{M^2} = \frac{\sigma^2}{M} \tag{6-16}$$

6.2.3 信号带宽估计

信号带宽的估计是信号参数测量的重要内容和通信侦察的关键环节。如果信

号带宽已知，通过匹配滤波提高信噪比，这对提高信号参数的分析测量精度、信号样式识别准确率和解调性能都很有帮助。对信号带宽的估计一种常用的方法是采用基于 FFT 中频频谱的谱线功率累计实现的。假设 $X(k)$ 是信号的 FFT，则其带宽由下式给出，即

$$B=(k_{\max}-k_{\min})\Delta f \tag{6-17}$$

式中：$k_{\max}$ 为满足 $|X(k)|\geqslant L_0$ 的谱线之最大序号；$k_{\min}$ 为满足 $|X(k)|\geqslant L_0$ 的谱线之最小序号；L_0 为选取的门限电平；$\Delta f=f_s/N$ 为 FFT 的分辨率。

由于上述的带宽估计方法与门限电平 L_0 有关，因此其估计精度将严重地依赖于信号电平的大小，信号越强其估计精度会越高。

对于常用的数字调制信号，其频谱一般以载波为中心对称，参考文献[4]给出了一种带宽估计的方法。

（1）进行 N 点的 FFT 找出频谱峰值的位置，即

$$G(k_m)=\max_{0\leqslant k\leqslant N-1}\{|G(k)|\} \tag{6-18}$$

（2）对其归一化。

（3）通过下式，检测出带宽内的总点数为 $i+j+1$，即

$$\begin{cases}G(k_m-i)\geqslant a|G(k_m)|, G(k_m-i-1)<a|G(k_m)|\\G(k_m+j)\geqslant a|G(k_m)|, G(k_m+j+1)<a|G(k_m)|\end{cases} \tag{6-19}$$

式中：a 为信号带宽检测门限，一般选为 0.5～0.7。

（4）带宽近似为

$$B=(i+j+1)\frac{f_s}{N} \tag{6-20}$$

6.2.4 调幅信号的调幅度估计

调幅度是衡量幅度调制信号调制深度的技术参数，实际模拟调幅信号的包络是随机变化的，要准确测量比较困难。对于实际调幅信号，其调幅度定义为

$$m_a=\frac{A_{\max}-A_{\min}}{A_{\max}+A_{\min}} \tag{6-21}$$

式中：$A_{\max}$、$A_{\min}$ 分别为信号包络之最大值和最小值。所谓的信号包络，是指调幅信号数学表达式 $x(t)=A(1+m_a\cdot m(t))\cos(2\pi f_c t+\varphi_0)$ 中的瞬时幅度，即

$$a(t)=A(1+m_a\cdot m(t)) \tag{6-22}$$

由于 $|m(t)|\leqslant 1, 0\leqslant m_a\leqslant 1$，则

$$A_{\max}=A(1+m_a) \tag{6-23}$$

$$A_{\min} = A(1 - m_a) \tag{6-24}$$

代入调幅度计算公式,即可求得调幅度 m_a。调幅度的计算需要提取信号包络,方法之一是对信号作平方运算再低通滤波,最后开方即可得到信号包络 $a(t)$。这里顺便给出瞬时幅度、瞬时频率、瞬时相位提取的表达式。信号经过数字化后,经过正交化处理可形成两路相互正交的数据流 $I(m)$ 和 $Q(m)$,利用下述公式即可实现瞬时幅度 $a(m)$、瞬时相位 $\varphi(m)$ 和瞬时频率 $f(m)$ 的瞬时提取,即

$$a(m) = \sqrt{I^2(m) + Q^2(m)} \tag{6-25}$$

$$\varphi(m) = \arctan \frac{Q(m)}{I(m)} \tag{6-26}$$

$$f(m) = \varphi(m) - \varphi(m-1) \tag{6-27}$$

由于 AM 信号是随机变化的,为了使得调幅度估计值更接近于实际值,可以通过多次估计求其平均值。

6.2.5　调频信号的最大频偏估计

FM 信号的最大频偏估计首先要提取 FM 信号的瞬时频率 $f(t)$,可以用式(6-26)、式(6-27)求得。由于调频信号的数学表达式为 $x(t) = A\cos\left[2\pi f_c t + 2\pi \cdot K_f \int_{-\infty}^{t} m(\tau)\mathrm{d}\tau\right]$ 所以,信号的瞬时频率为

$$f(t) = f_c + K_f \cdot m(t)$$

由于 $|m(t)| \leqslant 1$,则

$$f_{\max} = f_c + K_f \tag{6-28}$$

$$f_{\min} = f_c - K_f \tag{6-29}$$

所以调频信号的最大频偏为

$$K_f = \frac{f_{\max} - f_{\min}}{f_{\max} + f_{\min}} \cdot f_c \tag{6-30}$$

同样,由于瞬时频率的随机性,需要通过多次平均来提高最大频偏的准确度。

6.2.6　FSK 信号的频移间隔估计

FSK 信号的频谱特性与两个载波频率之差(即移频间隔)相关:当两个载频之差较小,比如小于码元速率,则出现单峰;如两个载频之差较大,将出现双峰。对于明显存在双峰时,通过计算双峰的频率间隔即可估计出移频间隔,即

$$\Delta F = (N_1 - N_2) \cdot \frac{f_s}{N} \tag{6-31}$$

式中：f_s 为采样频率；N 为 FFT 的点数；N_1 和 N_2 分别为两个谱峰所在位置的 FFT 频率序号。

当移频间隔可与数据率相比拟，中频频谱只呈现单峰时，可以采用计算瞬时频率，再对瞬时频率进行直方图统计的方法来实现。我们知道，理想情况下，FSK 信号的瞬时频率为

$$f(t)=f_c \pm \Delta F/2 \tag{6-32}$$

这样，直方图统计的结果必然在"空号"频率（$f_c+\Delta F/2$）和"传号"频率（$f_c-\Delta F/2$）上出现的次数最多，对应于直方图上的两个峰值点。计算出这两个峰值所对应的频率并求其差值，即可计算出 FSK 信号的移频间隔。

对于其他进制的 FSK 信号（如 4FSK）的移频间隔估计，也可以采用上述类似的方法估计，只是谱峰个数不一样而已。

6.2.7 码元速率的估计

码元速率估计的方法很多，有时域的、频域的，我们这里给出几种方法。

6.2.7.1 直接 FFT 法

数字信号的码速率估计也可以利用 FFT 的方法实现。由于信号在码元交替时，在其包络上总会呈现出相应的变化，特别是对于经过成形滤波的数字信号，其幅度谱的基波分量就是码元速率。图 6.9 为采用滚降系数为 0.35 的升余弦滤波器成形后的 QPSK 信号幅度谱。

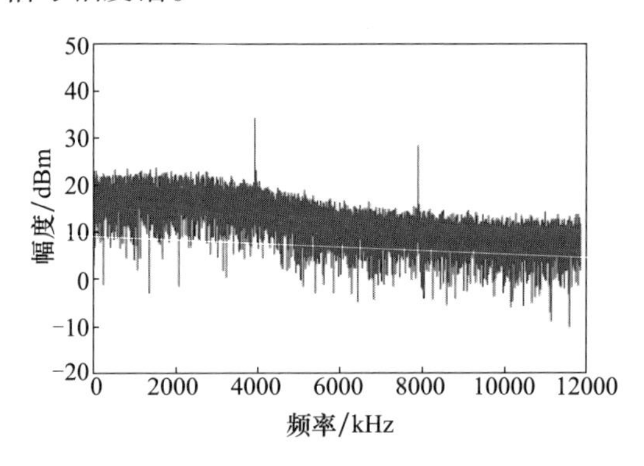

图 6.9 成形滤波后 QPSK 信号幅度谱

6.2.7.2 延时相关法

码元速率的估计可以采用如图 6.10 所示的延时相乘的方法求得。

由于基带信号为

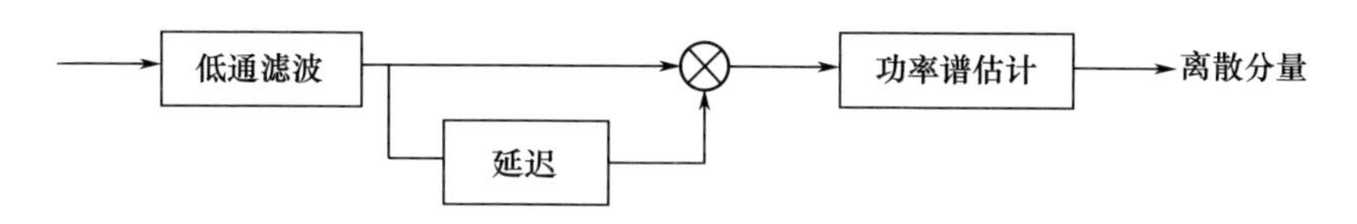

图 6.10　延迟相乘算法结构图

$$s(t) = \sum_{n=-\infty}^{\infty} a_n g(t - nT) \tag{6-33}$$

其中，$a_n = \begin{cases} A & \text{为符号“0”时} \\ -A & \text{为符号“1”时} \end{cases}$；$g(t)$ 为基带波形。

经过延迟相乘后，输出信号的双边功率谱密度为

$$p(f) = A^4\left[\left(1 - \frac{\tau}{T}\right)^2 \delta(f) + \left(\frac{\tau}{T}\right)^2 \sum_{\substack{n=-\infty \\ n\neq 0}}^{\infty} \mathrm{sinc}^2\left(\frac{n\pi\tau}{T}\right) \cdot \delta\left(f + \frac{n}{T}\right) + \left(\frac{\tau}{T}\right)^2 \mathrm{sinc}^2(\pi f \tau)\right] \tag{6-34}$$

式中：$\mathrm{sinc}(x) = \frac{\sin x}{x}$；$\tau < T$ 为时间延迟；第一项为直流分量；第二项为码速率及高次谐波；第三项为连续谱。第二项中 n 为 ±1 时的分量为

$$\frac{A^4}{4}\mathrm{sinc}^2\left(\frac{\pi\tau}{T}\right) \cdot \delta\left(f + \frac{1}{T}\right) + \frac{A^4}{4}\mathrm{sinc}^2\left(\frac{\pi\tau}{T}\right) \cdot \delta\left(f - \frac{1}{T}\right) \tag{6-35}$$

就是码速率。值得注意的是，时延长度必须大于码元宽度的 1/2。图 6.11 给出了对 QPSK 信号利用延迟相关法得到的幅度谱，该信号经过了滚降系数为 0.35 的升余弦成形滤波。

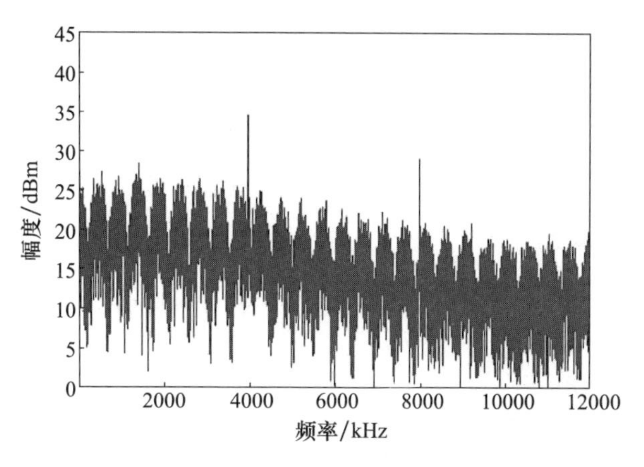

图 6.11　信噪比为 10dB，时延为 0.7 码元时的性能

6.2.7.3 码元周期统计法

一种简单的码元速率估计方法是在调制域(基带)进行,即首先根据信号不同的调制样式,按照式(6-25)~式(6-27)提取相应的瞬时特征参数。例如,调幅类信号取瞬时幅度,调频类信号取瞬时频率,调相类信号取瞬时相位。然后,再对瞬时特征参数的每一采样点逐点判决是"0"还是"1"(二进制情况),得到一连串的"0""1"序列。最后,对这样的"0""1"序列进行连"0"和连"1"个数的直方图统计。理想情况下,直方图上显示的连"1"或连"0"个数最少的周期即为码元周期,而且这种情况出现的概率最大,即在直方图上显示最大峰值,而在连"1"或连"0"个数为码元周期整数倍附近呈现第二、第三、……次峰值。设直方图上最大峰值位置处的连"1"或连"0"个数为 M(可以是最大峰值附近的统计平均值),采样率为 f_s,则其码元速率为

$$R_b = \frac{f_s}{M} \tag{6-36}$$

对于多进制信号(如4ASK、4FSK、QPSK等)也可以采用类似的方法实现,只不过此时直方图上需要统计的是连"00""01""10"和"11"的个数。

另外,对于调相和幅相调制信号,我们完全可以利用前面提到的载波估计的方法估计出码速率。在对这些信号进行 M 次方时,可以到 $2f_c \pm \frac{1}{T}$、$4f_c \pm \frac{1}{T}$、$8f_c \pm \frac{1}{T}$ 等分量,显而易见,由 M 次载波左右的两个离散分量就可以求得码元速率。

6.2.8 信噪比估计[3]

下面介绍一种利用特征值分解和子空间分割实现对信噪比估计的方法,先构造出接收信号的相关矩阵,然后利用最小描述长度(MDL)确定接收数据中信号子空间的维数,从而分离出信号子空间和噪声子空间。

定义接收信号为 $M \times 1$ 维列矢量:$\bar{\boldsymbol{r}} = [r_1, r_2, \cdots, r_M]^{\mathrm{T}}$

其估计算法如下。

(1) 利用接收矢量计算出 L 阶自相关矩阵,即

$$\boldsymbol{R}_{xx} = E[\bar{\boldsymbol{r}}\bar{\boldsymbol{r}}^{\mathrm{H}}] \tag{6-37}$$

(2) 对自相关矩阵作特征值分解,即

$$\bar{\boldsymbol{R}}_{xx} = \bar{\boldsymbol{U}}\bar{\boldsymbol{\Lambda}}\bar{\boldsymbol{U}}^{\mathrm{H}} \tag{6-38}$$

式中:$\bar{\boldsymbol{\Lambda}} = \mathrm{diag}(\lambda_i)$ 为对角阵,$\lambda_1 \geqslant \lambda_2 \geqslant \cdots \geqslant \lambda_L$。

(3) 利用下式计算出 F_{DML} 的值，$k=1,2,\cdots,L$，即

$$T_{\mathrm{sph}}(k)=\frac{1}{L-k}\frac{\sum_{i=k+1}^{L}\lambda_i}{\left(\prod_{i=k+1}^{L}\lambda_i\right)^{\frac{1}{L-k}}} \tag{6-39}$$

$$F_{\mathrm{MDL}}(k)=M(L-k)\lg[T_{\mathrm{sph}}(k)]+\frac{1}{2}k(2L-k)\lg M \tag{6-40}$$

(4) 利用下式估计出合适的 d_1、d_2，即

$$\omega(k)=\left|\frac{F_{\mathrm{MDL}}(k)}{F_{\mathrm{MDL}}(k)-2F_{\mathrm{MDL}}(k+1)}\right| \quad k=1,2,\cdots,L \tag{6-41}$$

$$d_1=\underset{1\leqslant k\leqslant L-1}{\mathrm{arj}}\max\omega(k)$$

$$d_2=\underset{1\leqslant k\leqslant L-1,k\neq d_1}{\mathrm{arj}}\max\omega(k)$$

(5) 估计噪声和信号功率：

$$\sigma_{\mathrm{N}}^2=\sum_{i=d_2}^{d_1}\lambda_i/(d_2-d_1) \tag{6-42}$$

$$\sigma_{\mathrm{S}}^2=\sum_{i=1}^{d_1}\lambda_i-d_1\sigma_{\mathrm{N}}^2 \tag{6-43}$$

(6) 计算信噪比：

$$\mathrm{SNR}=10\lg[\sigma_{\mathrm{S}}^2/(d_2\sigma_{\mathrm{N}}^2)] \tag{6-44}$$

6.3 信号调制样式识别[4-5]

6.3.1 引言

要实现对通信信号的接收解调，首先要确定该信号的调制样式、速率、带宽等信号参数。对于非协同的通信侦察而言，就需要根据接收到信号，提取各种时域、频域、统计域等多维特征，进而估计出信号的调制样式。近年来，人们提出了时域分析、矢量分析、周期谱、高阶统计量、小波变换等许多手段来提取通信信号特征。本节对基于决策理论的信号调制样式自动识别的基本原理和算法进行讨论，包括模拟信号的调制样式自动识别、数字信号的调制样式自动识别以及调制样式的联合自动识别，并简单介绍基于神经网络的调制识别新方法的基本原理。首先我们

讨论模拟信号调制样式的自动识别问题。

6.3.2 模拟信号的调制样式自动识别

假设所要识别的模拟调制样式主要有 AM(调幅)、FM(调频)、DSB(双边带)、LSB(下边带)、USB(上边带)、VSB(残留边带)以及 AM-FM(组合调制)等。前面已经述及,任何无线电信号都可以采用以下统一的数学表达式来表示:

$$S(t)=a(t)\cos[\omega_c t+\varphi(t)]$$

式中:$a(t)$为信号的瞬时包络(幅度);$\varphi(t)$为信号的瞬时相位。信号的瞬时频率$f(t)$可由下式计算:

$$f(t)=\frac{\mathrm{d}\varphi(t)}{\mathrm{d}t}+\omega_c \tag{6-45}$$

对不同的调制样式的信号,是通过不同的$a(t)$、$\varphi(t)$确定的。例如,对调幅信号,有

$$\begin{cases}\varphi(t)=0\\ a(t)=[1+r\cdot m(t)]\end{cases} \tag{6-46}$$

式中:$r\leqslant 1$为调制度(调幅深度);$m(t)$为调制信号。对调频信号,只要设

$$\begin{cases}a(t)=1\\ \varphi(t)=k_f\int_{-\infty}^{t}m(\tau)\mathrm{d}\tau\end{cases} \tag{6-47}$$

式中:k_f为频偏指数;$m(t)$为调制信号。

通过分析可以看出,模拟调制信号除了 AM、VSB 外,其他调制样式不仅含有幅度信息,而且也含有相位信息,对这些幅度调制类信号(DSB、LSB、USB)含有相位变化信息这一特性的理解对调制样式的识别非常重要。

实现调制样式识别最关键的一个环节是从接收的信号中提取用于信号样式识别的信号特征参数。对模拟信号的识别可以采用以下 4 种特征参数。

(1) 零中心归一化瞬时幅度之谱密度的最大值为

$$\gamma_{\max}=\max|\mathrm{FFT}[a_{cn}(i)]|^2/N_s \tag{6-48}$$

式中:N_s为取样点数;$a_{cn}(i)$为零中心归一化瞬时幅度,由下式计算:

$$a_{cn}(i)=a_n(i)-1 \tag{6-49}$$

其中:$a_n(i)=\dfrac{a(i)}{m_a}$,而$m_a=\dfrac{1}{N_s}\sum\limits_{i=1}^{N}a(i)$为瞬时幅度$a(i)$的平均值,用平均值对瞬

时幅度进行归一化,其目的是消除信道增益的影响。

γ_{max}主要用来区分是FM信号还是DSB或者AM-FM信号,因为对FM信号其瞬时幅度为常数(恒定不变),所以它的零中心归一化瞬时幅度$a_{cn}(i)=0$,对应其谱密度也就为零。对DSB和AM-FM信号,由于其瞬时幅度不为恒定值,所以它的零中心归一化瞬时幅度$a_{cn}(i)$也就不为零,对应其谱密度也不为零。当然,在实际情况下,不能以$\gamma_{max}=0$作为判别FM和DSB与AM-FM信号的分界线(门限),而需设置一个判决门限,我们用$t(\gamma_{max})$表示,判决规则如下:

$$\begin{cases}\gamma_{max}\leqslant t(\gamma_{max})\text{时,判为 FM 信号}\\ \gamma_{max}>t(\gamma_{max})\text{时,判为 DSB 或 AM-FM 信号}\end{cases}$$

(2) 零中心非弱信号段瞬时相位非线性分量绝对值的标准偏差为

$$\sigma_{ap}=\sqrt{\frac{1}{c}\left[\sum_{a_n(i)>a_t}\phi_{NL}^2(i)\right]-\left[\frac{1}{c}\sum_{a_n(i)>a_t}|\phi_{NL}(i)|\right]^2}\tag{6-50}$$

式中:a_t为判断弱信号段的一个幅度判决门限电平;c为在全部取样数据N_s中属于非弱信号值的个数;$\phi_{NL}(i)$为经零中心化处理后瞬时相位的非线性分量,在载波完全同步时,有

$$\phi_{NL}(i)=\varphi(i)-\varphi_0$$

式中:$\varphi_0=\frac{1}{N_s}\sum_{i=1}^{N_s}\varphi(i)$,$\varphi(i)$为瞬时相位。

σ_{ap}用来区分是DSB信号还是AM-FM信号。对于DSB,有

$$\varphi_0=\frac{\pi}{2},\quad \phi_{NL}(i)=\begin{cases}-\frac{\pi}{2}\\ \frac{\pi}{2}\end{cases}$$

所以对DSB信号不含有绝对值相位信息,即$\sigma_{ap}=0$,而对AM-FM信号含有绝对值相位信息,即$\sigma_{ap}\neq 0$。这样我们通过选取一个合适的门限$t(\sigma_{ap})$就可用σ_{ap}区分DSB信号和AM-FM信号。

(3) 零中心非弱信号段瞬时相位非线性分量的标准偏差为

$$\sigma_{dp}=\sqrt{\frac{1}{c}\left[\sum_{a_n(i)>a_t}\phi_{NL}^2(i)\right]-\left[\frac{1}{c}\sum_{a_n(i)>a_t}|\phi_{NL}(i)|\right]^2}\tag{6-51}$$

σ_{dp}与σ_{ap}的区别在于后者是相位绝对值的标准偏差,而前者是直接相位(非绝对值相位)的标准偏差。σ_{dp}主要用来区别不含直接相位信息的AM、

VSB 信号类和含直接相位信息的 DSB、LSB、USB、AM-FM 信号类，其判决门限设为 $t(\sigma_{dp})$。

（4）谱对称性。P 由下式定义：

$$P=\frac{P_L-P_U}{P_L+P_U}$$

其中

$$P_L=\sum_{i=1}^{f_{cn}}|S(i)|^2$$

$$P_U=\sum_{i=1}^{f_{cn}}|S(i+f_{cn}+1)|^2$$

式中：$S(i)=\text{FFT}[s(n)]$ 即为信号 $s(t)$ 的傅里叶变换。f_{cn} 由下式计算：

$$f_{cn}=\frac{f_c\cdot N_s}{f_s}-1$$

式中：f_c 为载频；f_s 为采样频率；N_s 为采样点数。

P 参数是对信号频谱对称性的量度，主要用来区分其频谱满足对称性的信号（如 AM、FM、DSB、AM-FM）和其频谱不满足对称性的信号（如 VSB、LSB、USB），并设其判决门限为 $t(P)$。

根据上述 4 个特征参数我们不难给出对模拟信号 AM、FM、VSB、LSB、USB、AM-FM 的调制样式自动识别流程如图 6.12 所示。

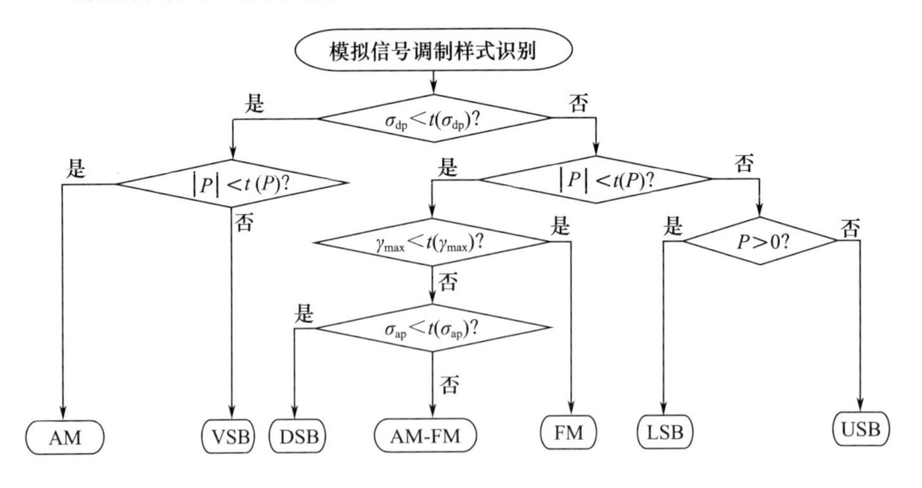

图 6.12　模拟信号调制样式的自动识别流程

6.3.3 数字信号调制样式的自动识别

假设所需识别的数字调制信号主要有2ASK、4ASK、2FSK、4FSK、BPSK和QPSK。用于数字调制信号自动识别的特征参数除了前面用于模拟调制信号识别的前3个参数(即γ_{max}、σ_{ap}、σ_{dp})外,还需再加上以下两个特征参数。

(1)零中心归一化瞬时幅度绝对值的标准偏差为

$$\sigma_{aa} = \sqrt{\frac{1}{N_s}\left[\sum_{i=1}^{N_s} a_{cn}^2(i)\right] - \left[\frac{1}{N_s}\sum_{i=1}^{N_s} |a_{cn}(i)|\right]^2} \tag{6-52}$$

式中:$a_{cn}(i)$为零中心归一化瞬时幅度。它主要用来区分是2ASK信号还是4ASK信号。因为对于2ASK信号,它的幅度绝对值是一常数,不含幅度信息,所以有$\sigma_{aa}=0$。对4ASK信号的幅度绝对值不是常数,仍含有幅度信息,所以它的$\sigma_{aa}\neq 0$。我们假设其判决门限为$t(\sigma_{aa})$。

(2)零中心归一化非弱信号段瞬时频率绝对值的标准偏差为

$$\sigma_{af} = \sqrt{\frac{1}{c}\left[\sum_{a_n(i)>a_t} f_N^2(i)\right] - \left[\frac{1}{c}\sum_{a_n(i)>a_t} |f_N(i)|\right]^2} \tag{6-53}$$

其中

$$f_N(i) = \frac{f_m(i)}{R_s},\quad f_m(i) = f(i) - m_f \quad m_f = \frac{1}{N_s}\sum_{i=1}^{N_s} f(i)$$

式中:R_s为数字信号的符号速率;$f(i)$为信号的瞬时频率;σ_{af}用来区分是2FSK信号还是4FSK信号。因为对2FSK信号,它的瞬时频率只有两个值,所以它的零中心归一化瞬时频率的绝对值是常数,则其标准偏差$\sigma_{af}=0$;对4FSK信号,由于它的瞬时频率有4个值,所以它的零中心归一化瞬时频率的绝对值不为常数,所以$\sigma_{af}\neq 0$。我们设判决门限为$t(\sigma_{af})$。下面说明其他3个特征参数γ_{max}、σ_{ap}、σ_{dp}在数字信号调制样式识别中的作用。

γ_{max}主要用来区分是FSK信号还是ASK或PSK信号。因为对FSK信号其包络(瞬时幅度)为常数,故其零中心归一化瞬时幅度为零,即$\gamma_{max}<t(\gamma_{max})$。对ASK信号因含有包络信息,其零中心归一化瞬时幅度不为零,故$\gamma_{max}>t(\gamma_{max})$。PSK信号由于受信道带宽的限制,在相位变化时刻将会产生幅度突变,所以也含有幅度变化信息,即$\gamma_{max}<t(\gamma_{max})$。所以用$\gamma_{max}$可以区分FSK和其他数字信号调制。

σ_{ap}主要用来区分是QPSK信号还是BPSK或者ASK信号。因为对ASK信号不含相位信息,故$\sigma_{ap}<t(\sigma_{ap})$,对BPSK信号因其只有两个相位值,故其零中

心归一化相位绝对值也为常数，不含相位信息，故也满足 $\sigma_{ap} < t(\sigma_{ap})$。对于 QPSK 信号，因其瞬时相位有 4 个值，其零中心归一化相位绝对值不为常数，故有 $\sigma_{ap} > t(\sigma_{ap})$。

σ_{dp} 主要用来区分是 ASK 信号还是 BPSK 信号，因为对于 ASK 信号无直接相位信息，即 $\sigma_{ap} = 0$，而 BPSK 信号含有直接相位信息（其瞬时相位取 0 或 π），故 $\sigma_{ap} \neq 0$。

根据上述 5 个特征参数 γ_{max}、σ_{ap}、σ_{dp}、σ_{aa}、σ_{af}，可以得到数字信号调制样式的自动识别流程如图 6.13 所示。

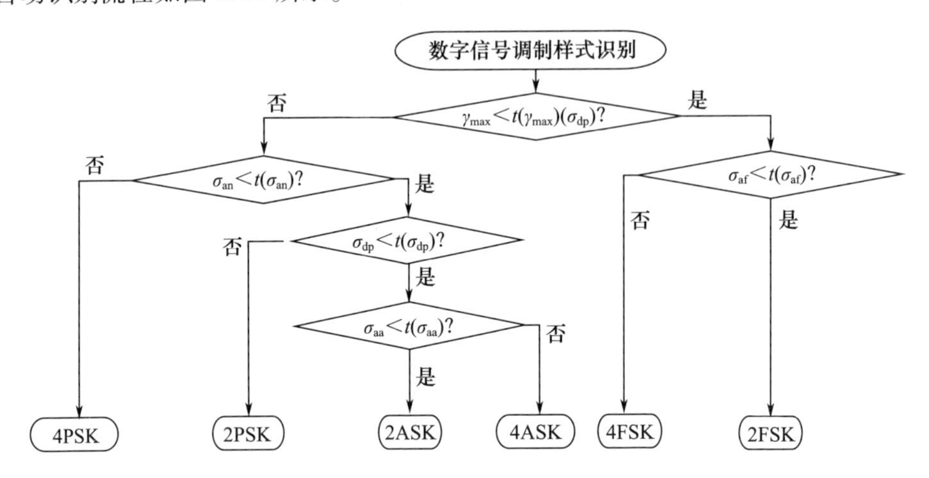

图 6.13　数字信号调制样式的自动识别流程

6.3.4　调制样式的联合自动识别

我们假设所需识别的信号调制样式为 AM、FM、AM-FM、DSB、VSB、LSB、USB、2ASK、4ASK、2FSK、4FSK、BPSK、QPSK 等模拟和数字调制样式，那么，用于模拟数字调制信号联合自动识别的特征参数除前面已介绍的 6 种特征（即 γ_{max}、σ_{ap}、σ_{dp}、P、σ_{aa}、σ_{af}）外，还需增加以下 3 种新的特征参数。

（1）零中心归一化非弱信号段瞬时幅度的标准偏差为

$$\sigma_a = \sqrt{\frac{1}{c}\left[\sum_{a_n(i)>a_t} a_{cn}^2(i)\right] - \left[\frac{1}{c}\sum_{a_n(i)>a_t} a_{cn}(i)\right]^2} \qquad (6-54)$$

式中：σ_a 主要用来区分是 DSB 信号还是 BPSK 信号，也可以用来区分是 AM-FM 信号，还是 QPSK 信号。因为对于 BPSK 和 QPSK 信号无幅度调制信息（除了在相邻符号变化时刻），所以有 $\sigma_a \approx 0$；对于 DSB 或 AM-FM 信号，含有幅度调制信息，故有 $\sigma_a \neq 0$。这样我们就可以通过设置一个合适的判决门限 $t(\sigma_a)$ 判别是 DSB 信号

$(\sigma_a > t(\sigma_a))$还是 BPSK 信号$(\sigma_a < t(\sigma_a))$，或者用来判别是 AM-FM 信号$(\sigma_a > t(\sigma_a))$还是 QPSK 信号$(\sigma_a < t(\sigma_a))$。

(2) 零中心归一化瞬时幅度的紧致性(四阶矩)为

$$\mu_{42}^{a} = \frac{E\{a_{cn}^{4}(i)\}}{\{E[a_{cn}^{2}(i)]\}^{2}} \tag{6-55}$$

μ_{42}^{a}主要用来区分是 AM 信号还是 ASK 信号，即区分是模拟幅度调制还是数字幅度调制。因为对 AM 信号，其瞬时幅度具有较高的紧致性即μ_{42}^{a}值较大；对 ASK 信号，由于只有 2 个或 4 个电平值，其紧致性较差即μ_{42}^{a}值较小。所以我们可以通过设置一个适当门限$t(\mu_{42}^{a})$判别是 AM 信号$(\mu_{42}^{a} > t(\mu_{42}^{a}))$还是 ASK 信号$(\mu_{42}^{a} > t(\mu_{42}^{a}))$。

(3) 零中心归一化瞬时频率的紧致性(四阶矩)为

$$\mu_{42}^{f} = \frac{E\{f_{N}^{4}(i)\}}{\{E[f_{N}^{2}(i)]\}^{2}} \tag{6-56}$$

μ_{42}^{f}主要用来区分是 FM 信号还是 FSK 信号，即区分是模拟调频信号，还是数字调频信号。因为对 FM 信号，其瞬时频率具有较高的紧致性即μ_{42}^{f}值较大；对 FSK 信号，其瞬时频率只有 2 个或 4 个值，其紧致性较差即μ_{42}^{f}较小。所以我们可以通过设置一个适当门限$t(\mu_{42}^{f})$判别是 FM 信号$(\mu_{42}^{f} > t(\mu_{42}^{f}))$还是 FSK 信号$(\mu_{42}^{f} < t(\mu_{42}^{f})$。

根据上面介绍的 3 个特征参数以及前面的 6 个特征参数的性质，我们可以得到模拟数字信号调制样式的联合自动识别流程图，如图 6.14 所示。

6.3.5 调制样式自动识别中应注意的几个问题

前面我们对基于决策理论的信号调制样式自动识别的基本原理进行了介绍讨论，在具体实现时还会碰到一些实际问题，如采样速率的选取、载频的精确估计(非线性相位分量的计算)、瞬时频率的计算、特征参数门限电平的确定以及非弱信号段的实际选取等。下面我们做一简单讨论。

6.3.5.1 采样速率的选取

根据 Nyquist 采样定理，采样速率f_s只要满足$f_s > 2f_{max}$(其中f_{max}为最高信号频率)即可，如果采用带通采样，则有$f_s > 2B$(其中B为信号带宽)。采样频率的这种选取原则主要是从保留信息内容、避免频谱重叠角度去考虑的。从调制样式自动识别的角度采样频率的选取一般要求尽可能地选高一些，如取$f_s = (4 \sim 8)f_c$，其中f_c为载波频率(中心频率)。这样选取的理由主要有以下几点：一是信号的最高频

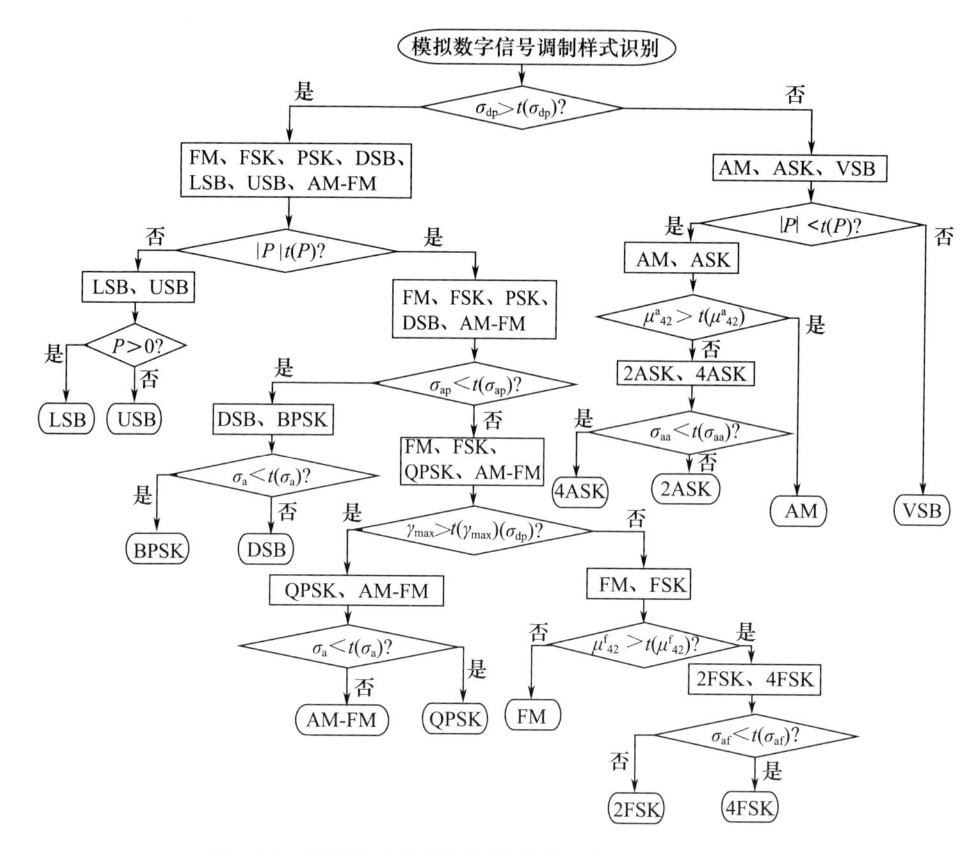

图 6.14　模拟数字信号调制样式的联合自动识别流程图

率或带宽有时往往是不确知的，尤其是在非合作通信侦收场合；二是在采用过零检测载频估计算法中，也要求采用过采样，否则会影响估计精度；三是为了用 Hilbert 变换实现从实信号到复解析信号的变换处理，也要求采用过采样；四是当采用模 π 计算瞬时相位时，为了确保相位非模糊，两个采样点之间的相位差应不大于 π/2，这也就要求 $f_s>4f_{max}$。以上这 4 点总体来看要求采样率尽可能地选高一些，所以按 $f_s=(4\sim8)f_c$ 选择采样频率是比较合适的。

6.3.5.2　非线性相位分量 $\phi_{NL}(i)$ 的计算

我们知道一个实际信号的瞬时相位 $\hat{\varphi}(t)$ 为

$$\hat{\varphi}(t)=\Delta f_c t+\varphi(t) \tag{6-57}$$

式中：Δf_c 为收发双方的载频误差；$\varphi(t)$ 为反映调制信息的非线性相位分量。由于载频误差以及实际相位计算时是以模 2π 计算的，这就使非线性相位分量 $\phi_{NL}(i)$

的计算复杂化，即如何从有相位折叠的 $\hat{\varphi}(t)$ 中求出 $\varphi(t)$（$\phi_{NL}(i)=\varphi(t)$）。因为在有相位折叠的情况下，即使能准确地估计出载频（或载频误差 Δf_c）也无法直接计算出 $\varphi(t)$，而必须首先从 $\hat{\varphi}(t)$ 中恢复出无折叠相位 $\varphi(t)$，再从 $\varphi(t)$ 中减去线性相位成分。为此，我们首先计算修正相位序列 $C(i)$，即

$$C(i)=\begin{cases}C(i-1)-2\pi & \hat{\varphi}(i+1)-\hat{\varphi}(i)>\pi\\ C(i-1)+2\pi & \hat{\varphi}(i)-\hat{\varphi}(i+1)>\pi\\ C(i-1) & \text{其他}\end{cases}$$

无折叠相位 $\phi(t)$ 为

$$\varphi(i)=\hat{\varphi}(i)+C(i) \tag{6-58}$$

所以非线性相位由下式计算：

$$\phi_{NL}(i)=\varphi(i)-\frac{2\pi f_c}{f_s}\cdot i \tag{6-59}$$

由此可见，计算非线性相位分量 $\phi_{NL}(i)$ 必须要确知载频 f_c。在 f_c 不能精确已知的情况下，可以采用线性规划法估计出线性相位分量 $\phi_L(i)$，即设 $\phi_L(i)=C_1 i+C_2$ 并使误差

$$\varepsilon=\sum_{i=1}^{N_s}\left[\varphi(i)-\phi_L(i)\right]^2=\sum_{i=1}^{N_s}\left[\varphi(i)-C_1 i-C_2\right]^2$$

最小，则可求出 C_1、C_2 两个常数，所以有

$$\begin{aligned}\phi_{NL}(i)&=\varphi(i)-\phi_L(i)\\&=\varphi(i)-C_1 i-C_2\end{aligned} \tag{6-60}$$

6.3.5.3　瞬时频率 $f(i)$ 的计算

瞬时频率 $f(t)$ 将由瞬时相位的导数计算求得，即

$$f(t)=\frac{1}{2\pi}\cdot\frac{\mathrm{d}\varphi(t)}{\mathrm{d}t}=\frac{1}{2\pi}\cdot\frac{\mathrm{d}\phi_{NL}(t)}{\mathrm{d}t} \tag{6-61}$$

对应数字域运算可以有两种方法。方法一是直接求差分，即

$$f(i)=\frac{f_s}{2\pi}\left[\phi_{NL}(i+1)-\phi_{NL}(i)\right] \tag{6-62}$$

方法二是从频域计算，因为 $f(t)$ 的傅里叶变换 $F(k)$ 为 $F(k)=-j\cdot k\cdot\Phi_{NL}(k)$，其中 $\Phi_{NL}(k)$ 为 $\phi_{NL}(t)$ 的傅里叶变换，所以瞬时频率为

$$f(i)=\mathrm{IFFT}\{-j\cdot k\cdot\Phi_{NL}(k)\} \tag{6-63}$$

式中:IFFT{ · }表示傅里叶逆变换。第二种方法比第一种具有更好的平滑性,但计算量较大。

6.3.5.4 非弱信号段判决门限 a_t 的选取

在前面讨论的特征提取算法中,为了避免弱信号段信噪比差对特征值提取的影响,都采用了在非弱信号段提取(瞬时相位或频率)特征参数以及进行载频估计的特殊处理。如何选取非弱信号段,判决门限 a_t 的确定就成为问题的关键。显然,a_t 选得太低,其作用就不大,而选得太高,则会丢失有用的相位信息而导致错误识别。一种比较直观的选取是以 $a_n(i)$ 的平均值作为判决门限 a_t,即

$$a_t = E\{a_n(i)\} = \frac{E\{a(i)\}}{m_a} = 1$$

a_t 值的这种直观分析判断与理论分析是相符合的,因为理论分析表明,对模拟调制信号 a_t 的最佳值 a_{topt} 的变化范围为 0.858 ~ 1,而对数字调制信号 a_{topt} 的变化范围为 0.9 ~ 1.05,所以非弱信号段判决门限 a_t 取为 1 是比较合适的。

我们知道,受噪声影响最大的是瞬时相位的计算,尤其是那些载波受到严重抑制(如 DSB、LSB、USB 等)的,其瞬时相位或频率的估计对噪声就更加敏感,这种情况等效于低信噪比接收,为了改善信噪比,往往采用硬件锁相环(PLL)通过环路处理增益来提高输出信噪比。前面介绍的采用丢弃弱信号段的处置办法有时可能是不允许的(如采集数据量受限时),这时,从软件上可以采取两种办法来处理。方法一是对弱信号段的取样值人为地赋予一个常数相位(如 π/2);方法二是根据非弱信号段的相位值外推出弱信号段的相位值。方法一简单,但不精确,方法二虽然比较精确,但计算复杂,有关外推法计算弱信号段相位的算法可参阅有关资料,这里就不赘述了。

6.3.5.5 特征参数门限值 $t(x)$ 的确定

前面我们一共讨论了用于信号调制样式识别的 9 种特征参数,即 γ_{max}、σ_{ap}、σ_{dp}、P、σ_a、μ_{42}^a、μ_{42}^f、σ_{aa}、σ_{af},这 9 种特征参数对应都有一个判决门限值 $t(x)$(x 表示 9 种特征)。很明显,$t(x)$ 的选取对调制样式识别的正确概率是非常有影响的,所以确定这 9 个特征门限在信号调制识别中是关键的一环。应该注意的是,对不同的识别信号空间(如模拟信号空间、数字信号空间或模拟数字信号空间),特征门限值是不一样的。通过前面的介绍已经知道,对基于决策理论的调制识别算法,上述每个特征量都是用来区分两个信号子集 A、B 的,并且判决规则如下:

$$x \underset{B}{\overset{A}{\gtrless}} t(x)$$

即当信号特征值 x 大于门限值 $t(x)$ 时，判为 A 子集中的信号，当 x 小于门限值 $t(x)$ 时，则判为 B 子集中的信号。选择 $t(x)$ 的最佳门限值 $t_{\text{opt}}(x)$ 的准则是使下面的平均概率最大（趋近于1）：

$$P_{\text{av}}[t_{\text{op}}(x)]=\frac{P[A(t_{\text{opt}}(x)/A]+P[B(t_{\text{opt}}(x)/B]}{2} \tag{6-64}$$

式中：$P[A(t_{\text{opt}}(x)/A]$ 为在已知 A 子集中的信号的条件下，用门限 $t_{\text{opt}}(x)$ 判决是 A 子集的正确概率；$P[B(t_{\text{opt}}(x)/B]$ 为在已知 B 子集中的信号的条件下，用门限 $t_{\text{opt}}(x)$ 判决是 B 子集信号的正确概率。

通过大量的计算机仿真模拟，有文献给出了对应3种不同识别信号空间时的最佳特征门限值，如表6.3所列。

表6.3　用于调制样式识别的最佳特征门限

参数	模拟调制	数字调制	模拟数字调制	备注
$t(\gamma_{\max})$	5.5～6	4	2～2.5	—
$t(\sigma_{\text{ap}})$	π/6.5～π/2.5	π/5.5	π/5.5	—
$t(\sigma_{\text{dp}})$	π/6	π/6.5～π/2.5	π/6	—
P	0.5～0.99	—	0.6～0.9	SSB
	0.55～0.6		0.5～0.7	VSB
$t(\sigma_{\text{aa}})$	—	0.25	0.25	—
$t(\sigma_{\text{af}})$	—	0.4	0.4	—
$t(\sigma_{\text{a}})$	—	—	0.125～0.4	2PSK
			0.15	4PSK
$t(\mu_{42}^{\text{a}})$	—	—	2.15	—
$t(\mu_{42}^{\text{f}})$	—	—	2.03	—

6.3.5.6　基于决策论的信号调制识别方法存在的主要问题

由前面介绍的基于决策论（DT）的信号调制样式识别方法可以看出，这种方法主要存在三大缺陷：一是对不同的识别算法采用了相同的特征参数，只是这些特征参数所处的判决位置不同而已，这就导致在相同的信噪比条件下识别的正确率完全不同；二是在每个判决节点处同时只使用一个特征量作判决，这就导致识别的成功率不仅与特征使用的先后次序有关，而且完全取决于每个特征的单次正确判决概率；三是每个特征都需要对应设置一个判决门限，而判决门限的选取对识别的正确率影响很大。

近年来，人们提出了许多用于调制样式识别的方法，如利用各阶统计量、利用信号的星座图、利用小波变换、利用神经网络等各种方法，感兴趣的读者可以参阅相关文献[11-12]。

6.4 通信侦察方程

通信侦察的基本任务是搜索、截获、解调、监听敌方的无线电通信信号。能否完成通信侦察的这一基本任务，不仅仅与通信侦察设备自身的性能密切相关，更取决于到达侦察天线的敌方信号的强弱，或者说取决于接收机输入端的信噪比。侦察与通信的对阵关系如图6.15所示。设通信发射机的发射功率为P_t，通信发射天线相对于侦察天线方向上的增益为G_{tr}，通信发射机与侦察接收机之间的距离为d，侦察天线相对于通信发射天线方向上的增益为G_{rt}，侦察接收机输入端的接收信号功率为P_r。显然，到达侦察天线的信号场强大小或者侦察接收机输入端的信号功率P_r与通信发射机到侦察天线之间的传播路径有关，则在自由空间传播时的侦察接收机输入端功率为

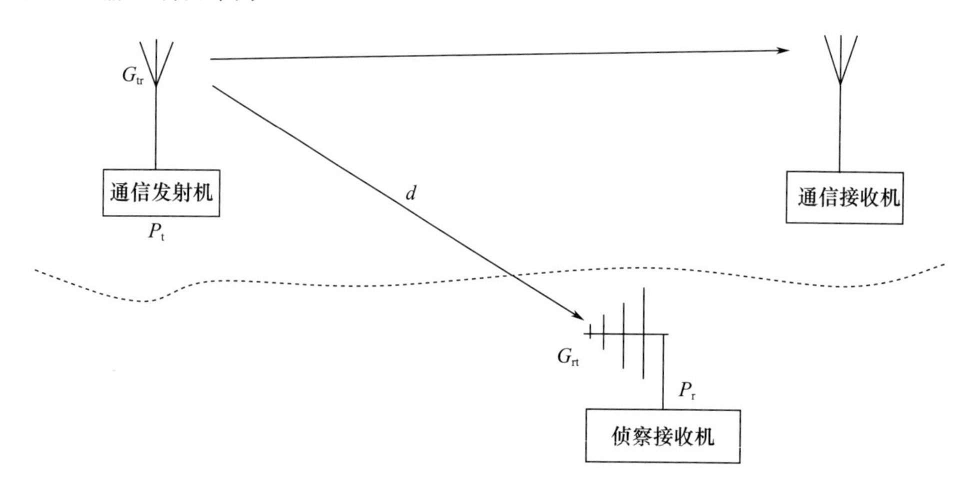

图6.15　侦察与通信的对阵关系图

$$P_r = \frac{P_t G_{tr} G_{rt}}{[4\pi(d/\lambda)]^2}$$

或

$$P_r = \left(\frac{P_t G_{tr} G_{rt}}{d^2 f^2}\right)\left(\frac{9}{400\pi}\right)$$

上式中d以km为单位，f以MHz为单位。以对数表示，则

$$P_r = P_t + G_{tr} + G_{rt} - 20\lg d - 20\lg f - 32.45 \quad (\text{dBm})$$

以上三式即为自由空间传播条件下的侦察方程。

我们可以把发射天线输入功率与接收天线输出功率之比定义为传播损耗 L_f,即

$$L_f = 20\lg d + 20\lg f - G_{rt} - G_{tr} - 32.45$$

则

$$P_r = P_t - L_f \tag{6-65}$$

自由空间是理想介质,它不吸收电磁能量。自由空间路径损耗是指球面波在传播过程中,随着传播距离的增大,能量的自然扩散所引起的损耗。但实际电磁波总是在有能量损耗的媒介中传播的,这种损耗可能是由于大气对电波的吸收引起的,也可能是由于电波绕过球形地面或障碍物的绕射引起的,或者是由于电磁波在传播过程中的极化性质发生变化引起的,等等。这些损耗都会使接收点的场强小于自由空间传播时的场强。如果我们把这一部分损耗统一用所谓的衰减因子 L_a 表示,则式(6-65)变为

$$P_r = P_t - L_f - L_a \tag{6-66}$$

式中:L_a 表示电波在非自由空间传播时,除自然扩散性损耗之外的所有其他损耗的总和。在实际计算时,L_a 可取 3 ~ 10dB。

自由空间传播公式一般只适用于通视情况非常良好的场合,如空空链路或近距离的地空链路等。对于短波地面波传播(几十千米以内),式(6-66)中的 L_a 由下式确定:

$$L_a = 10\lg\left[\frac{2 + \rho + 0.6\rho^2}{2 + 0.3\rho}\right] \tag{6-67}$$

式中:ρ 为一个无量纲的辅助参量,由下式计算:

$$\rho = \frac{\pi d}{\lambda} \frac{\sqrt{(\varepsilon - 1)^2 + (60\lambda\sigma)^2}}{\varepsilon^2 + (60\lambda\sigma)^2}$$

式中:ε 为地面相对介电常数;σ 为地面电导率;d 和 λ 的单位均为 m。当 $\rho > 25$ 时,式(6-67)可简化为

$$L_a \approx 10\lg \rho + 3.0$$

对于超短波地面视距传播,可以采用如下式所示的平面地传播侦察方程:

$$P_r \approx P_t G_{tr} G_{rt} \left(\frac{h_r h_t}{d^2}\right)^2 = P_t G_{tr} G_{rt} \frac{(h_r h_t)^2}{d^4}$$

用 dBm 来表示则有

$$P_r = P_t + G_{tr} + G_{rt} + 20\lg h_t + 20\lg h_r - 40\lg d - 120 \quad (\text{dBm})$$

式中:h_r和 h_t分别为侦察天线和通信发射天线的高度,单位为 m;d 的单位为 km。由式可见,平面地传播时,传播损耗与频率无关,而且与距离的 4 次方成正比。

通信侦察方程对于通信侦察系统所需接收灵敏度的计算是非常有用的,以上我们只给出了自由空间传播、短波地面波传播以及超短波平面地传播 3 种传播模式时的通信侦察方程。这几种传播模式实际当中经常遇到,对于其他诸如短波天波传播、海面波传播等情况,由于计算比较复杂,需要借助大量的图表才能完成计算,需要时,读者可参阅有关电波传播方面的书籍。

参考文献

[1] 杨小牛,楼才义,徐建良. 软件无线电技术与应用[M]. 北京:北京理工大学出版社,2010.

[2] 栗苹,赵国庆,杨小牛,等. 信息对抗技术[M]. 北京:清华大学出版社,2008.

[3] 詹亚锋,曹志刚,马正新. 无线数字信号的盲信噪比估计[J]. 北京:清华大学学报,2003,43(7):957 -996.

[4] AZZOUZ E E,NANDI A K. Automatic identification of digital modulations[J]. Signal Processing,1995,47:59 -69.

[5] AZZOUZ E E,NANDI A K. Procedure for recognition of analogue and digital modulations[J]. IEE Proceedings Communications,1996,143(5):259 -266.

第7章

协议与信号

7.1 引言

现在通信信号无疑已经成为人们最为亲密的伙伴,用时时处处来形容通信信号的时空分布情况应该是恰如其分,现代战场也是如此。一个看起来很简单的问题,通信信号种类成千上万,弥漫于空中的短波、超短波及卫星信号为何有的可以彼此互通,有的却不能?互通的同时,它们又是如何做到互不干扰的呢?归结起来,原因无外乎是各种信号之间存在一定的差异性,正是由于一种信号存在着能区别于另一种信号的内在差异性,同类信号之间才能彼此互通并与不同类信号彼此共存。差异性的具体表现就是通信协议,可以说每种通信信号都由一套完整的通信协议所约束,只有完全符合协议规范的通信终端之间才能实现互通,从这个层面来看,通信表现得又非常刻板。信号形式灵活多变,但信号规程却又井井有条,通信同样是个矛盾融合体。

国外在通信讨论中比较喜欢使用波形一词,美国联合战术无线电系统(JTRS)计划的联合计划执行办公室(JPEO)将波形定义为"从用户输入到频率输出发生的一整套通信功能",波形的实质也就是从信息发送处理到信息接收还原所包含的协议全部过程,也即通信双方为实现信息传输而采用的所有协议。可见,波形其实是特定协议的集合,而协议则是波形的具体化,按照所处信号处理位置的不同,波形协议可以工作在物理层、链路层、网络层、应用层,或者开发者自定义的层级。波形内部通过协议之间的接口与其他层次上的协议进行通信。可以看出,研究信号波形,必须从协议入手,通过协议认识和掌握波形。随着通信技术水平的日新月异,通信协议也变得越来越复杂。

对于从事协议分析的研究人员来说,由于分析对象的未知性和复杂性,那种技术应用上的被动跟随式思维应该被摒弃,在增广见闻涉猎众多具体协议的基础上,应更关注于理解协议形成的基本原理及其解决针对性问题的技术思路。只有切实地掌握协议技术的基本原理,协议开发者才可能将协议原理灵活运用,形成新的协议,同样协议分析者在面对未知数据时才不至于茫然无措,

7.2 通信协议特征

通信网是由许多具有信息交换和处理能力的节点互连而成的,典型的节点间通信系统模型如图7.1所示。

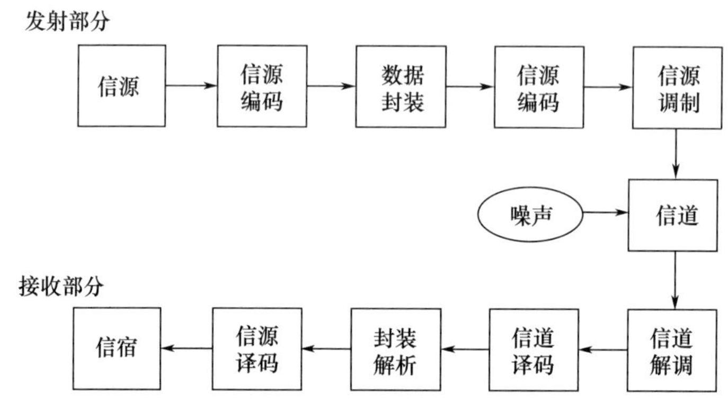

图7.1 节点间通信系统模型

要使整个网络有序协同工作,每个节点就必须遵守一些事先约定好的有关数据格式及时序等的规则,在通信网络中各通信节点所必须遵循的规则和约定就是通信协议。协议定义了数据单元使用的格式,信息单元应该包含的信息与含义,连接方式,信息的发送和接收时序,从而确保通信网络中数据能顺利地传送到确定的地方。

协议主要由语法、语义和时序3个要素组成,其中语法规定信息格式,语义说明通信双方应当怎么做,时序说明通信事件的先后顺序。协议三要素共同构成通信双方交互的过程与内容,这些内容在多个通信过程中基本相同,即双方需要表达的语义信息具有一定的稳定性。具体来说,语法指的是“如何讲”,语法定义了所交换的数据格式或结构,以及数据出现顺序的意义。如IP协议规定,数据报首部的第一个4bit是版本,第二个4bit是首部长度等。

语义指的是“讲什么”,语义定义了数据内容、含义以及控制信息,即需要发出何种控制信息,完成何种动作以及做出何种响应;如IP协议首部中的目的IP地址,表达的语义是根据目的IP地址进行路由。时序定义了通信的顺序、速率匹配和排序,即事件实现顺序的详细说明,时序主要体现在通信过程中的数据发送时间以及发送速率。

除了协议三要素,协议还有以下特点:协议中的各参与方都必须了解协议,并且预先知道协议细节,了解所要完成的所有步骤;协议中的各参与方都必须同意并遵循协议规则,没有规则外的行为;协议必须是清楚无歧义的,自始至终是有序的过程,协议中的每一步必须被依次执行,在前一步未完成之前,后面的步骤不能被执行,协议的每一步必须明确定义,清楚明白,不会引起误解。

协议执行过程中存在多种角色,可分为协议参与方、协议攻击方和第三方。协议参与方是网络中的通信单元,按照协议的要求参与协议的执行,按要求向协议提供输入,从协议中获得预计输出。协议攻击方是特殊的“参与方”,主要是指通过“窃听”或篡改报文等方法主动参与到协议的执行过程。有时,协议攻击方与协议参与方并无严格界限,协议攻击方也可能是协议参与方。协议第三方是公信方或仲裁方,主要执行基础协议或处理协议争端,如公钥分发等,可信第三方可简化协议设计,提高协议效率。

处在同一网络中的协议参与方,可能是同步网络,也可能非同步网络。同步网络严格按协议时序规定进行,非同步网络从发送到接收根据网络当时情况需要经历不确定的时间。为保证网络的可靠连接,不少协议采用广播信道进行同步告知,当不存在广播信道时,往往借助广播协议模拟物理上的广播。

7.3 协议层次模型

面对复杂的问题,人们喜欢采用分门别类的方法将复杂问题进行细化分解,然后逐一研究解决方法,通信中也是如此。当通信系统过于复杂,由单个协议完成很不方便时,就需要多个协议共同完成,而多协议协同工作时就必然会碰到一个多协议如何组织的问题,这种具有某种特定组织方式的多个协议的集合就是协议体系结构。

把复杂的通信网络协调问题进行分解,再分别处理,就是协议分层。协议分层可将复杂的问题简化,便于各部分的设计和实现。协议分层时尽量把相似的功能放在相同的层里,不能太少,也不能太多。如果层数过少,每层协议会太过复杂;如果层数过多,各层功能综合起来的难度会太大。

协议分层结构示意图如图7.2所示,每一协议层均实现相对独立的功能,在分层协议中,由下层协议向上层协议提供服务,上层协议是下层协议的数据载荷[1]。

协议分层后,协议将易于实现和维护,具备较好的灵活性,并且实现了结构上的可分割性,有利于协议的交流、理解和标准化。分层后的协议规定的是同等实体间的通信,但它并不表明对等层实体可以直接进行通信,而是表明任意实体只能处

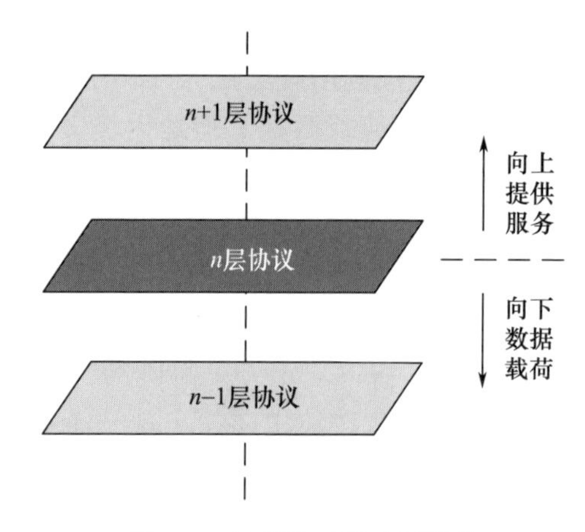

图 7.2　协议体系的分层结构

理其对等层实体的数据，因此，相邻两层之间的接口是高层通信所必须的。各层协议中，协议数据单元（PDU）通过网络接口传到下一层时不是 PDU 本身，而是以接口信息单元的方式进入，对协议数据单元可进行拆分和组合。

最常用到的协议层次模型是 1984 年国际标准化组织（ISO）提出的开放式系统互联（OSI）模型。此模型作为网络通信的概念性标准框架，使得在不同设备和应用软件所形成的网络上进行通信成为可能。如图 7.3 所示，OSI 将其网络协议定义为 7 层。

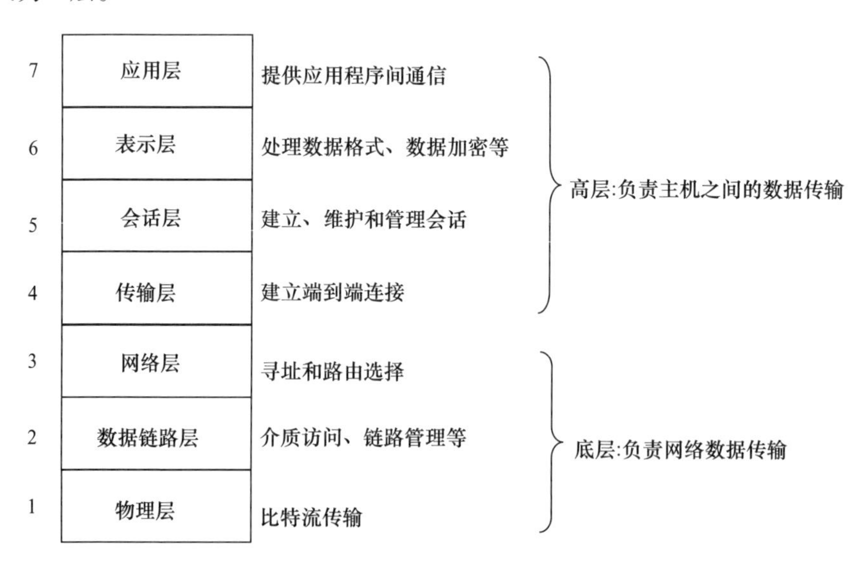

图 7.3　OSI 7 层模型

每一层都独立存在，分配到各层的任务也能够独立执行。OSI 模型的一大好处是各层在接口协商一致的情况下能独立更新，而不会影响其他层。应该指出的是，OSI 并不一定是协议分层的唯一方案，更不一定是最好方案，实际应用中的部分协议甚至不一定是层次结构。

在 OSI 中，当在同等层之间的节点进行通信时，有关通信规则和约定的集合就是该层协议，如物理层协议、传输层协议、应用层协议。每个协议层都有可能在数据上增加协议头和协议尾，协议头和协议尾以及数据只是相对概念，它们取决于分析信息单元的协议层。在特定 OSI 层，信息单元的数据部分可能包含来自于所有上层的协议头和协议尾以及数据，这称为协议封装，如传输层协议头包含了只有传输层可以看到的信息，经传输层向下传递的所有信息则是作为数据处理的。

OSI 7 层模型中，第 1 层 ~ 第 3 层处理网络设备间的通信，第 4 层 ~ 第 7 层处理数据源和目的地址间的通信。进一步 OSI 模型可分为两组：上层（5 ~ 7）和下层（1 ~ 4）。OSI 模型的上层处理应用信息，并且只在软件上执行。应用层是最高层，也是与终端用户最接近的。OSI 模型的下层处理数据传输，物理层和数据链路层上的信息在硬件和软件上执行。物理层是最底层，与物理网络媒介是最接近的。

具体说来，OSI 模型中各层的功能划分如下。

1）物理层

物理层处于最底层，规定了传输通道、接口、编码方式、速度等，是整个开放系统的基础。物理层为设备之间的数据通信提供传输媒体及互联设备，屏蔽种类繁多的具体物理设备和传输媒体的差异，向上层（数据链路层）提供一致的服务，为数据传输提供可靠的环境。

物理层的传输媒体可以是有线环境如双绞线、同轴电缆、光纤等，也可是无线环境，如短波、超短波、卫星等。除了物理层，任何对等层都不能直接进行通信，需要向其紧邻的下层发送数据并从该下层获得其对等层的数据。

物理层的协议数据单元为比特。

2）数据链路层

数据链路层实现可靠数据传输的功能，在物理媒体上传输的数据难免受到各种不可靠因素的影响而产生差错，为了弥补物理层上的不足，为上层提供无差错的数据传输，就要能对数据进行检错和纠错，数据链路层完成对数据链路的建立、拆除，对数据的检错、纠错等功能，将本质上不可靠的传输媒体变成可靠的传输通路提供给网络层。

数据链路层包含逻辑链路控制（LLC）子层和介质访问控制（MAC）子层两个子层，其中 MAC 子层解决当网络中共用信道的使用产生竞争时，如何分配信道的使用权问题；LLC 子层用于设备间单个连接的错误控制及流量控制。与 MAC 层不同,LLC 和物理媒介没有关系。

OSI 模型中网络层的功能独立于物理层,而数据链路层的功能则相当依赖于物理层的功能,物理层功能的不同将完全体现在数据链路层上,确定网络的拓扑结构以及实现最适合拓扑结构的功能也是数据链路层的主要功能。

数据链路层的协议数据单元是帧。

3）网络层

网络层的产生是网络发展的必然结果,当数据终端增多时,为了提高利用率,一台终端需要具备能和多台终端进行通信的能力,而这就需要路由或寻址。网络层最重要的功能是路由控制和中继,路由通过相互连接的网络把信息从源端移动到目的端,一般来说,在路由过程中,信息至少会经过一个或多个中间节点。网络层对上层用户屏蔽了子网通信的全部细节,如拓扑结构和子网数目等,向上层提供一致的服务、统一的寻址。

网络层的协议数据单元是分组。

4）传输层

传输层在端到端中实现了可靠性较高的数据传输,具有差错恢复、顺序还原、流量控制等功能,传输层的服务一般要经历传输连接建立、数据传送、传输连接释放3个阶段。传输层是由源端到目的端对数据传送进行控制从低到高的最后一层。传输层的上层通过利用传输层,完全不用考虑网络的种类以及所发生的错误及故障等。

传输层及以上层数据传送的协议数据单元都可称为报文。

5）会话层

会话层为会话类的应用进行传送权限的控制,提供的服务可使应用建立和维持会话,并能使会话获得同步。会话层使用校验点可使通信会话在通信失效时从校验点继续恢复通信。这种能力对于传送大文件极为重要。会话层以上不再参与数据传输,而是管理数据传输。

6）表示层

表示层规定了数据的表现形式,主要解决用户信息的语法表示问题,如数据的加密与解密处理及数据的压缩与解压缩等。表示层将欲交换的数据从适合某一用户的语法变换为适合于系统内部使用的传送语法,屏蔽了不同应用进程的不同数据表示。

对于用户数据来说,也可从语法和语义进行分析,语法是指数据的表示形式,语义是指数据含义。像文字、图形、声音、文种、压缩和加密等都属于语法范畴。

7）应用层

应用层是 OSI 的最高层,应用层向应用程序提供服务,而非具体的应用,具体应用位于应用层之上，即利用应用层协议。应用层在实现多个系统应用进程相互通信的同时，完成一系列业务处理所需的服务。

实际应用中 5 ~ 7 层的功能并不一定需要在各自的协议层中分开，如在应用最为广泛的传输控制协议/网际协议（TCP/IP）中，这些功能都归于一层中。表示层的加密与解密处理等大多在应用中运行，数据的压缩与解压也是在其下面的协议层被运行或是在应用内部被运行，所以表示层不一定会存在，会话层是大型主机的控制机构，一般不存在于分布式处理系统中。

需要指出的是，OSI 是理论上的标准，工业上的事实标准是 TCP/IP。图 7.4 是 OSI 与 TCP/IP 的层次对应关系。

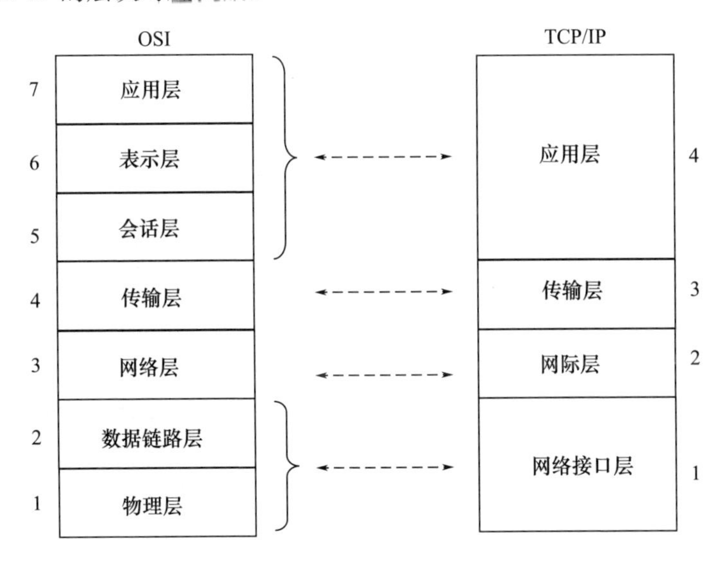

图 7.4　OSI 和 TCP/IP 的层次对应关系

TCP/IP 协议分层模型包括 4 个协议层。

1）网络接口层

网络接口层包括用于协作 IP 数据在已有网络介质上传输的协议。它定义像 ARP（地址解析协议）这样的协议，提供 TCP/IP 协议的数据结构和实际物理硬件之间的接口。

2）网际层

对应于 OSI 7 层参考模型的网络层，主要包括 IP、RIP（路由信息协议）、OSPF（开放式最短路径优先）协议等，负责数据的包装、寻址和路由。

3）传输层

对应于 OSI 7 层参考模型的传输层，提供两种端到端的通信服务，其中 TCP 提供可靠的数据流传输服务，而 UDP（用户数据报文协议）则提供不可靠的用户数据报服务。

4）应用层

对应于 OSI 7 层参考模型的应用层、表示层和会话层，主要包括 FTP（文件传输协议）、HTTP（超文本传输协议）、Telnet（远程登录）等协议。

7.4 协议标准化组织

在进行通信系统设计时，经常需要采用一些成熟而可靠的技术，也就是标准。事实上，大多数通信系统也是以某种标准规范为基础进行设计的，了解一些制定协议的标准化组织，对于获取和了解相关标准都有益处。下面介绍一些常见的标准化组织。

1）国际标准化组织（ISO）

ISO 成立于 1946 年，是目前世界上最大、最具权威性的国际标准化专门机构，ISO 和国际电工委员会（IEC）作为一个整体担负着制订全球协商一致的国际标准的任务。ISO 的任务是促进全球范围内的标准化及其有关活动，以利于国际间产品与服务的交流，以及在知识、科学、技术和经济活动中发展国际间的相互合作。

ISO 涉足绝大部分领域的标准化活动，但它制定的标准本质上却是自愿性的。ISO 的技术领域涉及信息技术、交通运输、农业和环境等。ISO 下设的 TC97 技术委员会负责 IT 技术有关标准的制定，前面提到的 OSI 模型就是由 ISO 和国际电信联盟（ITU）共同指定的。

2）国际电信联盟（ITU）

ITU 成立于 1865 年，1947 年成为联合国的专门机构，以前曾被称为国际电报电话咨询委员会（CCITT），ITU 是世界各国政府的电信主管部门之间协调电信事务的一个国际组织，它研究制定有关电信业务的规章制度，通过决议并提出推荐标准。

ITU 旨在促进电信技术设施和电信网的改进，管理无线电频带的分配与注册，避免各国电台的相互干扰。ITU 的工作可分为电信标准化、无线电通信规范和电信发展 3 个部分，管理国际无线电频谱和卫星轨道资源是 ITU 无线电通信部门（ITU – R）的核心工作。ITU – R 的主要任务亦包括制定无线电通信系统标准，确保有效使用无线电频谱，并开展有关无线电通信系统发展的研究。国际电信联盟通信标准化组织（ITU – T）是 ITU 下的专门制定通信相关国际标准的组织，主要负责对公共网所利用的协议进行标准化，符合 ITU – T 标准的系统将可以在全世界畅行无阻。

3）国际电工委员会(IEC)

IEC成立于1906年,是世界上最早的非政府性国际电工标准化机构,IEC负责有关电气工程和电子工程领域国际标准化的一切工作,旨在促进电气化、电子工程领域的标准化和有关方面的国际合作。

ISO和IEC成立了联合技术委员会,专门负责制定信息领域中的国际标准,该联合技术委员会是ISO、IEC中最大的技术委员会,所发布的国际标准也几乎占ISO、IEC发布标准总数的三分之一。

4）美国国家标准学会(ANSI)

ANSI成立于1918年,是非盈利性质的民间标准化组织。ANSI在美国处于国家标准化活动中心的位置,实际上也是全美的技术情报交换中心。

ANSI可以批准标准成为美国国家标准,但它本身不制定标准,ANSI遵循自愿性、公开性、透明性、协商一致性的原则,采用3种方式制定、审批ANSI标准,包括投票调查法、委员会法、现有标准遴选法。ANSI中的ANSI T1委员会进行各种与电信相关的标准化,ANSI X3委员会制定的FDDI（光纤分布式数据接口）100Mbit/s局域网标准同时也是ISO标准。

5）电气和电子工程师协会(IEEE)

IEEE成立于1961年,是目前全球最大的非盈利性专业技术学会,该组织在太空、计算机、电信、生物医学、电力及消费性电子产品等领域中都是主要的权威。IEEE定义的标准在工业界有极大的影响,在太空、计算机、电信、生物医学、电力及消费性电子产品等领域已制定了900多个行业标准。

IEEE标准制定的内容包括电气与电子设备、试验方法、元器件、符号、定义以及测试方法等。IEEE委员会中比较知名的是IEEE 802委员会,它的任务是制定局域网的国际标准,致力于研究局域网和城域网的物理层和MAC层中定义的服务和协议,对应OSI网络参考模型的最低两层(即物理层和数据链路层)。

6）互联网工程任务组(IETF)

IETF成立于1985年,是全球互联网最具权威的技术标准化组织,主要负责互联网相关技术规范的开发和制定,如TCP/IP系列协议,目前绝大多数互联网技术标准出自IETF。

IETF共包括8个研究领域:应用研究领域、通用研究领域、网际互联研究领域、操作与管理研究领域、实时应用与基础设施领域、路由研究领域、安全研究领域及传输研究领域。

IETF所制定的规范以RFC(请求说明)文档的形式对公众开放。

7）欧洲电信标准化协会(ETSI)

ETSI成立于1988年,ETSI的标准化领域主要是电信业,并涉及与其他组织合作的信息及广播技术领域。ETSI 作为一个被 CEN(欧洲标准化协会)和 CEPT(欧洲邮电主管部门会议)认可的电信标准协会,其制定的推荐性标准常被欧共体作为欧洲法规的技术基础而采用并被要求执行。

ETSI 下设 13 个与电信相关的技术委员会,包括环境工程技术委员会、无线及电磁兼容技术委员会、播送联合技术委员会、通信网络和系统的交互型连接技术委员会、人机因素技术委员会、测试方法和指标技术委员会、网络总体技术委员会、安全技术委员会、卫星地面站及系统技术委员会、信令协议及交换技术委员会、语音处理传输质量技术委员会、传输和复用技术委员会、电信管理网技术委员会。

8) 国际空间数据系统咨询委员会(CCSDS)

CCSDS 成立于 1982 年,主要负责开发和采纳适合于空间通信和数据处理系统的各种通信协议和数据处理规范。CCSDS 推出的一系列建议和技术报告,内容涉及分组遥测、遥控、射频、调制、时码格式、遥测信道编码、轨道运行、标准格式化数据单元、无线电外测和轨道数据等,反映了当前世界空间数据系统的最新技术发展动态。

CCSDS 推出的建议书具有显著的前瞻性和创新性,引领着世界空间数据系统领域技术不断向前发展。CCSDS 空间通信协议体系结构自下而上包括物理层、数据链路层、网络层、传输层和应用层,每一层又包括若干个可供组合的协议。

9) 美军标组织

美国军用标准化组织实行三级管理体制,顶层是国防部,中间层是部门标准化办公室,工作层是国防部办公厅、三军军部和各国防局的下属单位。国防部下设陆军标准化办公室、海军标准化办公室、空军标准化办公室和国防后勤局标准化办公室。这些标准化办公室的主要职责包括保证三军之间的互操作性以及美国同其盟国之间的互操作性,并迅速吸纳新技术,促进装备现代化。

美国三军都下设指挥、控制、通信和计算机系统相关办公室对各自的通信类标准进行管理,其标准化文件(现称国防部标准化文件)包括条约组织标准化协议(美国国防部称为国际标准化协议)、军用规范、军用标准和军用手册四大类。

由于技术发展迅速,往往会出现技术发展领先于正式标准的情况,这在从业人员众多的电子、通信等高新领域表现得尤为突出,在此背景下,有些企业就会自己制定一套标准来缓解技术进步与标准滞后之间的矛盾。有些国家政府也鼓励这种先期进入的领先企业自主开发必要技术规范的行为,如美国就认为强制性标准将不利于生产率的提高。这种由个别企业或组织所制定的技术规范就是私有协议,如思科公司的内部网关路由协议(IGRP)、交换链路内协议(ISL)、动态 ISL 协议和思科发现协议(CDP)等。私有协议一般不公开技术细节,其兴起和发展对相关领域的技术发展和企业竞争有较大的影响。

除技术企业外，出于安全和保密的需要，军队和政府也是大量私有协议的开发者和拥有者，这些私有协议关系到国家利益，对其使用和获取有严格的规定或法律来约束，极端情况下，一个国家的无线电管理部门都不了解该国军队所使用的通信协议，甚至通信系统。

7.5 常见信号波形

前面说过，波形是特定协议的集合，也是协议的具体应用，协议分析的对象其实就是一个个信号波形，有线通信的物理层和链路层一般相对简单，无线通信会比较复杂，从通信频段来分，无线通信可分为短波通信、超短波通信和卫星通信三大类。下面列出一些无线通信信号波形，其中也包括一些模拟信号波形，有兴趣进一步了解波形信息的，可查找相关参考资料。

短波通信的传播方式主要是天波和地波，比较容易受外部环境影响，短波通信的稳定性较差，噪声较大。在通信向高频宽带迅速发展的当代，短波通信曾一度被认为已经过时，但由于短波通信在军事通信上的特殊性及不可替代性，如通信距离远、机动性能好、抗毁能力强等不容忽视的独特优点，短波通信仍然是近中远距离军、民通信的一种重要手段。

将短波信号波形[2]归纳如表7.1所列。进一步的介绍可参考文献[2－3]。

表7.1 典型短波信号波形

序号	系统	概述	典型调制	典型速率
1	AFS Navy	海军加密通信	FSK	130.36
2	ALE－3G	三代自动建链，符合MIL－188－141B(Appendix C)和STANAG 4538	8PSK	2400
3	ALE－400	400HE带宽的ALE，符合MIL－188－141A	8FSK	50
4	ARQ－E3	单通道ARQ ITA3系统	FSK	48,50,96,192,288
5	ARQ－M2	CCIR342－2的2通道ARQ TDM系统	FSK	87,96,200
6	ASCⅡ	采用ASCII码的异步传输	FSK	50～600
7	AUM－13	传输数字代码	13－FSK	8
8	AUS MIL ISB	澳大利亚军队加密通信	FSK	50,600
9	AUTOSPEC	同步FEC传输系统	FSK	50,75

（续）

序号	系统	概述	典型调制	典型速率
10	BAUDOT	采用波特码的连续异步传输系统	FSK	45.45,50,70,75,100,150,180
11	CIS－36	俄罗斯同步双工系统	36－FSK	10,20,40
12	CLOVER－2000	自适应调制 8 tones ARQ 系统	PSK2A,PSK4A,PSK8A,PSK16A,ASK2PSK8 等	8 ×62.5
13	CV－786	基于 ASCII 的异步通信系统	FSK	50,75,100,150
14	DCS SELCAL	选呼和远程控制用噪声抑制	FSK	133.7,134.4,137
15	DGPS	差分全球定位系统	MSK	100,200
16	DominoF	业余无线电通信	MFSK	10.766w/min,40w/min
17	DominoEX	业余无线电通信，DominoF 改进版	MFSK	3.91,5.3,7.81,10.77,15.63,21.53
18	DPRK－ARQ600	朝鲜 ARQ 电传系统	FSK	600
19	DPRK－ARQ1200	朝鲜 ARQ 电传系统	FSK	1200
20	DRM	全球数字无线电系统	MQAM－OFDM	20～24kb/s,30.6～72kb/s
21	DUP－ARQ－2	含自动信道选择和跳频双工 ARQ	FSK	250
22	DUP－FEC－2	含自动信道选择和跳频双工 FEC	FSK	125,250
23	ECHOTEL1810	德军自动信道选择 ARQ 系统	8PSK	2400
24	FEC－A	使用卷积码的单工 FEC 广播系统	FSK	96,144,192,288,384
25	FELDHELL	一种图像电报系统	2ASK	122.5
26	FM－HELL	一种图像电报系统	2FSK	122.5
27	GMDSS/DSC－HF	海上急救系统/短波数字选呼	FSK	100
28	GRC－MIL－FSK	瑞士一种 FSK 通信系统	FSK	145.5
29	G－TOR	采用格雷码的数字通信系统	FSK	199,200,300
30	GW－FSK	GW 公司海上数据网络波形	FSK	100,200
31	HC－ARQ	Hagelin Crypto 公司同步 ARQ 系统	FSK	240
32	HELL	西门子一种无线电传真	2ASK/2FSK	122.5
33	HF－ACARS（HFDL）	短波数据链路协议	BPSK/QPSK/8PSK	300,60,1200,1800

（续）

序号	系统	概述	典型调制	典型速率
34	HNG - FEC	匈牙利单工 FEC 系统	FSK	100.05
35	IRN - QPSK	伊朗数据传输系统	QPSK	207
36	JT2	业余无线电波形	FSK/BPSK	4.375
37	JT44	业余无线电波形	44 - tone FSK	5.4
38	JT6M	业余无线电波形	44 - tone FSK	21.53
39	JT65	业余无线电波形	65 - tone FSK	5.4,10.8,21.6
40	LINK - 1	北约 1 号数据链（密标，信息不加密）	FSK	600b/s,1200b/s,2400b/s
41	LINK - 10	北约 10 号数据链，又称 LINK - Y	不明	最大 4800
42	LINK - 11（CLEW）	北约 11 号数据链，符合 MIL - 188 - 203 - 1A	16 tones AM - DQPSK	45.45,75
43	LINK - 11（SLEW）	北约 11 号数据链，符合 STANAG 5511	8PSK	2400
44	LINK11B	北约 11 号数据链，符合 MIL - 188 - 212	FSK/QPSK	1200
45	LINK - 14	北约 14 号数据链，又称 LINK - Z	FSK	75
46	LINK - 22	北约 22 号数据链	QPSK、8PSK	2400
47	MD - 674	基于 ASCII 的异步传输	FSK	50,75,100,110
48	MD - 1061	16 tones 全双工调制器	DCPSK	75 ~ 2400b/s（信息）
49	MD - 1142	全双工异步调制器	FSK	最大 110
50	MD - 1280	异步传输的音频电传	FSK	50 ~ 300
51	MFSK - 16	多频数字传输系统	MFSK - 16	15.625
52	MFSK - 20	传输数字代码的多频系统	MFSK - 20	10,20
53	MFSK - 8	多频数字传输系统	MFSK - 32	7.81
54	MIL - 188 - 110A	美国国防部使用的数据通信标准	8PSK	2400
55	MIL - 188 - 110B	美国国防部使用的数据通信标准，符合 STANAG 4539	8PSK,6QAM,32QAM,64QAM	2400
56	MT - 63	业余无线电聊天用	64 tones DBPSK	5,10,20
57	NUM - 13	数字代码传输系统（SP - 14）	AM - MFSK - 14	7.5
58	NAVTEX	海上安全信息网组成部分，传输导航和气象等重要信息	FSK	100

（续）

序号	系统	概述	典型调制	典型速率
59	NDS200DGPS	传输 DGPS 的短波数据链	BCPSK,QCPSK	100
60	OLIVIA	一种业余无线电电传	MFSK – 8/16	31.25,61.5
61	PACKET – 300/600	业余无线电波形	FSK	300,600,1200
62	PACTOR	业余无线电和部分商用的单工 ARQ 电报系统	FSK	100,200
63	PACTOR – FEC	广播用的 FEC 版本 PACTOR	FSK	100,200
64	PACTOR – Ⅱ	比 PACTOR 速率更高的版本	DBPSK,DQPSK,D8PSK,D16PSK,16PSK	100
65	PACTOR – Ⅱ – FEC	FEC 版本 PACTOR – II	双信道 DQPSK	100
66	PACTOR – Ⅲ	比 PACTOR – II 速率更高的版本	2,6,14,16 或 18 tones DBPSK,DQPSK	100
67	PRESS – FAX	传真	AM/FM	60r/min,90r/min,120r/min,180r/min,240r/min;IOC 288,352,576;2400,4800,7200
68	PSK – 10	业余无线电窄带通信	DBPSK	10
69	PSK – 125F	业余无线电窄带通信	DBPSK	125
70	PSK – 220F	业余无线电窄带通信	DBPSK	220
71	PSK – AM	业余无线电窄带通信	DBPSK	10,31.25,50
72	SI – FEC	单工 FEC 电传系统	FSK	96,192
73	SITOR – ARQ	单工 ARQ 电传系统	FSK	100
74	SITOR – FEC	单工 FEC 电传系统	FSK	100
75	SP – 14	用于传数字代码的单工系统	AM – FSK	7.5
76	STANAG 4285	北约军用通信标准	8PSK	2400
77	STANAG 4415	北约军用通信标准	8PSK	2400
78	STANAG 4444	北约军用通信标准	QPSK	1200
79	STANAG 4481 – FSK	北约军用通信标准（KG84 加密）	FSK	75,100,150,300,600
80	STANAG 4481 – PSK	北约军用通信标准（岸到舰广播）	BPSK	2400
81	STANAG 4529	北约军用通信标准	BPSK,QPSK,8PSK	1200

（续）

序号	系统	概述	典型调制	典型速率
82	STANAG 5031	北约军用通信标准（岸到舰广播）	FSK	50,75,100,150,300,600
83	WEATHER – FAX	气象传真	FSK	60,90,120,180,240r/min;2400,4800,7200Bd
84	WINMOR	业余无线电通信模式（TCM）	4/8/16PSK,4/8FSK	46.875,96.75
注：表中 w/min 表示每分钟字数；r/min 表示每分钟转数，其他未标注单位者均为波特率（Bd）				

超短波通信由于地面吸收较大和电离层不能反射，主要靠直线方式传输，传播距离不远，一般为几十千米的视距传输。与短波传输方式不同，超短波使用的传输模式更加复杂。与短波的传输速率相比，超短波的传输速率要高一些。

将超短波信号波形[2]归纳如表 7.2 所列。进一步的介绍可参考文献[2,4]。

表 7.2　典型超短波信号波形

序号	系统	概述	典型调制	典型速率
1	ACARS	飞机通信、寻址及报告系统	AM – FSK	2400
2	ADS – B	飞机位置、高度和速度报告系统	PPM	1Mb/s
3	AIS	船舶自动识别系统	GMSK	9600
4	APCO – 25	数字无线集群通信系统	C4FM – CQPSK	4800
5	ATIS	水上自动发射识别系统	FM – FSK	1200
6	Bluetooth	蓝牙	GFSK,π/4DQPSK,8DPSK	1 ~ 3Mb/s
7	BIIS	欧洲数字集群通信	FFSK	1200
8	CDMA2000	2.5G/3G 移动通信标准	QPSK,OQPSK,HPSK,16QAM,64QAM – DSSS	1.2288Mchip/s,3.6864Mchip/s
9	DAB	数字音频广播	OFDM – DQPSK	2.048Mb/s
10	D – AMPS	美国 2G 数字移动电话	π/4DQPSK	48.6kb/s
11	DCSS	用于选择呼叫和远程控制	FSK	133.7,134.4,137
12	DECT	欧洲数字无线电话标准	GFSK	10 × 1.728MHz
13	DGPS	差分全球定位系统	MSK	100,200
14	DMR	数字集群通信协议	4 – FSK	4800
15	dPMR	数字集群通信协议	4 – FSK	2400
16	DSTAR	业余数字集群通信协议	GMSK	4.8kb/s,128kb/s,10Mb/s
17	EPIRB	应急无线电示位标	BPSK	400

（续）

序号	系统	概述	典型调制	典型速率
18	ERMES	欧洲无线电寻呼系统	4 - PAM/FM	3125
19	EXICOM EX7100	偏远地区通信用	16QAM	25kHz
20	FLEX	寻呼系统	FFSK	1600,3200,6400
21	FMS - BOS	德国安全组织用无线信令系统	FM - FSK	1200
22	GMDSS/DSC - VHF	全球海上遇险和安全系统	FM - FSK	1200
23	GOLAY/GSC	美国数字寻呼系统	FSK	300,600
24	GSM	第二代移动通信	GMSK	270. 833kb/s
25	JT6M	业余无线电通信	44 - tone FSK	21. 53
26	Link 4A	美军数据链	FSK	5kb/s
27	Link - 11(CLEW)	美军数据链	16 tone AM - DQPSK	45. 45,75
28	Link - 11(SLEW)	美军数据链	8PSK	4800
29	MDC - 600/ MDC - 1200	摩托罗拉双向无线电传	FFSK	600,1200
30	MDC - 4800	摩托罗拉双向无线电传	GFSK/GMSK	25kHz
31	MOBITEX - 1200	多址接入包交换无线通信系统	FM - FFSK	1200
32	MOBITEX - 8000	多址接入包交换无线通信系统	GMSK	8000
33	MPT - 1327	集群通信协议	FM - FSK	1200
34	NMT - 450	北欧国家模拟移动电话	FFSK	1200
35	NWR - SAME	传输气象信息	FSK	520. 83
36	NXDN	窄带数据通信	4FSK	4800b/s,9600b/s
37	PACKET - 1200	业余无线电波形	FM - FSK	600,1200
38	PACKET - 9600	业余无线电波形	GFSK	2400,4800,9600
39	POCSAG	寻呼系统	FSK	512,1200,2400
40	RD - LAP	ARDIS 中使用的一种协议	4FSK	9600
41	RDS/RBDS	欧洲 FM 广播通信协议	WFM - QPSK	1187. 5b/s
42	SINCGARS	单信道地面和机载无线电系统	FSK	20000
43	TETRA	陆地集群通信标准	$\pi/4$ - DPSK	18k
44	Trunked Radio	集群通信	NFM,GMSK,FFSK	1200
45	VDL 2	超短波数据链模式 2	D8PSK	10. 5k
46	VDL 3	超短波数据链模式 3	D8PSK	10. 5k
47	VDL 4	超短波数据链模式 4	D8PSK,GFSK	10500,19200

（续）

序号	系统	概述	典型调制	典型速率
48	X. 25	x. 25 帧格式 TDMA 波形	FM－FSK	300,600,1200
49	ZVEI－VDEW	数字选呼系统	FFSK	1200
50	V. 21	ITU－T 调制解调器建议标准	FSK	300
51	V. 22	ITU－T 调制解调器建议标准	DBPSK,DQPSK	600
52	V. 22 bis	ITU－T 调制解调器建议标准	DQPSK,16QAM	600
53	V. 23	ITU－T 调制解调器建议标准	FSK	600,1200
54	V. 26	ITU－T 调制解调器建议标准	DQPSK	1200
55	V. 26 bis	ITU－T 调制解调器建议标准	DBPSK,DQPSK	1200
56	V. 26 ter	ITU－T 调制解调器建议标准	DBPSK,DQPSK	1200
57	V. 27	ITU－T 调制解调器建议标准	D8PSK	1600
58	V. 32	ITU－T 调制解调器建议标准	16QAM,32QAM	2400
59	V. 32 bis	ITU－T 调制解调器建议标准	4QAM,16QAM,32QAM,64QAM,128QAM	2400
60	V. 33	ITU－T 调制解调器建议标准	64QAM,128QAM	2400
61	V. 36	ITU－T 调制解调器建议标准	PCM/SSB－AM	48kb/s,56kb/s,64kb/s,72kb/s
62	V. 37	ITU－T 调制解调器建议标准	PAM－SSB	92kb/s,112kb/s,128kb/s,144kb/s
63	V. 90	ITU－T 调制解调器建议标准	PCM－TCM	3000,3200,3429
64	V. 17	ITU－T 传真建议标准	16QAM,32QAM,64QAM,128QAM	2400
65	V. 29	ITU－T 传真建议标准	DQPSK,D8QAM,16APSK	2400
66	V. 27 bis	ITU－T 传真建议标准	DQPSK,D8PSK	1200,1600
67	V. 27 ter	ITU－T 传真建议标准	DQPSK,D8PSK	1200,1600
68	V. 34	ITU－T 传真建议标准	MD－TCM	2400,2743,2800,3000,3200,3429
注:表中未标注单位者均为波特率(Bd)。				

超短波通信还有一些调制波形和传真波形，调制波形如 Modem Standard V. 19、V. 21、V. 22、V. 22 bis、V. 23、V. 26、V. 26bis、V. 26ter、V. 27、V. 32、V. 32bis、V. 33、V. 36、V. 37、V. 38、V. 90；传真波形如 FAX Standard V. 17、V. 29、V. 27bis、V. 27ter、V. 34。

对短波信号波形和超短波信号波形可从协议标准上进行分类归纳，其传输模式可大致分为同步或准同步模式、半双工自动重复请求（ARQ）模式、全双工 ARQ 模式、前向纠错（FEC）模式、MFSK 模式、甚高频－特高频（VHF－UHF）模式、FAX 模式等。

1）同步或准同步模式

这种模式通信的关键是建立同步，在同步的基础上就可以解码。同步方法是在每个字符的开头设置一个开始比特 0，然后在尾部设置一个或几个停止比特，并且停止比特的长度要么是其他比特的长度一样，要么是其他比特长度的 1.5 倍。

该模式下的几种信号波形举例：ASCII、BAUDOT。

2）半双工 ARQ 模式

半双工通信模式下通信双方只能交替发送和接收信息，不支持同时进行收发操作，为了保证通信的可靠性，一般采用 ARQ 协议来进行差错控制，ARQ 协议中利用像 CRC 等差错检测技术对丢失数据和错误数据自动请求重发。ARQ 协议有 3 种：停止等待 ARQ、后退 N 帧 ARQ、选择性 ARQ。

使用该模式通信时发送方在发送一个数据包后随即切换到接收状态，接收方在收到数据包后随即切换到发射状态，根据差错检测结果通知发送方是否有重发需求。发送方只有在前一数据包成功发送的情况下才进行下一数据包的发送。显然，对半双工 ARQ 模式而言，需要频繁切换数据发送方向。

该模式下的几种信号波形举例：ALIS、ALIS－2、ARQ6－90、ARQ6－98、G－TOR、HC－ARQ、PACTOR、PACTOR－II、SI－ARQ、SI－AUTO、SITOR－ARQ、SWED－ARQ、TWINPLEX。

3）全双工 ARQ 模式

全双工 ARQ 主要工作在点对点模式下，并且一般传输速率较高，全双工 ARQ 设备支持电报、计算机数据、传真数据等的传输。传统的双工设备以不同的频率进行数据的收和发，抗干扰性不强，如其中的一个频率受到干扰，则通信会中止。通过采用新的方式可以解决这个问题，如 DUP－ARQ 模式下数据包和控制信息的发送与接收均使用同一个频率，即使其中的一个频率受到了干扰，系统仍然可以工作。

该模式下的几种信号波形举例：ARQ－E3、ARQ－N、ARQ－M2－342、ARQ－M2－242、ARQ－M4－342、ARQ－M4－242、BULG－ASCII、CIS－11、CIS－14、CIS－36、DUP－ARQ、DUP－ARQ－2、POL－ARQ。

4）FEC 模式

现代通信系统普遍采用了先进的纠错 FEC 技术，使用 FEC 技术可以明显提高传输质量。

接收端在收到 FEC 码后，通过 FEC 译码能自动地纠正码字中的错误，并且译

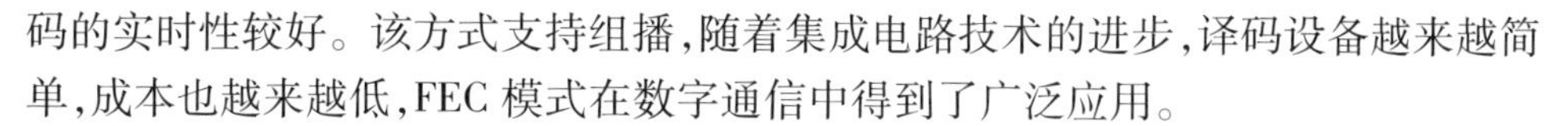

码的实时性较好。该方式支持组播，随着集成电路技术的进步，译码设备越来越简单，成本也越来越低，FEC 模式在数字通信中得到了广泛应用。

该模式下的几种信号波形举例：AUTOSPEC、DUP - FEC - 2、FEC - A、HNG - FEC、RUM - FEC、SI - FEC、SITOR - FEC、SPREAD - 11、SPREAD - 21、SPREAD - 51。

5）MFSK 模式

MFSK 系统在短波通信系统中比较常见，同具有相同波特率的二进制传输系统相比，MFSK 信息速率要高得多。

该模式下的几种信号波形举例：COQUELET - 8、COQUELET - 13、COQUELET - 80、MIL - STD - 188 - A、MFSK - 8、MFSK　16、MFSK - 20、PICCOLO - MK6、PICCOLO - MK12、CIS - 36。

6）VHF - UHF 模式

VHF - UHF 模式下的纯数传系统比较少见，与短波相比，VHF - UHF 模式下的传输速率要高一些，二次调制模式的波形速率大多采用为 1200b/s，高一点的传输速率可以达到 9600b/s。VHF/UHF 常用的调制方式为 2FSK、FFSK、4FSK、GFSK、FFSK 等。VHF - UHF 模式中也有一些就是 FEC 系统，如 ERMES、GOLAY 和 POCSAG，还有一些是 ARQ 系统，如 ACARS、ATIS 和 FMS - BOS 等。

该模式下的几种信号波形举例：ACARS、ERMES、GMDSS/DSC - VHF、GOLAY、METEOSAT、MPT - 1327、NOAA - GEOSAT、PACKET - 1200、PACKET - 9600、POCSAG、SELCAL ANALOG、ATIS、FMS - BOS、ZVEI - VDE。

7）FAX 模式

FAX 模式主要用于传输一些气象类信息，该类信号波形常以某个频率开始传输，持续几秒后传输一段时间的同步信息，然后是数据信息，最后是停止频率。

该模式下的几种信号波形举例：FELDHELL、FM - HELL、PRESS - FAX、SSTV、WEATHER - FAX。

卫星通信是微波中继通信技术和航天技术相结合的产物，和其他通信方式相比，卫星通信具有通信频带宽、通信容量大、覆盖范围广、通信距离远、便于组网、适合多业务等诸多优点，在现代通信中的地位日益重要。按卫星运行轨道分，卫星通信系统可分为地球静止轨道（GEO）、中轨道（MEO）和低轨道（LEO）系统。GEO 卫星系统中有能提供全球覆盖的 Intelsat 和 Inmarsat 等，提供区域覆盖的 Thuraya、ACes、MSAT 等；MEO 卫星系统有 Odyssey、MAGSS - 14、ICO 等；LEO 卫星系统有 Iridium、Globalstar、Orbcomm、Gonets 等。

随着卫星技术和计算机技术的发展，卫星通信领域出现了甚小口径终端（VSAT）卫星系统，VSAT 使得用户、家庭和个人可以直接利用卫星进行通信，并能提供高品质的数据、话音、图像等业务，符合通信发展趋势，是传统卫星通信方式的重大突破和发展。

7.6 协议分析内容

协议是承载在信号波形上的通信特征,对各层协议内容的分析具体表现在对信号波形的层层深入分析中。与发射端协议从上往下逐层处理不同的是,侦察分析方其实就是模拟通信接收端的工作,尽可能详尽地将协议从下往上逐层还原的的处理流程。

早期的信号分析方法主要是通过人工方法由操作员用耳机、示波器或频谱仪分析解调结果,进而判断信号属性,达到协议分析的效果。由于现代通信广泛采用数字调制及信道编码等数字信号处理技术,人工方法已完全不能适应通信侦察的需要。对现代通信信号进行分析必须在深入研究信号处理流程及协议封装的基础上,对信号进行抽丝剥茧似地分析,全面澄清信号参数,从结构上和逻辑上挖掘协议特征,进而进行还原。

从图 7.1 可以归纳出一个通信信号可能包含的波形特征,包括信号的物理特征、信道编码特征、网络规约特征和信源编码特征[5],其中网络规约特征指的是物理层以上的协议内容。从发射端的信号处理流程可以得到信号波形的分析流程如图 7.5 所示。

1)信号参数及调制样式分析

信号参数及调制样式分析主要解决信号的物理特征分析问题,目前对信噪比较好情况下的信号发现、参数估计、调制样式分析等已经有了较为深入的研究,取得了一定成果。但随着电磁环境的复杂,很多信号信噪比较低,特征不是很明显。如何及时发现并捕获低信噪比通信信号,同时对其进行参数估计,是通信信号分析今后要重点解决的问题。

2)信道编码分析

信号经过解调后将进入真正的数字信号处理层面,分析对象为 0、1 组成的比特流,在对比特流的特征分析中,信道编码是一个重要方面。常用的信道编码类型包括卷积码、分组码、Turbo 码、分组交织、卷积交织、自同步扰码、同步扰码等。

对信道编码进行分析就是在仅知编码数据而很少知道或完全未知其他信息的条件下如何估计编码参数,进而成功解码恢复编码前序列。就应用环境和使用条件而言,全盲、高误码、低数据量情况下的识别分析是信道编码识别领域的研究趋势。

3)网络规约分析

网络规约是信号协议的关键组成部分,体现信号协议的核心特征,具体是指比

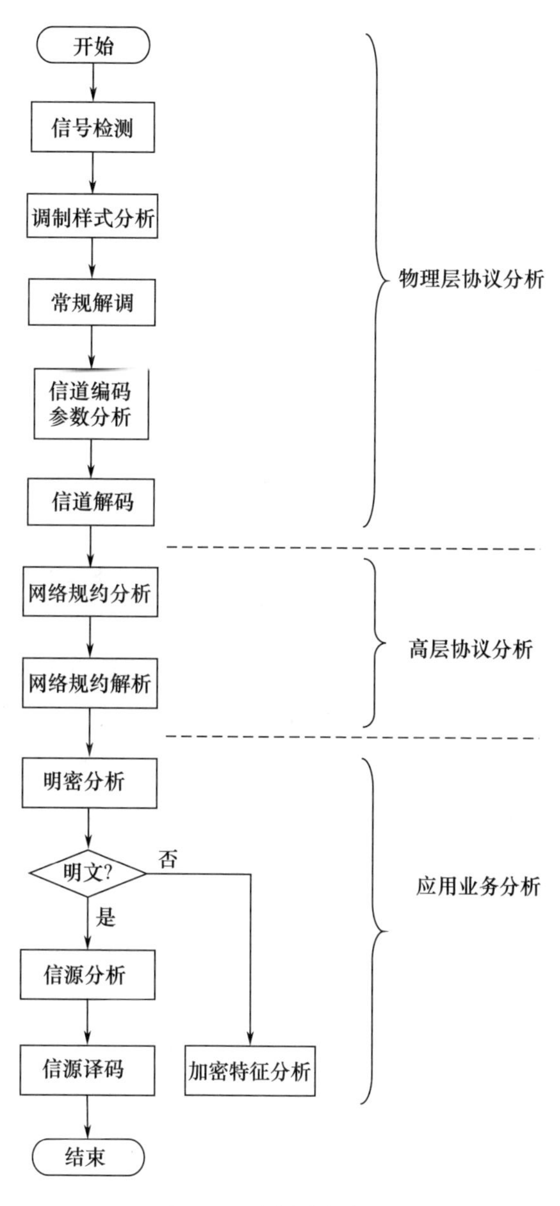

图 7.5　信号分析流程

特流在链路层、网络层、传输层、应用层方面的规约，包括协议帧长、帧头、特征字、校验字等特征。信号的很多重要属性都在此部分，如信令规约、源地址、目的地址、消息类型、信道分配指示、接入申请、建链拆链等。有些网络规约信息可以从比特流数据中直接通过技术分析得到，而对特定字段含义的分析还需结合相应信号参数和报文释义对照进行。网络规约分析是进行协议解析和协议攻击的基础,是信息战较量的主要表现形式。

4）信源编码分析

信源编码是通信信号的业务承载,用于描述通信传输的具体信息内容,包括字符编码、传真编码、语音编码、图像编码等。信源编码分析是获取通信内容和信息情报所必须解决的问题。信源编码分析主要解决两个问题:信源编码的类型识别及信源恢复。

此外,依据对比特流数据进行随机性分析的结果,还可得到表示信号重要性的明密属性特征,这对判断是军事信号还是重要的商用通信信号比较有用。

前面章节已经用较大篇幅讨论了通信信号的接收问题,对信号参数估计和调制样式分析也进行了相关讨论,后面将以解调后的比特流为分析对象,对信道编码、已知协议、未知协议、数据随机性和信源编码的分析方法进行讨论。需要注意的是,对比特流特征分析讨论的重点不在介绍一些高深的分析算法,而在展示一个信号分析的流程,提供一些分析思路。说到底就是想告诉大家一件事:对于信号的比特流分析问题,只要认真思考,是有办法解决的。

参考文献

[1] 丸山修孝. 通信协议技术[M]. 王庆,译. 北京:科学出版社,2004:2 - 4.

[2] W - PCI/e,W - CODE. W - CLOUD Manual V8. 3. 00[Z]. Switzerland:WAVECOM ELEKTRONIK AG,2013:107 - 247.

[3] PROESCH R. Technical handbook for radio monitoring HF[M]. Germany:Books on Demand Gmbh,2011:131 - 391.

[4] PROESCH R. Technical handbook for radio monitoring VHF/UHF[M]. Gemany:Books on Demand Gmbh,2013:101 - 320.

[5] 张永光,翟绪论. 比特流分析[M]. 北京:电子工业出版社,2018:18 - 28.

第 8 章

信号比特流分析

在解调得到信号所承载的比特流数据后，从分析内容来看，协议分析主要包括两部分：底层物理层的信道编码参数分析和高层链路层以上的语法、语义、时序分析。信道编码参数分析是高层协议分析的基础，只有打开信道编码这扇门，才具备进行链路层以上分析的可能性。高层协议分析中，从比特流的结构特征可以对协议的语法结构进行分析，但语义和时序的分析往往还得结合具体的信号行为及通信流程进行。

在信号协议的分析过程中，始终需要注意的一个问题是，虽然协议分析是一个全新并且难度较大的领域，但使用的很多分析方法却不一定是新的，在协议分析的研究过程中，对其他领域一些比较好的方法可多加移用。协议分析的显著特点是高层协议的分析条件高度依赖于底层协议的分析结果，错误的分析结果万万千，正确的分析路径却只有一条，只有前面的分析完全正确，后面的分析才能进行下去。

8.1 信道编码分析

8.1.1 信道编码介绍

信道编码主要用于提高通信的传输可靠性，通过增加冗余码元来实现，一般采用定长编码方法。信道编码主要包括扰码、纠错码及交织码 3 种类型，其中扰码对信源数据进行随机化处理，纠错码用于检测与纠正信号传输过程中因噪声干扰导致的差错，交织码是抗突发错误的一种有效手段。

扰码用于对信源编码器送来的数据进行随机化处理，改变原有数据序列的统计特性，使之具有伪随机特性。从扰码序列是否独立于用于加扰的伪随机序列来看，扰码可分为自同步扰码和同步扰码两种。自同步扰码与解扰以线性反馈移位寄存器（LFSR）为基础，在反馈逻辑输出与第一级寄存器之间引入异或逻辑，将得到的结果作为寄存器的输入，形成图 8.1 所示的自同步扰码器。

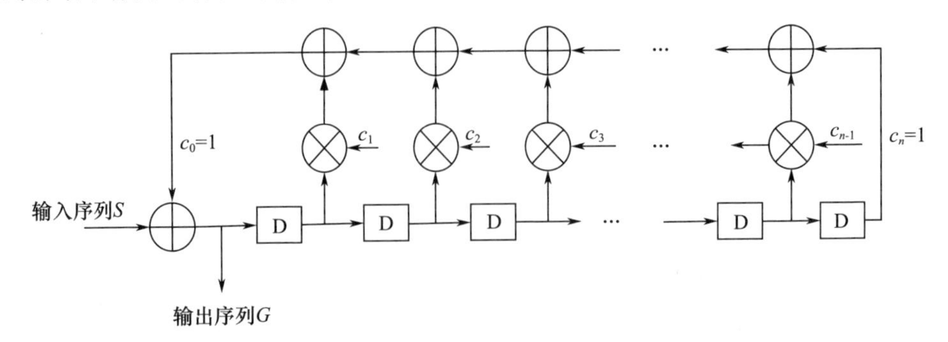

图 8.1　自同步扰码器

自同步解扰器需要采用不同的结构以完成相反的过程，如图 8.2 所示。这种结构可以从输入的加扰序列 G 中得到原始序列 S。

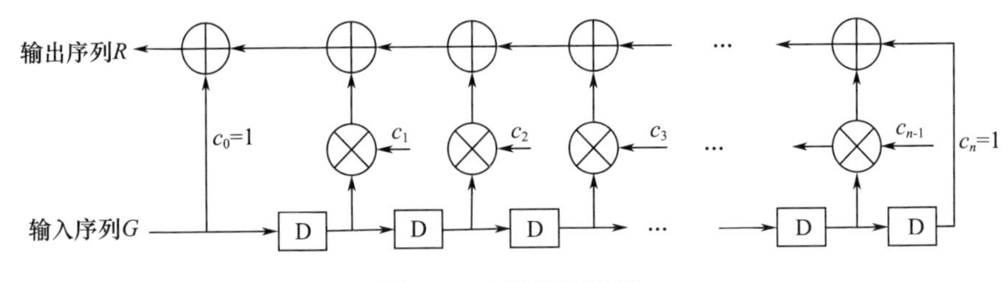

图 8.2　自同步解扰器

同步扰码的加扰序列一般采用 m 序列，通过把 m 序列加到数据序列上产生信道序列。信道序列减掉一个同样的序列，被扰乱的数据序列就得到恢复。同步扰码的加扰器和解扰器具有相同的结构，如图 8.3 所示。

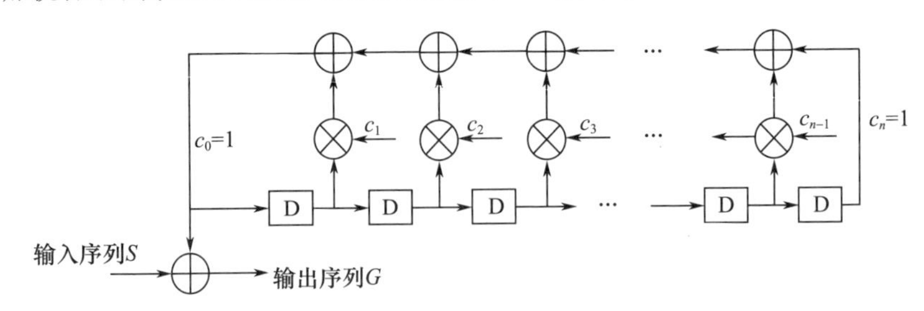

图 8.3　同步扰码器

纠错码按功能可分为检错码和纠错码，按对信源序列进行的不同处理方式可分为分组码、卷积码及级联码，按照信息码元在编码之后是否保持原来的形式不变，又可分为系统码与非系统码。在系统码中，编码后的信息码元不发生变化，并且与监督位分开,而在非系统码中,信息码元发生改变。系统码与非系统码的纠错能力完全等价,并且系统码的译码较非系统码的译码更为简捷,所以实际应用中得到广泛应用的是系统码。

线性分组码中信息码元和监督码元可以用线性方程联系起来,每个 (n,k) 码组的校验元仅与本组的信息元有关,与别组无关。如图 8.4 所示,编码器输入 k 位码元信息组 M,输出 n 位码元码字矢量 $\boldsymbol{C}$,其中含 $n-k$ 位监督元。

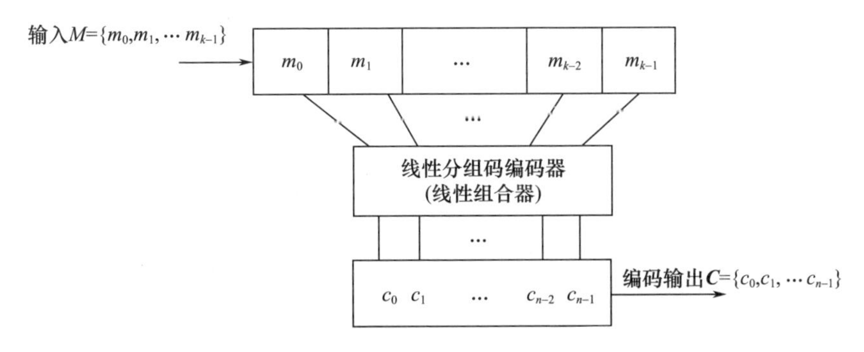

图 8.4　线性分组码编码器

在线性运算封闭约束的基础上,加入循环封闭的约束,可得到一类最重要的线性码即循环码,目前已发现的大部分线性分组码均与循环码有密切联系,可归入循环码的范畴。常见的分组码有 Hamming 码、CRC(循环冗余校验)码、BCH(博斯 - 乔赫里 - 霍克文黑姆)码、RS 码等。

卷积码与分组码不同,卷积码是一种对信息流进行有记忆分组的编码方法,编码时本组的 n_0-k_0 个检验元不仅与本组的 k_0 个信息元有关,而且还与以前各时刻输入至编码器的信息元有关。卷积码中每组的信息位和码长,通常比分组码要小,卷积码的编码示意图如图 8.5 所示。

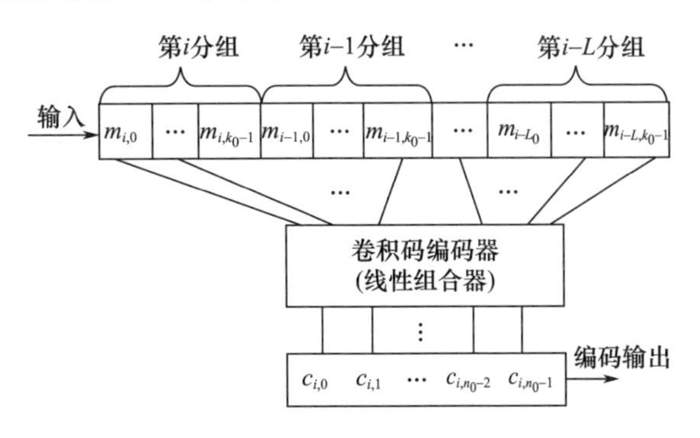

图 8.5　卷积码编码示意图

实际应用中,系统常采用多次编码,将各级编码看成一个整体进行编码,就是级联码。当由两个编码串联起来构成一个级联码时,作为离散信道中的编码称为内码,以离散信道为信道的信道编码称为外码。由于内码译码结果不可避免地会产生突发错误,因此,内外码之间一般都要有一层交织器,一般级联码结构如图8.6所示。

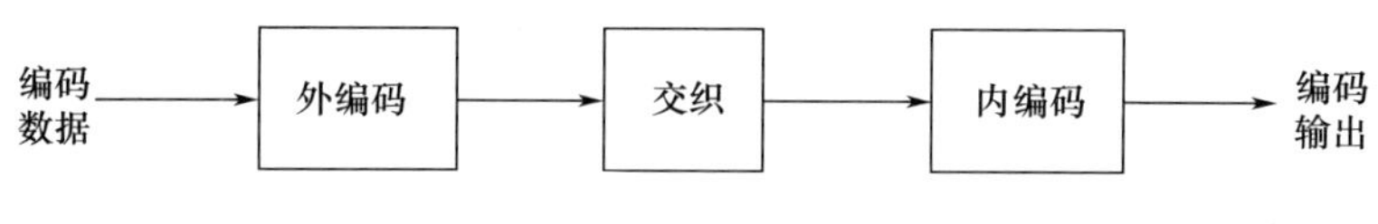

图8.6 级联码结构

按交织方式进行分类,交织可分为分组交织和卷积交织。分组交织以组为单位进行交织,即将纠错序列分割成 L 长一帧,对每帧实施置换,以达到将突发错误转换成离散错误的目的。分组交织中最常见的是行列交织,从结构上看行列式交织就是一个 M 行 N 列的二维存储阵列。已编码的数据按比特或者符号逐行写入存储器,然后按列从存储器中读出,这样就完成了交织过程。

目前,常用的还有一种译码性能非常优异的并行级联编码——Turbo 码,如图8.7所示。

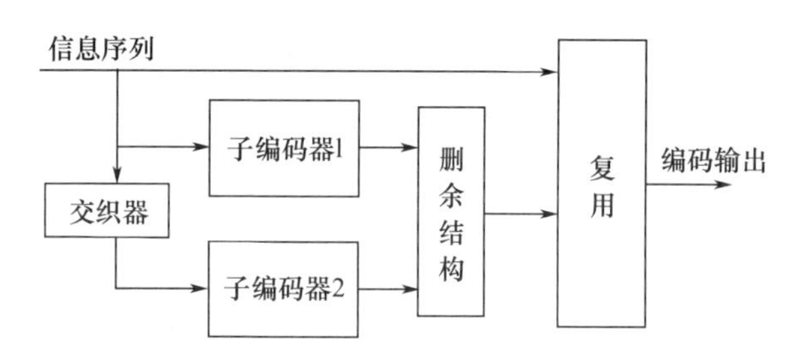

图8.7 常用 Turbo 码结构

Turbo 码的最大特点是通过引入交织器和解交织器实现随机性编码,并通过若干短码的有效结合实现长码,达到接近 Shannon 理论极限的性能。Turbo 码中并行级联的结构能够使两个码交替而互不影响地译码,并可通过关于系统码信息位的软判决输出相互传递信息,进行迭代译码。

8.1.2 分组码分析

线性分组码是最早研究的纠错码,也是分组码中最重要的一类码。对 (n,k) 线性分组码,生成矩阵 $\boldsymbol{G}$ 把一个长为 k 的输入矢量 $\boldsymbol{M}$ 编码为一个长为 n 的矢量 $\boldsymbol{C}$,满足关系

$$C = MG \tag{8-1}$$

式中:C 称作码字,而 M 称作信息字。

对分组码进行识别分析就是在仅知 C 而很少知道或完全未知其他信息的条件下,如何估计生成矩阵 G,进而成功恢复信息序列 M[1]。

对编码数据 C,有 $CH^{\mathrm{T}}=0$ 成立,其中为 H 校验矩阵,如能通过数学分析求出 H^{T},则由 $GH^{\mathrm{T}}=0$ 可求出生成矩阵 G。进一步,如果是系统码,其校验矩阵对应唯一的生成矩阵 G。分组码的识别分析需要识别的未知参数包括码字起点 i、码长 n、码率 k/n、生成矩阵 G、校验矩阵 H、生成多项式 $g(x)$ 等。在待分析的识别序列数据中,分组码字起始点是未知的,范围是 $1 \leqslant i \leqslant n$。生成矩阵 G 是识别分析的目标,得到了 G,也就基本上完成了识别分析。

从定义来看,对一个(n,k)循环码中,有且仅有一个次数为 $2t=n-k$ 的码字多项式

$$g(x) = x^{2t} + g_{2t-1}x^{2t-1} + \cdots + g_1 x + g_0 \tag{8-2}$$

用多项式表示生成矩阵的各行为

$$G(x) = \begin{bmatrix} x^{k-1}g(x) \\ x^{k-2}g(x) \\ \vdots \\ xg(x) \\ g(x) \end{bmatrix} \tag{8-3}$$

若每个码字多项式都是 $g(x)$ 的倍式,并且每个阶数不大于 $n-1$ 的 $g(x)$ 的倍式必为一个码字多项式,则称 $g(x)$ 为(n,k)循环码的生成多项式。

在对循环码的识别分析中,$g(x)$ 是用来构造循环码的多项式,也是分析的对象。

以最常用的 BCH 为例来介绍一种分组码的识别方法。

实际应用中通过对比特流数据的帧结构进行分析,很容易确定分组码的分组起点。对 BCH 码而言,BCH 码生成多项式 $g(x)$ 的根必为码多项式 $c(x)$ 的公共根,有以下性质。

(1) $g(x)$ 的根在 $\mathrm{GF}(2^m)$ 中且包含一组 m 个共轭根 $\{\alpha,\alpha^2,\alpha^4,\cdots,\alpha^{2m-1}\}$,其中 α 是本原根。

(2) $g(x)$ 的偶数个根是其本原根 α 的连续幂。

(3) 在码多项式的所有整数根中,$g(x)$ 根的分布概率最大,且其仅随本原多

项式的变化发生位置的改变,大小保持不变。

利用上述特点,当 m 值固定时可任取一 m 阶本原多项式进行参数识别分析。

设 GF(2)上的码多项式

$$a(x)=a_{n-1}x^{n-1}+\cdots+a_1x+a_0\quad a_i\in \mathrm{GF}(q) \tag{8-4}$$

定义 GF(2^m)上的谱多项式(MS 多项式)

$$A(z)=A_{n-1}z^{n-1}+\cdots+A_1z+A_0=\sum_{j=0}^{n-1}A_jz^j \tag{8-5}$$

式中:$A_j=a(\alpha^j)=\sum_{i=1}^{n-1}a_i\alpha^{ji}$,$j=0,1,2,\cdots,n-1$,$\alpha^n=1$。进一步推广有多项式 $a(x)$以 α^j 为根的充要条件是 MS 多项式 $A(z)$的系数 $A_j=a(\alpha^j)=0$。

GF(2^m)(一般 $3\leqslant m\leqslant 8$)中非缩短(n,k)BCH 码的码长 $n=2^m-1$,码根个数为 n,范围为 $0\sim n-1$。如任选一 m 阶本原多项式,以 $0\sim n-1$ 依次代入 MS 多项式,$A(z)$相应系数为 0 时的值即为码根。

取 N 个码组序列,将所有码根 $0\sim n-1$ 分别代入 MS 多项式,以 $q_{ij}(i=1,2,\cdots,N;j=0,1,\cdots,n-1)$表示第 i 组码字中码根 j 代入 MS 多项式的 $A(z)$系数结果,如 $A(z)$系数为 0,则记频数为 1,否则记为 0。以 $r_i(i=0,1,\cdots,n-1)$表示 N 组码字中码根为 i 的频数,$r_i=\sum_{k=1}^{N}q_{ki}$,则实测概率 $t_i(i=0,1,\cdots,n-1)$为 r_i/N,所有码根出现总概率 $t=\sum_{i=0}^{n-1}t_i$。

BCH 码生成多项式的根在每个码字中均会出现,而其他的码根则是随机出现的。当 m 及码长非真实参数时,码根分布特征便不复存在,码根将随机出现,可假设码根分布为均匀分布,不同码根的理论出现概率均为 $p_i=1/n$。

如存在信道误码,码块码根将随机出现,但当数据量足够多时,正确码块码根的统计优势将会显现,因此,在数据量足够的条件下,基于统计显著水平的分析法可以实现对 BCH 码参数的正确识别。

对于选定的显著性水平 α,当 $P\geqslant\alpha$ 时的 m 及 n 即为 BCH 码的识别参数,在其 $0\sim n-1$ 的码根范围中,每个码组根中出现概率接近 1 的码根即为生成多项式 $g(x)$的根。当 $g(x)$不存在重根时,$g(x)$的根 $\alpha_1,\alpha_2,\cdots,\alpha_l$ 对应的最小多项式分别为 $m_1(x)$、$m_2(x)$、$\cdots$、$m_l(x)$,利用有限域乘法生成多项式

$$g(x)=\mathrm{LCM}[m_1(x),m_2(x),\cdots,m_l(x)] \tag{8-6}$$

$g(x)$的根 $\alpha_1,\alpha_2,\cdots,\alpha_l$ 同时也必为每一码多项式的根,BCH 码的校验矩阵可

表示为

$$
\boldsymbol{H}=\begin{bmatrix}\alpha_1^{n-1} & \alpha_1^{n-2} & \cdots & \alpha_1 \\ \alpha_2^{n-1} & \alpha_2^{n-2} & \cdots & \alpha_2 \\ \vdots & \vdots & & \vdots \\ \alpha_l^{n-1} & \alpha_l^{n-2} & \cdots & \alpha_l\end{bmatrix} \tag{8-7}
$$

对(n,k)BCH 码的任何生成矩阵都可以简化成“系统形式”:$\boldsymbol{G}=[\boldsymbol{I}_k\boldsymbol{P}]$,且有校验矩阵$\boldsymbol{H}=[\boldsymbol{P}^{\mathrm{T}}\boldsymbol{I}_{n-k}]$。由 BCH 码的定义知次数最低的多项式应为生成多项式,显然,$\boldsymbol{G}$中第k行的第k列到第n列即为生成多项式的矢量表示形式。如设(n,k)BCH 码生成矩阵$\boldsymbol{G}=[\boldsymbol{I}_k\boldsymbol{P}]$中子矩阵$\boldsymbol{P}$的第$k$行矢量为$\boldsymbol{g}$,则生成多项式矢量为$[\mathbf{1}\quad \boldsymbol{g}]$,此处$\mathbf{1}$为单位阵$\boldsymbol{I}_k$中第$k$行的矢量值(前面的 0…0 略去)。对校验矩阵$\boldsymbol{H}=[\boldsymbol{P}^{\mathrm{T}}\boldsymbol{I}_{n-k}]$,列交换后化为$\boldsymbol{H}'=[\boldsymbol{I}_{n-k}\boldsymbol{P}^{\mathrm{T}}]$。

以所选任一m阶本原多项式为基础,将$\alpha_1,\alpha_2,\cdots,\alpha_l$以$\mathrm{GF}(2^m)$域上的$m$位矢量表示,代入校验矩阵进行有限域上的矩阵变换,化简成$\boldsymbol{H}'=[\boldsymbol{I}_{n-k}\boldsymbol{P}^{\mathrm{T}}]$的形式,即可得到所需 BCH 码生成多项式,从生成多项式的阶数$n-k$,结合码长n可得到 BCH 码信息位长k。

以(31,21)BCH 码的参数分析为例,生成多项式$g(x)=x^{10}+x^9+x^8+x^6+x^5+x^3+1$。取码组序列数$N=100$,在随机误比特率$10^{-2}$的条件下的码长识别分析结果如图 8.8 所示。

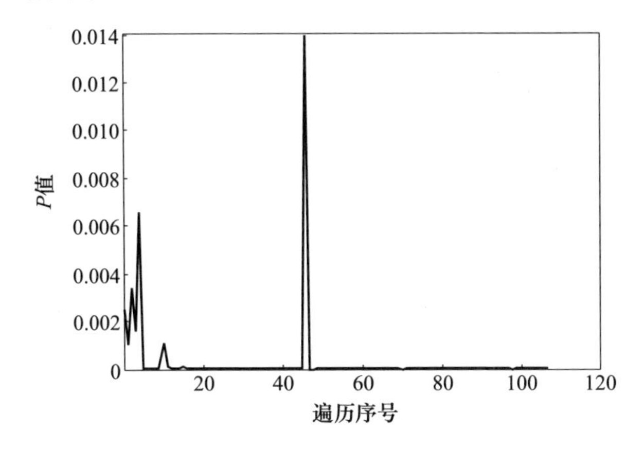

图 8.8　码长识别结果

根据识别分析遍历情况可知最大P值($P\geqslant\alpha,\alpha=0.01$)处对应的码长$n=31$,$m=5$。任选一个$m=5$阶本原多项式如$p(\alpha)=\alpha^5+\alpha^2+1=0$,将$\mathrm{GF}(2^5)$中的元

素与 α 幂对应，码根分布如图 8.9 所示。

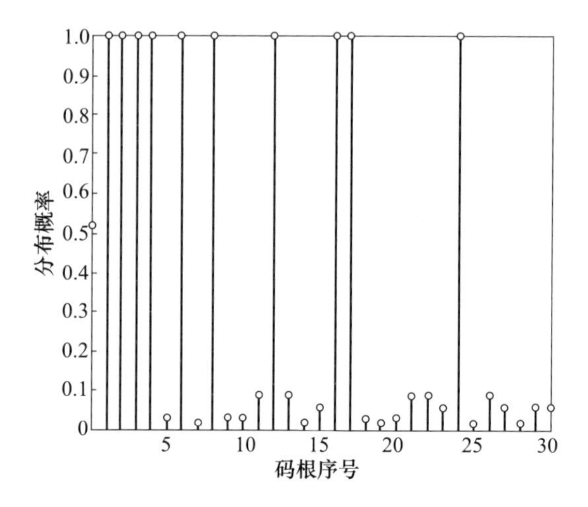

图 8.9　码根分布图

从图 8.9 可知生成多项式中分布概率接近 1 且具有明显优势值的码根为 α^1，$\alpha^2,\alpha^3,\alpha^4,\alpha^6,\alpha^8,\alpha^{12},\alpha^{16},\alpha^{17},\alpha^{24}$，其校验矩阵可表示为

$$\boldsymbol{H}=\begin{bmatrix}(\alpha^1)^{30} & (\alpha^1)^{29} & \cdots & (\alpha^1)^1 & 1\\(\alpha^2)^{30} & (\alpha^2)^{29} & \cdots & (\alpha^2)^1 & 1\\(\alpha^3)^{30} & (\alpha^3)^{29} & \cdots & (\alpha^3)^1 & 1\\(\alpha^4)^{30} & (\alpha^4)^{29} & \cdots & (\alpha^4)^1 & 1\\(\alpha^6)^{30} & (\alpha^6)^{29} & \cdots & (\alpha^6)^1 & 1\\(\alpha^8)^{30} & (\alpha^8)^{29} & \cdots & (\alpha^8)^1 & 1\\(\alpha^{12})^{30} & (\alpha^{12})^{29} & \cdots & (\alpha^{12})^1 & 1\\(\alpha^{16})^{30} & (\alpha^{16})^{29} & \cdots & (\alpha^{16})^1 & 1\\(\alpha^{17})^{30} & (\alpha^{17})^{29} & \cdots & (\alpha^{17})^1 & 1\\(\alpha^{24})^{30} & (\alpha^{24})^{29} & \cdots & (\alpha^{24})^1 & 1\end{bmatrix} \tag{8-8}$$

以 0、1 矢量表示校验矩阵 $\boldsymbol{H}$，经有限域上的矩阵变换，化简后有

$$
\boldsymbol{H}^{\mathrm{T}}=\begin{bmatrix}
1000000000100101001001111010101\\
0100000000110111101101000111111\\
0010000000111110111111011001010\\
0001000000011111011111101100101\\
0000100000101010100110001100111\\
0000010000110000011010111100110\\
0000001000011000001101011110011\\
0000000100101001001111010101100\\
0000000010010100100111101010110\\
0000000001001010010011110101011\\
0000000000000000000000000000000
\end{bmatrix}
$$

可知生成多项式矢量为 10010110111，从而得到生成多项式 $g(x)=x^{10}+x^{9}+x^{8}+x^{6}+x^{5}+x^{3}+1$，生成多项式阶数为 10，故信息位长为 $31-10=21$，最终完成 BCH 码参数的识别分析。

8.1.3　卷积码分析

对 (n_0,k_0,m) 卷积码的编码数据 $\boldsymbol{C}$，有 $\boldsymbol{C}\boldsymbol{H}^{\mathrm{T}}=0$ 成立，如能通过识别分析法求出校验矩阵 $\boldsymbol{H}$，则由 $\boldsymbol{G}\boldsymbol{H}^{\mathrm{T}}=0$ 可求出生成矩阵 $\boldsymbol{G}$。卷积码的识别分析需要识别的未知参数包括码字起点 i、码长 n_0、码率 k_0/n_0、基本生成矩阵、基本校验矩阵、生成多项式等。卷积码的码字起始点范围 $1\leqslant i\leqslant n_0$，基本生成矩阵 $\boldsymbol{g}=(g_0,g_1,g_2,\cdots,g_m)$ 是识别分析的目标，卷积码的生成矩阵可以表示成

$$
\boldsymbol{G}_{\infty}=\begin{bmatrix}
g_0 & g_1 & \cdots & g_m & 0 & \cdots & & & \\
0 & g_0 & g_1 & \cdots & g_m & 0 & \cdots & & \\
0 & 0 & g_0 & g_1 & \cdots & g_m & 0 & \cdots & \\
 & & & & \vdots & & & &
\end{bmatrix}\tag{8-9}
$$

不同于分组码的是，卷积码的生成矩阵是一个半无限的矩阵。$\boldsymbol{G}_{\infty}$ 完全由前 $m+1$ 段的值 $g_0,g_1,g_2,\cdots,g_m$ 决定，也可用多项式表示基本生成矩阵

$$
g(D)=g_0+g_1D+\cdots+g_mD^m\tag{8-10}
$$

对 (n,k) 分组码而言，其相互约束的最少码元即编码约束度为码长 n，但对卷积码则不然，(n_0,k_0,m) 卷积码的编码约束长度 $N=n_0(m+1)$。当卷积码排

成 $p \times q$ 矩阵($q > N, p > q$)时，显然，当 $q = N$ 且每行恰好为卷积码的一个完整编码约束长度，即当矩阵的每行起点恰好为卷积码起点时，单位化后，每行编码约束长度内必存在约束关系，故此 $p \times q$ 矩阵的秩不为列数 q。当 $q = a * n_0$($q > N$，即 $a > m+1$)时，对 $p \times q$ 矩阵而言，每行至少存在1个位置完全对齐的完整编码约束长度内码组，此时矩阵的秩必定小于 q，且单位化后左上角单位阵的维数相等。同理，当 q 与 n_0没有倍数关系时，每行要么不存在一个完整的编码约束长度内码组($q < N$)，要么虽然存在完整的编码约束长度内码组，但其位置却是没有对齐的($q > N$)，对矩阵而言，就是各列线性无关，其秩必然为列数 q。故只需对留存的列值取最大公约数即可得到卷积码长 n_0。

进一步，对 $p \times q$ 矩阵($p > q$)，当 q 为 n_0倍数时，每行码组内位置必定是一一对齐的，若矩阵的每行起点恰好为卷积码的起点，则每行从起点开始必存在最多个完整的编码约束长度内码组，这样单位化后其左上角单位阵的维数必定最小。

故当记下矩阵移位的 n_0种情况(无移位和 $n_0 - 1$ 种不同移位)时，则当各矩阵中左上角单位阵维数最小时的移位即为卷积码的起点。

设 $p > N$，将卷积码的码字序列排列成 $p \times N$ 的矩阵 $\boldsymbol{C}$。此 $\boldsymbol{C}$ 矩阵既可以看成 N 个列矢量组，同时也可以看成 p 个行矢量组。即 $C = [\boldsymbol{C}_1, \boldsymbol{C}_2, \cdots, \boldsymbol{C}_N]$，$\boldsymbol{C}_i(1 \leqslant i \leqslant N)$为列矢量。或 $\boldsymbol{C} = [\boldsymbol{K}_1, \boldsymbol{K}_2, \cdots, \boldsymbol{K}_p]$，$K_i(1 \leqslant i \leqslant p)$为行矢量。如要求解卷积码的编码约束方程实际上就是求方程 $\boldsymbol{W}_1\boldsymbol{C}_1 + \boldsymbol{W}_2\boldsymbol{C}_2 + \cdots + \boldsymbol{W}_N\boldsymbol{C}_N = 0$ 的解，其中 $\boldsymbol{W}_1, \boldsymbol{W}_2, \cdots, \boldsymbol{W}_N$ 即所要求的未知数，系数矩阵由 $\boldsymbol{C}_1$ 到 $\boldsymbol{C}_N$ 组成[1]。

当矩阵每行起始点为卷积码输出分组的起始点时(保证比特同步)，卷积码的 N 个相邻码元在编码约束长度内符合编码约束关系，码元之间的关系就代表了列矢量之间的关系，故而列矢量 $\boldsymbol{C}_1$ 到 $\boldsymbol{C}_N$ 一定符合卷积码的编码约束方程。由 $\boldsymbol{C}_1$ 到 $\boldsymbol{C}_N$ 列矢量组的秩 $N - r < N$，可判断出方程 $\boldsymbol{WC} = 0$ 肯定有非0解。

设 $x_1, x_2, \cdots, x_{N-r}$为方程组的一个基础解系，对矩阵进行初等变换，在进行单位化处理后有

$$\boldsymbol{C} = \begin{bmatrix} 1 & 0 & 0 & \cdots & 0 & p_{1,1} & p_{2,1} & \cdots & p_{r,1} \\ 0 & 1 & 0 & \cdots & 0 & p_{1,2} & p_{2,2} & \cdots & p_{r,2} \\ & & & & & \cdots & & & \\ 0 & 0 & 0 & \cdots & 1 & p_{1,(N-r)} & p_{2,(N-r)} & \cdots & p_{r,(N-r)} \\ 0 & 0 & 0 & \cdots & 0 & 0 & 0 & \cdots & \end{bmatrix}$$

则卷积码编码约束方程组的一组基为

$$\begin{cases} p_{1,1}\boldsymbol{C}_1 + p_{1,2}\boldsymbol{C}_2 + \cdots + p_{1,(N-r)}\boldsymbol{C}_{N-r} + \boldsymbol{C}_{N-r+1} = 0 \\ p_{2,1}\boldsymbol{C}_1 + p_{2,2}\boldsymbol{C}_2 + \cdots + p_{2,(N-r)}\boldsymbol{C}_{N-r} + \boldsymbol{C}_{N-r+2} = 0 \\ \vdots \\ p_{r,1}\boldsymbol{C}_1 + p_{r,2}\boldsymbol{C}_2 + \cdots + p_{r,(N-r)}\boldsymbol{C}_{N-r} + \boldsymbol{C}_N = 0 \end{cases} \tag{8-11}$$

由此即可得到卷积码的校验矩阵。

卷积码的编码参数举例分析，如对某卷积编码数据，记下秩不等于列数的列值列举如下：

列数	单位阵大小
24	23
27	23
30	23
33	23
36	23
⋮	⋮

每当列数是 3 的倍数时，矩阵的秩不等于列数。单位化后，左上角单位阵的维数相等，则可知卷积码的码长为 3。

取上述值中的 27 为参考值 N'，矩阵列数依次取为 27，30，33，36，39，42，行数：列数 +10。将码序列依次进行移位，对各矩阵分别求秩，记下 3 种移位情况（无移位和 2 种不同移位）时单位化后单位阵大小，其值如表 8.1 所示。

表 8.1　列数与相应单位阵大小

移位 \ 列数	27	30	33	36	39	42
SH0	23	23	23	23	23	23
SH1	**22**	**22**	**22**	**22**	**22**	**22**
SH2	24	24	24	24	24	24

当移 1 位时单位化后左上角单位阵的维数最小，此处即为卷积码输出分组的起始点。

从分析的卷积码输出分组起始点开始，建立分析矩阵，对该矩阵进行初等变换单位化处理后，分析结果如图 8.10 所示。

由于卷积码具有前后相关性，变换结果是一个半无限的矩阵。左上角 24×24 方阵的秩为 22，有 1 个全 0 行，则 $n_0 - k_0 = 1$，故该码码率为 2/3，在编码约束长度 24 内的编码约束方程的维数为 1。第 24 列代表编码约束方程的基为

	0 10 20 30 40	50 60 70 80
1	1 0 0 0 0 0 0 0 0 0 0 0 0 0 0 0 0 0 0 0 0 0 1	0 0 0 0 0 1 0 0 0 0 0 0 0 0 1 0 0 1
2	0 1 0 0 0 0 0 0 0 0 0 0 0 0 0 0 0 0 0 0 0 0 1	0 0 0 0 0 1 0 0 0 0 0 0 0 0 1 0 0 1
3	0 0 1 0 0 0 0 0 0 0 0 0 0 0 0 0 0 0 0 0 0 0 1	0 0 0 0 0 1 0 0 0 0 0 0 0 0 1 0 0 1
4	0 0 0 1 0 0 0 0 0 0 0 0 0 0 0 0 0 0 0 0 0 0 1	0 0 1 0 0 1 0 0 1 0 0 0 0 0 1 0 0 0
5	0 0 0 0 1 0 0 0 0 0 0 0 0 0 0 0 0 0 0 0 0 0 0	0 0 1 0 0 0 0 0 1 0 0 0 0 0 0 0 0 1
6	0 0 0 0 0 1 0 0 0 0 0 0 0 0 0 0 0 0 0 0 0 0 1	0 0 1 0 0 0 0 0 0 0 0 0 0 0 1 0 0 0
7	0 0 0 0 0 0 1 0 0 0 0 0 0 0 0 0 0 0 0 0 0 0 1	0 0 1 0 0 0 0 0 1 0 0 1 0 0 1 0 0 0
8	0 0 0 0 0 0 0 1 0 0 0 0 0 0 0 0 0 0 0 0 0 0 1	0 0 0 0 0 0 0 0 0 0 0 1 0 0 1 0 0 1
9	0 0 0 0 0 0 0 0 1 0 0 0 0 0 0 0 0 0 0 0 0 0 1	0 0 1 0 0 0 0 0 1 0 0 1 0 0 1 0 0 0
10	0 0 0 0 0 0 0 0 0 1 0 0 0 0 0 0 0 0 0 0 0 0 1	0 0 1 0 0 0 0 0 0 0 0 1 0 0 0 0 0 0
11	0 0 0 0 0 0 0 0 0 0 1 0 0 0 0 0 0 0 0 0 0 0 1	0 0 1 0 0 1 0 0 0 0 0 0 0 0 0 0 0 0
12	0 0 0 0 0 0 0 0 0 0 0 1 0 0 0 0 0 0 0 0 0 0 1	0 0 1 0 0 0 0 0 0 0 0 0 0 0 0 0 0 0
13	0 0 0 0 0 0 0 0 0 0 0 0 1 0 0 0 0 0 0 0 0 0 0	0 0 1 0 0 1 0 0 0 0 0 0 0 0 1 0 0 0
14	0 0 0 0 0 0 0 0 0 0 0 0 0 1 0 0 0 0 0 0 0 0 0	0 0 1 0 0 1 0 0 1 0 0 0 0 0 0 0 0 0
15	0 0 0 0 0 0 0 0 0 0 0 0 0 0 1 0 0 0 0 0 0 0 1	0 0 1 0 0 0 0 0 0 0 0 0 0 0 0 0 0 1
16	0 0 0 0 0 0 0 0 0 0 0 0 0 0 0 1 0 0 0 0 0 0 0	0 0 0 0 0 1 0 0 1 0 0 0 0 0 0 0 0 1
17	0 0 0 0 0 0 0 0 0 0 0 0 0 0 0 0 1 0 0 0 0 0 1	0 0 0 0 0 0 0 0 1 0 0 1 0 0 1 0 0 1
18	0 0 0 0 0 0 0 0 0 0 0 0 0 0 0 0 0 1 0 0 0 0 0	0 0 1 0 0 1 0 0 0 0 0 0 0 0 0 0 0 0
19	0 0 0 0 0 0 0 0 0 0 0 0 0 0 0 0 0 0 1 0 0 0 1	0 0 0 0 0 1 0 0 1 0 0 1 0 0 1 0 0 1
20	0 0 0 0 0 0 0 0 0 0 0 0 0 0 0 0 0 0 0 1 0 0 0	0 0 1 0 0 0 0 0 0 0 0 1 0 0 1 0 0 1
21	0 0 0 0 0 0 0 0 0 0 0 0 0 0 0 0 0 0 0 0 1 0 1	0 0 0 0 0 0 0 0 1 0 0 0 0 0 1 0 0 1
22	0 0 0 0 0 0 0 0 0 0 0 0 0 0 0 0 0 0 0 0 0 1 1	0 0 1 0 0 1 0 0 1 0 0 0 0 0 0 0 0 0
23	0 0 0 0 0 0 0 0 0 0 0 0 0 0 0 0 0 0 0 0 0 0 0	0 0 0 0 0 0 0 0 0 0 0 0 0 0 0 0 0 0
24	0 0 0 0 0 0 0 0 0 0 0 0 0 0 0 0 0 0 0 0 0 0 0	1 0 1 0 0 0 0 0 0 0 0 1 0 0 0 0 0 1
25	0 0 0 0 0 0 0 0 0 0 0 0 0 0 0 0 0 0 0 0 0 0 0	0 1 1 0 0 1 0 0 1 0 0 1 0 0 1 0 0 0
26	0 0 0 0 0 0 0 0 0 0 0 0 0 0 0 0 0 0 0 0 0 0 0	0 0 0 0 0 0 0 0 0 0 0 0 0 0 0 0 0 0
27	0 0 0 0 0 0 0 0 0 0 0 0 0 0 0 0 0 0 0 0 0 0 0	0 0 0 1 0 1 0 0 0 0 0 0 0 0 1 0 0 0
28	0 0 0 0 0 0 0 0 0 0 0 0 0 0 0 0 0 0 0 0 0 0 0	0 0 0 0 1 1 0 0 1 0 0 1 0 0 1 0 0 1

图 8.10　卷积码识别结果

$$c_1+c_2+c_3+c_4+c_6+c_7+c_8+c_9+c_{10}+c_{11}+c_{12}+c_{15}+c_{17}+c_{19}+c_{21}+c_{22}+c_{23}=0$$

其基本监督矩阵 $\boldsymbol{h}_\infty=[111\quad 101\quad 111\quad 111\quad 001\quad 010\quad 101\quad 110]$，可得校验矩阵

$$\boldsymbol{H}(D)=[D^7+D^6+D^5+D^4+D+1\quad D^7+D^5+D^4+D^2+1\quad D^7+D^6+D^5+D^4+D^3+D]$$

对 k_0/n_0 码率的非系统卷积码，当 $k_0\geqslant 2$ 时，其校验矩阵 $\boldsymbol{H}(D)$ 和生成矩阵 $\boldsymbol{G}(D)$ 是一对多的不确定关系。在得到校验矩阵 $\boldsymbol{H}(D)$ 后，可求出线性约束关系上等价的系统卷积码校验矩阵 $\boldsymbol{H}'(D)$，继而由 $\boldsymbol{H}'(D)$ 得到等价系统卷积码唯一的生成矩阵 $\boldsymbol{G}'(D)$，那么，非系统卷积码的生成矩阵 $\boldsymbol{G}(D)$ 和系统卷积码的生成矩阵 $\boldsymbol{G}'(D)$ 之间一定是等价的，且前者必定能由后者通过初等变换得到。故如对 $\boldsymbol{G}'(D)$ 经初等变换得到 $\boldsymbol{G}(D)$，当满足 $\boldsymbol{G}(D)\boldsymbol{H}^{\mathrm{T}}(D)=0$ 时，此 $\boldsymbol{G}(D)$ 即可能为所求的生成矩阵，可进行识别结果的验证确认。

对 $\boldsymbol{H}(D)$ 进行初等变换单位化处理后可得到

$$\boldsymbol{H}'(D) = [((D^3+D^2+1)(D^4+D^2+D+1))/((D^3+D)(D^4+D^3+1)) \quad (D^3+D^2+1)/(D^3+D) \quad 1]$$

其等价的系统卷积码生成矩阵

$$\boldsymbol{G}'(D) = \begin{bmatrix} 1 & 0 & ((D^3+D^2+1)(D^4+D^2+D+1))/((D^3+D)(D^4+D^3+1)) \\ 0 & 1 & (D^3+D^2+1)/(D^3+D) \end{bmatrix}$$

对 $\boldsymbol{G}'(D)$ 进行初等变换，可得其中一解

$$\boldsymbol{G}(D) = \begin{bmatrix} D^4+D^3+1 & D^4+D^2+D+1 & 0 \\ 0 & D^3+D & D^3+D^2+1 \end{bmatrix}$$

满足 $\boldsymbol{G}(D)\boldsymbol{H}^{\mathrm{T}}(D)=0$ 且能通过识别结果的验证确认，可知该 $\boldsymbol{G}(D)$ 即为真正的生成矩阵。由 $\boldsymbol{G}'(D)$ 得到 $\boldsymbol{G}(D)$ 一般是一个比较复杂的过程，需经多次变换和验证。

8.1.4 扰码分析

密码和扰码都具有对数据进行混乱处理的能力，扰码本身可看作一种简单的流密码。密码学中最重要的问题是加密序列的随机性问题，任何加密算法在实用之前，都要首先通过严格的随机性测试。加密算法之所以如此看重加密序列的随机性，主要原因是加密前的信源数据一般是冗余的，如具有 0、1 不平衡的统计特性，如果加密后的序列含有信源泄漏信息，这样的加密系统往往是不安全的。大部分唯密文攻击的理论基础就是通过对加密数据进行某种处理后，使之能恢复加密前的统计特性。受此思路启发，可以对扰码进行分析。

扰码中 LFSR 生成器模型如图 8.11 所示，其中 u_i 是 LFSR 的输出序列，e_i 相当于加扰前的明文输入信息序列，z_i 是外部输出序列。

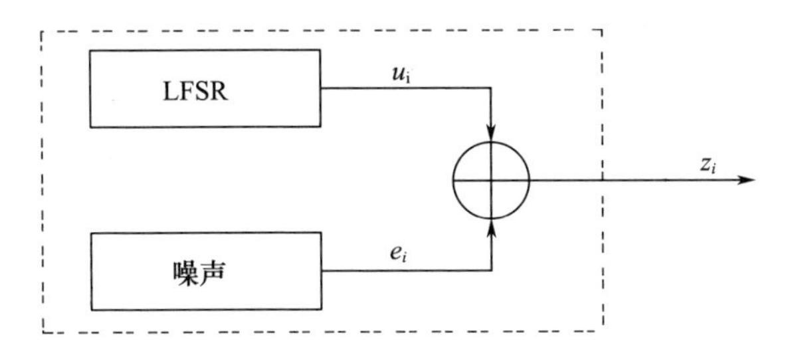

图 8.11 LFSR 序列加扰模型

其中序列 $u_1,u_2,\cdots$ 未知，序列 $e_1,e_2,\cdots$ 未知，序列 $z_1,z_2,\cdots$ 已知。明文序列具有 0、1 的不平衡特性，例如，0 所占的比例为 $1/2+\varepsilon$，$0<\varepsilon<1/2$，换个角度看，也就是说，扰码输出和 LFSR 的输出有 $1/2+\varepsilon$ 的符合优势[2]。

一般用来作扰码器生成多项式的 LFSR 能产生 m 序列,而 m 序列具有很好的伪随机性,m 序列的游程特性中有如下两条性质。

(1) 在周期为 2^n-1 的 m 序列的一个周期中,1 的个数为 2^{n-1} 个,0 的个数比 1 的个数少 1 个,为 $2^{n-1}-1$ 个。

(2) 对周期为 2^n-1 的 m 序列,在其一个周期内,游程总共有 2^{n-1} 个,其中 0 游程个数和 1 游程个数各占 1/2,长度为 $k(0<k\leqslant n-2)$ 的游程有 2^{n-k-1} 个。长度为 $n-1$ 的 0 游程和长度为 n 的 1 游程各有一个,而长度为 $n-1$ 的 1 游程和长度为 n 的 0 游程均不出现。

由此可知,在 m 序列的一个周期内,不会出现长为 n 的 0 游程和长为 $n-1$ 的 1 游程,也就是说,游程个数按 1/2 递减的规律在长为 $n-1$ 的 1 游程及长为 n 的 0 游程处发生变化。这个变化点即为 m 序列的最小多项式的级数。

由于扰码输出与该 m 序列有 $1/2+\varepsilon$ 的符合优势,所以如对 m 序列统计它的多个位置差相对固定的位置上数据值的和,那么,在满足 m 序列递推关系的位置上必然会出现较高的优势。如最小多项式为 x^5+x^2+1,则扰码序列 $z_i \oplus z_{i+2} \oplus z_{i+5}=0(i=0,1,2,\cdots)$ 的概率必然较高,依此可分析扰码的生成多项式[1]。基于 m 序列统计优势的扰码识别流程如图 8.12 所示。

在确定 LFSR 的扰码级数后,需要对 LFSR 的抽头位置进行穷举,由于抽头个数为偶数的多项式肯定是可约的,只需穷尽抽头个数为奇数的多项式。在实际通信应用中,为了尽可能地减少误码扩散,移位寄存器的反馈抽头相对较少,通常为 3 或 5,故而实际穷举数在扰码级数确定后是非常有限的。

如对某扰码序列不同长度的游程个数进行统计,有如下结果:

游程长度	1 游程	0 游程
1	2557	2494
2	1218	1259
3	622	640
4	312	310
5	158	162
6	83	75
7	43	44
8	21	30
9	7	15
10	9	1
11	0	2
12	3	0

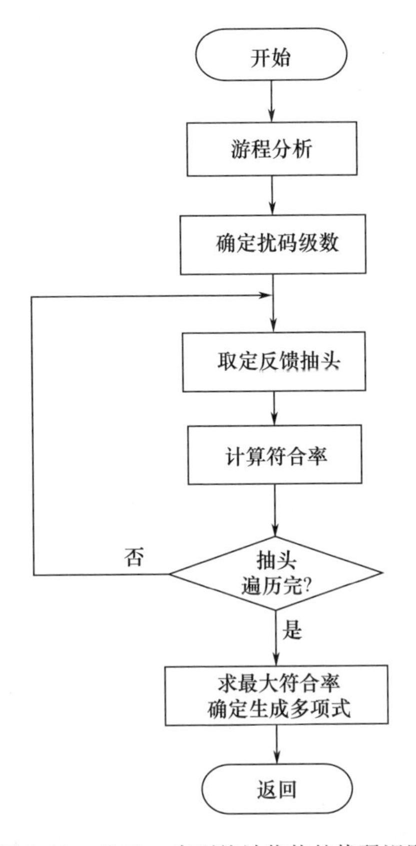

图 8.12　基于 m 序列统计优势的扰码识别

可见,长度小于 8 的游程大致按 1/2 递减规律分布,而长为 9 的 1 游程明显下降,长为 9 的 0 游程多,长为 10 的 0 游程少,长度大于 10 的游程个数都很少。这个明显的不平衡就表明了它是 10 级 m 序列的游程个数的分布规律,故该 LFSR 的级数为 10。

设反馈抽头数为 n, $1\leqslant n\leqslant 10$,穷尽统计如下多个位置的数据值之和:

$$\begin{aligned}p_n &= P(c_i \oplus c_{i+j_1} \oplus c_{i+j_2} \cdots \oplus c_{i+j_{n-1}} \oplus c_{i+10} = 0)\\ &= \#\{c_i \oplus c_{i+j_1} \oplus c_{i+j_2} \cdots \oplus c_{i+j_{n-1}} \oplus c_{i+10} = 0\}/N \quad 0\leqslant i\leqslant N\end{aligned}$$

其中 $0 < j_1 < \cdots < j_{n-1} < j_n = 10$,扰码数据为 $(N+10)$ bit,如 p_n 较大,则

$$f(x) = x^{10} + x^{j_{n-1}} + \cdots + x^{j_1} + 1$$

可能就是所求的最小多项式,继续对扰码数据统计多个位置的数据值之和,其中抽头数为 3 时的统计符合率分布如图 8.13 所示。

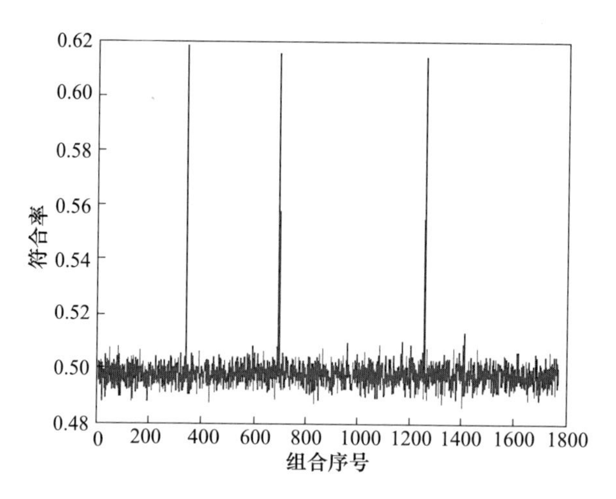

图 8.13　抽头数为 3 时的统计符合率

可见,分布图具有非常明显的符合率峰值,其中最大的 10 个符合率值分布如下:

抽头 1	抽头 2	符合率
3	10	0.617884
6	20	0.614953
12	40	0.613761
15	48	0.514804
27	52	0.511525
6	26	0.511128
15	38	0.510581
28	54	0.510482
49	60	0.510134
46	59	0.509786

可见,当 $n=2, j_1=3$ 时有最大值 $p_n=0.617884$,此外,还有两个与最大值相近的次大值 0.614953 和 0.613761,经观察,其抽头值分别为 3、10 的 2 倍和 4 倍,其余位置时 p_n 相对较小,故所求的最小多项式为

$$f(x)=x^{10}+x^3+1$$

对自同步扰码,仅需完成扰码多项式即可对扰码序列进行解扰处理,对同步扰码,还需继续进行 LFSR 初始状态的分析。仍然基于 0、1 不平衡的统计特性进行

同步扰码初态的分析，设有 Nbit 的 c_n 扰码序列，伪随机加扰序列为 x_n，假设得到的加扰前序列 $c_n \oplus x_n$ 为不平衡序列，定义相关度 α 表示序列的平衡性，即

$$\alpha = 1 - 2\sum_{n=1}^{N}(c_n \oplus x_n^j)/N \tag{8-12}$$

在同步扰码多项式已知的情况下，任选一初态，生成一周期为 2^n-1 的 m 序列密钥流，对密钥流中 2^n-1 个可能位置中的每一个位置和扰码序列计算相关度，最后基于相关度判断所选初态是否正确（假设检验）。同步扰码的初态分析流程如图 8.14 所示。

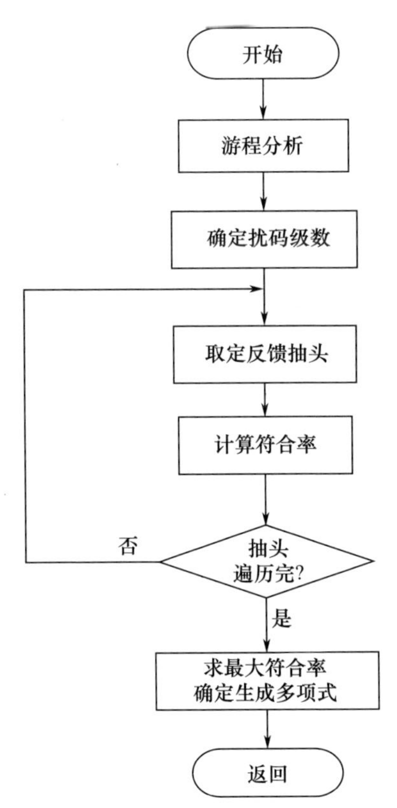

图 8.14　同步扰码初态分析

对多扰码多项式为 $x^{10}+x^3+1$ 的同步扰码序列，预设判决门限值 T 为 0.1，对加扰序列中不同的位置计算相关度情况如图 8.15 所示，可见，该相关度分布存在明显的峰值，相应正确初态为 0010111010。

总体来说，对信道编码参数进行分析就是在仅知编码数据而很少知道或完全未知其他信息的条件下估计编码参数，进而成功解码恢复编码前序列。对信道编

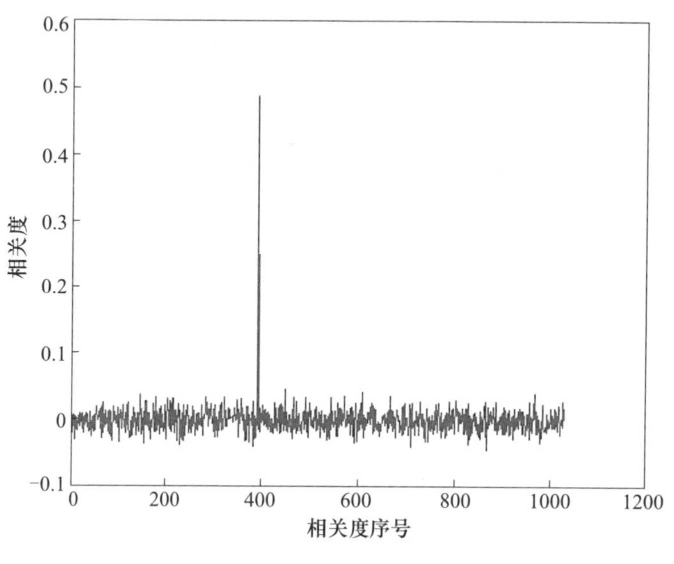

图 8.15 相关度分布情况

码的分析目前正处于全面深入的阶段,其中对卷积码、分组码(包括 RS 码)的识别分析已经解决得较好,而对交织、扰码的分析则还有待进一步深入研究。就研究而言,全盲、高误码、低数据量情况是信道编码分析所追求的终极应用环境。

8.2 协议分析

链路层以上协议是信号网络规约的主要组成部分,体现信号协议的核心特征。对协议规约的分析主要包括对协议帧结构的分析和对特定字段的含义分析,其中帧结构分析对象包括帧长、帧头、敏感字、校验字等,这些信息可以从比特流数据中直接通过技术分析得到,而对特定字段含义的分析往往需要结合相应报文释义对照进行。

对具体的协议分析者而言,协议可分为已知协议和未知协议两大类。所谓的"已知"和"未知"其实是个相对的概念,已知协议特指那些分析者已经掌握协议特征、全部或部分明了细节的协议。而那些未被分析者所认知的协议,均可归为未知一类,哪怕该协议标准就摆在案头,如果该分析者未研究过该协议,则该协议对他而言,就是一个未知的协议。

8.2.1 已知协议分析

在协议分析中,需要注意的一个问题是,协议往往是交织互融的,底层的协议

会同时封装好几个不同的上层协议，协议分析必须对比特流进行精细分类，使得每种类别的协议能清晰区分开来。

对已知协议的分析，从协议三要素来看，协议分析方法可分为基于语法结构的分析法、基于语义（内容）的分析法和基于时序特征的分析法。

基于语法结构的协议分析主要从协议的结构特征上对协议进行分类，大部分协议都有比较明显的结构特征，包括帧长、帧头、敏感字等。图8.16所示为Ethernet II以太网的帧格式。

图8.16 Ethernet II以太网帧结构

该结构不仅定义了Ethernet II的链路层协议结构，而且其中2字节的类型字段还用于标识数据字段中包含的高层协议，通过Ethernet II的类型字段中相应的十六进制值即可实现对多协议传输机制的分析，知名协议分配的相应协议类型码如表8.2所列。

表8.2 以太网协议类型码

类型码	协议类型	类型码	协议类型
0000 - 05DC	IEEE802.3 Length Field	807B	Dansk Data Elektronik
0101 - 01FF	Experimental	807C	Merit Internodal
0200	XEROX PUP	807D - 807F	Vitalink Communications
0201	PUP Addr Trans	8080	Vitalink TransLAN III
0400	Nixdorf	8081 - 8083	Counterpoint Computers
0600	XEROX NS IDP	809B	Appletalk
0660 - 0661	DLOG	809C - 809E	Datability
0800	Internet IP (IPv4)	809F	Spider Systems Ltd.
0801	X.75 Internet	80A3	Nixdorf Computers
0802	NBS Internet	80A4 - 80B3	Siemens Gammasonics Inc.
0803	ECMA Internet	80C0 - 80C3	DCA Data Exchange Cluster
0804	Chaosnet	80C4	Banyan Systems
0805	X.25 Level 3	80C5	Banyan Systems
0806	ARP	80C6	Pacer Software
0807	XNS Compatability	80C7	Applitek Corporation
081C	Symbolics Private	80C8 - 80CC	Intergraph Corporation

（续）

类型码	协议类型	类型码	协议类型
0888 - 088A	Xyplex	80CD - 80CE	Harris Corporation
0900	Ungermann - Bass net debugr	80CF - 80D2	Taylor Instrument
0A00	Xerox IEEE802. 3 PUP	80D3 - 80D4	Rosemount Corporation
0A01	PUP Addr Trans	80D5	IBM SNA Service on Ether
0BAD	Banyan Systems	80DD	Varian Associates
1000	Berkeley Trailer nego	80DE - 80DF	Integrated Solutions TRFS
1001 - 100F	Berkeley Trailer encap/IP	80E0 - 80E3	Allen - Bradley
1600	Valid Systems	80E4 - 80F0	Datability
4242	PCS Basic Block Protocol	80F2	Retix
5208	BBN Simnet	80F3	AppleTalk AARP (Kinetics)
6000	DEC Unassigned (Exp.)	80F4 - 80F5	Kinetics
6001	DEC MOP Dump/Load	80F7	Apollo Computer
6002	DEC MOP Remote Console	80FF - 8103	Wellfleet Communications
6003	DECNET PhaseIV Route	8107 - 8109	Symbolics Private
6004	DEC LAT	8130	Hayes Microcomputers
6005	DEC Diagnostic Protocol	8131	VG Laboratory Systems
6006	DEC Customer Protocol	8132 - 8136	Bridge Communications
6007	DEC LAVC,SCA	8137 - 8138	Novell,Inc.
6008 - 6009	DEC Unassigned	8139 - 813D	KTI
6010 - 6014	3Com Corporation	8148	Logicraft
7000	Ungermann - Bass download	8149	Network Computing Devices
7001 - 7002	Ungermann - Bass(NIU)	814A	Alpha Micro
7020 - 7029	LRT	814C	SNMP
7030	Proteon	814D	BIIN
7034	Cabletron	814E	BIIN
8003	Cronus VLN	814F	Technically Elite Concept
8004	Cronus Direct	8150	Rational Corp
8005	HP Probe	8151 - 8153	Qualcomm
8006	Nestar	815C - 815E	Computer Protocol Pty Ltd
8008	AT&T	8164 - 8166	Charles River Data System
8010	Excelan	817D - 818C	Protocol Engines

（续）

类型码	协议类型	类型码	协议类型
8013	SGI diagnostics	818D	Motorola Computer
8014	SGI network games	819A - 81A3	Qualcomm
8015	SGI reserved	81A4	ARAI Bunkichi
8016	SGI bounce server	81A5 - 81AE	RAD Network Devices
8019	Apollo Computers	81B7 - 81B9	Xyplex
802E	Tymshare	81CC - 81D5	Apricot Computers
802F	Tigan, Inc.	81D6 - 81DD	Artisoft
8035	Reverse ARP	81E6 - 81EF	Polygon
8036	Aeonic Systems	81F0 - 81F2	Comsat Labs
8038	DEC LANBridge	81F3 - 81F5	SAIC
8039 - 803C	DEC Unassigned	81F6 - 81F8	VG Analytical
803D	DEC Ethernet Encryption	8203 - 8205	Quantum Software
803E	DEC Unassigned	8221 - 8222	Ascom Banking Systems
803F	DEC LAN Traffic Monitor	823E - 8240	Advanced Encryption Syste
8040 - 8042	DEC Unassigned	827F - 8282	Athena Programming
8044	Planning Research Corp.	8263 - 826A	Charles River Data System
8046	AT&T	829A - 829B	Inst Ind Info Tech
8047	AT&T	829C - 82AB	Taurus Controls
8049	ExperData	82AC - 8693	Walker Richer & Quinn
805B	Stanford V Kernel exp.	8694 - 869D	Idea Courier
805C	Stanford V Kernel prod.	869E - 86A1	Computer Network Tech
805D	Evans & Sutherland	86A3 - 86AC	Gateway Communications
8060	Little Machines	86DB	SECTRA
8062	Counterpoint Computers	86DE	Delta Controls
8065	Univ. of Mass. @ Amherst	86DF	ATOMIC
8066	Univ. of Mass. @ Amherst	86E0 - 86EF	Landis & Gyr Powers
8067	Veeco Integrated Auto.	8700 - 8710	Motorola
8068	General Dynamics	8A96 - 8A97	Invisible Software
8069	AT&T	9000	Loopback
806A	Autophon	9001	3Com(Bridge) XNS Sys Mgmt
806C	ComDesign	9002	3Com(Bridge) TCP - IP Sys

（续）

类型码	协议类型	类型码	协议类型
806D	Computgraphic Corp.	9003	3Com(Bridge) loop detect
806E - 8077	Landmark Graphics Corp.	FF00	BBN VITAL - LanBridge cache
807A	Matra	FF00 - FF0F	ISC Bunker Ramo

在应用非常广泛的 TCP/IP 协议族中,应用特定结构中的类似协议类型码部分可以对应用层以下协议实现较为准确的识别。在应用层协议中也有类似的协议标识部分即“端口”,早期应用层协议绝大部分是按照端口映射的方式实现的。如 HTTP 协议使用 80 端口,FTP 协议使用 21 端口等,但随着新协议的不断出现和协议应用的灵活性,基于端口进行应用层协议识别的方法越来越难奏效。

基于语义的协议分析法主要是从协议内容上对协议进行分类,协议实际运用过程中具体协议与协议行为特征集密切相关,可以通过归纳每种协议类型的静态特征,进而建立各种协议的静态特征库,利用特征匹配的方法对已知协议进行识别。协议特征应选择协议所特有的、交互过程中必须出现且实际使用中出现频率最高的字段。对于固定报文类型样本,寻找尽可能多的连续静态类型字段,并将其取值组合定义为该类型协议的静态特征。对于其他无固定格式类型协议样本,寻找可以标识该协议样本服务类型的单词作为协议静态特征。如 FTP 协议中使用频率最大的“USER”表示必须在提供了用户标示和口令后才能使用 FTP 服务,由此可用“USER”作为 FTP 协议的特征码,但问题是在 POP3(邮局协议 - 版本 3)协议中“USER”也是重要的特征码。进一步对 POP3 协议进行特征分析,POP3 规定对所有命令的响应必须以字符串“ + OK”(成功)或“ - ERR”(失败)以及之后的原因构成。故在识别 FTP 和 POP3 协议时,若匹配到“USER”,则可将识别结果记为 FTP,若继续匹配到“ + OK”或“ - ERR”,则需将识别结果改为 POP3。

基于时序特征的协议分析法主要是从协议的时序统计特征进行分析,这对加密条件下的协议识别比较有用,加密虽然对协议结构和关键特征内容进行了隐藏,但一些统计特征对加密却不敏感,如报文包的大小、到达的时间以及到达方向等。有研究表明,对于非交互性协议,如 SMTP(简单邮件传输协议)、FTP 等协议,到达时间的累积分布函数服从指数分布。但是交互性的协议由于要完成协议的交互,数据传输过程长,时延较大,到达时间并不服从指数分布,更适合用对数正态分布。此外,应用层协议对于一定的延迟有时还表现出明显的自相关特征,如果到达时间是独立的,自相关函数就会非常接近零。

8.2.2 模式串匹配

在已知协议的识别中,特征串的匹配相当重要,需要从目标串中搜索出指定特

征模式的出现位置。具体来说,简单的串匹配问题是给定主串“$s_1s_2\cdots s_n$”和子串“$m_1m_2\cdots m_t$”,一般 $n\gg t$,在主串中查找子串的过程就是串匹配。显然,串匹配问题属于易解问题,但当主串规模 n 很大时,需要在大量信息中进行匹配,串匹配操作经常进行,执行频率很高。

串匹配问题可分为精确串匹配、随机串匹配和近似串匹配。其中精确匹配算法的功能是在数据序列中查找与一个或一组特定的模式串完全相等的子串的匹配过程,其实现算法主要有蛮力搜索(BF)算法、克努特 - 莫里斯 - 普拉特(KMP)算法[3]、博伊尔 - 摩尔(BM)算法[4]和 SUNDAY 算法等。此外,还有一些效率更高的算法[5],但相当部分是在 KMP 算法或 BM 算法基础上所做的一些改进。

BF 算法是最简单的匹配算法,该算法首先将匹配串和模式串左对齐,然后从左向右一个一个进行比较,若相等,则继续比较两者的后续串,如果不成功,则模式串向右移动一个单位。重复上述过程,直到所有串比较完成,这样匹配的结果必然是效率很低,尽管如此,作为一种朴素的模式匹配算法,BF 算法非常通用。

Morris 和 Pratt 于 1970 年提出了 KMP 的原型算法,1977 年,Knuth 通过改进预处理过程中最长前缀的定义正式给出了 KMP 算法。KMP 算法的关键点是在匹配失败时,正文不需要回溯,利用已经得到的部分匹配结果将模式串右移尽可能远的距离,继续进行比较。具体实现时,当主串中第 i 处与模式串中的第 j 处不相等时,主串 i 保持不动,模式串的第 k 处与主串的第 i 处进行比较,从而继续匹配过程,举例如图 8.17 所示。

KMP 算法是第一种解决了回溯问题的模式匹配算法,是一种在出现不匹配情况下带有智能指针初始化的算法。大多数情况下,KMP 算法并不比 BF 算法好多少,但算法能确保线性,在众多领域中仍然有比较广泛的应用。

在 KMP 算法的启示下,Boyer 和 Moore 于 1977 年提出了 BM 算法,BM 算法与 KMP 算法的主要区别是匹配操作方向不同,因为在匹配比较过程中,很多情况下仅仅是待比较部分的最后几位不匹配,如单纯采用从左到右的方式扫描的话会浪费很多时间。当改用从右到左的方式扫描后,如果一旦发现匹配串中出现模式串中没有的部分时,就可以大幅度地“滑过”匹配串和模式串。出现不匹配情况时,BM 算法设计了两条启发式规则,坏字符规则和好后缀规则,用于计算模式串移动的距离,如图 8.18 所示。

BM 算法思想最重要的是如何确定一轮匹配失败时模式串的右移量,基本流程:设匹配串序列 T,长度为 n,模式串序列为 P,长度为 m。首先将 T 与 P 进行左对齐,然后进行从右向左比较。

坏字符规则:在 BM 算法从右向左扫描的过程中,若发现某处 x 不匹配,则有两种处理情况。

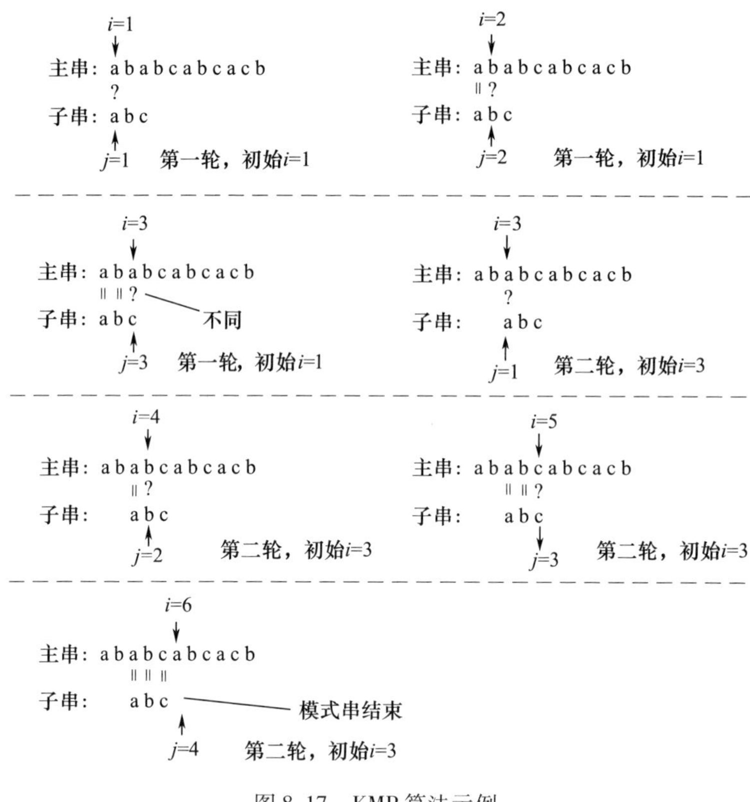

图 8.17 KMP 算法示例

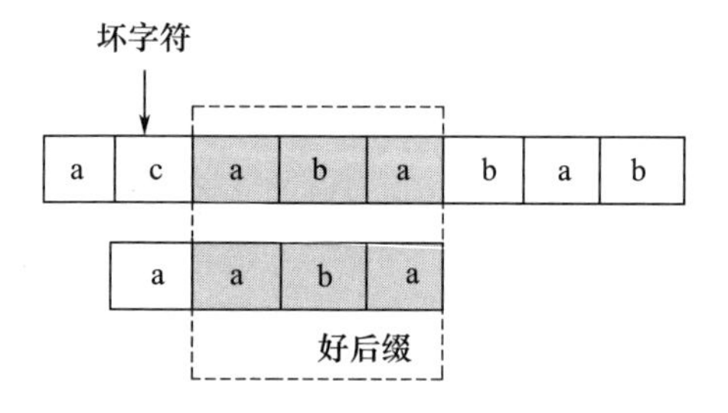

图 8.18 坏字符与好后缀示意

(1) 如果字符 x 在模式 P 中没有出现,那么从字符 x 开始的 m 个子串显然不可能与 P 匹配成功,直接全部跳过该区域即可;

(2) 如果 x 在模式 P 中出现,则以该字符进行对齐。

好后缀规则:发现某处不匹配,但有部分子串成功,两种处理情况。

(1) 如果在 P 中位置 t 处已匹配部分 P' 在 P 中的某位置 t' 也出现,且位置 t' 的前一个字符与位置 t 的前一个字符不相同,则将 P 右移使 t' 对应 t 方才的所在的

位置。

(2) 如果在 P 中任何位置已匹配部分 P' 都没有再出现,则找到与 P' 的后缀 P'' 相同的 P 的最长前缀 x,向右移动 P,使 x 对应 P'' 后缀所在的位置。

BM 算法取两个规则中移动较大者作为最终移动量。

举例说明坏字符与好后缀的移动情况,如坏字符没出现在模式串中,可将模式串移到坏字符的下一个字符继续比较,如图 8.19 所示。

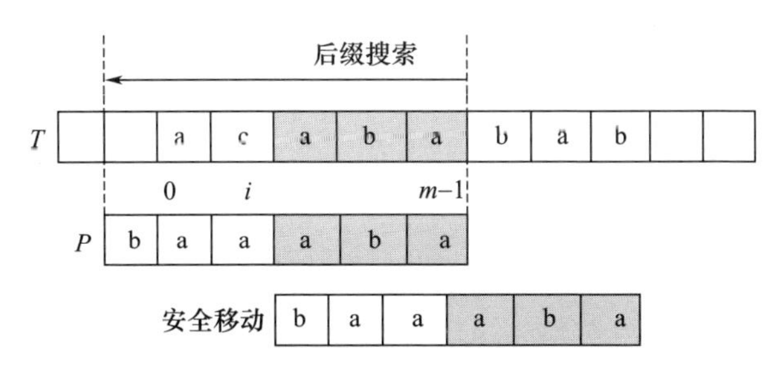

图 8.19　坏字符未出现在模式串中

如坏字符出现在模式串中,可将模式串第一个出现的坏字符和匹配串的坏字符对齐,如此可能造成模式串倒退移动,如图 8.20 所示。

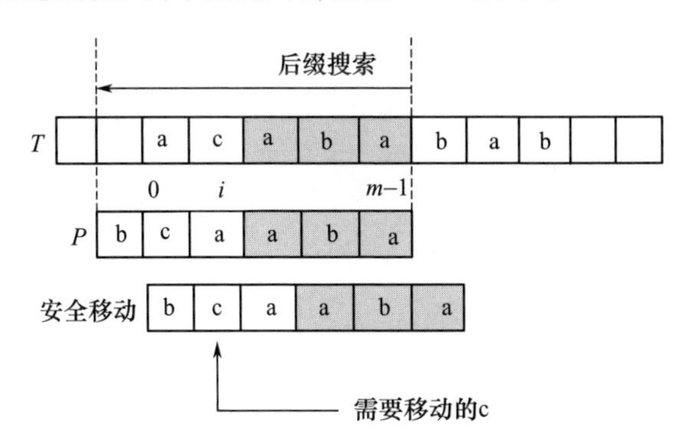

图 8.20　坏字符出现在模式串中

模式串中如有子串匹配上好后缀,则移动模式串让该子串和好后缀对齐即可,如有超过一个子串匹配上好后缀,则选择最靠左边的子串对齐,如图 8.21 所示。

如模式串中没有子串匹配上好后缀,则寻找模式串的一个最长前缀,并让该前缀等于好后缀的后缀,找到该前缀后让该前缀和好后缀对齐即可,如图 8.22 所示。

模式串中没有子串匹配上好后缀,且在模式串中找不到最长前缀,可让该前缀等于好后缀的后缀,直接移动模式到好后缀的下一个字符,如图 8.23 所示。

在单一模式的匹配算法中,BM 算法一般被认为是性能最佳的,比 KMP 算法

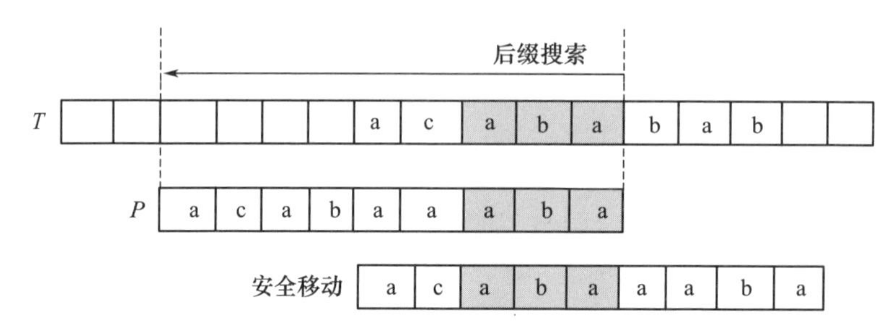

图 8.21　有子串匹配好后缀

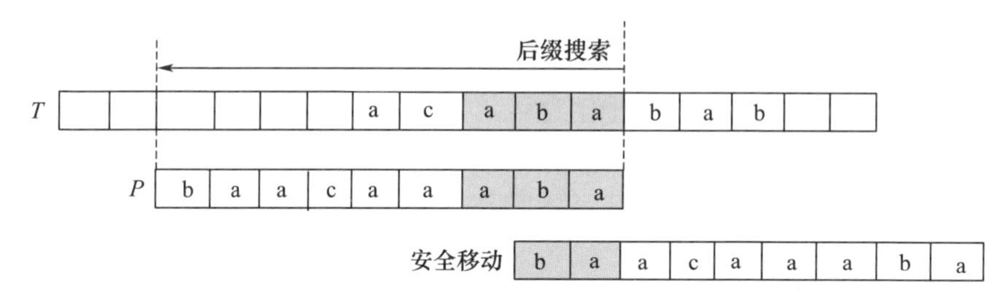

图 8.22　无子串匹配好后缀,有最长前缀

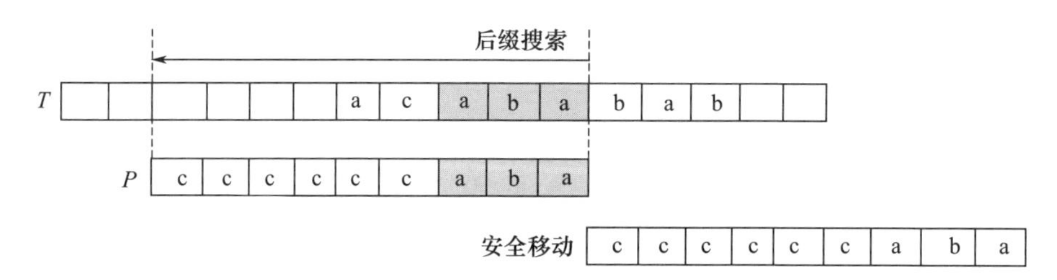

图 8.23　无子串匹配好后缀,无最长前缀

更有效率。BM 及其改进算法在实践中有非常广泛的应用[6]。

8.2.3　协议编码

OSI 的高层协议负责完成一系列业务处理所需的服务,如报文编解码任务等,由于高层协议往往涉及复杂的数据结构、多样的应用环境等,用预定的规程对比特或字节进行编解码非常困难。为了解决这个问题,人们提出了语法三元组的概念:实际语法、抽象语法和传输语法。其中实际语法指的是如 C 一样的实际编程语言;抽象语法指的是通用数据结构,但这种结构与任何表示数据的编码技术无关;传输语法指的是交换数据的表示方法,是通信系统中的实际传输码流。在早期的协议开发中,一些标准如 ASCII 等,既定义了抽象语法,又定义了传输语法。显然,

这样一体化的规定比较欠缺灵活性,后来的标准分离了抽象语法和传输语法,系统可以选择一种适合要求的编码方法以提高信息传送效率或可靠性等,同时可以只开发一次编解码程序但在很多地方应用,大大节约开发时间。

目前广为流行的从抽象语法到传输语法的实现一般采用抽象语法标记(ASN.1)编译器按照编解码规则来完成。ASN.1 是 OSI 组织定义的第一个标准化的编码规则,ASN.1 语法按照内部规则可以分成编码规则和语法规则两部分,其中编码规则所关注的问题是在实际消息传输中的数据是如何进行编码的,语法规则描述信息内数据、数据类型及序列格式等。

ASN.1 本身只定义了表示信息的抽象句法,但是没有限定其编码的方法。ASN.1 取得成功的一个主要原因是它与几个标准化编码规则相关,标准的 ASN.1 编码规则有基本编码规则(BER)、规范编码规则(CER)、唯一编码规则(DER)、压缩编码规则(PER)和 XML 编码规则(XER)等。这些编码规则描述了如何对 ASN.1 中定义的数值进行编码以便用于传输,而不管其如何表示。对任何形式的音视频等数字信息,ASN.1 都可以发送。需要说明的是,在 ASN.1 中信息对象不会被编码,传递它们各项信息的唯一方法是在一个类型中引用它们。

ASN.1 现在是 ISO 和 ITU－T 的联合标准,由这两个组织联合发布,ASN.1 最开始是作为 X.409 的一部分而开发的,后来 ASN.1 在 OSI 独立成 ISO 8824/ITU X.208(说明语法)和 ISO 8825/ITU X.209(说明基本编码规则)规范。全面修订后的 ASN.1 标准包括描述 ASN.1 语法规则的部分:ITU－T Rec. X.680|ISO/IEC 8824－1、ITU－T Rec. X.681|ISO/IEC 8824－2、ITU－T Rec. X.682|ISO/IEC 8824－3、ITU－T Rec. X.683|ISO/IEC 8824－4;描述 ASN.1 编码规则的部分:ITU－T Rec. X.690|ISO/IEC 8825－1 (BER,CER and DER)、ITU－T Rec. X.691|ISO/IEC 8825－2 (PER)、ITU－T Rec. X.692|ISO/IEC 8825－3 (ECN(编码控制记法))、ITU－T Rec. X.693|ISO/IEC 8825－4 (XER)。大量实践表明,作为一种形式化描述语言,ASN.1 特别适用于应用层协议的描述,如 X.400(email)、X.500 和 LDAP(简单目录访问服务)、H.323(VoIP(网络语音电话))和 SNMP(简单网络管理协议)均使用 ASN.1 描述它们交互的协议数据单元。

ASN.1 定义好了不少数据类型,任意复杂的数据结构都可以由这些基本数据类型构造出来,基本数据类型如表 8.3 所列。

表 8.3　ASN.1 数据类型

简单数据类型	字符串类型	其他类型
BOOLEAN	NumericString	GeneralizedTime
INTEGER	PrintableString	UTCTime

（续）

简单数据类型	字符串类型	其他类型
ENUMERATED	TeletexString	EXTERNAL
REAL	IA5String	ObjectDescriptor
BIT STRING	GraphicString	
OCTE TSTRING	GeneralString	
NULL		

这些数据类型基本都可望文知意，从其名称就可知道类型含义。

一个标准的 ASN. 1 编码对象有 4 个域：类型标识域（T）、数据长度域（L）、数据域（V）以及结束标志（可选，在长度不可知情况下需要）。数据域可以多重嵌套其他数据元素的 TLV 字段，编码的具体格式如图 8. 24 所示。

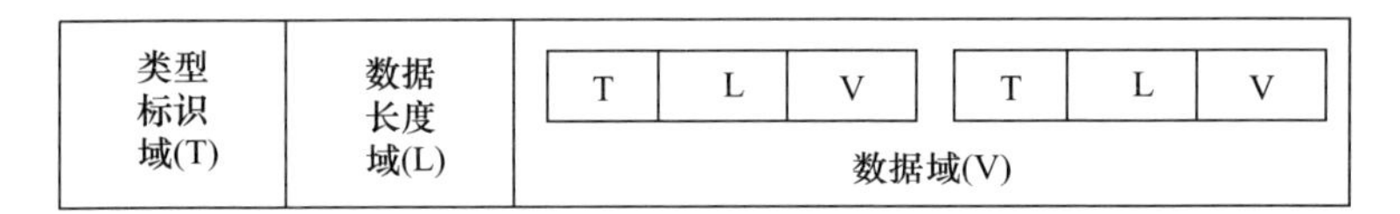

图 8. 24　基本编码格式

类型标识域有两种形式，即低 Tag 数字（0 ~ 30）和高 Tag 数字（大于 30）。低 Tag 长一字节，第 8 位和第 7 位为 Tag 类型，分别是 universal（00）、application（01）、context - specific（10）和 private（11）；第 6 位 0 表明编码类型是基本类型，第 5 位 ~ 第 1 位是 Tag 值。高 Tag 数字可以有两个或多个字节，第一个字节与低 Tag 一样，低 5 位为全 1，后续字节给出 Tag 值，不过最高位都设为 0，使用低 7 位作为数据位，最后一个字节的最高位为 1，高位优先。

部分 ASN. 1 类型及其 universal 标识如表 8. 4 所列。

表 8. 4　ASN. 1 定义的通用类型

标识值（十进制）	类型	标识值（十进制）	类型
1	BOOLEAN	17	SET，SET OF
2	INTEGER	18	NumericString
3	BIT STRING	19	PrintableString
4	OCTET STRING	20	TeletexString
5	NULL	21	VideotexString
6	OBJECT IDENTIFIER	22	IA5String
7	Object Descriptor	23	UTCTime
8	EXTERNAL	24	GeneralizedTime

（续）

标识值(十进制)	类型	标识值(十进制)	类型
9	REAL	25	GraphicString
10	ENUMERATED	26	VisibleString
11~15	为ISO 8824保留	27	GeneralString
16	SEQUENCE,SEQUENCE OF	28以后	为ISO 8824保留

数据长度域有短形式和长形式两种,短形式有1个字节,第8位为0,为最高位,低7位给出数据长度。长形式有2~127个字节,第一个字节的第8位为1,低7位给出后面该域使用的字节的数量,从第二个字节开始给出数据的长度。

数据域给出具体的数据值,该域的编码对不同的数据类型不一样,具体可参看相关标准。以SNMP数据为例,说明其中所用ASN.1编码的分析情况。

30 27 02 01 00 04 06 70 75 62 6c 69 63 a4 1a 06 0a 2b 06 01 04 01 bf 08 03 02 0a 40 04 c0 a8 0a 05 02 01 00 43 01 0b 30 00

30表示SNMP消息是ASN.1的SEQUENCE类型;

27表示SNMP报文长度是39(0x27)个字节,起始于后面的第一个字节直到报文结束;

02 01 00表示版本号,其中02表示该字段是INTEGER类型,01表示占1个字节;00表示"版本号-1";

04 06 70 75 62 6c 69 63表示团体名,04表示该字段为OCTET STRING类型,06表示占6个字节,70 75 62 6c 69 63表示团体名的十六进制形式,为"public";

a4 1a中的"4"表示这是一个trap报文,a4又叫报文的标签标记,1a表示后面还有26(0x1a)个字节的数据;

06 0a 2b 06 01 04 01 bf 08 03 02 0a为企业对象标识符(OID)标识,06表示该字段是个类型标识符,0a表示该字段占10(0x0a)个字节;

40 04 c0 a8 0a 05中40表示该字段为IPAddress,04表示IP地址占4个字节;IP地址为192.168.10.5;

02 01 00中00表示trap类型;

43 01 0b中43表示TimeTicks类型,01表示该字段占1个字节,0b即十进制的11表示时间标签为0.11s,时间计数器以0.01s递增;

30 00中30表示编码类型为SEQUENCE,00表示该字段占0个字节,即没有该字段。

8.2.4 未知协议分析

在协议未知的情况下,面对大量比特流数据,需要分析者自己去挖掘协议特征。进行未知协议分析的第一步是进行协议的语法结构分析，协议在语法结构方面的规定一般称为帧同步结构，通信参与方只有从所接收的码元序列中正确识别帧同步码元后进行同步，以帧同步为基础，才能进行传输信息的复原。实现通信帧同步的方法通常有两种：一种为集中式插入法；另一种为间隔式插入法。间隔式插入法将同步码以分散的形式均匀插入信息码流中，比较常见的是采用1、0码作为帧同步码间隔插入的方法。集中式插入法在每帧的开头集中插入帧同步码组，集中式插入帧同步码示意图如图8.25所示。相比而言，集中式插入法的同步捕获时间较短，在协议中得到了广泛应用[7]。

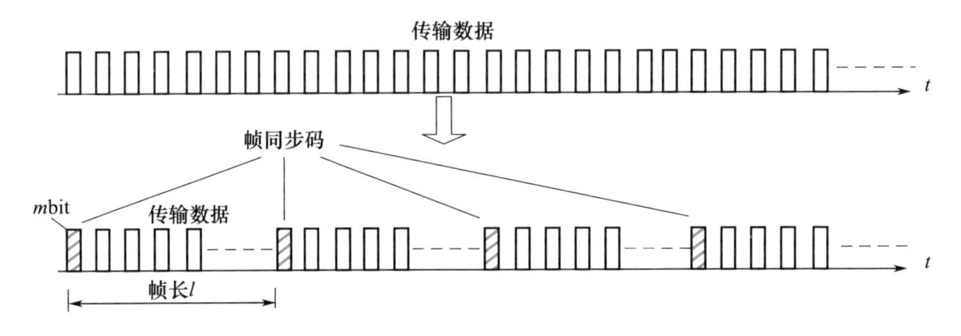

图8.25　集中式插入帧同步码形成示意图

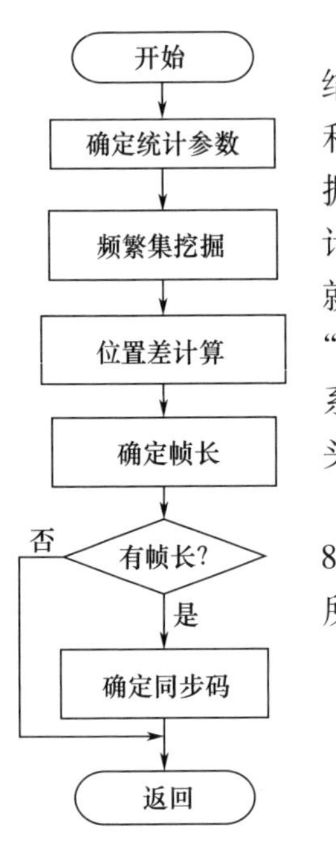

图8.26　帧结构分析

对未知协议进行分析，关键和首要的任务是正确分析帧结构，只有在帧结构分析正确的基础上，才能进行协议语义和时序的分析。对集中式插入帧结构的分析可通过数据挖掘的方法进行，首先对比特流数据中的频繁序列集合进行统计，在挖掘得到最可能的频繁序列集合后，这些频繁序列中就包含协议帧头结构的关键信息，通过计算频繁序列之间的"相对位置差"确定不同的频繁序列之间是否存在关联关系，从中筛选出等间隔出现的频繁序列，进而判定可能的帧头结构，确定帧同步码，如图8.26所示。

以一段比特流数据的帧结构分析为例，对比特流数据按8bit一组，每次移位也为8bit进行统计，统计情况如图8.27所示。

列出出现次数最大的3个频繁序列如下：

频繁序列	出现次数
01011101	433
00101011	426
00010010	404

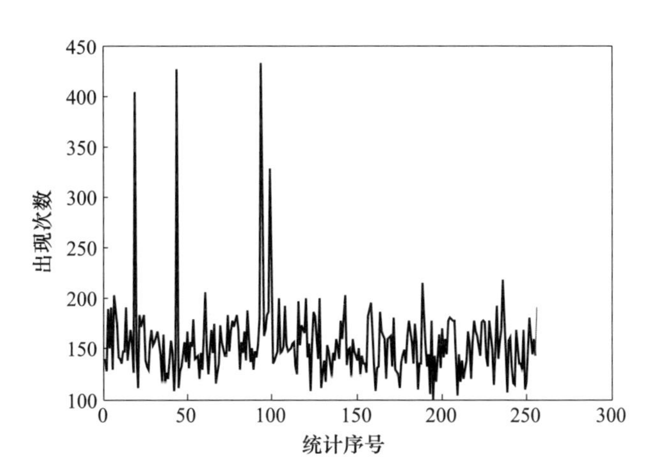

图 8.27 频繁序列统计情况

以出现最频繁的频繁序列 01011101 为例,计算相对位置差,得到 105 个不同的相对位置差值:16、24、32、…、1192、1200、1352、1568、1688,分布情况如图 8.28 所示。

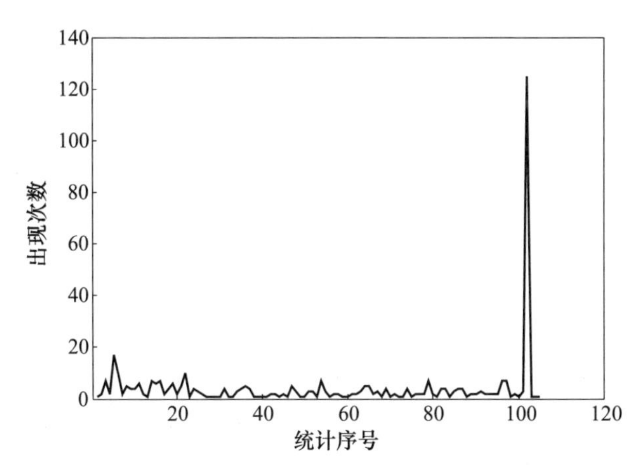

图 8.28 相对位置差统计情况

可知在相对位置差为 1200 时具有明显优势值,可见 1200 就是帧长,以帧长为单位,确定频繁集相同码段位置,可以很明显地看出相同段码长为 36,相同码为 111000010101101011101000100100110001,即 0XE15AE8931,此即为帧同步码,所选频繁序列 01011101 为该帧同步码的子序列。事实上,另外两个频繁序列 00101011 和 00010010 同样为帧同步码的子序列。从同步码开始,每行 1200bit,十六进制显示如图 8.29 所示。

敏感部分1　敏感部分2

```
           0  1  2  3  4  5  6  7  8  9  a  b  c  d  e  f  10 11 12 13 14 15 16 17 18 19 1a
00000000h: E1 5A E8 93 10 11 93 5E 32 E4 B0 CF C6 D4 15 A3 6B 35 3D 30 B1 4D 17 1D 2C CD A0
00000096h: E1 5A E8 93 10 22 C2 58 32 E6 B4 E3 84 5E 05 A0 EB 35 DE 34 91 2D 1F 2D 5F C3 88
0000012ch: E1 5A E8 93 10 33 C2 58 32 E6 B4 E3 84 5E 05 A0 EB 35 DE 34 91 2D 1F 2D 5F C3 88
000001c2h: E1 5A E8 93 1F 00 40 58 1A 66 BA E3 06 D4 15 42 EB 35 5E 3C B9 8F 13 05 9D CB B8
00000258h: E1 5A E8 93 10 11 F0 8B 51 DE 3F 2B 77 D1 9F 7E 12 AB 56 BA 67 EB D4 D2 91 3D 90
000002eeh: E1 5A E8 93 10 22 69 CB 6B 96 0B 51 38 51 65 AD A6 08 30 86 74 DE 95 1F 95 B4 DA
00000384h: E1 5A E8 93 10 33 9E D8 B9 8E 8E 5E 73 51 71 2B C1 83 37 96 B8 A9 E0 94 4C 9C 1D
0000041ah: E1 5A E8 93 1F 00 F0 85 96 53 2C 71 38 D9 C9 84 70 83 A2 12 D3 A9 5F 5E 1D 83 14
000004b0h: E1 5A E8 93 10 11 57 D9 DD 3E 95 2D 1C 28 D4 CE A0 89 D1 54 BB 26 34 40 7C 14 25
00000546h: E1 5A E8 93 10 22 82 54 1A E6 BE EF 46 56 35 A3 6E 15 1C 70 81 CD 1B 2D 3C CF A0
000005dch: E1 5A E8 93 10 33 C2 58 32 E6 B4 E3 84 5E 05 A0 EB 35 DE 34 91 2D 1F 2D 5F C3 88
00000672h: E1 5A E8 93 1F 00 C2 58 32 E6 B4 E3 84 5E 05 A0 EB 35 DE 34 91 2D 1F 2D 5F C3 88
00000708h: E1 5A E8 93 10 11 50 5A 1A 67 BA E7 06 54 05 62 EB 25 7E 3C B1 AF 13 05 9C C9 BC
0000079eh: E1 5A E8 93 10 22 E1 CB 58 DE 3F 2B 77 53 CB 5E 92 BF 72 FF 6E CF D4 D2 91 3F 90
00000834h: E1 5A E8 93 10 33 B6 08 9D FB 92 61 76 A5 8B AB 8B FC 68 2F 37 97 A6 77 31 0E 2A
000008cah: E1 5A E8 93 1F 00 61 1E B1 8B 02 29 35 D0 56 8E D0 E4 38 AF D5 61 46 30 F5 8E 28
00000960h: E1 5A E8 93 10 11 86 77 A7 3A 3B 8F 35 AA EF 59 AC E6 7C 0F D7 69 71 DF 95 A7 A1
000009f6h: E1 5A E8 93 10 22 ED 18 E4 3F 3F 6C 34 61 B8 E7 8A 37 C8 3B D3 C7 8E 12 31 9A EE
00000a8ch: E1 5A E8 93 10 33 11 5C 0A E6 B4 DB 06 56 15 A0 6A 35 DE 3C A9 CD 15 0D 2C CB B4
00000b22h: E1 5A E8 93 1F 00 C2 58 32 E6 B4 E3 84 5E 05 A0 EB 35 DE 34 91 2D 1F 2D 5F C3 88
00000bb8h: E1 5A E8 93 10 11 C2 58 32 E6 B4 E3 84 5E 05 A0 EB 35 DE 34 91 2D 1F 2D 5F C3 88
00000c4eh: E1 5A E8 93 10 22 41 5A 12 67 BA E7 06 D6 15 42 6B 35 5E 78 B9 8F 13 05 9C CB BC
00000ce4h: E1 5A E8 93 10 33 F1 CB 10 DE 3F 6F 27 43 CB 5E 82 AB 76 BA 67 CB D1 92 81 3F D4
00000d7ah: E1 5A E8 93 1F 00 DA 19 A2 97 39 7B C6 48 18 FD F0 89 A9 E6 68 2E 9D 28 0C 8B C4
00000e10h: E1 5A E8 93 10 11 84 B2 03 A3 11 EA E6 85 44 93 A4 03 CB F6 3D B0 CB 03 A0 02 28
00000ea6h: E1 5A E8 93 10 22 4A 40 D1 3F 9B 5B A7 53 FD C3 DE D9 0A A0 5B 84 41 7B A5 1C 7F
00000f3ch: E1 5A E8 93 10 33 F5 04 77 12 AE 21 89 83 F1 68 F5 8B 50 D6 CE 82 18 39 4C 82 C5
00000fd2h: E1 5A E8 93 1F 00 91 5A 32 E7 B4 DB 85 5C 05 C0 EF 15 DF 34 B9 6D 1B 05 AD CF B0
00001068h: E1 5A E8 93 10 11 C2 58 32 E6 B4 E3 84 5E 05 A0 EB 35 DE 34 91 2D 1F 2D 5F C3 88
```

图 8.29　码流十六进制显示

继续对协议结构中的语义进行分析,从图 8.29 可知,敏感部分 1 每 4 帧重复一次,依 0XF、0X0、0X0、0X0 循环,这种结构一般相异的 0XF 可看作超帧开始,相同的 0X0 为超帧后续,敏感部分 2 依 0X00、0X11、0X22、0X33 循环,其中后 4bit 为前 4bit 重复,是递增的计数器,可看作超帧计数,确定信道帧格式如图 8.30 所示。

子帧
帧同步码　超帧属性　传输数据　帧同步码
36　12　1152　36
超帧标志　超帧计数　超帧计数

图 8.30　信道帧格式

很多情况下,在澄清未知协议帧结构后,对其语义和时序的分析需要综合多方面的信息进行,包括信号的物理层参数、信号行为、相关业务等,有时还会涉及很多信号分析之外的事。举例如下,某信号随路信令部分经分析采用(20,8)分组码,两段随路信令部分数据如下:

11010110 111010001101

11011000 000011100010

对解码后的信息部分 11010110 和 11011000 进行去同存异分隔如下:

1101 0110

1101 1000

前面 4bit 相同,暂时无法分析,后面相异 4bit 的含义需要结合各自所带业务进

行分析，经分析与第一个随路信令相关的是(196，96)分组码业务类型，与第二个随路信令相关的是3/4 卷积码业务类型。由此可初步判定信息部分的后 4bit 的语义表示不同业务的数据类型。

8.3　序列随机性

协议分析越往上层，就越靠近业务信息，也越接近分析的瓶颈——加密问题，这在军事信号的分析中表现得尤为明显。也就是说，在协议分析的过程中，经常要回答一个问题：此刻数据是否加密？要判断数据是否进行了加密处理，就得对数据的随机性进行分析，随机性在密码学中占有重要的地位，虽然密码学中对随机序列谈论不多，但实际上没有哪个问题比这个问题更重要，随机性是评价密码算法安全性的一个很重要的方面。

现代计算机之父，同时也是大数学家的冯·诺依曼曾说过，“任何想用数学的方法产生真随机数的人都是在痴心妄想，”也就是说，真正的随机序列是很难人为产生的，人们很难讨论真随机数的具体产生方法。加密算法其实也就是产生足够好的伪随机序列，把它当作随机序列应用，使其在很小的偏差范围内满足随机特性假设。

一般伪随机序列有如下特点。

(1) 它能够通过绝大多数正确的随机性检测。

(2) 序列中每个元素都是独立同分布的。

(3) 可以重现，如果给定相同的初始条件，那么，相同的操作应该得到相同的输出序列。

应该说，伪随机序列从数学意义上讲已经一点也不随机了，但是只要伪随机性能通过随机序列的一系列统计检测，就可把它当作真随机序列使用。

当要判断比特流数据的随机性时，一般都是从大量的样本数据推断总体的分布形式，采用检测假设的方法进行研究，也就是在总体的分布函数完全未知或有参数未知的情况下，为推断总体的某些假设性质而提出关于总体的假设，然后根据样本对所提出的假设做出判断：拒绝还是接受原假设。

首先假设该序列是随机的，这个假设称为源假设或零假设，记为 H_0，与源假设相反的假设，即这个序列是不随机的，称为备择假设，记为 H_1。具体步骤如下。

(1) 根据实际情况，提出原假设 H_0 和备择假设 H_1。

(2) 给定显著性水平 α 以及样本容量 n。

(3) 确定检测统计量以及拒绝域。

（4）根据取样结果确定是接受还是拒绝原假设 H_0。

随机性分析的对象是二进制比特流序列，以某些样本序列来推断加密算法中其他输出序列中是否会出现不合理的情况。从数学上来看，随机是具有概率性的，可以用概率统计的方法对一个序列的随机性进行描述，这就是随机性检测的含义。当一个随机检测被用于一些随机序列时，检测的结果不应该有显著的差异。虽然检测一个随机序列的方法很多，但是每一个都只能评估随机性的一个方面。即使某个序列通过了一个检测，也不能说这个序列肯定是随机的，因为每一个检测都无法代表这个序列随机性的所有方面。反之，如果一个序列没有通过某个随机性检测，则可以立刻推断该序列不是随机序列。随机性分析中说序列是随机的，包含了两层意思：序列能够通过所有的随机性检测及序列不可预测。

目前，比较有代表性的随机性检测方法有美国国家标准技术研究所（NIST）的 FIPS 140－2 标准和德国资讯安全联合办公室发布的 AIS31 标准等。但最全面的随机性检测方法是 NIST 所提出 SP800－22 标准，最新修订后的 NIST SP800－22 所包括的 15 种检测方法如表 8.5 所列[8]。

表 8.5　NIST SP800－22 的 15 种检测方法

序号	测试方法	序号	测试方法
1	单比特频率检测	9	Maurer 的通用统计检测
2	块内频率检测	10	二元矩阵秩检测
3	非重叠模板匹配检测	11	离散傅里叶变换检测
4	重叠模板匹配检测	12	线性复杂度检测
5	串行检测	13	累积和检测
6	近似熵检测	14	随机偏移检测
7	游程检测	15	随机偏移变量检测
8	块内最长游程检测		

对每种检测方法，相应于检测序列，均会产生一个相应的 P 值，对于选定的显著性水平 α（如取 $\alpha=0.01$），若 $P\geqslant\alpha$，则认为该序列通过检测，否则视为未通过，可判断为非随机序列。

在 NIST 的各种检测方法中，检测序列长度均为 n，序列中第 i 个点表示为 ε_i，定义误差补函数为

$$\operatorname{erfc}(z)=\frac{2}{\sqrt{\pi}}\int_z^{\infty}\mathrm{e}^{-u^2}\mathrm{d}u \tag{8-13}$$

不完整伽马函数为

$$\operatorname{igamc}(a,x)=\frac{1}{\Gamma(a)}\int_x^{\infty}\mathrm{e}^{-t}t^{a-1}\mathrm{d}t \tag{8-14}$$

式中：$\Gamma(a)=\int_0^{\infty} t^{a-1}e^{-t}dt$；$\mathrm{igamc}(a,0)=1$，$\mathrm{igamc}(a,\infty)=0$。

为了对一种检测结果给出合理的判断，需要选择不同的样本序列来进行检测，由此会产生的不同 P 值，有两种方法可以对结果做出判断。

1）计算通过率

如果检测序列通过检测的比例落在 $\left[P'-3\sqrt{\frac{P'(1-P')}{m}}, P'+3\sqrt{\frac{P'(1-P')}{m}}\right]$ 区间，则认为被测发生器通过检测，否则视为未通过，其中 $P'=1-\alpha$，m 为检测序列的次数。该判断原则的依据是统计学中的 3σ 原则。

2）判断 P 值的分布

首先将区间[0,1]分成 10 个小区间，然后计算各个 P 值落入每个区间的频数，如记落入第 i 个区间的 P 值的个数为 F_i，m 为检测序列的个数，通过拟合计算 $\chi^2=\sum_{i=1}^{10}\frac{(F_i-m/10)^2}{m/10}$ 值，进一步计算 $P'=\mathrm{igamc}(9/2,\chi^2/2)$，如 $P'\geqslant 0.0001$，则认为所得 P 值服从均匀分布，可认为被测序列发生器通过了检测。

8.3.1　随机性检测方法

在所有的随机性检测方法中，频率检测是最基础的，也是随机性检测首先需要通过的项目，只有先通过此项检测，然后才能继续进行其他项检测。

8.3.1.1　单比特频率检测

频率检测主要是检测被测序列中 0 或 1 所占的比例，通过检测 0 或 1 在序列中所占的比例来判断被测序列与真正随机序列的接近程度。该检测的依据是随机数据的平衡性：对一个真随机序列，当序列长度趋于无穷时，0 或 1 在整个序列中所占的比例应该都趋近于 1/2。

检测描述：

（1）对序列长为 n 的被测序列 $\varepsilon=\varepsilon_1,\varepsilon_2,\cdots,\varepsilon_n$ 进行转换：$X_i=2\varepsilon_i-1$，$i=1,2,\cdots,n$，转换成 ±1 值，新的序列记为 $X_1,X_2,\cdots,X_n$，令 $S_k=X_1+X_2+\cdots+X_k$。

（2）计算检测统计量：$S_{\mathrm{obs}}=\frac{|S_n|}{\sqrt{n}}$。

（3）计算概率值：$P=\mathrm{erfc}\left(\frac{S_{\mathrm{obs}}}{\sqrt{2}}\right)$。

（4）将 P 值与显著性水平 α 比较：如果 $P\geqslant\alpha$，则认为被检测序列通过了单比特频率检测，是随机的；反之，则认为被检测序列不是随机的。

检测序列推荐：$n \geqslant 100$。

8.3.1.2 块内频率检测

该项检测主要检测被测序列中长度为 M 的子块中比特 1 所占的比例，该项检测的目的是判断在长度为 M 的子块中比特 1 所占的比例是否与所期待的随机序列中比特 1 所占的比例一样。对随机序列来说，其任意长度的 M 位子序列中 1 的个数都应该接近 $M/2$，当子块数为 1 时，此项检测便退化为单比特频率检测。

检测描述：

(1) 确定每个分块中所含比特数 M，将长度为 n 的 $\varepsilon = \varepsilon_1, \varepsilon_2, \cdots, \varepsilon_n$ 序列划分为 $N = \left[\frac{n}{M}\right]$ 个非重叠的分区。如 M 不能被 n 整除，需将剩余的 $(n - MN)$ bit 舍弃。

(2) 计算在每个长度为 M 的子块中比特 1 所占的比例，即

$$\pi_i = \frac{\sum_{j=1}^{M} \varepsilon_{(i-1)M+j}}{M} \quad 1 \leqslant i \leqslant N \tag{8-15}$$

(3) 计算 χ^2 统计量：$\chi^2(\text{obs}) = 4M \sum_{i=1}^{N} \left(\pi_i - \frac{1}{2}\right)^2$。

(4) 计算概率值 $P = \text{igamc}\left(\frac{N}{2}, \frac{\chi^2(\text{obs})}{2}\right)$。

(5) 将 P 值与显著性水平 α 比较，如果 $P \geqslant \alpha$，认为被检测序列通过了块内频率检测，是随机的；反之，则认为被检测序列没有通过块内频率检测，不是随机的。

检测序列推荐：$n \geqslant 100$，且 $n \geqslant MN$，如 $M \geqslant 20$，$N < 100$ 或 $M > 0.01n$。

8.3.1.3 非重叠模板的匹配检测

该检测通过将检测序列与给定的非周期固定序列进行非重叠的匹配比较，从而判断随机序列发生器是否生成太多或太少固定模式的序列。

检测描述：

(1) 将长为 n 的被测序列 $\varepsilon = \varepsilon_1, \varepsilon_2, \cdots, \varepsilon_n$ 分为 N 个区，每区字符串的长度为 M。令 B 为长度为 m 的匹配模板。

(2) 设 $W_j (j = 1, 2, \cdots, N)$ 为模板 B 在每个区中出现的次数，匹配检测通过在子块中创建 m 位的子串进行操作。将这个子串和模板 B 进行比较：当模板 B 和该子串完全匹配时，则模板自动跳过 m 位；若模板和此子串不完全匹配，则略过一个比特位而与后面的比特位再创建一个新的 m 位子串，继续进行下一个子串与模板的匹配检测，直到对此区中长度为 m 的所有比特串匹配完为止。

(3) 在假设序列随机性的前提下,计算出理论的期望 μ 与方差 σ^2,即

$$\begin{cases}\mu=(M-m+1)/2^m\\ \sigma^2=M\left(\dfrac{1}{2^m}-\dfrac{2m-1}{2^{2m}}\right)\end{cases} \tag{8-16}$$

(4) 计算 χ^2 统计量:$\chi^2(\text{obs})=\sum_{j=1}^{N}\left(\dfrac{W_j-\mu}{\sigma^2}\right)^2$。

(5) 计算 $P=\text{igamc}\left(\dfrac{N}{2},\dfrac{\chi^2(\text{obs})}{2}\right)$。

(6) 将 P 值与显著性水平 α 比较:如果 $P\geqslant\alpha$,认为被检测序列通过了非重叠模板的匹配检测,是随机的;反之,则认为被检测序列没有通过非重叠模板的匹配检测,不是随机的序列。

检测序列推荐:$n\geqslant10^6$;$m=2\sim10$,推荐 9 或 10;$N\leqslant100$。

8.3.1.4　重叠模板的匹配检测

该项检测与非重叠模板匹配的检测类似,其目的是检测序列中按重叠方式匹配给定模块 B 的次数是否符合随机性要求。该方法与非重叠模板匹配检测的差别在于本检测方法中无论当前子序列是否与 B 匹配,下一步都是待检测子序列前进 1bit,再取连续的 $m$bit 与 B 作匹配比较。

检测描述:

(1) 将长度为 n 的被测序列 $\varepsilon=\varepsilon_1,\varepsilon_2,\cdots,\varepsilon_n$ 分为 N 个相互独立的子块,其中每个子块的长度为 M。

(2) 在 N 个子块中计算模板 B 出现的频数,B 的长度为 $m$bit 位,通过在子块中创建 m 位的子串进行匹配检测操作,将该子串与模板 B 进行比较,无论是否完全匹配都跳过 1bit 而与后面的比特位再创建一个新的 m 位子串,继续进行下一个子串与模板的匹配检测。用 $v_i(i=0,1,\cdots,K)$ 记录模板 B 在每个子块中出现的频数,其中 K 表示自由度,如 v_1 表示在这个子块中模板 B 出现的次数为 1。

(3) 计算 λ 和 η 的值:$\eta=\lambda/2$,$\lambda=(M-m+1)/2^m$。求对应于 $v_i(i=0,1,\cdots,K)$ 的理论概率 π_i,如

$$\pi_0=\mathrm{e}^{-\eta},\pi_1=\frac{\eta}{2}\mathrm{e}^{-\eta},\pi_2=\frac{\eta\mathrm{e}^{-\eta}}{8}(\eta+2),\pi_3=\frac{\eta\mathrm{e}^{-\eta}}{8}\left(\frac{\eta^2}{6}+\eta+1\right),$$

$$\pi_4=\frac{\eta\mathrm{e}^{-\eta}}{16}\left(\frac{\eta^3}{24}+\frac{\eta^2}{2}+\frac{3\eta}{2}+1\right),\cdots$$

(4) 计算 χ^2 统计量:$\chi^2(\text{obs})=\sum_{i=1}^{N}\dfrac{(v_i-N\pi_i)^2}{N\pi_i}$。

(5) 计算 P 值:$P=\mathrm{igamc}\left(\frac{5}{2},\frac{\chi^2(\mathrm{obs})}{2}\right)$。

(6) 将 P 值与显著性水平 α 比较:如果 $P\geqslant\alpha$,认为被检测序列通过了重叠模板的匹配检测,就是随机的;反之,则认为被检测序列没有通过重叠模板的匹配检测,不是随机的序列。

检测序列推荐:$n\geqslant10^6$;m 推荐 9 或 10;$n\geqslant MN$;$N(\min\pi_i)>5$;$\lambda=(M-m+1)/2^m\approx2$;$m\approx\log_2 M$;$K\approx2\lambda$,其中 K 表示 v 的自由度。

8.3.1.5 串行检测

对任意正整数 m,长度为 m 的二元序列有 2^m 种,如将长度为 n 的待检序列划分成 n 个可叠加的 m 位子序列。对随机二元序列来说,由于其具有均匀性,m 位可叠加子序列的每一种模式出现的概率应该接近,进而判断当子序列长度为 $m-1$ 和 $m-2$ 时,可重叠子序列的每一种模式的个数是否相等。

当 $m=1$ 时,串行检测便等同于单比特频率检测。

检测描述:

(1) 将长度为 n 的被测序列 $\varepsilon=\varepsilon_1,\varepsilon_2,\cdots,\varepsilon_n$ 进行扩充,在设好重叠子序列的长度 m 后,在被测序列末尾添加 $m-1$ 个附加比特,此$(m-1)$bit 应是被测序列的第 1bit 到第$(m-1)$bit。

(2) 计算扩充后序列中所有长为 m 且与 2^m 个子序列分别匹配的字符串的个数 $v_{i_1i_2\cdots i_m}$。类似地,设子序列长度分别为 $m-1$ 和 $m-2$,重复(1)的操作对被测序列进行扩充,计算在扩充后序列中所有长度为 $m-1$ 且与 2^{m-1} 个子列分别匹配的字符串的个数 $v_{i_1i_2\cdots i_{m-1}}$,和所有长为 $m-2$ 且与 2^{m-2} 个子列分别匹配的字符串的个数 $v_{i_1i_2\cdots i_{m-2}}$。

(3) 构造统计量并计算

$$\psi_m^2=\frac{2^m}{n}\sum_{i_1\cdots i_m}\left(v_{i_1i_2\cdots i_m}-\frac{n}{2^m}\right)^2=\frac{2^m}{n}\sum_{i_1\cdots i_m}v_{i_1i_2\cdots i_m}^2-n$$

$$\psi_{m-1}^2=\frac{2^{m-1}}{n}\sum_{i_1i_2\cdots i_{m-1}}\left(v_{i_1i_2\cdots i_{m-1}}-\frac{n}{2^{m-1}}\right)^2=\frac{2^{m-1}}{n}\sum_{i_1i_2\cdots i_{m-1}}v_{i_1i_2\cdots i_{m-1}}^2-n$$

$$\psi_{m-2}^2=\frac{2^{m-2}}{n}\sum_{i_1i_2\cdots i_{m-2}}\left(v_{i_1i_2\cdots i_{m-2}}-\frac{n}{2^{m-2}}\right)^2=\frac{2^{m-2}}{n}\sum_{i_1i_2\cdots i_{m-2}}v_{i_1i_2\cdots i_{m-2}}^2-n$$

(4) 计算

$$\nabla\psi_m^2=\psi_m^2-\psi_{m-1}^2,\nabla^2\psi_m^2=\psi_m^2-2\psi_{m-1}^2+\psi_{m-2}^2$$

(5) 计算两个 P 值:$P_1=\mathrm{igamc}\left(2^{m-2},\frac{\nabla\psi_m^2}{2}\right)$,$P_2=\mathrm{igamc}\left(2^{m-3},\frac{\nabla^2\psi_m^2}{2}\right)$。

(6) 将两个 P 值分别与显著性水平 α 进行比较,如果两者都大于或等于显著性水平 α,则认为被检测序列通过了串行检测,就是随机的;反之,则认为被检测序列没有通过串行检测,不是随机序列。

检测序列推荐:$m<\lfloor \log_2 n \rfloor -2$。

8.3.1.6　近似熵检测

该项检测类似于串行检测,是对可重叠 m 比特状态进行的一种检测。通过对两个连续长度分别为 m 和 $m+1$ 的子序列作比较,将两者的差异与真正的随机序列进行比较,近似熵给出了当子序列长度 m 增加 1 时,m 位可重叠子序列模式和 $m+1$ 位可重叠子序列模式之间的频数之间的差异有多大,以此判定被测序列的随机性与伪随机性。

检测描述:

(1) 将长度为 n 的被测序列 $\varepsilon=\varepsilon_1,\varepsilon_2,\cdots,\varepsilon_n$ 进行扩充,将每个子块中子序列的长度设定为 m 后,在被测序列的末尾添加 $(m-1)$ bit,此 $(m-1)$ bit 应是被测序列的第 1bit 到第 $(m-1)$ bit。

(2) 长度为 m 的子序列共有 2^m 种可能的排列模式,在扩充序列里对这 2^m 种可能的排列模式进行匹配,记录任意一个模式出现的次数,记为 $v_{i_1 i_2 \cdots i_m}$。

(3) 计算 $C_i^m=\dfrac{v_{i_1 i_2 \cdots i_m}}{n}$,其中 i 表示所有长为 m 的字符串的所有可能排列,即 $i\in[0,2^m-1]$。

(4) 计算 $\varphi^{(m)}=\sum\limits_{i=0}^{2^m-1}\pi_i \lg\pi_i,\pi_i=C_j^{\mathrm{m}},j=\log_2 i$。

(5) 重复(1)~(4)的操作,用 $m+1$ 代替 m,即可得到 $\varphi^{(m+1)}$,计算检测统计量

$$\begin{cases}\chi^2=2n[\lg 2-\mathrm{Apen}(m)]\\ \mathrm{Apen}(m)=\varphi^{(m)}-\varphi^{(m+1)}\end{cases} \tag{8-17}$$

小的 Apen(m)值说明待检序列具有规则性和连续性,大的 Apen(m)值则表明待检序列具有不规则性和不连续性。

(6) 计算 P 的值:$P=\mathrm{igamc}\left(2^{m-1},\dfrac{\chi^2}{2}\right)$。

(7) 将 P 值与显著性水平 α 比较:如果 $P\geqslant\alpha$,认为被检测序列通过了近似熵检测,就是随机的序列;反之,则认为被检测序列没有通过近似熵检测,不是随机的。

检测序列推荐:$m<\lfloor \log_2 n \rfloor -2$。

8.3.1.7 游程检测

游程由连续的0或1组成,其前导和后继元素都与本身元素不同。连续多个1的游程称为一个块,连续多个0的游程称为一个间断。

游程检测的重点在于求出整个被测序列中所有游程的总和,该检测的目的是检测序列中的游程总数是否符合随机性要求。值得一提的是,由于游程检测以频率检测的通过为前提,所以应在游程检测前先进行频率检测。通过游程检测还要判断出在由1组成的游程和由0组成的游程之间游程的变化(摆动)是迅速还是缓慢。

检测描述:

(1) 在长为n的被测序列$\varepsilon=\varepsilon_1,\varepsilon_2,\cdots,\varepsilon_n$中,计算1在序列中所占的比例:$\pi=\left(\sum_{j=1}^{n}\varepsilon_j\right)/n$。先对被测序列进行单比特频率检测,预先设定一个小常数$\tau=\frac{2}{\sqrt{n}}$,比较$|\pi-0.5|\geqslant\tau$是否成立。如果成立,说明被测序列中的0,1个数相差比较大,也就是被测序列没有通过单比特频率检测,所以肯定无法通过游程检测,可退出游程检测;否则,可以继续进行游程检测。

(2) 计算统计量:

$$V_n(\text{obs})=\sum_{k=1}^{n-1}r(k)+1$$

式中:$r(k)=\begin{cases}0 & \varepsilon_k=\varepsilon_{k+1}\\1 & \varepsilon_k\neq\varepsilon_{k+1}\end{cases}$。

(3) 计算:$P=\operatorname{erfc}\left[\frac{|V_n-2n\pi(1-\pi)|}{2\sqrt{2n}\pi(1-\pi)}\right]$。

(4) 将P值与显著性水平α进行比较:如果$P\geqslant\alpha$,认为被检测序列通过了游程检测,就是随机的;反之,则认为被检测序列没有通过游程检测,不是随机的。

检测序列推荐:$n\geqslant100$。

8.3.1.8 块内最长游程检测

该项检测主要检测在进行Mbit分块后的子序列块内1的最大游程分布是否符合随机性要求。即判定在被检测序列中最长的游程长度与随机序列中最长的游程长度的偏差程度。如果最长1游程未通过检测,则相应地最长0游程也不会通过检测,因此,只需进行最长1游程的检测即可。

检测描述:

(1) 将被测序列进行分区。其中被测序列的长度至少为128bit。检测前先预设好每个分区的长度为 8、128 或 10000。序列长度与分区长度之间的关系如表 8.6所列。

表 8.6　序列长度与分区长度的关系

最小长度 n(序列长度)	M(分区长度)
128	8
6272	128
750000	10000

(2) 取 v_i 为所有分区中 1 游程长度相同的游程总数,计算统计量 $\chi^2(\text{obs})=\sum_{i=0}^{K}\frac{(v_i-N\pi_i)^2}{N\pi_i}$。

各计数器记录的最大 1 游程长度由表 8.7 确定。

表 8.7　v_i 记录的最大游程长度

v_i	$M=8$	$M=128$	$M=10000$
v_0	≤1	≤4	≤10
v_1	2	5	11
v_2	3	6	12
v_3	≥4	7	12
v_4		8	14
v_5		≥9	15
v_6			≥16

$M-K-N$ 的值如表 8.8 所列。

表 8.8　$M-K-N$ 对应关系

M	K	N
8	3	16
128	5	49
10000	6	75

v_i 发生的理论概率值 π_i 与 M 的对应关系如表 8.9 所列。

表 8.9　π_i 与 M 的对应关系

π_i	$M=8$	$M=128$	$M=10000$
π_0	0. 2148	0. 1174	0. 0882
π_1	0. 3672	0. 2430	0. 2092
π_2	0. 2305	0. 2493	0. 2483

（续）

π_i	$M=8$	$M=128$	$M=10000$
π_3	0.1875	0.1752	0.1933
π_4		0.1027	0.1208
π_5		0.1124	0.0675
π_6			0.0727

（3）计算 P 的值：$P=\text{igamc}\left(\frac{K}{2},\frac{\chi^2(\text{obs})}{2}\right)$。

（4）将 P 值与显著性水平 α 比较，如果 $P\geqslant\alpha$，认为被检测序列通过了块内最长游程检测，就是随机的；反之，则认为被检测序列没有通过块内最长游程检测，不是随机的。

检测序列推荐：如表 8.6 所列。

8.3.1.9 压缩程度检测

Maurer 通用统计检测是检验检测序列是否可以被明显地进行无损压缩，如果被测序列能够被明显压缩则可判断序列不是随机的。该检测和前面所述的各项检测不同，前面所讨论的检测一般是检测待测序列某一方面的特性，而 Maurer 通用统计检测可以用来检测待测序列多方面的特性，当然，这并不等于说 Maurer 通用统计检测是前面几个检测的复合，而是因为 Maurer 通用统计检测完全采用了与其他检测所不同的方法。一个序列可以通过 Maurer 通用统计检测当且仅当这个序列是不可压缩的，设计者 Maurer 认为，该项检测能够检测任何一种可由有限记忆的各态历经稳定信源模型化的统计缺陷，因而认为该方法包含了其他一些标准的统计检测方法。

通用统计检测需要的数据量很大，它将序列分成长度为 L 的子序列，然后将待检序列分成两部分：初始序列和检测序列。与现行修订版中已经删除的 Lempel - Ziv 压缩检测法相比，Maurer 认为 Lempel - Ziv 检测不如通用统计检测更具代表性，因为 Lempel - Ziv 检测很难找到一个能够用准确定义描述的统计量。

检测描述：

（1）将长度为 n 的被测序列 $\varepsilon=\varepsilon_1,\varepsilon_2,\cdots,\varepsilon_n$ 分为两部分：一部分为初始化部分；另一部分为检测部分。初始化部分包含 Q 个非重叠个子块，且每个子块中字符串的位数为 L。设检测部分包含 K 个非重叠的 L 位的字符串，并丢弃剩下的不能组成一个完整 L 位的字符串的位数，确定检测部分的子块数：$K=\lfloor n/L\rfloor-Q$。

（2）在初始化部分的 Q 个子块内，以长度为 L 的字符串的每一种可能的排列模式（2^L）为索引，如以第 w（$w=1,2,\cdots,2^L$）种模板为例，在初始化部分的 Q 个子

块内寻找与第 w 种模板完全匹配的子块，并记录下最后一个与第 w 种模板完全匹配的子块所在的子块数，即 $T_j=i(i=1,2,\cdots,Q)$，其中 j 是第 i 个子块内容的十进制表示，如果没有完全匹配的子块，则记为0。

（3）通过重复迭代的方法对检测部分进行检测，此处要用到（2）中的初始化部分，从第 $Q+1$ 个子块开始，将第 $Q+1$ 个子块中的字符串与 L 位字符串的 2^L 种模板中的每一种模式依次进行匹配，用完全匹配的子块数 i 代替前一次所在完全匹配的子块数 T_j。计算相邻两次完全匹配的子块数的差，称为距离，并求出累积的以2为底的距离的对数的和，即 $\text{sum}=\text{sum}+\log_2(i-T_j)$，sum 初值取0。

（4）计算检测统计量：$f_n=\dfrac{1}{K}\sum\limits_{j=Q+1}^{Q+K}\log_2(i-T_j)$，其中 j 为第 i 个 L 位子块内容的十进制。

（5）计算 P 值，即

$$P=\text{erfc}\left[\left|\frac{f_n-E(L)}{\sqrt{2}\sigma}\right|\right]$$

式中：$\sigma=c\sqrt{\dfrac{\text{var}(L)}{K}}$，$c=0.7-\dfrac{0.8}{L}+\left(4+\dfrac{32}{L}\right)\dfrac{K^{-3/L}}{15}$。

$L-E(L)-\text{var}(L)$ 之间的对应关系如表8.10所列。

表8.10　$L-E(L)-\text{var}(L)$ 对应关系表

L	$E(L)$	$\text{var}(L)$	L	$E(L)$	$\text{var}(L)$
1	0.7326495	0.690	9	8.1764248	3311
2	1.5374383	1.338	10	9.1723243	3.356
3	2.4016068	1.901	11	10.170032	3.384
4	3.3112247	2.359	12	11.168765	3.401
5	4.2534266	2.705	13	12.168070	3.410
6	5.2177052	2.954	14	13.167693	3.416
7	6.1962507	3.125	15	14.167488	3.419
8	7.1836656	3.238	16	15.167379	3.421

（6）将 P 值与显著性水平 α 进行比较：如果 $P\geqslant\alpha$，认为被检测序列通过了 Maurer 通用统计检测，就是随机的；反之，则认为被检测序列没有通过 Maurer 通用统计检测，不是随机的。

检测序列推荐：$n\geqslant(Q+K)L$，$6\leqslant L\leqslant16$，$Q=10\times2^L$，$K=\lceil n/L\rceil-Q\approx1000\cdot2^L$。$L-Q-n$ 之间的对应关系如表8.11所列。

表 8.11 $L-Q-n$ 对应关系表

n	L	Q
≥387840	6	640
≥904960	7	1280
≥2068480	8	2560
≥4654080	9	5120
≥1342400	10	10240
≥22753280	11	20480
≥49643520	12	40960
≥107560960	13	81920
≥231669760	14	163840
≥496435200	15	327680
≥1059061760	16	655360

8.3.1.10 二元矩阵秩检测

该项检测用于检测从原始序列中截取的固定长度的子序列的线性相关性。从待测序列构造矩阵,然后检测矩阵的行或列之间的线性独立性,矩阵秩的偏移程度可以给出关于线性独立性的量的表示,从而影响对原序列随机性程度的评价。该项检测的重点是计算出在整个序列里不相交的子矩阵的秩。

检测描述:

(1) 将长为 n 的被测序列 $\varepsilon=\varepsilon_1,\varepsilon_2,\cdots,\varepsilon_n$ 转化成 M 行 Q 列的矩阵,共有 $N=\left[\frac{n}{MQ}\right]$ 个矩阵,舍弃 $n-NMQ$ 个数据。矩阵的行与列按如下方式得到:

第一个矩阵的第一行是从被测序列的第 1bit 开始到第 Qbit 结束,第二行是从被测的序列的第 $(Q+1)$bit 到第 $2Q$bit 结束,一直这样继续下去,直到构造完第一个矩阵为止。以下的矩阵构造依此类推。以 $\boldsymbol{R}_i(i=1,2,\cdots,N)$ 表示每个矩阵的秩,令 $M=$满秩,当然,$M\leqslant Q$,令 F_M 为所有矩阵中秩为 $M\leqslant Q$ 的个数,F_{M-1} 为所有矩阵中秩为 $M-1$ 的矩阵的个数,则 $N-F_M-F_{M-1}$ 为剩下的所有矩阵个数。

(2) 计算被测序列在被转化成矩阵后的秩等于特定值的矩阵个数,其取值分别定为 F_M、F_{M-1}、$N-F_M-F_{M-1}$。

(3) 计算统计量:

$$\chi^2(\text{obs})=\frac{(F_M-0.2888N)^2}{0.2888N}+\frac{(F_{M-1}-0.5776N)^2}{0.5776N}+\frac{(N-F_M-F_{M-1}-0.1336N)^2}{0.1336N}$$

(4) 计算 P 值:$P=\mathrm{e}^{-\chi^2(\text{obs})/2}$。

(5) 将 P 值与显著性水平 α 进行比较:如果 $P \geqslant \alpha$,则认为被检测序列通过了二元矩阵秩的检测,就是随机的;反之,则认为被检测序列没有通过二元矩阵秩的检测,不是随机的。

检测序列推荐:$n \geqslant 38MQ$。

8.3.1.11　离散傅里叶变换检测

该项检测使用频谱的方法来检测序列的随机性。对待检序列进行傅里叶变换后可以得到尖峰高度,根据随机性的假设,这个尖峰高度不能超过某个门限值(与序列长度有关),否则,将其归入不正常的范围;如果不正常的尖峰个数超过了允许值,即可认为待检序列是不随机的。通常取随机序列离散傅里叶变换后尖峰谱值总数的 95% 为门限,考察被测序列超过这个门限的尖峰数的比例是否与 5% 有显著差异。

检测描述:

(1) 对序列长为 n 的被测序列 $\varepsilon = \varepsilon_1, \varepsilon_2, \cdots, \varepsilon_n$ 进行变换:$x_i = 2\varepsilon_i - 1 (i = 1, 2, \cdots, n)$,转化成 ± 1 值,新的序列记为 $X = x_1, x_2, \cdots, x_n$。

(2) 对新序列 $X = x_1, x_2, \cdots, x_n$ 作离散傅里叶变换,得到由 n 个复数组成的新序列 $S = s_1, s_2, \cdots, s_n, s_t = x_t$,即

$$f_j = \sum_{k=1}^{n} x_k \exp(2\pi i(k-1)j/n) \tag{8-18}$$

式中

$$\exp(2\pi \mathrm{i}kj/n) = \cos(2\pi kj/n) + \mathrm{i}\sin(2\pi kj/n) \quad j = 0, 1, \cdots, n-1, \mathrm{i} = \sqrt{-1}$$

(3) 计算序列 S 中前一半元素的模,即 $M = \mathrm{modulus}(S) = |S'|, S' = s_1, s_2, \cdots, s_{n/2}$,由模函数得到关于尖峰的序列。

(4) 计算 $T = \sqrt{\left(\lg \frac{1}{0.05}\right) n}$,$T$ 表示尖峰序列中 95% 尖峰的极限值;$N_0 = \frac{0.95n}{2}$,N_0 表示理论上 95% 尖峰小于 T 的元素个数。

(5) 统计尖峰序列中小于 T 的元素的个数,记为 N_1。

(6) 建立统计量:$d = \frac{(N_1 - N_0)}{\sqrt{(0.95 \times 0.95 \times n)/2}}$。

(7) 计算 P 的值:$P = \mathrm{erfc}\left(\frac{|d|}{\sqrt{2}}\right)$。

(8) 将 P 值与显著性水平 α 比较:如果 $P \geqslant \alpha$,则认为被检测序列通过了离散傅里叶变换检测,是随机的;反之,则认为被检测序列没有通过离散傅里叶变换检

测,不是随机的序列。

检测序列推荐:$n \geqslant 1000$。

8.3.1.12 线性复杂度检测

该项检测的目的是检测被测序列的线性复杂度是否满足随机序列的要求。一般情况下,随机序列都由较长的线性反馈移位寄存器产生,如果通过检测可以确定移位寄存器的长度很短,则说明被测序列是非随机的。

伯利坎普－梅西(BM)算法是计算线性复杂度的重要方法,20 世纪 60 年代末以后,BM 算法的提出使得线性复杂度成为一些流密码系统强度的重要指标,引发了流密码研究方向的根本性变革,从此流密码进入了构造非线性序列生成器的阶段。长度为 L 的线性反馈移位寄存器的定义为:如果线性反馈移位寄存器的长度为 L,设其初态为 $\varepsilon_0,\varepsilon_1,\cdots,\varepsilon_{L-1}$,寄存器的输出序列为 $\varepsilon_L,\varepsilon_{L+1},\cdots$,如对任意的 $j \geqslant L$ 有 $\varepsilon_j=(c_1\varepsilon_{j-1}+c_2\varepsilon_{j-2}+\cdots+c_L\varepsilon_{j-L}) \bmod 2$,其中 $c_1,c_2,\cdots,c_L$ 是对应的多项式系数,则 L 即为序列的线性复杂度。应用 BM 算法可以得到产生此序列的最短线性移位寄存器的特征多项式和该线性移位寄存器的级数。

检测描述:

(1) 将序列长为 n 的被测序列 $\varepsilon=\varepsilon_1,\varepsilon_2,\cdots,\varepsilon_n$ 划分为 N 个独立的子块,使得每个子块的长度为 M,则 $N=\lfloor n/M \rfloor$。

(2) 使用 BM 算法计算每个子块的线性复杂度 $L_i(i=1,2,\cdots,N)$,其中 L_i 是在子块 i 中所生成的最短的线性反馈移位寄存器序列的线性复杂度。

(3) 计算被测序列的理论期望:$\mu=\dfrac{M}{2}+\dfrac{9+(-1)^{M+1}}{36}-\dfrac{(M/3+2/9)}{2^M}$。

(4) 针对每一个分区,计算

$$T_i=(-1)^M(L_i-\mu)+\frac{2}{9}$$

(5) 设置 7 个正整数 $v_0,v_1,\cdots,v_6$,将其初值均设为 0,对 $i \in [1,N]$ 有

$$\begin{cases} T_i \leqslant -2.5, & v_0+1 \\ -2.5<T_i \leqslant -1.5, & v_1+1 \\ -1.5<T_i \leqslant -0.5, & v_2+1 \\ -0.5<T_i \leqslant 0.5, & v_3+1 \\ 0.5<T_i \leqslant 1.5, & v_4+1 \\ 1.5<T_i \leqslant 2.5, & v_5+1 \\ T_i>1.5, & v_6+1 \end{cases}$$

根据前面 T_i 取值范围 A 的不同,对应 v_i 加 1。

(6) 计算统计量为

$$\chi^2(\text{obs}) = \sum_{i=1}^{K} \frac{(v_i - N\pi_i)^2}{N\pi_i}$$

其中

$$\pi_0 = 0.010417, \pi_1 = 0.03125, \pi_2 = 0.125, \pi_3 = 0.5, \pi_4 = 0.25,$$

$$\pi_5 = 0.0625, \pi_6 = 0.020833$$

(7) 计算 P 值:$P = \text{igamc}\left(\frac{K}{2}, \frac{\chi^2(\text{obs})}{2}\right)$。

(8) 将 P 值与显著性水平 α 比较:如果 $P \geqslant \alpha$,则认为被测序列通过了线性复杂度检测,就是随机的;反之,则认为被测序列没有通过线性复杂度检测,不是随机序列。

检测序列推荐:$n \geqslant 10^6$,$500 \leqslant M \leqslant 5000$,$N \geqslant 200$。

8.3.1.13　累积和检测

该项检测将被测序列转化成由 1 和 −1 组成的序列后,通过计算各子序列的累积和,然后取最大值。计算累积和时,既可以从序列头部开始,也可以从序列尾部开始。从序列头部开始计算累积和的是前向模式,从序列尾部开始计算累积和的是后向模式。累计和检测的目的是将序列的各个子序列与 0 之间最大的偏移,也就是最大累积和与一个随机序列应具有的最大偏移量作比较,以此来判断被测序列的最大偏移的大小。由于真随机序列的最大偏移应该接近于 0,所以累积和既不能太大,也不能太小。该项检测就是通过最大偏移值判断被测序列的随机程度。

检测描述:

(1) 对序列长为 n 的被测序列 $\varepsilon = \varepsilon_1, \varepsilon_2, \cdots, \varepsilon_n$ 进行变换:$X_i = 2\varepsilon_i - 1 (i = 1, 2, \cdots, n)$,转成 ±1 值,产生的新序列记为 $X_1, X_2, \cdots, X_n$。

(2) 对两种模式,分别计算求累积和 $S_i (1 \leqslant i \leqslant n)$。

前向模式时:$S_k = X_1 + X_2 + \cdots + X_k (k = 1, 2, \cdots, n)$。

后向模式时:$S_k = X_n + X_{n-1} + \cdots + X_{n-k+1} (k = 1, 2, \cdots, n)$。

可以看出,对于前向模式有 $S_k = S_{k-1} + X_k$;对于后项模式则有 $S_k = S_{k-1} + X_{n-k+1}$。

(3) 计算检测统计量:$z = \max\limits_{1 \leqslant k \leqslant n} |S_k|$,其中 z 就是在被测序列中所有和的最大值。

（4）计算 P 值为

$$p = 1 - \sum_{k=\left(\frac{-n}{z}+1\right)/4}^{\left(\frac{n}{z}-1\right)/4}\left[\Phi\left(\frac{(4k+1)z}{\sqrt{n}}\right) - \Phi\left(\frac{(4k-1)z}{\sqrt{n}}\right)\right] +$$

$$\sum_{k=\left(\frac{-n}{z}-3\right)/4}^{\left(\frac{n}{z}-1\right)/4}\left[\Phi\left(\frac{(4k+3)z}{\sqrt{n}}\right) - \Phi\left(\frac{(4k+1)z}{\sqrt{n}}\right)\right]$$

式中：$\Phi(z) = \frac{1}{\sqrt{2\pi}}\int_{-\infty}^{z} e^{-u^2/2}du$ 。

（5）将 P 值与显著性水平 α 比较：如果 $P \geqslant \alpha$，则认为被检测序列通过了累积和检测，就是随机的；反之，则认为被检测序列没有通过累积和检测，不是随机的序列。

检测序列推荐：$n \geqslant 100$。

8.3.1.14 随机偏移检测

该项检测与累积和检测一样，都是对序列的 S_k 进行分析，通过考察序列 S_k 的每一个 0 回归模式中各种状态出现的次数，从而检测出现频次是否满足随机性要求。

检测描述：

（1）将长为 n 的被测序列 $\varepsilon_1, \varepsilon_2, \cdots, \varepsilon_n$ 进行特定的变换：$X_i = 2\varepsilon_i - 1$ $(i = 1, 2, \cdots, n)$，产生的新序列记为 $X_1, X_2, \cdots, X_n$。

（2）令 $S_k = X_1 + X_2 + \cdots + X_k (1 \leqslant k \leqslant n)$，以 $S_1, S_2, \cdots, S_k$ 为一新序列相应的第 $1, 2, \cdots, k$ 项，形成新序列：$S_1, S_2, \cdots, S_n$。

（3）在序列 $S_1, S_2, \cdots, S_n$ 的开始和结尾处分别添加 0，形成新序列：$0, S_1, S_2, \cdots, S_n, 0$。

（4）在序列 $0, S_1, S_2, \cdots, S_n, 0$ 中计算出 0 的个数 m，令 $J = m - 1$，J 即为最终序列中所有循环（从零开始到零结束即 0 回归）的个数。

（5）预先给定 8（$\pm 1, \pm 2, \pm 3, \pm 4$）个状态，在 J 个循环中依次记录下所给状态在每个循环中出现的次数。

（6）令 $v_k(x)$ = 状态 x 恰好出现 k 次循环的数目。在一般的检测中，k 取值为 0,1,2,3,4,5。状态 x 出现大于或等于 5 次的循环均被放于 $v_5(x)$ 中，即 $J = \sum_{k=0}^{5} v_k(x)$ 。根据（5）中的分析，再次构建新的表格，如表 8.12 所列。

表 8.12　不同循环时各状态的 $v_k(x)$

状态 x	0	1	2	3	4	5
-4	$v_0(-4)$	$v_1(-4)$	$v_2(-4)$	$v_3(-4)$	$v_4(-4)$	$v_5(-4)$
-3	$v_0(-3)$	$v_1(-3)$	$v_2(-3)$	$v_3(-3)$	$v_4(-3)$	$v_5(-3)$
-2	$v_0(-2)$	$v_1(-2)$	$v_2(-2)$	$v_3(-2)$	$v_4(-2)$	$v_5(-2)$
-1	$v_0(-1)$	$v_1(-1)$	$v_2(-1)$	$v_3(-1)$	$v_4(-1)$	$v_5(-1)$
+1	$v_0(+1)$	$v_1(+1)$	$v_2(+1)$	$v_3(+1)$	$v_4(+1)$	$v_5(+1)$
+2	$v_0(+2)$	$v_1(+2)$	$v_2(+2)$	$v_3(+2)$	$v_4(+2)$	$v_5(+2)$
+3	$v_0(+3)$	$v_1(+3)$	$v_2(+3)$	$v_3(+3)$	$v_4(+3)$	$v_5(+3)$
+4	$v_0(+4)$	$v_1(+4)$	$v_2(+4)$	$v_3(+4)$	$v_4(+4)$	$v_5(+4)$

（7）计算上述被检测值的统计量$\chi^2(\text{obs}) = \sum_{k=0}^{5} \frac{v_k(x) - J\pi_k(x)}{J\pi_k(x)}$。统计量的值越大，表明此序列与理论上的随机序列的偏差也就越大（针对所有循环中的某一个状态而言）。其中 $\pi_k(x)$ 为状态 x 在 k 次循环中的概率，其取值如表 8.13 所列。

表 8.13　不同状态时的 $\pi_k(x)$

x	$\pi_0(x)$	$\pi_1(x)$	$\pi_2(x)$	$\pi_3(x)$	$\pi_4(x)$	$\pi_5(x)$
1	0.5000	0.2500	0.1250	0.0625	0.0312	0.0312
2	0.7500	0.0625	0.0469	0.0352	0.0264	0.0791
3	0.8333	0.0278	0.0231	0.0193	0.0161	0.0804
4	0.8750	0.0156	0.0137	0.0120	0.0105	0.0733
5	0.9000	0.0100	0.0090	0.0081	0.0073	0.0656
6	0.9167	0.0069	0.0064	0.0058	0.0053	0.0588
7	0.9286	0.0051	0.0047	0.0044	0.0041	0.0531

（8）计算 $P = \text{igamc}\left(\frac{5}{2}, \frac{\chi^2(\text{obs})}{2}\right)$，因为预先给定了 8 个状态，所以要计算 8 个 P 值。

（9）将 P 值与显著性水平 α 比较：如果 $P \geq \alpha$，则认为该被检测序列通过了随机偏移检测；否则，认为没有通过。

当然，最后判定被检测序列是否能通过检测，是指 8 个状态都通过检测，也就是将所得的 8 个结果相“与”。即使只有一种状态没有通过检测，也认为该被检测序列没有通过随机偏移检测，不是随机的。

检测序列推荐：$n \geq 10^6$。

8.3.1.15 随机偏移变量检测

该项检测通过检验序列的各个累积和状态来检测序列是否满足随机性要求。通过计算序列中一个特定状态的出现次数，将被测序列与一个真正随机序列中特定状态出现的次数进行比较，看它们之间的偏离程度来判断被测序列的随机性与伪随机性，一般情况下，选定 ±1，±2，…，±9 共 18 个状态。

检测描述：

（1）将长为 n 的被测序列 $\varepsilon_1,\varepsilon_2,\cdots,\varepsilon_n$ 进行特定的变换：$X_i=2\varepsilon_i-1$ $(i=1,2,\cdots,n)$，产生的新序列记为 $X_1,X_2,\cdots,X_n$。

（2）令 $S_k=X_1+X_2+\cdots+X_k$ $(1\leqslant k\leqslant n)$，以 $S_1,S_2,\cdots,S_k$ 为一新序列相应的第 $1,2,\cdots,k$ 项，形成新序列：$S_1,S_2,\cdots,S_n$。

（3）在序列 $S_1,S_2,\cdots,S_n$ 的开始和结尾处分别添加 0，形成新序列：$0,S_1,S_2,\cdots,S_n,0$。

（4）令 $\xi(x)$ 表示特定的 x 在所有 J 个循环中出现的次数（J 的定义同随机偏移检测中 J 的定义），如果没有出现则设定为 0。

（5）对每一个 $\xi(x)$ 分别计算它们的 P 值，$P=\mathrm{erfc}\left[\dfrac{|\xi(x)-J|}{\sqrt{2J(4|x|-2)}}\right]$。共有 18 个 P 值被计算。

（6）比较所有 P 值与显著性水平 α 的大小，判定状态为 x 时被测序列的随机性。当所有 18 个状态同时被判定为随机时，才可以断定被测序列是随机的。

检测序列推荐：$n\geqslant 10^6$。

8.3.2 随机性分析讨论

对 NIST 检测中最后用于结果判断的 P 值而言，如果有 100 个序列，选取显著性水平为 0.01，那么，通过率不得低于 $1-0.01=0.99$，此时，允许存在 1 个序列不通过随机性检验。也就是说，对大量被测序列，即使有几个序列未通过检测，仍然会认为序列是随机的。

实际上，对密码算法来说，其产生的序列要以如此高的比例通过每一个检测是比较困难的，引用统计学中的置信区间理论，如果通过率落在此区间内，就可以认为被测密码算法通过该项检测。定义置信区间：$(1-\alpha)\pm\sqrt{\dfrac{\alpha(1-\alpha)}{m}}$，其中 α 为显著性水平，m 为被测序列个数。以 NIST 中的 $\alpha=0.01$ 为例，其置信区间为 $0.99\pm\sqrt{\dfrac{0.0099}{m}}$，可见，选取的序列个数越多，判断越准确。

另外，还可以根据 P 值分布的均匀性描述随机性。由于 P 值是属于 0 ~ 1 的实数，如将 0 ~ 1 划分为 9 个区间：[0,0.1)，[0.1,0.2)，[0.2,0.3)，[0.3,0.4)，[0.4,0.5)，[0.5,0.6)，[0.7,0.8)，[0.8,0.9)，[0.9,1]，如果序列个数足够多，那么，最终计算所得到的 P 值应该平均分布在这 10 个区间，统计出现在每个区间的频数 v_i，则 $v_1 + v_2 + \cdots + v_{10} = m$，其中 m 为序列个数。计算统计量 $V = \sum_{i=1}^{10} \frac{(v_i - m/10)^2}{m/10}$，得 $P = \mathrm{igamc}\left(\frac{9}{2},\frac{V}{2}\right)$，此时，取显著性水平为 0.001，如果 $P \geqslant 0.001$，则 P 值服从均匀分布，可以认为被测序列是随机的，否则是非随机的。

对 NIST 的每一个检测项目，表 8.14 给出了相应的检测原理，同时给出了未通过检测时的原因分析[9]。

表 8.14 随机性检测结果分析

序号	检测方法	检测原理	检测未通过原因
1	单比特频率检测	序列中 0、1 个数是否接近相等	0 或 1 个数过小
2	块内频率检测	m 位子序列中 1 的个数是否接近 $m/2$	子序列中 0、1 个数不均衡
3	非重叠模板匹配检测	按非重叠方式匹配给定模块次数是否符合随机性要求	有太多或太少的固定模式序列
4	重叠模板匹配检测	按重叠方式匹配给定模块次数是否符合随机性要求	有太多或太少的固定模式序列
5	串行检测	m 位可重叠子序列的每一种模式出现的概率是否接近	可重叠子序列模式分布不均匀
6	近似熵检测	m 位和 $m+1$ 位可重叠子序列中模式的频数关系	序列具有较强规则性和连续性
7	游程检测	检测游程总数是否服从随机性要求	序列中元素变化过快或者过慢
8	块内最长游程检测	各等长子序列中最大 1 游程的分布是否规则	存在很多成簇的 1
9	Maurer 通用统计检测	序列是否可被无损压缩	序列可大幅度被压缩
10	二元矩阵秩检测	由子序列构造矩阵，检测矩阵行或列之间的线性独立性	秩分布差别比较大
11	离散傅里叶变换检测	序列傅里叶变换后的尖峰高度是否超过某个门限值	过多尖峰高度超过门限值
12	线性复杂度检测	等长子序列的线性复杂度分布是否服从随机性要求	子序列线性复杂度分布不规则
13	累积和检测	最大累积和与随机序列之间的最大偏移是否接近 0	序列头部有过多的 0 或 1

（续）

序号	检测方法	检测原理	检测未通过原因
14	随机偏移检测	0 回归模式中各种状态次数是否满足随机性要求	序列中有过多的 0 或 1
15	随机偏移变量检测	特定累积和状态出现总次数是否满足随机性要求	累积和状态次数分布不均衡

8.3.3 随机性分析应用

对数据进行随机性分析，可对密码算法的安全性能进行评估，但是随机性分析的方法在比特流数据分析中同样具有重要意义。通过对通信接收数据的随机性进行分析，在对其统计特性有所了解的基础上，可以大致辅助判断出该通信数据经过了哪些处理流程或可能采用了什么样的信源编码和信道编码。更为重要的是，通过随机性分析，可以就传输数据的加密情况做出较为准确的判断，从而为识别明密两种通信体制提供依据，具有较强的现实意义。下面以随机性分析在数据随机性判断，线性分析及编码分析中的应用来具体说明序列随机性在比特流分析中的应用。

8.3.3.1 序列随机性判断

对数据序列的随机性进行检测，实质上是检测数据序列与理想随机数的差距，假设检验是各种随机性检测的基本理论。本章介绍的不少常用随机性检测方法，都是使用概率统计的方法对被检测序列从不同角度来考察其随机特性。

虽然检测数据序列随机性的方法很多，但是每种方法都只是着眼于随机性的某一方面，只能评估随机性的一个方面特征，从被检测序列通过某项随机性检测，是推不出该序列是随机的结论的，只能将其作为候选随机序列或疑似加密数据看待，因为每一种检测方法都无法代表这个序列随机性的所有方面。如果一个序列没有通过某项随机性检测，却可以直接得出该序列非随机的结论。

如对数据序列：110100100001000101001101101011100001010101110111110001101101101111110100110010010001101000111100110110100010111100010110。进行单比特频率检测，$n=120$，$S_{120}=6$，计算可得 $P=0.5839$，由于 $P \geqslant 0.01$，则认为被测序列通过了单比特频率检测，可作为候选随机序列。

对数据序列：110100100001000101001101101011100001010101110111110001101101101111110100110010010001101000111100110110100010111100010110。$n=120$，则 $\tau=\frac{2}{\sqrt{n}}=0.1826$，$\pi=\left(\sum_{j=1}^{n}\varepsilon_j\right)/n=0.5250$，由 $|\pi-0.5|=0.0250<\tau$，说明被测

序列中 0、1 个数相差不大，通过了单比特频率检测。继续进行游程检测，计算可得 $\chi^2 = 66$，进一步可得 $P = 0.2603$，由于 $P > 0.01$，则认为被检测序列通过了游程检测，可作为候选随机序列。

对长为 10^6 的一段数据序列，取 $m = 9$，匹配模板 $B = 111111111$，$N = 950$，对该序列进行重叠模板的匹配检测，计算可得：$v_0 = 315$，$v_1 = 175$，$v_2 = 146$，$v_3 = 115$，$v_4 = 199$。进一步 $\chi^2 = 263.4026$，$P = 0$，由于 $P < 0.01$，可见，该序列的重叠模板匹配检测性很差，认为被检测序列没有通过检测，可直接判为非随机序列。

8.3.3.2 线性判断

对数据进行线性关系分析是比特流分析的重要内容，随机性分析是判断比特流线性复杂度的重要方法。

如对 $f(x) = x^{21} + x^{19} + 1$ 的 m 序列，取 $M = 600$，$N = 3495$。对该序列进行线性复杂度检测，计算可得 $P = 0$，说明该序列线性复杂度不高，比特流存在很强的线性关系，所分析 m 序列由线性多项式产生。

对另一数据序列进行线性复杂度检测，计算可得：$v_0 = 1$，$v_1 = 0$，$v_2 = 0$，$v_3 = 9$，$v_4 = 0$，$v_5 = 0$，$v_6 = 0$。进一步 $\chi^2 = 15.7511$，$P = 0.01515$，由于 $P > 0.01$，则可认为被检测序列通过了线性复杂度检测，是候选随机序列。

8.3.3.3 编码分析

信道编码在编码过程中大量应用到了线性或非线性运算，可看作对数据进行了一定的随机性处理，增强了数据的随机性，由此随机性可用于分析编码方式和判断编码信息位。

如对含 1 率为 49% 的比特流数据进行（15，11）BCH 码的编码，取多对码字（如 90000 个），将每个码字的相同位置部分取出来，组成检测序列，所有的第 1 个信息位组成检测序列 1，所有的第 2 个信息位组成检测序列 2，……，所有的第 1 个信息位组成检测序列 12，……，所有的第 4 个信息位组成检测序列 15。对各检测序列分别进行单比特频率检测，得到的 P 值分别为 0、0、0、0、0、0、0、0、0、0、0、0.4089、0.2870、0.4515、0.5661，可以看出，信息位部分的 P 值均为 0，而校验位部分的 $P > 0.01$，从上述 P 值可以很清楚地分出编码的信息位和校验位，进而确定信息位长和校验位长。

对随机性很强含 1 率为 50% 的比特流数据进行上述同样处理，得到的 P 值分别为 0.4318、0.2136、0.0889、0.3086、0.3652、0.2609、0.2553、0.9868、0.8918、0.8190、0.0583、0.1092、0.7177、0.2553、0.7831，因为信息位部分随机性较强，从 P 值分不出编码的信息位和校验位。从其他随机特征进行分析，由 Golomb 提出的 3 条随机特性假设可知，如果序列是随机序列，那么同长度的 0、1

游程个数大致相等，随着游程长度的增加，同长度游程个数大致减少 1/2，没有太长的 0、1 游程，而且长游程少。由此可借助游程的分布特点来确定序列的随机性，当序列接近随机序列时，游程分布曲线必然接近理想随机。对上述序列进行游程统计如下：

游程长度	1 游程	0 游程
1	170631	170581
2	85325	85819
3	42916	42580
4	21142	21092
5	10708	10602
6	5333	5263
7	2641	2685
8	1337	1346
9	617	696
10	418	412
11	107	111
12	50	51
13	15	18
14	7	4
15	21	12
16	10	7
17	10	8
18	3	6
19	5	5
20	2	0
21	1	1
22	1	0

游程递减的规律在长度 15 处发生变化，而 15 正是(15,11)BCH 码的编码长度。因此，对于不同的分析序列，根据分析内容，需要采用不同的随机性分析方法获取比特流特征。

8.4　信源编码分析

信源编码是通信业务具体内容的表现形式，信源编码分析是获取通信内容和信息情报所必须解决的问题。信源编码分析主要解决两个问题，即信源编码的类型识别及信源恢复。信源编码的类型识别主要通过分析典型业务数据描述库（如字符、话音、图像、传真等），检测比特组合特征及业务数据结构得到。确定信源编码类型后，可以使用信源恢复算法来进一步处理内容。如数字话音可以通过各种话音译码器处理，文本消息可以通过各种字母表解码器处理，压缩文件可以通过使用 DEFLATE 算法进行解压缩等。

8.4.1　信源编码介绍

信源编码主要解决信息传输的有效性问题，研究在允许一定的精度损失条件下，如何以最少的码元表示信源所发出的信号，所以信源编码采用的是压缩编码技术，压缩编码能够实现的原因是大多数实际数据都存在统计冗余。从信息的角度来看，压缩就是去信息冗余，即去除确定的或可推知的信息，而保留不确定的信息。当然，也不是任何数据都能进行压缩，如对加密数据进行压缩就不会有压缩效果，实际上将得到扩展数据。

根据压缩时是否有损失可以分为无损压缩和有损压缩两种，无损压缩利用数据的统计冗余进行压缩，可完全恢复原始数据而不引起任何失真，无损压缩编码是一种通用、无损、完全可逆的编码技术。无损压缩用于要求重构的信号与原始信号完全一致的场合，如文本数据、程序、指纹图像及医学图像等，无损压缩率受数据统计冗余度的理论限制，压缩率一般为 2∶1 到 5∶1。常用的无损压缩方法有 Shannon－Fano 编码、Huffman 编码、游程编码、伦佩尔－西弗－韦尔奇（LZW）编码和算术编码等。

实际应用中由于无损压缩编码的效率很低，于是又出现了有损压缩编码。有损压缩是一种破坏型压缩，将次要的某些成分不敏感的信息压缩掉，通过牺牲一些质量减少数据量，对压缩后的数据进行重构得到的数据与原来的数据有所不同，不过这不会对人们理解所要表达的信息造成误解。有损压缩适用于重构信号不一定非要和原始信号完全相同的场合，常见的声音、图像、视频压缩基本都是有损的。对于有损压缩，一方面要尽量压缩信源信息，而另一方面又要确保失真不能太严重。在多媒体应用中，常见的压缩方法有 PCM 有损压缩、预测编码、变换编码、插值和外推法、统计编码、矢量量化和子带编码等。

按照媒体表现形式进行分类，信源编码包括语音压缩编码、传真压缩编码、图像压缩编码、数据压缩编码、视频压缩编码等。

1）语音压缩编码

语音是人类互相交流、互相传递信息的一种主要手段，通信业务中最常用的也是语音，语音编码方法可分为波形编码、参数编码和混合编码三大类。

波形编码比较简单，也是应用最早的语音编码方法，编码前根据采样定理对模拟语音信号进行采样，然后进行幅度量化与二进制编码。由于波形编码系统保持了信号原始样值的细节变化，从而保留了信号的各种过渡特征，使得恢复信号在波形上可以尽量与编码前的原始波形相一致。波形编码的语音质量一般较高，不过波形编码压缩率不高，码速较大，码速在 32 ~ 64kb/s 的波形编码音质优良，低于 32kb/s 时音质明显降低，低至 16kb/s 时音质会非常差。G. 711 中建议的 PCM 标准是波形编码的典型代表，很多波形编码都是通过对它进行改进而来，同时 PCM 信号也是许多参数编码和混合编码的输入信号。

参数编码的基础是人类语音的生成模型，基于人类语言的发音机理而来，所以参数编码也称声码器，人类产生声音的过程可用图 8. 31 所示的语音信号产生模型来逼近。

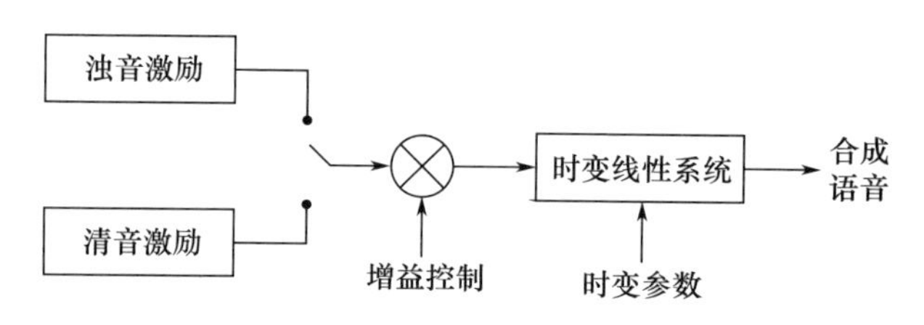

图 8. 31　语音信号产生模型

通过找出表征语音的特征参量，对特征参量进行编码，将特征参量变换成数字信号进行传输，对特征参量的编码即为参数编码。参数编码力图使重建语音信号具有尽可能高的准确性，但重建信号的波形同原语音信号的波形可能会有较大差别。线性预测编码（LPC）及其他各种改进型都属于参数编码，编码比特率可压缩到 2 ~ 4. 8kb/s，甚至更低，但语音质量只能达到中等，对环境噪声敏感，自然度较低。

混合编码将波形编码和参数编码的原理结合起来，具有两种系统优点的结合，利用语音生成模型对模型中的参数进行编码，减少了波形编码对象的动态范围或数目，使得编码的过程产生接近原始语音波形的合成语音，保留了语音的各种自然特征，提高了合成语音的质量。混合编码的码率在 4 ~ 16kb/s，音质比较好，压缩率高的混合编码甚至在 1. 2kb/s 时也能得到高质量的合成语音。比较好的混合编

码算法所取得的音质可与波形编码相当，复杂程度在波形编码器和声码器之间。语音编码的发展如表 8.15 所列。

表 8.15　语音编码的发展

时间/年	编码算法	体现标准
1972	PCM（脉冲编码调制）	G.711
1988	SB－ADPCM（子带－自适应差分脉冲编码）	G.722
1988	RPE－LTP－LPC（规则脉冲激励－长时预测－线性预测编码）	GSM
1990	ADPCM	G.726、G.727
1991	VSELP（矢量和激励线性预测编码）	IS－54、JDC（美数字蜂窝）
1995	MPMLQ（多脉冲最大似然量化）、ACELP（代数码本激励线性预测）	G.723.1
1996	CS－ACELP（共轭结构－代数码本激励线性预测）	G.729
2000	ACELP	AMR－WB（G.722.2）

2）传真压缩编码

传真通信是一种传送静止图像的“远程复印”，是近几十年来发展最快的非话类电信业务，传真通信利用扫描和光电变换技术，将传送对象如文字、图片、照片等静止图像由发送端经信道送往接收端，以记录的形式在接收端重现原图像。

从发展历史来看，文件传真经历了低速的一类传真（G1）、中速的二类传真（G2）、高速的三类传真（G3）和高清高速的四类传真（G4）。G1 类传真采用双边带调制技术，每页（16 开）的传送速度约 6min；G2 类传真采用频带压缩技术，每页传送速度约 3min；G3 类传真采用减少信源多余度的数字处理技术，每页传送速度约 1min；G4 类传真传送速度接近于实时，可在 15s 内完成 1 页的传送。其中 G3 类传真的传真速度明显比第一、第二类传真快，传真质量也好，并且 G3 类传真的兼容性比 G4 类强，可通过适当接口与计算机相连，作为计算机的输入、输出设备，使用更灵活，所以 G3 类传真机是目前最常用的一种传真机。

ITU－T 关于传真机的建议主要有 T 系列和 V 系列，T 系列建议是各类传真机的设计标准，V 系列建议主要对传真机上采用的调制解调器制定统一的调制方式。G3 类传真机在公用电话网中进行通信时，要符合 ITU－T T.30 建议。

传真压缩编码，主要有面对二值图像的 MH 码、MR（改进的像素相对地址指定）码、MMR（改进 MR）码、JBIG（联合二值图像专家组）码、JBIG2 码，面对灰度图像或彩色图像的 MMR 码、JBIG 码、JBIG2 码和 JPEG（联合图像专家组）码。

MH（改进霍夫曼）编码每次只对一扫描行进行压缩，没有考虑各行之间的相关性，MR 利用了前一行的参考信息，在水平方向和垂直方向都进行了压缩，是一种二维压缩技术，压缩效率比 MH 提高了 35%，MMR 是在 MR 压缩基础上改进的二维压缩编码，通过增加差错控制方法，MMR 不仅提高了压缩效率，而且提高了压缩文件的容错能力。JBIG 码是基于算数的编码方法，从全序列出发采用递推形式进行连续编码，JBIG2 是二值图像有损压缩的第一个国际标准，JPEG 码采用综合压缩技术，同时支持有损编码和无损编码两种方式。

传真压缩编码中只有 JPEG 支持对彩色传真，而 MH、MR、MMR、JBIG 都是针对黑白文稿的压缩编码方法。

3）图像压缩编码

图像是人类接受外界信息的主要方式，图像压缩编码主要解决在一定质量条件要求下，如何以较少比特数表示图像或图像中所包含的信息。

图像压缩编码主要有 JPEG 码、JBIG2 码和 JPEG－2000 码，在不同图像文件格式中出现的游程编码等。图像编码一般框图如图 8.32 所示。

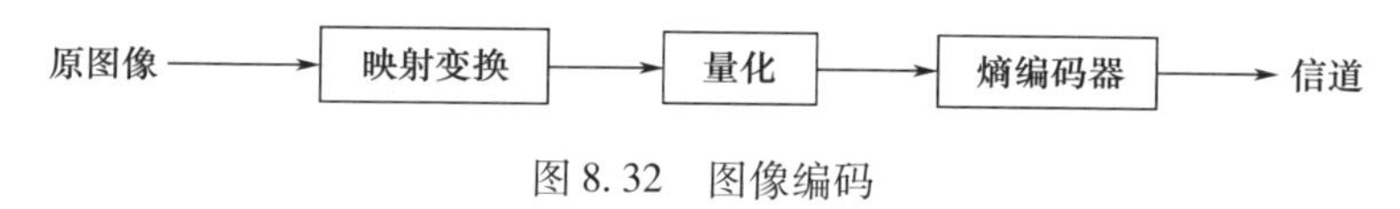

图 8.32　图像编码

映射变换主要是对原始数字图像进行去相关处理，去除信息冗余度，使之有利于压缩，包括预测编码、变换域编码等。预测编码利用线性预测逐个对图像信息样本进行去相关，变换域编码用一维、二维或三维正交变换对图像样本的集合去相关。变换域编码是一种间接编码方法，将图像的光强矩阵（时域信号）变换到系数空间（频域信号）上进行处理。

量化可以进一步有效提高压缩比，适用于有限失真编码，可分为标量量化和矢量量化两种。标量量化属于一维量化，一个幅度值对应一个量化结果。矢量量化是二维甚至多维量化，一个量化结果由两个或两个以上的幅度值决定。

熵编码用于消除符号冗余度，属于无失真编码，编码下限为量化后数据的信息熵。常用的熵编码是 Huffman 码和算术码，对大概率符号采用短码进行编码，也称为变长编码。

4）数据压缩编码

数据压缩的理论基础是信息论以及率失真理论，数字采样信号中，数据除代表原始信息外，还包含其他一些多余的冗余数据。数据压缩就是尽可能去除冗余，而保留原始信息中变化的特征性信息，减少描述用的信息量。

从 20 世纪 40 年代开始，各种数据压缩算法层出不穷，第一个压缩算法是由信息论创始人 Shannon 与 Fano 提出的 Shannon－Fano 编码法，压缩算法主要发展历程如表 8.16 所示。

表 8.16　压缩算法发展历程

压缩算法	提出时间/年	提出者
Huffman	1952	D. A. Huffman
Shannon - Fano - Elias	1968	P. Elias
算术编码	1976	J. Rissanen
LZ77	1977	Jacob Ziv、Abraham Lempel
LZ78	1978	Jacob Ziv、Abraham Lempel
改进算术编码	1982	Rissanen、G. G. Langdon
LZW	1984	Terry Welch

LZ—伦佩尔 - 西弗。

LZ77、LZ78、LZW 3 种压缩技术是最为流行的无损压缩方法，称为“字典式编码”的压缩技术，像 ARJ、WinZip 和 WinRar 等通用压缩工具，就是 LZ77 和 LZ78 两种压缩算法的变形。DEFLATE 码是 LZ77 的一个变体，针对解压速度与压缩率进行了优化，虽然它的压缩速度可能非常缓慢，PKZIP、gzip 以及 PNG（便携式网络图形）都在使用 DEFLATE。

5）视频压缩编码

视频有比语音更大的数据量，对视频数据的压缩处理也显得更为重要，视频压缩的目标是在尽可能保证视觉效果的前提下减少视频数据率。视频压缩编码方式就是指通过特定的压缩技术，将某个视频格式的文件转换成另一种视频格式文件的方式。视频流传输中最为重要的编解码标准有 ITU 的 H. 261、H. 263，运动静止图像专家组的 M - JPEG（运动联合图像专家组）和 ISO 运动图像专家组的 MPEG（运动图像专家组）系列标准。

JPEG 和 MPEG 算法是目前相当常用的算法，JPEG 是静态图像压缩标准，适用于连续色调彩色或灰度图像。M - JPEG 是运动静止图像（或逐帧）压缩技术，广泛应用于非线性编辑领域，可单独完整地压缩每一帧，不过 M - JPEG 只支持对帧内的空间冗余进行压缩，不能对帧间的时间冗余进行压缩，压缩效率不高。MPEG 算法是适用于动态视频的压缩算法，MPEG 组织制定的各个标准都有不同的目标和应用，如 MPEG - 1、MPEG - 2、MPEG - 4、MPEG - 7 和 MPEG - 21 标准。

8.4.2　信源编码分析

信源编码分析的关键在于信源编码类型的识别，作为一种去冗压缩编码，信源编码将原始信源的相当部分特征隐去了，但这并不意味着信源编码分析没有入室之径。对信源编码类型的识别，可以从比特流传输文件结构、传输内容特征比特组合、比特流逻辑关系三方面进行分析。本节通过讨论一些信源编码的类型识别方法，主要目的是说明分析信源编码也是有法可依的，进一步的分析方法可以通过对实际数据的深入研究来挖掘。

8.4.2.1 文件类型分析

通信数传业务中相当部分是以文件传输的方式存在，只有在完成文件类型识别的基础上才能进一步对该文件所采用的压缩编码进行分析。计算机操作系统中文件类型最简单的识别方法是通过文件后缀名来进行的，如见到“ * . jpg”就知道是个图片文件，但对于从信道接收到的比特流分析而言，后缀名无从获取，文件类型需要从文件传输比特流所表现出的特征进行判断。

对结构化文件而言，文件数据的组织和存放有特定的结构，可以将文件的整体结构作为文件类型识别的重要特征的重要标志[7]。以 JPEG 为例，JPEG 编码器的输出结构可分成标记和压缩数据两部分，JPEG 位数据流就是由各种标记的代码和压缩数据组成的帧数据。标记码部分给出了 JPEG 图像本身信息，如图像的宽、高和量化表等。JPEG 标记码可以有很多，但绝大多数 JPEG 文件可以只包含几种。标记码由两个字节组成，高字节为 0XFF，低字节不为 0X00 或 0XFF，每个标记码之前可以填上个数不限的填充字节 0XFF，一些常见标记码及其含义如表 8.17 所列。

表 8.17　JPEG 标记

标记	代码	说明
SOI	0XD8	图像开始
APP0	0XE0	应用数据块
DQT7	0XDB	量化表
SOF0	0XC0	帧开始
DHT	0XC4	Huffman 表
SOS	0XDA	扫描开始
EOI	0XD9	图像结束

一般 JPEG 文件结构如图 8.33 所示，文件均从 SOI 开始，以 EOI 结束，每帧图像包含一个或多个扫描，总体说来比较规则化，这种文件结构特征可以作为在比特流中识别 JPEG 文件类型的依据。

一个实际 JPEG 数据举例如图 8.34 所示，从标记可以很清楚地看到 JPEG 的整个文件结构。

对于获取文件数据有时不是结构化文件或仅获取到文件的部分数据时，文件类型分析另外一种常用的方法是通过分析传输内容的比特组合，找到特征码集，然

SOI(0XFFD8)
APP0(0XFFE0)
可选APPn(0XFFEn)
DQT(0XFFDB)
SOF0(0XFFC0)
DHT(0XFFC4)
SOS(0XFFDA)
压缩编码数据
EOI(0XFFD9)

图 8.33　JPEG 文件结构

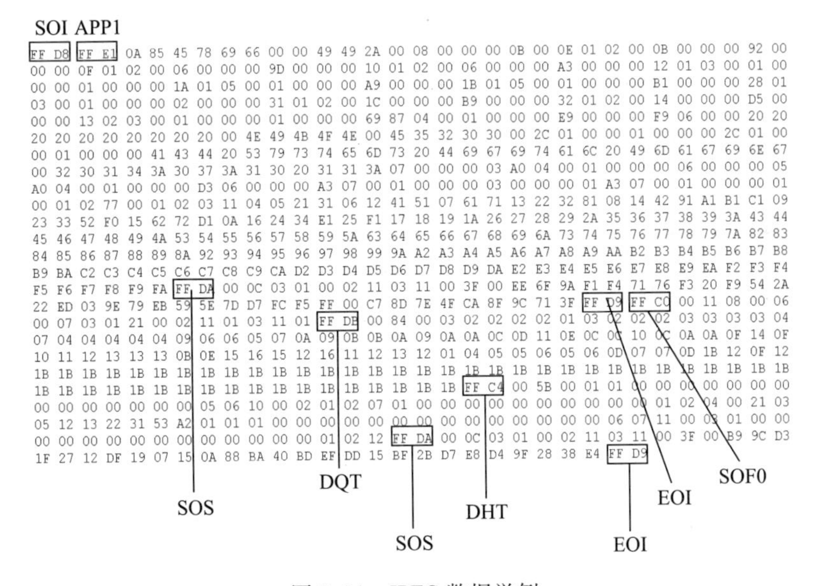

图 8.34　JPEG 数据举例

后根据特征码匹配去进行文件类型识别。这个方法需要在深入分析各类型文件比特特征码的基础上，建好文件类型特征码库，然后采用高效的匹配算法进行特征匹配。

以网络传输中常用的 RAR（罗谢尔的归档）压缩编码为例来说明特征码的提取，RAR 格式文件由可变长度的块组成，RAR 块分为标记块、压缩文件头块和文件头块三部分，块的顺序可变，但第一块必须是一个在文件头后的标记块，每个块的结构如表 8.18 所列。

表 8.18 RAR 块结构

名称	字节数	说明
HEAD_CRC	2	所有块或块部分 CRC
HEAD_TYPE	1	块类型
HEAD_FLAGS	2	块标记
HEAD_SIZE	2	块大小
ADD_SIZE	4	可选增加块大小

寻找 RAR 文件类型的特征码必须从标记块、压缩文件头块和文件头块的特殊固定码中选取。对标记块而言,其 HEAD_CRC、HEAD_TYPE、HEAD_FLAGS、HEAD_SIZE 取值固定为 0X526172211A0700,这个固定序列是 RAR 文件类型最直接的特征,可以作为判定 RAR 文件的最直接特征。

压缩文件头块和文件头块中 HEAD_CRC、HEAD_SIZE 及 ADD_SIZE 取值依文件内容和大小而变,不宜作为特征码,HEAD_TYPE 和 HEAD_FLAGS 相对变化范围不大,可作为 RAR 文件的识别辅助特征。HEAD_TYPE 块类型说明如表 8.19所列,压缩头块格式举例如表 8.20 所列,文件头块也具有类似于表 8.20 的结构。

表 8.19 HEAD_TYPE 块类型

HEAD_TYPE 值	说明
0X72	标记块
0X73	压缩文件头
0X74	文件头
0X75	旧风格注释头
0X76	旧风格用户身份信息
0X77	旧风格子块
0X78	旧风格恢复记录
0X79	旧风格的用户身份信息
0X7A	子块

表 8.20 压缩头块格式

名称	内容	说明
HEAD_CRC	2Byte	所有块或块部分 CRC
HEAD_TYPE	0X73	块类型(压缩文件头)

（续）

名称	内容	说明
HEAD_FLAGS	0X0001	卷属性
	0X0002	压缩文件注释存在
	0X0004	压缩文件锁定属性
	0X0008	固实属性（固实压缩文件）
	0X0010	新的卷命名法则
	0X0020	用户信息存在
	0X0040	恢复记录存在
	0X0080	块头被加密
	0X0100	第一卷（RAR3.0 及以后版本设置）
	0X0000	保留
HEAD_SIZE	2Byte	块大小

一个实际 RAR 数据举例如图 8.35 所示，从中可以看到 RAR 特征码的分布情况，其中 0X73 是压缩文件头块的特征码。

```
52 61 72 21 1A 07 00 CF 90 73 00 00 0D 00 00 00
00 00 00 00 BD 0F 74 20 90 2C 00 E1 01 00 00 00
0A 00 00 02 14 E6 6A 94 1D 80 E9 44 1D 33 07 00
20 00 00 00 72 73 63 2E 74 78 74 00 F0 C1 59 48
10 10 C8 D1 0F D5 41 53 92 87 7F E7 33 E2 4D FD
DC 6C 49 5B 7B 52 4E 03 9B B3 37 31 80 81 20 27
1C 01 1E 2C F0 65 52 BB BA A5 C2 6E EB DF DA F3
```

图 8.35　RAR 数据举例

8.4.2.2　传真编码分析

目前，文件传真中最常采用的编码是修正 Huffman 编码（MH 编码），它实际上是游程编码和 Huffman 编码的结合。二值灰度的文件传真，每行一般由若干连 0（白像素）、连 1（黑像素）组成。MH 编码分别对黑、白的不同游程长度进行 Huffman 编码，概率大的分配短码字，概率小的分配长码字，力求获得最佳压缩比。将黑、白游程分别进行编码形成黑、白两张码表，传真的编译码均可通过查表进行。

传真码字可分为结尾码和构造码两种，其中结尾码针对游程长度为 0 ~ 63 的情况，构造码是对长度为 64 的倍数的游程长度进行编码[10]，表 8.21 和表 8.22 给出了 MH 编码的码表。传真编码当游程长度小于 64 时，直接采用结尾码表示，游程长度为 64 ~ 1728，用一个构造码加上相应的结尾码组成相应的码字。如白游程长度为 130（128 + 2），长度为 128 的白游程的构造码为 10010，白游程长度为 2 的结尾码为 0111，则长度为 130 的白游程编码结构为 10010 0111。

表 8.21 结尾码

游程长度	白游程码字	黑游程码字	游程长度	白游程码字	黑游程码字
0	00110101	0000110111	32	00011011	000001101010
1	000111	010	33	00010010	000001101011
2	0111	11	34	00010011	000011010010
3	1000	10	35	00010100	000011010011
4	1011	011	36	00010101	000011010100
5	1100	0011	37	00010110	000011010101
6	1110	0010	38	00010111	000011010110
7	1111	00011	39	00101000	000011010111
8	10011	000101	40	00101001	000001101100
9	10100	000100	41	00101010	000001101101
10	00111	0000100	42	00101011	000011011010
11	01000	0000101	43	00101100	000011011011
12	001000	0000111	44	00101101	000001010100
13	000011	00000100	45	00000100	000001010101
14	110100	00000111	46	00000101	000001010110
15	110101	000011000	47	00001010	000001010111
16	101010	0000010111	48	00001011	000001100100
17	101011	0000011000	49	01010010	000001100101
18	0100111	0000001000	50	01010011	000001010010
19	0001100	00001100111	51	01010100	000001010011
20	0001000	00001101000	52	01010101	000000100100
21	0010111	00001101100	53	00100100	000000110111
22	0000011	00000110111	54	00100101	000000111000
23	0000100	00000101000	55	01011000	000000100111
24	0101000	00000010111	56	01011001	000000101000
25	0101011	00000011000	57	01011010	000001011000
26	0010011	000011001010	58	01011011	000001011001
27	0100100	000011001011	59	01001010	000000101011
28	0011000	000011001100	60	01001011	000000101100
29	00000010	000011001101	61	00110010	000001011010
30	00000011	000001101000	62	00110011	000001100110
31	00011010	000001101001	63	00110100	000001100111

表 8.22　构造码

游程长度	白游程码字	黑游程码字	游程长度	白游程码字	黑游程码字
64	11011	0000001111	960	011010100	0000001110011
128	10010	000011001000	1024	011010101	0000001110100
192	010111	000011001001	1088	011010110	0000001110101
256	0110111	000001011011	1152	011010111	0000001110110
320	00110110	000000110011	1216	011011000	0000001110111
384	00110111	000000110100	1280	011011001	0000001010010
448	01100100	000000110101	1344	011011010	0000001010011
512	01100101	0000001101100	1408	011011011	0000001010100
576	01101000	0000001101101	1472	010011000	0000001010101
640	01100111	0000001001010	1536	010011001	0000001011010
704	011001100	0000001001011	1600	010011010	0000001011011
768	011001101	0000001001100	1664	011000	0000001100100
832	011010010	0000001001101	1728	010011011	0000001100101
896	011010011	0000001110010	EOL	000000000001	000000000001

EOL—列表结束。

文件传真时每页文件的传输格式如表 8.23 所列。

表 8.23　每页文件传输格式

EOL	数据	EOL	数据	fill	EOL	数据	EOL	…	EOL	数据	EOL(6 个)

其中 EOL 为行同步码,有效数据中不可能出现 EOL。fill 为填充码,是长度不一的全 0 串,最后 6 个连续 EOL 表示一页文件码的传输结束。

从对传真编码和传真文件传输的介绍中可以看出,对传真编码的分析既可以从传真文件的传输结构上加以判断,也可通过对特征码 EOL 的匹配来进行识别,并且 EOL 之间的编码比特流不会出现表 8.21 和表 8.22 中许用码字之外的组合。一个传真数据如图 8.36 所示,从中可以看到 EOL 特征码的分布情况。

图 8.36　传真数据举例

由于传真编码同时也是游程编码，从编码表可以看出，传真编码大部分都集中在短游程部分，且1游程不会太长，由于fill码的缘故，长0游程的个数会大于长1游程，因此从游程分布特征上也可对传真编码进行识别。一个传真数据的游程统计结果如下：

游程长度	1 游程	0 游程
1	16415	14554
2	7367	7225
3	3438	3027
4	893	2683
5	934	530
6	217	316
7	6	152
8	3	82
9	4	10
10	0	9
11	1	370
12	0	148
13	0	72
14	0	98
16	0	1

8.4.2.3 语音编码分析

语音压缩编码后识别特征大为减少，对语音编码类型的分析可主要从统计特征和比特流逻辑关系两方面进行。本节以混合激励线性预测（MELP）语音编码器和G.729语音编码器的分析为例，简单说明如何从比特流逻辑关系方面对语音编码进行类型分析。

MELP是一种比较好的语音编码方法，它结合了二元激励、码激励和多带激励的优点，能在较低的码率下得到较好的再生语音[11]。1996年3月，美国确定2.4kb/s的MELP编码方法为新的联邦语音编码标准，MELP成为美军声码器技术的重要类型。MELP的优点在于能在极低码率的情况下保持良好的音质，并且具有良好的抗误码特性。MELP已经在移动通信、卫星通信等方面得到了广泛应用，尤其是在需要对语音进行大容量存储和有必要进行保密通信的场合。

MELP编解码算法采样率为8kHz，帧长22.5ms，MELP编码原理图如图8.37所示。

MELP每帧量化比特数为54，语音信号每一帧在带通声音强度计算时分为清

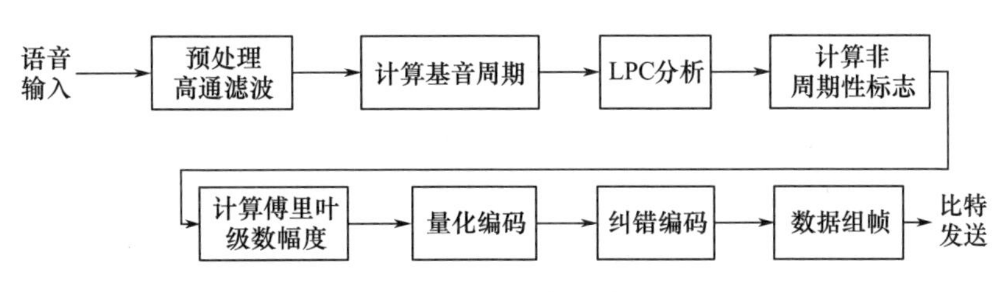

图 8.37　MELP 编码原理图

音帧和浊音帧，编码比特分配如表 8.24 所列，从表中可以看出清音帧和浊音帧的比特分配方式不同，浊音帧中没有使用前向纠错编码。

表 8.24　MELP 编码比特分配表

参数	浊音帧	清音帧	参数	浊音帧	清音帧
线谱对参数	25	25	非周期标志	1	—
傅里叶级数幅度值	8	—	纠错码	—	13
增益(每帧两个)	8	8	同步比特	1	1
基音周期值	7	7	每帧比特数	54	54
子带声音强度	4	—			

清音帧中包含不必发送的 13bit 空闲位，其中傅里叶级数幅度值 8bit，子带声音强度 4bit 和非周期性标志 1bit。为了提高传输过程中的抗误码能力，编码方案利用这不必发送的 13bit 作为纠错编码的校验比特，包含 3 个(7,4)汉明码和一个(8,4)汉明码的校验位。编码对象是线谱对参数中的第 7bit、第一个增益的第 3bit、第二个增益的第 5bit 和保留信息位 0。(7,4)汉明码和(8,4)汉明码的生成矩阵为

$$\boldsymbol{G}_{7,4}=\begin{bmatrix}1&1&0&1\\1&0&1&1\\0&1&1&1\end{bmatrix}\tag{8-19}$$

$$\boldsymbol{G}_{8,4}=\begin{bmatrix}1&1&0&1\\1&0&1&1\\0&1&1&1\\1&1&1&0\end{bmatrix}\tag{8-20}$$

进一步为了防信道突发错误，MELP 编码比特分配表中的数据在发送前需要进行组帧处理，清音帧中用纠错码的校验位代替不用发送的比特位，在对参数比特进行一定置乱交织后进行发送。

通过对 MELP 编码比特分配表的描述，不难发现在解比特置乱顺序后，只需按帧长对固定位置的比特进行相应的编码识别即可对 MELP 编码类型进行确认。

ITU－T 于 1996 年 3 月公布了 G. 729 建议的 8kb/s 用共轭结构代数码激励线性预测声码器语音编码算法，该建议算法采用 8kb/s 的带宽传输话音，话音质量与 32kb/s ADPCM（差分脉冲编码调制）相同。编码器是基于编码激励线性预测编码模型的，针对在 8kHz 采样频率下长度为 10ms 的话音帧进行编码，每帧包含 80 个采样。对每个 10ms 的帧，编码器对话音信号进行分析，抽取码激励线性预测（CELP）模型，对参数进行编码并传输。

要对 G. 729 比特流进行识别，需要重点关注 G. 729 的编码比特分配情况，一个 10ms 帧的 G. 729 比特分配如表 8. 25 所列。

表 8. 25　G. 729 编码比特分配

参数	码字	子帧 1	子帧 2	每帧合计
线性谱对	L_0,L_1,L_2,L_3			18
适应码本延迟	P_1,P_2	8	5	13
音节延迟奇偶	P_0	1		1
固定码本索引	C_1,C_2	13	13	26
固定码本符号	S_1,S_2	4	4	8
码本增益（阶段 1）	GA_1,GA_2	3	3	6
码本增益（阶段 2）	GB_1,GB_2	4	4	8
总计				80

通过观察表 8. 25，虽然 G. 729 的编码比特流逻辑特征不大明显，但还是存在 1bit 的音节延迟奇偶 P_0 可供利用，这个奇偶校验是为增加编码的抗随机比特误码能力而增加的，P_0 由对 P_1 的高 6 位做异或操作得到。如果对编码比特流按帧长 80bit 进行奇偶校验位的检验，根据检验结果，就可对比特流是否采用了 G. 729 编码进行判断，识别流程如图 8. 38 所示。

分析编码比特流时，按每行 80bit 对数据比特流数据进行分组，不足部分舍弃，得到一个 n 行 80 列的矩阵。对于每组 80bit，穷举所有 P_1 可能位置，将 P_1 高 6 位与 P_0 进行异或得到检验结果，最后将得到一个 n 行 80 列的检验矩阵。如每列中 0 的数量为 m，计算评价值 m/n，如此将得到 80 个评价值。设置阈值 t（如 0. 97），如最大评价值大于 t，则可认为编码比特流采用了 G. 729 编码方式，对一段 G. 729 编码比特流数据的识别结果如图 8. 39 所示。

从图 8. 39 可以看出，如以 80bit 为一帧，帧内存在 1bit 的奇偶校验位，这是比

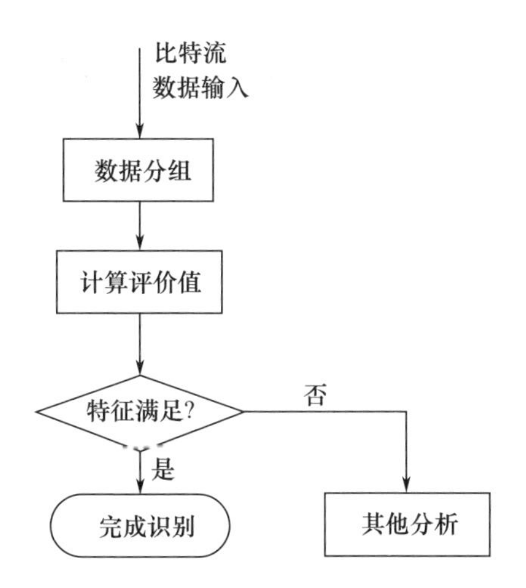

图 8.38　G.729 识别流程

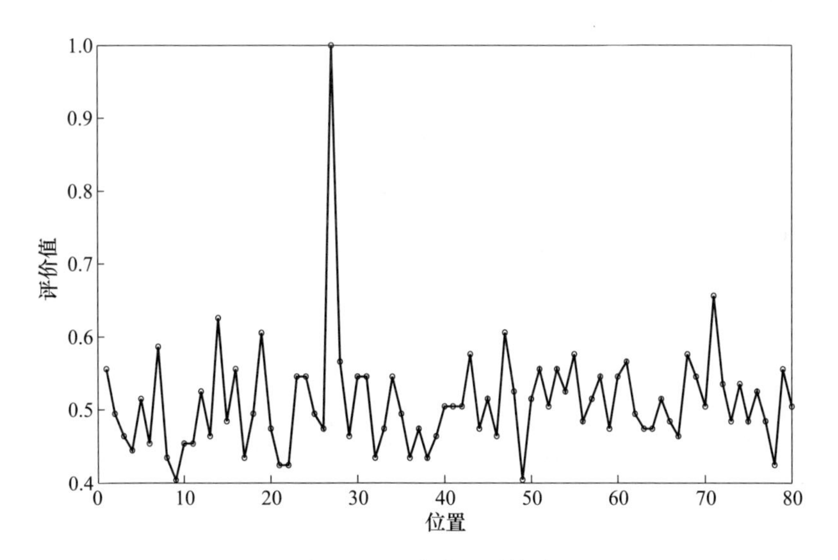

图 8.39　比特流识别结果

特流存在 G.729 编码的重要特征。

8.4.2.4　字符编码分析

按照信源内容的表现方式来分,信源可分为声、文、图、影四大类,其中声、图、影内容均可通过人的视听感触实现对传输内容的感知。字符类编码数据则受诸多语言语种的限制,成为感知通信传输内容的重要障碍。一般世界上各主要语种都有自己相应的字符编码方式,典型如英文的 ASCII 码、汉语的 GB2312 等,ISO/IEC

制定的西欧语、中欧语、南欧语、北欧语、阿拉伯语等字符编码[12]。由于众多语言字符编码表各不相同，这就对解读字符编码的信源带来了天然的编码障碍，必须想办法研究字符编码流的识别方法。

语言文字不仅种类繁多，而且各种语言的个体数差异甚大，汉字多达8万多个，而英文的ASCII码却仅有26个，表现在字符编码表上就是编码范围的不同。从字符编码的取值范围可进行语种的判断，如ASCII的通信专用字符和可显示字符的范围为0X00～0X7F，如果某个字符串中有字节不在此范围内，就可以认为该字符串不是ASCII编码。对于有些字符编码而言，通过编码范围识别的方法误差很大，原因在于有些编码的取值范围几乎相同，仅考虑编码范围很难将它们区分出来。

无论何种语言，从使用习惯来说，总有一些字符的使用频率比较高，这些小部分的高频字符出现的频率将远远高于其他字符。基于各语言使用的习惯字符模式，可根据相应的使用频率模板，从字符分布规律对字符编码方式进行判断，如英文字符使用频率如表8.26所列。

表8.26　英文字符使用频率表

英文字符	使用频率/%	英文字符	使用频率/%	英文字符	使用频率/%
A	8.167	J	0.153	S	6.327
B	1.492	K	0.772	T	9.056
C	2.782	L	4.025	U	2.758
D	4.253	M	2.406	V	0.978
E	12.702	N	6.749	W	2.360
F	2.228	O	7.507	X	0.150
G	2.015	P	1.929	Y	1.974
H	6.094	Q	0.095	Z	0.074
I	6.966	R	5.987		

若A～Z字符用序号1～26表示，则字符分布情况如图8.40所示。

对编码集不大的字符编码，如ASCII码可直接通过计算编码比特流与英文字符使用频率表之间的相似度进行判断。相似度可采用欧氏距离（欧几里得度量）进行计算，设x为分析样本，y为模板情况，定义欧氏距离

$$d=\sqrt{(x_1-y_1)^2+(x_2-y_2)^2+\cdots+(x_n-y_n)^2} \tag{8-21}$$

如果计算所得欧氏距离越小，说明匹配相似度越高。

对于编码集很大的字符编码如汉字，相似度计算会比较耗时，这时可仅考虑高

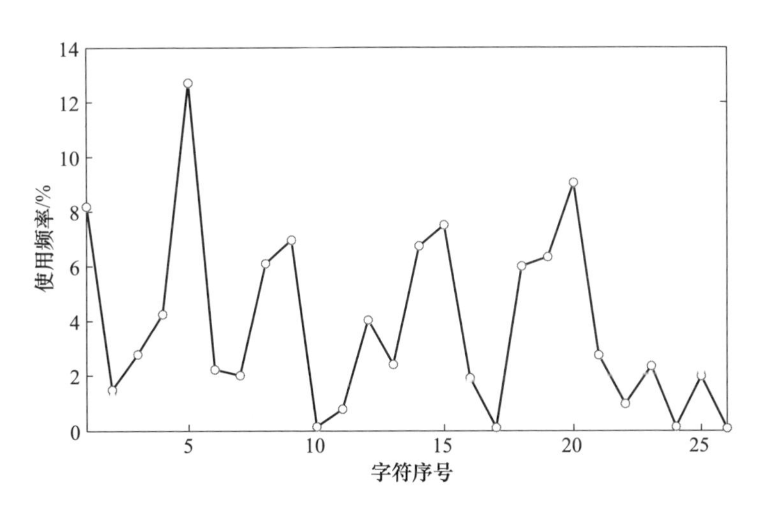

图8.40　字符分布情况

频部分的字符编码[13]。汉字虽然有8万多个,但常用字只有3000多个,其中使用频率最高的5个汉字“的、一、是、不、了”却占到使用频率之和的10%,进一步来说,使用频率最高的500个汉字,其字符出现的累计频率高达76.59%,可利用这最常用的500个高频汉字进行汉字编码验证[14]。设常用高频字符出现累计比率为p_h,对待分析字符编码流,实际出现的字符编码集中字符数占所有字符数的比率为p_c,其中高频字符集占实际出现字符数的比率为p_f,定义字符编码可能性为

$$k = (p_c + p_f / p_h) \times 0.5 \tag{8-22}$$

除了从统计特征方面可以对字符编码方式进行区分外,另外一种比较可靠的方法是从上下文语义去进行识别,因为对某种语言来说,所描述的内容对读者来说应该具有可读性,且要言有所指。此种分析方法可以先根据一些特征假定采用某种字符编码,用该字符编码方式对编码比特流进行字符转换,然后对转换后的字符序列进行语义判断,看其描述内容是否符合语言逻辑。如某段编码比特流中0XB5C4(“的”字的GB2312编码)出现的频度比较高,则可初步判断所传输数据为汉字文本,试用GB2312码对该比特流进行转码,如出现“正确见解的表达方式”这样意义可懂的字符串则很明显转码正确,如“的”字前后很多乱码或所言非物,则需要重新分析字符编码方式。

8.4.2.5　信源纠错译码技术

随着信源压缩编码压缩率的不断提高,冗余越来越少,直接后果之一是系统的可靠性会受到影响,信源解码对误码会变得越发敏感,有时即使1bit误码就有可能

造成信源解码失败,无法恢复正确信源。传统的抗误码技术一般通过采用更强纠错能力的信道编码和重传机制来实现,这种方式主要适用于协作通信。信道突变误码类型发生变化或非协作情况下需要并且只能在信源解码阶段想办法,在不增加编码冗余,与现有编码标准兼容的基础上研究信源解码的抗误码技术。

信源解码阶段的抗误码技术在目前看来还是一项非常具有挑战性的工作,研究主要集中在3个方向。

1）错误隐藏技术

这是信源抗误码的最常用的技术,主要是利用已恢复的信源信息对含错部分的信息进行估计还原,这种还原是一种近似还原,利用时间、空间和人视听触觉的冗余,减少感官损伤,尽可能做到貌似。有些信源编码如MPEG-4采用了分级编码和数据分割等处理,这些处理为错误隐藏技术的运用提供了很有利的条件。

2）自适应同步技术

一般信源解码的同步由上层协议指定,如果解码时失去同步,信源恢复质量将急剧下降直到解码器重新完成同步。自适应同步技术通过对编码比特流的分析,在解码器遇到误码失去同步的情况下能够自动快速重新对比特流进行同步,尽早使信源解码器进入正常工作状态。信源解码自适应同步的方法可以从信源编码比特流的逻辑关系去寻找,也可采用试译码方法去进行同步搜索,在检测出误码范围后,可以从可能正确的位置开始,按比特逐位尝试译码,如果译码正确则找到同步,后面继续进行正常译码。

3）纠错译码技术

信道编码的纠错源于编码过程中的冗余处理,信源编码在压缩过程中相关性大为减少,可利用的冗余信息也非常少。信源纠错译码技术就是要解决信源译码过程中检测到误码后如何对其进行纠正的问题。

在上述信源抗误码技术中,错误隐藏是一种近似译码技术,在视频和图像恢复中比较常用,自适应同步技术采取放弃错误部分恢复的做法,只是在时间上提前了信源正确恢复的可能性。信源纠错译码技术直面信源误码的正确恢复问题,值得深入研究。

以前面介绍的传真MH编码为例介绍信源的纠错译码技术,对含误码的MH编码比特流,实现纠错译码包含3个步骤:误码发现、误码定位和误码纠正。

要实现含误码MH编码比特流的高质量恢复,及时发现误码是前提[15]。MH的编码通过查表8.20和表8.21得到,也就是说,所有编码数据的范围都由编码表所限定,如果发现比特流中存在与码表中无法匹配的比特串,也就说明接收的编码比特流中出现了误码。MH编码时每条扫描线所含的像素是标准的如1728,如果对单条扫描线编码比特流游程和的计算不为标准值,说明该条扫描线出现了误码。此外,压缩编码中的压缩算法虽然对信源数据进行了去相关和去冗余处理,如前面 G.729 比特流的分析,但压缩编码数据内部可能仍然存在一定的逻辑关系,通过对编码数据内部逻辑关系的验证,也是可以发现误码的。由于 MH 采用的是变长编码,误码会产生一定的错误传递,所以并不能对误码实现精确定位,从表 8.22 可知,误码可以定位在一条扫描线内。

将误码定位在一条扫描线后,可以采用假设检验的方法对特定的错误模式进行纠错[16],如一种基于再编码的 MH 码单游程纠错译码算法[17],其适用错误模式范围如下:编码数据中编码比特数不变,仅发生 0、1 互换的数值改变,EOL 行同步码不会发生错误,不会出现编码许用码字之外的比特串,误码不会使一个码字分解成多个码字,并且为单个游程码字出错。

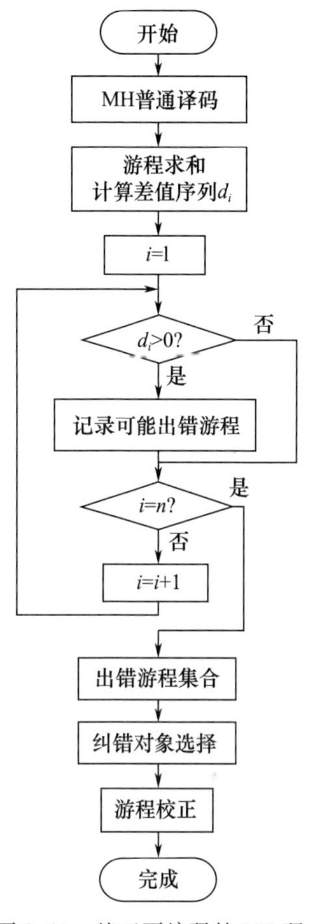

图 8.41　基于再编码的 MH 码单游程纠错译码

设游程编码数为 n,纠错译码时首先按照普通 MH 译码算法进行译码,当前扫描线译码结束时计算总游程和与标准长之间的差值 d_s,分布计算 n 个游程与 d_s 之间的差值,得到 $d_1, d_2, \cdots, d_i, \cdots, d_{n-1}, d_n$,如差值大于0,则说明该游程可能为出错游程,记下所有的可能出错游程集合,在可能出错游程集合中选择比特数最少的游程作为纠正对象(MH 编码中出现概率大的分配短码字),将该游程直接减去 d 即能得到正确的游程序列,从而完成 MH 码的纠错译码,整个流程如图 8.41 所示。

参考文献

[1] 张永光,楼才义. 信道编码及其识别技术[M]. 北京:电子工业出版社,2010:18-198.

[2] SIEGENTHALER T. Decrypting a class of stream ciphers using ciphertext only[J]. IEEE Trans. Computers,1985,C-34(1):81-85.

[3] KNUTH D E,MORRIS J H,PRATT V R. Fast pattern matching in strings[J]. SIAM Journal on Computing,1977:323-350.

[4] BOYER R S, MOORE J S. A fast string searching algorithm[J]. Communications of the ACM, 1977,20(10):762 - 772.

[5] WRIGHT C, MONROSE F, MASSON G. HMM Profiles for network traffic classification[C]//Proceedings of the 2004 ACM Workshop on Visualization and Data Mining for Computer Security, October 2005. Washton DC:ACM New York ,NY,USA,2005.

[6] 陈亮,龚俭,徐选. 基于特征串的应用层协议识别[J]. 计算机工程与应用,2006(24):16 - 19.

[7] 张永光,翟绪论. 比特流分析[M]. 北京:电子工业出版社,2018:199 - 269.

[8] ANDREW R, JUAN S, JAMES N. A statistical test suite for random and pseudorandom number generators for cryptographic applications[J]. NIST Special Publication 800 - 22,2008.

[9] 中华人民共和国密码行业标准. 随机性检测规范:GM/T 005—2012[S]. 北京:国家密码管理局,2012:1 - 17.

[10] 刘立柱. 数字传真通信[M]. 成都:电子科技大学出版社,2000:75 - 80.

[11] 吴家安. 现代语音编码技术[M]. 北京:科学出版社,2008:160 - 191.

[12] 王刚,靳彦青,刘立柱,等. 基于多特征融合的东亚文种识别[J]. 计算机科学,2013,40(1):273 - 275.

[13] 黄明志,闫大顺. 页面字符编码的分析及其应用[J]. 仲恺农业工程学院学报,2009,22(3):42 - 43.

[14] 国家语言文字工作委员会,国家标准局. 现代汉语字频统计表[M]. 北京:语文出版社,1992:1 - 1497.

[15] 丁志鸿,刘立柱,张沛. 四类机传真码纠错译码研究[J]. 计算机工程与设计,2007,28(20):5048 - 5050.

[16] 丁志鸿. 图像与视频含错恢复技术研究[D]. 郑州:信息工程大学,2011:83 - 87.

[17] 刘立柱,王刚,丁志鸿. 信息理论与编译码技术[M]. 北京:国防工业出版社,2013:67 - 75.

第 9 章

信号测向和定位

现代战争中，获取作战目标的位置是战场态势情报的主要功能之一。目标信号测向定位系统通过无源的方式接收目标辐射源的电磁波信号，测量其各种参数，确定目标辐射源的方位（测向）和位置（定位），具有隐蔽接收的特点，是现代一体化信息战作战体系的重要组成部分，对提高武器系统在电子战环境下的生存能力和作战能力具有重要作用。

9.1 测向技术[1-5]

9.1.1 测向综述

通过天线阵列接收无线电信号，根据天线上感应的电动势、相位差、信号到达时间结合天线阵型、信号频率等参数判断信号来波方位，具有多种不同原理且各具特点的测向方法。

根据工作原理，测向方法可以分为比幅测向、相位干涉仪测向、时差法测向、多普勒测向、空间谱测向等。

按频段可以分为超长波、长波、中波、短波、超短波、微波测向等。

按平台可以分为固定式测向、车载测向、舰载测向、机载测向、星载测向等。

按天线阵型可以分为圆阵、线阵、L 阵、十字阵、不规则阵等。

评估测向系统性能优劣的系统参数主要包括下列参数。

1）测向误差

测向误差是评估测向系统性能的主要参数，描述了测量值与信号真实来波方位的差值。测向误差由系统误差和随机误差两部分组成。系统误差是由于系统失调引起的，在给定的工作频率、信号功率和环境温度等条件下，它是一个固定的、均值不为零的偏差，如在比相法测向中由于机械加工精度不足带来的天线相位中心偏差、天线安装精度带来的基线误差等。在测向系统研制的末期，可采用校准、修正等方式对系统误差进行补偿,将其对测向误差的影响降到最低。随机误差是指由系统内、外噪声等带来的不可消除的误差。例如,在时差法测向中,系统热噪声影响时差测量精度,最终影响测向精度;在比相法测向中,系统热噪声引起的鉴相误差对测向精度也有较大影响。采用低噪声系数的微波接收器件可降低随机误差。测向误差通常用平均误差、均方根误差、最大误差或统计概率误差等表示。

最大误差 $\delta_{最大}$ 的计算公式为

$$\delta_{最大} = \max_{n=1,2,\cdots,N} |\theta_n - \theta| \tag{9-1}$$

均方根误差(标准误差)$\delta_{均方根}$的计算公式为

$$\delta_{均方根} = \sqrt{\frac{1}{N}\sum_{n=1}^{N} (\theta_n - \theta)^2} \tag{9-2}$$

平均误差 $\delta_{平均}$ 的计算公式为

$$\delta_{平均} = \frac{1}{N}\sum_{n=1}^{N} |\theta_n - \theta| \tag{9-3}$$

其中,均方根误差是最常用的测向误差表达方式。

2)测向灵敏度

测向灵敏度用来衡量测向系统对微弱信号的测向能力,能检测出功率越低的信号并实现测向功能,表示对微弱信号的测向能力越强,说明测向系统灵敏度越高。

测向系统的测向灵敏度定义为,在测向误差不超过某一规定数值时,测向系统天线口面上最小的输入信号功率密度 D(单位:dBm/m^2)。或者是在给定测向系统的天线增益 G_R(单位:dB)和测量信号波长 λ 的条件下,测向接收机的灵敏度 P_{Rmin}(单位:dBm)。P_{Rmin} 与 D 的关系为

$$P_{Rmin} = D + 10\lg\left(\frac{G_R\lambda^2}{4\pi}\right) \tag{9-4}$$

3)测向频率范围及频率分辨力

测向频率范围就是测向系统能够正常工作的频率范围,它是由硬件电路决定的。频率的分辨力是指能够区分在频率上相近的两个信号的能力。

4)测向时效性

测向时效性是指完成一次测向功能的全过程所需要的最少时间,也称为测向时间。它包括测向指令传输时间、接收机的调谐时间、测向处理时间和测向结果输出显示时间。不同的测向体制,这些时间参数也不同。测向系统的时效性用于衡量测向速度快慢即测向反应速度的一个技术指标。测向系统完成一次测向任务所

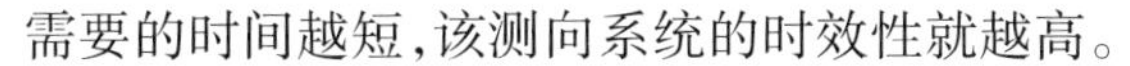

需要的时间越短，该测向系统的时效性就越高。

5）信号适应性

无线电信号复杂多变，各种调频、扩频信号层出不穷，并且现在的无线电信号都是经过各种调制变换后形成的射频信号，这就要求测向系统能够适应各种信号形式，对接收到的射频信号采取解调或其他的技术手段，通过处理后再进行测向。

6）抗干扰度

抗干扰度是指能够有效衡量测向系统在复杂电磁环境中实现信号正常测向的能力，抗干扰能力强，表明测向系统可以排除干扰和噪声信号等其他无用信号的影响，只对感兴趣的信号进行接收测向。通常，用能正常测向情况下的噪声十扰强度定义测向系统的抗干扰度，允许的噪声干扰强度越大，则抗干扰能力越强。

7）可靠性

人们用测向系统在各种环境中实现无故障工作的时间长度表征系统的可靠性。

9.1.2 比幅测向

比幅测向可以分为两类：一类是采用测向天线的直接或相对幅度响应信息来测得信号的方向，如最大信号法、最小信号法、等信号法、比幅法等；另一类是采用天线单元之间的相位差转换成相应的幅度信息得到信号方位，典型的如瓦特森－瓦特（Watson－Watt）测向法。

最大信号法测向是利用测向天线方向图的最大值来测向，优点是：测向距离远，但测向误差大；最小信号法测向是利用测向天线方向图的零值来测向，又称小音点测向，测向误差比最大信号法小，常用于长波和短波测向；等信号法测向是采用两个方向图相同且部分重叠的天线，利用两天线方向图交叉处所感知的信号幅度相等，交点轴线所指的方向即为来波方向；比幅法测向也是利用两个相同并部分重叠的天线，直接测定两天线感知的来波幅度的比值以确定来波方向。

9.1.2.1 常规比幅测向算法

一般最简单的比幅法测向系统有两个通道，设信号的强度可用 A 表示，方位角为 θ。信号通过不同天线、信道对信号的接收后，表现在幅度上的影响因子分别为 $P_1(\theta)$ 和 $P_2(\theta)$，则输出的信号幅度分别为 $AP_1(\theta)$、$AP_2(\theta)$。为了消除信号强度 A 对测向计算的影响，通过某种类似除法运算将它抵消，不妨认为系统的通道有某种对数处理，使输出的幅度信息变成

$$\lg[AP(\theta)] = \lg[A] + \lg[P(\theta)] \tag{9-5}$$

对两路信号进行相减处理，就可以消去 $\lg[A]$，获得与信号绝对强度无关的观

测量 $F(\theta)$。

双通道比幅测向系统一般采用性能一致的一组天线和信道，只是两个天线的指向不同，如图 9.1 所示。为了分析的方便，将两个天线的指向相对于基准的角度分别记做 $-\alpha$ 和 α。在该系统中的 $F(\theta)$ 为

$$
\begin{aligned}
F(\theta) &= \lg[P_1(\theta)] - \lg[P_2(\theta)] \\
&= k_1 - k_2 + \lg[G(\theta-\alpha)] - \lg[G(\theta+\alpha)]
\end{aligned} \tag{9-6}
$$

式中：k_1 和 k_2 分别为通道 1 和通道 2 的增益，k_1 和 k_2 不同也就说明两个通道的幅度不平衡；$G(\theta)$ 为单个天线的波束方向图，如果 k_1-k_2 是常数，$\lg[G(\theta-\alpha)]-\lg[G(\theta+\alpha)]$ 是对 θ 单调的，那么，$F(\theta)$ 与 θ 就是一一对应的。这就说明，通过式(9-6)即可计算出信号方向。

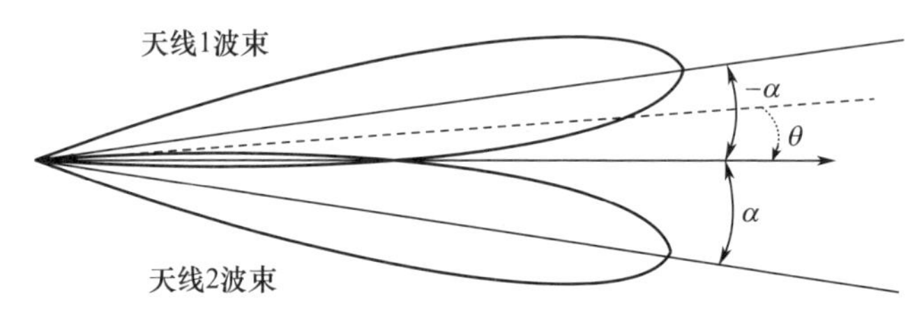

图 9.1　比幅法测向原理

比幅法测向算法的处理过程可以归纳为提取 $F(\theta)$ 并用它计算方位角 θ。

结合常用天线的波束方向图分析比幅测向的精度，假设天线方向性函数为高斯函数，即

$$G(\theta) = e^{-a\theta^2} \tag{9-7}$$

若两通道增益相同即 $k_1-k_2=0$，则有

$$F(\theta) = 4a\alpha\theta \tag{9-8}$$

在这种理想化的情况下，方位角与接收机的幅度输出为简单的线性关系，在实际工程中，a 决定了天线的 3dB 波束宽度，其值越大，代表波束宽度越窄，方向图越尖锐；α 表示两个比幅天线的安装角位置，α 越大表示两天线间的距离越远。

式(9-8)表明，方向图越尖锐，两天线分得越开，测向精度越高。但是，方向图越尖锐，代表瞬时测向范围越小，两天线分得越开，说明相邻波束交点方向的增益与最大信号方向的增益功率比越大，该功率比也称为波束交点损失。该损失会影响系统的测向灵敏度，从而在选择波束宽度时必须要折中考虑。

比幅法测向设备简单、成本低、工程实现容易等特点得到了广泛的应用，但是其测向精度受天线影响较大，使得测向精度不高，这是比幅法测向的最大缺点。

9.1.2.2　瓦特森 - 瓦特测向

瓦特森 - 瓦特测向是利用测向天线各阵元之间的相位差转换成幅度信息并比较幅度测得来波方向的一种测向体制。该测向体制出现于 1926 年,能提供瞬时到达角信息。1934 年,该技术应用于爱德考克天线阵列;1938 年,该技术与双信道幅度与相位平衡接收机结合后性能大大提高,产生了第一台真正的爱德考克 - 瓦特森 - 瓦特瞬时测向机。

任何具有正交 8 字双圆形幅度方向图的天线都可以应用瓦特森 - 瓦特测向体制完成无线电测向。这里仅以爱德考克天线为例来阐述瓦特森 - 瓦特测向原理。

如图 9.2 所示,对于来自方位 α、仰角 β、信号角频率为 ω、波长为 λ 的电磁信号,当满足天线孔径 d(设 $r=d/2$)远小于 λ 时,设天线阵中心点接收电压为 U_0,均匀分布的 4 个天线接收到的信号电压分别为 U_N、U_S、U_E、U_W,可定义如下:

$$U_0 = A_0\cos\omega t \tag{9-9}$$

$$U_N = A_0\cos\left(\omega t - \frac{2\pi r}{\lambda}\cos\alpha\cos\beta\right) \tag{9-10}$$

$$U_S = A_0\cos\left(\omega t + \frac{2\pi r}{\lambda}\cos\alpha\cos\beta\right) \tag{9-11}$$

$$U_E = A_0\cos\left(\omega t - \frac{2\pi r}{\lambda}\sin\alpha\cos\beta\right) \tag{9-12}$$

$$U_W = A_0\cos\left(\omega t + \frac{2\pi r}{\lambda}\sin\alpha\cos\beta\right) \tag{9-13}$$

则东西、南北相对的天线差电压可表示为

$$\begin{aligned} U_{NS} &= U_N - U_S \\ &= 2A_0\sin(\omega t)\sin\left(\frac{2\pi r}{\lambda}\cos\alpha\cos\beta\right) \\ &\approx 2A_0\sin(\omega t)\times\frac{2\pi r}{\lambda}\cos\alpha\cos\beta \end{aligned} \tag{9-14}$$

$$\begin{aligned} U_{EW} &= U_E - U_W \\ &= 2A_0\sin(\omega t)\sin\left(\frac{2\pi r}{\lambda}\sin\alpha\cos\beta\right) \\ &\approx 2A_0\sin(\omega t)\times\frac{2\pi r}{\lambda}\sin\alpha\cos\beta \end{aligned} \tag{9-15}$$

对来波方向 α 的估计由下式给出:

$$\alpha = \arctan(U_{EW}/U_{NS}) \tag{9-16}$$

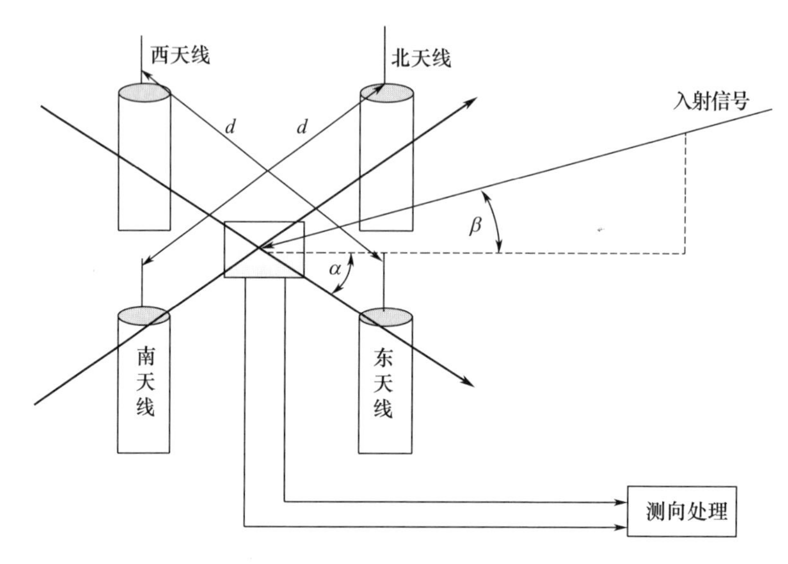

图 9.2　瓦特森－瓦特测向原理图

为了消除 180°测向模糊，可以单独设立一根辨向天线，也可将南、北、东、西方向处的天线信号电压求和输出，作为辨向信道。

基于瓦特森－瓦特测向体制的现代测向机，在一个较宽的中频带宽内同时进行数字信号处理，通过数字滤波器选择信号。测向则采用数字计算方法，用图形或数字显示测向结果。

测向天线各阵元以及和/差器件前面电路中的相位不平衡将产生信号到达角误差，而幅度误差不会如相位不平衡的影响那样直接产生到达角误差，但是它却减小了不同相位零点过渡点附近的相位差梯度，因此，幅度误差会间接地加大测向误差。

瓦特森－瓦特测向的优势在于可以利用较小的孔径达到较好的测向精度，在天线安装空间受限的场合有很好的应用价值。

9.1.3　相位干涉仪测向

9.1.3.1　相位干涉仪测向技术原理

相位干涉仪测向技术是根据两个接收天线之间的相位差来确定来波信号的方向的，具有测向精度高、实时性好等特点。但是该测向方法易受到信号带宽和测向基线长度的影响，基线长度越长，则测向精度越高，为了保证较高的测向精度，一般将基线长度设置得比较大；但当信号频率较高而基线长度超过入射波的半波长会造成检测到的相位差出现以 2π 为周期的模糊，这就需要通过适当的方法找出实际的模糊周期数实现相位差解模糊,从而解算出无模糊的目标信号入射角度。解模糊的基本思路是采用多组基线组合,用短基线解模糊,用长基线确保测向精度。在实际工程应用中,产生了许多的相位差解模糊方法,如利用长基线和短基线组合的长短基线解模糊方法,利用多个相邻阵元之间的相位差及其间距比进行多组解模糊的方法,利用虚拟短基线依次解模糊的方法,基于数字积分的旋转干涉仪解模糊方法。

相位干涉仪测向系统是直接比较以一定间隔排列的天线所接收到的目标信号的相位获得来波方向信息的,其基本工作原理框图如图9.3所示。

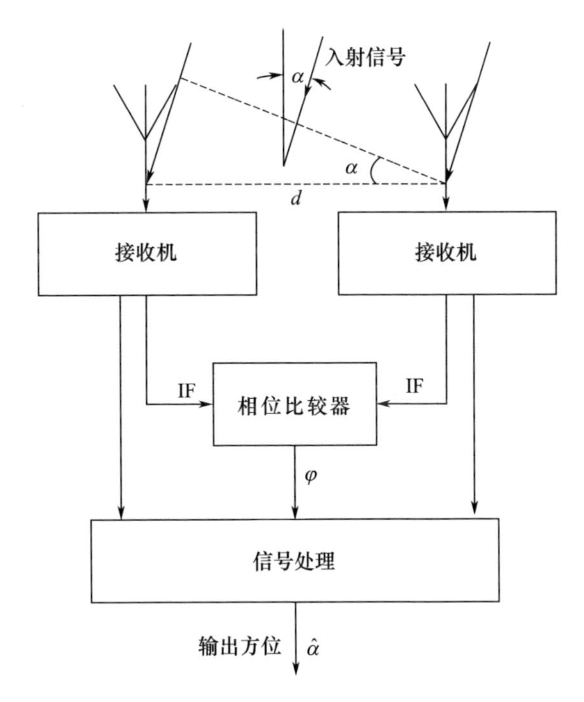

图9.3　相位干涉仪基本工作原理框图

图9.3中的入射信号的方位角为α,两个测向天线构成的基线长度为d,天线感应到的信号经过接收机变成中频信号输入相位比较器得到两路信号的相位差,再通过信号处理模块中的测向算法计算得到目标入射信号的方位估计值$\hat{\alpha}$。

当入射信号的入射角度为α时,两个天线之间的相位差和方位角分别为

$$\phi = \frac{2\pi d}{\lambda}\sin\alpha, \alpha = \arcsin\left(\frac{\lambda\phi}{2\pi d}\right) \tag{9-17}$$

式中:ϕ为全相位(可以大于2π);d为两天线间的距离;λ为入射信号波长。由式(9-17)可得

$$\sin\alpha = \frac{\lambda\phi}{2\pi d} = \frac{\lambda(2k\pi + \varphi)}{2\pi d} \tag{9-18}$$

式中:φ 为相位比较器输出的相位($-\pi \leqslant \varphi < \pi$);$k$ 为模糊数。

由式(9-18)可以看出:当入射角 α 一定时,两天线间距越长,相位模糊数 k 越大;只有当 $k=0$ 时才不会出现模糊。因为相位差 ϕ 是以 2π 为周期的,也就是说,当 ϕ 的范围超过 2π 时,相位就会出现多值模糊,导致无法分辨真实的入射角 α。

当 $\phi=\pi$ 时,代入式(9-18)可以得到最大方位角为

$$\alpha_{\max} = \arcsin\left(\frac{\lambda}{2d}\right) \tag{9-19}$$

当 $\phi=-\pi$ 时,代入式(9-18)可以得到最小方位角为

$$\alpha_{\min} = -\arcsin\left(\frac{\lambda}{2d}\right) \tag{9-20}$$

最大的不模糊角度范围为

$$\alpha_{u} = \alpha_{\max} - \alpha_{\min} = 2\alpha_{\max} = 2\arcsin\left(\frac{\lambda}{2d}\right) \tag{9-21}$$

由此可见,两天线间距 d 越小,最大不模糊范围 α_u 越大。

对 $\phi = \frac{2\pi d}{\lambda}\sin\alpha$ 求微分,假设基线 d 不存在误差,则得到

$$\Delta\phi = \frac{2\pi d}{\lambda}\cos\alpha \cdot \Delta\alpha - \frac{2\pi d}{\lambda^2}\Delta\lambda\sin\alpha$$

整理后则可以得到干涉仪测向技术的测向误差为

$$\Delta\alpha = \frac{\Delta\phi \cdot \lambda}{2\pi d\cos\alpha} + \frac{\Delta\lambda}{\lambda}\tan\alpha \tag{9-22}$$

由式(9-22)可以看出以下特性:

(1) 测向误差来源于相位测量误差 $\Delta\phi$ 和对信号的频率估计偏差 $\Delta\lambda$;

(2) 误差数值与入射角 α 有关,垂直入射时测向误差最小;

(3) 误差数值与基线长度 d 有关,d 越大,测向精度越高。

图 9.4 所示为 4 个天线单元构成两组正交基线的干涉仪测向天线阵,天线单元的基线间隔为 d,入射信号相对于 zy 视轴平面的方位角为 α,俯仰角为 β。其中,天线 1 和天线 2 构成基线 1,天线 3 和天线 4 构成基线 2。

天线 1、2 之间的相位差可表示为

$$\varphi_1 = (2\pi d/\lambda)\sin\alpha\cos\beta \tag{9-23}$$

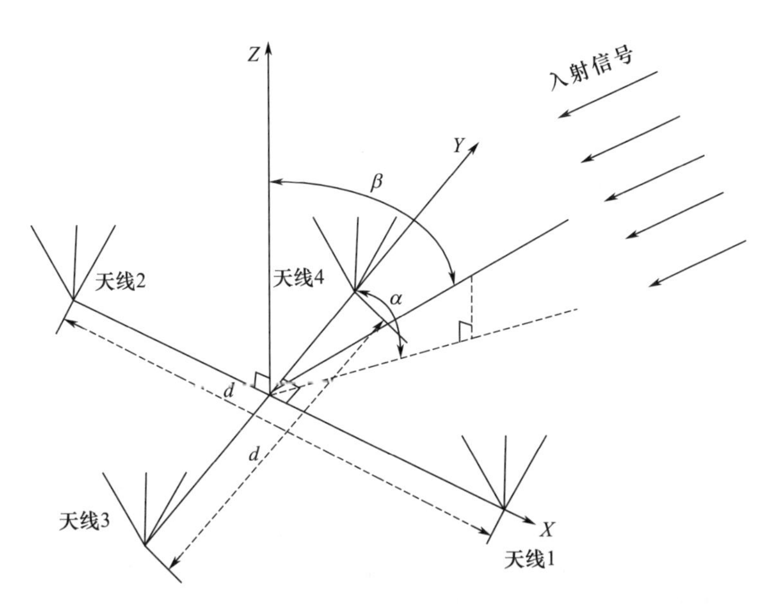

图9.4　双基线二维相位干涉仪测向天线阵

天线3、4之间的相位差可表示为

$$\varphi_2=(2\pi d/\lambda)\cos\alpha\cos\beta \tag{9-24}$$

当俯仰角β为已知值时，则信号的方位角为$\alpha=\arcsin[(\varphi_1\lambda)/(2\pi d\cos\beta)]$。

如果俯仰角未知，则需要使用双基线测向系统，在方位角平面上两个正交基线间总相位延迟在方位角表达式和俯仰角表达式中提供完整的到达方向信息。

其中，方位角为

$$\alpha=\arctan(\varphi_1/\varphi_2) \tag{9-25}$$

俯仰角为

$$\beta=\arccos[(\sqrt{\varphi_1^2+\varphi_2^2})\lambda/(2\pi d)] \tag{9-26}$$

式中：φ_1为基线1的相位差；φ_2为基线2的相位差；假设两个正交基线长度相同，均为d；λ为入射信号波长。

由上述两式可以知道，仅仅利用来波信号的相位信息和波长就可以确定来波信号的入射方位角和俯仰角。

由上述相位差的公式可以得到其微分形式为

$$\Delta\varphi_1=\frac{2\pi d}{\lambda}(\Delta\alpha\cos\alpha\cos\beta-\Delta\beta\sin\alpha\sin\beta) \tag{9-27}$$

$$\Delta\varphi_2=-\frac{2\pi d}{\lambda}(\Delta\alpha\sin\alpha\cos\beta+\Delta\beta\cos\alpha\sin\beta) \tag{9-28}$$

由此可得

$$\Delta\alpha = \frac{\lambda}{2\pi d}\frac{\Delta\varphi_1\cos\alpha - \Delta\varphi_2\sin\alpha}{\cos\beta} \tag{9-29}$$

$$\Delta\beta = -\frac{\lambda}{2\pi d}\frac{\Delta\varphi_2\cos\alpha + \Delta\varphi_1\sin\alpha}{\sin\beta} \tag{9-30}$$

由此可知,双基线相位干涉仪测向系统的入射方位角和俯仰角的测量误差与相位差的实际测量误差有关,与天线的基线长度相对信号波长的比值有关。

9.1.3.2 相位干涉仪解模糊方法

为提高干涉仪测向系统的测向精度和灵敏度并能在多径信号的环境下测向,一般要使用基线较长的天线阵列—大孔径阵列,其天线单元间的间距大于信号1/2波长甚至大于一个波长。但由于干涉仪测量所得相位差范围为$(-\pi,\pi)$,当天线间距大于1/2 波长时,会出现“相位模糊”,最终导致测向模糊。

有多种方法可解决相位干涉仪测向的相位模糊问题,如长短基线组合法、参差基线法(中国剩余定理法)、虚拟基线法、相关干涉仪法等。

1) 长短基线组合解模糊方法

长短基线解模糊是利用长基线和短基线的组合来解相位模糊的方法,短基线用来解相位模糊,长基线用来确保测向精度。长短基线组合法解模糊的原理图如图 9.5 所示。

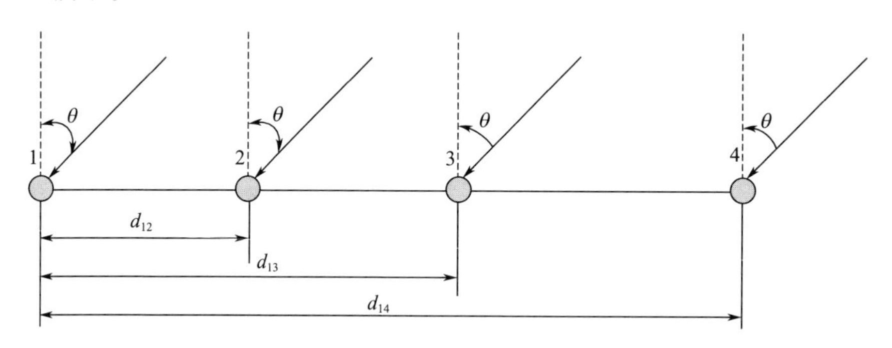

图 9.5 长短基线解模糊原理图

天线 1、2 构成短基线,基线长度为 d_{12},$d_{12} < \lambda/2$,不存在相位模糊;天线 1 和天线 3 构成长基线,基线长度为 d_{13},当信号频率和入射角较大时,存在相位模糊。d_{13}和 d_{12}的比值为 $d_{13}/d_{12} = k$,则当鉴相器输出天线 1、2 之间的相位差 φ_{12}后可以估算天线 1、3 之间的无模糊相位差为 $k\varphi_{12}$,而根据鉴相器得到的天线 1、3 之间存在模糊的相位差和可能存在的模糊周期数就可得到一个与 $k\varphi_{12}$最为接近的实际相位差 φ_{13},将其作为天线 1、3 之间无模糊的相位差,便可以计算得到较高精度的入射

角。其他基线依次类推。

在长短基线组合解模糊中,无模糊视角为 $\theta_u = 2\arcsin(\lambda/2d_{12})$,忽略信号频率的不稳定性所产生的误差,则测向误差为

$$\Delta\theta = \frac{\Delta\varphi}{2\pi(d_{13}/\lambda)\cos\theta} \tag{9-31}$$

短基线决定了最大不模糊的入射角,长基线决定了测向精度,这在一定程度上解决了单基线干涉仪存在测向范围与测向精度之间的矛盾。但是长基线解模糊方法要求短基线的长度必须小于入射信号的半个波长,而当入射信号频率较高时,这个短基线的尺寸必然会受到天线单元尺寸的影响,可能会无法实现,因此,长短基线组合解模糊的算法受频率高低的影响较大,不适合频率高端使用。

2) 参差基线解模糊方法

参差基线解模糊方法又称为中国剩余定理解模糊方法,其要求各个基线的长度必须满足互质的关系,其中,公约数为1的两个数称为互质数。

如图9.6所示的双基线干涉仪,当入射角为 θ 时,天线1、2之间和天线1、3之间的相位差分别为 ϕ_1 和 ϕ_2,基线长度分别为 d_1 和 d_2,其中

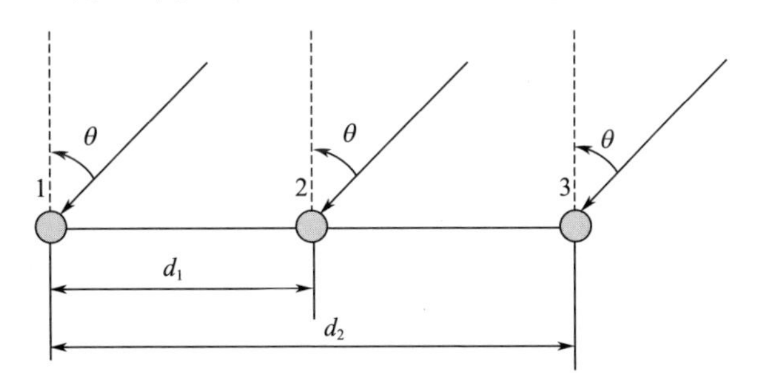

图9.6 参差基线解模糊原理图

$$\phi_1 = \frac{2\pi d_1 \sin\theta}{\lambda} \tag{9-32}$$

$$\phi_2 = \frac{2\pi d_2 \sin\theta}{\lambda} \tag{9-33}$$

因为所有的基线长度均大于入射信号的半波长,则有

$$\phi_1 = 2k_1\pi + \varphi_1 \qquad k_1 \geqslant 0 \text{ 且为正整数}, 0 \leqslant \varphi_1 \leqslant 2\pi$$

$$\phi_2 = 2k_2\pi + \varphi_2 \qquad k_2 \geqslant 0 \text{ 且为正整数}, 0 \leqslant \varphi_2 \leqslant 2\pi$$

式中:φ_1、φ_2 为 ϕ_1、ϕ_2 对 2π 取模的余数,则

$$\frac{d_1 \sin\theta}{\lambda} = k_1 + \frac{\varphi_1}{2\pi} \tag{9-34}$$

$$\frac{d_2\sin\theta}{\lambda}=k_2+\frac{\varphi_2}{2\pi} \tag{9-35}$$

取基本基线 d_0，且 $d_i=d_0/m_i$，则

$$\frac{\varphi_2}{\varphi_1}=\frac{d_2}{d_1}=\frac{m_1}{m_2} \tag{9-36}$$

其中，m_1、m_2 互质，$m_1d_1=m_2d_2$，则有

$$\frac{m_1d_1\sin\theta}{\lambda}=m_1k_1+\frac{\varphi_1}{2\pi}m_1 \tag{9-37}$$

$$\frac{m_2d_2\sin\theta}{\lambda}=m_2k_2+\frac{\varphi_2}{2\pi}m_2 \tag{9-38}$$

$$\frac{m_2d_2\sin\theta}{\lambda}=\frac{m_1d_1\sin\theta}{\lambda}$$

其中，m_1、m_2 互质，为已知量；k_1、k_2 为正整数，属于未知量；$\left|\frac{\varphi_1}{2\pi}m_1\right|$、$\left|\frac{\varphi_2}{2\pi}m_2\right|$分别为对 m_1、m_2 取模的余数。

根据剩余定理求解法，通过余数$\left|\frac{\varphi_1}{2\pi}m_1\right|$、$\left|\frac{\varphi_2}{2\pi}m_2\right|$，以及互质的 m_1、m_2 可以求出$\frac{m_1d_1\sin\theta}{\lambda}$的真实值 X，则 $k_1=\left|\frac{X}{m_1}\right|$，$k_2=\left|\frac{X}{m_2}\right|$，取整即可得到模糊数 k_1、k_2，进而可以求得入射角 θ。

以上为双基线的情况，对于多基线干涉仪测向，令基线长度按照互质的参差关系比例选择，可以增大相位干涉仪的工作带宽，提高相位干涉仪的测向精度。

3）虚拟基线解模糊方法

虚拟基线解模糊方法是将两个基线的相位差作差得到一个相对于此相位差之差的短基线，该短基线满足无模糊解的条件，从而扩大无模糊的视角范围，如图 9.7所示。

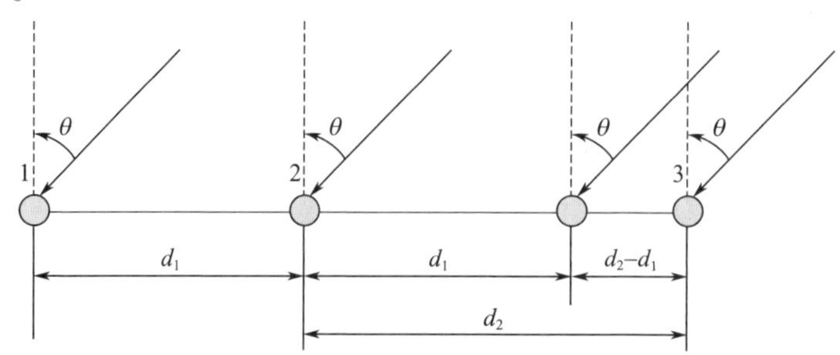

图 9.7　虚拟基线原理图

天线1和天线2组成基线1，基线长度为d_1，天线2和天线3组成基线2，基线长度为d_2。两组基线的相位差作差，得到一个长度相当于$d_i=d_2-d_1$的虚拟短基线，虚拟短基线的长度与对应相位差ϕ_i的关系为

$$\phi_i=\frac{2\pi(d_2-d_1)\sin\theta}{\lambda} \tag{9-39}$$

则无模糊视角为

$$\theta_u=2\arcsin\frac{\lambda}{2(d_2-d_1)} \tag{9-40}$$

所谓虚拟短基线依次解模糊，就是利用虚拟短基线解相位干涉仪中最短基线的模糊，然后利用这个最短基线去解次长基线的模糊，直接用短基线解长基线的模糊，测向精度由最长的基线决定，最终实现高精度测向。

4）旋转干涉仪解模糊方法

旋转相位干涉仪是通过天线盘绕轴线的旋转，使得鉴相器输出的相位差数字积分后按照余弦规律变化，进而判断极值求出两天线间的实际相位差ϕ_{max}，从而实现解相位模糊的方法，如图9.8所示。

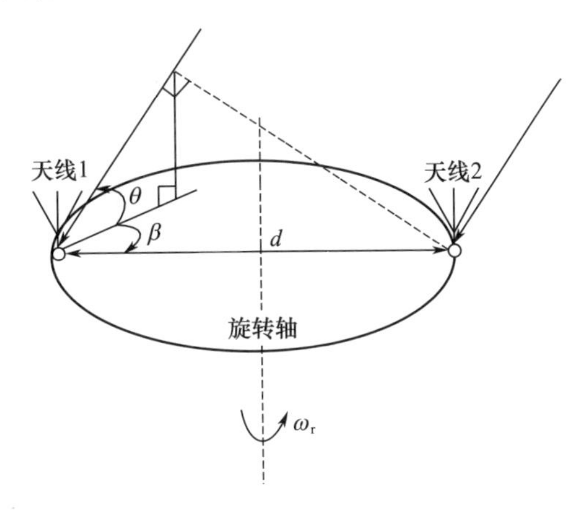

图9.8　旋转干涉仪基线模型

设基线的旋转角速度为ω_r，入射信号的方位角为θ，俯仰角为β，两天线按照逆时针方向旋转，则在旋转过程中两天线间的相位差随之变化，该相位差满足

$$\begin{aligned}\phi(t)&=(2\pi d\sin\theta/\lambda)\cos(-\omega_r t+\beta)\\&=\phi_{max}\cos(-\omega_r t+\beta)\\&=2\pi d'\sin\theta/\lambda\end{aligned} \tag{9-41}$$

其中

$$\phi_{\max} = 2\pi d\sin\theta/\lambda\,;d' = d(-\omega_{\mathrm{r}}t + \beta)$$

由上式可以看出,天线旋转变化相当于形成众多长度不同的短基线 d',如果连续对旋转干涉仪进行相位差测量等价于在众多不同的基线下测量目标方位 θ,即可计算出无模糊的目标方向。

5）相关干涉仪解模糊方法

相关干涉仪测向的实质是利用天线阵获取的入射波相位分布来测向。所谓的相关,是指通过比较入射波相位分布与事先已存的各方位、各频率来波相位分布的相似性,最终得到入射波的方向。

相关干涉仪主要应用于圆阵,也可应用于其他测向天线阵。下面以五元均匀圆阵为例说明相关干涉仪的测向基本原理。图 9.9 为一个均匀圆阵,其阵元的坐标分别为(x_1,y_1)、(x_2,y_2)、(x_3,y_3)、(x_4,y_4)、(x_5,y_5)。

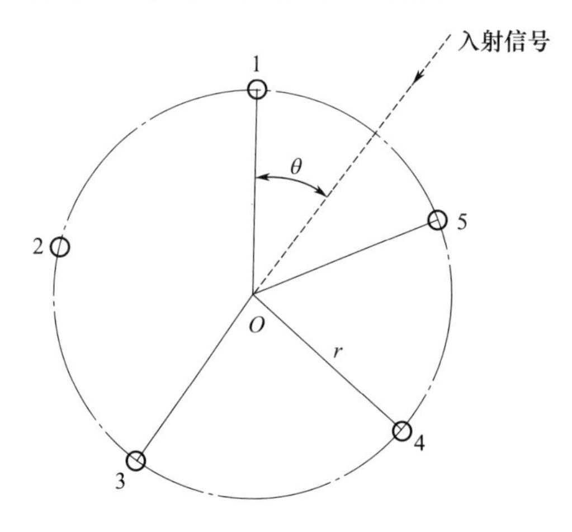

图 9.9　圆阵布阵示意图

假设窄带远场信号 $s(t)$的来波方向为 θ,仰角为 0°,信号频率为 f_0,以坐标原点 O 为参考点,可以得到一组相位差值 $\boldsymbol{\phi} = [\varphi_1 \quad \varphi_2 \quad \varphi_3 \quad \varphi_4 \quad \varphi_5]^{\mathrm{T}}$,其中 $\varphi_k(k = 1,2,3,4,5)$为第 k 个天线阵元测得的入射信号相对于参考点的相位差。

在 360°范围内,等间隔的选取若干方位角 $\theta_i(i = 1,2,\cdots,n)$,对应于每一个 θ_i 都可以求出一组相位差值 $\boldsymbol{\psi}_i = [\psi_{1i} \quad \psi_{2i} \quad \psi_{3i} \quad \psi_{4i} \quad \psi_{5i}]^{\mathrm{T}}$ 与之对应。这些相位差值称为相关干涉仪的原始相位样本。将实际测量得到的相位差值与原始相位样本逐一进行相关处理,计算它们的相关系数,相关系数最大值所对应的方位角即为来波方向。

计算相关系数的公式为

$$\rho_i = \frac{|\boldsymbol{\phi}^{\mathrm{H}} \cdot \boldsymbol{\psi}_i|}{(\boldsymbol{\phi}^{\mathrm{H}}\boldsymbol{\phi})^{1/2} \cdot (\boldsymbol{\psi}_i^{\mathrm{H}}\boldsymbol{\psi}_i)^{1/2}} \tag{9-42}$$

式中：$\boldsymbol{\phi}^{\mathrm{H}}$ 为相位差矩阵 $\boldsymbol{\phi}$ 的共轭转置（以下类同）。

相关干涉仪很大程度上避免了相位干涉仪中的相位模糊问题，因此，其可以应用在大孔径天线阵中。天线孔径的增大使得它可以获取更高的测向精度和更低的天线之间互扰。同时，相位干涉仪采用相关处理技术，弱化了相位干涉仪中由于天线互耦、载体等对测向精度的不利影响，使其可以应用于更恶劣的环境。

9.1.3.3　相位干涉仪测向仿真示例

1）圆阵

仿真条件：

（1）频段范围 225 ~ 500MHz，方位覆盖 0° ~ 360°，阵元数为 5，布置成直径为 1m 的圆阵。

（2）仿真过程中目标信号的相位估计误差按 15°（RMS）统计，各点测向次数为 100 次，测向算法使用圆阵中的对角线基线（长基线）。

圆阵测向精度三维示意图如图 9.10 所示，测向精度等高线示意图如图 9.11 所示。

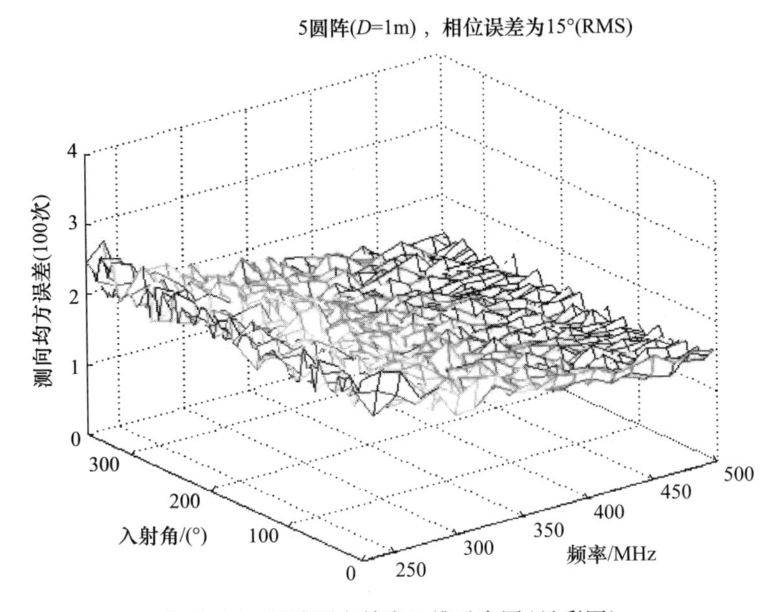

图 9.10　圆阵测向精度三维示意图（见彩图）

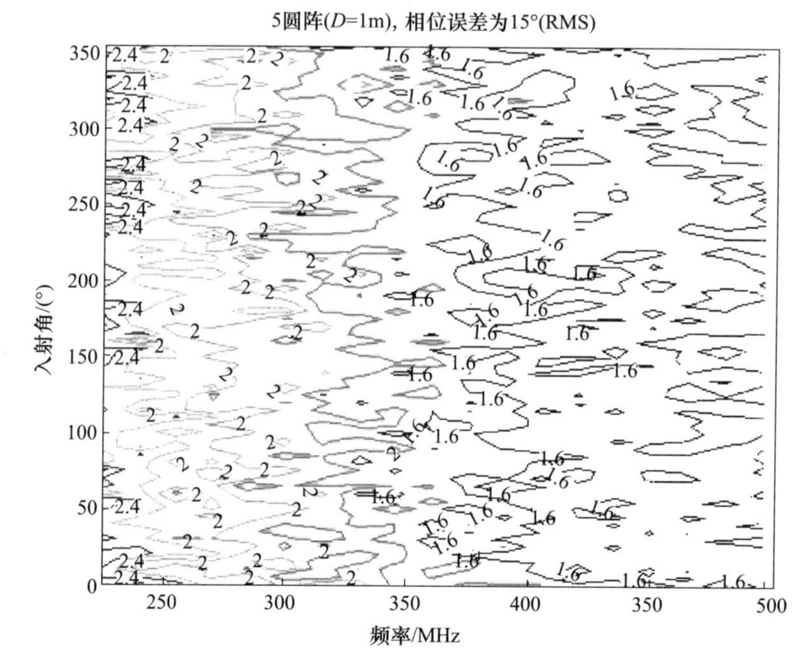

图 9.11　圆阵测向精度等高线示意图(见彩图)

2）线阵

仿真条件:

频段范围 800～3000MHz,方位覆盖侧面 ±45°,阵元数为 5,布置成如图 9.12 所示的线阵;

仿真过程中目标信号的相位估计误差按 15°(RMS)统计,各点测向次数为 100 次。

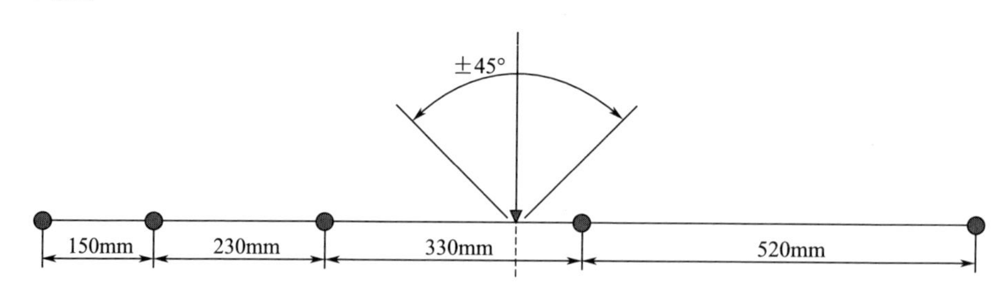

图 9.12　5 元非均匀线阵布阵

线阵测向精度三维示意图如图 9.13 所示,测向精度等高线示意图如图 9.14 所示。

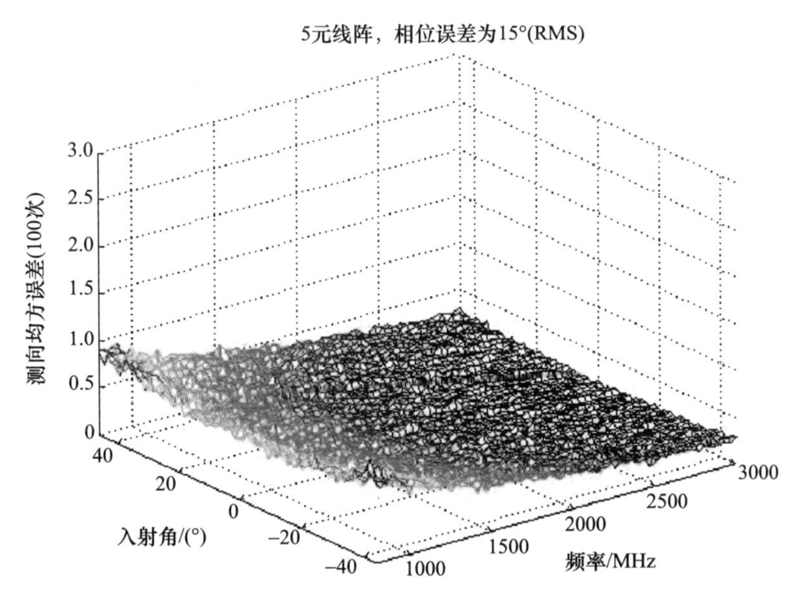

图 9. 13　线阵测向精度三维示意图(见彩图)

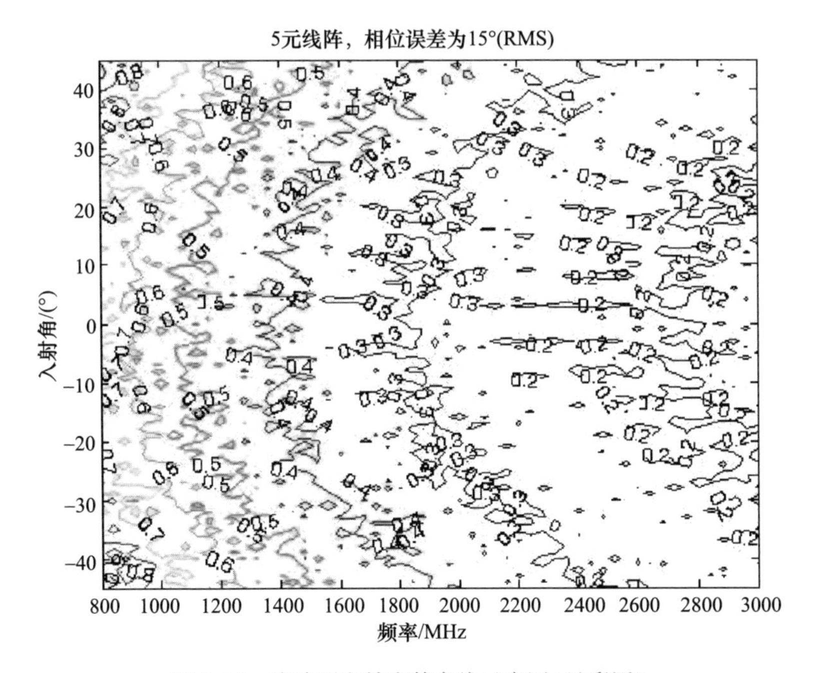

图 9. 14　线阵测向精度等高线示意图(见彩图)

9.1.4 时差法测向

9.1.4.1 时差法测向原理

时差法测向通过直接测量同一信号到达空间中相距一定距离的两天线之间的时间差确定目标信号的到达方位角。原理上,两天线接收的信号时间差信息直接包含来波信号的方位信息,通过对信号时间差的高精度估计,就能计算出来波信号的真实方位。

时差法测向的原理如图 9.15 所示。图中入射波的方位为 θ,两天线构成的基线长度为 d。

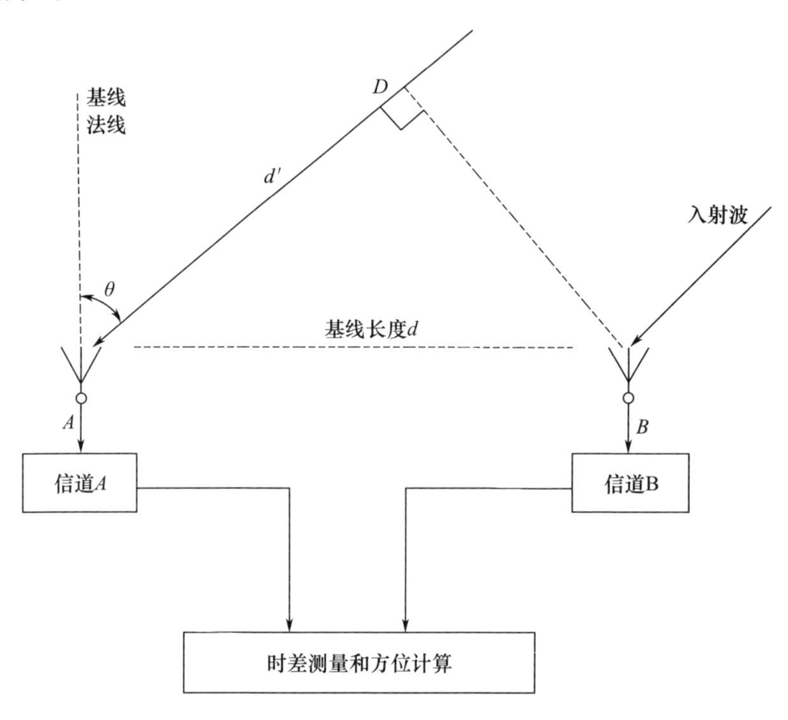

图 9.15 时差法测向原理

两天线接收到同一入射信号的时间差与入射角度的关系为

$$\tau = \frac{d\sin\theta}{c} \tag{9-43}$$

式中:τ 为信号到达两天线的时差;d 为天线之间基线的长度;c 为光速;θ 为入射信号与基线法线方向的夹角。

由式(9-43)可得

$$\theta = \arcsin(c\tau/d) \tag{9-44}$$

因此,只要测量得到两路信号之间到达时差 τ,就可以计算出目标信号的入射角。

对式(9-44)进行求导,可以得到时间测向法的测向误差表达式为

$$\Delta\theta = \frac{c\Delta\tau}{d\cos\theta} \tag{9-45}$$

可以看出,测向误差与基线长度、入射角以及时差测量误差有关。基线长度越长,测向误差越小,入射角和测时差误差越小,测向精度越高。对于入射角,在基线方向($\theta = 90°$),误差非常大以至于无法测向。一般工程上设计为 $\theta = \pm 45°$。

时差法测向的主要特点有以下几方面。

(1) 采用时差法测向不存在相位模糊问题,因此,基线长度可以不受限制,使用长基线可以得到更高的测向精度。

(2) 避免了天线间的互耦影响,使测向精度进一步提高。

(3) 不存在一定长度基线时,频段内高端测向精度高、低端测向精度低的问题。

(4) 设备简单,对设备的一致性要求低,可利用现有设备进行改装。

(5) 需要高精度时间同步设备和高精度信号时延测量技术。

9.1.4.2 时延估计方法

由时差法测向原理可以看出,时差法测向在基线确定的情况下主要依赖于对两路信号的时间差估计精度 $\Delta\tau$。高精度的时延估计技术是时差法测向的重要组成部分。

国内外对雷达、通信信号的时延估计理论和方法均进行了广泛的研究,产生了许多时延估计方法,按照算法原理来分,可以分为基于相关的时延估计方法、自适应时延估计方法、基于最小二乘或最大似然准则的迭代方法、基于子空间的超分辨率时延估计方法4种类型。

1) 基于相关的时延估计方法

互相关法、广义互相关法是时延估计方法领域最经典的方法之一,都属于基于相关分析的时延估计方法,该类方法还包括谱相关法、循环相关法等多种方法。

互相关法是时延估计方法中最基本的方法,其前提是要求信号与噪声之间相互独立。互相关法的优点是简单且易于实现,适用于宽带信号的时延估计。

假设两个天线接收到的两路信号 $x(n)$、$y(n)$ 分别为

$$x(n) = s(n) + \omega_1(n) \tag{9-46}$$

$$y(n) = \alpha s(n-D) + \omega_2(n) \tag{9-47}$$

式中：$s(n)$为目标源发射的信号；$\omega_1(n)$、$\omega_2(n)$为两路信道所接收的热噪声；α为衰减系数；D为待估计的时差值。

进行时延估计的最基本方法就是通过两个不同接收机接收到信号之间的互相关运算得到时间延迟D，假设信号与噪声是相互独立的过程，接收信号的相关函数定义为

$$R_{xy}(\tau)=E\{x(n)y(n+\tau)\}=R_{ss}(\tau-D)+R_{s\omega_1}(\tau-D)+R_{s\omega_2}(\tau)+R_{\omega_1\omega_2}(\tau) \tag{9-48}$$

式中：$R_{aa}(\tau)$表示信号a的自相关函数；$R_{ab}(\tau)$表示信号a与b的互相关函数。若信号和噪声满足三者互不相关的假定，则有

$$R_{s\omega_1}(\tau-D)=0, R_{s\omega_2}(\tau)=0, R_{\omega_1\omega_2}(\tau)=0 \tag{9-49}$$

因此，$R_{xy}(\tau)=R_{ss}(\tau-D)$，其中，$R_{ss}(\tau)\triangleq E\{s(n)s(n+\tau)\}$，$R_{xy}(\tau)$在$\tau=D$处取峰值。选择$R_{ss}(\tau-D)$取得最大值的$\tau$值

$$\hat{T}=\arg\{\max_{\tau}[R_{ss}(\tau-D)]\} \tag{9-50}$$

作为时间延迟T的估计值。式(9-50)中，arg(·)表示取函数自变量，max(·)表示求函数的最大值。上述过程的离散化的表达形式为

$$R_{xy}(m)=R_{ss}(m-D)+R_{s\omega_1}(m-D)+R_{s\omega_2}(m)+R_{\omega_1\omega_2}(m)=R_{ss}(m-D) \tag{9-51}$$

时间延迟D的估计值为

$$\hat{D}=\arg\{\max_{m}[R_{ss}(m-D)]\} \tag{9-52}$$

基本相关法的一个主要特点就是算法实现简单。但是，这种方法具有两个明显的不足之处：一是这种方法假定了信号和噪声、噪声和噪声之间互不相关，这在有些情况下不一定能得到满足；二是这种方法所定义的相关函数，是一种严格数学意义上的统计平均或在平稳遍历条件下替代统计平均的无穷时间平均。在实际应用中，严格数学意义上的统计平均或无穷平均是不可能做到的，而只能用有限的时间平均替代无穷或统计平均，即用相关函数的估计值来替代其理论值。那么，相关函数中的$R_{s\omega_1}(\cdot)$、$R_{s\omega_2}(\cdot)$和$R_{\omega_1\omega_2}(\cdot)$噪声项就不能忽略不计。为了减弱或消除噪声对相关法时延估计的影响，产生了各种不同的加权方法，称为广义互相关方法。

广义互相关方法先将两接收信号$x(n)$和$y(n)$分别经过预滤波器$H_1(f)$和$H_2(f)$，对信号和噪声进行白化处理，增强信号中信噪比较高的频率成分，抑制噪声功率。然后，再对其输出$y_1(n)$和$y_2(n)$求互相关函数$R_{y_1y_2}(m)$，并经峰值检测

而得到时延估值(图9.16)。

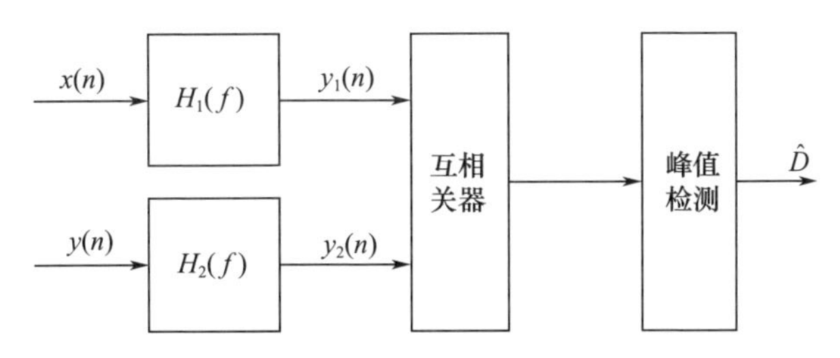

图9.16 广义互相关方法

在实际应用中,{$x(n)$}、{$y(n)$}之间的互相关函数和广义互相关函数常常是利用快速傅里叶变换经由互功率谱估计,再进行傅里叶逆变得到

$$R_{xy}(\tau)=\int_{-\infty}^{\infty}G_{xy}(f)\mathrm{e}^{\mathrm{j}2\pi f\tau}\mathrm{d}f \tag{9-53}$$

当{$x(n)$}、{$y(n)$}经滤波后,输出{$y_1(n)$}、{$y_2(n)$}的互功率谱密度函数为

$$G_{y_1y_2}(f)=H_1(f)H_2^*(f)G_{xy}(f) \tag{9-54}$$

式中:* 表示复共轭运算,$H_1(f)$、$H_2(f)$分别表示两个滤波器的频率相应,因此,{$x(n)$}、{$y(n)$}的广义互相关表示为

$$R_{y_1y_2}^{(g)}(\tau)=\int_{-\infty}^{\infty}\psi_{\mathrm{g}}(f)G_{xy}(f)\mathrm{e}^{\mathrm{j}2\pi f\tau}\mathrm{d}f \tag{9-55}$$

其中

$$\psi_{\mathrm{g}}(f)=H_1(f)H_2^*(f)$$

并且$\psi_{\mathrm{g}}(f)$统一频率加权系数,g表示广义互相关方法。

实际应用中,只能从有限观测时间内的$x(n)$和$y(n)$得到$G_{xy}(f)$的估计值$\hat{G}_{xy}(f)$,预滤波的目的就是将通过相关器的信号压缩到信噪比最高的频率范围内,$\psi_{\mathrm{g}}(f)$期望是信号与噪声频谱的函数(表9.1)。

表9.1 常用广义相关加权函数

名称	广义相关加权函数
Roth 处理器	$\psi_{\mathrm{R}}(f)=1/G_{xx}(f)$
平滑相关变换(SCOT)	$\psi_{\mathrm{S}}(f)=1/\sqrt{G_{xx}(f)G_{yy}(f)}$
相位变换(PHAT)	$\psi_{\mathrm{P}}(f)=1/\|G_{xy}(f)\|$
最大似然(ML)加权	$\psi_{\mathrm{ML}}(f)=C_{xy}(f)/\|G_{xy}(f)\|[1-C_{xy}(f)]$
HB(Hassab - Boucher)加权	$\psi_{\mathrm{HB}}(f)=\|G_{xy}(f)\|/G_{xx}(f)G_{yy}(f)$
WP 维纳处理器加权	$\psi_{\mathrm{WP}}(f)=\|G_{xy}(f)\|^2/G_{xx}(f)G_{yy}(f)$

表中，$G_{xx}(f)$、$G_{yy}(f)$分别表示接收信号 $x(n)$ 和 $y(n)$ 的自功率谱，$G_{\omega_1\omega_1}(f)$、$G_{\omega_2\omega_2}(f)$分别表示接收信号 $\omega_1(n)$ 和 $\omega_2(n)$ 的自功率谱，另外：

$$C_{xy}(f)=\frac{[G_{xy}(f)]^2}{G_{xx}(f)G_{yy}(f)} \tag{9-56}$$

可见，当 $\psi(f)=1$ 时，广义互相关方法就退化为基本相关法。

2）自适应时延估计方法

多数的时延估计方法推导都建立在输入信号和噪声的某些先验统计知识已知的基础上，而在实际应用中，这些先验知识往往难以获得或不完整，再加上接收信号中常伴随着周期性的干扰和随机噪声（所谓非平稳和时变环境），自适应时延估计方法就能够适应这种环境。

自适应时延估计方法，无须知道输入信号和噪声的统计特征，其通过自适应调制滤波器的参数和结构来使目标函数最小化，尤其适用于时变的输入环境和需要进行动态跟踪的情况。此外，自适应时延估计还适用于接收信号中含有周期性干扰的情况，即使噪声的干扰较强也不会对时延估计的结果造成太大的影响。自适应时延估计方法非常适用于信号噪声统计特性位置或非平稳时变环境。

自适应时延估计方法常用的是 LMS 算法，LMS 算法通过估计 FIR 滤波器的参数估计信号的时延，其代价函数为参考信号和接收信号的最小均方误差，通过权矢量的迭代来最小化该代价函数，从而完成时延估计。自适应滤波时延估计原理如图 9.17 所示。

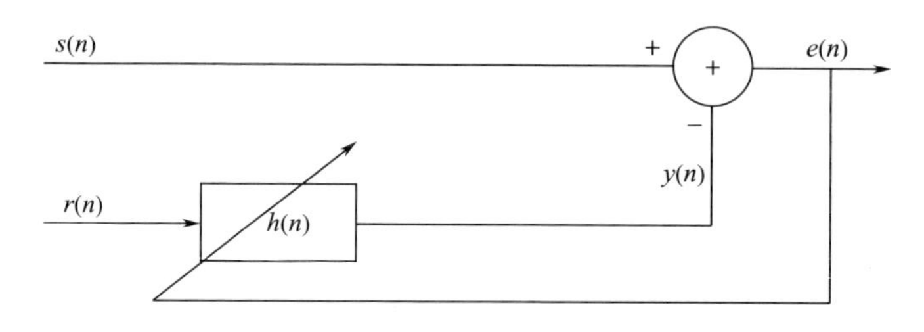

图 9.17　自适应滤波时延估计原理图

LMS 算法主要有两个部分：首先是把时延估计问题转化为对滤波器参数的估计问题；其次是自适应地实现对滤波器参数的调整。

延迟信号 $s(n-\tau)$ 可以看作一个无限权数的横向滤波器输出，此滤波器的输入为 $s(n)$，冲击响应为 $h(k)$，输出可以表示为

$$s(n-\tau)=\sum_{k=-\infty}^{\infty}h(k)s(n-k) \tag{9-57}$$

式中：$h(k)=\mathrm{sinc}(k-D)$ 为 n 时刻滤波器的第 k 个抽头权系数，$\mathrm{sinc}(\cdot)$ 函数是抽样

函数。

从 $s(n)$ 到 $s(n-D)$ 的时延信息包含在 $h(k)$ 的峰值点中。

在实际应用中,滤波器阶数有限,不可能为无穷大,故滤波器的长度需要截断。在式(9-57)中,随着 $|k|$ 值的增大,$h(k)=\mathrm{sinc}(k-D)$ 趋向于0,因此,截断滤波器长度的方法是可行的,即在 n 时刻滤波器的输出近似为

$$s(n-D)=\sum_{k=-p}^{p}h(k)s(n-k) \tag{9-58}$$

实际应用中只要 p 足够大即可保证较小的截断误差。

自适应滤波器自动地对自身的参数进行调整以使代价函数最小化。自适应滤波的方法几乎不需要任何关于噪声和信号的先验统计信息。自适应时延估计方法通过在参考信号输入端即 $s(n)$ 中自适应地插入与接收信号中的信号时延一样的时间延迟,计算两路信号的差,使这两路信号的均方误差达到最小值。当自适应滤波器达到收敛状态时,滤波后的接收信号 $y(n)$ 和接收信号 $r(n)$ 具有最大的相似性。

当时间延迟间隔很小时,由于自适应滤波器收敛时抽头系数的分布呈 sinc 函数的形式,因此相邻的两个主瓣会重叠,无法通过滤波器抽头系数分布估计时间延迟,从而难以做出正确的峰值检测。可以考虑采用卡尔曼或者扩展卡尔曼滤波的方法来进行自适应滤波,时延估计的分辨率也会高些。

3)基于最小二乘或最大似然准则的迭代方法

参数估计方法中一个非常重要的方法就是极大似然估计法,该方法以其优良的估计性能和稳健性获得了广泛的应用。在多径信号时延估计问题上同样可以采用该方法。由于多径信号的时延估计问题属于多维优化问题,直接使用极大似然估计算法的计算量过于庞大,因此,使用极大似然估计方法的基本思路就是尽量降低被优化问题的维数从而降低多维运算的计算复杂度。最大期望(EM)算法就是基于这一思路提出用于求解多维的极大似然估计问题的方法。EM 算法本质上是在观测数据的基础上,加入一些未观测到的“潜在数据”,形成“完整数据”,变原来待估参数在观测数据下的后验分布为待估参数在“完整数据”下的后验分布。这样,在 EM 算法中,多维优化多参数估计问题被转换为多个一维优化问题,通过参数迭代的方法求取多个一维问题的最优解,该方法在降低了算法计算复杂度的同时并没有降低算法的估计性能。

如接收信号的多径时延各分量的表达式为

$$ri(n)=ais(n-\tau_i)+w_i(n) \tag{9-59}$$

为了满足“完整数据”的要求,设 $w(n)$ 为观测到的各分量随机噪声的叠加,噪

声分量 $w_i(n)$ 的选取应该满足

$$\sum_{i=1}^{D} w_i(n) = w(n) \tag{9-60}$$

同时将 $w_i(n)$ 设置为零均值互相独立的高斯变量，其方差 σ_i^2 设置为 $w(n)$ 方差 σ^2 的 β_i 倍，则

$$\sigma_i^2 = \beta_i \sigma^2 \tag{9-61}$$

式中：

$$\sum_{i=1}^{D} \beta_i = 1$$

将上式改写成矢量表示，则

$$\begin{aligned} \boldsymbol{R}(n) &= [r_1(n) \quad r_2(n) \quad \cdots \quad r_D(n)]^{\mathrm{T}} \\ &= \begin{bmatrix} a_1 s(n-\tau_1) \\ a_2 s(n-\tau_2) \\ \vdots \\ a_D s(n-\tau_D) \end{bmatrix} + \begin{bmatrix} w_1(n) \\ w_2(n) \\ \vdots \\ w_D(n) \end{bmatrix} \qquad n = 1,2,\cdots,N \end{aligned} \tag{9-62}$$

式中：$\boldsymbol{R}(n)$ 的均值 $\boldsymbol{\mu}(n)$ 和方差 $\boldsymbol{C}(n)$ 分别为

$$\boldsymbol{\mu}(n) = \begin{bmatrix} a_1 s(n-\tau_1) \\ a_2 s(n-\tau_2) \\ \vdots \\ a_D s(n-\tau_D) \end{bmatrix}, \boldsymbol{C}(n) = \begin{bmatrix} \sigma_1^2 & & & 0 \\ & \sigma_2^2 & & \\ & & \ddots & \\ 0 & & & \sigma_D^2 \end{bmatrix} = \sigma^2 \begin{bmatrix} \beta_1^2 & & & 0 \\ & \beta_2^2 & & \\ & & \ddots & \\ 0 & & & \beta_D^2 \end{bmatrix} \tag{9-63}$$

即

$$\boldsymbol{R}(n) \in N(\boldsymbol{\mu}(n), \boldsymbol{C}(n)) \qquad n = 1,2,\cdots,N \tag{9-64}$$

待估计参量为

$$\boldsymbol{\theta} = [a_1, \cdots, a_D, \tau_1, \cdots, \tau_D]^{\mathrm{T}} \tag{9-65}$$

假设 $\boldsymbol{\theta}$ 的一个给定取值为

$$\boldsymbol{\theta}' = [a_1', \cdots, a_D', \tau_1', \cdots, \tau_D']^{\mathrm{T}} \tag{9-66}$$

则条件期望为

$$U(\theta, \theta') = e + \sum_{i=1}^{D} \left[-N\lg\sigma_i^2 - \frac{1}{\sigma_i^2} \sum_{n=1}^{N} | r_i'(n) - a_i s(n-\tau_i) |^2 \right] \tag{9-67}$$

式中：e 是与待估计量无关的常数。

$r_i'(n)$ 有观测数据 $s(n)$ 和待估计参数的给定值 $\boldsymbol{\theta}'$ 计算得到

$$r'_i(n) = a'_i s(n-\tau'_i) + \beta_i \left[r(n) - \sum_{i=1}^{D} a'_1 s(n-\tau') \right] \qquad i = 1,2,\cdots,D$$

(9-68)

通过最大化 $U(\theta,\theta')$ 来估计参数。

$$\theta = \underset{\theta}{\operatorname{argmax}}\{U(\theta,\theta')\}$$

$$\Leftrightarrow (\hat{a}_i,\hat{\tau}_i) = \underset{a_i,\tau_i}{\operatorname{argmax}}\left\{ -N\lg\sigma_i^2 - \frac{1}{\sigma_i^2}\sum_{i=1}^{D} |r'_i(n) - a_i s(n-\tau_i)|^2 \right\} \tag{9-69}$$

将对 $U(\theta,\theta')$ 的最人化问题转化成分别进行的 D 个单信号的参数估计问题。对应于同一信号的参数 $\hat{a}_i$、$\hat{\tau}_i$ 也是可以分别得到的，即

$$\tau'_i = \operatorname{argmax}\left\{ \left| \sum_{n=1}^{N} |r'_i(n)s^*(n-\tau_i)|^2 \right| \right\} \tag{9-70}$$

$$\hat{a}_i = \frac{\sum_{n=1}^{N} |r'_i(n)s^*(n-\tau_i)|^2}{\sum_{n=1}^{N} |s(n-\tau_i)|^2} \tag{9-71}$$

利用 EM 算法实现多径信号时延估计的方法概况如下。假设经过第 m 轮迭代后的参数估值为

$$\hat{\boldsymbol{\theta}}^{(m)} = [\hat{a}_1^{(m)},\cdots,\hat{a}_D^{(m)},\hat{\tau}_1^{(m)},\cdots,\hat{\tau}_D^{(m)}]^{\mathrm{T}} \tag{9-72}$$

则第 $m+1$ 次迭代方法如下：

将式(9-72)中的 $\hat{\boldsymbol{\theta}}^{(m)}$ 代替 $\boldsymbol{\theta}'$ 构造式(9-69)；

用式(9-72)和式(9-69)估计得到第 m+1 轮迭代的参数估值：

$$\hat{\boldsymbol{\theta}}^{(m+1)} = [\hat{a}_1^{(m+1)},\cdots,\hat{a}_D^{(m+1)},\hat{\tau}_1^{(m+1)},\cdots,\hat{\tau}_D^{(m+1)}]^{\mathrm{T}} \tag{9-73}$$

重复上述步骤，每次迭代后，似然函数的值都会增大。如果多次迭代后似然函数和参数的估值都不再发生变化，则可以认为 EM 算法的迭代过程已经达到收敛状态。

4）基于子空间的超分辨率时延估计方法

传统的时延估计所基于的互相关法的分辨能力往往受限于信号带宽，即对于多径时延间隔小于发射信号相关时间的情况，相关法就会失效。针对这一问题，需要采用相应的超分辨时延估计算法。空间谱中多重信号分类（MUSIC）算法的提出及其在 DOA 估计领域的应用成功实现了对信号方位信息的超分辨估计。结合

MUSIC 算法的思想并将其应用到时延估计中即可得到相应的超分辨时延估计算法。

考虑接收到的多径信号为

$$r(n) = \sum_{i=1}^{D} \lambda_i s(n-\tau_i) + w(n) \qquad n = 1,2,\cdots,N \tag{9-74}$$

将式(9-74)写为矩阵形式为

$$\boldsymbol{r} = \boldsymbol{A\lambda} + \boldsymbol{w} \tag{9-75}$$

其中

$$\begin{cases} \boldsymbol{r} = [r(1) \quad r(2) \quad \cdots \quad r(N)]^{\mathrm{T}} \\ \boldsymbol{A} = [A(\tau_1) \quad A(\tau_2) \quad \cdots \quad A(\tau_D)] \\ \boldsymbol{A}(\tau_i) = [s(1-\tau_i) \quad s(2-\tau_i) \quad \cdots \quad s(N-\tau_i)]^{\mathrm{T}} \\ \boldsymbol{\lambda} = [\lambda_1 \quad \lambda_2 \quad \cdots \quad \lambda_D]^{\mathrm{T}} \\ \boldsymbol{w} = [w(1) \quad w(2) \quad \cdots \quad w(N)]^{\mathrm{T}} \end{cases}$$

再计算信号协方差矩阵,可得

$$\boldsymbol{R} = E[\boldsymbol{rr}^{\mathrm{H}}] = \boldsymbol{ASA} + \sigma^2 \boldsymbol{I} \tag{9-76}$$

式中:$\boldsymbol{S} = E[\boldsymbol{rr}^{\mathrm{H}}]$;可将协方差矩阵进行特征分解得到信号子空间 $\boldsymbol{U}_{\mathrm{S}}$ 和噪声子空间 $\boldsymbol{U}_{\mathrm{N}}$,即

$$\boldsymbol{R} = \boldsymbol{U\Sigma}U^{\mathrm{H}} = \boldsymbol{U}_{\mathrm{S}}\boldsymbol{\Sigma}_{\mathrm{S}}\boldsymbol{U}_{\mathrm{S}}^{\mathrm{H}} + \boldsymbol{U}_{\mathrm{N}}\boldsymbol{\Sigma}_{\mathrm{N}}\boldsymbol{U}_{\mathrm{N}}^{\mathrm{H}} \tag{9-77}$$

式中:$\boldsymbol{U}_{\mathrm{S}}$ 由 D 个较大特征值对应的特征矢量构成;$\boldsymbol{U}_{\mathrm{N}}$ 由 $N-D$ 个较小特征值对应的特征矢量构成;$\boldsymbol{\Sigma}_{\mathrm{S}}$ 与 $\boldsymbol{\Sigma}_{\mathrm{N}}$ 则分别为由大特征值与小特征值组成的对角矩阵。对于多径数目估计,可采用与 MUSIC 算法在 DOA 估计中对信源个数估计相同的方法。实际中,常用采样协方差矩阵代替式(9-77),即

$$\hat{\boldsymbol{R}} = \frac{1}{N}\sum_{i=1}^{N} \boldsymbol{rr}^{\mathrm{H}} \tag{9-78}$$

为了估计多径时延,构建伪谱如下:

$$\boldsymbol{P}(\hat{\tau})_{\mathrm{MUSIC}} = \frac{1}{\boldsymbol{A}^{\mathrm{H}}(\tau_i)\hat{\boldsymbol{U}}_{\mathrm{N}}\hat{\boldsymbol{U}}_{\mathrm{N}}^{\mathrm{H}}\boldsymbol{A}(\tau_i)} \tag{9-79}$$

式中:$\hat{\boldsymbol{U}}_{\mathrm{N}}$ 表示噪声子空间的估计。最后通过谱峰搜索即可得到多径时延的估计值。

9.1.4.3 时差法测向算法仿真示例

假设目标信号的时差估计精度为1.5ns,两测向天线构成的基线长度为20m,按照目标相对测向阵所处的角度(以测向基线的法线方向为0°)分别进行测向精度仿真,时差法测向精度随相对方位的变化情况如图9.18所示。

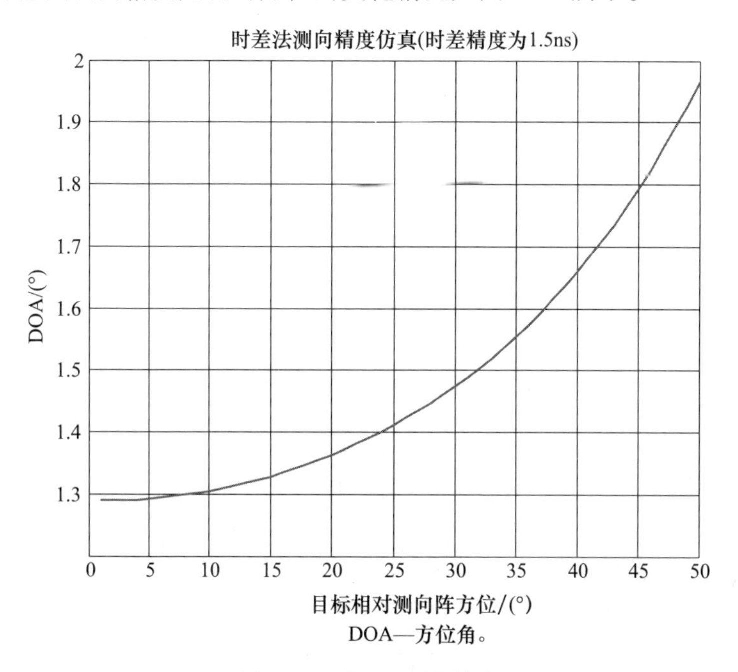

图9.18 时差法测向精度

9.1.5 多普勒测向

多普勒测向其实是直接比相法测向的一种变形。多普勒测向应用的物理效应(即“多普勒效应”)是奥地利人多普勒于1842年发现的。所谓多普勒效应,就是当电波辐射源和观测接收者做相对运动时,观测者接收到的信号频率不同于波源频率的现象。在测向系统中,多普勒效应实际上是接收天线体系和目标电台发射天线的相对运动,导致测向天线接收信号的相位改变,使接收到的信号频率不同于目标台发射信号的频率。通常,目标电台是固定的,测向系统是由旋转测向天线体系来仿效测向接收天线和发射天线的相对运动。当测向天线向发射机移动时,多普勒效应使接收信号的频率明显升高,反之则频率下降。总之,接收信号的频率变化的大小和符号取决于天线体系旋转的速度与方向。这样测向天线体系的旋转就导致接收信号产生相位调制或频率调制。然后,经过鉴相或鉴频,就可确定被测来波信号的方位信息。

如图9.19所示,如果测向天线沿着一个直径为 D 的圆形轨道进行旋转运动,旋转频率为 f_R,则产生的瞬时电压为

$$u(t)=A(t)\cos[\omega_T t+\phi(t)+\eta\cos(\omega_R t-\alpha)] \tag{9-80}$$

式中:$A(t)$ 为测向天线接收到的信号幅度;ω_T 为信号角频率;$\phi(t)$ 为调制信号的瞬时相位;α 为来波信号方位角;η 为相位移,$\eta=\pi D\cdot\cos\beta/\lambda$,其中 β 为仰角;ω_R 为测向天线旋转的角频率($\omega_R=2\pi f_R$)。

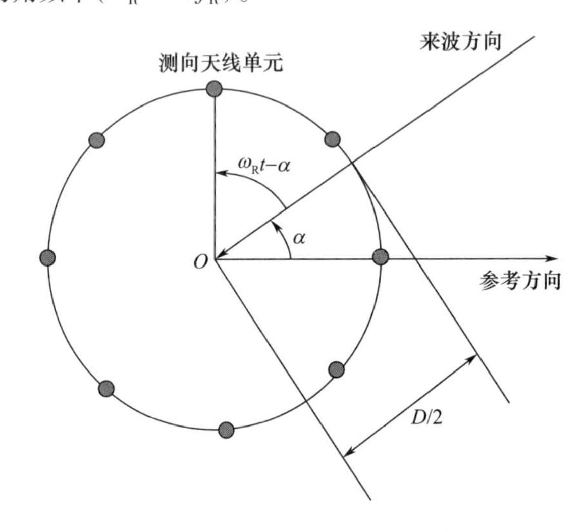

图9.19　多普勒测向原理示意图

相位移 η 取决于接收电波信号的频率和仰角及天线圆形轨道的直径 D。偶极子朝入射波方向运动时的相位移达到最大:

$$\eta=\pi D\cdot\cos\beta/\lambda \tag{9-81}$$

如果电波有仰角,则有效圆直径将减小,减小的因素为 $\cos\beta$。

对于窄带信号,特别是对 $A(t)=A$,$\phi(t)=\phi_T$ 的信号,使用一个频率解调器进行处理,解调器输出信号由下式表示,在理想的频率调制时,通过相位 $\phi(t)$ 的时间导数由下式可以求出瞬时频率 $\omega(t)$ 为

$$\phi(t)=\omega_T t+\phi_T+\eta\cos(\omega_R t-\alpha) \tag{9-82}$$

$$\omega(t)=\frac{\mathrm{d}\phi(t)}{\mathrm{d}t}=\omega_T-\eta\sin(\omega_R t-\alpha) \tag{9-83}$$

滤除直流分量 ω_T 后得到的解调信号为

$$S_{\text{Dem}}=-\eta\sin(\omega_R t-\alpha) \tag{9-84}$$

将这个信号的负过零点与相同频率的参考信号 $S_D=-\sin(\omega_R t)$ 进行比较,就

可以得到目标信号的方位角。

在实际应用中，多元圆形天线阵依次接入接收机 A，另一个接收机 B 与天线阵中心的天线相连，如图 9.20 所示。系统每次变换接入接收机 A 的天线，可以测得接收信号的相位变化。几次旋转之后，可以从相位的变化得到频率（接收机 A 相对于接收机 B）的正弦变化，从而确定发射信号的到达角度。

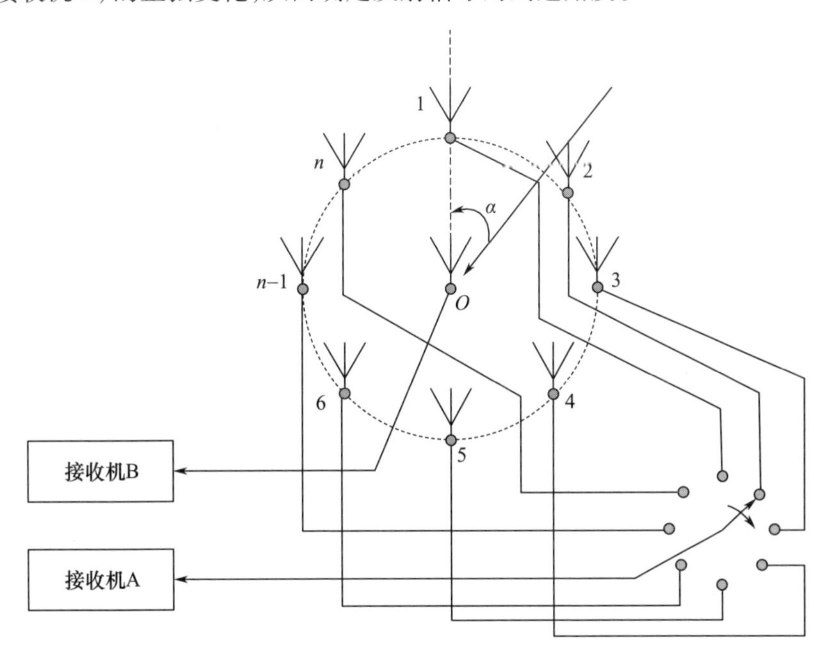

图 9.20　多普勒测向系统

设多普勒测向天线阵中心为参考点 O，由参考点到第一个多普勒测向天线的方向为参考方向，来波与参考方向的夹角为 α，如图 9.20 所示。图中相对于参考点 O，经过第 $n(n=1,2,\cdots,N)$ 个多普勒测向天线以及接收机 A 的信号为

$$S_n(t)=A_n\cos\left\{\omega_c t+\varphi(t-\tau_n)+\frac{\pi D}{\lambda}\cos\left[\frac{2\pi(n-1)}{N}-\alpha\right]\right\} \tag{9-85}$$

式中：A_n 为信号幅度；ω_c 为接收机中频；$\varphi(t)$ 为瞬时相位；$\tau_n=-\dfrac{D}{2c}\cos\left[\dfrac{2\pi(n-1)}{N}-\alpha\right]$，$c$ 为光速。相对于参考点 O，经过参考信号接收天线及接收机 B 的信号为

$$S(t)=A\cos[\omega_c t+\varphi(t-\tau_0)+\phi_0(\omega,\Delta\omega,\tau_0)] \tag{9-86}$$

式中：A 为信号幅度；τ_0 为来波信号从参考天线到参考点 O 之间的时延；$\Delta\omega$ 为接

收机 B 相对接收机 A 的频率误差。

在一次短暂采样时间内,$\tau_0,\tau_1,\cdots,\tau_N$ 可视为常数,并且对 $\varphi(t)$ 变化的影响来说一般也很小,即有 $\varphi(t-\tau_n)\approx\varphi(t),n=1,2,\cdots,N$。此外,由于 ω、$\Delta\omega$、τ_0 皆为常数,因此,$\varphi_0(\omega,\Delta\omega,\tau_0)$ 亦为常数。

用两路 A/D 对 $S(t)$ 和 $S_n(t)$ 同时量化保存,分别用 FFT 提取 $S(t)$ 和 $S_n(t)$ 在 $t_n\in$(信号稳定时刻,下次天线转换时刻 - 单次采样时间)时刻的相位:

$$\Phi=\varphi(t_n)+\phi_0(\omega,\Delta\omega,\tau_0) \tag{9-87}$$

$$\Phi=\varphi(t_n)+\frac{\pi D}{\lambda}\cos\left[\frac{2\pi(n-1)}{N}-\alpha\right]+\Delta\Phi \tag{9-88}$$

式中:$\Delta\Phi$ 是由于 A/D 引起的固定相位误差。计算 $S(t)$ 和 $S_n(t)$ 在 t_n 时刻的相位差,可得

$$\psi_n=\frac{\pi D}{\lambda}\cos\left[\frac{2\pi(n-1)}{N}-\alpha\right]+\psi_0\qquad n=1,2,\cdots,N \tag{9-89}$$

式中:$\frac{\pi D}{\lambda}\cos\left[\frac{2\pi(n-1)}{N}-\alpha\right]$是多普勒相移;$\psi_0$ 是与 n 无关的常数。

对 $\psi_1,\psi_2,\cdots,\psi_N$ 做方位估计运算可以计算出 α,也可以将 $\psi_1,\psi_2,\cdots,\psi_N$ 与方向 - 相位表进行查表比较得到方位角的估计值。

9.1.6 空间谱测向

9.1.6.1 基本概念

空间谱测向形成于 20 世纪的常规波束形成(Conventional Beam Former,CBF)法,将傅里叶变换从时域向空域简单的映射实现目标信号方位的估计。后来随着时域的非线性估计技术实现了较高分辨率的频率谱估计,如 Pisarenko 的谐波分析法、Burg 的最大熵法(MEM)、Canpon 的最小方差法(MVM)等高分辨率谱估计也应用到空间谱估计上来。其中,Schmidt 的多重信号分类(Multiple Signal Classification,MUSIC)法最为突出,其基本原理是对自相关矩阵进行子空间分解获取矩阵的噪声子空间和信号子空间,然后利用噪声子空间与方向矢量的正交性估计出信号的入射方向。该算法突破了“Rayleigh 限”,具有重要的里程碑意义。后人在 MUSIC 算法的基础上,提出了求根 MUSIC(Root-MUSIC)、最小范数(Min-Norm,Mn)、特征矢量法(Characteristic Vector Method,CVM)等噪声子空间分解类空间谱估计算法。与此同时,另一类基于信号子空间进行 DOA 估计的旋转不变子空间算法(Estimating Signal Parameter via Rotational Invariance Techniques,ESPRIT)也逐步发展起来。MUSIC 算法和 ESPRIT 算法称为子空间分解类算法,目前被广泛应用。

在子空间分解类算法的影响下,子空间拟合类算法也在同步发展。大多数子空间拟合类算法虽然求解计算量也比较大,但是在某些特定场合(如信号信噪比低、采样快拍数小、相干信号源等)下,其估计性能要明显优于子空间分解类算法。子空间拟合类算法主要有多维多重信号分类(Mutiple Dimensional - MUSIC, MD - MUSIC)估计、加权子空间拟合(Weighted Subspace Fitting, WSF)估计、最大似然(ML)参数估计等。子空间拟合类算法按照子空间的特性也分为噪声子空间算法和信号子空间算法两类。

随着技术的发展,空间谱估计算法也有新的进展。一方面,像自组织模糊神经网络、Hopfield 神经网络、高阶谱分析等现代信号处理技术被引入空间谱估计中;另一方面,空间谱估计算法所处理的信号由以往单纯的窄带信号向更为实用的宽带信号发展。

空间谱估计算法的测向系统的组成原理如图 9.21 所示,分别由阵列天线、阵列多通道接收机和信号处理终端组成。

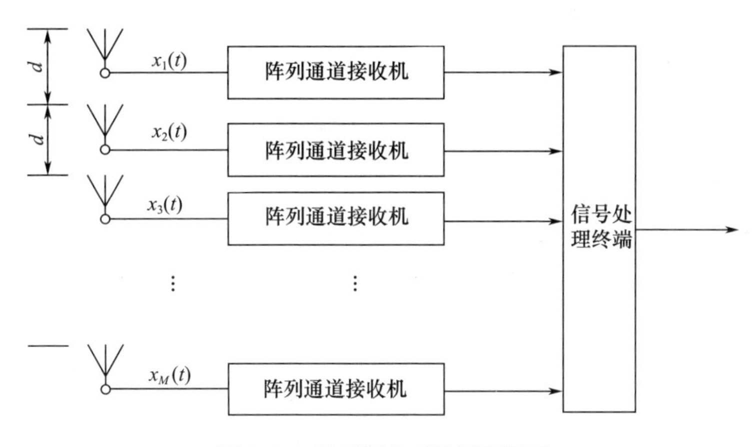

图 9.21　阵列测向系统原理框图

阵列天线按照阵元布置的不同,一般可以分为均匀天线阵和非均匀天线阵,均匀天线阵包括均匀线阵、均匀圆阵、均匀十字阵、矩形面阵等,非均匀天线阵包括非均匀线阵、非均匀圆阵以及其他任意阵列。当天线阵元的主瓣波束宽度一定时,阵列间隔变大可以获得较高的阵列排阵增益或者获得更高的测向精度,但是间隔增大会导致阵列天线栅瓣出现或产生测向相位模糊,因此,实际工作中需要根据不同的信号处理指标要求和场合选择合适的天线阵列排列方式及天线布局。

阵列多通道接收机主要包括低噪声放大器、滤波器、混频器等。信号处理终端包括 ADC 和数字信号处理芯片。

9.1.6.2 阵列接收信号模型

以均匀直线阵列为例描述阵列天线的接收信号模型。假设一个空间远场窄带信号入射到 M 个阵元组成的均匀线阵（Uniform Linear Array，ULA）上，如图 9.22 所示。由于离散信号时间窄带信号的复数模型同样适用于连续时间信号，因此窄带信号 $\tilde{s}(t)$ 可以表示为

$$\tilde{s}(t)=s(t)\mathrm{e}^{\mathrm{j}\omega_0 t} \tag{9-90}$$

式中：$s(t)=u(t)\mathrm{e}^{\mathrm{j}\psi(t)}$ 为接收信号 $\tilde{s}(t)$ 的复包络，其中 $u(t)$ 为接收信号的幅度，$\psi(t)$ 为接收信号的相位；ω_0 为接收信号的载波频率。

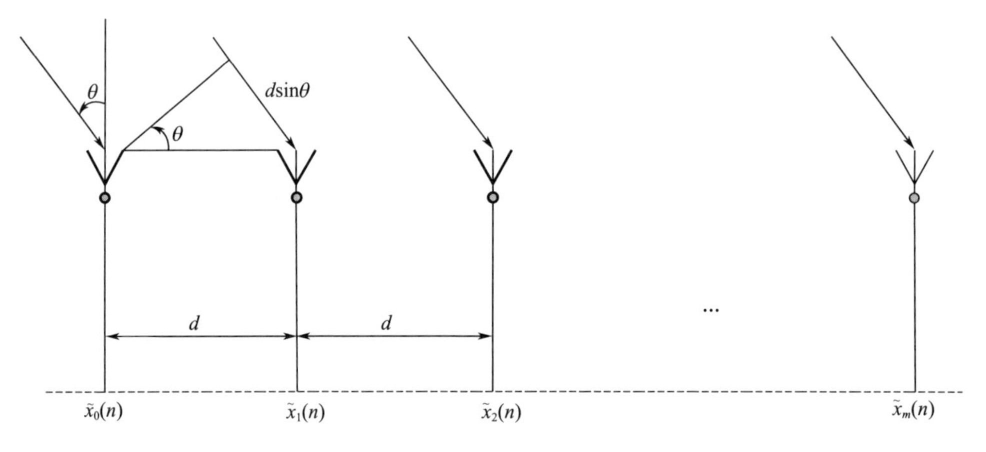

图 9.22 均匀线阵信号模型

考虑一个阵元间距为 d 的均匀直线阵，如图 9.22 所示，远场信号近似为平面波，从相对阵列法线 θ 的角度入射到天线阵。在信号到达天线单元的波程上看，信号到达阵元 1 时比到达阵元 0 时多 $d\sin\theta$，而到达阵元 2 时比到达阵元 0 时多 $2d\sin\theta$，由此可推，到达阵元 m 时相对到达阵元 0 时传播时延为

$$\tau_m=\frac{md\sin\theta}{c}=m\tau \tag{9-91}$$

式中：c 为光速；$\tau=\dfrac{d\sin\theta}{c}$为信号到达阵元 1 时相对到达阵元 0 的时间差，即信号到达前阵元相对后者的传播时延。

假设阵元接收信号为

$$\tilde{x}(t)=\tilde{s}(t)=s(t)\mathrm{e}^{\mathrm{j}\omega_0 t} \tag{9-92}$$

则阵元 m 接收到的信号为

$$\tilde{x}_m(t)=\tilde{x}(t-\tau_m)=\tilde{s}(t-\tau_m) \tag{9-93}$$

因为入射信号是窄带的,$s(t)$变化缓慢,所以可以近似为

$$s(t)\approx\tilde{s}(t-\tau_m) \qquad m=0,1,\cdots,M-1 \tag{9-94}$$

则

$$\begin{aligned}\tilde{x}_m(t)&=\tilde{s}(t-\tau_m)\\&=s(t-\tau_m)\mathrm{e}^{\mathrm{j}\omega_0(t-\tau_m)}\\&\approx s(t)\mathrm{e}^{\mathrm{j}\omega_0 t}\mathrm{e}^{-\mathrm{j}\omega_0\tau_m}\end{aligned} \tag{9-95}$$

或者等价为

$$\tilde{x}_m(t)=\tilde{s}(t)\mathrm{e}^{-\mathrm{j}\omega_0\tau_m}=\tilde{s}(t)\mathrm{e}^{-\mathrm{j}m\omega_0\tau} \tag{9-96}$$

定义空间相位为

$$\begin{aligned}\phi&=\omega\tau\\&=2\pi f_0 d\sin\theta/c\\&=2\pi d\sin\theta/\lambda\end{aligned} \tag{9-97}$$

式中:λ 为入射信号载波波长;f_0 为载波频率,以阵元0作为参考,则阵元 m(取值为0,1,2,…,$M-1$)的接收信号的空间相位为 $m\phi$,可得

$$\begin{bmatrix}\tilde{x}_0(t)\\\tilde{x}_1(t)\\\vdots\\\tilde{x}_{M-1}(t)\end{bmatrix}=\begin{bmatrix}\boldsymbol{I}\\\mathrm{e}^{-\mathrm{j}\phi}\\\vdots\\\mathrm{e}^{-\mathrm{j}(M-1)\phi}\end{bmatrix}\tilde{s}(t) \tag{9-98}$$

令列矢量

$$\tilde{\boldsymbol{x}}(t)=[\tilde{x}_0(t)\quad\tilde{x}_1(t)\quad\cdots\quad\tilde{x}_{M-1}(t)]^{\mathrm{T}} \tag{9-99}$$

和

$$\boldsymbol{a}(\theta)=[\boldsymbol{I}\quad\mathrm{e}^{-\mathrm{j}\phi}\quad\cdots\quad\mathrm{e}^{-\mathrm{j}(M-1)\phi}]^{\mathrm{T}},\phi=2\pi d\sin\theta/\lambda \tag{9-100}$$

则式(9-100)可以写为

$$\tilde{\boldsymbol{x}}(t)=\boldsymbol{a}(\theta)\tilde{s}(t)=\boldsymbol{a}(\theta)s(t)\mathrm{e}^{\mathrm{j}\omega_0 tT} \tag{9-101}$$

式中:矢量 $\boldsymbol{a}(\theta)$ 称为信号 $s(t)$ 的方向矢量或导向矢量,通常也称为阵列的阵列流形。由式(9-101)可知,如果 θ 在区间(0°,90°)内,$\phi>0$,则入射信号到达阵元 m($m=0,1,\cdots,M-1$)的时间滞后于信号到达阵元0的时间;如果 θ 在区间

$(-90°,0°)$内，$\phi<0$，则入射信号到达阵元$m(m=0,1,\cdots,M-1)$的时间比到达阵元0的时间超前。一般情况下，均匀线阵只能对θ在区间$(-90°,90°)$内的一维信号进行处理。

复载波$e^{j\omega_0 t}$通常不含有有用信息，所以对天线阵列进行信号处理时只考虑复基带信号。式(9-101)所对应的离散时间表达式为

$$\boldsymbol{x}(n)=\boldsymbol{a}(\theta)s(n) \tag{9-102}$$

式中：n为时间变量，在阵列信号处理中，通常也称为快拍(Snapshot)，表示在第n时刻对天线阵所有阵元同时采样。因为$\tilde{s}(t)$为高斯窄带随机信号，则可知$s(n)$也为一个复高斯随机过程。

假设入射到天线阵信号个数为K，方向分别为$\theta_1,\theta_2,\cdots,\theta_K$方向，则各阵元接收到基带信号是所有入射到天线阵信号的贡献之和，有

$$\boldsymbol{x}(n)=\boldsymbol{a}(\theta_1)s_1(n)+\boldsymbol{a}(\theta_2)s_2(n)+\cdots+\boldsymbol{a}(\theta_K)s_K(n) \tag{9-103}$$

式中：第k个信号源的导向矢量为

$$\begin{gathered}\boldsymbol{a}(\theta_k)=[\boldsymbol{I} \quad e^{-j\phi_k} \quad \cdots \quad e^{-j(M-1)\phi_k}]^{T} \\ \phi_k=2\pi d\sin\theta_k/\lambda, k=1,2,\cdots,K\end{gathered} \tag{9-104}$$

定义$\boldsymbol{s}(n)$为信号矢量，$\boldsymbol{A}$为信号方向矩阵，则

$$\boldsymbol{s}(n)=[s(n) \quad s_1(n) \quad \cdots \quad s_K(n)]^{T}\in\mathcal{C}^{K\times 1} \tag{9-105}$$

$$\begin{aligned}\boldsymbol{A}&=[a(\theta_1) \quad a(\theta_2) \quad \cdots \quad a(\theta_K)] \\ &=\begin{bmatrix}1 & 1 & \cdots & 1 \\ e^{-j\phi_1} & e^{-j\phi_2} & \cdots & e^{-j\phi_k} \\ \vdots & \vdots & & \vdots \\ e^{-j(M-1)\phi_1} & e^{-j(M-1)\phi_2} & \cdots & e^{-j(M-1)\phi_K}\end{bmatrix}\in\mathcal{C}^{M\times K}\end{aligned} \tag{9-106}$$

因此，式(9-106)可以写为

$$\boldsymbol{x}(n)=\boldsymbol{A}\boldsymbol{s}(n)\in\mathcal{C}^{M\times 1} \tag{9-107}$$

由式(9-107)可知，信号方向矢量或方向矩阵完全确定天线阵列的接收信号，实际工程中接收机不可避免存在加性噪声，所以阵列接收信号可表示为

$$\boldsymbol{x}(n)=\boldsymbol{A}\boldsymbol{s}(n)+\boldsymbol{v}(n) \tag{9-108}$$

式中：$\boldsymbol{v}(n)\in\mathcal{C}^{M\times 1}$是噪声矢量。式(9-108)可以展开为

$$\begin{bmatrix} x_0(n) \\ x_1(n) \\ \vdots \\ x_{M-1}(n) \end{bmatrix} = \begin{bmatrix} 1 & 1 & \cdots & 1 \\ e^{-j\phi_1} & e^{-j\phi_2} & \cdots & e^{-j\phi_k} \\ \vdots & \vdots & & \vdots \\ e^{-j(M-1)\phi_1} & e^{-j(M-1)\phi_2} & \cdots & e^{-j(M-1)\phi_K} \end{bmatrix} \begin{bmatrix} s_0(n) \\ s_1(n) \\ \vdots \\ s_{M-1}(n) \end{bmatrix} + \begin{bmatrix} v_0(n) \\ v_1(n) \\ \vdots \\ v_{M-1}(n) \end{bmatrix} \tag{9-109}$$

假设各阵元的噪声为高斯白噪声,均值为 0,方差为 σ^2,同一阵元接收到的信号与噪声互相独立,且不同阵元接收到的噪声也互相独立,有

$$\begin{aligned} &E\{v_i(n)\} = 0 \\ &E\{v_i(n)v_i^*(l)\} = \sigma^2\delta(n-l) \\ &E\{v_i(n)v_m^*(l)\} = 0, i \neq m \\ &E\{v_i(n)v_m^*(l)\} = 0 \end{aligned} \tag{9-110}$$

等价为

$$\begin{aligned} &E\{\boldsymbol{v}(n)\} = 0 \\ &E\{\boldsymbol{v}(n)\boldsymbol{v}^{\mathrm{H}}(l)\} = \sigma^2\boldsymbol{I}\delta(n-l) \\ &E\{\boldsymbol{v}(n)\boldsymbol{v}^{\mathrm{H}}(n)\} = 0 \end{aligned} \tag{9-111}$$

9.1.6.3　常用空间谱测向方法

1）MVDR 空间谱估计算法

最小方差无失真响应(Minimum Variance Distortionless Response, MVDR)算法是目前比较常用的空间谱估计算法之一,由 Capon 于 1969 年提出的不同于经典功率谱估计和参数模型估计的 DOA 估计算法。

考虑 K 个远场窄带信号入射到一个阵元个数为 M 的均匀线阵,如图 9.23 所示,空域滤波器的输出为

$$\boldsymbol{y} = \boldsymbol{\omega}^{\mathrm{H}}\boldsymbol{x}(n) = \boldsymbol{x}^{\mathrm{T}}(n)\boldsymbol{\omega}^* \tag{9-112}$$

式中:$\boldsymbol{\omega} = [\omega_0 \quad \omega_1 \quad \cdots \quad \omega_{M-1}]^{\mathrm{T}}$ 为空域滤波器的权矢量,空域滤波器的输入信号矢量为阵列接收信号 $\boldsymbol{x}(n)$,可表示为

$$\begin{aligned} \boldsymbol{x}(n) &= [x_0(n) \quad x_1(n) \quad \cdots \quad x_{M-1}(n)]^{\mathrm{T}} \\ &= \boldsymbol{A}\boldsymbol{s}(n) + \boldsymbol{v}(n) \end{aligned} \tag{9-113}$$

阵列的输出平均功率 $P(\theta)$ 可表示为

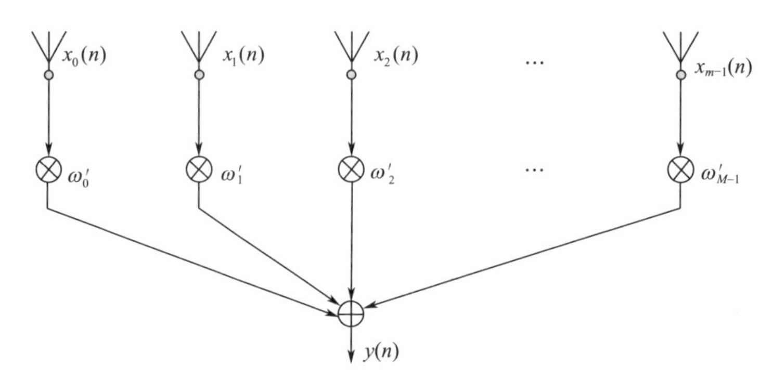

图 9.23　空域滤波器原理图

$$
\begin{aligned}
P(\theta) &= E\{|y(n)|^2\} \\
&= E\{\boldsymbol{\omega}^{\mathrm{H}}\boldsymbol{x}(n)\boldsymbol{x}^{\mathrm{H}}(n)\boldsymbol{\omega}\} = E\{\boldsymbol{\omega}^{\mathrm{H}}\boldsymbol{R}\boldsymbol{\omega}\}
\end{aligned} \tag{9-114}
$$

式中:$\boldsymbol{R}$ 是空间相关矩阵,可表示为

$$
\boldsymbol{R} = E\{\boldsymbol{x}(n)\boldsymbol{x}^{\mathrm{H}}(n)\} \tag{9-115}
$$

如果期望信号 $s_0(n)$ 从 θ_0 方向入射到天线阵列,则阵列对这一方向的接收信号可以表示为 $x_0(n) = \boldsymbol{a}(\theta)s_0(n)$,假设这个方向的信号无失真地通过空域滤波器,要满足

$$
y(n) = \boldsymbol{\omega}^{\mathrm{H}}\boldsymbol{x}_0(n) = \boldsymbol{\omega}^{\mathrm{H}}\boldsymbol{a}(\theta_0)s_0(n) = s_0(n) \tag{9-116}
$$

为了尽可能抑制其他方向的信号和噪声,权矢量 $\boldsymbol{\omega}$ 要满足 $\boldsymbol{\omega}^{\mathrm{H}}\boldsymbol{a}(\theta) = 1$, 因此这是一个极值条件问题,即

$$
\min_{\omega}\boldsymbol{\omega}^{\mathrm{H}}\boldsymbol{R}\boldsymbol{\omega} = 1 \quad \text{s. t.} \quad \boldsymbol{\omega}^{\mathrm{H}}\boldsymbol{a}(\theta_0) = 1 \tag{9-117}
$$

应用拉格朗日乘子法,构造代价函数

$$
J(\boldsymbol{\omega}) = \boldsymbol{\omega}^{\mathrm{H}}\boldsymbol{R}\boldsymbol{\omega} + \lambda(1 - \boldsymbol{\omega}^{\mathrm{H}}\boldsymbol{a}(\theta_0)) \tag{9-118}
$$

求关于 $\boldsymbol{\omega}$ 的梯度,并令其等于零,则

$$
\nabla J(\boldsymbol{\omega}) = 2\boldsymbol{R}\boldsymbol{\omega} - 2\lambda\boldsymbol{a}(\theta_0) = 0 \tag{9-119}
$$

有

$$
\boldsymbol{R}\boldsymbol{\omega} = \lambda\boldsymbol{a}(\theta_0) \tag{9-120}
$$

即

$$
\boldsymbol{\omega} = \lambda\boldsymbol{R}^{-1}\boldsymbol{a}(\theta_0) \tag{9-121}
$$

将式(9-121)代入,可得

$$\lambda = \frac{1}{\boldsymbol{a}^{\mathrm{H}}(\theta_0)\boldsymbol{R}^{-1}\boldsymbol{a}(\theta_0)} \tag{9-122}$$

将式(9－122)带入,得到最优矢量为

$$\boldsymbol{\omega}_0 = \frac{\boldsymbol{R}^{-1}\boldsymbol{a}(\theta_0)}{\boldsymbol{a}^{\mathrm{H}}(\theta_0)\boldsymbol{R}^{-1}\boldsymbol{a}(\theta_0)} \tag{9-123}$$

得到对应的输出平均功率为

$$P_{\mathrm{MVDR}} = \frac{1}{\boldsymbol{a}^{\mathrm{H}}(\theta_0)\boldsymbol{R}^{-1}\boldsymbol{a}(\theta_0)} \tag{9-124}$$

式中:P_{MVDR}也称为 MVDR 谱,实际应用中,接收数据 $\boldsymbol{x}(n)$ 是根据 N 次快拍得到的,其中 $n=1,2,\cdots,N$,用时间平均估计空间相关矩阵 $\boldsymbol{R}$,可得

$$\hat{\boldsymbol{R}} = \frac{1}{N}\sum_{n=1}^{N}\boldsymbol{x}(n)\boldsymbol{x}^{\mathrm{H}}(n) \tag{9-125}$$

式中:N 是阵列接收信号矢量的采样快拍数。

总结 MVDR 算法的步骤如下:

(1) 利用阵列接收的 N 次快拍数据,根据式(9－125)估计信号的空间相关矩阵 $\hat{\boldsymbol{R}}$;

(2) 对空间相关矩阵 $\hat{\boldsymbol{R}}$ 进行矩阵求逆,得到 $\hat{\boldsymbol{R}}^{-1}$;

(3) 将 $\hat{\boldsymbol{R}}^{-1}$带入式(9－124)中替换 $\boldsymbol{R}$ 求 P_{MVDR};

(4) 对 P_{MVDR}进行谱峰搜索以估计信号的入射方向。

2) MUSIC 空间谱估计算法

MUSIC 算法于 1979 年由 Schmidt 提出,该算法对空间谱估计乃至阵列信号处理领域的发展起到了里程碑式的作用。

假设入射到天线阵列的近似为远场窄带信号,分别来自 $\theta_1,\theta_2,\cdots,\theta_K$ 共 K 个方向,则有

$$\boldsymbol{x}(n) = \boldsymbol{A}\boldsymbol{s}(n) + \boldsymbol{v}(n) \tag{9-126}$$

式中:$\boldsymbol{x}(n) \in \mathcal{C}^{M\times 1}$是天线阵各单元的接收数据矢量;$\boldsymbol{A} \in \mathcal{C}^{M\times K}$是阵列的方向矩阵;$\boldsymbol{s}(n) \in \mathcal{C}^{K\times 1}$是空间信号矢量;$\boldsymbol{v}(n) \in \mathcal{C}^{M\times 1}$ 是白噪声矢量。对于均匀线阵,式(9－126)可以展开为

$$\begin{bmatrix} x_0(n) \\ x_1(n) \\ \vdots \\ x_{M-1}(n) \end{bmatrix} = \begin{bmatrix} 1 & 1 & \cdots & 1 \\ \mathrm{e}^{-\mathrm{j}\phi_1} & \mathrm{e}^{-\mathrm{j}\phi_2} & \cdots & \mathrm{e}^{-\mathrm{j}\phi_k} \\ \vdots & \vdots & & \vdots \\ \mathrm{e}^{-\mathrm{j}(M-1)\phi_1} & \mathrm{e}^{-\mathrm{j}(M-1)\phi_2} & \cdots & \mathrm{e}^{-\mathrm{j}(M-1)\phi_K} \end{bmatrix} \begin{bmatrix} s_0(n) \\ s_1(n) \\ \vdots \\ s_K(n) \end{bmatrix} + \begin{bmatrix} v_0(n) \\ v_1(n) \\ \vdots \\ v_{M-1}(n) \end{bmatrix} \tag{9-127}$$

假设信号源相互独立,则有

$$E\{\boldsymbol{s}_k(n)\boldsymbol{s}_i^*(n)\}=\begin{cases}P_k & k=i\\ 0 & k\neq i\end{cases} \tag{9-128}$$

P_k 为第 k 个信号的平均功率,则信号相关矩阵是对角矩阵,用 $\boldsymbol{R}_s$ 表示,可写为

$$\boldsymbol{R}_s=E[\boldsymbol{s}(n)\boldsymbol{s}^{H}(n)]=\mathrm{diag}\{P_1,P_2,\cdots,P_3\} \tag{9-129}$$

接收信号矢量的空间相关矩阵可表示为

$$\boldsymbol{R}=E[\boldsymbol{X}(n)\boldsymbol{X}(n)]=\boldsymbol{A}\boldsymbol{R}_s\boldsymbol{A}^{H}+\sigma^2\boldsymbol{I} \tag{9-130}$$

通常取 $M>K$。由式(9-130)可知,Vandermonder(范得蒙特)矩阵 $\boldsymbol{A}$ 是列满秩矩阵,即

$$\mathrm{rank}(\boldsymbol{A})=\mathrm{rank}(\boldsymbol{A}^{H})=K \tag{9-131}$$

由于 $\boldsymbol{R}_s$ 是 K 满秩方阵,所以 $\boldsymbol{A}\boldsymbol{R}_s$ 相当于对 $\boldsymbol{A}$ 的满秩变换。满秩变换后矩阵的秩保持不变,因此,有

$$\mathrm{rank}(\boldsymbol{A}\boldsymbol{R}_s)=K \tag{9-132}$$

同理,$\boldsymbol{A}\boldsymbol{R}_s\boldsymbol{A}^{H}$ 相当于是对矩阵 $\boldsymbol{A}^{H}$ 做满秩变换,则

$$\mathrm{rank}(\boldsymbol{A}\boldsymbol{R}_s\boldsymbol{A}^{H})=K \tag{9-133}$$

由此可知,矩阵 $\boldsymbol{A}\boldsymbol{R}_s\boldsymbol{A}^{H}$ 非零特征值的个数为 K,对 $\boldsymbol{A}\boldsymbol{R}_s\boldsymbol{A}^{H}$ 进行特征分解,设 $\tilde{\lambda}_1,\tilde{\lambda}_2,\cdots,\tilde{\lambda}_M$ 为特征值,$\boldsymbol{u}_1,\boldsymbol{u}_2,\cdots,\boldsymbol{u}_M$ 为对应的正交归一化特征矢量。将矩阵 $\boldsymbol{A}\boldsymbol{R}_s\boldsymbol{A}^{H}$ 的所有非零特征值设为 $\tilde{\lambda}_1,\tilde{\lambda}_2,\cdots,\tilde{\lambda}_K\neq0$,剩余的所有特征值设为 $\tilde{\lambda}_{K+1},\tilde{\lambda}_{K+2},\cdots,\tilde{\lambda}_M=0$,则

$$(\boldsymbol{A}\boldsymbol{R}_s\boldsymbol{A}^{H})\boldsymbol{u}_i=\tilde{\lambda}_i\boldsymbol{u}_i \qquad i=1,2,\cdots,K \tag{9-134}$$

$$(\boldsymbol{A}\boldsymbol{R}_s\boldsymbol{A}^{H})\boldsymbol{u}_i=\tilde{\lambda}_i\boldsymbol{u}_i \qquad i=K+1,K+2,\cdots,M \tag{9-135}$$

上述两式右乘 $\boldsymbol{u}^{H}$,有

$$(\boldsymbol{A}\boldsymbol{R}_s\boldsymbol{A}^{H})\boldsymbol{u}_i\boldsymbol{u}_i^{H}=\tilde{\lambda}_i\boldsymbol{u}_i\boldsymbol{u}_i^{H} \quad i=1,2,\cdots,M \tag{9-136}$$

将式(9-136)中 i 分别取所有可能的值,有 M 个不同的等式,将所有等式的两边分别相加,可以得到

$$(\boldsymbol{A}\boldsymbol{R}_s\boldsymbol{A}^{H})\sum_{i=1}^{M}\boldsymbol{u}_i\boldsymbol{u}_i^{H}=\sum_{i=1}^{M}\tilde{\lambda}_i\boldsymbol{u}_i\boldsymbol{u}_i^{H} \tag{9-137}$$

考虑到 $\boldsymbol{u}_1,\boldsymbol{u}_2,\cdots,\boldsymbol{u}_M$ 是正交归一化特征矢量，有

$$\sum_{i=1}^{M}\boldsymbol{u}_i\boldsymbol{u}_i^{\mathrm{H}} = I \tag{9-138}$$

则

$$\boldsymbol{A}\boldsymbol{R}_{\mathrm{s}}\boldsymbol{A}^{\mathrm{H}} = \sum_{i=1}^{M}\tilde{\lambda}_i\boldsymbol{u}_i\boldsymbol{u}_i^{\mathrm{H}} = \sum_{i=1}^{K}\tilde{\lambda}_i\boldsymbol{u}_i\boldsymbol{u}_i^{\mathrm{H}} \tag{9-139}$$

由此，式(9－130)的自相关矩阵 $\boldsymbol{R}$ 可以表示为

$$\begin{aligned}\boldsymbol{R} &= \sum_{i=1}^{K}\tilde{\lambda}_i\boldsymbol{u}_i\boldsymbol{u}_i^{\mathrm{H}} + \sigma_v^2\sum_{i=1}^{M}\boldsymbol{u}_i\boldsymbol{u}_i^{\mathrm{H}} \\ &= \sum_{i=1}^{K}(\tilde{\lambda}_i + \sigma_v^2)\boldsymbol{u}_i\boldsymbol{u}_i^{\mathrm{H}} + \sigma_v^2\sum_{i=K+1}^{M}\boldsymbol{u}_i\boldsymbol{u}_i^{\mathrm{H}} \\ &= \sum_{i=1}^{M}\lambda_i\boldsymbol{u}_i\boldsymbol{u}_i^{\mathrm{H}}\end{aligned} \tag{9-140}$$

式中

$$\begin{aligned}&\lambda_i = \tilde{\lambda}_i + \sigma_v^2 \qquad i=1,2,\cdots,K \\ &\lambda_i = \sigma_v^2 \qquad i=K+1,K+2,\cdots,M\end{aligned} \tag{9-141}$$

自相关矩阵 $\boldsymbol{R}$ 的 M 个特征值中与信号有关的仅有 K 个，分别为 $\lambda_1,\lambda_2,\cdots,\lambda_K$，其余 $M-K$ 个特征值 $\lambda_{K+1},\lambda_{K+2},\cdots,\lambda_M$ 只与噪声相关。由此可以定义信号子空间(Signal Subspace)和噪声子空间(Noise Subspace)。

信号子空间用符号 $\boldsymbol{E}_{\mathrm{s}}$ 表示，是由 $\lambda_1,\lambda_2,\cdots,\lambda_K$ 对应的特征矢量 $\boldsymbol{u}_1,\boldsymbol{u}_2,\cdots,\boldsymbol{u}_K$ 生成的子空间，写成 $\boldsymbol{E}_{\mathrm{s}}=\mathrm{span}\{\boldsymbol{u}_1,\boldsymbol{u}_2,\cdots,\boldsymbol{u}_K\}$。

噪声子空间用符号 $\boldsymbol{E}_N$ 表示，是由 $\lambda_{K+1},\lambda_{K+2},\cdots,\lambda_M$ 对应的特征矢量 $\boldsymbol{u}_{K+1},\boldsymbol{u}_{K+2},\cdots,\boldsymbol{u}_M$ 生成的子空间，写成 $\boldsymbol{E}_N=\mathrm{span}\{\boldsymbol{u}_{K+1},\boldsymbol{u}_{K+2},\cdots,\boldsymbol{u}_M\}$。

$\boldsymbol{E}_{\mathrm{s}}$ 既与信号有关，也与噪声有关，$\boldsymbol{E}_{\mathrm{N}}$ 只与噪声有关。

定义矩阵

$$\boldsymbol{G}=[\boldsymbol{u}_{K+1}\quad \boldsymbol{u}_{K+2}\quad \cdots\quad \boldsymbol{u}_M]\in\mathcal{C}^{M\times(M-K)} \tag{9-142}$$

因为 $\boldsymbol{A}$ 是列满秩矩阵，$\boldsymbol{R}_{\mathrm{s}}$ 是满秩矩阵，则有

$$\boldsymbol{A}^{\mathrm{H}}\boldsymbol{G}=0 \tag{9-143}$$

或者等价为

$$\boldsymbol{G}^{\mathrm{H}}\boldsymbol{A}=\boldsymbol{G}^{\mathrm{H}}[\boldsymbol{a}(\theta_1)\quad \boldsymbol{a}(\theta_2)\quad \cdots\quad \boldsymbol{a}(\theta_K)]=0 \tag{9-144}$$

即

$$G^{H}A=G^{H}a(\theta_k)=0 \qquad k=1,2,\cdots,K \tag{9-145}$$

式中:$a(\theta)$为阵列导向矢量。

实际应用中,采用与 MVDR 算法同样的方法估计空间相关矩阵,即

$$\hat{R}=\frac{1}{N}\sum_{n=1}^{N}x(n)x^{H}(n) \tag{9-146}$$

所以得到 MUSIC 谱估计为

$$P_{MUSIC}(\theta)=\frac{1}{a^{H}(\theta)\hat{G}\hat{G}^{H}a(\theta)} \qquad \left(\theta\in\left(-\frac{\pi}{2},\frac{\pi}{2}\right)\right) \tag{9-147}$$

式中:$\hat{G}$ 是通过自相关矩阵 $\hat{R}$ 的特征值分解得到,MUSIC 谱函数曲线中的 K 个峰值位置就是信号入射方向 $\theta_K(k=1,2,\cdots,K)$。通常将 MUSIC 算法得到的谱称为伪谱。对于均匀圆阵和均匀矩形阵来说,由于它们的方向矢量 $a(\theta)$结构和均匀线阵的结构形式大致相似,所以当均匀圆阵和均匀矩形阵的方向矩阵 A 列满秩时,同样可以利用 MUSIC 算法对入射到天线阵的信号进行方位估计。

总结 MUSIC 算法的步骤如下:

(1) 利用阵列接收的 N 次快拍数据,获取空间自相关矩阵 $\hat{R}$;

(2) 利用对应的算法(如 AIC 准则或 MDL 准则)估计信号源数目;

(3) 对 $\hat{R}$ 进行特征值分解得到 $\hat{G}$;

(4) 对上式(9-147)进行谱峰搜索估计信号的入射方向。

9.1.6.4 宽带空间谱估计

目前,在通信、雷达等领域中宽带信号及其处理系统的应用日渐普及,宽带信号中可获取比窄带信号更多的目标信息,从而为参数估计、目标识别、特征提取等技术环节提供有力的信息保障。

最初的高分辨算法都是基于窄带信源假设提出的,对宽带信号处理,第一类方法称为非相干信号子空间法(ISM),它是将宽带分解为窄带,对每一个窄带进行处理。然后综合各个处理结果。该类方法思路简单、直观,也不需要对系统硬件进行改动。它的缺点是计算量大,分辨力低,性能较差,尤其是在信噪比低的情况下性能急剧恶化,在实际中难以应用。

第二类方法称为相干信号子空间法(CSM),它引入了聚焦的概念,通过聚焦,各个频率点上的观测量在某一子空间上对齐,得到聚焦合成的观测量,由此进行信号的方位估计。CSM 具有较好的估计精度,较低的分辨门限,但是该方法要求有

一个初始的方位估计角度和预选聚焦频率，易受信号的影响，为提高和改善其估计性能，出现了很多不同聚焦矩阵的 CSM。CSM 计算聚焦矩阵需要方位预估，其实用性受到一定的限制。该类方法主要包括相干信号子空间法、双边相干信号子空间变化法、空间重采样法等。

第三类方法称为宽带直接处理法。由于宽带信号随频率变化，其阵列流型和相关函数都是频率的函数，宽带直接处理方法基于频域模型直接定义宽带空间谱对宽带信号进行测向。该类方法不需要聚焦矩阵，从而也不需要对方位进行预估，避免了预估方位对方位估计性能的影响，测向性能最好。该类方法主要包括基于频域模型的宽带信号子空间谱估计（SSEFD）法、基于阵列延迟抽头模型的宽带信号子空间谱估计（BASS-ALE）法、依赖于频率变化模型（FDM）的宽带方位估计法、基于 FDM 的相干信号子空间聚焦处理（CSMFDM）法。

9.1.6.5　基于盲源分离的空间谱估计

盲信号分离是属于统计信号处理的范畴，我们称为“盲”的方法，是指其混合系统是完全未知的，但对信号本身通常还是要做某种统计上的假设。通过盲分离将同频信号分离开后，可以对分离后的信号再单独进行空间谱测向，可获得比普通空间谱估计方法更佳的角度分辨率。

目前，尽管有各种各样的盲分离算法，但按照对信号先验的假设不同，大致上可以将它们分为四类。最普遍的方法就是使用代价函数来衡量信号独立性和非高斯性。当假定信号具有统计独立性且是非高斯的，高阶统计量方法是求解盲源分离的基本手段，这种方法对于多于一个高斯分布的源信号不适用。如果信号具有时序结构，则其有非零的时序相关数，从而可以降低对统计独立性的限制条件，用二阶统计量方法就足以估计混合矩阵和源信号。在该方法的基础上，又发展了一些新的方法。需要指出的是，这种方法不允许分离功率谱形状相同或独立同分布的源信号。第三种方法是采用非平稳性和二阶统计量。与其他的方法相比，基于非平稳性信息的方法能够分离具有相同功率谱形状的有色高斯源，然而却不能分离具有相同非平稳特性的源信号。在非平稳性源分离方面最近有许多研究。第四种方法运用了信号的不同多样性，典型的是时域多样性、频域多样性或者时频多样性，更一般的，即联合时间－频率－空间多样性。

在盲分离的各种方法中，独立分量分析（Independent Component Analysis，ICA）占有重要的位置。独立分量分析的基本假设是各个源信号相互独立，其处理的结果就是要使得其输出的各个信号是统计上相互独立的。

由于原始信号分别来自不同的信号源，因此认为各个原始信号之间是相互独立的，混合是线性和瞬时的，信号盲源分离问题可以描述为计算一个 $M \times K$ 的分离矩阵 $\boldsymbol{W}$ 使得其输出相互独立，即

$$\boldsymbol{y}(t)=\boldsymbol{W}\boldsymbol{x}(t) \tag{9-148}$$

对于独立分量分析，首先要考虑这一问题的可解性条件。已经证明，当混合矩阵 $\boldsymbol{A}$ 列不相干，原始信号矢量的各个分量之间两两独立，并且 $\boldsymbol{s}(t)$ 的所有分量中服从高斯分布的分量不多于一个时，盲分离问题可解。若能够找到矩阵 $\boldsymbol{W}$ 使得其输出 $\boldsymbol{y}(t)=\boldsymbol{W}\boldsymbol{x}(t)$ 的各个分离之间也两两独立，则 $\boldsymbol{y}(t)$ 就是原始信号矢量 $\boldsymbol{s}(t)$ 的完好的恢复。以上的可解性条件同时指出了信号源盲分离的求解方法，即对混合信号矢量 $\boldsymbol{x}(t)$ 作适当的变换，以使得变换后的新矢量成为各个分离相互独立的随机矢量。将随机矢量作适当变换使其各分量之间尽可能相互独立的方法即为独立分量分析，所以在很多有关的文献中，常常不区分盲信号分离和独立分量分析，虽然两者并不等价。

分离矩阵 $\boldsymbol{W}$ 可通过盲源分离求解得到，当 $\boldsymbol{y}(t)$ 是原始信号矢量 $\boldsymbol{s}(t)$ 的完好的恢复时，方向矩阵 $\boldsymbol{A}$ 为分离矩阵 $\boldsymbol{W}$ 的伪逆，通过对方向矢量 $\boldsymbol{a}(\theta_k)$ 逐一进行空域搜索即可获得对多个信号的方位估计。

9.1.6.6 高阶累积量空间谱估计方法

常规空间谱估计算法大多利用了接收信号的二阶统计特性，即阵列接收数据的自协方差矩阵或互协方差矩阵。在信号（包含噪声）服从高斯分布且信号能够被一阶、二阶距完全描述时，利用接收信号的二阶统计特性就能解决问题。但是由于实际环境的噪声情况非常复杂且不一定是高斯白噪声，这就使得传统的 DOA 估计算法性能急剧下降，因此，人们引入高阶累积量作为阵列信号处理方法，用来解决高斯噪声背景下的非高斯信号参数估计问题。这时，采用高阶距的形式不仅可以获得比二阶距更好的性能，而且可以解决二阶距不能处理的问题，如重构非最小相位系统、提取有色噪声中非高斯噪声的能力等。由于高阶统计量具有这些良好的性质，使得基于高阶统计量的方法无论在高斯白噪声环境还是有色高斯噪声环境下均有良好的 DOA 估计性能。

四阶累积量空间谱估计算法作为高阶累积量空间谱估计算法的典型算法，通过计算四阶累积量代替传统 MUSIC 算法中的阵列协方差矩阵，对四阶累积量矩阵采用 MUSIC 算法作方位估计。借助四阶累积量，在高斯白噪声下，MUSIC 算法能完全抑制高斯白噪声的影响，可以提高测向灵敏度，而且四阶累积量方法能够构造出两倍于真实阵列孔径的虚拟阵列，可带来更高的角度分辨率。

9.1.6.7 基于信号循环平稳特性空间谱估计方法

许多人工信号和自然界信号都具有循环平稳特性，信号的循环平稳特性只与其本身的参数（如调制类型、载频、码速率等）有关，而不因传输条件的不同而改变，具有较好的稳定性。

该类方法利用信号这种时域特性能够获得常规DOA估计方法无法达到的性能优势，如选择性测向能力、较强的干扰及噪声抑制能力和突破阵元数限制的多信号处理能力。Schell等于1989年提出的Cyclic-MUSIC算法成为了循环平稳信号DOA估计领域中最经典的算法之一。Cyclic-MUSIC算法在窄带信号假设下，利用阵元输出的循环自相关函数构造阵列输出循环相关矩阵，并通过与常规MUSIC算法几乎相同的技术（用奇异值分解替代了特征值分解），实现了多个信号的来波方向估计。将该算法的思路与ESPRIT算法相结合，也可以直接得到Cyclic-ESPRIT算法。

9.1.6.8　空间谱测向仿真示例

1）经典MUSIC谱估计测向仿真

仿真条件：8元均匀分布线阵，阵元间距为半波长，3个信号的入射角分别为15°、25°、45°。信号的信噪比为15dB。

利用经典MUSIC谱估计测向算法对上述场景的信号进行处理，处理后的MUSIC谱图如图9.24所示。

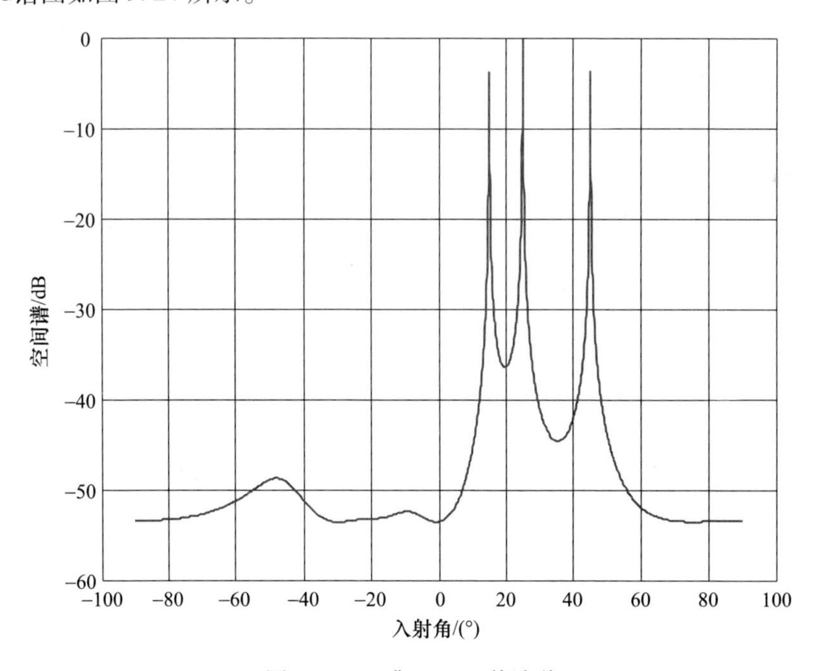

图9.24　经典MUSIC估计谱

2）圆阵MUSIC谱估计三维测向仿真

仿真条件：16个阵元组成的均匀圆阵，圆阵半径为0.8倍信号波长，信噪比为16dB；3个入射信号的角度分别为(34.3°,3.2°)、(23.7°,5.5°)、(−45.5°,8.3°)。

利用该圆阵对这 3 个信号进行 MUSIC 算法估计,快拍数为 1000。

圆阵的 MUSIC 谱估计测向结果的三维图视图、方位角视图和俯仰角视图分别如图 9.25～图 9.27 所示。

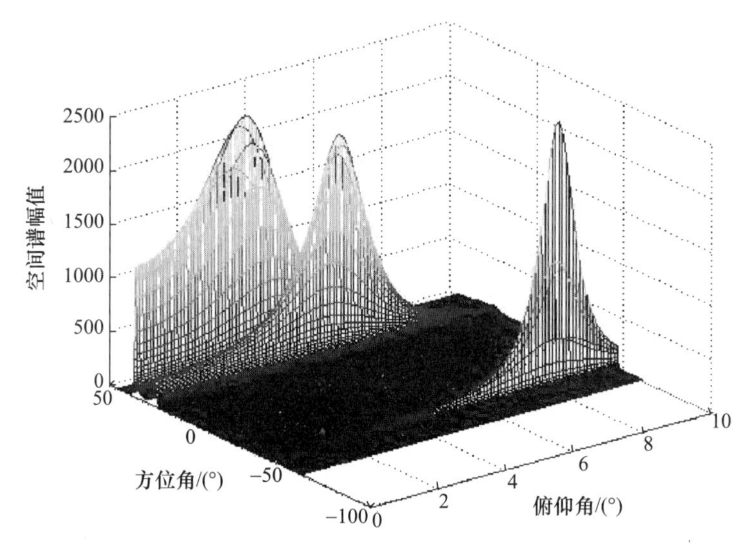

图 9.25　圆阵对 3 个信号的 MUSIC 估计三维视图(见彩图)

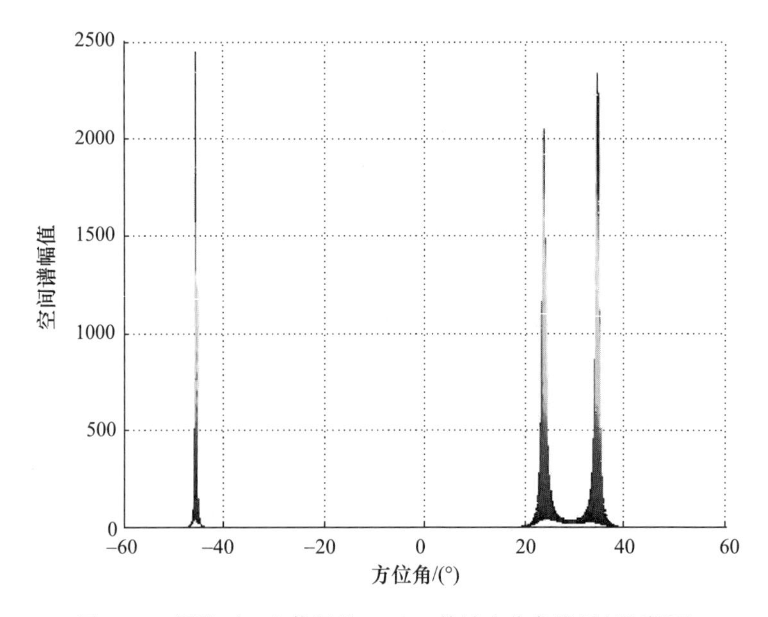

图 9.26　圆阵对 3 个信号的 MUSIC 估计方位角视图(见彩图)

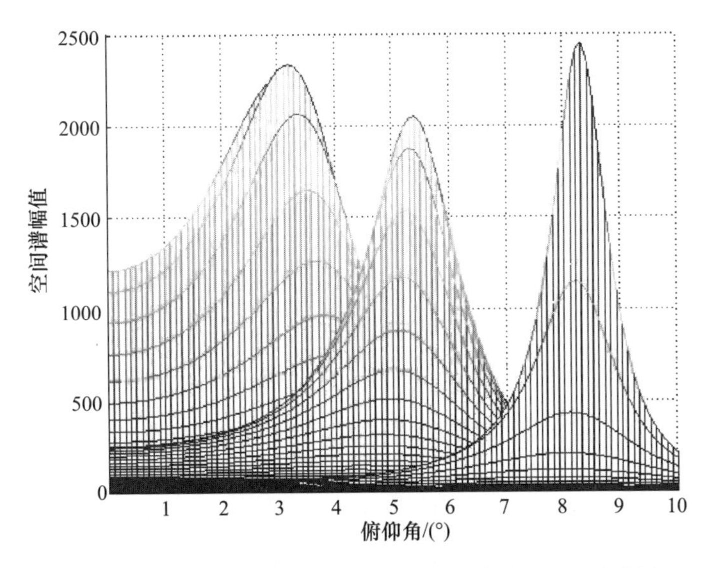

图9.27 圆阵对3个信号的MUSIC估计俯仰角视图(见彩图)

9.2 无源定位技术[6-9]

9.2.1 无源定位综述

无源定位系统本身不发射电磁信号,利用接收天线被动接收目标辐射源的信号,测量信号的到达参数,根据平台参数、信号参数等信息估计目标辐射源的位置。无源定位技术为隐蔽探测和精确打击提供了十分重要的手段,在电子战系统中具有十分重要的地位。

无源定位系统最主要的特点是无源,即侦察设备不发射电磁信号,使得该无源定位系统不易被对方感知,安全性能好。一般情况下,需要多站协同工作或单站通过相对运动在空间维进行累积,经过相对复杂的计算才能获取目标的位置。无源定位系统的性能跟侦察设备性能相关,也跟侦察站的布局相关,合理提高侦察设备性能或优化侦察站布局可以提高定位性能。

无源定位系统可以按照所采用的定位体制进行分类。常用的无源定位方法包括单站测向定位、多站测向交叉定位、时差定位、时差频差定位以及测向测时差联合定位、多普勒频率定位或多种技术组合的定位方法。另外,随着理论研究和技术应用的发展,也出现了许多基于非传统理论的特殊定位方法。

衡量无源定位技术优劣的主要评价参数有以下几种。

1）定位误差

目标位置测量值与目标位置真实值的误差，无源定位系统误差一般可以采用系统测量误差进行描述。实际工程应用中，对观测数据必须进行滤波处理，以得到最终的定位结果，因此完整的定位误差将同时取决于定位系统误差和所选用的滤波方法。

对于任何类型无源定位系统而言，定位精度都与测量技术的固有精度和系统的安装及部署方式有关。所获得的定位精度大多是根据测量参数的均方根误差估计得出的，可由下式定义：

$$E_{均方根} = \sqrt{E_L^2 + E_S^2 + E_M^2 + E_R^2} \tag{9-149}$$

式中：E_L 为平台观测点的位置误差；E_S 为系统测量误差；E_M 为系统安装误差；E_R 为基准误差。

常见的定位误差表达方法有几何精度因子（GDOP）和圆概率误差（CEP）。

由于目标辐射源与观测平台的相对位置不同时，即使对于相同的参数测量误差，不同相对位置处的定位模糊区大小也不一定相同，也就是说，定位误差与辐射源目标相对于观测平台的几何位置有关。为了描述系统定位误差与辐射源目标的相对几何位置之间的关系，按照下式定义几何精度因子：

$$\mathrm{GDOP}(x_e, y_e) = \sqrt{\mathrm{tr}(\boldsymbol{P}_s)} \tag{9-150}$$

式中：(x_e, y_e) 为辐射源目标在相对位置坐标系中的几何位置坐标；运算 $\mathrm{tr}(\cdot)$ 表示取矩阵的迹；$\boldsymbol{P}_s$ 为对辐射源目标位置估计误差的协方差矩阵，并且对各坐标分量的估计误差分布相互独立并服从正态分布。当仅考虑二维分布情况时，有

$$\mathrm{GDOP}(x_e, y_e) = \sqrt{\sigma_x^2 + \sigma_y^2} \tag{9-151}$$

式中：σ_x^2 和 σ_y^2 分别为二维坐标估计误差的方差。工程上可由定位系统的参数测量误差推导出二维坐标估计误差的方差 σ_x^2 和 σ_y^2 随辐射源空间位置不同而变化的空间分布结果，代入式（9-151）可得系统定位误差的 GDOP 空间分布图，可以作为衡量定位系统定位性能的重要评价指标之一。

圆概率误差，其定义为：以若在半径为 r 的圆内（真实的目标位置为圆心），无源定位系统测得的定位点出现概率为 50%，则这个半径 r 就是圆概率误差的值。

半径 r 描述了辐射源的二维定位误差水平，半径越小，说明定位系统的定位精度越高。根据上式可采用级数分解和数值分析方法，求得圆概率误差的近似表达式为

$$\mathrm{CEP} = \sigma_x \left(0.675 + 0.503\,(\sigma_y/\sigma_x)^{0.78 \times (2.64 - 1.28\sqrt{\sigma_y/\sigma_x})}\right) \tag{9-152}$$

为了简化表达公式，可以通过计算得到下列圆概率误差计算的经验公式为

$$\mathrm{CEP}=\begin{cases}0.59(\sigma_x+\sigma_y), & \dfrac{\sigma_y}{\sigma_x}\geqslant 0.5\\ \left[0.67+0.8\left(\dfrac{\sigma_y}{\sigma_x}\right)^2\right]\sigma_x, & \dfrac{\sigma_y}{\sigma_x}<0.5\end{cases}\tag{9-153}$$

使用上述公式计算 CEP 的误差小于 1%。此外，还可以采用下列经验公式计算圆概率误差

$$\mathrm{CEP}=0.75\sqrt{\sigma_x^2+\sigma_y^2}\tag{9-154}$$

或

$$\mathrm{CEP}=0.53\max(\sigma_x,\sigma_y)+0.614\min(\sigma_x,\sigma_y)\tag{9-155}$$

2）定位时效性

定位时效性是指完成一次定位任务达到系统要求的定位误差时所需要的最短时间。定位体制的选择决定了定位时间。一般来说，单站定位系统的定位时间要差于多站定位系统。

单站定位系统的定位实现过程是用单个运动的观测站对目标进行连续测量（角度测量、相位测量，频率测量等），在积累一段时间的观测量后，对其进行数据处理（卡尔曼滤波、最小二乘估计等）获得目标的位置。单站定位系统很难做到瞬时定位，因此不适用于运动速度较快的辐射源。

多站定位系统通过处于不同位置观测平台测量目标参数实现对目标的快速定位，在不考虑定位误差的情况下，多站定位系统可以实现瞬时定位。

3）信号频率范围、信号类别

衡量无源定位系统能够处理不同频率、不同类别信号的能力范围。

4）空域范围

无源定位系统能够获取一定定位性能的可观测区域。

9.2.2　单站定位

单站无源定位技术主要是利用单个观测站对目标进行无源定位的技术。由于获取的信息量较少，单站定位的实现难度相对较大。定位的过程通常是用单个观测站对目标辐射源信号进行连续的观测，在获得一定量的定位信息积累的基础上，采用适当的数据处理方法和合适的定位机制获取目标辐射源的真实位置信息。从几何定义上说，就是获取多个定位曲线的交会点来实现定位。

单站定位系统，利用运动学原理实现测距，几何学原理实现定位，并结合线性

或非线性滤波算法获得对固定或运动辐射源的快速高精度定位和跟踪。

目前,单站无源定位技术采用的方法主要有测向定位(BO)法、到达时间定位(TOA)法、频率(FM)法、方位-到达时间联合定位(DOA-TOA)法、方位-频率联合定位(DOA-FM)法、幅度-方位定位(PA-DOA)法、测相位差变化率定位法、测多普勒频率变化率定位法等。

9.2.2.1 单站测向定位法

在观测站运动的轨迹上利用测向系统顺序地获取一组辐射源的方位测量值,然后将这些测向数据联合起来就可以用来估计出辐射源的位置,如图 9.28 所示。当不存在噪声和干扰时,即不存在测量误差时,对于同一辐射源,方位线精确地相交于一点,该点就是辐射源的位置。但测量误差或干扰总是存在的,同一辐射源的两条或两条以上的方位线一般来说不可能确定唯一的交点。因此,为了确定辐射源的位置,就必须对测量值进行一定的处理以获得最优的位置估计。

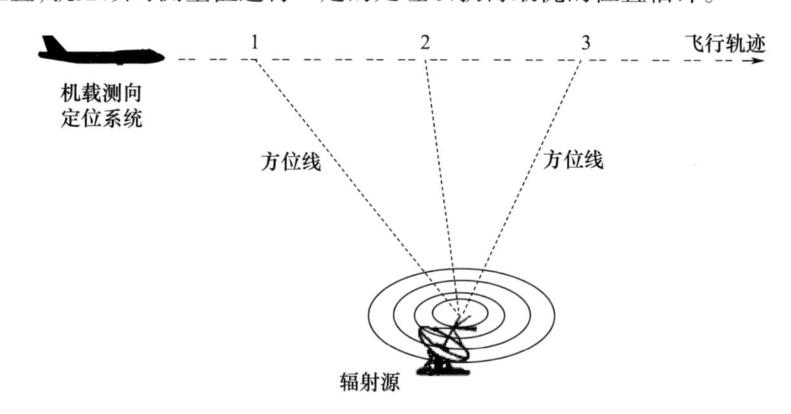

图 9.28 单站测向定位基本原理

下面以机载测向定位系统对固定目标进行测向定位为例来说明运动单站测向定位原理。

由于目标辐射源距离载机很远,通常位于几十千米甚至数百千米以外,而载机的飞行高度一般只有几千米,目标的俯仰角很小,所以可认为辐射源与观测站处于同一个平面内,从而形成一个二维定位问题。

为方便定位分析,不失一般性,建立如图 9.29 所示的单站测向定位系统及坐标关系。其中,以正北方向为 y 轴,并作为方位值的参考方向,以顺时针方向为方位角的正方向。

定位算法的性能会影响定位精度和收敛时间,单站测向定位的目标估计属于非线性问题求解,通常采用扩展卡尔曼滤波(EKF)方法来估计目标位置。

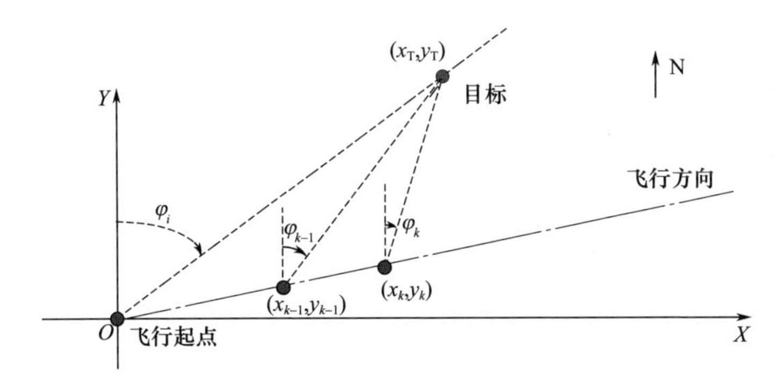

图 9.29　单站测向定位模型

用 $\hat{\boldsymbol{X}}=\begin{bmatrix}\hat{x}_T\\ \hat{y}_T\end{bmatrix}$ 表示对目标位置估计的坐标矢量，由于目标是固定的，所以状态转移矩阵为单位矩阵，状态方程为

$$\hat{\boldsymbol{X}}(k)=\begin{bmatrix}\hat{x}_{T,k}\\ \hat{y}_{T,k}\end{bmatrix}=\boldsymbol{A}\hat{\boldsymbol{X}}(k-1)=\begin{bmatrix}1 & 0\\ 0 & 1\end{bmatrix}\begin{bmatrix}\hat{x}_{T,k-1}\\ \hat{y}_{T,k-1}\end{bmatrix}\tag{9-156}$$

将目标的方位角 φ 作为观测量，测量方程可以表示为

$$\varphi_k=h(\hat{\boldsymbol{X}}_k)+\boldsymbol{\eta}_k\tag{9-157}$$

式中：$\boldsymbol{\eta}_k$ 表示噪声过程，通常假定为零均值加性高斯白噪声。

滤波方程为

$$\hat{\boldsymbol{X}}_k=\hat{\boldsymbol{X}}_{k-1}+\boldsymbol{K}[\varphi_k-h(\hat{\boldsymbol{X}}_{k-1})]\tag{9-158}$$

式中

$$h(\hat{\boldsymbol{X}}_k)=\hat{\varphi}_k=\arctan\left(\frac{\hat{x}_{T,k}-x_k}{\hat{y}_{T,k}-y_k}\right)$$

滤波协方差方程为

$$\boldsymbol{P}_k=[\boldsymbol{I}-\boldsymbol{K}\boldsymbol{H}(\hat{\boldsymbol{X}}_{k-1})]\boldsymbol{P}_{k-1}\tag{9-159}$$

式中

$$\boldsymbol{H}(\hat{\boldsymbol{X}}_{k-1})=\frac{\partial h}{\partial X}=(H_{11}\quad H_{12})$$

$$H_{11}=\frac{\partial h}{\partial x_T}=\frac{y_{T,k-1}-y_k}{(x_{T,k-1}-x_k)^2+(y_{T,k-1}-y_k)^2}$$

$$H_{12}=\frac{\partial h}{\partial y_{\mathrm{T}}}=-\frac{x_{\mathrm{T},k-1}-x_k}{(x_{\mathrm{T},k-1}-x_k)^2+(y_{\mathrm{T},k-1}-y_k)^2}$$

滤波增益方程为

$$\boldsymbol{K}_k=\boldsymbol{P}_{k-1}\boldsymbol{H}_{k-1}^{\mathrm{T}}(\boldsymbol{H}_{k-1}\boldsymbol{P}_{k-1}\boldsymbol{H}_{k-1}^{\mathrm{T}}+\boldsymbol{R})^{-1} \tag{9-160}$$

误差协方差方程为

$$\boldsymbol{P}_{k+1}=\boldsymbol{A}\boldsymbol{P}_k\boldsymbol{A}^{\mathrm{T}}+\boldsymbol{Q} \tag{9-161}$$

只要通过开始一次测量和先验信息确定初始估计值 $\boldsymbol{X}_0$、$\boldsymbol{P}_0$，通过上述方程即可递推求出目标的位置解。

参考图 9.29 定位模型，设置如下仿真场景：地面目标真实位置为(100,200)(单位：km)，载机沿 X 轴飞行，起始位置为(−5,0)(km)，速度为 100m/s，测向定位系统的测向精度分别为 1°、3°、5°，数据刷新率为 1Hz，定位时间为 300s。

对仿真场景下的定位精度几何精度因子(GDOP)分布进行仿真，其中测向精度为 1°，累积时间为 60s 的定位精度 GDOP 分布图如图 9.30 所示。

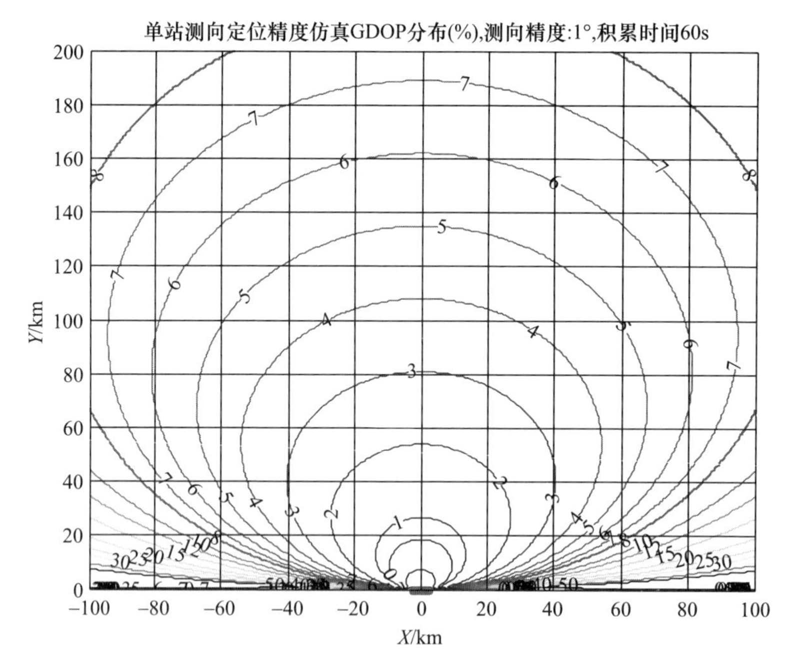

图 9.30　单站测向定位精度分布(见彩图)

对该场景进行 1000 次蒙特卡洛仿真实验得到如图 9.31 所示的定位误差收敛图。

图中 x 轴为定位时间，y 轴为按 CEP 统计的百分比误差。可以看出，单站测向

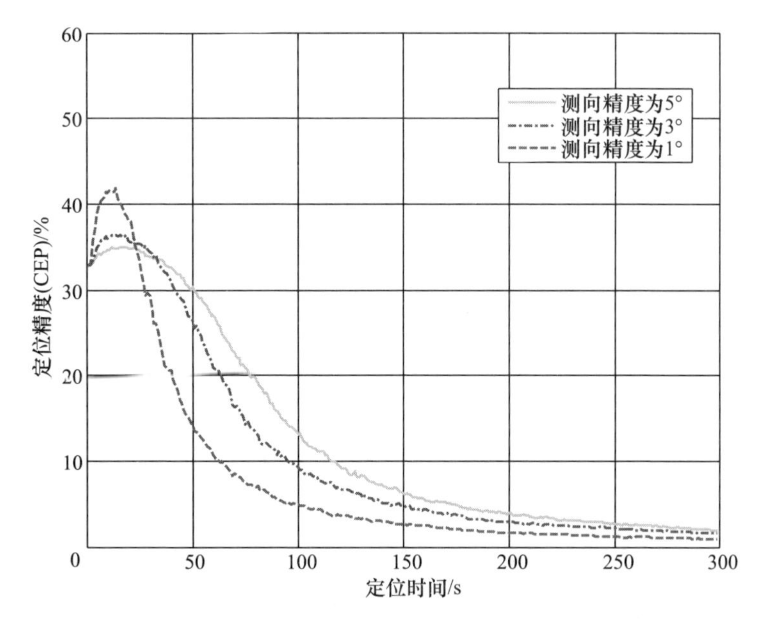

图9.31　单站测向定位误差收敛图

定位随积累时间的增长定位误差逐渐减小;测向精度越高,积累相同定位时间的定位精度也越高。

9.2.2.2　测相位差变化率定位法

利用相位干涉仪接收技术,在载机上沿飞行方向安装天线阵 A、B,载机飞行速度为 v,目标距离载机为 r,目标信号相对载机的入射角为 α,如图9.32所示。

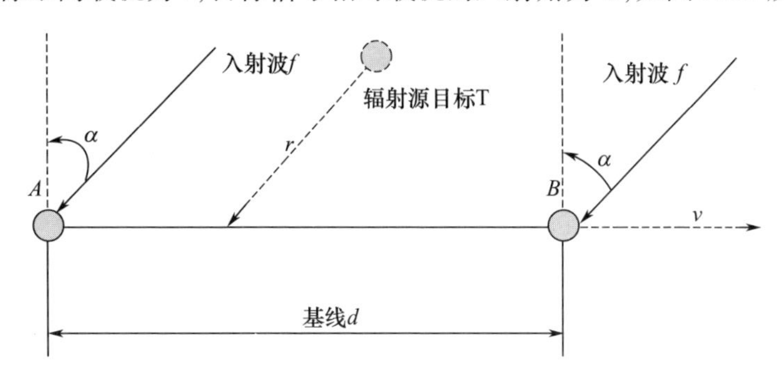

图9.32　干涉仪测向原理

根据相位干涉仪接收原理,有

$$\phi = \frac{2\pi f d \cos\alpha}{c} \tag{9-162}$$

对式(9-162)求导可得

$$\dot{\phi} = -\frac{2\pi f d\sin\alpha}{c} \times \dot{\alpha} \tag{9-163}$$

根据运动学原理和几何关系可得目标的测距公式为

$$r = \frac{V\sin\alpha}{\dot{\alpha}} = -\frac{2\pi f dv\ \sin^2\alpha}{c\dot{\phi}} \tag{9-164}$$

式中:$\dot{\alpha}$ 为角度变化率;$\dot{\phi}$ 为相位差变化率,可由数字化干涉仪接收机技术获得;v 由载机的导航设备实时给出;f 由测频接收机实时给出;α 由测向接收机实时给出。

我们记 $k = -\frac{2\pi d}{c}$,则可得 $\dot{\phi} = kf\sin\alpha \times \dot{\alpha}$,那么,$\dot{\alpha} = \frac{1}{kf\sin\alpha} \times \dot{\phi}$ 由几何知识可以得到某时刻

$$\alpha = \arctan\frac{y_0 - y}{x_0 - x} \tag{9-165}$$

式中:(x_0, y_0)为地面固定目标辐射源的位置坐标;(x, y)为空中运动平台的瞬时位置坐标。

对式(9-165)求导可得

$$\dot{\alpha} = \frac{-\dot{y}(x_0 - x) + \dot{x}(y_0 - y)}{(x_0 - x)^2 + (y_0 - y)^2} \tag{9-166}$$

整理后可得

$$\left(x_0 - x + \frac{\dot{y}}{2\dot{\alpha}}\right)^2 + \left(y_0 - y - \frac{\dot{x}}{2\dot{\alpha}}\right)^2 = \frac{\dot{x}^2 + \dot{y}^2}{4\dot{\alpha}^2} \tag{9-167}$$

容易看出,式(9-167)为过点(x_0, y_0)、(x, y),圆心为$\left(x - \frac{\dot{y}}{2\dot{\alpha}}, y + \frac{\dot{x}}{2\dot{\alpha}}\right)$,半径为$\sqrt{\frac{\dot{x}^2 + \dot{y}^2}{4\dot{\alpha}^2}}$的圆。

位置关系如图9.33所示,该圆的半径为

$$r = -\frac{2\pi f dv\sin^2\alpha}{c\dot{\phi}} \tag{9-168}$$

目标位置为该圆与入射线的交点。

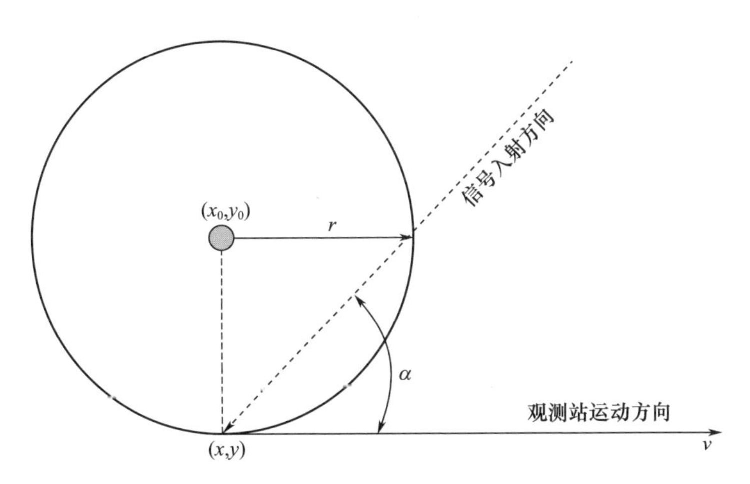

图9.33　相位差变化率定位圆

对这种相位变化率定位系统做了原理性的仿真分析，结果表明，定位精度与辐射源角 α 有关。从图9.33可以看出，当 α 接近0°或者180°时，方向线与等相位变化率圆以小角度相交，显然会增大定位误差。干涉仪基线的取向也对定位精度的分布有影响，如图中垂直于运动方向的基线，无法对侧翼目标定位，所以实际上与运动方向一致的基线取向可在侧翼获得较好的定位精度。

下面根据公式 $r=-\dfrac{2\pi f d v\sin^2\alpha}{c\dot{\phi}}$ 对测相位变化率定位精度进行分析。对该公式进行全微分，并分析各测量误差综合形成的测距误差，得到测距误差的方差分布公式为

$$\sigma_r^2=\left(\frac{r}{f}\right)^2\times\sigma_f^2+\left(\frac{r}{v}\right)^2\times\sigma_v^2+\left(\frac{r}{\dot{\phi}}\right)^2\times\sigma_{\dot{\phi}}^2+\left(\frac{2r}{\tan\alpha}\right)^2\times\sigma_\alpha^2 \quad (9-169)$$

定义距离相对百分误差率为 $\rho_r=(\sigma_r/r)\times100\%$，相位变化率均方误差为 σ_ϕ(rad/s)，速度均方误差为 σ_v(m/s)，到达角均方误差为 σ_α(rad)，测频均方误差为 σ_f(Hz)，光速 $c=3\times10^8$(m/s)，考虑到目前的技术水平，能够达到的频率测量量和速度测量量的精度较高，相对测频精度 σ_f/f 和相对测速精度 σ_v/v 可达 10^{-3}，则误差分析公式可以简化为

$$\rho_r=\sqrt{\left(\frac{cR\sigma_\phi}{2\pi f d v\sin^2\alpha}\right)^2+\left(\frac{2\sigma_\alpha}{\tan\alpha}\right)^2} \quad (9-170)$$

如图9.34所示，辐射源频率为1000MHz，基线长度取为6m，σ_ϕ 为0.6°，σ_α 为1°，直线匀速飞行，飞行速度为350m/s。

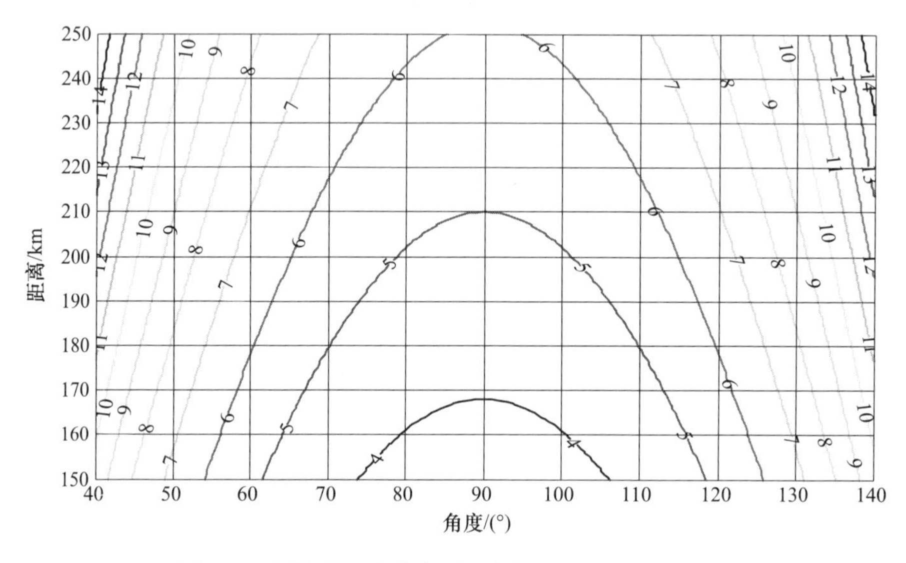

图 9.34 测相位差变化率测距离相对误差图(见彩图)

9.2.2.3 单站方位到达时间联合定位法

在 TDMA 系统中,各 TDMA 终端的时间与系统的时间同步,同一个终端目标以及不同的终端目标发出时隙信号的时间相差时隙间隔的整数倍。TDMA 目标以时隙间隔为基准发射信号,但能否发射信号受时隙分配规律的限制,一个目标不能在每一个时隙发射信号。在整个 TDMA 系统中所有目标的时隙信号为在不同时间点上的突发信号,各个突发信号之间的时间间距为时隙周期的整数倍,在每个时隙周期内并不一定存在时隙信号,因此时隙信号具有准周期性。

假设接收机接收到第 n 个帧内的第 m 个时隙的信号,接收信号的时间 t_{mm} 与信号的发射时间 t_{tnm}、接收机和 TDMA 终端之间距离 r 的关系为

$$t_{mm} = t_{tnm} + r/c \tag{9-171}$$

$$t_{tnm} = t_{rnm} - r/c \tag{9-172}$$

$$r = c(t_{rnm} - t_{tnm}) \tag{9-173}$$

式中:c 为电磁波的传播速度。

在已知 TDMA 系统同步时间的情况下,任一个时隙的发射时间可以确定,根据该时隙的接收时间,由式(9-173)能够确定接收机和 TDMA 终端之间的距离 r。

如果已知接收机和 TDMA 终端之间的距离 r,则根据时隙的接收时间,由式(9-172)能够确定该时隙的发射时间,由式(9-171)和式(9-172)能够推算出系统的同步时间关系,即可以确定每一个时隙的发射时间。

假设接收机接收到前后两个时隙，其发射时间、接收时间和距离分别为$t_{tn_1m_1}$与$t_{tn_2m_2}$、$t_{rn_1m_1}$与$t_{rn_2m_2}$、$r_{n_1m_1}$与$r_{n_2m_2}$，在没有确定 TDMA 系统的同步关系之前，n_1、m_1、n_2、m_2未知，无法确定$t_{tn_1m_1}$和$t_{tn_2m_2}$以及两者之差。由于 TDMA 系统任意两个时隙的发射时间之差为时隙周期的整数倍（用Δm表示），有

$$t_{tn_1m_1} - t_{tn_2m_2} = \Delta m T_s \tag{9-174}$$

由式(9-171)有

$$t_{rn_1m_1} - t_{rn_2m_2} = \Delta m T_s + (r_{n_1m_1} - r_{n_2m_2})/c \tag{9-175}$$

在 TDMA 系统设计时已经考虑到电磁波的传播时间，为每一个时隙预留了保护时间。式(9-175)中，$r_{n_1m_1} - r_{n_2m_2}$表示两个时隙信号到达接收站的距离之差，一般远小于电磁波在信号周期T_s内传播的距离，在满足

$$T_s > 2\left|r_{n_1m_1} - r_{n_2m_2}\right|/c \tag{9-176}$$

的情况下，有

$$\Delta m = \text{round}((r_{n_1m_1} - r_{n_2m_2})/T_s) \tag{9-177}$$

式中：round( )为四舍五入函数。

由式(9-175)有

$$r_{n_1m_1} - r_{n_2m_2} = c(t_{rn_1m_1} - t_{rn_2m_2} - \Delta m T_s) \tag{9-178}$$

因此，根据接收站接收到的两个 TDMA 时隙信号的接收时间，利用式(9-177)可以确定两个时隙发射时间之差，利用式(9-178)能够计算出发出这两个时隙信号终端目标到达接收站的距离差。

如果一个 TDMA 终端目标在运动过程中发出了多个时隙信号，由式(9-178)便能够确定目标航迹上所有时隙信号到达接收机的距离差，这奠定了 TDMA 目标运动分析的基础。

假设一个 TDMA 系统目标在二维空间做匀速直线运动，其速度为(v_x, v_y)，如图9.35所示，接收站位于坐标原点。如果接收站接收到移动目标在$\Delta t_i = t_{tk} - t_{t(k-1)} = \Delta m_i T_s$分别发出$N+1$个信号，假设各信号对应的发射时间和方位分别为$t_{t(k-i)}$、$\beta_{(k-i)}$$(i=0,1,\cdots,N)$，单站定位的目的是根据这$N+1$个信号的接收时间$t_{t(k-i)}$和方位$\beta_{(k-i)}$$(i=0,1,\cdots,N)$实现目标在二维平面坐标$(x,y)$的估值。

根据式(9-174)，目标在任意两个位置T_{k-i}和T_{k-j}之间的运行时间对应信号的发射时间之差，即

$$\Delta t_{ij} = t_{t(k-i)} - t_{t(k-j)} = \Delta t_{0j} - \Delta t_{0i} = \Delta m_{ij} T_s \tag{9-179}$$

式中

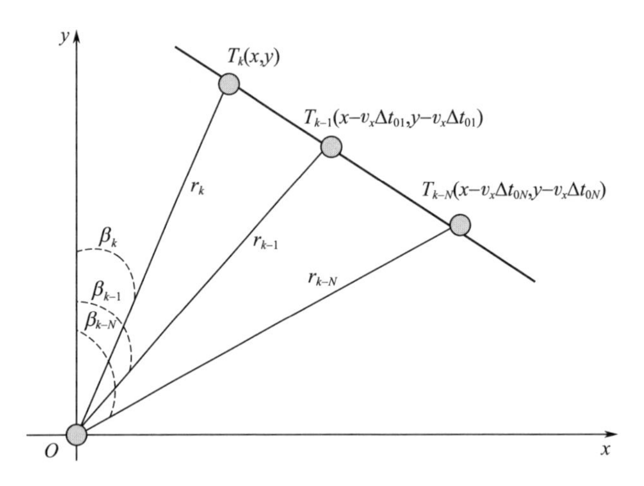

图 9.35 目标航迹图

$$\Delta m_{ij} = \text{round}((t_{t(k-i)} - t_{t(k-j)})/T_s) \tag{9-180}$$

由式(9-178)可得目标在任意两个位置 T_{k-i} 和 T_{k-j} 到接收机之间的距离之差为

$$\Delta r_{ij} = r_{k-i} - r_{k-j} = c[(t_{t(k-i)} - t_{t(k-j)}) - \Delta t_{ij}] \tag{9-181}$$

基于 DOA 和 TOA 的定位算法如下。

如图 9.35 所示，当目标在位置 T_k 时，有

$$y - v_y\Delta t_{0i} = r_{k-i}\cos\beta_{k-i} \tag{9-182}$$

为将 r_{k-i} 用 r_k 表示，由式(9-181)，有

$$r_{k-i} = r_k - \Delta r_{0i} \tag{9-183}$$

式(9-182)变为

$$y - v_y\Delta t_{0i} - r_k\cos\beta_{k-i} = -\Delta r_{0i}\cos\beta_{k-i} \tag{9-184}$$

同理，对于 x 坐标，有

$$x - v_x\Delta t_{0i} - r_k\sin\beta_{k-i} = -\Delta r_{0i}\sin\beta_{k-i} \tag{9-185}$$

由式(9-184)、式(9-185)可知，目标在 $N+1$ 位置可以得到 $2(N+1)$ 个方程，写成矩阵形式为

$$\boldsymbol{AX} = \boldsymbol{B} \tag{9-186}$$

式中：$\Delta t_{00}=0$，$\Delta r_{00}=0$；$\boldsymbol{A}$、$\boldsymbol{X}$、$\boldsymbol{B}$ 分别为

$$
\boldsymbol{A}=\begin{bmatrix}
1 & 0 & -\Delta t_{00} & 0 & -\sin\beta_k \\
0 & 1 & 0 & -\Delta t_{00} & -\cos\beta_k \\
1 & 0 & -\Delta t_{01} & 0 & -\sin\beta_{k-1} \\
0 & 1 & 0 & -\Delta t_{01} & -\cos\beta_{k-1} \\
\vdots & \vdots & \vdots & \vdots & \vdots \\
1 & 0 & -\Delta t_{0N} & 0 & -\sin\beta_{k-N} \\
0 & 1 & 0 & -\Delta t_{0N} & \cos\beta_{k-N}
\end{bmatrix},\quad
\boldsymbol{X}=\begin{bmatrix} x \\ y \\ v_x \\ v_y \\ r_k \end{bmatrix},\quad
\boldsymbol{B}=\begin{bmatrix}
-\Delta r_{00}\sin\beta_k \\
-\Delta r_{00}\cos\beta_k \\
-\Delta r_{01}\sin\beta_{k-1} \\
-\Delta r_{01}\cos\beta_{k-1} \\
\vdots \\
-\Delta r_{0N}\sin\beta_{k-N} \\
-\Delta r_{0N}\cos\beta_{k-N}
\end{bmatrix}
$$

式(9－186)有解的充要条件是 $\boldsymbol{A}$ 为列满秩矩阵，即 $\boldsymbol{A}$ 的秩为 5，有

$$\operatorname{rank}(\boldsymbol{A})=5 \tag{9-187}$$

设 $\boldsymbol{A}_i$ 表示矩阵 $\boldsymbol{A}$ 的第 i 列矢量，当目标做径向运动时，目标的方位值不变，设为 β_0，则有

$$\sin\beta_0\boldsymbol{A}_1+\cos\beta_0\boldsymbol{A}_2=-\boldsymbol{A}_5 \tag{9-188}$$

即说明，$\boldsymbol{A}$ 的第 5 列列矢量与第 1、2 列列矢量线性相关，式(9－187)不成立。因此，目标做径向运动时，式(9－186)没有唯一解。

式(9－186)是目标做匀速直线运动时得到的结果，如果目标以接收站为中心做圆周(圆弧)运动，则式(9－186)中矢量 $\boldsymbol{B}$ 为零矢量，得不到目标的位置坐标。

上述的目标位置可观测条件与相关文献相同，避免了复杂的运算。

在 $\boldsymbol{A}$ 满足有解条件式(9－187)时，式(9－186)的解为

$$\boldsymbol{X}=(\boldsymbol{A}^{\mathrm{T}}\boldsymbol{A})^{-1}\boldsymbol{A}^{\mathrm{T}}\boldsymbol{B} \tag{9-189}$$

式(9－189)能够同时实现目标位置、速度分量和目标距离的估计。

9.2.3　多站定位

近年来，应用于单站无源定位的技术和系统装备发展迅速，但是定位精度和响应时间不太令人满意。目前，正在研究的一些单站快速无源定位技术的测量参数和可观测性的要求比较苛刻，技术实现难度大，工程适应性较差，尚需加大研究力度。在当前作战需求和技术条件下，多站组网定位技术仍为有效的技术手段。多站无源定位系统相对于单站无源定位，能够在更短的时间内达成高精度定位。当前技术发展的趋势使得多站无源定位系统更强化系统的通用性，更注重基于数据链的高效协同，实现各种类型平台之间的协同和数据共享，从而及时准确地实现对目标辐射源的定位和跟踪。

定位体制通常由所采用的观测量决定,多站无源定位中常见的定位体制如下。

(1)测向交叉定位体制。这种定位体制是一种广泛应用的经典体制,其利用多站测得的多个辐射源信号到达角,构建角度观察方程组,由此解算目标位置。在几何上,每个观测站测得的角度对应一条方向线,多个方向线相交得到目标的位置。这种方法对距离的依赖性比较强,当辐射源距离观测站较远时,较小的角度测量误差将造成很大的定位误差,不易实现精确定位。

(2)多站时差定位体制。该定位体制利用测量辐射源信号到达不同观测站的时差参数构建时差观测方程组,联合多个时差观测方程计算辐射源的位置。几何上一个时差参数确定了一个双曲面,多个双曲面相交的交点是辐射源的位置。根据当前时差参数估计的精度水平,该体制可以实现较高的目标辐射源定位精度。

(3)多普勒频差定位体制。当辐射源和观测站之间存在相对运动时,可以通过测量多个观测站的多普勒频差,构建多普勒频差观测方程组,估计目标的位置和速度信息。

(4)复合定位体制。通过综合运用多种类型的观测参数构成复合定位体制,常见的有多站测向和时差联合定位、多站测向和多普勒频差联合定位、多站时差频差联合定位等。复合定位体制通常具有更高的定位精度或以更少的观测站达到所需的定位精度,并且能适应更多类型的辐射源。

多站无源定位常用方法特点比较如表9.2所列。

表9.2 多站无源定位常用方法特点比较

定位方法	优 点	缺 点
到达角(AOA)	方法简单,易于实现	天线系统通常较复杂 定位精度不高 距离高度比很大时俯仰角难以准确测量 要求运动观测平台姿态信息
到达时间差(TDOA)	定位精度高 高精度定位区域大 不受运动平台姿态影响	系统复杂 时统要求很高 需要宽带数据链
到达频率差(FDOA)	定位精度高 高精度定位区域大 不受运动平台姿态影响	目标快速运动时会引起大的定位误差 需要宽带数据链

9.2.3.1 测向交叉定位

多站测向交叉定位是利用多个观测平台得到的目标测向线在空间中相交而确定目标位置的方法。不管是在二维空间还是三维空间,最少只要两条不同观测站

的测向线就可以实现交叉定位而确定目标的位置。

如图9.36所示,双站DF_1、DF_2的坐标位置为(x_1,y_1)、(x_2,y_2)。两个观测站对目标辐射源进行测向后得到的方位分别为(α_2,α_2),则两条示向度线的交会点T就被认为是目标辐射源所处的地理位置,其坐标记为(x_T,y_T)。

对(x_T,y_T)的确定,可以采用几何学的方法计算出来,也可以在地图上进行人工交会定位。通过计算可得交会定位的结果为

$$x_T=\frac{y_2-y_1+x_1\csc\alpha_1+x_2\csc\alpha_2}{\csc\alpha_1+\csc\alpha_2} \tag{9-190}$$

$$y_T=\frac{y_2\csc\alpha_1+y_1\csc\alpha_2+(x_1-x_2)\csc\alpha_1\csc\alpha_2}{\csc\alpha_1\csc\alpha_2} \tag{9-191}$$

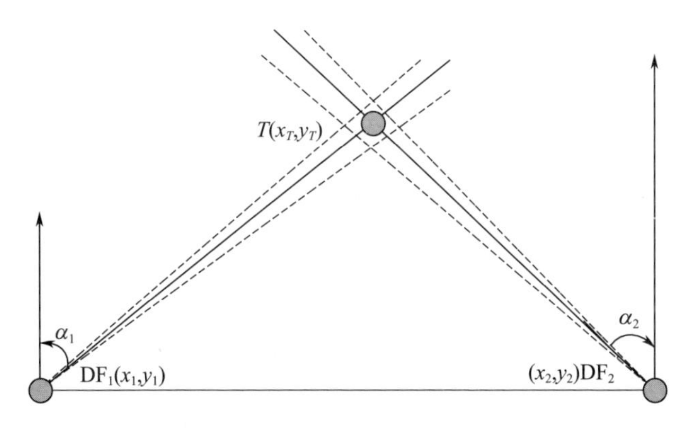

图9.36　双站测向交叉定位

实际上,DF_1、DF_2的自定位位置坐标及观测方位都不可避免地存在误差,所以定位误差亦不可避免地存在。若不考虑自定位误差,并假设两观测站测向误差的最大值同为$\pm\Delta\alpha$,则真实来波方位分别位于以示向线(α_1,α_2)为中心的$\pm\Delta\theta$扇形区域范围内。这样目标辐射源的真实位置应该位于两扇形区相交的四边形区域内,由于测向误差是$\pm\Delta\alpha$范围内的任意值,因此目标辐射源的真实位置可能出现在四边形区域内的任何点上,或者说,无法确定目标辐射源在区域中的真实具体位置,也称四边形区域为定位模糊区。

定位模糊区面积的大小是决定定位精度高低的一个主要指标,四边形的面积越小,说明定位精度越高。

如上所述,对固定目标的定位可以按照几何学的方法直接求解结果,这对测向精度的要求较高。由于观测站DF_1、DF_2处于运动状态,因此可以对定位结果的估计进行滤波处理。

首先建立相应的状态方程和测量方程：

取状态变量为

$$\boldsymbol{X}_i = [x_i \quad y_i]^{\mathrm{T}} \tag{9-192}$$

有

$$\boldsymbol{X}_i = \boldsymbol{\phi}(i,i-1)\boldsymbol{X}_{i-1} + \boldsymbol{U}_i \tag{9-193}$$

其中，$\boldsymbol{\phi}(i,i-1) = \boldsymbol{I}_2$，且

$$\boldsymbol{U}(i,i-1) = -\begin{bmatrix} x_0(i) - x_0(i-1) \\ y_0(i) - y_0(i-1) \end{bmatrix}$$

该状态模型假设目标为固定目标。

测量模型见如下公式。

观测站 DF_1 测向方位：

$$\alpha_{1i} = \arctan\frac{x_T - x_{1i}}{y_T - y_{1i}} \tag{9-194}$$

观测站 DF_2 测向方位：

$$\alpha_{2i} = \arctan\frac{x_T - x_{2i}}{y_T - y_{2i}} \tag{9-195}$$

对测量方程的拟线性化，得到拟线性化函数为

$$\begin{gathered} G(\alpha_{1i}, \tilde{x}) = \left[\frac{\cos\alpha_{1i}, -\sin\alpha_{1i}}{\tilde{x}\sin\alpha_{1i} + \tilde{y}\cos\alpha_{1i}}\right]\begin{bmatrix} x_{1i} - \tilde{x} \\ y_{1i} - \tilde{y} \end{bmatrix} \\ G(\alpha_{2i}, \tilde{x}) = \left[\frac{\cos\alpha_{2i}, -\sin\alpha_{2i}}{\tilde{x}\sin\alpha_{2i} + \tilde{y}\cos\alpha_{2i}}\right]\begin{bmatrix} x_{2i} - \tilde{x} \\ y_{2i} - \tilde{y} \end{bmatrix} \end{gathered} \tag{9-196}$$

设观测站运动过程中进行了 N 次测向，则所有的测量方程可以写成矩阵形式，即

$$\boldsymbol{H} \cdot \boldsymbol{X} = \boldsymbol{C} \tag{9-197}$$

其中

$$\boldsymbol{H} = \begin{bmatrix} \cos\alpha_1 & -\sin\alpha_1 \\ \vdots & \vdots \\ \cos\alpha_N & -\sin\alpha_N \end{bmatrix}$$

$$X = \begin{bmatrix} x \\ y \end{bmatrix}$$

$$C = \begin{bmatrix} x_{01}\cos\alpha_1 - y_{01}\sin\alpha_1 \\ \vdots \\ x_{0N}\cos\alpha_N - y_{0N}\sin\alpha_N \end{bmatrix}$$

求解上式就可以得到目标的位置的解为

$$X = (H^{\mathrm{T}}H)^{-1}H^{\mathrm{T}}C \tag{9-198}$$

这就是定位处理的最小二乘方法。

对于多次定位，其椭圆误差参数为

$$\lambda = \sum_{i=1}^{k}(\sin^2\alpha_i/(\sigma_i^2 D_i^2)) \tag{9-199}$$

$$\mu = \sum_{i=1}^{k}(\cos^2\alpha_i/(\sigma_i^2 D_i^2)) \tag{9-200}$$

$$\nu = \sum_{i=1}^{k}(\sin\alpha_i\cos\alpha_i/(\sigma_i^2 D_i^2)) \tag{9-201}$$

式中：α_i 为在第 i 个位置上测得的方位角；σ_i 为第 i 个方位线的标准偏差（可与均方根误差换算）；D_i 为从第 i 个测向位置到目标的估计距离；k 为测向位置数。运用参数 λ、μ 和 ν，可以从下式计算椭圆概率误差的长半轴 a 和短半轴 b，即

$$a^2 = 2/[\lambda + \mu - \sqrt{(\lambda - \mu)^2 + 4\nu^2}] \tag{9-202}$$

$$b^2 = 2/[\lambda + \mu + \sqrt{(\lambda - \mu)^2 + 4\nu^2}] \tag{9-203}$$

等概率的椭圆等交线由下式定义，即

$$\frac{x^2}{a^2} + \frac{y^2}{b^2} = -2\ln(1-p) \tag{9-204}$$

式中：p 为目标位于椭圆等交线所包围的区域内的概率。

圆概率误差估算公式有各种表达式，为统一起见，我们按下式计算，即

$$\mathrm{CEP} = 0.75\,(\sigma_X^2 + \sigma_Y^2)^{1/2} \tag{9-205}$$

利用双运动观测站对固定辐射源目标进行测向交叉定位的仿真示例如下。

假设观测站的运动航线为直线并通过被测目标到航线的垂点，示意图如图 9.37所示。

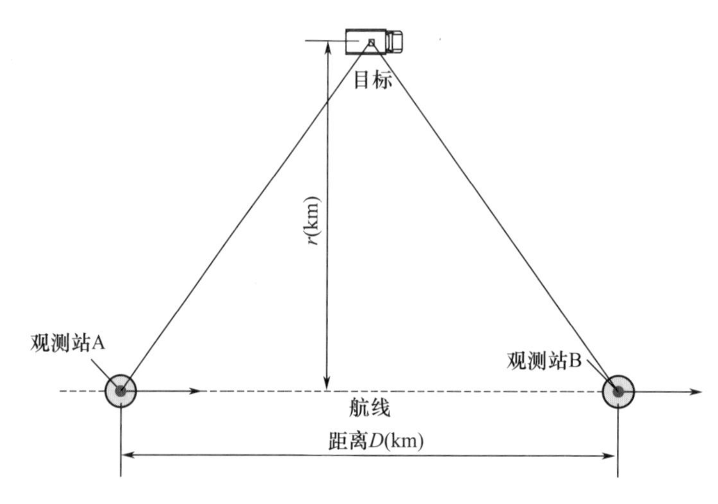

图 9.37 双站测向交叉定位示意图

双站相距 20km，目标到双站连线的垂直距离为 200km，双站对辐射源信号的测向精度为 2°，仿真结果如图 9.38 所示。

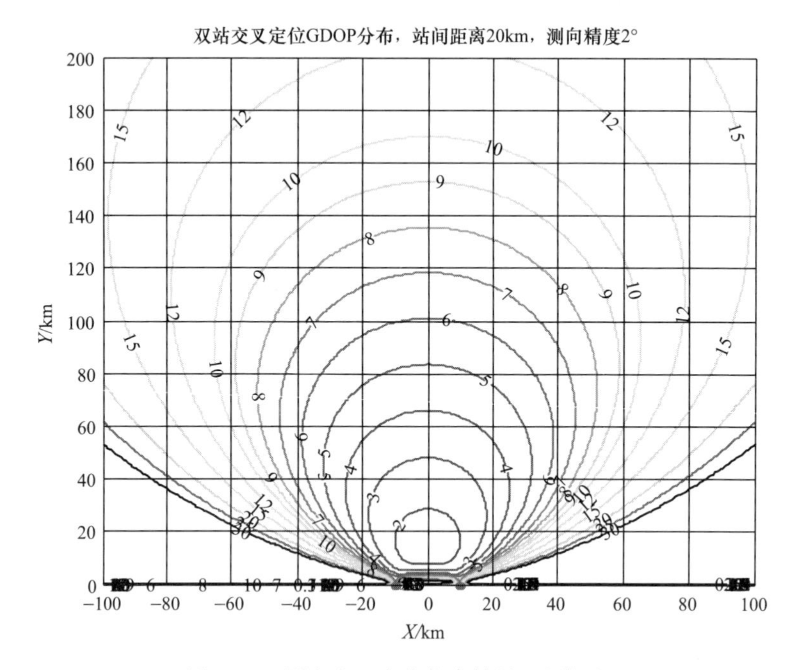

图 9.38 测向交叉定位仿真结果(见彩图)

双站交叉定位精度随站间距变化的情况仿真如图 9.39。

通过对测向交叉定位原理以及误差分析的研究表明，在多站测向交叉定位系

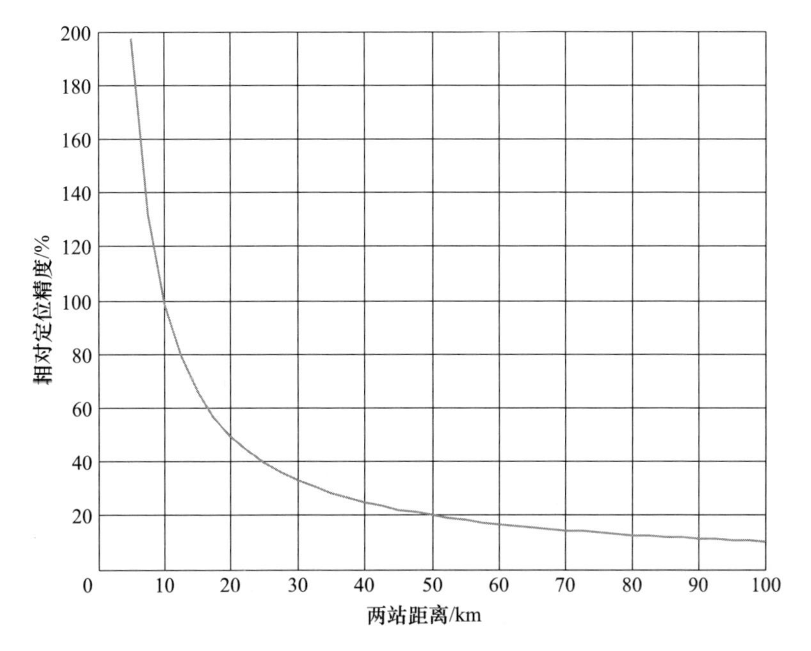

图 9.39 交叉定位精度随站间距变化(测向误差 = 2°,自定位误差 5m)

统中,定位观测站之间的基线长度越大,测向角度越准确,则定位精度越高。

9.2.3.2 多站时差定位

时差定位是利用辐射源信号到达各个观测站之间的时间差来确定辐射源的位置的。和其他测向定位体制相比,时差定位系统对通道的幅度、相位没有要求,并且与频率无关。因此,时差定位系统的接收天线可采用高增益且有一定方向性的天线。同时,时差定位系统是长基线定位系统,相对于短基线的测向定位系统而言,有更高的定位精度。

时差定位的原理是辐射源信号到达两个观测站组成的侦察基线之间存在着时间差,由这个时间差可以绘制一条所有可能的辐射源位置的双曲线,如果另有一条侦察基线,则可以得到另外一条双曲线,两条双曲线的交点就是辐射源的计算位置。图 9.40 所示为三站时差定位原理图。因此,时差定位一般采用三站方式形成两条工作基线,在某些场合,也可以采用更多的观测站,形成多个基线配置,其定位精度将更高。

图 9.40 中,d_0 是辐射源到中心站的距离,d_1 是辐射源到辅站 1 的距离,d_2 是辐射源到辅站 2 的距离,设中心站与辅站 1 接收辐射源信号的时间延迟为 τ_1,中心站与辅站 2 接收辐射源信号的时间延迟为 τ_2,则存在以下关系式,其中 c 为光速:

$$\begin{aligned} d_0 - d_1 &= \tau_1 \cdot c \\ d_0 - d_2 &= \tau_2 \cdot c \end{aligned} \tag{9-206}$$

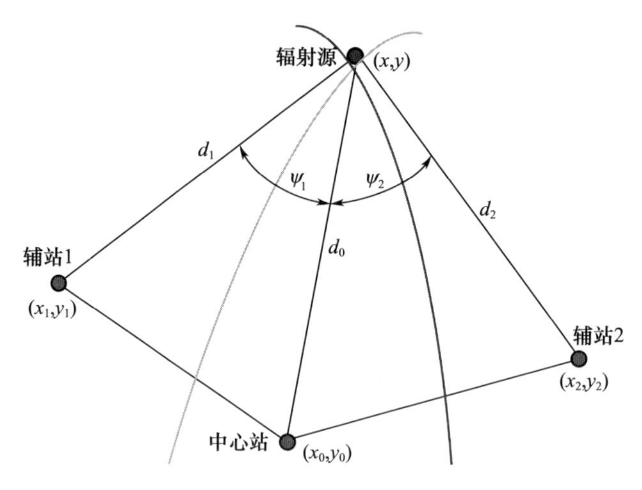

图 9.40　时差定位原理(见彩图)

由双曲线的定义(到两点距离差为定值的点的轨迹),可以求解双曲线方程组:

$$\begin{cases} \sqrt{(x-x_0)^2+(y-y_0)^2}-\sqrt{(x-x_1)^2+(y-y_1)^2}=\tau_1 c \\ \sqrt{(x-x_0)^2+(y-y_0)^2}-\sqrt{(x-x_2)^2+(y-y_2)^2}=\tau_2 c \end{cases} \tag{9-207}$$

上述方程组的解就是辐射源的位置坐标。

对于多站无源定位系统而言,在二维平面内辐射源信号到达两观测站的时间差确定了以两观测站为焦点的半边双曲线,如果利用 3 个观测站形成两条半边双曲线,求解这两条半边双曲线的交点,即可以确定辐射源的位置。在三维空间中,利用 4 个观测站可得到 3 个相对时差值,2 个旋转双曲面相交得到一条线,3 个双曲面相交则可得到为目标位置的定位交点。

对于水平构形的时差定位系统,其对目标在高度上的定位精度不高,特别是当目标与观测站平面距离较小的时候,其对目标在高度上的定位能力很低,因此,多站时差定位系统考虑采用高度假设的非迭代定位算法。

高度假设的非迭代定位算法的基本思想是:在三站条件下,理论上只能对平面内的辐射源进行定位,因此,往往是假定辐射源的高度与 3 个观测站在同一平面内,这必然会给辐射源的定位带来一定的系统误差。为了降低假设辐射源高度为零所引起的系统误差,应根据经验或辅助信息对辐射源的高度做出合理假设,同时用伪逆法求解辐射源定位误差。

高度假设时的时差定位水平定位精度用 GDOP 表示为

$$\mathrm{GDOP}=\sqrt{\sigma_x^2+\sigma_y^2} \tag{9-208}$$

计算如图 9.41 所示时差定位系统布局图，对多站时差无源定位系统在探测区域内的 GDOP 分布进行仿真，可以得到系统对辐射源定位的精度分布规律，三站时差定位系统的 GDOP 分布如图 9.41 所示，四站时差定位系统的 GDOP 分布如图 9.42 所示。

由图 9.41 ~ 图 9.45 可以看出，基线角增大，定位精度提高；基线拉长，定位精度提高；在基线方向附近区域定位精度大幅降低，在基线方向上甚至无法定位。

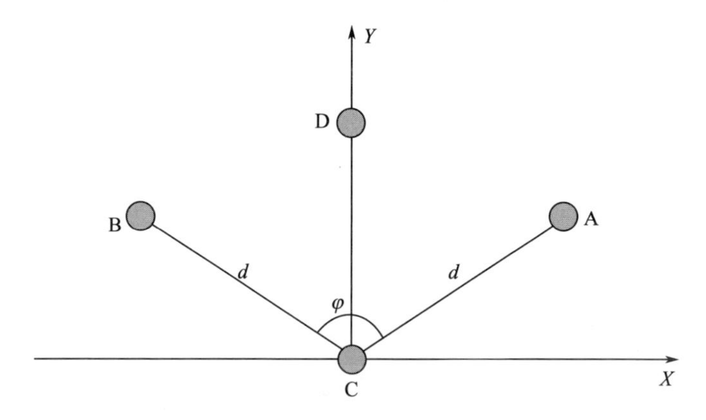

图 9.41　时差定位系统的 GDOP 布局

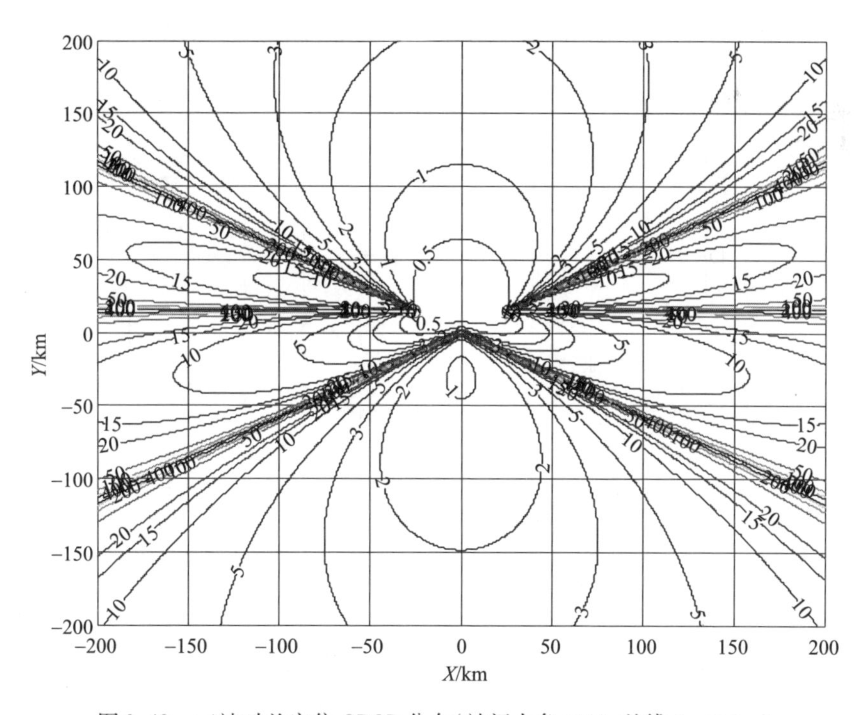

图 9.42　三站时差定位 GDOP 分布（站间夹角 120°，基线 $L=30$km）

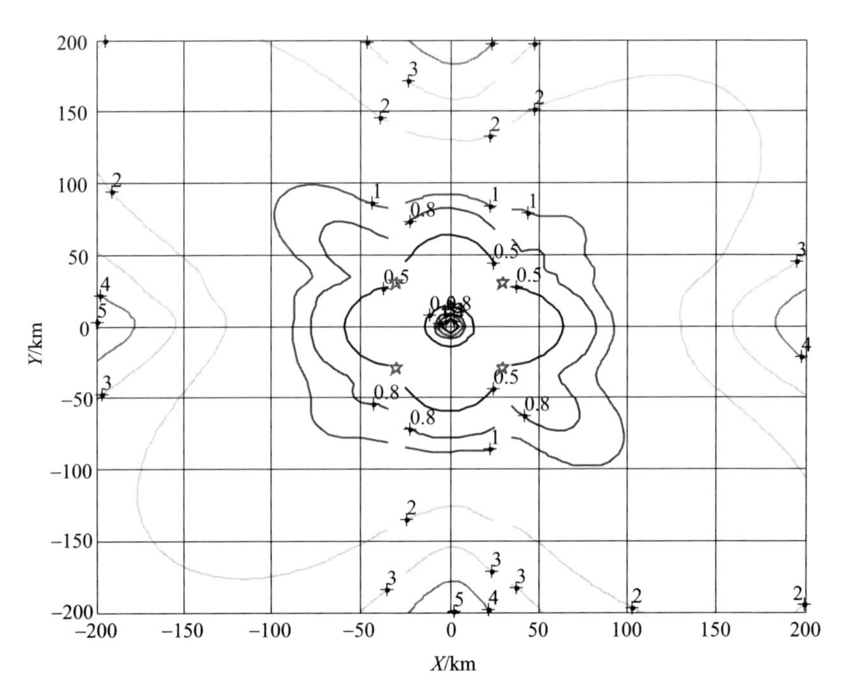

图 9.43　四站时差定位 GDOP 分布(站间距 30km,四站正方形部署)(见彩图)

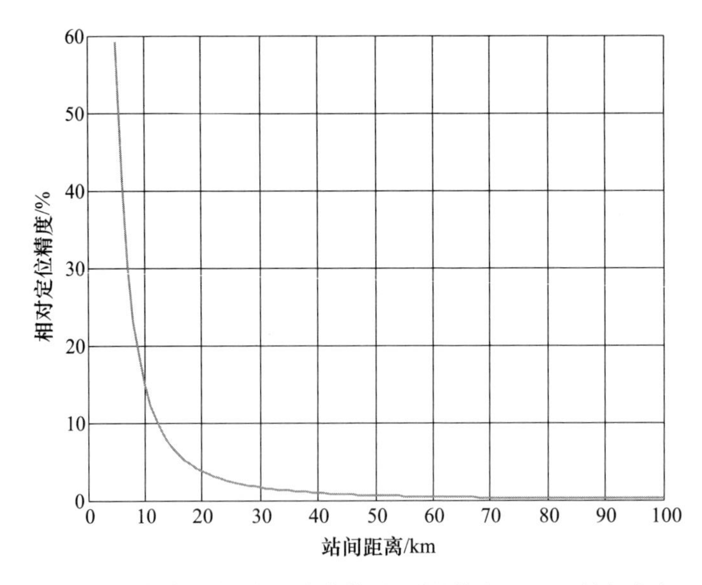

图 9.44　时差定位精度随站间距变化情况(时差精度:0.1μs;站间夹角:180°)

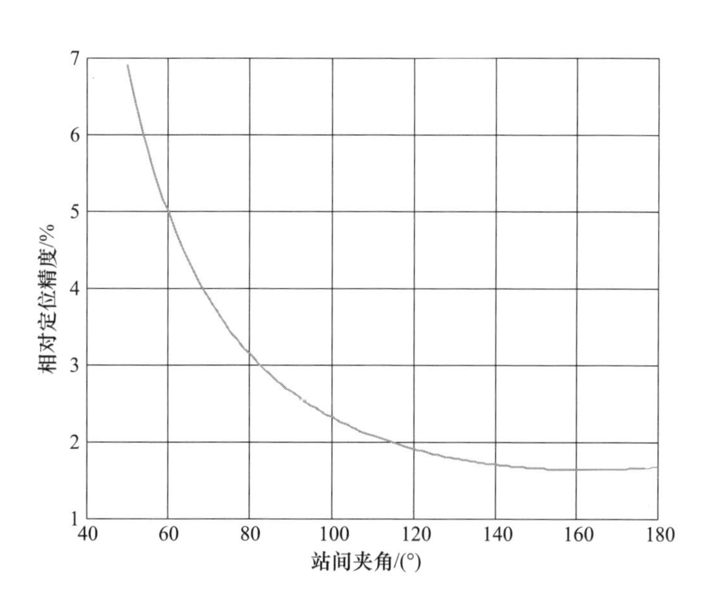

图9.45 时差定位精度随站间夹角变化情况(时差精度:0.1μs;站间距:30km)

9.2.3.3 时差频差联合定位

多站时差频差联合定位的示意图如图9.46所示。

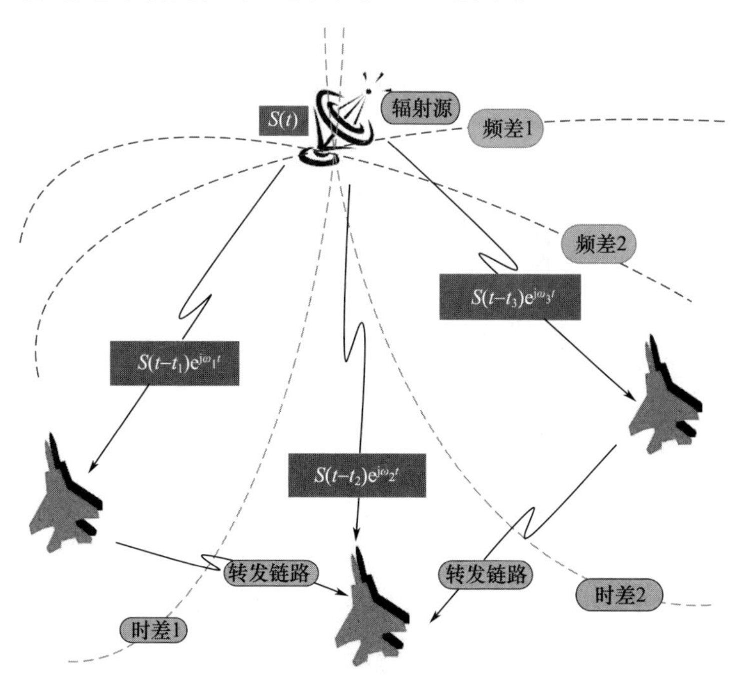

图9.46 时差频差联合定位示意图(见彩图)

两个观测站之间到达时间差的测量，确定一条双曲线，基线越短，距离越远，测量误差的影响越大，并且目标越接近基线延长线，测量误差的影响越大。在基线的垂直方向上具有较好的定位能力。接收站自身的定位误差，对平面上任一位置的目标来说，等效的测时误差是一样的，因此，影响较大。

两个运动的观测站之间的多普勒频率差的测量，确定一条曲线，当目标运动方向和观测站基线方向一致时，基线越短，距离越远，测量误差影响越大，在基线的延长线上，定位误差为无穷大，在基线的中垂线方向上具有较好的定位能力。接收站自身定位误差的影响随相对角速度的增加而增大，自身速度的测量误差可以等效为固定的多普勒频率测量误差。

综合利用各参数定位的特点，可以减少观测站数量，减少非测量参数因素引起的误差，提高系统的定位能力。

双站时差频差联合定位的测量方程为

$$\begin{aligned} S_1(x_e, y_e) &= \tau_{12} = \frac{R_1 - R_2}{c} \\ &= \frac{1}{c}\left[\sqrt{(x_1 - x_e)^2 + (y_1 - y_e)^2} - \sqrt{(x_2 - x_e)^2 + (y_2 - y_e)^2}\right] \end{aligned} \quad (9-209)$$

$$\begin{aligned} S_2(x_e, y_e, f_e) &= v_{12} = \frac{f_e}{c}\frac{\mathrm{d}}{\mathrm{d}t}(R_1 - R_2) \\ &= \frac{f_e}{c}\left[\frac{(x_1 - x_e)V_{x1} + (y_1 - y_e)V_{y1}}{\sqrt{(x_1 - x_e)^2 + (y_1 - y_e)^2}} - \frac{(x_2 - x_e)V_{x1} + (y_2 - y_e)V_{y1}}{\sqrt{(x_2 - x_e)^2 + (y_2 - y_e)^2}}\right] \end{aligned} \quad (9-210)$$

式中：$(x_1, y_1, V_{x1}, V_{y1})$和$(x_2, y_2, V_{x2}, V_{y2})$分别为观测站的坐标和速度；$(x_e, y_e)$为辐射源的坐标。

上述方程组的解就是辐射源的位置坐标。

双站前后运动时的等频差分布图如图 9.47 所示。双站并排运动时的等频差分布图如图 9.48 所示。

通过时差频差联合定位，两个平台就可以实现对目标的即时定位。以两架飞机组网协同时差频差联合定位为例，按照两架飞机并排飞行和前后飞行两种情况分别进行仿真，双机时差频差联合定位精度仿真结果如图 9.49 和图 9.50 所示。

由图 9.49 和图 9.50 可以看出，对于双机时差频差联合定位，目标处于飞机连线及其延长线上和飞机的飞行方向上都是不可定位和跟踪的，也就是不可观测的。

双机时差频差联合定位方法可以实现对固定目标定位；通过跟踪算法，则可实现对地面或海面的慢速运动目标的定位和跟踪。

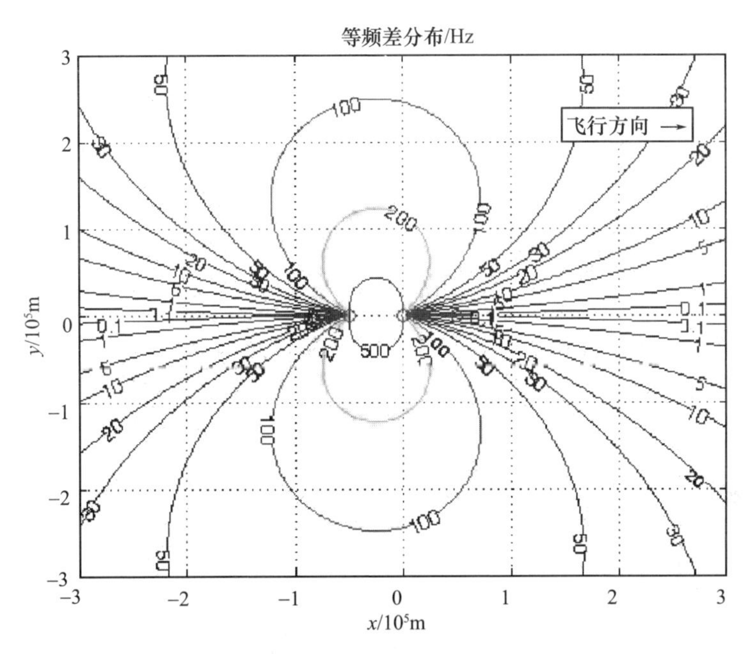

图 9.47 双站前后运动时等频差分布图(见彩图)

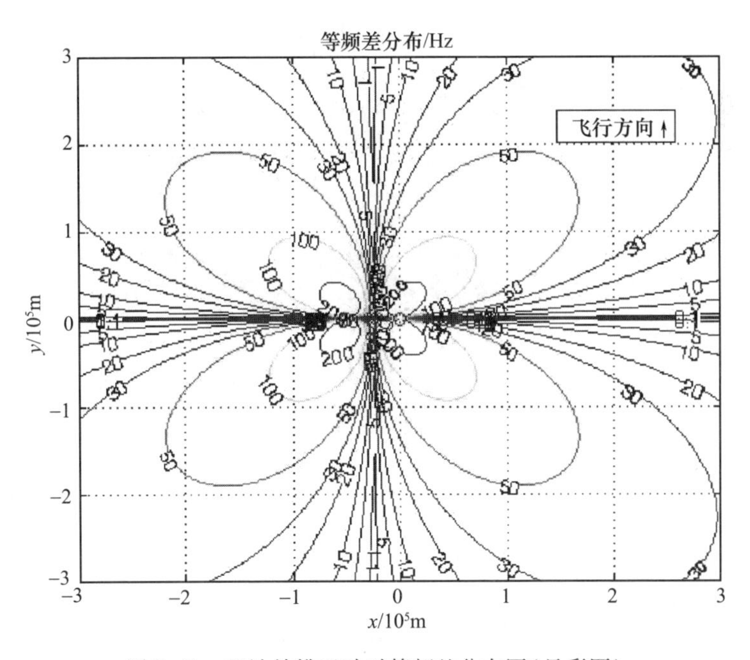

图 9.48 双站并排运动时等频差分布图(见彩图)

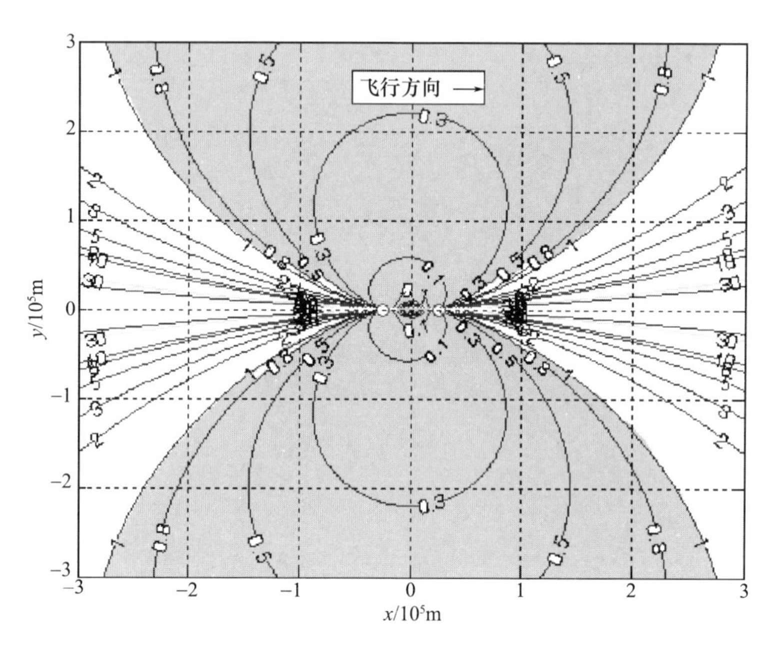

图 9.49　双机前后飞行时频差联合定位(见彩图)

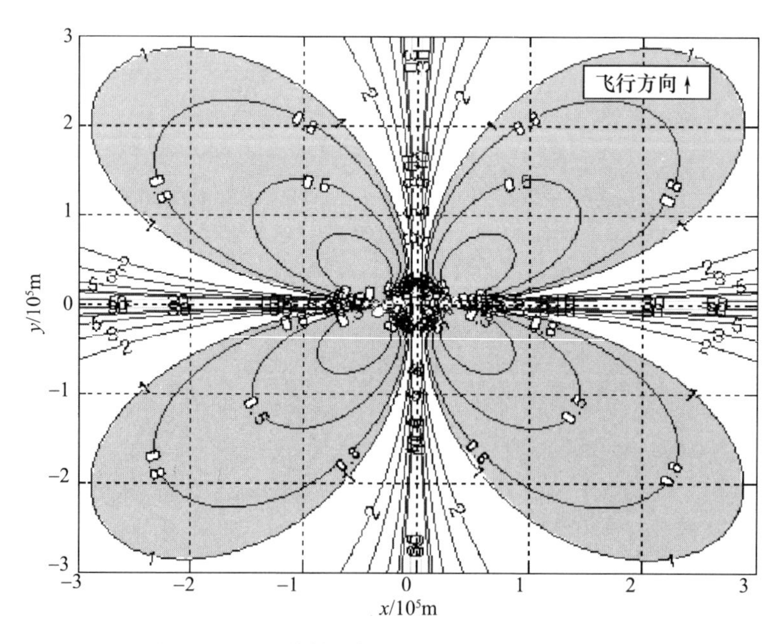

图 9.50　双机并排飞行时频差联合定位(见彩图)

9.2.4 特殊定位方法

9.2.4.1 基于概率的定位方法

常规的几何定位的基本方法是由一个测量值确定一个定位曲面(线),多个曲面相交得到目标的位置,多次测量、定位和滤波得到目标的航迹,如测向交叉定位法。这些方法在定位的具体实现中存在几个问题。

(1) 定位计算的观测方程一般为非线性方程,可能不存在解析解。

(2) 由于测量值存在误差,可能存在无解或非唯一解的情况。

由于定位过程中,目标位置是其他物理量(如到达角(DOA)、到达时间差(TDOA)、多普勒频率)等测量参数实现的。某个具体测量值对应了目标区域的一个子集,根据测量结果和误差预计,可以得到这个子集上的目标概率分布函数。基于概率的定位方法就是根据这些可能得到的子集,计算整个目标区域的概率分布,并将全域概率分布函数的峰值作为定位计算的结果,这就是基于概率的定位方法。

首先假定测量的误差是由多种因素引起的,其综合效果形成了实际的误差,用统计的观点来看,可以认为该误差分布呈正态分布。设某个意义的测量 X 的具体测量结果为 X_0,可以用 X 的概率密度函数来描述,即

$$P(X)=\frac{1}{\sqrt{2\pi\sigma}}\exp\left(-\frac{(X-X_0)^2}{2\sigma^2}\right) \tag{9-211}$$

式中:σ 为测量误差方程。

在只测角定位中,式(9-211)形式为

$$P(\alpha,\beta)=\frac{1}{2\pi\sigma_\alpha\sigma_\beta}\exp\left(-\frac{(\alpha-\alpha_0)^2}{2\sigma_\alpha^2}-\frac{(\beta-\beta_0)^2}{2\sigma_\beta^2}\right) \tag{9-212}$$

式中:σ_α 为方位角测量误差方差;σ_β 为俯仰角测量误差方差;α_0 为方位角测量值;β_0 为俯仰角测量值。

在定位坐标系中,测量方程为

$$\begin{cases}\alpha=a\tan\left(\dfrac{y-y_a}{x-x_a}\right)\\ \beta=a\tan\left(\dfrac{z-z_a}{\sqrt{(x-x_a)^2+(y-y_a)^2}}\right)\end{cases} \tag{9-213}$$

将式(9-213)在 X 处进行泰勒展开简化,代入上述概率函数后,可以得到基于概率的测向定位概率密度函数为

$$P(X)=\frac{1}{2\pi\sigma_{\alpha}\sigma_{\beta}}\exp[F(x,y,z)] \tag{9-214}$$

其中

$$F(x,y,z)=-\frac{\left(\frac{\partial f}{\partial x}(x-x_0)+\frac{\partial f}{\partial y}(y-y_0)+\frac{\partial f}{\partial z}(z-z_0)+f(x_0,y_0,z_0)-w_z\right)}{2\sigma^2}$$

多个测量值的概率密度由单个测量的概率密度函数相乘产生,所有的单个测量的概率密度函数都是指数函数,总的概率密度函数也是一个指数函数,其指数是各个函数的指数和,即

$$F(x,y,z)=\sum_{i=1}^{k}F_i(x,y,z) \tag{9-215}$$

在单个目标的情况下,就可以得到目标区域的概率分布 $P(X)$,将它作为二维位置以外的第三维,以等高线的形式进行显示。概率分布的峰值对应了目标辐射源的位置,通过查找峰值的位置及其概率值,就可以得到目标辐射源的位置信息和定位概率信息。

事实上,基于概率的定位方法还可以实现对多个目标的同时测量定位。通过一定的门限限制,查找定位区域内的多个概率分布峰值,可以确定目标区域内的定位目标数量及其定位位置。

基于概率的定位方法主要包括以下步骤:

(1) 滤波算法;

(2) 目标区域信息融合;

(3) 目标概率计算;

(4) 概率分布峰值搜索和目标位置确定。

9.2.4.2 基于神经网络的定位方法

神经网络是目前进行理论与应用研究的一个热点,具有独特的自组织、自学习和超强的容错能力。它能解决许多数学公式难以准确描述的问题,较适合存储容量大、处理速度快的场合。

神经网络的主要功能和特点如下。

(1) 自适应学习能力。对于一个实际的应用问题,网络可以通过特定的样本进行训练,能根据周围环境的变化来调整网络结构,根据某种学习机制自己总结经验,对一些没有规律的问题做出反应和对策。

(2) 高度线性和非线性的映射能力。神经网络以与人脑有些相同的方式来解决复杂问题,不需要完备数据,能从典型的事例中获取满意的结果。

(3) 分散的信息存储方式。在神经网络计算机中,一个信息不是存放在一个地方,而是分布在整个网络中,对某个文件的损坏并不影响整个信息,具有较强的容错性和抗干扰性。

(4) 能够进行实时处理。神经网络计算机的信息处理是在大量处理单元中并行且有层次地进行,信息存储和处理合二为一,减少了数据传输的时间。

(5) 具有一网多用的特点。同一网络通过不同的训练样本完成不同的功能,且同一网络的训练方法不同其具有不同的用途。

神经网络用于辐射源测向定位的主要工作流程如下。

(1) 将各个测向站在同一时刻所测得的方位角存于测向定位数据库中。

(2) 通过计算优选合理的样本,形成训练用样本集合,由神经网络进行学习。

(3) 通过学习,得到权值调整好的收敛的神经网络,这可以由新测向数据送给神经网络进行识别,将识别出的结果由解释系统进行解释,得到目标辐射源的位置。

9.2.4.3 基于外辐射源的定位方法

外辐射源定位技术主要是利用电磁环境中的电视信号、GPS 信号、移动通信信号、调频广播信号等作为辐射源,利用目标反射信号及外辐射源直达信号获得时差、方位等测量量,根据观测站和外辐射源的位置关系计算出目标的位置信息。外辐射源定位系统具有较强的反隐身能力和抗干扰能力。利用多个外辐射源信号可以提高定位精度、增强目标探测能力。

早在第二次世界大战以前,人们就提出了利用环境中的信号进行被动探测的概念。1935 年,英国的 Robert Watson - Watt 爵士和他的助手利用 Daventry 的 BBC 短波信号电台成功探测到 12km 以外的一架 Heyford 轰炸机,验证了利用环境信号探测目标的可行性。

20 世纪 30 年代,许多国家的防控网络均采用双基地雷达探测系统,如英国部署的 CHAIN HOME 探测系统、法国的“屏障”系统和苏联部署的 RUS - 1 连续波双基地雷达系统,日本研发的“A 型”连续波双基地雷达系统。

第二次世界大战中,德国的 Kleine Heidelberg Parasit 雷达被用于实战环境,其利用英国的 Chain Home 雷达信号作为非合作照射源来探测盟军飞机,探测距离可以达到 450km。

随着计算能力的提高和数字接收机技术的发展,1986 年,英国伦敦大学 Griffiths 等提出了基于模拟电视信号的外辐射源雷达系统;1992 年,又提出了利用卫星转播电视信号作为外辐射源的雷达系统。1998 年,美国的 Lockheed Martin 公司研制出了“沉默哨兵”外辐射源雷达探测系统,利用商业调频电台和电视台的信号进行实时探测、跟踪监视区内的运动目标。目前,该系统已经发展到了第三代。

21 世纪初,英国的 Weedon 和 Fisher 进行了联合 PCR(Passive Coherent Radar)和 ESM(Electronic Support Measure)相关技术的研究,并在实测场景下验证了该方案的可行性。

国内方面,自 20 世纪 80 年代开始进行外辐射源雷达的研究工作,一些大学和研究所相继开展了基于各种非合作照射源的外辐射源雷达的理论研究和工程试验,并研制了相关的设备。

外辐射源定位系统的主要构成如图 9.51 所示。主天线用于接收目标反射信号,辅助天线用于接收直达波信号,对这些信号进行检测、滤波、对消等处理后,可以获得目标的方位信息、距离信息、多普勒信息等,通过数据处理可以对目标实现定位跟踪。

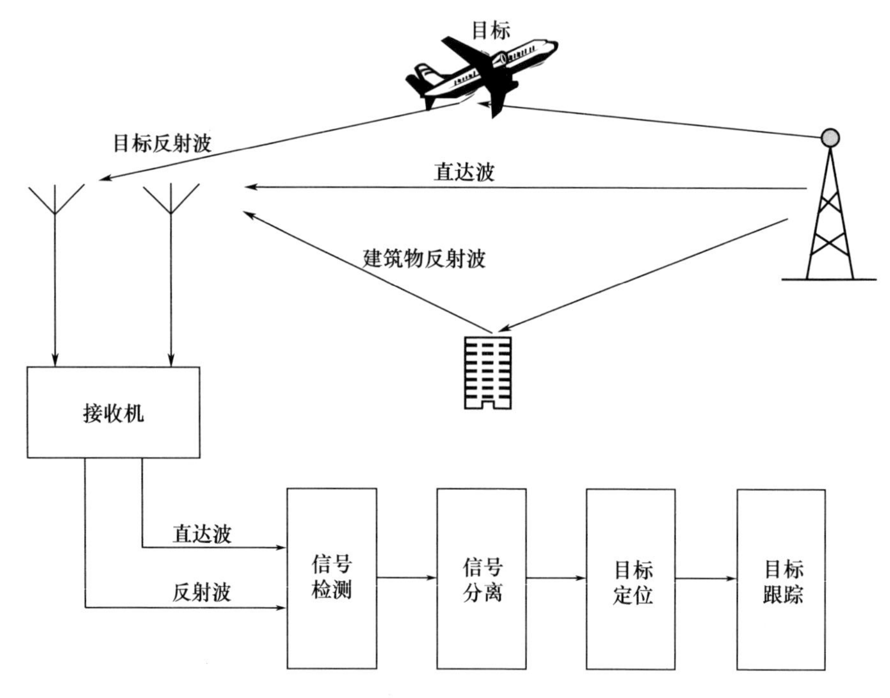

图 9.51　外辐射源定位系统

由单个观测站或多个观测站,在观测到目标并提取到目标反射信号和直达波信号后,经过适当的信号处理以及数据处理,可以确定出三维空间中目标的位置信息。

常用的基于外辐射源的定位方法主要有测向交叉定位法、测时差定位法、多普勒频移定位法、相位变化率定位法、测向测时差定位法、测向测多普勒频率定位法等。

基于外辐射源信号的目标无源定位方法主要的关键技术为直达波抑制技术、定位参数估计技术和目标的识别跟踪技术。

(1) 直达波抑制技术。由于直接采用通信系统信号源作为辐射源,接收到的目标反射信号中会混入强大的直达波信号,真正的反射信号完全淹没在直达波信号中,直达波信号强度一般会比反射信号强70~90dB。要在存有直达波信号的通道中检测出反射信号,需要有较好的方法对直达波进行抑制。目前采用的方法是利用两个天线分别接收直达波和反射波,再利用自适应滤波算法进行直达波对消以达到直达波抑制的效果。

(2) 定位参数估计技术。外辐射源无源定位系统的定位参数估计中最重要的一种处理技术是基于时频二维相关处理的参数估计技术。其利用辅助通道信号与主通道信号进行时频二维相干匹配滤波,实现对目标反射波信号的时延参数、多普勒频率参数和DOA参数的提取。时频二维相关处理技术的原理如图9.52所示。

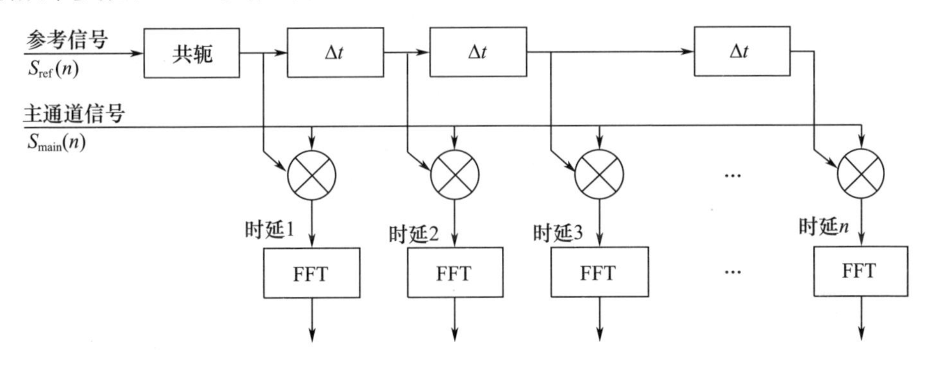

图9.52　时频二维相关处理原理图

图9.52中,对参考信号和主通道信号进行运算处理后,可以实现对目标反射波信号相对直达波信号的时延参数、多普勒频率参数、DOA参数的估计。

(3) 目标的识别跟踪技术。基于外辐射源信号的目标无源定位系统在实现对目标的检测之外,还需要在一段时间内对目标进行定位跟踪。目标跟踪算法可以采用扩展卡尔曼滤波或基于极大似然准则的批处理跟踪等算法实现,目标识别方法可以根据目标在运动轨迹上的特征进行识别判断。

参考文献

[1] 鲁道夫·格拉鲍. 无线电测向技术[M]. 平良子,译. 成都:西南电子电信技术研究所,1993.

[2] 徐世泉. 利用相关干涉仪原理的测向系统[J]. 中国无线电管理,1995(01).

[3] 邵建华. 短基线时差法测向定位及精度分析[J]. 航天电子对抗,1998(02).
[4] 王永良,等. 空间谱估计理论与算法[M]. 北京:清华大学出版社,2004.
[5] 周一宇,等. 电子对抗原理与技术[M]. 北京:电子工业出版社,2014.
[6] 孙仲康,等. 单站无源定位跟踪技术[M]. 北京:国防工业出版社,2008.
[7] 刘永坚,等. 运动多站无源定位技术[M]. 北京:国防工业出版社,2015.
[8] 张洪顺,王磊. 无线电监测与测向定位[M]. 西安:西安电子科技大学出版社,2011.
[9] 刘聪锋. 无源定位与跟踪[M]. 西安:西安电子科技大学出版社,2011.

第 10 章

通信干扰技术

通信电子战的最终目的是通过施放干扰信号，阻断或迟滞敌无线通信，使其无法实现有效的联络，从而支援己方突防。

10.1 通信干扰体制

10.1.1 点频干扰

点频干扰也可以称为窄带干扰，在针对一个信号（信道）实施干扰时，它具有强制干扰和引导干扰（也称跟踪干扰、瞄准干扰、瞄准式干扰）两种模式。点频强制干扰是设定干扰信号的频率、带宽、干扰样式、调制方式等参数，干扰机一直对该信号施放干扰，直至干扰时间结束或接收到停止干扰命令为止；引导干扰是根据接收机的侦察结果引导干扰信号在某个频率上按一定参数进行干扰。下面重点讨论引导干扰。

引导干扰可分为点频引导干扰、重点频段自动搜索干扰、重点信道搜索干扰、按目标优先级搜索干扰等。

简单地说，对接收机设定一定的频率搜索范围（可以是一个或几个信道，也可以是一个或几个频带），接收机按优先级对信号进行搜索测量，如测得的参数（频率、带宽、电平、样式等）满足干扰的条件则在测得的频率上进行干扰，如果不满足，则继续搜索。干扰一段时间后，看信号是否存在（即间断观察），如存在继续干扰，不存在进行下一个信号搜索。干扰时间长度、搜索等候时间、信号搜索顺序、信号存在判断准则等可以按照干扰策略设定。

引导干扰的干扰信号频谱与通信信号频谱完全重合，干扰信号载频与通信信号载频或中心频率基本一致。因此，引导式干扰的干扰信号能量可以全部进入通信接收机，从而对该信道上的通信信号实施最佳干扰。最佳干扰理论的讨论中，主要是针对这种引导式干扰展开的，所得出的结论（如干扰功率的计算公式等）也是以瞄准式干扰为前提的。

需要强调的是，虽然引导干扰以“瞄准”为特点，但根据后续有关最佳干扰理论的分析可以知道，这里所谓的引导应该以频谱上的引导为主，而不能仅以载频瞄准为依据。例如，对于SSB信号，当采用窄带调频干扰样式时，就应瞄准SSB信号频谱的中心频率，而不是载频；同样，对于FM信号，干扰信号载频适当偏离FM信号载频反而能起到更好的干扰效果；但对于各种数字调制的通信信号，干扰信号载频一般应瞄准通信信号载频。总之，瞄准式干扰的瞄准方式对不同的通信调制是不一样的，有的是瞄准载频，有的是瞄准频谱中心频率，而有的甚至要故意偏离载频才能取得更好的干扰效果。但无论采用什么样的瞄准方式，干扰信号的频谱不能超过通信信号带宽，否则，会被通信接收机带通滤波器所抑制，造成干扰能量的损失而影响干扰效果。所以，对通信信号的瞄准式干扰一般都采用窄带干扰，尤其当干扰信号载频偏离通信信号载频时，干扰信号的带宽更要取小一些，使干扰信号能量能够顺利通过接收机中频滤波器，最后使所有的干扰能量全部作用于解调器。

点频引导干扰在指定的信道上进行参数测量（频率、带宽、电平、样式等），设定一定的干扰规则，如这些参数中的一个或几个满足要求则进行干扰。

重点频段自动搜索干扰的工作过程：在预先给定的重点频段上自动搜索并快速截获识别所需干扰的通信信号，一旦发现设定的信号就自动进行瞄准干扰，在干扰过程中如果监视到干扰目标已经消失，则在给定的重点频段上重新进行搜索，一旦发现有设定的信号就继续进行瞄准干扰，这样不断循环重复，直至干扰过程结束。在设计时，需要给定干扰目标信号的确定准则，如电平准则、调制样式准则、方位准则，乃至信号的指纹特征准则等，若满足其中的准则，就认为是需要干扰的目标信号。

重点信道搜索干扰的工作过程：按照预先给定的N个重点信道从低到高（频率）的信道排序进行逐个搜索检测，一旦发现有信号就进行间断观察式瞄准干扰，如果在干扰过程中通过监视发现信号已经消失则停止干扰，并重新对N个重点信道进行搜索，发现有新信号后继续干扰。这一过程不断循环重复，直至干扰过程结束。重点信道搜索干扰的干扰频率可事先确定，但对信号的存在与否需要进行快速判断。

按目标优先级搜索干扰的工作过程与重点信道搜索干扰基本类似，所不同的是，所给定的干扰目标信道是按照其优先等级排序的，每次搜索时并不按照其信道频率的高低依次进行，而是先搜索优先级高的信道，再搜索优先级低的信道。另外一个最大的不同是在间断观察期间，要按照优先级等级依次对更高优先级的所有信道进行监视，如果出现更高优先级的信号就停止对当前目标（优先级低）的干扰，而转向对更高优先级的新目标的干扰；如果没有更高优先级的信号出现，则继续对当前目标的干扰。由此可见，为了实现按目标优先级搜索干扰功能，对反应速度提出了更高的要求，因为它要求在间断观察时间内最多要完成对 N 个目标的监视（当正在干扰的目标为最低优先等级时）。如果搜索监视时间过长，将会大大降低干扰效果，甚至有可能导致干扰无效。

对于引导干扰，我们主要讨论以下两个问题。

10.1.1.1　间断观察时间与干扰时间的选取

引导干扰时，引导、干扰、间断观察等环节的时间分配如图 10.1 所示。干扰持续时间 $T_j = t_2 - t_1$，观察时间 $T_{look} = t_3 - t_2$，干扰方波的周期 $T_0 = T_j + T_{look}$。

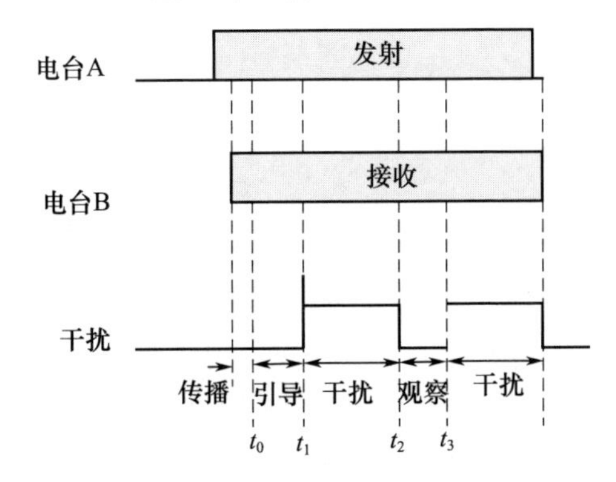

图 10.1　引导干扰的时间分配示意图

前面已经述及，为使干扰信号的能量能大部分进入接收机，则其主瓣宽度应该小于接收机带宽 B，要求

$$\frac{2}{T_j} \leqslant B$$

或者

$$T_j \geqslant \frac{2}{B}$$

也就是说，干扰持续时间要足够长。一般把 $1/B$ 定义为带宽为 B 的滤波器的响应时间，用 τ_B 表示，这样上式可重新写为

$$T_j \geqslant 2\tau_B$$

上式表明，为使干扰信号的极大部分能量能进入接收机，干扰持续时间必须大于接收机中频滤波器响应时间的 2 倍。例如，对于信道间隔为 25kHz、带宽为 16kHz 的战术电台，$\tau_B \approx 1/16\text{kHz} = 0.0625\text{ms} = 62.5\mu\text{s}$，则其干扰持续时间应大于 $125\mu\text{s}$。对于 3kHz 带宽的 SSB 短波电台，$\tau_B \approx 1/3 = 0.333\text{ms} = 333\mu\text{s}$，干扰持续时

间应大于 666μs。对于像摩尔斯电报这样的窄带信号,其干扰持续时间则应更长,需要达到数毫秒。

以上是从能量的角度对干扰持续时间所提出的基本要求。另一方面,从语音信号可懂度的角度考虑,干扰持续时间应不小于 30%,即

$$\frac{T_j}{T_0}=\frac{T_j}{T_j+T_{look}}\geqslant 30\% =0.3$$

也就是说,间断观察时间 T_{look} 应满足

$$T_{look}\leqslant \frac{7}{3}T_j$$

或者

$$T_j\geqslant \frac{3}{7}T_{look}$$

从以上分析似乎得出这样的结论,即无论从干扰能量的角度考虑,还是从降低语音可懂度的角度考虑,干扰持续时间越长越好。但实际上干扰持续时间是不能随意选得过大的。这是因为间断观察的目的是及时地发现正在干扰的信号是否已经消失,新信号是否已经出现。如果干扰持续时间选得过长,很可能会造成通信方在遭受干扰后早已转换到新的频率上工作,而干扰方却仍在旧的频率上施放干扰,从而贻误良机。特别是用于作战指挥控制命令或战场态势信息传输的数据通信,完成一次通信所需的时间越来越短(如 Link 11 的帧长度为 13.33 或 22ms,而 Link 4A的控制报文为 14ms,应答报文为 11.2ms),自动化的程度也越来越高,如果干扰持续时间选取过长,那么,通信一方完全有可能在检测到有干扰信号后,通过快速换频完成其通信任务。所以,为了能及时地发现信号的消失时刻,以便对其进行跟踪干扰,一次持续干扰的时间就不能太长。很显然,持续干扰时间 T_j 越短,检测信号消失的时刻就越准确,对信号的跟踪就越及时,漏干扰的概率也就越小。因此,从提高跟踪干扰的成功概率考虑,干扰持续时间选得越短越好。所以,干扰持续时间可由下式确定:

$$T_j\approx 2\tau_B$$

而间断观察时间 T_{look} 可取为

$$T_{look}\approx \frac{7}{3}T_j=\frac{14}{3}\tau_B$$

如果按照上式计算得到的间断观察时间太小(无法在该时间内完成信号检测任务),则可以适当增加干扰持续时间;同样,如果由于干扰持续时间太长(比如对窄带信号干扰),使得用上式计算得到的间断观察时间太长时,则可以适当减少间

断观察时间,以尽可能地减小干扰周期 T_0,提高干扰占空比。下面以超短波战术电台和短波 SSB 电台为例,举例说明 T_j 与 T_{look} 的选取。

如前所述,对于 16kHz 带宽的超短波电台,其干扰时间应选为 $T_j = 125\mu s$,按照这一干扰持续时间计算得到的间断观察时间为 $T_{look} \approx 292\mu s$。如果要在 292μs 内完成信号检测任务无法实现(如需大于 500μs),则需要将干扰持续时间至少调整到 $3 \times 500/7 \approx 214.3\mu s$,这时的间断观察时间取为 $T_{look} \approx 500\mu s$。对于带宽为 3kHz 的短波单边带电台,计算得到的 $T_j = 666\mu s$,对应的间断观察时间为 $T_{look} \approx 1554\mu s$,但是如果对短波单边带信号的检测时间仅需 1ms,则间断观察时间 T_{look} 应取为 1ms,这时的干扰占空比提高到了 40%,对提高干扰效果是有利的。

上面的分析讨论主要考虑在间断观察时间内只监视正在干扰的信号是否已经消失的情况,或者说,只考虑监视单个信号。如果需要在间断观察时间内同时监视多个信号(比如按优先级干扰时的情况),则所需的间断观察时间将会加长,与此对应的干扰持续时间也要相应增加,以确保干扰时间百分比不小于 30%。但间断观察时间也不能无限制地增大,最好不应大于半个音节的时间(一个音节的持续时间为 130~300ms)。所以,将间断观察时间控制在几十毫秒内是比较合适的(但这样长的间断观察时间显然已无法有效对付像数据链这样的快速通信信号)。由此看来,如何提高信号检测处理速度、尽可能地减少间断观察时间是跟踪瞄准式干扰需要解决的关键技术问题。随着微电子技术和信号处理技术的不断发展,可以做到在几十微秒量级内能同时检测处理 180MHz 带宽内的所有信号。所以,即使采用按优先级干扰策略,将干扰周期控制在毫秒量级也是完全可以的。

10.1.1.2　引导干扰的干扰椭圆

由于存在信号的传播时延、信号检测时间有限、干扰信号驻留时间尽量长等原因,跟踪干扰的作用范围受到某些限制。一般来说,为了满足时间需求,干扰机必须位于如图 10.2 所示的椭圆上或椭圆内的任何位置上,该椭圆必须满足

$$\frac{D_{TJ} + D_{JR}}{c} + T_J \leqslant \frac{D_{TR}}{c} + (1 - \gamma) T_d \tag{10-1}$$

式中的距离对应关系如图 10.2 所示:D_{TJ} 为通信发射机与干扰机之间的距离;D_{JR} 为干扰机与通信接收机之间的距离;D_{TR} 为通信双方之间的距离;T_J 为干扰机的处理时间(包含从开始信号检测至干扰信号生成、发射输出的时间);T_d 为目标信号的驻留时间,γ 为干扰信号的驻留时间系数,一般取值在 0.5~1,如对于跳频信号,即在每一跳中至少 1/2 以上的时间被干扰,跟踪干扰才有效;c 为电波传播速度。

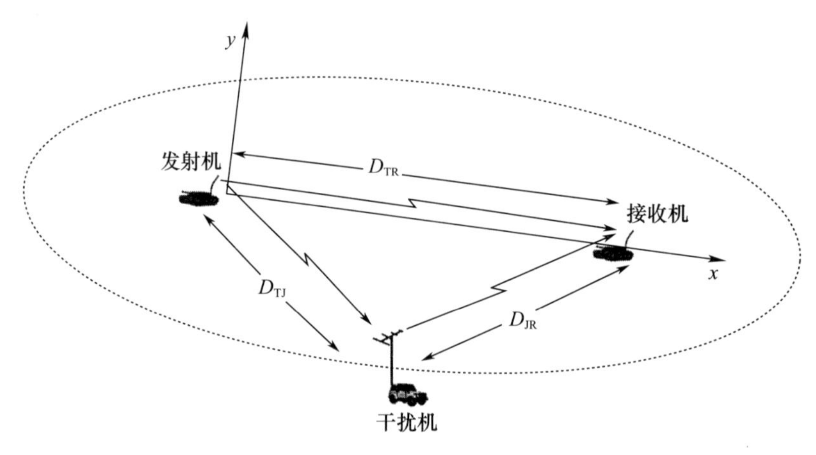

图 10.2　干扰场景示意图

图中通信发射机和通信接收机是这个椭圆的两个焦点。对式(10-1)进行变换,得

$$D_{TJ}+D_{JR}\leqslant D_{TR}-cT_{J}+c(1-\gamma)T_{d} \tag{10-2}$$

为了分析简化起见,假设通信发射机为坐标原点,发射机和接收机之间的连线为 x 轴,与之垂直的为 y 轴,则通信接收机的坐标为 $(D_{TR},0)$。

根据椭圆方程定义:

$$a^{2}=\frac{1}{4}[D_{TR}-cT_{J}+c(1-\gamma)T_{d}]^{2} \tag{10-3}$$

$$d^{2}=\frac{1}{4}D_{TR}^{2} \tag{10-4}$$

有

$$b^{2}=a^{2}-d^{2}=\frac{1}{4}[D_{TR}-cT_{J}+c(1-\gamma)T_{d}]^{2}-\frac{1}{4}D_{TR}^{2} \tag{10-5}$$

于是,可得干扰椭圆的另一种表示形式:

$$\frac{4\ (x-D_{TR}/2)^{2}}{[D_{TR}-cT_{J}+c(1-\gamma)T_{d}]^{2}}+\frac{4y^{2}}{[D_{TR}-cT_{J}+c(1-\gamma)T_{d}]^{2}-D_{TR}^{2}}\leqslant 1 \tag{10-6}$$

实现有效跟踪干扰取决于发射机与接收机之间的路径与从发射机到干扰机再从干扰机到接收机的总路径之差,也受干扰机时间,包括检测时间、干扰信号形成时间、信道响应时间等的影响,另外,要实现有效干扰,干扰信号在通信信道上需要驻留一定的时间。图 10.3 给出了一个例子,T_{δ} 表示发射信号到达接收机和干扰机的传播时间之差。若干扰机比接收机离发射机的距离近,则这个时间实际上是一个负值。

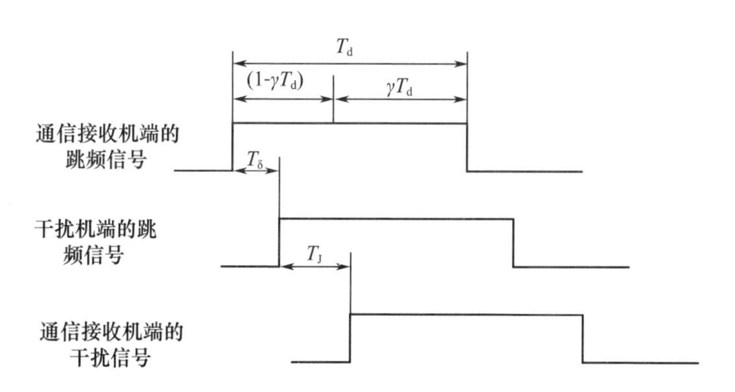

图10.3 跳频跟踪干扰时间示意图

容易发现，当通信方的跳频速率变快时，跳频通信信号的驻留时间 T_d 就变短，根据式(10－3)～式(10－5)，干扰有效区椭圆的长轴(通信收发双方连线方向)、短轴随着驻留时间变短而变短，干扰有效椭圆也随之收缩。

对于1000Hops/s的高速跳频电台，其通信信号的驻留时间约为1ms，假如通信发射方、通信接收方和干扰方的距离都是30km(此时，干扰距离与通信距离之比为1)，则干扰机的传播时延为0.2ms，通信双方的时延差为0.1ms；为使干扰有效，干扰时间一般要大于0.5ms，这样，干扰机的引导时间不能大于0.4ms。

在实际使用中，干通比往往要大于3，若通信距离为50km，干扰距离为150km，则干扰通信时延差为0.33ms。为使干扰有效，如干扰时间为0.5ms，干扰机的引导时间不能大于0.17ms。在这种情况下，对干扰机的引导速度要求就很高了。随着距离差的增加，到一定程度，跟踪干扰将无法实现对目标的有效干扰，如图10.4所示。

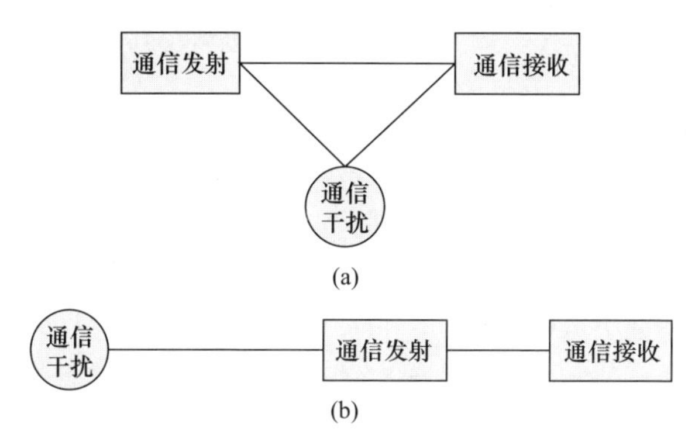

图10.4 跳频跟踪干扰举例

10.1.2 宽带噪声拦阻干扰

瞄准式干扰的最大优点是干扰效率高,即干扰机输出的能量几乎能全部进入接收机解调器,并对其产生影响。但是,瞄准式干扰的前提是要对干扰目标进行细致的事前侦察,要分析清楚信号的各种参数,如载频或中心频率、信号带宽、调制样式等。如果这些参数分析不清,甚至侦察有误,瞄准式干扰就无法实施,或者即使发出了干扰信号,也达不到应有的干扰效果。

非常遗憾的是,在实际环境尤其是在实战环境下,要对目标信号进行搜索截获,并快速对其进行分析识别,准确测定其参数是件并不容易的事。所以,在复杂的实战背景下,瞄准式干扰往往很难发挥应有的效能,除非有可靠、准确的情报支援,或者目标信号电平比背景信号高出许多。面对瞄准式干扰所面临的这一困惑,提出了拦阻干扰的概念。拦阻干扰就是在某一给定的频段上同时施放干扰信号,对在该频段上的所有信道进行全面压制的一种干扰方式。所以,拦阻干扰并不需要准确测定信号参数,也不用进行分析识别,只需大概了解敌方可能的工作频段即可。由于拦阻干扰在战术使用上的简易性,特别适应在复杂环境下的使用。

拦阻干扰的最大问题是所需的干扰功率特别大,因为对于拦阻干扰来说,如果发射机总的输出功率为 P_0,信道带宽为 B,拦阻带宽为 W,则分配在每一信道上的功率为

$$P_c = \frac{B}{W} \cdot P_0$$

当拦阻带宽 $W = 60\text{MHz}$,信道带宽 $B = 25\text{kHz}$ 时,如果要求每一信道上的干扰功率大于 1kW,则所需的干扰总功率为

$$P_0 = \frac{W}{B} \cdot P_c = \frac{60}{0.025} \cdot 1(\text{kW}) = 2.4\text{MW}$$

即需要 2.4MW 的发射总功率,才能在每一信道上产生 1kW 的干扰功率。所以,为降低拦阻干扰总功率,一是拦阻带宽不能太宽,二是干扰距离不能太远或干通比不能太大,否则将很难达到所需的干扰功率要求。一般情况下,采用拦阻干扰时,干通比应小于1(使得每一信道所需的干扰功率尽可能小)。所以,拦阻干扰大量地应用于抵近式分布干扰中(干扰距离小于通信距离)。下面分析采用抵近式伞降留空干扰方式,拦阻干扰 58MHz 带宽(30~88MHz)时所需的干扰总功率。

设战术通信电台功率为 10W,通信收发天线高度都为 5m,伞降干扰机留空高度 1km,最大干扰半径为 5km,通信电台受干扰后的最远通信距离为 5km。根据后续将讨论的干扰功率的计算公式,可得到所需的单信道干扰功率为

$$(\mathrm{ERP}_3)_j = k_j \cdot (\mathrm{ERP})_t \cdot r^4 \cdot \left[\frac{h_r h_t}{\lambda d_j}\right]^2 \cdot [4\pi]^2 \cdot L_a \cdot L_b$$

$$= 4 \times 10 \times \left(\frac{\sqrt{1^2+5^2}}{5}\right)^4 \times \left[\frac{5 \cdot 5}{\frac{300}{88} \cdot (\sqrt{1^2+5^2} \cdot 1000)}\right]^2 \times [4\pi]^2$$

$$= 0.014\mathrm{W}$$

所以,拦阻干扰总功率为

$$P_0 = \frac{58}{0.025} \cdot 0.014 = 32.48\mathrm{W}$$

可见,理想情况下,用有效辐射功率为33W以上的留空伞降干扰机就可以对30~88MHz的10W战术电台进行全频段压制干扰,这时距离超过5km以上的两部通信电台(接收方位于以干扰机地面投影为圆心,半径为5km的区域内)都将无法进行有效通信。

10.1.3 窄脉冲干扰

连续波干扰是通信干扰中最常用的方式,但随着超宽带(UWB)通信等新目标的出现以及对通信干扰功率需求的不断提高,针对脉冲式干扰具有峰值功率极大的特点,人们开展了脉冲式干扰在通信对抗系统中的应用研究。

所谓的窄脉冲干扰[2],是指由一连串周期重复的窄脉冲组成的干扰信号,其工作机理类似于多目标干扰信号中的某一个目标,对其形成有效干扰的作用机理和条件就不具体讨论了,仅给出部分结论。

对于脉冲宽度为τ、脉冲重复周期为T、脉冲幅度为A的有载波调制的射频脉冲,其频谱由系列幅度为下式所表示的离散频谱构成:

$$a_n = \frac{A}{2} \cdot \frac{1}{T} G(n\Omega) = \frac{A}{2} \cdot \frac{\tau}{T} \mathrm{Sa}\left(\frac{\tau \cdot n\Omega}{2}\right)$$

式中:$G(n\Omega) = \tau \cdot \mathrm{Sa}\left(\frac{\tau \cdot n\Omega}{2}\right)$。

上述频谱的主瓣宽度为$4\pi/\tau$,离散谱间隔为$\Omega = 2\pi/T$,主瓣内的谱线数为$\frac{2T}{\tau} - 1$根。所以,为使干扰信号的大部分能量(主瓣能量)能够全部进入通信接收机,则干扰脉冲宽度需满足

$$\tau \geqslant \frac{2}{B}$$

即大于接收机带宽倒数的 2 倍，例如，当 $B=25\text{kHz}$ 时，$\tau \geqslant 80\mu\text{s}$；当 $B=3\text{kHz}$ 时，要求 $\tau \geqslant 667\mu\text{s}$。这样宽的干扰脉冲已经不是我们所要讨论的窄脉冲干扰了。

如果我们并不要求干扰脉冲的主瓣能量全部进入通信接收机，则干扰脉冲可以变窄。最简单的情况就是只让 $n=0$ 的中心谱线进入接收机，这时的谱线间隔需满足

$$\frac{1}{T} \geqslant B$$

或

$$TB \leqslant 1$$

这时，进入通信接收机的干扰信号是一连续的正弦波信号，该正弦波信号的载波频率为 f_c，幅度为

$$A_0 = 2a_0 = 2 \cdot \frac{A}{2} \cdot \frac{\tau}{T} = A \cdot \frac{\tau}{T}$$

可用下式表示：

$$j'(t) = A_0 \cos(2\pi f_c t + \varphi_0) = A\frac{\tau}{T}\cos(2\pi f_c t + \varphi_0)$$

在 T 确定的情况下（取决于被干扰接收机的中频带宽或信道间隔），进入通信接收机的干扰信号能量取决于脉冲宽度 τ，τ 越小，干扰能量就越小。但只要峰值干扰功率足够大，脉冲宽度是可以任意取小的。

在上式中，如果我们把 A_0 看作连续波干扰时所需的干扰信号幅度，A 为采用脉冲干扰时所需的干扰信号幅度（峰值），则脉冲干扰功率比连续波干扰功率所需增大的倍数为

$$\frac{A^2}{A_0^2} = \left(\frac{T}{\tau}\right)^2$$

或用分贝表示为

$$20\lg\frac{A}{A_0} = 20\lg\frac{T}{\tau}$$

式中：T/τ 即为脉冲干扰信号的占空比，占空比越大，所需的干扰功率也越大。例如，当占空比取为 10 时，脉冲干扰峰值功率要比连续波干扰功率大 100 倍或 20dB。如果连续波干扰功率需要 10kW，则脉冲干扰峰值功率就需要 1MW。但是，1MW 的脉冲功率比 10kW 的连续波功率还更易实现，这就是采用脉冲干扰的意义所在。

综上所述，用周期性窄脉冲信号对窄带通信接收机进行有效干扰的条件为

$$\begin{cases} TB \leqslant 1 \\ P\tau^2 \geqslant P_0 T^2 \end{cases}$$

式中:T 为干扰脉冲周期;τ 为干扰脉冲宽度;B 为被干扰接收机的带宽或信道间隔;P_0为连续波干扰时所需的干扰功率;P 为脉冲干扰功率。由此可见,在干扰功率足够大的情况下,用周期窄脉冲对窄带接收机进行有效干扰的唯一条件是干扰脉冲的重复周期要足够短,而与脉冲宽度无关;脉冲重复周期设计得越短,该干扰信号对接收机带宽的适应能力也就越强。所以,如果单从带宽的适应性上考虑,脉冲重复周期应该尽可能设计得短一些,使其能适应更大的接收机带宽。但是,如果脉冲重复周期过短,干扰信号的占空比就难以做大,脉冲峰值功率就做不高。因此,周期窄脉冲干扰体制对于宽带接收机还是有一定限制的,即被干扰接收机的带宽不能太宽,否则,大占空比的脉冲干扰信号将难以实现。

以上讨论了只让中心谱线进入接收机的情况,实际上也可以设计成让多根谱线同时进入接收机,这样将有助于增大进入接收机的干扰能量。例如,让 N 根谱线进入接收机,这时需满足

$$N \cdot \frac{1}{T} = B$$

或

$$T = \frac{N}{B}$$

进入接收机的干扰信号可表示为

$$\begin{aligned} j'(t) &= \sum_{n=-N/2}^{N/2} A_n \cos[2\pi(f_c + nF)t + \varphi_0] \\ &= A\frac{\tau}{T}\sum_{n=-N/2}^{N/2} \mathrm{Sa}\left(n\pi\frac{\tau}{T}\right)\cos[2\pi(f_c + nF)t + \varphi_0] \end{aligned}$$

式中:$F = 1/T = \Omega/2\pi$,这时,进入接收机的总功率为

$$P = \frac{A^2}{2}\left(\frac{\tau}{T}\right)^2\left[1 + 2\sum_{n=1}^{N/2}\mathrm{Sa}^2\left(n\pi\frac{\tau}{T}\right)\right]$$

在接收机中将表现为多音干扰的效果。但是,需要注意的是,上式中的 N 不能取得太大,否则进入接收机中频带宽内的干扰信号将接近于脉冲信号(导致在较长的时间段内干扰信号的瞬时幅度很小),而不是一个连续波。N 值取大时,虽然干扰信号的瞬时幅度增大了,但处于小信号幅度的时间段也随之加长。由此带来的后果是在这些时间段内,由于干扰信号幅度太小而起不到有效的干扰效果,尤其是对那些采取信道突发纠错编码的数字通信其干扰效果将会变得更差,甚至使

干扰无效。所以,采用周期性窄脉冲干扰时,应该根据通信体制合理选取重复周期,以期获得最佳干扰效果。

从上面的讨论可知,这种周期重复的窄脉冲干扰也可用于等间隔的离散拦阻干扰,信道间隔为 F,它是脉冲重复周期 T 的倒数;拦阻带宽不仅取决于脉冲宽度 τ,还与峰值功率有关,这是因为在主瓣 $2/\tau$ 内超过某一给定电平的谱线数取决于峰值功率。

10.1.4 灵巧干扰

上面已经提及,由于受干扰椭圆的限制,在跳频速率较高、通信距离较远时,无法实施引导(跟踪、瞄准)干扰,虽然可采用拦阻方式,而这种方式所需的功率太大,应用受限。我们必须根据信号特点,寻找其薄弱环节,实现灵巧式的干扰。

灵巧干扰是指不完全依赖于信号的能量压制的干扰方法,常用的有基于物理层协议的干扰、基于链路层协议的干扰、欺骗干扰等。基于物理层协议的灵巧干扰可以通过获取通信的一些重要波形,如同步机制、重要符号波形等,链路协议层的重要字段、接入机制,欺骗包括指令欺骗、信息欺骗等。当然,对于无线网络对抗层面,把一个大网络撕裂成几个子网、信息迟滞等都可以是有效干扰的一种体现,所以对一些关键节点、关键链路的干扰、分布式协同对抗等也可以作为灵巧干扰手段。

我们知道,如果跳频通信不能实现同步就不能实现通信。通过掌握其同步方式、同步规律,攻击其同步过程,在某些情况下可以达到较好的效果。

由于通信接收方和发射方时钟的性能所限,时间较长时两边往往会有偏差,导致伪码序列失去同步,所以通信设备在通信时往往会发射同步信息。跳频通信同步时,先发一个报头,报头往往是由跳频频率集中、含有已知序列的多个频点组成。还有一些跳频方案为了使新成员能加入网络,只采用几个已知的捕获频率,进一步提高了灵巧干扰的可行性。我们可通过截获跳频信号的同步信道并实施攻击,达到灵巧干扰的目的。

同时,有些抗干扰通信必须跟踪发射信号的时间和相位,并且有时要用独立的非扩频信道来实现;IS-95 标准中使用了独立编码的 Walsh 通信实现同步等,我们可以根据不同通信系统的不同特点寻找出相应的灵巧干扰方式。

此外,对某些系统(或网络),在进行快速信号截获、解调、分析的基础上,进行协议分析,利用一些关键协议,对系统实施灵巧式、欺骗式干扰。通过生成特定报文(协议)信号进行发射,使敌方网络中的主控站或者从属站接收到错误的信息。某些系统通过主控站的轮询呼叫信号实现对整个网络的正常运行,因此通过发射虚假呼叫破坏正常的信息分发是一个很有效的攻击手段。另外,从侦听到的信号中可以解调得到敌方从属站地址信息,在此基础上,干扰机可以频繁地发送伪造的询问报文或应答报文,增加网络接收信号的冲突,导致其网络不能正常工作。当然也可以通过侦察,找出一些关键字段,在特定时刻进行干扰,减少发射时间、节约功率。

10.2 通信干扰信号

通信电子战系统根据对抗目标、应用场合的不同,往往采用不同的干扰方式,采用不同的干扰信号来应对。

10.2.1 点频干扰信号

点频干扰信号是指在一个信道上发射的干扰信号。干扰信号所设置的基本参数包括频率、带宽、干扰样式(基带信号)、调制方式等。常用的干扰样式有单音、多音、话音、蛙声、噪声、伪随机序列等;调制方式包括 CW、AM、FM、PSK、FSK、QAM 等。

下面简单分析两种常用的点频干扰信号:窄带噪音调频、窄带平稳高斯噪声。前一种使用最多,易于实现,是通信干扰的经典干扰样式,它由下式进行描述:

$$j(t)=A_{\mathrm{j}}\cos[\omega_{\mathrm{j}}t+\varphi_{\mathrm{j}}(t)]$$

式中:$\varphi_{\mathrm{j}}(t)=k_{\omega}\cdot\int_{-\infty}^{t}m_{\mathrm{j}}(\tau)\mathrm{d}\tau$,其中 $m_{\mathrm{j}}(t)$ 为频率分布在 20 ~ 2000Hz 内的音频噪声干扰信号,k_{ω} 为角频偏指数。

假设所需的调频指数为 m_f,则 k_{ω} 由下式确定:

$$k_{\omega}=2\pi\frac{m_f}{[m_{\mathrm{j}}(t)]_{\max}}\cdot f_m$$

或

$$k_f=\frac{m_f}{[m_{\mathrm{j}}(t)]_{\max}}\cdot f_m$$

式中:k_f 为频偏指数;f_{m} 是 $m_{\mathrm{j}}(t)$ 中的最高频率(2kHz),为满足窄带调频的要求,m_f 需满足 $m_f\ll 1$。如果设 $[m_{\mathrm{j}}(t)]_{\max}=1$,取 $m_f=0.1$,则 $k_f=200\mathrm{Hz}$ 或 $k_{\omega}=400\pi$。

t 时刻的频率偏移值由下式确定:

$$\Delta f(t)=k_f\cdot m_{\mathrm{j}}(t)$$

如果用数字化方法实现,则有

$$j(nT_s)=A_j\cos[\omega_j nT_s+\varphi_j(nT_s)]$$

其中的数值积分可以采用复化积分法来实现，其将求积空间$[a,b]$划分成n等分，先求各自区间上的积分值，然后求和，$h=\frac{b-a}{n}$，$x_k=a+k\cdot h$。复化梯形公式为

$$T_n=\sum_{k=1}^{n}\frac{h}{2}[f(x_k)+f(x_{k+1})]$$

采用复化求积公式，积分的数值计算公式为

$$\begin{aligned}\varphi_j(nT_s)&=k_\omega\cdot\int_{-\infty}^{nT_s}m_j(\tau)\mathrm{d}\tau\\&=k_\omega\cdot\frac{T_s}{2}\sum_{i=1}^{n}[m_j(i)+m_j(i+1)]\\&=k_\omega\cdot\frac{T_s}{2}\left[m_j(1)+m_j(n)+2\sum_{i=2}^{n-1}m_j(i)\right]\end{aligned}$$

式中：T_s为采样间隔，相当于h。

另一种常用的点频干扰样式是窄带高斯噪声，其数学表达式为

$$j(t)=n_{cL}(t)\cos(\omega_c t)-n_{sL}(t)\sin(\omega_c t)$$

式中：$n_{cL}(t)$、$n_{sL}(t)$分别为高斯白噪声$n_c(t)$、$n_s(t)$（均值为0，方差为σ_n^2）通过低通滤波器后的低通型高斯噪声，即

$$n_{cL}(t)=n_c(t)\otimes h_{LP}(t)$$

$$n_{sL}(t)=n_s(t)\otimes h_{LP}(t)$$

式中：低通滤波器的带宽取接收机中频带宽的1/2。

这种窄带高斯噪声对解调器的作用机理跟背景噪声是一样的，窄带高斯噪声存在的主要问题是它的峰值因素很高，对功放很不利，需要在输入功放前对其进行限幅，以避免过大的瞬时幅度使功放产生饱和。

10.2.2 多目标干扰信号[3]

一部干扰机要同时干扰多个目标（信道）时，就要采用多目标（多信道）干扰模式。多目标干扰可以分为频分多目标、时分多目标，也可以两者结合。所谓频分多目标，就是同时在几个信道上施放干扰；时分多目标是依次在多个信道上施放干扰信号。多目标数量一般为2~6。下面分别对这两种多目标干扰模式进行讨论。

10.2.2.1 频分多目标干扰

频分多目标是指在一部干扰机中同时产生多个激励信号，多个激励信号合成之后进入功率放大器进行放大。当多个激励信号相加时，合成信号包络会急剧起伏，如果激励信号的幅度过大会使得功率放大器处于非线性区，产生大量的寄生信号。在保证信号峰值功率处于功率放大器线性范围条件下，峰值功率越大，发射机输出的平均功率越小。

频分三目标(信号)的输出信号可表示为

$$s(t) = \sum_{i=1}^{3} A_i \cos(\omega_i t + \varphi_i) \tag{10-7}$$

其实现原理示意如图 10.5 所示。

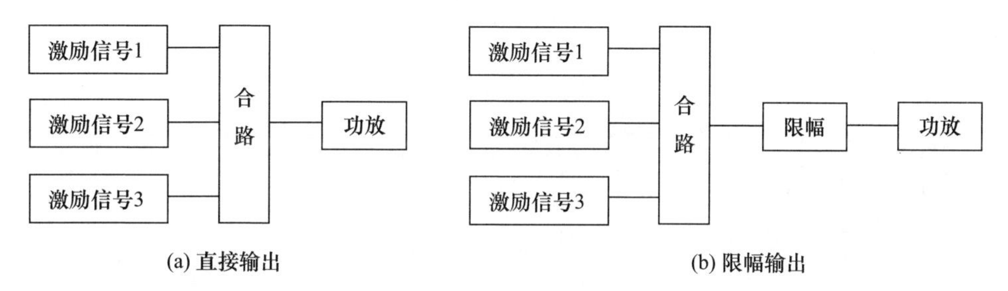

图 10.5 频分多目标干扰实现原理

其实现时，完全可以先形成多个信号合成的算法或数据，然后采用软件无线电的思想和架构实现。

三目标合成信号的平均功率为

$$\overline{s^2(t)} = \frac{k}{2}(A_1^2 + A_2^2 + A_3^2)$$

峰值功率为

$$k\,(A_1 + A_2 + A_3)^2$$

为简化起见，不妨令

$$A_1 = A_2 = A_3 = A$$

于是，有

$$\text{峰均比} = \text{峰值功率}/\text{平均功率} = 9 \cdot k \cdot A^2 \Big/ \left(\frac{3}{2} \cdot k \cdot A^2\right) = 6$$

由于功率放大器的最大输出功率是受限的，即

$$P_m = kV_m^2 \leqslant E_{\max}$$

其中,E_{max}为功放可以输出的最大功率。由此可以得到功放输出的最大电压为

$$V_m = \sqrt{E_{max}/k}$$

如 3 个信号的功率相同,则在每个目标上的最大电压为

$$V_{0m} = \frac{1}{3}V_m = \frac{1}{3}\sqrt{E_{max}/k}$$

在每个目标上的最大功率为

$$P_0 = kV_{0m}^2 = \frac{1}{9}E_{max}$$

3 个信号输出的输出功率之和(功放输出总功率)为

$$P_{total,3} = \frac{1}{3}E_{max}$$

上式说明,对 3 个信号同时进行放大时,功放输出的平均功率仅为最大输出功率(满功率)的 1/3。

顺便指出,频分二目标干扰时,有

$$峰均比 = 峰值功率/平均功率 = 4 \cdot k \cdot A^2/(k \cdot A^2) = 4$$

在每个信号上的功率为功率放大器最大可输出功率的 1/4。

推而广之,假如有 n 个目标,则每个目标信号上的功率为

$$P_{0,n} = \frac{E_{max}}{n^2} \tag{10-8}$$

功放输出的总功率为

$$P_{total,n} = \frac{1}{n}E_{max} \tag{10-9}$$

对 n 个信号同时进行放大时,功放输出的平均功率仅为最大输出功率(满功率)的 $1/n$。n 个同幅正弦波之和的峰均比为 $2n$。

值得注意的是,我们上面的结论是在保证任何时候 n 个信号都不失真的前提下得出的,所以每个信号的最大电压必须是功放最大输出电压的 $1/n$。但是,n 个信号同时达到电压最大(即达到功放满功率输出)的时间很少;在绝大部分时间内 n 个信号的合成电压远小于最大可输出电压,也即绝大部分时间内功放输出功率远小于满功率。所以,输出的平均功率仅为满功率的 $1/n$。

如果能采用峰均比优化的方式,控制 n 个信号的相位,使得合成信号的幅度尽量平坦,就可以使得功放的效率更高,各信号的输出功率最大化。峰均比优化方法

将在下面讨论。当 n 的数量比较大时，频分多目标就是离散谱干扰，后面将专门介绍离散梳状谱干扰。

当然，如果我们允许产生一定的失真，那么，可以简单化地使得单个激励信号的输入电压更大一些，对 n 路激励信号合成后进行限幅（为功放的最大输入电压），从而提高信号的平均功率。

10.2.2.2　时分多目标干扰

时分多目标是指在一部干扰机中设有多个激励源，多个激励信号按照一定的先后时间顺序分别交替输出至功率放大器进行放大。这样，在某一个时刻只有一个激励信号输出。尽管在某一时刻只输出一个干扰信号，由于时序电路转换速度高，在干扰过程中能快速不断地按时序轮番输出多个干扰信号，从而使多个信道接收端都间断地受到干扰，只要转换速度合适、功率足够，就可以使多个信号都得到有效干扰。由于在一个时刻只发射一个信号，与频分多目标相比，对功率放大器的线性要求降低了。

我们以三目标干扰为例对时分多目标干扰进行分析。时分三目标干扰的时序图如图10.6所示。

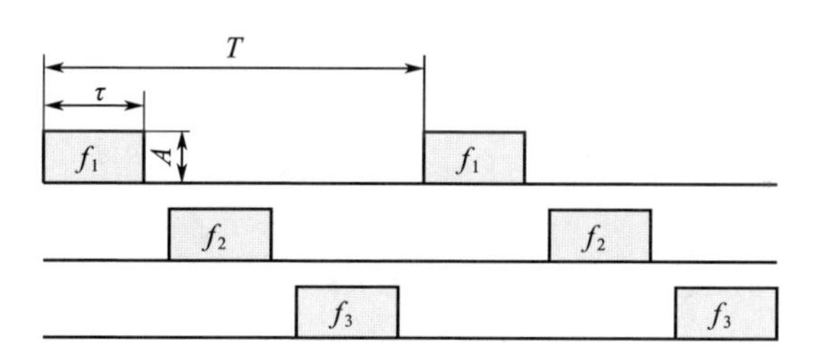

图10.6　时序三目标干扰示意图

图中假设每个目标的干扰持续时间为 τ，干扰重复周期为 T，3个目标的干扰持续时间和干扰周期一样长，即每个目标的干扰时间 $\tau = T/3$；3个干扰目标的频率分别为 f_1、f_2、f_3。

对其中任意一个干扰信号而言，都是以 T 为周期，脉宽为 τ 的周期脉冲序列，可以写为

$$
\begin{aligned}
x_1(t) &= \sum_{n=-\infty}^{\infty} g_\tau(t-nT)\cdot A\cos(\omega_1 t) = A\cos(\omega_1 t)\left[\sum_{n=-\infty}^{\infty} g_\tau(t)\otimes\delta(t-nT)\right] \\
&= A\cos(\omega_1 t)[\delta_T(t)\otimes g_\tau(t)] \qquad (10-10)
\end{aligned}
$$

式中：$\delta_T(t) = \sum_{n=-\infty}^{\infty}\delta(t-nT)$；$\otimes$表示卷积；$g_\tau(t)$为门函数，即

$$g_\tau(t)=\begin{cases}1 & |t|<\dfrac{\tau}{2}\\ 0 & |t|>\dfrac{\tau}{2}\end{cases}$$

由傅里叶变换的相关性质可知

$$\delta_T(t)\leftrightarrow\Omega\sum_{n=-\infty}^{\infty}\delta(\omega-n\Omega)$$

$$g_\tau(t)\leftrightarrow\tau\mathrm{Sa}\left(\frac{\omega\tau}{2}\right)$$

$$\cos(\omega_1 t)\leftrightarrow\pi[\delta(\omega+\omega_1)+\delta(\omega-\omega_1)]$$

式中

$$\Omega=\frac{2\pi}{T},\mathrm{Sa}(x)=\frac{\sin x}{x}$$

于是,可以得到干扰信号 $x_1(t)$ 的频谱:

$$\begin{aligned}X_1(\omega)&=\frac{A}{2\pi}\pi[\delta(\omega+\omega_1)+\delta(\omega-\omega_1)]\otimes\left[\Omega\sum_{n=-\infty}^{\infty}\delta(\omega-n\Omega)\cdot\tau\mathrm{Sa}\left(\frac{n\omega\tau}{2}\right)\right]\\&=\frac{A}{2}[\delta(\omega+\omega_1)+\delta(\omega-\omega_1)]\otimes\left[\Omega\sum_{n=-\infty}^{\infty}\delta(\omega-n\Omega)\cdot\tau\mathrm{Sa}\left(\frac{n\Omega\tau}{2}\right)\right]\\&=\frac{A\pi\tau}{T}\sum_{n=-\infty}^{\infty}\mathrm{Sa}\left(\frac{n\Omega\tau}{2}\right)\cdot\delta(\omega+\omega_1-n\Omega)+\frac{A\pi\tau}{T}\sum_{n=-\infty}^{\infty}\mathrm{Sa}\left(\frac{n\Omega\tau}{2}\right)\cdot\delta(\omega-\omega_1-n\Omega)\end{aligned}$$

在实际信号中,只有后一项存在,即

$$\begin{aligned}X'_1(\omega)&=\frac{A\pi\tau}{T}\sum_{n=-\infty}^{\infty}\mathrm{Sa}\left(\frac{n\Omega\tau}{2}\right)\cdot\delta(\omega-\omega_1-n\Omega)\\&=\sum_{n=-\infty}^{\infty}\frac{A\sin\left(\frac{n\Omega\tau}{2}\right)}{n}\delta(\omega-\omega_1-n\Omega)\end{aligned}\tag{10-11}$$

由式(10-11)可见,周期性干扰信号的频谱密度是离散的,由 $\omega=0,\pm\Omega,\pm2\Omega,\cdots$ 角频率处冲击函数组成,在 $\omega=\pm n\Omega$ 处的强度为

$$\frac{2A\sin\left(\frac{n\Omega\tau}{2}\right)}{n}$$

时分六目标干扰时,每一个目标的干扰驻留时间为 1ms,干扰周期为 6ms,其

中一个目标的频谱如图10.7所示。

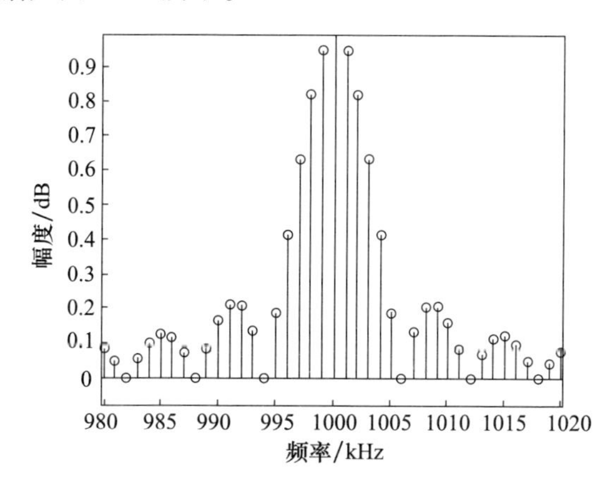

图10.7 时分六目标干扰时,其中一个干扰信号的频谱

从图10.7可以看出,除了基波分量,在时分6目标干扰时,干扰周期为T,每个干扰信号的驻留时间为$T/6$,则在每个$6/T$频率范围内共有6根离散谱(其中一根谱线的幅度为0,谱线间隔为$1/T$)。同样,在时分n个目标干扰时,如干扰周期为T,每个干扰信号的驻留时间为T/n,则除了基波分量,在每个n/T频率范围内共有n根离散谱(其中一根谱线的幅度为0,谱线间隔为$1/T$)。信号的主要能量集中在以载波为中心的$\left(f_c-\frac{1}{\tau},f_c+\frac{1}{\tau}\right)$范围内。我们从式(10-11)可以得到载波处的功率谱密度为

$$X_0(\omega_1)=\frac{A\pi\tau}{T}$$

根据帕斯瓦尔等式,干扰信号的功率为

$$P_1=\frac{1}{2\pi}\int_{-\infty}^{\infty}\left(\frac{A\pi\tau}{T}\delta(\omega)\right)^2\mathrm{d}\omega=\left(\frac{\tau}{T}\right)^2\frac{\pi}{2}A^2 \tag{10-12}$$

对时分多目标干扰进行进一步分析如下。

(1) $1/T$即为单个干扰目标的重复频率,重复频率如果太高,$\omega_c\pm\Omega,\omega_c\pm2\Omega$,…各频率分量都落在干扰信道之外,起不到干扰的作用。为了使得干扰信号的主瓣能量尽可能落入被干扰方的接收带宽$\mathrm{BW_{re}}$内,主瓣带宽的选择要合适。由于主瓣带宽为$\mathrm{BW}=\frac{2}{\tau}$,在$n$目标干扰时,每个目标干扰的时间为$\tau=\frac{T}{n}$,则

$$\mathrm{BW}=\frac{2}{\tau}=\frac{2n}{T}<\mathrm{BW_{re}} \tag{10-13}$$

$$\frac{1}{T} \leqslant \frac{\mathrm{BW}_{\mathrm{re}}}{2n} \tag{10-14}$$

假设被干扰方接收机的信道带宽 $\mathrm{BW}_{\mathrm{re}} = 25\mathrm{kHz}$，则在 n 目标干扰时，要求重复频率 T 为

$$\frac{1}{T} \leqslant \frac{25\mathrm{kHz}}{2n}$$

所以，在二目标干扰时重复频率不大于6.25kHz，三目标干扰时重复频率不大于4.17kHz，五目标干扰时重复频率不大于2.5kHz。

（2）由式（10-12）可知，每个目标上的干扰功率与 $\left(\frac{\tau}{T}\right)^2$ 成正比。若多个干扰信号平分整个干扰周期，即每个目标干扰的时间为 $\tau = \frac{T}{n}$，则 $\frac{T}{\tau} = n$，于是，每个目标上的干扰率与 $\frac{1}{n^2}$ 成正比，所以干扰目标数增加 n 倍，所需的干扰增加至原来的 n^2 倍。例如，对某个目标连续干扰时，所需的干扰功率为 PW，则采用时分二目标干扰时，所需要的干扰功率为 $4P$W；采用时分三目标干扰时，所需要的干扰功率为 $9P$W。又如，连续干扰单个目标需要的功率为200W，而时分干扰5个目标时，需要的干扰功率为5000W。

10.2.3 拦阻干扰信号

宽带拦阻干扰是对某一频段的信号施放干扰，同时对频段内的所有信号实施压制性干扰，它不需要频率瞄准和引导。由于要对整个频段实施阻塞，其功率分散，一旦带宽较宽，所需要的干扰功率会非常大。为实现有效拦阻，信号要覆盖大部分或全部信号工作带宽，拦阻带宽内个信号的能量尽量相同，干扰频谱的频率间隔与干扰频段内的信道间隔尽量一致。

拦阻干扰可以分为连续拦阻干扰和梳状谱拦阻干扰。连续拦阻干扰，其频谱在整个干扰频段内是近似连续分布的；梳状谱拦阻干扰是一种改进的拦阻干扰方式，干扰功率在工作频率范围内按照一定的频率间隔、信号强度分布在各个信道上，就像一把梳子一样。梳状谱只在梳齿上的信号产生干扰，所需要的干扰功率要相对小一些。

10.2.3.1 锯齿波扫频拦阻干扰信号[2]

用锯齿波扫频所产生的频谱结构是最理想的拦阻干扰样式。下面我们对这种样式进行分析。锯齿波扫频原理如图10.8所示。

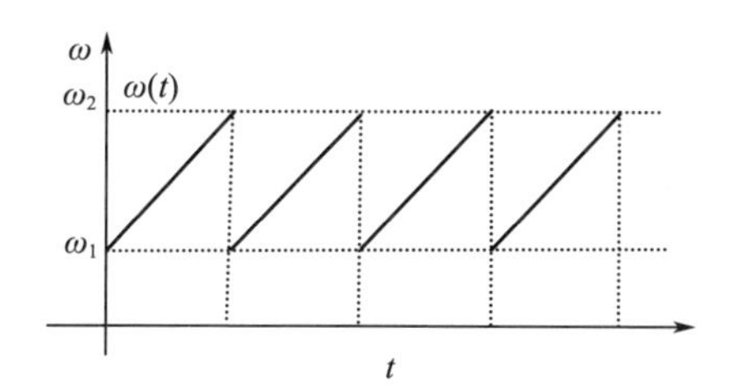

图 10.8　锯齿波扫频示意图

由图可以看出，在扫频周期 T 内，瞬时角频率从 ω_1 扫描到 ω_2。其瞬时频率为

$$\omega(t)=\omega_1+\frac{\omega_2-\omega_1}{T}t=\omega_1+2\Delta\omega F_0 t\quad(0\leqslant t\leqslant T)\tag{10-15}$$

式中：扫频波频偏为

$$\Delta\omega=(\omega_2-\omega_1)/2$$

锯齿波频率为

$$F_0=\frac{1}{T}$$

此扫频信号的瞬时相角为

$$\theta(t)=\int_0^t\omega(t)\,\mathrm{d}t=\omega_1 t+2\Delta\omega F_0 T^2$$

于是，锯齿波扫频的时域表达式为

$$u(t)=A_{\mathrm{j}}\cos[\theta(t)]=A_{\mathrm{j}}\cos(\omega_1 t+2\Delta\omega F_0 T^2)\quad 0\leqslant t\leqslant T\tag{10-16}$$

锯齿波扫频信号在频域表现为谱线间隔是 $F_0=1/T$ 的离散频谱（扫描周期的倒数即为扫频信号的谱线间隔）。锯齿波扫频信号在时域可表示为

$$\begin{aligned}j(t)&=\sum_{n=\infty}^{\infty}u(t-nT)\\&=\sum_{n=-\infty}^{\infty}\left\{A_{\mathrm{j}}\cos\left[\omega_1(t-nT)+\frac{\omega_2-\omega_1}{2T}(t-nT)^2\right]g\left(t-nt-\frac{T}{2}\right)\right\}\end{aligned}$$

式中：$g(t)$ 为宽度为 T 的矩形窗函数，显然有

$$j(t)=j(t-mT)$$

所以，锯齿波扫频信号 $j(t)$ 是周期为 T 的周期信号。它可以用下面的傅里叶级数表示为

$$j(t)=\sum_{n=-\infty}^{\infty}c_n\mathrm{e}^{\mathrm{j}2\pi nF_0 t}=c_0+\sum_{n=1}^{\infty}A_n\cos(2\pi nF_0 t+\varphi_n)\tag{10-17}$$

式中

$$F_0=\frac{1}{T}\cong\frac{\omega_0}{2\pi}$$

$$c_n=\frac{1}{T}\int_0^T u(t)\mathrm{e}^{-\mathrm{j}n\omega_0 t}\mathrm{d}t=\frac{A_\mathrm{j}}{T}\int_0^T\cos\left(\omega_1 t+\frac{\omega_2-\omega_1}{2T}T^2\right)\mathrm{e}^{-\mathrm{j}n\omega_0 t}\mathrm{d}t$$

$$A_n=2|c_n|$$

即锯齿波扫频信号是由频率为 nF_0、对应的幅度为 $2|c_n|$ 的各次谐波组成的离散谱线，谱线间隔为 F_0，即为扫频周期的倒数。

扫频带宽内的等效信道数 N 为扫频带宽与谱线间隔之比：

$$N=\frac{\omega_2-\omega_1}{F_0}$$

由于分析过程比较复杂，下面就不经分析对各次谐波幅度所具有的特性进行说明。

（1）锯齿波扫频信号位于扫频带宽之外的频谱分量都很小，可忽略不计。

（2）锯齿波扫频信号的频谱相对于中心谱线是对称的。扫描频带最边缘谱线的平均功率比中心谱线的平均功率低 6dB。所以，为确保在给定的干扰带宽内所有谱线平均功率都能达到足够的电平，扫描带宽应适当放宽，否则，会因边缘谱线电平太低而影响干扰效果。

（3）扫描带宽内各谱线平均功率有波动，不同 N 值时的带内波动不同，N 值越大，即扫描带宽内的等效信道数越多，带内波动越小，为使带内波动小于 1dB（约占总信道数的 70%），N 值应大于 200；另外，越靠近扫描频带边缘，波动越大，所以扫描带宽在设计时应留有余量（30% 余量）。

不同 N 值时，不同谱线所对应的增益波动有所不同，其增益的平均值约为 2（在 1.5～2.5 变化），所以位于扫描带宽内中心附近各谱线的平均功率约为

$$P_n\approx\frac{A_\mathrm{j}^2}{4N}\cdot 2=\frac{A_\mathrm{j}^2}{2N}\tag{10-18}$$

与最中心谱线的平均功率是一样的。由于锯齿波扫频信号的总功率为 $A_\mathrm{j}^2/2$，所以锯齿波扫频信号分配在各信道上的平均功率仅为总功率的 $1/N$。这一结论从物理概念上也是很容易理解的。

最后，我们对锯齿波扫频信号所具备的性质归纳如下。

（1）锯齿波扫频信号的谱线（信道）间隔 F_0 取决于扫频周期 T，为扫频周期的倒数，即 $F_0=1/T$。

（2）锯齿波扫频信号的谱线平坦度取决于扫频带宽内的等效信道数 N，N 值

越大,就越平坦;为使带内谱线平均功率波动小于 1dB,N 值应大于 200。

(3) 锯齿波扫频信号扫频带宽边缘谱线的平均功率比中心谱线的平均功率至少小 6dB;带内谱线平均功率波动小于 1dB 的带宽仅为扫频总带宽的 70% 左右。

(4) 平均而言,锯齿波扫频信号每一信道上获得的平均功率为总功率的 $1/N$,N 值越大,功率越分散,每一信道上得到的平均功率就越小,但每一信道上分配到的平均干扰功率是有差异的,在整个扫频带宽内最大差值将达到 8dB。

(5) 锯齿波扫频信号每根谱线对应的频率值将取决于扫频起始频率 f_1 和扫频周期,即为 $f_n = f_1 + nF_0$,在信道间隔一定的情况下,只能由起始频率 f_1 决定;所以,通过细调 f_1 可以精确控制谱线频率,一旦 f_1 确定,所有信道频率也就随之固定了。

(6) 锯齿波扫频信号在一个扫频周期内,在每一信道上的停留时间仅为 T/Ns,即对于每个单独的信道而言,锯齿波扫频信号表现为脉宽是 T/N、周期是 T、瞬时幅度是 A_j 的干扰脉冲信号。所以,锯齿波扫频信号的干扰作用机理是时域上的单信道能量累积。因此,对于跳频信号,尤其是高速跳频信号,锯齿波扫频信号的干扰效果将大受影响,甚至有可能不起任何作用。另外,对于中频带宽远比 F_0 大的接收机,锯齿波扫频信号的干扰效果也将很差。也就是说,一个谱线间隔为 F_0 的锯齿波扫频信号并不是对所有工作在扫频带宽内的接收机都能起到干扰效果的,而只对中频带宽小于 F_0 的接收机才能起到比较好的干扰效果。这一点对于如何正确使用锯齿波扫频信号非常重要。

宽带锯齿波扫频信号用作干扰信号,还需要对扫频信号进一步的干扰样式调制。从原理上来说,可对锯齿波扫频信号进行各种调制,包括调幅、调频或 FSK、PSK 等,但使用最多的还是噪声调频,其数学表达式为

$$j_0(t) = A_j\cos\left[\omega_1 t + \frac{\omega_2 - \omega_1}{T}T^2 + k_j\int_{-\infty}^{t} m_j(\tau)\,d\tau\right] \quad 0 \leqslant t \leqslant T$$

实际上就是进行二次调频,其中 $m_j(t)$ 就是音频干扰噪声。

需要指出的是,在应用中,虽然调制信号是一个周期性的单音,但由于锯齿波扫频信号的扫频特征,在每一信道上并不能形成完全连续的单音干扰信号,而只能是该调制信号的取样值,取样周期即为扫频周期 T。所以,根据 Nyquist 采样定理,扫频周期应满足

$$\frac{1}{T} \geqslant 2\Omega$$

或

$$\Omega \leqslant \frac{1}{2T} = \frac{F_0}{2}$$

也就是说，干扰调制信号的最高频率必须小于锯齿波扫频信号谱线（信道）间隔的1/2。这一问题在锯齿波扫频干扰样式设计时也是需要引起注意的。

通过前面对锯齿波扫频拦阻干扰的讨论可知，扫频拦阻干扰实际上是一种时间分割的多信道干扰体制。如前所述，如果总的扫频信道数为 N，则在一个扫频周期内每一信道上的分割时间为 T/N。所以，从时域上看，每一信道上的干扰波形如图 10.9 所示。

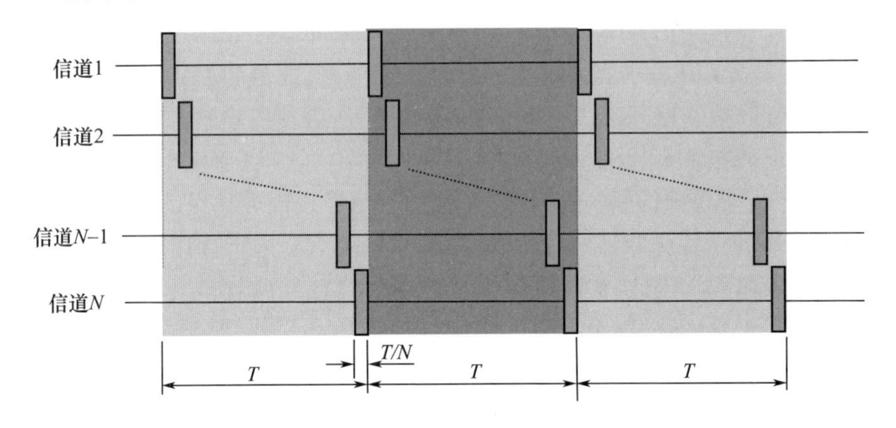

图 10.9 锯齿波扫频拦阻干扰的信道时域波形

锯齿波扫频作为一种时分割拦阻干扰，存在以下弊端：扫频周期为 T 的扫频拦阻干扰信号只能对带宽小于 $1/T$ 的接收机有较好的干扰效果；只能进行等间隔拦阻干扰；各个信道只能采用同样的干扰样式；为了保证足够的功率平坦度，需要增加 30% 的拦阻带宽余量，导致近 30% 的功率浪费。针对存在的问题，人们又提出了离散梳状谱拦阻干扰技术。

10.2.3.2 离散梳状谱拦阻干扰信号[2]

离散梳状谱拦阻干扰实际上是一般意义上的多目标干扰的拓展，同时产生许多个所需的离散信道，是一种频率分割拦阻干扰体制。同时产生的 N 个干扰信号可以等间隔或不等间隔，调制样式也可各不相同。另外，由于这种频分体制时域连续，因此，它适用于对常规定频和跳频通信的干扰。与频分多目标干扰的讨论一样，离散梳状谱拦阻干扰也存在干扰效率低的问题，需要寻找一技术途径来努力提高功放的发射效率。

如果梳状谱中有 N 个干扰信号，如果采用信号独立产生再合路，则非常复杂而且效率也很低。现在人们往往采用事先产生一段具有 N 个干扰信号的波形数据，而后进行高速数模变换的方法来实现，也称为数字储频技术。梳状谱信号可以表示为

$$f(t) = \sum_{k=1}^{N} A_k(t)\cos[2\pi f_k t + \varphi_k(t) + \theta_k] \tag{10-19}$$

对应的数字形式为

$$f(n) = \sum_{k=1}^{N} A_k(nT_s)\cos[2\pi f_k nT_s + \varphi_k(nT_s) + \theta_k]$$

不同的调制样式可以体现在式中的 $A_k(nT_s)$、$\varphi_k(nT_s)$ 上。如果存储波形数据的存储器容量为 K 个字，则当 DAC 的采样频率为 f_s，该射频波形存储器所能产生的最低信号频率为

$$f_{\min} = \frac{f_s}{K}$$

而能产生的最高信号频率为

$$f_{\max} = \frac{f_s}{2}$$

例如，当 $f_{\max} = 500\text{MHz}$，$f_{\min} = 1\text{kHz}$ 时，所需的存储器容量为 $K = 1\text{MB}$，所需的采样速度为 $f_s = 1\text{GHz}$。

最低频率的确定主要取决于对干扰信号载频精度的要求以及干扰样式调制信号，即 $A_i(nT_s)$、$\varphi_i(nT_s)$ 中的最低信号频率。干扰信号载频精度做到 100Hz 就足够了，而对于音频噪声其最低调制信号频率可能需要达到 20Hz，这时，如果最高频率还需要做到 500MHz，则所需的存储容量将达到 50MB。

基于波形存储的离散拦阻干扰信号目前在许多频段都可以直接在射频上实现了，更高的频段可通过混频环节把在中频上实现的离散拦阻干扰信号搬移到所需要的射频频段上。另外，为增大拦阻带宽，还可以采用并行实现。

离散梳状谱拦阻干扰存在信号峰均比（也称波峰因子）大的问题。信号的峰均比被定义为信号的峰值功率与其平均功率之比，用 γ 来表示：$\gamma = \frac{P_{\text{peak}}}{P_{\text{av}}}$。

在多目标干扰时，我们已经指出：理论上，n 个同幅正弦波之和的峰均比为 $2n$。信号峰均比大带来的主要问题是：DAC 动态范围的需求大，对功率放大器的线性度要求高。

降低峰均比最直观也是比较有效的方法是寻求一组初始相位 θ_i 来优化时域波形，使峰均比达到最小。对于等间隔的离散梳状谱信号可以采用基于多相序列编码的峰均比优化方法。

我们把 N 个正弦波合成信号表示为

$$f(t) = \text{Re}\left\{\sum_{n=0}^{N-1} a_n e^{j\theta_n} e^{j2\pi f_n t}\right\}$$

式中：Re{·}表示取实部。如果假设f_n等间隔设置，最高频率为f_0，即有

$$f_n = f_0 - nF$$

式中：F 为频率间隔，则上式可写为

$$f(t) = \mathrm{Re}\left\{ \sum_{n=0}^{N-1} a_n \mathrm{e}^{\mathrm{j}\theta_n} \mathrm{e}^{-\mathrm{j}2\pi nFt} \mathrm{e}^{\mathrm{j}2\pi f_0 t} \right\}$$

令 $c_n = a_n \mathrm{e}^{\mathrm{j}\theta_n}$，$A(t) = \sum\limits_{n=0}^{N-1} c_n \mathrm{e}^{-\mathrm{j}2\pi nFt}$，则

$$f(t) = \mathrm{Re}\{A(t)\mathrm{e}^{\mathrm{j}2\pi f_0 t}\}$$

由于 $f^2(t) = |\mathrm{Re}\{A(t)\mathrm{e}^{\mathrm{j}2\pi f_0 t}\}|^2 \leqslant |A(t)\mathrm{e}^{\mathrm{j}2\pi f_0 t}|^2 = |A(t)|^2$，当 $a_1 = a_2 = \cdots = a_N = 1$ 时，$P_{\mathrm{av}} = N/2$，所以峰均比为

$$\gamma = \frac{P_{\mathrm{peak}}}{P_{\mathrm{av}}} = \max_t \left\{ \frac{f^2(t)}{N/2} \right\} \leqslant \frac{2}{N} \max_t \{ |A(t)|^2 \}$$

上式即为峰均比的最大上限值。下面将证明，当 c_n取为多相序列时，则

$$|A(t)|^2 = N$$

这样采用多相序列来优化的合成信号峰均比为

$$\gamma \leqslant \frac{2}{N} \cdot N = 2$$

所谓的多相序列，是指其自相关函数满足

$$R_{c_n}(l) = \begin{cases} N & l = 0 \\ 0 & l \neq 0 \end{cases}$$

的非二元复数序列 c_n，其自相关函数定义为

$$R_{c_n}(l) = \sum_{n=0}^{N-1} c_n c_{n+l}^*$$

式中：* 号表示取共轭。该序列可由下述方法来构成：

$$c_n = \begin{cases} \mathrm{e}^{\mathrm{j}\frac{p\pi}{N}n^2} & N \text{ 为偶数} \\ \mathrm{e}^{\mathrm{j}\frac{p\pi}{N}n(n+1)} & N \text{ 为奇数} \end{cases} \tag{10-20}$$

式中：$n = 0,1,2,\cdots,N-1$；p 是和 N 无公约数且小于 N 的最大整数，在这里可以取 $p = 1$。

如果我们取相位补偿序列为多相序列，则

$$
\begin{aligned}
|A(k)|^2 &= A(k)\cdot A^*(k) \\
&= \sum_{n=0}^{N-1} c_n \mathrm{e}^{-\mathrm{j}2\pi nFt} \cdot \sum_{m=0}^{N-1} c_m^* \mathrm{e}^{\mathrm{j}2\pi mFt} \\
&= \sum_{n=0}^{N-1}\sum_{m=0}^{N-1} c_n c_m^* \mathrm{e}^{-\mathrm{j}2\pi(n-m)Ft} \\
&= N
\end{aligned}
$$

所以,当把多相序列作为峰均比控制序列时,其峰均比为

$$
\gamma \leqslant \frac{2}{N}\max_k\{|A(t)|^2\} = 2 \tag{10-21}
$$

即采用多相序列进行峰均比优化时,其合成信号峰均比不会大于2。

以上讨论只对等间隔情况成立,对于不等间隔时,最简单的就是采用全局搜索算法,即选择一个最小相位步进 $\Delta\theta$(如取 $\Delta\theta=10°$),对应每一信号的补偿相位 θ_i 就有 $M=360/\Delta\theta$ 种可能取值,如果需要产生的离散信号数为 N,则需要搜索 M^N 个状态数,以找到具有最小峰均比的相位状态。

10.3 最佳干扰样式

不同的干扰信号样式[1-2]对同一目标进行干扰时,所需要的干扰压制系数并不一样,为了使得干扰效率最佳,我们需要针对不同的通信体制或通信信号,寻求与之相适应的、能使压制系数达到最小的干扰信号样式,也就是最佳干扰样式。

这里主要讨论常规定频信号如AM、FM、FSK、PSK等的最佳干扰问题。

10.3.1 对模拟信号的最佳干扰

首先我们讨论AM、FM、SSB等模拟通信信号的最佳干扰样式。

10.3.1.1 AM信号的最佳干扰

设AM信号为

$$
s_{\mathrm{AM}}(t) = [A + m(t)]\cos(\omega_c t + \varphi_0)
$$

干扰信号为

$$
j(t) = J(t)\cos[\omega_j t + \varphi_j(t)]
$$

在讨论最佳干扰样式时,一般不考虑噪声的影响,并设信号初相为0。这样到达通信接收机输入端的合成信号为

$$x(t)=s_{\mathrm{AM}}(t)+j(t)$$
$$=[A+m(t)]\cos(\omega_{\mathrm{c}}t)+J(t)\cos[\omega_{\mathrm{j}}t+\varphi_{\mathrm{j}}(t)]$$

利用三角恒等式可得

$$x(t)=R(t)\cos[\omega_{\mathrm{c}}t+\theta(t)]$$

式中

$$R(t)=[A+m(t)]\left\{1+2\frac{J(t)}{A+m(t)}\cos[(\omega_{\mathrm{j}}-\omega_{\mathrm{c}})t+\varphi_{\mathrm{j}}(t)]+\frac{J^2(t)}{[A+m(t)]^2}\right\}^{1/2}$$

$$\theta(t)=\arctan\frac{J(t)\sin[(\omega_{\mathrm{j}}-\omega_{\mathrm{c}})t+\varphi_{\mathrm{j}}(t)]}{A+m(t)+J(t)\cos[(\omega_{\mathrm{j}}-\omega_{\mathrm{c}})t+\varphi_{\mathrm{j}}(t)]}$$

在采用非相干解调时,接收机一般都采用包络检波器解调,这时解调器的输出即为合成信号之包络 $R(t)$。在 $R(t)$ 表达式中的后两项是干扰信号的作用项,干扰是否有效主要取决于这两项所起的作用大小。下面分几种干扰样式讨论。

(1) 单音干扰。单音干扰时 $J(t)$、$\varphi_{\mathrm{j}}(t)$ 均为常数,即 $J(t)=J,\varphi_{\mathrm{j}}(t)=\varphi$。如果假设单音信号与通信信号载频相同,即 $\omega_{\mathrm{j}}=\omega_{\mathrm{c}}$,且 $\varphi=0$,则合成信号之包络为

$$R(t)=A+J+m(t)$$

通过隔直流滤波即可获得调制信号 $m(t)$,这时的单音干扰不起任何作用。当 $\omega_{\mathrm{j}}\neq\omega_{\mathrm{c}},\varphi\neq0$ 时,分析起来比较复杂,可对包络表达式进行简化。假设干扰信号较小,即满足

$$A+m(t)>2J(t)$$

这时把包络表达式中的平方根用泰勒级数展开,并只取前两项可得

$$R(t)\approx A+m(t)+J(t)\cos[(\omega_{\mathrm{j}}-\omega_{\mathrm{c}})t+\varphi_{\mathrm{j}}(t)]$$

单音干扰时有

$$R(t)\approx A+m(t)+J\cos[(\omega_{\mathrm{j}}-\omega_{\mathrm{c}})t+\varphi_{\mathrm{j}}]$$

这时只要 $\Delta\omega=\omega_{\mathrm{j}}-\omega_{\mathrm{c}}$ 落在音频带宽内,就将对通信信号形成单音干扰。但是由于人耳很容易抑制单音干扰,单音干扰不易产生好的干扰效果。所以,对 AM 信号不宜采用单音干扰样式。

(2) 调幅干扰。采用调幅干扰时的合成信号包络为

$$R(t)\approx A+m(t)+J(t)\cos[(\omega_{\mathrm{j}}-\omega_{\mathrm{c}})t+\varphi_{\mathrm{j}}]$$

其中

$$J(t)=A_{\mathrm{j}}+m_{\mathrm{j}}(t)$$

代入可得

$$R(t) \approx A + m(t) + A_{\mathrm{j}}\cos[(\omega_{\mathrm{j}} - \omega_{\mathrm{c}})t + \varphi_{\mathrm{j}}] + m_{\mathrm{j}}(t)\cos[(\omega_{\mathrm{j}} - \omega_{\mathrm{c}})t + \varphi_{\mathrm{j}}]$$

在后两项干扰分量中:前一项为单音干扰,对 AM 信号基本不起作用,所以对这一项不予考虑;后一项带有干扰调制信号 $m_{\mathrm{j}}(t)$,是起干扰作用的信号分量。这样包络检波器输出端的干扰信号功率为

$$P_{\mathrm{jo}} = \frac{1}{2}\overline{m_{\mathrm{j}}^{2}(t)}$$

而其输出的通信信号功率为

$$P_{\mathrm{so}} = \overline{m^{2}(t)}$$

所以,包络检波器的输出音频干信比为

$$\frac{P_{\mathrm{jo}}}{P_{\mathrm{so}}} = \frac{1}{2}\frac{\overline{m_{\mathrm{j}}^{2}(t)}}{\overline{m^{2}(t)}}$$

包络检波器的输入射频干扰功率为

$$P_{\mathrm{ji}} = \frac{1}{2}[A_{\mathrm{j}}^{2} + \overline{m_{\mathrm{j}}^{2}(t)}]$$

包络检波器的输入射频信号功率为

$$P_{\mathrm{si}} = \frac{1}{2}[A^{2} + \overline{m^{2}(t)}]$$

则输入干信比为

$$\frac{P_{\mathrm{ji}}}{P_{\mathrm{si}}} = \frac{A_{\mathrm{j}}^{2} + \overline{m_{\mathrm{j}}^{2}(t)}}{A + \overline{m^{2}(t)}} \equiv \mathrm{jsr}$$

所以,包络检波器的输出干信比与输入干信比的关系为

$$\frac{P_{\mathrm{jo}}}{P_{\mathrm{so}}} = \frac{1}{2} \cdot \frac{\left(1 + \dfrac{A^{2}}{\overline{m^{2}(t)}}\right)}{\left[1 + \dfrac{A_{\mathrm{j}}^{2}}{\overline{m_{\mathrm{j}}^{2}(t)}}\right]} \cdot \mathrm{jsr}$$

从上式可见,AM 信号的调制深度越深,其抗干扰能力越强;同样 AM 干扰信号的调制深度越深,其干扰能力也越强。如果双方都采用最大调幅度即 100% ,则

$$\frac{A^{2}}{\overline{m^{2}(t)}} \approx \frac{A_{\mathrm{j}}^{2}}{\overline{m_{\mathrm{j}}^{2}(t)}} \approx 2$$

此时,有

$$\frac{P_{\mathrm{jo}}}{P_{\mathrm{so}}} = \frac{1}{2} \cdot \mathrm{jsr}$$

即包络检波器输出端的解调噪信比只有输入干信比的1/2。一般情况下，为了有效压制语音信号，要求音频噪声功率大于语音信号功率5～25倍，当取10倍语音信号功率时，则所需的干信比为20即13dB。

（3）双边带干扰。采用双边带干扰时的合成信号包络为

$$R(t) \approx A + m(t) + J(t)\cos[(\omega_j - \omega_c)t + \varphi_j]$$

式中：$J(t) = m_j(t)$。这样包络检波器输出端的干扰信号功率为

$$P_{jo} = \frac{1}{2}\overline{m_j^2(t)}$$

而其输出的信号功率为

$$P_{so} = \overline{m^2(t)}$$

所以，包络检波器的输出干信比为

$$\frac{P_{jo}}{P_{so}} = \frac{1}{2}\frac{\overline{m_j^2(t)}}{\overline{m^2(t)}}$$

包络检波器的输入干扰功率为

$$P_{ji} = \frac{1}{2}\overline{m_j^2(t)}$$

包络检波器的输入信号功率为

$$P_{si} = \frac{1}{2}[A^2 + \overline{m^2(t)}]$$

则输入干信比为

$$\frac{P_{ji}}{P_{si}} = \frac{\overline{m_j^2(t)}}{A + \overline{m^2(t)}} \equiv \mathrm{jsr}$$

所以，包络检波器的输出干信比与输入干信比的关系为

$$\frac{P_{jo}}{P_{so}} = \frac{1}{2} \cdot \left[1 + \frac{A^2}{\overline{m^2(t)}}\right] \cdot \mathrm{jsr}$$

与调幅干扰时情况相比较可知，双边带干扰的输出干信比少了一个大于1的分母，因此双边带干扰信号具有更好的干扰效果。例如，当AM信号采用100%的调幅度时，则

$$\frac{P_{jo}}{P_{so}} = \frac{3}{2} \cdot \mathrm{jsr}$$

则当输出音频干信比要求大于10倍时，所需的干信比为20/3即8.24dB，比调幅干扰样式少将近5dB。所以，对AM信号的干扰，双边带干扰样式是一种相对比较

好的干扰样式。

（4）调频干扰。采用调频干扰时的合成信号包络为

$$R(t) \approx A + m(t) + J(t)\cos[(\omega_j - \omega_c)t + \varphi_j(t)]$$

式中：$J(t) = A_j$ 为常数，即

$$\varphi_j(t) = k_f \cdot \int_{-\infty}^{t} m(\tau)\mathrm{d}\tau$$

这样包络检波器输出端的干扰信号功率为

$$P_{jo} = \frac{1}{2}A_j^2$$

而其输出的信号功率为

$$P_{so} = \overline{m^2(t)}$$

所以，包络检波器的输出音频干信比为

$$\frac{P_{jo}}{P_{so}} = \frac{1}{2}\frac{A_j^2}{\overline{m^2(t)}}$$

包络检波器的输入干扰功率为

$$P_{ji} = \frac{1}{2}A_j^2$$

包络检波器的输入信号功率为

$$P_{si} = \frac{1}{2}[A^2 + \overline{m^2(t)}]$$

则输入干信比为

$$\frac{P_{ji}}{P_{si}} = \frac{A_j^2}{A^2 + \overline{m^2(t)}} \equiv \mathrm{jsr}$$

所以，包络检波器的输出噪信比与输入干信比的关系为

$$\frac{P_{jo}}{P_{so}} = \frac{1}{2} \cdot \left[1 + \frac{A^2}{\overline{m^2(t)}}\right] \cdot \mathrm{jsr}$$

由此可见，对 AM 信号干扰时，调频干扰样式与双边带干扰样式所得到的输出干信比是一样的。

需要指出的是，对于 AM 信号虽然双边带干扰样式与调频干扰样式的效果是一样的，但由于双边带干扰信号不是等幅波，其峰值功率将在很大程度上受限于干扰发射机。所以，在实际中，对 AM 干扰使用最多的还是调频干扰样式，所需的干

信比为 5～12dB。

以上主要讨论了干扰信号比通信信号小时对 AM 信号的最佳干扰问题。当干扰信号比通信信号大，即

$$J(t) \geqslant 2[A+m(t)]$$

这时的合成信号包络通过泰勒级数展开，并只取前两项可得

$$R(t) \approx J(t)+[A+m(t)]\cos[(\omega_c-\omega_j)t-\varphi_j(t)]$$

此时，在合成信号包络表达式中没有独立的通信信号分量，而只有受到其频差 $\omega_c-\omega_j$ 调制的信号项。所以，只要干扰信号电平足够大，无论采用何种干扰样式均能对 AM 信号起到干扰压制效果。从此分析也可以得出有用结论，对 AM 信号适当增大干扰功率还是有好处的，这样可以提高干扰的成功概率。

上面讨论的是 AM 解调采用非相干解调时的情况，如果通信接收机采用相干解调，则解调器的输出信号为

$$\begin{aligned} y(t) &= x(t)\cos(\omega_c t+\varphi_0) \\ &\approx \frac{1}{2}m(t)+\frac{1}{2}J(t)\cos[(\omega_j-\omega_c)t+\varphi_j(t)-\varphi_0] \end{aligned}$$

上式中忽略了可以被后续滤波器滤除的直流项和高频项。这样解调输出的干扰信号功率为

$$P_{jo}=\frac{1}{8}\overline{J^2(t)}$$

解调输出的通信信号功率为

$$P_{so}=\frac{1}{4}\overline{m^2(t)}$$

所以，解调器的输出音频干信比为

$$\frac{P_{jo}}{P_{so}}=\frac{1}{2}\frac{\overline{J^2(t)}}{\overline{m^2(t)}}$$

而输入干信比为

$$\text{jsr}=\frac{\overline{J^2(t)}}{A^2+\overline{m^2(t)}}$$

这样相干解调器输出音频干信比与输入干信比的关系为

$$\frac{P_{jo}}{P_{so}}=\frac{1}{2}\left[1+\frac{A^2}{\overline{m^2(t)}}\right]\cdot \text{jsr}$$

由此可见，当通信接收机采用相干解调时，其输出音频干信比与非相干解调时

采用调频干扰的情况是一样的,而且它与采用什么样的干扰样式无直接关系。

综上分析可以得出结论:对AM信号的最佳干扰为噪声调频干扰,为使调频信号带宽与AM信号相适应,应采用窄带调频即调频指数$m_f \ll 1$,此时的调频信号带宽与AM信号带宽是一样的。但考虑到干扰信号载频与通信信号载频不可能完全一致,为使干扰信号能量能全部进入解调输出滤波器,调频干扰信号带宽应适当减小。例如,如果AM信号带宽为4kHz,干扰信号与通信信号的最大频差为1kHz,则调频干扰信号带宽应小于3kHz。

10.3.1.2　SSB信号的最佳干扰样式

设SSB信号为

$$s_{\mathrm{AM}}(t)=m(t)\cos(\omega_{\mathrm{c}}t)\mp\hat{m}(t)\sin(\omega_{\mathrm{c}}t)$$

式中:$\hat{m}(t)$为$m(t)$的Hilbert变换,取"-"号对应上边带,取"+"号对应下边带。

干扰信号为

$$j(t)=A_{\mathrm{j}}(t)\cos[\omega_{\mathrm{j}}t+\varphi_{\mathrm{j}}(t)]$$

这样到达通信接收机输入端的合成信号为

$$\begin{aligned}x(t)&=s_{\mathrm{SSB}}(t)+j(t)\\&=m(t)\cos(\omega_{\mathrm{c}}t)\mp\hat{m}(t)\sin(\omega_{\mathrm{c}}t)+A_{\mathrm{j}}(t)\cos[\omega_{\mathrm{j}}t+\varphi_{\mathrm{j}}(t)]\end{aligned}$$

采用相干解调时,用本地同步参考信号与上式相乘并滤除高频分量后,可得

$$\begin{aligned}y(t)&=x(t)\cos(\omega_{\mathrm{c}}t)\\&=\frac{1}{2}m(t)+\frac{1}{2}A_{\mathrm{j}}(t)\cos[(\omega_{\mathrm{j}}-\omega_{\mathrm{c}})t+\varphi_{\mathrm{j}}(t)]\end{aligned}$$

上式中的第1项为信号项,第2项为干扰项。所以,解调器输出端的音频干信比为

$$\frac{P_{\mathrm{jo}}}{P_{\mathrm{so}}}=\frac{\overline{\left\{\frac{1}{2}A_{\mathrm{j}}(t)\cos[(\omega_{\mathrm{j}}-\omega_{\mathrm{c}})t+\varphi_{\mathrm{j}}(t)]\right\}^2}}{\overline{\left\{\frac{1}{2}m(t)\right\}^2}}=\frac{1}{2}\frac{\overline{A_{\mathrm{j}}^2(t)}}{\overline{m^2(t)}}$$

输入干信比为

$$\mathrm{jsr}=\frac{\overline{j^2(t)}}{\overline{s_{\mathrm{SSB}}^2(t)}}=\frac{\frac{1}{2}\overline{A_{\mathrm{j}}^2(t)}}{\frac{1}{2}\overline{m^2(t)}+\frac{1}{2}\overline{\hat{m}^2(t)}}=\frac{1}{2}\frac{\overline{A_{\mathrm{j}}^2(t)}}{\overline{m^2(t)}}$$

由此可见,SSB解调器的输出音频干信比与输入干信比是一样的,与采用的干扰样式无关,即

$$\frac{P_{jo}}{P_{so}} = \mathrm{jsr}$$

以上结论是在假设干扰信号能够全部进入解调器参与解调，解调后的音频干扰分量（第2项）能够全部通过低通滤波器时所得出的。如果在解调器输入端设置一个上边带或下边带滤波器，这样对不同的干扰样式通过该滤波器的能量就不一样了，解调后的输出音频干信比也就不同。下面以AM干扰样式为例，讨论解调后的输出音频干信比与输入干信比的关系。

这时的干扰信号为

$$j(t) = [A_j + m_j(t)]\cos(\omega_j t + \varphi_j)$$

干扰信号的平均功率由两部分组成，即其载频功率 P_{jc} 和两个边带调制功率 P_{jm}：

$$P_{jc} = \frac{1}{2}A_j^2$$

$$P_{jm} = \frac{1}{2}\overline{m_j^2(t)}$$

其中，每一边带的功率为

$$P_{jm\mp} = \frac{1}{2}P_{jm} = \frac{1}{4}\overline{m_j^2(t)}$$

当在解调器输入端设有边带滤波器时，经过边带滤波后的干扰信号变为单边带信号（只有一个边带通过），并可表示为

$$j_{SSB}(t) = \frac{1}{2}m_j(t)\cos(\omega_j t + \varphi_j) \mp \frac{1}{2}\hat{m}_j(t)\sin(\omega_j t + \varphi_j)$$

所以，送入解调器的合路信号为

$$\begin{aligned} x(t) &= s_{SSB}(t) + j_{SSB}(t) \\ &= m(t)\cos(\omega_c t) \mp \hat{m}(t)\sin(\omega_c t) + \frac{1}{2}m_j(t)\cos(\omega_j t + \varphi_j) \mp \frac{1}{2}\hat{m}_j(t)\sin(\omega_j t + \varphi_j) \end{aligned}$$

经过相干解调并滤除高频分量后，可得

$$\begin{aligned} y(t) &= x(t)\cos(\omega_c t) \\ &= \frac{1}{2}m(t) + \frac{1}{4}m_j(t)\cos[(\omega_j - \omega_c)t + \varphi_j] \mp \frac{1}{4}\hat{m}_j(t)\sin[(\omega_j - \omega_c)t + \varphi_j] \end{aligned}$$

这样输出音频干信比为

$$\frac{P_{jo}}{P_{so}} = \frac{\frac{1}{32}\overline{m_j^2(t)} + \frac{1}{32}\overline{\hat{m}_j^2(t)}}{\frac{1}{4}\overline{m^2(t)}} = \frac{1}{4}\frac{\overline{m_j^2(t)}}{\overline{m^2(t)}}$$

输入干信比为

$$\mathrm{jsr}=\frac{\overline{j^2(t)}}{s_{\mathrm{SSB}}^2(t)}=\frac{\frac{1}{2}[A_{\mathrm{j}}^2+\overline{m_{\mathrm{j}}^2(t)}]}{\frac{1}{2}[\overline{m^2(t)}+\overline{\hat{m}^2(t)}]}=\frac{1}{2}\frac{A_{\mathrm{j}}^2+\overline{m_{\mathrm{j}}^2(t)}}{\overline{m^2(t)}}$$

所以,输出音频干信比与输入干信比的关系为

$$\frac{P_{\mathrm{jo}}}{P_{\mathrm{so}}}-\frac{1}{2}\left(\frac{1}{1+\frac{A_{\mathrm{j}}^2}{\overline{m_{\mathrm{j}}^2(t)}}}\right)\cdot \mathrm{jsr}$$

由此可见,干扰信号的调制深度越深,干扰效果越好。当采用 100% 调制时,$\frac{A_{\mathrm{j}}^2}{\overline{m_{\mathrm{j}}^2(t)}}=2$,则上式变为

$$\frac{P_{\mathrm{jo}}}{P_{\mathrm{so}}}=\frac{1}{6}\mathrm{jsr}$$

即用调幅干扰样式对 SSB 信号进行载频瞄准(干扰信号载频与通信信号载频基本一致)干扰时,解调器输出端的音频干信比只有输入干信比的 1/6(降低近 8dB),干扰效率是很低的。

从以上的举例分析可以清楚地看出,对 SSB 信号的干扰必须采用与被干扰信号频谱重叠的干扰样式,或者说,干扰信号的载频必须选在 SSB 信号的频谱中心上,而不能选在 SSB 信号的载频上;另外,干扰信号的带宽必须与 SSB 信号的带宽相一致。当然,如果采用单边带干扰样式,则干扰信号载频理所当然地应该选择与 SSB 通信信号的载频相重合,而且采用的边带方式(上边带还是下边带)也应该与信号一致,这样才能较好地保持干扰信号频谱与通信信号频谱的良好重合。由此看来,单边带干扰样式实现起来要比调幅或调频干扰样式复杂得多,因为它不仅需要准确测定信号载频,而且还需要识别出信号所采用的边带方式。对 SSB 信号而言,要完成这两件事并不简单。所以,实际中对 SSB 信号的干扰往往都采用只需测定信号中心频率(注意不是载频)和信号带宽的调幅或者窄带调频干扰样式,由于后者能获得更大的平均干扰功率,因此其应用更为普遍。

10.3.1.3 FM 信号的最佳干扰

设调频信号为

$$s_{\mathrm{FM}}(t)=A\cos[\omega_{\mathrm{c}}t+\varphi_{\mathrm{s}}(t)]$$

式中

$$\varphi_s(t) = k_f\int_{-\infty}^{t} m(\tau)\mathrm{d}\tau$$

干扰信号用一般形式表示为

$$j(t) = J(t)\cos[\omega_j t + \varphi_j(t)]$$

所以合成信号为

$$\begin{aligned} x(t) &= s_{FM}(t) + j(t) \\ &= A\cos[\omega_c t + \varphi_s(t)] + J(t)\cos[\omega_j t + \varphi_j(t)] \end{aligned}$$

利用三角恒等式可得

$$x(t) = R(t)\cos[\omega_c t + \theta(t)]$$

式中

$$R(t) = A\left\{1 + 2\frac{J(t)}{A}\cos[(\omega_j - \omega_c)t + \varphi_j(t) - \varphi_s(t)] + \frac{J^2(t)}{A^2}\right\}^{1/2}$$

$$\theta(t) = \varphi_s(t) + \arctan\frac{J(t)\sin[(\omega_j - \omega_c)t + \varphi_j(t) - \varphi_s(t)]}{A + J(t)\cos[(\omega_j - \omega_c)t + \varphi_j(t) - \varphi_s(t)]}$$

当调频解调器采用鉴频器解调时，其输出正比于合成信号的瞬时频率$f(t)$，即

$$f(t) = \frac{\mathrm{d}}{\mathrm{d}t}[\theta(t)]$$

为便于分析，分小干扰和大干扰两种情况来考虑。在小干扰时，即满足

$$A \gg J(t)$$

则$\theta(t)$可简化为

$$\theta(t) = \varphi_s(t) + \frac{J(t)}{A}\sin[(\omega_j - \omega_c)t + \varphi_j(t) - \varphi_s(t)]$$

所以，鉴频器输出为（略去常数比例因子2π）

$$\begin{aligned} f(t) = k_f \cdot m(t) &+ [\omega_j - \omega_c + \varphi_j'(t) - \varphi_s'(t)]\frac{J(t)}{A}\cos[(\omega_j - \omega_c)t + \varphi_j(t) - \varphi_s(t)] \\ &+ \frac{J'(t)}{A}\sin[(\omega_j - \omega_c)t + \varphi_j(t) - \varphi_s(t)] \end{aligned}$$

式中：第1项为信号，后两项为干扰分量。下面分单频干扰和调频干扰两种情况来加以讨论。

（1）单音干扰。采用单音干扰时，$J(t) = A_j$为常数，$\varphi_j(t) = \varphi_j$也为常数，这时有

$$f(t)=k_f\cdot m(t)+[\omega_j-\omega_c-k_f\cdot m(t)]\frac{A_j}{A}\cos[(\omega_j-\omega_c)t+\varphi_j-\varphi_s(t)]$$

由上式可见，干扰信号（第2项）项已变为一个调频调幅波，其带宽与调频信号带宽是一样的。当信号带宽大于鉴频器带宽时，其超过部分将被音频滤波器滤除。如果用F_k表示带宽不匹配所带来的干扰能量损失，则鉴频器输出的音频干扰信号功率为

$$P_{jo}=\frac{1}{2}[(\omega_j-\omega_c)^2+k_f^2\cdot\overline{m^2(t)}]\cdot\frac{A_j^2}{A^2}\cdot F_k$$

鉴频器输出的音频通信信号功率为

$$P_{so}=k_f^2\cdot\overline{m^2(t)}$$

所以，鉴频器输出的音频干信比为

$$\frac{P_{jo}}{P_{so}}=\frac{1}{2}\left[1+\frac{(\omega_j-\omega_c)^2}{k_f^2\cdot\overline{m^2(t)}}\right]\cdot\frac{A_j^2}{A^2}\cdot F_k$$

输入干信比为

$$\text{jsr}=\frac{A_j^2}{A^2}$$

将上式代入$\frac{P_{jo}}{P_{so}}$的表达式，可得

$$\frac{P_{jo}}{P_{so}}=\frac{1}{2}\left[1+\frac{(\omega_j-\omega_c)^2}{k_f^2\cdot\overline{m^2(t)}}\right]F_k\cdot\text{jsr}$$

从上式可见，适当增大干扰信号与通信信号的载频差，有利于提高干扰效果。但载频差也不能任意加大，否则会因频差过大而被鉴频器的后续音频滤波器滤除（F_k变小）。另外，从上式还可以看出，通信信号的频偏越大（k_f越大），带宽越宽，其抗干扰能力越强。

（2）调频干扰。采用调频干扰时，$J(t)=A_j$为常数，这时有

$$f(t)=k_f\cdot m(t)+[\omega_j-\omega_c+k_j\cdot m_j(t)-k_f\cdot m(t)]\frac{A_j}{A}\cos[(\omega_j-\omega_c)t+\varphi_j(t)-\varphi_s(t)]$$

同样可以推导出鉴频器输出的音频噪信比与输入干信比的关系为

$$\frac{P_{jo}}{P_{so}}=\frac{1}{2}\left[1+\frac{(\omega_j-\omega_c)^2}{k_f^2\cdot\overline{m^2(t)}}+\frac{k_j^2\cdot\overline{m_j^2(t)}}{k_f^2\cdot\overline{m^2(t)}}\right]F_k\cdot\text{jsr}$$

式中：k_j为干扰信号的最大角频偏；$m_j(t)$为干扰调制噪声。

在大干扰情况下的 $\theta(t)$ 可表示为

$$\theta(t)=\varphi_{j}(t)+\frac{A}{J(t)}\sin[(\omega_{c}-\omega_{j})t+\varphi_{s}(t)-\varphi_{j}(t)]$$

鉴频器输出为

$$\begin{aligned}f(t)&=\frac{\mathrm{d}}{\mathrm{d}t}[\theta(t)]\\&=\varphi_{j}'(t)+[\omega_{c}-\omega_{j}+\varphi_{s}'(t)-\varphi_{j}'(t)]\frac{A}{J(t)}\cos[(\omega_{c}-\omega_{j})t+\varphi_{c}(t)-\varphi_{j}(t)]\\&\quad-A\cdot\frac{J'(t)}{J^{2}(t)}\sin[(\omega_{c}-\omega_{j})t+\varphi_{s}(t)-\varphi_{j}(t)]\end{aligned}$$

由此可见,鉴频器输出不存在单独的信号项,而只有干扰分量,这时的鉴频器已进入非线性状态,出现所谓的“门限效应”。

单音干扰和单音调频干扰对调频信号都具有较好的干扰效果。但是实验表明,噪声调频比这两种干扰样式的干扰效果更好。这是因为噪声干扰更具隐蔽性,其在接收机输出端输出的是噪声,很像是信道上存在的噪声,敌方不易发现被人为干扰了。

对 FM 信号进行调频干扰时,接收机的输出功率随干扰机频偏的增加而增大,但是不宜过大,如果太大,一旦超过接收机的通带或鉴频器的线性范围,其干扰效果不会再提高,甚至会下降。当干扰信号与通信信号的载频差 1kHz 以内时,一般干扰信号的频偏选取为通信信号频偏的 1 ~ 1.2 倍。输入信号的干信比大于 1。如干扰信号与通信信号的载频差较大时,频偏相应加大,可以为通信信号的频偏加上干扰信号与通信信号之间的载频频差。

10.3.2 对数字信号的最佳干扰样式

我们主要讨论 ASK、FSK、PSK 等数字通信信号的最佳干扰样式。

10.3.2.1 ASK 信号的最佳干扰

对于 ASK 信号,可以简单地用下式来表示,即

$$s_{\mathrm{ASK}}(t)=\begin{cases}A_{s}\cos(\omega_{c}t) & \text{发送“1”时}\\0 & \text{发送“0”时}\end{cases}$$

为分析简单起见,设干扰信号为

$$j(t)=A_{j}\cos(\omega_{j}t+\varphi_{j})$$

并假设 $\omega_{j}=\omega_{c},\varphi_{j}=0$,则信号、干扰与噪声三者的合成信号为

$$x(t)=\begin{cases}A_s\cos(\omega_c t)+A_j\cos(\omega_c t)+n(t) & \text{发送“1”时}\\ A_j\cos(\omega_c t)+n(t) & \text{发送“0”时}\end{cases}$$
$$=\begin{cases}(A_s+A_j)\cos(\omega_c t)+n(t) & \text{发送“1”时}\\ A_j\cos(\omega_c t)+n(t) & \text{发送“0”时}\end{cases}$$

如果上式中的噪声 $n(t)$ 为窄带高斯白噪声(设其均值为0,方差为 σ_n^2),设

$$n(t)=n_c(t)\cos(\omega_c t)-n_s(t)\sin(\omega_c t)$$

(1) 单频干扰

设干扰信号与通信信号的频率对准,干扰信号的初相为0,则单频干扰信号为

$$j(t)=A_j\cos(\omega_c t)$$

于是,在通信接收机输入端的合成信号为

$$x(t)=\begin{cases}(A_s+A_j)\cos(\omega_c t)+n(t) & \text{发送“1”时}\\ A_j\cos(\omega_c t)+n(t) & \text{发送“0”时}\end{cases}$$

2ASK 有相干解调、非相干解调二种方式,经常用非相干解调方式。

2ASK 包络解调器输出包络为:

$$V(t)=\sqrt{(A_s+A_j+n_c(t))^2+n_s^2(t)} \quad \text{发送“1”时}$$

$$V(t)=\sqrt{(A_j+n_c(t))^2+n_s^2(t)} \quad \text{发送“0”时}$$

服从广义瑞利分布,其概率密度函数分别由以下两式给出:

$$p_1(V)=\frac{V}{\sigma_n^2}I_0\left(\frac{a_1 V}{\sigma_n^2}\right)e^{-(V^2+a_1^2)/2\sigma_n^2}$$

$$p_0(V)=\frac{V}{\sigma_n^2}I_0\left(\frac{a_0 V}{\sigma_n^2}\right)e^{-(V^2+a_0^2)/2\sigma_n^2}$$

式中:$a_1=A_s+A_j$,$a_0=A_j$。

包络检波解调时,则其判决规则为

$$H:\begin{cases}\text{发送“1”} & V\geqslant b\\ \text{发送“0”} & V<b\end{cases}$$

其中 b 为判决门限。所以,接收误码率为

$$\begin{aligned}P_e&=P(1)P_{e1}(0|1)+P(0)P_{e0}(1|0)\\&=P(1)\int_0^b p_1(V)\mathrm{d}V+P(0)\int_b^\infty p_0(V)\mathrm{d}V\\&=P(1)\left[1-\int_b^\infty p_1(V)\mathrm{d}V\right]+P(0)\int_b^\infty p_0(V)\mathrm{d}V\end{aligned}$$

式中:$P(1)$、$P(0)$分别为发送“1”和“0”的先验概率,一般设 $P(1)=P(0)=1/2$;

$P_{e1}(0|1)$、$P_{e2}(1|0)$分别为发“1”和发“0”时的错误接收概率。把概率密度函数代入，并利用马氏 Q 函数：

$$Q(\alpha,\beta)=\int_{\beta}^{\infty}tI_0(\alpha t)\mathrm{e}^{-(T^2+\alpha^2)/2}\mathrm{d}t$$

可得用 Q 函数表示的误码率为

$$P_e=\frac{1}{2}\left[1-Q\left(\frac{a_1}{\sigma_n},\frac{b}{\sigma_n}\right)+Q\left(\frac{a_0}{\sigma_n},\frac{b}{\sigma_n}\right)\right]$$

把 $a_1=A_s+A_j$，$a_0=A_j$ 代入上式，并用 $r_s=A_s/\sigma_n$，$r_j=A_j/\sigma_n$ 表示信噪比和干噪声比，用 $b_0=b/\sigma_n$表示归一化门限，则上式变为

$$P_e=\frac{1}{2}[1-Q((r_s+r_j),b_0)+Q(r_j,b_0)]$$

在信噪比一定的情况下，上式也可表示为

$$P_e=\frac{1}{2}[1-Q(r_s(1+\sqrt{\mathrm{jsr}}),b_0)+Q(r_s\sqrt{\mathrm{jsr}},b_0)]$$

式中：$\mathrm{jsr}=\frac{A_j^2}{A_s^2}$为干信比。

由上式可见，ASK 信号的误码率不仅与干信比 jsr 有关，而且还与判决门限 b_0 有关。当 $\mathrm{jsr}\gg1$ 时，$P_e\approx1/2$，误码率达到最大值。判决门限 b_0是由通信方决定的，可以证明，在不存在干扰时，且在大信噪比情况下的归一化最佳门限为

$$b_0^*=\frac{A_s}{2\sigma_n}=\frac{1}{2}r_s$$

或者非归一化最佳门限 b 应选为 $A_s/2$，即信号幅度的 1/2。最后把最佳门限代入误码率公式可得

$$P_e=\frac{1}{2}[1-Q(r_s(1+\sqrt{\mathrm{jsr}}),r_s/2)+Q(r_s\sqrt{\mathrm{jsr}},r_s/2)]$$

由于当 $\alpha\gg1$，$\beta\gg1$ 时，有以下近似式：

$$Q(\alpha,\beta)\approx1-\frac{1}{2}\mathrm{erfc}\left[\frac{\alpha-\beta}{\sqrt{2}}\right]=\frac{1}{2}\mathrm{erfc}\left[\frac{\beta-\alpha}{\sqrt{2}}\right]$$

所以，当 $r_s\gg1$ 时，误码率可近似为

$$\begin{aligned}P_e&=\frac{1}{2}\left[1+\frac{1}{2}\mathrm{erfc}\left(r_s\cdot\frac{(1+2\sqrt{\mathrm{jsr}})}{2\sqrt{2}}\right)-\frac{1}{2}\mathrm{erfc}\left(r_s\cdot\frac{2\sqrt{\mathrm{jsr}}-1}{2\sqrt{2}}\right)\right]\\&=\frac{1}{4}\left[\mathrm{erfc}\left(r_s\cdot\frac{(1+2\sqrt{\mathrm{jsr}})}{2\sqrt{2}}\right)+\mathrm{erfc}\left(r_s\cdot\frac{1-2\sqrt{\mathrm{jsr}}}{2\sqrt{2}}\right)\right]\end{aligned}$$

根据上式可以计算出ASK信号与干信比的关系曲线如图10.10所示。由图10.10(a)可见,当电压信噪比为10(功率信噪比为20dB)时,只需干信比达到-5dB就能使误码率大于30%以上。另外,由图10.10(b)可见,不同信噪比时的误码率曲线有一个共同的交点(约在干信比为-6dB处),在该交点的左侧信噪比越高,误码率越小,相反在交点的右侧信噪比越高,误码率反而越大。所以,作为干扰系统应确保干信比大于交点处的干信比,这样通信系统就无法采取提高通信功率的办法来实现抗干扰。

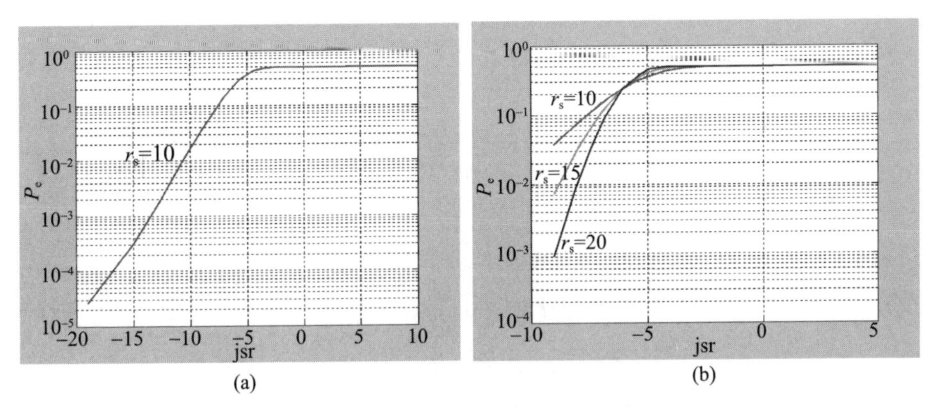

图10.10　ASK信号的误码率与干信比的关系(见彩图)

上面的讨论是在假定通信接收机的判决门限是以不存在干扰时的最佳门限来确定的,如果通信接收机能够根据干扰电平大小来自适应地选取判决门限,则可以使干扰无效。例如,如果非归一化判决门限取为

$$b = \frac{1}{2}(A_s + 2A_j)$$

对应的归一化判决门限为

$$b_0^* = \frac{b}{\sigma_n} = \frac{1}{2}(r_s + 2r_j) = \frac{r_s}{2}(1 + 2\sqrt{\text{jsr}})$$

则其误码率为

$$\begin{aligned} P_e &= \frac{1}{2}\left[1 - Q\left(r_s(1 + \sqrt{\text{jsr}}), \frac{r_s}{2}(1 + 2\sqrt{\text{jsr}})\right) + Q\left(r_s\sqrt{\text{jsr}}, \frac{r_s}{2}(1 + 2\sqrt{\text{jsr}})\right)\right] \\ &\approx \frac{1}{2}\left[\frac{1}{2}\text{erfc}\left(\frac{r_s}{2\sqrt{2}}\right) + \frac{1}{2}\text{erfc}\left(\frac{r_s}{2\sqrt{2}}\right)\right] \\ &= \text{erfc}\left(\frac{r_s}{2\sqrt{2}}\right) \end{aligned}$$

可见,此时的误码率只与信噪比r_s有关,而与干信比jsr无关。所以,对具有自

适应门限功能的 ASK 系统进行干扰是比较困难的。

(2) 码元“同步干扰”

对付自适应门限的有效办法是采用“乒乓”式随机“开关”干扰,以加大通信方自适应门限检测的难度。这种随机“乒乓”干扰的最佳形式是“同步”干扰,即干扰方在通信方发送“1”时不干扰,发送“0”时干扰,如图 10.11 所示。通常也把这种干扰称为灵巧干扰,因为这种干扰方式不仅能对付自适应门限系统,而且所需的干信比很小。

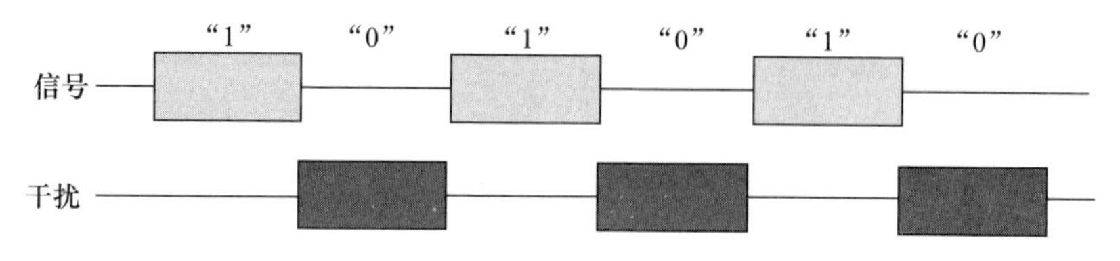

图 10.11　对 ASK 信号的灵巧干扰

“码元”同步干扰时的合成信号可表示为

$$x(t)=\begin{cases}A_s\cos(\omega_c t)+n(t) & 发送“1”时\\ A_j\cos(\omega_c t)+n(t) & 发送“0”时\end{cases}$$

与前面的分析类似,这时的误码率为

$$P_e=\frac{1}{2}\left[1-Q\left(\frac{A_s}{\sigma_n},\frac{b}{\sigma_n}\right)+Q\left(\frac{A_j}{\sigma_n},\frac{b}{\sigma_n}\right)\right]$$

用 $r_s=A_s/\sigma_n, r_j=A_j/\sigma_n$ 表示信号噪声比和干扰噪声比,用 $b_0=b/\sigma_n$ 表示归一化门限,则上式变为

$$P_e=\frac{1}{2}[1-Q(r_s,b_0)+Q(r_s\sqrt{\text{jsr}},b_0)]$$

由上式可见,当 jsr = 1 即干扰信号电平与通信信号电平相等时,误码率达到最大($P_e=1/2$),而与选取的判决门限无关。这就是这种“灵巧”干扰的意义所在。当然,实现灵巧干扰还需解决很多技术问题,最为困难的是,如何保证干扰信号与通信信号在时间上的同步。当码速率高,而干扰距离又比较远时,要实现这种同步是非常困难的。不过这种灵巧干扰对于像投掷式之类的抵近式分布干扰还是非常有意义的。

10.3.2.2　FSK 信号的最佳干扰

非相干 BFSK 信号可简化表示为

$$s_{\text{FSK}}(t)=\begin{cases}A_s\cos(\omega_1 t) & 发送“1”时\\ A_s\cos(\omega_0 t) & 发送“0”时\end{cases}$$

在接收机解调器中，使 ω_1 信号通过的信道称为“传号”信道，使 ω_2 信号通过的信道称为“空号”信道。这样，在发送“1”时，传号信道输出的合成信号为

$$x_1(t)=A_s\cos(\omega_1 t)+A_{j1}\cos(\omega_1 t+\varphi_{j1})+n_1(t)$$
$$=B_1\cos(\omega_1 t+\phi_1)+n_1(t)$$

式中

$$B_1^2=A_s^2+2A_sA_{j1}\cos\varphi_{j1}+A_{j1}^2$$

$$\phi_1=\arctan\frac{A_{j1}\sin\varphi_{j1}}{A_s+A_{j1}\cos\varphi_{j1}}$$

式中：$x_1(t)$表达式中的第2项为单音干扰，假设干扰单音频率与信号频率重合，初始相位为 φ_{j1}；式中的第3项为广义平稳高斯噪声，它由两部分组成即接收机自身产生的热噪声和有意的干扰噪声，总平均功率（方差）为 $N_1=N_t+N_{j1}$。

空号信道输出的合成信号为

$$x_0(t)=A_{j0}\cos(\omega_0 t+\varphi_{j0})+n_0(t)$$

同样，在发送“0”时，传号信道输出的合成信号为

$$y_1(t)=A_{j1}\cos(\omega_1 t+\varphi_{j1})+n_1(t)$$

空号信道输出的合成信号为

$$y_0(t)=A_s\cos(\omega_0 t)+A_{j0}\cos(\omega_0 t+\varphi_{j0})+n_0(t)$$
$$=(A_s^2+2A_sA_{j0}\cos\varphi_{j0}+A_{j0}^2)^{1/2}\cos(\omega_0 t+\phi_0)+n_0(t)$$
$$=B_0\cos(\omega_0 t+\phi_0)+n_0(t)$$

式中

$$B_0^2=A_s^2+2A_sA_{j0}\cos\varphi_{j0}+A_{j0}^2$$

$$\phi_0=\arctan\frac{A_{j0}\sin\varphi_{j0}}{A_s+A_{j0}\cos\varphi_{j0}}$$

同样，上式中的第2项为单音干扰，假设干扰单音频率与信号频率重合，相位为 φ_{j0}；式中的第3项为广义平稳高斯噪声，它由两部分组成，即接收机自身产生的热噪声和有意的干扰噪声，总平均功率（方差）为 $N_0=N_t+N_{j0}$。

由随机过程理论可知，$x_1(t)$ 和 $x_0(t)$ 的包络均服从广义瑞利分布，并由下式给出：

$$p_{x_1}(V_1)=\frac{V_1}{N_1}\mathrm{I}_0\left(\frac{B_1}{N_1}\cdot V_1\right)\mathrm{e}^{-(V_1^2+B_1^2)/2N_1}$$

$$p_{x_0}(V_0)=\frac{V_0}{N_0}\mathrm{I}_0\left(\frac{A_{j0}}{N_0}\cdot V_0\right)\mathrm{e}^{-(V_0^2+A_{j0}^2)/2N_0}$$

在发送"1"时的错误接收概率为

$$P_{e1}=P(V_1\leqslant V_0)=\int_0^{\infty}[p_{x_1}(V_1)\int_{V_1}^{\infty}p_{x_0}(V_0)\mathrm{d}V_0]\mathrm{d}V_1$$

根据 Q 函数的定义:

$$Q(\alpha,\beta)=\int_{\beta}^{\infty}q(\alpha,x)\mathrm{d}x$$

式中

$$q(\alpha,x)=x\exp\left(-\frac{x^2+\alpha^2}{2}\right)\mathrm{I}_0(\alpha x)$$

上式可简化表示为

$$P_{e1}=\int_0^{\infty}q\left(\frac{B_1}{\sqrt{N_1}},x\right)Q\left(\frac{A_{j0}}{\sqrt{N_0}},\frac{\sqrt{N_1}}{\sqrt{N_0}}x\right)\mathrm{d}x$$

再根据积分等式:

$$\int_0^{\infty}q(a,x)Q(b,rx)\mathrm{d}x=Q(v_2,v_1)-\frac{r^2}{1+r^2}\exp\left[-\frac{a^2r^2+b^2}{2(1+r^2)}\right]\mathrm{I}_0\left(\frac{abr}{1+r^2}\right)$$

式中

$$v_1=\frac{ar}{\sqrt{1+r^2}},v_2=\frac{b}{\sqrt{1+r^2}}$$

把 $r=\frac{\sqrt{N_1}}{\sqrt{N_0}},a=\frac{B_1}{\sqrt{N_1}},b=\frac{A_{j0}}{\sqrt{N_0}}$代入可得

$$P_{e1}=Q\left(\frac{A_{j0}}{\sqrt{N_1+N_0}},\frac{B_1}{\sqrt{N_1+N_0}}\right)-\frac{N_1}{N_1+N_0}\exp\left[-\frac{B_1^2+A_{j0}^2}{2(N_1+N_0)}\right]\cdot\mathrm{I}_0\left(\frac{B_1A_{j0}}{N_1+N_0}\right)$$

同理可得发送"0"时的错误概率为

$$P_{e0}=Q\left(\frac{A_{j1}}{\sqrt{N_1+N_0}},\frac{B_0}{\sqrt{N_1+N_0}}\right)-\frac{N_0}{N_1+N_0}\exp\left[-\frac{B_0^2+A_{j1}^2}{2(N_1+N_0)}\right]\cdot\mathrm{I}_0\left(\frac{B_0A_{j1}}{N_1+N_0}\right)$$

所以,总的误码率为

$$P_e=P(1)P_{e1}+P(0)P_{e0}$$

当"0"、"1"等概率发送时, $P(1)=P(0)=0.5$,则

$$P_e=\frac{1}{2}(P_{e1}+P_{e0})$$

以上误码率公式是在已知干扰单音初始相位时的条件误码率公式。在单音干扰初始相位未知的情况下,假设其服从$(0,2\pi)$上均匀分布,此时的误码率公式由

下式给出：

$$P_e = \frac{1}{4\pi}\int_0^{2\pi}(P_{e1} + P_{e0})\mathrm{d}\varphi$$

在 P_{e1}、P_{e0} 表达式中取 $\varphi_{j1} = \varphi_{j0} = \varphi$。下面根据不同的干扰策略讨论 FSK 系统的误码率。

（1）传号信道单音干扰。当只对传号信道进行单音干扰时，满足 $A_{j0} = 0, B_0 = A_s$，并设 $N_1 = N_0 = N_t$，则有

$$P_{e1} = Q\left(0, \frac{B_1}{\sqrt{2N}}\right) - \frac{1}{2}\exp\left[-\frac{B_1^2}{4N}\right] \cdot \mathrm{I}_0(0)$$

根据 $Q(0,\beta) = \exp\left(-\frac{\beta^2}{2}\right)$，$\mathrm{I}_0(0) = 1$，代入可得

$$P_{e1} = \frac{1}{2}\exp\left(-\frac{B_1^2}{4N_t}\right) = \frac{1}{2}\exp\left(-\frac{A_s^2 + 2A_sA_{j1}\cos\varphi_{j1} + A_{j1}^2}{4N_t}\right)$$

$$P_{e0} = Q\left(\frac{A_{j1}}{\sqrt{2N_t}}, \frac{A_s}{\sqrt{2N_t}}\right) - \frac{1}{2}\exp\left[-\frac{A_s^2 + A_{j1}^2}{4N_t}\right] \cdot \mathrm{I}_0\left(\frac{A_sA_{j1}}{2N_t}\right)$$

所以，总的误码率为

$$\begin{aligned} P_e &= \frac{1}{4\pi}\int_0^{2\pi}(P_{e1} + P_{e0})\mathrm{d}\varphi \\ &= \frac{1}{4}\mathrm{e}^{-\frac{A_s^2+A_{j1}^2}{4N_t}}\left[\frac{1}{2\pi}\int_0^{2\pi}\exp\left(-\frac{A_sA_{j1}}{2N_t}\cos\varphi\right)\mathrm{d}\varphi\right] + \frac{1}{2}P_{e0} \end{aligned}$$

根据零阶 Bessel 函数的定义：

$$\mathrm{I}_0(x) = \frac{1}{2\pi}\int_0^{2\pi}\exp[x\cos(v + u)]\mathrm{d}v$$

上式中括号内的项可表示为 $\mathrm{I}_0(A_sA_{j1}/2N_t)$，最后得到单音传号信道干扰的误码率为

$$\begin{aligned} P_e &= \frac{1}{4}\mathrm{e}^{-\frac{A_s^2+A_{j1}^2}{4N_t}} \cdot \mathrm{I}_0\left(\frac{A_sA_{j1}}{2N_t}\right) + \frac{1}{2}P_{e0} \\ &= \frac{1}{2}Q\left(\frac{A_{j1}}{\sqrt{2N_t}}, \frac{A_s}{\sqrt{2N_t}}\right) \end{aligned}$$

（2）空号信道单音干扰。当只对空号信道进行单音干扰时，满足 $A_{j1} = 0, B_1 = A_s$，并设 $N_1 = N_0 = N_t$，则

$$P_{e1}=Q\left(\frac{A_{j0}}{\sqrt{2N_t}},\frac{A_s}{\sqrt{2N_t}}\right)-\frac{1}{2}\exp\left[-\frac{A_s^2+A_{j0}^2}{4N_t}\right]\cdot \mathrm{I}_0\left(\frac{A_sA_{j0}}{2N_t}\right)$$

$$P_{e0}=Q\left(0,\frac{B_0}{\sqrt{2N_t}}\right)-\frac{1}{2}\exp\left[-\frac{B_0^2}{4N_t}\right]\cdot \mathrm{I}_0(0)$$

根据 $Q(0,\beta)=\exp\left(-\frac{\beta^2}{2}\right)$,$\mathrm{I}_0(0)=1$,将其代入上式可得

$$P_{e0}=\frac{1}{2}\exp\left(-\frac{B_0^2}{4N_t}\right)=\frac{1}{2}\exp\left(-\frac{A_s^2+2A_sA_{j0}\cos\varphi_{j0}+A_{j0}^2}{4N_t}\right)$$

所以,总的误码率为

$$\begin{aligned}P_e&=\frac{1}{4\pi}\int_0^{2\pi}(P_{e0}+P_{e1})\mathrm{d}\varphi\\&=\frac{1}{4}\mathrm{e}^{-\frac{A_s^2+A_{j0}^2}{4N_t}}\left[\frac{1}{2\pi}\int_0^{2\pi}\exp\left(-\frac{A_sA_{j0}}{2N_t}\cos\varphi\right)\mathrm{d}\varphi\right]+\frac{1}{2}P_{e1}\end{aligned}$$

根据零阶 Bessel 函数的定义:

$$\mathrm{I}_0(x)=\frac{1}{2\pi}\int_0^{2\pi}\exp[x\cos(v+u)]\mathrm{d}v$$

上式中括号内的项可表示为 $\mathrm{I}_0(A_sA_{j0}/2N_t)$,最后得到单音传号信道干扰的误码率为

$$\begin{aligned}P_e&=\frac{1}{4}\mathrm{e}^{-\frac{A_s^2+A_{j0}^2}{4N_t}}\cdot \mathrm{I}_0\left(\frac{A_sA_{j0}}{2N_t}\right)+\frac{1}{2}P_{e1}\\&=\frac{1}{2}Q\left(\frac{A_{j0}}{\sqrt{2N_t}},\frac{A_s}{\sqrt{2N_t}}\right)\end{aligned}$$

由此可见,当 $A_{j0}=A_{j1}$ 时,干扰空号信道的误码率与干扰传号信道的误码率是一样的。这从物理概念上也很容易理解,因为这两个信道是完全对称的。

(3) 空闲信道单音干扰。所谓空闲信道单音干扰是指发送"1"时干扰空号信道,发送"0"时干扰传号信道。这时发送"1"时的接收错误概率为

$$P_{e1}=Q\left(\frac{A_{j0}}{\sqrt{2N_t}},\frac{A_s}{\sqrt{2N_t}}\right)-\frac{1}{2}\exp\left[-\frac{A_s^2+A_{j0}^2}{4N_t}\right]\cdot \mathrm{I}_0\left(\frac{A_sA_{j0}}{2N_t}\right)$$

发送"0"时的接收错误概率为

$$P_{e0}=Q\left(\frac{A_{j1}}{\sqrt{2N_t}},\frac{A_s}{\sqrt{2N_t}}\right)-\frac{1}{2}\exp\left[-\frac{A_s^2+A_{j1}^2}{4N_t}\right]\cdot \mathrm{I}_0\left(\frac{A_sA_{j1}}{2N_t}\right)$$

当 $A_{j1}=A_{j0}=A_j$ 时，$P_{e1}=P_{e0}$，则

$$P_e=Q\left(\frac{A_j}{\sqrt{2N_t}},\frac{A_s}{\sqrt{2N_t}}\right)-\frac{1}{2}\exp\left[-\frac{A_s^2+A_j^2}{4N_t}\right]\cdot \mathrm{I}_0\left(\frac{A_sA_j}{2N_t}\right)$$

可见，干扰空闲信道时，其解调误码率也跟干扰信号初始相位无关。

(4) 双信道双音干扰。所谓双信道双音干扰，是指用两个频率分别为 ω_0、ω_1 的单音同时对传号信道和空号信道进行干扰。此时，设 $A_{j1}=A_{j0}=A_j$，$N_1=N_0=N_t$，$B_1=B_0=B$，这时发送"1""0"时的错误接收概率相等，所以总误码率为

$$\begin{aligned}P_e&=\frac{1}{2\pi}\int_0^{2\pi}P_{e1}\mathrm{d}\varphi=\frac{1}{2\pi}\int_0^{2\pi}P_{e0}\mathrm{d}\varphi\\&=\frac{1}{2\pi}\int_0^{2\pi}\left\{Q\left(\frac{A_j}{\sqrt{2N_t}},\frac{B}{\sqrt{2N_t}}\right)-\frac{1}{2}\exp\left[-\frac{B^2+A_j^2}{4N_t}\right]\cdot \mathrm{I}_0\left(\frac{BA_j}{2N_t}\right)\right\}\mathrm{d}\varphi\end{aligned}$$

式中

$$B=\sqrt{A_s^2+2A_sA_j\cos\varphi+A_j^2}$$

为了能与单音干扰时的性能进行比较，双音干扰总功率应与单音干扰功率相等，这样双音干扰时每个单音上的干扰功率只有单音干扰时的1/2。所以，上式中的 A_j 应该用 $A_j/\sqrt{2}$ 代替，则

$$P_e=\frac{1}{2\pi}\int_0^{2\pi}\left\{Q\left(\frac{A_j}{2\sqrt{N_t}},\frac{B}{\sqrt{2N_t}}\right)-\frac{1}{2}\exp\left[-\frac{2B^2+A_j^2}{8N_t}\right]\cdot \mathrm{I}_0\left(\frac{BA_j}{2\sqrt{2}N_t}\right)\right\}\mathrm{d}\varphi$$

此时式中的 B 可表示为

$$B=\sqrt{A_s^2+\sqrt{2}A_sA_j\cos\varphi+A_j^2/2}$$

(5) 单信道噪声干扰。所谓单信道噪声干扰，是指用中心频率为 ω_1 或 ω_0 的窄带平稳高斯噪声只对传号信道或空号信道进行的干扰。例如，对传号信道进行单信道噪声干扰时，有 $A_{j1}=A_{j0}=0$，$B_1=B_0=A_s$，$N_1=N_t+N_j$，$N_0=N_t$，则发送"1"时的错误接收概率为

$$\begin{aligned}P_{e1}&=Q\left(0,\frac{A_s}{\sqrt{2N_t+N_j}}\right)-\frac{N_t+N_j}{2N_t+N_j}\exp\left[-\frac{A_s^2}{2(2N_t+N_j)}\right]\cdot \mathrm{I}_0(0)\\&=\frac{N_t}{2N_t+N_j}\exp\left[-\frac{A_s^2}{2(2N_t+N_j)}\right]\end{aligned}$$

发送"0"时的错误接收概率为

$$P_{e0}=Q\left(0,\frac{A_s}{\sqrt{2N_t+N_j}}\right)-\frac{N_t}{2N_t+N_j}\exp\left[-\frac{A_s^2}{2(2N_t+N_j)}\right]\cdot \mathrm{I}_0(0)$$

$$=\frac{N_{t}+N_{j}}{2N_{t}+N_{j}}\exp\left[-\frac{A_{s}^{2}}{2(2N_{t}+N_{j})}\right]$$

所以,总的误码率为

$$P_{e}=\frac{1}{2}(P_{e1}+P_{e0})=\frac{1}{2}\exp\left[-\frac{A_{s}^{2}}{2(2N_{t}+N_{j})}\right]$$

同样可以得到对空号信道进行噪声干扰时的误码率与上式是一样的,这里不再重复推导。

(6) 空闲信道噪声干扰。所谓空闲信道噪声干扰是指发送"1"时用窄带平稳高斯噪声对空号信道进行干扰,发送"0"时则只干扰传号信道。所以,发送"1"时有 $A_{j1}=A_{j0}=0, B_{1}=B_{0}=A_{s}, N_{1}=N_{t}, N_{0}=N_{t}+N_{j}$,则发送"1"时的错误接收概率为

$$\begin{aligned}P_{e1}&=Q\left(0,\frac{A_{s}}{\sqrt{2N_{t}+N_{j}}}\right)-\frac{N_{t}}{2N_{t}+N_{j}}\exp\left[-\frac{A_{s}^{2}}{2(2N_{t}+N_{j})}\right]\cdot \mathrm{I}_{0}(0)\\&=\frac{N_{t}+N_{j}}{2N_{t}+N_{j}}\exp\left[-\frac{A_{s}^{2}}{2(2N_{t}+N_{j})}\right]\end{aligned}$$

发送"1"时有 $A_{j1}=A_{j0}=0, B_{1}=B_{0}=A_{s}, N_{1}=N_{t}+N_{j}, N_{0}=N_{t}$,则发送"1"时的错误接收概率为

$$\begin{aligned}P_{e0}&=Q\left(0,\frac{A_{s}}{\sqrt{2N_{t}+N_{j}}}\right)-\frac{N_{t}}{2N_{t}+N_{j}}\exp\left[-\frac{A_{s}^{2}}{2(2N_{t}+N_{j})}\right]\cdot \mathrm{I}_{0}(0)\\&=\frac{N_{t}+N_{j}}{2N_{t}+N_{j}}\exp\left[-\frac{A_{s}^{2}}{2(2N_{t}+N_{j})}\right]=P_{e1}\end{aligned}$$

所以,总的误码率为

$$P_{e}=\frac{1}{2}(P_{e1}+P_{e0})=\frac{N_{t}+N_{j}}{2N_{t}+N_{j}}\exp\left[-\frac{A_{s}^{2}}{2(2N_{t}+N_{j})}\right]$$

(7) 双信道噪声干扰。所谓双信道噪声干扰,是指用中心频率为 ω_{1} 和 ω_{0} 的窄带平稳高斯噪声同时对传号信道和空号信道进行的干扰。此时有 $A_{j1}=A_{j0}=0$, $B_{1}=B_{0}=A_{s}, N_{1}=N_{0}=N_{t}+N_{j}$,则发送"1"时的错误接收概率为

$$\begin{aligned}P_{e1}&=Q\left[0,\frac{A_{s}}{\sqrt{2(N_{t}+N_{j})}}\right]-\frac{1}{2}\exp\left[-\frac{A_{s}^{2}}{4(N_{t}+N_{j})}\right]\cdot \mathrm{I}_{0}(0)\\&=\frac{1}{2}\exp\left[-\frac{A_{s}^{2}}{4(N_{t}+N_{j})}\right]\end{aligned}$$

而发送"0"时的错误接收概率与发送"1" 时的错误接收概率相同,所以总的误码率为

$$P_e = \frac{1}{2}(P_{e1} + P_{e0}) = \frac{1}{2}\exp\left[-\frac{A_s^2}{4(N_t + N_j)}\right]$$

同样,为了能与单信道噪音干扰时的性能进行比较,上式中的 N_j 应该用 $N_j/2$ 代替(注意:这里的 N_j 为噪声功率),则上式变为

$$P_e = \frac{1}{2}\exp\left[-\frac{A_s^2}{4(N_t + N_j/2)}\right] = \frac{1}{2}\exp\left[-\frac{A_s^2}{2(2N_t + N_j)}\right]$$

由此可见,它与单信道噪声干扰时的误码率是一样的。

现在对上面讨论的这几种干扰体制的误码率公式总结归纳如下。

单信道单音干扰:

$$P_e = \frac{1}{2}Q\left(\frac{A_j}{\sqrt{2N_t}}, \frac{A_s}{\sqrt{2N_t}}\right)$$

空闲信道单音干扰:

$$P_e = Q\left(\frac{A_j}{\sqrt{2N_t}}, \frac{A_s}{\sqrt{2N_t}}\right) - \frac{1}{2}\exp\left[-\frac{A_s^2 + A_j^2}{4N_t}\right] \cdot \mathrm{I}_0\left(\frac{A_s A_j}{2N_t}\right)$$

双信道双音干扰:

$$P_e = \frac{1}{2\pi}\int_0^{2\pi}\left\{Q\left(\frac{A_j}{2\sqrt{N_t}}, \frac{B}{\sqrt{2N_t}}\right) - \frac{1}{2}\exp\left[-\frac{2B^2 + A_j^2}{8N_t}\right] \cdot \mathrm{I}_0\left(\frac{BA_j}{2\sqrt{2}N_t}\right)\right\}\mathrm{d}\varphi$$

单信道噪声干扰:

$$P_e = \frac{1}{2}\exp\left[-\frac{A_s^2}{2(2N_t + N_j)}\right]$$

空闲信道噪声干扰:

$$P_e = \frac{N_t + N_j}{2N_t + N_j}\exp\left[-\frac{A_s^2}{2(2N_t + N_j)}\right]$$

双信道噪声干扰:

$$P_e = \frac{1}{2}\exp\left[-\frac{A_s^2}{2(2N_t + N_j)}\right]$$

为了对以上各种干扰体制的误码性能进行数值计算分析,用统一的信噪比 r_s、单音干信比 r_j 以及干扰噪信比 r_n 来表示,即定义

$$r_s = \frac{A_s^2}{2N_t}, r_j = \frac{A_j^2}{A_s^2}, r_n = \frac{2N_j}{A_s^2}$$

则以上各式可重新写为如下。

单信道单音干扰：

$$P_e = \frac{1}{2} Q(\sqrt{r_s}\sqrt{r_j}, \sqrt{r_s})$$

空闲信道单音干扰：

$$P_e = Q(\sqrt{r_s}\sqrt{r_j}, \sqrt{r_s}) - \frac{1}{2}\exp\left[-\frac{r_s}{2}(1+r_j)\right] \cdot \mathrm{I}_0(r_s\sqrt{r_j})$$

双信道双音干扰：

$$P_e = \frac{1}{2\pi}\int_0^{2\pi}\left\{\begin{array}{l} Q\left(\sqrt{r_s}\cdot\sqrt{\frac{r_j}{2}}, \sqrt{r_s}\cdot\sqrt{1+2\sqrt{\frac{r_j}{2}}\cos\varphi+\frac{r_j}{2}}\right) \\ -\frac{1}{2}\exp\left[-r_s\left(\frac{1}{2}+\sqrt{\frac{r_j}{2}}\cos\varphi+\frac{r_j}{2}\right)\right]\cdot \\ \mathrm{I}_0\left(r_s\sqrt{\frac{r_j}{2}}\cdot\sqrt{1+2\sqrt{\frac{r_j}{2}}\cos\varphi+\frac{r_j}{2}}\right) \end{array}\right\}\mathrm{d}\varphi$$

单/双信道噪声干扰：

$$P_e = \frac{1}{2}\exp\left[-\left(\frac{2}{r_s}+r_n\right)^{-1}\right]$$

空闲信道噪声干扰：

$$P_e = \frac{\frac{1}{r_s}+r_n}{\frac{2}{r_s}+r_n}\exp\left[-\left(\frac{2}{r_s}+r_n\right)^{-1}\right]$$

以信噪比 r_s 为参变量，干信比 r_j 或干扰噪信比 r_n 为自变量（设 $r_j = r_n$），可得图 10.12所示误码率曲线（此时 $r_s = 10\mathrm{dB}$）。由图 10.12 可知，干扰样式任意，干信比大于 $-1\mathrm{dB}$ 以上时，误码率高于 10^{-1}。

10.3.2.3 对 PSK 信号的最佳干扰

BPSK 信号可简化表示为

$$s_{\mathrm{PSK}}(t) = \begin{cases} A_s\cos(\omega_c t) & \text{发送“1”时} \\ -A_s\cos(\omega_c t) & \text{发送“0”时} \end{cases}$$

到达解调器输入端的合成信号为

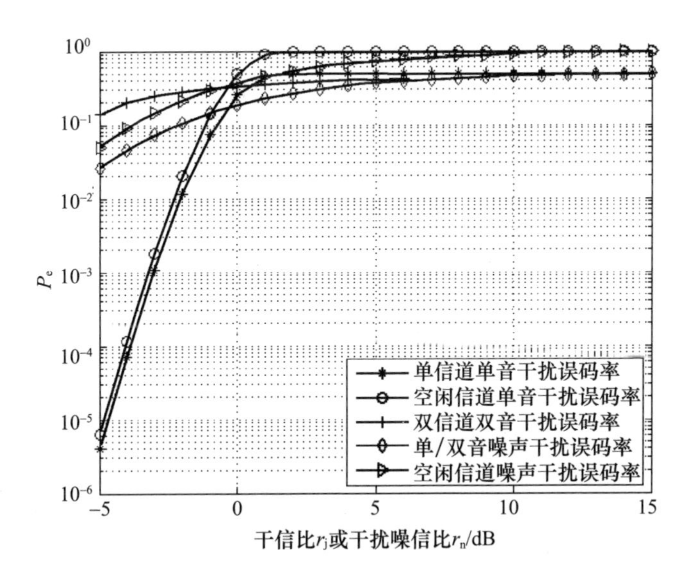

图 10.12 几种干扰体制对 2FSK 信号干扰的误码性能

发送“1”时：

$$x_1(t)=A_s\cos(\omega_c t)+A_{j1}\cos(\omega_j t+\varphi_{j1})+n_1(t)$$

发送“0”时：

$$x_0(t)=-A_s\cos(\omega_c t)+A_{j0}\cos(\omega_j t+\varphi_{j0})+n_0(t)$$

上式中的第 2 项为干扰信号，为分析简单起见，一般设干扰信号载频与通信信号载频是一样的（或者说其频差很小），并与通信信号存在相位差 φ_{j1} 或 φ_{j0}（在不确知的情况下，可设其服从 $(0,2\pi)$ 均匀分布）。式中的 $n_1(t)$、$n_0(t)$ 为高斯窄带噪声，设其均值为 0，平均功率（方差）为 N_1 和 N_0，它也由两部分组成：一部分是共有的热噪声；另一部分是人为的干扰噪声，它们是统计独立的，则有 $N_1=N_t+N_{j1}$，$N_0=N_t+N_{j0}$。

对于 BPSK 信号只能采用相干解调，如图 10.13 所示。由图可得判决信号 v 如下。

发送“1”时，有

$$v_1=\frac{A_s^2}{2}T+\frac{A_sA_{j1}\cos\varphi_{j1}}{2}T+\frac{A_s}{2}\int_{nT}^{(n+1)T}n_{c1}(t)\,\mathrm{d}t$$

发送“0”时，有

$$v_0=-\frac{A_s^2}{2}T+\frac{A_sA_{j0}\cos\varphi_{j0}}{2}T+\frac{A_s}{2}\int_{nT}^{(n+1)T}n_{c0}(t)\,\mathrm{d}t$$

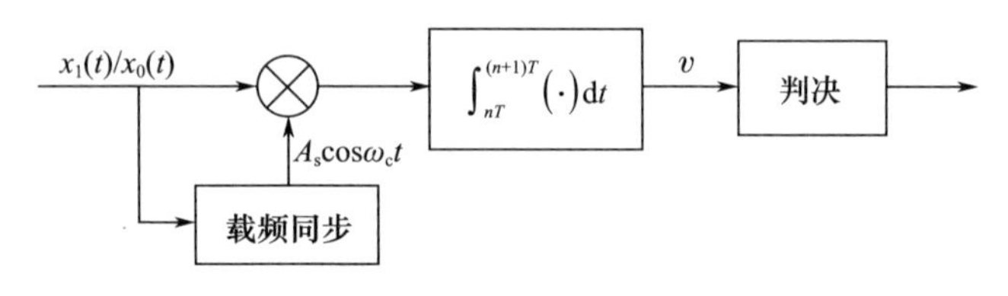

图 10.13　BPSK 的相干解

在给定干扰信号初始相位 φ_j 的情况下，如果 $n_{c1}(t)$、$n_{c0}(t)$ 是均值为零，方差为 N_1 和 N_0 的高斯正态过程，则随机变量 v_1 和 v_0 也服从高斯正态分布，其均值分别为

$$\mu_1 = E\{v_1\} = \frac{A_s^2}{2}T + \frac{A_s A_{j1}\cos\varphi_{j1}}{2}T$$

$$\mu_0 = E\{v_0\} = -\frac{A_s^2}{2}T + \frac{A_s A_{j0}\cos\varphi_{j0}}{2}T$$

方差为

$$\begin{aligned}
\sigma_1^2 &= E\{(v_1 - \mu_1)^2\} = E\left\{\left[\frac{A_s}{2}\int_{nT}^{(n+1)T} n_{c1}(t)\,\mathrm{d}t\right]^2\right\} \\
&= \frac{A_s^2}{4}E\left\{\int_{nT}^{(n+1)T}\int_{nT}^{(n+1)T} n_{c1}(\tau)n_{c1}(t)\,\mathrm{d}\tau\mathrm{d}t\right\} \\
&= \frac{A_s^2}{4}\int_{nT}^{(n+1)T}\int_{nT}^{(n+1)T} E\{n_{c1}(\tau)n_{c1}(t)\}\,\mathrm{d}\tau\mathrm{d}t \\
&= \frac{A_s^2}{4}\int_{nT}^{(n+1)T}\int_{nT}^{(n+1)T}[n_1\delta(t-\tau)]\,\mathrm{d}\tau\mathrm{d}t \\
&= \frac{A_s^2}{4}n_1 T
\end{aligned}$$

式中：n_1 为 $n_{c1}(t)$ 的单边功率谱密度。

同理，可得

$$\sigma_0^2 = \frac{A_s^2}{4}n_0 T$$

式中：n_0 为 $n_{c0}(t)$ 的单边功率谱密度。

所以，v_1、v_0 的概率密度函数为

$$p_{v_1}(x) = \frac{1}{\sqrt{2\pi}\sigma_1}\exp\left\{-\frac{(x-\mu_1)^2}{2\sigma_1^2}\right\}$$

$$p_{v_0}(x)=\frac{1}{\sqrt{2\pi}\sigma_0}\exp\left\{-\frac{(x-\mu_0)^2}{2\sigma_0^2}\right\}$$

发“1”时的错误接收概率为

$$P_{e1}=P(v_1\leqslant 0)=\int_{-\infty}^{0}p_{v_1}(x)\mathrm{d}x=1-\int_{0}^{\infty}p_{v_1}(x)\mathrm{d}x$$

$$=1-\frac{1}{\sqrt{2\pi}}\int_{-\frac{\mu_1}{\sigma_1}}^{\infty}\exp\left(-\frac{x^2}{2}\right)\mathrm{d}x$$

$$=1-Q\left(-\frac{\mu_1}{\sigma_1}\right)=Q\left(\frac{\mu_1}{\sigma_1}\right)$$

式中:Q 函数定义如下:

$$Q(x)=\frac{1}{\sqrt{2\pi}}\int_{x}^{\infty}\exp\left\{\frac{u^2}{2}\right\}\mathrm{d}u=\frac{1}{2}\mathrm{erfc}\left(\frac{x}{\sqrt{2}}\right)$$

且

$$Q(-x)=1-Q(x),Q(0)=0.5,Q(+\infty)=0,Q(-\infty)=1$$

发“0”时的错误接收概率为

$$P_{e0}=P(v_0\geqslant 0)=\int_{0}^{\infty}p_{v_0}(x)\mathrm{d}x$$

$$=\frac{1}{\sqrt{2\pi}}\int_{-\frac{\mu_0}{\sigma_0}}^{\infty}\exp\left(-\frac{x^2}{2}\right)\mathrm{d}x$$

$$=Q\left(-\frac{\mu_0}{\sigma_0}\right)=1-Q\left(\frac{\mu_0}{\sigma_0}\right)$$

在“0”“1”等概率发送的情况下,总的误码率为

$$P_e=\frac{1}{2}(P_{e1}+P_{e0})=\frac{1}{2}\left[1+Q\left(\frac{\mu_1}{\sigma_1}\right)-Q\left(\frac{\mu_0}{\sigma_0}\right)\right]$$

把均值和方差代入上式,可得

$$P_e=\frac{1}{2}\left[1+Q\left(\sqrt{\frac{A_s^2T}{n_1}}+\sqrt{\frac{A_{j1}^2T}{n_1}}\cos\varphi_{j1}\right)-Q\left(-\sqrt{\frac{A_s^2T}{n_0}}+\sqrt{\frac{A_{j1}^2T}{n_1}}\cos\varphi_{j1}\right)\right]$$

将 $n_1=\dfrac{N_1}{B/2},n_0=\dfrac{N_0}{B/2}$代入上式可得

$$P_e=\frac{1}{2}\left[1+Q\left(\sqrt{\frac{A_s^2TB}{2N_1}}+\sqrt{\frac{A_{j1}^2TB}{2N_1}}\cos\varphi_{j1}\right)-Q\left(-\sqrt{\frac{A_s^2TB}{2N_0}}+\sqrt{\frac{A_{j0}^2TB}{2N_0}}\cos\varphi_{j0}\right)\right]$$

其中 B 为积分器带宽,一般有 $TB \approx 1$,这样上式可简化为

$$P_e = \frac{1}{2}\left[1 + Q\left(\sqrt{\frac{A_s^2}{2N_1}} + \sqrt{\frac{A_{j1}^2}{2N_1}}\cos\varphi_{j1}\right) - Q\left(-\sqrt{\frac{A_s^2}{2N_0}} + \sqrt{\frac{A_{j0}^2}{2N_0}}\cos\varphi_{j0}\right)\right]$$

或

$$P_e = \frac{1}{2}\left[Q\left(\sqrt{\frac{A_s^2}{2N_1}} + \sqrt{\frac{A_{j1}^2}{2N_1}}\cos\varphi_{j1}\right) + Q\left(\sqrt{\frac{A_s^2}{2N_0}} - \sqrt{\frac{A_{j0}^2}{2N_0}}\cos\varphi_{j0}\right)\right]$$

由于单音干扰时,其初始相位是随机变量,故总误码率应修正为

$$P_e = \frac{1}{4\pi}\int_0^{2\pi}\left[Q\left(\sqrt{\frac{A_s^2}{2N_1}} + \sqrt{\frac{A_{j1}^2}{2N_1}}\cos\varphi_{j1}\right)\right]\mathrm{d}\varphi_{j1} + \frac{1}{4\pi}\int_0^{2\pi}Q\left(\sqrt{\frac{A_s^2}{2N_0}} - \sqrt{\frac{A_{j0}^2}{2N_0}}\cos\varphi_{j0}\right)\mathrm{d}\varphi_{j0}$$

下面分几种干扰方式讨论存在干扰时的误码情况。由于 BPSK 信号发送“0”“1”时的信号载频是一样的,所以不能用讨论 FSK 时的“信道干扰”概念来描述,而引入“码元干扰”的概念来讨论各种干扰方式下的误码率性能。

(1)“1”码元单音干扰。所谓“1”码元单音干扰,是指用载频为 ω_c 的单音信号只对“1”码元比特进行的干扰。显然,这种干扰是一种脉冲干扰,干扰信号只在出现“1”比特的符号区间存在,而在“0”比特码元无干扰信号。这时有 $A_{j0} = 0$,$N_1 = N_0 = N_t$,设 $A_{j1} = A_j$,$\varphi_{j1} = \varphi_j$ 并代入上式,可得

$$P_e = \frac{1}{2}\left[\frac{1}{2\pi}\int_0^{2\pi}Q\left(\sqrt{\frac{A_s^2}{2N_t}} + \sqrt{\frac{A_j^2}{2N_t}}\cos\varphi_j\right)\mathrm{d}\varphi_j + Q\left(\sqrt{\frac{A_s^2}{2N_t}}\right)\right]$$

(2)“0”码元单音干扰。与“1”码元单音干扰的含义是一样的,这时有 $A_j = 0$,$N_1 = N_0 = N_t$,并设 $A_{j0} = A_j$,$\varphi_{j0} = \varphi_j$,代入上面的公式,可得

$$P_e = \frac{1}{2}\left[Q\left(\sqrt{\frac{A_s^2}{2N_t}}\right) + \frac{1}{2\pi}\int_0^{2\pi}Q\left(\sqrt{\frac{A_s^2}{2N_t}} - \sqrt{\frac{A_j^2}{2N_t}}\cos\varphi_j\right)\mathrm{d}\varphi_j\right]$$

(3)连续单音干扰。所谓连续单音干扰,是指在“0”“1”码元上用载频为 ω_c 的同一单音进行的干扰。这时有 $A_{j1} = A_{j0} = A_j$,$\varphi_{j0} = \varphi_{j1} = \varphi_j$,$N_1 = N_0 = N_t$,代入上面的公式,可得

$$P_e = \frac{1}{4\pi}\int_0^{2\pi}\left[Q\left(\sqrt{\frac{A_s^2}{2N_t}} + \sqrt{\frac{A_j^2}{2N_t}}\cos\varphi_j\right) + Q\left(\sqrt{\frac{A_s^2}{2N_t}} - \sqrt{\frac{A_j^2}{2N_t}}\cos\varphi_j\right)\right]\mathrm{d}\varphi_j$$

(4)“1”码元噪声干扰。所谓“1”码元噪声干扰,是指用载频为 ω_c 的窄带高斯噪声只对“1”码元比特进行的干扰。这时有 $A_{j1} = A_{j0} = 0$,$N_1 = N_t + N_j$,$N_0 = N_t$,将其代入上式,可得

$$P_e = \frac{1}{2}\left[Q\left(\sqrt{\frac{A_s^2}{2(N_t + N_j)}}\right) + Q\left(\sqrt{\frac{A_s^2}{2N_t}}\right)\right]$$

（5）“0”码元噪声干扰。与“0”码元噪声干扰的含义是一样的，这时有 $A_{j1}=A_{j0}=0, N_1=N_t, N_0=N_t+N_j$，将其代入上式，可得

$$P_e=\frac{1}{2}\left[Q\left(\sqrt{\frac{A_s^2}{2N_t}}\right)+Q\left(\sqrt{\frac{A_s^2}{2(N_t+N_j)}}\right)\right]$$

它与对“1”码元噪声干扰的情况完全相同。

（6）连续噪声干扰。所谓连续噪声干扰是指用载频为 ω_c 的同一窄带高斯噪声对“0”“1”码元连续进行的干扰。这时有 $A_{j1}=A_{j0}=0, N_1=N_t+N_j, N_0=N_t+N_j$，代入可得

$$\begin{aligned}P_e&=\frac{1}{2}\left[Q\left(\sqrt{\frac{A_s^2}{2(N_t+N_j)}}\right)+Q\left(\sqrt{\frac{A_s^2}{2(N_t+N_j)}}\right)\right]\\&=Q\left(\sqrt{\frac{A_s^2}{2(N_t+N_j)}}\right)\end{aligned}$$

与讨论 FSK 时的情况一样，如果统一用信噪比 r_s、单音干信比 r_j 以及干扰噪声信号比 r_n 来表示，即

$$r_s=\frac{A_s^2}{2N_t}, r_j=\frac{A_j^2}{A_s^2}, r_n=\frac{2N_j}{A_s^2}$$

则以上各式可重新写如下。

“1”码元单音干扰：

$$P_e=\frac{1}{2}\left\{\frac{1}{2\pi}\int_0^{2\pi}Q[\sqrt{r_s}(1+\sqrt{r_j}\cos\varphi_j)]\mathrm{d}\varphi_j+Q(\sqrt{r_s})\right\}$$

“0”码元单音干扰：

$$P_e=\frac{1}{2}\left\{\frac{1}{2\pi}\int_0^{2\pi}Q[\sqrt{r_s}(1-\sqrt{r_j}\cos\varphi_j)]\mathrm{d}\varphi_j+Q(\sqrt{r_s})\right\}$$

连续单音干扰：

$$P_e=\frac{1}{4\pi}\int_0^{2\pi}\{Q[\sqrt{r_s}(1+\sqrt{r_j}\cos\varphi_j)]+Q[\sqrt{r_s}(1-\sqrt{r_j}\cos\varphi_j)]\}\mathrm{d}\varphi_j$$

单码元噪声干扰：

$$P_e=\frac{1}{2}\left[Q(\sqrt{r_s})+Q\left(\sqrt{\frac{1}{\frac{1}{r_s}+r_n}}\right)\right]$$

连续噪声干扰：

$$P_{\mathrm{e}}=Q\left(\sqrt{\frac{1}{\frac{1}{r_{\mathrm{s}}}+r_{\mathrm{n}}}}\right)$$

以信噪比 r_s 为参变量，干信比 r_j 或干扰噪信比 r_n 为自变量（设 $r_j=r_n$），可分析得到，在 $r_s=10\text{dB}$ 情况下，如干扰样式任意，则干信比要大于 2dB 以上时，其误码率达到 10^{-1} 以上，如图 10.14 所示。

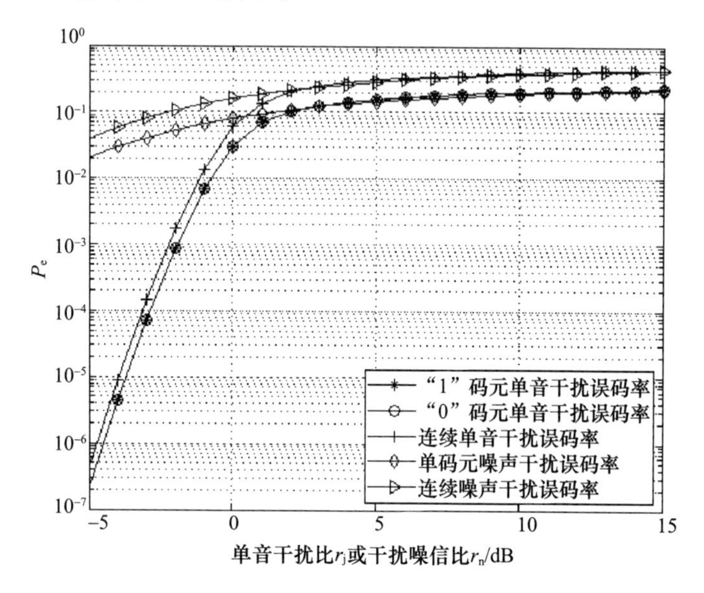

图 10.14　几种干扰样式下的 BPSK 误比特率

10.3.3　编码增益[3]

信道编码的作用是为了提高通信抗干扰能力，其具有一定的检错、纠错能力，为了达到相同的干扰效果，对抗经过信道编码的数据要比未经编码的数据需要付出更大的代价，存在所谓的编码增益。当然，不同的信道编码方式、编码参数，其所具有的编码增益也是不一样的。值得注意的是，信道编码在输入数据误比特率较低时，其纠错效果极其显著，但是如果输入数据流的误比特率较高，达到一定程度时就会越纠越错，称为错误扩散（Error Extension）。大多数纠错码都是基于热噪声背景设计的，所以噪声环境下纠错性能引人注目。例如，戈莱（Golay）码（23，12，3）的解码误差性能如图 10.15 所示，比度为 23 比特的二进制符号组中包含 12 个信息比特，戈莱码能够纠正 3 个错误比特，在误比特率很低（如低于 5%）时，输出误比特率明显低于无编码的误码率。这两条曲线的交叉点被称为临界误符号率(Critical Symbol Error Rate)。但是,当输入误比特率足够高时,纠错后的误比特率实际上将超过无编码的误比特率。

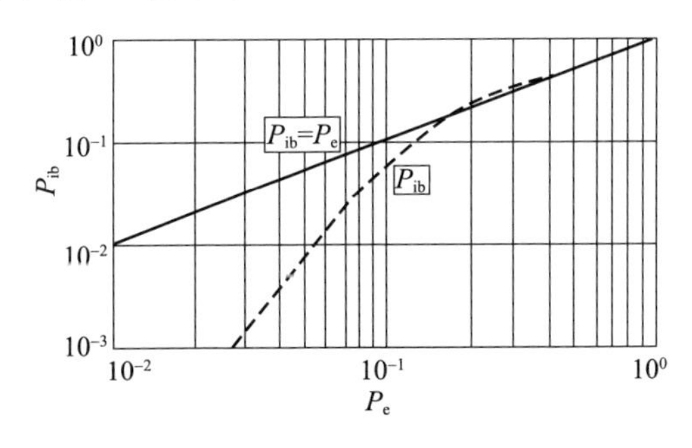

图10.15　戈莱码(23,12,3)码解码后的误比特率(P_{ib})与输入误比特率(P_e)的关系图

表10.1列出了一些常用的编码方式及其误码扩散开始出现时的临界输入误码率。

表10.1　某些编码的临界输入误比特率

编码类型	临界输入误比特率	对于大输出误比特率的输入误比特率阈值
卷积编码		
(2,1)码率1/2	0.064	0.04
(3,1)码率1/3	0.157	0.12
(4,1)码率1/4	0.155	0.12
(8,1)码率1/8	0.243	0.18
双3,4和5码	0.053	0.04
分组编码		
戈莱码(23,12)	0.163	0.06
汉明编码(7,4)	0.250	0.06
Reed Solomon 编码		
RS(15,9)	0.260	0.06
RS(31,15)	0.260	0.12
RS(7,3)	0.370	0.06
循环编码		
BCH(127,92)	0.047	0.06
BCH(127,64)	0.083	0.06
BCH(127,36)	0.124	0.06

在 P_e 较低的区域，大多数编码方式都能起到较好作用，编码使解码后的误码率 P_{ib} 降低数十倍。当 P_e 高于某个值时，解码后的误码率将迅速上升，如图 10.15 所示。在低 P_e 时的情况，大约在 $P_e=0.04$ 以下时，解码后的误码率会相当低。但当 $P_e=10^{-1}$ 时，解码后误比特率约为 0.5×10^{-1}，接近许多数字通信无法实现的区域。

这意味着，在许多情况下，干扰机只需要使得信道的二进制误符号率达到大约 10^{-1} 数量级，就足以消除编码增益。

10.4 通信干扰方程

在讨论通信干扰方程之前我们先解释一下 3 个常用概念：干信比、干扰压制系数与干通比。

干信比即到达接收机输入端的干扰信号与通信信号的功率之比，干信比越大，解调输出信噪比越低，误码率越高。

干扰压制系数就是针对某一具体通信信号的接收方式达到有效干扰所需要的干信比。不同的通信体制所需要的干扰压制系数也不一样，例如，对于 FM 信号，所需的干信比为 0 左右；对 SSB 信号，需要 10dB。干扰压制系数是干扰机设计的重要参数，它虽然可以通过理论分析和计算机仿真模拟获得，但通过试验可以获得更加可靠的实际值，这对干扰机的设计是非常重要的。

干通比是指达到有效干扰时，干扰距离与通信距离之比。干通比是衡量干扰机干扰能力的重要指标。某一干扰机所能达到的干通比越大，说明该干扰机的干扰能力越强。值得注意的是，干通比还与通信电台所使用的功率、天线等有关，都是一定条件下的干通比。

根据前面讨论的自由空间传播模型可得，在通信接收机输入端的通信信号功率为

$$P_{sr1}=\frac{P_t G_{tr} G_{rt}}{[4\pi(d_c/\lambda)]^2}$$

式中：P_t 为通信发射机输出功率；G_{tr} 为通信发射天线在通信接收天线方向上的天线增益；G_{rt} 为通信接收天线在通信发射天线方向上的天线增益；d_c 为通信距离；λ 为通信信号工作波长。同样，在通信接收机输入端的干扰信号功率为

$$P_{jr1}=\frac{P_j G_{jr} G_{rj}}{[4\pi(d_j/\lambda)]^2}$$

式中：P_j 为干扰发射机输出功率；G_{jr} 为干扰天线在通信接收天线方向上的天线增益；G_{rj} 为通信接收天线在干扰天线方向上的天线增益；d_j 为干扰距离。所以，在通信接收机输入端的干信比为

$$\mathrm{jsr}_1=\frac{P_{jr1}}{P_{sr1}}=\frac{P_jG_{jr}G_{rj}}{P_tG_{tr}G_{rt}}\cdot\left[\frac{d_c}{d_j}\right]^2 \tag{10-22}$$

由此可见，自由空间传播条件下的干信比与干通比（$r=d_j/d_c$）的平方成反比。

同理可得，平地传播时的通信信号接收功率为（注意：该公式的使用条件是 $30\mathrm{MHz}<f<1\mathrm{GHz}, d<50\mathrm{km}$）

$$P_{sr2}\approx P_tG_{tr}G_{rt}\left(\frac{h_rh_t}{d_c^2}\right)^2$$

式中：h_r 为通信接收天线的高度；h_t 为通信发射天线的高度。

接收的干扰信号功率为

$$P_{jr2}\approx P_jG_{jr}G_{rj}\left(\frac{h_rh_j}{d_j^2}\right)^2$$

式中：h_j 为干扰天线的高度。

所以，平地传播条件下的干信比为

$$\mathrm{jsr}_2=\frac{P_{jr2}}{P_{sr2}}=\frac{P_jG_{jr}G_{rj}}{P_tG_{tr}G_{rt}}\cdot\left[\frac{d_c}{d_j}\right]^4\left[\frac{h_j}{h_t}\right]^2 \tag{10-23}$$

由此可见，平地传播条件下的干信比不仅与干通比（$r=d_j/d_c$）的 4 次方成反比，而且还与干扰天线与通信发射天线的高度比的平方成正比。这样，干扰天线高度每升高 1 倍，干信比就增加 6dB。所以，对于基于平地传播（双线传播）模式的干扰系统，升高干扰天线高度可以较大幅度地增大干信比，有利于提高干扰效果。

以上两种情况均假定通信信号传播模式和干扰信号传播模式是一样的，但在实际中有时还存在其他情况。例如，当采用升空平台对地面目标进行干扰时，通信信号传播模式为平地传播，而干扰信号传播模式为自由空间传播，这时的干信比为

$$\mathrm{jsr}_3=\frac{P_{jr1}}{P_{sr2}}=\frac{P_jG_{jr}G_{rj}}{P_tG_{tr}G_{rt}}\cdot\left[\frac{d_c^2}{d_j}\right]^2\cdot\left[\frac{1}{h_rh_t}\right]^2\cdot\left[\frac{\lambda}{4\pi}\right]^2 \tag{10-24}$$

同理，如果通信信号传播模式为自由空间传播（如空地通信），而干扰信号传播模式为平地传播，这时的干信比为

$$\mathrm{jsr}_4=\frac{P_{jr2}}{P_{sr1}}=\frac{P_jG_{jr}G_{rj}}{P_tG_{tr}G_{rt}}\cdot\left[\frac{d_c}{d_j^2}\right]^2\cdot[h_rh_j]^2\cdot\left[\frac{4\pi}{\lambda}\right]^2 \tag{10-25}$$

在上面的讨论中，实际上都隐含地假定干扰信号与通信接收机是相匹配的，即

干扰信号的所有能量都能进入接收机。但实际情况并不可能这样，也就是说通信接收机在接收干扰信号时是有匹配损耗的。这些匹配损耗主要由两方面引起：一是干扰天线与通信接收天线由于极化不同所引起的极化损耗；二是由于干扰信号带宽与通信接收机带宽不匹配（一般大于接收机带宽）引起的带宽失配损耗。所以，在实际干信比计算时，还需要把天线极化损耗 L_a 和带宽失配损耗 L_b 考虑在内。如果接收机（中频）带宽为 B_r，而干扰信号带宽为 B_j，则带宽失配损耗为

$$L_b = \frac{B_r}{B_j}$$

它是一个小于1的数。在频率低端（V/UHF 频段以下），极化损耗表现并不突出，所以在实际中可以不予考虑（即设 $L_b = 1$），但在频率高端（2GHz 以上），极化损耗就不能随意忽略不计了。

考虑匹配损耗时的干信比公式只需在以上各式的基础上再乘以（$L_a L_b$）就行了，例如，考虑匹配损耗时的自由空间传播干信比公式为

$$\text{jsr}_1 = \frac{P_j G_{jr} G_{rj}}{P_t G_{tr} G_{rt}} \cdot \left[\frac{d_c}{d_j}\right]^2 \cdot L_a \cdot L_b \tag{10-26}$$

其他传播模式下，考虑匹配损耗时的干信比公式这里不再一一给出。如果假设通信接收天线是全向的（一般的战术电台都是如此），则有 $G_{rj} = G_{rt}$，这时式（10-26）可简化为

$$\text{jsr}_1 = \frac{P_j G_{jr}}{P_t G_{tr}} \cdot \left[\frac{d_c}{d_j}\right]^2 \cdot L_a \cdot L_b \tag{10-27}$$

通常把发射机输出功率 P 与发射天线增益 G 的乘积 PG 称为发射机等效辐射功率，并用 ERP 来表示，则式（10-27）也可表示为

$$\text{jsr}_1 = \frac{(\text{ERP})_j}{(\text{ERP})_t} \cdot \left[\frac{d_c}{d_j}\right]^2 \cdot L_a \cdot L_b \tag{10-28}$$

式中：$(\text{ERP})_j$ 表示干扰机的等效辐射功率；$(\text{ERP})_t$ 表示通信发射机的有效辐射功率。用等效辐射功率来表示的其他干信比公式可以此类推。

上面讨论的各种传播模式下的干信比计算公式就是通常所说的通信干扰方程。当以上计算的干信比超过前面提到的干扰压制系数时，对应的干扰就有效。无论是干扰功率的计算，还是干扰效果的分析，或者是后面干扰压制区的计算，都是以干信比方程为基础的。

参照通信干扰方程，结合战术使用要求、干扰对象、作用距离等需求可计算出所需干扰功率。依据干扰系统的干信比公式，可以得到自由空间传播模式下所需的干扰功率（等效辐射功率）为

$$(\mathrm{ERP_1})_\mathrm{j} = P_\mathrm{j} G_\mathrm{jr} = \mathrm{jsr_1} \cdot (\mathrm{ERP})_\mathrm{t} \cdot \left[\frac{d_\mathrm{j}}{d_\mathrm{c}}\right]^2 \cdot L_\mathrm{a} \cdot L_\mathrm{b} \tag{10-29}$$

显然,在给定干扰目标(对象)的情况下,干扰功率将由有效干扰该目标所需的干信比即 jsr 确定。在干扰目标给定、干扰样式确定的情况下,该干信比也是确定的量,这就是在前面提到的压制系数,用 k_j 来表示。将式(10－29)中干信比用压制系数 k_j 来代替,并用干通比 $r = d_\mathrm{j}/d_\mathrm{c}$ 代入可得

$$(\mathrm{ERP_1})_\mathrm{j} = k_\mathrm{j} \cdot (\mathrm{ERP})_\mathrm{t} \cdot r^2 \cdot L_\mathrm{a} \cdot L_\mathrm{b} \tag{10-30}$$

平地传播模式(双线传播)下所需的干扰等效辐射功率为

$$(\mathrm{ERP_2})_\mathrm{j} = k_\mathrm{j} \cdot (\mathrm{ERP})_\mathrm{t} \cdot r^4 \cdot \left[\frac{h_\mathrm{t}}{h_\mathrm{j}}\right]^2 \cdot L_\mathrm{a} \cdot L_\mathrm{b} \tag{10-31}$$

同样可得其他两种传播模式下的等效辐射功率为

$$(\mathrm{ERP_3})_\mathrm{j} = k_\mathrm{j} \cdot (\mathrm{ERP})_\mathrm{t} \cdot r^4 \cdot \left[\frac{h_\mathrm{r} h_\mathrm{t}}{\lambda d_\mathrm{j}}\right]^2 \cdot [4\pi]^2 \cdot L_\mathrm{a} \cdot L_\mathrm{b} \tag{10-32}$$

$$(\mathrm{ERP_4})_\mathrm{j} = k_\mathrm{j} \cdot (\mathrm{ERP})_\mathrm{t} \cdot r^4 \cdot \left[\frac{\lambda d_\mathrm{c}}{h_\mathrm{r} h_\mathrm{j}}\right]^2 \cdot \left[\frac{1}{4\pi}\right]^2 \cdot L_\mathrm{a} \cdot L_\mathrm{b} \tag{10-33}$$

在上述各式中,通信发射机等效辐射功率 $(\mathrm{ERP})_\mathrm{t}$、通信收/发天线高度 $h_\mathrm{r}/h_\mathrm{t}$ 以及信号波长 λ 等主要取决于干扰对象;干扰距离 d_j、干扰后的最大通信距离 d_c 等参数(包括干通比 r)则由战术使用要求决定;干扰天线高度 h_j 是可以通过设计选取的;最后只剩下干扰压制系数 k_j 的选取。压制系数的选取涉及最佳干扰问题,理论上应该针对特定的干扰对象选择 k_j 最小的干扰样式,使所需的干扰功率达到最小化。

下面以无人机与卫星之间的通信为例,计算地基干扰时所需的干扰功率[4](图 10.16)。

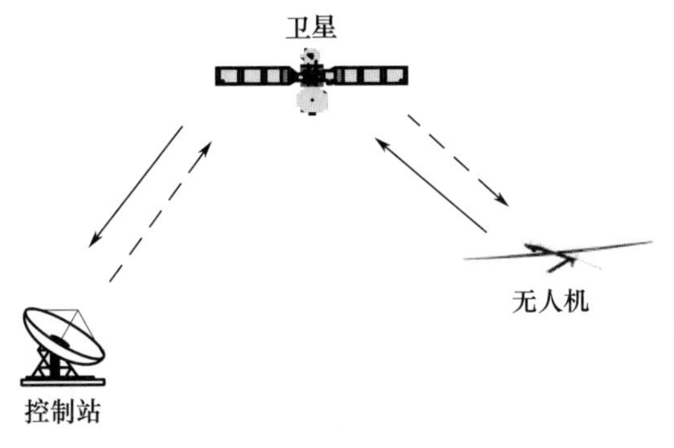

图 10.16　无人机与卫星通信连路

假设卫星对无人机的控制链路采用 QPSK 调制，速率为 200kb/s，无人机对卫星的数据传输链路速率为 47.85Mb/s，采用 QPSK 调制，其工作于 Ku 频段。

下面先来计算无人机向对卫星通信发射信号所需要的发射功率。

卫星接收端的信噪比计算公式为

$$\frac{S}{N}=\frac{P_{\mathrm{T}}\cdot G_{\mathrm{T}}\cdot G_{\mathrm{R}}}{k\cdot T_{\mathrm{SR}}\cdot B\cdot L}$$

式中：P_{T} 为发射功率；G_{T} 为发射天线增益；G_{R} 为接收天线增益；T_{SR} 为馈线为参考点的接收系统等效噪声温度，单位为 K；k 为玻耳兹曼常数（1.38×10^{-23} J/K）；L 为发射机到接收机之间链路的损耗。如上式用 dB 表示（以[ ]表示取对数），则可以写为

$$\left[\frac{S}{N}\right]=[P_{\mathrm{T}}]+[G_{\mathrm{T}}]+[G_{\mathrm{R}}/T_{\mathrm{SR}}]-[B]-[L]+228.6\quad(\mathrm{dB})\tag{10-34}$$

另外，为了达到一定的传输误比特率要求，对接收端的输入信噪比提出了要求，根据通信相关知识可知，对于 QPSK 或者 BPSK 调制，其误比特率与$\frac{E_{\mathrm{b}}}{n_0}$存在如下关系：

$$P_{\mathrm{e}}=\frac{1}{2}\left[1-\mathrm{erf}\sqrt{\frac{E_{\mathrm{b}}}{n_0}}\right]$$

为了达到10^{-4}误比特率，由上式可得，所需要的$\frac{E_{\mathrm{b}}}{n_0}$为 8.4dB。另外，信噪比与$\frac{E_{\mathrm{b}}}{n_0}$之间存在如下关系：

$$\frac{S}{N}=\frac{E_{\mathrm{b}}}{n_0}\frac{R_{\mathrm{b}}}{B}\tag{10-35}$$

式中：R_{b} 为所传输的比特率；B 为传输带宽。在实际使用中，由于使用了成型滤波器，若滚降系数为 α，则传输带宽与传输码速率之间的关系为

$$B=(1+\alpha)R_{\mathrm{b}}$$

将式(10-35)代入式(10-34)，可得

$$[E_{\mathrm{b}}/n_0]=[P_{\mathrm{T}}]+[G_{\mathrm{T}}]+[G_{\mathrm{R}}/T_{\mathrm{SR}}]-[R_{\mathrm{b}}]-[L]+228.6\quad(\mathrm{dB})$$

对上式进行变换，可得

$$[P_{\mathrm{T}}]=[E_{\mathrm{b}}/n_0]-[G_{\mathrm{T}}]-[G_{\mathrm{R}}/T_{\mathrm{SR}}]+[R_{\mathrm{b}}]+[L]-228.6\quad(\mathrm{dB})$$

假设传输距离为36000km，工作频率12GHz，则空中衰减为

$$L(\mathrm{dB}) = 32.44 + 20\lg 36000 + 20\lg 12000 = 205.1 \quad (\mathrm{dB})$$

$$[R_b] = 76.8 \quad (\mathrm{dB})$$

设

$$[G_R/T_{SR}] = -10\mathrm{dB/K}$$

$$G_T = 44\mathrm{dB}$$

这样，在使用QPSK调制时，为了达到10^{-4}误比特率，所需要的发射功率为

$$[P_T] = 8.4 - 44 + 10 + 76.8 + 205.1 - 228.6 = 27.7 \quad (\mathrm{dBW})$$

再加上雨衰等其他损耗，约3dB，所需的发射功率约30dBW，即1000W。

要使机星之间无法正常通信，就要使得数字通信的误比特率达到一定程度，如10^{-1}。由于理论上QPSK信号在信噪比（高斯白噪声条件下）为2.15dB时，误比特率为10^{-1}。我们进行粗略估算，可设所需的干信比为-2.15dB。

假设成型滤波器的滚降系数为$\alpha = 0.35$，则通信带宽为$B = 1.35 \times 47.85/2 = 32.2$MHz。如果要实现有效干扰，采用增益为44dB的天线，忽略地面与无人机之间的距离差，则所需要的干扰功率约为610W。如需对整个转发器36MHz带宽进行干扰，则功率需增加至682W。

再举一个车载VHF（30～100MHz）战术干扰系统的例子，分干扰空地、地空、地地通信链路3种情况。要求最远干扰距离为30km，实施干扰后允许敌方最大通信距离为3km（干通比$r = 10$），电台最大有效辐射功率为100W，计算该干扰系统所需的有效辐射功率。

（1）对空地通信链路中的地面终端的干扰。通信发射方在空中，接收方在地面，通信可以选择自由空间传播模式；而干扰方采用车载对地面目标实施干扰，如果干扰天线升空高度高，通视条件好，即满足

$$30 \leqslant 4.12(\sqrt{h_j} + \sqrt{h_r})$$

式中：h_j为干扰天线高度；h_r为通信接收天线高度。

当$h_j \gg h_r$时，上式可改写为

$$h_j \geqslant \left(\frac{30}{4.12}\right)^2 = 53 \quad (\mathrm{m})$$

即当干扰天线高度大于53m以上时可实现通视，但还需满足非涅耳区条件，干扰信号传播模式才能按自由空间传播模式来计算，显然，此时无法满足自由空间传播模式，只能按照平地传播（双线传播）模型来考虑，所需的干扰功率为

$$
\begin{aligned}
(\mathrm{ERP}_4)_{\mathrm{j}} &= k_{\mathrm{j}} \cdot (\mathrm{ERP})_{\mathrm{t}} \cdot r^4 \cdot \left[\frac{\lambda d_{\mathrm{c}}}{h_{\mathrm{r}} h_{\mathrm{j}}}\right]^2 \cdot \left[\frac{1}{4\pi}\right]^2 \cdot L_{\mathrm{a}} \cdot L_{\mathrm{b}} \\
&= 2 \times 100 \times 10^4 \times \left[\frac{10 \cdot 3000}{2 \cdot 20}\right]^2 \times \left[\frac{1}{4\pi}\right]^2 \times 1 \times 1 \\
&= 7131374 \quad (\mathrm{kW})
\end{aligned}
$$

由上式可见,用车载平台对空地链路中的地面终端进行干扰是不可行的(计算中取 $\lambda = 10\mathrm{m}$ 即 30MHz,$h_{\mathrm{r}} = 2\mathrm{m}$),必须采用升空平台才能实现对空地链路的有效干扰。

(2) 对空地通信链路中的机载终端的干扰。此时的干扰对象为空中目标,干扰信号传播模式可以采用自由空间传播模型,于是,可以得到有效辐射功率:

$$
\begin{aligned}
(\mathrm{ERP}_1)_{\mathrm{j}} &= k_{\mathrm{j}} \cdot (\mathrm{ERP})_{\mathrm{t}} \cdot r^2 \cdot L_{\mathrm{a}} \cdot L_{\mathrm{b}} \\
&= 2 \times 100 \times 10^2 \times 1 \times 1 \\
&= 20 \quad (\mathrm{kW})
\end{aligned}
$$

然而,实现对地空链路干扰的前提是能对地面通信电台发射的通信信号进行可靠侦收和分选识别,根据平地传播(双线传播)模型:

$$
P_{\mathrm{s}} \approx P_{\mathrm{t}} G_{\mathrm{tj}} G_{\mathrm{jt}} \left(\frac{h_{\mathrm{r}} h_{\mathrm{j}}}{d_{\mathrm{j}}^2}\right)^2
$$

代入 $P_{\mathrm{t}} G_{\mathrm{tj}} = 100\mathrm{W}$,$h_{\mathrm{r}} = 2\mathrm{m}$,$h_{\mathrm{j}} = 20\mathrm{m}$,$d_{\mathrm{j}} = 30\mathrm{km}$,假设干扰机侦收天线增益 $G_{\mathrm{jt}} = 4$ (6dB),则可得通信信号到达干扰引导接收机的信号功率为

$$
\begin{aligned}
P_{\mathrm{s}} &\approx 100 \times 4 \times \left(\frac{2 \cdot 20}{30000^2}\right)^2 \\
&= 7.9 \times 10^{-13} \quad (\mathrm{W}) \\
&= -91\mathrm{dBm}
\end{aligned}
$$

一般侦察接收机的灵敏度都在 -100dBm 以上,所以用 20m 高的侦收天线是可以侦收到敌方地面电台发射的通信信号的,从而可以引导地面干扰机对空中目标进行有效干扰。

(3) 对地地通信链路的干扰问题。这时无论是通信信号传播模型,还是干扰信号传播模型都采用平地传播(双线传播)模型,所需的干扰功率为

$$
\begin{aligned}
(\mathrm{ERP}_2)_{\mathrm{j}} &= k_{\mathrm{j}} \cdot (\mathrm{ERP})_{\mathrm{t}} \cdot r^4 \cdot \left[\frac{h_{\mathrm{t}}}{h_{\mathrm{j}}}\right]^2 \cdot L_{\mathrm{a}} \cdot L_{\mathrm{b}} \\
&= 2 \times 100 \times \left(\frac{30}{3}\right)^4 \times \left[\frac{2}{20}\right]^2 \times 1 \times 1 \\
&= 20 \quad (\mathrm{kW})
\end{aligned}
$$

正好与自由空间传播模型计算得到的干扰功率是一样的(通常情况下是不一样的,设计时选其中较大的来考虑)。根据以上分析计算,该干扰系统的等效辐射功率最终确定为20kW。但要注意的是,用等效辐射功率为20kW的干扰机无法实现对空地通信链路中地面终端的有效干扰,只能通过干扰其反向链路(即地空链路)的机载终端来达到有效干扰的目的。

10.5 干扰压制区域

以上在讨论了干信比的基础上,给出了给定干通比条件下的干扰功率计算公式。一旦干扰系统的干扰功率确定以后,该干扰系统对某一具体目标(通信发射功率一定)的干扰能力也就基本上确定了。到现在为止,用来衡量干扰机干扰能力的最重要的指标是该干扰机所能达到的干通比即干扰距离与通信压制距离的比值 $r=d_j/d_c$。但是,用干通比来衡量干扰机的干扰能力似乎还不是非常直观,特别容易让人感觉通信与通信干扰的对抗是静态的,是与对抗双方的对抗态势(对抗布局)无关的。但实际上干扰是否有效,在很大程度上取决于对抗双方的布局。下面有关干扰压制区的讨论将会很好地说明这一问题,而且对干扰机的战术使用也会有很大的帮助。

根据前面的讨论知道,在自由空间传播方式下,一旦干扰功率确定,则该干扰机所能达到的干通比为

$$\left(\frac{d_j}{d_c}\right)^2=r^2=\frac{(\mathrm{ERP}_1)_j}{(\mathrm{ERP})_t}\cdot\frac{1}{k_j}\cdot\frac{1}{L_aL_b}$$

同样,在平地传播模式下,干扰机所能达到的干通比为

$$\left(\frac{d_j}{d_c}\right)^4=r^4=\frac{(\mathrm{ERP}_1)_j}{(\mathrm{ERP})_t}\cdot\frac{1}{k_j}\cdot\frac{1}{L_aL_b}\cdot\left[\frac{h_j}{h_t}\right]^2$$

一旦干扰对象确定($(\mathrm{ERP})_t$、h_t一定)、干扰机性能也确定($(\mathrm{ERP})_j$、h_j、k_j一定)下来后,以上两式的右边实际上为一常数,如果将该常数分别设为 c_1 和 c_2^2,则上述两式可表示为

$$\left(\frac{d_j}{d_c}\right)^2=c_1$$

或

$$\left(\frac{d_j}{d_c}\right)^2=c_2$$

不失一般性，把 c_1 和 c_2 统一用 c 来表示，则

$$\left(\frac{d_{\mathrm{j}}}{d_{\mathrm{c}}}\right)^2 = c$$

注意：常数 c 只取决于干扰机和干扰对象（通信电台）及其传播路径。显然，该干扰机所能达到的干通比为 $\sqrt{c}$，当干扰距离与通信距离之比小于 $\sqrt{c}$ 时干扰有效，当干扰距离与通信距离之比大于 $\sqrt{c}$ 时干扰无效。

下面把干扰机、通信发射机和通信接收机的对阵态势（布局）用图 10.17 表示，即以干扰机为坐标原点 O，干扰机与通信发射机 B 的连线为 x 轴，通信接收机 A 为动点，其坐标为 (x, y)。

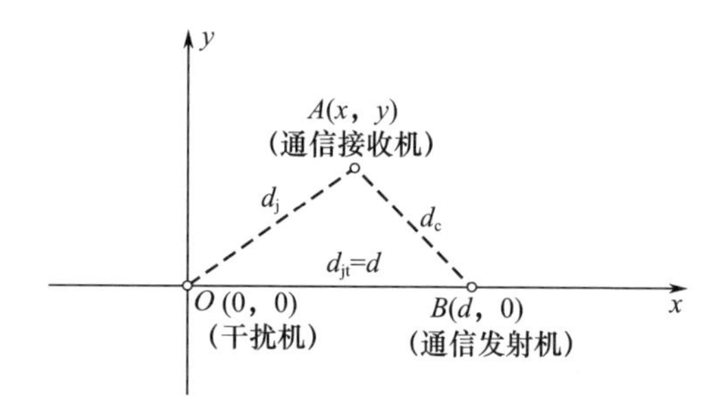

图 10.17 干扰机与通信电台布局

设干扰机与通信发射机之间的距离 d_{jt} 为 d，则由图 10.17 可得

$$d_{\mathrm{j}} = \sqrt{x^2 + y^2}$$

$$d_{\mathrm{c}} = \sqrt{(x-d)^2 + y^2}$$

由于 $(d_{\mathrm{j}}/d_{\mathrm{c}})^2 = c$，即

$$x^2 + y^2 = c[(x-d)^2 + y^2]$$

当 $c = 1$ 时，则

$$x = \frac{1}{2}d$$

即当 $c = 1$ 时，干扰有效区的边界为一直线，该直线位于干扰机与通信发射机连线的中线位置上，如图 10.18 所示。这样在该直线的左侧（干扰机一侧）均为干扰有效区，因为在该区域干扰距离与通信距离之比均小于 1（注意：干扰距离与通信距离之比小于干通比的区域均为干扰有效区）。

当 $c \neq 1$ 时，经简单的数学运算后，可得

$$\left(x - \frac{c \cdot d}{c-1}\right)^2 + y^2 = \left(d \cdot \frac{\sqrt{c}}{c-1}\right)^2$$

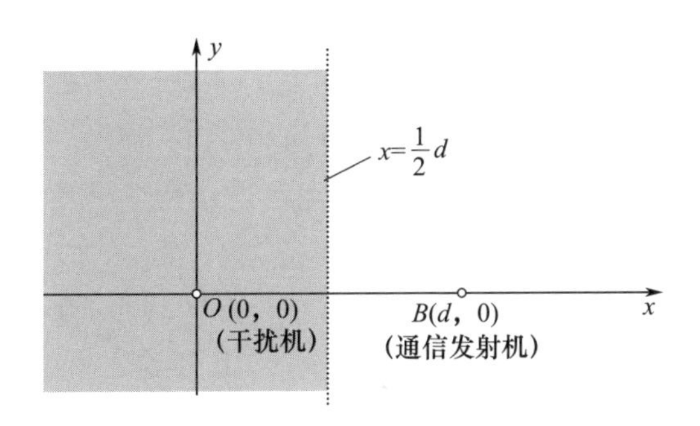

图10.18　$c=1$ 时的干扰压制区

即干扰有效区边界为一圆，该圆的圆心位于 x 轴上，离坐标原点的距离为$\frac{c\cdot d}{c-1}$，圆的半径为 $d\cdot\frac{\sqrt{c}}{c-1}$。下面分 $c>1$ 和 $c<1$ 两种情况讨论。

当 $c>1$ 时，边界圆的圆心位于正 x 轴上，而且当 $c>1$ 时，由于$\frac{c\cdot d}{c-1}>d$，所以该圆的圆心位于通信发射机的右侧，如图10.19所示（注意：该边界圆始终覆盖通信发射机，这是因为圆心离原点的距离与圆半径的差始终小于 d，即小于通信发射机离原点的距离，但边界圆始终不可能超过图中虚线所示的中线）。由于在圆内干扰距离与通信距离之比大于$\sqrt{c}$，所以为干扰无效区，而在圆外干扰距离与通信距离之比小于$\sqrt{c}$，为干扰有效区。c 越大，边界圆的圆心越靠近通信发射机，而且圆的半径也逐渐减小。当 $c\rightarrow\infty$ 时，圆心与通信发射机重合，圆心半径趋于0，这时整个区域均为干扰有效区。

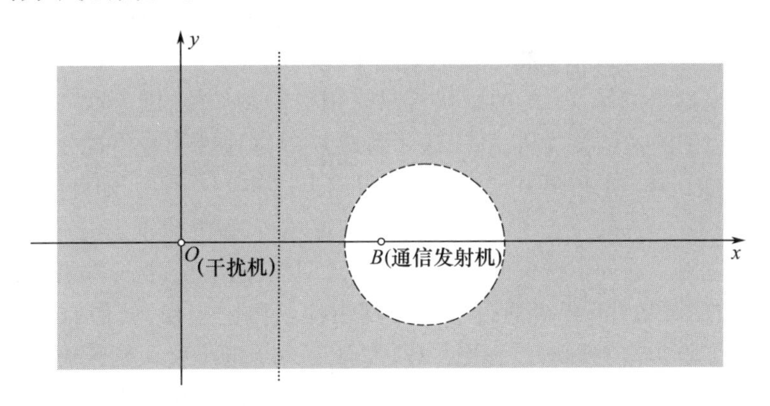

图10.19　$c>1$ 时的干扰压制区

当$c<1$时，由于$\frac{c\cdot d}{c-1}<0$，所以边界圆的圆心位于负x轴上，如图10.20所示（注意：该边界圆始终覆盖干扰机，这是因为当$c<1$时，圆的半径与圆心离原点的距离的差始终大于0）。由于在圆内干扰距离与通信距离之比小于$\sqrt{c}$，所以为干扰有效区，而在圆外干扰距离与通信距离之比大于$\sqrt{c}$，为干扰无效区。c越小，边界圆的圆心越靠近干扰机（原点），而且圆的半径也逐渐减小（注意：边界圆不会超过图中虚线所示的中线）。当$c\to0$时，圆心与干扰机重合，圆心半径趋于0，这时整个区域均为干扰无效区（$c\to0$表示干扰功率趋于0，或者干扰对象采用了很强的抗干扰措施，使得所需的压制系数$k_j\to\infty$，再大的功率也难以对其进行有效干扰）。

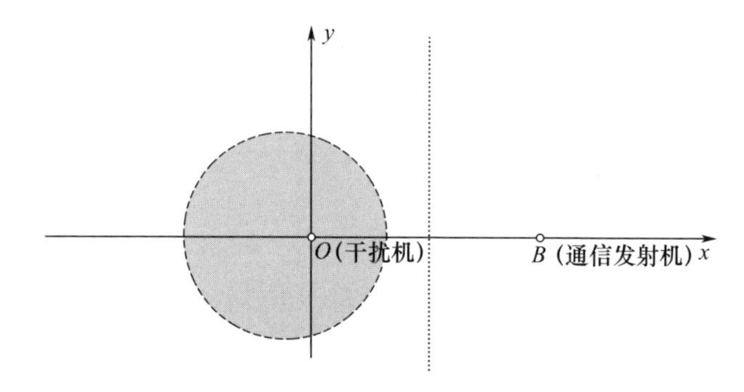

图10.20　$c<1$时的干扰压制区

从以上对干扰有效压制区的分析可以看出，不同的c值所对应的压制区的形状是完全不一样的。$c=1$时的干扰压制区为一半平面，$c>1$时的干扰压制区为扣除边界圆后的整个区域，而当$c<1$时的干扰压制区则为边界圆的内部区域。显然，$c>1$时的干扰压制区最大，$c<1$时的干扰压制区最小。所以，在干扰机设计时，应尽可能地使$c>1$，以获得尽可能大的干扰压制区。

特别需要指出的是，$c\leqslant1$的干扰机只能用作防御作战，因为这种干扰机只能干扰干扰机周围的通信接收机，而无法干扰靠近敌方地域的通信接收机。这一点从上面给出的图10.18和图10.20很容易得出上述结论。不过，随着远程分布（投掷）式干扰技术的发展，工作于$c<1$场景下的灵巧式、智能化干扰机将在未来战场上获得广泛应用。这种干扰机的主要特点是微型化、网络化，把分布在广阔地域或空域的大量的“灵巧”干扰机通过自组织网络使其协同工作，就像有组织的一群“狼”通过形成合力来共同对付目标一样。所以，$c<1$的干扰压制区对于研究分布式干扰系统的干扰效果是非常有用的，它对如何正确设计和使用分布式干扰机会很有帮助。

另外，在$c>1$的场景下，从图10.19也清楚地可以看出，干扰机的干扰能力不能完全用干扰距离来衡量,也就是说,笼统地讲干扰机的干扰距离为多少是没有任何意义的。例如,图中边界圆的右侧区域虽然干扰距离相对较远,但仍能对该区域进行有效干扰,因为该区域的通信距离也相对较远,在该区域的干扰距离与通信距离之比仍小于干通比的设计值$\sqrt{c}$。干扰无效区也并不是通常想象的是以通信发射机为圆心的一个圆,实际上它是一个其圆心偏离通信发射机位置并偏向右侧的偏心圆。只有当 c 值很大时,其圆心才会接近于通信发射机所在位置。干扰压制区的这些特点,如果不进行详细的理论分析和数学推导是很难想象的。

以上对干扰信号传播模式与通信信号传播模式完全相同时的干扰压制区进行了详细讨论。如果两种传播模式不一样(如干扰为自由空间传播,通信为平地传播),则干扰压制区的分析就会复杂得多,这里不再进行讨论。

参考文献

[1] 栗苹,赵国庆,杨小牛,等. 信息对抗技术[M]. 北京:清华大学出版社,2008.
[2] 王铭三,等. 通信对抗原理[M]. 北京:解放军出版社,1999.
[3] POISEL R A. 现代通信干扰原理与技术[M]. 楼才义,王国宏,张春磊,等译. 北京:电子工业出版社,2014.
[4] 张更新,张杭. 卫星移动通信系统[M]. 北京:人民邮电出版社,2001.
[5] 杨小牛,楼才义,徐建良. 软件无线电原理与应用[M]. 北京:电子工业出版社,2001.

第 11 章

通信电子战的发展

随着通信技术、电子技术的不断发展,通信电子战技术也取得长足发展。通信电子战系统战略威慑、非对称、体系化、协同等手段的应用日益广泛;通信电子战系统的软件化、智能化、网络化、无人化、精准式、分布式特性日益明显。

11.1 认知通信电子战技术

随着电子信息设备的普遍采用,敌、我、友、中立和民用设施会辐射出各种不同类型的电磁信号,它们共同作用,相互交织、混叠,使战场电磁环境变得纷繁复杂;作战节奏加快、高机动平台与时敏目标大量涌现,使得作战场景高速动态变化,战场瞬息万变;各种具有自适应和认知抗干扰能力的通信、雷达、导航等系统的反侦察抗干扰能力不断提高;新目标、新信号不断涌现等,这一切都给传统通信电子战系统带来了严峻挑战。通信电子战系统为了能快速适应复杂多变的电磁环境,并做出即时的反应,需要从人机紧耦合走向机器学习的认知自适应。认知通信电子战系统通过对作战环境的感知,提取知识并进行学习推导,而后自主、快速、准确地生成最优干扰策略,从而达到攻击的目的。由于认知通信电子战与认知电子战的思想基本相似,本节后面的讨论不再区分认知通信电子战与认知电子战。

认知通信电子战系统应具有可感知、可认知、灵活、捷变、自适应、能组网等特点,使其对目标的发现、决策、干扰从静态走向动态,从人工走向智能。智能化、灵活性和捷变性使得认知通信电子战系统具有自适应能力,可自主根据外界变化获取信息,重新配置设备的各种参数、功能,并快速做出决策反应。

11.1.1 认知电子战内涵

目前,对认知电子战还没有达成统一的定义。在学术界对“认知”概念的探讨非常活跃,尤其是对认知无线电[1]以及认知动态系统[2]等的定义值得借鉴。我们

认为认知电子战指的是具有人类认知特征的电子战系统、技术或方法，使电子战从“人工认知”走向“机器认知”，其具备以下几个主要认知特点。

（1）感知－行动环。认知电子战能够感知环境（如无线频谱环境），并且根据感知到的环境信息做出行动（如发射干扰、改变侦察方法和策略等），该行动可能会对环境造成影响。通过不断反复地感知和行动，认知电子战系统不断进化，快速适应环境的变化。其认知过程是一种OODA循环。

（2）记忆。认知电子战系统能够对其经历进行记忆（存储），包括感知的环境信息及其采取的行动。根据这些记忆，认知电子战能够对未来环境状态进行预测，在面临新的环境时，能够根据记忆中的知识进行学习。

（3）专注。认知电子战系统资源是有限的，而其要完成的任务则可能同时有多个。面对这种情况，它能够对任务优先级进行分类，调动有限的资源专注完成某个或某些比较紧急且重要的任务。

（4）智能。智能是认知电子战最具代表性的一个功能特点。认知电子战的智能性表现在其对资源的最优化控制、对任务的最优化调度、对目标的最优化学习、对目标的最优化干扰等方面。

（5）语言。语言是人类社会分享经验、相互学习不可缺少的工具。单个电子战终端的能力毕竟是有限的，认知电子战不同感知节点、干扰节点等独立站台之间也会利用知识表示语言相互沟通交流，从而相互学习，不断提高自身能力。

虽然认知是对电子战的一个固有要求，但目前电子战所具备的认知能力还非常有限。目前，电子战系统具备有限的对环境的感知能力，也具备一定程度的根据感知结果调整干扰策略的能力，但是它缺少不断进化的感知－行动环，也缺少最能体现认知特点的学习能力，因此，当前电子战仍依然缺乏认知能力。

11.1.2　认知电子战体系结构

作者认为的认知电子战体系结构如图11.1所示，其中认知通信电子战平台主要由环境感知器、干扰激励器以及认知引擎三部分组成。

环境感知器感知来自多个方面的信息：地理位置环境、频谱环境、内部状态、监管政策以及用户需求。地理位置环境指示当前认知电子战平台及其相关台站所处的地理环境。频谱环境重点包括我方、友方以及敌方的各种目标信号。内部状态包括对抗平台的最大发射功率、运算能力、计算速度、剩余电量、硬件约束等。监管政策指示对抗时己方的频谱使用规则（如保护频率、保护频段）、对己方友方可能造成的影响等。用户需求包括指挥官指令、使用者偏好等信息。感知还包括对干扰效果的评估与分析，通过实时监视干扰信号及其敌方信号、目标的变化，为自适

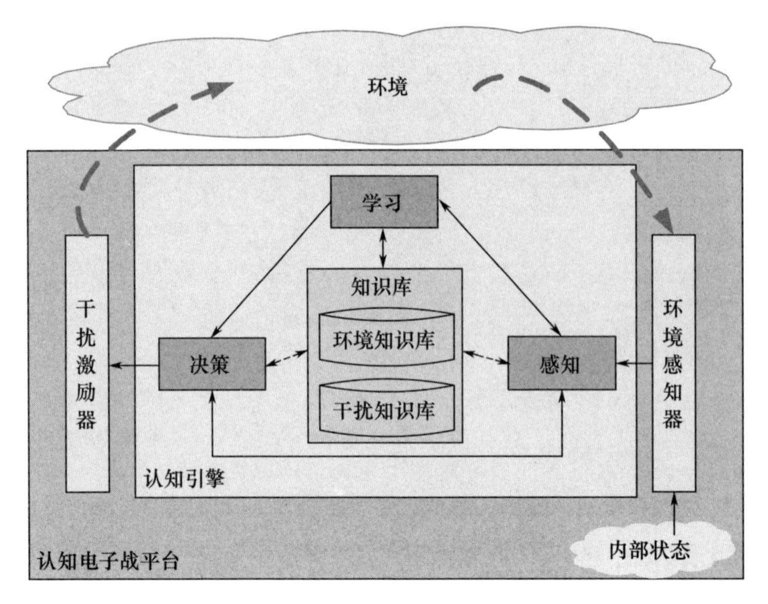

图 11.1　认知电子战体系结构

应干扰和学习决策提供依据。

干扰激励器根据认知引擎做出的干扰决策，采取所需的干扰方法，自适应地产生相应的干扰信号。

认知引擎是认知电子战平台的核心，也是认知能力的集中体现，其功能可以划分为感知、决策以及学习三大块。感知对环境感知器感知到的信息进行处理，包括频谱目标检测、识别和分类。决策基于感知到的信息，做出最有利于认知通信电子战系统自身的干扰决策。学习则重点基于环境的反馈信息，调整感知策略和干扰行动，增强认知电子战系统适应动态环境的能力。

除此之外，每个认知电子战平台均有自己的知识库，用于记录过去的经验和知识。整个认知通信电子战系统还存在一个大型的知识库中心，其中综合了各个认知电子战平台所获取的知识。每个认知电子战均可以从知识库中心调取知识，充实自己的知识库；不同认知电子战平台之间也可以相互交流知识，实现“同伴学习”。

由此可知，从外部环境，经由环境感知器获取环境数据，通过认知引擎提取环境信息、产生最优化的干扰措施，通过干扰激励器施加干扰，从而影响环境，在下一个循环中再通过环境感知器获取环境数据和性能反馈，如此反复，形成了感知－行动环。整个认知环中，认知引擎执行感知、记忆、推理、优化、学习等各个认知任务，使得认知电子战系统能够适应外部环境的变化，逐渐进化。

11.1.3 认知电子战关键技术

电子战要具备认知特征需要解决一系列关键技术,部分关键技术与传统电子战有交叠,但是在认知特性下它们被赋予了新的要求。

1) 多域环境感知与预测

认知电子战环境感知器感知来自多个域的信息:地理位置环境、频谱环境、内部状态、监管政策以及用户需求。传统电子战也或多或少地涉及了对这些环境信息的感知,但是其广度和深度上并没有像认知电子战这样。除了感知之外,认知电子战还需要对环境进行预测,其重要的一项内容是对威胁目标的自动准确识别、目标行为的预测。通过对频谱活动性建模,根据已经获取的历史信息来训练模型,最后由训练好的模型对未来频谱活动性进行预测,从而能够对目标活动进行预判,达到先发制人的目的。

2) 干扰优化与决策

干扰决策优化则根据感知到的信息,在系统资源、用户需求等约束下,给出最优的干扰策略。干扰优化最重要的问题是要对干扰问题进行建模,其中一种途径是把它建模成一个多目标优化问题,其中监管政策、内部状态等确定该优化问题的约束条件,而用户需求、干扰目标等确定该优化问题的目标函数。另外,还可以结合案例推理等技术,通过选择与当前环境最为匹配的案例,快速启动干扰。

3) 自主干扰效果评估

干扰效果是指干扰实施后,对被干扰对象所产生的干扰、损伤或破坏效应。认知电子战为了实现学习功能,需要具有测量干扰策略实施后环境的反馈信息(包括干扰效果)的能力,通过观测该反馈信息来判断上一次干扰策略的性能优劣,(通过给予奖励值或惩罚值予以学习,以此实现功能进化。由于认知电子战的认知—行动环是一个闭环,没有人工参与,所以效果评估需要以在线自动的方式进行。该关键技术是认知电子战的一大难点问题所在。

4) 知识表示和知识库构建

知识库为认知感知、优化决策、智能对抗等提供先验知识,并通过感知信息输入和评估信息反馈等不断学习,自我更新。构建的知识库存储环境(包含威胁目标的波形参数、状态特征、行为意图、威胁等级、相互关系等)和决策的历史信息等。知识记忆是认知通信电子战不可或缺的一项研究内容,其难点在于知识表示或者建模,包括对环境知识的表示、干扰知识的表示以及环境与干扰的关联性表示等,能够完整表示环境(含目标)、干扰及其行为特征的实时动态变化。通过在线的学习积累,更新知识库,为环境准确感知、威胁目标准确识别、实时自主干扰提供支撑。

11.2 精确电子战技术[3]

美国国防高级研究计划局(DARPA)战略技术办公室(STO)于2009年8月发布了跨机构公告(BAA,编号:DARPA-BAA 09-65),首次提出了精确电子战(Precision Electronic Warfare,PREW)的概念,由此,世界各国竞相开展了精确电子战技术的研究。

11.2.1 精确电子战的概念

传统的干扰系统往往是粗放式的,除了对目标进行干扰外,同时也会在一定程度上使得己方、友方的通信、导航等信息系统受到干扰,而且使得战场电磁环境进一步恶化,也增加了己方通信电子战系统发挥最大效用的难度。另外,粗放式干扰所需要的干扰功率往往会较大,也给功放的实现带来了难度,单个设备辐射很大的功率,也会对自身的安全带来威胁,会招致反辐射武器的打击。

精确电子战系统是一个多节点、分布式、自组织、具有精确干扰指向的干扰系统,其由多个现场部署的机载节点和/或地面节点有机地组织成一个能够实施外科手术式电子干扰的自组织(Ad Hoc)稀疏阵列。这种电子战系统可规划射频能量,能够使每一个阵列成员所发射的相干功率聚焦在一小片感兴趣区域内,形成对目标的近乎“点式”干扰压制。

在传统电子战中有效干扰定义为接收机前端的饱和,而在精确电子战中将有效干扰定义为服务质量(Quality of Service,QoS)的拒绝,对干扰区域的目标接收机的信噪比低于某预期的值,受保护区域的接收机具有或以较大概率具有高于某个值的信噪比。

11.2.2 精确电子战系统的组成

精确电子战系统由一系列自组织的节点组成,每个节点需要具备的基本功能包括:定位功能、用于节点间协调的通信功能、接受指挥控制的功能、同步功能、时空干扰处理功能、能量发射功能等。

节点是一种成本低、体积小、质量小、耗电少的平台,具有可重编程、重配置的能力,可以在空中平台或地面部署。

精确电子战系统的精确引导方法有两种:有信标的闭环方法和没有信标的开

环方法。瞄准闭环的方法可以通过利用在目标区域内的一个被动或主动发射的信标,来实现对目标区域的精确引导实现精确干扰。而采用开环方法,从远距离(如最大100km斜距)将相干能量投送到一个点(如平均直径100m)并获得毫弧度级定向,这将是一个很大的挑战。

为满足不同的性能需求,精确电子战的阵列大小是可以自适应变化的。例如,空中可部署100个节点,可选择最优的40个对目标区域进行最大干扰,同时使对目标区域外产生的干扰最小。

美国DARPA称,可以使精确电子战的"无线电之云"以超常的精度使用其"能量发射"能力。40多个节点能从20km处,将干扰能量指向并聚焦到一个直径约100m的区域,而不会对临近地区的接收造成影响,如图11.2所示。

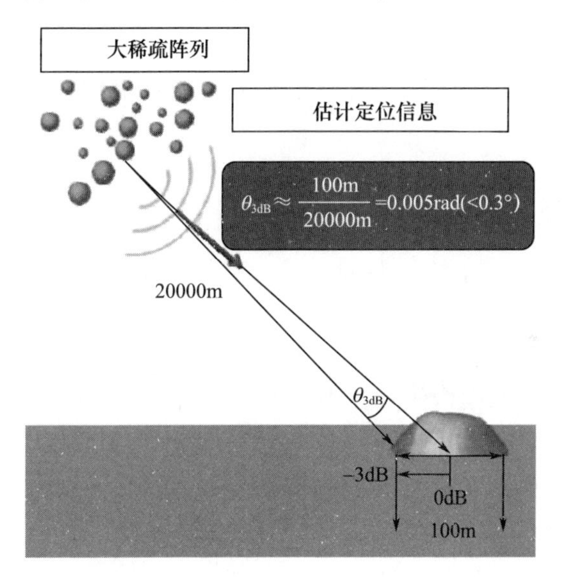

图11.2　精确电子战示意图(见彩图)

11.2.3　精确电子战的关键技术

精确电子战的关键技术包括多节点同步技术、目标精确定位技术、能量控制技术、多节点自适应组网技术等。

1) 多节点同步技术

将能量准确和相干地投送到目标区域需要精确定,特别是分布式时钟的精确同步。同步可以通过各种方式实现,包括往返同步、全反馈、1比特反馈、基于位置等技术,以及使用高稳定时钟,如芯片级原子钟等。

2）多节点自适应组网技术

由于精确电子战系统要适应静止和运动平台的使用需求，节点的数量、位置都会动态变化，对多节点的动态自组织组网、协同能力要求很高。

3）能量控制技术

能量精确控制就是要将所需的能量集中投射到特定的目标区域，而不会影响非目标区域，要考虑干扰信号在时域、频域、空域多维度的性能和分布。

11.3 赛博作战

从2006年底美国空军透露将成立空军赛博司令部（暂编）以来，尽管围绕赛博空间、赛博作战的某些最基本问题一直在争论，但无论是赛博空间建设领域还是赛博作战领域，都取得了突飞猛进的发展。尤其是赛博作战领域，更是得到了世界各国军方的高度重视。

11.3.1 赛博作战概述

对于赛博空间与赛博作战，相对比较权威的定义是美国防部《JP 1－02：国防部军事及相关术语词典(2018年8月修订版)》给出的，该定义指出：

（1）赛博空间是信息环境中的一个全球域，由一些相互依赖的信息技术基础设施网络及网络中的数据构成，包括因特网、电信网、计算机系统、嵌入式处理器和控制器。

（2）赛博作战指的是对赛博空间能力的运用，其主要作用是在赛博空间内或通过赛博空间来达到作战目标。

结合上述有关赛博空间、赛博作战的定义可知，只要满足下述条件之一，即可视作赛博作战。

（1）作战本身以任何方式运用了赛博空间能力。例如，通过僵尸网络发起的分布式拒绝服务（DDoS）攻击。

（2）采用某些作战方式，对赛博空间产生了影响。如通过无线或有线攻击手段，使得电力网、交通网、金融网等受到影响。

（3）作战过程中部分或全部目标均通过（经由）赛博空间来达成。例如，通过互联网舆情引导来达到瘫痪经济、抹黑外交，乃至颠覆政府等目标；再如，通过各类有线、无线网络获取赛博空间情报。

美国国防高级研究计划局（DARPA）、美国各军种都不断致力于研究创新性赛博作战技术，开发各类赛博作战武器系统。例如，DARPA开展了一系列名为“赛博

大挑战”的项目；美国空军陆续推出一系列“赛博武器”，包括美国空军内联网控制(AFINC)和赛博脆弱性评估/猎人(CVA/H)系统等；美国陆军则是强调赛博作战系统的实战性，在举行的一系列演习中均将赛博作战人员、技术、系统包含在内。

赛博作战与电子战之间的关系是相互独立、互为补充、相互协同；而且，随着赛博空间与电磁频谱融合力度的进一步加大，赛博作战与电子战之间相互渗透的趋势也将愈发明显。这一点从美国国防部提出的“频谱战”(Spectrum Warfare)、美国陆军提出的“赛博电磁行动”(CEMA)等新理念中都可以得到体现。

11.3.2　赛博作战技术

有关赛博作战的关键技术，迄今尚无一个完备的体系来描述，各国军方都基于自己的利益和现有基础来发展相关技术。

(1)美国国防部将赛博作战技术分为进攻性赛博作战(OCO)技术、防御性赛博作战(DCO)、防御性赛博空间作战响应行动(DCO - RA)、防御性赛博空间作战 - 内部防御措施(DCO - IDM)、国防部信息网络运作等。进攻性赛博空间作战通过在赛博空间内应用兵力或通过赛博空间应用兵力来投送力量，以拒止和操控对手对赛博空间域的接入；防御性赛博空间作战包括防御、检测、表征、对抗和减轻由敌方赛博空间作战造成的赛博空间威胁事件；防御性赛博空间作战响应行动是防御性赛博空间作战任务的一部分，是在未获得受影响系统所有者许可的情况下，在防御网络或部分赛博空间之外采取的行动；防御性赛博空间作战 - 内部防御措施是在受保护的赛博空间部分内开展经授权的防御行为的作战；国防部信息网络运作包括为保护、配置、运行、扩展、维护和维持赛博空间基础设施而采取的行动。

(2) 美国陆军在其《美国陆军赛博空间作战概念能力规划(2016—2028)》中将赛博作战技术分为赛博态势感知(CyberSA)、赛博网络运作(CyNetOps)、赛博战(CyberWar)、赛博支援(CyberSpt)4 个部分，并将电磁频谱运作(EMSO)、电子战等技术视作赛博作战的使能(enabling)技术，如图 11.3 所示。

(3) 学术界倾向于将传统的计算机网络作战(CNO)技术分类体系引入赛博作战领域，并将赛博作战领域分为赛博攻击技术、赛博防御技术、赛博利用技术三类。

参照美国陆军的观点，赛博作战技术大致可分为如下几类。

(1) 赛博态势感知技术。其目标是感知来自赛博空间及电磁频谱内的关于友方、敌人、及其他相关信息活动的直接知识。

(2) 赛博网络运作技术。其目标是确保己方、友方赛博空间的建立、运作、管理、保护、防御、指控能力，又可进一步细分为赛博企业管理(CyEM)、赛博内容管理(CyCM)、赛博防御(CyD)3 类技术。

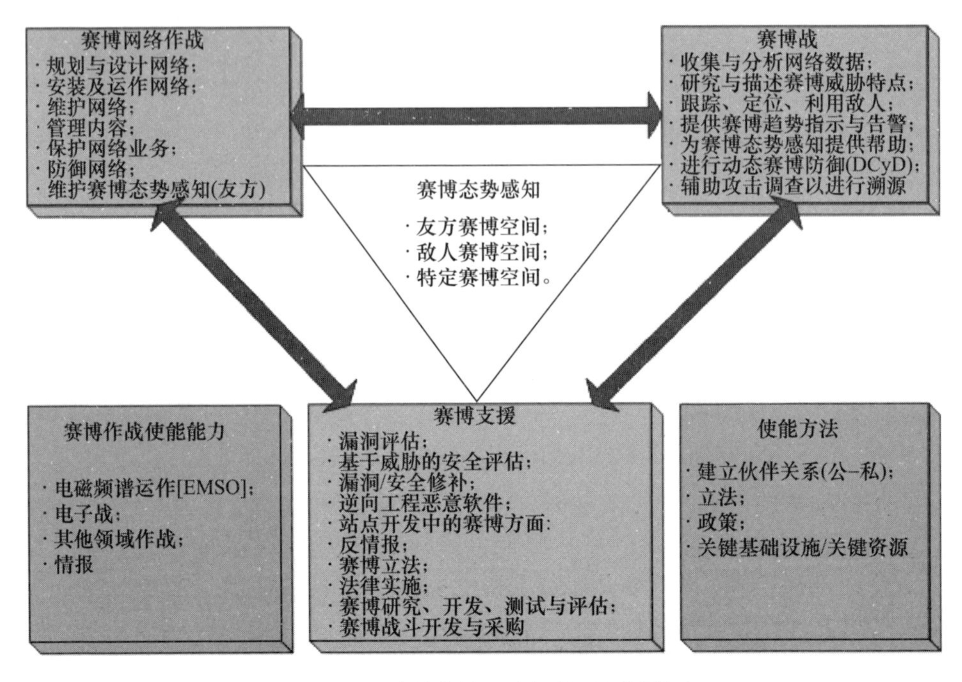

图 11.3 赛博作战组成部分(见彩图)

(3) 赛博战技术。其目标是检测、威慑、拒止、击败敌人,又可细分为赛博利用(CyE)、赛博攻击(CyA)、动态赛博防御(DCyD)3 类技术。

(4) 赛博支援技术。其目标是确保赛博网络运作和赛博战的顺利进行。

(5) 赛博作战使能技术。其指的是有助于增强综合军事能力与作战效能的技术,包括电磁频谱运作(EMSO)、电子战、情报等。

1) 赛博攻击技术

典型赛博攻击技术如图 11.4 所示。总体上,赛博攻击的关键技术包括物理层攻击技术、协议层攻击技术、信息层攻击技术和行为层攻击技术四类,每一类攻击技术又包含若干攻击技术。

2) 赛博态势感知技术

赛博作战与物理空间的作战行动类似,需要对所处空间进行侦察与利用,即需要获得赛博空间的态势感知能力。

一般来说,赛博态势感知技术的目标主要包括:对当前状况的感知,包括态势的识别和辨认;明确攻击带来的影响;掌握、跟踪态势的发展;了解对方行为,主要是对攻击趋势和意图进行分析,它更偏重对方在该态势下的行为而非态势本身;分析收集到的态势感知信息的质量(信息可信度)并从这些信息中衍生出智能决策

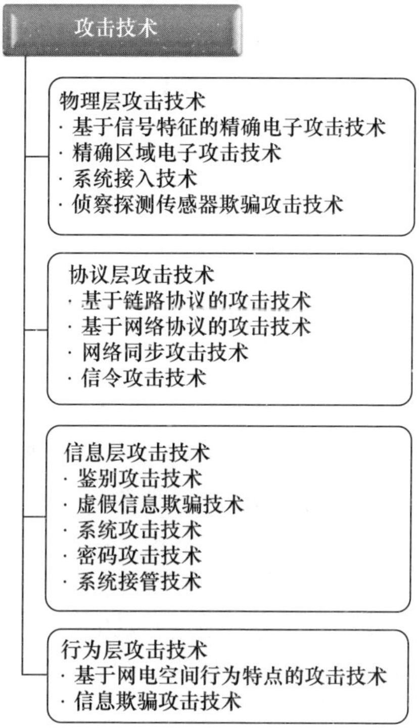

攻击技术

物理层攻击技术
· 基于信号特征的精确电子攻击技术
· 精确区域电子攻击技术
· 系统接入技术
· 侦察探测传感器欺骗攻击技术

协议层攻击技术
· 基于链路协议的攻击技术
· 基于网络协议的攻击技术
· 网络同步攻击技术
· 信令攻击技术

信息层攻击技术
· 鉴别攻击技术
· 虚假信息欺骗技术
· 系统攻击技术
· 密码攻击技术
· 系统接管技术

行为层攻击技术
· 基于网电空间行为特点的攻击技术
· 信息欺骗攻击技术

图 11.4　典型赛博攻击技术

知识;评估当前态势未来可能的发展情况,需预测对方未来可能会采取的行动和路径,了解对方的意图、机会、能力以及己方的脆弱性。

3）赛博攻击溯源技术

溯源通常是指寻找赛博事件发起者相关信息,通常用在赛博攻击时对攻击者的查找。溯源相关的事件可以是应用层事件应用层溯源,即查找业务的使用者(如查找垃圾邮件的发送者),也可以是网络层事件(网络层溯源,即查找特定 IP 报的发送者,如“ping of death”发起者等)。在一些情况下,将应用层 ID 映射到 IP 地址后可以将应用层溯源转化为网络层溯源。

赛博空间溯源技术指的是通过网络定位攻击源地址的技术,其实就是典型赛博攻击过程为图 11.5 所示的一个逆过程。

图 11.5　赛博攻击模型

4）赛博空间安全技术

典型赛博空间安全技术包括物理隔离网络技术、虚拟专用网（VPN）技术、网络控制技术、信息泄漏防护技术、网络安全扫描技术、入侵检测技术、数据加密技术、黑客诱骗技术、生物识别技术、信息隐藏技术、鉴别技术、通信协议安全技术、电磁防护技术、安全路由技术。

11.3.3 赛博作战技术发展特点与趋势分析

11.3.3.1 赛博作战与电子战相互协同、相互渗透

在现代战场上，赛博作战和电子战都面临机遇与挑战。赛博作战以计算机网络和网络化指挥信息系统为目标，是信息和认知域的行动，主要作战层面为信息层和协议层；电子战以信息传感和传输系统为目标，是物理和能量域的行动，主要作战层面是信道和协议层[6]。由于赛博空间需要用有线或无线链路来传输信息，所以在赛博空间作战还需要使用和依靠电磁频谱。电子战和赛博作战具有互补特性和协同效应，通过协同可以获得更好的攻击效果。赛博作战可以迫使敌方从有线网络转入更容易受到电子攻击的无线网络。通过电子战的无线发射传输手段可以把赛博作战武器投送至指定的目标或链路上，实现赛博攻击的目的。国家信息基础设施、天基信息系统越来越多，这都为赛博作战和电子战协同提供了很多迫切需求和发挥作用的舞台。电子战和赛博作战各自独立发展，相互借鉴和渗透，共同成为破击敌网络化信息系统的重要手段。

11.3.3.2 赛博作战攻守并重、攻防兼顾

（1）从注重防守转向攻守并重。一开始各国研发赛博作战技术、设备时，都会强调自己的技术、系统都是一种网络防御技术、设备。但从近来发展来看，不管是从实战方面还是从演习、言论方面，赛博作战都从只重防守（至少是这样宣称的）转向了攻守并重，甚至有了攻重于守的趋势。例如，2016 年以来，美国空军陆续发布了多种所谓“赛博武器系统”，体现出的攻防兼备、寓攻于守的特点非常明显。

（2）进攻性赛博作战技术是赛博作战核心技术之一。美国政府、军方就一直采用“主动赛博防御”或“进攻性赛博防御”策略，大张旗鼓地开展了一系列进攻性赛博作战技术研究。例如，2012 年 8 月 17 日，DARPA 公布了一个名为“X 计划”的项目，以便让美国国防部能够更好地协同以改进其赛博攻击能力；美国学术界对联合进攻性赛博作战进行研究，对交战规则、目标确定、作战规划等进行了研究；2015 年 4 月，美国国防部发布的《国防部赛博战略》中也明确指出美国会对已确定的威胁发起赛博进攻；美国赛博司令部于 2019 年 6 月 20 日在特朗普总统的授权下，对伊斯朗革命卫队用来控制火箭和导弹发射器的计算机系统发动了赛博攻击，

作为对伊朗击落美军“全球鹰”无人机的回应。

(3) 主动防御将引领网络安全防御技术的未来发展。众多新型安全威胁纷纷出现并以前所未有速度发展,传统的防火墙以及给软件打补丁等被动方式和单一手段,已经无法满足现实的安全需求,无法实现对整个赛博空间安全状况的准确监控。因此,各国尤其是美国政府和军方将主动防御技术作为一种“利器”研究,投入了巨大的人力物力。

从当前的发展看,各国未来将在网络态势感知、网络追踪溯源、深度数据包检测、蜜网、蜜罐、可信计算与可信网络、网络免疫、生物识别等技术方向上开展深入研究。

11.3.3.3 加强态势感知,提升“预警”能力

海、陆、空、天领域内需要预警能力,作为第5维空间的赛博空间内自然也需要自己的预警能力。赛博态势感知技术也是实施赛博攻击、防御的基础,通过提高态势感知能力,提升“预警”能力。

从2008年开发赛博控制系统(CCS)这一动作来看,美国已经意识到了赛博空间“预警”的重要性。2016年1月20日,据报道,美国空军宣布其首套博武器系统“空军内联网控制(AFINC)武器系统已达到完全作战能力(FOC),这也是空军第一套达到完全作战能力状态的赛博武器系统。该系统的主要技术能力就包括赛博态势感知与赛博防御两部分。

11.3.3.4 围绕云计算的赛博攻防成赛博作战重点

云计算所能体现出的强大运算能力一直让各国军方垂涎三尺,尤其是在赛博时代,这种低成本的强大运算能力可以让赛博作战变得更加容易。然而,自从云计算出现以来,它就一直在高运算能力与低赛博安全性之间挣扎——其分布式运算、存储等“天性”都让其承担了非常大的安全风险。

然而,随着云计算在安全性方面采取了越来越多的新技术(如隧道机制)、新理念,军方越来越重视这种可将单机运算能力提高多个数量级的新型运算方式。可以预见,云计算将越来越多地用于各个军事领域。

11.4 水下通信对抗技术[7]

声信道是应用最广泛的水下“自由空间”通信信道,声信道中的信号损耗主要是由液体的黏滞吸收和溶解化合物(如硼酸、碳酸镁等)引起的分子吸收造成的。信号的衰减特性随着温度、盐度和压力等物理特性的变化而变化。

声信号在海水中传播,当频率低于10kHz时,衰减小于1dB/km。由于海水中

信号的折射，以及海底、海面和热层对信号反射，导致了声信号多径传播现象的产生。值得注意的是，多径传播对水声通信的影响要比电磁波在大气中传播时的影响大得多。由于光速很快，产生的延迟非常短；海水中声信号的传播速率比较低，产生的延迟较大，每千米延迟 0.66s。

水中声波的传输速率为 1520m/s，是空气中的 4 倍，会随温度升高、盐度增大、深度增加而加快。水声信道是具有最大传输距离的水下自由空间通信信道。在水声信道中，用低速率进行远距离传输（十几千米，传输速率为几千比特/秒）；用高速率进行短距离传输（距离为十几米，传输速率为 150kb/s）。例如，在高频段（20 ~ 30kHz），采用高速率（10b/s）可以实现潜艇与 4.6km 之外的水下无人潜航器之间话音和静态图像的传输；在低频段（2 ~ 4kHz），采用 2.4kb/s 的数据速率通信，可在无人水下航行器（UUV）与 65km 外的水面舰艇之间声通信。

在水下空间存在潜艇、无人潜航器、鱼雷等大量高价值目标，与陆上、空中一样，同样需要通信、目标探测、导航等系统的支持，我们也需要采用相应的对抗措施与之对抗，比如，通过对水下通信信号实施侦察、阻断水下平台之间通信链路、施放假目标掩护己方平台等。需针对水下声通信信号的传输特点、应用场景等，结合陆上、空中类似方法，提出相应的对抗策略。

无人潜航器是水下作战的重要平台，美国海军 2005 年确定了无人潜航器需要重点发展的 9 个方面的能力：情报监视侦察（ISR）能力、反水雷任务（MCM）能力、反潜战（ASW）能力、检测识别（ID）能力、海洋探测能力、通信导航节点能力（CN3）、有效载荷投送能力、信息战（IO）、对时间敏感目标的打击能力。就通信电子战而言可以利用无人潜航器平台，在多个方面发挥作用。例如，利用无人潜航器平台搜集水声通信信号、控制信号等；对敌水声通信信号实施干扰，扰乱其通信，甚至发射虚假信息欺骗敌方，当然，也可以产生声信号模拟吸引敌方注意。

11.5 复杂电磁环境利用技术

所谓复杂电磁环境利用，就是把战场复杂的电磁环境化不利为有利，利用战场存在的各种电磁信号实现对目标的无源探测；借助复杂电磁环境的掩护进行隐蔽通信；利用复杂电磁环境的大功率辐射信号，实现导航等。这样可以尽可能少地发射己方的功率，降低被探测、被干扰、被打击的概率，实现“低功率到零功率”的作战模式。

美国海军正借助 EA - 18G“咆哮者”电子战飞机，使用无源电磁频谱系统来独立进行威胁辐射源定位，或通过海军一体化火控（NIFC - CA）体系与其他飞机协同定位。使用一体化火控，EA - 18G 可通过 Link 16 安全战术数据链将无源瞄准

信息传输给E-2D机载告警和控制系统飞机，之后再通过协同交战能力(CEC)数据链发送到水面舰船，后者通过引导远程巡航导弹实施目标攻击。

利用周围环境中电磁能的反射来探测潜在目标(图11.6)。它可利用的电磁能是来自敌方通信系统、民用电视和广播系统，乃至太阳的机会辐射源所辐射的各种环境能量。如果在区域内有一个已知的大辐射源，单独的一个接收系统就能以类似多基地系统的方式探测目标。但如果没有一个特别大的辐射源，也可使用多个组网的接收机接收从一个潜在目标的不同角度反射回来的能量来估计目标位置。这需要解决复杂信号检测、分离、匹配，多平台精确同步、信号跟踪等难题。

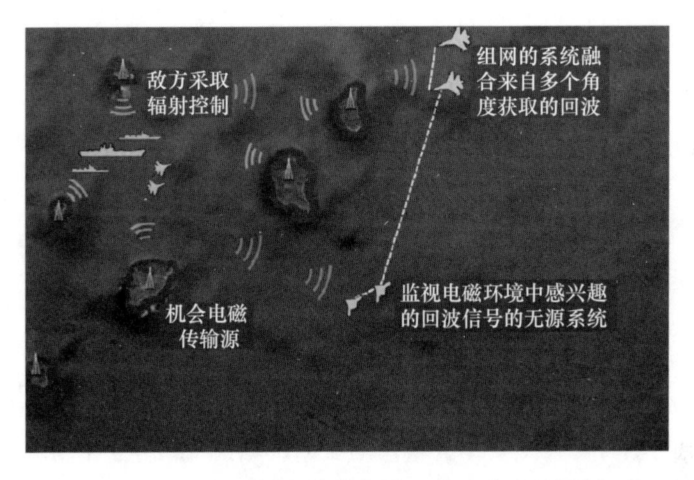

图11.6 利用外界辐射源对目标进行定位(见彩图)

美国提出了DARPA干扰多址(DIMA)系统，其是一种基于多用户检测(MUD)的、无基础设施(Ad Hoc网络)的直序列扩频(DSSS)网状(mesh)卫星通信系统，其目标是通过同信道频谱共享来提高网络吞吐量。

与传统的基于“干扰规避”的通信方式不同，DIMA所采用的新型多用户检测算法允许多用户同时占用相同的信道(即时域、频域、码域均可重合)，并在接收端实现多用户检测。

11.6 可重构的通信电子战系统架构

通信电子战系统所面对的作战对象发展日新月异，战场电磁环境千变万化，而以往的通信电子战装备往往以硬件为核心，完成某种功能(如解调、搜索、测向、分析等)需要相应硬件模块来实现，这样，不同的作战对象，不同的功能要求，势必会使得装备的形态、组成、实现方式各不相同，形成基于威胁目标的装备研发模式，针对某一种威胁研制一型相应装备。这种装备研制模式会造成常规的通信电子战装备种类多、型谱杂、维修保障困难、适应目标对象变化能力弱等问题,很难满足现代通信电子战发展的需求。我们需要基于软件无线电的思想,构建一个通用的平台,各种功能通过加载软件来实施重构,根据战场变化的需要来分配资源,形成所需要的能力。通用的硬件平台简化了装备种类和资源的灵活共用,并可通过软件升级快速适应目标变化,升级优化算法、流程提升性能和能力。利用硬件/软件体系架构的可演进,硬件平台的通用化、系列化、可升级、可伸缩,软件架构的开放性,软件模块的可重用,功能的可重构,算法的可更新、可扩充,性能的可提升,资源的可感知、可调度、可配置,使得电子战系统保持功能实现的灵活性、能力生成的敏捷性、对抗目标的普适性、技术性能的先进性。可以说,通信电子战系统由基于威胁目标的发展模式向基于能力、及时响应、快速重构的方式转变是一个重要发展趋势。

要实现可重构电子战系统需要突破可重构硬件体系架构、可重构软件体系架构、高速数据交换分发、资源实时感知调度分配、可重用功能软件设计、通用化系列化可重构硬件平台设计、数据可靠加卸载等关键技术。

11.7 通信电子战未来发展[9]

现代战场是以信息优势为基础,以战场高度透明化为显著特征,以远距离、防区外、全球化精确打击为主要作战模式的全新的信息化战争。在未来信息化战场上,夺取信息优势,制信息权,将成为打赢信息化战争的关键。全谱信息获取、快速可靠的信息传递、高效实时的信息处理是夺取信息优势的三大重要环节。根据通信电子战技术的发展,我们认为通信电子战至少存在以下几个发展趋势。

(1) 从链路对抗、系统对抗向体系对抗转变。以往的通信电子战系统更多关注破坏某一频率的通信链路正常工作,而较少顾及这一链路被干扰后,敌方整个指挥通信系统是否已被切断或破坏;系统对抗则着眼于破坏或削弱某个通信系统,并不仅仅关心对单部电台或对某一信道的干扰效果,因为随着军事通信系统网络化程度的不断提高,仅干扰掉一部电台,或压制住一个信道,并不能使某一通信系统失效。而体系对抗则是通信对抗的更高层次,它不仅要关心系统对抗效果,而且还要从敌方的整个指挥通信体系层面来研究对抗战略和战术,制定对抗策略。例如,对于体系对抗,不仅要关心地面通信,也要关心空中通信;不仅要关心军用通信,也要关心民用通信;不仅要关心陆基平台,更要关心天基平台。

(2) 从电子战向频谱作战拓展。电磁频谱内军事行动之间的关系变得越来越密切。电磁频谱作战把所有与使用频谱相关的行动都包含在内,如通信、探测、电子战、导航、频谱管理等,通过协同各种电磁频谱行动,提高最大的作战效能。一套

电磁频谱系统的运作也会影响其他的电磁频谱系统。一套武器系统的行为影响同一个域内其他武器系统的工作。电子战系统的使用必须同时与电台、雷达、导航等系统协同以确保工作不受影响，同时也要与无源传感器协同以确保分清敌我等。

不同的电磁频谱系统之间可以相互支持形成更大的能力，如在应急情况，可以使用干扰发射设备进行通信发射，因为干扰发射设备的发射功率更大，往往具有方向性。于是，通信距离更远、抗干扰、抗截获能力更强；利用通信侦察设备的阵列接收处理能力，可以提高接收信号的信噪比，利用信号分离能力可以实现复杂环境下的通信等。利用雷达能主动发射设备，可以用于发现目标，与侦察设备一起可以协同判证，识别目标。通过把侦察、有源探测、通信等手段协同，可以形成战场敌我友、扰通探各维电磁态势信息，形成目标态势。

2020年，美国参谋长联席会议发布了《JP 3－85：联合电磁频谱作战》条令，正式提出了电磁战、电磁频谱作战等理念，来替代、扩展传统电子战的内涵与外延，传统电子战与电磁频谱管理、信号情报等逐步走向融合。

（3）从电子战手段、网络战手段独立使用到相互配合协同运用转变。以往电子战的核心是信号战，是以破坏敌方的射频链路为目的的，所能起到的作战效果往往也是点对点的效果，而起不到点对面的效果。随着电子战系统对信号分析、编码分析、协议分析、拓扑分析等能力的不断提升，基于协议、基于波形特征等的灵巧干扰技术不断涌现和使用。电子战手段一般作用于物理层、链路层和网络层。其可以施放干扰信号破坏无线网络信号的有效传输；其通过对网络中控制信令的破坏，往往可以起到破坏整个无线网络的攻击效果；通过对特定波形的干扰可实现对指定用户的干扰。

网络战方法往往作用于网络层、传输层、会话层、表示层、应用层，其以网络空间为战场，以信息和软件为主要手段，攻击方法包括信息截断、信息欺骗、内容篡改、数据伪造和拒绝服务等。网络对抗的综合效能主要反映在信息的机密性、完整性和可用性等方面，这些安全属性与网络的可靠性、抗毁性等因素密切相关。对网络攻击相关的性能指标包括网络平均时延、网络防御开销、网络吞吐量、链路误码率、链路丢包率、网络连通度、链路利用率等统计数据，以及对系统安全属性损害事件的捕获，如是否存在被篡改的程序和文件，是否存在非法增加的账户和软件，是否存在不明的端口和服务等安全事件等。

在信息化战场上，将电子战和网络战这两种手段综合运用，采取一系列作战行动，破坏敌方战场网络化信息系统并保证己方战场网络化信息系统正常运行，达到夺取战场制信息权的目的。针对未来军事电子信息系统的发展目标，单从电子战或单从网络战要实施体系对抗几乎都是不可能的。这是因为：未来军事电子信息系统采用短波、微波、卫星等各种手段，甚至还大量租用民用线路，而以无线攻击、压制干扰为主的通信电子战,只能在局部区域、在特定时间内,对敌特定电子信息系统实施攻击;网络战则侧重于对信息处理环节的攻击,可以达到"以点破面"的对抗效果。但网络战尤其是战场网络战由于受物理隔离和加密等限制,网络攻击就很困难,甚至是不可能的,这就必须借助电子战的无线攻击技术,采用信号投送、信息欺骗、信息迷惑和信息阻塞等攻击策略,使敌方的网络饱和,甚至完全瘫痪。总之,体系对抗必须综合采用电子战和网络战两种对抗手段,做到网电结合、协同作战。

(4) 从信号战向比特战、信息战拓展。以信号战为核心的电子战以干扰方程为其理论基础,强调信号能量的决定性作用,使得干扰功率不断加大。这不仅使装备成本不断提高,而且电磁兼容问题越来越严重,甚至影响到电子战自身能否生存(更容易暴露自己,可能会成为敌方反辐射武器的攻击目标)。以信号战为核心的电子战同时强调时间上的重合性(干扰信号与被干扰信号在时间上的重合),没有时间上的重合性就不可能起到应有的干扰效果。而信息战要实现信息的截获、解译、破坏、欺骗等能力,其要求更高、隐蔽性更强,是一种比知识、比算法的智力战。信息战无须辐射大功率信号,不会对自身带来安全隐患,往往可以用较低的成本换取较高的军事效益,具有很高的效费比,无疑会成为新世纪非常重要的作战形态或作战样式。而信息战只要求信息或信息规约(编码)的重合性(当然,对无线网络也要求频域、空域上的重合),并不要求时间上要严格重合,具有不对称性。

信息战相比于电子战有很大的优越性,信息战往往要解决实时解密,这非常困难。为此,信息战要以比特流的对抗为着眼点,从比特战走向信息战。比特战利用各种手段和方法来扰乱或破坏敌方在信息获取、信息转发、信息处理和信息储存与利用等各个环节的"0""1"比特流,以造成敌方信息的混乱或失真以及信息系统的失效。例如,通过分析编码方式、编码参数,获取帧结构、物理层协议、链路层协议等,灵巧地破坏敌方通信系统。

(5) 从"软杀伤"向"硬摧毁"拓展。通信电子战主要是配合作战部队实施"软杀伤"任务。随着作战需求的不断变化,我们需要一种全新的通信对抗手段,即武器化的通信对抗设备,它通过使通信对抗设备与攻击火力的完美协同,或者使对抗设备直接与武器结合,形成反辐射攻击武器,避开一味增加功率所带来的技术危机和在战场使用时的生存危机,使其到达从"软杀伤"走向"硬摧毁"的目的。

(6) 从地面对抗向太空对抗拓展。由于视距传播的影响,地面对抗系统最大的问题在于作用距离较短、对地面目标作用的角度很低,不能侦收和干扰较远距离的目标;随着地面终端天线水平的提高,对低仰角条件的信号具有极大的副瓣效应,无法利用地基平台实现对抗。特别是敌方利用强大的军用卫星通信网来进行信息的传输,需要侦收敌方目标与卫星之间的上行通信信号,地面对抗系统无能为力。利用天基卫星平台侦收敌方地面或空中与卫星之间的通信,具有与生俱来的优势。不论是作为侦察和干扰,由于卫星覆盖面大,范围广,不受国界和地理条件限制,例如,轨道高度800km的卫星,假设地面最低仰角为5°,覆盖区域半径可达2500km,这不是低空空中平台和地面设备所能达到的,因此采用卫星平台进行空间对抗,弥补了地面和一般升空平台的缺点,同时,通过把多颗低轨道卫星组网实现时空分辨率较小甚至实时的星载对抗系统。

(7) 从战术型对抗向战略威慑型拓展。战术级通信对抗主要停留在“信号级对抗”的水平上:受电磁波传播理论的限制,作用距离近;受香农定理的限制,为使通信接收机的误码率达到一定水平,所需干扰功率大;是一种被动型的对抗(对抗以敌方信号存在为前提),很难实施主动出击;在复杂电磁信号环境下,实施难度越来越大,作战效果也将大打折扣。战略威慑型通信对抗装备是与核威慑武器完全不同的非物理毁灭性武器,它主要用来破坏敌方的电子信息系统,特别是国家级电子信息基础设施;战略威慑型通信对抗装备具有“软”毁灭性,即这种战略威慑型通信对抗装备一旦发挥作用,整个地区乃至整个国家的电子信息基础设施,如电信系统、金融系统、交通管制系统、电力调度系统等将全面瘫痪,由此引发社会恐慌,甚至国家大乱;战略威慑型通信对抗装备与核武器一样,主要以本土作战为主,即不用出动一兵一卒就能对敌实施全球攻击;战略威慑型通信对抗装备由于其破坏性大,除非万不得已,否则是不会贸然使用的,主要起威慑作用,是一种非对称手段。

(8) 从大功率压制式向分布灵巧式转变。以往的通信对抗装备主要是从如何提高单项装备的作战能力来加以设计的,以注重个体能力为主,较少考虑群体协同和综合能力的有效发挥。随着现代军事通信抗干扰性能的不断增强,通信对抗装备的干扰功率急剧加大,由此面临装备组成复杂、战术使用困难、抗反辐射能力差等问题。以智能化、网络化、抵近式的分布式灵巧干扰技术是未来重要的发展方向。构建类似“狼群”“蜂群”“蚁群”的分布式对抗网络,组成网络的各个节点具有信号侦察、分析、干扰能力,通过各节点之间的协同侦察、协同定位、协同干扰,共同实现对目标的侦察干扰。

(9) 从装备功能的单一化向装备能力的综合一体化、可重构转变。传统上,电子战系统的研制或者技术开发与理论研究,都是按照雷达对抗、通信对抗、敌我识别对抗等不同的专业来划分的,根据不同的专业领域、不同的目标研制相应的对抗装备。这种按专业来划分的电子战发展模式,在一定时期虽然能够较快地促进各个专用领域的技术发展,但也同时带来电子战系统组成复杂成本高的问题、通信/雷达/光电信息的实时融合问题等。特别是随着微电子技术的发展,通信/雷达信号的射频特征和技术体制已不断相互渗透，工作频段也相互覆盖，仅从外部特征已很难区分是通信信号还是雷达信号，采用目前的常规处理方法已无法识别是哪一种信号，更谈不上对它进行后续处理了。随着未来战场电磁环境的复杂化以及各种新体制通信/雷达信号的不断涌现，目前这种分领域、按专业来分析处理战场电磁信号的传统模式是难以适应这样一种发展需要的。所以，电子战系统的综合一体化设计是必然的发展趋势，是电子战所面临的重大技术挑战。

参考文献

[1] 赵知劲，郑仕链，尚俊娜．认知无线电技术[M]．2 版．北京：科学出版社，2013.

[2] HAYKIN S. On cognitive dynamic system: cognitive neuroscience and engineering learning from each other[J]. Proceedings of the IEEE, 2014, 102(4): 608 – 628.

[3] PAGE L. Broad agency announcement 09 – 65: Precision electronic warfare (PREW) [R]. Strategic Technology Office Darpa, 24 August, 2009.

[4] 杨小牛．通信电子战——信息化战争的战场网络杀手[M]．北京：电子工业出版社，2011.

[5] CLARK B, GUNZINGER M. Winning the airwaves: sustaining america's advantage in the electromagnetic spectrum[R]. The Center for Strategic and Budgetary Assessments (CSBA), 2015.

[6] 吕跃广，刘阳．对电磁频谱战的认识与思考[J]．外军信息战，2016，3(162)：2 – 7.

[7] LANZAGORTA M．水下通信[M]．付天晖，周媛媛，等译．北京：电子工业出版社，2014.

[8] 何萍，阳明，马悦．全球海战机器人[M]．北京：解放军出版社，2012.

[9] 通信对抗编写组．电子战技术与应用——通信对抗篇[M]．北京：电子工业出版社，2005.

缩 略 语

2ASK	Binary Amplitude Shift Keying	二进制幅移键控
8PSK	8 – phase Shift Keying	八相相移键控
ABF	Analog Beamforming	模拟波束形成
ACA	Area Coverage Antenna	扩展窄波束天线
ACARS	Aircraft Communication Addressing and Reporting System	飞机通信寻址与报告系统
ACELP	Algebraic Code Excited Linear Prediction	代数码本激励线性预测
ACK	Acknowledgement	应答
ACLS	Automatic Carrier Landing System	航空母舰自动着舰系统
ACR	Area Coverage Receive	区域覆盖接收
ACX	Area Coverage Transmit	区域覆盖发射
ADC	Analog to Digital Converter	模数转换器
ADPCM	Adaptive Differential Pulse Code Modulation	差分脉冲编码调制
AEHF	Advanced Extremely High Frequency	先进极高频
AFSCN	Air Force Satellite Control Network	空军卫星控制网
AIC	Air Intercept Control	空中拦截控制
AIS	Automatic Identification System	船舶自动识别系统
AM	Amplitude Modulation	调幅
AMF	Airborne and Maritime/Fixed	机载、海上/固定
ANSI	American National Standards Institute	美国国家标准学会
AOA	Angle of Arrival	到达角
APP0	Application	应用数据块
AR	Axial Ratio	轴比
ARP	Address Resolution Protocol	地址解析协议
ARQ	Automatic Repeat Request	自动重复请求
ASCII	American Standard Code for Information Interchange	美国标准信息交换码
ASK	Amplitude Shift Keying	幅移键控
ASN. 1	Abstract Syntax Notation One	抽象语法标记
ASW	Anti – submarine Warfare	反潜战
ATC	Air Traffic Control	空中交通管制
AWACS	Airborne Warning and Control System	机载预警与控制系统

B2U	Base to User	基站到用户
BAA	Broad Agency Announcement	跨机构公告
BALUN	Balance – unbalance	平衡－不平衡变换器
	Based on Frequency Domain Modeling	子空间谱估计(法)
BCH	Bose Chaudhuri – Hocquenghem(Codes)	博斯－乔赫里－霍克文黑姆(码)
BER	Basic Encoding Rules	基本编码规则
BF	Brute Force	蛮力搜索
BFSK	Binary Frequency Shift Keying	二进制频移键控
BJT	Bipolar Junction Transistor	双极结型晶体管
BM	Boyer – Moore	博伊尔－摩尔
	Berlekamp – Massey	伯利坎普－梅西
BPSK	Binary Phase Shift Keying	二进制相移键控
BRP	Bordercast Resolution Protocol	边界传播分解协议
BTMA	Busy – Tone Multiple Access	忙音多址访问
BWT	Time – bandwidth Product	时间带宽积
C^2JU	Command and Control JTIDS/MIDS Unit	指挥控制 JTIDS/MIDS 单元
C^2P	Command and Control Processor	指挥与控制处理器
C^3I	Command, Control, Communication and Intelligence	指挥、控制、通信和情报
C^4I	Command, Control, Communication, Computer, Intelligence	指挥、控制、通信、计算机、情报
C^4ISR	Command, Control, Communication, Computer Intelligence, Surveillance, Reconnaissance	指挥、控制、通信、计算机、情报、监视、侦察
C&D	Command and Decision	指挥与决策
CAINS	Carrier Aircraft Inertial Navigation System	航空母舰飞机惯性导航系统
CBF	Conventional Beamformer	常规波束形成
CCITT	Consultative Committee for International Telegraph and Telephone	国际电报电话咨询委员会
CCS	Cyber Control System	赛博控制系统
CCS – C	Command and Control System – Consolidated	一体化指挥控制系统
CCSA	Continuous Current Sheet Array	连续电流片阵列
CCSDS	Consultative Committee for Space Data Systems	国际空间数据系统咨询委员会
CCSK	Cyclic Code Shift Keying	循环移位键控
CDL/TCDL	Common Data Link/Tactical Common Data Link	公共数据链/战术公共数据链
CDMA	Code Division Multiple Access	码分多址
CDP	Cisco Discovery Protocol	思科发现协议
CDTS	Control Station Data Terminal Set	控制站数据终端设备

CELP	Code Excited Linear Prediction	码激励线性预测
CEP	Circle Error Probability	圆概率误差
CER	Canonical Encoding Rules	规范编码规则
CEW	Communication Electronic Warfare	通信电子战
CG	Cruiser Guided Missile	导弹巡洋舰
CIC	Cascade Integrator Comb(Filter)	级联积分梳状(滤波器)
CLEW	Conventional Link Eleven Waveform	常规 Link 11 波形
CMA	Constant – Modulus Algorithm	恒模算法
COMSEC	Communication Security	通信安全
CPFSK	Continuous Phase Frequency Shift Keying	连续相位频移键控
CPM	Continuous Phase Modulation	连续相位调制
CPU	Central Processing Unit	中央处理器
CRC	Control and Reporting Center	控制报告中心
	Cyclic Redundancy Check(Codes)	循环冗余校验(码)
CRE	Control and Reporting Element	控制报告单元
CS – ACELP	Conjugate Structure Algebraic Code Excited Linear Prediction	共轭结构—代数码本激励线性预测
CSMA/CA	Carrier – Sense Multiple Access with Collision Avoidance	载波侦听多址访问与碰撞回避
CTS	Clear to Send	允许发送
CV	Carrier Vessels	航空母舰
	Cryptovariable	密码参数
CVLL	Cryptovariable Logical Label	加密参数逻辑符
CVM	Characteristic Vector Method	特征矢量法
CW	Continuous Wave	连续波
CyCM	Cyber content management	赛博内容管理
CyD	Cyber defense	赛博防御
CyEM	Cyber enterprise management	赛博企业管理
DA	Data Aided	数据辅助
DAC	Digital to Analog Converter	数字模拟转换器
DARPA	Defense Advanced Research Projects Agency	(美国)国防高级研究计划局
DBF	Digital Beamforming	数字波束形成
DCO	Offensive Cyberspace Operations	防御性赛博作战
DCF	Distributed Coordination Function	分布式协调功能
DDC	Digital Down Conversion	数字下变频器
DDG	Guided Missile Destroyer	导弹驱逐舰
DDoS	Distributed Denial of Service	分布式拒绝服务
DDS	Direct Digital Synthesis	直接数字频率合成

DEMOD	Demodulator	解调器
DER	Distinguished Encoding Rules	唯一编码规则
DFE	Decision Feedback Equalizer	判决反馈均衡器
DHT	Define Huffman Table	Huffman 表
DIFS	Distributed Coordination Function Inter – Frame Space	分布式协调功能帧间隔
DIMA	DARPA Interference Multiple Access	DARPA 干扰多址
DISA	Defense Information System Agency	国防信息系统局
DISN	Defense Information System Network	国防信息系统网
DPSK	Differential Phase Shift Keying	差分相移键控
DQPSK	Differential Quadrature Phase Shift Keying	差分四相相移键控
DQT	Define Quantization Table	量化表
DR	Dynamic Range	动态范围
DS	Direct Sequence	直接序列(扩频)
	Data Sending	数据发送
DSB	Double Side Band	双边带
DSB – SC	Double Side Band – Suppressed Carrier	双边带抑制载波信号
DSCS	Defense Satellite Communication System	国防卫星通信系统
DSP	Digital Signal Processor	数字信号处理器
DSR	Dynamic Source Routing	动态源路由协议
DTS	Data Terminal Set	数据终端机
EC	Earth Coverage	对地覆盖波束
ECN	Encoding Control notation	编码控制记法
EIRP	Equivalent Isotropic Radiated Power	等效各向同性辐射功率
ENOB	Effective Number of Bit	有效转换位数
EOI	End of Image	图像结束
EOL	End of List	列表结束
ERP	Effective Radiated Power	等效辐射功率
ESPRIT	Estimating Signal Parameters via Rotational Invariance Techniques	旋转不变子空间算法
ETSI	European Telecommunications Standards Institute	欧洲电信标准化协会
EW	Electronic Warfare	电子战
FAMA	Floor Acquisition Multiple Access	地面捕获多址接入
FCS	Frame Check Sequence	帧校验序列
FDDI	Fiber Distributed Data Interface	光纤分布式数据接口
FDM	Frequency Division Multiplex	频分多路
	Frequency Dependent Modeling	频率变化模型
FDMA	Frequency Division Multiple Access	频分多址
FDOA	Frequency Difference of Arrival	到达频率差

FEC	Forward Error Correction	前向纠错
FFG	Guided Missile Frigate	导弹护卫舰
FFT	Fast Fourier Transform	快速傅里叶变换
FH	Frequency Hopping	跳频
FIFO	First Input First Output	先进先出
FIR	Finite Impulse Response	有限冲击响应
FM	Frequency Modulation	调频
FPGA	Field Programmable Gate Array	现场可编程门阵列
FSK	Frequency Shift Keying	频移键控
FSS	Frequency Selective Surface	频率选择性表面
FTP	File Transfer Protocol	文件传输协议
Gl	Group – 1	一类传真
G2	Group – 2	二类传真
G3	Group – 3	三类传真
G4	Group – 4	四类传真
GBS	Global Broadcast Service	全球广播服务
GCBS	Ground Controlled Bombing System	地面控制轰炸系统
GDOP	Geometric Dilution of Precision	几何精度因子
GEO	Geosynchronous Earth Orbit	地球静止轨道
GIG	Global Information Grid	全球信息栅格
GMSK	Gaussian Filtered Minimum Shift Keying	高斯滤波最小频移键控
GPS	Global Position System	全球定位系统
HBF	Half Band Filter	半带滤波器
HF	High Frequency	高频
HIMAD	High – to – Medium – Altitude air defense	中高空防御
HTTP	Hypertext Transfer Protocol	超文本传输协议
IARP	Intrazone Routing Protocol	区内路由协议
ICA	Independent Component Analysis	独立分量分析
ID	Identification	标识符
IEC	International Electrotechnical Commission	国际电工委员会
IEEE	Institute of Electrical and Electronics Engineers	电气和电子工程师协会
IERP	Interzone Routing Protocol	区间路由协议
IETF	Internet Engineering Task Force	互联网工程任务组
IF	Intermediate Frequency	中频
IFF	Identification Friend or Foe	敌我识别
IGRP	Interior Gateway Routing Protocol	内部网关路由协议
IMS	IP Multimedia Subsystem	IP 多媒体子系统
IO	Information Operations	信息战

IP	Intercept Point	截点值
	Internet Protocol	网际协议
ISB	Independent Side Band	独立边带
ISI	Inter – Symbol Interference	码间干扰
ISL	Inter – Switch Link	交换链路内协议
ISO	International Organization for Standardization	国际标准化组织
ISOP	Interpolated Second – Order Polynomials	内插二阶多项式
ISR	Intelligence surveillance and reconnaissance	情报监视侦察
ITU	International Telecommunication Union	国际电信联盟
ITU – R	ITU – Radiocommunications sector	无线电通信部门
ITU – T	ITU – Telecommunication sector	国际电信联盟通信标准化组织
JBIG	Joint Bi – level Image Experts Group	联合二值图像专家组
JPEG	Joint Photographic Experts Group	联合图像专家组
JPEO	Joint Program Executive Office	联合计划执行办公室
JTAGS	Joint Tactical Ground Station	联合战术地面站
JTIDS	Joint Tactical Information Distribution System	联合战术信息分发系统
JTRS	Joint Tactical Radio System	联合战术无线电系统
JU	JTIDS Unit	JTIDS 单元
KED	Knife – Edge Diffraction	刃峰绕射
KMP	Knuth – Morria – Pratt	克努特 – 莫里斯 – 普拉特
LCC	Amphibious Command and Control	两栖指挥控制舰
LDAP	Lightweight Directory Access Protocol	简单目录访问服务
LDR	Low Data Rate	低数据速率
LEO	Low Earth Orbit	低轨道
LFSR	Linear Feedback Shift Register	线性反馈移位寄存器
LHA	Amphibious Assault Ship(Helicopter)	两栖通用攻击舰(直升机)
LHD	Amphibious Assault Ship(multipurpose)	两栖通用攻击舰(多用途)
LINC	Linear Amplification with Nonlinear Components	使用非线性分量的线性放大
LLC	Logical Link Control	逻辑链路控制
LMS	Least Mean Square	最小均方
LNA	Low Noise Amplifier	低噪声放大器
LO	Local Oscillation	本振
LOS	Line of Sight	视距
LPC	Linear Predictive Coding	线性预测编码
LPDA	Log Periodic Antennas	对数周期天线
LPF	Low Pass Filter	低通滤波器
LS	Least Squares Method	最小二乘法

LSB	Lower Side Band	下边带
LZ	Lempel – Ziv	伦佩尔 – 西弗
LZW	Lempel – Ziv – Welch	伦佩尔 – 西弗 – 韦尔奇
M – JPEG	Motion – Joint Photographic Experts Group	运动联合图像专家组
MAC	Media Access Control	介质访问控制
MACA	Multiple Access with Collision Avoidance	碰撞回避的多址访问
MASK	M – ary amplitude shift keying	M 进制幅移键控
MCM	Mine Countermeasures Missions	水雷对抗任务
	Monitor Control Message	监视控制报文
MCT	MUOS Compatible Terminal	MUOS 兼容终端
MDL	Minimum description length	最小描述长度
MDR	Medium Data Rate	中数据速率
MDS	Minimum Detectable Signal	最小可检测电平
MELP	Mixed Excitation Linear Prediction	混合激励线性预测
MELPe	Mixed Excitation Linear Prediction enhanced	增强型混合激励线性预测
MEO	Medium Earth Orbit	中轨道
MFSK	M – ary Frequency Shift Keying	*M* 进制频移键控
MH	Modified Huffman	改进霍夫曼
MIDS	Multifunction Information Distribution System	多功能信息分发系统
ML	Maximum Likelihood	最大似然
MLSE	Maximum Likelihood Sequence Estimation	最大似然序列估计
MMR	Modified Modified Read	改进 MR 码
MMSE	Minimum Mean Squared Error	最小均方误差
MOSFET	Metal Oxide Semiconductor Field Effect Transistor	金属氧化物半导体场效应晶体管
MPEG	Motion Picture Experts Group	运动图像专家组
MPMLQ	Multipulse Maximum Likelihood Quantization	多脉冲最大似然量化
MR	Modified Read(Code)	改进的像素相对地址指定(码)
MSEC	Message Security	报文加密
MSK	Minimum Shift Keying	最小频移键控
MSPS	Million Samples per Second	每秒百万次采样
MTBF	Mean Time Between Failure	平均无故障工作时间
MTTR	Mean Time to Repair	平均修复时间
MUD	Multi – user Detection	多用户检测
MUF	Maximum Usable Frequency	最大可用频率
MUOS	Mobile User Objective System	移动用户目标系统
MUSIC	Multiple Signal Classification	多重信号分类
MVDR	Minimum Variance Distortionless Response	最小方差无失真响应

NAV	Network Allocation Vector	网络分配矢量
NCA	Narrow Coverage Antenna	窄波束天线
NCO	Numerically Controlled Oscillator	数字控制振荡器
NCS	Network Control Site	网控站
NF	Noise Figure	噪声系数
NIFC	Naval Integrated Fire Control	海军一体化火控
NIST	National Institute of Standards and Technology	美国国家标准技术研究所
NPG	Network Participation Groups	网络参与组
NTDR	Near Term Digital Radio	近期数字电台
NTR	Network Time Reference	网络时钟参考
OCO	Offensive Cyberspace Operations	进攻性赛博作战
OID	Object Identifier	对象标识符
OQPSK	Offset Quadrature Phase Shift Keying	偏移四相相移键控
OSI	Open System Interconnection	开放式系统互联
OSPF	Open Shortest Path First	开放式最短路径优先
P2DP	Packed -2 Double Pulse	两倍压缩双脉冲
P2SP	Packed -2 Single Pulse	两倍压缩单脉冲
P4SP	Packed -4 Single Pulse	四倍压缩单脉冲
PCM	Pulse Code Modulation	脉冲编码调制
PCMA	Paired Carrier Multiple Access	成对载波多址
PDF	Probability Densinity Function	概率密度函数
PDU	Protocol Data Unit	协议数据单元
PER	Packed Encoding Rules	压缩编码规则
PLL	Phase Locked Loop	锁相环
PNG	Portable Network Graphics	便携式网络图形
POP3	Post Office Protocol 3	邮局协议 - 版本 3
PPLI	Precise Participant Location Identifications	精确参与定位与识别
PREW	Precision Electronic Warfare	精确电子战
PSK	Phase Shift Keying	相移键控
PSTN	Public Switched Telephone Network	公共交换电话网
PTP	Point to Point	点到点
PTT	Push to Talk	随按即说/一键通
PU	Participation Unit	参与单元
QAM	Quadrature Amplitude Modulation	正交幅度调制
QoS	Quality of Service	服务质量
QPSK	Quadrature Phase Shift Keying	四相相移键控
RADIC	Rapidly Deployable Integrated Command and Control	快速可部署的综合指挥和控制

RAF	Radio Access Facilities	无线接入设备
RAOC	Region Air Operations Center	空军区域空中作战中心
RAR	Roshal ARchive	罗谢尔的归档
RC	Raised Cosine	升余弦
REC	Rectangular	矩形
RF	Radio Frequency	射频
RFC	Request For Comments	请求说明
RIP	Routing Information Protocol	路由信息协议
RLS	Recursive Least Squares	递推最小二乘
RMS	Root Mean Square	均方根
RPE – LTP – LPC	Regular Pulse Excited – Long Term Prediction – Linear Predictive Coding	规则脉冲激励 – 长时预测 – 线性预测编码
RRN	Recurrence Rate Number	重复率值
RS	Reed – Solomon Codes	里德 – 所罗门码
RTS	Request to Send	请求发送
RTT	Round – Trip Timing	往返计时
Rx	Receive	接收
SA	Successive Approximation	逐次比较
SAGE	Semi – Automatic Ground Environment	半自动地面防空系统
SAM	Surface – to – Air Missile	地空导弹
SAOC	Sector Air Operations Center	防区空中作战中心
SAR	Successive Approximation Register	逐次比较寄存器
SAW	Surface Acoustic Wave	声表面波
SB – ADPCM	SubBand – Adaptive Differential Pulse Code Modulation	子带 – 自适应差分脉冲编码
SCMBF	Single Channel Multi – beamforming	单信道多波束形成(器)
SDMA	Spatial Division Multiple Access	空分多址
SDU	Secure Data Unit	保密数据单元
SF	Switching Facilities	转换装置
SFDR	Spurious Free Dynamic Range	无杂散动态范围
SGS	Shipboard Gridlock System	舰载栅格锁定系统
SHA	Sample – and Hold Amplifier	采样保持放大器
SHR	Superheterodyne Receiver	超外差接收机
SIFS	Short Inter – Frame Space	短帧间隔
SINAD	Signal to Noise and Distortion Ratio	信纳比
SIRCIM	Simulation of Indoor Radio Channel Impulse – Response Models	室内无线信道冲激响应仿真模型
SLEP	Service Life Enhancement Plan	业务寿命增强计划
SLEW	Single tone Link – 11 Waveform	单音 Link 11 波形

SMTP	Simple Mail Transfer Protocol	简单邮件传输协议
SNMP	Simple Network Management Protocol	简单网络管理协议
SNR	Signal to Noise Ratio	信噪比
SOF	Start of Frame	帧开始
SOI	Start of Image	图像开始
SOS	Start of Scan	扫描开始
SSB	Single Side Band	单边带
SSEFD	Wide Band Signal Subspace Spatial Spectrum Estimation	宽带信号子空间谱估计
SSN	Nuclear Powered Attack Submarine	核动力潜艇
SSSB	Ship Shore Ship Buffer	舰－岸－舰缓冲站
STD－DP	Standard Double Pluse	标准双脉冲
STFT	Short Time Fourier Transform	短时傅里叶变换
STN	Source Track Number	源航迹号
STO	Strategic Technology Office	战略技术办公室
SVD	Singular Value Decomposition	奇异值分解
TACC	Tactical Air Control Center	战术空中控制中心
TADIL	Tactical Digital Information Link	战术数字信息链
TAOC	Tactical Air Operation Center	战术空中作战中心
TCP	Transmission Control Protocol	传输控制协议
TCP/IP	Transmission Control Protocol/Internet Protocol	传输控制协议/网际协议
TDMA	Time Division Multiple Access	时分多址
TDOA	Time Difference of Arrival	到达时间差
TDS	Tactical Data System	战术数据系统
TE	Transverse Electric Field	横电场
Telnet	Telecommunications Network	远程登录
TEM	Transverse Electric and Magnetic Field	横电磁场
TFM	Tamed Frequency Modulation	平滑调频
TH	Time Hopping	跳时
THAAD	Theater High Altitude Area Defense	战区高空防御
THD	Total Harmonic Distortion	总谐波失真
TM	Transverse Magnetic Field	横磁场
TMD TOC	Theater Missile Defense Tactical Operations Center	战区导弹防御战术作战中心
TN	Track Number	航迹号
TOD	Time of Day	时间信息
TRANSEC	Transmission Security	传输安全
TSB	Time Slot Block	时隙块
TSEC	Transmission Security	传输加密
Tx	Transmit	发射

U2B	User to Base	用户到基站
UDP	User Datagram Protocol	用户数据报文协议
UFO	UHF Follow - on system	特高频后续卫星
UHF	Ultra High Frequency	特高频
USB	Upper Side Band	上边带
UUV	Unmanned Underwater Vehicle	无人水下航行器
UWB	Ultra Wideband	超宽带
VCO	Voltage Controlled Oscillator	压控振荡器
VHF - UHF	Very High Frequency - Ultra High Frequency	甚高频 - 特高频
VoIP	Voice over IP	网络语音电话
VSAT	Very Small Aperture Terminal	甚小口径终端
VSB	Vestigial Sideband	残留边带
VSELP	Vector Sum Excited Linear Prediction	矢量和激励线性预测(编码)
VSWR	Voltage Standing - Wave Ratio	电压驻波比
WCDMA	Wideband Code Division Multiple Access	宽带码分多址
WCS	Weapon Control Systems	武器控制系统
WGS	Wideband Global Satellite	宽带全球卫星(系统)
WIN - T	Warfighter Information Network Tactical	战术级作战人员信息网
WSF	Weighted Subspace Fitting	加权子空间拟合
XDR	Extended Data Rate	扩展数据速率
XER	XML Encoding Rules	XML 编码规则
π/4 - DQPSK	π/4 - Differential Quadrature Phase Shift Keying	π/4 差分四相相移键控
π/4 - QPSK	π/4 - Quadrature Phase Shift Keying	π/4 四相相移键控
Σ - Δ ADC	Sigma - Delta Analog to Digital Converter	总和增量模拟数字转换器

内 容 简 介

通信电子战是有效阻断或迟滞敌方通信系统有效信息传输、破击敌网络体系、取得战场制电磁频谱权的重要手段。本书首先介绍无线通信信号传播、信号的调制解调、天线等通信基础知识，然后就通信电子战系统任务与典型作战对象、通信电子战系统的各组成部分和关键技术进行了讨论，如通信信号接收和分析处理、协议和比特流分析、测向和定位、通信干扰信号的产生和发射等，最后介绍了未来通信电子战的技术发展趋势。

本书可作为从事电子对抗、通信侦察、频谱管理等领域研究的院校师生以及广大工程技术人员的重要参考资料。

Introduction

Communication Electronic Warfare is an important way to effectively block or delay the effective information transmission of enemy communication system, disrupt the enemy network system and acquire the electromagnetic dominance on battlefield. Wireless communication signal propagation, modulation and demodulation, antenna, signal receiving and transmitting are introduced first, followed by the discussion on the tasks the typical targets, the components and key technologies of the communication electronic warfare system, such as communication signal analysis and processing, protocol analysis, direction finding and emitter location, and the generation of communication jamming signals. Finally, the technological trend of future communication electronic warfare is discussed.

This book can be used as an important reference material for teachers, students and engineers in the fields of electronic countermeasures, communication reconnaissance and spectrum management.

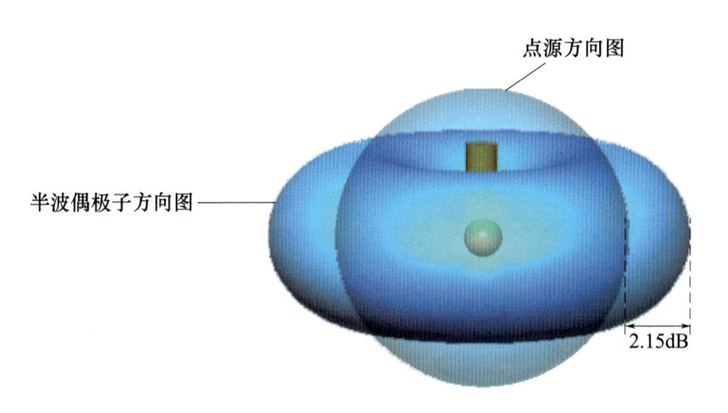

图 3.2　点源与半波振子的增益关系

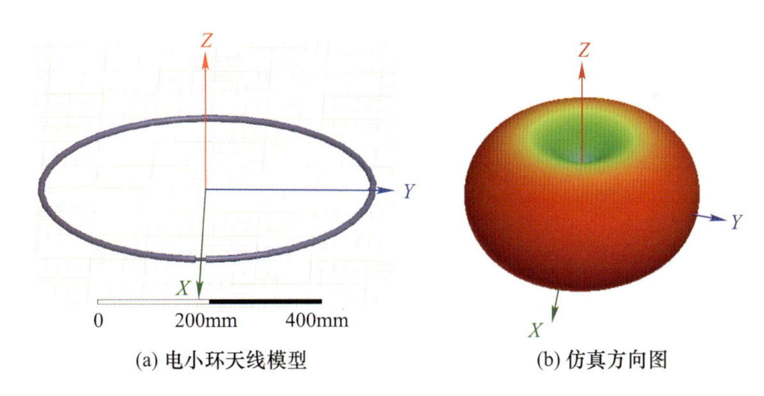

图 3.10　电小环天线的辐射特性

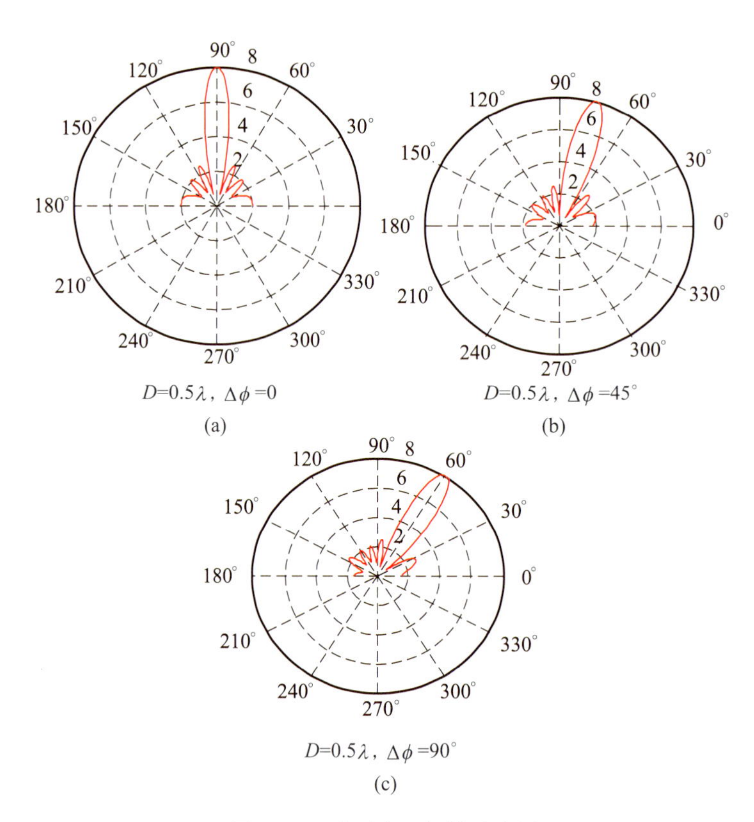

D=0.5λ，$\Delta\phi$=0

(a)

D=0.5λ，$\Delta\phi$=45°

(b)

D=0.5λ，$\Delta\phi$=90°

(c)

图 3. 34　阵列实现扫描示意图

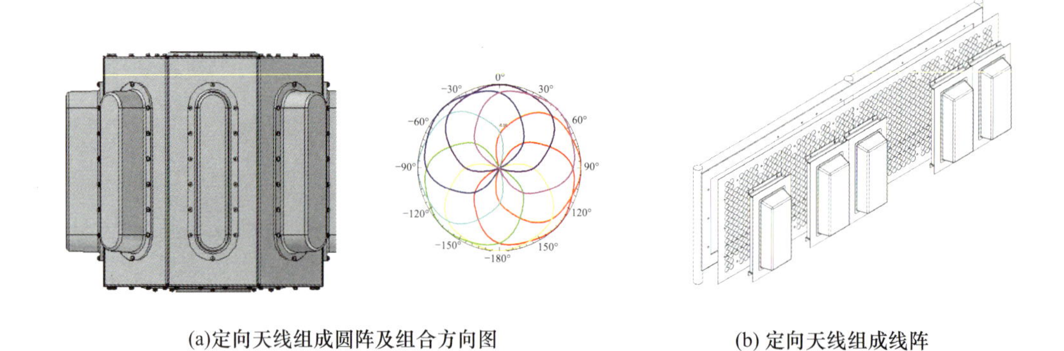

(a)定向天线组成圆阵及组合方向图

(b) 定向天线组成线阵

图 3. 36　定向天线圆阵和线阵结构示意图

(a) 超材料样机图

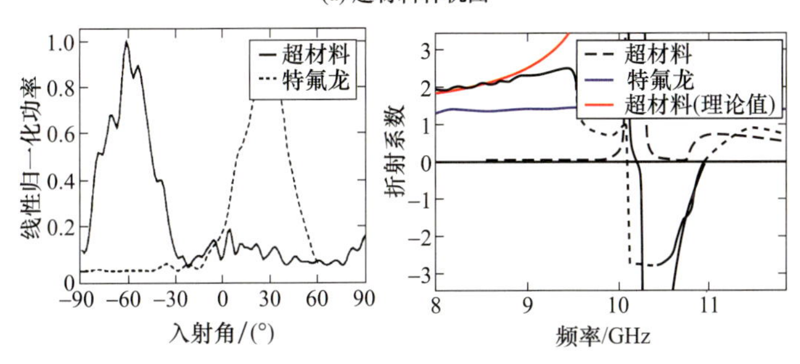

(b) 两种材料不同角度幅度测试图　　(c) 两种材料折射系数随频率变化图

图 3.39　超材料样品及负折射率的试验结果

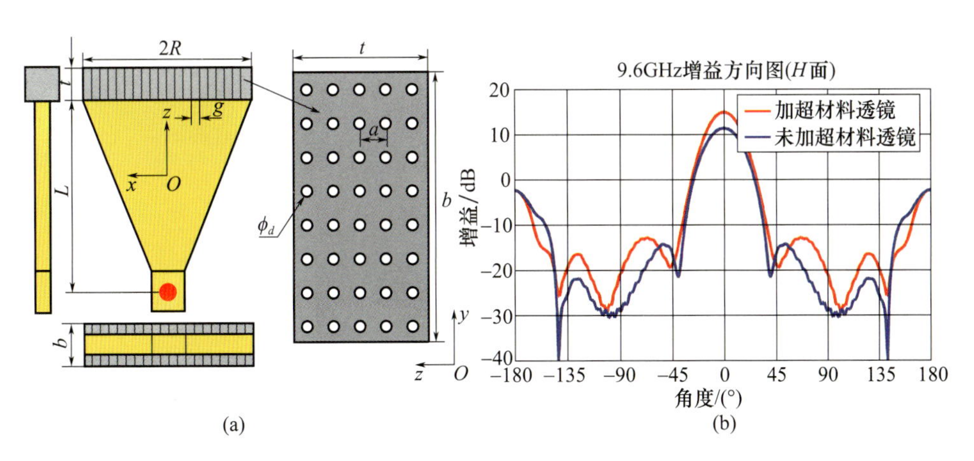

(a)　　(b)

图 3.41　加载透镜情况下喇叭天线增益曲线

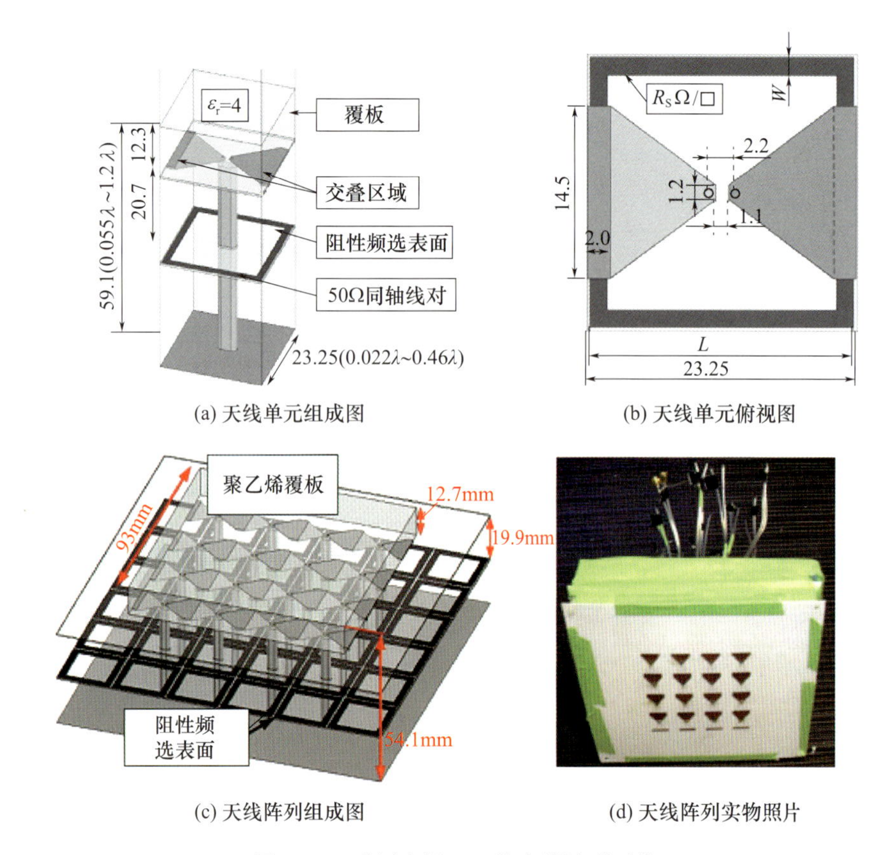

(a) 天线单元组成图

(b) 天线单元俯视图

(c) 天线阵列组成图

(d) 天线阵列实物照片

图 3.43　采用有耗 FSS 的宽带阵列天线

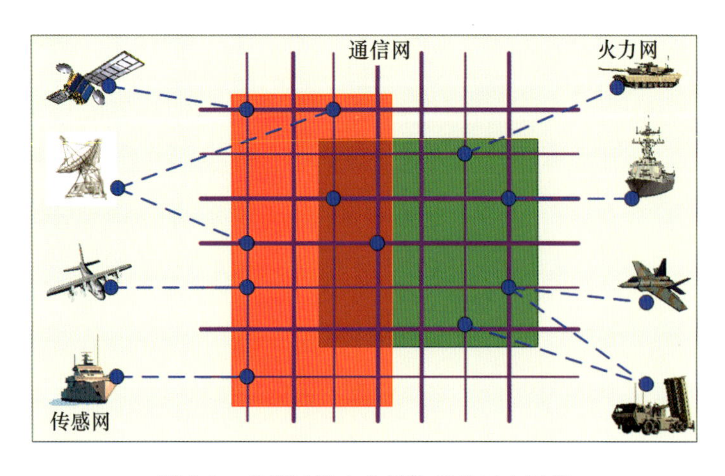

图 4.1　支撑网络中心战体系的三大网络

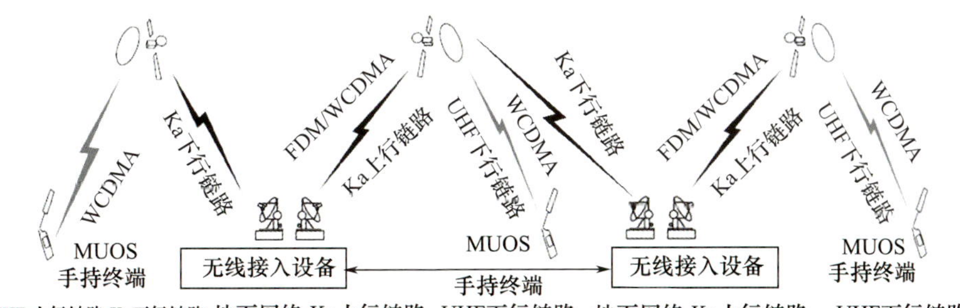

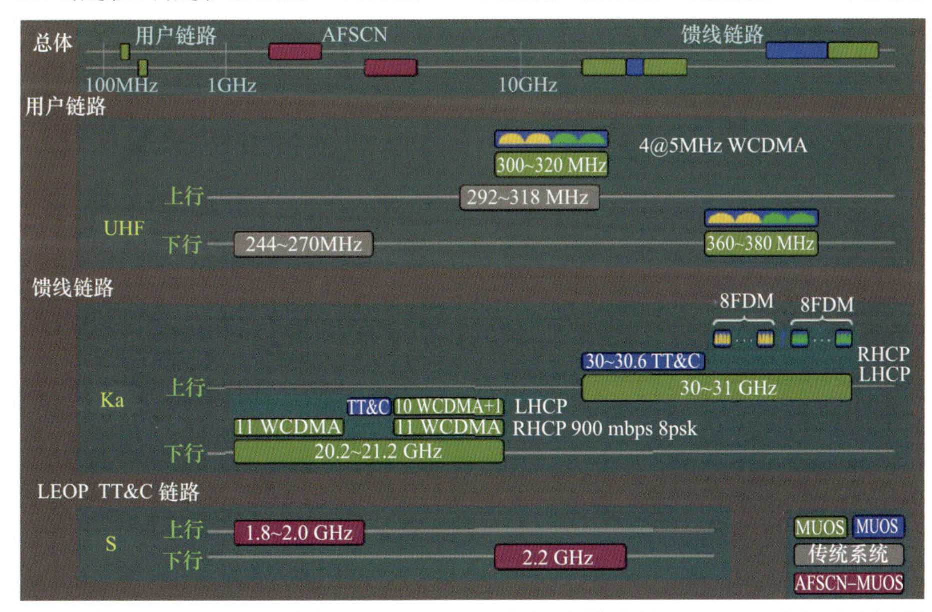

LHCP—左旋圆极化；RHCP—右旋圆极化；LEOP—发射和早期轨道阶段；TT&C—遥测、跟踪和遥控。

图 4.51　MUOS 系统的体系结构及频率分配

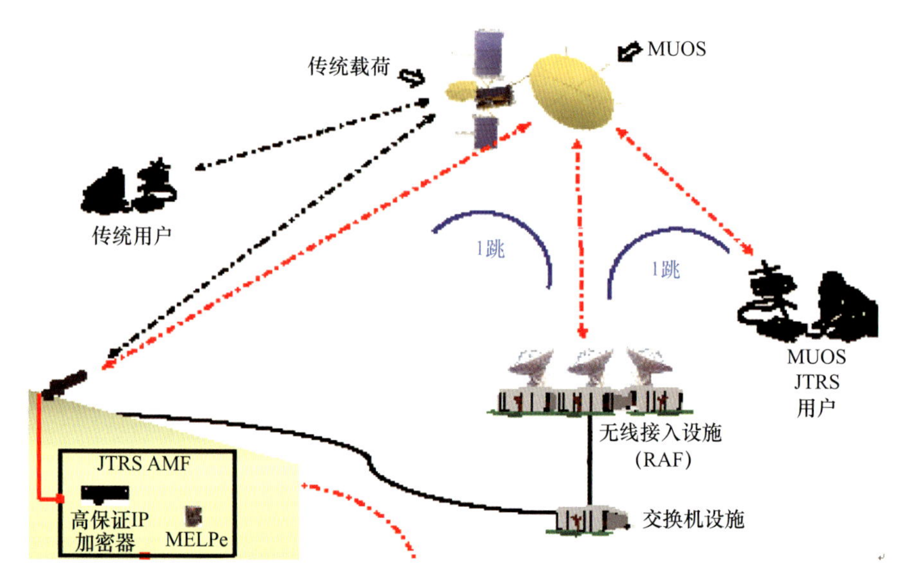

AMF—机载、海上/固定；MELPe—增强型混合激励线性预测。

图 4.55 MUOS 支持新用户和传统用户终端的混合使用

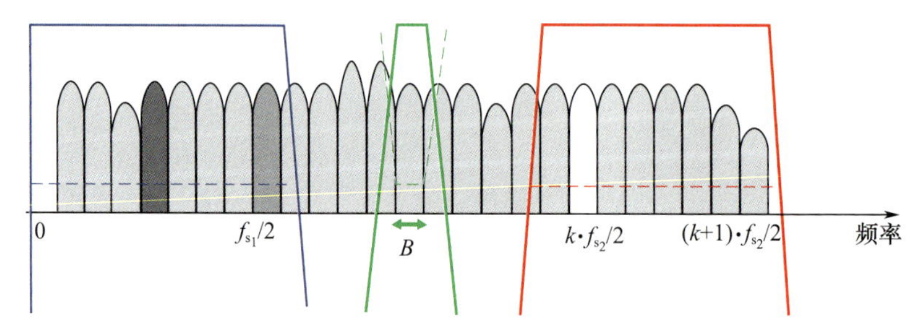

注：自左到右的实线，分别表示低通Nyquist速率ADC、带通Nyquist 速率ADC、带通Σ–Δ滤波ADC；虚线表示噪声基底。

图 5.13 射频直接采样信号与噪声基底

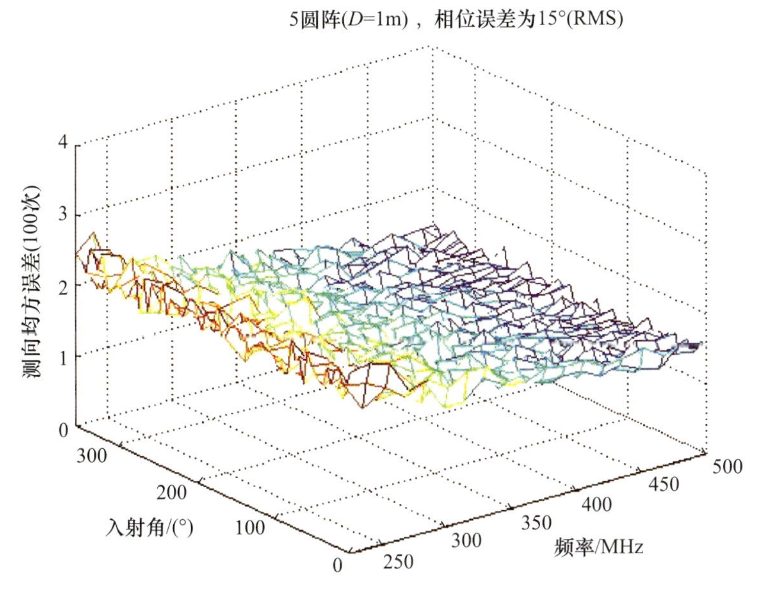

图 9.10　圆阵测向精度三维示意图

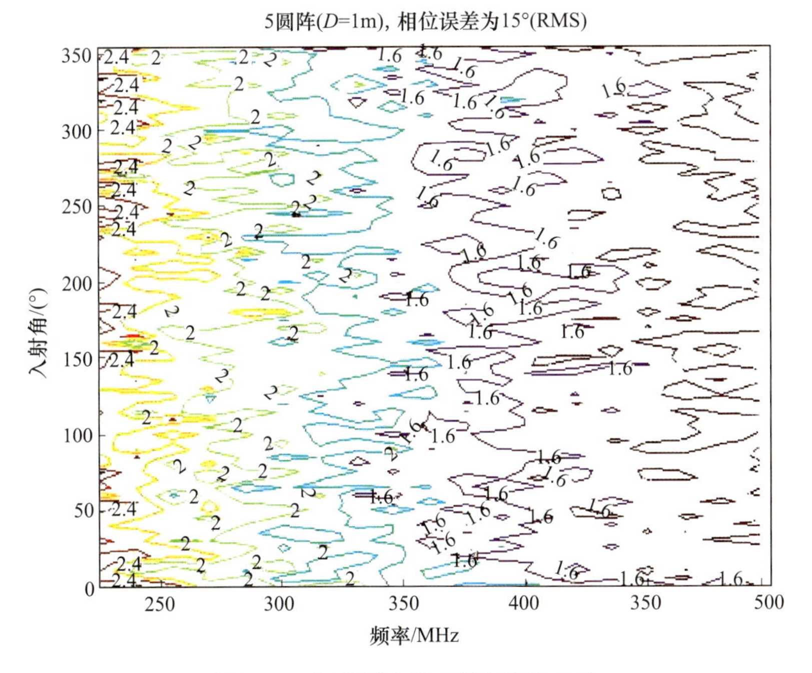

图 9.11　圆阵测向精度等高线示意图

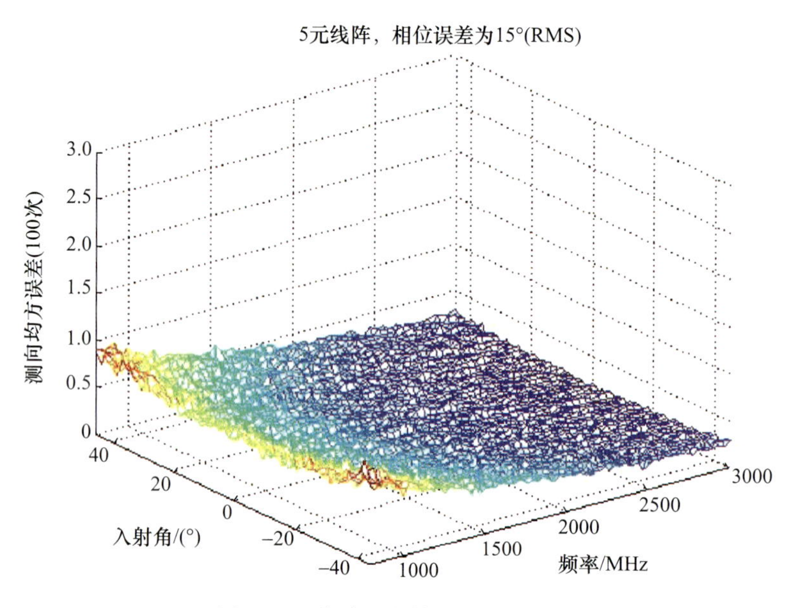

图 9.13　线阵测向精度三维示意图

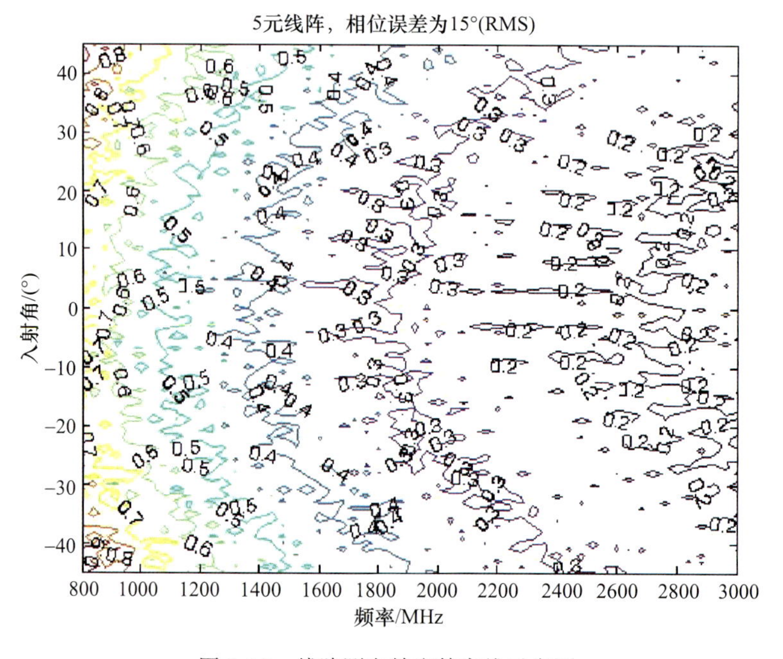

图 9.14　线阵测向精度等高线示意图

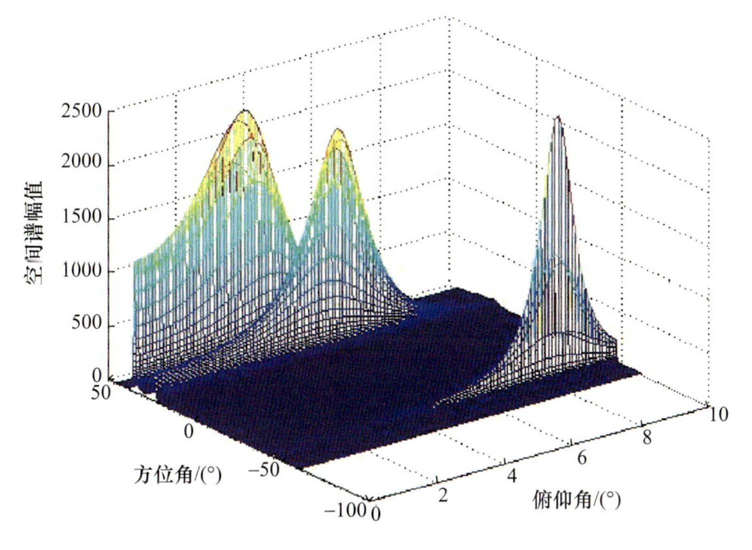

图 9.25　圆阵对 3 个信号的 MUSIC 估计三维视图

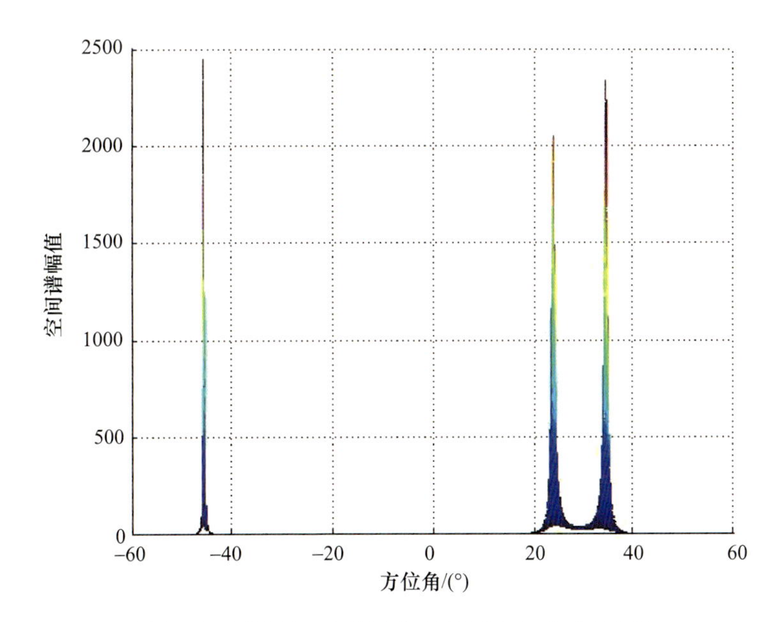

图 9.26　圆阵对 3 个信号的 MUSIC 估计方位角视图

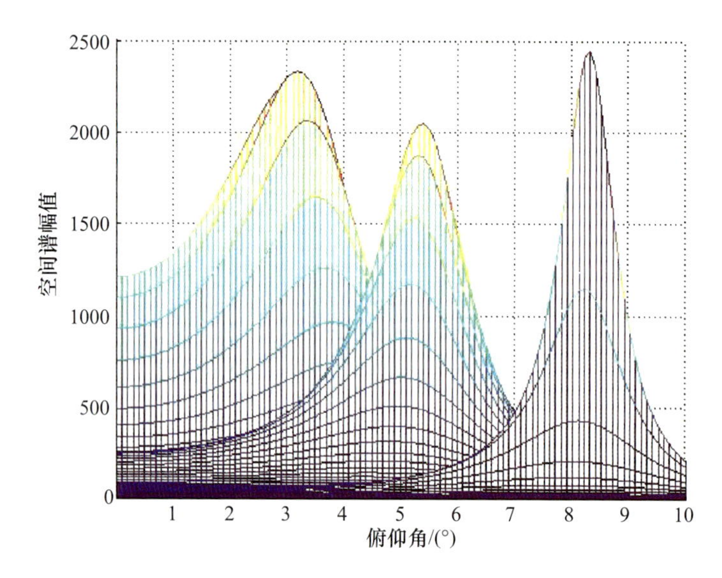

图 9.27　圆阵对 3 个信号的 MUSIC 估计俯仰角视图

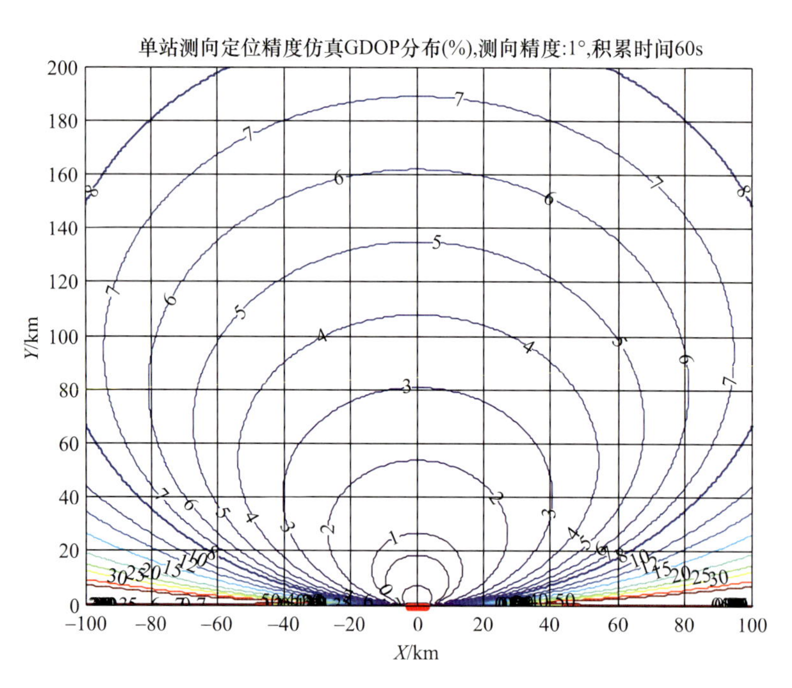

图 9.30　单站测向定位精度分布

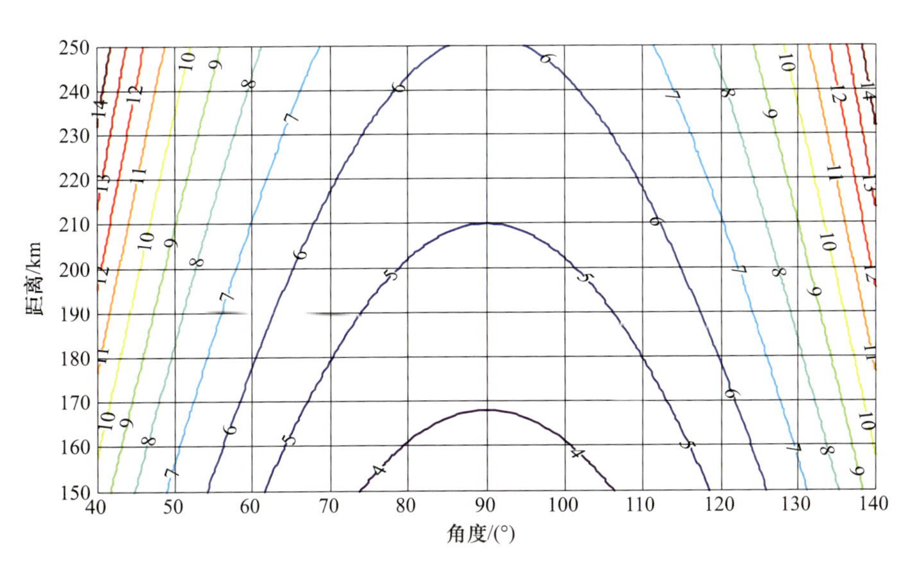

图 9.34　测相位差变化率测距离相对误差图

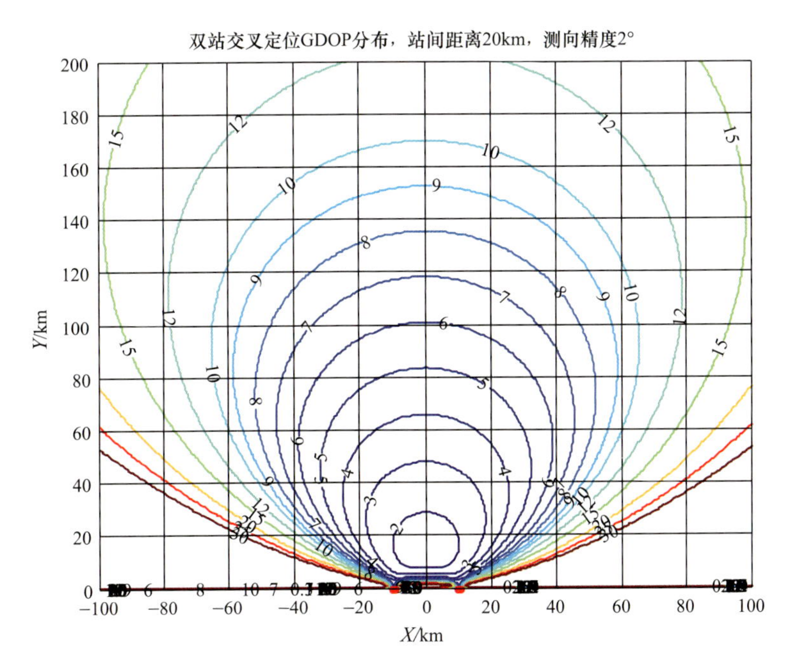

图 9.38　测向交叉定位仿真结果

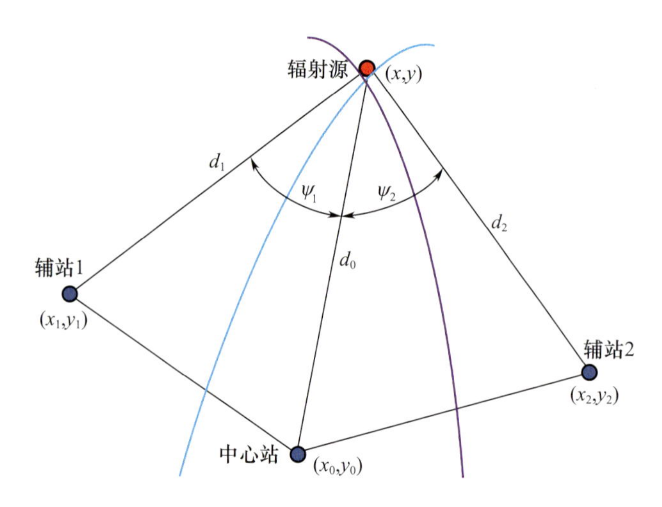

图 9.40　时差定位原理

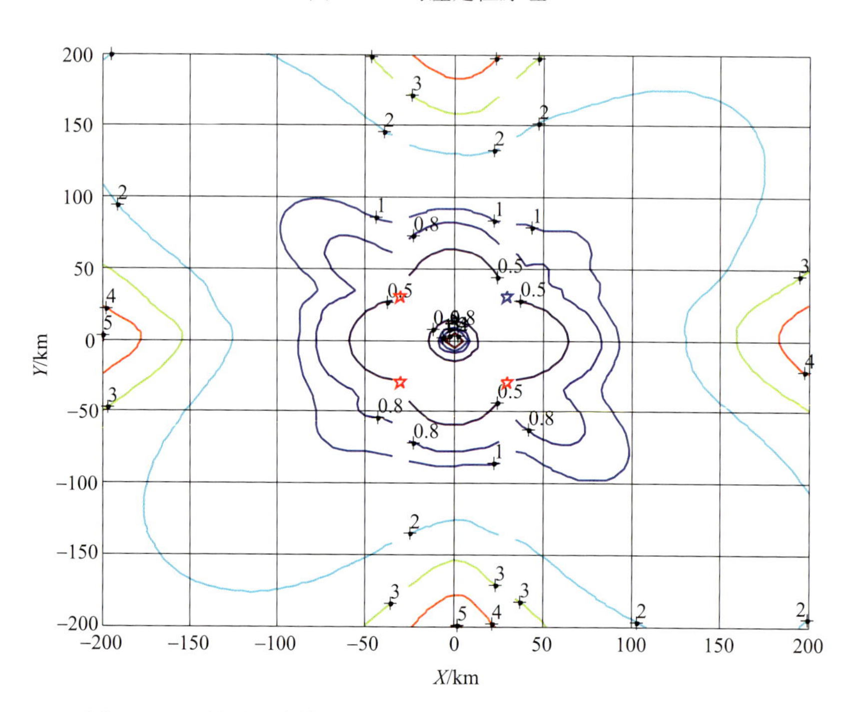

图 9.43　四站时差定位 GDOP 分布(站间距 30km,四站正方形部署)

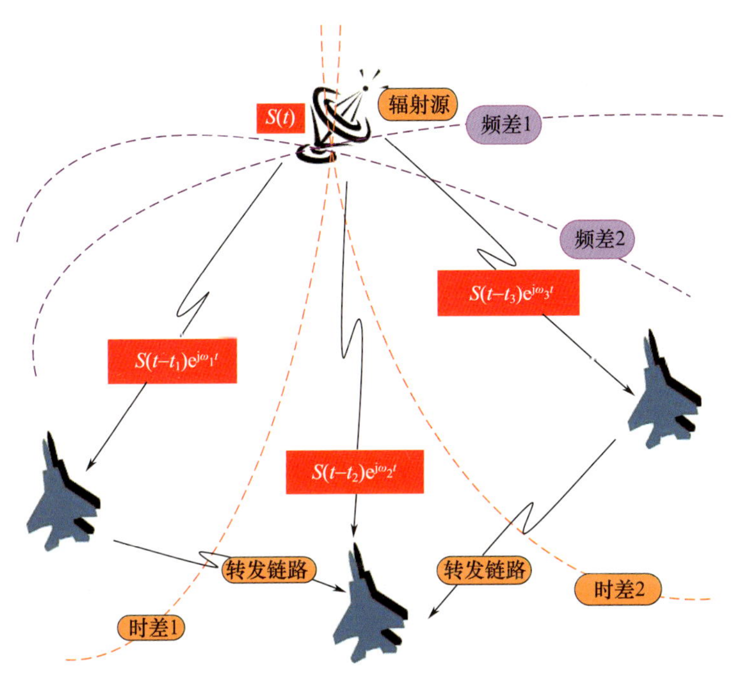

图 9.46　时差频差联合定位示意图

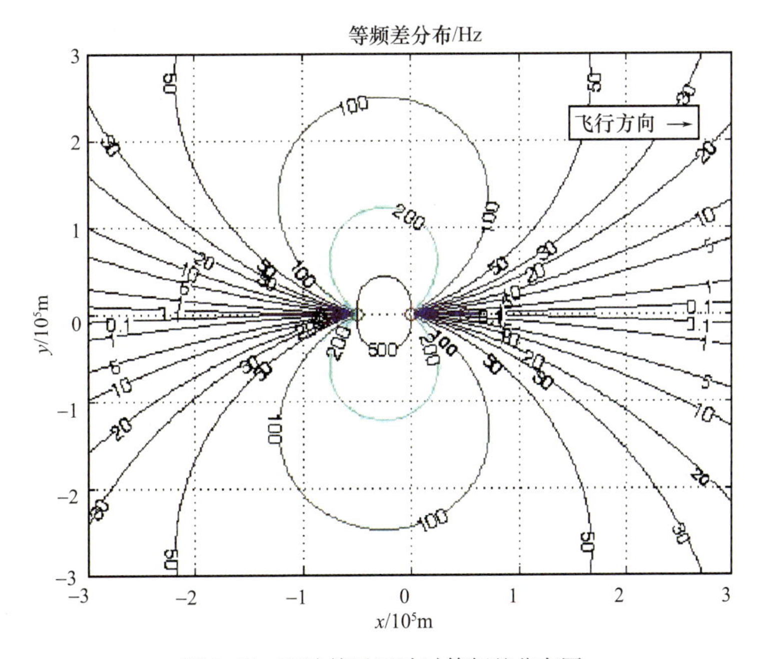

图 9.47　双站前后运动时等频差分布图

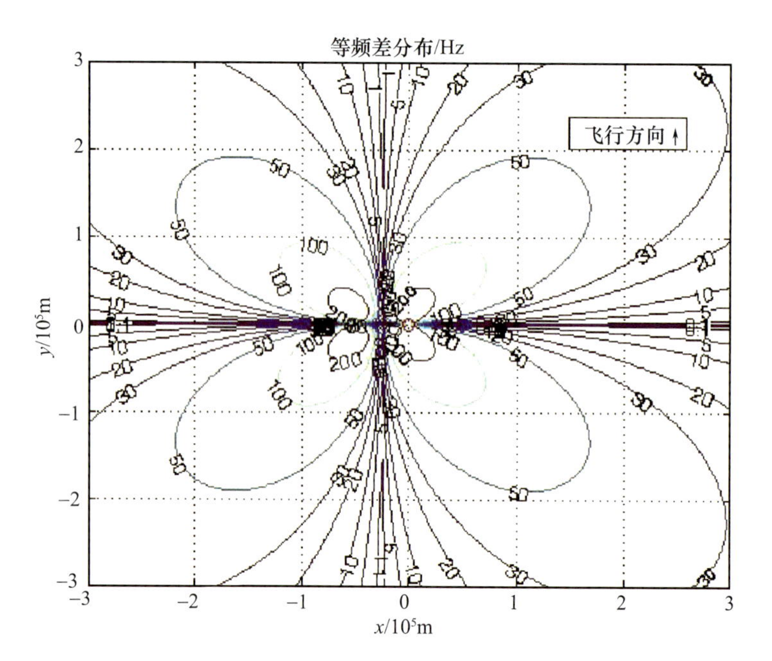

图 9.48　双站并排运动时等频差分布图

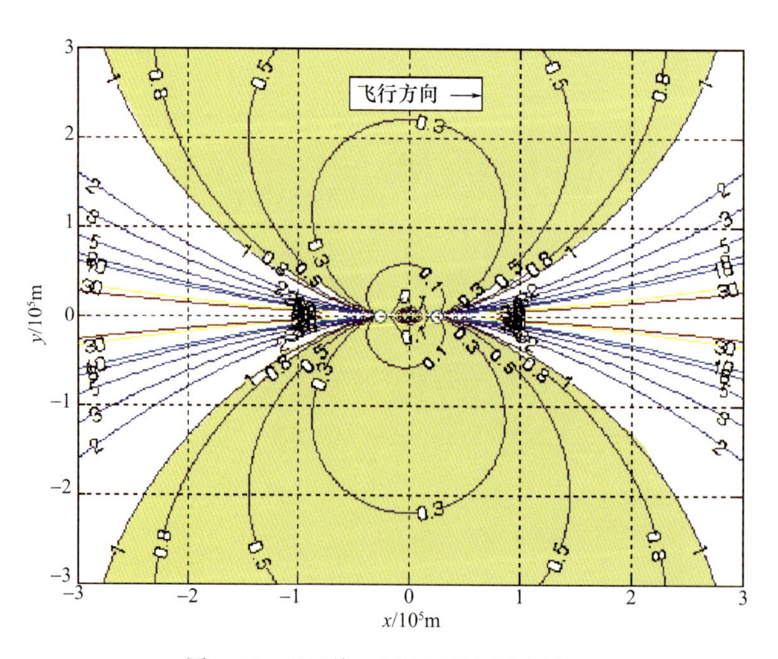

图 9.49　双机前后飞行时频差联合定位

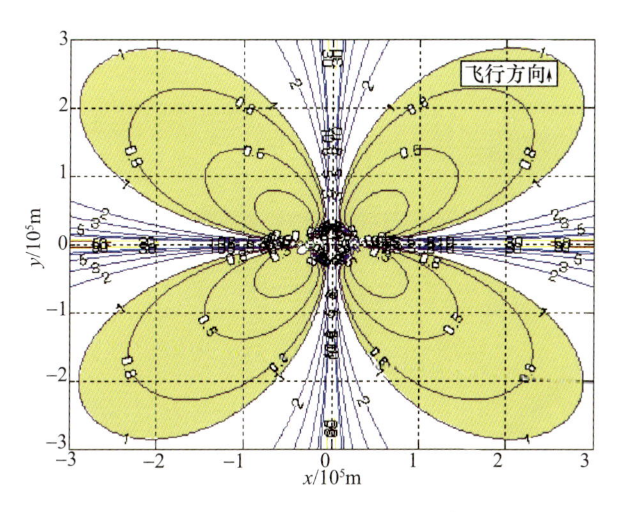

图 9.50　双机并排飞行时频差联合定位

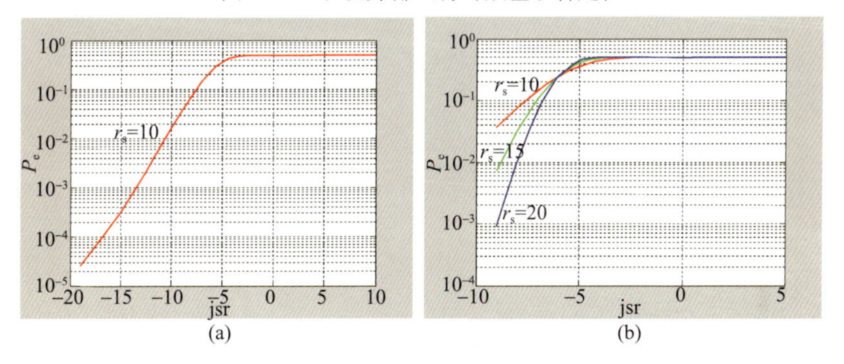

图 10.10　ASK 信号的误码率与干信比的关系

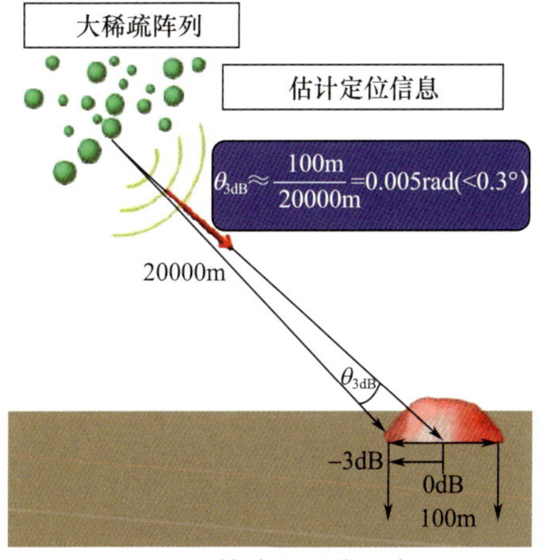

图 11.2　精确电子战示意图

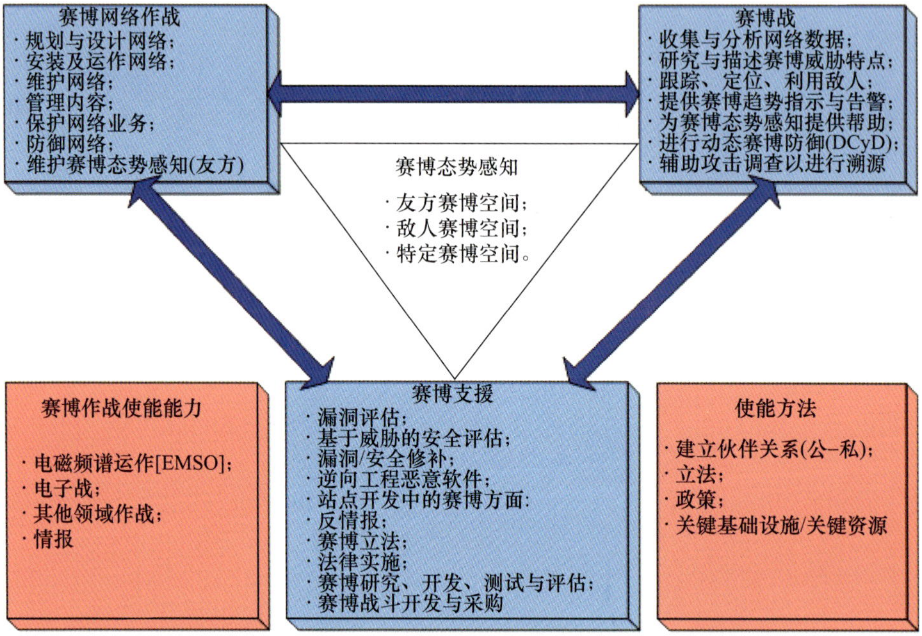

赛博网络作战
· 规划与设计网络；
· 安装及运作网络；
· 维护网络；
· 管理内容；
· 保护网络业务；
· 防御网络；
· 维护赛博态势感知(友方)

赛博战
· 收集与分析网络数据；
· 研究与描述赛博威胁特点；
· 跟踪、定位、利用敌人；
· 提供赛博趋势指示与告警；
· 为赛博态势感知提供帮助；
· 进行动态赛博防御(DCyD)；
· 辅助攻击调查以进行溯源

赛博态势感知
· 友方赛博空间；
· 敌人赛博空间；
· 特定赛博空间。

赛博作战使能能力
· 电磁频谱运作[EMSO]；
· 电子战；
· 其他领域作战；
· 情报

赛博支援
· 漏洞评估；
· 基于威胁的安全评估；
· 漏洞/安全修补；
· 逆向工程恶意软件；
· 站点开发中的赛博方面：
· 反情报；
· 赛博立法；
· 法律实施；
· 赛博研究、开发、测试与评估；
· 赛博战斗开发与采购

使能方法
· 建立伙伴关系(公–私)；
· 立法；
· 政策；
· 关键基础设施/关键资源

图 11.3　赛博作战组成部分

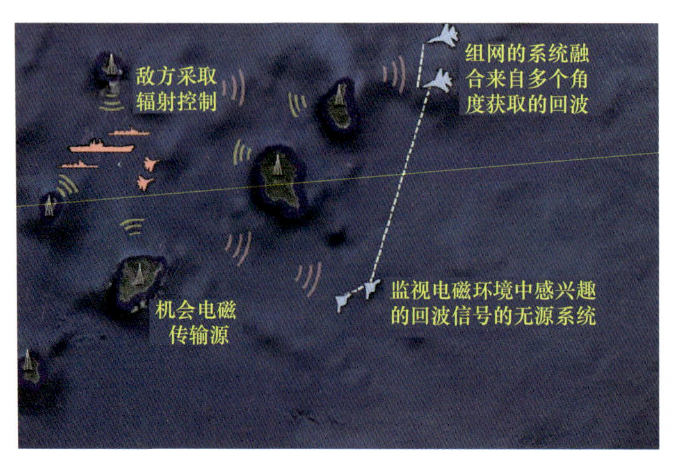

图 11.6　利用外界辐射源对目标进行定位